KB270499

한국 천문대

만세력

萬
歲
曆

한국 천문연구원 편찬
Korea Astronomy Observatory

明文堂

머리말

오늘날과 같이 발달한 과학 문명의 시대에서 사람들은 더욱더 장기간의 여러 계획을 세우고, 지나간 과거의 역사적 사실들을 고증하기 위해 많은 시간을 할애하고 있다. 또한 5000여년 이상의 유구한 역사를 지닌 우리나라 국민들은 동양철학에 대한 깊은 관심을 기울이고 있다. 자기가 태어난 과거의 시간들에 대해, 또 앞으로의 계획들을 세우고자 할 때, 미래의 날들에 대해 알고자 할 때, 우리 한국 사람들은 원하는 날의 성격에 관한 모든 것을 알기를 원한다. 만세력(萬歲曆)은 원하는 날들의 휴일 여부, 요일, 음·양력 날짜, 그리고 동양철학에서 기본적으로 사용하는 날짜에 대한 육십 갑자, 즉 세차, 월건, 일진 등을 알려주고 있다. 일반적으로 100년 이상의 이런 역(曆)관련 자료들을 편찬할 때 만세력이라고 한다.

만세력의 기원을 알아보려면 멀리 조선시대까지 거슬러 올라가야 한다. 조선 영조(英祖) 때 처음으로 칠정 백중력(七政 百中曆)이라 하여 약 32년간에 걸친 역서를 만들었다. 이것을 기반으로 당시 사용하던 시헌력이란 역법을 이용해 1782년부터 1881년까지 이르는 100년간의 역서를 만들었는데 이것이 우리나라 최초의 백중력(百中曆)이다. 그후 정조(正祖) 때에 이르러 왕명으로 다시 1777년(정조 원년)부터 100년간에 이르는 역을 편찬케 하고 그 이름을 천세력(千歲曆)이라 부르게 했다. 이 자료는 매 10년마다 다시 계산하여 자료를 보충하도록 하였다. 그후 고종(高宗) 원년에 다시 1777년부터 120년간에 걸친 역서를 한 권의 책에 수록하게 되면서, 이 책에 계속 자료를 추가해서 편찬하면 만년에 걸친 역서도 한 책에 수록될 수 있다하여 마침내 1904년(고종 41년)에 그 이름을 만세력이라 고치게 되었다.

요즈음 우리나라에는 이러한 만세력류의 민간 서적들이 많이 출간되고 있다. 몇 년 전에 시중에 나와있는 여러 만세력들을 조사하여 절입 시각, 음양력 날짜 등을 비교해보았다. 그 이유는 시중의 만세력 자료들이 서로 많이 달라서 정확한 값을 찾고자 하는 국민들의 바람이 많았기 때문이다. 여러 만세력을 비교해 본 결과 놀랍게도 각 만세력은 각기 서로 다른 자료값을 가지고 있는 경우가 종종 발견되었다. 만세력마다 다른 절입 시각, 음·양력 날짜 대조일람이 기록되어 있었고, 심지어는 우리나라의 고유 명절인 설날의 양력일마저 맞지 않은 경우도 있었다. 따라서 만세력을 필요로 하는 사람들은 사용하는 만세력에 따라 각각 다른 해석을 내릴 수도 있는 것이다. 이에 이 분야를 과학적으로 연구하는 한국천문연구원의 입장에서는 이들을 통일시키고 올바른 값을 알려주어야겠다는 생각으로, 이번에 이 책을 두 번째로 발간하게 되었다.

이 책은 시중의 민세력과는 그 내용에 있어서 약간 다르다. 즉 이 책에는 천문학적으로 계산할 수 있는 범위내의 자료만을 수록하였고, 따라서 동양 철학에서 사용하는 오운육기력이나 남녀 대운세 등의 자료는 전혀 수록하지 않았다.

이 책은 1900년부터 2100년까지 201년간의 자료를 수록하였다. 두 페이지가 1년간의 자료로서 첫째 페이지 상단에는 1년중의 주요 국경일과 명절, 음력 매월 초하루의 양력 날짜, 음력월의 크기와 월건이 수록되어 있고, 둘째 페이지 상단에는 24절기와 잡절, 절입 시각이 수록되었다. 그리고 첫째, 둘째 페이지 하단에는 1년간의 양력에 대한 음력 일자와 요일, 일진이 수록되어 있다. 그리고 양력과 음력, 태음력, 우리나라에서 시행하였던 일광절약시간제 실시 연도, 24절기와 잡절, 세차, 월건, 일진 등에 대한 해설 자료를 책 앞머리에 수록하였다.

이 책에 수록된 모든 시간은 현재와 같이 표준 자오선을 135도로 하였을 때 계산한 값임을 밝혀둔다. 따라서 과거의 동경 127도 30분을 사용하였을 때의 시간을 알고 있다던가, 일광절약시간제 실시중일 때의 시간을 사용하려 할 때는 알맞게 환산하여 사용하여야 한다.

끝으로 과거와 미래에 관한 정확한 역관련 자료를 필요로 하는 많은 사람들이 우리나라 역법을 관장하는 한국천문연구원에서 편찬한 이 자료를 유용하게 이용해 주기를 바란다.

2004년 7월

한국천문연구원 천문정보그룹

일러두기

1. 이 책은 서기 1900년부터 2100년까지, 과거·현재와 미래 201년간의 주요 국경일과 명절, 음·양력 대조일람, 24절기와 잡절을 수록한 책으로 일반인들이 쉽게 활용할 수 있도록 하였다.

2. 이 책의 모든 일자는 현재 우리가 주로 사용하는 그레고리력이다.

3. 매 1년은 두 페이지로 구성하였다. 첫째 페이지 상단에는 주요 국경일과 명절, 음·양력 대조일람과 요일, 일진이, 둘째 페이지 상단에는 24절기와 잡절 등이 수록되어 있다. 또한 단군 기원을 서력 기원과 함께 게재하였다.

4. 음력월을 표시하는 숫자 중 *을 표시한 달은 그 달이 윤달임을 나타낸다. 예를 들어 음력월이 5*로 나타나 있다면 윤5월이 된다.

5. 이 책에서 사용한 일자 계산의 표준 자오선은 동경 135도를 기준으로 하였다. 그러나 조선시대였던 1900년에서 1011년까지의 음·양력 날짜는 당시에 사용하던 역서에 따라 음·양력 날짜를 환산할 수 있도록 하였다.

6. 이 책의 모든 계산 자료는 계산 시점(2004년)에서는 가장 정확한 값을 사용하였으나, 계산 시점 이후의 예측자료에는 지구의 자전속도에 기인하는 △T의 값을 예측값으로 사용하였다. 따라서 세월이 흐름에 따라 이 값의 변화로 이미 계산된 값에 다소 차이가 있을 수 있다.

7. 우리나라의 공휴일은 1949년부터 정해져서 지켜지기 시작했다. 그리고 그 후 여러 번의 변천과정을 거쳐 지금과 같은 공휴일의 체제가 이루어졌다. 이 책에서는 독자들의 이해를 돕고자 우리나라의 공휴일 변천 과정을 수록하였다.

그리고 1949년 이전에는 우리나라 고유의 명절로 지켜지던 설날과 추석, 그리고 양력의 한 해 시작을 알리는 신정에 대해서만 날짜를 알려주는 의미로 수록하였다.

또한 2004년 이후의 주요 국경일과 명절은 2004년을 기준으로 수록하였다.

8. 표준 자오선의 변경과 일광절약시간제 실시 기간에 대해서는 다음 페이지의 해설 자료에 수록하였다.

<공휴일 변천 과정>

연 도	수록된 공휴일	비 고
1900-1948	신정, 설날, 추석	
1949	4대 국경일(삼일절, 제헌절, 광복절, 개천절) 신정, 식목일, 한글날, 추석, 기독탄신일	1949년부터 국경일과 공휴일이 정해짐
1950-1955	4대 국경일(삼일절, 제헌절, 광복절, 개천절) 신정, 식목일, 한글날, 추석, 기독탄신일, 국제연합일	국제연합일 추가 지정
1956-1974	4대 국경일(삼일절, 제헌절, 광복절, 개천절) 신정, 식목일, 한글날, 추석, 기독탄신일, 국제연합일, 현충일	현충일 추가 지정
1975	4대 국경일(삼일절, 제헌절, 광복절, 개천절) 신정, 식목일, 한글날, 추석, 기독탄신일, 현충일, 어린이날, 석가탄신일	어린이날 추가 지정 석가탄신일 추가 지정 국제연합일 제외
1976-1984	4대 국경일(삼일절, 제헌절, 광복절, 개천절) 신정, 식목일, 한글날, 추석, 기독탄신일, 현충일, 어린이날, 석가탄신일, 국군의 날	국군의 날 추가 지정
1985-1988	4대 국경일(삼일절, 제헌절, 광복절, 개천절) 신정, 식목일, 한글날, 추석, 기독탄신일, 현충일, 어린이날, 석가탄신일, 국군의 날, 민속의날(음력 1/1)	민속의 날 추가 지정
1989-1990	4대 국경일(삼일절, 제헌절, 광복절, 개천절) 신정, 식목일, 한글날, 추석, 기독탄신일, 현충일, 어린이날, 석가탄신일, 국군의 날, 설날	민속의 날을 설날로 명칭 변경
1991- 2004 현재	4대 국경일(삼일절, 제헌절, 광복절, 개천절) 신정, 식목일, 추석, 기독탄신일, 현충일, 어린이날, 석가탄신일, 설날	국군의 날 제외 한글날 제외

<해설 자료>

● 양력과 음력

일반적으로 양력과 음력이라 부르면서 사용하고 있는 이 역법들은 인류가 지구상에 생존하기 시작하면서 사용해 온 역법이라 해도 과언이 아닐 것이다. 즉 태양은 매일 뜨고 질 것이고, 달 역시 그 움직임이 끊임없이 계속되고 있기 때문이다. 우리가 양력이라고 부를 때, 양(陽)은 태양을 뜻한다. 마찬가지로 음력에서의 음(陰)은 달을 뜻한다. 이런 의미에서 양력을 서양에서 들어온 역법이라 하여 양(洋)력이라 부른다고 생각하면 이는 오해이다.

양력과 음력의 표기는 영어 Solar calendar와 Lunar calendar에서 유래하고 있는데, 그 뜻대로 각 역법의 근원은 태양 또는 달의 운동에 두고 있다. 그리고 학술적으로는 이들을 각각 태양력, 태음력이라고 부른다. 그리고 엄밀한 의미에서 우리 조상들이 사용하던 역법은 처음에는 달의 운동에 근거한 순수한 태음력이었으나, 나중에는 태양의 운동에 근거한 24절기의 개념을 도입 사용하였으므로 태음태양력이라 해야 한다. 태양력과 태음태양력에 관해 다음에 설명하였다.

● 태양력

태양력은 365.242196일을 1년의 길이로 한 태양년(회귀년)을 기준으로 하므로 계절과 잘 일치된다. 현행의 태양력의 시초는 율리우스력이며 1년의 길이는 365.25일로 사용하였다. 그러나 세월이 흐름에 따라 실제 태양년과의 차이가 크므로 치윤법(置閏法)을 정하여, 1582년부터 그레고리력을 채택하였다.

● 율리우스력

율리우스 케사르(B.C. 100~B.C. 44)는 알렉산드리아의 천문학자 소시게

네스의 충고에 의하여 로마력을 개정하였는데, 평년을 365일로 하고 4년에 1회씩 윤년을 두어 366일로 하였다. 이것이 기원전 46년 1월 1일 실시된 태양력의 시초인 율리우스력이다. 당시 1, 3, 5, 7, 9, 11월은 31일, 나머지 달은 30일로 하고, 2월은 평년 29일, 윤년은 30일이었는데 율리우스 케사르의 생질 아우구스투스 케사르(B.C. 63~A.D. 14)가 황제로 등극하여, 율리우스의 이름을 붙인 달인 July(7월)가 31일까지인데 자기의 이름을 붙인 달인 August(8월)가 작으므로 이를 31일까지 고치고, 9월과 11월은 30일, 10월과 12월은 31일로 하고, 2월은 평년 28일, 윤년 29일로 만들었다.

지금 사용하는 달의 크기는 이와같이 정해진 것이다. 율리우스력의 평균 1년은 365.25일이므로 실제의 태양년과의 차가 대체로 매년 365.25일－365.2422일＝0.0078일＝11분 14초로 되어 128년이 지나면 1일의 차가 생긴다. 따라서 실제의 날짜와 계산에 의한 날짜가 점점 달라지게 된다. 그 예로 325년의 콘스탄티누스 대제(재위 306~337년) 때의 니케아회의 때는 춘분날이 3월 21일이었는데, 1582년 로마 교황 그레고리 13세(재위 1572~1585년)의 시대에는 춘분점이 3월 11일이 되었다.

● 그레고리력과 윤년 치윤법

1582년 그레고리 13세는 그 해의 춘분점을 3월 21일로 고정시키기 위하여 역면(曆面)에서 10일을 끊어버리고, 10월 4일 다음날을 10월 15일로 하고, 다음과 같이 율리우스력을 개정하였다. 서력기원 연수가 100으로 나누어지지 않고 4로 나누어지는 해 96회와 100으로 나누어지고 400으로 나누어지는 해 1회를 합하여 400년간에 97회의 윤년을 두도록 하여, 400년간 1년의 평균 길이는 365.2425일이 되고, 태양년과의 차이는 대체로 365.2425－365.2422＝0.0003일＝26초가 되어 3300년 후에는 1일의 차가 생긴다.

현재는 그레고리력과 태양년을 보다 잘 일치시키기 위하여 원래의 그레고리력에서는 윤년인 4000년, 8000년, 12000년 등은 평년으로 하는 것을 논의중이나 아직 결정되지는 않았다. 윤년의 이해를 돕기 위해 다음의 세

종류의 예를 들었다.

〈예〉 1) 1992년 : 100으로 나누어지지 않으며 4로 나누어지므로 윤년이다.

2) 1900년 : 100으로 나누어지나 400으로 나누어지지 않으므로 평년이다.

3) 2000년 : 400으로 나누어지므로 윤년이다.

이 그레고리력이 전 세계가 공통으로 사용하고 있는 현재의 태양력(양력)이다.

● 한국의 태양력 채택

우리나라에서는 조선 개국 504년(고종 32년, 1895년)에 고종황제의 조칙에 의해서 음력 11월 17일을 개국 505년(1896년) 양력 1월 1일로 하는 개력을 단행하였다.

● 서력기원의 채택

우리나라에서는 태양력이 채택된 이후 계속 서력기원을 사용하였고, 단군기원은 해방이후인 1948년 9월 25일 연호에 관한 법률 제4호로 제정되어 공포일로부터 시행되어 사용하였다. 그후 1961년 12월 2일에 국가재건최고회의에서 연호에 관한 법률 제775호로서 단군기원 4295년 1월 1일을 서력기원 1962년 1월 1일로 사용하는 법률을 공포하여 세계 각국과 함께 서기를 공용하여 지금까지 시행하여 오고 있다.

● 표준시 자오선

지구는 1일 24시간에 360도 회전을 하므로 경도가 15도 차이가 날 때마다 시간은 1시간씩 다르게 된다. 이에 따라 대부분의 세계 각국은 15도 단위로 끊어지는 경도선을 자기 나라의 표준시 자오선으로 채택하여 세계 표준시와 정수의 시간차이가 나도록 정하여 사용하고 있다.

우리나라도 1908년 4월 1일부터 표준시 자오선을 정하여 표준시를 사용하기 시작했다. 현재는 동경 135도를 표준자오선으로 채택하여 세계 표준시보

다 9시간 빠른 한국 표준시를 사용하고 있다. 우리나라 표준시의 변천 과정
은 다음과 같다.

표준 자오선	사용 기간	관련 법령
동경 127도 30분	1908년 4월 1일~ 1911년 12월 31일	관보 제3994호(칙령 제5호)
동경 135도	1912년 1월 1일~ 1954년 3월 20일	조선총독부 관보 제367호(고시 제338호)
동경 127도 30분	1954년 3월 21일~ 1961년 8월 9일	대통령령 제876호(1954년 3월 17일)
동경 135도	1961년 8월 10일~현재	법률 제676호(1961년 8월 7일) 법률 제3919호(1986년 12월 31일)

● 일광절약시간제

　일광절약시간제는 해뜨는 시각이 계절에 따라 변화하여 낮의 길이가 변하
므로, 여름동안 길어진 낮시간을 활용하기 위하여 임의로 시간을 앞당겨 해
뜨는 시각을 기준으로 생활하게 하는 제도로 현재 세계 여러 나라에서 시행
하고 있다. 실시방법은 시작하는 시각을 한 시간 앞당기고 끝나는 시각을 한
시간 늦추는 것이다. 예를 들어 시작 시각이 02시라면 02시를 03시로 앞당
기고 끝나는 시각인 03시를 02시로 늦춘다. 우리나라의 일광절약시간제 실
시연혁은 다음과 같다.

연 도	시 작	종 료	연 도	시 작	종 료
1948	6월 1일 0시	9월 13일 0시	1957	5월 5일 0시	9월 22일 0시
1949	4월 3일 0시	9월 11일 0시	1958	5월 4일 0시	9월 21일 0시
1950	4월 1일 0시	9월 10일 0시	1959	5월 3일 0시	9월 20일 0시
1951	5월 6일 0시	9월 9일 0시	1960	5월 1일 0시	9월 18일 0시
1955	5월 5일 0시	9월 9일 0시	1987	5월 10일 02시	10월 11일 03시
1956	5월 20일 0시	9월 30일 0시	1988	5월 8일 02시	10월 9일 03시

- **태음태양력**

  양력을 공식 역법으로 채택하기 전에 우리 조상들이 사용했던 역체계를 우리는 음력이라 부른다. 그러나 그때도 24절기의 개념을 같이 사용하였으므로 엄밀한 의미에서는 음력과 양력을 겸한 태음태양력이다. 현재 양력과 더불어 아직도 많은 국민들이 음력을 사용하고 있고, 설과 추석 등의 전통 명절은 음력에 의하여 결정되고 있다. 음력이 어떻게 결정되어지는가를 다음에 설명한다.

- **음력 한달의 길이 결정**

  음력에서의 한달의 결정은 달의 위상 변화를 기준으로 하여 결정한다. 즉 달의 합삭일부터 그 다음 합삭일 전날까지가 음력의 한 달이고, 달의 합삭일이 음력 초하루가 된다(합삭은 달의 위상이 그믐인 때로서, 천문학적으로 말하면 달과 태양의 시황경이 일치하여, 달이 전혀 보이지 않는 상태를 말한다).

  달의 합삭과 다음 합삭까지의 간격은 약 29.53088일이므로, 음력 한달은 대체로 29일과 30일이 반복적으로 교체된다. 한달의 길이가 29일인 달을 작은달(소월)이라 하고, 30일인 달을 큰달(대월)이라 부른다. 따라서 음력의 달들을 결정하기 위해서는 우선 합삭 시각을 계산하여야 한다.

  과거에는 달과 태양의 운동 관측 자료를 분석하여 합삭 시각을 계산할 수 있는 간략한 식을 구하여 이용하였다. 그러나 천문학이 발전함에 따라 관측 정밀도가 점점 높아지고, 간단한 수식으로 달과 태양의 운동을 기술하기 힘들기 때문에 현재는 수치 적분을 통하여 태양계 천체들의 위치를 계산하고 이로부터 합삭 시각을 정밀하게 계산한다.

- **24절기의 도입**

  인간이 역을 만드는 가장 큰 이유 중의 하나는 계절의 변화를 알기 위해서이다. 즉 농사를 짓기 위하여 씨를 뿌리고 추수를 하기에 가장 좋은 날짜를 알아야 하는 것이다. 음력은 달의 운동에 근거하여 만들어지기 때문에 달의 변화는 잘 나타내 주지만 태양의 움직임은 잘 나타내 주지 않는다.

  계절의 변화는 태양의 운동에 의하여 결정되므로 음력 날짜와 계절의 변화는 잘 일치하지 않는다. 이런 문제점을 보완하기 위하여 음력에서는 계절의 변화, 즉 태양의 운동을 표시하여 주는 24절기(또는 24기)를 도입하여 같이 사용한다. 따라서 음력은 태양의 움직임을 24절기로 표시하여 주기 때문에 태음태양력이라고 한다. 즉 달(태음)과 태양의 운동을 모두 고려한 역법이란 뜻이다.

24절기는 태양의 운동에 근거한 것으로 춘분점으로부터 태양이 움직이는 길인 황도(黃道)를 따라 동쪽으로 15° 간격으로 나누어 24점을 정하였을 때, 태양이 각 점을 지나는 시기를 말한다. 좀 더 정확히 말하면 천구상에서 태양의 위치가 황도 0도, 15도, ……300도 되는 지점을 통과하는 순간을 춘분, 청명, ……대한으로 한다. 일반적으로 각 절기 사이의 간격은 대체로 15일이며, 24절기의 양력 날짜는 거의 고정되어 있다. 예를 들면 입춘은 대개 양력 2월 4일경이며 동지는 12월 22일이나 21일경이 된다. 이것은 물론 앞에서도 설명한 바와 같이 24절기와 양력이 태양의 운동에 근거하여 결정되기 때문이다.

24절기를 1년 12 음력월과 대응시키기 위하여 다음과 같이 12개 절기(節氣)와 12개 중기(中氣)로 분류한다.

● 24절기표

월	1	2	3	4	5	6	7	8	9	10	11	12
절 기	입춘	경칩	청명	입하	망종	소서	입추	백로	한로	입동	대설	소한
중 기	우수	춘분	곡우	소만	하지	대서	처서	추분	상강	소설	동지	대한

위 표에 따라 각 월의 절기와 중기를 살펴보면, 입춘은 1월절, 우수는 1월중임을 알 수 있다. 마찬가지로 소서는 6월절, 대서는 6월중이다. 양력으로 위 표의 절기는 대체로 매달 초에 들고, 중기는 말에 든다(예 : 입춘은 대개 2월 4일, 우수는 2월 19일에 든다).

24절기의 이름은 중국 주(周)나라 때 화북(華北) 지방의 기후를 잘 나타내 주도록 정해졌다고 한다. 따라서 우리나라의 기후와는 약간 차이가 날 수 있다. 우리 조상들은 각 절기에 다음과 같이 계절의 변화를 관련시켰다.

<24절기와 계절 변화>

(1) 입춘(立春) : 봄이 시작됨.

(2) 우수(雨水) : 비가 처음 옴.

(3) 경칩(驚蟄) : 동면(冬眠)하는 동물이나 벌레들이 깨어 꿈틀거림.

(4) 춘분(春分) : 태양이 춘분점(황경 0°)에 이름.

(5) 청명(淸明) : 중국 황하(黃河)의 물이 맑음.(날씨가 맑음)

(6) 곡우(穀雨) : 봄비가 내려 백곡(百穀)을 기름지게 함.

(7) 입하(立夏) : 여름이 시작됨.

(8) 소만(小滿) : 여름기분이 나기 시작함.

(9) 망종(芒種) : 벼이삭 같은 까끄라기가 있는 곡식을 심음.

(10) 하지(夏至) : 태양이 북회귀선에 이름.

(11) 소서(小暑) : 더워지기 시작함.

(12) 대서(大暑) : 몹시 더움.

(13) 입추(立秋) : 가을이 시작됨.

(14) 처서(處暑) : 더위가 그침.

(15) 백로(白露) : 흰 이슬이 내림.

(16) 추분(秋分) : 태양이 추분점에 이름.

(17) 한로(寒露) : 찬 이슬이 내림.

(18) 상강(霜降) : 서리가 옴.

(19) 입동(立冬) : 겨울이 시작됨.

(20) 소설(小雪) : 눈이 오기 시작함.

(21) 대설(大雪) : 눈이 많이 옴.

(22) 동지(冬至) : 태양이 남회귀선에 이름.

(23) 소한(小寒) : 춥기 시작함.

(24) 대한(大寒) : 몹시 추움.

● **윤달의 결정 방법** : 무중치윤법(無中置閏法)

음력 1월의 크기는 29.53088일이므로, 12개의 태음월로 만들어진 순태음력의 1년 길이는 12×29.53088=354.3671일이다. 이 1년의 길이는 양력 1년인 1 태양년의 길이 365.2422일보다 약 11일(10.8751일)이 짧다. 따라서 3년이 지나면 음력 날짜는 태양의 움직임과 약 33일, 한달 차이가 나게 되어 날짜와 계절의 차이가 많아진다.

음력에서는 이 차이를 없애고, 날짜와 계절을 맞추기 위해 가끔 윤달을 도입하여 1년을 13달로 한다. 음력은 태양의 움직임과 3년에 약 한달의 차이가 나므로 윤달은 대체로 3년에 한번 들게 된다(좀더 정확하게는 19년에 7번의 윤달이 든다).

음력에서 윤달을 도입하는 방법은 앞에 설명한 24절기의 12중기에 의한다. 24절기의 각기 사이는 대체로 15일이므로 한달에는 대체로 한번의 절기와 중기가 들게 된다. 음력에서 어떤 달의 이름은 그 달에 든 중기로 결정한다. 즉 어떤 달에 1월 중기 우수가 들면, 그 달은 1월이다.

마찬가지로 음력 11월에는 반드시 11월 중기인 동지가 있게 마련이다. 그런데 어떤 달에는 절기만 한번 들고 중기가 들지 않는 달이 있다. 즉 어떤 달의 중간에 절기가 들고 전달의 마지막이나, 그 다음달의 앞부분에 바로 중기가 드는 경우가 그러하다. 이런 경우 그 달에는 중기가 없어서 그 달의 이름을 결정할 수 없으므로, 그 달을 윤달로 삼고, 달 이름은 전달의 이름을 따른다.

이와같이 중기가 들지 않는 달, 무중월(無中月)을 윤달로 하는 법을 무중치윤법(無中置閏法)이라 한다. 간혹 1년에 2번의 무중월이 있는 경우가 있는데, 이때에는 일반적으로 처음 달만 윤달로 택한다. 그러나 어떤 경우에도 동짓달은 11월로 고정하여야 한다. 윤달에 대한 결정방법은 중국의 고서인 《회남자(淮南子)》와 청사고(淸史稿) 시헌력지에 제시되어 있는 것을 따른다.

1) 11월을 동짓달로 고정하고 1년 동안에 무중월이 두번 있으면 처음 것

을 윤달로 한다.

2) 태음태양력에서는 동지를 음력 11월에, 하지를 5월에 넣도록 한다.

특수한 경우로 중기가 한달에 두 번 드는 경우를 생각해 보자. 이 경우는 보통 음력 11월을 전후해 음력 한달에 2번의 중기와 1번의 절기가 들어가는 경우가 있다. 그 이유로는 양력 1월 초가 지구의 근일점이고, 따라서 황도상에서 지구의 운동 속도가 빨라지므로 한 절기와 그 다음 절기 사이의 간격이 짧아지게 된다. 따라서 1 합삭월 안에 24기가 3번, 즉 중기, 절기, 중기의 순서로 들어갈 수 있다.

이런 현상이 발생하면 그 달을 전후해 수개월내에 2, 3번의 무중월이 발생하고, 달 이름과 윤달 배정이 어렵게 된다. 먼저 한달에 두 번의 중기가 들면 둘 중 어떤 중기를 따라 달의 이름을 정할지 문제가 되고, 무중월을 모두 윤달로 설정하면 수개월내에 윤달이 두 번 발생하는 문제가 된다. 이와 같은 경우는 1900년부터 2100년까지 몇번 발생한다.

대표적인 사례로 첫번째의 1965년 윤8월과 1966년의 윤3월의 경우는 1966년에 윤3월을 배당했고, 1984년의 윤10월과 1985년의 윤1월의 경우에서는 1984년에 윤10월을 배정하였다. 즉 이 두 경우는 앞에서 제시한 두 원칙에 따른 것이다.

세번째인 2033년과 2034년에는 윤달이 3번(2033/7, 2033/11, 2034/1) 발생하게 되는데, 이때에는 위의 법칙을 적용하기가 쉽지 않다.

이 책에서는 위의 원칙대로 하여 2033년에 윤11월을 배정하였다. 그러나 이것은 다소 논의의 대상이 될 수 있다. 오랜기간 동안의 윤달 자료를 조사하면 쉽게 윤11월을 결정할 수가 없다. 그 이유로는 두 가지를 들 수 있는데, 1770년경부터 2050년까지의 윤달을 조사해보면 윤11월, 윤12월, 윤1월이 없었다(2033년 제외). 그리고 메톤 주기를 따져서 계산해 볼 때 대략 같은 윤달은 19년만에 다시 돌아오는데, 이 메톤 주기가 해당되는 해가 2033년이 되며, 그 주기에는 그동안 주로 7월과 8월이 윤달이 되었었다는 점을 들 수 있다.

따라서 이때의 윤달을 윤7월로 배정하여도 큰 무리는 없을 것 같다. 그러나 일단 원칙을 따른다는 의미에서 윤11월을 배정하였다. 참고로 메톤 주기라 함은 양력일과 음력일이 계절과 일치되는 주기로, 양력의 19태양년(6939.6017일)과 음력의 235삭망월(19년과 7번의 윤달 : 6939.6882일)의 날짜가 같게 되는 주기이다. 이것은 기원전 433년경 아테네의 천문학자 메톤에 의해 발견되었다.

● **세차, 월건, 일진**

역법에서는 연, 월, 일에 모두 간지를 부여하였다. 간지는 갑·을·병·정·무·기·경·신·임·계의 10간과 자·축·인·묘·진·사·오·미·신·유·술·해의 12지를 조합하여 만드는 60개의 기호로 생각할 수 있다.

간지는 갑자·을축·병인 …… 임술·계해로 배열되는데 흔히 60갑자라 부르기도 한다. 각 년에 배정되는 간지를 세차, 월에 부여되는 간지를 월건, 그리고 일에 배정되는 간지를 일진이라 한다. 과거 우리가 사용하는 역법에서는 연에 세차만 주어질 뿐 양력의 1993년, 1994년과 같은 일련 번호를 부여하지 않았다. 마찬 가지로 어떤 특정한 날의 날짜를 표시하는 데에도 몇월 몇일보다는 오히려 월건과 일진이 더욱 중요시된 것 같다. 어떤 특정한 날을 표기히는 데 날짜는 기록하지 않아도 그날의 간지는 반드시 기록하였다.

세차와 일진의 경우는 60간지의 순서대로 연속하여 배정하기 때문에 어떤 법칙성이 없다. 월건의 경우에는 1년이 12달이고, 지(支)가 12개로 구성되므로 각 달의 월건 중 지는 고정되어 있다.

현행 역법 체계에서 11, 12, 1, ……, 10월 월건의 지는 반드시 자·축·인 …… 해가 되도록 되어 있다. 전통적으로 음력의 역법은 모든 계산 기점이 동지였으므로, 음력에서 동짓달은 특별한 의미를 갖는다. 월건의 지를 배당하는 데 11월부터 지의 순서대로 배정한 것도 이런 의미이다. 음력에서 윤달에는 월건을 배정하지 않는다.

● **명절 및 잡절**

(1) 한식 : 한식은 전년도 동지 이튿날부터 시작하여 105일째 되는 날로 보통 4월 5일이나 4월 6일이 되는데 청명과 비슷한 시기이다. 이 시기에는 공기가 건조하고 봄바람이 불어 화재가 발생하기 쉬우므로 하루종일 불을 금하고 찬 음식을 먹는 풍습에서 그 이름이 유래되었다고 한다.

또한 한식은 설날·단오·추석과 함께 우리나라 4대 명절의 하나로서, 조상의 묘에 가서 제사를 지내고, 성묘를 하는 풍습이 있다.

(2) 단오 : 음력 5월 5일로, 신록이 우거지고 날씨가 따뜻한 때이다. 이날은 수릿날이라고도 하며, 쑥으로 떡을 만들어 먹기도 한다.

(3) 삼복 : 삼복(三伏)은 여름의 더운 시기를 대변하는 말로 초복(初伏)·중복(中伏)·말복(末伏)을 말한다.

초복·중복은 각각 하지로부터 세번째 경(庚)일, 네번째 경일, 말복은 입추 후 첫번째 경일인데, 경일이라는 것은 일진을 정하는 60간지 중 경자가 든날, 즉 경오·경진·경인·경자 등의 날을 말한다.

초복과 중복 사이의 간격은 10일이나, 중복과 말복 사이의 간격은 10일 또는 20일을 격하기도 한다. 20일을 격하는 경우를 월복(越伏)이라 한다. 만약 하지 전 1, 2, 3일(하지일 제외)이 각각 경일이거나, 입추일, 그 다음일, 그 다음다음일이 각각 경일일 때는 월복하는 일이 없으나, 그밖의 경우는 모두 월복한다. 월복이 생기는 이유는 각 복(伏)의 기준점이 다르기 때문이다. 말복은 8월 7일에서 8월 17일 사이에 있는데, 일반적으로 몹시 더운 시기이다.

(4) 토왕용사 : 토왕용사는 토왕지절의 첫째되는 날로서, 토왕지절은 오행에서 말하는 토기(土氣)가 왕성하다는 절기이다. 이 절기는 춘하추동 각 1번씩, 1년에 4번 있는데 입춘·입하·입추·입동의 네 절기의 그 전날부터 거꾸로 18일째 되는 날이며, 이날은 흙일을 하면 불길하다는 미신이 있다.

천문학적으로는 태양이 황도상에서 황경 27°, 117°, 207°, 297°의 위치에 있을 때를 각각의 계절의 토왕용사라 하며, 특별한 의미는 없다.

한국천문대

만 세 력

1900년
2100년

경자년 • 단기 4233

주요 국경일과 명절

구 분	월	일	요일
신 정	1	1	월
설 날	1	31	수
추 석	9	8	토

음양력 대조일람

음력월	월 건	대/소	음력 1일의 양력 월	음력 1일의 양력 일	음력월	월 건	대/소	음력 1일의 양력 월	음력 1일의 양력 일
1	무 인	소	1	31	8	을 유	대	8	25
2	기 묘	대	3	1	(윤)8		소	9	24
3	경 진	소	3	31	9	병 술	대	10	23
4	신 사	소	4	29	10	정 해	대	11	22
5	임 오	대	5	28	11	무 자	소	12	22
6	계 미	소	6	27	12	기 축	대	1901/1	20
7	갑 신	대	7	26					

월	양력	1 2 3 4 5	6 7 8 9 10	11 12 13 14 15	16 17 18 19 20	21 22 23 24 25	26 27 28 29 30 31
1	요일	월 화 수 목 금	토 일 월 화 수	목 금 토 일 월	화 수 목 금 토	일 월 화 수 목	금 토 일 월 화 수
	음력	12/1 2 3 4 5	6 7 8 9 10	11 12 13 14 15	16 17 18 19 20	21 22 23 24 25	26 27 28 29 30 1/1
	일진	갑술 을해 병자 정축 무인	기묘 경진 신사 임오 계미	갑신 을유 병술 정해 무자	기축 경인 신묘 임진 계사	갑오 을미 병신 정유 무술	기해 경자 신축 임인 계묘 갑진
2	요일	목 금 토 일 월	화 수 목 금 토	일 월 화 수 목	금 토 일 월 화	수 목 금 토 일	월 화 수
	음력	1/2 3 4 5 6	7 8 9 10 11	12 13 14 15 16	17 18 19 20 21	22 23 24 25 26	27 28 29
	일진	을사 병오 정미 무신 기유	경술 신해 임자 계축 갑인	을묘 병진 정사 무오 기미	경신 신유 임술 계해 갑자	을축 병인 정묘 무진 기사	경오 신미 임신
3	요일	목 금 토 일 월	화 수 목 금 토	일 월 화 수 목	금 토 일 월 화	수 목 금 토 일	월 화 수 목 금 토
	음력	2/1 2 3 4 5	6 7 8 9 10	11 12 13 14 15	16 17 18 19 20	21 22 23 24 25	26 27 28 29 30 3/1
	일진	계유 갑술 을해 병자 정축	무인 기묘 경진 신사 임오	계미 갑신 을유 병술 정해	무자 기축 경인 신묘 임진	계사 갑오 을미 병신 정유	무술 기해 경자 신축 임인 계묘
4	요일	일 월 화 수 목	금 토 일 월 화	수 목 금 토 일	월 화 수 목 금	토 일 월 화 수	목 금 토 일 월
	음력	3/2 3 4 5 6	7 8 9 10 11	12 13 14 15 16	17 18 19 20 21	22 23 24 25 26	27 28 29 4/1 2
	일진	갑진 을사 병오 정미 무신	기유 경술 신해 임자 계축	갑인 을묘 병진 정사 무오	기미 경신 신유 임술 계해	갑자 을축 병인 정묘 무진	기사 경오 신미 임신 계유
5	요일	화 수 목 금 토	일 월 화 수 목	금 토 일 월 화	수 목 금 토 일	월 화 수 목 금	토 일 월 화 수 목
	음력	4/3 4 5 6 7	8 9 10 11 12	13 14 15 16 17	18 19 20 21 22	23 24 25 26 27	28 29 5/1 2 3 4
	일진	갑술 을해 병자 정축 무인	기묘 경진 신사 임오 계미	갑신 을유 병술 정해 무자	기축 경인 신묘 임진 계사	갑오 을미 병신 정유 무술	기해 경자 신축 임인 계묘 갑진
6	요일	금 토 일 월 화	수 목 금 토 일	월 화 수 목 금	토 일 월 화 수	목 금 토 일 월	화 수 목 금 토
	음력	5/5 6 7 8 9	10 11 12 13 14	15 16 17 18 19	20 21 22 23 24	25 26 27 28 29	30 6/1 2 3 4
	일진	을사 병오 정미 무신 기유	경술 신해 임자 계축 갑인	을묘 병진 정사 무오 기미	경신 신유 임술 계해 갑자	을축 병인 정묘 무진 기사	경오 신미 임신 계유 갑술

24절기와 잡절

명 칭	태양황경(도)	월	일	시	분	명 칭	태양황경(도)	월	일	시	분	명 칭	태양황경(도)	월	일	시	분
소한	285	1	6	3	4	하지	90	6	22	6	40	대 설	255	12	7	21	56
대한	300	1	20	20	33	소서	105	7	8	0	10	동 지	270	12	22	15	42
입춘	315	2	4	14	52	대서	120	7	23	17	36						
우수	330	2	19	11	1	입추	135	8	8	9	51	한 식		4	6		
경칩	345	3	6	9	22	처서	150	8	24	0	20	단 오		6	1		
춘분	0	3	21	10	39	백로	165	9	8	12	17	초 복		7	16		
청명	15	4	5	14	53	추분	180	9	23	21	20	중 복		7	26		
곡우	30	4	20	22	27	한로	195	10	9	3	13	말 복		8	15		
입하	45	5	6	8	55	상강	210	10	24	5	55	토왕용사	297	1	17	21	47
소만	60	5	21	22	17	입동	225	11	8	5	40	토왕용사	27	4	17	20	41
망종	75	6	6	13	39	소설	240	11	23	2	48	토왕용사	117	7	20	14	12
												토왕용사	207	10	21	5	39

월	양력	1	2	3	4	5	6	7	8	9	10	11	12	13	14	15	16	17	18	19	20	21	22	23	24	25	26	27	28	29	30	31
7	요일	일	월	화	수	목	금	토	일	월	화	수	목	금	토	일	월	화	수	목	금	토	일	월	화	수	목	금	토	일	월	화
7	음력	6/5	6	7	8	9	10	11	12	13	14	15	16	17	18	19	20	21	22	23	24	25	26	27	28	29	7/1	2	3	4	5	6
7	일진	을해	병자	정축	무인	기묘	경진	신사	임오	계미	갑신	을유	병술	정해	무자	기축	경인	신묘	임진	계사	갑오	을미	병신	정유	무술	기해	경자	신축	임인	계묘	갑진	을사
8	요일	수	목	금	토	일	월	화	수	목	금	토	일	월	화	수	목	금	토	일	월	화	수	목	금	토	일	월	화	수	목	금
8	음력	7/7	8	9	10	11	12	13	14	15	16	17	18	19	20	21	22	23	24	25	26	27	28	29	30	8/1	2	3	4	5	6	7
8	일진	병오	정미	무신	기유	경술	신해	임자	계축	갑인	을묘	병진	정사	무오	기미	경신	신유	임술	계해	갑자	을축	병인	정묘	무진	기사	경오	신미	임신	계유	갑술	을해	병자
9	요일	토	일	월	화	수	목	금	토	일	월	화	수	목	금	토	일	월	화	수	목	금	토	일	월	화	수	목	금	토	일	
9	음력	8/8	9	10	11	12	13	14	15	16	17	18	19	20	21	22	23	24	25	26	27	28	29	30	8*/1	2	3	4	5	6	7	
9	일진	정축	무인	기묘	경진	신사	임오	계미	갑신	을유	병술	정해	무자	기축	경인	신묘	임진	계사	갑오	을미	병신	정유	무술	기해	경자	신축	임인	계묘	갑진	을사	병오	
10	요일	월	화	수	목	금	토	일	월	화	수	목	금	토	일	월	화	수	목	금	토	일	월	화	수	목	금	토	일	월	화	수
10	음력	8*/8	9	10	11	12	13	14	15	16	17	18	19	20	21	22	23	24	25	26	27	28	29	9/1	2	3	4	5	6	7	8	9
10	일진	정미	무신	기유	경술	신해	임자	계축	갑인	을묘	병진	정사	무오	기미	경신	신유	임술	계해	갑자	을축	병인	정묘	무진	기사	경오	신미	임신	계유	갑술	을해	병자	정축
11	요일	목	금	토	일	월	화	수	목	금	토	일	월	화	수	목	금	토	일	월	화	수	목	금	토	일	월	화	수	목	금	
11	음력	9/10	11	12	13	14	15	16	17	18	19	20	21	22	23	24	25	26	27	28	29	30	10/1	2	3	4	5	6	7	8	9	
11	일진	무인	기묘	경진	신사	임오	계미	갑신	을유	병술	정해	무자	기축	경인	신묘	임진	계사	갑오	을미	병신	정유	무술	기해	경자	신축	임인	계묘	갑진	을사	병오	정미	
12	요일	토	일	월	화	수	목	금	토	일	월	화	수	목	금	토	일	월	화	수	목	금	토	일	월	화	수	목	금	토	일	월
12	음력	10/10	11	12	13	14	15	16	17	18	19	20	21	22	23	24	25	26	27	28	29	30	11/1	2	3	4	5	6	7	8	9	10
12	일진	무신	기유	경술	신해	임자	계축	갑인	을묘	병진	정사	무오	기미	경신	신유	임술	계해	갑자	을축	병인	정묘	무진	기사	경오	신미	임신	계유	갑술	을해	병자	정축	무인

* 윤달 : 8월

1901 신축년 · 단기 4234

주요 국경일과 명절

구 분	월	일	요일
신 정	1	1	화
설 날	2	19	화
추 석	9	27	금

음양력 대조일람

음력월	월건	대/소	음력 1일의 양력 월일	음력월	월건	대/소	음력 1일의 양력 월일
1	경 인	소	2 19	7	병 신	대	8 14
2	신 묘	대	3 20	8	정 유	소	9 13
3	임 진	소	4 19	9	무 술	대	10 12
4	계 사	소	5 18	10	기 해	대	11 11
5	갑 오	대	6 16	11	경 자	대	12 11
6	을 미	소	7 16	12	신 축	소	1902/1 10

월	양력	1 2 3 4 5	6 7 8 9 10	11 12 13 14 15	16 17 18 19 20	21 22 23 24 25	26 27 28 29 30 31
1	요일	화 수 목 금 토	일 월 화 수 목	금 토 일 월 화	수 목 금 토 일	월 화 수 목 금	토 일 월 화 수 목
1	음력	11/11 12 13 14 15	16 17 18 19 20	21 22 23 24 25	26 27 28 29 12/1	2 3 4 5 6	7 8 9 10 11 12
1	일진	기 경 신 임 계 묘 진 사 오 미	갑 을 병 정 무 신 유 술 해 자	기 경 신 임 계 축 인 묘 진 사	갑 을 병 정 무 오 미 신 유 술	기 경 신 임 계 해 자 축 인 묘	갑 을 병 정 무 기 진 사 오 미 신 유
2	요일	금 토 일 월 화	수 목 금 토 일	월 화 수 목 금	토 일 월 화 수	목 금 토 일 월	화 수 목
2	음력	12/13 14 15 16 17	18 19 20 21 22	23 24 25 26 27	28 29 30 1/1 2	3 4 5 6 7	8 9 10
2	일진	경 신 임 계 갑 술 해 자 축 인	을 병 정 무 기 묘 진 사 오 미	경 신 임 계 갑 신 유 술 해 자	을 병 정 무 기 축 인 묘 진 사	경 신 임 계 갑 오 미 신 유 술	을 병 정 해 자 축
3	요일	금 토 일 월 화	수 목 금 토 일	월 화 수 목 금	토 일 월 화 수	목 금 토 일 월	화 수 목 금 토 일
3	음력	1/11 12 13 14 15	16 17 18 19 20	21 22 23 24 25	26 27 28 29 2/1	2 3 4 5 6	7 8 9 10 11 12
3	일진	무 기 경 신 임 인 묘 진 사 오	계 갑 을 병 정 미 신 유 술 해	무 기 경 신 임 자 축 인 묘 진	계 갑 을 병 정 사 오 미 신 유	무 기 경 신 임 술 해 자 축 인	계 갑 을 병 정 무 묘 진 사 오 미 신
4	요일	월 화 수 목 금	토 일 월 화 수	목 금 토 일 월	화 수 목 금 토	일 월 화 수 목	금 토 일 월 화
4	음력	2/13 14 15 16 17	18 19 20 21 22	23 24 25 26 27	28 29 30 3/1 2	3 4 5 6 7	8 9 10 11 12
4	일진	기 경 신 임 계 유 술 해 자 축	갑 을 병 정 무 인 묘 진 사 오	기 경 신 임 계 미 신 유 술 해	갑 을 병 정 무 자 축 인 묘 진	기 경 신 임 계 사 오 미 신 유	갑 을 병 정 무 술 해 자 축 인
5	요일	수 목 금 토 일	월 화 수 목 금	토 일 월 화 수	목 금 토 일 월	화 수 목 금 토	일 월 화 수 목 금
5	음력	3/13 14 15 16 17	18 19 20 21 22	23 24 25 26 27	28 29 4/1 2 3	4 5 6 7 8	9 10 11 12 13 14
5	일진	기 경 신 임 계 묘 진 사 오 미	갑 을 병 정 무 신 유 술 해 자	기 경 신 임 계 축 인 묘 진 사	갑 을 병 정 무 오 미 신 유 술	기 경 신 임 계 해 자 축 인 묘	갑 을 병 정 무 기 진 사 오 미 신 유
6	요일	토 일 월 화 수	목 금 토 일 월	화 수 목 금 토	일 월 화 수 목	금 토 일 월 화	수 목 금 토 일
6	음력	4/15 16 17 18 19	20 21 22 23 24	25 26 27 28 29	5/1 2 3 4 5	6 7 8 9 10	11 12 13 14 15
6	일진	경 신 임 계 갑 술 해 자 축 인	을 병 정 무 기 묘 진 사 오 미	경 신 임 계 갑 신 유 술 해 자	을 병 정 무 기 축 인 묘 진 사	경 신 임 계 갑 오 미 신 유 술	을 병 정 무 기 해 자 축 인 묘

24절기와 잡절

명칭	태양황경(도)	월	일	시	분	명칭	태양황경(도)	월	일	시	분	명칭	태양황경(도)	월	일	시	분
소한	285	1	6	8	53	하지	90	6	22	12	28	대설	255	12	8	3	53
대한	300	1	21	2	17	소서	105	7	8	6	8	동지	270	12	22	21	37
입춘	315	2	4	20	40	대서	120	7	23	23	24	한식		4	6		
우수	330	2	19	16	45	입추	135	8	8	15	46	단오		6	20		
경칩	345	3	6	15	11	처서	150	8	24	6	8	초복		7	21		
춘분	0	3	21	16	24	백로	165	9	8	18	10	중복		7	31		
청명	15	4	5	20	44	추분	180	9	24	3	9	말복		8	10		
곡우	30	4	21	4	14	한로	195	10	9	9	7	토왕용사	297	1	18	3	34
입하	45	5	6	14	50	상강	210	10	24	11	46	토왕용사	27	4	18	2	30
소만	60	5	22	4	5	입동	225	11	8	11	35	토왕용사	117	7	20	20	0
망종	75	6	6	19	37	소설	240	11	23	8	41	토왕용사	207	10	21	11	28

월	양력	1	2	3	4	5	6	7	8	9	10	11	12	13	14	15	16	17	18	19	20	21	22	23	24	25	26	27	28	29	30	31
7	요일	월	화	수	목	금	토	일	월	화	수	목	금	토	일	월	화	수	목	금	토	일	월	화	수	목	금	토	일	월	화	수
7	음력	5/16	17	18	19	20	21	22	23	24	25	26	27	28	29	30	6/1	2	3	4	5	6	7	8	9	10	11	12	13	14	15	16
7	일진	경진	신사	임오	계미	갑신	을유	병술	정해	무자	기축	경인	신묘	임진	계사	갑오	을미	병신	정유	무술	기해	경자	신축	임인	계묘	갑진	을사	병오	정미	무신	기유	경술
8	요일	목	금	토	일	월	화	수	목	금	토	일	월	화	수	목	금	토	일	월	화	수	목	금	토	일	월	화	수	목	금	토
8	음력	6/17	18	19	20	21	22	23	24	25	26	27	28	29	7/1	2	3	4	5	6	7	8	9	10	11	12	13	14	15	16	17	18
8	일진	신해	임자	계축	갑인	을묘	병진	정사	무오	기미	경신	신유	임술	계해	갑자	을축	병인	정묘	무진	기사	경오	신미	임신	계유	갑술	을해	병자	정축	무인	기묘	경진	신사
9	요일	일	월	화	수	목	금	토	일	월	화	수	목	금	토	일	월	화	수	목	금	토	일	월	화	수	목	금	토	일	월	
9	음력	7/19	20	21	22	23	24	25	26	27	28	29	30	8/1	2	3	4	5	6	7	8	9	10	11	12	13	14	15	16	17	18	
9	일진	임오	계미	갑신	을유	병술	정해	무자	기축	경인	신묘	임진	계사	갑오	을미	병신	정유	무술	기해	경자	신축	임인	계묘	갑진	을사	병오	정미	무신	기유	경술	신해	
10	요일	화	수	목	금	토	일	월	화	수	목	금	토	일	월	화	수	목	금	토	일	월	화	수	목	금	토	일	월	화	수	목
10	음력	8/19	20	21	22	23	24	25	26	27	28	29	9/1	2	3	4	5	6	7	8	9	10	11	12	13	14	15	16	17	18	19	20
10	일진	임자	계축	갑인	을묘	병진	정사	무오	기미	경신	신유	임술	계해	갑자	을축	병인	정묘	무진	기사	경오	신미	임신	계유	갑술	을해	병자	정축	무인	기묘	경진	신사	임오
11	요일	금	토	일	월	화	수	목	금	토	일	월	화	수	목	금	토	일	월	화	수	목	금	토	일	월	화	수	목	금	토	
11	음력	9/21	22	23	24	25	26	27	28	29	30	10/1	2	3	4	5	6	7	8	9	10	11	12	13	14	15	16	17	18	19	20	
11	일진	계미	갑신	을유	병술	정해	무자	기축	경인	신묘	임진	계사	갑오	을미	병신	정유	무술	기해	경자	신축	임인	계묘	갑진	을사	병오	정미	무신	기유	경술	신해	임자	
12	요일	일	월	화	수	목	금	토	일	월	화	수	목	금	토	일	월	화	수	목	금	토	일	월	화	수	목	금	토	일	월	화
12	음력	10/21	22	23	24	25	26	27	28	29	30	11/1	2	3	4	5	6	7	8	9	10	11	12	13	14	15	16	17	18	19	20	21
12	일진	계축	갑인	을묘	병진	정사	무오	기미	경신	신유	임술	계해	갑자	을축	병인	정묘	무진	기사	경오	신미	임신	계유	갑술	을해	병자	정축	무인	기묘	경진	신사	임오	계미

1902 임인년 · 단기 4235

주요 국경일과 명절

구 분	월	일	요일
신 정	1	1	수
설 날	2	8	토
추 석	9	16	화

음양력 대조일람

음력월	월 건	대/소	음력 1일의 양력 월	음력 1일의 양력 일	음력월	월 건	대/소	음력 1일의 양력 월	음력 1일의 양력 일
1	임 인	대	2	8	7	무 신	소	8	4
2	계 묘	소	3	10	8	기 유	소	9	2
3	갑 진	대	4	8	9	경 술	소	10	2
4	을 사	소	5	8	10	신 해	대	10	31
5	병 오	소	6	6	11	임 자	대	11	30
6	정 미	대	7	5	12	계 축	대	12	30

월	양력	1 2 3 4 5	6 7 8 9 10	11 12 13 14 15	16 17 18 19 20	21 22 23 24 25	26 27 28 29 30 31
1	요일	수 목 금 토 일	월 화 수 목 금	토 일 월 화 수	목 금 토 일 월	화 수 목 금 토	일 월 화 수 목 금
1	음력	11/22 23 24 25 26	27 28 29 30 12/1	2 3 4 5 6	7 8 9 10 11	12 13 14 15 16	17 18 19 20 21 22
1	일진	갑을병정무 신유술해자	기경신임계 축인묘진사	갑을병정무 오미신유술	기경신임계 해자축인묘	갑을병정무 진사오미신	기경신임계갑 유술해자축인
2	요일	토 일 월 화 수	목 금 토 일 월	화 수 목 금 토	일 월 화 수 목	금 토 일 월 화	수 목 금
2	음력	12/23 24 25 26 27	28 29 1/1 2 3	4 5 6 7 8	9 10 11 12 13	14 15 16 17 18	19 20 21
2	일진	을병정무기 묘진사오미	경신임계갑 신유술해자	을병정무기 축인묘진사	경신임계갑 오미신유술	을병정무기 해자축인묘	경신임 진사오
3	요일	토 일 월 화 수	목 금 토 일 월	화 수 목 금 토	일 월 화 수 목	금 토 일 월 화	수 목 금 토 일 월
3	음력	1/22 23 24 25 26	27 28 29 30 2/1	2 3 4 5 6	7 8 9 10 11	12 13 14 15 16	17 18 19 20 21 22
3	일진	계갑을병정 미신유술해	무기경신임 자축인묘진	계갑을병정 사오미신유	무기경신임 술해자축인	계갑을병정 묘진사오미	무기경신임계 신유술해자축
4	요일	화 수 목 금 토	일 월 화 수 목	금 토 일 월 화	수 목 금 토 일	월 화 수 목 금	토 일 월 화 수
4	음력	2/23 24 25 26 27	·28 29 3/1 2 3	4 5 6 7 8	9 10 11 12 13	14 15 16 17 18	19 20 21 22 23
4	일진	갑을병정무 인묘진사오	기경신임계 미신유술해	갑을병정무 자축인묘진	기경신임계 사오미신유	갑을병정무 술해자축인	기경신임계 묘진사오미
5	요일	목 금 토 일 월	화 수 목 금 토	일 월 화 수 목	금 토 일 월 화	수 목 금 토 일	월 화 수 목 금 토
5	음력	3/24 25 26 27 28	29 30 4/1 2 3	4 5 6 7 8	9 10 11 12 13	14 15 16 17 18	19 20 21 22 23 24
5	일진	갑을병정무 신유술해자	기경신임계 축인묘진사	갑을병정무 오미신유술	기경신임계 해자축인묘	갑을병정무 진사오미신	기경신임계갑 유술해자축인
6	요일	일 월 화 수 목	금 토 일 월 화	수 목 금 토 일	월 화 수 목 금	토 일 월 화 수	목 금 토 일 월
6	음력	4/25 26 27 28 29	5/1 2 3 4 5	6 7 8 9 10	11 12 13 14 15	16 17 18 19 20	21 22 23 24 25
6	일진	을병정무기 묘진사오미	경신임계갑 신유술해자	을병정무기 축인묘진사	경신임계갑 오미신유술	을병정무기 해자축인묘	경신임계갑 진사오미신

24절기와 잡절

명칭	태양황경(도)	한국표준시 월 일	한국표준시 시 분	명칭	태양황경(도)	한국표준시 월 일	한국표준시 시 분	명칭	태양황경(도)	한국표준시 월 일	한국표준시 시 분
소한	285	1 6	14 52	하지	90	6 22	18 15	대설	255	12 8	9 41
대한	300	1 21	8 12	소서	105	7 8	11 46	동지	270	12 23	3 36
입춘	315	2 5	2 38	대서	120	7 24	5 10	한식		4 6	
우수	330	2 19	22 40	입추	135	8 8	21 22	단오		6 10	
경칩	345	3 6	21 8	처서	150	8 24	11 53	초복		7 16	
춘분	0	3 21	22 17	백로	165	9 8	23 47	중복		7 26	
청명	15	4 6	2 38	추분	180	9 24	8 55	말복		8 15	
곡우	30	4 21	10 4	한로	195	10 9	14 45	토왕용사	297	1 18	9 27
입하	45	5 6	20 39	상강	210	10 24	17 36	토왕용사	27	4 18	8 18
소만	60	5 22	9 54	입동	225	11 8	17 18	토왕용사	117	7 21	1 44
망종	75	6 7	1 20	소설	240	11 23	14 36	토왕용사	207	10 21	17 17

월	양력	1 2 3 4 5	6 7 8 9 10	11 12 13 14 15	16 17 18 19 20	21 22 23 24 25	26 27 28 29 30 31
7	요일	화수목금토	일월화수목	금토일월화	수목금토일	월화수목금	토일월화수목
7	음력	5/26 27 28 29 6/1	2 3 4 5 6	7 8 9 10 11	12 13 14 15 16	17 18 19 20 21	22 23 24 25 26 27
7	일진	을병정무기 / 유술해자축	경신임계갑 / 인묘진사오	을병정무기 / 미신유술해	경신임계갑 / 자축인묘진	을병정무기 / 사오미신유	경신임계갑을 / 술해자축인묘
8	요일	금토일월화	수목금토일	월화수목금	토일월화수	목금토일월	화수목금토일
8	음력	6/28 29 30 7/1 2	3 4 5 6 7	8 9 10 11 12	13 14 15 16 17	18 19 20 21 22	23 24 25 26 27 28
8	일진	병정무기경 / 진사오미신	신임계갑을 / 유술해자축	병정무기경 / 인묘진사오	신임계갑을 / 미신유술해	병정무기경 / 자축인묘진	신임계갑을병 / 사오미신유술
9	요일	월화수목금	토일월화수	목금토일월	화수목금토	일월화수목	금토일월화
9	음력	7/29 8/1 2 3 4	5 6 7 8 9	10 11 12 13 14	15 16 17 18 19	20 21 22 23 24	25 26 27 28 29
9	일진	정무기경신 / 해자축인묘	임계갑을병 / 진사오미신	정무기경신 / 유술해자축	임계갑을병 / 인묘진사오	정무기경신 / 미신유술해	임계갑을병 / 자축인묘진
10	요일	수목금토일	월화수목금	토일월화수	목금토일월	화수목금토	일월화수목금
10	음력	8/30 9/1 2 3 4	5 6 7 8 9	10 11 12 13 14	15 16 17 18 19	20 21 22 23 24	25 26 27 28 29 10/1
10	일진	정무기경신 / 사오미신유	임계갑을병 / 술해자축인	정무기경신 / 묘진사오미	임계갑을병 / 신유술해자	정무기경신 / 축인묘진사	임계갑을병정 / 오미신유술해
11	요일	토일월화수	목금토일월	화수목금토	일월화수목	금토일월화	수목금토일
11	음력	10/2 3 4 5 6	7 8 9 10 11	12 13 14 15 16	17 18 19 20 21	22 23 24 25 26	27 28 29 30 11/1
11	일진	무기경신임 / 자축인묘진	계갑을병정 / 사오미신유	무기경신임 / 술해자축인	계갑을병정 / 묘진사오미	무기경신임 / 신유술해자	계갑을병정 / 축인묘진사
12	요일	월화수목금	토일월화수	목금토일월	화수목금토	일월화수목	금토일월화수
12	음력	11/2 3 4 5 6	7 8 9 10 11	12 13 14 15 16	17 18 19 20 21	22 23 24 25 26	27 28 29 30 12/1 2
12	일진	무기경신임 / 오미신유술	계갑을병정 / 해자축인묘	무기경신임 / 진사오미신	계갑을병정 / 유술해자축	무기경신임 / 인묘진사오	계갑을병정무 / 미신유술해자

1903 계묘년 • 단기 4236

주요 국경일과 명절

구 분	월 일	요일
신정	1 1	목
설날	1 29	목
추석	10 5	월

음양력 대조일람

음력월	월 건	대/소	양력	월일	음력월	월 건	대/소	양력	월일
1	갑 인	소	1	29	7	경 신	소	8	23
2	을 묘	대	2	27	8	신 유	소	9	21
3	병 진	소	3	29	9	임 술	대	10	20
4	정 사	대	4	27	10	계 해	대	11	19
5	무 오	소	5	27	11	갑 자	소	12	19
(윤)5		소	6	25	12	을 축	대	1904/1	17
6	기 미	대	7	24					

월	양력	1	2	3	4	5	6	7	8	9	10	11	12	13	14	15	16	17	18	19	20	21	22	23	24	25	26	27	28	29	30	31
1	요일	목	금	토	일	월	화	수	목	금	토	일	월	화	수	목	금	토	일	월	화	수	목	금	토	일	월	화	수	목	금	토
	음력	12/3	4	5	6	7	8	9	10	11	12	13	14	15	16	17	18	19	20	21	22	23	24	25	26	27	28	29	30	1/1	2	3
	일진	기축	경인	신묘	임진	계사	갑오	을미	병신	정유	무술	기해	경자	신축	임인	계묘	갑진	을사	병오	정미	무신	기유	경술	신해	임자	계축	갑인	을묘	병진	정사	무오	기미
2	요일	일	월	화	수	목	금	토	일	월	화	수	목	금	토	일	월	화	수	목	금	토	일	월	화	수	목	금	토			
	음력	1/4	5	6	7	8	9	10	11	12	13	14	15	16	17	18	19	20	21	22	23	24	25	26	27	28	29	2/1	2			
	일진	경신	신유	임술	계해	갑자	을축	병인	정묘	무진	기사	경오	신미	임신	계유	갑술	을해	병자	정축	무인	기묘	경진	신사	임오	계미	갑신	을유	병술	정해			
3	요일	일	월	화	수	목	금	토	일	월	화	수	목	금	토	일	월	화	수	목	금	토	일	월	화	수	목	금	토	일	월	화
	음력	2/3	4	5	6	7	8	9	10	11	12	13	14	15	16	17	18	19	20	21	22	23	24	25	26	27	28	29	30	3/1	2	3
	일진	무자	기축	경인	신묘	임진	계사	갑오	을미	병신	정유	무술	기해	경자	신축	임인	계묘	갑진	을사	병오	정미	무신	기유	경술	신해	임자	계축	갑인	을묘	병진	정사	무오
4	요일	수	목	금	토	일	월	화	수	목	금	토	일	월	화	수	목	금	토	일	월	화	수	목	금	토	일	월	화	수	목	
	음력	3/4	5	6	7	8	9	10	11	12	13	14	15	16	17	18	19	20	21	22	23	24	25	26	27	28	29	4/1	2	3	4	
	일진	기미	경신	신유	임술	계해	갑자	을축	병인	정묘	무진	기사	경오	신미	임신	계유	갑술	을해	병자	정축	무인	기묘	경진	신사	임오	계미	갑신	을유	병술	정해	무자	
5	요일	금	토	일	월	화	수	목	금	토	일	월	화	수	목	금	토	일	월	화	수	목	금	토	일	월	화	수	목	금	토	일
	음력	4/5	6	7	8	9	10	11	12	13	14	15	16	17	18	19	20	21	22	23	24	25	26	27	28	29	30	5/1	2	3	4	5
	일진	기축	경인	신묘	임진	계사	갑오	을미	병신	정유	무술	기해	경자	신축	임인	계묘	갑진	을사	병오	정미	무신	기유	경술	신해	임자	계축	갑인	을묘	병진	정사	무오	기미
6	요일	월	화	수	목	금	토	일	월	화	수	목	금	토	일	월	화	수	목	금	토	일	월	화	수	목	금	토	일	월	화	
	음력	5/6	7	8	9	10	11	12	13	14	15	16	17	18	19	20	21	22	23	24	25	26	27	28	29	5'/1	2	3	4	5	6	
	일진	경신	신유	임술	계해	갑자	을축	병인	정묘	무진	기사	경오	신미	임신	계유	갑술	을해	병자	정축	무인	기묘	경진	신사	임오	계미	갑신	을유	병술	정해	무자	기축	

24절기와 잡절

명 칭	태양황경(도)	월	일	시	분	명 칭	태양황경(도)	월	일	시	분	명 칭	태양황경(도)	월	일	시	분
소한	285	1	6	20	44	하지	90	6	23	0	5	대설	255	12	8	15	35
대한	300	1	21	14	14	소서	105	7	8	17	37	동지	270	12	23	9	21
입춘	315	2	5	8	31	대서	120	7	24	10	59	한식			4	7		
우수	330	2	20	4	41	입추	135	8	9	3	16	단오			5	31		
경칩	345	3	7	2	59	처서	150	8	24	17	42	초복			7	21		
춘분	0	3	22	4	15	백로	165	9	9	5	42	중복			7	31		
청명	15	4	6	8	26	추분	180	9	24	14	44	말복			8	10		
곡우	30	4	21	15	59	한로	195	10	9	20	42	토왕용사	297	1	18	15	29
입하	45	5	7	2	25	상강	210	10	24	23	23	토왕용사	27	4	18	14	14
소만	60	5	22	15	45	입동	225	11	8	23	13	토왕용사	117	7	21	7	36
망종	75	6	7	7	7	소설	240	11	23	20	22	토왕용사	207	10	21	23	6

월	양력	1	2	3	4	5	6	7	8	9	10	11	12	13	14	15	16	17	18	19	20	21	22	23	24	25	26	27	28	29	30	31
7	요일	수	목	금	토	일	월	화	수	목	금	토	일	월	화	수	목	금	토	일	월	화	수	목	금	토	일	월	화	수	목	금
	음력	5*/7	8	9	10	11	12	13	14	15	16	17	18	19	20	21	22	23	24	25	26	27	28	29	6/1	2	3	4	5	6	7	8
	일진	경인	신묘	임진	계사	갑오	을미	병신	정유	무술	기해	경자	신축	임인	계묘	갑진	을사	병오	정미	무신	기유	경술	신해	임자	계축	갑인	을묘	병진	정사	무오	기미	경신
8	요일	토	일	월	화	수	목	금	토	일	월	화	수	목	금	토	일	월	화	수	목	금	토	일	월	화	수	목	금	토	일	월
	음력	6/9	10	11	12	13	14	15	16	17	18	19	20	21	22	23	24	25	26	27	28	29	30	7/1	2	3	4	5	6	7	8	9
	일진	신유	임술	계해	갑자	을축	병인	정묘	무진	기사	경오	신미	임신	계유	갑술	을해	병자	정축	무인	기묘	경진	신사	임오	계미	갑신	을유	병술	정해	무자	기축	경인	신묘
9	요일	화	수	목	금	토	일	월	화	수	목	금	토	일	월	화	수	목	금	토	일	월	화	수	목	금	토	일	월	화	수	
	음력	7/10	11	12	13	14	15	16	17	18	19	20	21	22	23	24	25	26	27	28	29	8/1	2	3	4	5	6	7	8	9	10	
	일진	임진	계사	갑오	을미	병신	정유	무술	기해	경자	신축	임인	계묘	갑진	을사	병오	정미	무신	기유	경술	신해	임자	계축	갑인	을묘	병진	정사	무오	기미	경신	신유	
10	요일	목	금	토	일	월	화	수	목	금	토	일	월	화	수	목	금	토	일	월	화	수	목	금	토	일	월	화	수	목	금	토
	음력	8/11	12	13	14	15	16	17	18	19	20	21	22	23	24	25	26	27	28	29	9/1	2	3	4	5	6	7	8	9	10	11	12
	일진	임술	계해	갑자	을축	병인	정묘	무진	기사	경오	신미	임신	계유	갑술	을해	병자	정축	무인	기묘	경진	신사	임오	계미	갑신	을유	병술	정해	무자	기축	경인	신묘	임진
11	요일	일	월	화	수	목	금	토	일	월	화	수	목	금	토	일	월	화	수	목	금	토	일	월	화	수	목	금	토	일	월	
	음력	9/13	14	15	16	17	18	19	20	21	22	23	24	25	26	27	28	29	30	10/1	2	3	4	5	6	7	8	9	10	11	12	
	일진	계사	갑오	을미	병신	정유	무술	기해	경자	신축	임인	계묘	갑진	을사	병오	정미	무신	기유	경술	신해	임자	계축	갑인	을묘	병진	정사	무오	기미	경신	신유	임술	
12	요일	화	수	목	금	토	일	월	화	수	목	금	토	일	월	화	수	목	금	토	일	월	화	수	목	금	토	일	월	화	수	목
	음력	10/13	14	15	16	17	18	19	20	21	22	23	24	25	26	27	28	29	30	11/1	2	3	4	5	6	7	8	9	10	11	12	13
	일진	계해	갑자	을축	병인	정묘	무진	기사	경오	신미	임신	계유	갑술	을해	병자	정축	무인	기묘	경진	신사	임오	계미	갑신	을유	병술	정해	무자	기축	경인	신묘	임진	계사

* 윤달 : 5월

1904 갑진년 • 단기 4237

주요 국경일과 명절

구 분	월	일	요일
신 정	1	1	금
설 날	2	16	화
추 석	9	24	토

음양력 대조일람

음력 월	월 건	대/소	음력 1일의 양력	월일	음력 월	월 건	대/소	음력 1일의 양력	월일
1	병 인	대	2	16	7	임 신	대	8	11
2	정 묘	대	3	17	8	계 유	소	9	10
3	무 진	소	4	16	9	갑 술	소	10	9
4	기 사	대	5	15	10	을 해	대	11	7
5	경 오	소	6	14	11	병 자	대	12	7
6	신 미	소	7	13	12	정 축	소	1905/1	6

월	양력	1 2 3 4 5	6 7 8 9 10	11 12 13 14 15	16 17 18 19 20	21 22 23 24 25	26 27 28 29 30 31
1	요일	금 토 일 월 화	수 목 금 토 일	월 화 수 목 금	토 일 월 화 수	목 금 토 일 월	화 수 목 금 토 일
	음력	11/14 15 16 17 18	19 20 21 22 23	24 25 26 27 28	29 12/1 2 3 4	5 6 7 8 9	10 11 12 13 14 15
	일진	갑을병정무 오미신유술	기경신임계 해자축인묘	갑을병정무 진사오미신	기경신임계 유술해자축	갑을병정무 인묘진사오	기경신임계갑 미신유술해자
2	요일	월 화 수 목 금	토 일 월 화 수	목 금 토 일 월	화 수 목 금 토	일 월 화 수 목	금 토 일 월
	음력	12/16 17 18 19 20	21 22 23 24 25	26 27 28 29 30	1/1 2 3 4 5	6 7 8 9 10	11 12 13 14
	일진	을병정무기 축인묘진사	경신임계갑 오미신유술	을병정무기 해자축인묘	경신임계갑 진사오미신	을병정무기 유술해자축	경신임계 인묘진사
3	요일	화 수 목 금 토	일 월 화 수 목	금 토 일 월 화	수 목 금 토 일	월 화 수 목 금	토 일 월 화 수 목
	음력	1/15 16 17 18 19	20 21 22 23 24	25 26 27 28 29	30 2/1 2 3 4	5 6 7 8 9	10 11 12 13 14 15
	일진	갑을병정무 오미신유술	기경신임계 해자축인묘	갑을병정무 진사오미신	기경신임계 유술해자축	갑을병정무 인묘진사오	기경신임계갑 미신유술해자
4	요일	금 토 일 월 화	수 목 금 토 일	월 화 수 목 금	토 일 월 화 수	목 금 토 일 월	화 수 목 금 토
	음력	2/16 17 18 19 20	21 22 23 24 25	26 27 28 29 30	3/1 2 3 4 5	6 7 8 9 10	11 12 13 14 15
	일진	을병정무기 축인묘진사	경신임계갑 오미신유술	을병정무기 해자축인묘	경신임계갑 진사오미신	을병정무기 유술해자축	경신임계 인묘진사오
5	요일	일 월 화 수 목	금 토 일 월 화	수 목 금 토 일	월 화 수 목 금	토 일 월 화 수	목 금 토 일 월 화
	음력	3/16 17 18 19 20	21 22 23 24 25	26 27 28 29 4/1	2 3 4 5 6	7 8 9 10 11	12 13 14 15 16 17
	일진	을병정무기 미신유술해	경신임계갑 자축인묘진	을병정무기 사오미신유	경신임계갑 술해자축인	을병정무기 묘진사오미	경신임계갑을 신유술해자축
6	요일	수 목 금 토 일	월 화 수 목 금	토 일 월 화 수	목 금 토 일 월	화 수 목 금 토	일 월 화 수 목
	음력	4/18 19 20 21 22	23 24 25 26 27	28 29 30 5/1 2	3 4 5 6 7	8 9 10 11 12	13 14 15 16 17
	일진	병정무기경 인묘진사오	신임계갑을 미신유술해	병정무기경 자축인묘진	신임계갑을 사오미신유	병정무기경 술해자축인	신임계갑을 묘진사오미

24절기와 잡절

명칭	태양황경(도)	한국표준시			명칭	태양황경(도)	한국표준시			명칭	태양황경(도)	한국표준시		
		월 일	시	분			월 일	시	분			월 일	시	분
소한	285	1 7	2	37	하지	90	6 22	5	51	대　설	255	12 7	21	25
대한	300	1 21	19	58	소서	105	7 7	23	32	동　지	270	12 22	15	14
입춘	315	2 5	14	24	대서	120	7 23	16	50					
우수	330	2 20	10	25	입추	135	8 8	9	12	한　식		4 6		
경칩	345	3 6	8	52	처서	150	8 23	23	36	단　오		6 18		
춘분	0	3 21	9	59	백로	165	9 8	11	38	초　복		7 15		
청명	15	4 5	14	19	추분	180	9 23	20	40	중　복		7 25		
곡우	30	4 20	21	42	한로	195	10 9	2	36	말　복		8 14		
입하	45	5 6	8	19	상강	210	10 24	5	19	토왕용사	297	1 18	21	15
소만	60	5 21	21	29	입동	225	11 8	5	5	토왕용사	27	4 17	19	59
망종	75	6 6	13	1	소설	240	11 23	2	16	토왕용사	117	7 20	13	24
										토왕용사	207	10 21	5	0

월	양력	1	2	3	4	5	6	7	8	9	10	11	12	13	14	15	16	17	18	19	20	21	22	23	24	25	26	27	28	29	30	31
7	요일	금	토	일	월	화	수	목	금	토	일	월	화	수	목	금	토	일	월	화	수	목	금	토	일	월	화	수	목	금	토	일
	음력	5/18	19	20	21	22	23	24	25	26	27	28	29	6/1	2	3	4	5	6	7	8	9	10	11	12	13	14	15	16	17	18	19
	일진	병신	정유	무술	기해	경자	신축	임인	계묘	갑진	을사	병오	정미	무신	기유	경술	신해	임자	계축	갑인	을묘	병진	정사	무오	기미	경신	신유	임술	계해	갑자	을축	병인
8	요일	월	화	수	목	금	토	일	월	화	수	목	금	토	일	월	화	수	목	금	토	일	월	화	수	목	금	토	일	월	화	수
	음력	6/20	21	22	23	24	25	26	27	28	29	7/1	2	3	4	5	6	7	8	9	10	11	12	13	14	15	16	17	18	19	20	21
	일진	정묘	무진	기사	경오	신미	임신	계유	갑술	을해	병자	정축	무인	기묘	경진	신사	임오	계미	갑신	을유	병술	정해	무자	기축	경인	신묘	임진	계사	갑오	을미	병신	정유
9	요일	목	금	토	일	월	화	수	목	금	토	일	월	화	수	목	금	토	일	월	화	수	목	금	토	일	월	화	수	목	금	
	음력	7/22	23	24	25	26	27	28	29	30	8/1	2	3	4	5	6	7	8	9	10	11	12	13	14	15	16	17	18	19	20	21	
	일진	무술	기해	경자	신축	임인	계묘	갑진	을사	병오	정미	무신	기유	경술	신해	임자	계축	갑인	을묘	병진	정사	무오	기미	경신	신유	임술	계해	갑자	을축	병인	정묘	
10	요일	토	일	월	화	수	목	금	토	일	월	화	수	목	금	토	일	월	화	수	목	금	토	일	월	화	수	목	금	토	일	월
	음력	8/22	23	24	25	26	27	28	29	9/1	2	3	4	5	6	7	8	9	10	11	12	13	14	15	16	17	18	19	20	21	22	23
	일진	무진	기사	경오	신미	임신	계유	갑술	을해	병자	정축	무인	기묘	경진	신사	임오	계미	갑신	을유	병술	정해	무자	기축	경인	신묘	임진	계사	갑오	을미	병신	정유	무술
11	요일	화	수	목	금	토	일	월	화	수	목	금	토	일	월	화	수	목	금	토	일	월	화	수	목	금	토	일	월	화	수	
	음력	9/24	25	26	27	28	29	10/1	2	3	4	5	6	7	8	9	10	11	12	13	14	15	16	17	18	19	20	21	22	23	24	
	일진	기해	경자	신축	임인	계묘	갑진	을사	병오	정미	무신	기유	경술	신해	임자	계축	갑인	을묘	병진	정사	무오	기미	경신	신유	임술	계해	갑자	을축	병인	정묘	무진	
12	요일	목	금	토	일	월	화	수	목	금	토	일	월	화	수	목	금	토	일	월	화	수	목	금	토	일	월	화	수	목	금	토
	음력	10/25	26	27	28	29	30	11/1	2	3	4	5	6	7	8	9	10	11	12	13	14	15	16	17	18	19	20	21	22	23	24	25
	일진	기사	경오	신미	임신	계유	갑술	을해	병자	정축	무인	기묘	경진	신사	임오	계미	갑신	을유	병술	정해	무자	기축	경인	신묘	임진	계사	갑오	을미	병신	정유	무술	기해

1905 을사년 • 단기 4238

주요 국경일과 명절

구 분	월	일	요일
신 정	1	1	일
설 날	2	4	토
추 석	9	13	수

음양력 대조일람

음력월	월건	대/소	음력 1일의 양력 월일	음력월	월건	대/소	음력 1일의 양력 월일
1	무 인	대	2 4	7	갑 신	소	8 1
2	기 묘	대	3 6	8	을 유	대	8 30
3	경 진	소	4 5	9	병 술	소	9 29
4	신 사	대	5 4	10	정 해	대	10 28
5	임 오	대	6 3	11	무 자	소	11 27
6	계 미	소	7 3	12	기 축	대	12 26

월	양력	1 2 3 4 5	6 7 8 9 10	11 12 13 14 15	16 17 18 19 20	21 22 23 24 25	26 27 28 29 30 31
1	요일	일 월 화 수 목	금 토 일 월 화	수 목 금 토 일	월 화 수 목 금	토 일 월 화 수	목 금 토 일 월 화
1	음력	11/26 27 28 29 30	12/1 2 3 4 5	6 7 8 9 10	11 12 13 14 15	16 17 18 19 20	21 22 23 24 25 26
1	일진	경신임계갑 자축인묘진	을병정무기 사오미신유	경신임계갑 술해자축인	을병정무기 묘진사오미	경신임계갑 신유술해자	을병정무기경 축인묘진사오
2	요일	수 목 금 토 일	월 화 수 목 금	토 일 월 화 수	목 금 토 일 월	화 수 목 금 토	일 월 화
2	음력	12/27 28 29 1/1 2	3 4 5 6 7	8 9 10 11 12	13 14 15 16 17	18 19 20 21 22	23 24 25
2	일진	신임계갑을 미신유술해	병정무기경 자축인묘진	신임계갑을 사오미신유	병정무기경 술해자축인	신임계갑을 묘진사오미	병정무 신유술
3	요일	수 목 금 토 일	월 화 수 목 금	토 일 월 화 수	목 금 토 일 월	화 수 목 금 토	일 월 화 수 목 금
3	음력	1/26 27 28 29 30	2/1 2 3 4 5	6 7 8 9 10	11 12 13 14 15	16 17 18 19 20	21 22 23 24 25 26
3	일진	기경신임계 해자축인묘	갑을병정무 진사오미신	기경신임계 유술해자축	갑을병정무 인묘진사오	기경신임계 미신유술해	갑을병정무기 자축인묘진사
4	요일	토 일 월 화 수	목 금 토 일 월	화 수 목 금 토	일 월 화 수 목	금 토 일 월 화	수 목 금 토 일
4	음력	2/27 28 29 30 3/1	2 3 4 5 6	7 8 9 10 11	12 13 14 15 16	17 18 19 20 21	22 23 24 25 26
4	일진	경신임계갑 오미신유술	을병정무기 해자축인묘	경신임계갑 진사오미신	을병정무기 유술해자축	경신임계갑 인묘진사오	을병정무기 미신유술해
5	요일	월 화 수 목 금	토 일 월 화 수	목 금 토 일 월	화 수 목 금 토	일 월 화 수 목	금 토 일 월 화 수
5	음력	3/27 28 29 4/1 2	3 4 5 6 7	8 9 10 11 12	13 14 15 16 17	18 19 20 21 22	23 24 25 26 27 28
5	일진	경신임계갑 자축인묘진	을병정무기 사오미신유	경신임계갑 술해자축인	을병정무기 묘진사오미	경신임계갑 신유술해자	을병정무기경 축인묘진사오
6	요일	목 금 토 일 월	화 수 목 금 토	일 월 화 수 목	금 토 일 월 화	수 목 금 토 일	월 화 수 목 금
6	음력	4/29 30 5/1 2 3	4 5 6 7 8	9 10 11 12 13	14 15 16 17 18	19 20 21 22 23	24 25 26 27 28
6	일진	신임계갑을 미신유술해	병정무기경 자축인묘진	신임계갑을 사오미신유	병정무기경 술해자축인	신임계갑을 묘진사오미	병정무기경 신유술해자

24절기와 잡절

명칭	태양황경(도)	월 일	시 분	명칭	태양황경(도)	월 일	시 분	명칭	태양황경(도)	월 일	시 분
소한	285	1 6	8 27	하지	90	6 22	11 51	대설	255	12 8	3 11
대한	300	1 21	1 52	소서	105	7 8	5 20	동지	270	12 22	21 4
입춘	315	2 4	20 16	대서	120	7 23	22 46	한식		4 6	
우수	330	2 19	16 21	입추	135	8 8	14 57	단오		6 7	
경칩	345	3 6	14 46	처서	150	8 24	5 29	초복		7 20	
춘분	0	3 21	15 58	백로	165	9 8	17 22	중복		7 30	
청명	15	4 5	20 15	추분	180	9 24	2 30	말복		8 9	
곡우	30	4 21	3 44	한로	195	10 9	8 20	토왕용사	297	1 18	3 6
입하	45	5 6	14 14	상강	210	10 24	11 8	토왕용사	27	4 18	1 57
소만	60	5 22	3 31	입동	225	11 8	10 50	토왕용사	117	7 20	19 20
망종	75	6 6	18 54	소설	240	11 23	8 5	토왕용사	207	10 21	10 51

월	양력	1 2 3 4 5	6 7 8 9 10	11 12 13 14 15	16 17 18 19 20	21 22 23 24 25	26 27 28 29 30 31
7	요일	토 일 월 화 수	목 금 토 일 월	화 수 목 금 토	일 월 화 수 목	금 토 일 월 화	수 목 금 토 일 월
	음력	5/29 30 6/1 2 3	4 5 6 7 8	9 10 11 12 13	14 15 16 17 18	19 20 21 22 23	24 25 26 27 28 29
	일진	신 임 계 갑 을 축 인 묘 진 사	병 정 무 기 경 오 미 신 유 술	신 임 계 갑 을 해 자 축 인 묘	병 정 무 기 경 진 사 오 미 신	신 임 계 갑 을 유 술 해 자 축	병 정 무 기 경 신 인 묘 진 사 오 미
8	요일	화 수 목 금 토	일 월 화 수 목	금 토 일 월 화	수 목 금 토 일	월 화 수 목 금	토 일 월 화 수 목
	음력	7/1 2 3 4 5	6 7 8 9 10	11 12 13 14 15	16 17 18 19 20	21 22 23 24 25	26 27 28 29 8/1 2
	일진	임 계 갑 을 병 신 유 술 해 자	정 무 기 경 신 축 인 묘 진 사	임 계 갑 을 병 오 미 신 유 술	정 무 기 경 신 해 자 축 인 묘	임 계 갑 을 병 진 사 오 미 신	정 무 기 경 신 임 유 술 해 자 축 인
9	요일	금 토 일 월 화	수 목 금 토 일	월 화 수 목 금	토 일 월 화 수	목 금 토 일 월	화 수 목 금 토
	음력	8/3 4 5 6 7	8 9 10 11 12	13 14 15 16 17	18 19 20 21 22	23 24 25 26 27	28 29 30 9/1 2
	일진	계 갑 을 병 정 묘 진 사 오 미	무 기 경 신 임 신 유 술 해 자	계 갑 을 병 정 축 인 묘 진 사	무 기 경 신 임 오 미 신 유 술	계 갑 을 병 정 해 자 축 인 묘	무 기 경 신 임 진 사 오 미 신
10	요일	일 월 화 수 목	금 토 일 월 화	수 목 금 토 일	월 화 수 목 금	토 일 월 화 수	목 금 토 일 월 화
	음력	9/3 4 5 6 7	8 9 10 11 12	13 14 15 16 17	18 19 20 21 22	23 24 25 26 27	28 29 10/1 2 3 4
	일진	계 갑 을 병 정 유 술 해 자 축	무 기 경 신 임 인 묘 진 사 오	계 갑 을 병 정 미 신 유 술 해	무 기 경 신 임 자 축 인 묘 진	계 갑 을 병 정 사 오 미 신 유	무 기 경 신 임 계 술 해 자 축 인 묘
11	요일	수 목 금 토 일	월 화 수 목 금	토 일 월 화 수	목 금 토 일 월	화 수 목 금 토	일 월 화 수 목
	음력	10/5 6 7 8 9	10 11 12 13 14	15 16 17 18 19	20 21 22 23 24	25 26 27 28 29	30 11/1 2 3 4
	일진	갑 을 병 정 무 진 사 오 미 신	기 경 신 임 계 유 술 해 자 축	갑 을 병 정 무 인 묘 진 사 오	기 경 신 임 계 미 신 유 술 해	갑 을 병 정 무 자 축 인 묘 진	기 경 신 임 계 사 오 미 신 유
12	요일	금 토 일 월 화	수 목 금 토 일	월 화 수 목 금	토 일 월 화 수	목 금 토 일 월	화 수 목 금 토 일
	음력	11/5 6 7 8 9	10 11 12 13 14	15 16 17 18 19	20 21 22 23 24	25 26 27 28 29	12/1 2 3 4 5 6
	일진	갑 을 병 정 무 술 해 자 축 인	기 경 신 임 계 묘 진 사 오 미	갑 을 병 정 무 신 유 술 해 자	기 경 신 임 계 축 인 묘 진 사	갑 을 병 정 무 오 미 신 유 술	기 경 신 임 계 갑 해 자 축 인 묘 진

31

병오년 • 단기 4239

주요 국경일과 명절

구 분	월 일	요일
신정	1 1	월
설날	1 25	목
추석	10 2	화

음양력 대조일람

음력월	월 건	대/소	음력 1일의 양력 월일	음력월	월 건	대/소	음력 1일의 양력 월일
1	경 인	소	1 25	7	병 신	소	8 20
2	신 묘	대	2 23	8	정 유	대	9 18
3	임 진	대	3 25	9	무 술	소	10 18
4	계 사	소	4 24	10	기 해	대	11 16
(윤)4		대	5 23	11	경 자	소	12 16
5	갑 오	소	6 22	12	신 축	대	1907/1 14
6	을 미	대	7 21				

월	양력	1 2 3 4 5	6 7 8 9 10	11 12 13 14 15	16 17 18 19 20	21 22 23 24 25	26 27 28 29 30 31
1	요일	월화수목금	토일월화수	목금토일월	화수목금토	일월화수목	금토일월화수
1	음력	12/7 8 9 10 11	12 13 14 15 16	17 18 19 20 21	22 23 24 25 26	27 28 29 30 1/1	2 3 4 5 6 7
1	일진	을병정무기 사오미신유	경신임계갑 술해자축인	을병정무기 묘진사오미	경신임계갑 신유술해자	을병정무기 축인묘진사	경신임계갑을 오미신유술해
2	요일	목금토일월	화수목금토	일월화수목	금토일월화	수목금토일	월화수
2	음력	1/8 9 10 11 12	13 14 15 16 17	18 19 20 21 22	23 24 25 26 27	28 29 2/1 2 3	4 5 6
2	일진	병정무기경 자축인묘진	신임계갑을 사오미신유	병정무기경 술해자축인	신임계갑을 묘진사오미	병정무기경 신유술해자	신임계 축인묘
3	요일	목금토일월	화수목금토	일월화수목	금토일월화	수목금토일	월화수목금토
3	음력	2/7 8 9 10 11	12 13 14 15 16	17 18 19 20 21	22 23 24 25 26	27 28 29 30 3/1	2 3 4 5 6 7
3	일진	갑을병정무 진사오미신	기경신임계 유술해자축	갑을병정무 인묘진사오	기경신임계 미신유술해	갑을병정무 자축인묘진	기경신임계갑 사오미신유술
4	요일	일월화수목	금토일월화	수목금토일	월화수목금	토일월화수	목금토일월
4	음력	3/8 9 10 11 12	13 14 15 16 17	18 19 20 21 22	23 24 25 26 27	28 29 30 4/1 2	3 4 5 6 7
4	일진	을병정무기 해자축인묘	경신임계갑 진사오미신	을병정무기 유술해자축	경신임계갑 인묘진사오	을병정무기 미신유술해	경신임계갑 자축인묘진
5	요일	화수목금토	일월화수목	금토일월화	수목금토일	월화수목금	토일월화수목
5	음력	4/8 9 10 11 12	13 14 15 16 17	18 19 20 21 22	23 24 25 26 27	28 29 4*/1 2 3	4 5 6 7 8 9
5	일진	을병정무기 사오미신유	경신임계갑 술해자축인	을병정무기 묘진사오미	경신임계갑 신유술해자	을병정무기 축인묘진사	경신임계갑을 오미신유술해
6	요일	금토일월화	수목금토일	월화수목금	토일월화수	목금토일월	화수목금토
6	음력	4*/10 11 12 13 14	15 16 17 18 19	20 21 22 23 24	25 26 27 28 29	30 5/1 2 3 4	5 6 7 8 9
6	일진	병정무기경 자축인묘진	신임계갑을 사오미신유	병정무기경 술해자축인	신임계갑을 묘진사오미	병정무기경 신유술해자	신임계갑을 축인묘진사

24절기와 잡절

명칭	태양황경(도)	월	일	시	분	명칭	태양황경(도)	월	일	시	분	명칭	태양황경(도)	월	일	시	분
소한	285	1	6	14	14	하지	90	6	22	17	42	대설	255	12	8	9	10
대한	300	1	21	7	43	소서	105	7	8	11	15	동지	270	12	23	2	53
입춘	315	2	5	2	4	대서	120	7	24	4	33						
우수	330	2	19	22	15	입추	135	8	8	20	52	한식		4	6		
경칩	345	3	6	20	36	처서	150	8	24	11	14	단오		6	26		
춘분	0	3	21	21	53	백로	165	9	8	23	16	초복		7	15		
청명	15	4	6	2	7	추분	180	9	24	8	15	중복		7	25		
곡우	30	4	21	9	39	한로	195	10	9	14	15	말복		8	14		
입하	45	5	6	20	9	상강	210	10	24	16	55	토왕용사	297	1	18	9	0
소만	60	5	22	9	25	입동	225	11	8	16	47	토왕용사	27	4	18	7	55
망종	75	6	7	0	49	소설	240	11	23	13	54	토왕용사	117	7	21	1	10
												토왕용사	207	10	21	16	37

월	양력	1 2 3 4 5	6 7 8 9 10	11 12 13 14 15	16 17 18 19 20	21 22 23 24 25	26 27 28 29 30 31
7	요일	일 월 화 수 목	금 토 일 월 화	수 목 금 토 일	월 화 수 목 금	토 일 월 화 수	목 금 토 일 월 화
	음력	5/10 11 12 13 14	15 16 17 18 19	20 21 22 23 24	25 26 27 28 29	6/1 2 3 4 5	6 7 8 9 10 11
	일진	병 정 무 기 경 오 미 신 유 술	신 임 계 갑 을 해 자 축 인 묘	병 정 무 기 경 진 사 오 미 신	신 임 계 갑 을 유 술 해 자 축	병 정 무 기 경 인 묘 진 사 오	신 임 계 갑 을 병 미 신 유 술 해 자
8	요일	수 목 금 토 일	월 화 수 목 금	토 일 월 화 수	목 금 토 일 월	화 수 목 금 토	일 월 화 수 목 금
	음력	6/12 13 14 15 16	17 18 19 20 21	22 23 24 25 26	27 28 29 30 7/1	2 3 4 5 6	7 8 9 10 11 12
	일진	정 무 기 경 신 축 인 묘 진 사	임 계 갑 을 병 오 미 신 유 술	정 무 기 경 신 해 자 축 인 묘	임 계 갑 을 병 진 사 오 미 신	정 무 기 경 신 유 술 해 자 축	임 계 갑 을 병 정 인 묘 진 사 오 미
9	요일	토 일 월 화 수	목 금 토 일 월	화 수 목 금 토	일 월 화 수 목	금 토 일 월 화	수 목 금 토 일
	음력	7/13 14 15 16 17	18 19 20 21 22	23 24 25 26 27	28 29 8/1 2 3	4 5 6 7 8	9 10 11 12 13
	일진	무 기 경 신 임 신 유 술 해 자	계 갑 을 병 정 축 인 묘 진 사	무 기 경 신 임 오 미 신 유 술	계 갑 을 병 정 해 자 축 인 묘	무 기 경 신 임 진 사 오 미 신	계 갑 을 병 정 유 술 해 자 축
10	요일	월 화 수 목 금	토 일 월 화 수	목 금 토 일 월	화 수 목 금 토	일 월 화 수 목	금 토 일 월 화 수
	음력	8/14 15 16 17 18	19 20 21 22 23	24 25 26 27 28	29 30 9/1 2 3	4 5 6 7 8	9 10 11 12 13 14
	일진	무 기 경 신 임 인 묘 진 사 오	계 갑 을 병 정 미 신 유 술 해	무 기 경 신 임 자 축 인 묘 진	계 갑 을 병 정 사 오 미 신 유	무 기 경 신 임 술 해 자 축 인	계 갑 을 병 정 무 묘 진 사 오 미 신
11	요일	목 금 토 일 월	화 수 목 금 토	일 월 화 수 목	금 토 일 월 화	수 목 금 토 일	월 화 수 목 금
	음력	9/15 16 17 18 19	20 21 22 23 24	25 26 27 28 29	10/1 2 3 4 5	6 7 8 9 10	11 12 13 14 15
	일진	기 경 신 임 계 유 술 해 자 축	갑 을 병 정 무 인 묘 진 사 오	기 경 신 임 계 미 신 유 술 해	갑 을 병 정 무 자 축 인 묘 진	기 경 신 임 계 사 오 미 신 유	갑 을 병 정 무 술 해 자 축 인
12	요일	토 일 월 화 수	목 금 토 일 월	화 수 목 금 토	일 월 화 수 목	금 토 일 월 화	수 목 금 토 일 월
	음력	10/16 17 18 19 20	21 22 23 24 25	26 27 28 29 30	11/1 2 3 4 5	6 7 8 9 10	11 12 13 14 15 16
	일진	기 경 신 임 계 묘 진 사 오 미	갑 을 병 정 무 신 유 술 해 자	기 경 신 임 계 축 인 묘 진 사	갑 을 병 정 무 오 미 신 유 술	기 경 신 임 계 해 자 축 인 묘	갑 을 병 정 무 기 진 사 오 미 신 유

* 윤달 : 4월

1907 정미년 • 단기 4240

주요 국경일과 명절

구 분	월	일	요일
신 정	1	1	화
설 날	2	13	수
추 석	9	22	일

음양력 대조일람

음력월	월 건		대/소	음력 1일의 양력	월일	음력월	월 건		대/소	음력 1일의 양력	월일
1	무	인	소	2	13	7	갑	신	대	8	9
2	기	묘	대	3	14	8	을	유	소	9	8
3	경	진	소	4	13	9	병	술	대	10	7
4	신	사	대	5	12	10	정	해	소	11	6
5	임	오	소	6	11	11	무	자	대	12	5
6	계	미	대	7	10	12	기	축	소	1908/1	4

월	양력	1 2 3 4 5	6 7 8 9 10	11 12 13 14 15	16 17 18 19 20	21 22 23 24 25	26 27 28 29 30 31
1	요일	화 수 목 금 토	일 월 화 수 목	금 토 일 월 화	수 목 금 토 일	월 화 수 목 금	토 일 월 화 수 목
	음력	11/17 18 19 20 21	22 23 24 25 26	27 28 29 12/1 2	3 4 5 6 7	8 9 10 11 12	13 14 15 16 17 18
	일진	경신임계갑 술해자축인	을병정무기 묘진사오미	경신임계갑 신유술해자	을병정무기 축인묘진사	경신임계갑 오미신유술	을병정무기경 해자축인묘진
2	요일	금 토 일 월 화	수 목 금 토 일	월 화 수 목 금	토 일 월 화 수	목 금 토 일 월	화 수 목
	음력	12/19 20 21 22 23	24 25 26 27 28	29 30 1/1 2 3	4 5 6 7 8	9 10 11 12 13	14 15 16
	일진	신임계갑을 사오미신유	병정무기경 술해자축인	신임계갑을 묘진사오미	병정무기경 신유술해자	신임계갑을 축인묘진사	병정무 오미신
3	요일	금 토 일 월 화	수 목 금 토 일	월 화 수 목 금	토 일 월 화 수	목 금 토 일 월	화 수 목 금 토 일
	음력	1/17 18 19 20 21	22 23 24 25 26	27 28 29 2/1 2	3 4 5 6 7	8 9 10 11 12	13 14 15 16 17 18
	일진	기경신임계 유술해자축	갑을병정무 인묘진사오	기경신임계 미신유술해	갑을병정무 자축인묘진	기경신임계 사오미신유	갑을병정무기 술해자축인묘
4	요일	월 화 수 목 금	토 일 월 화 수	목 금 토 일 월	화 수 목 금 토	일 월 화 수 목	금 토 일 월 화
	음력	2/19 20 21 22 23	24 25 26 27 28	29 30 3/1 2 3	4 5 6 7 8	9 10 11 12 13	14 15 16 17 18
	일진	경신임계갑 진사오미신	을병정무기 유술해자축	경신임계갑 인묘진사오	을병정무기 미신유술해	경신임계갑 자축인묘진	을병정무기 사오미신유
5	요일	수 목 금 토 일	월 화 수 목 금	토 일 월 화 수	목 금 토 일 월	화 수 목 금 토	일 월 화 수 목 금
	음력	3/19 20 21 22 23	24 25 26 27 28	29 4/1 2 3 4	5 6 7 8 9	10 11 12 13 14	15 16 17 18 19 20
	일진	경신임계갑 술해자축인	을병정무기 묘진사오미	경신임계갑 신유술해자	을병정무기 축인묘진사	경신임계갑 오미신유술	을병정무기경 해자축인묘진
6	요일	토 일 월 화 수	목 금 토 일 월	화 수 목 금 토	일 월 화 수 목	금 토 일 월 화	수 목 금 토 일
	음력	4/21 22 23 24 25	26 27 28 29 30	5/1 2 3 4 5	6 7 8 9 10	11 12 13 14 15	16 17 18 19 20
	일진	신임계갑을 사오미신유	병정무기경 술해자축인	신임계갑을 묘진사오미	병정무기경 신유술해자	신임계갑을 축인묘진사	병정무기경 오미신유술

24절기와 잡절

명칭	태양황경(도)	한국표준시 월 일	시 분	명칭	태양황경(도)	한국표준시 월 일	시 분	명칭	태양황경(도)	한국표준시 월 일	시 분
소한	285	1 6	20 11	하지	90	6 22	23 23	대설	255	12 8	15 0
대한	300	1 21	13 31	소서	105	7 8	16 59	동지	270	12 23	8 52
입춘	315	2 5	7 59	대서	120	7 24	10 18	한식		4 7	
우수	330	2 20	3 58	입추	135	8 9	2 36	단오		6 15	
경칩	345	3 7	2 27	처서	150	8 24	17 3	초복		7 20	
춘분	0	3 22	3 33	백로	165	9 9	5 2	중복		7 30	
청명	15	4 6	7 55	추분	180	9 24	14 9	말복		8 9	
곡우	30	4 21	15 17	한로	195	10 9	20 3	토왕용사	297	1 18	14 47
입하	45	5 7	1 54	상강	210	10 24	22 52	토왕용사	27	4 18	13 33
소만	60	5 22	15 3	입동	225	11 8	22 36	토왕용사	117	7 21	6 52
망종	75	6 7	6 33	소설	240	11 23	19 52	토왕용사	207	10 21	22 32

월	양력	1 2 3 4 5	6 7 8 9 10	11 12 13 14 15	16 17 18 19 20	21 22 23 24 25	26 27 28 29 30 31
7	요일	월 화 수 목 금	토 일 월 화 수	목 금 토 일 월	화 수 목 금 토	일 월 화 수 목	금 토 일 월 화 수
7	음력	5/21 22 23 24 25	26 27 28 29 6/1	2 3 4 5 6	7 8 9 10 11	12 13 14 15 16	17 18 19 20 21 22
7	일진	신 임 계 갑 을 해 자 축 인 묘	병 정 무 기 경 진 사 오 미 신	신 임 계 갑 을 유 술 해 자 축	병 정 무 기 경 인 묘 진 사 오	신 임 계 갑 을 미 신 유 술 해	병 정 무 기 경 신 자 축 인 묘 진 사
8	요일	목 금 토 일 월	화 수 목 금 토	일 월 화 수 목	금 토 일 월 화	수 목 금 토 일	월 화 수 목 금 토
8	음력	6/23 24 25 26 27	28 29 30 7/1 2	3 4 5 6 7	8 9 10 11 12	13 14 15 16 17	18 19 20 21 22 23
8	일진	임 계 갑 을 병 오 미 신 유 술	정 무 기 경 신 해 자 축 인 묘	임 계 갑 을 병 진 사 오 미 신	정 무 기 경 신 유 술 해 자 축	임 계 갑 을 병 인 묘 진 사 오	정 무 기 경 신 임 미 신 유 술 해 자
9	요일	일 월 화 수 목	금 토 일 월 화	수 목 금 토 일	월 화 수 목 금	토 일 월 화 수	목 금 토 일 월
9	음력	7/24 25 26 27 28	29 30 8/1 2 3	4 5 6 7 8	9 10 11 12 13	14 15 16 17 18	19 20 21 22 23
9	일진	계 갑 을 병 정 축 인 묘 진 사	무 기 경 신 임 오 미 신 유 술	계 갑 을 병 정 해 자 축 인 묘	무 기 경 신 임 진 사 오 미 신	계 갑 을 병 정 유 술 해 자 축	무 기 경 신 임 인 묘 진 사 오
10	요일	화 수 목 금 토	일 월 화 수 목	금 토 일 월 화	수 목 금 토 일	월 화 수 목 금	토 일 월 화 수 목
10	음력	8/24 25 26 27 28	29 9/1 2 3 4	5 6 7 8 9	10 11 12 13 14	15 16 17 18 19	20 21 22 23 24 25
10	일진	계 갑 을 병 정 미 신 유 술 해	무 기 경 신 임 자 축 인 묘 진	계 갑 을 병 정 사 오 미 신 유	무 기 경 신 임 술 해 자 축 인	계 갑 을 병 정 묘 진 사 오 미	무 기 경 신 임 계 신 유 술 해 자 축
11	요일	금 토 일 월 화	수 목 금 토 일	월 화 수 목 금	토 일 월 화 수	목 금 토 일 월	화 수 목 금 토
11	음력	9/26 27 28 29 30	10/1 2 3 4 5	6 7 8 9 10	11 12 13 14 15	16 17 18 19 20	21 22 23 24 25
11	일진	갑 을 병 정 무 인 묘 진 사 오	기 경 신 임 계 미 신 유 술 해	갑 을 병 정 무 자 축 인 묘 진	기 경 신 임 계 사 오 미 신 유	갑 을 병 정 무 술 해 자 축 인	기 경 신 임 계 묘 진 사 오 미
12	요일	일 월 화 수 목	금 토 일 월 화	수 목 금 토 일	월 화 수 목 금	토 일 월 화 수	목 금 토 일 월 화
12	음력	10/26 27 28 29 11/1	2 3 4 5 6	7 8 9 10 11	12 13 14 15 16	17 18 19 20 21	22 23 24 25 26 27
12	일진	갑 을 병 정 무 신 유 술 해 자	기 경 신 임 계 축 인 묘 진 사	갑 을 병 정 무 오 미 신 유 술	기 경 신 임 계 해 자 축 인 묘	갑 을 병 정 무 진 사 오 미 신	기 경 신 임 계 갑 유 술 해 자 축 인

1908 무신년 • 단기 4241

주요 국경일과 명절

구 분	월	일	요일
신 정	1	1	수
설 날	2	2	일
추 석	9	10	목

음양력 대조일람

음력월	월 건	대/소	음력 1일의 양력	월일	음력월	월 건	대/소	음력 1일의 양력	월일
1	갑인	대	2	2	7	경신	대	7	28
2	을묘	소	3	3	8	신유	소	8	27
3	병진	소	4	1	9	임술	대	9	25
4	정사	대	4	30	10	계해	대	10	25
5	무오	대	5	30	11	갑자	소	11	24
6	기미	소	6	29	12	을축	대	12	23

월	양력	1	2	3	4	5	6	7	8	9	10	11	12	13	14	15	16	17	18	19	20	21	22	23	24	25	26	27	28	29	30	31
1	요일	수	목	금	토	일	월	화	수	목	금	토	일	월	화	수	목	금	토	일	월	화	수	목	금	토	일	월	화	수	목	금
	음력	11/28	29	30	12/1	2	3	4	5	6	7	8	9	10	11	12	13	14	15	16	17	18	19	20	21	22	23	24	25	26	27	28
	일진	을묘	병진	정사	무오	기미	경신	신유	임술	계해	갑자	을축	병인	정묘	무진	기사	경오	신미	임신	계유	갑술	을해	병자	정축	무인	기묘	경진	신사	임오	계미	갑신	을유
2	요일	토	일	월	화	수	목	금	토	일	월	화	수	목	금	토	일	월	화	수	목	금	토	일	월	화	수	목	금	토		
	음력	12/29	1/1	2	3	4	5	6	7	8	9	10	11	12	13	14	15	16	17	18	19	20	21	22	23	24	25	26	27	28		
	일진	병술	정해	무자	기축	경인	신묘	임진	계사	갑오	을미	병신	정유	무술	기해	경자	신축	임인	계묘	갑진	을사	병오	정미	무신	기유	경술	신해	임자	계축	갑인		
3	요일	일	월	화	수	목	금	토	일	월	화	수	목	금	토	일	월	화	수	목	금	토	일	월	화	수	목	금	토	일	월	화
	음력	1/29	30	2/1	2	3	4	5	6	7	8	9	10	11	12	13	14	15	16	17	18	19	20	21	22	23	24	25	26	27	28	29
	일진	을묘	병진	정사	무오	기미	경신	신유	임술	계해	갑자	을축	병인	정묘	무진	기사	경오	신미	임신	계유	갑술	을해	병자	정축	무인	기묘	경진	신사	임오	계미	갑신	을유
4	요일	수	목	금	토	일	월	화	수	목	금	토	일	월	화	수	목	금	토	일	월	화	수	목	금	토	일	월	화	수	목	
	음력	3/1	2	3	4	5	6	7	8	9	10	11	12	13	14	15	16	17	18	19	20	21	22	23	24	25	26	27	28	29	4/1	
	일진	병술	정해	무자	기축	경인	신묘	임진	계사	갑오	을미	병신	정유	무술	기해	경자	신축	임인	계묘	갑진	을사	병오	정미	무신	기유	경술	신해	임자	계축	갑인	을묘	
5	요일	금	토	일	월	화	수	목	금	토	일	월	화	수	목	금	토	일	월	화	수	목	금	토	일	월	화	수	목	금	토	일
	음력	4/2	3	4	5	6	7	8	9	10	11	12	13	14	15	16	17	18	19	20	21	22	23	24	25	26	27	28	29	30	5/1	2
	일진	병진	정사	무오	기미	경신	신유	임술	계해	갑자	을축	병인	정묘	무진	기사	경오	신미	임신	계유	갑술	을해	병자	정축	무인	기묘	경진	신사	임오	계미	갑신	을유	병술
6	요일	월	화	수	목	금	토	일	월	화	수	목	금	토	일	월	화	수	목	금	토	일	월	화	수	목	금	토	일	월	화	
	음력	5/3	4	5	6	7	8	9	10	11	12	13	14	15	16	17	18	19	20	21	22	23	24	25	26	27	28	29	30	6/1	2	
	일진	정해	무자	기축	경인	신묘	임진	계사	갑오	을미	병신	정유	무술	기해	경자	신축	임인	계묘	갑진	을사	병오	정미	무신	기유	경술	신해	임자	계축	갑인	을묘	병진	

24절기와 잡절

명 칭	태양황경(도)	한국표준시 월 일	한국표준시 시 분	명 칭	태양황경(도)	한국표준시 월 일	한국표준시 시 분	명 칭	태양황경(도)	한국표준시 월 일	한국표준시 시 분
소한	285	1 7	2 1	하지	90	6 22	5 19	대 설	255	12 7	20 44
대한	300	1 21	19 28	소서	105	7 7	22 48	동 지	270	12 22	14 34
입춘	315	2 5	13 47	대서	120	7 23	16 14				
우수	330	2 20	9 54	입추	135	8 8	8 27	한 식			4 6
경칩	345	3 6	8 14	처서	150	8 23	22 57	단 오			6 3
춘분	0	3 21	9 27	백로	165	9 8	10 52	초 복			7 14
청명	15	4 5	13 40	추분	180	9 23	19 58	중 복			7 24
곡우	30	4 20	21 11	한로	195	10 9	1 51	말 복			8 13
입하	45	5 6	7 38	상강	210	10 24	4 37	토왕용사	297	1 18	20 43
소만	60	5 21	20 58	입동	225	11 8	4 22	토왕용사	27	4 17	19 25
망종	75	6 6	12 19	소설	240	11 23	1 35	토왕용사	117	7 20	12 50
								토왕용사	207	10 21	4 20

월	양력	1 2 3 4 5	6 7 8 9 10	11 12 13 14 15	16 17 18 19 20	21 22 23 24 25	26 27 28 29 30 31
7	요일	수 목 금 토 일	월 화 수 목 금	토 일 월 화 수	목 금 토 일 월	화 수 목 금 토	일 월 화 수 목 금
7	음력	6/3 4 5 6 7	8 9 10 11 12	13 14 15 16 17	18 19 20 21 22	23 24 25 26 27	28 29 7/1 2 3 4
7	일진	정무기경신 / 사오미신유	임계갑을병 / 술해자축인	정무기경신 / 묘진사오미	임계갑을병 / 신유술해자	정무기경신 / 축인묘진사	임계갑을병정 / 오미신유술해
8	요일	토 일 월 화 수	목 금 토 일 월	화 수 목 금 토	일 월 화 수 목	금 토 일 월 화	수 목 금 토 일 월
8	음력	7/5 6 7 8 9	10 11 12 13 14	15 16 17 18 19	20 21 22 23 24	25 26 27 28 29	30 8/1 2 3 4 5
8	일진	무기경신임 / 자축인묘진	계갑을병정 / 사오미신유	무기경신임 / 술해자축인	계갑을병정 / 묘진사오미	무기경신임 / 신유술해자	계갑을병정무 / 축인묘진사오
9	요일	화 수 목 금 토	일 월 화 수 목	금 토 일 월 화	수 목 금 토 일	월 화 수 목 금	토 일 월 화 수
9	음력	8/6 7 8 9 10	11 12 13 14 15	16 17 18 19 20	21 22 23 24 25	26 27 28 29 9/1	2 3 4 5 6
9	일진	기경신임계 / 미신유술해	갑을병정무 / 자축인묘진	기경신임계 / 사오미신유	갑을병정무 / 술해자축인	기경신임계 / 묘진사오미	갑을병정무 / 신유술해자
10	요일	목 금 토 일 월	화 수 목 금 토	일 월 화 수 목	금 토 일 월 화	수 목 금 토 일	월 화 수 목 금 토
10	음력	9/7 8 9 10 11	12 13 14 15 16	17 18 19 20 21	22 23 24 25 26	27 28 29 30 10/1	2 3 4 5 6 7
10	일진	기경신임계 / 축인묘진사	갑을병정무 / 오미신유술	기경신임계 / 해자축인묘	갑을병정무 / 진사오미신	기경신임계 / 유술해자축	갑을병정무기 / 인묘진사오미
11	요일	일 월 화 수 목	금 토 일 월 화	수 목 금 토 일	월 화 수 목 금	토 일 월 화 수	목 금 토 일 월
11	음력	10/8 9 10 11 12	13 14 15 16 17	18 19 20 21 22	23 24 25 26 27	28 29 30 11/1 2	3 4 5 6 7
11	일진	경신임계갑 / 신유술해자	을병정무기 / 축인묘진사	경신임계갑 / 오미신유술	을병정무기 / 해자축인묘	경신임계갑 / 진사오미신	을병정무기 / 유술해자축
12	요일	화 수 목 금 토	일 월 화 수 목	금 토 일 월 화	수 목 금 토 일	월 화 수 목 금	토 일 월 화 수 목
12	음력	11/8 9 10 11 12	13 14 15 16 17	18 19 20 21 22	23 24 25 26 27	28 29 12/1 2 3	4 5 6 7 8 9
12	일진	경신임계갑 / 인묘진사오	을병정무기 / 미신유술해	경신임계갑 / 자축인묘진	을병정무기 / 사오미신유	경신임계갑 / 술해자축인	을병정무기경 / 묘진사오미신

1909 기유년 · 단기 4242

주요 국경일과 명절

구 분	월	일	요일
신정	1	1	금
설날	1	22	금
추석	9	28	화

음양력 대조일람

음력월	월 건	대/소	음력 1일의 양력	월일	음력월	월 건	대/소	음력 1일의 양력	월일
1	병 인	소	1	22	7	임 신	소	8	16
2	정 묘	대	2	20	8	계 유	대	9	14
(윤)2		소	3	22	9	갑 술	대	10	14
3	무 진	소	4	20	10	을 해	대	11	13
4	기 사	대	5	19	11	병 자	소	12	13
5	경 오	소	6	18	12	정 축	대	1910/1	11
6	신 미	대	7	17					

월별 음양력 대조

1월

	1	2	3	4	5	6	7	8	9	10	11	12	13	14	15	16	17	18	19	20	21	22	23	24	25	26	27	28	29	30	31
요일	금	토	일	월	화	수	목	금	토	일	월	화	수	목	금	토	일	월	화	수	목	금	토	일	월	화	수	목	금	토	일
음력	12/10	11	12	13	14	15	16	17	18	19	20	21	22	23	24	25	26	27	28	29	30	1/1	2	3	4	5	6	7	8	9	10
일진	신유	임술	계해	갑자	을축	병인	정묘	무진	기사	경오	신미	임신	계유	갑술	을해	병자	정축	무인	기묘	경진	신사	임오	계미	갑신	을유	병술	정해	무자	기축	경인	신묘

2월

	1	2	3	4	5	6	7	8	9	10	11	12	13	14	15	16	17	18	19	20	21	22	23	24	25	26	27	28
요일	월	화	수	목	금	토	일	월	화	수	목	금	토	일	월	화	수	목	금	토	일	월	화	수	목	금	토	일
음력	1/11	12	13	14	15	16	17	18	19	20	21	22	23	24	25	26	27	28	29	2/1	2	3	4	5	6	7	8	9
일진	임진	계사	갑오	을미	병신	정유	무술	기해	경자	신축	임인	계묘	갑진	을사	병오	정미	무신	기유	경술	신해	임자	계축	갑인	을묘	병진	정사	무오	기미

3월

	1	2	3	4	5	6	7	8	9	10	11	12	13	14	15	16	17	18	19	20	21	22	23	24	25	26	27	28	29	30	31
요일	월	화	수	목	금	토	일	월	화	수	목	금	토	일	월	화	수	목	금	토	일	월	화	수	목	금	토	일	월	화	수
음력	2/10	11	12	13	14	15	16	17	18	19	20	21	22	23	24	25	26	27	28	29	30	2*/1	2	3	4	5	6	7	8	9	10
일진	경신	신유	임술	계해	갑자	을축	병인	정묘	무진	기사	경오	신미	임신	계유	갑술	을해	병자	정축	무인	기묘	경진	신사	임오	계미	갑신	을유	병술	정해	무자	기축	경인

4월

	1	2	3	4	5	6	7	8	9	10	11	12	13	14	15	16	17	18	19	20	21	22	23	24	25	26	27	28	29	30
요일	목	금	토	일	월	화	수	목	금	토	일	월	화	수	목	금	토	일	월	화	수	목	금	토	일	월	화	수	목	금
음력	2*/11	12	13	14	15	16	17	18	19	20	21	22	23	24	25	26	27	28	29	3/1	2	3	4	5	6	7	8	9	10	11
일진	신묘	임진	계사	갑오	을미	병신	정유	무술	기해	경자	신축	임인	계묘	갑진	을사	병오	정미	무신	기유	경술	신해	임자	계축	갑인	을묘	병진	정사	무오	기미	경신

5월

	1	2	3	4	5	6	7	8	9	10	11	12	13	14	15	16	17	18	19	20	21	22	23	24	25	26	27	28	29	30	31
요일	토	일	월	화	수	목	금	토	일	월	화	수	목	금	토	일	월	화	수	목	금	토	일	월	화	수	목	금	토	일	월
음력	3/12	13	14	15	16	17	18	19	20	21	22	23	24	25	26	27	28	29	4/1	2	3	4	5	6	7	8	9	10	11	12	13
일진	신유	임술	계해	갑자	을축	병인	정묘	무진	기사	경오	신미	임신	계유	갑술	을해	병자	정축	무인	기묘	경진	신사	임오	계미	갑신	을유	병술	정해	무자	기축	경인	신묘

6월

	1	2	3	4	5	6	7	8	9	10	11	12	13	14	15	16	17	18	19	20	21	22	23	24	25	26	27	28	29	30
요일	화	수	목	금	토	일	월	화	수	목	금	토	일	월	화	수	목	금	토	일	월	화	수	목	금	토	일	월	화	수
음력	4/14	15	16	17	18	19	20	21	22	23	24	25	26	27	28	29	30	5/1	2	3	4	5	6	7	8	9	10	11	12	13
일진	임진	계사	갑오	을미	병신	정유	무술	기해	경자	신축	임인	계묘	갑진	을사	병오	정미	무신	기유	경술	신해	임자	계축	갑인	을묘	병진	정사	무오	기미	경신	신유

24절기와 잡절

명칭	태양황경(도)	한국표준시 월 일	시 분	명칭	태양황경(도)	한국표준시 월 일	시 분	명칭	태양황경(도)	한국표준시 월 일	시 분
소한	285	1 6	7 45	하지	90	6 22	11 6	대설	255	12 8	2 35
대한	300	1 21	1 11	소서	105	7 8	4 44	동지	270	12 22	20 20
입춘	315	2 4	19 33	대서	120	7 23	22 1				
우수	330	2 19	15 38	입추	135	8 8	14 23	한식		4 6	
경칩	345	3 6	14 1	처서	150	8 24	4 44	단오		6 22	
춘분	0	3 21	15 13	백로	165	9 8	16 47	초복		7 19	
청명	15	4 5	19 30	추분	180	9 24	1 45	중복		7 29	
곡우	30	4 21	2 58	한로	195	10 9	7 43	말복		8 8	
입하	45	5 6	13 31	상강	210	10 24	10 23	토왕용사	297	1 18	2 28
소만	60	5 22	2 45	입동	225	11 8	10 13	토왕용사	27	4 18	1 15
망종	75	6 6	18 14	소설	240	11 23	7 20	토왕용사	117	7 20	18 37
								토왕용사	207	10 21	10 4

월	양력	1 2 3 4 5	6 7 8 9 10	11 12 13 14 15	16 17 18 19 20	21 22 23 24 25	26 27 28 29 30 31
7	요일	목 금 토 일 월	화 수 목 금 토	일 월 화 수 목	금 토 일 월 화	수 목 금 토 일	월 화 수 목 금 토
	음력	5/14 15 16 17 18	19 20 21 22 23	24 25 26 27 28	29 6/1 2 3 4	5 6 7 8 9	10 11 12 13 14 15
	일진	임계갑을병 술해자축인	정무기경신 묘진사오미	임계갑을병 신유술해자	정무기경신 축인묘진사	임계갑을병 오미신유술	정무기경신임 해자축인묘진
8	요일	일 월 화 수 목	금 토 일 월 화	수 목 금 토 일	월 화 수 목 금	토 일 월 화 수	목 금 토 일 월 화
	음력	6/16 17 18 19 20	21 22 23 24 25	26 27 28 29 30	7/1 2 3 4 5	6 7 8 9 10	11 12 13 14 15 16
	일진	계갑을병정 사오미신유	무기경신임 술해자축인	계갑을병정 묘진사오미	무기경신임 신유술해자	계갑을병정 축인묘진사	무기경신임계 오미신유술해
9	요일	수 목 금 토 일	월 화 수 목 금	토 일 월 화 수	목 금 토 일 월	화 수 목 금 토	일 월 화 수 목
	음력	7/17 18 19 20 21	22 23 24 25 26	27 28 29 8/1 2	3 4 5 6 7	8 9 10 11 12	13 14 15 16 17
	일진	갑을병정무 자축인묘진	기경신임계 사오미신유	갑을병정무 술해자축인	기경신임계 묘진사오미	갑을병정무 신유술해자	기경신임계 축인묘진사
10	요일	금 토 일 월 화	수 목 금 토 일	월 화 수 목 금	토 일 월 화 수	목 금 토 일 월	화 수 목 금 토 일
	음력	8/18 19 20 21 22	23 24 25 26 27	28 29 30 9/1 2	3 4 5 6 7	8 9 10 11 12	13 14 15 16 17 18
	일진	갑을병정무 오미신유술	기경신임계 해자축인묘	갑을병정무 진사오미신	기경신임계 유술해자축	갑을병정무 인묘진사오	기경신임계갑 미신유술해자
11	요일	월 화 수 목 금	토 일 월 화 수	목 금 토 일 월	화 수 목 금 토	일 월 화 수 목	금 토 일 월 화
	음력	9/19 20 21 22 23	24 25 26 27 28	29 30 10/1 2 3	4 5 6 7 8	9 10 11 12 13	14 15 16 17 18
	일진	을병정무기 축인묘진사	경신임계갑 오미신유술	을병정무기 해자축인묘	경신임계갑 진사오미신	을병정무기 유술해자축	경신임계갑 인묘진사오
12	요일	수 목 금 토 일	월 화 수 목 금	토 일 월 화 수	목 금 토 일 월	화 수 목 금 토	일 월 화 수 목 금
	음력	10/19 20 21 22 23	24 25 26 27 28	29 30 11/1 2 3	4 5 6 7 8	9 10 11 12 13	14 15 16 17 18 19
	일진	을병정무기 미신유술해	경신임계갑 자축인묘진	을병정무기 사오미신유	경신임계갑 술해자축인	을병정무기 묘진사오미	경신임계갑을 신유술해자축

* 윤달 : 2월

1910 경술년 • 단기 4243

주요 국경일과 명절

구분	월	일	요일
신정	1	1	토
설날	2	10	목
추석	9	18	일

음양력 대조일람

음력월	월건	대/소	음력 1일의 양력 월일	음력월	월건	대/소	음력 1일의 양력 월일
1	무인	소	2 10	7	갑신	대	8 5
2	기묘	대	3 11	8	을유	소	9 4
3	경진	소	4 10	9	병술	대	10 3
4	신사	소	5 9	10	정해	대	11 2
5	임오	대	6 7	11	무자	대	12 2
6	계미	소	7 7	12	기축	소	1911/1 1

1월

양력	1	2	3	4	5	6	7	8	9	10	11	12	13	14	15	16	17	18	19	20	21	22	23	24	25	26	27	28	29	30	31
요일	토	일	월	화	수	목	금	토	일	월	화	수	목	금	토	일	월	화	수	목	금	토	일	월	화	수	목	금	토	일	월
음력	11/20	21	22	23	24	25	26	27	28	29	12/1	2	3	4	5	6	7	8	9	10	11	12	13	14	15	16	17	18	19	20	21
일진	병인	정묘	무진	기사	경오	신미	임신	계유	갑술	을해	병자	정축	무인	기묘	경진	신사	임오	계미	갑신	을유	병술	정해	무자	기축	경인	신묘	임진	계사	갑오	을미	병신

2월

양력	1	2	3	4	5	6	7	8	9	10	11	12	13	14	15	16	17	18	19	20	21	22	23	24	25	26	27	28
요일	화	수	목	금	토	일	월	화	수	목	금	토	일	월	화	수	목	금	토	일	월	화	수	목	금	토	일	월
음력	12/22	23	24	25	26	27	28	29	30	1/1	2	3	4	5	6	7	8	9	10	11	12	13	14	15	16	17	18	19
일진	정유	무술	기해	경자	신축	임인	계묘	갑진	을사	병오	정미	무신	기유	경술	신해	임자	계축	갑인	을묘	병진	정사	무오	기미	경신	신유	임술	계해	갑자

3월

양력	1	2	3	4	5	6	7	8	9	10	11	12	13	14	15	16	17	18	19	20	21	22	23	24	25	26	27	28	29	30	31
요일	화	수	목	금	토	일	월	화	수	목	금	토	일	월	화	수	목	금	토	일	월	화	수	목	금	토	일	월	화	수	목
음력	1/20	21	22	23	24	25	26	27	28	29	2/1	2	3	4	5	6	7	8	9	10	11	12	13	14	15	16	17	18	19	20	21
일진	을축	병인	정묘	무진	기사	경오	신미	임신	계유	갑술	을해	병자	정축	무인	기묘	경진	신사	임오	계미	갑신	을유	병술	정해	무자	기축	경인	신묘	임진	계사	갑오	을미

4월

양력	1	2	3	4	5	6	7	8	9	10	11	12	13	14	15	16	17	18	19	20	21	22	23	24	25	26	27	28	29	30
요일	금	토	일	월	화	수	목	금	토	일	월	화	수	목	금	토	일	월	화	수	목	금	토	일	월	화	수	목	금	토
음력	2/22	23	24	25	26	27	28	29	30	3/1	2	3	4	5	6	7	8	9	10	11	12	13	14	15	16	17	18	19	20	21
일진	병신	정유	무술	기해	경자	신축	임인	계묘	갑진	을사	병오	정미	무신	기유	경술	신해	임자	계축	갑인	을묘	병진	정사	무오	기미	경신	신유	임술	계해	갑자	을축

5월

양력	1	2	3	4	5	6	7	8	9	10	11	12	13	14	15	16	17	18	19	20	21	22	23	24	25	26	27	28	29	30	31
요일	일	월	화	수	목	금	토	일	월	화	수	목	금	토	일	월	화	수	목	금	토	일	월	화	수	목	금	토	일	월	화
음력	3/22	23	24	25	26	27	28	29	4/1	2	3	4	5	6	7	8	9	10	11	12	13	14	15	16	17	18	19	20	21	22	23
일진	병인	정묘	무진	기사	경오	신미	임신	계유	갑술	을해	병자	정축	무인	기묘	경진	신사	임오	계미	갑신	을유	병술	정해	무자	기축	경인	신묘	임진	계사	갑오	을미	병신

6월

양력	1	2	3	4	5	6	7	8	9	10	11	12	13	14	15	16	17	18	19	20	21	22	23	24	25	26	27	28	29	30
요일	수	목	금	토	일	월	화	수	목	금	토	일	월	화	수	목	금	토	일	월	화	수	목	금	토	일	월	화	수	목
음력	4/24	25	26	27	28	29	5/1	2	3	4	5	6	7	8	9	10	11	12	13	14	15	16	17	18	19	20	21	22	23	24
일진	정유	무술	기해	경자	신축	임인	계묘	갑진	을사	병오	정미	무신	기유	경술	신해	임자	계축	갑인	을묘	병진	정사	무오	기미	경신	신유	임술	계해	갑자	을축	병인

24절기와 잡절

명 칭	태양황경 (도)	월	일	시	분
소한	285	1	6	13	38
대한	300	1	21	6	59
입춘	315	2	5	1	27
우수	330	2	19	21	28
경칩	345	3	6	19	57
춘분	0	3	21	21	3
청명	15	4	6	1	23
곡우	30	4	21	8	46
입하	45	5	6	19	19
소만	60	5	22	8	30
망종	75	6	6	23	56

명 칭	태양황경 (도)	월	일	시	분
하지	90	6	22	16	49
소서	105	7	8	10	21
대서	120	7	24	3	43
입추	135	8	8	19	57
처서	150	8	24	10	27
백로	165	9	8	22	22
추분	180	9	24	7	31
한로	195	10	9	13	21
상강	210	10	24	16	11
입동	225	11	8	15	54
소설	240	11	23	13	11

명 칭	태양황경 (도)	월	일	시	분
대설	255	12	8	8	17
동지	270	12	23	2	12
한식		4	6		
단오		6	11		
초복		7	14		
중복		7	24		
말복		8	13		
토왕용사	297	1	18	8	14
토왕용사	27	4	18	7	0
토왕용사	117	7	21	0	17
토왕용사	207	10	21	15	52

월	양력	1 2 3 4 5	6 7 8 9 10	11 12 13 14 15	16 17 18 19 20	21 22 23 24 25	26 27 28 29 30 31
7	요일	금 토 일 월 화	수 목 금 토 일	월 화 수 목 금	토 일 월 화 수	목 금 토 일 월	화 수 목 금 토 일
7	음력	5/25 26 27 28 29	30 6/1 2 3 4	5 6 7 8 9	10 11 12 13 14	15 16 17 18 19	20 21 22 23 24 25
7	일진	정 무 기 경 신 묘 진 사 오 미	임 계 갑 을 병 신 유 술 해 자	정 무 기 경 신 축 인 묘 진 사	임 계 갑 을 병 오 미 신 유 술	정 무 기 경 신 해 자 축 인 묘	임 계 갑 을 병 정 진 사 오 미 신 유
8	요일	월 화 수 목 금	토 일 월 화 수	목 금 토 일 월	화 수 목 금 토	일 월 화 수 목	금 토 일 월 화 수
8	음력	6/26 27 28 29 7/1	2 3 4 5 6	7 8 9 10 11	12 13 14 15 16	17 18 19 20 21	22 23 24 25 26 27
8	일진	무 기 경 신 임 술 해 자 축 인	계 갑 을 병 정 묘 진 사 오 미	무 기 경 신 임 신 유 술 해 자	계 갑 을 병 정 축 인 묘 진 사	무 기 경 신 임 오 미 신 유 술	계 갑 을 병 정 무 해 자 축 인 묘 진
9	요일	목 금 토 일 월	화 수 목 금 토	일 월 화 수 목	금 토 일 월 화	수 목 금 토 일	월 화 수 목 금
9	음력	7/28 29 30 8/1 2	3 4 5 6 7	8 9 10 11 12	13 14 15 16 17	18 19 20 21 22	23 24 25 26 27
9	일진	기 경 신 임 계 사 오 미 신 유	갑 을 병 정 무 술 해 자 축 인	기 경 신 임 계 묘 진 사 오 미	갑 을 병 정 무 신 유 술 해 자	기 경 신 임 계 축 인 묘 진 사	갑 을 병 정 무 오 미 신 유 술
10	요일	토 일 월 화 수	목 금 토 일 월	화 수 목 금 토	일 월 화 수 목	금 토 일 월 화	수 목 금 토 일 월
10	음력	8/28 29 9/1 2 3	4 5 6 7 8	9 10 11 12 13	14 15 16 17 18	19 20 21 22 23	24 25 26 27 28 29
10	일진	기 경 신 임 계 해 자 축 인 묘	갑 을 병 정 무 진 사 오 미 신	기 경 신 임 계 유 술 해 자 축	갑 을 병 정 무 인 묘 진 사 오	기 경 신 임 계 미 신 유 술 해	갑 을 병 정 무 기 자 축 인 묘 진 사
11	요일	화 수 목 금 토	일 월 화 수 목	금 토 일 월 화	수 목 금 토 일	월 화 수 목 금	토 일 월 화 수
11	음력	9/30 10/1 2 3 4	5 6 7 8 9	10 11 12 13 14	15 16 17 18 19	20 21 22 23 24	25 26 27 28 29
11	일진	경 신 임 계 갑 오 미 신 유 술	을 병 정 무 기 해 자 축 인 묘	경 신 임 계 갑 진 사 오 미 신	을 병 정 무 기 유 술 해 자 축	경 신 임 계 갑 인 묘 진 사 오	을 병 정 무 기 미 신 유 술 해
12	요일	목 금 토 일 월	화 수 목 금 토	일 월 화 수 목	금 토 일 월 화	수 목 금 토 일	월 화 수 목 금 토
12	음력	10/30 11/1 2 3 4	5 6 7 8 9	10 11 12 13 14	15 16 17 18 19	20 21 22 23 24	25 26 27 28 29 30
12	일진	경 신 임 계 갑 자 축 인 묘 진	을 병 정 무 기 사 오 미 신 유	경 신 임 계 갑 술 해 자 축 인	을 병 정 무 기 묘 진 사 오 미	경 신 임 계 갑 신 유 술 해 자	을 병 정 무 기 경 축 인 묘 진 사 오

1911 신해년 · 단기 4244

주요 국경일과 명절

구분	월	일	요일
신정	1	1	일
설날	1	30	월
추석	10	6	금

음양력 대조일람

음력월	월건	대/소	음력 1일의 양력	월일	음력월	월건	대/소	음력 1일의 양력	월일
1	경인	대	1	30	7	병신	소	8	24
2	신묘	소	3	1	8	정유	대	9	22
3	임진	대	3	30	9	무술	대	10	22
4	계사	소	4	29	10	기해	소	11	21
5	갑오	소	5	28	11	경자	대	12	20
6	을미	대	6	26	12	신축	대	1912/1	19
(윤)6		소	7	26					

월	양력	1	2	3	4	5	6	7	8	9	10	11	12	13	14	15	16	17	18	19	20	21	22	23	24	25	26	27	28	29	30	31
1	요일	일	월	화	수	목	금	토	일	월	화	수	목	금	토	일	월	화	수	목	금	토	일	월	화	수	목	금	토	일	월	화
1	음력	12/1	2	3	4	5	6	7	8	9	10	11	12	13	14	15	16	17	18	19	20	21	22	23	24	25	26	27	28	29	1/1	2
1	일진	신미	임신	계유	갑술	을해	병자	정축	무인	기묘	경진	신사	임오	계미	갑신	을유	병술	정해	무자	기축	경인	신묘	임진	계사	갑오	을미	병신	정유	무술	기해	경자	신축
2	요일	수	목	금	토	일	월	화	수	목	금	토	일	월	화	수	목	금	토	일	월	화	수	목	금	토	일	월	화			
2	음력	1/3	4	5	6	7	8	9	10	11	12	13	14	15	16	17	18	19	20	21	22	23	24	25	26	27	28	29	30			
2	일진	임인	계묘	갑진	을사	병오	정미	무신	기유	경술	신해	임자	계축	갑인	을묘	병진	정사	무오	기미	경신	신유	임술	계해	갑자	을축	병인	정묘	무진	기사			
3	요일	수	목	금	토	일	월	화	수	목	금	토	일	월	화	수	목	금	토	일	월	화	수	목	금	토	일	월	화	수	목	금
3	음력	2/1	2	3	4	5	6	7	8	9	10	11	12	13	14	15	16	17	18	19	20	21	22	23	24	25	26	27	28	29	3/1	2
3	일진	경오	신미	임신	계유	갑술	을해	병자	정축	무인	기묘	경진	신사	임오	계미	갑신	을유	병술	정해	무자	기축	경인	신묘	임진	계사	갑오	을미	병신	정유	무술	기해	경자
4	요일	토	일	월	화	수	목	금	토	일	월	화	수	목	금	토	일	월	화	수	목	금	토	일	월	화	수	목	금	토	일	
4	음력	3/3	4	5	6	7	8	9	10	11	12	13	14	15	16	17	18	19	20	21	22	23	24	25	26	27	28	29	30	4/1	2	
4	일진	신축	임인	계묘	갑진	을사	병오	정미	무신	기유	경술	신해	임자	계축	갑인	을묘	병진	정사	무오	기미	경신	신유	임술	계해	갑자	을축	병인	정묘	무진	기사	경오	
5	요일	월	화	수	목	금	토	일	월	화	수	목	금	토	일	월	화	수	목	금	토	일	월	화	수	목	금	토	일	월	화	수
5	음력	4/3	4	5	6	7	8	9	10	11	12	13	14	15	16	17	18	19	20	21	22	23	24	25	26	27	28	29	5/1	2	3	4
5	일진	신미	임신	계유	갑술	을해	병자	정축	무인	기묘	경진	신사	임오	계미	갑신	을유	병술	정해	무자	기축	경인	신묘	임진	계사	갑오	을미	병신	정유	무술	기해	경자	신축
6	요일	목	금	토	일	월	화	수	목	금	토	일	월	화	수	목	금	토	일	월	화	수	목	금	토	일	월	화	수	목	금	
6	음력	5/5	6	7	8	9	10	11	12	13	14	15	16	17	18	19	20	21	22	23	24	25	26	27	28	29	6/1	2	3	4	5	
6	일진	임인	계묘	갑진	을사	병오	정미	무신	기유	경술	신해	임자	계축	갑인	을묘	병진	정사	무오	기미	경신	신유	임술	계해	갑자	을축	병인	정묘	무진	기사	경오	신미	

24절기와 잡절

명칭	태양황경(도)	한국표준시				명칭	태양황경(도)	한국표준시				명칭	태양황경(도)	한국표준시		
		월	일	시	분			월	일	시	분			월	일	시 분
소한	285	1	6	19	21	하지	90	6	22	22	36	대 설	255	12	8	14 8
대한	300	1	21	12	51	소서	105	7	8	16	5	동 지	270	12	23	7 53
입춘	315	2	5	7	10	대서	120	7	24	9	29					
우수	330	2	20	3	20	입추	135	8	9	1	44	한 식		4	7	
경칩	345	3	7	1	39	처서	150	8	24	16	13	단 오		6	1	
춘분	0	3	22	2	54	백로	165	9	9	4	13	초 복		7	19	
청명	15	4	6	7	5	추분	180	9	24	13	18	중 복		7	29	
곡우	30	4	21	14	36	한로	195	10	9	19	15	말 복		8	18	
입하	45	5	7	1	0	상강	210	10	24	21	58	토왕용사	297	1	18	14 6
소만	60	5	22	14	19	입동	225	11	8	21	47	토왕용사	27	4	18	12 51
망종	75	6	7	5	38	소설	240	11	23	18	56	토왕용사	117	7	21	6 5
												토왕용사	207	10	21	21 42

월	양력	1 2 3 4 5	6 7 8 9 10	11 12 13 14 15	16 17 18 19 20	21 22 23 24 25	26 27 28 29 30 31
7	요일	토 일 월 화 수	목 금 토 일 월	화 수 목 금 토	일 월 화 수 목	금 토 일 월 화	수 목 금 토 일 월
	음력	6/6 7 8 9 10	11 12 13 14 15	16 17 18 19 20	21 22 23 24 25	26 27 28 29 30	6*/1 2 3 4 5 6
	일진	임 계 갑 을 병 신 유 술 해 자	정 무 기 경 신 축 인 묘 진 사	임 계 갑 을 병 오 미 신 유 술	정 무 기 경 신 해 자 축 인 묘	임 계 갑 을 병 진 사 오 미 신	정 무 기 경 신 임 유 술 해 자 축 인
8	요일	화 수 목 금 토	일 월 화 수 목	금 토 일 월 화	수 목 금 토 일	월 화 수 목 금	토 일 월 화 수 목
	음력	6*/7 8 9 10 11	12 13 14 15 16	17 18 19 20 21	22 23 24 25 26	27 28 29 7/1 2	3 4 5 6 7 8
	일진	계 갑 을 병 정 묘 진 사 오 미	무 기 경 신 임 신 유 술 해 자	계 갑 을 병 정 축 인 묘 진 사	무 기 경 신 임 오 미 신 유 술	계 갑 을 병 정 해 자 축 인 묘	무 기 경 신 임 계 진 사 오 미 신 유
9	요일	금 토 일 월 화	수 목 금 토 일	월 화 수 목 금	토 일 월 화 수	목 금 토 일 월	화 수 목 금 토
	음력	7/9 10 11 12 13	14 15 16 17 18	19 20 21 22 23	24 25 26 27 28	29 8/1 2 3 4	5 6 7 8 9
	일진	갑 을 병 정 무 술 해 자 축 인	기 경 신 임 계 묘 진 사 오 미	갑 을 병 정 무 신 유 술 해 자	기 경 신 임 계 축 인 묘 진 사	갑 을 병 정 무 오 미 신 유 술	기 경 신 임 계 해 자 축 인 묘
10	요일	일 월 화 수 목	금 토 일 월 화	수 목 금 토 일	월 화 수 목 금	토 일 월 화 수	목 금 토 일 월 화
	음력	8/10 11 12 13 14	15 16 17 18 19	20 21 22 23 24	25 26 27 28 29	30 9/1 2 3 4	5 6 7 8 9 10
	일진	갑 을 병 정 무 진 사 오 미 신	기 경 신 임 계 유 술 해 자 축	갑 을 병 정 무 인 묘 진 사 오	기 경 신 임 계 미 신 유 술 해	갑 을 병 정 무 자 축 인 묘 진	기 경 신 임 계 갑 사 오 미 신 유 술
11	요일	수 목 금 토 일	월 화 수 목 금	토 일 월 화 수	목 금 토 일 월	화 수 목 금 토	일 월 화 수 목
	음력	9/11 12 13 14 15	16 17 18 19 20	21 22 23 24 25	26 27 28 29 30	10/1 2 3 4 5	6 7 8 9 10
	일진	을 병 정 무 기 해 자 축 인 묘	경 신 임 계 갑 진 사 오 미 신	을 병 정 무 기 유 술 해 자 축	경 신 임 계 갑 인 묘 진 사 오	을 병 정 무 기 미 신 유 술 해	경 신 임 계 갑 자 축 인 묘 진
12	요일	금 토 일 월 화	수 목 금 토 일	월 화 수 목 금	토 일 월 화 수	목 금 토 일 월	화 수 목 금 토 일
	음력	10/11 12 13 14 15	16 17 18 19 20	21 22 23 24 25	26 27 28 29 11/1	2 3 4 5 6	7 8 9 10 11 12
	일진	을 병 정 무 기 사 오 미 신 유	경 신 임 계 갑 술 해 자 축 인	을 병 정 무 기 묘 진 사 오 미	경 신 임 계 갑 신 유 술 해 자	을 병 정 무 기 축 인 묘 진 사	경 신 임 계 갑 을 오 미 신 유 술 해

1912 임자년 • 단기 4245

주요 국경일과 명절

구 분	월	일	요일
신 정	1	1	월
설 날	2	18	일
추 석	9	25	수

음양력 대조일람

음력월	월 건	대/소	음력 1일의 양력 월일	음력월	월 건	대/소	음력 1일의 양력 월일
1	임 인	대	2 18	7	무 신	소	8 13
2	계 묘	소	3 19	8	기 유	소	9 11
3	갑 진	대	4 17	9	경 술	대	10 10
4	을 사	소	5 17	10	신 해	대	11 9
5	병 오	소	6 15	11	임 자	소	12 9
6	정 미	대	7 14	12	계 축	대	1913/1 7

월	양력	1 2 3 4 5	6 7 8 9 10	11 12 13 14 15	16 17 18 19 20	21 22 23 24 25	26 27 28 29 30 31
1	요일	월 화 수 목 금	토 일 월 화 수	목 금 토 일 월	화 수 목 금 토	일 월 화 수 목	금 토 일 월 화 수
1	음력	11/13 14 15 16 17	18 19 20 21 22	23 24 25 26 27	28 29 30 12/1 2	3 4 5 6 7	8 9 10 11 12 13
1	일진	병정무기경 자축인묘진	신임계갑을 사오미신유	병정무기경 술해자축인	신임계갑을 묘진사오미	병정무기경 신유술해자	신임계갑을병 축인묘진사오
2	요일	목 금 토 일 월	화 수 목 금 토	일 월 화 수 목	금 토 일 월 화	수 목 금 토 일	월 화 수 목
2	음력	12/14 15 16 17 18	19 20 21 22 23	24 25 26 27 28	29 30 1/1 2 3	4 5 6 7 8	9 10 11 12
2	일진	정무기경신 미신유술해	임계갑을병 자축인묘진	정무기경신 사오미신유	임계갑을병 술해자축인	정무기경신 묘진사오미	임계갑을 신유술해
3	요일	금 토 일 월 화	수 목 금 토 일	월 화 수 목 금	토 일 월 화 수	목 금 토 일 월	화 수 목 금 토 일
3	음력	1/13 14 15 16 17	18 19 20 21 22	23 24 25 26 27	28 29 30 2/1 2	3 4 5 6 7	8 9 10 11 12 13
3	일진	병정무기경 자축인묘진	신임계갑을 사오미신유	병정무기경 술해자축인	신임계갑을 묘진사오미	병정무기경 신유술해자	신임계갑을병 축인묘진사오
4	요일	월 화 수 목 금	토 일 월 화 수	목 금 토 일 월	화 수 목 금 토	일 월 화 수 목	금 토 일 월 화
4	음력	2/14 15 16 17 18	19 20 21 22 23	24 25 26 27 28	29 3/1 2 3 4	5 6 7 8 9	10 11 12 13 14
4	일진	정무기경신 미신유술해	임계갑을병 자축인묘진	정무기경신 사오미신유	임계갑을병 술해자축인	정무기경신 묘진사오미	임계갑을병 신유술해자
5	요일	수 목 금 토 일	월 화 수 목 금	토 일 월 화 수	목 금 토 일 월	화 수 목 금 토	일 월 화 수 목 금
5	음력	3/15 16 17 18 19	20 21 22 23 24	25 26 27 28 29	30 4/1 2 3 4	5 6 7 8 9	10 11 12 13 14 15
5	일진	정무기경신 축인묘진사	임계갑을병 오미신유술	정무기경신 해자축인묘	임계갑을병 진사오미신	정무기경신 유술해자축	임계갑을병정 인묘진사오미
6	요일	토 일 월 화 수	목 금 토 일 월	화 수 목 금 토	일 월 화 수 목	금 토 일 월 화	수 목 금 토 일
6	음력	4/16 17 18 19 20	21 22 23 24 25	26 27 28 29 5/1	2 3 4 5 6	7 8 9 10 11	12 13 14 15 16
6	일진	무기경신임 신유술해자	계갑을병정 축인묘진사	무기경신임 오미신유술	계갑을병정 해자축인묘	무기경신임 진사오미신	계갑을병정 유술해자축

24절기와 잡절

명칭	태양황경(도)	월	일	시	분	명칭	태양황경(도)	월	일	시	분	명칭	태양황경(도)	월	일	시	분
소한	285	1	7	1	8	하지	90	6	22	4	17	대설	255	12	7	19	59
대한	300	1	21	18	29	소서	105	7	7	21	57	동지	270	12	22	13	45
입춘	315	2	5	12	54	대서	120	7	23	15	14						
우수	330	2	20	8	56	입추	135	8	8	7	37	한식		4	6		
경칩	345	3	6	7	21	처서	150	8	23	22	1	단오		6	19		
춘분	0	3	21	8	29	백로	165	9	8	10	6	초복		7	13		
청명	15	4	5	12	48	추분	180	9	23	19	8	중복		7	23		
곡우	30	4	20	20	12	한로	195	10	9	1	7	말복		8	12		
입하	45	5	6	6	47	상강	210	10	24	3	50	토왕용사	297	1	18	19	47
소만	60	5	21	19	57	입동	225	11	8	3	39	토왕용사	27	4	17	18	29
망종	75	6	6	11	28	소설	240	11	23	0	48	토왕용사	117	7	20	11	49
												토왕용사	207	10	21	3	31

월	양력	1 2 3 4 5	6 7 8 9 10	11 12 13 14 15	16 17 18 19 20	21 22 23 24 25	26 27 28 29 30 31
7	요일	월 화 수 목 금	토 일 월 화 수	목 금 토 일 월	화 수 목 금 토	일 월 화 수 목	금 토 일 월 화 수
7	음력	5/17 18 19 20 21	22 23 24 25 26	27 28 29 6/1 2	3 4 5 6 7	8 9 10 11 12	13 14 15 16 17 18
7	일진	무기경신임 인묘진사오	계갑을병정 미신유술해	무기경신임 자축인묘진	계갑을병정 사오미신유	무기경신임 술해자축인	계갑을병정무 묘진사오미신
8	요일	목 금 토 일 월	화 수 목 금 토	일 월 화 수 목	금 토 일 월 화	수 목 금 토 일	월 화 수 목 금 토
8	음력	6/19 20 21 22 23	24 25 26 27 28	29 30 7/1 2 3	4 5 6 7 8	9 10 11 12 13	14 15 16 17 18 19
8	일진	기경신임계 유술해자축	갑을병정무 인묘진사오	기경신임계 미신유술해	갑을병정무 자축인묘진	기경신임계 사오미신유	갑을병정무기 술해자축인묘
9	요일	일 월 화 수 목	금 토 일 월 화	수 목 금 토 일	월 화 수 목 금	토 일 월 화 수	목 금 토 일 월
9	음력	7/20 21 22 23 24	25 26 27 28 29	8/1 2 3 4 5	6 7 8 9 10	11 12 13 14 15	16 17 18 19 20
9	일진	경신임계갑 진사오미신	을병정무기 유술해자축	경신임계갑 인묘진사오	을병정무기 미신유술해	경신임계갑 자축인묘진	을병정무기 사오미신유
10	요일	화 수 목 금 토	일 월 화 수 목	금 토 일 월 화	수 목 금 토 일	월 화 수 목 금	토 일 월 화 수 목
10	음력	8/21 22 23 24 25	26 27 28 29 9/1	2 3 4 5 6	7 8 9 10 11	12 13 14 15 16	17 18 19 20 21 22
10	일진	경신임계갑 술해자축인	을병정무기 묘진사오미	경신임계갑 신유술해자	을병정무기 축인묘진사	경신임계갑 오미신유술	을병정무기경 해자축인묘진
11	요일	금 토 일 월 화	수 목 금 토 일	월 화 수 목 금	토 일 월 화 수	목 금 토 일 월	화 수 목 금 토
11	음력	9/23 24 25 26 27	28 29 30 10/1 2	3 4 5 6 7	8 9 10 11 12	13 14 15 16 17	18 19 20 21 22
11	일진	신임계갑을 사오미신유	병정무기경 술해자축인	신임계갑을 묘진사오미	병정무기경 신유술해자	신임계갑을 축인묘진사	병정무기경 오미신유술
12	요일	일 월 화 수 목	금 토 일 월 화	수 목 금 토 일	월 화 수 목 금	토 일 월 화 수	목 금 토 일 월 화
12	음력	10/23 24 25 26 27	28 29 30 11/1 2	3 4 5 6 7	8 9 10 11 12	13 14 15 16 17	18 19 20 21 22 23
12	일진	신임계갑을 해자축인묘	병정무기경 진사오미신	신임계갑을 유술해자축	병정무기경 인묘진사오	신임계갑을 미신유술해	병정무기경신 자축인묘진사

1913 계축년 · 단기 4246

주요 국경일과 명절

구 분	월	일	요일
신 정	1	1	수
설 날	2	6	목
추 석	9	15	월

음양력 대조일람

음력월	월건	대/소	음력 1일의 양력 월일	음력월	월건	대/소	음력 1일의 양력 월일
1	갑인	대	2 / 6	7	경신	대	8 / 2
2	을묘	대	3 / 8	8	신유	소	9 / 1
3	병진	소	4 / 7	9	임술	소	9 / 30
4	정사	대	5 / 6	10	계해	대	10 / 29
5	무오	소	6 / 5	11	갑자	소	11 / 28
6	기미	소	7 / 4	12	을축	대	12 / 27

월	양력	1 2 3 4 5	6 7 8 9 10	11 12 13 14 15	16 17 18 19 20	21 22 23 24 25	26 27 28 29 30 31
1	요일	수 목 금 토 일	월 화 수 목 금	토 일 월 화 수	목 금 토 일 월	화 수 목 금 토	일 월 화 수 목 금
	음력	11/24 25 26 27 28	29 12/1 2 3 4	5 6 7 8 9	10 11 12 13 14	15 16 17 18 19	20 21 22 23 24 25
	일진	임오 계미 갑신 을유 병술	정해 무자 기축 경인 신묘	임진 계사 갑오 을미 병신	정유 무술 기해 경자 신축	임인 계묘 갑진 을사 병오	정미 무신 기유 경술 신해 임자
2	요일	토 일 월 화 수	목 금 토 일 월	화 수 목 금 토	일 월 화 수 목	금 토 일 월 화	수 목 금
	음력	12/26 27 28 29 30	1/1 2 3 4 5	6 7 8 9 10	11 12 13 14 15	16 17 18 19 20	21 22 23
	일진	계축 갑인 을묘 병진 정사	무오 기미 경신 신유 임술	계해 갑자 을축 병인 정묘	무진 기사 경오 신미 임신	계유 갑술 을해 병자 정축	무인 기묘 경진
3	요일	토 일 월 화 수	목 금 토 일 월	화 수 목 금 토	일 월 화 수 목	금 토 일 월 화	수 목 금 토 일 월
	음력	1/24 25 26 27 28	29 30 2/1 2 3	4 5 6 7 8	9 10 11 12 13	14 15 16 17 18	19 20 21 22 23 24
	일진	신사 임오 계미 갑신 을유	병술 정해 무자 기축 경인	신묘 임진 계사 갑오 을미	병신 정유 무술 기해 경자	신축 임인 계묘 갑진 을사	병오 정미 무신 기유 경술 신해
4	요일	화 수 목 금 토	일 월 화 수 목	금 토 일 월 화	수 목 금 토 일	월 화 수 목 금	토 일 월 화 수
	음력	2/25 26 27 28 29	30 3/1 2 3 4	5 6 7 8 9	10 11 12 13 14	15 16 17 18 19	20 21 22 23 24
	일진	임자 계축 갑인 을묘 병진	정사 무오 기미 경신 신유	임술 계해 갑자 을축 병인	정묘 무진 기사 경오 신미	임신 계유 갑술 을해 병자	정축 무인 기묘 경진 신사
5	요일	목 금 토 일 월	화 수 목 금 토	일 월 화 수 목	금 토 일 월 화	수 목 금 토 일	월 화 수 목 금 토
	음력	3/25 26 27 28 29	4/1 2 3 4 5	6 7 8 9 10	11 12 13 14 15	16 17 18 19 20	21 22 23 24 25 26
	일진	임오 계미 갑신 을유 병술	정해 무자 기축 경인 신묘	임진 계사 갑오 을미 병신	정유 무술 기해 경자 신축	임인 계묘 갑진 을사 병오	정미 무신 기유 경술 신해 임자
6	요일	일 월 화 수 목	금 토 일 월 화	수 목 금 토 일	월 화 수 목 금	토 일 월 화 수	목 금 토 일 월
	음력	4/27 28 29 30 5/1	2 3 4 5 6	7 8 9 10 11	12 13 14 15 16	17 18 19 20 21	22 23 24 25 26
	일진	계축 갑인 을묘 병진 정사	무오 기미 경신 신유 임술	계해 갑자 을축 병인 정묘	무진 기사 경오 신미 임신	계유 갑술 을해 병자 정축	무인 기묘 경진 신사 임오

24절기와 잡절

명칭	태양황경(도)	월	일	시	분	명칭	태양황경(도)	월	일	시	분	명칭	태양황경(도)	월	일	시	분
소한	285	1	6	6	58	하지	90	6	22	10	10	대설	255	12	8	1	41
대한	300	1	21	0	19	소서	105	7	8	3	39	동지	270	12	22	19	35
입춘	315	2	4	18	43	대서	120	7	23	21	4						
우수	330	2	19	14	44	입추	135	8	8	13	16	한식		4	6		
경칩	345	3	6	13	9	처서	150	8	24	3	48	단오		6	9		
춘분	0	3	21	14	18	백로	165	9	8	15	42	초복		7	18		
청명	15	4	5	18	36	추분	180	9	24	0	53	중복		7	28		
곡우	30	4	21	2	3	한로	195	10	9	6	44	말복		8	17		
입하	45	5	6	12	35	상강	210	10	24	9	35	토왕용사	297	1	18	1	34
소만	60	5	22	1	50	입동	225	11	8	9	18	토왕용사	27	4	18	0	17
망종	75	6	6	17	14	소설	240	11	23	6	35	토왕용사	117	7	20	17	38
												토왕용사	207	10	21	9	17

월	양력	1	2	3	4	5	6	7	8	9	10	11	12	13	14	15	16	17	18	19	20	21	22	23	24	25	26	27	28	29	30	31
7	요일	화	수	목	금	토	일	월	화	수	목	금	토	일	월	화	수	목	금	토	일	월	화	수	목	금	토	일	월	화	수	목
	음력	5/27	28	29	6/1	2	3	4	5	6	7	8	9	10	11	12	13	14	15	16	17	18	19	20	21	22	23	24	25	26	27	28
	일진	계미	갑신	을유	병술	정해	무자	기축	경인	신묘	임진	계사	갑오	을미	병신	정유	무술	기해	경자	신축	임인	계묘	갑진	을사	병오	정미	무신	기유	경술	신해	임자	계축
8	요일	금	토	일	월	화	수	목	금	토	일	월	화	수	목	금	토	일	월	화	수	목	금	토	일	월	화	수	목	금	토	일
	음력	6/29	7/1	2	3	4	5	6	7	8	9	10	11	12	13	14	15	16	17	18	19	20	21	22	23	24	25	26	27	28	29	30
	일진	갑인	을묘	병진	정사	무오	기미	경신	신유	임술	계해	갑자	을축	병인	정묘	무진	기사	경오	신미	임신	계유	갑술	을해	병자	정축	무인	기묘	경진	신사	임오	계미	갑신
9	요일	월	화	수	목	금	토	일	월	화	수	목	금	토	일	월	화	수	목	금	토	일	월	화	수	목	금	토	일	월	화	
	음력	8/1	2	3	4	5	6	7	8	9	10	11	12	13	14	15	16	17	18	19	20	21	22	23	24	25	26	27	28	29	9/1	
	일진	을유	병술	정해	무자	기축	경인	신묘	임진	계사	갑오	을미	병신	정유	무술	기해	경자	신축	임인	계묘	갑진	을사	병오	정미	무신	기유	경술	신해	임자	계축	갑인	
10	요일	수	목	금	토	일	월	화	수	목	금	토	일	월	화	수	목	금	토	일	월	화	수	목	금	토	일	월	화	수	목	금
	음력	9/2	3	4	5	6	7	8	9	10	11	12	13	14	15	16	17	18	19	20	21	22	23	24	25	26	27	28	29	10/1	2	3
	일진	을묘	병진	정사	무오	기미	경신	신유	임술	계해	갑자	을축	병인	정묘	무진	기사	경오	신미	임신	계유	갑술	을해	병자	정축	무인	기묘	경진	신사	임오	계미	갑신	을유
11	요일	토	일	월	화	수	목	금	토	일	월	화	수	목	금	토	일	월	화	수	목	금	토	일	월	화	수	목	금	토	일	
	음력	10/4	5	6	7	8	9	10	11	12	13	14	15	16	17	18	19	20	21	22	23	24	25	26	27	28	29	30	11/1	2	3	
	일진	병술	정해	무자	기축	경인	신묘	임진	계사	갑오	을미	병신	정유	무술	기해	경자	신축	임인	계묘	갑진	을사	병오	정미	무신	기유	경술	신해	임자	계축	갑인	을묘	
12	요일	월	화	수	목	금	토	일	월	화	수	목	금	토	일	월	화	수	목	금	토	일	월	화	수	목	금	토	일	월	화	수
	음력	11/4	5	6	7	8	9	10	11	12	13	14	15	16	17	18	19	20	21	22	23	24	25	26	27	28	29	12/1	2	3	4	5
	일진	병진	정사	무오	기미	경신	신유	임술	계해	갑자	을축	병인	정묘	무진	기사	경오	신미	임신	계유	갑술	을해	병자	정축	무인	기묘	경진	신사	임오	계미	갑신	을유	병술

1914 갑인년 • 단기 4247

주요 국경일과 명절

구 분	월	일	요일
신 정	1	1	목
설 날	1	26	월
추 석	10	4	일

음양력 대조일람

음력월	월 건	대/소	음력 1일의 양력 월	음력 1일의 양력 일	음력월	월 건	대/소	음력 1일의 양력 월	음력 1일의 양력 일
1	병 인	대	1	26	7	임 신	대	8	21
2	정 묘	대	2	25	8	계 유	소	9	20
3	무 진	소	3	27	9	갑 술	대	10	19
4	기 사	대	4	25	10	을 해	소	11	18
5	경 오	대	5	25	11	병 자	소	12	17
(윤)5		소	6	24	12	정 축	대	1915/1	15
6	신 미	소	7	23					

음양력 달력

월	양력	1	2	3	4	5	6	7	8	9	10	11	12	13	14	15	16	17	18	19	20	21	22	23	24	25	26	27	28	29	30	31
1	요일	목	금	토	일	월	화	수	목	금	토	일	월	화	수	목	금	토	일	월	화	수	목	금	토	일	월	화	수	목	금	토
	음력	12/6	7	8	9	10	11	12	13	14	15	16	17	18	19	20	21	22	23	24	25	26	27	28	29	30	1/1	2	3	4	5	6
	일진	정해	무자	기축	경인	신묘	임진	계사	갑오	을미	병신	정유	무술	기해	경자	신축	임인	계묘	갑진	을사	병오	정미	무신	기유	경술	신해	임자	계축	갑인	을묘	병진	정사
2	요일	일	월	화	수	목	금	토	일	월	화	수	목	금	토	일	월	화	수	목	금	토	일	월	화	수	목	금	토			
	음력	1/7	8	9	10	11	12	13	14	15	16	17	18	19	20	21	22	23	24	25	26	27	28	29	30	2/1	2	3	4			
	일진	무오	기미	경신	신유	임술	계해	갑자	을축	병인	정묘	무진	기사	경오	신미	임신	계유	갑술	을해	병자	정축	무인	기묘	경진	신사	임오	계미	갑신	을유			
3	요일	일	월	화	수	목	금	토	일	월	화	수	목	금	토	일	월	화	수	목	금	토	일	월	화	수	목	금	토	일	월	화
	음력	2/5	6	7	8	9	10	11	12	13	14	15	16	17	18	19	20	21	22	23	24	25	26	27	28	29	30	3/1	2	3	4	5
	일진	병술	정해	무자	기축	경인	신묘	임진	계사	갑오	을미	병신	정유	무술	기해	경자	신축	임인	계묘	갑진	을사	병오	정미	무신	기유	경술	신해	임자	계축	갑인	을묘	병진
4	요일	수	목	금	토	일	월	화	수	목	금	토	일	월	화	수	목	금	토	일	월	화	수	목	금	토	일	월	화	수	목	
	음력	3/6	7	8	9	10	11	12	13	14	15	16	17	18	19	20	21	22	23	24	25	26	27	28	29	4/1	2	3	4	5	6	
	일진	정사	무오	기미	경신	신유	임술	계해	갑자	을축	병인	정묘	무진	기사	경오	신미	임신	계유	갑술	을해	병자	정축	무인	기묘	경진	신사	임오	계미	갑신	을유	병술	
5	요일	금	토	일	월	화	수	목	금	토	일	월	화	수	목	금	토	일	월	화	수	목	금	토	일	월	화	수	목	금	토	일
	음력	4/7	8	9	10	11	12	13	14	15	16	17	18	19	20	21	22	23	24	25	26	27	28	29	30	5/1	2	3	4	5	6	7
	일진	정해	무자	기축	경인	신묘	임진	계사	갑오	을미	병신	정유	무술	기해	경자	신축	임인	계묘	갑진	을사	병오	정미	무신	기유	경술	신해	임자	계축	갑인	을묘	병진	정사
6	요일	월	화	수	목	금	토	일	월	화	수	목	금	토	일	월	화	수	목	금	토	일	월	화	수	목	금	토	일	월	화	
	음력	5/8	9	10	11	12	13	14	15	16	17	18	19	20	21	22	23	24	25	26	27	28	29	30	5*/1	2	3	4	5	6	7	
	일진	무오	기미	경신	신유	임술	계해	갑자	을축	병인	정묘	무진	기사	경오	신미	임신	계유	갑술	을해	병자	정축	무인	기묘	경진	신사	임오	계미	갑신	을유	병술	정해	

24절기와 잡절

명칭	태양황경(도)	월	일	시	분	명칭	태양황경(도)	월	일	시	분	명칭	태양황경(도)	월	일	시	분
소한	285	1	6	12	43	하지	90	6	22	15	55	대설	255	12	8	7	37
대한	300	1	21	6	12	소서	105	7	8	9	27	동지	270	12	23	1	22
입춘	315	2	5	0	29	대서	120	7	24	2	47						
우수	330	2	19	20	38	입추	135	8	8	19	5	한식			4	6	
경칩	345	3	6	18	56	처서	150	8	24	9	30	단오			5	29	
춘분	0	3	21	20	11	백로	165	9	8	21	33	초복			7	13	
청명	15	4	6	0	22	추분	180	9	24	6	34	중복			7	23	
곡우	30	4	21	7	53	한로	195	10	9	12	35	말복			8	12	
입하	45	5	6	18	20	상강	210	10	24	15	17	토왕용사	297	1	18	7	28
소만	60	5	22	7	38	입동	225	11	8	15	11	토왕용사	27	4	18	6	9
망종	75	6	6	23	0	소설	240	11	23	12	20	토왕용사	117	7	20	23	24
												토왕용사	207	10	21	15	0

월	양력	1 2 3 4 5	6 7 8 9 10	11 12 13 14 15	16 17 18 19 20	21 22 23 24 25	26 27 28 29 30 31
7	요일	수 목 금 토 일	월 화 수 목 금	토 일 월 화 수	목 금 토 일 월	화 수 목 금 토	일 월 화 수 목 금
7	음력	5*/8 9 10 11 12	13 14 15 16 17	18 19 20 21 22	23 24 25 26 27	28 29 6/1 2 3	4 5 6 7 8 9
7	일진	무 기 경 신 임 자 축 인 묘 진	계 갑 을 병 정 사 오 미 신 유	무 기 경 신 임 술 해 자 축 인	계 갑 을 병 정 묘 진 사 오 미	무 기 경 신 임 신 유 술 해 자	계 갑 을 병 정 무 축 인 묘 진 사 오
8	요일	토 일 월 화 수	목 금 토 일 월	화 수 목 금 토	일 월 화 수 목	금 토 일 월 화	수 목 금 토 일 월
8	음력	6/10 11 12 13 14	15 16 17 18 19	20 21 22 23 24	25 26 27 28 29	7/1 2 3 4 5	6 7 8 9 10 11
8	일진	기 경 신 임 계 미 신 유 술 해	갑 을 병 정 무 자 축 인 묘 진	기 경 신 임 계 사 오 미 신 유	갑 을 병 정 무 술 해 자 축 인	기 경 신 임 계 묘 진 사 오 미	갑 을 병 정 무 기 신 유 술 해 자 축
9	요일	화 수 목 금 토	일 월 화 수 목	금 토 일 월 화	수 목 금 토 일	월 화 수 목 금	토 일 월 화 수
9	음력	7/12 13 14 15 16	17 18 19 20 21	22 23 24 25 26	27 28 29 30 8/1	2 3 4 5 6	7 8 9 10 11
9	일진	경 신 임 계 갑 인 묘 진 사 오	을 병 정 무 기 미 신 유 술 해	경 신 임 계 갑 자 축 인 묘 진	을 병 정 무 기 사 오 미 신 유	경 신 임 계 갑 술 해 자 축 인	을 병 정 무 기 묘 진 사 오 미
10	요일	목 금 토 일 월	화 수 목 금 토	일 월 화 수 목	금 토 일 월 화	수 목 금 토 일	월 화 수 목 금 토
10	음력	8/12 13 14 15 16	17 18 19 20 21	22 23 24 25 26	27 28 29 9/1 2	3 4 5 6 7	8 9 10 11 12 13
10	일진	경 신 임 계 갑 신 유 술 해 자	을 병 정 무 기 축 인 묘 진 사	경 신 임 계 갑 오 미 신 유 술	을 병 정 무 기 해 자 축 인 묘	경 신 임 계 갑 진 사 오 미 신	을 병 정 무 기 경 유 술 해 자 축 인
11	요일	일 월 화 수 목	금 토 일 월 화	수 목 금 토 일	월 화 수 목 금	토 일 월 화 수	목 금 토 일 월
11	음력	9/14 15 16 17 18	19 20 21 22 23	24 25 26 27 28	29 30 10/1 2 3	4 5 6 7 8	9 10 11 12 13
11	일진	신 임 계 갑 을 묘 진 사 오 미	병 정 무 기 경 신 유 술 해 자	신 임 계 갑 을 축 인 묘 진 사	병 정 무 기 경 오 미 신 유 술	신 임 계 갑 을 해 자 축 인 묘	병 정 무 기 경 진 사 오 미 신
12	요일	화 수 목 금 토	일 월 화 수 목	금 토 일 월 화	수 목 금 토 일	월 화 수 목 금	토 일 월 화 수 목
12	음력	10/14 15 16 17 18	19 20 21 22 23	24 25 26 27 28	29 11/1 2 3 4	5 6 7 8 9	10 11 12 13 14 15
12	일진	신 임 계 갑 을 유 술 해 자 축	병 정 무 기 경 인 묘 진 사 오	신 임 계 갑 을 미 신 유 술 해	병 정 무 기 경 자 축 인 묘 진	신 임 계 갑 을 사 오 미 신 유	병 정 무 기 경 신 술 해 자 축 인 묘

1915 을묘년 · 단기 4248

주요 국경일과 명절

구 분	월 일	요일
신 정	1 1	금
설 날	2 14	일
추 석	9 23	토

음양력 대조일람

음력월	월 건	대/소	음력 1일의 양력 월일	음력월	월 건	대/소	음력 1일의 양력 월일
1	무 인	대	2 14	7	갑 신	소	8 11
2	기 묘	소	3 16	8	을 유	대	9 9
3	경 진	대	4 14	9	병 술	소	10 9
4	신 사	대	5 14	10	정 해	대	11 7
5	임 오	소	6 13	11	무 자	소	12 7
6	계 미	대	7 12	12	기 축	대	1916/1 5

월	양력	1 2 3 4 5	6 7 8 9 10	11 12 13 14 15	16 17 18 19 20	21 22 23 24 25	26 27 28 29 30 31
1	요일	금 토 일 월 화	수 목 금 토 일	월 화 수 목 금	토 일 월 화 수	목 금 토 일 월	화 수 목 금 토 일
	음력	11/16 17 18 19 20	21 22 23 24 25	26 27 28 29 12/1	2 3 4 5 6	7 8 9 10 11	12 13 14 15 16 17
	일진	임계갑을병 진사오미신	정무기경신 유술해자축	임계갑을병 인묘진사오	정무기경신 미신유술해	임계갑을병 자축인묘진	정무기경신임 사오미신유술
2	요일	월 화 수 목 금	토 일 월 화 수	목 금 토 일 월	화 수 목 금 토	일 월 화 수 목	금 토 일
	음력	12/18 19 20 21 22	23 24 25 26 27	28 29 30 1/1 2	3 4 5 6 7	8 9 10 11 12	13 14 15
	일진	계갑을병정 해자축인묘	무기경신임 진사오미신	계갑을병정 유술해자축	무기경신임 인묘진사오	계갑을병정 미신유술해	무기경 자축인
3	요일	월 화 수 목 금	토 일 월 화 수	목 금 토 일 월	화 수 목 금 토	일 월 화 수 목	금 토 일 월 화 수
	음력	1/16 17 18 19 20	21 22 23 24 25	26 27 28 29 30	2/1 2 3 4 5	6 7 8 9 10	11 12 13 14 15 16
	일진	신임계갑을 묘진사오미	병정무기경 신유술해자	신임계갑을 축인묘진사	병정무기경 오미신유술	신임계갑을 해자축인묘	병정무기경신 진사오미신유
4	요일	목 금 토 일 월	화 수 목 금 토	일 월 화 수 목	금 토 일 월 화	수 목 금 토 일	월 화 수 목 금
	음력	2/17 18 19 20 21	22 23 24 25 26	27 28 29 3/1 2	3 4 5 6 7	8 9 10 11 12	13 14 15 16 17
	일진	임계갑을병 술해자축인	정무기경신 묘진사오미	임계갑을병 신유술해자	정무기경신 축인묘진사	임계갑을병 오미신유술	정무기경신 해자축인묘
5	요일	토 일 월 화 수	목 금 토 일 월	화 수 목 금 토	일 월 화 수 목	금 토 일 월 화	수 목 금 토 일 월
	음력	3/18 19 20 21 22	23 24 25 26 27	28 29 30 4/1 2	3 4 5 6 7	8 9 10 11 12	13 14 15 16 17 18
	일진	임계갑을병 진사오미신	정무기경신 유술해자축	임계갑을병 인묘진사오	정무기경신 미신유술해	임계갑을병 자축인묘진	정무기경신임 사오미신유술
6	요일	화 수 목 금 토	일 월 화 수 목	금 토 일 월 화	수 목 금 토 일	월 화 수 목 금	토 일 월 화 수
	음력	4/19 20 21 22 23	24 25 26 27 28	29 30 5/1 2 3	4 5 6 7 8	9 10 11 12 13	14 15 16 17 18
	일진	계갑을병정 해자축인묘	무기경신임 진사오미신	계갑을병정 유술해자축	무기경신임 인묘진사오	계갑을병정 미신유술해	무기경신임 자축인묘진

24절기와 잡절

명 칭	태양황경(도)	한국표준시 월 일	시 분	명 칭	태양황경(도)	한국표준시 월 일	시 분	명 칭	태양황경(도)	한국표준시 월 일	시 분
소한	285	1 6	18 40	하지	90	6 22	21 29	대　설	255	12 8	13 24
대한	300	1 21	12 0	소서	105	7 8	15 8	동　지	270	12 23	7 16
입춘	315	2 5	6 25	대서	120	7 24	8 26	한　식		4 7	
우수	330	2 20	2 23	입추	135	8 9	0 48				
경칩	345	3 7	0 48	처서	150	8 24	15 15	단　오		6 17	
춘분	0	3 22	1 51	백로	165	9 9	3 17	초　복		7 18	
청명	15	4 6	6 9	추분	180	9 24	12 24	중　복		7 28	
곡우	30	4 21	13 29	한로	195	10 9	18 21	말　복		8 17	
입하	45	5 7	0 3	상강	210	10 24	21 10	토왕용사	297	1 18	13 17
소만	60	5 22	13 10	입동	225	11 8	20 58	토왕용사	27	4 18	11 46
망종	75	6 7	4 40	소설	240	11 23	18 14	토왕용사	117	7 21	5 1
								토왕용사	207	10 21	20 49

월	양력	1 2 3 4 5	6 7 8 9 10	11 12 13 14 15	16 17 18 19 20	21 22 23 24 25	26 27 28 29 30 31
7	요일	목 금 토 일 월	화 수 목 금 토	일 월 화 수 목	금 토 일 월 화	수 목 금 토 일	월 화 수 목 금 토
	음력	5/19 20 21 22 23	24 25 26 27 28	29 6/1 2 3 4	5 6 7 8 9	10 11 12 13 14	15 16 17 18 19 20
	일진	계사 갑오 을미 병신 정유	무술 기해 경자 신축 임인	계묘 갑진 을사 병오 정미	무신 기유 경술 신해 임자	계축 갑인 을묘 병진 정사	무오 기미 경신 신유 임술 계해
8	요일	일 월 화 수 목	금 토 일 월 화	수 목 금 토 일	월 화 수 목 금	토 일 월 화 수	목 금 토 일 월 화
	음력	6/21 22 23 24 25	26 27 28 29 30	7/1 2 3 4 5	6 7 8 9 10	11 12 13 14 15	16 17 18 19 20 21
	일진	갑자 을축 병인 정묘 무진	기사 경오 신미 임신 계유	갑술 을해 병자 정축 무인	기묘 경진 신사 임오 계미	갑신 을유 병술 정해 무자	기축 경인 신묘 임진 계사 갑오
9	요일	수 목 금 토 일	월 화 수 목 금	토 일 월 화 수	목 금 토 일 월	화 수 목 금 토	일 월 화 수 목
	음력	7/22 23 24 25 26	27 28 29 8/1 2	3 4 5 6 7	8 9 10 11 12	13 14 15 16 17	18 19 20 21 22
	일진	을미 병신 정유 무술 기해	경자 신축 임인 계묘 갑진	을사 병오 정미 무신 기유	경술 신해 임자 계축 갑인	을묘 병진 정사 무오 기미	경신 신유 임술 계해 갑자
10	요일	금 토 일 월 화	수 목 금 토 일	월 화 수 목 금	토 일 월 화 수	목 금 토 일 월	화 수 목 금 토 일
	음력	8/23 24 25 26 27	28 29 30 9/1 2	3 4 5 6 7	8 9 10 11 12	13 14 15 16 17	18 19 20 21 22 23
	일진	을축 병인 정묘 무진 기사	경오 신미 임신 계유 갑술	을해 병자 정축 무인 기묘	경진 신사 임오 계미 갑신	을유 병술 정해 무자 기축	경인 신묘 임진 계사 갑오 을미
11	요일	월 화 수 목 금	토 일 월 화 수	목 금 토 일 월	화 수 목 금 토	일 월 화 수 목	금 토 일 월 화
	음력	9/24 25 26 27 28	29 10/1 2 3 4	5 6 7 8 9	10 11 12 13 14	15 16 17 18 19	20 21 22 23 24
	일진	병신 정유 무술 기해 경자	신축 임인 계묘 갑진 을사	병오 정미 무신 기유 경술	신해 임자 계축 갑인 을묘	병진 정사 무오 기미 경신	신유 임술 계해 갑자 을축
12	요일	수 목 금 토 일	월 화 수 목 금	토 일 월 화 수	목 금 토 일 월	화 수 목 금 토	일 월 화 수 목 금
	음력	10/25 26 27 28 29	30 11/1 2 3 4	5 6 7 8 9	10 11 12 13 14	15 16 17 18 19	20 21 22 23 24 25
	일진	병인 정묘 무진 기사 경오	신미 임신 계유 갑술 을해	병자 정축 무인 기묘 경진	신사 임오 계미 갑신 을유	병술 정해 무자 기축 경인	신묘 임진 계사 갑오 을미 병신

1916 병진년 · 단기 4249

주요 국경일과 명절

구 분	월	일	요일
신 정	1	1	토
설 날	2	4	금
추 석	9	12	화

음양력 대조일람

음력월	월 건	대/소	음력 1일의 양력 (월)	음력 1일의 양력 (일)	음력월	월 건	대/소	음력 1일의 양력 (월)	음력 1일의 양력 (일)
1	경 인	소	2	4	7	병 신	대	7	30
2	신 묘	대	3	4	8	정 유	소	8	29
3	임 진	소	4	3	9	무 술	대	9	27
4	계 사	대	5	2	10	기 해	소	10	27
5	갑 오	소	6	1	11	경 자	대	11	25
6	을 미	대	6	30	12	신 축	소	12	25

월	양력	1	2	3	4	5	6	7	8	9	10	11	12	13	14	15	16	17	18	19	20	21	22	23	24	25	26	27	28	29	30	31
1	요일	토	일	월	화	수	목	금	토	일	월	화	수	목	금	토	일	월	화	수	목	금	토	일	월	화	수	목	금	토	일	월
	음력	11/26	27	28	29	12/1	2	3	4	5	6	7	8	9	10	11	12	13	14	15	16	17	18	19	20	21	22	23	24	25	26	27
	일진	정유	무술	기해	경자	신축	임인	계묘	갑진	을사	병오	정미	무신	기유	경술	신해	임자	계축	갑인	을묘	병진	정사	무오	기미	경신	신유	임술	계해	갑자	을축	병인	정묘
2	요일	화	수	목	금	토	일	월	화	수	목	금	토	일	월	화	수	목	금	토	일	월	화	수	목	금	토	일	월	화		
	음력	12/28	29	30	1/1	2	3	4	5	6	7	8	9	10	11	12	13	14	15	16	17	18	19	20	21	22	23	24	25	26		
	일진	무진	기사	경오	신미	임신	계유	갑술	을해	병자	정축	무인	기묘	경진	신사	임오	계미	갑신	을유	병술	정해	무자	기축	경인	신묘	임진	계사	갑오	을미	병신		
3	요일	수	목	금	토	일	월	화	수	목	금	토	일	월	화	수	목	금	토	일	월	화	수	목	금	토	일	월	화	수	목	금
	음력	1/27	28	29	2/1	2	3	4	5	6	7	8	9	10	11	12	13	14	15	16	17	18	19	20	21	22	23	24	25	26	27	28
	일진	정유	무술	기해	경자	신축	임인	계묘	갑진	을사	병오	정미	무신	기유	경술	신해	임자	계축	갑인	을묘	병진	정사	무오	기미	경신	신유	임술	계해	갑자	을축	병인	정묘
4	요일	토	일	월	화	수	목	금	토	일	월	화	수	목	금	토	일	월	화	수	목	금	토	일	월	화	수	목	금	토	일	
	음력	2/29	30	3/1	2	3	4	5	6	7	8	9	10	11	12	13	14	15	16	17	18	19	20	21	22	23	24	25	26	27	28	
	일진	무진	기사	경오	신미	임신	계유	갑술	을해	병자	정축	무인	기묘	경진	신사	임오	계미	갑신	을유	병술	정해	무자	기축	경인	신묘	임진	계사	갑오	을미	병신	정유	
5	요일	월	화	수	목	금	토	일	월	화	수	목	금	토	일	월	화	수	목	금	토	일	월	화	수	목	금	토	일	월	화	수
	음력	3/29	4/1	2	3	4	5	6	7	8	9	10	11	12	13	14	15	16	17	18	19	20	21	22	23	24	25	26	27	28	29	30
	일진	무술	기해	경자	신축	임인	계묘	갑진	을사	병오	정미	무신	기유	경술	신해	임자	계축	갑인	을묘	병진	정사	무오	기미	경신	신유	임술	계해	갑자	을축	병인	정묘	무진
6	요일	목	금	토	일	월	화	수	목	금	토	일	월	화	수	목	금	토	일	월	화	수	목	금	토	일	월	화	수	목	금	
	음력	5/1	2	3	4	5	6	7	8	9	10	11	12	13	14	15	16	17	18	19	20	21	22	23	24	25	26	27	28	29	6/1	
	일진	기사	경오	신미	임신	계유	갑술	을해	병자	정축	무인	기묘	경진	신사	임오	계미	갑신	을유	병술	정해	무자	기축	경인	신묘	임진	계사	갑오	을미	병신	정유	무술	

24절기와 잡절

명칭	태양황경(도)	월 일	시 분	명칭	태양황경(도)	월 일	시 분	명칭	태양황경(도)	월 일	시 분
소한	285	1 7	0 28	하지	90	6 22	3 24	대 설	255	12 7	19 6
대한	300	1 21	17 54	소서	105	7 7	20 54	동 지	270	12 22	12 59
입춘	315	2 5	12 14	대서	120	7 23	14 21				
우수	330	2 20	8 18	입추	135	8 8	6 35	한 식			4 6
경칩	345	3 6	6 37	처서	150	8 23	21 9	단 오			6 5
춘분	0	3 21	7 47	백로	165	9 8	9 5	초 복			7 12
청명	15	4 5	11 58	추분	180	9 23	18 15	중 복			7 22
곡우	30	4 20	19 25	한로	195	10 9	0 8	말 복			8 11
입하	45	5 6	5 50	상강	210	10 24	2 57	토왕용사	297	1 18	19 8
소만	60	5 21	19 6	입동	225	11 8	2 42	토왕용사	27	4 17	17 39
망종	75	6 6	10 26	소설	240	11 22	23 58	토왕용사	117	7 20	10 56
								토왕용사	207	10 21	2 40

월	양력	1 2 3 4 5	6 7 8 9 10	11 12 13 14 15	16 17 18 19 20	21 22 23 24 25	26 27 28 29 30 31
7	요일	토일월화수	목금토일월	화수목금토	일월화수목	금토일월화	수목금토일월
	음력	6/2 3 4 5 6	7 8 9 10 11	12 13 14 15 16	17 18 19 20 21	22 23 24 25 26	27 28 29 30 7/1 2
	일진	기경신임계 / 해자축인묘	갑을병정무 / 진사오미신	기경신임계 / 유술해자축	갑을병정무 / 인묘진사오	기경신임계 / 미신유술해	갑을병정무기 / 자축인묘진사
8	요일	화수목금토	일월화수목	금토일월화	수목금토일	월화수목금	토일월화수목
	음력	7/3 4 5 6 7	8 9 10 11 12	13 14 15 16 17	18 19 20 21 22	23 24 25 26 27	28 29 30 8/1 2 3
	일진	경신임계갑 / 오미신유술	을병정무기 / 해자축인묘	경신임계갑 / 진사오미신	을병정무기 / 유술해자축	경신임계갑 / 인묘진사오	을병정무기경 / 미신유술해자
9	요일	금토일월화	수목금토일	월화수목금	토일월화수	목금토일월	화수목금토
	음력	8/4 5 6 7 8	9 10 11 12 13	14 15 16 17 18	19 20 21 22 23	24 25 26 27 28	29 9/1 2 3 4
	일진	신임계갑을 / 축인묘진사	병정무기경 / 오미신유술	신임계갑을 / 해자축인묘	병정무기경 / 진사오미신	신임계갑을 / 유술해자축	병정무기경 / 인묘진사오
10	요일	일월화수목	금토일월화	수목금토일	월화수목금	토일월화수	목금토일월화
	음력	9/5 6 7 8 9	10 11 12 13 14	15 16 17 18 19	20 21 22 23 24	25 26 27 28 29	30 10/1 2 3 4 5
	일진	신임계갑을 / 미신유술해	병정무기경 / 자축인묘진	신임계갑을 / 사오미신유	병정무기경 / 술해자축인	신임계갑을 / 묘진사오미	병정무기경신 / 유술해자축
11	요일	수목금토일	월화수목금	토일월화수	목금토일월	화수목금토	일월화수목
	음력	10/6 7 8 9 10	11 12 13 14 15	16 17 18 19 20	21 22 23 24 25	26 27 28 29 11/1	2 3 4 5 6
	일진	임계갑을병 / 인묘진사오	정무기경신 / 미신유술해	임계갑을병 / 자축인묘진	정무기경신 / 사오미신유	임계갑을병 / 술해자축인	정무기경신 / 묘진사오미
12	요일	금토일월화	수목금토일	월화수목금	토일월화수	목금토일월	화수목금토일
	음력	11/7 8 9 10 11	12 13 14 15 16	17 18 19 20 21	22 23 24 25 26	27 28 29 30 12/1	2 3 4 5 6 7
	일진	임계갑을병 / 신유술해자	정무기경신 / 축인묘진사	임계갑을병 / 오미신유술	정무기경신 / 해자축인묘	임계갑을병 / 진사오미신	정무기경신임 / 유술해자축인

1917 정사년 • 단기 4250

주요 국경일과 명절

구 분	월	일	요일
신 정	1	1	월
설 날	1	23	화
추 석	9	30	일

음양력 대조일람

음력월	월 건	대/소	음력 1일의 양력 월일		음력월	월 건	대/소	음력 1일의 양력 월일	
1	임 인	대	1	23	7	무 신	소	8	18
2	계 묘	소	2	22	8	기 유	대	9	16
(윤)2		소	3	23	9	경 술	대	10	16
3	갑 진	대	4	21	10	신 해	소	11	15
4	을 사	소	5	21	11	임 자	대	12	14
5	병 오	대	6	19	12	계 축	소	1918/1	13
6	정 미	대	7	19					

월	양력	1 2 3 4 5	6 7 8 9 10	11 12 13 14 15	16 17 18 19 20	21 22 23 24 25	26 27 28 29 30 31
1	요일	월화수목금	토일월화수	목금토일월	화수목금토	일월화수목	금토일월화수
	음력	12/8 9 10 11 12	13 14 15 16 17	18 19 20 21 22	23 24 25 26 27	28 29 1/1 2 3	4 5 6 7 8 9
	일진	계갑을병정 묘진사오미	무기경신임 신유술해자	계갑을병정 축인묘진사	무기경신임 오미신유술	계갑을병정 해자축인묘	무기경신임계 진사오미신유
2	요일	목금토일월	화수목금토	일월화수목	금토일월화	수목금토일	월화수
	음력	1/10 11 12 13 14	15 16 17 18 19	20 21 22 23 24	25 26 27 28 29	30 2/1 2 3 4	5 6 7
	일진	갑을병정무 술해자축인	기경신임계 묘진사오미	갑을병정무 신유술해자	기경신임계 축인묘진사	갑을병정무 오미신유술	기경신 해자축
3	요일	목금토일월	화수목금토	일월화수목	금토일월화	수목금토일	월화수목금토
	음력	2/8 9 10 11 12	13 14 15 16 17	18 19 20 21 22	23 24 25 26 27	28 29 2*/1 2 3	4 5 6 7 8 9
	일진	임계갑을병 인묘진사오	정무기경신 미신유술해	임계갑을병 자축인묘진	정무기경신 사오미신유	임계갑을병 술해자축인	정무기경신임 묘진사오미신
4	요일	일월화수목	금토일월화	수목금토일	월화수목금	토일월화수	목금토일월
	음력	2*/10 11 12 13 14	15 16 17 18 19	20 21 22 23 24	25 26 27 28 29	3/1 2 3 4 5	6 7 8 9 10
	일진	계갑을병정 유술해자축	무기경신임 인묘진사오	계갑을병정 미신유술해	무기경신임 자축인묘진	계갑을병정 사오미신유	무기경신임 술해자축인
5	요일	화수목금토	일월화수목	금토일월화	수목금토일	월화수목금	토일월화수목
	음력	3/11 12 13 14 15	16 17 18 19 20	21 22 23 24 25	26 27 28 29 30	4/1 2 3 4 5	6 7 8 9 10 11
	일진	계갑을병정 묘진사오미	무기경신임 신유술해자	계갑을병정 축인묘진사	무기경신임 오미신유술	계갑을병정 해자축인묘	무기경신임계 진사오미신유
6	요일	금토일월화	수목금토일	월화수목금	토일월화수	목금토일월	화수목금토
	음력	4/12 13 14 15 16	17 18 19 20 21	22 23 24 25 26	27 28 29 5/1 2	3 4 5 6 7	8 9 10 11 12
	일진	갑을병정무 술해자축인	기경신임계 묘진사오미	갑을병정무 신유술해자	기경신임계 축인묘진사	갑을병정무 오미신유술	기경신임계 해자축인묘

24절기와 잡절

명칭	태양황경(도)	한국표준시				명칭	태양황경(도)	한국표준시				명칭	태양황경(도)	한국표준시			
		월	일	시	분			월	일	시	분			월	일	시	분
소한	285	1	6	6	10	하지	90	6	22	9	14	대설	255	12	8	1	1
대한	300	1	20	23	37	소서	105	7	8	2	50	동지	270	12	22	18	46
입춘	315	2	4	17	58	대서	120	7	23	20	8						
우수	330	2	19	14	5	입추	135	8	8	12	30	한식		4	6		
경칩	345	3	6	12	25	처서	150	8	24	2	54	단오		6	23		
춘분	0	3	21	13	37	백로	165	9	8	14	59	초복		7	17		
청명	15	4	5	17	50	추분	180	9	24	0	0	중복		7	27		
곡우	30	4	21	1	17	한로	195	10	9	6	2	말복		8	16		
입하	45	5	6	11	46	상강	210	10	24	8	44	토왕용사	297	1	18	0	54
소만	60	5	22	0	59	입동	225	11	8	8	37	토왕용사	27	4	17	23	35
망종	75	6	6	16	23	소설	240	11	23	5	45	토왕용사	117	7	20	16	44
												토왕용사	207	10	21	8	26

월	양력	1 2 3 4 5	6 7 8 9 10	11 12 13 14 15	16 17 18 19 20	21 22 23 24 25	26 27 28 29 30 31
7	요일	일 월 화 수 목	금 토 일 월 화	수 목 금 토 일	월 화 수 목 금	토 일 월 화 수	목 금 토 일 월 화
	음력	5/13 14 15 16 17	18 19 20 21 22	23 24 25 26 27	28 29 30 6/1 2	3 4 5 6 7	8 9 10 11 12 13
	일진	갑 을 병 정 무 진 사 오 미 신	기 경 신 임 계 유 술 해 자 축	갑 을 병 정 무 인 묘 진 사 오	기 경 신 임 계 미 신 유 술 해	갑 을 병 정 무 자 축 인 묘 진	기 경 신 임 계 갑 사 오 미 신 유 술
8	요일	수 목 금 토 일	월 화 수 목 금	토 일 월 화 수	목 금 토 일 월	화 수 목 금 토	일 월 화 수 목 금
	음력	6/14 15 16 17 18	19 20 21 22 23	24 25 26 27 28	29 30 7/1 2 3	4 5 6 7 8	9 10 11 12 13 14
	일진	을 병 정 무 기 해 자 축 인 묘	경 신 임 계 갑 진 사 오 미 신	을 병 정 무 기 유 술 해 자 축	경 신 임 계 갑 인 묘 진 사 오	을 병 정 무 기 미 신 유 술 해	경 신 임 계 갑 을 자 축 인 묘 진 사
9	요일	토 일 월 화 수	목 금 토 일 월	화 수 목 금 토	일 월 화 수 목	금 토 일 월 화	수 목 금 토 일
	음력	7/15 16 17 18 19	20 21 22 23 24	25 26 27 28 29	8/1 2 3 4 5	6 7 8 9 10	11 12 13 14 15
	일진	병 정 무 기 경 오 미 신 유 술	신 임 계 갑 을 해 자 축 인 묘	병 정 무 기 경 진 사 오 미 신	신 임 계 갑 을 유 술 해 자 축	병 정 무 기 경 인 묘 진 사 오	신 임 계 갑 을 미 신 유 술 해
10	요일	월 화 수 목 금	토 일 월 화 수	목 금 토 일 월	화 수 목 금 토	일 월 화 수 목	금 토 일 월 화 수
	음력	8/16 17 18 19 20	21 22 23 24 25	26 27 28 29 30	9/1 2 3 4 5	6 7 8 9 10	11 12 13 14 15 16
	일진	병 정 무 기 경 자 축 인 묘 진	신 임 계 갑 을 사 오 미 신 유	병 정 무 기 경 술 해 자 축 인	신 임 계 갑 을 묘 진 사 오 미	병 정 무 기 경 신 유 술 해 자	신 임 계 갑 을 병 축 인 묘 진 사 오
11	요일	목 금 토 일 월	화 수 목 금 토	일 월 화 수 목	금 토 일 월 화	수 목 금 토 일	월 화 수 목 금
	음력	9/17 18 19 20 21	22 23 24 25 26	27 28 29 30 10/1	2 3 4 5 6	7 8 9 10 11	12 13 14 15 16
	일진	정 무 기 경 신 미 신 유 술 해	임 계 갑 을 병 자 축 인 묘 진	정 무 기 경 신 사 오 미 신 유	임 계 갑 을 병 술 해 자 축 인	정 무 기 경 신 묘 진 사 오 미	임 계 갑 을 병 신 유 술 해 자
12	요일	토 일 월 화 수	목 금 토 일 월	화 수 목 금 토	일 월 화 수 목	금 토 일 월 화	수 목 금 토 일 월
	음력	10/17 18 19 20 21	22 23 24 25 26	27 28 29 11/1 2	3 4 5 6 7	8 9 10 11 12	13 14 15 16 17 18
	일진	정 무 기 경 신 축 인 묘 진 사	임 계 갑 을 병 오 미 신 유 술	정 무 기 경 신 해 자 축 인 묘	임 계 갑 을 병 진 사 오 미 신	정 무 기 경 신 유 술 해 자 축	임 계 갑 을 병 정 인 묘 진 사 오 미

1918 무오년 · 단기 4251

주요 국경일과 명절

구 분	월	일	요일
신 정	1	1	화
설 날	2	11	월
추 석	9	19	목

음양력 대조일람

음력월	월 건	대/소	음력 1일의 양력 월일	음력월	월 건	대/소	음력 1일의 양력 월일
1	갑 인	대	2 11	7	경 신	소	8 7
2	을 묘	소	3 13	8	신 유	대	9 5
3	병 진	소	4 11	9	임 술	대	10 5
4	정 사	대	5 10	10	계 해	대	11 4
5	무 오	소	6 9	11	갑 자	소	12 4
6	기 미	대	7 8	12	을 축	대	1919/1 2

월	양력	1 2 3 4 5	6 7 8 9 10	11 12 13 14 15	16 17 18 19 20	21 22 23 24 25	26 27 28 29 30 31
1	요일	화 수 목 금 토	일 월 화 수 목	금 토 일 월 화	수 목 금 토 일	월 화 수 목 금	토 일 월 화 수 목
	음력	11/19 20 21 22 23	24 25 26 27 28	29 30 12/1 2 3	4 5 6 7 8	9 10 11 12 13	14 15 16 17 18 19
	일진	무기경신임 신유술해자	계갑을병정 축인묘진사	무기경신임 오미신유술	계갑을병정 해자축인묘	무기경신임 진사오미신	계갑을병정무 유술해자축인
2	요일	금 토 일 월 화	수 목 금 토 일	월 화 수 목 금	토 일 월 화 수	목 금 토 일 월	화 수 목
	음력	12/20 21 22 23 24	25 26 27 28 29	1/1 2 3 4 5	6 7 8 9 10	11 12 13 14 15	16 17 18
	일진	기경신임계 묘진사오미	갑을병정무 신유술해자	기경신임계 축인묘진사	갑을병정무 오미신유술	기경신임계 해자축인묘	갑을병 진사오
3	요일	금 토 일 월 화	수 목 금 토 일	월 화 수 목 금	토 일 월 화 수	목 금 토 일 월	화 수 목 금 토 일
	음력	1/19 20 21 22 23	24 25 26 27 28	29 30 2/1 2 3	4 5 6 7 8	9 10 11 12 13	14 15 16 17 18 19
	일진	정무기경신 미신유술해	임계갑을병 자축인묘진	정무기경신 사오미신유	임계갑을병 술해자축인	정무기경신 묘진사오미	임계갑을병정 신유술해자축
4	요일	월 화 수 목 금	토 일 월 화 수	목 금 토 일 월	화 수 목 금 토	일 월 화 수 목	금 토 일 월 화
	음력	2/20 21 22 23 24	25 26 27 28 29	3/1 2 3 4 5	6 7 8 9 10	11 12 13 14 15	16 17 18 19 20
	일진	무기경신임 인묘진사오	계갑을병정 미신유술해	무기경신임 자축인묘진	계갑을병정 사오미신유	무기경신임 술해자축인	계갑을병정 묘진사오미
5	요일	수 목 금 토 일	월 화 수 목 금	토 일 월 화 수	목 금 토 일 월	화 수 목 금 토	일 월 화 수 목 금
	음력	3/21 22 23 24 25	26 27 28 29 4/1	2 3 4 5 6	7 8 9 10 11	12 13 14 15 16	17 18 19 20 21 22
	일진	무기경신임 신유술해자	계갑을병정 축인묘진사	무기경신임 오미신유술	계갑을병정 해자축인묘	무기경신임 진사오미신	계갑을병정무 유술해자축인
6	요일	토 일 월 화 수	목 금 토 일 월	화 수 목 금 토	일 월 화 수 목	금 토 일 월 화	수 목 금 토 일
	음력	4/23 24 25 26 27	28 29 30 5/1 2	3 4 5 6 7	8 9 10 11 12	13 14 15 16 17	18 19 20 21 22
	일진	기경신임계 묘진사오미	갑을병정무 신유술해자	기경신임계 축인묘진사	갑을병정무 오미신유술	기경신임계 해자축인묘	갑을병정무 진사오미신

24절기와 잡절

명 칭	태양황경(도)	월	일	시	분	명 칭	태양황경(도)	월	일	시	분	명 칭	태양황경(도)	월	일	시	분
소한	285	1	6	12	4	하지	90	6	22	15	0	대설	255	12	8	6	47
대한	300	1	21	5	25	소서	105	7	8	8	32	동지	270	12	23	0	42
입춘	315	2	4	23	53	대서	120	7	24	1	51						
우수	330	2	19	19	53	입추	135	8	8	18	8	한식		4	6		
경칩	345	3	6	18	21	처서	150	8	24	8	37	단오		6	13		
춘분	0	3	21	19	26	백로	165	9	8	20	36	초복		7	12		
청명	15	4	5	23	45	추분	180	9	24	5	46	중복		7	22		
곡우	30	4	21	7	5	한로	195	10	9	11	40	말복		8	11		
입하	45	5	6	17	38	상강	210	10	24	14	33	토왕용사	297	1	18	6	40
소만	60	5	22	6	46	입동	225	11	8	14	19	토왕용사	27	4	18	5	21
망종	75	6	6	22	11	소설	240	11	23	11	38	토왕용사	117	7	20	22	25
												토왕용사	207	10	21	14	13

월	양력	1 2 3 4 5	6 7 8 9 10	11 12 13 14 15	16 17 18 19 20	21 22 23 24 25	26 27 28 29 30 31
7 요일		월 화 수 목 금	토 일 월 화 수	목 금 토 일 월	화 수 목 금 토	일 월 화 수 목	금 토 일 월 화 수
음력		5/23 24 25 26 27	28 29 6/1 2 3	4 5 6 7 8	9 10 11 12 13	14 15 16 17 18	19 20 21 22 23 24
일진		기경신임계 유술해자축	갑을병정무 인묘진사오	기경신임계 미신유술해	갑을병정무 자축인묘진	기경신임계 사오미신유	갑을병정무기 술해자축인묘
8 요일		목 금 토 일 월	화 수 목 금 토	일 월 화 수 목	금 토 일 월 화	수 목 금 토 일	월 화 수 목 금 토
음력		6/25 26 27 28 29	30 7/1 2 3 4	5 6 7 8 9	10 11 12 13 14	15 16 17 18 19	20 21 22 23 24 25
일진		경신임계갑 진사오미신	을병정무기 유술해자축	경신임계갑 인묘진사오	을병정무기 미신유술해	경신임계갑 자축인묘진	을병정무기경 사오미신유술
9 요일		일 월 화 수 목	금 토 일 월 화	수 목 금 토 일	월 화 수 목 금	토 일 월 화 수	목 금 토 일 월
음력		7/26 27 28 29 8/1	2 3 4 5 6	7 8 9 10 11	12 13 14 15 16	17 18 19 20 21	22 23 24 25 26
일진		신임계갑을 해자축인묘	병정무기경 진사오미신	신임계갑을 유술해자축	병정무기경 인묘진사오	신임계갑을 미신유술해	병정무기경 자축인묘진
10 요일		화 수 목 금 토	일 월 화 수 목	금 토 일 월 화	수 목 금 토 일	월 화 수 목 금	토 일 월 화 수 목
음력		8/27 28 29 30 9/1	2 3 4 5 6	7 8 9 10 11	12 13 14 15 16	17 18 19 20 21	22 23 24 25 26 27
일진		신임계갑을 사오미신유	병정무기경 술해자축인	신임계갑을 묘진사오미	병정무기경 신유술해자	신임계갑을 축인묘진사	병정무기경신 오미신유술해
11 요일		금 토 일 월 화	수 목 금 토 일	월 화 수 목 금	토 일 월 화 수	목 금 토 일 월	화 수 목 금 토
음력		9/28 29 30 10/1 2	3 4 5 6 7	8 9 10 11 12	13 14 15 16 17	18 19 20 21 22	23 24 25 26 27
일진		임계갑을병 자축인묘진	정무기경신 사오미신유	임계갑을병 술해자축인	정무기경신 묘진사오미	임계갑을병 신유술해자	정무기경신 축인묘진사
12 요일		일 월 화 수 목	금 토 일 월 화	수 목 금 토 일	월 화 수 목 금	토 일 월 화 수	목 금 토 일 월 화
음력		10/28 29 30 11/1 2	3 4 5 6 7	8 9 10 11 12	13 14 15 16 17	18 19 20 21 22	23 24 25 26 27 28
일진		임계갑을병 오미신유술	정무기경신 해자축인묘	임계갑을병 진사오미신	정무기경신 유술해자축	임계갑을병 인묘진사오	정무기경신임 미신유술해자

1919 기미년 · 단기 4252

주요 국경일과 명절

구 분	월	일	요일
신 정	1	1	수
설 날	2	1	토
추 석	10	8	수

음양력 대조일람

음력월	월 건	대/소	양력	양력 1일의 월일	음력월	월 건	대/소	양력	양력 1일의 월일
1	병 인	소	2	1	(윤)7		소	8	26
2	정 묘	대	3	2	8	계 유	대	9	24
3	무 진	소	4	1	9	갑 술	대	10	24
4	기 사	소	4	30	10	을 해	소	11	23
5	경 오	대	5	29	11	병 자	대	12	22
6	신 미	소	6	28	12	정 축	대	1920/1	21
7	임 신	대	7	27					

월력

월	양력	1 2 3 4 5	6 7 8 9 10	11 12 13 14 15	16 17 18 19 20	21 22 23 24 25	26 27 28 29 30 31
1	요일	수 목 금 토 일	월 화 수 목 금	토 일 월 화 수	목 금 토 일 월	화 수 목 금 토	일 월 화 수 목 금
	음력	11/29 12/1 2 3 4	5 6 7 8 9	10 11 12 13 14	15 16 17 18 19	20 21 22 23 24	25 26 27 28 29 30
	일진	계갑을병정 축인묘진사	무기경신임 오미신유술	계갑을병정 해자축인묘	무기경신임 진사오미신	계갑을병정 유술해자축	무기경신임계 인묘진사오미
2	요일	토 일 월 화 수	목 금 토 일 월	화 수 목 금 토	일 월 화 수 목	금 토 일 월 화	수 목 금
	음력	1/1 2 3 4 5	6 7 8 9 10	11 12 13 14 15	16 17 18 19 20	21 22 23 24 25	26 27 28
	일진	갑을병정무 신유술해자	기경신임계 축인묘진사	갑을병정무 오미신유술	기경신임계 해자축인묘	갑을병정무 진사오미신	기경신 유술해
3	요일	토 일 월 화 수	목 금 토 일 월	화 수 목 금 토	일 월 화 수 목	금 토 일 월 화	수 목 금 토 일 월
	음력	1/29 2/1 2 3 4	5 6 7 8 9	10 11 12 13 14	15 16 17 18 19	20 21 22 23 24	25 26 27 28 29 30
	일진	임계갑을병 자축인묘진	정무기경신 사오미신유	임계갑을병 술해자축인	정무기경신 묘진사오미	임계갑을병 신유술해자	정무기경신임 축인묘진사오
4	요일	화 수 목 금 토	일 월 화 수 목	금 토 일 월 화	수 목 금 토 일	월 화 수 목 금	토 일 월 화 수
	음력	3/1 2 3 4 5	6 7 8 9 10	11 12 13 14 15	16 17 18 19 20	21 22 23 24 25	26 27 28 29 4/1
	일진	계갑을병정 미신유술해	무기경신임 자축인묘진	계갑을병정 사오미신유	무기경신임 술해자축인	계갑을병정 묘진사오미	무기경신임 신유술해자
5	요일	목 금 토 일 월	화 수 목 금 토	일 월 화 수 목	금 토 일 월 화	수 목 금 토 일	월 화 수 목 금 토
	음력	4/2 3 4 5 6	7 8 9 10 11	12 13 14 15 16	17 18 19 20 21	22 23 24 25 26	27 28 29 5/1 2 3
	일진	계갑을병정 축인묘진사	무기경신임 오미신유술	계갑을병정 해자축인묘	무기경신임 진사오미신	계갑을병정 유술해자축	무기경신임계 인묘진사오미
6	요일	일 월 화 수 목	금 토 일 월 화	수 목 금 토 일	월 화 수 목 금	토 일 월 화 수	목 금 토 일 월
	음력	5/4 5 6 7 8	9 10 11 12 13	14 15 16 17 18	19 20 21 22 23	24 25 26 27 28	29 30 6/1 2 3
	일진	갑을병정무 신유술해자	기경신임계 축인묘진사	갑을병정무 오미신유술	기경신임계 해자축인묘	갑을병정무 진사오미신	기경신임계 유술해자축

24절기와 잡절

명 칭	태양황경(도)	월	일	시	분	명 칭	태양황경(도)	월	일	시	분	명 칭	태양황경(도)	월	일	시	분
소한	285	1	6	17	52	하지	90	6	22	20	54	대설	255	12	8	12	38
대한	300	1	21	11	21	소서	105	7	8	14	21	동지	270	12	23	6	27
입춘	315	2	5	5	39	대서	120	7	24	7	45						
우수	330	2	20	1	48	입추	135	8	8	23	58	한식		4	7		
경칩	345	3	7	0	6	처서	150	8	24	14	28	단오		6	2		
춘분	0	3	22	1	19	백로	165	9	9	2	28	초복		7	17		
청명	15	4	6	5	29	추분	180	9	24	11	35	중복		7	27		
곡우	30	4	21	12	59	한로	195	10	9	17	33	말복		8	16		
입하	45	5	6	23	22	상강	210	10	24	20	21	토왕용사	297	1	18	12	35
소만	60	5	22	12	39	입동	225	11	8	20	12	토왕용사	27	4	18	11	14
망종	75	6	7	3	57	소설	240	11	23	17	25	토왕용사	117	7	21	4	21
												토왕용사	207	10	21	20	4

월	양력	1	2	3	4	5	6	7	8	9	10	11	12	13	14	15	16	17	18	19	20	21	22	23	24	25	26	27	28	29	30	31
7	요일	화	수	목	금	토	일	월	화	수	목	금	토	일	월	화	수	목	금	토	일	월	화	수	목	금	토	일	월	화	수	목
	음력	6/4	5	6	7	8	9	10	11	12	13	14	15	16	17	18	19	20	21	22	23	24	25	26	27	28	29	7/1	2	3	4	5
	일진	갑인	을묘	병진	정사	무오	기미	경신	신유	임술	계해	갑자	을축	병인	정묘	무진	기사	경오	신미	임신	계유	갑술	을해	병자	정축	무인	기묘	경진	신사	임오	계미	갑신
8	요일	금	토	일	월	화	수	목	금	토	일	월	화	수	목	금	토	일	월	화	수	목	금	토	일	월	화	수	목	금	토	일
	음력	7/6	7	8	9	10	11	12	13	14	15	16	17	18	19	20	21	22	23	24	25	26	27	28	29	30	7*/1	2	3	4	5	6
	일진	을유	병술	정해	무자	기축	경인	신묘	임진	계사	갑오	을미	병신	정유	무술	기해	경자	신축	임인	계묘	갑진	을사	병오	정미	무신	기유	경술	신해	임자	계축	갑인	을묘
9	요일	월	화	수	목	금	토	일	월	화	수	목	금	토	일	월	화	수	목	금	토	일	월	화	수	목	금	토	일	월	화	
	음력	7*/7	8	9	10	11	12	13	14	15	16	17	18	19	20	21	22	23	24	25	26	27	28	29	8/1	2	3	4	5	6	7	
	일진	병진	정사	무오	기미	경신	신유	임술	계해	갑자	을축	병인	정묘	무진	기사	경오	신미	임신	계유	갑술	을해	병자	정축	무인	기묘	경진	신사	임오	계미	갑신	을유	
10	요일	수	목	금	토	일	월	화	수	목	금	토	일	월	화	수	목	금	토	일	월	화	수	목	금	토	일	월	화	수	목	금
	음력	8/8	9	10	11	12	13	14	15	16	17	18	19	20	21	22	23	24	25	26	27	28	29	30	9/1	2	3	4	5	6	7	8
	일진	병술	정해	무자	기축	경인	신묘	임진	계사	갑오	을미	병신	정유	무술	기해	경자	신축	임인	계묘	갑진	을사	병오	정미	무신	기유	경술	신해	임자	계축	갑인	을묘	병진
11	요일	토	일	월	화	수	목	금	토	일	월	화	수	목	금	토	일	월	화	수	목	금	토	일	월	화	수	목	금	토	일	
	음력	9/9	10	11	12	13	14	15	16	17	18	19	20	21	22	23	24	25	26	27	28	29	30	10/1	2	3	4	5	6	7	8	
	일진	정사	무오	기미	경신	신유	임술	계해	갑자	을축	병인	정묘	무진	기사	경오	신미	임신	계유	갑술	을해	병자	정축	무인	기묘	경진	신사	임오	계미	갑신	을유	병술	
12	요일	월	화	수	목	금	토	일	월	화	수	목	금	토	일	월	화	수	목	금	토	일	월	화	수	목	금	토	일	월	화	수
	음력	10/9	10	11	12	13	14	15	16	17	18	19	20	21	22	23	24	25	26	27	28	29	11/1	2	3	4	5	6	7	8	9	10
	일진	정해	무자	기축	경인	신묘	임진	계사	갑오	을미	병신	정유	무술	기해	경자	신축	임인	계묘	갑진	을사	병오	정미	무신	기유	경술	신해	임자	계축	갑인	을묘	병진	정사

* 윤달 : 7월

1920 경신년 • 단기 4253

주요 국경일과 명절

구 분	월	일	요일
신 정	1	1	목
설 날	2	20	금
추 석	9	26	일

음양력 대조일람

음력월	월 건		대/소	음력 1일의 양력	월일	음력월	월 건		대/소	음력 1일의 양력	월일
1	무	인	소	2	20	7	갑	신	소	8	14
2	기	묘	대	3	20	8	을	유	대	9	12
3	경	진	소	4	19	9	병	술	대	10	12
4	신	사	소	5	18	10	정	해	소	11	11
5	임	오	대	6	16	11	무	자	대	12	10
6	계	미	소	7	16	12	기	축	대	1921/1	9

월	양력	1 2 3 4 5	6 7 8 9 10	11 12 13 14 15	16 17 18 19 20	21 22 23 24 25	26 27 28 29 30 31
1	요일	목 금 토 일 월	화 수 목 금 토	일 월 화 수 목	금 토 일 월 화	수 목 금 토 일	월 화 수 목 금 토
	음력	11/11 12 13 14 15	16 17 18 19 20	21 22 23 24 25	26 27 28 29 30	12/1 2 3 4 5	6 7 8 9 10 11
	일진	무 기 경 신 임 오 미 신 유 술	계 갑 을 병 정 해 자 축 인 묘	무 기 경 신 임 진 사 오 미 신	계 갑 을 병 정 유 술 해 자 축	무 기 경 신 임 인 묘 진 사 오	계 갑 을 병 정 무 미 신 유 술 해 자
2	요일	일 월 화 수 목	금 토 일 월 화	수 목 금 토 일	월 화 수 목 금	토 일 월 화 수	목 금 토 일
	음력	12/12 13 14 15 16	17 18 19 20 21	22 23 24 25 26	27 28 29 30 1/1	2 3 4 5 6	7 8 9 10
	일진	기 경 신 임 계 축 인 묘 진 사	갑 을 병 정 무 오 미 신 유 술	기 경 신 임 계 해 자 축 인 묘	갑 을 병 정 무 진 사 오 미 신	기 경 신 임 계 유 술 해 자 축	갑 을 병 정 인 묘 진 사
3	요일	월 화 수 목 금	토 일 월 화 수	목 금 토 일 월	화 수 목 금 토	일 월 화 수 목	금 토 일 월 화 수
	음력	1/11 12 13 14 15	16 17 18 19 20	21 22 23 24 25	26 27 28 29 2/1	2 3 4 5 6	7 8 9 10 11 12
	일진	무 기 경 신 임 오 미 신 유 술	계 갑 을 병 정 해 자 축 인 묘	무 기 경 신 임 진 사 오 미 신	계 갑 을 병 정 유 술 해 자 축	무 기 경 신 임 인 묘 진 사 오	계 갑 을 병 정 무 미 신 유 술 해 자
4	요일	목 금 토 일 월	화 수 목 금 토	일 월 화 수 목	금 토 일 월 화	수 목 금 토 일	월 화 수 목 금
	음력	2/13 14 15 16 17	18 19 20 21 22	23 24 25 26 27	28 29 30 3/1 2	3 4 5 6 7	8 9 10 11 12
	일진	기 경 신 임 계 축 인 묘 진 사	갑 을 병 정 무 오 미 신 유 술	기 경 신 임 계 해 자 축 인 묘	갑 을 병 정 무 진 사 오 미 신	기 경 신 임 계 유 술 해 자 축	갑 을 병 정 무 인 묘 진 사 오
5	요일	토 일 월 화 수	목 금 토 일 월	화 수 목 금 토	일 월 화 수 목	금 토 일 월 화	수 목 금 토 일 월
	음력	3/13 14 15 16 17	18 19 20 21 22	23 24 25 26 27	28 29 4/1 2 3	4 5 6 7 8	9 10 11 12 13 14
	일진	기 경 신 임 계 미 신 유 술 해	갑 을 병 정 무 자 축 인 묘 진	기 경 신 임 계 사 오 미 신 유	갑 을 병 정 무 술 해 자 축 인	기 경 신 임 계 묘 진 사 오 미	갑 을 병 정 무 기 신 유 술 해 자 축
6	요일	화 수 목 금 토	일 월 화 수 목	금 토 일 월 화	수 목 금 토 일	월 화 수 목 금	토 일 월 화 수
	음력	4/15 16 17 18 19	20 21 22 23 24	25 26 27 28 29	5/1 2 3 4 5	6 7 8 9 10	11 12 13 14 15
	일진	경 신 임 계 갑 인 묘 진 사 오	을 병 정 무 기 미 신 유 술 해	경 신 임 계 갑 자 축 인 묘 진	을 병 정 무 기 사 오 미 신 유	경 신 임 계 갑 술 해 자 축 인	을 병 정 무 기 묘 진 사 오 미

24절기와 잡절

명칭	태양황경(도)	월	일	시	분	명칭	태양황경(도)	월	일	시	분	명칭	태양황경(도)	월	일	시	분
소한	285	1	6	23	41	하지	90	6	22	2	40	대설	255	12	7	18	30
대한	300	1	21	17	4	소서	105	7	7	20	19	동지	270	12	22	12	17
입춘	315	2	5	11	27	대서	120	7	23	13	35						
우수	330	2	20	7	29	입추	135	8	8	5	58	한식				4	6
경칩	345	3	6	5	51	처서	150	8	23	20	21	단오				6	20
춘분	0	3	21	6	59	백로	165	9	8	8	27	초복				7	21
청명	15	4	5	11	15	추분	180	9	23	17	28	중복				7	31
곡우	30	4	20	18	39	한로	195	10	8	23	29	말복				8	10
입하	45	5	6	5	11	상강	210	10	24	2	13	토왕용사	297	1	18	18	22
소만	60	5	21	18	22	입동	225	11	8	2	5	토왕용사	27	4	17	16	57
망종	75	6	6	9	50	소설	240	11	22	23	15	토왕용사	117	7	20	10	11
												토왕용사	207	10	21	1	53

월	양력	1 2 3 4 5	6 7 8 9 10	11 12 13 14 15	16 17 18 19 20	21 22 23 24 25	26 27 28 29 30 31
7	요일	목 금 토 일 월	화 수 목 금 토	일 월 화 수 목	금 토 일 월 화	수 목 금 토 일	월 화 수 목 금 토
	음력	5/16 17 18 19 20	21 22 23 24 25	26 27 28 29 30	6/1 2 3 4 5	6 7 8 9 10	11 12 13 14 15 16
	일진	경 신 임 계 갑 신 유 술 해 자	을 병 정 무 기 축 인 묘 진 사	경 신 임 계 갑 오 미 신 유 술	을 병 정 무 기 해 자 축 인 묘	경 신 임 계 갑 진 사 오 미 신	을 병 정 무 기 경 유 술 해 자 축 인
8	요일	일 월 화 수 목	금 토 일 월 화	수 목 금 토 일	월 화 수 목 금	토 일 월 화 수	목 금 토 일 월 화
	음력	6/17 18 19 20 21	22 23 24 25 26	27 28 29 7/1 2	3 4 5 6 7	8 9 10 11 12	13 14 15 16 17 18
	일진	신 임 계 갑 을 묘 진 사 오 미	병 정 무 기 경 신 유 술 해 자	신 임 계 갑 을 축 인 묘 진 사	병 정 무 기 경 오 미 신 유 술	신 임 계 갑 을 해 자 축 인 묘	병 정 무 기 경 신 진 사 오 미 신 유
9	요일	수 목 금 토 일	월 화 수 목 금	토 일 월 화 수	목 금 토 일 월	화 수 목 금 토	일 월 화 수 목
	음력	7/19 20 21 22 23	24 25 26 27 28	29 8/1 2 3 4	5 6 7 8 9	10 11 12 13 14	15 16 17 18 19
	일진	임 계 갑 을 병 술 해 자 축 인	정 무 기 경 신 묘 진 사 오 미	임 계 갑 을 병 신 유 술 해 자	정 무 기 경 신 축 인 묘 진 사	임 계 갑 을 병 오 미 신 유 술	정 무 기 경 신 해 자 축 인 묘
10	요일	금 토 일 월 화	수 목 금 토 일	월 화 수 목 금	토 일 월 화 수	목 금 토 일 월	화 수 목 금 토 일
	음력	8/20 21 22 23 24	25 26 27 28 29	30 9/1 2 3 4	5 6 7 8 9	10 11 12 13 14	15 16 17 18 19 20
	일진	임 계 갑 을 병 진 사 오 미 신	정 무 기 경 신 유 술 해 자 축	임 계 갑 을 병 인 묘 진 사 오	정 무 기 경 신 미 신 유 술 해	임 계 갑 을 병 자 축 인 묘 진	정 무 기 경 신 임 사 오 미 신 유 술
11	요일	월 화 수 목 금	토 일 월 화 수	목 금 토 일 월	화 수 목 금 토	일 월 화 수 목	금 토 일 월 화
	음력	9/21 22 23 24 25	26 27 28 29 30	10/1 2 3 4 5	6 7 8 9 10	11 12 13 14 15	16 17 18 19 20
	일진	계 갑 을 병 정 해 자 축 인 묘	무 기 경 신 임 진 사 오 미 신	계 갑 을 병 정 유 술 해 자 축	무 기 경 신 임 인 묘 진 사 오	계 갑 을 병 정 미 신 유 술 해	무 기 경 신 임 자 축 인 묘 진
12	요일	수 목 금 토 일	월 화 수 목 금	토 일 월 화 수	목 금 토 일 월	화 수 목 금 토	일 월 화 수 목 금
	음력	10/21 22 23 24 25	26 27 28 29 11/1	2 3 4 5 6	7 8 9 10 11	12 13 14 15 16	17 18 19 20 21 22
	일진	계 갑 을 병 정 사 오 미 신 유	무 기 경 신 임 술 해 자 축 인	계 갑 을 병 정 묘 진 사 오 미	무 기 경 신 임 신 유 술 해 자	계 갑 을 병 정 축 인 묘 진 사	무 기 경 신 임 계 오 미 신 유 술 해

1921 신유년 • 단기 4254

주요 국경일과 명절

구 분	월	일	요일
신 정	1	1	토
설 날	2	8	화
추 석	9	16	금

음양력 대조일람

음력월	월 건	대/소	음력 1일의 양력 월일	음력월	월 건	대/소	음력 1일의 양력 월일
1	경 인	대	2 / 8	7	병 신	소	8 / 4
2	신 묘	소	3 / 10	8	정 유	소	9 / 2
3	임 진	대	4 / 8	9	무 술	대	10 / 1
4	계 사	소	5 / 8	10	기 해	소	10 / 31
5	갑 오	소	6 / 6	11	경 자	대	11 / 29
6	을 미	대	7 / 5	12	신 축	대	12 / 29

월	양력	1 2 3 4 5	6 7 8 9 10	11 12 13 14 15	16 17 18 19 20	21 22 23 24 25	26 27 28 29 30 31
1	요일	토 일 월 화 수	목 금 토 일 월	화 수 목 금 토	일 월 화 수 목	금 토 일 월 화	수 목 금 토 일 월
	음력	11/23 24 25 26 27	28 29 30 12/1 2	3 4 5 6 7	8 9 10 11 12	13 14 15 16 17	18 19 20 21 22 23
	일진	갑을병정무 / 자축인묘진	기경신임계 / 사오미신유	갑을병정무 / 술해자축인	기경신임계 / 묘진사오미	갑을병정무 / 신유술해자	기경신임계갑 / 축인묘진사오
2	요일	화 수 목 금 토	일 월 화 수 목	금 토 일 월 화	수 목 금 토 일	월 화 수 목 금	토 일 월
	음력	12/24 25 26 27 28	29 30 1/1 2 3	4 5 6 7 8	9 10 11 12 13	14 15 16 17 18	19 20 21
	일진	을병정무기 / 미신유술해	경신임계갑 / 자축인묘진	을병정무기 / 사오미신유	경신임계갑 / 술해자축인	을병정무기 / 묘진사오미	경신임 / 신유술
3	요일	화 수 목 금 토	일 월 화 수 목	금 토 일 월 화	수 목 금 토 일	월 화 수 목 금	토 일 월 화 수 목
	음력	1/22 23 24 25 26	27 28 29 30 2/1	2 3 4 5 6	7 8 9 10 11	12 13 14 15 16	17 18 19 20 21 22
	일진	계갑을병정 / 해자축인묘	무기경신임 / 진사오미신	계갑을병정 / 유술해자축	무기경신임 / 인묘진사오	계갑을병정 / 미신유술해	무기경신임계 / 자축인묘진사
4	요일	금 토 일 월 화	수 목 금 토 일	월 화 수 목 금	토 일 월 화 수	목 금 토 일 월	화 수 목 금 토
	음력	2/23 24 25 26 27	28 29 3/1 2 3	4 5 6 7 8	9 10 11 12 13	14 15 16 17 18	19 20 21 22 23
	일진	갑을병정무 / 오미신유술	기경신임계 / 해자축인묘	갑을병정무 / 진사오미신	기경신임계 / 유술해자축	갑을병정무 / 인묘진사오	기경신임계 / 미신유술해
5	요일	일 월 화 수 목	금 토 일 월 화	수 목 금 토 일	월 화 수 목 금	토 일 월 화 수	목 금 토 일 월 화
	음력	3/24 25 26 27 28	29 30 4/1 2 3	4 5 6 7 8	9 10 11 12 13	14 15 16 17 18	19 20 21 22 23 24
	일진	갑을병정무 / 자축인묘진	기경신임계 / 사오미신유	갑을병정무 / 술해자축인	기경신임계 / 묘진사오미	갑을병정무 / 신유술해자	기경신임계갑 / 축인묘진사오
6	요일	수 목 금 토 일	월 화 수 목 금	토 일 월 화 수	목 금 토 일 월	화 수 목 금 토	일 월 화 수 목
	음력	4/25 26 27 28 29	5/1 2 3 4 5	6 7 8 9 10	11 12 13 14 15	16 17 18 19 20	21 22 23 24 25
	일진	을병정무기 / 미신유술해	경신임계갑 / 자축인묘진	을병정무기 / 사오미신유	경신임계갑 / 술해자축인	을병정무기 / 묘진사오미	경신임계갑 / 신유술해자

24절기와 잡절

명칭	태양황경(도)	한국표준시		명칭	태양황경(도)	한국표준시		명칭	태양황경(도)	한국표준시	
		월 일	시 분			월 일	시 분			월 일	시 분
소한	285	1 6	5 34	하지	90	6 22	8 36	대설	255	12 8	0 12
대한	300	1 20	22 55	소서	105	7 8	2 7	동지	270	12 22	18 7
입춘	315	2 4	17 20	대서	120	7 23	19 30				
우수	330	2 19	13 20	입추	135	8 8	11 44	한식		4 6	
경칩	345	3 6	11 45	처서	150	8 24	2 15	단오		6 10	
춘분	0	3 21	12 51	백로	165	9 8	14 10	초복		7 16	
청명	15	4 5	17 9	추분	180	9 23	23 20	중복		7 26	
곡우	30	4 21	0 32	한로	195	10 9	5 11	말복		8 15	
입하	45	5 6	11 4	상강	210	10 24	8 2	토왕용사	297	1 18	0 10
소만	60	5 22	0 17	입동	225	11 8	7 46	토왕용사	27	4 17	22 47
망종	75	6 6	15 42	소설	240	11 23	5 5	토왕용사	117	7 20	16 4
								토왕용사	207	10 21	7 43

월	양력	1 2 3 4 5	6 7 8 9 10	11 12 13 14 15	16 17 18 19 20	21 22 23 24 25	26 27 28 29 30 31
7	요일	금 토 일 월 화	수 목 금 토 일	월 화 수 목 금	토 일 월 화 수	목 금 토 일 월	화 수 목 금 토 일
	음력	5/26 27 28 29 6/1	2 3 4 5 6	7 8 9 10 11	12 13 14 15 16	17 18 19 20 21	22 23 24 25 26 27
	일진	을병정무기 축인묘진사	경신임계갑 오미신유술	을병정무기 해자축인묘	경신임계갑 진사오미신	을병정무기 유술해자축	경신임계갑을 인묘진사오미
8	요일	월 화 수 목 금	토 일 월 화 수	목 금 토 일 월	화 수 목 금 토	일 월 화 수 목	금 토 일 월 화 수
	음력	6/28 29 30 7/1 2	3 4 5 6 7	8 9 10 11 12	13 14 15 16 17	18 19 20 21 22	23 24 25 26 27 28
	일진	병정무기경 신유술해자	신임계갑을 축인묘진사	병정무기경 오미신유술	신임계갑을 해자축인묘	병정무기경 진사오미신	신임계갑을병 유술해자축인
9	요일	목 금 토 일 월	화 수 목 금 토	일 월 화 수 목	금 토 일 월 화	수 목 금 토 일	월 화 수 목 금
	음력	7/29 8/1 2 3 4	5 6 7 8 9	10 11 12 13 14	15 16 17 18 19	20 21 22 23 24	25 26 27 28 29
	일진	정무기경신 묘진사오미	임계갑을병 신유술해자	정무기경신 축인묘진사	임계갑을병 오미신유술	정무기경신 해자축인묘	임계갑을병 진사오미신
10	요일	토 일 월 화 수	목 금 토 일 월	화 수 목 금 토	일 월 화 수 목	금 토 일 월 화	수 목 금 토 일 월
	음력	9/1 2 3 4 5	6 7 8 9 10	11 12 13 14 15	16 17 18 19 20	21 22 23 24 25	26 27 28 29 30 10/1
	일진	정무기경신 유술해자축	임계갑을병 인묘진사오	정무기경신 미신유술해	임계갑을병 자축인묘진	정무기경신 사오미신유	임계갑을병정 술해자축인묘
11	요일	화 수 목 금 토	일 월 화 수 목	금 토 일 월 화	수 목 금 토 일	월 화 수 목 금	토 일 월 화 수
	음력	10/2 3 4 5 6	7 8 9 10 11	12 13 14 15 16	17 18 19 20 21	22 23 24 25 26	27 28 29 11/1 2
	일진	무기경신임 진사오미신	계갑을병정 유술해자축	무기경신임 인묘진사오	계갑을병정 미신유술해	무기경신임 자축인묘진	계갑을병정 사오미신유
12	요일	목 금 토 일 월	화 수 목 금 토	일 월 화 수 목	금 토 일 월 화	수 목 금 토 일	월 화 수 목 금 토
	음력	11/3 4 5 6 7	8 9 10 11 12	13 14 15 16 17	18 19 20 21 22	23 24 25 26 27	28 29 30 12/1 2 3
	일진	무기경신임 술해자축인	계갑을병정 묘진사오미	무기경신임 신유술해자	계갑을병정 축인묘진사	무기경신임 오미신유술	계갑을병정무 해자축인묘진

1922 임술년 · 단기 4255

주요 국경일과 명절

구 분	월일	요일
신정	1 1	일
설날	1 28	토
추석	10 5	목

음양력 대조일람

음력월	월건	대/소	음력 1일의 양력 월일	음력월	월건	대/소	음력 1일의 양력 월일
1	임인	대	1 28	7	무신	소	8 23
2	계묘	소	2 27	8	기유	소	9 21
3	갑진	대	3 28	9	경술	대	10 20
4	을사	대	4 27	10	신해	소	11 19
5	병오	소	5 27	11	임자	대	12 18
(윤)5		소	6 25	12	계축	대	1923/1 17
6	정미	대	7 24				

월	양력	1 2 3 4 5	6 7 8 9 10	11 12 13 14 15	16 17 18 19 20	21 22 23 24 25	26 27 28 29 30 31
1	요일	일월화수목	금토일월화	수목금토일	월화수목금	토일월화수	목금토일월화
	음력	12/4 5 6 7 8	9 10 11 12 13	14 15 16 17 18	19 20 21 22 23	24 25 26 27 28	29 30 1/1 2 3 4
	일진	기경신임계 사오미신유	갑을병정무 술해자축인	기경신임계 묘진사오미	갑을병정무 신유술해자	기경신임계 축인묘진사	갑을병정무기 오미신유술해
2	요일	수목금토일	월화수목금	토일월화수	목금토일월	화수목금토	일월화
	음력	1/5 6 7 8 9	10 11 12 13 14	15 16 17 18 19	20 21 22 23 24	25 26 27 28 29	30 2/1 2
	일진	경신임계갑 자축인묘진	을병정무기 사오미신유	경신임계갑 술해자축인	을병정무기 묘진사오미	경신임계갑 신유술해자	을병정 축인묘
3	요일	수목금토일	월화수목금	토일월화수	목금토일월	화수목금토	일월화수목금
	음력	2/3 4 5 6 7	8 9 10 11 12	13 14 15 16 17	18 19 20 21 22	23 24 25 26 27	28 29 3/1 2 3 4
	일진	무기경신임 진사오미신	계갑을병정 유술해자축	무기경신임 인묘진사오	계갑을병정 미신유술해	무기경신임 자축인묘진	계갑을병정무 사오미신유술
4	요일	토일월화수	목금토일월	화수목금토	일월화수목	금토일월화	수목금토일
	음력	3/5 6 7 8 9	10 11 12 13 14	15 16 17 18 19	20 21 22 23 24	25 26 27 28 29	30 4/1 2 3 4
	일진	기경신임계 해자축인묘	갑을병정무 진사오미신	기경신임계 유술해자축	갑을병정무 인묘진사오	기경신임계 미신유술해	갑을병정무 자축인묘진
5	요일	월화수목금	토일월화수	목금토일월	화수목금토	일월화수목	금토일월화수
	음력	4/5 6 7 8 9	10 11 12 13 14	15 16 17 18 19	20 21 22 23 24	25 26 27 28 29	30 5/1 2 3 4 5
	일진	기경신임계 사오미신유	갑을병정무 술해자축인	기경신임계 묘진사오미	갑을병정무 신유술해자	기경신임계 축인묘진사	갑을병정무기 오미신유술해
6	요일	목금토일월	화수목금토	일월화수목	금토일월화	수목금토일	월화수목금
	음력	5/6 7 8 9 10	11 12 13 14 15	16 17 18 19 20	21 22 23 24 25	26 27 28 29 5'/1	2 3 4 5 6
	일진	경신임계갑 자축인묘진	을병정무기 사오미신유	경신임계갑 술해자축인	을병정무기 묘진사오미	경신임계갑 신유술해자	을병정무기 축인묘진사

24절기와 잡절

명칭	태양황경(도)	한국표준시 월 일	한국표준시 시 분	명칭	태양황경(도)	한국표준시 월 일	한국표준시 시 분	명칭	태양황경(도)	한국표준시 월 일	한국표준시 시 분
*소한	285	1 6	11 17	하지	90	6 22	14 27	대 설	255	12 8	6 11
대한	300	1 21	4 48	소서	105	7 8	7 58	동 지	270	12 22	23 57
입춘	315	2 4	23 6	대서	120	7 24	1 20				
우수	330	2 19	19 16	입추	135	8 8	17 37	한 식		4 6	
경칩	345	3 6	17 34	처서	150	8 24	8 4	단 오		5 31	
춘분	0	3 21	18 49	백로	165	9 8	20 6	초 복		7 21	
청명	15	4 5	22 58	추분	180	9 24	5 10	중 복		7 31	
곡우	30	4 21	6 29	한로	195	10 9	11 9	말 복		8 10	
입하	45	5 6	16 53	상강	210	10 24	13 53	토왕용사	297	1 18	6 3
소만	60	5 22	6 10	입동	225	11 8	13 45	토왕용사	27	4 18	4 44
망종	75	6 6	21 30	소설	240	11 23	10 55	토왕용사	117	7 20	21 57
								토왕용사	207	10 21	13 36

월	양력	1 2 3 4 5	6 7 8 9 10	11 12 13 14 15	16 17 18 19 20	21 22 23 24 25	26 27 28 29 30 31
7	요일	토 일 월 화 수	목 금 토 일 월	화 수 목 금 토	일 월 화 수 목	금 토 일 월 화	수 목 금 토 일 월
7	음력	5*/7 8 9 10 11	12 13 14 15 16	17 18 19 20 21	22 23 24 25 26	27 28 29 6/1 2	3 4 5 6 7 8
7	일진	경신임계갑 / 오미신유술	을병정무기 / 해자축인묘	경신임계갑 / 진사오미신	을병정무기 / 유술해자축	경신임계갑 / 인묘진사오	을병정무기경 / 미신유술해자
8	요일	화 수 목 금 토	일 월 화 수 목	금 토 일 월 화	수 목 금 토 일	월 화 수 목 금	토 일 월 화 수 목
8	음력	6/9 10 11 12 13	14 15 16 17 18	19 20 21 22 23	24 25 26 27 28	29 30 7/1 2 3	4 5 6 7 8 9
8	일진	신임계갑을 / 축인묘진사	병정무기경 / 오미신유술	신임계갑을 / 해자축인묘	병정무기경 / 진사오미신	신임계갑을 / 유술해자축	병정무기경신 / 인묘진사오미
9	요일	금 토 일 월 화	수 목 금 토 일	월 화 수 목 금	토 일 월 화 수	목 금 토 일 월	화 수 목 금 토
9	음력	7/10 11 12 13 14	15 16 17 18 19	20 21 22 23 24	25 26 27 28 29	8/1 2 3 4 5	6 7 8 9 10
9	일진	임계갑을병 / 신유술해자	정무기경신 / 축인묘진사	임계갑을병 / 오미신유술	정무기경신 / 해자축인묘	임계갑을병 / 진사오미신	정무기경신 / 유술해자축
10	요일	일 월 화 수 목	금 토 일 월 화	수 목 금 토 일	월 화 수 목 금	토 일 월 화 수	목 금 토 일 월 화
10	음력	8/11 12 13 14 15	16 17 18 19 20	21 22 23 24 25	26 27 28 29 9/1	2 3 4 5 6	7 8 9 10 11 12
10	일진	임계갑을병 / 인묘진사오	정무기경신 / 미신유술해	임계갑을병 / 자축인묘진	정무기경신 / 사오미신유	임계갑을병 / 술해자축인	정무기경신임 / 묘진사오미신
11	요일	수 목 금 토 일	월 화 수 목 금	토 일 월 화 수	목 금 토 일 월	화 수 목 금 토	일 월 화 수 목
11	음력	9/13 14 15 16 17	18 19 20 21 22	23 24 25 26 27	28 29 30 10/1 2	3 4 5 6 7	8 9 10 11 12
11	일진	계갑을병정 / 유술해자축	무기경신임 / 인묘진사오	계갑을병정 / 미신유술해	무기경신임 / 자축인묘진	계갑을병정 / 사오미신유	무기경신임 / 술해자축인
12	요일	금 토 일 월 화	수 목 금 토 일	월 화 수 목 금	토 일 월 화 수	목 금 토 일 월	화 수 목 금 토 일
12	음력	10/13 14 15 16 17	18 19 20 21 22	23 24 25 26 27	28 29 11/1 2 3	4 5 6 7 8	9 10 11 12 13 14
12	일진	계갑을병정 / 묘진사오미	무기경신임 / 신유술해자	계갑을병정 / 축인묘진사	무기경신임 / 오미신유술	계갑을병정 / 해자축인묘	무기경신임계 / 진사오미신유

* 윤달 : 5월

1923 계해년 · 단기 4256

주요 국경일과 명절

구 분	월 일	요일
신정	1 1	월
설날	2 16	금
추석	9 25	화

음양력 대조일람

음력월	월 건	대/소	음력 1일의 양력 월일	음력월	월 건	대/소	음력 1일의 양력 월일
1	갑 인	소	2 16	7	경 신	대	8 12
2	을 묘	대	3 17	8	신 유	소	9 11
3	병 진	대	4 16	9	임 술	대	10 10
4	정 사	소	5 16	10	계 해	소	11 9
5	무 오	대	6 14	11	갑 자	소	12 8
6	기 미	소	7 14	12	을 축	대	1924/1 6

월	양력	1 2 3 4 5	6 7 8 9 10	11 12 13 14 15	16 17 18 19 20	21 22 23 24 25	26 27 28 29 30 31
1	요일	월화수목금	토일월화수	목금토일월	화수목금토	일월화수목	금토일월화수
	음력	11/15 16 17 18 19	20 21 22 23 24	25 26 27 28 29	30 12/1 2 3 4	5 6 7 8 9	10 11 12 13 14 15
	일진	갑을병정무 술해자축인	기경신임계 묘진사오미	갑을병정무 신유술해자	기경신임계 축인묘진사	갑을병정무 오미신유술	기경신임계갑 해자축인묘진
2	요일	목금토일월	화수목금토	일월화수목	금토일월화	수목금토일	월화수
	음력	12/16 17 18 19 20	21 22 23 24 25	26 27 28 29 30	1/1 2 3 4 5	6 7 8 9 10	11 12 13
	일진	을병정무기 사오미신유	경신임계갑 술해자축인	을병정무기 묘진사오미	경신임계갑 신유술해자	을병정무기 축인묘진사	경신임 오미신
3	요일	목금토일월	화수목금토	일월화수목	금토일월화	수목금토일	월화수목금토
	음력	1/14 15 16 17 18	19 20 21 22 23	24 25 26 27 28	29 2/1 2 3 4	5 6 7 8 9	10 11 12 13 14 15
	일진	계갑을병정 유술해자축	무기경신임 인묘진사오	계갑을병정 미신유술해	무기경신임 자축인묘진	계갑을병정 사오미신유	무기경신임계 술해자축인묘
4	요일	일월화수목	금토일월화	수목금토일	월화수목금	토일월화수	목금토일월
	음력	2/16 17 18 19 20	21 22 23 24 25	26 27 28 29 30	3/1 2 3 4 5	6 7 8 9 10	11 12 13 14 15
	일진	갑을병정무 진사오미신	기경신임계 유술해자축	갑을병정무 인묘진사오	기경신임계 미신유술해	갑을병정무 자축인묘진	기경신임계 사오미신유
5	요일	화수목금토	일월화수목	금토일월화	수목금토일	월화수목금	토일월화수목
	음력	3/16 17 18 19 20	21 22 23 24 25	26 27 28 29 30	4/1 2 3 4 5	6 7 8 9 10	11 12 13 14 15 16
	일진	갑을병정무 술해자축인	기경신임계 묘진사오미	갑을병정무 신유술해자	기경신임계 축인묘진사	갑을병정무 오미신유술	기경신임계갑 해자축인묘진
6	요일	금토일월화	수목금토일	월화수목금	토일월화수	목금토일월	화수목금토
	음력	4/17 18 19 20 21	22 23 24 25 26	27 28 29 5/1 2	3 4 5 6 7	8 9 10 11 12	13 14 15 16 17
	일진	을병정무기 사오미신유	경신임계갑 술해자축인	을병정무기 묘진사오미	경신임계갑 신유술해자	을병정무기 축인묘진사	경신임계갑 오미신유술

24절기와 잡절

명 칭	태양황경(도)	월 일	시 분	명 칭	태양황경(도)	월 일	시 분	명 칭	태양황경(도)	월 일	시 분
소한	285	1 6	17 14	하지	90	6 22	20 3	대 설	255	12 8	12 5
대한	300	1 21	10 35	소서	105	7 8	13 42	동 지	270	12 23	5 53
입춘	315	2 5	5 0	대서	120	7 24	7 1				
우수	330	2 20	1 0	입추	135	8 8	23 25	한 식			4 6
경칩	345	3 6	23 25	처서	150	8 24	13 52	단 오			6 18
춘분	0	3 22	0 29	백로	165	9 9	1 57	초 복			7 16
청명	15	4 6	4 46	추분	180	9 24	11 4	중 복			7 26
곡우	30	4 21	12 6	한로	195	10 9	17 3	말 복			8 15
입하	45	5 6	22 38	상강	210	10 24	19 51	토왕용사	297	1 18	11 52
소만	60	5 22	11 45	입동	225	11 8	19 40	토왕용사	27	4 18	10 23
망종	75	6 7	3 14	소설	240	11 23	16 54	토왕용사	117	7 21	3 35
								토왕용사	207	10 21	19 31

월	양력	1 2 3 4 5	6 7 8 9 10	11 12 13 14 15	16 17 18 19 20	21 22 23 24 25	26 27 28 29 30 31
7	요일	일 월 화 수 목	금 토 일 월 화	수 목 금 토 일	월 화 수 목 금	토 일 월 화 수	목 금 토 일 월 화
	음력	5/18 19 20 21 22	23 24 25 26 27	28 29 30 6/1 2	3 4 5 6 7	8 9 10 11 12	13 14 15 16 17 18
	일진	을병정무기 해자축인묘	경신임계갑 진사오미신	을병정무기 유술해자축	경신임계갑 인묘진사오	을병정무기 미신유술해	경신임계갑을 자축인묘진사
8	요일	수 목 금 토 일	월 화 수 목 금	토 일 월 화 수	목 금 토 일 월	화 수 목 금 토	일 월 화 수 목 금
	음력	6/19 20 21 22 23	24 25 26 27 28	29 7/1 2 3 4	5 6 7 8 9	10 11 12 13 14	15 16 17 18 19 20
	일진	병정무기경 오미신유술	신임계갑을 해자축인묘	병정무기경 진사오미신	신임계갑을 유술해자축	병정무기경 인묘진사오	신임계갑을병 미신유술해자
9	요일	토 일 월 화 수	목 금 토 일 월	화 수 목 금 토	일 월 화 수 목	금 토 일 월 화	수 목 금 토 일
	음력	7/21 22 23 24 25	26 27 28 29 30	8/1 2 3 4 5	6 7 8 9 10	11 12 13 14 15	16 17 18 19 20
	일진	정무기경신 축인묘진사	임계갑을병 오미신유술	정무기경신 해자축인묘	임계갑을병 진사오미신	정무기경신 유술해자축	임계갑을병 인묘진사오
10	요일	월 화 수 목 금	토 일 월 화 수	목 금 토 일 월	화 수 목 금 토	일 월 화 수 목	금 토 일 월 화 수
	음력	8/21 22 23 24 25	26 27 28 29 9/1	2 3 4 5 6	7 8 9 10 11	12 13 14 15 16	17 18 19 20 21 22
	일진	정무기경신 미신유술해	임계갑을병 자축인묘진	정무기경신 사오미신유	임계갑을병 술해자축인	정무기경신 묘진사오미	임계갑을병정 신유술해자축
11	요일	목 금 토 일 월	화 수 목 금 토	일 월 화 수 목	금 토 일 월 화	수 목 금 토 일	월 화 수 목 금
	음력	9/23 24 25 26 27	28 29 30 10/1 2	3 4 5 6 7	8 9 10 11 12	13 14 15 16 17	18 19 20 21 22
	일진	무기경신임 인묘진사오	계갑을병정 미신유술해	무기경신임 자축인묘진	계갑을병정 사오미신유	무기경신임 술해자축인	계갑을병정 묘진사오미
12	요일	토 일 월 화 수	목 금 토 일 월	화 수 목 금 토	일 월 화 수 목	금 토 일 월 화	수 목 금 토 일 월
	음력	10/23 24 25 26 27	28 29 11/1 2 3	4 5 6 7 8	9 10 11 12 13	14 15 16 17 18	19 20 21 22 23 24
	일진	무기경신임 신유술해자	계갑을병정 축인묘진사	무기경신임 오미신유술	계갑을병정 해자축인묘	무기경신임 진사오미신	계갑을병정무 유술해자축인

1924 갑자년 • 단기 4257

주요 국경일과 명절

구 분	월	일	요일
신 정	1	1	화
설 날	2	5	화
추 석	9	13	토

음양력 대조일람

음력월	월 건	대/소	음력 1일의 양력 월일	음력월	월 건	대/소	음력 1일의 양력 월일
1	병 인	대	2 5	7	임 신	소	8 1
2	정 묘	소	3 6	8	계 유	대	8 30
3	무 진	대	4 4	9	갑 술	소	9 29
4	기 사	소	5 4	10	을 해	대	10 28
5	경 오	대	6 2	11	병 자	소	11 27
6	신 미	대	7 2	12	정 축	소	12 26

월	양력	1 2 3 4 5	6 7 8 9 10	11 12 13 14 15	16 17 18 19 20	21 22 23 24 25	26 27 28 29 30 31
1	요일	화 수 목 금 토	일 월 화 수 목	금 토 일 월 화	수 목 금 토 일	월 화 수 목 금	토 일 월 화 수 목
	음력	11/25 26 27 28 29	12/1 2 3 4 5	6 7 8 9 10	11 12 13 14 15	16 17 18 19 20	21 22 23 24 25 26
	일진	기경신임계 묘진사오미	갑을병정무 신유술해자	기경신임계 축인묘진사	갑을병정무 오미신유술	기경신임계 해자축인묘	갑을병정무기 진사오미신유
2	요일	금 토 일 월 화	수 목 금 토 일	월 화 수 목 금	토 일 월 화 수	목 금 토 일 월	화 수 목 금
	음력	12/27 28 29 30 1/1	2 3 4 5 6	7 8 9 10 11	12 13 14 15 16	17 18 19 20 21	22 23 24 25
	일진	경신임계갑 술해자축인	을병정무기 묘진사오미	경신임계갑 신유술해자	을병정무기 축인묘진사	경신임계갑 오미신유술	을병정무 해자축인
3	요일	토 일 월 화 수	목 금 토 일 월	화 수 목 금 토	일 월 화 수 목	금 토 일 월 화	수 목 금 토 일 월
	음력	1/26 27 28 29 30	2/1 2 3 4 5	6 7 8 9 10	11 12 13 14 15	16 17 18 19 20	21 22 23 24 25 26
	일진	기경신임계 묘진사오미	갑을병정무 신유술해자	기경신임계 축인묘진사	갑을병정무 오미신유술	기경신임계 해자축인묘	갑을병정무기 진사오미신유
4	요일	화 수 목 금 토	일 월 화 수 목	금 토 일 월 화	수 목 금 토 일	월 화 수 목 금	토 일 월 화 수
	음력	2/27 28 29 3/1 2	3 4 5 6 7	8 9 10 11 12	13 14 15 16 17	18 19 20 21 22	23 24 25 26 27
	일진	경신임계갑 술해자축인	을병정무기 묘진사오미	경신임계갑 신유술해자	을병정무기 축인묘진사	경신임계갑 오미신유술	을병정무기 해자축인묘
5	요일	목 금 토 일 월	화 수 목 금 토	일 월 화 수 목	금 토 일 월 화	수 목 금 토 일	월 화 수 목 금 토
	음력	3/28 29 30 4/1 2	3 4 5 6 7	8 9 10 11 12	13 14 15 16 17	18 19 20 21 22	23 24 25 26 27 28
	일진	경신임계갑 진사오미신	을병정무기 유술해자축	경신임계갑 인묘진사오	을병정무기 미신유술해	경신임계갑 자축인묘진	을병정무기경 사오미신유술
6	요일	일 월 화 수 목	금 토 일 월 화	수 목 금 토 일	월 화 수 목 금	토 일 월 화 수	목 금 토 일 월
	음력	4/29 5/1 2 3 4	5 6 7 8 9	10 11 12 13 14	15 16 17 18 19	20 21 22 23 24	25 26 27 28 29
	일진	신임계갑을 해자축인묘	병정무기경 진사오미신	신임계갑을 유술해자축	병정무기경 인묘진사오	신임계갑을 미신유술해	병정무기경 자축인묘진

24절기와 잡절

명 칭	태양황경(도)	월	일	시	분	명 칭	태양황경(도)	월	일	시	분	명 칭	태양황경(도)	월	일	시	분
소한	285	1	6	23	6	하지	90	6	22	1	59	대　설	255	12	7	17	53
대한	300	1	21	16	28	소서	105	7	7	19	30	동　지	270	12	22	11	46
입춘	315	2	5	10	50	대서	120	7	23	12	58						
우수	330	2	20	6	51	입추	135	8	8	5	12	한　식		4	6		
경칩	345	3	6	5	12	처서	150	8	23	19	48	단　오		6	6		
춘분	0	3	21	6	20	백로	165	9	8	7	46	초　복		7	20		
청명	15	4	5	10	33	추분	180	9	23	16	58	중　복		7	30		
곡우	30	4	20	17	59	한로	195	10	8	22	52	말　복		8	9		
입하	45	5	6	4	26	상강	210	10	24	1	44	토왕용사	297	1	18	17	43
소만	60	5	21	17	40	입동	225	11	8	1	29	토왕용사	27	4	17	16	13
망종	75	6	6	9	2	소설	240	11	22	22	46	토왕용사	117	7	20	9	31
												토왕용사	207	10	21	1	26

월	양력	1	2	3	4	5	6	7	8	9	10	11	12	13	14	15	16	17	18	19	20	21	22	23	24	25	26	27	28	29	30	31
7	요일	화	수	목	금	토	일	월	화	수	목	금	토	일	월	화	수	목	금	토	일	월	화	수	목	금	토	일	월	화	수	목
	음력	5/30	6/1	2	3	4	5	6	7	8	9	10	11	12	13	14	15	16	17	18	19	20	21	22	23	24	25	26	27	28	29	30
	일진	신사	임오	계미	갑신	을유	병술	정해	무자	기축	경인	신묘	임진	계사	갑오	을미	병신	정유	무술	기해	경자	신축	임인	계묘	갑진	을사	병오	정미	무신	기유	경술	신해
8	요일	금	토	일	월	화	수	목	금	토	일	월	화	수	목	금	토	일	월	화	수	목	금	토	일	월	화	수	목	금	토	일
	음력	7/1	2	3	4	5	6	7	8	9	10	11	12	13	14	15	16	17	18	19	20	21	22	23	24	25	26	27	28	29	8/1	2
	일진	임자	계축	갑인	을묘	병진	정사	무오	기미	경신	신유	임술	계해	갑자	을축	병인	정묘	무진	기사	경오	신미	임신	계유	갑술	을해	병자	정축	무인	기묘	경진	신사	임오
9	요일	월	화	수	목	금	토	일	월	화	수	목	금	토	일	월	화	수	목	금	토	일	월	화	수	목	금	토	일	월	화	
	음력	8/3	4	5	6	7	8	9	10	11	12	13	14	15	16	17	18	19	20	21	22	23	24	25	26	27	28	29	30	9/1	2	
	일진	계미	갑신	을유	병술	정해	무자	기축	경인	신묘	임진	계사	갑오	을미	병신	정유	무술	기해	경자	신축	임인	계묘	갑진	을사	병오	정미	무신	기유	경술	신해	임자	
10	요일	수	목	금	토	일	월	화	수	목	금	토	일	월	화	수	목	금	토	일	월	화	수	목	금	토	일	월	화	수	목	금
	음력	9/3	4	5	6	7	8	9	10	11	12	13	14	15	16	17	18	19	20	21	22	23	24	25	26	27	28	29	10/1	2	3	4
	일진	계축	갑인	을묘	병진	정사	무오	기미	경신	신유	임술	계해	갑자	을축	병인	정묘	무진	기사	경오	신미	임신	계유	갑술	을해	병자	정축	무인	기묘	경진	신사	임오	계미
11	요일	토	일	월	화	수	목	금	토	일	월	화	수	목	금	토	일	월	화	수	목	금	토	일	월	화	수	목	금	토	일	
	음력	10/5	6	7	8	9	10	11	12	13	14	15	16	17	18	19	20	21	22	23	24	25	26	27	28	29	30	11/1	2	3	4	
	일진	갑신	을유	병술	정해	무자	기축	경인	신묘	임진	계사	갑오	을미	병신	정유	무술	기해	경자	신축	임인	계묘	갑진	을사	병오	정미	무신	기유	경술	신해	임자	계축	
12	요일	월	화	수	목	금	토	일	월	화	수	목	금	토	일	월	화	수	목	금	토	일	월	화	수	목	금	토	일	월	화	수
	음력	11/5	6	7	8	9	10	11	12	13	14	15	16	17	18	19	20	21	22	23	24	25	26	27	28	29	12/1	2	3	4	5	6
	일진	갑인	을묘	병진	정사	무오	기미	경신	신유	임술	계해	갑자	을축	병인	정묘	무진	기사	경오	신미	임신	계유	갑술	을해	병자	정축	무인	기묘	경진	신사	임오	계미	갑신

주요 국경일과 명절

구 분	월 일	요일
신 정	1 1	목
설 날	1 24	토
추 석	10 2	금

음양력 대조일람

음력월	월 건	대/소	음력 1일의 양력 월일	음력월	월 건	대/소	음력 1일의 양력 월일
1	무 인	대	1 24	7	갑 신	대	8 19
2	기 묘	소	2 23	8	을 유	대	9 18
3	경 진	대	3 24	9	병 술	소	10 18
4	신 사	대	4 23	10	정 해	대	11 16
(윤)4		소	5 23	11	무 자	소	12 16
5	임 오	대	6 21	12	기 축	대	1926/1 14
6	계 미	소	7 21				

월	양력	1 2 3 4 5	6 7 8 9 10	11 12 13 14 15	16 17 18 19 20	21 22 23 24 25	26 27 28 29 30 31
1	요일	목 금 토 일 월	화 수 목 금 토	일 월 화 수 목	금 토 일 월 화	수 목 금 토 일	월 화 수 목 금 토
	음력	12/7 8 9 10 11	12 13 14 15 16	17 18 19 20 21	22 23 24 25 26	27 28 29 1/1 2	3 4 5 6 7 8
	일진	을병정무기 유술해자축	경신임계갑 인묘진사오	을병정무기 미신유술해	경신임계갑 자축인묘진	을병정무기 사오미신유	경신임계갑을 술해자축인묘
2	요일	일 월 화 수 목	금 토 일 월 화	수 목 금 토 일	월 화 수 목 금	토 일 월 화 수	목 금 토
	음력	1/9 10 11 12 13	14 15 16 17 18	19 20 21 22 23	24 25 26 27 28	29 30 2/1 2 3	4 5 6
	일진	병정무기경 진사오미신	신임계갑을 유술해자축	병정무기경 인묘진사오	신임계갑을 미신유술해	병정무기경 자축인묘진	신임계 사오미
3	요일	일 월 화 수 목	금 토 일 월 화	수 목 금 토 일	월 화 수 목 금	토 일 월 화 수	목 금 토 일 월 화
	음력	2/7 8 9 10 11	12 13 14 15 16	17 18 19 20 21	22 23 24 25 26	27 28 29 3/1 2	3 4 5 6 7 8
	일진	갑을병정무 신유술해자	기경신임계 축인묘진사	갑을병정무 오미신유술	기경신임계 해자축인묘	갑을병정무 진사오미신	기경신임계갑 유술해자축인
4	요일	수 목 금 토 일	월 화 수 목 금	토 일 월 화 수	목 금 토 일 월	화 수 목 금 토	일 월 화 수 목
	음력	3/9 10 11 12 13	14 15 16 17 18	19 20 21 22 23	24 25 26 27 28	29 30 4/1 2 3	4 5 6 7 8
	일진	을병정무기 묘진사오미	경신임계갑 신유술해자	을병정무기 축인묘진사	경신임계갑 오미신유술	을병정무기 해자축인묘	경신임계갑 진사오미신
5	요일	금 토 일 월 화	수 목 금 토 일	월 화 수 목 금	토 일 월 화 수	목 금 토 일 월	화 수 목 금 토 일
	음력	4/9 10 11 12 13	14 15 16 17 18	19 20 21 22 23	24 25 26 27 28	29 30 4*/1 2 3	4 5 6 7 8 9
	일진	을병정무기 유술해자축	경신임계갑 인묘진사오	을병정무기 미신유술해	경신임계갑 자축인묘진	을병정무기 사오미신유	경신임계갑을 술해자축인묘
6	요일	월 화 수 목 금	토 일 월 화 수	목 금 토 일 월	화 수 목 금 토	일 월 화 수 목	금 토 일 월 화
	음력	4*/10 11 12 13 14	15 16 17 18 19	20 21 22 23 24	25 26 27 28 29	5/1 2 3 4 5	6 7 8 9 10
	일진	병정무기경 진사오미신	신임계갑을 유술해자축	병정무기경 인묘진사오	신임계갑을 미신유술해	병정무기경 자축인묘진	신임계갑을 사오미신유

24절기와 잡절

명칭	태양황경 (도)	월	일	시	분
소한	285	1	6	4	53
대한	300	1	20	22	20
입춘	315	2	4	16	37
우수	330	2	19	12	43
경칩	345	3	6	11	0
춘분	0	3	21	12	12
청명	15	4	5	16	23
곡우	30	4	20	23	51
입하	45	5	6	10	18
소만	60	5	21	23	33
망종	75	6	6	14	56

명칭	태양황경 (도)	월	일	시	분
하지	90	6	22	7	50
소서	105	7	8	1	25
대서	120	7	23	18	45
입추	135	8	8	11	7
처서	150	8	24	1	33
백로	165	9	8	13	40
추분	180	9	23	22	43
한로	195	10	9	4	47
상강	210	10	24	7	31
입동	225	11	8	7	26
소설	240	11	23	4	35

명칭	태양황경 (도)	월	일	시	분
대설	255	12	7	23	52
동지	270	12	22	17	37
한식			4	6	
단오			6	25	
초복			7	15	
중복			7	25	
말복			8	14	
토왕용사	297	1	17	23	37
토왕용사	27	4	17	22	8
토왕용사	117	7	20	15	22
토왕용사	207	10	21	7	13

월	양력	1 2 3 4 5	6 7 8 9 10	11 12 13 14 15	16 17 18 19 20	21 22 23 24 25	26 27 28 29 30 31
7	요일	수목금토일	월화수목금	토일월화수	목금토일월	화수목금토	일월화수목금
7	음력	5/11 12 13 14 15	16 17 18 19 20	21 22 23 24 25	26 27 28 29 30	6/1 2 3 4 5	6 7 8 9 10 11
7	일진	병정무기경 술해자축인	신임계갑을 묘진사오미	병정무기경 신유술해자	신임계갑을 축인묘진사	병정무기경 오미신유술	신임계갑을병 해자축인묘진
8	요일	토일월화수	목금토일월	화수목금토	일월화수목	금토일월화	수목금토일월
8	음력	6/12 13 14 15 16	17 18 19 20 21	22 23 24 25 26	27 28 29 7/1 2	3 4 5 6 7	8 9 10 11 12 13
8	일진	정무기경신 사오미신유	임계갑을병 술해자축인	정무기경신 묘진사오미	임계갑을병 신유술해자	정무기경신 축인묘진사	임계갑을병정 오미신유술해
9	요일	화수목금토	일월화수목	금토일월화	수목금토일	월화수목금	토일월화수
9	음력	7/14 15 16 17 18	19 20 21 22 23	24 25 26 27 28	29 30 8/1 2 3	4 5 6 7 8	9 10 11 12 13
9	일지	무기경신임 사축인묘진	계갑을병정 사오미신유	무기경신임 술해자축인	계갑을병정 묘진사오미	무기경신임 신유술해자	계갑을병정 축인묘진사
10	요일	목금토일월	화수목금토	일월화수목	금토일월화	수목금토일	월화수목금토
10	음력	8/14 15 16 17 18	19 20 21 22 23	24 25 26 27 28	29 30 9/1 2 3	4 5 6 7 8	9 10 11 12 13 14
10	일진	무기경신임 오미신유술	계갑을병정 해자축인묘	무기경신임 진사오미신	계갑을병정 유술해자축	무기경신임 인묘진사오	계갑을병정무 미신유술해자
11	요일	일월화수목	금토일월화	수목금토일	월화수목금	토일월화수	목금토일월
11	음력	9/15 16 17 18 19	20 21 22 23 24	25 26 27 28 29	10/1 2 3 4 5	6 7 8 9 10	11 12 13 14 15
11	일진	기경신임계 축인묘진사	갑을병정무 오미신유술	기경신임계 해자축인묘	갑을병정무 진사오미신	기경신임계 유술해자축	갑을병정무 인묘진사오
12	요일	화수목금토	일월화수목	금토일월화	수목금토일	월화수목금	토일월화수목
12	음력	10/16 17 18 19 20	21 22 23 24 25	26 27 28 29 30	11/1 2 3 4 5	6 7 8 9 10	11 12 13 14 15 16
12	일진	기경신임계 미신유술해	갑을병정무 자축인묘진	기경신임계 사오미신유	갑을병정무 술해자축인	기경신임계 묘진사오미	갑을병정무기 신유술해자축

* 윤달 : 4월

1926 병인년 • 단기 4259

주요 국경일과 명절

구 분	월	일	요일
신 정	1	1	금
설 날	2	13	토
추 석	9	21	화

음양력 대조일람

음력월	월 건		대/소	음력 1일의 양력	월일	음력월	월 건		대/소	음력 1일의 양력	월일
1	경	인	소	2	13	7	병	신	대	8	8
2	신	묘	소	3	14	8	정	유	대	9	7
3	임	진	대	4	12	9	무	술	소	10	7
4	계	사	소	5	12	10	기	해	대	11	5
5	갑	오	대	6	10	11	경	자	대	12	5
6	을	미	소	7	10	12	신	축	소	1927/1	4

월	양력	1	2	3	4	5	6	7	8	9	10	11	12	13	14	15	16	17	18	19	20	21	22	23	24	25	26	27	28	29	30	31
1	요일	금	토	일	월	화	수	목	금	토	일	월	화	수	목	금	토	일	월	화	수	목	금	토	일	월	화	수	목	금	토	일
1	음력	11/17	18	19	20	21	22	23	24	25	26	27	28	29	12/1	2	3	4	5	6	7	8	9	10	11	12	13	14	15	16	17	18
1	일진	경인	신묘	임진	계사	갑오	을미	병신	정유	무술	기해	경자	신축	임인	계묘	갑진	을사	병오	정미	무신	기유	경술	신해	임자	계축	갑인	을묘	병진	정사	무오	기미	경신
2	요일	월	화	수	목	금	토	일	월	화	수	목	금	토	일	월	화	수	목	금	토	일	월	화	수	목	금	토	일			
2	음력	12/19	20	21	22	23	24	25	26	27	28	29	30	1/1	2	3	4	5	6	7	8	9	10	11	12	13	14	15	16			
2	일진	신유	임술	계해	갑자	을축	병인	정묘	무진	기사	경오	신미	임신	계유	갑술	을해	병자	정축	무인	기묘	경진	신사	임오	계미	갑신	을유	병술	정해	무자			
3	요일	월	화	수	목	금	토	일	월	화	수	목	금	토	일	월	화	수	목	금	토	일	월	화	수	목	금	토	일	월	화	수
3	음력	1/17	18	19	20	21	22	23	24	25	26	27	28	29	2/1	2	3	4	5	6	7	8	9	10	11	12	13	14	15	16	17	18
3	일진	기축	경인	신묘	임진	계사	갑오	을미	병신	정유	무술	기해	경자	신축	임인	계묘	갑진	을사	병오	정미	무신	기유	경술	신해	임자	계축	갑인	을묘	병진	정사	무오	기미
4	요일	목	금	토	일	월	화	수	목	금	토	일	월	화	수	목	금	토	일	월	화	수	목	금	토	일	월	화	수	목	금	
4	음력	2/19	20	21	22	23	24	25	26	27	28	29	3/1	2	3	4	5	6	7	8	9	10	11	12	13	14	15	16	17	18	19	
4	일진	경신	신유	임술	계해	갑자	을축	병인	정묘	무진	기사	경오	신미	임신	계유	갑술	을해	병자	정축	무인	기묘	경진	신사	임오	계미	갑신	을유	병술	정해	무자	기축	
5	요일	토	일	월	화	수	목	금	토	일	월	화	수	목	금	토	일	월	화	수	목	금	토	일	월	화	수	목	금	토	일	월
5	음력	3/20	21	22	23	24	25	26	27	28	29	30	4/1	2	3	4	5	6	7	8	9	10	11	12	13	14	15	16	17	18	19	20
5	일진	경인	신묘	임진	계사	갑오	을미	병신	정유	무술	기해	경자	신축	임인	계묘	갑진	을사	병오	정미	무신	기유	경술	신해	임자	계축	갑인	을묘	병진	정사	무오	기미	경신
6	요일	화	수	목	금	토	일	월	화	수	목	금	토	일	월	화	수	목	금	토	일	월	화	수	목	금	토	일	월	화	수	
6	음력	4/21	22	23	24	25	26	27	28	29	5/1	2	3	4	5	6	7	8	9	10	11	12	13	14	15	16	17	18	19	20	21	
6	일진	신유	임술	계해	갑자	을축	병인	정묘	무진	기사	경오	신미	임신	계유	갑술	을해	병자	정축	무인	기묘	경진	신사	임오	계미	갑신	을유	병술	정해	무자	기축	경인	

24절기와 잡절

명칭	태양황경(도)	월	일	시	분	명칭	태양황경(도)	월	일	시	분	명칭	태양황경(도)	월	일	시	분
소한	285	1	6	10	54	하지	90	6	22	13	30	대설	255	12	8	5	39
대한	300	1	21	4	12	소서	105	7	8	7	6	동지	270	12	22	23	33
입춘	315	2	4	22	38	대서	120	7	24	0	25						
우수	330	2	19	18	35	입추	135	8	8	16	44	한식			4	6	
경칩	345	3	6	17	0	처서	150	8	24	7	14	단오			6	14	
춘분	0	3	21	18	1	백로	165	9	8	19	16	초복			7	20	
청명	15	4	5	22	18	추분	180	9	24	4	27	중복			7	30	
곡우	30	4	21	5	36	한로	195	10	9	10	25	말복			8	9	
입하	45	5	6	16	8	상강	210	10	24	13	18	토왕용사	297	1	18	5	29
소만	60	5	22	5	15	입동	225	11	8	13	8	토왕용사	27	4	18	3	53
망종	75	6	6	20	42	소설	240	11	23	10	28	토왕용사	117	7	20	20	59
												토왕용사	207	10	21	12	57

월	양력	1 2 3 4 5	6 7 8 9 10	11 12 13 14 15	16 17 18 19 20	21 22 23 24 25	26 27 28 29 30 31
7	요일	목 금 토 일 월	화 수 목 금 토	일 월 화 수 목	금 토 일 월 화	수 목 금 토 일	월 화 수 목 금 토
7	음력	5/22 23 24 25 26	27 28 29 30 6/1	2 3 4 5 6	7 8 9 10 11	12 13 14 15 16	17 18 19 20 21 22
7	일진	신 임 계 갑 을 묘 진 사 오 미	병 정 무 기 경 신 유 술 해 자	신 임 계 갑 을 축 인 묘 진 사	병 정 무 기 경 오 미 신 유 술	신 임 계 갑 을 해 자 축 인 묘	병 정 무 기 경 신 진 사 오 미 신 유
8	요일	일 월 화 수 목	금 토 일 월 화	수 목 금 토 일	월 화 수 목 금	토 일 월 화 수	목 금 토 일 월 화
8	음력	6/23 24 25 26 27	28 29 7/1 2 3	4 5 6 7 8	9 10 11 12 13	14 15 16 17 18	19 20 21 22 23 24
8	일진	임 계 갑 을 병 술 해 자 축 인	정 무 기 경 신 묘 진 사 오 미	임 계 갑 을 병 신 유 술 해 자	정 무 기 경 신 축 인 묘 진 사	임 계 갑 을 병 오 미 신 유 술	정 무 기 경 신 임 해 자 축 인 묘 진
9	요일	수 목 금 토 일	월 화 수 목 금	토 일 월 화 수	목 금 토 일 월	화 수 목 금 토	일 월 화 수 목
9	음력	7/25 26 27 28 29	30 8/1 2 3 4	5 6 7 8 9	10 11 12 13 14	15 16 17 18 19	20 21 22 23 24
9	일진	계 갑 을 병 정 사 오 미 신 유	무 기 경 신 임 술 해 자 축 인	계 갑 을 병 정 묘 진 사 오 미	무 기 경 신 임 신 유 술 해 자	계 갑 을 병 정 축 인 묘 진 사	무 기 경 신 임 오 미 신 유 술
10	요일	금 토 일 월 화	수 목 금 토 일	월 화 수 목 금	토 일 월 화 수	목 금 토 일 월	화 수 목 금 토 일
10	음력	8/25 26 27 28 29	30 9/1 2 3 4	5 6 7 8 9	10 11 12 13 14	15 16 17 18 19	20 21 22 23 24 25
10	일진	계 갑 을 병 정 해 자 축 인 묘	무 기 경 신 임 진 사 오 미 신	계 갑 을 병 정 유 술 해 자 축	무 기 경 신 임 인 묘 진 사 오	계 갑 을 병 정 미 신 유 술 해	무 기 경 신 임 계 자 축 인 묘 진 사
11	요일	월 화 수 목 금	토 일 월 화 수	목 금 토 일 월	화 수 목 금 토	일 월 화 수 목	금 토 일 월 화
11	음력	9/26 27 28 29 10/1	2 3 4 5 6	7 8 9 10 11	12 13 14 15 16	17 18 19 20 21	22 23 24 25 26
11	일진	갑 을 병 정 무 오 미 신 유 술	기 경 신 임 계 해 자 축 인 묘	갑 을 병 정 무 진 사 오 미 신	기 경 신 임 계 유 술 해 자 축	갑 을 병 정 무 인 묘 진 사 오	기 경 신 임 계 미 신 유 술 해
12	요일	수 목 금 토 일	월 화 수 목 금	토 일 월 화 수	목 금 토 일 월	화 수 목 금 토	일 월 화 수 목 금
12	음력	10/27 28 29 30 11/1	2 3 4 5 6	7 8 9 10 11	12 13 14 15 16	17 18 19 20 21	22 23 24 25 26 27
12	일진	갑 을 병 정 무 자 축 인 묘 진	기 경 신 임 계 사 오 미 신 유	갑 을 병 정 무 술 해 자 축 인	기 경 신 임 계 묘 진 사 오 미	갑 을 병 정 무 신 유 술 해 자	기 경 신 임 계 갑 축 인 묘 진 사 오

1927 정묘년 • 단기 4260

주요 국경일과 명절

구 분	월 일	요일
신 정	1 1	토
설 날	2 2	수
추 석	9 10	토

음양력 대조일람

음력 월	월 건	대/소	음력 1일의 양력 월일	음력 월	월 건	대/소	음력 1일의 양력 월일
1	임 인	대	2 2	7	무 신	소	7 29
2	계 묘	소	3 4	8	기 유	대	8 27
3	갑 진	소	4 2	9	경 술	대	9 26
4	을 사	대	5 1	10	신 해	소	10 26
5	병 오	소	5 31	11	임 자	대	11 24
6	정 미	대	6 29	12	계 축	대	12 24

월	양력	1 2 3 4 5	6 7 8 9 10	11 12 13 14 15	16 17 18 19 20	21 22 23 24 25	26 27 28 29 30 31
1	요일	토 일 월 화 수	목 금 토 일 월	화 수 목 금 토	일 월 화 수 목	금 토 일 월 화	수 목 금 토 일 월
	음력	11/28 29 30 12/1 2	3 4 5 6 7	8 9 10 11 12	13 14 15 16 17	18 19 20 21 22	23 24 25 26 27 28
	일진	을병정무기 미신유술해	경신임계갑 자축인묘진	을병정무기 사오미신유	경신임계갑 술해자축인	을병정무기 묘진사오미	경신임계갑을 신유술해자축
2	요일	화 수 목 금 토	일 월 화 수 목	금 토 일 월 화	수 목 금 토 일	월 화 수 목 금	토 일 월
	음력	12/29 1/1 2 3 4	5 6 7 8 9	10 11 12 13 14	15 16 17 18 19	20 21 22 23 24	25 26 27
	일진	병정무기경 인묘진사오	신임계갑을 미신유술해	병정무기경 자축인묘진	신임계갑을 사오미신유	병정무기경 술해자축인	신임계 묘진사
3	요일	화 수 목 금 토	일 월 화 수 목	금 토 일 월 화	수 목 금 토 일	월 화 수 목 금	토 일 월 화 수 목
	음력	1/28 29 30 2/1 2	3 4 5 6 7	8 9 10 11 12	13 14 15 16 17	18 19 20 21 22	23 24 25 26 27 28
	일진	갑을병정무 오미신유술	기경신임계 해자축인묘	갑을병정무 진사오미신	기경신임계 유술해자축	갑을병정무 인묘진사오	기경신임계갑 미신유술해자
4	요일	금 토 일 월 화	수 목 금 토 일	월 화 수 목 금	토 일 월 화 수	목 금 토 일 월	화 수 목 금 토
	음력	2/29 3/1 2 3 4	5 6 7 8 9	10 11 12 13 14	15 16 17 18 19	20 21 22 23 24	25 26 27 28 29
	일진	을병정무기 축인묘진사	경신임계갑 오미신유술	을병정무기 해자축인묘	경신임계갑 진사오미신	을병정무기 유술해자축	경신임계갑 인묘진사오
5	요일	일 월 화 수 목	금 토 일 월 화	수 목 금 토 일	월 화 수 목 금	토 일 월 화 수	목 금 토 일 월 화
	음력	4/1 2 3 4 5	6 7 8 9 10	11 12 13 14 15	16 17 18 19 20	21 22 23 24 25	26 27 28 29 30 5/1
	일진	을병정무기 미신유술해	경신임계갑 자축인묘진	을병정무기 사오미신유	경신임계갑 술해자축인	을병정무기 묘진사오미	경신임계갑을 신유술해자축
6	요일	수 목 금 토 일	월 화 수 목 금	토 일 월 화 수	목 금 토 일 월	화 수 목 금 토	일 월 화 수 목
	음력	5/2 3 4 5 6	7 8 9 10 11	12 13 14 15 16	17 18 19 20 21	22 23 24 25 26	27 28 29 6/1 2
	일진	병정무기경 인묘진사오	신임계갑을 미신유술해	병정무기경 자축인묘진	신임계갑을 사오미신유	병정무기경 술해자축인	신임계갑을 묘진사오미

24절기와 잡절

명 칭	태양황경 (도)	한국표준시			명 칭	태양황경 (도)	한국표준시			명 칭	태양황경 (도)	한국표준시		
		월 일	시	분			월 일	시	분			월 일	시	분
소한	285	1 6	16	45	하지	90	6 22	19	22	대 설	255	12 8	11.	26
대한	300	1 21	10	12	소서	105	7 8	12	50	동 치	270	12 23	5	19
입춘	315	2 5	4	30	대서	120	7 24	6	17					
우수	330	2 20	0	34	입추	135	8 8	22	31	한 식		4 6		
경칩	345	3 6	22	50	처서	150	8 24	13	5	단 오		6 4		
춘분	0	3 21	23	59	백로	165	9 9	1	6	초 복		7 15		
청명	15	4 6	4	6	추분	180	9 24	10	17	중 복		7 25		
곡우	30	4 21	11	32	한로	195	10 9	16	15	말 복		8 14		
입하	45	5 6	21	53	상강	210	10 24	19	7	토왕용사	297	1 18	11	26
소만	60	5 22	11	8	입동	225	11 8	18	57	토왕용사	27	4 18	9	47
망종	75	6 7	2	25	소설	240	11 23	16	14	토왕용사	117	7 21	2	52
										토왕용사	207	10 21	18	49

월	양력	1 2 3 4 5	6 7 8 9 10	11 12 13 14 15	16 17 18 19 20	21 22 23 24 25	26 27 28 29 30 31
7	요일	금토일월화	수목금토일	월화수목금	토일월화수	목금토일월	화수목금토일
	음력	6/3 4 5 6 7	8 9 10 11 12	13 14 15 16 17	18 19 20 21 22	23 24 25 26 27	28 29 30 7/1 2 3
	일진	병정무기경 신유술해자	신임계갑을 축인묘진사	병정무기경 오미신유술	신임계갑을 해자축인묘	병정무기경 진사오미신	신임계갑을병 유술해자축인
8	요일	월화수목금	토일월화수	목금토일월	화수목금토	일월화수목	금토일월화수
	음력	7/4 5 6 7 8	9 10 11 12 13	14 15 16 17 18	19 20 21 22 23	24 25 26 27 28	29 8/1 2 3 4 5
	일진	정무기경신 묘진사오미	임계갑을병 신유술해자	정무기경신 축인묘진사	임계갑을병 오미신유술	정무기경신 해자축인묘	임계갑을병정 진사오미신유
9	요일	목금토일월	화수목금토	일월화수목	금토일월화	수목금토일	월화수목금
	음력	8/6 7 8 9 10	11 12 13 14 15	16 17 18 19 20	21 22 23 24 25	26 27 28 29 30	9/1 2 3 4 5
	일진	무기경신임 술해자축인	계갑을병정 묘진사오미	무기경신임 신유술해자	계갑을병정 축인묘진사	무기경신임 오미신유술	계갑을병정 해자축인묘
10	요일	토일월화수	목금토일월	화수목금토	일월화수목	금토일월화	수목금토일월
	음력	9/6 7 8 9 10	11 12 13 14 15	16 17 18 19 20	21 22 23 24 25	26 27 28 29 30	10/1 2 3 4 5 6
	일진	무기경신임 진사오미신	계갑을병정 유술해자축	무기경신임 인묘진사오	계갑을병정 미신유술해	무기경신임 자축인묘진	계갑을병정무 사오미신유술
11	요일	화수목금토	일월화수목	금토일월화	수목금토일	월화수목금	토일월화수
	음력	10/7 8 9 10 11	12 13 14 15 16	17 18 19 20 21	22 23 24 25 26	27 28 29 11/1 2	3 4 5 6 7
	일진	기경신임계 해자축인묘	갑을병정무 진사오미신	기경신임계 유술해자축	갑을병정무 인묘진사오	기경신임계 미신유술해	갑을병정무 자축인묘진
12	요일	목금토일월	화수목금토	일월화수목	금토일월화	수목금토일	월화수목금토
	음력	11/8 9 10 11 12	13 14 15 16 17	18 19 20 21 22	23 24 25 26 27	28 29 30 12/1 2	3 4 5 6 7 8
	일진	기경신임계 사오미신유	갑을병정무 술해자축인	기경신임계 묘진사오미	갑을병정무 신유술해자	기경신임계 축인묘진사	갑을병정무기 오미신유술해

1928 무진년 · 단기 4261

주요 국경일과 명절

구 분	월	일	요일
신 정	1	1	일
설 날	1	23	월
추 석	9	28	금

음양력 대조일람

음력월	월 건	대/소	음력 1일의 양력 월일	음력월	월 건	대/소	음력 1일의 양력 월일
1	갑 인	소	1 / 23	7	경 신	대	8 / 15
2	을 묘	대	2 / 21	8	신 유	대	9 / 14
(윤)2		소	3 / 22	9	임 술	소	10 / 14
3	병 진	소	4 / 20	10	계 해	대	11 / 12
4	정 사	대	5 / 19	11	갑 자	대	12 / 12
5	무 오	소	6 / 18	12	을 축	대	1929/1 / 11
6	기 미	소	7 / 17				

월별 음양력 대조표

1월

양력	1	2	3	4	5	6	7	8	9	10	11	12	13	14	15	16	17	18	19	20	21	22	23	24	25	26	27	28	29	30	31
요일	일	월	화	수	목	금	토	일	월	화	수	목	금	토	일	월	화	수	목	금	토	일	월	화	수	목	금	토	일	월	화
음력	12/9	10	11	12	13	14	15	16	17	18	19	20	21	22	23	24	25	26	27	28	29	30	1/1	2	3	4	5	6	7	8	9
일진	경자	신축	임인	계묘	갑진	을사	병오	정미	무신	기유	경술	신해	임자	계축	갑인	을묘	병진	정사	무오	기미	경신	신유	임술	계해	갑자	을축	병인	정묘	무진	기사	경오

2월

양력	1	2	3	4	5	6	7	8	9	10	11	12	13	14	15	16	17	18	19	20	21	22	23	24	25	26	27	28	29
요일	수	목	금	토	일	월	화	수	목	금	토	일	월	화	수	목	금	토	일	월	화	수	목	금	토	일	월	화	수
음력	1/10	11	12	13	14	15	16	17	18	19	20	21	22	23	24	25	26	27	28	29	2/1	2	3	4	5	6	7	8	9
일진	신미	임신	계유	갑술	을해	병자	정축	무인	기묘	경진	신사	임오	계미	갑신	을유	병술	정해	무자	기축	경인	신묘	임진	계사	갑오	을미	병신	정유	무술	기해

3월

양력	1	2	3	4	5	6	7	8	9	10	11	12	13	14	15	16	17	18	19	20	21	22	23	24	25	26	27	28	29	30	31
요일	목	금	토	일	월	화	수	목	금	토	일	월	화	수	목	금	토	일	월	화	수	목	금	토	일	월	화	수	목	금	토
음력	2/10	11	12	13	14	15	16	17	18	19	20	21	22	23	24	25	26	27	28	29	30	2*/1	2	3	4	5	6	7	8	9	10
일진	경자	신축	임인	계묘	갑진	을사	병오	정미	무신	기유	경술	신해	임자	계축	갑인	을묘	병진	정사	무오	기미	경신	신유	임술	계해	갑자	을축	병인	정묘	무진	기사	경오

4월

양력	1	2	3	4	5	6	7	8	9	10	11	12	13	14	15	16	17	18	19	20	21	22	23	24	25	26	27	28	29	30
요일	일	월	화	수	목	금	토	일	월	화	수	목	금	토	일	월	화	수	목	금	토	일	월	화	수	목	금	토	일	월
음력	2*/11	12	13	14	15	16	17	18	19	20	21	22	23	24	25	26	27	28	29	3/1	2	3	4	5	6	7	8	9	10	11
일진	신미	임신	계유	갑술	을해	병자	정축	무인	기묘	경진	신사	임오	계미	갑신	을유	병술	정해	무자	기축	경인	신묘	임진	계사	갑오	을미	병신	정유	무술	기해	경자

5월

양력	1	2	3	4	5	6	7	8	9	10	11	12	13	14	15	16	17	18	19	20	21	22	23	24	25	26	27	28	29	30	31
요일	화	수	목	금	토	일	월	화	수	목	금	토	일	월	화	수	목	금	토	일	월	화	수	목	금	토	일	월	화	수	목
음력	3/12	13	14	15	16	17	18	19	20	21	22	23	24	25	26	27	28	29	4/1	2	3	4	5	6	7	8	9	10	11	12	13
일진	신축	임인	계묘	갑진	을사	병오	정미	무신	기유	경술	신해	임자	계축	갑인	을묘	병진	정사	무오	기미	경신	신유	임술	계해	갑자	을축	병인	정묘	무진	기사	경오	신미

6월

양력	1	2	3	4	5	6	7	8	9	10	11	12	13	14	15	16	17	18	19	20	21	22	23	24	25	26	27	28	29	30
요일	금	토	일	월	화	수	목	금	토	일	월	화	수	목	금	토	일	월	화	수	목	금	토	일	월	화	수	목	금	토
음력	4/14	15	16	17	18	19	20	21	22	23	24	25	26	27	28	29	30	5/1	2	3	4	5	6	7	8	9	10	11	12	13
일진	임신	계유	갑술	을해	병자	정축	무인	기묘	경진	신사	임오	계미	갑신	을유	병술	정해	무자	기축	경인	신묘	임진	계사	갑오	을미	병신	정유	무술	기해	경자	신축

24절기와 잡절

명 칭	태양황경 (도)	월	일	시	분	명 칭	태양황경 (도)	월	일	시	분	명 칭	태양황경 (도)	월	일	시	분
소한	285	1	6	22	31	하지	90	6	22	1	6	대 설	255	12	7	17	17
대한	300	1	21	15	57	소서	105	7	7	18	44	동 지	270	12	22	11	4
입춘	315	2	5	10	16	대서	120	7	23	12	2						
우수	330	2	20	6	19	입추	135	8	8	4	28	한 식		4	6		
경칩	345	3	6	4	37	처서	150	8	23	18	53	단 오		6	22		
춘분	0	3	21	5	44	백로	165	9	8	7	2	초 복		7	19		
청명	15	4	5	9	55	추분	180	9	23	16	6	중 복		7	29		
곡우	30	4	20	17	17	한로	195	10	8	22	10	말 복		8	8		
입하	45	5	6	3	44	상강	210	10	24	0	55	토왕용사	297	1	18	17	14
소만	60	5	21	16	52	입동	225	11	8	0	50	토왕용사	27	4	17	15	35
망종	75	6	6	8	17	소설	240	11	22	22	0	토왕용사	117	7	20	8	38
												토왕용사	207	10	21	0	35

월	양력	1 2 3 4 5	6 7 8 9 10	11 12 13 14 15	16 17 18 19 20	21 22 23 24 25	26 27 28 29 30 31
7	요일	일 월 화 수 목	금 토 일 월 화	수 목 금 토 일	월 화 수 목 금	토 일 월 화 수	목 금 토 일 월 화
7	음력	5/14 15 16 17 18	19 20 21 22 23	24 25 26 27 28	29 6/1 2 3 4	5 6 7 8 9	10 11 12 13 14 15
7	일진	임계갑을병 인묘진사오	정무기경신 미신유술해	임계갑을병 자축인묘진	정무기경신 사오미신유	임계갑을병 술해자축인	정무기경신임 묘진사오미신
8	요일	수 목 금 토 일	월 화 수 목 금	토 일 월 화 수	목 금 토 일 월	화 수 목 금 토	일 월 화 수 목 금
8	음력	6/16 17 18 19 20	21 22 23 24 25	26 27 28 29 7/1	2 3 4 5 6	7 8 9 10 11	12 13 14 15 16 17
8	일진	계갑을병정 유술해자축	무기경신임 인묘진사오	계갑을병정 미신유술해	무기경신임 자축인묘진	계갑을병정 사오미신유	무기경신임계 술해자축인묘
9	요일	토 일 월 화 수	목 금 토 일 월	화 수 목 금 토	일 월 화 수 목	금 토 일 월 화	수 목 금 토 일
9	음력	7/18 19 20 21 22	23 24 25 26 27	28 29 30 8/1 2	3 4 5 6 7	8 9 10 11 12	13 14 15 16 17
9	일진	갑을병정무 진사오미신	기경신임계 유술해자축	갑을병정무 인묘진사오	기경신임계 미신유술해	갑을병정무 자축인묘진	기경신임계 사오미신유
10	요일	월 화 수 목 금	토 일 월 화 수	목 금 토 일 월	화 수 목 금 토	일 월 화 수 목	금 토 일 월 화 수
10	음력	8/18 19 20 21 22	23 24 25 26 27	28 29 30 9/1 2	3 4 5 6 7	8 9 10 11 12	13 14 15 16 17 18
10	일진	갑을병정무 술해자축인	기경신임계 묘진사오미	갑을병정무 신유술해자	기경신임계 축인묘진사	갑을병정무 오미신유술	기경신임계갑 해자축인묘진
11	요일	목 금 토 일 월	화 수 목 금 토	일 월 화 수 목	금 토 일 월 화	수 목 금 토 일	월 화 수 목 금
11	음력	9/19 20 21 22 23	24 25 26 27 28	29 10/1 2 3 4	5 6 7 8 9	10 11 12 13 14	15 16 17 18 19
11	일진	을병정무기 사오미신유	경신임계갑 술해자축인	을병정무기 묘진사오미	경신임계갑 신유술해자	을병정무기 축인묘진사	경신임계갑 오미신유술
12	요일	토 일 월 화 수	목 금 토 일 월	화 수 목 금 토	일 월 화 수 목	금 토 일 월 화	수 목 금 토 일 월
12	음력	10/20 21 22 23 24	25 26 27 28 29	30 11/1 2 3 4	5 6 7 8 9	10 11 12 13 14	15 16 17 18 19 20
12	일진	을병정무기 해자축인묘	경신임계갑 진사오미신	을병정무기 유술해자축	경신임계갑 인묘진사오	을병정무기 미신유술해	경신임계갑을 자축인묘진사

* 윤달 : 2월

1929 기사년 · 단기 4262

주요 국경일과 명절

구 분	월	일	요일
신정	1	1	화
설날	2	10	일
추석	9	17	화

음양력 대조일람

음력월	월건	대/소	음력 1일의 양력 월일	음력월	월건	대/소	음력 1일의 양력 월일
1	병인	소	2 10	7	임신	소	8 5
2	정묘	대	3 11	8	계유	대	9 3
3	무진	소	4 10	9	갑술	소	10 3
4	기사	소	5 9	10	을해	대	11 1
5	경오	대	6 7	11	병자	대	12 1
6	신미	소	7 7	12	정축	대	12 31

월	양력	1	2	3	4	5	6	7	8	9	10	11	12	13	14	15	16	17	18	19	20	21	22	23	24	25	26	27	28	29	30	31
1	요일	화	수	목	금	토	일	월	화	수	목	금	토	일	월	화	수	목	금	토	일	월	화	수	목	금	토	일	월	화	수	목
1	음력	11/21	22	23	24	25	26	27	28	29	30	12/1	2	3	4	5	6	7	8	9	10	11	12	13	14	15	16	17	18	19	20	21
1	일진	병오	정미	무신	기유	경술	신해	임자	계축	갑인	을묘	병진	정사	무오	기미	경신	신유	임술	계해	갑자	을축	병인	정묘	무진	기사	경오	신미	임신	계유	갑술	을해	병자
2	요일	금	토	일	월	화	수	목	금	토	일	월	화	수	목	금	토	일	월	화	수	목	금	토	일	월	화	수	목			
2	음력	12/22	23	24	25	26	27	28	29	30	1/1	2	3	4	5	6	7	8	9	10	11	12	13	14	15	16	17	18	19			
2	일진	정축	무인	기묘	경진	신사	임오	계미	갑신	을유	병술	정해	무자	기축	경인	신묘	임진	계사	갑오	을미	병신	정유	무술	기해	경자	신축	임인	계묘	갑진			
3	요일	금	토	일	월	화	수	목	금	토	일	월	화	수	목	금	토	일	월	화	수	목	금	토	일	월	화	수	목	금	토	일
3	음력	1/20	21	22	23	24	25	26	27	28	29	2/1	2	3	4	5	6	7	8	9	10	11	12	13	14	15	16	17	18	19	20	21
3	일진	을사	병오	정미	무신	기유	경술	신해	임자	계축	갑인	을묘	병진	정사	무오	기미	경신	신유	임술	계해	갑자	을축	병인	정묘	무진	기사	경오	신미	임신	계유	갑술	을해
4	요일	월	화	수	목	금	토	일	월	화	수	목	금	토	일	월	화	수	목	금	토	일	월	화	수	목	금	토	일	월	화	
4	음력	2/22	23	24	25	26	27	28	29	30	3/1	2	3	4	5	6	7	8	9	10	11	12	13	14	15	16	17	18	19	20	21	
4	일진	병자	정축	무인	기묘	경진	신사	임오	계미	갑신	을유	병술	정해	무자	기축	경인	신묘	임진	계사	갑오	을미	병신	정유	무술	기해	경자	신축	임인	계묘	갑진	을사	
5	요일	수	목	금	토	일	월	화	수	목	금	토	일	월	화	수	목	금	토	일	월	화	수	목	금	토	일	월	화	수	목	금
5	음력	3/22	23	24	25	26	27	28	29	4/1	2	3	4	5	6	7	8	9	10	11	12	13	14	15	16	17	18	19	20	21	22	23
5	일진	병오	정미	무신	기유	경술	신해	임자	계축	갑인	을묘	병진	정사	무오	기미	경신	신유	임술	계해	갑자	을축	병인	정묘	무진	기사	경오	신미	임신	계유	갑술	을해	병자
6	요일	토	일	월	화	수	목	금	토	일	월	화	수	목	금	토	일	월	화	수	목	금	토	일	월	화	수	목	금	토	일	
6	음력	4/24	25	26	27	28	29	5/1	2	3	4	5	6	7	8	9	10	11	12	13	14	15	16	17	18	19	20	21	22	23	24	
6	일진	정축	무인	기묘	경진	신사	임오	계미	갑신	을유	병술	정해	무자	기축	경인	신묘	임진	계사	갑오	을미	병신	정유	무술	기해	경자	신축	임인	계묘	갑진	을사	병오	

24절기와 잡절

명 칭	태양황경(도)	월	일	시	분
소한	285	1	6	4	22
대한	300	1	20	21	42
입춘	315	2	4	16	9
우수	330	2	19	12	7
경칩	345	3	6	10	32
춘분	0	3	21	11	35
청명	15	4	5	15	51
곡우	30	4	20	23	10
입하	45	5	6	9	40
소만	60	5	21	22	48
망종	75	6	6	14	11

명 칭	태양황경(도)	월	일	시	분
하지	90	6	22	7	1
소서	105	7	8	0	32
대서	120	7	23	17	53
입추	135	8	8	10	9
처서	150	8	24	0	41
백로	165	9	8	12	40
추분	180	9	23	21	52
한로	195	10	9	3	47
상강	210	10	24	6	41
입동	225	11	8	6	28
소설	240	11	23	3	48

명 칭	태양황경(도)	월	일	시	분
대 설	255	12	7	22	56
동 지	270	12	22	16	53
한 식		4	6		
단 오		6	11		
초 복		7	14		
중 복		7	24		
말 복		8	13		
토왕용사	297	1	17	22	58
토왕용사	27	4	17	21	26
토왕용사	117	7	20	14	27
토왕용사	207	10	21	6	21

월	양력	1 2 3 4 5	6 7 8 9 10	11 12 13 14 15	16 17 18 19 20	21 22 23 24 25	26 27 28 29 30 31
7	요일	월 화 수 목 금	토 일 월 화 수	목 금 토 일 월	화 수 목 금 토	일 월 화 수 목	금 토 일 월 화 수
	음력	5/25 26 27 28 29	30 6/1 2 3 4	5 6 7 8 9	10 11 12 13 14	15 16 17 18 19	20 21 22 23 24 25
	일진	정 무 기 경 신 미 신 유 술 해	임 계 갑 을 병 자 축 인 묘 진	정 무 기 경 신 사 오 미 신 유	임 계 갑 을 병 술 해 자 축 인	정 무 기 경 신 묘 진 사 오 미	임 계 갑 을 병 정 신 유 술 해 자 축
8	요일	목 금 토 일 월	화 수 목 금 토	일 월 화 수 목	금 토 일 월 화	수 목 금 토 일	월 화 수 목 금 토
	음력	6/26 27 28 29 7/1	2 3 4 5 6	7 8 9 10 11	12 13 14 15 16	17 18 19 20 21	22 23 24 25 26 27
	일진	무 기 경 신 임 인 묘 진 사 오	계 갑 을 병 정 미 신 유 술 해	무 기 경 신 임 자 축 인 묘 진	계 갑 을 병 정 사 오 미 신 유	무 기 경 신 임 술 해 자 축 인	계 갑 을 병 정 무 묘 진 사 오 미 신
9	요일	일 월 화 수 목	금 토 일 월 화	수 목 금 토 일	월 화 수 목 금	토 일 월 화 수	목 금 토 일 월
	음력	7/28 29 8/1 2 3	4 5 6 7 8	9 10 11 12 13	14 15 16 17 18	19 20 21 22 23	24 25 26 27 28
	일신	기 경 신 임 계 유 술 해 자 축	갑 을 병 정 무 인 묘 진 사 오	기 경 신 임 계 미 신 유 술 해	갑 을 병 정 무 자 축 인 묘 진	기 경 신 임 계 사 오 미 신 유	갑 을 병 정 무 술 해 자 축 인
10	요일	화 수 목 금 토	일 월 화 수 목	금 토 일 월 화	수 목 금 토 일	월 화 수 복 금	도 일 월 회 수 목
	음력	8/29 30 9/1 2 3	4 5 6 7 8	9 10 11 12 13	14 15 16 17 18	19 20 21 22 23	24 25 26 27 28 29
	일진	기 경 신 임 계 묘 진 사 오 미	갑 을 병 정 무 신 유 술 해 자	기 경 신 임 계 축 인 묘 진 사	갑 을 병 정 무 오 미 신 유 술	기 경 신 임 계 해 자 축 인 묘	갑 을 병 정 무 기 진 사 오 미 신 유
11	요일	금 토 일 월 화	수 목 금 토 일	월 화 수 목 금	토 일 월 화 수	목 금 토 일 월	화 수 목 금 토
	음력	10/1 2 3 4 5	6 7 8 9 10	11 12 13 14 15	16 17 18 19 20	21 22 23 24 25	26 27 28 29 30
	일진	경 신 임 계 갑 술 해 자 축 인	을 병 정 무 기 묘 진 사 오 미	경 신 임 계 갑 신 유 술 해 자	을 병 정 무 기 축 인 묘 진 사	경 신 임 계 갑 오 미 신 유 술	을 병 정 무 기 해 자 축 인 묘
12	요일	일 월 화 수 목	금 토 일 월 화	수 목 금 토 일	월 화 수 목 금	토 일 월 화 수	목 금 토 일 월 화
	음력	11/1 2 3 4 5	6 7 8 9 10	11 12 13 14 15	16 17 18 19 20	21 22 23 24 25	26 27 28 29 30 12/1
	일진	경 신 임 계 갑 진 사 오 미 신	을 병 정 무 기 유 술 해 자 축	경 신 임 계 갑 인 묘 진 사 오	을 병 정 무 기 미 신 유 술 해	경 신 임 계 갑 자 축 인 묘 진	을 병 정 무 기 경 사 오 미 신 유 술

경오년 · 단기 4263

주요 국경일과 명절

구 분	월 일	요일
신정	1 1	수
설날	1 30	목
추석	10 6	월

음양력 대조일람

음력월	월건	대/소	음력 1일의 양력 월일	음력월	월건	대/소	음력 1일의 양력 월일
1	무인	소	1 30	7	갑신	소	8 24
2	기묘	대	2 28	8	을유	대	9 22
3	경진	대	3 30	9	병술	소	10 22
4	신사	소	4 29	10	정해	대	11 20
5	임오	소	5 28	11	무자	대	12 20
6	계미	대	6 26	12	기축	소	1931/1 19
(윤)6		소	7 26				

월	양력	1	2	3	4	5	6	7	8	9	10	11	12	13	14	15	16	17	18	19	20	21	22	23	24	25	26	27	28	29	30	31
1	요일	수	목	금	토	일	월	화	수	목	금	토	일	월	화	수	목	금	토	일	월	화	수	목	금	토	일	월	화	수	목	금
1	음력	12/2	3	4	5	6	7	8	9	10	11	12	13	14	15	16	17	18	19	20	21	22	23	24	25	26	27	28	29	30	1/1	2
1	일진	신해	임자	계축	갑인	을묘	병진	정사	무오	기미	경신	신유	임술	계해	갑자	을축	병인	정묘	무진	기사	경오	신미	임신	계유	갑술	을해	병자	정축	무인	기묘	경진	신사
2	요일	토	일	월	화	수	목	금	토	일	월	화	수	목	금	토	일	월	화	수	목	금	토	일	월	화	수	목	금			
2	음력	1/3	4	5	6	7	8	9	10	11	12	13	14	15	16	17	18	19	20	21	22	23	24	25	26	27	28	29	2/1			
2	일진	임오	계미	갑신	을유	병술	정해	무자	기축	경인	신묘	임진	계사	갑오	을미	병신	정유	무술	기해	경자	신축	임인	계묘	갑진	을사	병오	정미	무신	기유			
3	요일	토	일	월	화	수	목	금	토	일	월	화	수	목	금	토	일	월	화	수	목	금	토	일	월	화	수	목	금	토	일	월
3	음력	2/2	3	4	5	6	7	8	9	10	11	12	13	14	15	16	17	18	19	20	21	22	23	24	25	26	27	28	29	30	3/1	2
3	일진	경술	신해	임자	계축	갑인	을묘	병진	정사	무오	기미	경신	신유	임술	계해	갑자	을축	병인	정묘	무진	기사	경오	신미	임신	계유	갑술	을해	병자	정축	무인	기묘	경진
4	요일	화	수	목	금	토	일	월	화	수	목	금	토	일	월	화	수	목	금	토	일	월	화	수	목	금	토	일	월	화	수	
4	음력	3/3	4	5	6	7	8	9	10	11	12	13	14	15	16	17	18	19	20	21	22	23	24	25	26	27	28	29	30	4/1	2	
4	일진	신사	임오	계미	갑신	을유	병술	정해	무자	기축	경인	신묘	임진	계사	갑오	을미	병신	정유	무술	기해	경자	신축	임인	계묘	갑진	을사	병오	정미	무신	기유	경술	
5	요일	목	금	토	일	월	화	수	목	금	토	일	월	화	수	목	금	토	일	월	화	수	목	금	토	일	월	화	수	목	금	토
5	음력	4/3	4	5	6	7	8	9	10	11	12	13	14	15	16	17	18	19	20	21	22	23	24	25	26	27	28	29	5/1	2	3	4
5	일진	신해	임자	계축	갑인	을묘	병진	정사	무오	기미	경신	신유	임술	계해	갑자	을축	병인	정묘	무진	기사	경오	신미	임신	계유	갑술	을해	병자	정축	무인	기묘	경진	신사
6	요일	일	월	화	수	목	금	토	일	월	화	수	목	금	토	일	월	화	수	목	금	토	일	월	화	수	목	금	토	일	월	
6	음력	5/5	6	7	8	9	10	11	12	13	14	15	16	17	18	19	20	21	22	23	24	25	26	27	28	29	6/1	2	3	4	5	
6	일진	임오	계미	갑신	을유	병술	정해	무자	기축	경인	신묘	임진	계사	갑오	을미	병신	정유	무술	기해	경자	신축	임인	계묘	갑진	을사	병오	정미	무신	기유	경술	신해	

24절기와 잡절

명칭	태양황경(도)	월	일	시	분
소한	285	1	6	10	3
대한	300	1	21	3	33
입춘	315	2	4	21	51
우수	330	2	19	18	0
경칩	345	3	6	16	17
춘분	0	3	21	17	30
청명	15	4	5	21	37
곡우	30	4	21	5	6
입하	45	5	6	15	27
소만	60	5	22	4	42
망종	75	6	6	19	58

명칭	태양황경(도)	월	일	시	분
하지	90	6	22	12	53
소서	105	7	8	6	20
대서	120	7	23	23	42
입추	135	8	8	15	57
처서	150	8	24	6	26
백로	165	9	8	18	28
추분	180	9	24	3	36
한로	195	10	9	9	38
상강	210	10	24	12	26
입동	225	11	8	12	20
소설	240	11	23	9	34

명칭	태양황경(도)	월	일	시	분
대설	255	12	8	4	51
동지	270	12	22	22	40
한식		4	6		
단오		6	1		
초복		7	19		
중복		7	29		
말복		8	8		
토왕용사	297	1	18	4	48
토왕용사	27	4	18	3	22
토왕용사	117	7	20	20	19
토왕용사	207	10	21	12	8

월		1 2 3 4 5	6 7 8 9 10	11 12 13 14 15	16 17 18 19 20	21 22 23 24 25	26 27 28 29 30 31
7	요일	화 수 목 금 토	일 월 화 수 목	금 토 일 월 화	수 목 금 토 일	월 화 수 목 금	토 일 월 화 수 목
	음력	6/6 7 8 9 10	11 12 13 14 15	16 17 18 19 20	21 22 23 24 25	26 27 28 29 30	6*/1 2 3 4 5 6
	일진	임계갑을병 / 자축인묘진	정무기경신 / 사오미신유	임계갑을병 / 술해자축인	정무기경신 / 묘진사오미	임계갑을병 / 신유술해자	정무기경신임 / 축인묘진사오
8	요일	금 토 일 월 화	수 목 금 토 일	월 화 수 목 금	토 일 월 화 수	목 금 토 일 월	화 수 목 금 토 일
	음력	6*/7 8 9 10 11	12 13 14 15 16	17 18 19 20 21	22 23 24 25 26	27 28 29 7/1 2	3 4 5 6 7 8
	일진	계갑을병정 / 미신유술해	무기경신임 / 자축인묘진	계갑을병정 / 사오미신유	무기경신임 / 술해자축인	계갑을병정 / 묘진사오미	무기경신임계 / 신유술해자축
9	요일	월 화 수 목 금	토 일 월 화 수	목 금 토 일 월	화 수 목 금 토	일 월 화 수 목	금 토 일 월 화
	음력	7/9 10 11 12 13	14 15 16 17 18	19 20 21 22 23	24 25 26 27 28	29 8/1 2 3 4	5 6 7 8 9
	일진	갑을병정무 / 인묘진사오	기경신임계 / 미신유술해	갑을병정무 / 자축인묘진	기경신임계 / 사오미신유	갑을병정무 / 술해자축인	기경신임계 / 묘진사오미
10	요일	수 목 금 토 일	월 화 수 목 금	토 일 월 화 수	목 금 토 일 월	화 수 목 금 토	일 월 화 수 목 금
	음력	8/10 11 12 13 14	15 16 17 18 19	20 21 22 23 24	25 26 27 28 29	30 9/1 2 3 4	5 6 7 8 9 10
	일진	갑을병정무 / 신유술해자	기경신임계 / 축인묘진사	갑을병정무 / 오미신유술	기경신임계 / 해자축인묘	갑을병정무 / 진사오미신	기경신임계갑 / 유술해자축인
11	요일	토 일 월 화 수	목 금 토 일 월	화 수 목 금 토	일 월 화 수 목	금 토 일 월 화	수 목 금 토 일
	음력	9/11 12 13 14 15	16 17 18 19 20	21 22 23 24 25	26 27 28 29 10/1	2 3 4 5 6	7 8 9 10 11
	일진	을병정무기 / 묘진사오미	경신임계갑 / 신유술해자	을병정무기 / 축인묘진사	경신임계갑 / 오미신유술	을병정무기 / 해자축인묘	경신임계갑 / 진사오미신
12	요일	월 화 수 목 금	토 일 월 화 수	목 금 토 일 월	화 수 목 금 토	일 월 화 수 목	금 토 일 월 화 수
	음력	10/12 13 14 15 16	17 18 19 20 21	22 23 24 25 26	27 28 29 30 11/1	2 3 4 5 6	7 8 9 10 11 12
	일진	을병정무기 / 유술해자축	경신임계갑 / 인묘진사오	을병정무기 / 미신유술해	경신임계갑 / 자축인묘진	을병정무기 / 사오미신유	경신임계갑을 / 술해자축인묘

* 윤달 : 6월

1931 신미년 · 단기 4264

주요 국경일과 명절

구 분	월	일	요일
신정	1	1	목
설날	2	17	화
추석	9	26	토

음양력 대조일람

음력월	월 건	대/소	음력 1일의 양력 월일	음력월	월 건	대/소	음력 1일의 양력 월일
1	경인	대	2 17	7	병신	소	8 14
2	신묘	대	3 19	8	정유	소	9 12
3	임진	대	4 18	9	무술	대	10 11
4	계사	소	5 18	10	기해	소	11 10
5	갑오	소	6 16	11	경자	대	12 9
6	을미	대	7 15	12	신축	소	1932/1 8

음양력 대조표

1월

양력	1	2	3	4	5	6	7	8	9	10	11	12	13	14	15	16	17	18	19	20	21	22	23	24	25	26	27	28	29	30	31
요일	목	금	토	일	월	화	수	목	금	토	일	월	화	수	목	금	토	일	월	화	수	목	금	토	일	월	화	수	목	금	토
음력	11/13	14	15	16	17	18	19	20	21	22	23	24	25	26	27	28	29	30	12/1	2	3	4	5	6	7	8	9	10	11	12	13
일진	병진	정사	무오	기미	경신	신유	임술	계해	갑자	을축	병인	정묘	무진	기사	경오	신미	임신	계유	갑술	을해	병자	정축	무인	기묘	경진	신사	임오	계미	갑신	을유	병술

2월

양력	1	2	3	4	5	6	7	8	9	10	11	12	13	14	15	16	17	18	19	20	21	22	23	24	25	26	27	28
요일	일	월	화	수	목	금	토	일	월	화	수	목	금	토	일	월	화	수	목	금	토	일	월	화	수	목	금	토
음력	12/14	15	16	17	18	19	20	21	22	23	24	25	26	27	28	29	1/1	2	3	4	5	6	7	8	9	10	11	12
일진	정해	무자	기축	경인	신묘	임진	계사	갑오	을미	병신	정유	무술	기해	경자	신축	임인	계묘	갑진	을사	병오	정미	무신	기유	경술	신해	임자	계축	갑인

3월

양력	1	2	3	4	5	6	7	8	9	10	11	12	13	14	15	16	17	18	19	20	21	22	23	24	25	26	27	28	29	30	31
요일	일	월	화	수	목	금	토	일	월	화	수	목	금	토	일	월	화	수	목	금	토	일	월	화	수	목	금	토	일	월	화
음력	1/13	14	15	16	17	18	19	20	21	22	23	24	25	26	27	28	29	30	2/1	2	3	4	5	6	7	8	9	10	11	12	13
일진	을묘	병진	정사	무오	기미	경신	신유	임술	계해	갑자	을축	병인	정묘	무진	기사	경오	신미	임신	계유	갑술	을해	병자	정축	무인	기묘	경진	신사	임오	계미	갑신	을유

4월

양력	1	2	3	4	5	6	7	8	9	10	11	12	13	14	15	16	17	18	19	20	21	22	23	24	25	26	27	28	29	30
요일	수	목	금	토	일	월	화	수	목	금	토	일	월	화	수	목	금	토	일	월	화	수	목	금	토	일	월	화	수	목
음력	2/14	15	16	17	18	19	20	21	22	23	24	25	26	27	28	29	30	3/1	2	3	4	5	6	7	8	9	10	11	12	13
일진	병술	정해	무자	기축	경인	신묘	임진	계사	갑오	을미	병신	정유	무술	기해	경자	신축	임인	계묘	갑진	을사	병오	정미	무신	기유	경술	신해	임자	계축	갑인	을묘

5월

양력	1	2	3	4	5	6	7	8	9	10	11	12	13	14	15	16	17	18	19	20	21	22	23	24	25	26	27	28	29	30	31
요일	금	토	일	월	화	수	목	금	토	일	월	화	수	목	금	토	일	월	화	수	목	금	토	일	월	화	수	목	금	토	일
음력	3/14	15	16	17	18	19	20	21	22	23	24	25	26	27	28	29	30	4/1	2	3	4	5	6	7	8	9	10	11	12	13	14
일진	병진	정사	무오	기미	경신	신유	임술	계해	갑자	을축	병인	정묘	무진	기사	경오	신미	임신	계유	갑술	을해	병자	정축	무인	기묘	경진	신사	임오	계미	갑신	을유	병술

6월

양력	1	2	3	4	5	6	7	8	9	10	11	12	13	14	15	16	17	18	19	20	21	22	23	24	25	26	27	28	29	30
요일	월	화	수	목	금	토	일	월	화	수	목	금	토	일	월	화	수	목	금	토	일	월	화	수	목	금	토	일	월	화
음력	4/15	16	17	18	19	20	21	22	23	24	25	26	27	28	29	5/1	2	3	4	5	6	7	8	9	10	11	12	13	14	15
일진	정해	무자	기축	경인	신묘	임진	계사	갑오	을미	병신	정유	무술	기해	경자	신축	임인	계묘	갑진	을사	병오	정미	무신	기유	경술	신해	임자	계축	갑인	을묘	병진

24절기와 잡절

명칭	태양황경(도)	월	일	시	분	명칭	태양황경(도)	월	일	시	분	명칭	태양황경(도)	월	일	시	분
소한	285	1	6	15	56	하지	90	6	22	18	28	대설	255	12	8	10	40
대한	300	1	21	9	18	소서	105	7	8	12	6	동지	270	12	23	4	30
입춘	315	2	5	3	41	대서	120	7	24	5	21						
우수	330	2	19	23	40	입추	135	8	8	21	45	한　식		4	6		
경칩	345	3	6	22	2	처서	150	8	24	12	10	단　오		6	20		
춘분	0	3	21	23	6	백로	165	9	9	0	17	초　복		7	14		
청명	15	4	6	3	20	추분	180	9	24	9	23	중　복		7	24		
곡우	30	4	21	10	40	한로	195	10	9	15	27	말　복		8	13		
입하	45	5	6	21	10	상강	210	10	24	18	16	토왕용사	297	1	18	10	35
소만	60	5	22	10	15	입동	225	11	8	18	10	토왕용사	27	4	18	8	58
망종	75	6	7	1	42	소설	240	11	23	15	25	토왕용사	117	7	21	1	57
												토왕용사	207	10	21	17	55

월	양력	1 2 3 4 5	6 7 8 9 10	11 12 13 14 15	16 17 18 19 20	21 22 23 24 25	26 27 28 29 30 31
7	요일	수 목 금 토 일	월 화 수 목 금	토 일 월 화 수	목 금 토 일 월	화 수 목 금 토	일 월 화 수 목 금
	음력	5/16 17 18 19 20	21 22 23 24 25	26 27 28 29 6/1	2 3 4 5 6	7 8 9 10 11	12 13 14 15 16 17
	일진	정 무 기 경 신 사 오 미 신 유	임 계 갑 을 병 술 해 자 축 인	정 무 기 경 신 묘 진 사 오 미	임 계 갑 을 병 신 유 술 해 자	정 무 기 경 신 축 인 묘 진 사	임 계 갑 을 병 정 오 미 신 유 술 해
8	요일	토 일 월 화 수	목 금 토 일 월	화 수 목 금 토	일 월 화 수 목	금 토 일 월 화	수 목 금 토 일 월
	음력	6/18 19 20 21 22	23 24 25 26 27	28 29 30 7/1 2	3 4 5 6 7	8 9 10 11 12	13 14 15 16 17 18
	일진	무 기 경 신 임 자 축 인 묘 진	계 갑 을 병 정 사 오 미 신 유	무 기 경 신 임 술 해 자 축 인	계 갑 을 병 정 묘 진 사 오 미	무 기 경 신 임 신 유 술 해 자	계 갑 을 병 정 무 축 인 묘 진 사 오
9	요일	화 수 목 금 토	일 월 화 수 목	금 토 일 월 화	수 목 금 토 일	월 화 수 목 금	토 일 월 화 수
	음력	7/19 20 21 22 23	24 25 26 27 28	29 8/1 2 3 4	5 6 7 8 9	10 11 12 13 14	15 16 17 18 19
	일진	기 경 신 임 계 미 신 유 술 해	갑 을 병 정 무 자 축 인 묘 진	기 경 신 임 계 사 오 미 신 유	갑 을 병 정 무 술 해 자 축 인	기 경 신 임 계 묘 진 사 오 미	갑 을 병 정 무 신 유 술 해 자
10	요일	목 금 토 일 월	화 수 목 금 토	일 월 화 수 목	금 토 일 월 화	수 목 금 토 일	월 화 수 목 금 토
	음력	8/20 21 22 23 24	25 26 27 28 29	9/1 2 3 4 5	6 7 8 9 10	11 12 13 14 15	16 17 18 19 20 21
	일진	기 경 신 임 계 축 인 묘 진 사	갑 을 병 정 무 오 미 신 유 술	기 경 신 임 계 해 자 축 인 묘	갑 을 병 정 무 진 사 오 미 신	기 경 신 임 계 유 술 해 자 축	갑 을 병 정 무 기 인 묘 진 사 오 미
11	요일	일 월 화 수 목	금 토 일 월 화	수 목 금 토 일	월 화 수 목 금	토 일 월 화 수	목 금 토 일 월
	음력	9/22 23 24 25 26	27 28 29 30 10/1	2 3 4 5 6	7 8 9 10 11	12 13 14 15 16	17 18 19 20 21
	일진	경 신 임 계 갑 신 유 술 해 자	을 병 정 무 기 축 인 묘 진 사	경 신 임 계 갑 오 미 신 유 술	을 병 정 무 기 해 자 축 인 묘	경 신 임 계 갑 진 사 오 미 신	을 병 정 무 기 유 술 해 자 축
12	요일	화 수 목 금 토	일 월 화 수 목	금 토 일 월 화	수 목 금 토 일	월 화 수 목 금	토 일 월 화 수 목
	음력	10/22 23 24 25 26	27 28 29 11/1 2	3 4 5 6 7	8 9 10 11 12	13 14 15 16 17	18 19 20 21 22 23
	일진	경 신 임 계 갑 인 묘 진 사 오	을 병 정 무 기 미 신 유 술 해	경 신 임 계 갑 자 축 인 묘 진	을 병 정 무 기 사 오 미 신 유	경 신 임 계 갑 술 해 자 축 인	을 병 정 무 기 경 묘 진 사 오 미 신

1932 임신년 · 단기 4265

주요 국경일과 명절

구 분	월	일	요일
신 정	1	1	금
설 날	2	6	토
추 석	9	15	목

음양력 대조일람

음력 월	월 건	대/소	음력 양력	1일의 월일	음력 월	월 건	대/소	음력 양력	1일의 월일
1	임 인	대	2	6	7	무 신	대	8	2
2	계 묘	대	3	7	8	기 유	소	9	1
3	갑 진	대	4	6	9	경 술	소	9	30
4	을 사	소	5	6	10	신 해	대	10	29
5	병 오	대	6	4	11	임 자	소	11	28
6	정 미	소	7	4	12	계 축	대	12	27

월	양력	1 2 3 4 5	6 7 8 9 10	11 12 13 14 15	16 17 18 19 20	21 22 23 24 25	26 27 28 29 30 31
1	요일	금 토 일 월 화	수 목 금 토 일	월 화 수 목 금	토 일 월 화 수	목 금 토 일 월	화 수 목 금 토 일
	음력	11/24 25 26 27 28	29 30 12/1 2 3	4 5 6 7 8	9 10 11 12 13	14 15 16 17 18	19 20 21 22 23 24
	일진	신임계갑을 유술해자축	병정무기경 인묘진사오	신임계갑을 미신유술해	병정무기경 자축인묘진	신임계갑을 사오미신유	병정무기경신 술해자축인묘
2	요일	월 화 수 목 금	토 일 월 화 수	목 금 토 일 월	화 수 목 금 토	일 월 화 수 목	금 토 일 월
	음력	12/25 26 27 28 29	1/1 2 3 4 5	6 7 8 9 10	11 12 13 14 15	16 17 18 19 20	21 22 23 24
	일진	임계갑을병 진사오미신	정무기경신 유술해자축	임계갑을병 인묘진사오	정무기경신 미신유술해	임계갑을병 자축인묘진	정무기경 사오미신
3	요일	화 수 목 금 토	일 월 화 수 목	금 토 일 월 화	수 목 금 토 일	월 화 수 목 금	토 일 월 화 수 목
	음력	1/25 26 27 28 29	30 2/1 2 3 4	5 6 7 8 9	10 11 12 13 14	15 16 17 18 19	20 21 22 23 24 25
	일진	신임계갑을 유술해자축	병정무기경 인묘진사오	신임계갑을 미신유술해	병정무기경 자축인묘진	신임계갑을 사오미신유	병정무기경신 술해자축인묘
4	요일	금 토 일 월 화	수 목 금 토 일	월 화 수 목 금	토 일 월 화 수	목 금 토 일 월	화 수 목 금 토
	음력	2/26 27 28 29 30	3/1 2 3 4 5	6 7 8 9 10	11 12 13 14 15	16 17 18 19 20	21 22 23 24 25
	일진	임계갑을병 진사오미신	정무기경신 유술해자축	임계갑을병 인묘진사오	정무기경신 미신유술해	임계갑을병 자축인묘진	정무기경신 사오미신유
5	요일	일 월 화 수 목	금 토 일 월 화	수 목 금 토 일	월 화 수 목 금	토 일 월 화 수	목 금 토 일 월 화
	음력	3/26 27 28 29 30	4/1 2 3 4 5	6 7 8 9 10	11 12 13 14 15	16 17 18 19 20	21 22 23 24 25 26
	일진	임계갑을병 술해자축인	정무기경신 묘진사오미	임계갑을병 신유술해자	정무기경신 축인묘진사	임계갑을병 오미신유술	정무기경신임 해자축인묘진
6	요일	수 목 금 토 일	월 화 수 목 금	토 일 월 화 수	목 금 토 일 월	화 수 목 금 토	일 월 화 수 목
	음력	4/27 28 29 5/1 2	3 4 5 6 7	8 9 10 11 12	13 14 15 16 17	18 19 20 21 22	23 24 25 26 27
	일진	계갑을병정 사오미신유	무기경신임 술해자축인	계갑을병정 묘진사오미	무기경신임 신유술해자	계갑을병정 축인묘진사	무기경신임 오미신유술

24절기와 잡절

명칭	태양황경 (도)	월	일	시	분
소한	285	1	6	21	45
대한	300	1	21	15	7
입춘	315	2	5	9	29
우수	330	2	20	5	28
경칩	345	3	6	3	49
춘분	0	3	21	4	54
청명	15	4	5	9	6
곡우	30	4	20	16	28
입하	45	5	6	2	55
소만	60	5	21	16	7
망종	75	6	6	7	28

명칭	태양황경 (도)	월	일	시	분
하지	90	6	22	0	23
소서	105	7	7	17	52
대서	120	7	23	11	18
입추	135	8	8	3	32
처서	150	8	23	18	6
백로	165	9	8	6	3
추분	180	9	23	15	16
한로	195	10	8	21	10
상강	210	10	24	0	4
입동	225	11	7	23	50
소설	240	11	22	21	10

명칭	태양황경 (도)	월	일	시	분
대설	255	12	7	16	18
동지	270	12	22	10	14
한식		4	6		
단오		6	8		
초복		7	18		
중복		7	28		
말복		8	17		
토왕용사	297	1	18	16	22
토왕용사	27	4	17	14	43
토왕용사	117	7	20	7	52
토왕용사	207	10	20	23	45

월	양력	1	2	3	4	5	6	7	8	9	10	11	12	13	14	15	16	17	18	19	20	21	22	23	24	25	26	27	28	29	30	31
7	요일	금	토	일	월	화	수	목	금	토	일	월	화	수	목	금	토	일	월	화	수	목	금	토	일	월	화	수	목	금	토	일
7	음력	5/28	29	30	6/1	2	3	4	5	6	7	8	9	10	11	12	13	14	15	16	17	18	19	20	21	22	23	24	25	26	27	28
7	일진	계해	갑자	을축	병인	정묘	무진	기사	경오	신미	임신	계유	갑술	을해	병자	정축	무인	기묘	경진	신사	임오	계미	갑신	을유	병술	정해	무자	기축	경인	신묘	임진	계사
8	요일	월	화	수	목	금	토	일	월	화	수	목	금	토	일	월	화	수	목	금	토	일	월	화	수	목	금	토	일	월	화	수
8	음력	6/29	7/1	2	3	4	5	6	7	8	9	10	11	12	13	14	15	16	17	18	19	20	21	22	23	24	25	26	27	28	29	30
8	일진	갑오	을미	병신	정유	무술	기해	경자	신축	임인	계묘	갑진	을사	병오	정미	무신	기유	경술	신해	임자	계축	갑인	을묘	병진	정사	무오	기미	경신	신유	임술	계해	갑자
9	요일	목	금	토	일	월	화	수	목	금	토	일	월	화	수	목	금	토	일	월	화	수	목	금	토	일	월	화	수	목	금	
9	음력	8/1	2	3	4	5	6	7	8	9	10	11	12	13	14	15	16	17	18	19	20	21	22	23	24	25	26	27	28	29	9/1	
9	일진	을축	병인	정묘	무진	기사	경오	신미	임신	계유	갑술	을해	병자	정축	무인	기묘	경진	신사	임오	계미	갑신	을유	병술	정해	무자	기축	경인	신묘	임진	계사	갑오	
10	요일	토	일	월	화	수	목	금	토	일	월	화	수	목	금	토	일	월	화	수	목	금	토	일	월	화	수	목	금	토	일	월
10	음력	9/2	3	4	5	6	7	8	9	10	11	12	13	14	15	16	17	18	19	20	21	22	23	24	25	26	27	28	29	10/1	2	3
10	일진	을미	병신	정유	무술	기해	경자	신축	임인	계묘	갑진	을사	병오	정미	무신	기유	경술	신해	임자	계축	갑인	을묘	병진	정사	무오	기미	경신	신유	임술	계해	갑자	을축
11	요일	화	수	목	금	토	일	월	화	수	목	금	토	일	월	화	수	목	금	토	일	월	화	수	목	금	토	일	월	화	수	
11	음력	10/4	5	6	7	8	9	10	11	12	13	14	15	16	17	18	19	20	21	22	23	24	25	26	27	28	29	30	11/1	2	3	
11	일진	병인	정묘	무진	기사	경오	신미	임신	계유	갑술	을해	병자	정축	무인	기묘	경진	신사	임오	계미	갑신	을유	병술	정해	무자	기축	경인	신묘	임진	계사	갑오	을미	
12	요일	목	금	토	일	월	화	수	목	금	토	일	월	화	수	목	금	토	일	월	화	수	목	금	토	일	월	화	수	목	금	토
12	음력	11/4	5	6	7	8	9	10	11	12	13	14	15	16	17	18	19	20	21	22	23	24	25	26	27	28	29	12/1	2	3	4	5
12	일진	병신	정유	무술	기해	경자	신축	임인	계묘	갑진	을사	병오	정미	무신	기유	경술	신해	임자	계축	갑인	을묘	병진	정사	무오	기미	경신	신유	임술	계해	갑자	을축	병인

계유년 · 단기 4266

주요 국경일과 명절

구 분	월 일	요일
신 정	1 1	일
설 날	1 26	목
추 석	10 4	수

음양력 대조일람

음력월	월 건	대/소	음력 1일의 양력 월일	음력월	월 건	대/소	음력 1일의 양력 월일
1	갑 인	소	1 26	7	경 신	대	8 21
2	을 묘	대	2 24	8	신 유	소	9 20
3	병 진	대	3 26	9	임 술	대	10 19
4	정 사	소	4 25	10	계 해	소	11 18
5	무 오	대	5 24	11	갑 자	소	12 17
(윤)5		대	6 23	12	을 축	대	1934/1 15
6	기 미	소	7 23				

월	양력	1 2 3 4 5	6 7 8 9 10	11 12 13 14 15	16 17 18 19 20	21 22 23 24 25	26 27 28 29 30 31
1	요일	일월화수목	금토일월화	수목금토일	월화수목금	토일월화수	목금토일월화
	음력	12/6 7 8 9 10	11 12 13 14 15	16 17 18 19 20	21 22 23 24 25	26 27 28 29 30	1/1 2 3 4 5 6
	일진	정무기경신 묘진사오미	임계갑을병 신유술해자	정무기경신 축인묘진사	임계갑을병 오미신유술	정무기경신 해자축인묘	임계갑을병정 진사오미신유
2	요일	수목금토일	월화수목금	토일월화수	목금토일월	화수목금토	일월화
	음력	1/7 8 9 10 11	12 13 14 15 16	17 18 19 20 21	22 23 24 25 26	27 28 29 2/1 2	3 4 5
	일진	무기경신임 술해자축인	계갑을병정 묘진사오미	무기경신임 신유술해자	계갑을병정 축인묘진사	무기경신임 오미신유술	계갑을 해자축
3	요일	수목금토일	월화수목금	토일월화수	목금토일월	화수목금토	일월화수목금
	음력	2/6 7 8 9 10	11 12 13 14 15	16 17 18 19 20	21 22 23 24 25	26 27 28 29 30	3/1 2 3 4 5 6
	일진	병정무기경 인묘진사오	신임계갑을 미신유술해	병정무기경 자축인묘진	신임계갑을 사오미신유	병정무기경 술해자축인	신임계갑을병 묘진사오미신
4	요일	토일월화수	목금토일월	화수목금토	일월화수목	금토일월화	수목금토일
	음력	3/7 8 9 10 11	12 13 14 15 16	17 18 19 20 21	22 23 24 25 26	27 28 29 30 4/1	2 3 4 5 6
	일진	정무기경신 유술해자축	임계갑을병 인묘진사오	정무기경신 미신유술해	임계갑을병 자축인묘진	정무기경신 사오미신유	임계갑을병 술해자축인
5	요일	월화수목금	토일월화수	목금토일월	화수목금토	일월화수목	금토일월화수
	음력	4/7 8 9 10 11	12 13 14 15 16	17 18 19 20 21	22 23 24 25 26	27 28 29 5/1 2	3 4 5 6 7 8
	일진	정무기경신 묘진사오미	임계갑을병 신유술해자	정무기경신 축인묘진사	임계갑을병 오미신유술	정무기경신 해자축인묘	임계갑을병정 진사오미신유
6	요일	목금토일월	화수목금토	일월화수목	금토일월화	수목금토일	월화수목금
	음력	5/9 10 11 12 13	14 15 16 17 18	19 20 21 22 23	24 25 26 27 28	29 30 5*/1 2 3	4 5 6 7 8
	일진	무기경신임 술해자축인	계갑을병정 묘진사오미	무기경신임 신유술해자	계갑을병정 축인묘진사	무기경신임 오미신유술	계갑을병정 해자축인묘

24절기와 잡절

명칭	태양황경(도)	월	일	시	분	명칭	태양황경(도)	월	일	시	분	명칭	태양황경(도)	월	일	시	분
소한	285	1	6	3	23	하지	90	6	22	6	12	대설	255	12	7	22	11
대한	300	1	20	20	53	소서	105	7	7	23	44	동지	270	12	22	15	58
입춘	315	2	4	15	9	대서	120	7	23	17	5						
우수	330	2	19	11	16	입추	135	8	8	9	26	한식			4	6	
경칩	345	3	6	9	31	처서	150	8	23	23	52	단오			5	28	
춘분	0	3	21	10	43	백로	165	9	8	11	58	초복			7	13	
청명	15	4	5	14	51	추분	180	9	23	21	1	중복			7	23	
곡우	30	4	20	22	18	한로	195	10	9	3	4	말복			8	12	
입하	45	5	6	8	42	상강	210	10	24	5	48	토왕용사	297	1	17	22	9
소만	60	5	21	21	57	입동	225	11	8	5	43	토왕용사	27	4	17	20	35
망종	75	6	6	13	17	소설	240	11	23	2	53	토왕용사	117	7	20	13	42
												토왕용사	207	10	21	5	31

월		1 2 3 4 5	6 7 8 9 10	11 12 13 14 15	16 17 18 19 20	21 22 23 24 25	26 27 28 29 30 31
	요일	토 일 월 화 수	목 금 토 일 월	화 수 목 금 토	일 월 화 수 목	금 토 일 월 화	수 목 금 토 일 월
7	음력	5*/9 10 11 12 13	14 15 16 17 18	19 20 21 22 23	24 25 26 27 28	29 30 6/1 2 3	4 5 6 7 8 9
	일진	무기경신임 진사오미신	계갑을병정 유술해자축	무기경신임 인묘진사오	계갑을병정 미신유술해	무기경신임 자축인묘진	계갑을병정무 사오미신유술
	요일	화 수 목 금 토	일 월 화 수 목	금 토 일 월 화	수 목 금 토 일	월 화 수 목 금	토 일 월 화 수 목
8	음력	6/10 11 12 13 14	15 16 17 18 19	20 21 22 23 24	25 26 27 28 29	7/1 2 3 4 5	6 7 8 9 10 11
	일진	기경신임계 해자축인묘	갑을병정무 진사오미신	기경신임계 유술해자축	갑을병정무 인묘진사오	기경신임계 미신유술해	갑을병정무기 자축인묘진사
	요일	금 토 일 월 화	수 목 금 토 일	월 화 수 목 금	토 일 월 화 수	목 금 토 일 월	화 수 목 금 토
9	음력	7/12 13 14 15 16	17 18 19 20 21	22 23 24 25 26	27 28 29 30 8/1	2 3 4 5 6	7 8 9 10 11
	일진	경신임계갑 오미신유술	을병정무기 해자축인묘	경신임계갑 진사오미신	을병정무기 유술해자축	경신임계갑 인묘진사오	을병정무기 미신유술해
	요일	일 월 화 수 목	금 토 일 월 화	수 목 금 토 일	월 화 수 목 금	토 일 월 화 수	목 금 토 일 월 화
10	음력	8/12 13 14 15 16	17 18 19 20 21	22 23 24 25 26	27 28 29 9/1 2	3 4 5 6 7	8 9 10 11 12 13
	일진	경신임계갑 자축인묘진	을병정무기 사오미신유	경신임계갑 술해자축인	을병정무기 묘진사오미	경신임계갑 신유술해자	을병정무기경 축인묘진사오
	요일	수 목 금 토 일	월 화 수 목 금	토 일 월 화 수	목 금 토 일 월	화 수 목 금 토	일 월 화 수 목
11	음력	9/14 15 16 17 18	19 20 21 22 23	24 25 26 27 28	29 30 10/1 2 3	4 5 6 7 8	9 10 11 12 13
	일진	신임계갑을 미신유술해	병정무기경 자축인묘진	신임계갑을 사오미신유	병정무기경 술해자축인	신임계갑을 묘진사오미	병정무기경 신유술해자
	요일	금 토 일 월 화	수 목 금 토 일	월 화 수 목 금	토 일 월 화 수	목 금 토 일 월	화 수 목 금 토 일
12	음력	10/14 15 16 17 18	19 20 21 22 23	24 25 26 27 28	29 11/1 2 3 4	5 6 7 8 9	10 11 12 13 14 15
	일진	신임계갑을 축인묘진사	병정무기경 오미신유술	신임계갑을 해자축인묘	병정무기경 진사오미신	신임계갑을 유술해자축	병정무기경신 인묘진사오미

* 윤달 : 5월

1934 갑술년 · 단기 4267

주요 국경일과 명절

구 분	월 일		요일
신 정	1	1	월
설 날	2	14	수
추 석	9	23	일

음양력 대조일람

음력월	월 건		대/소	음력 1일의 양력 월일		음력월	월 건		대/소	음력 1일의 양력 월일	
1	병	인	소	2	14	7	임	신	대	8	10
2	정	묘	소대	3	15	8	계	유	대대	9	9
3	무	진	소	4	14	9	갑	술	소	10	9
4	기	사	대	5	13	10	을	해	대	11	7
5	경	오	대대	6	12	11	병	자	소	12	7
6	신	미	소	7	12	12	정	축	대	1935/1	5

월	양력	1 2 3 4 5	6 7 8 9 10	11 12 13 14 15	16 17 18 19 20	21 22 23 24 25	26 27 28 29 30 31
1	요일	월화수목금	토일월화수	목금토일월	화수목금토	일월화수목	금토일월화수
	음력	11/16 17 18 19 20	21 22 23 24 25	26 27 28 29 12/1	2 3 4 5 6	7 8 9 10 11	12 13 14 15 16 17
	일진	임계갑을병 신유술해자	정무기경신 축인묘진사	임계갑을병 오미신유술	정무기경신 해자축인묘	임계갑을병 진사오미신	정무기경신임 유술해자축인
2	요일	목금토일월	화수목금토	일월화수목	금토일월화	수목금토일	월화수
	음력	12/18 19 20 21 22	23 24 25 26 27	28 29 30 1/1 2	3 4 5 6 7	8 9 10 11 12	13 14 15
	일진	계갑을병정 묘진사오미	무기경신임 신유술해자	계갑을병정 축인묘진사	무기경신임 오미신유술	계갑을병정 해자축인묘	무기경 진사오
3	요일	목금토일월	화수목금토	일월화수목	금토일월화	수목금토일	월화수목금토
	음력	1/16 17 18 19 20	21 22 23 24 25	26 27 28 29 2/1	2 3 4 5 6	7 8 9 10 11	12 13 14 15 16 17
	일진	신임계갑을 미신유술해	병정무기경 자축인묘진	신임계갑을 사오미신유	병정무기경 술해자축인	신임계갑을 묘진사오미	병정무기경신 신유술해자축
4	요일	일월화수목	금토일월화	수목금토일	월화수목금	토일월화수	목금토일월
	음력	2/18 19 20 21 22	23 24 25 26 27	28 29 30 3/1 2	3 4 5 6 7	8 9 10 11 12	13 14 15 16 17
	일진	임계갑을병 인묘진사오	정무기경신 미신유술해	임계갑을병 자축인묘진	정무기경신 사오미신유	임계갑을병 술해자축인	정무기경신 묘진사오미
5	요일	화수목금토	일월화수목	금토일월화	수목금토일	월화수목금	토일월화수목
	음력	3/18 19 20 21 22	23 24 25 26 27	28 29 4/1 2 3	4 5 6 7 8	9 10 11 12 13	14 15 16 17 18 19
	일진	임계갑을병 신유술해자	정무기경신 축인묘진사	임계갑을병 오미신유술	정무기경신 해자축인묘	임계갑을병 진사오미신	정무기경신임 유술해자축인
6	요일	금토일월화	수목금토일	월화수목금	토일월화수	목금토일월	화수목금토
	음력	4/20 21 22 23 24	25 26 27 28 29	30 5/1 2 3 4	5 6 7 8 9	10 11 12 13 14	15 16 17 18 19
	일진	계갑을병정 묘진사오미	무기경신임 신유술해자	계갑을병정 축인묘진사	무기경신임 오미신유술	계갑을병정 해자축인묘	무기경신임 진사오미신

24절기와 잡절

명칭	태양황경(도)	월	일	시	분	명칭	태양황경(도)	월	일	시	분	명칭	태양황경(도)	월	일	시	분
소한	285	1	6	9	17	하지	90	6	22	11	48	대설	255	12	8	3	57
대한	300	1	21	2	37	소서	105	7	8	5	24	동지	270	12	22	21	49
입춘	315	2	4	21	4	대서	120	7	23	22	42						
우수	330	2	19	17	2	입추	135	8	8	15	4	한식		4	6		
경칩	345	3	6	15	26	처서	150	8	24	5	32	단오		6	16		
춘분	0	3	21	16	28	백로	165	9	8	17	36	초복		7	18		
청명	15	4	5	20	44	추분	180	9	24	2	45	중복		7	28		
곡우	30	4	21	4	0	한로	195	10	9	8	45	말복		8	17		
입하	45	5	6	14	31	상강	210	10	24	11	36	토왕용사	297	1	18	3	54
소만	60	5	22	3	35	입동	225	11	8	11	27	토왕용사	27	4	18	2	18
망종	75	6	6	19	1	소설	240	11	23	8	44	토왕용사	117	7	20	19	17
												토왕용사	207	10	21	11	15

7월

양력	요일	음력	일진
1	일	5/20	계유
2	월	21	갑술
3	화	22	을해
4	수	23	병자
5	목	24	정축
6	금	25	무인
7	토	26	기묘
8	일	27	경진
9	월	28	신사
10	화	29	임오
11	수	30	계미
12	목	6/1	갑신
13	금	2	을유
14	토	3	병술
15	일	4	정해
16	월	5	무자
17	화	6	기축
18	수	7	경인
19	목	8	신묘
20	금	9	임진
21	토	10	계사
22	일	11	갑오
23	월	12	을미
24	화	13	병신
25	수	14	정유
26	목	15	무술
27	금	16	기해
28	토	17	경자
29	일	18	신축
30	월	19	임인
31	화	20	계묘

8월

양력	요일	음력	일진
1	수	6/21	갑진
2	목	22	을사
3	금	23	병오
4	토	24	정미
5	일	25	무신
6	월	26	기유
7	화	27	경술
8	수	28	신해
9	목	29	임자
10	금	7/1	계축
11	토	2	갑인
12	일	3	을묘
13	월	4	병진
14	화	5	정사
15	수	6	무오
16	목	7	기미
17	금	8	경신
18	토	9	신유
19	일	10	임술
20	월	11	계해
21	화	12	갑자
22	수	13	을축
23	목	14	병인
24	금	15	정묘
25	토	16	무진
26	일	17	기사
27	월	18	경오
28	화	19	신미
29	수	20	임신
30	목	21	계유
31	금	22	갑술

9월

양력	요일	음력	일진
1	토	7/23	을해
2	일	24	병자
3	월	25	정축
4	화	26	무인
5	수	27	기묘
6	목	28	경진
7	금	29	신사
8	토	30	임오
9	일	8/1	계미
10	월	2	갑신
11	화	3	을유
12	수	4	병술
13	목	5	정해
14	금	6	무자
15	토	7	기축
16	일	8	경인
17	월	9	신묘
18	화	10	임진
19	수	11	계사
20	목	12	갑오
21	금	13	을미
22	토	14	병신
23	일	15	정유
24	월	16	무술
25	화	17	기해
26	수	18	경자
27	목	19	신축
28	금	20	임인
29	토	21	계묘
30	일	22	갑진

10월

양력	요일	음력	일진
1	월	8/23	을사
2	화	24	병오
3	수	25	정미
4	목	26	무신
5	금	27	기유
6	토	28	경술
7	일	29	신해
8	월	30	임자
9	화	9/1	계축
10	수	2	갑인
11	목	3	을묘
12	금	4	병진
13	토	5	정사
14	일	6	무오
15	월	7	기미
16	화	8	경신
17	수	9	신유
18	목	10	임술
19	금	11	계해
20	토	12	갑자
21	일	13	을축
22	월	14	병인
23	화	15	정묘
24	수	16	무진
25	목	17	기사
26	금	18	경오
27	토	19	신미
28	일	20	임신
29	월	21	계유
30	화	22	갑술
31	수	23	을해

11월

양력	요일	음력	일진
1	목	9/24	병자
2	금	25	정축
3	토	26	무인
4	일	27	기묘
5	월	28	경진
6	화	29	신사
7	수	10/1	임오
8	목	2	계미
9	금	3	갑신
10	토	4	을유
11	일	5	병술
12	월	6	정해
13	화	7	무자
14	수	8	기축
15	목	9	경인
16	금	10	신묘
17	토	11	임진
18	일	12	계사
19	월	13	갑오
20	화	14	을미
21	수	15	병신
22	목	16	정유
23	금	17	무술
24	토	18	기해
25	일	19	경자
26	월	20	신축
27	화	21	임인
28	수	22	계묘
29	목	23	갑진
30	금	24	을사

12월

양력	요일	음력	일진
1	토	10/25	병오
2	일	26	정미
3	월	27	무신
4	화	28	기유
5	수	29	경술
6	목	30	신해
7	금	11/1	임자
8	토	2	계축
9	일	3	갑인
10	월	4	을묘
11	화	5	병진
12	수	6	정사
13	목	7	무오
14	금	8	기미
15	토	9	경신
16	일	10	신유
17	월	11	임술
18	화	12	계해
19	수	13	갑자
20	목	14	을축
21	금	15	병인
22	토	16	정묘
23	일	17	무진
24	월	18	기사
25	화	19	경오
26	수	20	신미
27	목	21	임신
28	금	22	계유
29	토	23	갑술
30	일	24	을해
31	월	25	병자

주요 국경일과 명절

구 분	월	일	요일
신 정	1	1	화
설 날	2	4	월
추 석	9	12	목

음양력 대조일람

음력월	월 건	대/소	음력양력	1일의 월일	음력월	월 건	대/소	음력양력	1일의 월일
1	무 인	소	2	4	7	갑 신	대	7	30
2	기 묘	소	3	5	8	을 유	대	8	29
3	경 진	대	4	3	9	병 술	소	9	28
4	신 사	소	5	3	10	정 해	대	10	27
5	임 오	대	6	1	11	무 자	대	11	26
6	계 미	소	7	1	12	기 축	소	12	26

월	양력	1 2 3 4 5	6 7 8 9 10	11 12 13 14 15	16 17 18 19 20	21 22 23 24 25	26 27 28 29 30 31
1	요일	화 수 목 금 토	일 월 화 수 목	금 토 일 월 화	수 목 금 토 일	월 화 수 목 금	토 일 월 화 수 목
1	음력	11/26 27 28 29 12/1	2 3 4 5 6	7 8 9 10 11	12 13 14 15 16	17 18 19 20 21	22 23 24 25 26 27
1	일진	정무기경신 축인묘진사	임계갑을병 오미신유술	정무기경신 해자축인묘	임계갑을병 진사오미신	정무기경신 유술해자축	임계갑을병정 인묘진사오미
2	요일	금 토 일 월 화	수 목 금 토 일	월 화 수 목 금	토 일 월 화 수	목 금 토 일 월	화 수 목
2	음력	12/28 29 30 1/1 2	3 4 5 6 7	8 9 10 11 12	13 14 15 16 17	18 19 20 21 22	23 24 25
2	일진	무기경신임 신유술해자	계갑을병정 축인묘진사	무기경신임 오미신유술	계갑을병정 해자축인묘	무기경신임 진사오미신	계갑을 유술해
3	요일	금 토 일 월 화	수 목 금 토 일	월 화 수 목 금	토 일 월 화 수	목 금 토 일 월	화 수 목 금 토 일
3	음력	1/26 27 28 29 2/1	2 3 4 5 6	7 8 9 10 11	12 13 14 15 16	17 18 19 20 21	22 23 24 25 26 27
3	일진	병정무기경 자축인묘진	신임계갑을 사오미신유	병정무기경 술해자축인	신임계갑을 묘진사오미	병정무기경 신유술해자	신임계갑을병 축인묘진사오
4	요일	월 화 수 목 금	토 일 월 화 수	목 금 토 일 월	화 수 목 금 토	일 월 화 수 목	금 토 일 월 화
4	음력	2/28 29 3/1 2 3	4 5 6 7 8	9 10 11 12 13	14 15 16 17 18	19 20 21 22 23	24 25 26 27 28
4	일진	정무기경신 미신유술해	임계갑을병 자축인묘진	정무기경신 사오미신유	임계갑을병 술해자축인	정무기경신 묘진사오미	임계갑을병 신유술해자
5	요일	수 목 금 토 일	월 화 수 목 금	토 일 월 화 수	목 금 토 일 월	화 수 목 금 토	일 월 화 수 목 금
5	음력	3/29 30 4/1 2 3	4 5 6 7 8	9 10 11 12 13	14 15 16 17 18	19 20 21 22 23	24 25 26 27 28 29
5	일진	정무기경신 축인묘진사	임계갑을병 오미신유술	정무기경신 해자축인묘	임계갑을병 진사오미신	정무기경신 유술해자축	임계갑을병정 인묘진사오미
6	요일	토 일 월 화 수	목 금 토 일 월	화 수 목 금 토	일 월 화 수 목	금 토 일 월 화	수 목 금 토 일
6	음력	5/1 2 3 4 5	6 7 8 9 10	11 12 13 14 15	16 17 18 19 20	21 22 23 24 25	26 27 28 29 30
6	일진	무기경신임 신유술해자	계갑을병정 축인묘진사	무기경신임 오미신유술	계갑을병정 해자축인묘	무기경신임 진사오미신	계갑을병정 유술해자축

24절기와 잡절

명칭	태양황경(도)	월	일	시	분
소한	285	1	6	15	2
대한	300	1	21	8	28
입춘	315	2	5	2	49
우수	330	2	19	22	52
경칩	345	3	6	21	10
춘분	0	3	21	22	18
청명	15	4	6	2	26
곡우	30	4	21	9	50
입하	45	5	6	20	12
소만	60	5	22	9	25
망종	75	6	7	0	42

명칭	태양황경(도)	월	일	시	분
하지	90	6	22	17	38
소서	105	7	8	11	6
대서	120	7	24	4	33
입추	135	8	8	20	48
처서	150	8	24	11	24
백로	165	9	8	23	24
추분	180	9	24	8	38
한로	195	10	9	14	36
상강	210	10	24	17	29
입동	225	11	8	17	18
소설	240	11	23	14	35

명칭	태양황경(도)	월	일	시	분
대설	255	12	8	9	45
동지	270	12	23	3	37
한식		4	6		
단오		6	5		
초복		7	13		
중복		7	23		
말복		8	12		
토왕용사	297	1	18	9	43
토왕용사	27	4	18	8	5
토왕용사	117	7	21	1	8
토왕용사	207	10	21	17	11

월	양력	1 2 3 4 5	6 7 8 9 10	11 12 13 14 15	16 17 18 19 20	21 22 23 24 25	26 27 28 29 30 31
7	요일	월 화 수 목 금	토 일 월 화 수	목 금 토 일 월	화 수 목 금 토	일 월 화 수 목	금 토 일 월 화 수
7	음력	6/1 2 3 4 5	6 7 8 9 10	11 12 13 14 15	16 17 18 19 20	21 22 23 24 25	26 27 28 29 7/1 2
7	일진	무 기 경 신 임 인 묘 진 사 오	계 갑 을 병 정 미 신 유 술 해	무 기 경 신 임 자 축 인 묘 진	계 갑 을 병 정 사 오 미 신 유	무 기 경 신 임 술 해 자 축 인	계 갑 을 병 정 무 묘 진 사 오 미 신
8	요일	목 금 토 일 월	화 수 목 금 토	일 월 화 수 목	금 토 일 월 화	수 목 금 토 일	월 화 수 목 금 토
8	음력	7/3 4 5 6 7	8 9 10 11 12	13 14 15 16 17	18 19 20 21 22	23 24 25 26 27	28 29 30 8/1 2 3
8	일진	기 경 신 임 계 유 술 해 자 축	갑 을 병 정 무 인 묘 진 사 오	기 경 신 임 계 미 신 유 술 해	갑 을 병 정 무 자 축 인 묘 진	기 경 신 임 계 사 오 미 신 유	갑 을 병 정 무 기 술 해 자 축 인 묘
9	요일	일 월 화 수 목	금 토 일 월 화	수 목 금 토 일	월 화 수 목 금	토 일 월 화 수	목 금 토 일 월
9	음력	8/4 5 6 7 8	9 10 11 12 13	14 15 16 17 18	19 20 21 22 23	24 25 26 27 28	29 30 9/1 2 3
9	일진	경 신 임 계 갑 진 사 오 미 신	을 병 정 무 기 유 술 해 자 축	경 신 임 계 갑 인 묘 진 사 오	을 병 정 무 기 미 신 유 술 해	경 신 임 계 갑 자 축 인 묘 진	을 병 정 무 기 사 오 미 신 유
10	요일	화 수 목 금 토	일 월 화 수 목	금 토 일 월 화	수 목 금 토 일	월 화 수 목 금	토 일 월 화 수 목
10	음력	9/4 5 6 7 8	9 10 11 12 13	14 15 16 17 18	19 20 21 22 23	24 25 26 27 28	29 10/1 2 3 4 5
10	일진	경 신 임 계 갑 술 해 자 축 인	을 병 정 무 기 묘 진 사 오 미	경 신 임 계 갑 신 유 술 해 자	을 병 정 무 기 축 인 묘 진 사	경 신 임 계 갑 오 미 신 유 술	을 병 정 무 기 경 해 자 축 인 묘 진
11	요일	금 토 일 월 화	수 목 금 토 일	월 화 수 목 금	토 일 월 화 수	목 금 토 일 월	화 수 목 금 토
11	음력	10/6 7 8 9 10	11 12 13 14 15	16 17 18 19 20	21 22 23 24 25	26 27 28 29 30	11/1 2 3 4 5
11	일진	신 임 계 갑 을 사 오 미 신 유	병 정 무 기 경 술 해 자 축 인	신 임 계 갑 을 묘 진 사 오 미	병 정 무 기 경 신 유 술 해 자	신 임 계 갑 을 축 인 묘 진 사	병 정 무 기 경 오 미 신 유 술
12	요일	일 월 화 수 목	금 토 일 월 화	수 목 금 토 일	월 화 수 목 금	토 일 월 화 수	목 금 토 일 월 화
12	음력	11/6 7 8 9 10	11 12 13 14 15	16 17 18 19 20	21 22 23 24 25	26 27 28 29 30	12/1 2 3 4 5 6
12	일진	신 임 계 갑 을 해 자 축 인 묘	병 정 무 기 경 진 사 오 미 신	신 임 계 갑 을 유 술 해 자 축	병 정 무 기 경 인 묘 진 사 오	신 임 계 갑 을 미 신 유 술 해	병 정 무 기 경 신 자 축 인 묘 진 사

병자년 · 단기 4269

주요 국경일과 명절

구 분	월	일	요일
신 정	1	1	수
설 날	1	24	금
추 석	9	30	수

음양력 대조일람

음력월	월 건	대/소	음력 양력	1일의 월일	음력월	월 건	대/소	음력 양력	1일의 월일
1	경 인	대	1	24	7	병 신	대	8	17
2	신 묘	소	2	23	8	정 유	소	9	16
3	임 진	소	3	23	9	무 술	대	10	15
(윤)3		대	4	21	10	기 해	대	11	14
4	계 사	소	5	21	11	경 자	대	12	14
5	갑 오	대	6	19	12	신 축	소	1937/1	13
6	을 미	소	7	19					

월	양력	1 2 3 4 5	6 7 8 9 10	11 12 13 14 15	16 17 18 19 20	21 22 23 24 25	26 27 28 29 30 31
1	요일	수 목 금 토 일	월 화 수 목 금	토 일 월 화 수	목 금 토 일 월	화 수 목 금 토	일 월 화 수 목 금
	음력	12/7 8 9 10 11	12 13 14 15 16	17 18 19 20 21	22 23 24 25 26	27 28 29 1/1 2	3 4 5 6 7 8
	일진	임계갑을병 / 오미신유술	정무기경신 / 해자축인묘	임계갑을병 / 진사오미신	정무기경신 / 유술해자축	임계갑을병 / 인묘진사오	정무기경신임 / 미신유술해자
2	요일	토 일 월 화 수	목 금 토 일 월	화 수 목 금 토	일 월 화 수 목	금 토 일 월 화	수 목 금 토
	음력	1/9 10 11 12 13	14 15 16 17 18	19 20 21 22 23	24 25 26 27 28	29 30 2/1 2 3	4 5 6 7
	일진	계갑을병정 / 축인묘진사	무기경신임 / 오미신유술	계갑을병정 / 해자축인묘	무기경신임 / 진사오미신	계갑을병정 / 유술해자축	무기경신 / 인묘진사
3	요일	일 월 화 수 목	금 토 일 월 화	수 목 금 토 일	월 화 수 목 금	토 일 월 화 수	목 금 토 일 월 화
	음력	2/8 9 10 11 12	13 14 15 16 17	18 19 20 21 22	23 24 25 26 27	28 29 3/1 2 3	4 5 6 7 8 9
	일진	임계갑을병 / 오미신유술	정무기경신 / 해자축인묘	임계갑을병 / 진사오미신	정무기경신 / 유술해자축	임계갑을병 / 인묘진사오	정무기경신임 / 미신유술해자
4	요일	수 목 금 토 일	월 화 수 목 금	토 일 월 화 수	목 금 토 일 월	화 수 목 금 토	일 월 화 수 목
	음력	3/10 11 12 13 14	15 16 17 18 19	20 21 22 23 24	25 26 27 28 29	3*/1 2 3 4 5	6 7 8 9 10
	일진	계갑을병정 / 축인묘진사	무기경신임 / 오미신유술	계갑을병정 / 해자축인묘	무기경신임 / 진사오미신	계갑을병정 / 유술해자축	무기경신임 / 인묘진사오
5	요일	금 토 일 월 화	수 목 금 토 일	월 화 수 목 금	토 일 월 화 수	목 금 토 일 월	화 수 목 금 토 일
	음력	3*/11 12 13 14 15	16 17 18 19 20	21 22 23 24 25	26 27 28 29 30	4/1 2 3 4 5	6 7 8 9 10 11
	일진	계갑을병정 / 미신유술해	무기경신임 / 자축인묘진	계갑을병정 / 사오미신유	무기경신임 / 술해자축인	계갑을병정 / 묘진사오미	무기경신임계 / 신유술해자축
6	요일	월 화 수 목 금	토 일 월 화 수	목 금 토 일 월	화 수 목 금 토	일 월 화 수 목	금 토 일 월 화
	음력	4/12 13 14 15 16	17 18 19 20 21	22 23 24 25 26	27 28 29 5/1 2	3 4 5 6 7	8 9 10 11 12
	일진	갑을병정무 / 인묘진사오	기경신임계 / 미신유술해	갑을병정무 / 자축인묘진	기경신임계 / 사오미신유	갑을병정무 / 술해자축인	기경신임계 / 묘진사오미

24절기와 잡절

명 칭	태양황경(도)	월	일	시	분	명 칭	태양황경(도)	월	일	시	분	명 칭	태양황경(도)	월	일	시	분
소한	285	1	6	20	47	하지	90	6	21	23	22	대 설	255	12	7	15	42
대한	300	1	21	14	12	소서	105	7	7	16	58	동 지	270	12	22	9	27
입춘	315	2	5	8	29	대서	120	7	23	10	18						
우수	330	2	20	4	33	입추	135	8	8	2	43	한 식				4	6
경칩	345	3	6	2	49	처서	150	8	23	17	11	단오				6	23
춘분	0	3	21	3	58	백로	165	9	8	5	21	초복				7	17
청명	15	4	5	8	7	추분	180	9	23	14	26	중복				7	27
곡우	30	4	20	15	31	한로	195	10	8	20	32	말복				8	16
입하	45	5	6	1	57	상강	210	10	23	23	18	토왕용사	297	1	18	15	30
소만	60	5	21	15	7	입동	225	11	7	23	15	토왕용사	27	4	17	13	49
망종	75	6	6	6	31	소설	240	11	22	20	25	토왕용사	117	7	20	6	54
												토왕용사	207	10	20	22	59

월	양력	1 2 3 4 5	6 7 8 9 10	11 12 13 14 15	16 17 18 19 20	21 22 23 24 25	26 27 28 29 30 31
7	요일	수 목 금 토 일	월 화 수 목 금	토 일 월 화 수	목 금 토 일 월	화 수 목 금 토	일 월 화 수 목 금
	음력	5/13 14 15 16 17	18 19 20 21 22	23 24 25 26 27	28 29 30 6/1 2	3 4 5 6 7	8 9 10 11 12 13
	일진	갑을병정무 / 신유술해자	기경신임계 / 축인묘진사	갑을병정무 / 오미신유술	기경신임계 / 해자축인묘	갑을병정무 / 진사오미신	기경신임계갑 / 유술해자축인
8	요일	토 일 월 화 수	목 금 토 일 월	화 수 목 금 토	일 월 화 수 목	금 토 일 월 화	수 목 금 토 일 월
	음력	6/14 15 16 17 18	19 20 21 22 23	24 25 26 27 28	29 7/1 2 3 4	5 6 7 8 9	10 11 12 13 14 15
	일진	을병정무기 / 묘진사오미	경신임계갑 / 신유술해자	을병정무기 / 축인묘진사	경신임계갑 / 오미신유술	을병정무기 / 해자축인묘	경신임계갑을 / 진사오미신유
9	요일	화 수 목 금 토	일 월 화 수 목	금 토 일 월 화	수 목 금 토 일	월 화 수 목 금	토 일 월 화 수
	음력	7/16 17 18 19 20	21 22 23 24 25	26 27 28 29 30	8/1 2 3 4 5	6 7 8 9 10	11 12 13 14 15
	일진	병정무기경 / 술해자축인	신임계갑을 / 묘진사오미	병정무기경 / 신유술해자	신임계갑을 / 축인묘진사	병정무기경 / 오미신유술	신임계갑을 / 해자축인묘
10	요일	목 금 토 일 월	화 수 목 금 토	일 월 화 수 목	금 토 일 월 화	수 목 금 토 일	월 화 수 목 금 토
	음력	8/16 17 18 19 20	21 22 23 24 25	26 27 28 29 9/1	2 3 4 5 6	7 8 9 10 11	12 13 14 15 16 17
	일진	병정무기경 / 진사오미신	신임계갑을 / 유술해자축	병정무기경 / 인묘진사오	신임계갑을 / 미신유술해	병정무기경 / 자축인묘진	신임계갑을병 / 사오미신유술
11	요일	일 월 화 수 목	금 토 일 월 화	수 목 금 토 일	월 화 수 목 금	토 일 월 화 수	목 금 토 일 월
	음력	9/18 19 20 21 22	23 24 25 26 27	28 29 30 10/1 2	3 4 5 6 7	8 9 10 11 12	13 14 15 16 17
	일진	정무기경신 / 해자축인묘	임계갑을병 / 진사오미신	정무기경신 / 유술해자축	임계갑을병 / 인묘진사오	정무기경신 / 미신유술해	임계갑을병 / 자축인묘진
12	요일	화 수 목 금 토	일 월 화 수 목	금 토 일 월 화	수 목 금 토 일	월 화 수 목 금	토 일 월 화 수 목
	음력	10/18 19 20 21 22	23 24 25 26 27	28 29 30 11/1 2	3 4 5 6 7	8 9 10 11 12	13 14 15 16 17 18
	일진	정무기경신 / 사오미신유	임계갑을병 / 술해자축인	정무기경신 / 묘진사오미	임계갑을병 / 신유술해자	정무기경신 / 축인묘진사	임계갑을병정 / 오미신유술해

* 윤달 : 3월

1937 정축년 • 단기 4270

주요 국경일과 명절

구 분	월	일	요일
신 정	1	1	금
설 날	2	11	목
추 석	9	19	일

음양력 대조일람

음력월	월 건	대/소	음력 1일의 양력 월일	음력월	월 건	대/소	음력 1일의 양력 월일
1	임 인	대	2 11	7	무 신	대	8 6
2	계 묘	소	3 13	8	기 유	소	9 5
3	갑 진	소	4 11	9	경 술	대	10 4
4	을 사	대	5 10	10	신 해	대	11 3
5	병 오	소	6 9	11	임 자	대	12 3
6	정 미	소	7 8	12	계 축	소	1938/1 2

월	양력	1 2 3 4 5	6 7 8 9 10	11 12 13 14 15	16 17 18 19 20	21 22 23 24 25	26 27 28 29 30 31
1	요일	금 토 일 월 화	수 목 금 토 일	월 화 수 목 금	토 일 월 화 수	목 금 토 일 월	화 수 목 금 토 일
	음력	11/19 20 21 22 23	24 25 26 27 28	29 30 12/1 2 3	4 5 6 7 8	9 10 11 12 13	14 15 16 17 18 19
	일진	무기경신임 자축인묘진	계갑을병정 사오미신유	무기경신임 술해자축인	계갑을병정 묘진사오미	무기경신임 신유술해자	계갑을병정무 축인묘진사오
2	요일	월 화 수 목 금	토 일 월 화 수	목 금 토 일 월	화 수 목 금 토	일 월 화 수 목	금 토 일
	음력	12/20 21 22 23 24	25 26 27 28 29	1/1 2 3 4 5	6 7 8 9 10	11 12 13 14 15	16 17 18
	일진	기경신임계 미신유술해	갑을병정무 자축인묘진	기경신임계 사오미신유	갑을병정무 술해자축인	기경신임계 묘진사오미	갑을병 신유술
3	요일	월 화 수 목 금	토 일 월 화 수	목 금 토 일 월	화 수 목 금 토	일 월 화 수 목	금 토 일 월 화 수
	음력	1/19 20 21 22 23	24 25 26 27 28	29 30 2/1 2 3	4 5 6 7 8	9 10 11 12 13	14 15 16 17 18 19
	일진	정무기경신 해자축인묘	임계갑을병 진사오미신	정무기경신 유술해자축	임계갑을병 인묘진사오	정무기경신 미신유술해	임계갑을병정 자축인묘진사
4	요일	목 금 토 일 월	화 수 목 금 토	일 월 화 수 목	금 토 일 월 화	수 목 금 토 일	월 화 수 목 금
	음력	2/20 21 22 23 24	25 26 27 28 29	3/1 2 3 4 5	6 7 8 9 10	11 12 13 14 15	16 17 18 19 20
	일진	무기경신임 오미신유술	계갑을병정 해자축인묘	무기경신임 진사오미신	계갑을병정 유술해자축	무기경신임 인묘진사오	계갑을병정 미신유술해
5	요일	토 일 월 화 수	목 금 토 일 월	화 수 목 금 토	일 월 화 수 목	금 토 일 월 화	수 목 금 토 일 월
	음력	3/21 22 23 24 25	26 27 28 29 4/1	2 3 4 5 6	7 8 9 10 11	12 13 14 15 16	17 18 19 20 21 22
	일진	무기경신임 자축인묘진	계갑을병정 사오미신유	무기경신임 술해자축인	계갑을병정 묘진사오미	무기경신임 신유술해자	계갑을병정무 축인묘진사오
6	요일	화 수 목 금 토	일 월 화 수 목	금 토 일 월 화	수 목 금 토 일	월 화 수 목 금	토 일 월 화 수
	음력	4/23 24 25 26 27	28 29 30 5/1 2	3 4 5 6 7	8 9 10 11 12	13 14 15 16 17	18 19 20 21 22
	일진	기경신임계 미신유술해	갑을병정무 자축인묘진	기경신임계 사오미신유	갑을병정무 술해자축인	기경신임계 묘진사오미	갑을병정무 신유술해자

24절기와 잡절

명칭	태양황경(도)	월	일	시	분
소한	285	1	6	2	44
대한	300	1	20	20	1
입춘	315	2	4	14	26
우수	330	2	19	10	21
경칩	345	3	6	8	44
춘분	0	3	21	9	45
청명	15	4	5	14	1
곡우	30	4	20	21	19
입하	45	5	6	7	51
소만	60	5	21	20	57
망종	75	6	6	12	23

명칭	태양황경(도)	월	일	시	분
하지	90	6	22	5	12
소서	105	7	7	22	46
대서	120	7	23	16	7
입추	135	8	8	8	25
처서	150	8	23	22	58
백로	165	9	8	10	59
추분	180	9	23	20	13
한로	195	10	9	2	11
상강	210	10	24	5	7
입동	225	11	8	4	55
소설	240	11	23	2	17

명칭	태양황경(도)	월	일	시	분
대설	255	12	7	21	26
동지	270	12	22	15	22
한식		4	6		
단오		6	13		
초복		7	12		
중복		7	22		
말복		8	11		
토왕용사	297	1	17	21	18
토왕용사	27	4	17	19	35
토왕용사	117	7	20	12	41
토왕용사	207	10	21	4	46

월	양력	1 2 3 4 5	6 7 8 9 10	11 12 13 14 15	16 17 18 19 20	21 22 23 24 25	26 27 28 29 30 31
7	요일	목 금 토 일 월	화 수 목 금 토	일 월 화 수 목	금 토 일 월 화	수 목 금 토 일	월 화 수 목 금 토
	음력	5/23 24 25 26 27	28 29 6/1 2 3	4 5 6 7 8	9 10 11 12 13	14 15 16 17 18	19 20 21 22 23 24
	일진	기경신임계 축인묘진사	갑을병정무 오미신유술	기경신임계 해자축인묘	갑을병정무 진사오미신	기경신임계 유술해자축	갑을병정무기 인묘진사오미
8	요일	일 월 화 수 목	금 토 일 월 화	수 목 금 토 일	월 화 수 목 금	토 일 월 화 수	목 금 토 일 월 화
	음력	6/25 26 27 28 29	7/1 2 3 4 5	6 7 8 9 10	11 12 13 14 15	16 17 18 19 20	21 22 23 24 25 26
	일진	경신임계갑 신유술해자	을병정무기 축인묘진사	경신임계갑 오미신유술	을병정무기 해자축인묘	경신임계갑 진사오미신	을병정무기경 유술해자축인
9	요일	수 목 금 토 일	월 화 수 목 금	토 일 월 화 수	목 금 토 일 월	화 수 목 금 토	일 월 화 수 목
	음력	7/27 28 29 30 8/1	2 3 4 5 6	7 8 9 10 11	12 13 14 15 16	17 18 19 20 21	22 23 24 25 26
	일진	신임계갑을 묘진사오미	병정무기경 신유술해자	신임계갑을 축인묘진사	병정무기경 오미신유술	신임계갑을 해자축인묘	병정무기경 진사오미신
10	요일	금 토 일 월 화	수 목 금 토 일	월 화 수 목 금	토 일 월 화 수	목 금 토 일 월	화 수 목 금 토 일
	음력	8/27 28 29 9/1 2	3 4 5 6 7	8 9 10 11 12	13 14 15 16 17	18 19 20 21 22	23 24 25 26 27 28
	일진	신임계갑을 유술해자축	병정무기경 인묘진사오	신임계갑을 미신유술해	병정무기경 자축인묘진	신임계갑을 사오미신유	병정무기경신 술해자축인묘
11	요일	월 화 수 목 금	토 일 월 화 수	목 금 토 일 월	화 수 목 금 토	일 월 화 수 목	금 토 일 월 화
	음력	9/29 30 10/1 2 3	4 5 6 7 8	9 10 11 12 13	14 15 16 17 18	19 20 21 22 23	24 25 26 27 28
	일진	임계갑을병 진사오미신	정무기경신 유술해자축	임계갑을병 인묘진사오	정무기경신 미신유술해	임계갑을병 자축인묘진	정무기경신 사오미신유
12	요일	수 목 금 토 일	월 화 수 목 금	토 일 월 화 수	목 금 토 일 월	화 수 목 금 토	일 월 화 수 목 금
	음력	10/29 30 11/1 2 3	4 5 6 7 8	9 10 11 12 13	14 15 16 17 18	19 20 21 22 23	24 25 26 27 28 29
	일진	임계갑을병 술해자축인	정무기경신 묘진사오미	임계갑을병 신유술해자	정무기경신 축인묘진사	임계갑을병 오미신유술	정무기경신임 해자축인묘진

1938 무인년 · 단기 4271

주요 국경일과 명절

구 분		월	일	요일
신	정	1	1	토
설	날	1	31	월
추	석	10	8	토

음양력 대조일람

음력월	월	건	대/소	음력1일의 양력	월일	음력월	월	건	대/소	음력1일의 양력	월일
1	갑	인	대	1	31	(윤)7			대	8	25
2	을	묘	대	3	2	8	신	유	소	9	24
3	병	진	소	4	1	9	임	술	대	10	23
4	정	사	소	4	30	10	계	해	대	11	22
5	무	오	대	5	29	11	갑	자	소	12	22
6	기	미	소	6	28	12	을	축	대	1939/1	20
7	경	신	소	7	27						

월	양력	1 2 3 4 5	6 7 8 9 10	11 12 13 14 15	16 17 18 19 20	21 22 23 24 25	26 27 28 29 30 31
1	요일	토 일 월 화 수	목 금 토 일 월	화 수 목 금 토	일 월 화 수 목	금 토 일 월 화	수 목 금 토 일 월
	음력	11/30 12/1 2 3 4	5 6 7 8 9	10 11 12 13 14	15 16 17 18 19	20 21 22 23 24	25 26 27 28 29 1/1
	일진	계 갑 을 병 정 / 사 오 미 신 유	무 기 경 신 임 / 술 해 자 축 인	계 갑 을 병 정 / 묘 진 사 오 미	무 기 경 신 임 / 신 유 술 해 자	계 갑 을 병 정 / 축 인 묘 진 사	무 기 경 신 임 계 / 오 미 신 유 술 해
2	요일	화 수 목 금 토	일 월 화 수 목	금 토 일 월 화	수 목 금 토 일	월 화 수 목 금	토 일 월
	음력	1/2 3 4 5 6	7 8 9 10 11	12 13 14 15 16	17 18 19 20 21	22 23 24 25 26	27 28 29
	일진	갑 을 병 정 무 / 자 축 인 묘 진	기 경 신 임 계 / 사 오 미 신 유	갑 을 병 정 무 / 술 해 자 축 인	기 경 신 임 계 / 묘 진 사 오 미	갑 을 병 정 무 / 신 유 술 해 자	기 경 신 / 축 인 묘
3	요일	화 수 목 금 토	일 월 화 수 목	금 토 일 월 화	수 목 금 토 일	월 화 수 목 금	토 일 월 화 수 목
	음력	1/30 2/1 2 3 4	5 6 7 8 9	10 11 12 13 14	15 16 17 18 19	20 21 22 23 24	25 26 27 28 29 30
	일진	임 계 갑 을 병 / 진 사 오 미 신	정 무 기 경 신 / 유 술 해 자 축	임 계 갑 을 병 / 인 묘 진 사 오	정 무 기 경 신 / 미 신 유 술 해	임 계 갑 을 병 / 자 축 인 묘 진	정 무 기 경 신 임 / 사 오 미 신 유 술
4	요일	금 토 일 월 화	수 목 금 토 일	월 화 수 목 금	토 일 월 화 수	목 금 토 일 월	화 수 목 금 토
	음력	3/1 2 3 4 5	6 7 8 9 10	11 12 13 14 15	16 17 18 19 20	21 22 23 24 25	26 27 28 29 4/1
	일진	계 갑 을 병 정 / 해 자 축 인 묘	무 기 경 신 임 / 진 사 오 미 신	계 갑 을 병 정 / 유 술 해 자 축	무 기 경 신 임 / 인 묘 진 사 오	계 갑 을 병 정 / 미 신 유 술 해	무 기 경 신 임 / 자 축 인 묘 진
5	요일	일 월 화 수 목	금 토 일 월 화	수 목 금 토 일	월 화 수 목 금	토 일 월 화 수	목 금 토 일 월 화
	음력	4/2 3 4 5 6	7 8 9 10 11	12 13 14 15 16	17 18 19 20 21	22 23 24 25 26	27 28 29 5/1 2 3
	일진	계 갑 을 병 정 / 사 오 미 신 유	무 기 경 신 임 / 술 해 자 축 인	계 갑 을 병 정 / 묘 진 사 오 미	무 기 경 신 임 / 신 유 술 해 자	계 갑 을 병 정 / 축 인 묘 진 사	무 기 경 신 임 계 / 오 미 신 유 술 해
6	요일	수 목 금 토 일	월 화 수 목 금	토 일 월 화 수	목 금 토 일 월	화 수 목 금 토	일 월 화 수 목
	음력	5/4 5 6 7 8	9 10 11 12 13	14 15 16 17 18	19 20 21 22 23	24 25 26 27 28	29 30 6/1 2 3
	일진	갑 을 병 정 무 / 자 축 인 묘 진	기 경 신 임 계 / 사 오 미 신 유	갑 을 병 정 무 / 술 해 자 축 인	기 경 신 임 계 / 묘 진 사 오 미	갑 을 병 정 무 / 신 유 술 해 자	기 경 신 임 계 / 축 인 묘 진 사

24절기와 잡절

명 칭	태양황경(도)	한국표준시 월 일	한국표준시 시 분	명 칭	태양황경(도)	한국표준시 월 일	한국표준시 시 분	명 칭	태양황경(도)	한국표준시 월 일	한국표준시 시 분
소한	285	1 6	8 31	하지	90	6 22	11 4	대 설	255	12 8	3 22
대한	300	1 21	1 59	소서	105	7 8	4 31	동 지	270	12 22	21 13
입춘	315	2 4	20 15	대서	120	7 23	21 57				
우수	330	2 19	16 20	입추	135	8 8	14 13	한 식			4 6
경칩	345	3 6	14 34	처서	150	8 24	4 46	단 오			6 2
춘분	0	3 21	15 43	백로	165	9 8	16 48	초 복			7 17
청명	15	4 5	19 49	추분	180	9 24	2 0	중 복			7 27
곡우	30	4 21	3 15	한로	195	10 9	8 1	말 복			8 16
입하	45	5 6	13 35	상강	210	10 24	10 54	토왕용사	297	1 18	3 14
소만	60	5 22	2 50	입동	225	11 8	10 48	토왕용사	27	4 18	1 30
망종	75	6 6	18 7	소설	240	11 23	8 6	토왕용사	117	7 20	18 33
								토왕용사	207	10 21	10 36

월	양력	1 2 3 4 5	6 7 8 9 10	11 12 13 14 15	16 17 18 19 20	21 22 23 24 25	26 27 28 29 30 31
7	요일	금 토 일 월 화	수 목 금 토 일	월 화 수 목 금	토 일 월 화 수	목 금 토 일 월	화 수 목 금 토 일
	음력	6/4 5 6 7 8	9 10 11 12 13	14 15 16 17 18	19 20 21 22 23	24 25 26 27 28	29 7/1 2 3 4 5
	일진	갑 을 병 정 무 오 미 신 유 술	기 경 신 임 계 해 자 축 인 묘	갑 을 병 정 무 진 사 오 미 신	기 경 신 임 계 유 술 해 자 축	갑 을 병 정 무 인 묘 진 사 오	기 경 신 임 계 갑 미 신 유 술 해 자
8	요일	월 화 수 목 금	토 일 월 화 수	목 금 토 일 월	화 수 목 금 토	일 월 화 수 목	금 토 일 월 화 수
	음력	7/6 7 8 9 10	11 12 13 14 15	16 17 18 19 20	21 22 23 24 25	26 27 28 29 7*/1	2 3 4 5 6 7
	일진	을 병 정 무 기 축 인 묘 진 사	경 신 임 계 갑 오 미 신 유 술	을 병 정 무 기 해 자 축 인 묘	경 신 임 계 갑 진 사 오 미 신	을 병 정 무 기 유 술 해 자 축	경 신 임 계 갑 을 인 묘 진 사 오 미
9	요일	목 금 토 일 월	화 수 목 금 토	일 월 화 수 목	금 토 일 월 화	수 목 금 토 일	월 화 수 목 금
	음력	7*/8 9 10 11 12	13 14 15 16 17	18 19 20 21 22	23 24 25 26 27	28 29 30 8/1 2	3 4 5 6 7
	일진	병 정 무 기 경 신 유 술 해 자	신 임 계 갑 을 축 인 묘 진 사	병 정 무 기 경 오 미 신 유 술	신 임 계 갑 을 해 자 축 인 묘	병 정 무 기 경 진 사 오 미 신	신 임 계 갑 을 유 술 해 자 축
10	요일	토 일 월 화 수	목 금 토 일 월	화 수 목 금 토	일 월 화 수 목	금 토 일 월 화	수 목 금 토 일 월
	음력	8/8 9 10 11 12	13 14 15 16 17	18 19 20 21 22	23 24 25 26 27	28 29 9/1 2 3	4 5 6 7 8 9
	일진	병 정 무 기 경 인 묘 진 사 오	신 임 계 갑 을 미 신 유 술 해	병 정 무 기 경 자 축 인 묘 진	신 임 계 갑 을 사 오 미 신 유	병 정 무 기 경 술 해 자 축 인	신 임 계 갑 을 병 묘 진 사 오 미 신
11	요일	화 수 목 금 토	일 월 화 수 목	금 토 일 월 화	수 목 금 토 일	월 화 수 목 금	토 일 월 화 수
	음력	9/10 11 12 13 14	15 16 17 18 19	20 21 22 23 24	25 26 27 28 29	30 10/1 2 3 4	5 6 7 8 9
	일진	정 무 기 경 신 유 술 해 자 축	임 계 갑 을 병 인 묘 진 사 오	정 무 기 경 신 미 신 유 술 해	임 계 갑 을 병 자 축 인 묘 진	정 무 기 경 신 사 오 미 신 유	임 계 갑 을 병 술 해 자 축 인
12	요일	목 금 토 일 월	화 수 목 금 토	일 월 화 수 목	금 토 일 월 화	수 목 금 토 일	월 화 수 목 금 토
	음력	10/10 11 12 13 14	15 16 17 18 19	20 21 22 23 24	25 26 27 28 29	30 11/1 2 3 4	5 6 7 8 9 10
	일진	정 무 기 경 신 묘 진 사 오 미	임 계 갑 을 병 신 유 술 해 자	정 무 기 경 신 축 인 묘 진 사	임 계 갑 을 병 오 미 신 유 술	정 무 기 경 신 해 자 축 인 묘	임 계 갑 을 병 정 진 사 오 미 신 유

* 윤달 : 7월

1939 기묘년 • 단기 4272

주요 국경일과 명절

구 분	월	일	요일
신 정	1	1	일
설 날	2	19	일
추 석	9	27	수

음양력 대조일람

음력월	월건	대/소	음력 1일의 양력(월·일)	음력월	월건	대/소	음력 1일의 양력(월·일)
1	병 인	대	2 19	7	임 신	소	8 15
2	정 묘	대	3 21	8	계 유	대	9 13
3	무 진	소	4 20	9	갑 술	소	10 13
4	기 사	소	5 19	10	을 해	대	11 11
5	경 오	대	6 17	11	병 자	소	12 11
6	신 미	소	7 17	12	정 축	대	1940/1 9

월	양력	1 2 3 4 5	6 7 8 9 10	11 12 13 14 15	16 17 18 19 20	21 22 23 24 25	26 27 28 29 30 31
1	요일	일월화수목	금토일월화	수목금토일	월화수목금	토일월화수	목금토일월화
	음력	11/11 12 13 14 15	16 17 18 19 20	21 22 23 24 25	26 27 28 29 12/1	2 3 4 5 6	7 8 9 10 11 12
	일진	무기경신임 술해자축인	계갑을병정 묘진사오미	무기경신임 신유술해자	계갑을병정 축인묘진사	무기경신임 오미신유술	계갑을병정무 해자축인묘진
2	요일	수목금토일	월화수목금	토일월화수	목금토일월	화수목금토	일월화
	음력	12/13 14 15 16 17	18 19 20 21 22	23 24 25 26 27	28 29 30 1/1 2	3 4 5 6 7	8 9 10
	일진	기경신임계 사오미신유	갑을병정무 술해자축인	기경신임계 묘진사오미	갑을병정무 신유술해자	기경신임계 축인묘진사	갑을병 오미신
3	요일	수목금토일	월화수목금	토일월화수	목금토일월	화수목금토	일월화수목금
	음력	1/11 12 13 14 15	16 17 18 19 20	21 22 23 24 25	26 27 28 29 30	2/1 2 3 4 5	6 7 8 9 10 11
	일진	정무기경신 유술해자축	임계갑을병 인묘진사오	정무기경신 미신유술해	임계갑을병 자축인묘진	정무기경신 사오미신유	임계갑을병정 술해자축인묘
4	요일	토일월화수	목금토일월	화수목금토	일월화수목	금토일월화	수목금토일
	음력	2/12 13 14 15 16	17 18 19 20 21	22 23 24 25 26	27 28 29 30 3/1	2 3 4 5 6	7 8 9 10 11
	일진	무기경신임 진사오미신	계갑을병정 유술해자축	무기경신임 인묘진사오	계갑을병정 미신유술해	무기경신임 자축인묘진	계갑을병정 사오미신유
5	요일	월화수목금	토일월화수	목금토일월	화수목금토	일월화수목	금토일월화수
	음력	3/12 13 14 15 16	17 18 19 20 21	22 23 24 25 26	27 28 29 4/1 2	3 4 5 6 7	8 9 10 11 12 13
	일진	무기경신임 술해자축인	계갑을병정 묘진사오미	무기경신임 신유술해자	계갑을병정 축인묘진사	무기경신임 오미신유술	계갑을병정무 해자축인묘진
6	요일	목금토일월	화수목금토	일월화수목	금토일월화	수목금토일	월화수목금
	음력	4/14 15 16 17 18	19 20 21 22 23	24 25 26 27 28	29 5/1 2 3 4	5 6 7 8 9	10 11 12 13 14
	일진	기경신임계 사오미신유	갑을병정무 술해자축인	기경신임계 묘진사오미	갑을병정무 신유술해자	기경신임계 축인묘진사	갑을병정무 오미신유술

24절기와 잡절

명 칭	태양황경 (도)	한국표준시 월 일	시 분	명 칭	태양황경 (도)	한국표준시 월 일	시 분	명 칭	태양황경 (도)	한국표준시 월 일	시 분
소한	285	1 6	14 28	하지	90	6 22	16 39	대 설	255	12 8	9 17
대한	300	1 21	7 51	소서	105	7 8	10 18	동 지	270	12 23	3 6
입춘	315	2 5	2 10	대서	120	7 24	3 37				
우수	330	2 19	22 9	입추	135	8 8	20 4	한 식		4 6	
경칩	345	3 6	20 26	처서	150	8 24	10 31	단 오		6 21	
춘분	0	3 21	21 28	백로	165	9 8	22 42	초 복		7 12	
청명	15	4 6	1 37	추분	180	9 24	7 49	중 복		7 22	
곡우	30	4 21	8 55	한로	195	10 9	13 57	말 복		8 11	
입하	45	5 6	19 21	상강	210	10 24	16 46	토왕용사	297	1 18	9 9
소만	60	5 22	8 27	입동	225	11 8	16 44	토왕용사	27	4 18	7 14
망종	75	6 6	23 52	소설	240	11 23	13 59	토왕용사	117	7 21	0 12
								토왕용사	207	10 21	16 25

월	양력	1 2 3 4 5	6 7 8 9 10	11 12 13 14 15	16 17 18 19 20	21 22 23 24 25	26 27 28 29 30 31
7	요일	토 일 월 화 수	목 금 토 일 월	화 수 목 금 토	일 월 화 수 목	금 토 일 월 화	수 목 금 토 일 월
	음력	5/15 16 17 18 19	20 21 22 23 24	25 26 27 28 29	30 6/1 2 3 4	5 6 7 8 9	10 11 12 13 14 15
	일진	기경신임계 / 해자축인묘	갑을병정무 / 진사오미신	기경신임계 / 유술해자축	갑을병정무 / 인묘진사오	기경신임계 / 미신유술해	갑을병정무기 / 자축인묘진사
8	요일	화 수 목 금 토	일 월 화 수 목	금 토 일 월 화	수 목 금 토 일	월 화 수 목 금	토 일 월 화 수 목
	음력	6/16 17 18 19 20	21 22 23 24 25	26 27 28 29 7/1	2 3 4 5 6	7 8 9 10 11	12 13 14 15 16 17
	일진	경신임계갑 / 오미신유술	을병정무기 / 해자축인묘	경신임계갑 / 진사오미신	을병정무기 / 유술해자축	경신임계갑 / 인묘진사오	을병정무기경 / 미신유술해자
9	요일	금 토 일 월 화	수 목 금 토 일	월 화 수 목 금	토 일 월 화 수	목 금 토 일 월	화 수 목 금 토
	음력	7/18 19 20 21 22	23 24 25 26 27	28 29 8/1 2 3	4 5 6 7 8	9 10 11 12 13	14 15 16 17 18
	일진	신임계갑을 / 축인묘진사	병정무기경 / 오미신유술	신임계갑을 / 해자축인묘	병정무기경 / 진사오미신	신임계갑을 / 유술해자축	병정무기경 / 인묘진사오
10	음력	8/19 20 21 22 23	24 25 26 27 28	29 30 9/1 2 3	4 5 6 7 8	9 10 11 12 13	14 15 16 17 18 19
	요일	일 월 화 수 목	금 토 일 월 화	수 목 금 토 일	월 화 수 목 금	토 일 월 화 수	목 금 토 일 월 화
	일진	신임계갑을 / 미신유술해	병정무기경 / 자축인묘진	신임계갑을 / 사오미신유	병정무기경 / 술해자축인	신임계갑을 / 묘진사오미	병정무기경신 / 신유술해자축
11	요일	수 목 금 토 일	월 화 수 목 금	토 일 월 화 수	목 금 토 일 월	화 수 목 금 토	일 월 화 수 목
	음력	9/20 21 22 23 24	25 26 27 28 29	10/1 2 3 4 5	6 7 8 9 10	11 12 13 14 15	16 17 18 19 20
	일진	임계갑을병 / 인묘진사오	정무기경신 / 미신유술해	임계갑을병 / 자축인묘진	정무기경신 / 사오미신유	임계갑을병 / 술해자축인	정무기경신 / 묘진사오미
12	요일	금 토 일 월 화	수 목 금 토 일	월 화 수 목 금	토 일 월 화 수	목 금 토 일 월	화 수 목 금 토 일
	음력	10/21 22 23 24 25	26 27 28 29 30	11/1 2 3 4 5	6 7 8 9 10	11 12 13 14 15	16 17 18 19 20 21
	일진	임계갑을병 / 신유술해자	정무기경신 / 축인묘진사	임계갑을병 / 오미신유술	정무기경신 / 해자축인묘	임계갑을병 / 진사오미신	정무기경신임 / 유술해자축인

경진년 • 단기 4273

주요 국경일과 명절

구 분	월	일	요일
신 정	1	1	월
설 날	2	8	목
추 석	9	16	월

음양력 대조일람

음력월	월 건	대/소	음력 1일의 양력 월일	음력월	월 건	대/소	음력 1일의 양력 월일
1	무 인	대	2 8	7	갑 신	소	8 4
2	기 묘	대	3 9	8	을 유	소	9 2
3	경 진	소	4 8	9	병 술	대	10 1
4	신 사	대	5 7	10	정 해	소	10 31
5	임 오	소	6 6	11	무 자	대	11 29
6	계 미	대	7 5	12	기 축	소	12 29

월	양력	1 2 3 4 5	6 7 8 9 10	11 12 13 14 15	16 17 18 19 20	21 22 23 24 25	26 27 28 29 30 31
1	요일	월화수목금	토일월화수	목금토일월	화수목금토	일월화수목	금토일월화수
	음력	11/22 23 24 25 26	27 28 29 12/1 2	3 4 5 6 7	8 9 10 11 12	13 14 15 16 17	18 19 20 21 22 23
	일진	계갑을병정 묘진사오미	무기경신임 신유술해자	계갑을병정 축인묘진사	무기경신임 오미신유술	계갑을병정 해자축인묘	무기경신임계 진사오미신유
2	요일	목금토일월	화수목금토	일월화수목	금토일월화	수목금토일	월화수목
	음력	12/24 25 26 27 28	29 30 1/1 2 3	4 5 6 7 8	9 10 11 12 13	14 15 16 17 18	19 20 21 22
	일진	갑을병정무 술해자축인	기경신임계 묘진사오미	갑을병정무 신유술해자	기경신임계 축인묘진사	갑을병정무 오미신유술	기경신임 해자축인
3	요일	금토일월화	수목금토일	월화수목금	토일월화수	목금토일월	화수목금토일
	음력	1/23 24 25 26 27	28 29 30 2/1 2	3 4 5 6 7	8 9 10 11 12	13 14 15 16 17	18 19 20 21 22 23
	일진	계갑을병정 묘진사오미	무기경신임 신유술해자	계갑을병정 축인묘진사	무기경신임 오미신유술	계갑을병정 해자축인묘	무기경신임계 진사오미신유
4	요일	월화수목금	토일월화수	목금토일월	화수목금토	일월화수목	금토일월화
	음력	2/24 25 26 27 28	29 30 3/1 2 3	4 5 6 7 8	9 10 11 12 13	14 15 16 17 18	19 20 21 22 23
	일진	갑을병정무 술해자축인	기경신임계 묘진사오미	갑을병정무 신유술해자	기경신임계 축인묘진사	갑을병정무 오미신유술	기경신임계 해자축인묘
5	요일	수목금토일	월화수목금	토일월화수	목금토일월	화수목금토	일월화수목금
	음력	3/24 25 26 27 28	29 4/1 2 3 4	5 6 7 8 9	10 11 12 13 14	15 16 17 18 19	20 21 22 23 24 25
	일진	갑을병정무 진사오미신	기경신임계 유술해자축	갑을병정무 인묘진사오	기경신임계 미신유술해	갑을병정무 자축인묘진	기경신임계갑 사오미신유술
6	요일	토일월화수	목금토일월	화수목금토	일월화수목	금토일월화	수목금토일
	음력	4/26 27 28 29 30	5/1 2 3 4 5	6 7 8 9 10	11 12 13 14 15	16 17 18 19 20	21 22 23 24 25
	일진	을병정무기 해자축인묘	경신임계갑 진사오미신	을병정무기 유술해자축	경신임계갑 인묘진사오	을병정무기 미신유술해	경신임계갑 자축인묘진

24절기와 잡절

명칭	태양황경(도)	월	일	시	분	명칭	태양황경(도)	월	일	시	분	명칭	태양황경(도)	월	일	시	분
소한	285	1	6	20	24	하지	90	6	21	22	36	대설	255	12	7	14	58
대한	300	1	21	13	44	소서	105	7	7	16	8	동지	270	12	22	8	55
입춘	315	2	5	8	8	대서	120	7	23	9	34	한식		4	6		
우수	330	2	20	4	4	입추	135	8	8	1	52	단오		6	10		
경칩	345	3	6	2	24	처서	150	8	23	16	29	초복		7	16		
춘분	0	3	21	3	24	백로	165	9	8	4	29	중복		7	26		
청명	15	4	5	7	35	추분	180	9	23	13	46	말복		8	15		
곡우	30	4	20	14	51	한로	195	10	8	19	42	토왕용사	297	1	18	15	0
입하	45	5	6	1	16	상강	210	10	23	22	39	토왕용사	27	4	17	13	7
소만	60	5	21	14	23	입동	225	11	7	22	27	토왕용사	117	7	20	6	7
망종	75	6	6	5	44	소설	240	11	22	19	49	토왕용사	207	10	20	22	19

월	양력	1 2 3 4 5	6 7 8 9 10	11 12 13 14 15	16 17 18 19 20	21 22 23 24 25	26 27 28 29 30 31
7	요일	월 화 수 목 금	토 일 월 화 수	목 금 토 일 월	화 수 목 금 토	일 월 화 수 목	금 토 일 월 화 수
7	음력	5/26 27 28 29 6/1	2 3 4 5 6	7 8 9 10 11	12 13 14 15 16	17 18 19 20 21	22 23 24 25 26 27
7	일진	을병정무기 사오미신유	경신임계갑 술해자축인	을병정무기 묘진사오미	경신임계갑 신유술해자	을병정무기 축인묘진사	경신임계갑을 오미신유술해
8	요일	목 금 토 일 월	화 수 목 금 토	일 월 화 수 목	금 토 일 월 화	수 목 금 토 일	월 화 수 목 금 토
8	음력	6/28 29 30 7/1 2	3 4 5 6 7	8 9 10 11 12	13 14 15 16 17	18 19 20 21 22	23 24 25 26 27 28
8	일진	병정무기경 자축인묘진	신임계갑을 사오미신유	병정무기경 술해자축인	신임계갑을 묘진사오미	병정무기경 신유술해자	신임계갑을병 축인묘진사오
9	요일	일 월 화 수 목	금 토 일 월 화	수 목 금 토 일	월 화 수 목 금	토 일 월 화 수	목 금 토 일 월
9	음력	7/29 8/1 2 3 4	5 6 7 8 9	10 11 12 13 14	15 16 17 18 19	20 21 22 23 24	25 26 27 28 29
9	일진	정무기경신 미신유술해	임계갑을병 자축인묘진	정무기경신 사오미신유	임계갑을병 술해자축인	정무기경신 묘진사오미	임계갑을병 신유술해자
10	요일	화 수 목 금 토	일 월 화 수 목	금 토 일 월 화	수 목 금 토 일	월 화 수 목 금	토 일 월 화 수 목
10	음력	9/1 2 3 4 5	6 7 8 9 10	11 12 13 14 15	16 17 18 19 20	21 22 23 24 25	26 27 28 29 30 10/1
10	일진	정무기경신 축인묘진사	임계갑을병 오미신유술	정무기경신 해자축인묘	임계갑을병 진사오미신	정무기경신 유술해자축	임계갑을병정 인묘진사오미
11	요일	금 토 일 월 화	수 목 금 토 일	월 화 수 목 금	토 일 월 화 수	목 금 토 일 월	화 수 목 금 토
11	음력	10/2 3 4 5 6	7 8 9 10 11	12 13 14 15 16	17 18 19 20 21	22 23 24 25 26	27 28 29 11/1 2
11	일진	무기경신임 신유술해자	계갑을병정 축인묘진사	무기경신임 오미신유술	계갑을병정 해자축인묘	무기경신임 진사오미신	계갑을병정 유술해자축
12	요일	일 월 화 수 목	금 토 일 월 화	수 목 금 토 일	월 화 수 목 금	토 일 월 화 수	목 금 토 일 월 화
12	음력	11/3 4 5 6 7	8 9 10 11 12	13 14 15 16 17	18 19 20 21 22	23 24 25 26 27	28 29 30 12/1 2 3
12	일진	무기경신임 인묘진사오	계갑을병정 미신유술해	무기경신임 자축인묘진	계갑을병정 사오미신유	무기경신임 술해자축인	계갑을병정무 묘진사오미신

1941 신사년 • 단기 4274

주요 국경일과 명절

구 분	월	일	요일
신정	1	1	수
설날	1	27	월
추석	10	5	일

음양력 대조일람

음력월	월 건	대/소	음력 1일의 양력 월일	음력월	월 건	대/소	음력 1일의 양력 월일
1	경 인	대	1 27	7	병 신	소	8 23
2	신 묘	대	2 26	8	정 유	소	9 21
3	임 진	소	3 28	9	무 술	대	10 20
4	계 사	대	4 26	10	기 해	소	11 19
5	갑 오	대	5 26	11	경 자	대	12 18
6	을 미	소	6 25	12	신 축	소	1942/1 17
(윤)6		대	7 24				

월	양력	1	2	3	4	5	6	7	8	9	10	11	12	13	14	15	16	17	18	19	20	21	22	23	24	25	26	27	28	29	30	31
1	요일	수	목	금	토	일	월	화	수	목	금	토	일	월	화	수	목	금	토	일	월	화	수	목	금	토	일	월	화	수	목	금
	음력	12/4	5	6	7	8	9	10	11	12	13	14	15	16	17	18	19	20	21	22	23	24	25	26	27	28	29	1/1	2	3	4	5
	일진	기유	경술	신해	임자	계축	갑인	을묘	병진	정사	무오	기미	경신	신유	임술	계해	갑자	을축	병인	정묘	무진	기사	경오	신미	임신	계유	갑술	을해	병자	정축	무인	기묘
2	요일	토	일	월	화	수	목	금	토	일	월	화	수	목	금	토	일	월	화	수	목	금	토	일	월	화	수	목	금			
	음력	1/6	7	8	9	10	11	12	13	14	15	16	17	18	19	20	21	22	23	24	25	26	27	28	29	30	2/1	2	3			
	일진	경진	신사	임오	계미	갑신	을유	병술	정해	무자	기축	경인	신묘	임진	계사	갑오	을미	병신	정유	무술	기해	경자	신축	임인	계묘	갑진	을사	병오	정미			
3	요일	토	일	월	화	수	목	금	토	일	월	화	수	목	금	토	일	월	화	수	목	금	토	일	월	화	수	목	금	토	일	월
	음력	2/4	5	6	7	8	9	10	11	12	13	14	15	16	17	18	19	20	21	22	23	24	25	26	27	28	29	30	3/1	2	3	4
	일진	무신	기유	경술	신해	임자	계축	갑인	을묘	병진	정사	무오	기미	경신	신유	임술	계해	갑자	을축	병인	정묘	무진	기사	경오	신미	임신	계유	갑술	을해	병자	정축	무인
4	요일	화	수	목	금	토	일	월	화	수	목	금	토	일	월	화	수	목	금	토	일	월	화	수	목	금	토	일	월	화	수	
	음력	3/5	6	7	8	9	10	11	12	13	14	15	16	17	18	19	20	21	22	23	24	25	26	27	28	29	4/1	2	3	4	5	
	일진	기묘	경진	신사	임오	계미	갑신	을유	병술	정해	무자	기축	경인	신묘	임진	계사	갑오	을미	병신	정유	무술	기해	경자	신축	임인	계묘	갑진	을사	병오	정미	무신	
5	요일	목	금	토	일	월	화	수	목	금	토	일	월	화	수	목	금	토	일	월	화	수	목	금	토	일	월	화	수	목	금	토
	음력	4/6	7	8	9	10	11	12	13	14	15	16	17	18	19	20	21	22	23	24	25	26	27	28	29	30	5/1	2	3	4	5	6
	일진	기유	경술	신해	임자	계축	갑인	을묘	병진	정사	무오	기미	경신	신유	임술	계해	갑자	을축	병인	정묘	무진	기사	경오	신미	임신	계유	갑술	을해	병자	정축	무인	기묘
6	요일	일	월	화	수	목	금	토	일	월	화	수	목	금	토	일	월	화	수	목	금	토	일	월	화	수	목	금	토	일	월	
	음력	5/7	8	9	10	11	12	13	14	15	16	17	18	19	20	21	22	23	24	25	26	27	28	29	30	6/1	2	3	4	5	6	
	일진	경진	신사	임오	계미	갑신	을유	병술	정해	무자	기축	경인	신묘	임진	계사	갑오	을미	병신	정유	무술	기해	경자	신축	임인	계묘	갑진	을사	병오	정미	무신	기유	

24절기와 잡절

명칭	태양황경(도)	한국표준시 월	일	시	분	명칭	태양황경(도)	월	일	시	분	명칭	태양황경(도)	월	일	시	분
소한	285	1	6	2	4	하지	90	6	22	4	33	대설	255	12	7	20	56
대한	300	1	20	19	34	소서	105	7	7	22	3	동지	270	12	22	14	44
입춘	315	2	4	13	50	대서	120	7	23	15	26	한식			4	6	
우수	330	2	19	9	56	입추	135	8	8	7	46	단오			5	30	
경칩	345	3	6	8	10	처서	150	8	23	22	17	초복			7	21	
춘분	0	3	21	9	20	백로	165	9	8	10	24	중복			7	31	
청명	15	4	5	13	25	추분	180	9	23	19	33	말복			8	10	
곡우	30	4	20	20	50	한로	195	10	9	1	38	토왕용사	297	1	17	20	49
입하	45	5	6	7	10	상강	210	10	24	4	27	토왕용사	27	4	17	19	7
소만	60	5	21	20	23	입동	225	11	8	4	24	토왕용사	117	7	20	12	3
망종	75	6	6	11	39	소설	240	11	23	1	38	토왕용사	207	10	21	4	9

월	양력	1 2 3 4 5	6 7 8 9 10	11 12 13 14 15	16 17 18 19 20	21 22 23 24 25	26 27 28 29 30 31
7	요일	화 수 목 금 토	일 월 화 수 목	금 토 일 월 화	수 목 금 토 일	월 화 수 목 금	토 일 월 화 수 목
	음력	6/7 8 9 10 11	12 13 14 15 16	17 18 19 20 21	22 23 24 25 26	27 28 29 6*/1 2	3 4 5 6 7 8
	일진	경신임계갑 / 술해자축인	을병정무기 / 묘진사오미	경신임계갑 / 신유술해자	을병정무기 / 축인묘진사	경신임계갑 / 오미신유술	을병정무기경 / 해자축인묘진
8	요일	금 토 일 월 화	수 목 금 토 일	월 화 수 목 금	토 일 월 화 수	목 금 토 일 월	화 수 목 금 토 일
	음력	6*/9 10 11 12 13	14 15 16 17 18	19 20 21 22 23	24 25 26 27 28	29 30 7/1 2 3	4 5 6 7 8 9
	일진	신임계갑을 / 사오미신유	병정무기경 / 술해자축인	신임계갑을 / 묘진사오미	병정무기경 / 신유술해자	신임계갑을 / 축인묘진사	병정무기경신 / 오미신유술해
9	요일	월 화 수 목 금	토 일 월 화 수	목 금 토 일 월	화 수 목 금 토	일 월 화 수 목	금 토 일 월 화
	음력	7/10 11 12 13 14	15 16 17 18 19	20 21 22 23 24	25 26 27 28 29	8/1 2 3 4 5	6 7 8 9 10
	일진	임계갑을병 / 자축인묘진	정무기경신 / 사오미신유	임계갑을병 / 술해자축인	정무기경신 / 묘진사오미	임계갑을병 / 신유술해자	정무기경신 / 축인묘진사
10	요일	수 목 금 토 일	월 화 수 목 금	토 일 월 화 수	목 금 토 일 월	화 수 목 금 토	일 월 화 수 목 금
	음력	8/11 12 13 14 15	16 17 18 19 20	21 22 23 24 25	26 27 28 29 9/1	2 3 4 5 6	7 8 9 10 11 12
	일진	임계갑을병 / 오미신유술	정무기경신 / 해자축인묘	임계갑을병 / 진사오미신	정무기경신 / 유술해자축	임계갑을병 / 인묘진사오	정무기경신임 / 미신유술해자
11	요일	토 일 월 화 수	목 금 토 일 월	화 수 목 금 토	일 월 화 수 목	금 토 일 월 화	수 목 금 토 일
	음력	9/13 14 15 16 17	18 19 20 21 22	23 24 25 26 27	28 29 30 10/1 2	3 4 5 6 7	8 9 10 11 12
	일진	계갑을병정 / 축인묘진사	무기경신임 / 오미신유술	계갑을병정 / 해자축인묘	무기경신임 / 진사오미신	계갑을병정 / 유술해자축	무기경신임 / 인묘진사오
12	요일	월 화 수 목 금	토 일 월 화 수	목 금 토 일 월	화 수 목 금 토	일 월 화 수 목	금 토 일 월 화 수
	음력	10/13 14 15 16 17	18 19 20 21 22	23 24 25 26 27	28 29 11/1 2 3	4 5 6 7 8	9 10 11 12 13 14
	일진	계갑을병정 / 미신유술해	무기경신임 / 자축인묘진	계갑을병정 / 사오미신유	무기경신임 / 술해자축인	계갑을병정 / 묘진사오미	무기경신임계 / 신유술해자축

* 윤달 : 6월

1942 임오년 · 단기 4275

주요 국경일과 명절

구 분	월	일	요일
신 정	1	1	목
설 날	2	15	일
추 석	9	25	금

음양력 대조일람

음력월	월건	대/소	음력 1일의 양력 월	일	음력월	월건	대/소	음력 1일의 양력 월	일
1	임인	대	2	15	7	무신	대	8	12
2	계묘	소	3	17	8	기유	소	9	11
3	갑진	대	4	15	9	경술	대	10	10
4	을사	대	5	15	10	신해	소	11	9
5	병오	소	6	14	11	임자	소	12	8
6	정미	대	7	13	12	계축	대	1943/1	6

월별 음양력 대조표

월	양력	1	2	3	4	5	6	7	8	9	10	11	12	13	14	15	16	17	18	19	20	21	22	23	24	25	26	27	28	29	30	31
1	요일	목	금	토	일	월	화	수	목	금	토	일	월	화	수	목	금	토	일	월	화	수	목	금	토	일	월	화	수	목	금	토
	음력	11/15	16	17	18	19	20	21	22	23	24	25	26	27	28	29	30	12/1	2	3	4	5	6	7	8	9	10	11	12	13	14	15
	일진	갑인	을묘	병진	정사	무오	기미	경신	신유	임술	계해	갑자	을축	병인	정묘	무진	기사	경오	신미	임신	계유	갑술	을해	병자	정축	무인	기묘	경진	신사	임오	계미	갑신
2	요일	일	월	화	수	목	금	토	일	월	화	수	목	금	토	일	월	화	수	목	금	토	일	월	화	수	목	금	토			
	음력	12/16	17	18	19	20	21	22	23	24	25	26	27	28	29	1/1	2	3	4	5	6	7	8	9	10	11	12	13	14			
	일진	을유	병술	정해	무자	기축	경인	신묘	임진	계사	갑오	을미	병신	정유	무술	기해	경자	신축	임인	계묘	갑진	을사	병오	정미	무신	기유	경술	신해	임자			
3	요일	일	월	화	수	목	금	토	일	월	화	수	목	금	토	일	월	화	수	목	금	토	일	월	화	수	목	금	토	일	월	화
	음력	1/15	16	17	18	19	20	21	22	23	24	25	26	27	28	29	30	2/1	2	3	4	5	6	7	8	9	10	11	12	13	14	15
	일진	계축	갑인	을묘	병진	정사	무오	기미	경신	신유	임술	계해	갑자	을축	병인	정묘	무진	기사	경오	신미	임신	계유	갑술	을해	병자	정축	무인	기묘	경진	신사	임오	계미
4	요일	수	목	금	토	일	월	화	수	목	금	토	일	월	화	수	목	금	토	일	월	화	수	목	금	토	일	월	화	수	목	
	음력	2/16	17	18	19	20	21	22	23	24	25	26	27	28	29	3/1	2	3	4	5	6	7	8	9	10	11	12	13	14	15	16	
	일진	갑신	을유	병술	정해	무자	기축	경인	신묘	임진	계사	갑오	을미	병신	정유	무술	기해	경자	신축	임인	계묘	갑진	을사	병오	정미	무신	기유	경술	신해	임자	계축	
5	요일	금	토	일	월	화	수	목	금	토	일	월	화	수	목	금	토	일	월	화	수	목	금	토	일	월	화	수	목	금	토	일
	음력	3/17	18	19	20	21	22	23	24	25	26	27	28	29	30	4/1	2	3	4	5	6	7	8	9	10	11	12	13	14	15	16	17
	일진	갑인	을묘	병진	정사	무오	기미	경신	신유	임술	계해	갑자	을축	병인	정묘	무진	기사	경오	신미	임신	계유	갑술	을해	병자	정축	무인	기묘	경진	신사	임오	계미	갑신
6	요일	월	화	수	목	금	토	일	월	화	수	목	금	토	일	월	화	수	목	금	토	일	월	화	수	목	금	토	일	월	화	
	음력	4/18	19	20	21	22	23	24	25	26	27	28	29	30	5/1	2	3	4	5	6	7	8	9	10	11	12	13	14	15	16	17	
	일진	을유	병술	정해	무자	기축	경인	신묘	임진	계사	갑오	을미	병신	정유	무술	기해	경자	신축	임인	계묘	갑진	을사	병오	정미	무신	기유	경술	신해	임자	계축	갑인	

24절기와 잡절

명칭	태양황경(도)	월	일	시	분
소한	285	1	6	8	2
대한	300	1	21	1	24
입춘	315	2	4	19	49
우수	330	2	19	15	47
경칩	345	3	6	14	9
춘분	0	3	21	15	11
청명	15	4	5	19	24
곡우	30	4	21	2	39
입하	45	5	6	13	7
소만	60	5	22	2	9
망종	75	6	6	17	33

명칭	태양황경(도)	월	일	시	분
하지	90	6	22	10	16
소서	105	7	8	3	52
대서	120	7	23	21	7
입추	135	8	8	13	30
처서	150	8	24	3	58
백로	165	9	8	16	6
추분	180	9	24	1	16
한로	195	10	9	7	22
상강	210	10	24	10	15
입동	225	11	8	10	11
소설	240	11	23	7	30

명칭	태양황경(도)	월	일	시	분
대설	255	12	8	2	47
동지	270	12	22	20	40
한식		4	6		
단오		6	18		
초복		7	16		
중복		7	26		
말복		8	15		
토왕용사	297	1	18	2	41
토왕용사	27	4	18	0	57
토왕용사	117	7	20	17	42
토왕용사	207	10	21	9	54

월	양력	1 2 3 4 5	6 7 8 9 10	11 12 13 14 15	16 17 18 19 20	21 22 23 24 25	26 27 28 29 30 31
7	요일	수 목 금 토 일	월 화 수 목 금	토 일 월 화 수	목 금 토 일 월	화 수 목 금 토	일 월 화 수 목 금
	음력	5/18 19 20 21 22	23 24 25 26 27	28 29 6/1 2 3	4 5 6 7 8	9 10 11 12 13	14 15 16 17 18 19
	일진	을병정무기 묘진사오미	경신임계갑 신유술해자	을병정무기 축인묘진사	경신임계갑 오미신유술	을병정무기 해자축인묘	경신임계갑을 진사오미신유
8	요일	토 일 월 화 수	목 금 토 일 월	화 수 목 금 토	일 월 화 수 목	금 토 일 월 화	수 목 금 토 일 월
	음력	6/20 21 22 23 24	25 26 27 28 29	30 7/1 2 3 4	5 6 7 8 9	10 11 12 13 14	15 16 17 18 19 20
	일진	병정무기경 술해자축인	신임계갑을 묘진사오미	병정무기경 신유술해자	신임계갑을 축인묘진사	병정무기경 오미신유술	신임계갑을병 해자축인묘진
9	요일	화 수 목 금 토	일 월 화 수 목	금 토 일 월 화	수 목 금 토 일	월 화 수 목 금	토 일 월 화 수
	음력	7/21 22 23 24 25	26 27 28 29 30	8/1 2 3 4 5	6 7 8 9 10	11 12 13 14 15	16 17 18 19 20
	일진	정무기경신 사오미신유	임계갑을병 술해자축인	정무기경신 묘진사오미	임계갑을병 신유술해자	정무기경신 축인묘진사	임계갑을병 오미신유술
10	요일	목 금 토 일 월	화 수 목 금 토	일 월 화 수 목	금 토 일 월 화	수 목 금 토 일	월 화 수 목 금 토
	음력	8/21 22 23 24 25	26 27 28 29 9/1	2 3 4 5 6	7 8 9 10 11	12 13 14 15 16	17 18 19 20 21 22
	일진	정무기경신 해자축인묘	임계갑을병 진사오미신	정무기경신 유술해자축	임계갑을병 인묘진사오	정무기경신 미신유술해	임계갑을병정 자축인묘진사
11	요일	일 월 화 수 목	금 토 일 월 화	수 목 금 토 일	월 화 수 목 금	토 일 월 화 수	목 금 토 일 월
	음력	9/23 24 25 26 27	28 29 30 10/1 2	3 4 5 6 7	8 9 10 11 12	13 14 15 16 17	18 19 20 21 22
	일진	무기경신임 오미신유술	계갑을병정 해자축인묘	무기경신임 진사오미신	계갑을병정 유술해자축	무기경신임 인묘진사오	계갑을병정 미신유술해
12	요일	화 수 목 금 토	일 월 화 수 목	금 토 일 월 화	수 목 금 토 일	월 화 수 목 금	토 일 월 화 수 목
	음력	10/23 24 25 26 27	28 29 11/1 2 3	4 5 6 7 8	9 10 11 12 13	14 15 16 17 18	19 20 21 22 23 24
	일진	무기경신임 자축인묘진	계갑을병정 사오미신유	무기경신임 술해자축인	계갑을병정 묘진사오미	무기경신임 신유술해자	계갑을병정무 축인묘진사오

1943 계미년 • 단기 4276

주요 국경일과 명절

구 분	월	일	요일
신 정	1	1	금
설 날	2	5	금
추 석	9	14	화

음양력 대조일람

음력월	월 건	대/소	음력 1일의 양력 월일		음력월	월 건	대/소	음력 1일의 양력 월일	
1	갑 인	소	2	5	7	경 신	대	8	1
2	을 묘	대	3	6	8	신 유	소	8	31
3	병 진	소	4	5	9	임 술	대	9	29
4	정 사	대	5	4	10	계 해	대	10	29
5	무 오	소	6	3	11	갑 자	소	11	28
6	기 미	대	7	2	12	을 축	대	12	27

월	양력	1 2 3 4 5	6 7 8 9 10	11 12 13 14 15	16 17 18 19 20	21 22 23 24 25	26 27 28 29 30 31
1	요일	금 토 일 월 화	수 목 금 토 일	월 화 수 목 금	토 일 월 화 수	목 금 토 일 월	화 수 목 금 토 일
	음력	11/25 26 27 28 29	12/1 2 3 4 5	6 7 8 9 10	11 12 13 14 15	16 17 18 19 20	21 22 23 24 25 26
	일진	기경신임계 미신유술해	갑을병정무 자축인묘진	기경신임계 사오미신유	갑을병정무 술해자축인	기경신임계 묘진사오미	갑을병정무기 신유술해자축
2	요일	월 화 수 목 금	토 일 월 화 수	목 금 토 일 월	화 수 목 금 토	일 월 화 수 목	금 토 일
	음력	12/27 28 29 30 1/1	2 3 4 5 6	7 8 9 10 11	12 13 14 15 16	17 18 19 20 21	22 23 24
	일진	경신임계갑 인묘진사오	을병정무기 미신유술해	경신임계갑 자축인묘진	을병정무기 사오미신유	경신임계갑 술해자축인	을병정 묘진사
3	요일	월 화 수 목 금	토 일 월 화 수	목 금 토 일 월	화 수 목 금 토	일 월 화 수 목	금 토 일 월 화 수
	음력	1/25 26 27 28 29	2/1 2 3 4 5	6 7 8 9 10	11 12 13 14 15	16 17 18 19 20	21 22 23 24 25 26
	일진	무기경신임 오미신유술	계갑을병정 해자축인묘	무기경신임 진사오미신	계갑을병정 유술해자축	무기경신임 인묘진사오	계갑을병정무 미신유술해자
4	요일	목 금 토 일 월	화 수 목 금 토	일 월 화 수 목	금 토 일 월 화	수 목 금 토 일	월 화 수 목 금
	음력	2/27 28 29 30 3/1	2 3 4 5 6	7 8 9 10 11	12 13 14 15 16	17 18 19 20 21	22 23 24 25 26
	일진	기경신임계 축인묘진사	갑을병정무 오미신유술	기경신임계 해자축인묘	갑을병정무 진사오미신	기경신임계 유술해자축	갑을병정무 인묘진사오
5	요일	토 일 월 화 수	목 금 토 일 월	화 수 목 금 토	일 월 화 수 목	금 토 일 월 화	수 목 금 토 일 월
	음력	3/27 28 29 4/1 2	3 4 5 6 7	8 9 10 11 12	13 14 15 16 17	18 19 20 21 22	23 24 25 26 27 28
	일진	기경신임계 미신유술해	갑을병정무 자축인묘진	기경신임계 사오미신유	갑을병정무 술해자축인	기경신임계 묘진사오미	갑을병정무기 신유술해자축
6	요일	화 수 목 금 토	일 월 화 수 목	금 토 일 월 화	수 목 금 토 일	월 화 수 목 금	토 일 월 화 수
	음력	4/29 30 5/1 2 3	4 5 6 7 8	9 10 11 12 13	14 15 16 17 18	19 20 21 22 23	24 25 26 27 28
	일진	경신임계갑 인묘진사오	을병정무기 미신유술해	경신임계갑 자축인묘진	을병정무기 사오미신유	경신임계갑 술해자축인	을병정무기 묘진사오미

24절기와 잡절

명 칭	태양황경(도)	한국표준시 월 일	한국표준시 시 분	명 칭	태양황경(도)	한국표준시 월 일	한국표준시 시 분	명 칭	태양황경(도)	한국표준시 월 일	한국표준시 시 분
소한	285	1 6	13 55	하지	90	6 22	16 12	대설	255	12 8	8 33
대한	300	1 21	7 19	소서	105	7 8	9 39	동지	270	12 23	2 29
입춘	315	2 5	1 40	대서	120	7 24	3 5				
우수	330	2 19	21 40	입추	135	8 8	19 19	한식		4 6	
경칩	345	3 6	19 59	처서	150	8 24	9 55	단오		6 7	
춘분	0	3 21	21 3	백로	165	9 8	21 55	초복		7 21	
청명	15	4 6	1 11	추분	180	9 24	7 12	중복		7 31	
곡우	30	4 21	8 32	한로	195	10 9	13 11	말복		8 10	
입하	45	5 6	18 53	상강	210	10 24	16 8	토왕용사	297	1 18	8 34
소만	60	5 22	8 3	입동	225	11 8	15 59	토왕용사	27	4 18	6 47
망종	75	6 6	23 19	소설	240	11 23	13 22	토왕용사	117	7 20	23 39
								토왕용사	207	10 21	15 49

월	양력	1	2	3	4	5	6	7	8	9	10	11	12	13	14	15	16	17	18	19	20	21	22	23	24	25	26	27	28	29	30	31
7	요일	목	금	토	일	월	화	수	목	금	토	일	월	화	수	목	금	토	일	월	화	수	목	금	토	일	월	화	수	목	금	토
	음력	5/29	6/1	2	3	4	5	6	7	8	9	10	11	12	13	14	15	16	17	18	19	20	21	22	23	24	25	26	27	28	29	30
	일진	경신	신유	임술	계해	갑자	을축	병인	정묘	무진	기사	경오	신미	임신	계유	갑술	을해	병자	정축	무인	기묘	경진	신사	임오	계미	갑신	을유	병술	정해	무자	기축	경인
8	요일	일	월	화	수	목	금	토	일	월	화	수	목	금	토	일	월	화	수	목	금	토	일	월	화	수	목	금	토	일	월	화
	음력	7/1	2	3	4	5	6	7	8	9	10	11	12	13	14	15	16	17	18	19	20	21	22	23	24	25	26	27	28	29	30	8/1
	일진	신묘	임진	계사	갑오	을미	병신	정유	무술	기해	경자	신축	임인	계묘	갑진	을사	병오	정미	무신	기유	경술	신해	임자	계축	갑인	을묘	병진	정사	무오	기미	경신	신유
9	요일	수	목	금	토	일	월	화	수	목	금	토	일	월	화	수	목	금	토	일	월	화	수	목	금	토	일	월	화	수	목	
	음력	8/2	3	4	5	6	7	8	9	10	11	12	13	14	15	16	17	18	19	20	21	22	23	24	25	26	27	28	29	9/1	2	
	일진	임술	계해	갑자	을축	병인	정묘	무진	기사	경오	신미	임신	계유	갑술	을해	병자	정축	무인	기묘	경진	신사	임오	계미	갑신	을유	병술	정해	무자	기축	경인	신묘	
10	요일	금	토	일	월	화	수	목	금	토	일	월	화	수	목	금	토	일	월	화	수	목	금	토	일	월	화	수	목	금	토	일
	음력	9/3	4	5	6	7	8	9	10	11	12	13	14	15	16	17	18	19	20	21	22	23	24	25	26	27	28	29	30	10/1	2	3
	일진	임진	계사	갑오	을미	병신	정유	무술	기해	경자	신축	임인	계묘	갑진	을사	병오	정미	무신	기유	경술	신해	임자	계축	갑인	을묘	병진	정사	무오	기미	경신	신유	임술
11	요일	월	화	수	목	금	토	일	월	화	수	목	금	토	일	월	화	수	목	금	토	일	월	화	수	목	금	토	일	월	화	
	음력	10/4	5	6	7	8	9	10	11	12	13	14	15	16	17	18	19	20	21	22	23	24	25	26	27	28	29	30	11/1	2	3	
	일진	계해	갑자	을축	병인	정묘	무진	기사	경오	신미	임신	계유	갑술	을해	병자	정축	무인	기묘	경진	신사	임오	계미	갑신	을유	병술	정해	무자	기축	경인	신묘	임진	
12	요일	수	목	금	토	일	월	화	수	목	금	토	일	월	화	수	목	금	토	일	월	화	수	목	금	토	일	월	화	수	목	금
	음력	11/4	5	6	7	8	9	10	11	12	13	14	15	16	17	18	19	20	21	22	23	24	25	26	27	28	29	12/1	2	3	4	5
	일진	계사	갑오	을미	병신	정유	무술	기해	경자	신축	임인	계묘	갑진	을사	병오	정미	무신	기유	경술	신해	임자	계축	갑인	을묘	병진	정사	무오	기미	경신	신유	임술	계해

주요 국경일과 명절

구 분	월	일	요일
신정	1	1	토
설날	1	26	수
추석	10	1	일

음양력 대조일람

음력 월	월 건		대/소	음력 양력	1일의 월일	음력 월	월 건		대/소	음력 양력	1일의 월일
1	병	인	소	1	26	7	임	신	소	8	19
2	정	묘	소	2	24	8	계	유	대	9	17
3	무	진	대	3	24	9	갑	술	대	10	17
4	기	사	소	4	23	10	을	해	소	11	16
(윤)4			대	5	22	11	병	자	대	12	15
5	경	오	소	6	21	12	정	축	대	1945/1	14
6	신	미	대	7	20						

월	양력	1 2 3 4 5	6 7 8 9 10	11 12 13 14 15	16 17 18 19 20	21 22 23 24 25	26 27 28 29 30 31
1	요일	토 일 월 화 수	목 금 토 일 월	화 수 목 금 토	일 월 화 수 목	금 토 일 월 화	수 목 금 토 일 월
	음력	12/6 7 8 9 10	11 12 13 14 15	16 17 18 19 20	21 22 23 24 25	26 27 28 29 30	1/1 2 3 4 5 6
	일진	갑을병정무 자축인묘진	기경신임계 사오미신유	갑을병정무 술해자축인	기경신임계 묘진사오미	갑을병정무 신유술해자	기경신임계갑 축인묘진사오
2	요일	화 수 목 금 토	일 월 화 수 목	금 토 일 월 화	수 목 금 토 일	월 화 수 목 금	토 일 월 화
	음력	1/7 8 9 10 11	12 13 14 15 16	17 18 19 20 21	22 23 24 25 26	27 28 29 2/1 2	3 4 5 6
	일진	을병정무기 미신유술해	경신임계갑 자축인묘진	을병정무기 사오미신유	경신임계갑 술해자축인	을병정무기 묘진사오미	경신임계 신유술해
3	요일	수 목 금 토 일	월 화 수 목 금	토 일 월 화 수	목 금 토 일 월	화 수 목 금 토	일 월 화 수 목 금
	음력	2/7 8 9 10 11	12 13 14 15 16	17 18 19 20 21	22 23 24 25 26	27 28 29 3/1 2	3 4 5 6 7 8
	일진	갑을병정무 자축인묘진	기경신임계 사오미신유	갑을병정무 술해자축인	기경신임계 묘진사오미	갑을병정무 신유술해자	기경신임계갑 축인묘진사오
4	요일	토 일 월 화 수	목 금 토 일 월	화 수 목 금 토	일 월 화 수 목	금 토 일 월 화	수 목 금 토 일
	음력	3/9 10 11 12 13	14 15 16 17 18	19 20 21 22 23	24 25 26 27 28	29 30 4/1 2 3	4 5 6 7 8
	일진	을병정무기 미신유술해	경신임계갑 자축인묘진	을병정무기 사오미신유	경신임계갑 술해자축인	을병정무기 묘진사오미	경신임계갑 신유술해자
5	요일	월 화 수 목 금	토 일 월 화 수	목 금 토 일 월	화 수 목 금 토	일 월 화 수 목	금 토 일 월 화 수
	음력	4/9 10 11 12 13	14 15 16 17 18	19 20 21 22 23	24 25 26 27 28	29 4*/1 2 3 4	5 6 7 8 9 10
	일진	을병정무기 축인묘진사	경신임계갑 오미신유술	을병정무기 해자축인묘	경신임계갑 진사오미신	을병정무기 유술해자축	경신임계갑을 인묘진사오미
6	요일	목 금 토 일 월	화 수 목 금 토	일 월 화 수 목	금 토 일 월 화	수 목 금 토 일	월 화 수 목 금
	음력	4*/11 12 13 14 15	16 17 18 19 20	21 22 23 24 25	26 27 28 29 30	5/1 2 3 4 5	6 7 8 9 10
	일진	병정무기경 신유술해자	신임계갑을 축인묘진사	병정무기경 오미신유술	신임계갑을 해자축인묘	병정무기경 진사오미신	신임계갑을 유술해자축

24절기와 잡절

명칭	태양황경(도)	월 일	시 분	명칭	태양황경(도)	월 일	시 분	명칭	태양황경(도)	월 일	시 분
소한	285	1 6	19 39	하지	90	6 21	22 2	대설	255	12 7	14 28
대한	300	1 21	13 7	소서	105	7 7	15 36	동지	270	12 22	8 15
입춘	315	2 5	7 23	대서	120	7 23	8 56	한식		4 6	
우수	330	2 20	3 27	입추	135	8 8	1 19	단오		6 25	
경칩	345	3 6	1 40	처서	150	8 23	15 46	초복		7 15	
춘분	0	3 21	2 49	백로	165	9 8	3 56	중복		7 25	
청명	15	4 5	6 54	추분	180	9 23	13 2	말복		8 14	
곡우	30	4 20	14 18	한로	195	10 8	19 9	토왕용사	297	1 18	14 24
입하	45	5 6	0 40	상강	210	10 23	21 56	토왕용사	27	4 17	12 36
소만	60	5 21	13 51	입동	225	11 7	21 55	토왕용사	117	7 20	5 33
망종	75	6 6	5 11	소설	240	11 22	19 8	토왕용사	207	10 20	21 37

월	양력	1 2 3 4 5	6 7 8 9 10	11 12 13 14 15	16 17 18 19 20	21 22 23 24 25	26 27 28 29 30 31
7	요일	토 일 월 화 수	목 금 토 일 월	화 수 목 금 토	일 월 화 수 목	금 토 일 월 화	수 목 금 토 일 월
	음력	5/11 12 13 14 15	16 17 18 19 20	21 22 23 24 25	26 27 28 29 6/1	2 3 4 5 6	7 8 9 10 11 12
	일진	병정무기경 인묘진사오	신임계갑을 미신유술해	병정무기경 자축인묘진	신임계갑을 사오미신유	병정무기경 술해자축인	신임계갑을병 묘진사오미신
8	요일	화 수 목 금 토	일 월 화 수 목	금 토 일 월 화	수 목 금 토 일	월 화 수 목 금	토 일 월 화 수 목
	음력	6/13 14 15 16 17	18 19 20 21 22	23 24 25 26 27	28 29 30 7/1 2	3 4 5 6 7	8 9 10 11 12 13
	일진	정무기경신 유술해자축	임계갑을병 인묘진사오	정무기경신 미신유술해	임계갑을병 자축인묘진	정무기경신 사오미신유	임계갑을병정 술해자축인묘
9	요일	금 토 일 월 화	수 목 금 토 일	월 화 수 목 금	토 일 월 화 수	목 금 토 일 월	화 수 목 금 토
	음력	7/14 15 16 17 18	19 20 21 22 23	24 25 26 27 28	29 8/1 2 3 4	5 6 7 8 9	10 11 12 13 14
	일진	무기경신임 진사오미신	계갑을병정 유술해자축	무기경신임 인묘진사오	계갑을병정 미신유술해	무기경신임 자축인묘진	계갑을병정 사오미신유
10	요일	일 월 화 수 목	금 토 일 월 화	수 목 금 토 일	월 화 수 목 금	토 일 월 화 수	목 금 토 일 월 화
	음력	8/15 16 17 18 19	20 21 22 23 24	25 26 27 28 29	30 9/1 2 3 4	5 6 7 8 9	10 11 12 13 14 15
	일진	무기경신임 술해자축인	계갑을병정 묘진사오미	무기경신임 신유술해자	계갑을병정 축인묘진사	무기경신임 오미신유술	계갑을병정무 해자축인묘진
11	요일	수 목 금 토 일	월 화 수 목 금	토 일 월 화 수	목 금 토 일 월	화 수 목 금 토	일 월 화 수 목
	음력	9/16 17 18 19 20	21 22 23 24 25	26 27 28 29 30	10/1 2 3 4 5	6 7 8 9 10	11 12 13 14 15
	일진	기경신임계 사오미신유	갑을병정무 술해자축인	기경신임계 묘진사오미	갑을병정무 신유술해자	기경신임계 축인묘진사	갑을병정무 오미신유술
12	요일	금 토 일 월 화	수 목 금 토 일	월 화 수 목 금	토 일 월 화 수	목 금 토 일 월	화 수 목 금 토 일
	음력	10/16 17 18 19 20	21 22 23 24 25	26 27 28 29 11/1	2 3 4 5 6	7 8 9 10 11	12 13 14 15 16 17
	일진	기경신임계 해자축인묘	갑을병정무 진사오미신	기경신임계 유술해자축	갑을병정무 인묘진사오	기경신임계 미신유술해	갑을병정무기 자축인묘진사

* 윤달 : 4월

주요 국경일과 명절

구 분	월	일	요일
신 정	1	1	월
설 날	2	13	화
추 석	9	20	목

음양력 대조일람

음력월	월 건		대/소	음력 1일의 양력	월일	음력월	월 건		대/소	음력 1일의 양력	월일
1	무	인	소	2	13	7	갑	신	소	8	8
2	기	묘	소	3	14	8	을	유	대	9	6
3	경	진	대	4	12	9	병	술	대	10	6
4	신	사	소	5	12	10	정	해	대	11	5
5	임	오	소	6	10	11	무	자	소	12	5
6	계	미	대	7	9	12	기	축	대	1946/1	3

월	양력	1 2 3 4 5	6 7 8 9 10	11 12 13 14 15	16 17 18 19 20	21 22 23 24 25	26 27 28 29 30 31
1	요일	월 화 수 목 금	토 일 월 화 수	목 금 토 일 월	화 수 목 금 토	일 월 화 수 목	금 토 일 월 화 수
	음력	11/18 19 20 21 22	23 24 25 26 27	28 29 30 12/1 2	3 4 5 6 7	8 9 10 11 12	13 14 15 16 17 18
	일진	경신임계갑 오미신유술	을병정무기 해자축인묘	경신임계갑 진사오미신	을병정무기 유술해자축	경신임계갑 인묘진사오	을병정무기경 미신유술해자
2	요일	목 금 토 일 월	화 수 목 금 토	일 월 화 수 목	금 토 일 월 화	수 목 금 토 일	월 화 수
	음력	12/19 20 21 22 23	24 25 26 27 28	29 30 1/1 2 3	4 5 6 7 8	9 10 11 12 13	14 15 16
	일진	신임계갑을 축인묘진사	병정무기경 오미신유술	신임계갑을 해자축인묘	병정무기경 진사오미신	신임계갑을 유술해자축	병정무 인묘진
3	요일	목 금 토 일 월	화 수 목 금 토	일 월 화 수 목	금 토 일 월 화	수 목 금 토 일	월 화 수 목 금 토
	음력	1/17 18 19 20 21	22 23 24 25 26	27 28 29 2/1 2	3 4 5 6 7	8 9 10 11 12	13 14 15 16 17 18
	일진	기경신임계 사오미신유	갑을병정무 술해자축인	기경신임계 묘진사오미	갑을병정무 신유술해자	기경신임계 축인묘진사	갑을병정무기 오미신유술해
4	요일	일 월 화 수 목	금 토 일 월 화	수 목 금 토 일	월 화 수 목 금	토 일 월 화 수	목 금 토 일 월
	음력	2/19 20 21 22 23	24 25 26 27 28	29 3/1 2 3 4	5 6 7 8 9	10 11 12 13 14	15 16 17 18 19
	일진	경신임계갑 자축인묘진	을병정무기 사오미신유	경신임계갑 술해자축인	을병정무기 묘진사오미	경신임계갑 신유술해자	을병정무기 축인묘진사
5	요일	화 수 목 금 토	일 월 화 수 목	금 토 일 월 화	수 목 금 토 일	월 화 수 목 금	토 일 월 화 수 목
	음력	3/20 21 22 23 24	25 26 27 28 29	30 4/1 2 3 4	5 6 7 8 9	10 11 12 13 14	15 16 17 18 19 20
	일진	경신임계갑 오미신유술	을병정무기 해자축인묘	경신임계갑 진사오미신	을병정무기 유술해자축	경신임계갑 인묘진사오	을병정무기경 미신유술해자
6	요일	금 토 일 월 화	수 목 금 토 일	월 화 수 목 금	토 일 월 화 수	목 금 토 일 월	화 수 목 금 토
	음력	4/21 22 23 24 25	26 27 28 29 5/1	2 3 4 5 6	7 8 9 10 11	12 13 14 15 16	17 18 19 20 21
	일진	신임계갑을 축인묘진사	병정무기경 오미신유술	신임계갑을 해자축인묘	병정무기경 진사오미신	신임계갑을 유술해자축	병정무기경 인묘진사오

24절기와 잡절

명칭	태양황경(도)	한국표준시				명칭	태양황경(도)	한국표준시				명칭		태양황경(도)	한국표준시			
		월	일	시	분			월	일	시	분				월	일	시	분
소한	285	1	6	1	34	하지	90	6	22	3	52	대	설	255	12	7	20	8
대한	300	1	20	18	54	소서	105	7	7	21	27	동	지	270	12	22	14	4
입춘	315	2	4	13	19	대서	120	7	23	14	45	한	식		4	6		
우수	330	2	19	9	15	입추	135	8	8	7	5							
경칩	345	3	6	7	38	처서	150	8	23	21	35	단	오		6	14		
춘분	0	3	21	8	37	백로	165	9	8	9	38	초	복		7	20		
청명	15	4	5	12	52	추분	180	9	23	18	50	중	복		7	30		
곡우	30	4	20	20	7	한로	195	10	9	0	49	말	복		8	9		
입하	45	5	6	6	37	상강	210	10	24	3	44	토왕용사		297	1	17	20	10
소만	60	5	21	19	40	입동	225	11	8	3	34	토왕용사		27	4	17	18	24
망종	75	6	6	11	5	소설	240	11	23	0	55	토왕용사		117	7	20	11	19
												토왕용사		207	10	21	3	22

월	양력	1 2 3 4 5	6 7 8 9 10	11 12 13 14 15	16 17 18 19 20	21 22 23 24 25	26 27 28 29 30 31
7	요일	일월화수목	금토일월화	수목금토일	월화수목금	토일월화수	목금토일월화
	음력	5/22 23 24 25 26	27 28 29 6/1 2	3 4 5 6 7	8 9 10 11 12	13 14 15 16 17	18 19 20 21 22 23
	일진	신임계갑을 / 미신유술해	병정무기경 / 자축인묘진	신임계갑을 / 사오미신유	병정무기경 / 술해자축인	신임계갑을 / 묘진사오미	병정무기경신 / 신유술해자축
8	요일	수목금토일	월화수목금	토일월화수	목금토일월	화수목금토	일월화수목금
	음력	6/24 25 26 27 28	29 30 7/1 2 3	4 5 6 7 8	9 10 11 12 13	14 15 16 17 18	19 20 21 22 23 24
	일진	임계갑을병 / 인묘진사오	정무기경신 / 미신유술해	임계갑을병 / 자축인묘진	정무기경신 / 사오미신유	임계갑을병 / 술해자축인	정무기경신임 / 묘진사오미신
9	요일	토일월화수	목금토일월	화수목금토	일월화수목	금토일월화	수목금토일
	음력	7/25 26 27 28 29	8/1 2 3 4 5	6 7 8 9 10	11 12 13 14 15	16 17 18 19 20	21 22 23 24 25
	일진	계갑을병정 / 유술해자축	무기경신임 / 인묘진사오	계갑을병정 / 미신유술해	무기경신임 / 자축인묘진	계갑을병정 / 사오미신유	무기경신임 / 술해자축인
10	요일	월화수목금	토일월화수	목금토일월	화수목금토	일월화수목	금토일월화수
	음력	8/26 27 28 29 30	9/1 2 3 4 5	6 7 8 9 10	11 12 13 14 15	16 17 18 19 20	21 22 23 24 25 26
	일진	계갑을병정 / 묘진사오미	무기경신임 / 신유술해자	계갑을병정 / 축인묘진사	무기경신임 / 오미신유술	계갑을병정 / 해자축인묘	무기경신임계 / 진사오미신유
11	요일	목금토일월	화수목금토	일월화수목	금토일월화	수목금토일	월화수목금
	음력	9/27 28 29 30 10/1	2 3 4 5 6	7 8 9 10 11	12 13 14 15 16	17 18 19 20 21	22 23 24 25 26
	일진	갑을병정무 / 술해자축인	기경신임계 / 묘진사오미	갑을병정무 / 신유술해자	기경신임계 / 축인묘진사	갑을병정무 / 오미신유술	기경신임계 / 해자축인묘
12	요일	토일월화수	목금토일월	화수목금토	일월화수목	금토일월화	수목금토일월
	음력	10/27 28 29 30 11/1	2 3 4 5 6	7 8 9 10 11	12 13 14 15 16	17 18 19 20 21	22 23 24 25 26 27
	일진	갑을병정무 / 진사오미신	기경신임계 / 유술해자축	갑을병정무 / 인묘진사오	기경신임계 / 미신유술해	갑을병정무 / 자축인묘진	기경신임계갑 / 사오미신유술

1946 병술년 • 단기 4279

주요 국경일과 명절

구 분	월	일	요일
신정	1	1	화
설날	2	2	토
추석	9	10	화

음양력 대조일람

음력월	월건	대/소	양력 1일의 월일		음력월	월건	대/소	양력 1일의 월일	
1	경인	대	2	2	7	병신	대	7	28
2	신묘	소	3	4	8	정유	소	8	27
3	임진	소	4	2	9	무술	대	9	25
4	계사	대	5	1	10	기해	대	10	25
5	갑오	소	5	31	11	경자	소	11	24
6	을미	소	6	29	12	신축	대	12	23

월력

월	양력	1 2 3 4 5	6 7 8 9 10	11 12 13 14 15	16 17 18 19 20	21 22 23 24 25	26 27 28 29 30 31
1	요일	화 수 목 금 토	일 월 화 수 목	금 토 일 월 화	수 목 금 토 일	월 화 수 목 금	토 일 월 화 수 목
	음력	11/28 29 12/1 2 3	4 5 6 7 8	9 10 11 12 13	14 15 16 17 18	19 20 21 22 23	24 25 26 27 28 29
	일진	을병정무기 해자축인묘	경신임계갑 진사오미신	을병정무기 유술해자축	경신임계갑 인묘진사오	을병정무기 미신유술해	경신임계갑을 자축인묘진사
2	요일	금 토 일 월 화	수 목 금 토 일	월 화 수 목 금	토 일 월 화 수	목 금 토 일 월	화 수 목
	음력	12/30 1/1 2 3 4	5 6 7 8 9	10 11 12 13 14	15 16 17 18 19	20 21 22 23 24	25 26 27
	일진	병정무기경 오미신유술	신임계갑을 해자축인묘	병정무기경 진사오미신	신임계갑을 유술해자축	병정무기경 인묘진사오	신임계 미신유
3	요일	금 토 일 월 화	수 목 금 토 일	월 화 수 목 금	토 일 월 화 수	목 금 토 일 월	화 수 목 금 토 일
	음력	1/28 29 30 2/1 2	3 4 5 6 7	8 9 10 11 12	13 14 15 16 17	18 19 20 21 22	23 24 25 26 27 28
	일진	갑을병정무 술해자축인	기경신임계 묘진사오미	갑을병정무 신유술해자	기경신임계 축인묘진사	갑을병정무 오미신유술	기경신임계갑 해자축인묘진
4	요일	월 화 수 목 금	토 일 월 화 수	목 금 토 일 월	화 수 목 금 토	일 월 화 수 목	금 토 일 월 화
	음력	2/29 3/1 2 3 4	5 6 7 8 9	10 11 12 13 14	15 16 17 18 19	20 21 22 23 24	25 26 27 28 29
	일진	을병정무기 사오미신유	경신임계갑 술해자축인	을병정무기 묘진사오미	경신임계갑 신유술해자	을병정무기 축인묘진사	경신임계갑 오미신유술
5	요일	수 목 금 토 일	월 화 수 목 금	토 일 월 화 수	목 금 토 일 월	화 수 목 금 토	일 월 화 수 목 금
	음력	4/1 2 3 4 5	6 7 8 9 10	11 12 13 14 15	16 17 18 19 20	21 22 23 24 25	26 27 28 29 30 5/1
	일진	을병정무기 해자축인묘	경신임계갑 진사오미신	을병정무기 유술해자축	경신임계갑 인묘진사오	을병정무기 미신유술해	경신임계갑을 자축인묘진사
6	요일	토 일 월 화 수	목 금 토 일 월	화 수 목 금 토	일 월 화 수 목	금 토 일 월 화	수 목 금 토 일
	음력	5/2 3 4 5 6	7 8 9 10 11	12 13 14 15 16	17 18 19 20 21	22 23 24 25 26	27 28 29 6/1 2
	일진	병정무기경 오미신유술	신임계갑을 해자축인묘	병정무기경 진사오미신	신임계갑을 유술해자축	병정무기경 인묘진사오	신임계갑을 미신유술해

24절기와 잡절

명칭	태양황경(도)	월	일	시	분	명칭	태양황경(도)	월	일	시	분	명칭	태양황경(도)	월	일	시	분
소한	285	1	6	7	16	하지	90	6	22	9	44	대 설	255	12	8	2	0
대한	300	1	21	0	45	소서	105	7	8	3	11	동 지	270	12	22	19	53
입춘	315	2	4	19	4	대서	120	7	23	20	37						
우수	330	2	19	15	9	입추	135	8	8	12	52	한 식		4	6		
경칩	345	3	6	13	25	처서	150	8	24	3	26	단 오		6	4		
춘분	0	3	21	14	33	백로	165	9	8	15	27	초 복		7	15		
청명	15	4	5	18	39	추분	180	9	24	0	41	중 복		7	25		
곡우	30	4	21	2	2	한로	195	10	9	6	41	말 복		8	14		
입하	45	5	6	12	22	상강	210	10	24	9	35	토왕용사	297	1	18	1	59
소만	60	5	22	1	34	입동	225	11	8	9	27	토왕용사	27	4	18	0	18
망종	75	6	6	16	49	소설	240	11	23	6	46	토왕용사	117	7	20	17	12
												토왕용사	207	10	21	9	16

월	양력	1 2 3 4 5	6 7 8 9 10	11 12 13 14 15	16 17 18 19 20	21 22 23 24 25	26 27 28 29 30 31
7	요일	월 화 수 목 금	토 일 월 화 수	목 금 토 일 월	화 수 목 금 토	일 월 화 수 목	금 토 일 월 화 수
	음력	6/3 4 5 6 7	8 9 10 11 12	13 14 15 16 17	18 19 20 21 22	23 24 25 26 27	28 29 7/1 2 3 4
	일진	병정무기경 / 자축인묘진	신임계갑을 / 사오미신유	병정무기경 / 술해자축인	신임계갑을 / 묘진사오미	병정무기경 / 신유술해자	신임계갑을병 / 축인묘진사오
8	요일	목 금 토 일 월	화 수 목 금 토	일 월 화 수 목	금 토 일 월 화	수 목 금 토 일	월 화 수 목 금 토
	음력	7/5 6 7 8 9	10 11 12 13 14	15 16 17 18 19	20 21 22 23 24	25 26 27 28 29	30 8/1 2 3 4 5
	일진	정무기경신 / 미신유술해	임계갑을병 / 자축인묘진	정무기경신 / 사오미신유	임계갑을병 / 술해자축인	정무기경신 / 묘진사오미	임계갑을병정 / 신유술해자축
9	요일	일 월 화 수 목	금 토 일 월 화	수 목 금 토 일	월 화 수 목 금	토 일 월 화 수	목 금 토 일 월
	음력	8/6 7 8 9 10	11 12 13 14 15	16 17 18 19 20	21 22 23 24 25	26 27 28 29 9/1	2 3 4 5 6
	빌신	무기경신임 / 인묘진사오	계갑을병정 / 미신유술해	무기경신임 / 자축인묘진	계갑을병정 / 사오미신유	무기경신임 / 술해자축인	계갑을병정 / 묘진사오미
10	요일	화 수 목 금 토	일 월 화 수 목	금 토 일 월 화	수 목 금 토 일	월 화 수 목 금	토 일 월 화 수 목
	음력	9/7 8 9 10 11	12 13 14 15 16	17 18 19 20 21	22 23 24 25 26	27 28 29 30 10/1	2 3 4 5 6 7
	일진	무기경신임 / 신유술해자	계갑을병정 / 축인묘진사	무기경신임 / 오미신유술	계갑을병정 / 해자축인묘	무기경신임 / 진사오미신	계갑을병정무 / 유술해자축인
11	요일	금 토 일 월 화	수 목 금 토 일	월 화 수 목 금	토 일 월 화 수	목 금 토 일 월	화 수 목 금 토
	음력	10/8 9 10 11 12	13 14 15 16 17	18 19 20 21 22	23 24 25 26 27	28 29 30 11/1 2	3 4 5 6 7
	일진	기경신임계 / 묘진사오미	갑을병정무 / 신유술해자	기경신임계 / 축인묘진사	갑을병정무 / 오미신유술	기경신임계 / 해자축인묘	갑을병정무 / 진사오미신
12	요일	일 월 화 수 목	금 토 일 월 화	수 목 금 토 일	월 화 수 목 금	토 일 월 화 수	목 금 토 일 월 화
	음력	11/8 9 10 11 12	13 14 15 16 17	18 19 20 21 22	23 24 25 26 27	28 29 12/1 2 3	4 5 6 7 8 9
	일진	기경신임계 / 유술해자축	갑을병정무 / 인묘진사오	기경신임계 / 미신유술해	갑을병정무 / 자축인묘진	기경신임계 / 사오미신유	갑을병정무기 / 술해자축인묘

1947 정해년 · 단기 4280

주요 국경일과 명절

구 분	월	일	요일
신정	1	1	수
설날	1	22	수
추석	9	29	월

음양력 대조일람

음력월	월건	대/소	음력1일의 양력 월	일	음력월	월건	대/소	음력1일의 양력 월	일
1	임인	대	1	22	7	무신	대	8	16
2	계묘	대	2	21	8	기유	소	9	15
(윤)2		소	3	23	9	경술	대	10	14
3	갑진	소	4	21	10	신해	소	11	13
4	을사	대	5	20	11	임자	대	12	12
5	병오	소	6	19	12	계축	대	1948/1	11
6	정미	소	7	18					

월	양력	1 2 3 4 5	6 7 8 9 10	11 12 13 14 15	16 17 18 19 20	21 22 23 24 25	26 27 28 29 30 31
1	요일	수 목 금 토 일	월 화 수 목 금	토 일 월 화 수	목 금 토 일 월	화 수 목 금 토	일 월 화 수 목 금
1	음력	12/10 11 12 13 14	15 16 17 18 19	20 21 22 23 24	25 26 27 28 29	30 1/1 2 3 4	5 6 7 8 9 10
1	일진	경신임계갑 진사오미신	을병정무기 유술해자축	경신임계갑 인묘진사오	을병정무기 미신유술해	경신임계갑 자축인묘진	을병정무기경 사오미신유술
2	요일	토 일 월 화 수	목 금 토 일 월	화 수 목 금 토	일 월 화 수 목	금 토 일 월 화	수 목 금
2	음력	1/11 12 13 14 15	16 17 18 19 20	21 22 23 24 25	26 27 28 29 30	2/1 2 3 4 5	6 7 8
2	일진	신임계갑을 해자축인묘	병정무기경 진사오미신	신임계갑을 유술해자축	병정무기경 인묘진사오	신임계갑을 미신유술해	병정무 자축인
3	요일	토 일 월 화 수	목 금 토 일 월	화 수 목 금 토	일 월 화 수 목	금 토 일 월 화	수 목 금 토 일 월
3	음력	2/9 10 11 12 13	14 15 16 17 18	19 20 21 22 23	24 25 26 27 28	29 30 2*/1 2 3	4 5 6 7 8 9
3	일진	기경신임계 묘진사오미	갑을병정무 신유술해자	기경신임계 축인묘진사	갑을병정무 오미신유술	기경신임계 해자축인묘	갑을병정무기 진사오미신유
4	요일	화 수 목 금 토	일 월 화 수 목	금 토 일 월 화	수 목 금 토 일	월 화 수 목 금	토 일 월 화 수
4	음력	2*/10 11 12 13 14	15 16 17 18 19	20 21 22 23 24	25 26 27 28 29	3/1 2 3 4 5	6 7 8 9 10
4	일진	경신임계갑 술해자축인	을병정무기 묘진사오미	경신임계갑 신유술해자	을병정무기 축인묘진사	경신임계갑 오미신유술	을병정무기 해자축인묘
5	요일	목 금 토 일 월	화 수 목 금 토	일 월 화 수 목	금 토 일 월 화	수 목 금 토 일	월 화 수 목 금 토
5	음력	3/11 12 13 14 15	16 17 18 19 20	21 22 23 24 25	26 27 28 29 4/1	2 3 4 5 6	7 8 9 10 11 12
5	일진	경신임계갑 진사오미신	을병정무기 유술해자축	경신임계갑 인묘진사오	을병정무기 미신유술해	경신임계갑 자축인묘진	을병정무기경 사오미신유술
6	요일	일 월 화 수 목	금 토 일 월 화	수 목 금 토 일	월 화 수 목 금	토 일 월 화 수	목 금 토 일 월
6	음력	4/13 14 15 16 17	18 19 20 21 22	23 24 25 26 27	28 29 30 5/1 2	3 4 5 6 7	8 9 10 11 12
6	일진	신임계갑을 해자축인묘	병정무기경 진사오미신	신임계갑을 유술해자축	병정무기경 인묘진사오	신임계갑을 미신유술해	병정무기경 자축인묘진

24절기와 잡절

명칭	태양황경(도)	한국표준시 월	일	시	분	명칭	태양황경(도)	한국표준시 월	일	시	분	명칭	태양황경(도)	한국표준시 월	일	시	분
소한	285	1	6	13	6	하지	90	6	22	15	19	대설	255	12	8	7	56
대한	300	1	21	6	32	소서	105	7	8	8	56	동지	270	12	23	1	43
입춘	315	2	5	0	50	대서	120	7	24	2	14						
우수	330	2	19	20	52	입추	135	8	8	18	41	한식		4	6		
경칩	345	3	6	19	8	처서	150	8	24	9	9	단오		6	23		
춘분	0	3	21	20	13	백로	165	9	8	21	21	초복		7	20		
청명	15	4	6	0	20	추분	180	9	24	6	29	중복		7	30		
곡우	30	4	21	7	39	한로	195	10	9	12	37	말복		8	9		
입하	45	5	6	18	3	상강	210	10	24	15	26	토왕용사	297	1	18	7	49
소만	60	5	22	7	9	입동	225	11	8	15	24	토왕용사	27	4	18	5	58
망종	75	6	6	22	31	소설	240	11	23	12	38	토왕용사	117	7	20	22	50
												토왕용사	207	10	21	15	6

월	양력	1 2 3 4 5	6 7 8 9 10	11 12 13 14 15	16 17 18 19 20	21 22 23 24 25	26 27 28 29 30 31
7	요일	화 수 목 금 토	일 월 화 수 목	금 토 일 월 화	수 목 금 토 일	월 화 수 목 금	토 일 월 화 수 목
	음력	5/13 14 15 16 17	18 19 20 21 22	23 24 25 26 27	28 29 6/1 2 3	4 5 6 7 8	9 10 11 12 13 14
	일진	신임계갑을 사오미신유	병정무기경 술해자축인	신임계갑을 묘진사오미	병정무기경 신유술해자	신임계갑을 축인묘진사	병정무기경신 오미신유술해
8	요일	금 토 일 월 화	수 목 금 토 일	월 화 수 목 금	토 일 월 화 수	목 금 토 일 월	화 수 목 금 토 일
	음력	6/15 16 17 18 19	20 21 22 23 24	25 26 27 28 29	7/1 2 3 4 5	6 7 8 9 10	11 12 13 14 15 16
	일진	임계갑을병 자축인묘진	정무기경신 사오미신유	임계갑을병 술해자축인	정무기경신 묘진사오미	임계갑을병 신유술해자	정무기경신임 축인묘진사오
9	요일	월 화 수 목 금	토 일 월 화 수	목 금 토 일 월	화 수 목 금 토	일 월 화 수 목	금 토 일 월 화
	음력	7/17 18 19 20 21	22 23 24 25 26	27 28 29 30 8/1	2 3 4 5 6	7 8 9 10 11	12 13 14 15 16
	일진	계갑을병정 미신유술해	무기경신임 자축인묘진	계갑을병정 사오미신유	무기경신임 술해자축인	계갑을병정 묘진사오미	무기경신임 신유술해자
10	요일	수 목 금 토 일	월 화 수 목 금	토 일 월 화 수	목 금 토 일 월	화 수 목 금 토	일 월 화 수 목 금
	음력	8/17 18 19 20 21	22 23 24 25 26	27 28 29 9/1 2	3 4 5 6 7	8 9 10 11 12	13 14 15 16 17 18
	일진	계갑을병정 축인묘진사	무기경신임 오미신유술	계갑을병정 해자축인묘	무기경신임 진사오미신	계갑을병정 유술해자축	무기경신임계 인묘진사오미
11	요일	토 일 월 화 수	목 금 토 일 월	화 수 목 금 토	일 월 화 수 목	금 토 일 월 화	수 목 금 토 일
	음력	9/19 20 21 22 23	24 25 26 27 28	29 30 10/1 2 3	4 5 6 7 8	9 10 11 12 13	14 15 16 17 18
	일진	갑을병정무 신유술해자	기경신임계 축인묘진사	갑을병정무 오미신유술	기경신임계 해자축인묘	갑을병정무 진사오미신	기경신임계 유술해자축
12	요일	월 화 수 목 금	토 일 월 화 수	목 금 토 일 월	화 수 목 금 토	일 월 화 수 목	금 토 일 월 화 수
	음력	10/19 20 21 22 23	24 25 26 27 28	29 11/1 2 3 4	5 6 7 8 9	10 11 12 13 14	15 16 17 18 19 20
	일진	갑을병정무 인묘진사오	기경신임계 미신유술해	갑을병정무 자축인묘진	기경신임계 사오미신유	갑을병정무 술해자축인	기경신임계갑 묘진사오미신

* 윤달 : 2월

무자년 • 단기 4281

주요 국경일과 명절

구 분		월	일	요일
신	정	1	1	목
설	날	2	10	화
추	석	9	17	금

음양력 대조일람

음력 월	월 건		대/소	음력 양력	1일의 월일	음력 월	월 건		대/소	음력 양력	1일의 월일
1	갑	인	대	2	10	7	경	신	소	8	5
2	을	묘	소	3	11	8	신	유	대	9	3
3	병	진	대	4	9	9	임	술	소	10	3
4	정	사	소	5	9	10	계	해	대	11	1
5	무	오	대	6	7	11	갑	자	소	12	1
6	기	미	소	7	7	12	을	축	대	12	30

월	양력	1 2 3 4 5	6 7 8 9 10	11 12 13 14 15	16 17 18 19 20	21 22 23 24 25	26 27 28 29 30 31
1	요일	목 금 토 일 월	화 수 목 금 토	일 월 화 수 목	금 토 일 월 화	수 목 금 토 일	월 화 수 목 금 토
1	음력	11/21 22 23 24 25	26 27 28 29 30	12/1 2 3 4 5	6 7 8 9 10	11 12 13 14 15	16 17 18 19 20 21
1	일진	을병정무기 / 유술해자축	경신임계갑 / 인묘진사오	을병정무기 / 미신유술해	경신임계갑 / 자축인묘진	을병정무기 / 사오미신유	경신임계갑을 / 술해자축인묘
2	요일	일 월 화 수 목	금 토 일 월 화	수 목 금 토 일	월 화 수 목 금	토 일 월 화 수	목 금 토 일
2	음력	12/22 23 24 25 26	27 28 29 30 1/1	2 3 4 5 6	7 8 9 10 11	12 13 14 15 16	17 18 19 20
2	일진	병정무기경 / 진사오미신	신임계갑을 / 유술해자축	병정무기경 / 인묘진사오	신임계갑을 / 미신유술해	병정무기경 / 자축인묘진	신임계갑 / 사오미신
3	요일	월 화 수 목 금	토 일 월 화 수	목 금 토 일 월	화 수 목 금 토	일 월 화 수 목	금 토 일 월 화 수
3	음력	1/21 22 23 24 25	26 27 28 29 30	2/1 2 3 4 5	6 7 8 9 10	11 12 13 14 15	16 17 18 19 20 21
3	일진	을병정무기 / 유술해자축	경신임계갑 / 인묘진사오	을병정무기 / 미신유술해	경신임계갑 / 자축인묘진	을병정무기 / 사오미신유	경신임계갑을 / 술해자축인묘
4	요일	목 금 토 일 월	화 수 목 금 토	일 월 화 수 목	금 토 일 월 화	수 목 금 토 일	월 화 수 목 금
4	음력	2/22 23 24 25 26	27 28 29 3/1 2	3 4 5 6 7	8 9 10 11 12	13 14 15 16 17	18 19 20 21 22
4	일진	병정무기경 / 진사오미신	신임계갑을 / 유술해자축	병정무기경 / 인묘진사오	신임계갑을 / 미신유술해	병정무기경 / 자축인묘진	신임계갑을 / 사오미신유
5	요일	토 일 월 화 수	목 금 토 일 월	화 수 목 금 토	일 월 화 수 목	금 토 일 월 화	수 목 금 토 일 월
5	음력	3/23 24 25 26 27	28 29 30 4/1 2	3 4 5 6 7	8 9 10 11 12	13 14 15 16 17	18 19 20 21 22 23
5	일진	병정무기경 / 술해자축인	신임계갑을 / 묘진사오미	병정무기경 / 신유술해자	신임계갑을 / 축인묘진사	병정무기경 / 오미신유술	신임계갑을병 / 해자축인묘진
6	요일	화 수 목 금 토	일 월 화 수 목	금 토 일 월 화	수 목 금 토 일	월 화 수 목 금	토 일 월 화 수
6	음력	4/24 25 26 27 28	29 5/1 2 3 4	5 6 7 8 9	10 11 12 13 14	15 16 17 18 19	20 21 22 23 24
6	일진	정무기경신 / 사오미신유	임계갑을병 / 술해자축인	정무기경신 / 묘진사오미	임계갑을 / 신유술해자	정무기경신 / 축인묘진사	임계갑을병 / 오미신유술

24절기와 잡절

명칭	태양황경(도)	월	일	시	분	명칭	태양황경(도)	월	일	시	분	명칭	태양황경(도)	월	일	시	분
소한	285	1	6	19	0	하지	90	6	21	21	11	대설	255	12	7	13	38
대한	300	1	21	12	18	소서	105	7	7	14	44	동지	270	12	22	7	33
입춘	315	2	5	6	42	대서	120	7	23	8	8						
우수	330	2	20	2	37	입추	135	8	8	0	26	한식		4	6		
경칩	345	3	6	0	58	처서	150	8	23	15	3	단오		6	11		
춘분	0	3	21	1	57	백로	165	9	8	3	5	초복		7	14		
청명	15	4	5	6	9	추분	180	9	23	12	22	중복		7	24		
곡우	30	4	20	13	25	한로	195	10	8	18	20	말복		8	13		
입하	45	5	5	23	52	상강	210	10	23	21	18	토왕용사	297	1	18	13	35
소만	60	5	21	12	58	입동	225	11	7	21	7	토왕용사	27	4	17	11	41
망종	75	6	6	4	20	소설	240	11	22	18	29	토왕용사	117	7	20	4	41
												토왕용사	207	10	20	20	57

월	양력	1 2 3 4 5	6 7 8 9 10	11 12 13 14 15	16 17 18 19 20	21 22 23 24 25	26 27 28 29 30 31
7	요일	목 금 토 일 월	화 수 목 금 토	일 월 화 수 목	금 토 일 월 화	수 목 금 토 일	월 화 수 목 금 토
	음력	5/25 26 27 28 29	30 6/1 2 3 4	5 6 7 8 9	10 11 12 13 14	15 16 17 18 19	20 21 22 23 24 25
	일진	정무기경신 해자축인묘	임계갑을병 진사오미신	정무기경신 유술해자축	임계갑을병 인묘진사오	정무기경신 미신유술해	임계갑을병정 자축인묘진사
8	요일	일 월 화 수 목	금 토 일 월 화	수 목 금 토 일	월 화 수 목 금	토 일 월 화 수	목 금 토 일 월 화
	음력	6/26 27 28 29 7/1	2 3 4 5 6	7 8 9 10 11	12 13 14 15 16	17 18 19 20 21	22 23 24 25 26 27
	일진	무기경신임 오미신유술	계갑을병정 해자축인묘	무기경신임 진사오미신	계갑을병정 유술해자축	무기경신임 인묘진사오	계갑을병정무 미신유술해자
9	요일	수 목 금 토 일	월 화 수 목 금	토 일 월 화 수	목 금 토 일 월	화 수 목 금 토	일 월 화 수 목
	음력	7/28 29 8/1 2 3	4 5 6 7 8	9 10 11 12 13	14 15 16 17 18	19 20 21 22 23	24 25 26 27 28
	일신	기경신임계 축인묘진사	갑을병정무 오미신유술	기경신임계 해자축인묘	갑을병정무 진사오미신	기경신임계 유술해자축	갑을병정무 인묘진사오
10	요일	금 토 일 월 화	수 목 금 토 일	월 화 수 목 금	토 일 월 화 수	목 금 토 일 월	화 수 목 금 토 일
	음력	8/29 30 9/1 2 3	4 5 6 7 8	9 10 11 12 13	14 15 16 17 18	19 20 21 22 23	24 25 26 27 28 29
	일진	기경신임계 미신유술해	갑을병정무 자축인묘진	기경신임계 사오미신유	갑을병정무 술해자축인	기경신임계 묘진사오미	갑을병정무기 신유술해자축
11	요일	월 화 수 목 금	토 일 월 화 수	목 금 토 일 월	화 수 목 금 토	일 월 화 수 목	금 토 일 월 화
	음력	10/1 2 3 4 5	6 7 8 9 10	11 12 13 14 15	16 17 18 19 20	21 22 23 24 25	26 27 28 29 30
	일진	경신임계갑 인묘진사오	을병정무기 미신유술해	경신임계갑 자축인묘진	을병정무기 사오미신유	경신임계갑 술해자축인	을병정무기 묘진사오미
12	요일	수 목 금 토 일	월 화 수 목 금	토 일 월 화 수	목 금 토 일 월	화 수 목 금 토	일 월 화 수 목 금
	음력	11/1 2 3 4 5	6 7 8 9 10	11 12 13 14 15	16 17 18 19 20	21 22 23 24 25	26 27 28 29 12/1 2
	일진	경신임계갑 신유술해자	을병정무기 축인묘진사	경신임계갑 오미신유술	을병정무기 해자축인묘	경신임계갑 진사오미신	을병정무기경 유술해자축인

1949 기축년 · 단기 4282

주요 국경일과 명절

구 분	월 일	요일	구 분	월 일	요일
신 정	1 1	토	추 석	10 6	목
3·1절	3 1	화	한글날	10 9	일
식 목 일	4 5	화	기독탄신일	12 25	일
제 헌 절	7 17	일			
광 복 절	8 15	월.			
개 천 절	10 3	일			

음양력 대조일람

음력 월	월건	대소	음력 1일의 양력 월일	음력 월	월건	대소	음력 1일의 양력 월일
1	병인	대	1 29	(윤)7		소	8 24
2	정묘	대	2 28	8	계유	대	9 22
3	무진	소	3 30	9	갑술	소	10 22
4	기사	대	4 28	10	을해	대	11 20
5	경오	소	5 28	11	병자	소	12 20
6	신미	대	6 26	12	정축	대	1950/1 18
7	임신	소	7 26				

월	양력	1 2 3 4 5	6 7 8 9 10	11 12 13 14 15	16 17 18 19 20	21 22 23 24 25	26 27 28 29 30 31
1	요일	토 일 월 화 수	목 금 토 일 월	화 수 목 금 토	일 월 화 수 목	금 토 일 월 화	수 목 금 토 일 월
	음력	12/3 4 5 6 7	8 9 10 11 12	13 14 15 16 17	18 19 20 21 22	23 24 25 26 27	28 29 30 1/1 2 3
	일진	신묘 임진 계사 갑오 을미	병신 정유 무술 기해 경자	신축 임인 계묘 갑진 을사	병오 정미 무신 기유 경술	신해 임자 계축 갑인 을묘	병진 정사 무오 기미 경신 신유
2	요일	화 수 목 금 토	일 월 화 수 목	금 토 일 월 화	수 목 금 토 일	월 화 수 목 금	토 일 월
	음력	1/4 5 6 7 8	9 10 11 12 13	14 15 16 17 18	19 20 21 22 23	24 25 26 27 28	29 30 2/1
	일진	임술 계해 갑자 을축 병인	정묘 무진 기사 경오 신미	임신 계유 갑술 을해 병자	정축 무인 기묘 경진 신사	임오 계미 갑신 을유 병술	정해 무자 기축
3	요일	화 수 목 금 토	일 월 화 수 목	금 토 일 월 화	수 목 금 토 일	월 화 수 목 금	토 일 월 화 수 목
	음력	2/2 3 4 5 6	7 8 9 10 11	12 13 14 15 16	17 18 19 20 21	22 23 24 25 26	27 28 29 30 3/1 2
	일진	경인 신묘 임진 계사 갑오	을미 병신 정유 무술 기해	경자 신축 임인 계묘 갑진	을사 병오 정미 무신 기유	경술 신해 임자 계축 갑인	을묘 병진 정사 무오 기미 경신
4	요일	금 토 일 월 화	수 목 금 토 일	월 화 수 목 금	토 일 월 화 수	목 금 토 일 월	화 수 목 금 토
	음력	3/3 4 5 6 7	8 9 10 11 12	13 14 15 16 17	18 19 20 21 22	23 24 25 26 27	28 29 4/1 2 3
	일진	신유 임술 계해 갑자 을축	병인 정묘 무진 기사 경오	신미 임신 계유 갑술 을해	병자 정축 무인 기묘 경진	신사 임오 계미 갑신 을유	병술 정해 무자 기축 경인
5	요일	일 월 화 수 목	금 토 일 월 화	수 목 금 토 일	월 화 수 목 금	토 일 월 화 수	목 금 토 일 월 화
	음력	4/4 5 6 7 8	9 10 11 12 13	14 15 16 17 18	19 20 21 22 23	24 25 26 27 28	29 30 5/1 2 3 4
	일진	신묘 임진 계사 갑오 을미	병신 정유 무술 기해 경자	신축 임인 계묘 갑진 을사	병오 정미 무신 기유 경술	신해 임자 계축 갑인 을묘	병진 정사 무오 기미 경신 신유
6	요일	수 목 금 토 일	월 화 수 목 금	토 일 월 화 수	목 금 토 일 월	화 수 목 금 토	일 월 화 수 목
	음력	5/5 6 7 8 9	10 11 12 13 14	15 16 17 18 19	20 21 22 23 24	25 26 27 28 29	6/1 2 3 4 5
	일진	임술 계해 갑자 을축 병인	정묘 무진 기사 경오 신미	임신 계유 갑술 을해 병자	정축 무인 기묘 경진 신사	임오 계미 갑신 을유 병술	정해 무자 기축 경인 신묘

24절기와 잡절

명칭	태양황경(도)	월	일	시	분	명칭	태양황경(도)	월	일	시	분	명칭	태양황경(도)	월	일	시	분
소한	285	1	6	0	41	하지	90	6	22	3	3	대 설	255	12	7	19	33
대한	300	1	20	18	9	소서	105	7	7	20	32	동 지	270	12	22	13	23
입춘	315	2	4	12	23	대서	120	7	23	13	57						
우수	330	2	19	8	27	입추	135	8	8	6	15	한 식		4	6		
경칩	345	3	6	6	39	처서	150	8	23	20	48	단 오		6	1		
춘분	0	3	21	7	48	백로	165	9	8	8	54	초복		7	19		
청명	15	4	5	11	52	추분	180	9	23	18	6	중복		7	29		
곡우	30	4	20	19	17	한로	195	10	9	0	11	말복		8	8		
입하	45	5	6	5	37	상강	210	10	24	3	3	토왕용사	297	1	17	19	24
소만	60	5	21	18	51	입동	225	11	8	3	0	토왕용사	27	4	17	17	34
망종	75	6	6	10	7	소설	240	11	23	0	16	토왕용사	117	7	20	10	33
												토왕용사	207	10	21	2	45

월	양력	1 2 3 4 5	6 7 8 9 10	11 12 13 14 15	16 17 18 19 20	21 22 23 24 25	26 27 28 29 30 31
7	요일	금 토 일 월 화	수 목 금 토 일	월 화 수 목 금	토 일 월 화 수	목 금 토 일 월	화 수 목 금 토 일
7	음력	6/6 7 8 9 10	11 12 13 14 15	16 17 18 19 20	21 22 23 24 25	26 27 28 29 30	7/1 2 3 4 5 6
7	일진	임 계 갑 을 병 진 사 오 미 신	정 무 기 경 신 유 술 해 자 축	임 계 갑 을 병 인 묘 진 사 오	정 무 기 경 신 미 신 유 술 해	임 계 갑 을 병 자 축 인 묘 진	정 무 기 경 신 임 사 오 미 신 유 술
8	요일	월 화 수 목 금	토 일 월 화 수	목 금 토 일 월	화 수 목 금 토	일 월 화 수 목	금 토 일 월 화 수
8	음력	7/7 8 9 10 11	12 13 14 15 16	17 18 19 20 21	22 23 24 25 26	27 28 29 7*/1 2	3 4 5 6 7 8
8	일진	계 갑 을 병 정 해 자 축 인 묘	무 기 경 신 임 진 사 오 미 신	계 갑 을 병 정 유 술 해 자 축	무 기 경 신 임 인 묘 진 사 오	계 갑 을 병 정 미 신 유 술 해	무 기 경 신 임 계 자 축 인 묘 진 사
9	요일	목 금 토 일 월	화 수 목 금 토	일 월 화 수 목	금 토 일 월 화	수 목 금 토 일	월 화 수 목 금
9	음력	7*/9 10 11 12 13	14 15 16 17 18	19 20 21 22 23	24 25 26 27 28	29 8/1 2 3 4	5 6 7 8 9
9	일진	갑 을 병 정 무 오 미 신 유 술	기 경 신 임 계 해 자 축 인 묘	갑 을 병 정 무 신 사 오 미 신	기 경 신 임 계 유 술 해 자 축	갑 을 병 정 무 인 묘 진 사 오	기 경 신 임 계 미 신 유 술 해
10	요일	토 일 월 화 수	목 금 토 일 월	화 수 목 금 토	일 월 화 수 목	금 토 일 월 화	수 목 금 토 일 월
10	음력	8/10 11 12 13 14	15 16 17 18 19	20 21 22 23 24	25 26 27 28 29	30 9/1 2 3 4	5 6 7 8 9 10
10	일진	갑 을 병 정 무 자 축 인 묘 진	기 경 신 임 계 사 오 미 신 유	갑 을 병 정 무 술 해 자 축 인	기 경 신 임 계 묘 진 사 오 미	갑 을 병 정 무 신 유 술 해 자	기 경 신 임 계 갑 축 인 묘 진 사 오
11	요일	화 수 목 금 토	일 월 화 수 목	금 토 일 월 화	수 목 금 토 일	월 화 수 목 금	토 일 월 화 수
11	음력	9/11 12 13 14 15	16 17 18 19 20	21 22 23 24 25	26 27 28 29 10/1	2 3 4 5 6	7 8 9 10 11
11	일진	을 병 정 무 기 미 신 유 술 해	경 신 임 계 갑 자 축 인 묘 진	을 병 정 무 기 사 오 미 신 유	경 신 임 계 갑 술 해 자 축 인	을 병 정 무 기 묘 진 사 오 미	경 신 임 계 갑 신 유 술 해 자
12	요일	목 금 토 일 월	화 수 목 금 토	일 월 화 수 목	금 토 일 월 화	수 목 금 토 일	월 화 수 목 금 토
12	음력	10/12 13 14 15 16	17 18 19 20 21	22 23 24 25 26	27 28 29 30 11/1	2 3 4 5 6	7 8 9 10 11 12
12	일진	을 병 정 무 기 축 인 묘 진 사	경 신 임 계 갑 오 미 신 유 술	을 병 정 무 기 해 자 축 인 묘	경 신 임 계 갑 진 사 오 미 신	을 병 정 무 기 유 술 해 자 축	경 신 임 계 갑 을 인 묘 진 사 오 미

* 윤달 : 7월

1950 경인년 • 단기 4283

주요 국경일과 명절

구 분	월	일	요일	구 분	월	일	요일
신　　정	1	1	일	개 천 절	10	3	화
3·1절	3	1	수	한 글 날	10	9	월
식 목 일	4	5	수	국제연합일	10	24	화
제 헌 절	7	17	월	기독탄신일	12	25	월
광 복 절	8	15	화				
추　　석	9	26	화				

음양력 대조일람

음력월	월건	대소	음력 1일의 양력 월일	음력월	월건	대소	음력 1일의 양력 월일
1	무인	대	2 17	7	갑신	소	8 14
2	기묘	소	3 19	8	을유	소	9 12
3	경진	대	4 17	9	병술	대	10 11
4	신사	대	5 17	10	정해	소	11 10
5	임오	소	6 16	11	무자	대	12 9
6	계미	대	7 15	12	기축	소	1951/1 8

월	양력	1 2 3 4 5	6 7 8 9 10	11 12 13 14 15	16 17 18 19 20	21 22 23 24 25	26 27 28 29 30 31
1	요일	일월화수목	금토일월화	수목금토일	월화수목금	토일월화수	목금토일월화
	음력	11/13 14 15 16 17	18 19 20 21 22	23 24 25 26 27	28 29 12/1 2 3	4 5 6 7 8	9 10 11 12 13 14
	일진	병정무기경 신유술해자	신임계갑을 축인묘진사	병정무기경 오미신유술	신임계갑을 해자축인묘	병정무기경 진사오미신	신임계갑을병 유술해자축인
2	요일	수목금토일	월화수목금	토일월화수	목금토일월	화수목금토	일월화
	음력	12/15 16 17 18 19	20 21 22 23 24	25 26 27 28 29	30 1/1 2 3 4	5 6 7 8 9	10 11 12
	일진	정무기경신 묘진사오미	임계갑을병 신유술해자	정무기경신 축인묘진사	임계갑을병 오미신유술	정무기경신 해자축인묘	임계갑 진사오
3	요일	수목금토일	월화수목금	토일월화수	목금토일월	화수목금토	일월화수목금
	음력	1/13 14 15 16 17	18 19 20 21 22	23 24 25 26 27	28 29 30 2/1 2	3 4 5 6 7	8 9 10 11 12 13
	일진	을병정무기 미신유술해	경신임계갑 자축인묘진	을병정무기 사오미신유	경신임계갑 술해자축인	을병정무기 묘진사오미	경신임계갑을 신유술해자축
4	요일	토일월화수	목금토일월	화수목금토	일월화수목	금토일월화	수목금토일
	음력	2/14 15 16 17 18	19 20 21 22 23	24 25 26 27 28	29 3/1 2 3 4	5 6 7 8 9	10 11 12 13 14
	일진	병정무기경 인묘진사오	신임계갑을 미신유술해	병정무기경 자축인묘진	신임계갑을 사오미신유	병정무기경 술해자축인	신임계갑을 묘진사오미
5	요일	월화수목금	토일월화수	목금토일월	화수목금토	일월화수목	금토일월화수
	음력	3/15 16 17 18 19	20 21 22 23 24	25 26 27 28 29	30 4/1 2 3 4	5 6 7 8 9	10 11 12 13 14 15
	일진	병정무기경 신유술해자	신임계갑을 축인묘진사	병정무기경 오미신유술	신임계갑을 해자축인묘	병정무기경 진사오미신	신임계갑을병 유술해자축인
6	요일	목금토일월	화수목금토	일월화수목	금토일월화	수목금토일	월화수목금
	음력	4/16 17 18 19 20	21 22 23 24 25	26 27 28 29 30	5/1 2 3 4 5	6 7 8 9 10	11 12 13 14 15
	일진	정무기경신 묘진사오미	임계갑을병 신유술해자	정무기경신 축인묘진사	임계갑을병 오미신유술	정무기경신 해자축인묘	임계갑을병 진사오미신

24절기와 잡절

명칭	태양황경(도)	월	일	시	분	명칭	태양황경(도)	월	일	시	분	명칭	태양황경(도)	월	일	시	분
소한	285	1	6	6	39	하지	90	6	22	8	36	대설	255	12	8	1	22
대한	300	1	20	24	0	소서	105	7	8	2	13	동지	270	12	22	19	13
입춘	315	2	4	18	21	대서	120	7	23	19	30	한식			4	6	
우수	330	2	19	14	18	입추	135	8	8	11	55	단오			6	20	
경칩	345	3	6	12	35	처서	150	8	24	2	23	초복			7	14	
춘분	0	3	21	13	35	백로	165	9	8	14	34	중복			7	24	
청명	15	4	5	17	44	추분	180	9	23	23	44	말복			8	13	
곡우	30	4	21	0	59	한로	195	10	9	5	52	토왕용사	297	1	18	1	18
입하	45	5	6	11	25	상강	210	10	24	8	45	토왕용사	27	4	17	23	18
소만	60	5	22	0	27	입동	225	11	8	8	44	토왕용사	117	7	20	16	5
망종	75	6	6	15	51	소설	240	11	23	6	3	토왕용사	207	10	21	8	23

월	양력	1 2 3 4 5	6 7 8 9 10	11 12 13 14 15	16 17 18 19 20	21 22 23 24 25	26 27 28 29 30 31
7	요일	토 일 월 화 수	목 금 토 일 월	화 수 목 금 토	일 월 화 수 목	금 토 일 월 화	수 목 금 토 일 월
	음력	5/16 17 18 19 20	21 22 23 24 25	26 27 28 29 6/1	2 3 4 5 6	7 8 9 10 11	12 13 14 15 16 17
	일진	정무기경신 유술해자축	임계갑을병 인묘진사오	정무기경신 미신유술해	임계갑을병 자축인묘진	정무기경신 사오미신유	임계갑을병정 술해자축인묘
8	요일	화 수 목 금 토	일 월 화 수 목	금 토 일 월 화	수 목 금 토 일	월 화 수 목 금	토 일 월 화 수 목
	음력	6/18 19 20 21 22	23 24 25 26 27	28 29 30 7/1 2	3 4 5 6 7	8 9 10 11 12	13 14 15 16 17 18
	일진	무기경신임 진사오미신	계갑을병정 유술해자축	무기경신임 인묘진사오	계갑을병정 미신유술해	무기경신임 자축인묘진	계갑을병정무 사오미신유술
9	요일	금 토 일 월 화	수 목 금 토 일	월 화 수 목 금	토 일 월 화 수	목 금 토 일 월	화 수 목 금 토
	음력	7/19 20 21 22 23	24 25 26 27 28	29 8/1 2 3 4	5 6 7 8 9	10 11 12 13 14	15 16 17 18 19
	일진	기경신임계 해자축인묘	갑을병정무 진사오미신	기경신임계 유술해자축	갑을병정무 인묘진사오	기경신임계 미신유술해	갑을병정무 자축인묘진
10	요일	일 월 화 수 목	금 토 일 월 화	수 목 금 토 일	월 화 수 목 금	토 일 월 화 수	목 금 토 일 월 화
	음력	8/20 21 22 23 24	25 26 27 28 29	9/1 2 3 4 5	6 7 8 9 10	11 12 13 14 15	16 17 18 19 20 21
	일진	기경신임계 사오미신유	갑을병정무 술해자축인	기경신임계 묘진사오미	갑을병정무 신유술해자	기경신임계 축인묘진사	갑을병정무기 오미신유술해
11	요일	수 목 금 토 일	월 화 수 목 금	토 일 월 화 수	목 금 토 일 월	화 수 목 금 토	일 월 화 수 목
	음력	9/22 23 24 25 26	27 28 29 30 10/1	2 3 4 5 6	7 8 9 10 11	12 13 14 15 16	17 18 19 20 21
	일진	경신임계갑 자축인묘진	을병정무기 사오미신유	경신임계갑 술해자축인	을병정무기 묘진사오미	경신임계갑 신유술해자	을병정무기 축인묘진사
12	요일	금 토 일 월 화	수 목 금 토 일	월 화 수 목 금	토 일 월 화 수	목 금 토 일 월	화 수 목 금 토 일
	음력	10/22 23 24 25 26	27 28 29 11/1 2	3 4 5 6 7	8 9 10 11 12	13 14 15 16 17	18 19 20 21 22 23
	일진	경신임계갑 오미신유술	을병정무기 해자축인묘	경신임계갑 진사오미신	을병정무기 유술해자축	경신임계갑 인묘진사오	을병정무기경 미신유술해자

1951 신묘년 • 단기 4284

주요 국경일과 명절

구 분	월일	요일	구 분	월일	요일
신 정	1 1	월	개천절	10 3	수
3·1절	3 1	목	한글날	10 9	화
식목일	4 5	목	국제연합일	10 24	수
제헌절	7 17	화	기독탄신일	12 25	화
광복절	8 15	수			
추 석	9 15	토			

음양력 대조일람

음력월	월건	대소	음력 1일의 양력 월일	음력월	월건	대소	음력 1일의 양력 월일
1	경인	대	2 6	7	병신	소	8 3
2	신묘	소	3 8	8	정유	대	9 1
3	임진	대	4 6	9	무술	소	10 1
4	계사	대	5 6	10	기해	대	10 30
5	갑오	소	6 5	11	경자	소	11 29
6	을미	대	7 4	12	신축	대	12 28

월	양력	1 2 3 4 5	6 7 8 9 10	11 12 13 14 15	16 17 18 19 20	21 22 23 24 25	26 27 28 29 30 31
1	요일	월 화 수 목 금	토 일 월 화 수	목 금 토 일 월	화 수 목 금 토	일 월 화 수 목	금 토 일 월 화 수
	음력	11/24 25 26 27 28	29 30 12/1 2 3	4 5 6 7 8	9 10 11 12 13	14 15 16 17 18	19 20 21 22 23 24
	일진	신임계갑을 축인묘진사	병정무기경 오미신유술	신임계갑을 해자축인묘	병정무기경 진사오미신	신임계갑을 유술해자축	병정무기경신 인묘진사오미
2	요일	목 금 토 일 월	화 수 목 금 토	일 월 화 수 목	금 토 일 월 화	수 목 금 토 일	월 화 수
	음력	12/25 26 27 28 29	1/1 2 3 4 5	6 7 8 9 10	11 12 13 14 15	16 17 18 19 20	21 22 23
	일진	임계갑을병 신유술해자	정무기경신 축인묘진사	임계갑을병 오미신유술	정무기경신 해자축인묘	임계갑을병 진사오미신	정무기 유술해
3	요일	목 금 토 일 월	화 수 목 금 토	일 월 화 수 목	금 토 일 월 화	수 목 금 토 일	월 화 수 목 금 토
	음력	1/24 25 26 27 28	29 30 2/1 2 3	4 5 6 7 8	9 10 11 12 13	14 15 16 17 18	19 20 21 22 23 24
	일진	경신임계갑 자축인묘진	을병정무기 사오미신유	경신임계갑 술해자축인	을병정무기 묘진사오미	경신임계갑 신유술해자	을병정무기경 축인묘진사오
4	요일	일 월 화 수 목	금 토 일 월 화	수 목 금 토 일	월 화 수 목 금	토 일 월 화 수	목 금 토 일 월
	음력	2/25 26 27 28 29	3/1 2 3 4 5	6 7 8 9 10	11 12 13 14 15	16 17 18 19 20	21 22 23 24 25
	일진	신임계갑을 미신유술해	병정무기경 자축인묘진	신임계갑을 사오미신유	병정무기경 술해자축인	신임계갑을 묘진사오미	병정무기경 신유술해자
5	요일	화 수 목 금 토	일 월 화 수 목	금 토 일 월 화	수 목 금 토 일	월 화 수 목 금	토 일 월 화 수 목
	음력	3/26 27 28 29 30	4/1 2 3 4 5	6 7 8 9 10	11 12 13 14 15	16 17 18 19 20	21 22 23 24 25 26
	일진	신임계갑을 축인묘진사	병정무기경 오미신유술	신임계갑을 해자축인묘	병정무기경 진사오미신	신임계갑을 유술해자축	병정무기경신 인묘진사오미
6	요일	금 토 일 월 화	수 목 금 토 일	월 화 수 목 금	토 일 월 화 수	목 금 토 일 월	화 수 목 금 토
	음력	4/27 28 29 30 5/1	2 3 4 5 6	7 8 9 10 11	12 13 14 15 16	17 18 19 20 21	22 23 24 25 26
	일진	임계갑을병 신유술해자	정무기경신 축인묘진사	임계갑을병 오미신유술	정무기경신 해자축인묘	임계갑을병 진사오미신	정무기경신 유술해자축

24절기와 잡절

명칭	태양황경(도)	월	일	시	분
소한	285	1	6	12	30
대한	300	1	21	5	52
입춘	315	2	5	0	13
우수	330	2	19	20	10
경칩	345	3	6	18	27
춘분	0	3	21	19	26
청명	15	4	5	23	33
곡우	30	4	21	6	48
입하	45	5	6	17	9
소만	60	5	22	6	15
망종	75	6	6	21	33

명칭	태양황경(도)	월	일	시	분
하지	90	6	22	14	25
소서	105	7	8	7	54
대서	120	7	24	1	21
입추	135	8	8	17	37
처서	150	8	24	8	16
백로	165	9	8	20	18
추분	180	9	24	5	37
한로	195	10	9	11	36
상강	210	10	24	14	36
입동	225	11	8	14	27
소설	240	11	23	11	51

명칭	태양황경(도)	월	일	시	분
대설	255	12	8	7	2
동지	270	12	23	1	0
한식		4	6		
단오		6	9		
초복		7	19		
중복		7	29		
말복		8	8		
토왕용사	297	1	18	7	7
토왕용사	27	4	18	5	4
토왕용사	117	7	20	21	54
토왕용사	207	10	21	14	16

월	구분	1	2	3	4	5	6	7	8	9	10	11	12	13	14	15	16	17	18	19	20	21	22	23	24	25	26	27	28	29	30	31
7	요일	일	월	화	수	목	금	토	일	월	화	수	목	금	토	일	월	화	수	목	금	토	일	월	화	수	목	금	토	일	월	화
7	음력	5/27	28	29	6/1	2	3	4	5	6	7	8	9	10	11	12	13	14	15	16	17	18	19	20	21	22	23	24	25	26	27	28
7	일진	임인	계묘	갑진	을사	병오	정미	무신	기유	경술	신해	임자	계축	갑인	을묘	병진	정사	무오	기미	경신	신유	임술	계해	갑자	을축	병인	정묘	무진	기사	경오	신미	임신
8	요일	수	목	금	토	일	월	화	수	목	금	토	일	월	화	수	목	금	토	일	월	화	수	목	금	토	일	월	화	수	목	금
8	음력	6/29	30	7/1	2	3	4	5	6	7	8	9	10	11	12	13	14	15	16	17	18	19	20	21	22	23	24	25	26	27	28	29
8	일진	계유	갑술	을해	병자	정축	무인	기묘	경진	신사	임오	계미	갑신	을유	병술	정해	무자	기축	경인	신묘	임진	계사	갑오	을미	병신	정유	무술	기해	경자	신축	임인	계묘
9	요일	토	일	월	화	수	목	금	토	일	월	화	수	목	금	토	일	월	화	수	목	금	토	일	월	화	수	목	금	토	일	
9	음력	8/1	2	3	4	5	6	7	8	9	10	11	12	13	14	15	16	17	18	19	20	21	22	23	24	25	26	27	28	29	30	
9	일진	갑진	을사	병오	정미	무신	기유	경술	신해	임자	계축	갑인	을묘	병진	정사	무오	기미	경신	신유	임술	계해	갑자	을축	병인	정묘	무진	기사	경오	신미	임신	계유	
10	요일	월	화	수	목	금	토	일	월	화	수	목	금	토	일	월	화	수	목	금	토	일	월	화	수	목	금	토	일	월	화	수
10	음력	9/1	2	3	4	5	6	7	8	9	10	11	12	13	14	15	16	17	18	19	20	21	22	23	24	25	26	27	28	29	10/1	2
10	일진	갑술	을해	병자	정축	무인	기묘	경진	신사	임오	계미	갑신	을유	병술	정해	무자	기축	경인	신묘	임진	계사	갑오	을미	병신	정유	무술	기해	경자	신축	임인	계묘	갑진
11	요일	목	금	토	일	월	화	수	목	금	토	일	월	화	수	목	금	토	일	월	화	수	목	금	토	일	월	화	수	목	금	
11	음력	10/3	4	5	6	7	8	9	10	11	12	13	14	15	16	17	18	19	20	21	22	23	24	25	26	27	28	29	30	11/1	2	
11	일진	을사	병오	정미	무신	기유	경술	신해	임자	계축	갑인	을묘	병진	정사	무오	기미	경신	신유	임술	계해	갑자	을축	병인	정묘	무진	기사	경오	신미	임신	계유	갑술	
12	요일	토	일	월	화	수	목	금	토	일	월	화	수	목	금	토	일	월	화	수	목	금	토	일	월	화	수	목	금	토	일	월
12	음력	11/3	4	5	6	7	8	9	10	11	12	13	14	15	16	17	18	19	20	21	22	23	24	25	26	27	28	29	12/1	2	3	4
12	일진	을해	병자	정축	무인	기묘	경진	신사	임오	계미	갑신	을유	병술	정해	무자	기축	경인	신묘	임진	계사	갑오	을미	병신	정유	무술	기해	경자	신축	임인	계묘	갑진	을사

1952 임진년 • 단기 4285

주요 국경일과 명절

구 분	월일	요일	구 분	월일	요일
신 정	1 1	화	개 천 절	10 3	금
3·1절	3 1	토	한글날	10 9	목
식목일	4 5	토	국제연합일	10 24	금
제헌절	7 17	목	기독탄신일	12 25	목
광복절	8 15	금			
추 석	10 3	금			

음양력 대조일람

음력월	월건	대소	음력 1일의 양력 월일	음력월	월건	대소	음력 1일의 양력 월일
1	임인	소	1 27	7	무신	소	8 21
2	계묘	대	2 25	8	기유	대	9 19
3	갑진	소	3 26	9	경술	소	10 19
4	을사	대	4 24	10	신해	대	11 17
5	병오	소	5 24	11	임자	소	12 17
(윤)5		대	6 22	12	계축	대	1953/1 15
6	정미	대	7 22				

월	양력	1 2 3 4 5	6 7 8 9 10	11 12 13 14 15	16 17 18 19 20	21 22 23 24 25	26 27 28 29 30 31
1	요일	화 수 목 금 토	일 월 화 수 목	금 토 일 월 화	수 목 금 토 일	월 화 수 목 금	토 일 월 화 수 목
	음력	12/5 6 7 8 9	10 11 12 13 14	15 16 17 18 19	20 21 22 23 24	25 26 27 28 29	30 1/1 2 3 4 5
	일진	병정무기경 오미신유술	신임계갑을 해자축인묘	병정무기경 진사오미신	신임계갑을 유술해자축	병정무기경 인묘진사오	신임계갑을병 미신유술해자
2	요일	금 토 일 월 화	수 목 금 토 일	월 화 수 목 금	토 일 월 화 수	목 금 토 일 월	화 수 목 금
	음력	1/6 7 8 9 10	11 12 13 14 15	16 17 18 19 20	21 22 23 24 25	26 27 28 29 2/1	2 3 4 5
	일진	정무기경신 축인묘진사	임계갑을병 오미신유술	정무기경신 해자축인묘	임계갑을병 진사오미신	정무기경신 유술해자축	임계갑을 인묘진사
3	요일	토 일 월 화 수	목 금 토 일 월	화 수 목 금 토	일 월 화 수 목	금 토 일 월 화	수 목 금 토 일 월
	음력	2/6 7 8 9 10	11 12 13 14 15	16 17 18 19 20	21 22 23 24 25	26 27 28 29 30	3/1 2 3 4 5 6
	일진	병정무기경 오미신유술	신임계갑을 해자축인묘	병정무기경 진사오미신	신임계갑을 유술해자축	병정무기경 인묘진사오	신임계갑을병 미신유술해자
4	요일	화 수 목 금 토	일 월 화 수 목	금 토 일 월 화	수 목 금 토 일	월 화 수 목 금	토 일 월 화 수
	음력	3/7 8 9 10 11	12 13 14 15 16	17 18 19 20 21	22 23 24 25 26	27 28 29 4/1 2	3 4 5 6 7
	일진	정무기경신 축인묘진사	임계갑을병 오미신유술	정무기경신 해자축인묘	임계갑을병 진사오미신	정무기경신 유술해자축	임계갑을병 인묘진사오
5	요일	목 금 토 일 월	화 수 목 금 토	일 월 화 수 목	금 토 일 월 화	수 목 금 토 일	월 화 수 목 금 토
	음력	4/8 9 10 11 12	13 14 15 16 17	18 19 20 21 22	23 24 25 26 27	28 29 30 5/1 2	3 4 5 6 7 8
	일진	정무기경신 미신유술해	임계갑을병 자축인묘진	정무기경신 사오미신유	임계갑을병 술해자축인	정무기경신 묘진사오미	임계갑을병정 신유술해자축
6	요일	일 월 화 수 목	금 토 일 월 화	수 목 금 토 일	월 화 수 목 금	토 일 월 화 수	목 금 토 일 월
	음력	5/9 10 11 12 13	14 15 16 17 18	19 20 21 22 23	24 25 26 27 28	29 윤5/1 2 3 4	5 6 7 8 9
	일진	무기경신임 인묘진사오	계갑을병정 미신유술해	무기경신임 자축인묘진	계갑을병정 사오미신유	무기경신임 술해자축인	계갑을병정 묘진사오미

24절기와 잡절

명 칭	태양황경(도)	한국표준시 월 일	시 분	명 칭	태양황경(도)	한국표준시 월 일	시 분	명 칭	태양황경(도)	한국표준시 월 일	시 분
소한	285	1 6	18 10	하지	90	6 21	20 13	대 설	255	12 7	12 56
대한	300	1 21	11 38	소서	105	7 7	13 45	동 지	270	12 22	6 43
입춘	315	2 5	5 53	대서	120	7 23	7 7	한 식		4 6	
우수	330	2 20	1 57	입추	135	8 7	23 31				
경칩	345	3 6	0 7	처서	150	8 23	14 3	단 오		5 28	
춘분	0	3 21	1 14	백로	165	9 8	2 14	초 복		7 13	
청명	15	4 5	5 15	추분	180	9 23	11 24	중 복		7 23	
곡우	30	4 20	12 37	한로	195	10 8	17 32	말 복		8 12	
입하	45	5 5	22 54	상강	210	10 23	20 22	토왕용사	297	1 18	12 55
소만	60	5 21	12 4	입동	225	11 7	20 22	토왕용사	27	4 17	10 55
망종	75	6 6	3 20	소설	240	11 22	17 36	토왕용사	117	7 20	3 44
								토왕용사	207	10 20	20 4

월	양력	1 2 3 4 5	6 7 8 9 10	11 12 13 14 15	16 17 18 19 20	21 22 23 24 25	26 27 28 29 30 31
7	요일	화 수 목 금 토	일 월 화 수 목	금 토 일 월 화	수 목 금 토 일	월 화 수 목 금	토 일 월 화 수 목
	음력	5*/10 11 12 13 14	15 16 17 18 19	20 21 22 23 24	25 26 27 28 29	30 6/1 2 3 4	5 6 7 8 9 10
	일진	무 기 경 신 임 신 유 술 해 자	계 갑 을 병 정 축 인 묘 진 사	무 기 경 신 임 오 미 신 유 술	계 갑 을 병 정 해 자 축 인 묘	무 기 경 신 임 진 사 오 미 신	계 갑 을 병 정 무 유 술 해 자 축 인
8	요일	금 토 일 월 화	수 목 금 토 일	월 화 수 목 금	토 일 월 화 수	목 금 토 일 월	화 수 목 금 토 일
	음력	6/11 12 13 14 15	16 17 18 19 20	21 22 23 24 25	26 27 28 29 30	7/1 2 3 4 5	6 7 8 9 10 11
	일진	기 경 신 임 계 묘 진 사 오 미	갑 을 병 정 무 신 유 술 해 자	기 경 신 임 계 축 인 묘 진 사	갑 을 병 정 무 오 미 신 유 술	기 경 신 임 계 해 자 축 인 묘	갑 을 병 정 무 기 진 사 오 미 신 유
9	요일	월 화 수 목 금	토 일 월 화 수	목 금 토 일 월	화 수 목 금 토	일 월 화 수 목	금 토 일 월 화
	음력	7/12 13 14 15 16	17 18 19 20 21	22 23 24 25 26	27 28 29 8/1 2	3 4 5 6 7	8 9 10 11 12
	일진	경 신 임 계 갑 술 해 자 축 인	을 병 정 무 기 묘 진 사 오 미	경 신 임 계 갑 신 유 술 해 자	을 병 정 무 기 축 인 묘 진 사	경 신 임 계 갑 오 미 신 유 술	을 병 정 무 기 해 자 축 인 묘
10	요일	수 목 금 토 일	월 화 수 목 금	토 일 월 화 수	목 금 토 일 월	화 수 목 금 토	일 월 화 수 목 금
	음력	8/13 14 15 16 17	18 19 20 21 22	23 24 25 26 27	28 29 30 9/1 2	3 4 5 6 7	8 9 10 11 12 13
	일진	경 신 임 계 갑 진 사 오 미 신	을 병 정 무 기 유 술 해 자 축	경 신 임 계 갑 인 묘 진 사 오	을 병 정 무 기 미 신 유 술 해	경 신 임 계 갑 자 축 인 묘 진	을 병 정 무 기 경 사 오 미 신 유 술
11	요일	토 일 월 화 수	목 금 토 일 월	화 수 목 금 토	일 월 화 수 목	금 토 일 월 화	수 목 금 토 일
	음력	9/14 15 16 17 18	19 20 21 22 23	24 25 26 27 28	29 10/1 2 3 4	5 6 7 8 9	10 11 12 13 14
	일진	신 임 계 갑 을 해 자 축 인 묘	병 정 무 기 경 진 사 오 미 신	신 임 계 갑 을 유 술 해 자 축	병 정 무 기 경 인 묘 진 사 오	신 임 계 갑 을 미 신 유 술 해	병 정 무 기 경 자 축 인 묘 진
12	요일	월 화 수 목 금	토 일 월 화 수	목 금 토 일 월	화 수 목 금 토	일 월 화 수 목	금 토 일 월 화 수
	음력	10/15 16 17 18 19	20 21 22 23 24	25 26 27 28 29	30 11/1 2 3 4	5 6 7 8 9	10 11 12 13 14 15
	일진	신 임 계 갑 을 사 오 미 신 유	병 정 무 기 경 술 해 자 축 인	신 임 계 갑 을 묘 진 사 오 미	병 정 무 기 경 신 유 술 해 자	신 임 계 갑 을 축 인 묘 진 사	병 정 무 기 경 신 오 미 신 유 술 해

* 윤달 : 5월

1953 계사년 · 단기 4286

주요 국경일과 명절

구 분	월일	요일	구 분	월일	요일
신 정	1 1	목	개천절	10 3	토
3·1 절	3 1	일	한글날	10 9	금
식 목 일	4 5	일	국제연합일	10 24	토
제 헌 절	7 17	금	기독탄신일	12 25	금
광 복 절	8 15	토			
추 석	9 22	화			

음양력 대조일람

음력월	월건	대소	음력 1일의 양력 월일	음력월	월건	대소	음력 1일의 양력 월일
1	갑인	소	2 14	7	경신	소	8 10
2	을묘	대	3 15	8	신유	대	9 8
3	병진	소	4 14	9	임술	대	10 8
4	정사	소	5 13	10	계해	소	11 7
5	무오	대	6 11	11	갑자	대	12 6
6	기미	대	7 11	12	을축	대	1954/1 5

월	양력	1	2	3	4	5	6	7	8	9	10	11	12	13	14	15	16	17	18	19	20	21	22	23	24	25	26	27	28	29	30	31
1	요일	목	금	토	일	월	화	수	목	금	토	일	월	화	수	목	금	토	일	월	화	수	목	금	토	일	월	화	수	목	금	토
	음력	11/16	17	18	19	20	21	22	23	24	25	26	27	28	29	12/1	2	3	4	5	6	7	8	9	10	11	12	13	14	15	16	17
	일진	임자	계축	갑인	을묘	병진	정사	무오	기미	경신	신유	임술	계해	갑자	을축	병인	정묘	무진	기사	경오	신미	임신	계유	갑술	을해	병자	정축	무인	기묘	경진	신사	임오
2	요일	일	월	화	수	목	금	토	일	월	화	수	목	금	토	일	월	화	수	목	금	토	일	월	화	수	목	금	토			
	음력	12/18	19	20	21	22	23	24	25	26	27	28	29	30	1/1	2	3	4	5	6	7	8	9	10	11	12	13	14	15			
	일진	계미	갑신	을유	병술	정해	무자	기축	경인	신묘	임진	계사	갑오	을미	병신	정유	무술	기해	경자	신축	임인	계묘	갑진	을사	병오	정미	무신	기유	경술			
3	요일	일	월	화	수	목	금	토	일	월	화	수	목	금	토	일	월	화	수	목	금	토	일	월	화	수	목	금	토	일	월	화
	음력	1/16	17	18	19	20	21	22	23	24	25	26	27	28	29	2/1	2	3	4	5	6	7	8	9	10	11	12	13	14	15	16	17
	일진	신해	임자	계축	갑인	을묘	병진	정사	무오	기미	경신	신유	임술	계해	갑자	을축	병인	정묘	무진	기사	경오	신미	임신	계유	갑술	을해	병자	정축	무인	기묘	경진	신사
4	요일	수	목	금	토	일	월	화	수	목	금	토	일	월	화	수	목	금	토	일	월	화	수	목	금	토	일	월	화	수	목	
	음력	2/18	19	20	21	22	23	24	25	26	27	28	29	30	3/1	2	3	4	5	6	7	8	9	10	11	12	13	14	15	16	17	
	일진	임오	계미	갑신	을유	병술	정해	무자	기축	경인	신묘	임진	계사	갑오	을미	병신	정유	무술	기해	경자	신축	임인	계묘	갑진	을사	병오	정미	무신	기유	경술	신해	
5	요일	금	토	일	월	화	수	목	금	토	일	월	화	수	목	금	토	일	월	화	수	목	금	토	일	월	화	수	목	금	토	일
	음력	3/18	19	20	21	22	23	24	25	26	27	28	29	4/1	2	3	4	5	6	7	8	9	10	11	12	13	14	15	16	17	18	19
	일진	임자	계축	갑인	을묘	병진	정사	무오	기미	경신	신유	임술	계해	갑자	을축	병인	정묘	무진	기사	경오	신미	임신	계유	갑술	을해	병자	정축	무인	기묘	경진	신사	임오
6	요일	월	화	수	목	금	토	일	월	화	수	목	금	토	일	월	화	수	목	금	토	일	월	화	수	목	금	토	일	월	화	
	음력	4/20	21	22	23	24	25	26	27	28	29	5/1	2	3	4	5	6	7	8	9	10	11	12	13	14	15	16	17	18	19	20	
	일진	계미	갑신	을유	병술	정해	무자	기축	경인	신묘	임진	계사	갑오	을미	병신	정유	무술	기해	경자	신축	임인	계묘	갑진	을사	병오	정미	무신	기유	경술	신해	임자	

24절기와 잡절

명 칭	태양황경(도)	한국표준시			명 칭	태양황경(도)	한국표준시			명 칭	태양황경(도)	한국표준시		
		월	일	시 분			월	일	시 분			월	일	시 분
소한	285	1	6	0 2	하지	90	6	22	2 0	대 설	255	12	7	18 37
대한	300	1	20	17 21	소서	105	7	7	19 35	동 지	270	12	22	12 31
입춘	315	2	4	11 46	대서	120	7	23	12 52					
우수	330	2	19	7 41	입추	135	8	8	5 15	한 식		4	6	
경칩	345	3	6	6 2	처서	150	8	23	19 45	단 오		6	15	
춘분	0	3	21	7 1	백로	165	9	8	7 53	초 복		7	18	
청명	15	4	5	11 13	추분	180	9	23	17 6	중 복		7	28	
곡우	30	4	20	18 25	한로	195	10	8	23 10	말 복		8	17	
입하	45	5	6	4 52	상강	210	10	24	2 6	토왕용사	297	1	17	18 39
소만	60	5	21	17 53	입동	225	11	8	2 1	토왕용사	27	4	17	16 44
망종	75	6	6	9 16	소설	240	11	22	23 22	토왕용사	117	7	20	9 26
										토왕용사	207	10	21	1 44

월	양력	1 2 3 4 5	6 7 8 9 10	11 12 13 14 15	16 17 18 19 20	21 22 23 24 25	26 27 28 29 30 31
7	요일	수 목 금 토 일	월 화 수 목 금	토 일 월 화 수	목 금 토 일 월	화 수 목 금 토	일 월 화 수 목 금
7	음력	5/21 22 23 24 25	26 27 28 29 30	6/1 2 3 4 5	6 7 8 9 10	11 12 13 14 15	16 17 18 19 20 21
7	일진	계축 갑인 을묘 병진 정사	무오 기미 경신 신유 임술	계해 갑자 을축 병인 정묘	무진 기사 경오 신미 임신	계유 갑술 을해 병자 정축	무인 기묘 경진 신사 임오 계미
8	요일	토 일 월 화 수	목 금 토 일 월	화 수 목 금 토	일 월 화 수 목	금 토 일 월 화	수 목 금 토 일 월
8	음력	6/22 23 24 25 26	27 28 29 30 7/1	2 3 4 5 6	7 8 9 10 11	12 13 14 15 16	17 18 19 20 21 22
8	일진	갑신 을유 병술 정해 무자	기축 경인 신묘 임진 계사	갑오 을미 병신 정유 무술	기해 경자 신축 임인 계묘	갑진 을사 병오 정미 무신	기유 경술 신해 임자 계축 갑인
9	요일	화 수 목 금 토	일 월 화 수 목	금 토 일 월 화	수 목 금 토 일	월 화 수 목 금	토 일 월 화 수
9	음력	7/23 24 25 26 27	28 29 8/1 2 3	4 5 6 7 8	9 10 11 12 13	14 15 16 17 18	19 20 21 22 23
9	빌신	을묘 병진 정사 무오 기미	경신 신유 임술 계해 갑자	을축 병인 정묘 무진 기사	경오 신미 임신 계유 갑술	을해 병자 정축 무인 기묘	경진 신사 임오 계미 갑신
10	요일	목 금 토 일 월	화 수 목 금 토	일 월 화 수 목	금 토 일 월 화	수 목 금 토 일	월 화 수 목 금 토
10	음력	8/24 25 26 27 28	29 30 9/1 2 3	4 5 6 7 8	9 10 11 12 13	14 15 16 17 18	19 20 21 22 23 24
10	일진	을유 병술 정해 무자 기축	경인 신묘 임진 계사 갑오	을미 병신 정유 무술 기해	경자 신축 임인 계묘 갑진	을사 병오 정미 무신 기유	경술 신해 임자 계축 갑인 을묘
11	요일	일 월 화 수 목	금 토 일 월 화	수 목 금 토 일	월 화 수 목 금	토 일 월 화 수	목 금 토 일 월
11	음력	9/25 26 27 28 29	30 10/1 2 3 4	5 6 7 8 9	10 11 12 13 14	15 16 17 18 19	20 21 22 23 24
11	일진	병진 정사 무오 기미 경신	신유 임술 계해 갑자 을축	병인 정묘 무진 기사 경오	신미 임신 계유 갑술 을해	병자 정축 무인 기묘 경진	신사 임오 계미 갑신 을유
12	요일	화 수 목 금 토	일 월 화 수 목	금 토 일 월 화	수 목 금 토 일	월 화 수 목 금	토 일 월 화 수 목
12	음력	10/25 26 27 28 29	11/1 2 3 4 5	6 7 8 9 10	11 12 13 14 15	16 17 18 19 20	21 22 23 24 25 26
12	일진	병술 정해 무자 기축 경인	신묘 임진 계사 갑오 을미	병신 정유 무술 기해 경자	신축 임인 계묘 갑진 을사	병오 정미 무신 기유 경술	신해 임자 계축 갑인 을묘 병진

1954 갑오년 · 단기 4287

주요 국경일과 명절

구 분	월일	요일	구 분	월일	요일
신 정	1 1	금	개 천 절	10 3	일
3·1절	3 1	월	한 글 날	10 9	토
식 목 일	4 5	월	국제연합일	10 24	일
제 헌 절	7 17	토	기독탄신일	12 25	토
광 복 절	8 15	일			
추 석	9 11	토			

음양력 대조일람

음력월	월건	대소	음력 1일의 양력 월일	음력월	월건	대소	음력 1일의 양력 월일
1	병인	소	2 4	7	임신	소	7 30
2	정묘	소	3 5	8	계유	대	8 28
3	무진	대	4 3	9	갑술	대	9 27
4	기사	소	5 3	10	을해	소	10 27
5	경오	소	6 1	11	병자	대	11 25
6	신미	대	6 30	12	정축	대	12 25

월	양력	1 2 3 4 5	6 7 8 9 10	11 12 13 14 15	16 17 18 19 20	21 22 23 24 25	26 27 28 29 30 31
1	요일	금 토 일 월 화	수 목 금 토 일	월 화 수 목 금	토 일 월 화 수	목 금 토 일 월	화 수 목 금 토 일
	음력	11/27 28 29 30 12/1	2 3 4 5 6	7 8 9 10 11	12 13 14 15 16	17 18 19 20 21	22 23 24 25 26 27
	일진	정무기경신 / 사오미신유	임계갑을병 / 술해자축인	정무기경신 / 묘진사오미	임계갑을병 / 신유술해자	정무기경신 / 축인묘진사	임계갑을병정 / 오미신유술해
2	요일	월 화 수 목 금	토 일 월 화 수	목 금 토 일 월	화 수 목 금 토	일 월 화 수 목	금 토 일
	음력	12/28 29 30 1/1 2	3 4 5 6 7	8 9 10 11 12	13 14 15 16 17	18 19 20 21 22	23 24 25
	일진	무기경신임 / 자축인묘진	계갑을병정 / 사오미신유	무기경신임 / 술해자축인	계갑을병정 / 묘진사오미	무기경신임 / 신유술해자	계갑을 / 축인묘
3	요일	월 화 수 목 금	토 일 월 화 수	목 금 토 일 월	화 수 목 금 토	일 월 화 수 목	금 토 일 월 화 수
	음력	1/26 27 28 29 2/1	2 3 4 5 6	7 8 9 10 11	12 13 14 15 16	17 18 19 20 21	22 23 24 25 26 27
	일진	병정무기경 / 진사오미신	신임계갑을 / 유술해자축	병정무기경 / 인묘진사오	신임계갑을 / 미신유술해	병정무기경 / 자축인묘진	신임계갑을병 / 사오미신유술
4	요일	목 금 토 일 월	화 수 목 금 토	일 월 화 수 목	금 토 일 월 화	수 목 금 토 일	월 화 수 목 금
	음력	2/28 29 3/1 2 3	4 5 6 7 8	9 10 11 12 13	14 15 16 17 18	19 20 21 22 23	24 25 26 27 28
	일진	정무기경신 / 해자축인묘	임계갑을병 / 진사오미신	정무기경신 / 유술해자축	임계갑을병 / 인묘진사오	정무기경신 / 미신유술해	임계갑을병 / 자축인묘진
5	요일	토 일 월 화 수	목 금 토 일 월	화 수 목 금 토	일 월 화 수 목	금 토 일 월 화	수 목 금 토 일 월
	음력	3/29 30 4/1 2 3	4 5 6 7 8	9 10 11 12 13	14 15 16 17 18	19 20 21 22 23	24 25 26 27 28 29
	일진	정무기경신 / 사오미신유	임계갑을병 / 술해자축인	정무기경신 / 묘진사오미	임계갑을병 / 신유술해자	정무기경신 / 축인묘진사	임계갑을병정 / 오미신유술해
6	요일	화 수 목 금 토	일 월 화 수 목	금 토 일 월 화	수 목 금 토 일	월 화 수 목 금	토 일 월 화 수
	음력	5/1 2 3 4 5	6 7 8 9 10	11 12 13 14 15	16 17 18 19 20	21 22 23 24 25	26 27 28 29 6/1
	일진	무기경신임 / 자축인묘진	계갑을병정 / 사오미신유	무기경신임 / 술해자축인	계갑을병정 / 묘진사오미	무기경신임 / 신유술해자	계갑을병정 / 축인묘진사

24절기와 잡절

명 칭	태양황경(도)	월 일	시 분	명 칭	태양황경(도)	월 일	시 분	명 칭	태양황경(도)	월 일	시 분
소한	285	1 6	5 45	하지	90	6 22	7 54	대 설	255	12 8	0 29
대한	300	1 20	23 11	소서	105	7 8	1 19	동 지	270	12 22	18 24
입춘	315	2 4	17 31	대서	120	7 23	18 45				
우수	330	2 19	13 32	입추	135	8 8	10 59	한 식		4 6	
경칩	345	3 6	11 49	처서	150	8 24	1 36	단 오		6 5	
춘분	0	3 21	12 53	백로	165	9 8	13 38	초 복		7 13	
청명	15	4 5	16 59	추분	180	9 23	22 55	중 복		7 23	
곡우	30	4 21	0 20	한로	195	10 9	4 57	말 복		8 12	
입하	45	5 6	10 38	상강	210	10 24	7 56	토왕용사	297	1 18	0 26
소만	60	5 21	23 47	입동	225	11 8	7 51	토왕용사	27	4 17	22 35
망종	75	6 6	15 1	소설	240	11 23	5 14	토왕용사	117	7 20	15 20
								토왕용사	207	10 21	7 37

월	양력	1 2 3 4 5	6 7 8 9 10	11 12 13 14 15	16 17 18 19 20	21 22 23 24 25	26 27 28 29 30 31
7	요일	목 금 토 일 월	화 수 목 금 토	일 월 화 수 목	금 토 일 월 화	수 목 금 토 일	월 화 수 목 금 토
	음력	6/2 3 4 5 6	7 8 9 10 11	12 13 14 15 16	17 18 19 20 21	22 23 24 25 26	27 28 29 30 7/1 2
	일진	무 기 경 신 임 오 미 신 유 술	계 갑 을 병 정 해 자 축 인 묘	무 기 경 신 임 진 사 오 미 신	계 갑 을 병 정 유 술 해 자 축	무 기 경 신 임 인 묘 진 사 오	계 갑 을 병 정 무 미 신 유 술 해 자
8	요일	일 월 화 수 목	금 토 일 월 화	수 목 금 토 일	월 화 수 목 금	토 일 월 화 수	목 금 토 일 월 화
	음력	7/3 4 5 6 7	8 9 10 11 12	13 14 15 16 17	18 19 20 21 22	23 24 25 26 27	28 29 8/1 2 3 4
	일진	기 경 신 임 계 축 인 묘 진 사	갑 을 병 정 무 오 미 신 유 술	기 경 신 임 계 해 자 축 인 묘	갑 을 병 정 무 진 사 오 미 신	기 경 신 임 계 유 술 해 자 축	갑 을 병 정 무 기 인 묘 진 사 오 미
9	요일	수 목 금 토 일	월 화 수 목 금	토 일 월 화 수	목 금 토 일 월	화 수 목 금 토	일 월 화 수 목
	음력	8/5 6 7 8 9	10 11 12 13 14	15 16 17 18 19	20 21 22 23 24	25 26 27 28 29	30 9/1 2 3 4
	일진	경 신 임 계 갑 신 유 술 해 자	을 병 정 무 기 축 인 묘 진 사	경 신 임 계 갑 오 미 신 유 술	을 병 정 무 기 해 자 축 인 묘	경 신 임 계 갑 진 사 오 미 신	을 병 정 무 기 유 술 해 자 축
10	요일	금 토 일 월 화	수 목 금 토 일	월 화 수 목 금	토 일 월 화 수	목 금 토 일 월	화 수 목 금 토 일
	음력	9/5 6 7 8 9	10 11 12 13 14	15 16 17 18 19	20 21 22 23 24	25 26 27 28 29	30 10/1 2 3 4 5
	일진	경 신 임 계 갑 인 묘 진 사 오	을 병 정 무 기 미 신 유 술 해	경 신 임 계 갑 자 축 인 묘 진	을 병 정 무 기 사 오 미 신 유	경 신 임 계 갑 술 해 자 축 인	을 병 정 무 기 경 묘 진 사 오 미 신
11	요일	월 화 수 목 금	토 일 월 화 수	목 금 토 일 월	화 수 목 금 토	일 월 화 수 목	금 토 일 월 화
	음력	10/6 7 8 9 10	11 12 13 14 15	16 17 18 19 20	21 22 23 24 25	26 27 28 29 11/1	2 3 4 5 6
	일진	신 임 계 갑 을 유 술 해 자 축	병 정 무 기 경 인 묘 진 사 오	신 임 계 갑 을 미 신 유 술 해	병 정 무 기 경 자 축 인 묘 진	신 임 계 갑 을 사 오 미 신 유	병 정 무 기 경 술 해 자 축 인
12	요일	수 목 금 토 일	월 화 수 목 금	토 일 월 화 수	목 금 토 일 월	화 수 목 금 토	일 월 화 수 목 금
	음력	11/7 8 9 10 11	12 13 14 15 16	17 18 19 20 21	22 23 24 25 26	27 28 29 30 12/1	2 3 4 5 6 7
	일진	신 임 계 갑 을 묘 진 사 오 미	병 정 무 기 경 신 유 술 해 자	신 임 계 갑 을 축 인 묘 진 사	병 정 무 기 경 오 미 신 유 술	신 임 계 갑 을 해 자 축 인 묘	병 정 무 기 경 신 진 사 오 미 신 유

1955 을미년 · 단기 4288

주요 국경일과 명절

구 분	월일	요일	구 분	월일	요일
신 정	1 1	토	개 천 절	10 3	월
3·1 절	3 1	화	한 글 날	10 9	일
식 목 일	4 5	화	국제연합일	10 24	월
제 헌 절	7 17	일	기독탄신일	12 25	일
광 복 절	8 15	월			
추 석	9 30	금			

음양력 대조일람

음력월	월건	대소	음력 1일의 양력 월일	음력월	월건	대소	음력 1일의 양력 월일
1	무인	대	1 24	7	갑신	소	8 18
2	기묘	소	2 23	8	을유	대	9 16
3	경진	소	3 24	9	병술	소	10 16
(윤)3		대	4 22	10	정해	대	11 14
4	신사	소	5 22	11	무자	대	12 14
5	임오	소	6 20	12	기축	대	1956/1 13
6	계미	대	7 19				

월	양력	1 2 3 4 5	6 7 8 9 10	11 12 13 14 15	16 17 18 19 20	21 22 23 24 25	26 27 28 29 30 31
1	요일	토 일 월 화 수	목 금 토 일 월	화 수 목 금 토	일 월 화 수 목	금 토 일 월 화	수 목 금 토 일 월
	음력	12/8 9 10 11 12	13 14 15 16 17	18 19 20 21 22	23 24 25 26 27	28 29 30 1/1 2	3 4 5 6 7 8
	일진	임 계 갑 을 병 술 해 자 축 인	정 무 기 경 신 묘 진 사 오 미	임 계 갑 을 병 신 유 술 해 자	정 무 기 경 신 축 인 묘 진 사	임 계 갑 을 병 오 미 신 유 술	정 무 기 경 신 임 해 자 축 인 묘 진
2	요일	화 수 목 금 토	일 월 화 수 목	금 토 일 월 화	수 목 금 토 일	월 화 수 목 금	토 일 월
	음력	1/9 10 11 12 13	14 15 16 17 18	19 20 21 22 23	24 25 26 27 28	29 30 2/1 2 3	4 5 6
	일진	계 갑 을 병 정 사 오 미 신 유	무 기 경 신 임 술 해 자 축 인	계 갑 을 병 정 묘 진 사 오 미	무 기 경 신 임 신 유 술 해 자	계 갑 을 병 정 축 인 묘 진 사	무 기 경 오 미 신
3	요일	화 수 목 금 토	일 월 화 수 목	금 토 일 월 화	수 목 금 토 일	월 화 수 목 금	토 일 월 화 수 목
	음력	2/7 8 9 10 11	12 13 14 15 16	17 18 19 20 21	22 23 24 25 26	27 28 29 3/1 2	3 4 5 6 7 8
	일진	신 임 계 갑 을 유 술 해 자 축	병 정 무 기 경 인 묘 진 사 오	신 임 계 갑 을 미 신 유 술 해	병 정 무 기 경 자 축 인 묘 진	신 임 계 갑 을 사 오 미 신 유	병 정 무 기 경 신 술 해 자 축 인 묘
4	요일	금 토 일 월 화	수 목 금 토 일	월 화 수 목 금	토 일 월 화 수	목 금 토 일 월	화 수 목 금 토
	음력	3/9 10 11 12 13	14 15 16 17 18	19 20 21 22 23	24 25 26 27 28	29 3*/1 2 3 4	5 6 7 8 9
	일진	임 계 갑 을 병 진 사 오 미 신	정 무 기 경 신 유 술 해 자 축	임 계 갑 을 병 인 묘 진 사 오	정 무 기 경 신 미 신 유 술 해	임 계 갑 을 병 자 축 인 묘 진	정 무 기 경 신 사 오 미 신 유
5	요일	일 월 화 수 목	금 토 일 월 화	수 목 금 토 일	월 화 수 목 금	토 일 월 화 수	목 금 토 일 월 화
	음력	3*/10 11 12 13 14	15 16 17 18 19	20 21 22 23 24	25 26 27 28 29	30 4/1 2 3 4	5 6 7 8 9 10
	일진	임 계 갑 을 병 술 해 자 축 인	정 무 기 경 신 묘 진 사 오 미	임 계 갑 을 병 신 유 술 해 자	정 무 기 경 신 축 인 묘 진 사	임 계 갑 을 병 오 미 신 유 술	정 무 기 경 신 임 해 자 축 인 묘 진
6	요일	수 목 금 토 일	월 화 수 목 금	토 일 월 화 수	목 금 토 일 월	화 수 목 금 토	일 월 화 수 목
	음력	4/11 12 13 14 15	16 17 18 19 20	21 22 23 24 25	26 27 28 29 5/1	2 3 4 5 6	7 8 9 10 11
	일진	계 갑 을 병 정 사 오 미 신 유	무 기 경 신 임 술 해 자 축 인	계 갑 을 병 정 묘 진 사 오 미	무 기 경 신 임 신 유 술 해 자	계 갑 을 병 정 축 인 묘 진 사	무 기 경 신 임 오 미 신 유 술

24절기와 잡절

명칭	태양황경(도)	월 일	시 분
소한	285	1 6	11 36
대한	300	1 21	5 2
입춘	315	2 4	23 18
우수	330	2 19	19 19
경칩	345	3 6	17 31
춘분	0	3 21	18 35
청명	15	4 5	22 39
곡우	30	4 21	5 58
입하	45	5 6	16 18
소만	60	5 22	5 24
망종	75	6 6	20 43

명칭	태양황경(도)	월 일	시 분
하지	90	6 22	13 31
소서	105	7 8	7 6
대서	120	7 24	0 25
입추	135	8 8	16 50
처서	150	8 24	7 19
백로	165	9 8	19 32
추분	180	9 24	4 41
한로	195	10 9	10 52
상강	210	10 24	13 43
입동	225	11 8	13 45
소설	240	11 23	11 1

명칭	태양황경(도)	월 일	시 분
대설	255	12 8	6 23
동지	270	12 23	0 11
한식		4 6	
단오		6 24	
초복		7 18	
중복		7 28	
말복		8 17	
토왕용사	297	1 18	6 19
토왕용사	27	4 18	4 17
토왕용사	117	7 20	21 1
토왕용사	207	10 21	13 23

월	양력	1 2 3 4 5	6 7 8 9 10	11 12 13 14 15	16 17 18 19 20	21 22 23 24 25	26 27 28 29 30 31
7	요일	금 토 일 월 화	수 목 금 토 일	월 화 수 목 금	토 일 월 화 수	목 금 토 일 월	화 수 목 금 토 일
7	음력	5/12 13 14 15 16	17 18 19 20 21	22 23 24 25 26	27 28 29 6/1 2	3 4 5 6 7	8 9 10 11 12 13
7	일진	계 갑 을 병 정 해 자 축 인 묘	무 기 경 신 임 진 사 오 미 신	계 갑 을 병 정 유 술 해 자 축	무 기 경 신 임 인 묘 진 사 오	계 갑 을 병 정 미 신 유 술 해	무 기 경 신 임 계 자 축 인 묘 진 사
8	요일	월 화 수 목 금	토 일 월 화 수	목 금 토 일 월	화 수 목 금 토	일 월 화 수 목	금 토 일 월 화 수
8	음력	6/14 15 16 17 18	19 20 21 22 23	24 25 26 27 28	29 30 7/1 2 3	4 5 6 7 8	9 10 11 12 13 14
8	일진	갑 을 병 정 무 오 미 신 유 술	기 경 신 임 계 해 자 축 인 묘	갑 을 병 정 무 진 사 오 미 신	기 경 신 임 계 유 술 해 자 축	갑 을 병 정 무 인 묘 진 사 오	기 경 신 임 계 갑 미 신 유 술 해 자
9	요일	목 금 토 일 월	화 수 목 금 토	일 월 화 수 목	금 토 일 월 화	수 목 금 토 일	월 화 수 목 금
9	음력	7/15 16 17 18 19	20 21 22 23 24	25 26 27 28 29	8/1 2 3 4 5	6 7 8 9 10	11 12 13 14 15
9	일진	을 병 정 무 기 축 인 묘 진 사	경 신 임 계 갑 오 미 신 유 술	을 병 정 무 기 해 사 축 인 묘	경 신 임 계 갑 진 사 오 미 신	을 병 정 무 기 유 술 해 자 축	경 신 임 계 갑 인 묘 진 사 오
10	요일	토 일 월 화 수	목 금 토 일 월	화 수 목 금 토	일 월 화 수 목	금 토 일 월 화	수 목 금 토 일 월
10	음력	8/16 17 18 19 20	21 22 23 24 25	26 27 28 29 30	9/1 2 3 4 5	6 7 8 9 10	11 12 13 14 15 16
10	일진	을 병 정 무 기 미 신 유 술 해	경 신 임 계 갑 자 축 인 묘 진	을 병 정 무 기 사 오 미 신 유	경 신 임 계 갑 술 해 자 축 인	을 병 정 무 기 묘 진 사 오 미	경 신 임 계 갑 을 신 유 술 해 자 축
11	요일	화 수 목 금 토	일 월 화 수 목	금 토 일 월 화	수 목 금 토 일	월 화 수 목 금	토 일 월 화 수
11	음력	9/17 18 19 20 21	22 23 24 25 26	27 28 29 10/1 2	3 4 5 6 7	8 9 10 11 12	13 14 15 16 17
11	일진	병 정 무 기 경 인 묘 진 사 오	신 임 계 갑 을 미 신 유 술 해	병 정 무 기 경 자 축 인 묘 진	신 임 계 갑 을 사 오 미 신 유	병 정 무 기 경 술 해 자 축 인	신 임 계 갑 을 묘 진 사 오 미
12	요일	목 금 토 일 월	화 수 목 금 토	일 월 화 수 목	금 토 일 월 화	수 목 금 토 일	월 화 수 목 금 토
12	음력	10/18 19 20 21 22	23 24 25 26 27	28 29 30 11/1 2	3 4 5 6 7	8 9 10 11 12	13 14 15 16 17 18
12	일진	병 정 무 기 경 신 유 술 해 자	신 임 계 갑 을 축 인 묘 진 사	병 정 무 기 경 오 미 신 유 술	신 임 계 갑 을 해 자 축 인 묘	병 정 무 기 경 진 사 오 미 신	신 임 계 갑 을 병 유 술 해 자 축 인

* 윤달 : 3월

1956 병신년 · 단기 4289

주요 국경일과 명절

구 분	월일	요일	구 분	월일	요일
신 정	1 1	일	추 석	9 19	수
3·1절	3 1	목	개천절	10 3	수
식목일	4 5	목	한글날	10 9	화
현충일	6 6	수	국제연합일	10 24	수
제헌절	7 17	화	기독탄신일	12 25	화
광복절	8 15	수			

음양력 대조일람

음력월	월건	대소	음력 1일의 양력 월일	음력월	월건	대소	음력 1일의 양력 월일
1	경인	소	2 12	7	병신	대	8 6
2	신묘	대	3 12	8	정유	소	9 5
3	임진	소	4 11	9	무술	대	10 4
4	계사	대	5 10	10	기해	소	11 3
5	갑오	소	6 9	11	경자	대	12 2
6	을미	소	7 8	12	신축	대	1957/1 1

월	양력	1 2 3 4 5	6 7 8 9 10	11 12 13 14 15	16 17 18 19 20	21 22 23 24 25	26 27 28 29 30 31
1	요일	일 월 화 수 목	금 토 일 월 화	수 목 금 토 일	월 화 수 목 금	토 일 월 화 수	목 금 토 일 월 화
1	음력	11/19 20 21 22 23	24 25 26 27 28	29 30 12/1 2 3	4 5 6 7 8	9 10 11 12 13	14 15 16 17 18 19
1	일진	정무기경신 묘진사오미	임계갑을병 신유술해자	정무기경신 축인묘진사	임계갑을병 오미신유술	정무기경신 해자축인묘	임계갑을병정 진사오미신유
2	요일	수 목 금 토 일	월 화 수 목 금	토 일 월 화 수	목 금 토 일 월	화 수 목 금 토	일 월 화 수
2	음력	12/20 21 22 23 24	25 26 27 28 29	30 1/1 2 3 4	5 6 7 8 9	10 11 12 13 14	15 16 17 18
2	일진	무기경신임 술해자축인	계갑을병정 묘진사오미	무기경신임 신유술해자	계갑을병정 축인묘진사	무기경신임 오미신유술	계갑을병 해자축인
3	요일	목 금 토 일 월	화 수 목 금 토	일 월 화 수 목	금 토 일 월 화	수 목 금 토 일	월 화 수 목 금 토
3	음력	1/19 20 21 22 23	24 25 26 27 28	29 2/1 2 3 4	5 6 7 8 9	10 11 12 13 14	15 16 17 18 19 20
3	일진	정무기경신 묘진사오미	임계갑을병 신유술해자	정무기경신 축인묘진사	임계갑을병 오미신유술	정무기경신 해자축인묘	임계갑을병정 진사오미신유
4	요일	일 월 화 수 목	금 토 일 월 화	수 목 금 토 일	월 화 수 목 금	토 일 월 화 수	목 금 토 일 월
4	음력	2/21 22 23 24 25	26 27 28 29 30	3/1 2 3 4 5	6 7 8 9 10	11 12 13 14 15	16 17 18 19 20
4	일진	무기경신임 술해자축인	계갑을병정 묘진사오미	무기경신임 신유술해자	계갑을병정 축인묘진사	무기경신임 오미신유술	계갑을병정 해자축인묘
5	요일	화 수 목 금 토	일 월 화 수 목	금 토 일 월 화	수 목 금 토 일	월 화 수 목 금	토 일 월 화 수 목
5	음력	3/21 22 23 24 25	26 27 28 29 4/1	2 3 4 5 6	7 8 9 10 11	12 13 14 15 16	17 18 19 20 21 22
5	일진	무기경신임 진사오미신	계갑을병정 유술해자축	무기경신임 인묘진사오	계갑을병정 미신유술해	무기경신임 자축인묘진	계갑을병정무 사오미신유술
6	요일	금 토 일 월 화	수 목 금 토 일	월 화 수 목 금	토 일 월 화 수	목 금 토 일 월	화 수 목 금 토
6	음력	4/23 24 25 26 27	28 29 30 5/1 2	3 4 5 6 7	8 9 10 11 12	13 14 15 16 17	18 19 20 21 22
6	일진	기경신임계 해자축인묘	갑을병정무 진사오미신	기경신임계 유술해자축	갑을병정무 인묘진사오	기경신임계 미신유술해	갑을병정무 자축인묘진

24절기와 잡절

명칭	태양황경 (도)	월	일	시	분
소한	285	1	6	17	30
대한	300	1	21	10	48
입춘	315	2	5	5	12
우수	330	2	20	1	5
경칩	345	3	5	23	24
춘분	0	3	21	0	20
청명	15	4	5	4	31
곡우	30	4	20	11	43
입하	45	5	5	22	10
소만	60	5	21	11	13
망종	75	6	6	2	36

명칭	태양황경 (도)	월	일	시	분
하지	90	6	21	19	24
소서	105	7	7	12	58
대서	120	7	23	6	20
입추	135	8	7	22	40
처서	150	8	23	13	15
백로	165	9	8	1	19
추분	180	9	23	10	35
한로	195	10	8	16	36
상강	210	10	23	19	34
입동	225	11	7	19	26
소설	240	11	22	16	50

명칭	태양황경 (도)	월	일	시	분
대설	255	12	7	12	2
동지	270	12	22		5 59
한식			4 6		
단오			6 13		
초복			7 12		
중복			7 22		
말복			8 11		
토왕용사	297	1	18	12	5
토왕용사	27	4	17	10	1
토왕용사	117	7	20	2	53
토왕용사	207	10	20	19	13

월	양력	1 2 3 4 5	6 7 8 9 10	11 12 13 14 15	16 17 18 19 20	21 22 23 24 25	26 27 28 29 30 31
7	요일	일 월 화 수 목	금 토 일 월 화	수 목 금 토 일	월 화 수 목 금	토 일 월 화 수	목 금 토 일 월 화
	음력	5/23 24 25 26 27	28 29 6/1 2 3	4 5 6 7 8	9 10 11 12 13	14 15 16 17 18	19 20 21 22 23 24
	일진	기경신임계 사오미신유	갑을병정무 술해자축인	기경신임계 묘진사오미	갑을병정무 신유술해자	기경신임계 축인묘진사	갑을병정무기 오미신유술해
8	요일	수 목 금 토 일	월 화 수 목 금	토 일 월 화 수	목 금 토 일 월	화 수 목 금 토	일 월 화 수 목 금
	음력	6/25 26 27 28 29	7/1 2 3 4 5	6 7 8 9 10	11 12 13 14 15	16 17 18 19 20	21 22 23 24 25 26
	일진	경신임계갑 자축인묘진	을병정무기 사오미신유	경신임계갑 술해자축인	을병정무기 묘진사오미	경신임계갑 신유술해자	을병정무기경 축인묘진사오
9	요일	토 일 월 화 수	목 금 토 일 월	화 수 목 금 토	일 월 화 수 목	금 토 일 월 화	수 목 금 토 일
	음력	7/27 28 29 30 8/1	2 3 4 5 6	7 8 9 10 11	12 13 14 15 16	17 18 19 20 21	22 23 24 25 26
	일진	신임계갑을 미신유술해	병정무기경 자축인묘진	신임계갑을 사오미신유	병정무기경 술해사축인	신임계갑을 묘진사오미	병정무기경 신유술해자
10	요일	월 화 수 목 금	토 일 월 화 수	목 금 토 일 월	화 수 목 금 토	일 월 화 수 목	금 토 일 월 화 수
	음력	8/27 28 29 9/1 2	3 4 5 6 7	8 9 10 11 12	13 14 15 16 17	18 19 20 21 22	23 24 25 26 27 28
	일진	신임계갑을 축인묘진사	병정무기경 오미신유술	신임계갑을 해자축인묘	병정무기경 진사오미신	신임계갑을 유술해자축	병정무기경신 인묘진사오미
11	요일	목 금 토 일 월	화 수 목 금 토	일 월 화 수 목	금 토 일 월 화	수 목 금 토 일	월 화 수 목 금
	음력	9/29 30 10/1 2 3	4 5 6 7 8	9 10 11 12 13	14 15 16 17 18	19 20 21 22 23	24 25 26 27 28
	일진	임계갑을병 신유술해자	정무기경신 축인묘진사	임계갑을병 오미신유술	정무기경신 해자축인묘	임계갑을병 진사오미신	정무기경신 유술해자축
12	요일	토 일 월 화 수	목 금 토 일 월	화 수 목 금 토	일 월 화 수 목	금 토 일 월 화	수 목 금 토 일 월
	음력	10/29 11/1 2 3 4	5 6 7 8 9	10 11 12 13 14	15 16 17 18 19	20 21 22 23 24	25 26 27 28 29 30
	일진	임계갑을병 인묘진사오	정무기경신 미신유술해	임계갑을병 자축인묘진	정무기경신 사오미신유	임계갑을병 술해자축인	정무기경신임 묘진사오미신

1957 정유년 · 단기 4290

주요 국경일과 명절

구 분	월일	요일	구 분	월일	요일
신 정	1 1	화	추 석	9 8	일
3·1절	3 1	금	개천절	10 3	목
식목일	4 5	금	한글날	10 9	수
현충일	6 6	목	국제연합일	10 24	목
제헌절	7 17	수	기독탄신일	12 25	수
광복절	8 15	목			

음양력 대조일람

음력 월	월건	대소	음력 1일의 양력 월일	음력 월	월건	대소	음력 1일의 양력 월일
1	임인	대	1 31	8	기유	대	8 25
2	계묘	소	3 2	(윤)8		소	9 24
3	갑진	대	3 31	9	경술	대	10 23
4	을사	소	4 30	10	신해	소	11 22
5	병오	대	5 29	11	임자	대	12 21
6	정미	소	6 28	12	계축	대	1958/1 20
7	무신	소	7 27				

월	양력	1	2	3	4	5	6	7	8	9	10	11	12	13	14	15	16	17	18	19	20	21	22	23	24	25	26	27	28	29	30	31
1	요일	화	수	목	금	토	일	월	화	수	목	금	토	일	월	화	수	목	금	토	일	월	화	수	목	금	토	일	월	화	수	목
	음력	12/1	2	3	4	5	6	7	8	9	10	11	12	13	14	15	16	17	18	19	20	21	22	23	24	25	26	27	28	29	30	1/1
	일진	계유	갑술	을해	병자	정축	무인	기묘	경진	신사	임오	계미	갑신	을유	병술	정해	무자	기축	경인	신묘	임진	계사	갑오	을미	병신	정유	무술	기해	경자	신축	임인	계묘
2	요일	금	토	일	월	화	수	목	금	토	일	월	화	수	목	금	토	일	월	화	수	목	금	토	일	월	화	수	목			
	음력	1/2	3	4	5	6	7	8	9	10	11	12	13	14	15	16	17	18	19	20	21	22	23	24	25	26	27	28	29			
	일진	갑진	을사	병오	정미	무신	기유	경술	신해	임자	계축	갑인	을묘	병진	정사	무오	기미	경신	신유	임술	계해	갑자	을축	병인	정묘	무진	기사	경오	신미			
3	요일	금	토	일	월	화	수	목	금	토	일	월	화	수	목	금	토	일	월	화	수	목	금	토	일	월	화	수	목	금	토	일
	음력	1/30	2/1	2	3	4	5	6	7	8	9	10	11	12	13	14	15	16	17	18	19	20	21	22	23	24	25	26	27	28	29	3/1
	일진	임신	계유	갑술	을해	병자	정축	무인	기묘	경진	신사	임오	계미	갑신	을유	병술	정해	무자	기축	경인	신묘	임진	계사	갑오	을미	병신	정유	무술	기해	경자	신축	임인
4	요일	월	화	수	목	금	토	일	월	화	수	목	금	토	일	월	화	수	목	금	토	일	월	화	수	목	금	토	일	월	화	
	음력	3/2	3	4	5	6	7	8	9	10	11	12	13	14	15	16	17	18	19	20	21	22	23	24	25	26	27	28	29	30	4/1	
	일진	계묘	갑진	을사	병오	정미	무신	기유	경술	신해	임자	계축	갑인	을묘	병진	정사	무오	기미	경신	신유	임술	계해	갑자	을축	병인	정묘	무진	기사	경오	신미	임신	
5	요일	수	목	금	토	일	월	화	수	목	금	토	일	월	화	수	목	금	토	일	월	화	수	목	금	토	일	월	화	수	목	금
	음력	4/2	3	4	5	6	7	8	9	10	11	12	13	14	15	16	17	18	19	20	21	22	23	24	25	26	27	28	29	5/1	2	3
	일진	계유	갑술	을해	병자	정축	무인	기묘	경진	신사	임오	계미	갑신	을유	병술	정해	무자	기축	경인	신묘	임진	계사	갑오	을미	병신	정유	무술	기해	경자	신축	임인	계묘
6	요일	토	일	월	화	수	목	금	토	일	월	화	수	목	금	토	일	월	화	수	목	금	토	일	월	화	수	목	금	토	일	
	음력	5/4	5	6	7	8	9	10	11	12	13	14	15	16	17	18	19	20	21	22	23	24	25	26	27	28	29	30	6/1	2	3	
	일진	갑진	을사	병오	정미	무신	기유	경술	신해	임자	계축	갑인	을묘	병진	정사	무오	기미	경신	신유	임술	계해	갑자	을축	병인	정묘	무진	기사	경오	신미	임신	계유	

24절기와 잡절

명 칭	태양황경(도)	월	일	시	분	명 칭	태양황경(도)	월	일	시	분	명 칭	태양황경(도)	월	일	시	분
				한국표준시						한국표준시						한국표준시	
소한	285	1	5	23	10	하지	90	6	22	1	21	대설	255	12	7	17	56
대한	300	1	20	16	39	소서	105	7	7	18	48	동지	270	12	22	11	49
입춘	315	2	4	10	55	대서	120	7	23	12	15	한식			4	6	
우수	330	2	19	6	58	입추	135	8	8	4	32	단오			6	2	
경칩	345	3	6	5	10	처서	150	8	23	19	8	초복			7	17	
춘분	0	3	21	6	16	백로	165	9	8	7	12	중복			7	27	
청명	15	4	5	10	19	추분	180	9	23	16	26	말복			8	16	
곡우	30	4	20	17	41	한로	195	10	8	22	30	토왕용사	297	1	17	17	53
입하	45	5	6	3	58	상강	210	10	24	1	24	토왕용사	27	4	17	15	58
소만	60	5	21	17	10	입동	225	11	8	1	20	토왕용사	117	7	20	8	50
망종	75	6	6	8	25	소설	240	11	22	22	39	토왕용사	207	10	21	1	6

월	양력	1	2	3	4	5	6	7	8	9	10	11	12	13	14	15	16	17	18	19	20	21	22	23	24	25	26	27	28	29	30	31
7	요일	월	화	수	목	금	토	일	월	화	수	목	금	토	일	월	화	수	목	금	토	일	월	화	수	목	금	토	일	월	화	수
	음력	6/4	5	6	7	8	9	10	11	12	13	14	15	16	17	18	19	20	21	22	23	24	25	26	27	28	29	7/1	2	3	4	5
	일진	갑술	을해	병자	정축	무인	기묘	경진	신사	임오	계미	갑신	을유	병술	정해	무자	기축	경인	신묘	임진	계사	갑오	을미	병신	정유	무술	기해	경자	신축	임인	계묘	갑진
8	요일	목	금	토	일	월	화	수	목	금	토	일	월	화	수	목	금	토	일	월	화	수	목	금	토	일	월	화	수	목	금	토
	음력	7/6	7	8	9	10	11	12	13	14	15	16	17	18	19	20	21	22	23	24	25	26	27	28	29	8/1	2	3	4	5	6	7
	일진	을사	병오	정미	무신	기유	경술	신해	임자	계축	갑인	을묘	병진	정사	무오	기미	경신	신유	임술	계해	갑자	을축	병인	정묘	무진	기사	경오	신미	임신	계유	갑술	을해
9	요일	일	월	화	수	목	금	토	일	월	화	수	목	금	토	일	월	화	수	목	금	토	일	월	화	수	목	금	토	일	월	
	음력	8/8	9	10	11	12	13	14	15	16	17	18	19	20	21	22	23	24	25	26	27	28	29	30	8*/1	2	3	4	5	6	7	
	일진	병자	정축	무인	기묘	경진	신사	임오	계미	갑신	을유	병술	정해	무자	기축	경인	신묘	임진	계사	갑오	을미	병신	정유	무술	기해	경자	신축	임인	계묘	갑진	을사	
10	요일	화	수	목	금	토	일	월	화	수	목	금	토	일	월	화	수	목	금	토	일	월	화	수	목	금	토	일	월	화	수	목
	음력	8*/8	9	10	11	12	13	14	15	16	17	18	19	20	21	22	23	24	25	26	27	28	29	9/1	2	3	4	5	6	7	8	9
	일진	병오	정미	무신	기유	경술	신해	임자	계축	갑인	을묘	병진	정사	무오	기미	경신	신유	임술	계해	갑자	을축	병인	정묘	무진	기사	경오	신미	임신	계유	갑술	을해	병자
11	요일	금	토	일	월	화	수	목	금	토	일	월	화	수	목	금	토	일	월	화	수	목	금	토	일	월	화	수	목	금	토	
	음력	9/10	11	12	13	14	15	16	17	18	19	20	21	22	23	24	25	26	27	28	29	30	10/1	2	3	4	5	6	7	8	9	
	일진	정축	무인	기묘	경진	신사	임오	계미	갑신	을유	병술	정해	무자	기축	경인	신묘	임진	계사	갑오	을미	병신	정유	무술	기해	경자	신축	임인	계묘	갑진	을사	병오	
12	요일	일	월	화	수	목	금	토	일	월	화	수	목	금	토	일	월	화	수	목	금	토	일	월	화	수	목	금	토	일	월	화
	음력	10/10	11	12	13	14	15	16	17	18	19	20	21	22	23	24	25	26	27	28	29	11/1	2	3	4	5	6	7	8	9	10	11
	일진	정미	무신	기유	경술	신해	임자	계축	갑인	을묘	병진	정사	무오	기미	경신	신유	임술	계해	갑자	을축	병인	정묘	무진	기사	경오	신미	임신	계유	갑술	을해	병자	정축

* 윤달 : 8월

1958 무술년 • 단기 4291

주요 국경일과 명절

구 분	월일	요일	구 분	월일	요일
신 정	1 1	수	추 석	9 27	토
3·1 절	3 1	토	개 천 절	10 3	금
식 목 일	4 5	토	한 글 날	10 9	목
현 충 일	6 6	금	국제연합일	10 24	금
제 헌 절	7 17	목	기독탄신일	12 25	목
광 복 절	8 15	금			

음양력 대조일람

음력월	월건	대소	음력 1일의 양력 월일	음력월	월건	대소	음력 1일의 양력 월일
1	갑인	소	2 19	7	경신	소	8 15
2	을묘	대	3 20	8	신유	대	9 13
3	병진	대	4 19	9	임술	소	10 13
4	정사	소	5 19	10	계해	대	11 11
5	무오	대	6 17	11	갑자	소	12 11
6	기미	소	7 17	12	을축	대	1959/1 9

월	양력	1 2 3 4 5	6 7 8 9 10	11 12 13 14 15	16 17 18 19 20	21 22 23 24 25	26 27 28 29 30 31
1	요일	수 목 금 토 일	월 화 수 목 금	토 일 월 화 수	목 금 토 일 월	화 수 목 금 토	일 월 화 수 목 금
	음력	11/12 13 14 15 16	17 18 19 20 21	22 23 24 25 26	27 28 29 30 12/1	2 3 4 5 6	7 8 9 10 11 12
	일진	무기경신임 인묘진사오	계갑을병정 미신유술해	무기경신임 자축인묘진	계갑을병정 사오미신유	무기경신임 술해자축인	계갑을병정무 묘진사오미신
2	요일	토 일 월 화 수	목 금 토 일 월	화 수 목 금 토	일 월 화 수 목	금 토 일 월 화	수 목 금
	음력	12/13 14 15 16 17	18 19 20 21 22	23 24 25 26 27	28 29 30 1/1 2	3 4 5 6 7	8 9 10
	일진	기경신임계 유술해자축	갑을병정무 인묘진사오	기경신임계 미신유술해	갑을병정무 자축인묘진	기경신임계 사오미신유	갑을병 술해자
3	요일	토 일 월 화 수	목 금 토 일 월	화 수 목 금 토	일 월 화 수 목	금 토 일 월 화	수 목 금 토 일 월
	음력	1/11 12 13 14 15	16 17 18 19 20	21 22 23 24 25	26 27 28 29 2/1	2 3 4 5 6	7 8 9 10 11 12
	일진	정무기경신 축인묘진사	임계갑을병 오미신유술	정무기경신 해자축인묘	임계갑을병 진사오미신	정무기경신 유술해자축	임계갑을병정 인묘진사오미
4	요일	화 수 목 금 토	일 월 화 수 목	금 토 일 월 화	수 목 금 토 일	월 화 수 목 금	토 일 월 화 수
	음력	2/13 14 15 16 17	18 19 20 21 22	23 24 25 26 27	28 29 30 3/1 2	3 4 5 6 7	8 9 10 11 12
	일진	무기경신임 신유술해자	계갑을병정 축인묘진사	무기경신임 오미신유술	계갑을병정 해자축인묘	무기경신임 진사오미신	계갑을병정 유술해자축
5	요일	목 금 토 일 월	화 수 목 금 토	일 월 화 수 목	금 토 일 월 화	수 목 금 토 일	월 화 수 목 금 토
	음력	3/13 14 15 16 17	18 19 20 21 22	23 24 25 26 27	28 29 30 4/1 2	3 4 5 6 7	8 9 10 11 12 13
	일진	무기경신임 인묘진사오	계갑을병정 미신유술해	무기경신임 자축인묘진	계갑을병정 사오미신유	무기경신임 술해자축인	계갑을병정무 묘진사오미신
6	요일	일 월 화 수 목	금 토 일 월 화	수 목 금 토 일	월 화 수 목 금	토 일 월 화 수	목 금 토 일 월
	음력	4/14 15 16 17 18	19 20 21 22 23	24 25 26 27 28	29 5/1 2 3 4	5 6 7 8 9	10 11 12 13 14
	일진	기경신임계 유술해자축	갑을병정무 인묘진사오	기경신임계 미신유술해	갑을병정무 자축인묘진	기경신임계 사오미신유	갑을병정무 술해자축인

24절기와 잡절

명칭	태양황경(도)	한국표준시				명칭	태양황경(도)	한국표준시				명칭	태양황경(도)	한국표준시			
		월	일	시	분			월	일	시	분			월	일	시	분
소한	285	1	6	5	4	하지	90	6	22	6	57	대설	255	12	7	23	50
대한	300	1	20	22	28	소서	105	7	8	0	33	동지	270	12	22	17	40
입춘	315	2	4	16	49	대서	120	7	23	17	50						
우수	330	2	19	12	48	입추	135	8	8	10	17	한식		4	6		
경칩	345	3	6	11	5	처서	150	8	24	0	46	단오		6	21		
춘분	0	3	21	12	6	백로	165	9	8	12	59	초복		7	12		
청명	15	4	5	16	12	추분	180	9	23	22	9	중복		7	22		
곡우	30	4	20	23	27	한로	195	10	9	4	19	말복		8	11		
입하	45	5	6	9	49	상강	210	10	24	7	11	토왕용사	297	1	17	23	46
소만	60	5	21	22	51	입동	225	11	8	7	12	토왕용사	27	4	17	21	46
망종	75	6	6	14	12	소설	240	11	23	4	29	토왕용사	117	7	20	14	26
												토왕용사	207	10	21	6	50

월	양력	1 2 3 4 5	6 7 8 9 10	11 12 13 14 15	16 17 18 19 20	21 22 23 24 25	26 27 28 29 30 31
7	요일	화 수 목 금 토	일 월 화 수 목	금 토 일 월 화	수 목 금 토 일	월 화 수 목 금	토 일 월 화 수 목
	음력	5/15 16 17 18 19	20 21 22 23 24	25 26 27 28 29	30 6/1 2 3 4	5 6 7 8 9	10 11 12 13 14 15
	일진	기경신임계 묘진사오미	갑을병정무 신유술해자	기경신임계 축인묘진사	갑을병정무 오미신유술	기경신임계 해자축인묘	갑을병정무기 진사오미신유
8	요일	금 토 일 월 화	수 목 금 토 일	월 화 수 목 금	토 일 월 화 수	목 금 토 일 월	화 수 목 금 토 일
	음력	6/16 17 18 19 20	21 22 23 24 25	26 27 28 29 7/1	2 3 4 5 6	7 8 9 10 11	12 13 14 15 16 17
	일진	경신임계갑 술해자축인	을병정무기 묘진사오미	경신임계갑 신유술해자	을병정무기 축인묘진사	경신임계갑 오미신유술	을병정무기경 해자축인묘진
9	요일	월 화 수 목 금	토 일 월 화 수	목 금 토 일 월	화 수 목 금 토	일 월 화 수 목	금 토 일 월 화
	음력	7/18 19 20 21 22	23 24 25 26 27	28 29 8/1 2 3	4 5 6 7 8	9 10 11 12 13	14 15 16 17 18
	일진	신임계갑을 사오미신유	병정무기경 술해자축인	신임계갑을 묘진사오미	병정무기경 신유술해자	신임계갑을 축인묘진사	병정무기경 오미신유술
10	요일	수 목 금 토 일	월 화 수 목 금	토 일 월 화 수	목 금 토 일 월	화 수 목 금 토	일 월 화 수 목 금
	음력	8/19 20 21 22 23	24 25 26 27 28	29 30 9/1 2 3	4 5 6 7 8	9 10 11 12 13	14 15 16 17 18 19
	일진	신임계갑을 해자축인묘	병정무기경 진사오미신	신임계갑을 유술해자축	병정무기경 인묘진사오	신임계갑을 미신유술해	병정무기경신 자축인묘진사
11	요일	토 일 월 화 수	목 금 토 일 월	화 수 목 금 토	일 월 화 수 목	금 토 일 월 화	수 목 금 토 일
	음력	9/20 21 22 23 24	25 26 27 28 29	10/1 2 3 4 5	6 7 8 9 10	11 12 13 14 15	16 17 18 19 20
	일진	임계갑을병 오미신유술	정무기경신 해자축인묘	임계갑을병 진사오미신	정무기경신 유술해자축	임계갑을병 인묘진사오	정무기경신 미신유술해
12	요일	월 화 수 목 금	토 일 월 화 수	목 금 토 일 월	화 수 목 금 토	일 월 화 수 목	금 토 일 월 화 수
	음력	10/21 22 23 24 25	26 27 28 29 30	11/1 2 3 4 5	6 7 8 9 10	11 12 13 14 15	16 17 18 19 20 21
	일진	임계갑을병 자축인묘진	정무기경신 사오미신유	임계갑을병 술해자축인	정무기경신 묘진사오미	임계갑을병 신유술해자	정무기경신임 축인묘진사오

1959 기해년 · 단기 4292

주요 국경일과 명절

구 분	월일	요일	구 분	월일	요일
신 정	1 1	목	추 석	9 17	목
3·1절	3 1	일	개천절	10 3	토
식목일	4 5	일	한글날	10 9	금
현충일	6 6	토	국제연합일	10 24	토
제헌절	7 17	금	기독탄신일	12 25	금
광복절	8 15	토			

음양력 대조일람

음력월	월건	대소	음력 1일의 양력 월일	음력월	월건	대소	음력 1일의 양력 월일
1	병인	소	2 8	7	임신	대	8 4
2	정묘	대	3 9	8	계유	소	9 3
3	무진	대	4 8	9	갑술	대	10 2
4	기사	소	5 8	10	을해	소	11 1
5	경오	대	6 6	11	병자	대	11 30
6	신미	소	7 6	12	정축	소	12 30

월	양력	1 2 3 4 5	6 7 8 9 10	11 12 13 14 15	16 17 18 19 20	21 22 23 24 25	26 27 28 29 30 31
1	요일	목 금 토 일 월	화 수 목 금 토	일 월 화 수 목	금 토 일 월 화	수 목 금 토 일	월 화 수 목 금 토
	음력	11/22 23 24 25 26	27 28 29 12/1 2	3 4 5 6 7	8 9 10 11 12	13 14 15 16 17	18 19 20 21 22 23
	일진	계갑을병정 미신유술해	무기경신임 자축인묘진	계갑을병정 사오미신유	무기경신임 술해자축인	계갑을병정 묘진사오미	무기경신임계 신유술해자축
2	요일	일 월 화 수 목	금 토 일 월 화	수 목 금 토 일	월 화 수 목 금	토 일 월 화 수	목 금 토
	음력	12/24 25 26 27 28	29 30 1/1 2 3	4 5 6 7 8	9 10 11 12 13	14 15 16 17 18	19 20 21
	일진	갑을병정무 인묘진사오	기경신임계 미신유술해	갑을병정무 자축인묘진	기경신임계 사오미신유	갑을병정무 술해자축인	기경신 묘진사
3	요일	일 월 화 수 목	금 토 일 월 화	수 목 금 토 일	월 화 수 목 금	토 일 월 화 수	목 금 토 일 월 화
	음력	1/22 23 24 25 26	27 28 29 2/1 2	3 4 5 6 7	8 9 10 11 12	13 14 15 16 17	18 19 20 21 22 23
	일진	임계갑을병 오미신유술	정무기경신 해자축인묘	임계갑을병 진사오미신	정무기경신 유술해자축	임계갑을병 인묘진사오	정무기경신임 미신유술해자
4	요일	수 목 금 토 일	월 화 수 목 금	토 일 월 화 수	목 금 토 일 월	화 수 목 금 토	일 월 화 수 목
	음력	2/24 25 26 27 28	29 30 3/1 2 3	4 5 6 7 8	9 10 11 12 13	14 15 16 17 18	19 20 21 22 23
	일진	계갑을병정 축인묘진사	무기경신임 오미신유술	계갑을병정 해자축인묘	무기경신임 진사오미신	계갑을병정 유술해자축	무기경신임 인묘진사오
5	요일	금 토 일 월 화	수 목 금 토 일	월 화 수 목 금	토 일 월 화 수	목 금 토 일 월	화 수 목 금 토 일
	음력	3/24 25 26 27 28	29 30 4/1 2 3	4 5 6 7 8	9 10 11 12 13	14 15 16 17 18	19 20 21 22 23 24
	일진	계갑을병정 미신유술해	무기경신임 자축인묘진	계갑을병정 사오미신유	무기경신임 술해자축인	계갑을병정 묘진사오미	무기경신임계 신유술해자축
6	요일	월 화 수 목 금	토 일 월 화 수	목 금 토 일 월	화 수 목 금 토	일 월 화 수 목	금 토 일 월 화
	음력	4/25 26 27 28 29	5/1 2 3 4 5	6 7 8 9 10	11 12 13 14 15	16 17 18 19 20	21 22 23 24 25
	일진	갑을병정무 인묘진사오	기경신임계 미신유술해	갑을병정무 자축인묘진	기경신임계 사오미신유	갑을병정무 술해자축인	기경신임계 묘진사오미

24절기와 잡절

명칭	태양황경(도)	월	일	시	분
소한	285	1	6	10	58
대한	300	1	21	4	19
입춘	315	2	4	22	42
우수	330	2	19	18	38
경칩	345	3	6	16	57
춘분	0	3	21	17	55
청명	15	4	5	22	3
곡우	30	4	21	5	16
입하	45	5	6	15	39
소만	60	5	22	4	42
망종	75	6	6	20	0

명칭	태양황경(도)	월	일	시	분
하지	90	6	22	12	50
소서	105	7	8	6	20
대서	120	7	23	23	45
입추	135	8	8	16	4
처서	150	8	24	6	44
백로	165	9	8	18	48
추분	180	9	24	4	8
한로	195	10	9	10	10
상강	210	10	24	13	11
입동	225	11	8	13	2
소설	240	11	23	10	27

명칭	태양황경(도)	월	일	시	분
대설	255	12	8	5	37
동지	270	12	22	23	34
한식		4	6		
단오		6	10		
초복		7	17		
중복		7	27		
말복		8	16		
토왕용사	297	1	18	5	34
토왕용사	27	4	18	3	33
토왕용사	117	7	20	20	18
토왕용사	207	10	21	12	50

월	양력	1 2 3 4 5	6 7 8 9 10	11 12 13 14 15	16 17 18 19 20	21 22 23 24 25	26 27 28 29 30 31
7	요일	수목금토일	월화수목금	토일월화수	목금토일월	화수목금토	일월화수목금
	음력	5/26 27 28 29 30	6/1 2 3 4 5	6 7 8 9 10	11 12 13 14 15	16 17 18 19 20	21 22 23 24 25 26
	일진	갑을병정무 신유술해자	기경신임계 축인묘진사	갑을병정무 오미신유술	기경신임계 해자축인묘	갑을병정무 진사오미신	기경신임계갑 유술해자축인
8	요일	토일월화수	목금토일월	화수목금토	일월화수목	금토일월화	수목금토일월
	음력	6/27 28 29 7/1 2	3 4 5 6 7	8 9 10 11 12	13 14 15 16 17	18 19 20 21 22	23 24 25 26 27 28
	일진	을병정무기 묘진사오미	경신임계갑 신유술해자	을병정무기 축인묘진사	경신임계갑 오미신유술	을병정무기 해자축인묘	경신임계갑을 진사오미신유
9	요일	화수목금토	일월화수목	금토일월화	수목금토일	월화수목금	토일월화수
	음력	7/29 30 8/1 2 3	4 5 6 7 8	9 10 11 12 13	14 15 16 17 18	19 20 21 22 23	24 25 26 27 28
	일진	병정무기경 술해자축인	신임계갑을 묘진사오미	병정무기경 신유술해자	신임계갑을 축인묘진사	병정무기경 오미신유술	신임계갑을 해자축인묘
10	요일	목금토일월	화수목금토	일월화수목	금토일월화	수목금토일	월화수목금토
	음력	8/29 9/1 2 3 4	5 6 7 8 9	10 11 12 13 14	15 16 17 18 19	20 21 22 23 24	25 26 27 28 29 30
	일진	병정무기경 진사오미신	신임계갑을 유술해자축	병정무기경 인묘진사오	신임계갑을 미신유술해	병정무기경 자축인묘진	신임계갑을병 사오미신유술
11	요일	일월화수목	금토일월화	수목금토일	월화수목금	토일월화수	목금토일월
	음력	10/1 2 3 4 5	6 7 8 9 10	11 12 13 14 15	16 17 18 19 20	21 22 23 24 25	26 27 28 29 11/1
	일진	정무기경신 해자축인묘	임계갑을병 진사오미신	정무기경신 유술해자축	임계갑을병 인묘진사오	정무기경신 미신유술해	임계갑을병 자축인묘진
12	요일	화수목금토	일월화수목	금토일월화	수목금토일	월화수목금	토일월화수목
	음력	11/2 3 4 5 6	7 8 9 10 11	12 13 14 15 16	17 18 19 20 21	22 23 24 25 26	27 28 29 30 12/1 2
	일진	정무기경신 사오미신유	임계갑을병 술해자축인	정무기경신 묘진사오미	임계갑을병 신유술해자	정무기경신 축인묘진사	임계갑을병정 오미신유술해

1960 경자년 · 단기 4293

주요 국경일과 명절

구 분	월일	요일	구 분	월일	요일
신 정	1 1	금	개 천 절	10 3	월
3·1 절	3 1	화	추 석	10 5	수
식 목 일	4 5	화	한 글 날	10 9	일
현 충 일	6 6	월	국제연합일	10 24	월
제 헌 절	7 17	일	기독탄신일	12 25	일
광 복 절	8 15	월			

음양력 대조일람

음력월	월건	대소	음력 1일의 양력 월일	음력월	월건	대소	음력 1일의 양력 월일
1	무인	대	1 28	7	갑신	대	8 22
2	기묘	소	2 27	8	을유	소	9 21
3	경진	대	3 27	9	병술	대	10 20
4	신사	소	4 26	10	정해	소	11 19
5	임오	대	5 25	11	무자	대	12 18
6	계미	대	6 24	12	기축	소	1961/1 17
(윤)6		소	7 24				

1월

양력	1	2	3	4	5	6	7	8	9	10	11	12	13	14	15	16	17	18	19	20	21	22	23	24	25	26	27	28	29	30	31
요일	금	토	일	월	화	수	목	금	토	일	월	화	수	목	금	토	일	월	화	수	목	금	토	일	월	화	수	목	금	토	일
음력	12/3	4	5	6	7	8	9	10	11	12	13	14	15	16	17	18	19	20	21	22	23	24	25	26	27	28	29	1/1	2	3	4
일진	무자	기축	경인	신묘	임진	계사	갑오	을미	병신	정유	무술	기해	경자	신축	임인	계묘	갑진	을사	병오	정미	무신	기유	경술	신해	임자	계축	갑인	을묘	병진	정사	무오

2월

양력	1	2	3	4	5	6	7	8	9	10	11	12	13	14	15	16	17	18	19	20	21	22	23	24	25	26	27	28	29
요일	월	화	수	목	금	토	일	월	화	수	목	금	토	일	월	화	수	목	금	토	일	월	화	수	목	금	토	일	월
음력	1/5	6	7	8	9	10	11	12	13	14	15	16	17	18	19	20	21	22	23	24	25	26	27	28	29	30	2/1	2	3
일진	기미	경신	신유	임술	계해	갑자	을축	병인	정묘	무진	기사	경오	신미	임신	계유	갑술	을해	병자	정축	무인	기묘	경진	신사	임오	계미	갑신	을유	병술	정해

3월

양력	1	2	3	4	5	6	7	8	9	10	11	12	13	14	15	16	17	18	19	20	21	22	23	24	25	26	27	28	29	30	31
요일	화	수	목	금	토	일	월	화	수	목	금	토	일	월	화	수	목	금	토	일	월	화	수	목	금	토	일	월	화	수	목
음력	2/4	5	6	7	8	9	10	11	12	13	14	15	16	17	18	19	20	21	22	23	24	25	26	27	28	29	3/1	2	3	4	5
일진	무자	기축	경인	신묘	임진	계사	갑오	을미	병신	정유	무술	기해	경자	신축	임인	계묘	갑진	을사	병오	정미	무신	기유	경술	신해	임자	계축	갑인	을묘	병진	정사	무오

4월

양력	1	2	3	4	5	6	7	8	9	10	11	12	13	14	15	16	17	18	19	20	21	22	23	24	25	26	27	28	29	30
요일	금	토	일	월	화	수	목	금	토	일	월	화	수	목	금	토	일	월	화	수	목	금	토	일	월	화	수	목	금	토
음력	3/6	7	8	9	10	11	12	13	14	15	16	17	18	19	20	21	22	23	24	25	26	27	28	29	30	4/1	2	3	4	5
일진	기미	경신	신유	임술	계해	갑자	을축	병인	정묘	무진	기사	경오	신미	임신	계유	갑술	을해	병자	정축	무인	기묘	경진	신사	임오	계미	갑신	을유	병술	정해	무자

5월

양력	1	2	3	4	5	6	7	8	9	10	11	12	13	14	15	16	17	18	19	20	21	22	23	24	25	26	27	28	29	30	31
요일	일	월	화	수	목	금	토	일	월	화	수	목	금	토	일	월	화	수	목	금	토	일	월	화	수	목	금	토	일	월	화
음력	4/6	7	8	9	10	11	12	13	14	15	16	17	18	19	20	21	22	23	24	25	26	27	28	29	5/1	2	3	4	5	6	7
일진	기축	경인	신묘	임진	계사	갑오	을미	병신	정유	무술	기해	경자	신축	임인	계묘	갑진	을사	병오	정미	무신	기유	경술	신해	임자	계축	갑인	을묘	병진	정사	무오	기미

6월

양력	1	2	3	4	5	6	7	8	9	10	11	12	13	14	15	16	17	18	19	20	21	22	23	24	25	26	27	28	29	30
요일	수	목	금	토	일	월	화	수	목	금	토	일	월	화	수	목	금	토	일	월	화	수	목	금	토	일	월	화	수	목
음력	5/8	9	10	11	12	13	14	15	16	17	18	19	20	21	22	23	24	25	26	27	28	29	30	6/1	2	3	4	5	6	7
일진	경신	신유	임술	계해	갑자	을축	병인	정묘	무진	기사	경오	신미	임신	계유	갑술	을해	병자	정축	무인	기묘	경진	신사	임오	계미	갑신	을유	병술	정해	무자	기축

24절기와 잡절

명칭	태양황경(도)	한국표준시 월 일	한국표준시 시 분	명칭	태양황경(도)	한국표준시 월 일	한국표준시 시 분	명칭	태양황경(도)	한국표준시 월 일	한국표준시 시 분
소한	285	1 6	16 42	하지	90	6 21	18 42	대 설	255	12 7	11 38
대한	300	1 21	10 10	소서	105	7 7	12 13	동 지	270	12 22	5 26
입춘	315	2 5	4 23	대서	120	7 23	5 37				
우수	330	2 20	0 26	입추	135	8 7	22 0	한 식		4 5	
경칩	345	3 5	22 36	처서	150	8 23	12 34	단 오		5 29	
춘분	0	3 20	23 43	백로	165	9 8	0 45	초 복		7 11	
청명	15	4 5	3 44	추분	180	9 23	9 59	중 복		7 21	
곡우	30	4 20	11 6	한로	195	10 8	16 9	말 복		8 10	
입하	45	5 5	21 23	상강	210	10 23	19 2	토왕용사	297	1 18	11 26
소만	60	5 21	10 34	입동	225	11 7	19 2	토왕용사	27	4 17	9 23
망종	75	6 6	1 49	소설	240	11 22	16 18	토왕용사	117	7 20	2 14
								토왕용사	207	10 20	18 43

월	양력	1 2 3 4 5	6 7 8 9 10	11 12 13 14 15	16 17 18 19 20	21 22 23 24 25	26 27 28 29 30 31
7	요일	금 토 일 월 화	수 목 금 토 일	월 화 수 목 금	토 일 월 화 수	목 금 토 일 월	화 수 목 금 토 일
7	음력	6/8 9 10 11 12	13 14 15 16 17	18 19 20 21 22	23 24 25 26 27	28 29 30 6*/1 2	3 4 5 6 7 8
7	일진	경 신 임 계 갑 인 묘 진 사 오	을 병 정 무 기 미 신 유 술 해	경 신 임 계 갑 자 축 인 묘 진	을 병 정 무 기 사 오 미 신 유	경 신 임 계 갑 술 해 자 축 인	을 병 정 무 기 경 묘 진 사 오 미 신
8	요일	월 화 수 목 금	토 일 월 화 수	목 금 토 일 월	화 수 목 금 토	일 월 화 수 목	금 토 일 월 화 수
8	음력	6*/9 10 11 12 13	14 15 16 17 18	19 20 21 22 23	24 25 26 27 28	29 7/1 2 3 4	5 6 7 8 9 10
8	일진	신 임 계 갑 을 유 술 해 자 축	병 정 무 기 경 인 묘 진 사 오	신 임 계 갑 을 미 신 유 술 해	병 정 무 기 경 자 축 인 묘 진	신 임 계 갑 을 사 오 미 신 유	병 정 무 기 경 신 술 해 자 축 인 묘
9	요일	목 금 토 일 월	화 수 목 금 토	일 월 화 수 목	금 토 일 월 화	수 목 금 토 일	월 화 수 목 금
9	음력	7/11 12 13 14 15	16 17 18 19 20	21 22 23 24 25	26 27 28 29 30	8/1 2 3 4 5	6 7 8 9 10
9	일진	임 계 갑 을 병 진 사 오 미 신	정 무 기 경 신 유 술 해 자 축	임 계 갑 을 병 인 묘 진 사 오	정 무 기 경 신 미 신 유 술 해	임 계 갑 을 병 자 축 인 묘 진	정 무 기 경 신 사 오 미 신 유
10	요일	토 일 월 화 수	목 금 토 일 월	화 수 목 금 토	일 월 화 수 목	금 토 일 월 화	수 목 금 토 일 월
10	음력	8/11 12 13 14 15	16 17 18 19 20	21 22 23 24 25	26 27 28 29 9/1	2 3 4 5 6	7 8 9 10 11 12
10	일진	임 계 갑 을 병 술 해 자 축 인	정 무 기 경 신 묘 진 사 오 미	임 계 갑 을 병 신 유 술 해 자	정 무 기 경 신 축 인 묘 진 사	임 계 갑 을 병 오 미 신 유 술	정 무 기 경 신 임 해 자 축 인 묘 진
11	요일	화 수 목 금 토	일 월 화 수 목	금 토 일 월 화	수 목 금 토 일	월 화 수 목 금	토 일 월 화 수
11	음력	9/13 14 15 16 17	18 19 20 21 22	23 24 25 26 27	28 29 30 10/1 2	3 4 5 6 7	8 9 10 11 12
11	일진	계 갑 을 병 정 사 오 미 신 유	무 기 경 신 임 술 해 자 축 인	계 갑 을 병 정 묘 진 사 오 미	무 기 경 신 임 신 유 술 해 자	계 갑 을 병 정 축 인 묘 진 사	무 기 경 신 임 오 미 신 유 술
12	요일	목 금 토 일 월	화 수 목 금 토	일 월 화 수 목	금 토 일 월 화	수 목 금 토 일	월 화 수 목 금 토
12	음력	10/13 14 15 16 17	18 19 20 21 22	23 24 25 26 27	28 29 11/1 2 3	4 5 6 7 8	9 10 11 12 13 14
12	일진	계 갑 을 병 정 해 자 축 인 묘	무 기 경 신 임 진 사 오 미 신	계 갑 을 병 정 유 술 해 자 축	무 기 경 신 임 인 묘 진 사 오	계 갑 을 병 정 미 신 유 술 해	무 기 경 신 임 계 자 축 인 묘 진 사

* 윤달 : 6월

1961 신축년 • 단기 4294

주요 국경일과 명절

구 분	월일	요일	구 분	월일	요일
신 정	1 1	일	추 석	9 24	일
3·1절	3 1	수	개 천 절	10 3	화
식 목 일	4 5	수	한 글 날	10 9	월
현 충 일	6 6	화	국제연합일	10 24	화
제 헌 절	7 17	월	기독탄신일	12 25	월
광 복 절	8 15	화			

음양력 대조일람

음력월	월건	대소	음력 1일의 양력 월일	음력월	월건	대소	음력 1일의 양력 월일
1	경인	대	2 15	7	병신	대	8 11
2	신묘	소	3 17	8	정유	대	9 10
3	임진	대	4 15	9	무술	소	10 10
4	계사	소	5 15	10	기해	대	11 8
5	갑오	대	6 13	11	경자	소	12 8
6	을미	소	7 13	12	신축	대	1962/1 6

월	양력	1 2 3 4 5	6 7 8 9 10	11 12 13 14 15	16 17 18 19 20	21 22 23 24 25	26 27 28 29 30 31
1	요일	일 월 화 수 목	금 토 일 월 화	수 목 금 토 일	월 화 수 목 금	토 일 월 화 수	목 금 토 일 월 화
	음력	11/15 16 17 18 19	20 21 22 23 24	25 26 27 28 29	30 12/1 2 3 4	5 6 7 8 9	10 11 12 13 14 15
	일진	갑을병정무 오미신유술	기경신임계 해자축인묘	갑을병정무 진사오미신	기경신임계 유술해자축	갑을병정무 인묘진사오	기경신임계갑 미신유술해자
2	요일	수 목 금 토 일	월 화 수 목 금	토 일 월 화 수	목 금 토 일 월	화 수 목 금 토	일 월 화
	음력	12/16 17 18 19 20	21 22 23 24 25	26 27 28 29 1/1	2 3 4 5 6	7 8 9 10 11	12 13 14
	일진	을병정무기 축인묘진사	경신임계갑 오미신유술	을병정무기 해자축인묘	경신임계갑 진사오미신	을병정무기 유술해자축	경신임 인묘진
3	요일	수 목 금 토 일	월 화 수 목 금	토 일 월 화 수	목 금 토 일 월	화 수 목 금 토	일 월 화 수 목 금
	음력	1/15 16 17 18 19	20 21 22 23 24	25 26 27 28 29	30 2/1 2 3 4	5 6 7 8 9	10 11 12 13 14 15
	일진	계갑을병정 사오미신유	무기경신임 술해자축인	계갑을병정 묘진사오미	무기경신임 신유술해자	계갑을병정 축인묘진사	무기경신임계 오미신유술해
4	요일	토 일 월 화 수	목 금 토 일 월	화 수 목 금 토	일 월 화 수 목	금 토 일 월 화	수 목 금 토 일
	음력	2/16 17 18 19 20	21 22 23 24 25	26 27 28 29 3/1	2 3 4 5 6	7 8 9 10 11	12 13 14 15 16
	일진	갑을병정무 자축인묘진	기경신임계 사오미신유	갑을병정무 술해자축인	기경신임계 묘진사오미	갑을병정무 신유술해자	기경신임계 축인묘진사
5	요일	월 화 수 목 금	토 일 월 화 수	목 금 토 일 월	화 수 목 금 토	일 월 화 수 목	금 토 일 월 화 수
	음력	3/17 18 19 20 21	22 23 24 25 26	27 28 29 30 4/1	2 3 4 5 6	7 8 9 10 11	12 13 14 15 16 17
	일진	갑을병정무 오미신유술	기경신임계 해자축인묘	갑을병정무 진사오미신	기경신임계 유술해자축	갑을병정무 인묘진사오	기경신임계갑 미신유술해자
6	요일	목 금 토 일 월	화 수 목 금 토	일 월 화 수 목	금 토 일 월 화	수 목 금 토 일	월 화 수 목 금
	음력	4/18 19 20 21 22	23 24 25 26 27	28 29 5/1 2 3	4 5 6 7 8	9 10 11 12 13	14 15 16 17 18
	일진	을병정무기 축인묘진사	경신임계갑 오미신유술	을병정무기 해자축인묘	경신임계갑 진사오미신	을병정무기 유술해자축	경신임계갑 인묘진사오

24절기와 잡절

명 칭	태양황경(도)	한국표준시			명 칭	태양황경(도)	한국표준시			명 칭	태양황경(도)	한국표준시		
		월	일	시 분			월	일	시 분			월	일	시 분
소한	285	1	5	22 43	하지	90	6	22	0 30	대　설	255	12	7	17 26
대한	300	1	20	16 1	소서	105	7	7	18 7	동　지	270	12	22	11 19
입춘	315	2	4	10 22	대서	120	7	23	11 24					
우수	330	2	19	6 16	입추	135	8	8	3 48	한　식		4	6	
경칩	345	3	6	4 35	처서	150	8	23	18 19	단　오		6	17	
춘분	0	3	21	5 32	백로	165	9	8	6 29	초　복		7	16	
청명	15	4	5	9 42	추분	180	9	23	15 42	중　복		7	26	
곡우	30	4	20	16 55	한로	195	10	8	21 51	말　복		8	15	
입하	45	5	6	3 21	상강	210	10	24	0 47	토왕용사	297	1	17	17 19
소만	60	5	21	16 22	입동	225	11	8	0 46	토왕용사	27	4	17	15 14
망종	75	6	6	7 46	소설	240	11	22	22 8	토왕용사	117	7	20	7 58
										토왕용사	207	10	21	0 25

월	양력	1 2 3 4 5	6 7 8 9 10	11 12 13 14 15	16 17 18 19 20	21 22 23 24 25	26 27 28 29 30 31
7	요일	토 일 월 화 수	목 금 토 일 월	화 수 목 금 토	일 월 화 수 목	금 토 일 월 화	수 목 금 토 일 월
	음력	5/19 20 21 22 23	24 25 26 27 28	29 30 6/1 2 3	4 5 6 7 8	9 10 11 12 13	14 15 16 17 18 19
	일진	을병정무기 미신유술해	경신임계갑 자축인묘진	을병정무기 사오미신유	경신임계갑 술해자축인	을병정무기 묘진사오미	경신임계갑을 신유술해자축
8	요일	화 수 목 금 토	일 월 화 수 목	금 토 일 월 화	수 목 금 토 일	월 화 수 목 금	토 일 월 화 수 목
	음력	6/20 21 22 23 24	25 26 27 28 29	7/1 2 3 4 5	6 7 8 9 10	11 12 13 14 15	16 17 18 19 20 21
	일진	병정무기경 인묘진사오	신임계갑을 미신유술해	병정무기경 자축인묘진	신임계갑을 사오미신유	병정무기경 술해자축인	신임계갑을병 묘진사오미신
9	요일	금 토 일 월 화	수 목 금 토 일	월 화 수 목 금	토 일 월 화 수	목 금 토 일 월	화 수 목 금 토
	음력	7/22 23 24 25 26	27 28 29 30 8/1	2 3 4 5 6	7 8 9 10 11	12 13 14 15 16	17 18 19 20 21
	일진	정무기경신 유술해자축	임계갑을병 인묘진사오	정무기경신 미신유술해	임계갑을병 자축인묘진	정무기경신 사오미신유	임계갑을병 술해자축인
10	요일	일 월 화 수 목	금 토 일 월 화	수 목 금 토 일	월 화 수 목 금	토 일 월 화 수	목 금 토 일 월 화
	음력	8/22 23 24 25 26	27 28 29 30 9/1	2 3 4 5 6	7 8 9 10 11	12 13 14 15 16	17 18 19 20 21 22
	일진	정무기경신 묘진사오미	임계갑을병 신유술해자	정무기경신 축인묘진사	임계갑을병 오미신유술	정무기경신 해자축인묘	임계갑을병정 진사오미신유
11	요일	수 목 금 토 일	월 화 수 목 금	토 일 월 화 수	목 금 토 일 월	화 수 목 금 토	일 월 화 수 목
	음력	9/23 24 25 26 27	28 29 10/1 2 3	4 5 6 7 8	9 10 11 12 13	14 15 16 17 18	19 20 21 22 23
	일진	무기경신임 술해자축인	계갑을병정 묘진사오미	무기경신임 신유술해자	계갑을병정 축인묘진사	무기경신임 오미신유술	계갑을병정 해자축인묘
12	요일	금 토 일 월 화	수 목 금 토 일	월 화 수 목 금	토 일 월 화 수	목 금 토 일 월	화 수 목 금 토 일
	음력	10/24 25 26 27 28	29 30 11/1 2 3	4 5 6 7 8	9 10 11 12 13	14 15 16 17 18	19 20 21 22 23 24
	일진	무기경신임 진사오미신	계갑을병정 유술해자축	무기경신임 인묘진사오	계갑을병정 미신유술해	무기경신임 자축인묘진	계갑을병정무 사오미신유술

주요 국경일과 명절

구 분	월	일	요일	구 분	월	일	요일
신 정	1	1	월	추 석	9	13	목
3·1절	3	1	목	개천절	10	3	수
식목일	4	5	목	한글날	10	9	화
현충일	6	6	수	국제연합일	10	24	수
제헌절	7	17	화	기독탄신일	12	25	화
광복절	8	15	수				

음양력 대조일람

음력월	월건	대소	음력 1일의 양력 월일	음력월	월건	대소	음력 1일의 양력 월일
1	임인	소	2 5	7	무신	대	7 31
2	계묘	대	3 6	8	기유	대	8 30
3	갑진	소	4 5	9	경술	소	9 29
4	을사	소	5 4	10	신해	대	10 28
5	병오	대	6 2	11	임자	대	11 27
6	정미	소	7 2	12	계축	소	12 27

월	양력	1 2 3 4 5	6 7 8 9 10	11 12 13 14 15	16 17 18 19 20	21 22 23 24 25	26 27 28 29 30 31
1	요일	월 화 수 목 금	토 일 월 화 수	목 금 토 일 월	화 수 목 금 토	일 월 화 수 목	금 토 일 월 화 수
	음력	11/25 26 27 28 29	12/1 2 3 4 5	6 7 8 9 10	11 12 13 14 15	16 17 18 19 20	21 22 23 24 25 26
	일진	기경신임계 해자축인묘	갑을병정무 진사오미신	기경신임계 유술해자축	갑을병정무 인묘진사오	기경신임계 미신유술해	갑을병정무기 자축인묘진사
2	요일	목 금 토 일 월	화 수 목 금 토	일 월 화 수 목	금 토 일 월 화	수 목 금 토 일	월 화 수
	음력	12/27 28 29 30 1/1	2 3 4 5 6	7 8 9 10 11	12 13 14 15 16	17 18 19 20 21	22 23 24
	일진	경신임계갑 오미신유술	을병정무기 해자축인묘	경신임계갑 진사오미신	을병정무기 유술해자축	경신임계갑 인묘진사오	을병정 미신유
3	요일	목 금 토 일 월	화 수 목 금 토	일 월 화 수 목	금 토 일 월 화	수 목 금 토 일	월 화 수 목 금 토
	음력	1/25 26 27 28 29	2/1 2 3 4 5	6 7 8 9 10	11 12 13 14 15	16 17 18 19 20	21 22 23 24 25 26
	일진	무기경신임 술해자축인	계갑을병정 묘진사오미	무기경신임 신유술해자	계갑을병정 축인묘진사	무기경신임 오미신유술	계갑을병정무 해자축인묘진
4	요일	일 월 화 수 목	금 토 일 월 화	수 목 금 토 일	월 화 수 목 금	토 일 월 화 수	목 금 토 일 월
	음력	2/27 28 29 30 3/1	2 3 4 5 6	7 8 9 10 11	12 13 14 15 16	17 18 19 20 21	22 23 24 25 26
	일진	기경신임계 사오미신유	갑을병정무 술해자축인	기경신임계 묘진사오미	갑을병정무 신유술해자	기경신임계 축인묘진사	갑을병정무 오미신유술
5	요일	화 수 목 금 토	일 월 화 수 목	금 토 일 월 화	수 목 금 토 일	월 화 수 목 금	토 일 월 화 수 목
	음력	3/27 28 29 4/1 2	3 4 5 6 7	8 9 10 11 12	13 14 15 16 17	18 19 20 21 22	23 24 25 26 27 28
	일진	기경신임계 해자축인묘	갑을병정무 진사오미신	기경신임계 유술해자축	갑을병정무 인묘진사오	기경신임계 미신유술해	갑을병정무기 자축인묘진사
6	요일	금 토 일 월 화	수 목 금 토 일	월 화 수 목 금	토 일 월 화 수	목 금 토 일 월	화 수 목 금 토
	음력	4/29 5/1 2 3 4	5 6 7 8 9	10 11 12 13 14	15 16 17 18 19	20 21 22 23 24	25 26 27 28 29
	일진	경신임계갑 오미신유술	을병정무기 해자축인묘	경신임계갑 진사오미신	을병정무기 유술해자축	경신임계갑 인묘진사오	을병정무기 미신유술해

24절기와 잡절

명 칭	태양황경 (도)	한국표준시 월 일	한국표준시 시 분	명 칭	태양황경 (도)	한국표준시 월 일	한국표준시 시 분	명 칭	태양황경 (도)	한국표준시 월 일	한국표준시 시 분
소한	285	1 6	4 35	하지	90	6 22	6 24	대 설	255	12 7	23 17
대한	300	1 20	21 58	소서	105	7 7	23 51	동 지	270	12 22	17 15
입춘	315	2 4	16 17	대서	120	7 23	17 18				
우수	330	2 19	12 15	입추	135	8 8	9 34	한 식		4 6	
경칩	345	3 6	10 30	처서	150	8 24	0 12	단 오		6 6	
춘분	0	3 21	11 30	백로	165	9 8	12 15	초 복		7 21	
청명	15	4 5	15 34	추분	180	9 23	21 35	중 복		7 31	
곡우	30	4 20	22 51	한로	195	10 9	3 38	말 복		8 10	
입하	45	5 6	9 10	상강	210	10 24	6 40	토왕용사	297	1 17	23 13
소만	60	5 21	22 17	입동	225	11 8	6 35	토왕용사	27	4 17	21 7
망종	75	6 6	13 31	소설	240	11 23	4 2	토왕용사	117	7 20	13 52
								토왕용사	207	10 21	6 20

월	양력	1 2 3 4 5	6 7 8 9 10	11 12 13 14 15	16 17 18 19 20	21 22 23 24 25	26 27 28 29 30 31
7	요일	일 월 화 수 목	금 토 일 월 화	수 목 금 토 일	월 화 수 목 금	토 일 월 화 수	목 금 토 일 월 화
	음력	5/30 6/1 2 3 4	5 6 7 8 9	10 11 12 13 14	15 16 17 18 19	20 21 22 23 24	25 26 27 28 29 7/1
	일진	경신임계갑 자축인묘진	을병정무기 사오미신유	경신임계갑 술해자축인	을병정무기 묘진사오미	경신임계갑 신유술해자	을병정무기경 축인묘진사오
8	요일	수 목 금 토 일	월 화 수 목 금	토 일 월 화 수	목 금 토 일 월	화 수 목 금 토	일 월 화 수 목 금
	음력	7/2 3 4 5 6	7 8 9 10 11	12 13 14 15 16	17 18 19 20 21	22 23 24 25 26	27 28 29 30 8/1 2
	일진	신임계갑을 미신유술해	병정무기경 자축인묘진	신임계갑을 사오미신유	병정무기경 술해자축인	신임계갑을 묘진사오미	병정무기경신 신유술해자축
9	요일	토 일 월 화 수	목 금 토 일 월	화 수 목 금 토	일 월 화 수 목	금 토 일 월 화	수 목 금 토 일
	음력	8/3 4 5 6 7	8 9 10 11 12	13 14 15 16 17	18 19 20 21 22	23 24 25 26 27	28 29 30 9/1 2
	일진	임계갑을병 인묘진사오	정무기경신 미신유술해	임계갑을병 자축인묘진	정무기경신 사오미신유	임계갑을병 술해자축인	정무기경신 묘진사오미
10	요일	월 화 수 목 금	토 일 월 화 수	목 금 토 일 월	화 수 목 금 토	일 월 화 수 목	금 토 일 월 화 수
	음력	9/3 4 5 6 7	8 9 10 11 12	13 14 15 16 17	18 19 20 21 22	23 24 25 26 27	28 29 10/1 2 3 4
	일진	임계갑을병 신유술해자	정무기경신 축인묘진사	임계갑을병 오미신유술	정무기경신 해자축인묘	임계갑을병 진사오미신	정무기경신임 유술해자축인
11	요일	목 금 토 일 월	화 수 목 금 토	일 월 화 수 목	금 토 일 월 화	수 목 금 토 일	월 화 수 목 금
	음력	10/5 6 7 8 9	10 11 12 13 14	15 16 17 18 19	20 21 22 23 24	25 26 27 28 29	30 11/1 2 3 4
	일진	계갑을병정 묘진사오미	무기경신임 신유술해자	계갑을병정 축인묘진사	무기경신임 오미신유술	계갑을병정 해자축인묘	무기경신임 진사오미신
12	요일	토 일 월 화 수	목 금 토 일 월	화 수 목 금 토	일 월 화 수 목	금 토 일 월 화	수 목 금 토 일 월
	음력	11/5 6 7 8 9	10 11 12 13 14	15 16 17 18 19	20 21 22 23 24	25 26 27 28 29	30 12/1 2 3 4 5
	일진	계갑을병정 유술해자축	무기경신임 인묘진사오	계갑을병정 미신유술해	무기경신임 자축인묘진	계갑을병정 사오미신유	무기경신임계 술해자축인묘

1963 계묘년 · 단기 4296

주요 국경일과 명절

구 분	월일	요일	구 분	월일	요일
신 정	1 1	화	추 석	10 2	수
3·1절	3 1	금	개천절	10 3	목
식목일	4 5	금	한글날	10 9	수
현충일	6 6	목	국제연합일	10 24	목
제헌절	7 17	수	기독탄신일	12 25	수
광복절	8 15	목			

음양력 대조일람

음력월	월건	대소	음력 1일의 양력 월일	음력월	월건	대소	음력 1일의 양력 월일
1	갑인	대	1 25	7	경신	대	8 19
2	을묘	소	2 24	8	신유	소	9 18
3	병진	대	3 25	9	임술	대	10 17
4	정사	소	4 24	10	계해	대	11 16
(윤)4		소	5 23	11	갑자	대	12 16
5	무오	대	6 21	12	을축	소	1964/1 15
6	기미	소	7 21				

월	양력	1 2 3 4 5	6 7 8 9 10	11 12 13 14 15	16 17 18 19 20	21 22 23 24 25	26 27 28 29 30 31
1	요일	화 수 목 금 토	일 월 화 수 목	금 토 일 월 화	수 목 금 토 일	월 화 수 목 금	토 일 월 화 수 목
	음력	12/6 7 8 9 10	11 12 13 14 15	16 17 18 19 20	21 22 23 24 25	26 27 28 29 1/1	2 3 4 5 6 7
	일진	갑을병정무 진사오미신	기경신임계 유술해자축	갑을병정무 인묘진사오	기경신임계 미신유술해	갑을병정무 자축인묘진	기경신임계갑 사오미신유술
2	요일	금 토 일 월 화	수 목 금 토 일	월 화 수 목 금	토 일 월 화 수	목 금 토 일 월	화 수 목
	음력	1/8 9 10 11 12	13 14 15 16 17	18 19 20 21 22	23 24 25 26 27	28 29 30 2/1 2	3 4 5
	일진	을병정무기 해자축인묘	경신임계갑 진사오미신	을병정무기 유술해자축	경신임계갑 인묘진사오	을병정무기 미신유술해	경신임 자축인
3	요일	금 토 일 월 화	수 목 금 토 일	월 화 수 목 금	토 일 월 화 수	목 금 토 일 월	화 수 목 금 토 일
	음력	2/6 7 8 9 10	11 12 13 14 15	16 17 18 19 20	21 22 23 24 25	26 27 28 29 3/1	2 3 4 5 6 7
	일진	계갑을병정 묘진사오미	무기경신임 신유술해자	계갑을병정 축인묘진사	무기경신임 오미신유술	계갑을병정 해자축인묘	무기경신임계 진사오미신유
4	요일	월 화 수 목 금	토 일 월 화 수	목 금 토 일 월	화 수 목 금 토	일 월 화 수 목	금 토 일 월 화
	음력	3/8 9 10 11 12	13 14 15 16 17	18 19 20 21 22	23 24 25 26 27	28 29 30 4/1 2	3 4 5 6 7
	일진	갑을병정무 술해자축인	기경신임계 묘진사오미	갑을병정무 신유술해자	기경신임계 축인묘진사	갑을병정무 오미신유술	기경신임계 해자축인묘
5	요일	수 목 금 토 일	월 화 수 목 금	토 일 월 화 수	목 금 토 일 월	화 수 목 금 토	일 월 화 수 목 금
	음력	4/8 9 10 11 12	13 14 15 16 17	18 19 20 21 22	23 24 25 26 27	28 29 4*/1 2 3	4 5 6 7 8 9
	일진	갑을병정무 진사오미신	기경신임계 유술해자축	갑을병정무 인묘진사오	기경신임계 미신유술해	갑을병정무 자축인묘진	기경신임계갑 사오미신유술
6	요일	토 일 월 화 수	목 금 토 일 월	화 수 목 금 토	일 월 화 수 목	금 토 일 월 화	수 목 금 토 일
	음력	4*/10 11 12 13 14	15 16 17 18 19	20 21 22 23 24	25 26 27 28 29	5/1 2 3 4 5	6 7 8 9 10
	일진	을병정무기 해자축인묘	경신임계갑 진사오미신	을병정무기 유술해자축	경신임계갑 인묘진사오	을병정무기 미신유술해	경신임계갑 자축인묘진

24절기와 잡절

명 칭	태양황경(도)	월 일	시 분	명 칭	태양황경(도)	월 일	시 분	명 칭	태양황경(도)	월 일	시 분
소한	285	1 6	10 26	하지	90	6 22	12 4	대 설	255	12 8	5 13
대한	300	1 21	3 54	소서	105	7 8	5 38	동 지	270	12 22	23 2
입춘	315	2 4	22 8	대서	120	7 23	22 59				
우수	330	2 19	18 9	입추	135	8 8	15 25	한 식		4 6	
경칩	345	3 6	16 17	처서	150	8 24	5 58	단 오		6 25	
춘분	0	3 21	17 20	백로	165	9 8	18 12	초 복		7 16	
청명	15	4 5	21 19	추분	180	9 24	3 24	중 복		7 26	
곡우	30	4 21	4 36	한로	195	10 9	9 36	말 복		8 15	
입하	45	5 6	14 52	상강	210	10 24	12 29	토왕용사	297	1 18	5 11
소만	60	5 22	3 58	입동	225	11 8	12 32	토왕용사	27	4 18	2 55
망종	75	6 6	19 14	소설	240	11 23	9 49	토왕용사	117	7 20	19 36
								토왕용사	207	10 21	12 9

월	양력	1 2 3 4 5	6 7 8 9 10	11 12 13 14 15	16 17 18 19 20	21 22 23 24 25	26 27 28 29 30 31
7	요일	월 화 수 목 금	토 일 월 화 수	목 금 토 일 월	화 수 목 금 토	일 월 화 수 목	금 토 일 월 화 수
7	음력	5/11 12 13 14 15	16 17 18 19 20	21 22 23 24 25	26 27 28 29 30	6/1 2 3 4 5	6 7 8 9 10 11
7	일진	을병정무기 사오미신유	경신임계갑 술해자축인	을병정무기 묘진사오미	경신임계갑 신유술해자	을병정무기 축인묘진사	경신임계갑을 오미신유술해
8	요일	목 금 토 일 월	화 수 목 금 토	일 월 화 수 목	금 토 일 월 화	수 목 금 토 일	월 화 수 목 금 토
8	음력	6/12 13 14 15 16	17 18 19 20 21	22 23 24 25 26	27 28 29 7/1 2	3 4 5 6 7	8 9 10 11 12 13
8	일진	병정무기경 자축인묘진	신임계갑을 사오미신유	병정무기경 술해자축인	신임계갑을 묘진사오미	병정무기경 신유술해자	신임계갑을병 축인묘진사오
9	요일	일 월 화 수 목	금 토 일 월 화	수 목 금 토 일	월 화 수 목 금	토 일 월 화 수	목 금 토 일 월
9	음력	7/14 15 16 17 18	19 20 21 22 23	24 25 26 27 28	29 30 8/1 2 3	4 5 6 7 8	9 10 11 12 13
9	일진	정무기경신 미신유술해	임계갑을병 자축인묘진	정무기경신 사오미신유	임계갑을병 술해자축인	정무기경신 묘진사오미	임계갑을병 신유술해자
10	요일	화 수 목 금 토	일 월 화 수 목	금 토 일 월 화	수 목 금 토 일	월 화 수 목 금	토 일 월 화 수 목
10	음력	8/14 15 16 17 18	19 20 21 22 23	24 25 26 27 28	29 9/1 2 3 4	5 6 7 8 9	10 11 12 13 14 15
10	일진	정무기경신 축인묘진사	임계갑을병 오미신유술	정무기경신 해자축인묘	임계갑을병 진사오미신	정무기경신 유술해자축	임계갑을병정 인묘진사오미
11	요일	금 토 일 월 화	수 목 금 토 일	월 화 수 목 금	토 일 월 화 수	목 금 토 일 월	화 수 목 금 토
11	음력	9/16 17 18 19 20	21 22 23 24 25	26 27 28 29 30	10/1 2 3 4 5	6 7 8 9 10	11 12 13 14 15
11	일진	무기경신임 신유술해자	계갑을병정 축인묘진사	무기경신임 오미신유술	계갑을병정 해자축인묘	무기경신임 진사오미신	계갑을병정 유술해자축
12	요일	일 월 화 수 목	금 토 일 월 화	수 목 금 토 일	월 화 수 목 금	토 일 월 화 수	목 금 토 일 월 화
12	음력	10/16 17 18 19 20	21 22 23 24 25	26 27 28 29 30	11/1 2 3 4 5	6 7 8 9 10	11 12 13 14 15 16
12	일진	무기경신임 인묘진사오	계갑을병정 미신유술해	무기경신임 자축인묘진	계갑을병정 사오미신유	무기경신임 술해자축인	계갑을병정무 묘진사오미신

* 윤달 : 4월

1964 갑진년 · 단기 4297

주요 국경일과 명절

구 분	월일	요일	구 분	월일	요일
신 정	1 1	수	추 석	9 20	일
3·1 절	3 1	일	개 천 절	10 3	토
식 목 일	4 5	일	한 글 날	10 9	금
현 충 일	6 6	토	국제연합일	10 24	토
제 헌 절	7 17	금	기독탄신일	12 25	금
광 복 절	8 15	토			

음양력 대조일람

음력월	월건	대소	음력 1일의 양력 월일	음력월	월건	대소	음력 1일의 양력 월일
1	병인	대	2 13	7	임신	소	8 8
2	정묘	소	3 14	8	계유	대	9 6
3	무진	대	4 12	9	갑술	소	10 6
4	기사	소	5 12	10	을해	대	11 4
5	경오	소	6 10	11	병자	대	12 4
6	신미	대	7 9	12	정축	대	1965/1 3

월	양력	1 2 3 4 5	6 7 8 9 10	11 12 13 14 15	16 17 18 19 20	21 22 23 24 25	26 27 28 29 30 31
1	요일	수 목 금 토 일	월 화 수 목 금	토 일 월 화 수	목 금 토 일 월	화 수 목 금 토	일 월 화 수 목 금
	음력	11/17 18 19 20 21	22 23 24 25 26	27 28 29 30 12/1	2 3 4 5 6	7 8 9 10 11	12 13 14 15 16 17
	일진	기경신임계 유술해자축	갑을병정무 인묘진사오	기경신임계 미신유술해	갑을병정무 자축인묘진	기경신임계 사오미신유	갑을병정무기 술해자축인묘
2	요일	토 일 월 화 수	목 금 토 일 월	화 수 목 금 토	일 월 화 수 목	금 토 일 월 화	수 목 금 토
	음력	12/18 19 20 21 22	23 24 25 26 27	28 29 1/1 2 3	4 5 6 7 8	9 10 11 12 13	14 15 16 17
	일진	경신임계갑 진사오미신	을병정무기 유술해자축	경신임계갑 인묘진사오	을병정무기 미신유술해	경신임계갑 자축인묘진	을병정무 사오미신
3	요일	일 월 화 수 목	금 토 일 월 화	수 목 금 토 일	월 화 수 목 금	토 일 월 화 수	목 금 토 일 월 화
	음력	1/18 19 20 21 22	23 24 25 26 27	28 29 30 2/1 2	3 4 5 6 7	8 9 10 11 12	13 14 15 16 17 18
	일진	기경신임계 유술해자축	갑을병정무 인묘진사오	기경신임계 미신유술해	갑을병정무 자축인묘진	기경신임계 사오미신유	갑을병정무기 술해자축인묘
4	요일	수 목 금 토 일	월 화 수 목 금	토 일 월 화 수	목 금 토 일 월	화 수 목 금 토	일 월 화 수 목
	음력	2/19 20 21 22 23	24 25 26 27 28	29 3/1 2 3 4	5 6 7 8 9	10 11 12 13 14	15 16 17 18 19
	일진	경신임계갑 진사오미신	을병정무기 유술해자축	경신임계갑 인묘진사오	을병정무기 미신유술해	경신임계갑 자축인묘진	을병정무기 사오미신유
5	요일	금 토 일 월 화	수 목 금 토 일	월 화 수 목 금	토 일 월 화 수	목 금 토 일 월	화 수 목 금 토 일
	음력	3/20 21 22 23 24	25 26 27 28 29	30 4/1 2 3 4	5 6 7 8 9	10 11 12 13 14	15 16 17 18 19 20
	일진	경신임계갑 술해자축인	을병정무기 묘진사오미	경신임계갑 신유술해자	을병정무기 축인묘진사	경신임계갑 오미신유술	을병정무기경 해자축인묘진
6	요일	월 화 수 목 금	토 일 월 화 수	목 금 토 일 월	화 수 목 금 토	일 월 화 수 목	금 토 일 월 화
	음력	4/21 22 23 24 25	26 27 28 29 5/1	2 3 4 5 6	7 8 9 10 11	12 13 14 15 16	17 18 19 20 21
	일진	신임계갑을 사오미신유	병정무기경 술해자축인	신임계갑을 묘진사오미	병정무기경 신유술해자	신임계갑을 축인묘진사	병정무기경 오미신유술

24절기와 잡절

명 칭	태양 황경 (도)	한국표준시			명 칭	태양 황경 (도)	한국표준시			명 칭	태양 황경 (도)	한국표준시		
		월 일	시	분			월 일	시	분			월 일	시	분
소한	285	1 6	16	22	하지	90	6 21	17	57	대　설	255	12 7	10	53
대한	300	1 21	9	41	소서	105	7 7	11	32	동　지	270	12 22	4	50
입춘	315	2 5	4	5	대서	120	7 23	4	53					
우수	330	2 19	23	57	입추	135	8 7	21	16	한　식		4 5		
경칩	345	3 5	22	16	처서	150	8 23	11	51	단　오		6 14		
춘분	0	3 20	23	10	백로	165	9 7	23	59	초　복		7 20		
청명	15	4 5	3	18	추분	180	9 23	9	17	중　복		7 30		
곡우	30	4 20	10	27	한로	195	10 8	15	22	말　복		8 9		
입하	45	5 5	20	51	상강	210	10 23	18	21	토왕용사	297	1 18	10	58
소만	60	5 21	9	50	입동	225	11 7	18	15	토왕용사	27	4 17	8	46
망종	75	6 6	1	12	소설	240	11 22	15	39	토왕용사	117	7 20	1	26
										토왕용사	207	10 20	17	59

월	양력	1 2 3 4 5	6 7 8 9 10	11 12 13 14 15	16 17 18 19 20	21 22 23 24 25	26 27 28 29 30 31
7	요일	수 목 금 토 일	월 화 수 목 금	토 일 월 화 수	목 금 토 일 월	화 수 목 금 토	일 월 화 수 목 금
	음력	5/22 23 24 25 26	27 28 29 6/1 2	3 4 5 6 7	8 9 10 11 12	13 14 15 16 17	18 19 20 21 22 23
	일진	신 임 계 갑 을 해 자 축 인 묘	병 정 무 기 경 진 사 오 미 신	신 임 계 갑 을 유 술 해 자 축	병 정 무 기 경 인 묘 진 사 오	신 임 계 갑 을 미 신 유 술 해	병 정 무 기 경 신 자 축 인 묘 진 사
8	요일	토 일 월 화 수	목 금 토 일 월	화 수 목 금 토	일 월 화 수 목	금 토 일 월 화	수 목 금 토 일 월
	음력	6/24 25 26 27 28	29 30 7/1 2 3	4 5 6 7 8	9 10 11 12 13	14 15 16 17 18	19 20 21 22 23 24
	일진	임 계 갑 을 병 오 미 신 유 술	정 무 기 경 신 해 자 축 인 묘	임 계 갑 을 병 진 사 오 미 신	정 무 기 경 신 유 술 해 자 축	임 계 갑 을 병 인 묘 진 사 오	정 무 기 경 신 임 미 신 유 술 해 자
9	요일	화 수 목 금 토	일 월 화 수 목	금 토 일 월 화	수 목 금 토 일	월 화 수 목 금	토 일 월 화 수
	음력	7/25 26 27 28 29	8/1 2 3 4 5	6 7 8 9 10	11 12 13 14 15	16 17 18 19 20	21 22 23 24 25
	일진	계 갑 을 병 정 축 인 묘 진 사	무 기 경 신 임 오 미 신 유 술	계 갑 을 병 정 해 자 축 인 묘	무 기 경 신 임 진 사 오 미 신	계 갑 을 병 정 유 술 해 자 축	무 기 경 신 임 인 묘 진 사 오
10	요일	목 금 토 일 월	화 수 목 금 토	일 월 화 수 목	금 토 일 월 화	수 목 금 토 일	월 화 수 목 금 토
	음력	8/26 27 28 29 30	9/1 2 3 4 5	6 7 8 9 10	11 12 13 14 15	16 17 18 19 20	21 22 23 24 25 26
	일진	계 갑 을 병 정 미 신 유 술 해	무 기 경 신 임 자 축 인 묘 진	계 갑 을 병 정 사 오 미 신 유	무 기 경 신 임 술 해 자 축 인	계 갑 을 병 정 묘 진 사 오 미	무 기 경 신 임 계 신 유 술 해 자 축
11	요일	일 월 화 수 목	금 토 일 월 화	수 목 금 토 일	월 화 수 목 금	토 일 월 화 수	목 금 토 일 월
	음력	9/27 28 29 10/1 2	3 4 5 6 7	8 9 10 11 12	13 14 15 16 17	18 19 20 21 22	23 24 25 26 27
	일진	갑 을 병 정 무 인 묘 진 사 오	기 경 신 임 계 미 신 유 술 해	갑 을 병 정 무 자 축 인 묘 진	기 경 신 임 계 사 오 미 신 유	갑 을 병 정 무 술 해 자 축 인	기 경 신 임 계 묘 진 사 오 미
12	요일	화 수 목 금 토	일 월 화 수 목	금 토 일 월 화	수 목 금 토 일	월 화 수 목 금	토 일 월 화 수 목
	음력	10/28 29 30 11/1 2	3 4 5 6 7	8 9 10 11 12	13 14 15 16 17	18 19 20 21 22	23 24 25 26 27 28
	일진	갑 을 병 정 무 신 유 술 해 자	기 경 신 임 계 축 인 묘 진 사	갑 을 병 정 무 오 미 신 유 술	기 경 신 임 계 해 자 축 인 묘	갑 을 병 정 무 진 사 오 미 신	기 경 신 임 계 갑 유 술 해 자 축 인

주요 국경일과 명절

구 분	월일	요일	구 분	월일	요일
신 정	1 1	금	추 석	9 10	금
3·1 절	3 1	월	개 천 절	10 3	일
식 목 일	4 5	월	한 글 날	10 9	토
현 충 일	6 6	일	국제연합일	10 24	일
제 헌 절	7 17	토	기독탄신일	12 25	토
광 복 절	8 15	일			

음양력 대조일람

음력 월	월건	대소	음력 1일의 양력 월일	음력 월	월건	대소	음력 1일의 양력 월일
1	무인	소	2 2	7	갑신	대	7 28
2	기묘	대	3 3	8	을유	소	8 27
3	경진	소	4 2	9	병술	소	9 25
4	신사	대	5 1	10	정해	대	10 24
5	임오	소	5 31	11	무자	대	11 23
6	계미	소	6 29	12	기축	대	12 23

월	양력	1 2 3 4 5	6 7 8 9 10	11 12 13 14 15	16 17 18 19 20	21 22 23 24 25	26 27 28 29 30 31
1	요일	금 토 일 월 화	수 목 금 토 일	월 화 수 목 금	토 일 월 화 수	목 금 토 일 월	화 수 목 금 토 일
	음력	11/29 30 12/1 2 3	4 5 6 7 8	9 10 11 12 13	14 15 16 17 18	19 20 21 22 23	24 25 26 27 28 29
	일진	을묘 병진 정사 무오 기미	경신 신유 임술 계해 갑자	을축 병인 정묘 무진 기사	경오 신미 임신 계유 갑술	을해 병자 정축 무인 기묘	경진 신사 임오 계미 갑신 을유
2	요일	월 화 수 목 금	토 일 월 화 수	목 금 토 일 월	화 수 목 금 토	일 월 화 수 목	금 토 일
	음력	12/30 1/1 2 3 4	5 6 7 8 9	10 11 12 13 14	15 16 17 18 19	20 21 22 23 24	25 26 27
	일진	병술 정해 무자 기축 경인	신묘 임진 계사 갑오 을미	병신 정유 무술 기해 경자	신축 임인 계묘 갑진 을사	병오 정미 무신 기유 경술	신해 임자 계축
3	요일	월 화 수 목 금	토 일 월 화 수	목 금 토 일 월	화 수 목 금 토	일 월 화 수 목	금 토 일 월 화 수
	음력	1/28 29 2/1 2 3	4 5 6 7 8	9 10 11 12 13	14 15 16 17 18	19 20 21 22 23	24 25 26 27 28 29
	일진	갑인 을묘 병진 정사 무오	기미 경신 신유 임술 계해	갑자 을축 병인 정묘 무진	기사 경오 신미 임신 계유	갑술 을해 병자 정축 무인	기묘 경진 신사 임오 계미 갑신
4	요일	목 금 토 일 월	화 수 목 금 토	일 월 화 수 목	금 토 일 월 화	수 목 금 토 일	월 화 수 목 금
	음력	2/30 3/1 2 3 4	5 6 7 8 9	10 11 12 13 14	15 16 17 18 19	20 21 22 23 24	25 26 27 28 29
	일진	을유 병술 정해 무자 기축	경인 신묘 임진 계사 갑오	을미 병신 정유 무술 기해	경자 신축 임인 계묘 갑진	을사 병오 정미 무신 기유	경술 신해 임자 계축 갑인
5	요일	토 일 월 화 수	목 금 토 일 월	화 수 목 금 토	일 월 화 수 목	금 토 일 월 화	수 목 금 토 일 월
	음력	4/1 2 3 4 5	6 7 8 9 10	11 12 13 14 15	16 17 18 19 20	21 22 23 24 25	26 27 28 29 30 5/1
	일진	을묘 병진 정사 무오 기미	경신 신유 임술 계해 갑자	을축 병인 정묘 무진 기사	경오 신미 임신 계유 갑술	을해 병자 정축 무인 기묘	경진 신사 임오 계미 갑신 을유
6	요일	화 수 목 금 토	일 월 화 수 목	금 토 일 월 화	수 목 금 토 일	월 화 수 목 금	토 일 월 화 수
	음력	5/2 3 4 5 6	7 8 9 10 11	12 13 14 15 16	17 18 19 20 21	22 23 24 25 26	27 28 29 6/1 2
	일진	병술 정해 무자 기축 경인	신묘 임진 계사 갑오 을미	병신 정유 무술 기해 경자	신축 임인 계묘 갑진 을사	병오 정미 무신 기유 경술	신해 임자 계축 갑인 을묘

24절기와 잡절

명칭	태양황경(도)	월	일	시	분	명칭	태양황경(도)	월	일	시	분	명칭	태양황경(도)	월	일	시	분
소한	285	1	5	22	2	하지	90	6	21	23	56	대설	255	12	7	16	46
대한	300	1	20	15	29	소서	105	7	7	17	21	동지	270	12	22	10	40
입춘	315	2	4	9	46	대서	120	7	23	10	48	한식		4	6		
우수	330	2	19	5	48	입추	135	8	8	3	5	단오		6	4		
경칩	345	3	6	4	1	처서	150	8	23	17	43	초복		7	15		
춘분	0	3	21	5	5	백로	165	9	8	5	48	중복		7	25		
청명	15	4	5	9	7	추분	180	9	23	15	6	말복		8	14		
곡우	30	4	20	16	26	한로	195	10	8	21	11	토왕용사	297	1	17	16	43
입하	45	5	6	2	42	상강	210	10	24	0	10	토왕용사	27	4	17	14	42
소만	60	5	21	15	50	입동	225	11	8	0	7	토왕용사	117	7	20	7	23
망종	75	6	6	7	2	소설	240	11	22	21	29	토왕용사	207	10	20	23	51

월	양력	1	2	3	4	5	6	7	8	9	10	11	12	13	14	15	16	17	18	19	20	21	22	23	24	25	26	27	28	29	30	31
7	요일	목	금	토	일	월	화	수	목	금	토	일	월	화	수	목	금	토	일	월	화	수	목	금	토	일	월	화	수	목	금	토
	음력	6/3	4	5	6	7	8	9	10	11	12	13	14	15	16	17	18	19	20	21	22	23	24	25	26	27	28	29	7/1	2	3	4
	일진	병진	정사	무오	기미	경신	신유	임술	계해	갑자	을축	병인	정묘	무진	기사	경오	신미	임신	계유	갑술	을해	병자	정축	무인	기묘	경진	신사	임오	계미	갑신	을유	병술
8	요일	일	월	화	수	목	금	토	일	월	화	수	목	금	토	일	월	화	수	목	금	토	일	월	화	수	목	금	토	일	월	화
	음력	7/5	6	7	8	9	10	11	12	13	14	15	16	17	18	19	20	21	22	23	24	25	26	27	28	29	30	8/1	2	3	4	5
	일진	정해	무자	기축	경인	신묘	임진	계사	갑오	을미	병신	정유	무술	기해	경자	신축	임인	계묘	갑진	을사	병오	정미	무신	기유	경술	신해	임자	계축	갑인	을묘	병진	정사
9	요일	수	목	금	토	일	월	화	수	목	금	토	일	월	화	수	목	금	토	일	월	화	수	목	금	토	일	월	화	수	목	
	음력	8/6	7	8	9	10	11	12	13	14	15	16	17	18	19	20	21	22	23	24	25	26	27	28	29	9/1	2	3	4	5	6	
	일진	무오	기미	경신	신유	임술	계해	갑자	을축	병인	정묘	무진	기사	경오	신미	임신	계유	갑술	을해	병자	정축	무인	기묘	경진	신사	임오	계미	갑신	을유	병술	정해	
10	요일	금	토	일	월	화	수	목	금	토	일	월	화	수	목	금	토	일	월	화	수	목	금	토	일	월	화	수	목	금	토	일
	음력	9/7	8	9	10	11	12	13	14	15	16	17	18	19	20	21	22	23	24	25	26	27	28	29	10/1	2	3	4	5	6	7	8
	일진	무자	기축	경인	신묘	임진	계사	갑오	을미	병신	정유	무술	기해	경자	신축	임인	계묘	갑진	을사	병오	정미	무신	기유	경술	신해	임자	계축	갑인	을묘	병진	정사	무오
11	요일	월	화	수	목	금	토	일	월	화	수	목	금	토	일	월	화	수	목	금	토	일	월	화	수	목	금	토	일	월	화	
	음력	10/9	10	11	12	13	14	15	16	17	18	19	20	21	22	23	24	25	26	27	28	29	30	11/1	2	3	4	5	6	7	8	
	일진	기미	경신	신유	임술	계해	갑자	을축	병인	정묘	무진	기사	경오	신미	임신	계유	갑술	을해	병자	정축	무인	기묘	경진	신사	임오	계미	갑신	을유	병술	정해	무자	
12	요일	수	목	금	토	일	월	화	수	목	금	토	일	월	화	수	목	금	토	일	월	화	수	목	금	토	일	월	화	수	목	금
	음력	11/9	10	11	12	13	14	15	16	17	18	19	20	21	22	23	24	25	26	27	28	29	30	12/1	2	3	4	5	6	7	8	9
	일진	기축	경인	신묘	임진	계사	갑오	을미	병신	정유	무술	기해	경자	신축	임인	계묘	갑진	을사	병오	정미	무신	기유	경술	신해	임자	계축	갑인	을묘	병진	정사	무오	기미

1966 병오년 • 단기 4299

주요 국경일과 명절

구 분	월 일	요일	구 분	월 일	요일
신 정	1 1	토	추 석	9 29	목
3·1절	3 1	화	개 천 절	10 3	월
식 목 일	4 5	화	한 글 날	10 9	일
현 충 일	6 6	월	국제연합일	10 24	월
제 헌 절	7 17	일	기독탄신일	12 25	일
광 복 절	8 15	월			

음양력 대조일람

음력월	월건	대소	음력 1일의 양력 월일	음력월	월건	대소	음력 1일의 양력 월일
1	경인	소	1 22	7	병신	대	8 16
2	신묘	대	2 20	8	정유	소	9 15
3	임진	대	3 22	9	무술	소	10 14
(윤)3		소	4 21	10	기해	대	11 12
4	계사	대	5 20	11	경자	대	12 12
5	갑오	소	6 19	12	신축	소	1967/1 11
6	을미	소	7 18				

월	양력	1 2 3 4 5	6 7 8 9 10	11 12 13 14 15	16 17 18 19 20	21 22 23 24 25	26 27 28 29 30 31
1	요일	토 일 월 화 수	목 금 토 일 월	화 수 목 금 토	일 월 화 수 목	금 토 일 월 화	수 목 금 토 일 월
	음력	12/10 11 12 13 14	15 16 17 18 19	20 21 22 23 24	25 26 27 28 29	30 1/1 2 3 4	5 6 7 8 9 10
	일진	경 신 임 계 갑 신 유 술 해 자	을 병 정 무 기 축 인 묘 진 사	경 신 임 계 갑 오 미 신 유 술	을 병 정 무 기 해 자 축 인 묘	경 신 임 계 갑 진 사 오 미 신	을 병 정 무 기 경 유 술 해 자 축 인
2	요일	화 수 목 금 토	일 월 화 수 목	금 토 일 월 화	수 목 금 토 일	월 화 수 목 금	토 일 월
	음력	1/11 12 13 14 15	16 17 18 19 20	21 22 23 24 25	26 27 28 29 2/1	2 3 4 5 6	7 8 9
	일진	신 임 계 갑 을 묘 진 사 오 미	병 정 무 기 경 신 유 술 해 자	신 임 계 갑 을 축 인 묘 진 사	병 정 무 기 경 오 미 신 유 술	신 임 계 갑 을 해 자 축 인 묘	병 정 무 진 사 오
3	요일	화 수 목 금 토	일 월 화 수 목	금 토 일 월 화	수 목 금 토 일	월 화 수 목 금	토 일 월 화 수 목
	음력	2/10 11 12 13 14	15 16 17 18 19	20 21 22 23 24	25 26 27 28 29	30 3/1 2 3 4	5 6 7 8 9 10
	일진	기 경 신 임 계 미 신 유 술 해	갑 을 병 정 무 자 축 인 묘 진	기 경 신 임 계 사 오 미 신 유	갑 을 병 정 무 술 해 자 축 인	기 경 신 임 계 묘 진 사 오 미	갑 을 병 정 무 기 신 유 술 해 자 축
4	요일	금 토 일 월 화	수 목 금 토 일	월 화 수 목 금	토 일 월 화 수	목 금 토 일 월	화 수 목 금 토
	음력	3/11 12 13 14 15	16 17 18 19 20	21 22 23 24 25	26 27 28 29 30	3*/1 2 3 4 5	6 7 8 9 10
	일진	경 신 임 계 갑 인 묘 진 사 오	을 병 정 무 기 미 신 유 술 해	경 신 임 계 갑 자 축 인 묘 진	을 병 정 무 기 사 오 미 신 유	경 신 임 계 갑 술 해 자 축 인	을 병 정 무 기 묘 진 사 오 미
5	요일	일 월 화 수 목	금 토 일 월 화	수 목 금 토 일	월 화 수 목 금	토 일 월 화 수	목 금 토 일 월 화
	음력	3*/11 12 13 14 15	16 17 18 19 20	21 22 23 24 25	26 27 28 29 4/1	2 3 4 5 6	7 8 9 10 11 12
	일진	경 신 임 계 갑 신 유 술 해 자	을 병 정 무 기 축 인 묘 진 사	경 신 임 계 갑 오 미 신 유 술	을 병 정 무 기 해 자 축 인 묘	경 신 임 계 갑 진 사 오 미 신	을 병 정 무 기 경 유 술 해 자 축 인
6	요일	수 목 금 토 일	월 화 수 목 금	토 일 월 화 수	목 금 토 일 월	화 수 목 금 토	일 월 화 수 목
	음력	4/13 14 15 16 17	18 19 20 21 22	23 24 25 26 27	28 29 30 5/1 2	3 4 5 6 7	8 9 10 11 12
	일진	신 임 계 갑 을 묘 진 사 오 미	병 정 무 기 경 신 유 술 해 자	신 임 계 갑 을 축 인 묘 진 사	병 정 무 기 경 오 미 신 유 술	신 임 계 갑 을 해 자 축 인 묘	병 정 무 기 경 진 사 오 미 신

24절기와 잡절

명칭	태양황경(도)	한국표준시		명칭	태양황경(도)	한국표준시		명칭	태양황경(도)	한국표준시	
		월 일	시 분			월 일	시 분			월 일	시 분
소한	285	1 6	3 54	하지	90	6 22	5 33	대 설	255	12 7	22 38
대한	300	1 20	21 20	소서	105	7 7	23 7	동 지	270	12 22	16 28
입춘	315	2 4	15 38	대서	120	7 23	16 23				
우수	330	2 19	11 38	입추	135	8 8	8 49	한 식			4 6
경칩	345	3 6	9 51	처서	150	8 23	23 18	단 오			6 23
춘분	0	3 21	10 53	백로	165	9 8	11 32	초 복			7 20
청명	15	4 5	14 57	추분	180	9 23	20 43	중 복			7 30
곡우	30	4 20	22 12	한로	195	10 9	2 57	말 복			8 9
입하	45	5 6	8 30	상강	210	10 24	5 51	토왕용사	297	1 17	22 37
소만	60	5 21	21 32	입동	225	11 8	5 55	토왕용사	27	4 17	20 31
망종	75	6 6	12 50	소설	240	11 23	3 14	토왕용사	117	7 20	12 59
								토왕용사	207	10 21	5 30

월	양력	1 2 3 4 5	6 7 8 9 10	11 12 13 14 15	16 17 18 19 20	21 22 23 24 25	26 27 28 29 30 31
7	요일	금토일월화	수목금토일	월화수목금	토일월화수	목금토일월	화수목금토일
	음력	5/13 14 15 16 17	18 19 20 21 22	23 24 25 26 27	28 29 6/1 2 3	4 5 6 7 8	9 10 11 12 13 14
	일진	신임계갑을 유술해자축	병정무기경 인묘진사오	신임계갑을 미신유술해	병정무기경 자축인묘진	신임계갑을 사오미신유	병정무기경신 술해자축인묘
8	요일	월화수목금	토일월화수	목금토일월	화수목금토	일월화수목	금토일월화수
	음력	6/15 16 17 18 19	20 21 22 23 24	25 26 27 28 29	7/1 2 3 4 5	6 7 8 9 10	11 12 13 14 15 16
	일진	임계갑을병 진사오미신	정무기경신 유술해자축	임계갑을병 인묘진사오	정무기경신 미신유술해	임계갑을병 자축인묘진	정무기경신임 사오미신유술
9	요일	목금토일월	화수목금토	일월화수목	금토일월화	수목금토일	월화수목금
	음력	7/17 18 19 20 21	22 23 24 25 26	27 28 29 30 8/1	2 3 4 5 6	7 8 9 10 11	12 13 14 15 16
	일진	계갑을병정 해자축인묘	무기경신임 진사오미신	계갑을병정 유술해자축	무기경신임 인묘진사오	계갑을병정 미신유술해	무기경신임 자축인묘진
10	요일	토일월화수	목금토일월	화수목금토	일월화수목	금토일월화	수목금토일월
	음력	8/17 18 19 20 21	22 23 24 25 26	27 28 29 9/1 2	3 4 5 6 7	8 9 10 11 12	13 14 15 16 17 18
	일진	계갑을병정 사오미신유	무기경신임 술해자축인	계갑을병정 묘진사오미	무기경신임 신유술해자	계갑을병정 축인묘진사	무기경신임계 오미신유술해
11	요일	화수목금토	일월화수목	금토일월화	수목금토일	월화수목금	토일월화수
	음력	9/19 20 21 22 23	24 25 26 27 28	29 10/1 2 3 4	5 6 7 8 9	10 11 12 13 14	15 16 17 18 19
	일진	갑을병정무 자축인묘진	기경신임계 사오미신유	갑을병정무 술해자축인	기경신임계 묘진사오미	갑을병정무 신유술해자	기경신임계 축인묘진사
12	요일	목금토일월	화수목금토	일월화수목	금토일월화	수목금토일	월화수목금토
	음력	10/20 21 22 23 24	25 26 27 28 29	30 11/1 2 3 4	5 6 7 8 9	10 11 12 13 14	15 16 17 18 19 20
	일진	갑을병정무 오미신유술	기경신임계 해자축인묘	갑을병정무 진사오미신	기경신임계 유술해자축	갑을병정무 인묘진사오	기경신임계갑 미신유술해자

1967 정미년 · 단기 4300

주요 국경일과 명절

구 분	월 일	요일	구 분	월 일	요일
신 정	1 1	일	추 석	9 18	월
3·1절	3 1	수	개 천 절	10 3	화
식 목 일	4 5	수	한 글 날	10 9	월
현 충 일	6 6	화	국제연합일	10 24	화
제 헌 절	7 17	월	기독탄신일	12 25	월
광 복 절	8 15	화			

음양력 대조일람

음력 월	월건	대소	음력 1일의 양력 월일	음력 월	월건	대소	음력 1일의 양력 월일
1	임인	대	2 9	7	무신	소	8 6
2	계묘	대	3 11	8	기유	대	9 4
3	갑진	소	4 10	9	경술	소	10 4
4	을사	대	5 9	10	신해	대	11 2
5	병오	대	6 8	11	임자	소	12 2
6	정미	소	7 8	12	계축	대	12 31

월	양력	1 2 3 4 5	6 7 8 9 10	11 12 13 14 15	16 17 18 19 20	21 22 23 24 25	26 27 28 29 30 31
1	요일	일 월 화 수 목	금 토 일 월 화	수 목 금 토 일	월 화 수 목 금	토 일 월 화 수	목 금 토 일 월 화
1	음력	11/21 22 23 24 25	26 27 28 29 30	12/1 2 3 4 5	6 7 8 9 10	11 12 13 14 15	16 17 18 19 20 21
1	일진	을병정무기 축인묘진사	경신임계갑 오미신유술	을병정무기 해자축인묘	경신임계갑 진사오미신	을병정무기 유술해자축	경신임계갑을 인묘진사오미
2	요일	수 목 금 토 일	월 화 수 목 금	토 일 월 화 수	목 금 토 일 월	화 수 목 금 토	일 월 화
2	음력	12/22 23 24 25 26	27 28 29 1/1 2	3 4 5 6 7	8 9 10 11 12	13 14 15 16 17	18 19 20
2	일진	병정무기경 신유술해자	신임계갑을 축인묘진사	병정무기경 오미신유술	신임계갑을 해자축인묘	병정무기경 진사오미신	신임계 유술해
3	요일	수 목 금 토 일	월 화 수 목 금	토 일 월 화 수	목 금 토 일 월	화 수 목 금 토	일 월 화 수 목 금
3	음력	1/21 22 23 24 25	26 27 28 29 30	2/1 2 3 4 5	6 7 8 9 10	11 12 13 14 15	16 17 18 19 20 21
3	일진	갑을병정무 자축인묘진	기경신임계 사오미신유	갑을병정무 술해자축인	기경신임계 묘진사오미	갑을병정무 신유술해자	기경신임계갑 축인묘진사오
4	요일	토 일 월 화 수	목 금 토 일 월	화 수 목 금 토	일 월 화 수 목	금 토 일 월 화	수 목 금 토 일
4	음력	2/22 23 24 25 26	27 28 29 30 3/1	2 3 4 5 6	7 8 9 10 11	12 13 14 15 16	17 18 19 20 21
4	일진	을병정무기 미신유술해	경신임계갑 자축인묘진	을병정무기 사오미신유	경신임계갑 술해자축인	을병정무기 묘진사오미	경신임계갑 신유술해자
5	요일	월 화 수 목 금	토 일 월 화 수	목 금 토 일 월	화 수 목 금 토	일 월 화 수 목	금 토 일 월 화 수
5	음력	3/22 23 24 25 26	27 28 29 4/1 2	3 4 5 6 7	8 9 10 11 12	13 14 15 16 17	18 19 20 21 22 23
5	일진	을병정무기 축인묘진사	경신임계갑 오미신유술	을병정무기 해자축인묘	경신임계갑 진사오미신	을병정무기 유술해자축	경신임계갑을 인묘진사오미
6	요일	목 금 토 일 월	화 수 목 금 토	일 월 화 수 목	금 토 일 월 화	수 목 금 토 일	월 화 수 목 금
6	음력	4/24 25 26 27 28	29 30 5/1 2 3	4 5 6 7 8	9 10 11 12 13	14 15 16 17 18	19 20 21 22 23
6	일진	병정무기경 신유술해자	신임계갑을 축인묘진사	병정무기경 오미신유술	신임계갑을 해자축인묘	병정무기경 진사오미신	신임계갑을 유술해자축

24절기와 잡절

명칭	태양황경(도)	월	일	시	분	명칭	태양황경(도)	월	일	시	분	명칭	태양황경(도)	월	일	시	분
소한	285	1	6	9	48	하지	90	6	22	11	23	대설	255	12	8	4	18
대한	300	1	21	3	8	소서	105	7	8	4	53	동지	270	12	22	22	16
입춘	315	2	4	21	31	대서	120	7	23	22	16						
우수	330	2	19	17	24	입추	135	8	8	14	35	한식		4	6		
경칩	345	3	6	15	42	처서	150	8	24	5	12	단오		6	12		
춘분	0	3	21	16	37	백로	165	9	8	17	18	초복		7	15		
청명	15	4	5	20	45	추분	180	9	24	2	38	중복		7	25		
곡우	30	4	21	3	55	한로	195	10	9	8	41	말복		8	14		
입하	45	5	6	14	17	상강	210	10	24	11	44	토왕용사	297	1	18	4	24
소만	60	5	22	3	18	입동	225	11	8	11	37	토왕용사	27	4	18	2	13
망종	75	6	6	18	36	소설	240	11	23	9	4	토왕용사	117	7	20	18	49
												토왕용사	207	10	21	11	22

월	양력	1	2	3	4	5	6	7	8	9	10	11	12	13	14	15	16	17	18	19	20	21	22	23	24	25	26	27	28	29	30	31
7	요일	토	일	월	화	수	목	금	토	일	월	화	수	목	금	토	일	월	화	수	목	금	토	일	월	화	수	목	금	토	일	월
7	음력	5/24	25	26	27	28	29	30	6/1	2	3	4	5	6	7	8	9	10	11	12	13	14	15	16	17	18	19	20	21	22	23	24
7	일진	병인	정묘	무진	기사	경오	신미	임신	계유	갑술	을해	병자	정축	무인	기묘	경진	신사	임오	계미	갑신	을유	병술	정해	무자	기축	경인	신묘	임진	계사	갑오	을미	병신
8	요일	화	수	목	금	토	일	월	화	수	목	금	토	일	월	화	수	목	금	토	일	월	화	수	목	금	토	일	월	화	수	목
8	음력	6/25	26	27	28	29	7/1	2	3	4	5	6	7	8	9	10	11	12	13	14	15	16	17	18	19	20	21	22	23	24	25	26
8	일진	정유	무술	기해	경자	신축	임인	계묘	갑진	을사	병오	정미	무신	기유	경술	신해	임자	계축	갑인	을묘	병진	정사	무오	기미	경신	신유	임술	계해	갑자	을축	병인	정묘
9	요일	금	토	일	월	화	수	목	금	토	일	월	화	수	목	금	토	일	월	화	수	목	금	토	일	월	화	수	목	금	토	
9	음력	7/27	28	29	8/1	2	3	4	5	6	7	8	9	10	11	12	13	14	15	16	17	18	19	20	21	22	23	24	25	26	27	
9	일진	무진	기사	경오	신미	임신	계유	갑술	을해	병자	정축	무인	기묘	경진	신사	임오	계미	갑신	을유	병술	정해	무자	기축	경인	신묘	임진	계사	갑오	을미	병신	정유	
10	요일	일	월	화	수	목	금	토	일	월	화	수	목	금	토	일	월	화	수	목	금	토	일	월	화	수	목	금	토	일	월	화
10	음력	8/28	29	30	9/1	2	3	4	5	6	7	8	9	10	11	12	13	14	15	16	17	18	19	20	21	22	23	24	25	26	27	28
10	일진	무술	기해	경자	신축	임인	계묘	갑진	을사	병오	정미	무신	기유	경술	신해	임자	계축	갑인	을묘	병진	정사	무오	기미	경신	신유	임술	계해	갑자	을축	병인	정묘	무진
11	요일	수	목	금	토	일	월	화	수	목	금	토	일	월	화	수	목	금	토	일	월	화	수	목	금	토	일	월	화	수	목	
11	음력	9/29	10/1	2	3	4	5	6	7	8	9	10	11	12	13	14	15	16	17	18	19	20	21	22	23	24	25	26	27	28	29	
11	일진	기사	경오	신미	임신	계유	갑술	을해	병자	정축	무인	기묘	경진	신사	임오	계미	갑신	을유	병술	정해	무자	기축	경인	신묘	임진	계사	갑오	을미	병신	정유	무술	
12	요일	금	토	일	월	화	수	목	금	토	일	월	화	수	목	금	토	일	월	화	수	목	금	토	일	월	화	수	목	금	토	일
12	음력	10/30	11/1	2	3	4	5	6	7	8	9	10	11	12	13	14	15	16	17	18	19	20	21	22	23	24	25	26	27	28	29	12/1
12	일진	기해	경자	신축	임인	계묘	갑진	을사	병오	정미	무신	기유	경술	신해	임자	계축	갑인	을묘	병진	정사	무오	기미	경신	신유	임술	계해	갑자	을축	병인	정묘	무진	기사

1968 무신년 · 단기 4301

주요 국경일과 명절

구 분	월일	요일	구 분	월일	요일
신 정	1 1	월	개 천 절	10 3	목
3·1절	3 1	금	추 석	10 6	일
식 목 일	4 5	금	한 글 날	10 9	수
현 충 일	6 6	목	국제연합일	10 24	목
제 헌 절	7 17	수	기독탄신일	12 25	수
광 복 절	8 15	목			

음양력 대조일람

음력월	월건	대소	음력 1일의 양력 월일	음력월	월건	대소	음력 1일의 양력 월일
1	갑인	소	1 30	(윤)7		소	8 24
2	을묘	대	2 28	8	신유	대	9 22
3	병진	대	3 29	9	임술	소	10 22
4	정사	소	4 28	10	계해	대	11 20
5	무오	대	5 27	11	갑자	소	12 20
6	기미	소	6 26	12	을축	대	1969/1 18
7	경신	대	7 25				

월	양력	1 2 3 4 5	6 7 8 9 10	11 12 13 14 15	16 17 18 19 20	21 22 23 24 25	26 27 28 29 30 31
1	요일	월 화 수 목 금	토 일 월 화 수	목 금 토 일 월	화 수 목 금 토	일 월 화 수 목	금 토 일 월 화 수
	음력	12/2 3 4 5 6	7 8 9 10 11	12 13 14 15 16	17 18 19 20 21	22 23 24 25 26	27 28 29 30 1/1 2
	일진	경신임계갑 오미신유술	을병정무기 해자축인묘	경신임계갑 진사오미신	을병정무기 유술해자축	경신임계갑 인묘진사오	을병정무기경 미신유술해자
2	요일	목 금 토 일 월	화 수 목 금 토	일 월 화 수 목	금 토 일 월 화	수 목 금 토 일	월 화 수 목
	음력	1/3 4 5 6 7	8 9 10 11 12	13 14 15 16 17	18 19 20 21 22	23 24 25 26 27	28 29 2/1 2
	일진	신임계갑을 축인묘진사	병정무기경 오미신유술	신임계갑을 해자축인묘	병정무기경 진사오미신	신임계갑을 유술해자축	병정무기 인묘진사
3	요일	금 토 일 월 화	수 목 금 토 일	월 화 수 목 금	토 일 월 화 수	목 금 토 일 월	화 수 목 금 토 일
	음력	2/3 4 5 6 7	8 9 10 11 12	13 14 15 16 17	18 19 20 21 22	23 24 25 26 27	28 29 30 3/1 2 3
	일진	경신임계갑 오미신유술	을병정무기 해자축인묘	경신임계갑 진사오미신	을병정무기 유술해자축	경신임계갑 인묘진사오	을병정무기경 미신유술해자
4	요일	월 화 수 목 금	토 일 월 화 수	목 금 토 일 월	화 수 목 금 토	일 월 화 수 목	금 토 일 월 화
	음력	3/4 5 6 7 8	9 10 11 12 13	14 15 16 17 18	19 20 21 22 23	24 25 26 27 28	29 30 4/1 2 3
	일진	신임계갑을 축인묘진사	병정무기경 오미신유술	신임계갑을 해자축인묘	병정무기경 진사오미신	신임계갑을 유술해자축	병정무기경 인묘진사오
5	요일	수 목 금 토 일	월 화 수 목 금	토 일 월 화 수	목 금 토 일 월	화 수 목 금 토	일 월 화 수 목 금
	음력	4/4 5 6 7 8	9 10 11 12 13	14 15 16 17 18	19 20 21 22 23	24 25 26 27 28	29 5/1 2 3 4 5
	일진	신임계갑을 미신유술해	병정무기경 자축인묘진	신임계갑을 사오미신유	병정무기경 술해자축인	신임계갑을 묘진사오미	병정무기경신 신유술해자축
6	요일	토 일 월 화 수	목 금 토 일 월	화 수 목 금 토	일 월 화 수 목	금 토 일 월 화	수 목 금 토 일
	음력	5/6 7 8 9 10	11 12 13 14 15	16 17 18 19 20	21 22 23 24 25	26 27 28 29 30	6/1 2 3 4 5
	일진	임계갑을병 인묘진사오	정무기경신 미신유술해	임계갑을병 자축인묘진	정무기경신 사오미신유	임계갑을병 술해자축인	정무기경신 묘진사오미

24절기와 잡절

명칭	태양황경(도)	월	일	시	분	명칭	태양황경(도)	월	일	시	분	명칭	태양황경(도)	월	일	시	분
소한	285	1	6	15	26	하지	90	6	21	17	13	대설	255	12	7	10	8
대한	300	1	21	8	54	소서	105	7	7	10	42	동지	270	12	22	4	0
입춘	315	2	5	3	7	대서	120	7	23	4	7						
우수	330	2	19	23	9	입추	135	8	7	20	27	한식			4	5	
경칩	345	3	5	21	18	처서	150	8	23	11	3	단오			5	31	
춘분	0	3	20	22	22	백로	165	9	7	23	11	초복			7	19	
청명	15	4	5	2	21	추분	180	9	23	8	26	중복			7	29	
곡우	30	4	20	9	41	한로	195	10	8	14	34	말복			8	8	
입하	45	5	5	19	56	상강	210	10	23	17	30	토왕용사	297	1	18	10	9
소만	60	5	21	9	6	입동	225	11	7	17	29	토왕용사	27	4	17	7	58
망종	75	6	6	0	19	소설	240	11	22	14	49	토왕용사	117	7	20	0	43
												토왕용사	207	10	20	17	11

월	양력	1	2	3	4	5	6	7	8	9	10	11	12	13	14	15	16	17	18	19	20	21	22	23	24	25	26	27	28	29	30	31
7	요일	월	화	수	목	금	토	일	월	화	수	목	금	토	일	월	화	수	목	금	토	일	월	화	수	목	금	토	일	월	화	수
7	음력	6/6	7	8	9	10	11	12	13	14	15	16	17	18	19	20	21	22	23	24	25	26	27	28	29	7/1	2	3	4	5	6	7
7	일진	임신	계유	갑술	을해	병자	정축	무인	기묘	경진	신사	임오	계미	갑신	을유	병술	정해	무자	기축	경인	신묘	임진	계사	갑오	을미	병신	정유	무술	기해	경자	신축	임인
8	요일	목	금	토	일	월	화	수	목	금	토	일	월	화	수	목	금	토	일	월	화	수	목	금	토	일	월	화	수	목	금	토
8	음력	7/8	9	10	11	12	13	14	15	16	17	18	19	20	21	22	23	24	25	26	27	28	29	30	7*/1	2	3	4	5	6	7	8
8	일진	계묘	갑진	을사	병오	정미	무신	기유	경술	신해	임자	계축	갑인	을묘	병진	정사	무오	기미	경신	신유	임술	계해	갑자	을축	병인	정묘	무진	기사	경오	신미	임신	계유
9	요일	일	월	화	수	목	금	토	일	월	화	수	목	금	토	일	월	화	수	목	금	토	일	월	화	수	목	금	토	일	월	
9	음력	7*/9	10	11	12	13	14	15	16	17	18	19	20	21	22	23	24	25	26	27	28	29	8/1	2	3	4	5	6	7	8	9	
9	일진	갑술	을해	병자	정축	무인	기묘	경진	신사	임오	계미	갑신	을유	병술	정해	무자	기축	경인	신묘	임진	계사	갑오	을미	병신	정유	무술	기해	경자	신축	임인	계묘	
10	요일	화	수	목	금	토	일	월	화	수	목	금	토	일	월	화	수	목	금	토	일	월	화	수	목	금	토	일	월	화	수	목
10	음력	8/10	11	12	13	14	15	16	17	18	19	20	21	22	23	24	25	26	27	28	29	30	9/1	2	3	4	5	6	7	8	9	10
10	일진	갑진	을사	병오	정미	무신	기유	경술	신해	임자	계축	갑인	을묘	병진	정사	무오	기미	경신	신유	임술	계해	갑자	을축	병인	정묘	무진	기사	경오	신미	임신	계유	갑술
11	요일	금	토	일	월	화	수	목	금	토	일	월	화	수	목	금	토	일	월	화	수	목	금	토	일	월	화	수	목	금	토	
11	음력	9/11	12	13	14	15	16	17	18	19	20	21	22	23	24	25	26	27	28	29	10/1	2	3	4	5	6	7	8	9	10	11	
11	일진	을해	병자	정축	무인	기묘	경진	신사	임오	계미	갑신	을유	병술	정해	무자	기축	경인	신묘	임진	계사	갑오	을미	병신	정유	무술	기해	경자	신축	임인	계묘	갑진	
12	요일	일	월	화	수	목	금	토	일	월	화	수	목	금	토	일	월	화	수	목	금	토	일	월	화	수	목	금	토	일	월	화
12	음력	10/12	13	14	15	16	17	18	19	20	21	22	23	24	25	26	27	28	29	30	11/1	2	3	4	5	6	7	8	9	10	11	12
12	일진	을사	병오	정미	무신	기유	경술	신해	임자	계축	갑인	을묘	병진	정사	무오	기미	경신	신유	임술	계해	갑자	을축	병인	정묘	무진	기사	경오	신미	임신	계유	갑술	을해

* 윤달 : 7월

주요 국경일과 명절

구 분	월일	요일	구 분	월일	요일
신 정	1 1	수	추 석	9 26	금
3·1절	3 1	토	개천절	10 3	금
식목일	4 5	토	한글날	10 9	목
현충일	6 6	금	국제연합일	10 24	금
제헌절	7 17	목	기독탄신일	12 25	목
광복절	8 15	금			

음양력 대조일람

음력월	월건	대소	음력 1일의 양력 월일	음력월	월건	대소	음력 1일의 양력 월일
1	병인	소	2 17	7	임신	대	8 13
2	정묘	대	3 18	8	계유	소	9 12
3	무진	소	4 17	9	갑술	대	10 11
4	기사	대	5 16	10	을해	소	11 10
5	경오	소	6 15	11	병자	대	12 9
6	신미	대	7 14	12	정축	소	1970/1 8

월	양력	1 2 3 4 5	6 7 8 9 10	11 12 13 14 15	16 17 18 19 20	21 22 23 24 25	26 27 28 29 30 31
1	요일	수 목 금 토 일	월 화 수 목 금	토 일 월 화 수	목 금 토 일 월	화 수 목 금 토	일 월 화 수 목 금
	음력	11/13 14 15 16 17	18 19 20 21 22	23 24 25 26 27	28 29 12/1 2 3	4 5 6 7 8	9 10 11 12 13 14
	일진	병정무기경 자축인묘진	신임계갑을 사오미신유	병정무기경 술해자축인	신임계갑을 묘진사오미	병정무기경 신유술해자	신임계갑을병 축인묘진사오
2	요일	토 일 월 화 수	목 금 토 일 월	화 수 목 금 토	일 월 화 수 목	금 토 일 월 화	수 목 금
	음력	12/15 16 17 18 19	20 21 22 23 24	25 26 27 28 29	30 1/1 2 3 4	5 6 7 8 9	10 11 12
	일진	정무기경신 미신유술해	임계갑을병 자축인묘진	정무기경신 사오미신유	임계갑을병 술해자축인	정무기경신 묘진사오미	임계갑 신유술
3	요일	토 일 월 화 수	목 금 토 일 월	화 수 목 금 토	일 월 화 수 목	금 토 일 월 화	수 목 금 토 일 월
	음력	1/13 14 15 16 17	18 19 20 21 22	23 24 25 26 27	28 29 2/1 2 3	4 5 6 7 8	9 10 11 12 13 14
	일진	을병정무기 해자축인묘	경신임계갑 진사오미신	을병정무기 유술해자축	경신임계갑 인묘진사오	을병정무기 미신유술해	경신임계갑을 자축인묘진사
4	요일	화 수 목 금 토	일 월 화 수 목	금 토 일 월 화	수 목 금 토 일	월 화 수 목 금	토 일 월 화 수
	음력	2/15 16 17 18 19	20 21 22 23 24	25 26 27 28 29	30 3/1 2 3 4	5 6 7 8 9	10 11 12 13 14
	일진	병정무기경 오미신유술	신임계갑을 해자축인묘	병정무기경 진사오미신	신임계갑을 유술해자축	병정무기경 인묘진사오	신임계갑을 미신유술해
5	요일	목 금 토 일 월	화 수 목 금 토	일 월 화 수 목	금 토 일 월 화	수 목 금 토 일	월 화 수 목 금 토
	음력	3/15 16 17 18 19	20 21 22 23 24	25 26 27 28 29	4/1 2 3 4 5	6 7 8 9 10	11 12 13 14 15 16
	일진	병정무기경 자축인묘진	신임계갑을 사오미신유	병정무기경 술해자축인	신임계갑을 묘진사오미	병정무기경 신유술해자	신임계갑을병 축인묘진사오
6	요일	일 월 화 수 목	금 토 일 월 화	수 목 금 토 일	월 화 수 목 금	토 일 월 화 수	목 금 토 일 월
	음력	4/17 18 19 20 21	22 23 24 25 26	27 28 29 30 5/1	2 3 4 5 6	7 8 9 10 11	12 13 14 15 16
	일진	정무기경신 미신유술해	임계갑을병 자축인묘진	정무기경신 사오미신유	임계갑을병 술해자축인	정무기경신 묘진사오미	임계갑을병 신유술해자

24절기와 잡절

명칭	태양황경(도)	월	일	시	분
소한	285	1	5	21	17
대한	300	1	20	14	38
입춘	315	2	4	8	59
우수	330	2	19	4	55
경칩	345	3	6	3	11
춘분	0	3	21	4	8
청명	15	4	5	8	15
곡우	30	4	20	15	27
입하	45	5	6	1	50
소만	60	5	21	14	50
망종	75	6	6	6	12

명칭	태양황경(도)	월	일	시	분
하지	90	6	21	22	55
소서	105	7	7	16	32
대서	120	7	23	9	48
입추	135	8	8	2	14
처서	150	8	23	16	43
백로	165	9	8	4	55
추분	180	9	23	14	7
한로	195	10	8	20	17
상강	210	10	23	23	11
입동	225	11	7	23	11
소설	240	11	22	20	31

명칭	태양황경(도)	월	일	시	분
대설	255	12	7	15	51
동지	270	12	22	9	44
한식		4	6		
단오		6	19		
초복		7	14		
중복		7	24		
말복		8	13		
토왕용사	297	1	17	15	56
토왕용사	27	4	17	13	46
토왕용사	117	7	20	6	23
토왕용사	207	10	20	22	49

월	양력	1 2 3 4 5	6 7 8 9 10	11 12 13 14 15	16 17 18 19 20	21 22 23 24 25	26 27 28 29 30 31
7	요일	화 수 목 금 토	일 월 화 수 목	금 토 일 월 화	수 목 금 토 일	월 화 수 목 금	토 일 월 화 수 목
	음력	5/17 18 19 20 21	22 23 24 25 26	27 28 29 6/1 2	3 4 5 6 7	8 9 10 11 12	13 14 15 16 17 18
	일진	정축 무인 기묘 경진 신사	임오 계미 갑신 을유 병술	정해 무자 기축 경인 신묘	임진 계사 갑오 을미 병신	정유 무술 기해 경자 신축	임인 계묘 갑진 을사 병오 정미
8	요일	금 토 일 월 화	수 목 금 토 일	월 화 수 목 금	토 일 월 화 수	목 금 토 일 월	화 수 목 금 토 일
	음력	6/19 20 21 22 23	24 25 26 27 28	29 30 7/1 2 3	4 5 6 7 8	9 10 11 12 13	14 15 16 17 18 19
	일진	무신 기유 경술 신해 임자	계축 갑인 을묘 병진 정사	무오 기미 경신 신유 임술	계해 갑자 을축 병인 정묘	무진 기사 경오 신미 임신	계유 갑술 을해 병자 정축 무인
9	요일	월 화 수 목 금	토 일 월 화 수	목 금 토 일 월	화 수 목 금 토	일 월 화 수 목	금 토 일 월 화
	음력	7/20 21 22 23 24	25 26 27 28 29	30 8/1 2 3 4	5 6 7 8 9	10 11 12 13 14	15 16 17 18 19
	일진	기묘 경진 신사 임오 계미	갑신 을유 병술 정해 무자	기축 경인 신묘 임진 계사	갑오 을미 병신 정유 무술	기해 경자 신축 임인 계묘	갑진 을사 병오 정미 무신
10	요일	수 목 금 토 일	월 화 수 목 금	토 일 월 화 수	목 금 토 일 월	화 수 목 금 토	일 월 화 수 목 금
	음력	8/20 21 22 23 24	25 26 27 28 29	9/1 2 3 4 5	6 7 8 9 10	11 12 13 14 15	16 17 18 19 20 21
	일진	기유 경술 신해 임자 계축	갑인 을묘 병진 정사 무오	기미 경신 신유 임술 계해	갑자 을축 병인 정묘 무진	기사 경오 신미 임신 계유	갑술 을해 병자 정축 무인 기묘
11	요일	토 일 월 화 수	목 금 토 일 월	화 수 목 금 토	일 월 화 수 목	금 토 일 월 화	수 목 금 토 일
	음력	9/22 23 24 25 26	27 28 29 30 10/1	2 3 4 5 6	7 8 9 10 11	12 13 14 15 16	17 18 19 20 21
	일진	경진 신사 임오 계미 갑신	을유 병술 정해 무자 기축	경인 신묘 임진 계사 갑오	을미 병신 정유 무술 기해	경자 신축 임인 계묘 갑진	을사 병오 정미 무신 기유
12	요일	월 화 수 목 금	토 일 월 화 수	목 금 토 일 월	화 수 목 금 토	일 월 화 수 목	금 토 일 월 화 수
	음력	10/22 23 24 25 26	27 28 29 11/1 2	3 4 5 6 7	8 9 10 11 12	13 14 15 16 17	18 19 20 21 22 23
	일진	경술 신해 임자 계축 갑인	을묘 병진 정사 무오 기미	경신 신유 임술 계해 갑자	을축 병인 정묘 무진 기사	경오 신미 임신 계유 갑술	을해 병자 정축 무인 기묘 경진

1970 경술년 • 단기 4303

주요 국경일과 명절

구 분	월일	요일	구 분	월일	요일
신 정	1 1	목	추 석	9 15	화
3·1절	3 1	일	개천절	10 3	토
식목일	4 5	일	한글날	10 9	금
현충일	6 6	토	국제연합일	10 24	토
제헌절	7 17	금	기독탄신일	12 25	금
광복절	8 15	토			

음양력 대조일람

음력월	월건	대소	음력 1일의 양력 월일	음력월	월건	대소	음력 1일의 양력 월일
1	무인	대	2 6	7	갑신	대	8 2
2	기묘	소	3 8	8	을유	소	9 1
3	경진	소	4 6	9	병술	대	9 30
4	신사	대	5 5	10	정해	대	10 30
5	임오	대	6 4	11	무자	소	11 29
6	계미	소	7 4	12	기축	대	12 28

월	양력	1 2 3 4 5	6 7 8 9 10	11 12 13 14 15	16 17 18 19 20	21 22 23 24 25	26 27 28 29 30 31
1	요일	목 금 토 일 월	화 수 목 금 토	일 월 화 수 목	금 토 일 월 화	수 목 금 토 일	월 화 수 목 금 토
	음력	11/24 25 26 27 28	29 30 12/1 2 3	4 5 6 7 8	9 10 11 12 13	14 15 16 17 18	19 20 21 22 23 24
	일진	신임계갑을 사오미신유	병정무기경 술해자축인	신임계갑을 묘진사오미	병정무기경 신유술해자	신임계갑을 축인묘진사	병정무기경신 오미신유술해
2	요일	일 월 화 수 목	금 토 일 월 화	수 목 금 토 일	월 화 수 목 금	토 일 월 화 수	목 금 토
	음력	12/25 26 27 28 29	1/1 2 3 4 5	6 7 8 9 10	11 12 13 14 15	16 17 18 19 20	21 22 23
	일진	임계갑을병 자축인묘진	정무기경신 사오미신유	임계갑을병 술해자축인	정무기경신 묘진사오미	임계갑을병 신유술해자	정무기 축인묘
3	요일	일 월 화 수 목	금 토 일 월 화	수 목 금 토 일	월 화 수 목 금	토 일 월 화 수	목 금 토 일 월 화
	음력	1/24 25 26 27 28	29 30 2/1 2 3	4 5 6 7 8	9 10 11 12 13	14 15 16 17 18	19 20 21 22 23 24
	일진	경신임계갑 진사오미신	을병정무기 유술해자축	경신임계갑 인묘진사오	을병정무기 미신유술해	경신임계갑 자축인묘진	을병정무기경 사오미신유술
4	요일	수 목 금 토 일	월 화 수 목 금	토 일 월 화 수	목 금 토 일 월	화 수 목 금 토	일 월 화 수 목
	음력	2/25 26 27 28 29	3/1 2 3 4 5	6 7 8 9 10	11 12 13 14 15	16 17 18 19 20	21 22 23 24 25
	일진	신임계갑을 해자축인묘	병정무기경 진사오미신	신임계갑을 유술해자축	병정무기경 인묘진사오	신임계갑을 미신유술해	병정무기경 자축인묘진
5	요일	금 토 일 월 화	수 목 금 토 일	월 화 수 목 금	토 일 월 화 수	목 금 토 일 월	화 수 목 금 토 일
	음력	3/26 27 28 29 4/1	2 3 4 5 6	7 8 9 10 11	12 13 14 15 16	17 18 19 20 21	22 23 24 25 26 27
	일진	신임계갑을 사오미신유	병정무기경 술해자축인	신임계갑을 묘진사오미	병정무기경 신유술해자	신임계갑을 축인묘진사	병정무기경신 오미신유술해
6	요일	월 화 수 목 금	토 일 월 화 수	목 금 토 일 월	화 수 목 금 토	일 월 화 수 목	금 토 일 월 화
	음력	4/28 29 30 5/1 2	3 4 5 6 7	8 9 10 11 12	13 14 15 16 17	18 19 20 21 22	23 24 25 26 27
	일진	임계갑을병 자축인묘진	정무기경신 사오미신유	임계갑을병 술해자축인	정무기경신 묘진사오미	임계갑을병 신유술해자	정무기경신 축인묘진사

24절기와 잡절

명칭	태양황경(도)	한국표준시			명칭	태양황경(도)	한국표준시			명칭	태양황경(도)	한국표준시		
		월	일	시 분			월	일	시 분			월	일	시 분
소한	285	1	6	3 2	하지	90	6	22	4 43	대설	255	12	7	21 37
대한	300	1	20	20 24	소서	105	7	7	22 11	동지	270	12	22	15 36
입춘	315	2	4	14 46	대서	120	7	23	15 37					
우수	330	2	19	10 42	입추	135	8	8	7 54	한식			4	6
경칩	345	3	6	8 58	처서	150	8	23	22 34	단오			6	8
춘분	0	3	21	9 56	백로	165	9	8	10 38	초복			7	19
청명	15	4	5	14 2	추분	180	9	23	19 59	중복			7	29
곡우	30	4	20	21 15	한로	195	10	9	2 2	말복			8	8
입하	45	5	6	7 34	상강	210	10	24	5 4	토왕용사	297	1	17	21 39
소만	60	5	21	20 37	입동	225	11	8	4 58	토왕용사	27	4	17	19 31
망종	75	6	6	11 52	소설	240	11	23	2 25	토왕용사	117	7	20	12 10
										토왕용사	207	10	21	4 44

월	양력	1	2	3	4	5	6	7	8	9	10	11	12	13	14	15	16	17	18	19	20	21	22	23	24	25	26	27	28	29	30	31
7	요일	수	목	금	토	일	월	화	수	목	금	토	일	월	화	수	목	금	토	일	월	화	수	목	금	토	일	월	화	수	목	금
	음력	5/28	29	30	6/1	2	3	4	5	6	7	8	9	10	11	12	13	14	15	16	17	18	19	20	21	22	23	24	25	26	27	28
	일진	임오	계미	갑신	을유	병술	정해	무자	기축	경인	신묘	임진	계사	갑오	을미	병신	정유	무술	기해	경자	신축	임인	계묘	갑진	을사	병오	정미	무신	기유	경술	신해	임자
8	요일	토	일	월	화	수	목	금	토	일	월	화	수	목	금	토	일	월	화	수	목	금	토	일	월	화	수	목	금	토	일	월
	음력	6/29	7/1	2	3	4	5	6	7	8	9	10	11	12	13	14	15	16	17	18	19	20	21	22	23	24	25	26	27	28	29	30
	일진	계축	갑인	을묘	병진	정사	무오	기미	경신	신유	임술	계해	갑자	을축	병인	정묘	무진	기사	경오	신미	임신	계유	갑술	을해	병자	정축	무인	기묘	경진	신사	임오	계미
9	요일	화	수	목	금	토	일	월	화	수	목	금	토	일	월	화	수	목	금	토	일	월	화	수	목	금	토	일	월	화	수	
	음력	8/1	2	3	4	5	6	7	8	9	10	11	12	13	14	15	16	17	18	19	20	21	22	23	24	25	26	27	28	29	9/1	
	일진	갑신	을유	병술	정해	무자	기축	경인	신묘	임진	계사	갑오	을미	병신	정유	무술	기해	경자	신축	임인	계묘	갑진	을사	병오	정미	무신	기유	경술	신해	임자	계축	
10	요일	목	금	토	일	월	화	수	목	금	토	일	월	화	수	목	금	토	일	월	화	수	목	금	토	일	월	화	수	목	금	토
	음력	9/2	3	4	5	6	7	8	9	10	11	12	13	14	15	16	17	18	19	20	21	22	23	24	25	26	27	28	29	30	10/1	2
	일진	갑인	을묘	병진	정사	무오	기미	경신	신유	임술	계해	갑자	을축	병인	정묘	무진	기사	경오	신미	임신	계유	갑술	을해	병자	정축	무인	기묘	경진	신사	임오	계미	갑신
11	요일	일	월	화	수	목	금	토	일	월	화	수	목	금	토	일	월	화	수	목	금	토	일	월	화	수	목	금	토	일	월	
	음력	10/3	4	5	6	7	8	9	10	11	12	13	14	15	16	17	18	19	20	21	22	23	24	25	26	27	28	29	30	11/1	2	
	일진	을유	병술	정해	무자	기축	경인	신묘	임진	계사	갑오	을미	병신	정유	무술	기해	경자	신축	임인	계묘	갑진	을사	병오	정미	무신	기유	경술	신해	임자	계축	갑인	
12	요일	화	수	목	금	토	일	월	화	수	목	금	토	일	월	화	수	목	금	토	일	월	화	수	목	금	토	일	월	화	수	목
	음력	11/3	4	5	6	7	8	9	10	11	12	13	14	15	16	17	18	19	20	21	22	23	24	25	26	27	28	29	12/1	2	3	4
	일진	을묘	병진	정사	무오	기미	경신	신유	임술	계해	갑자	을축	병인	정묘	무진	기사	경오	신미	임신	계유	갑술	을해	병자	정축	무인	기묘	경진	신사	임오	계미	갑신	을유

1971 신해년 • 단기 4304

주요 국경일과 명절

구 분	월일	요일	구 분	월일	요일
신 정	1 1	금	추 석	10 3	일
3·1절	3 1	월	개천절	10 3	일
식목일	4 5	월	한글날	10 9	토
현충일	6 6	일	국제연합일	10 24	일
제헌절	7 17	토	기독탄신일	12 25	토
광복절	8 15	일			

음양력 대조일람

음력월	월건	대소	음력 1일의 양력 월일	음력월	월건	대소	음력 1일의 양력 월일
1	경인	소	1 27	7	병신	소	8 21
2	신묘	대	2 25	8	정유	대	9 19
3	임진	소	3 27	9	무술	대	10 19
4	계사	소	4 25	10	기해	대	11 18
5	갑오	대	5 24	11	경자	소	12 18
(윤)5		소	6 23	12	신축	대	1972/1 16
6	을미	대	7 22				

월	양력	1 2 3 4 5	6 7 8 9 10	11 12 13 14 15	16 17 18 19 20	21 22 23 24 25	26 27 28 29 30 31
1	요일	금 토 일 월 화	수 목 금 토 일	월 화 수 목 금	토 일 월 화 수	목 금 토 일 월	화 수 목 금 토 일
	음력	12/5 6 7 8 9	10 11 12 13 14	15 16 17 18 19	20 21 22 23 24	25 26 27 28 29	30 1/1 2 3 4 5
	일진	병정무기경 / 술해자축인	신임계갑을 / 묘진사오미	병정무기경 / 신유술해자	신임계갑을 / 축인묘진사	병정무기경 / 오미신유술	신임계갑을병 / 해자축인묘진
2	요일	월 화 수 목 금	토 일 월 화 수	목 금 토 일 월	화 수 목 금 토	일 월 화 수 목	금 토 일
	음력	1/6 7 8 9 10	11 12 13 14 15	16 17 18 19 20	21 22 23 24 25	26 27 28 29 2/1	2 3 4
	일진	정무기경신 / 사오미신유	임계갑을병 / 술해자축인	정무기경신 / 묘진사오미	임계갑을병 / 신유술해자	정무기경신 / 축인묘진사	임계갑 / 오미신
3	요일	월 화 수 목 금	토 일 월 화 수	목 금 토 일 월	화 수 목 금 토	일 월 화 수 목	금 토 일 월 화 수
	음력	2/5 6 7 8 9	10 11 12 13 14	15 16 17 18 19	20 21 22 23 24	25 26 27 28 29	30 3/1 2 3 4 5
	일진	을병정무기 / 유술해자축	경신임계갑 / 인묘진사오	을병정무기 / 미신유술해	경신임계갑 / 자축인묘진	을병정무기 / 사오미신유	경신임계갑을 / 술해자축인묘
4	요일	목 금 토 일 월	화 수 목 금 토	일 월 화 수 목	금 토 일 월 화	수 목 금 토 일	월 화 수 목 금
	음력	3/6 7 8 9 10	11 12 13 14 15	16 17 18 19 20	21 22 23 24 25	26 27 28 29 4/1	2 3 4 5 6
	일진	병정무기경 / 진사오미신	신임계갑을 / 유술해자축	병정무기경 / 인묘진사오	신임계갑을 / 미신유술해	병정무기경 / 자축인묘진	신임계갑을 / 사오미신유
5	요일	토 일 월 화 수	목 금 토 일 월	화 수 목 금 토	일 월 화 수 목	금 토 일 월 화	수 목 금 토 일 월
	음력	4/7 8 9 10 11	12 13 14 15 16	17 18 19 20 21	22 23 24 25 26	27 28 29 5/1 2	3 4 5 6 7 8
	일진	병정무기경 / 술해자축인	신임계갑을 / 묘진사오미	병정무기경 / 신유술해자	신임계갑을 / 축인묘진사	병정무기경 / 오미신유술	신임계갑을병 / 해자축인묘진
6	요일	화 수 목 금 토	일 월 화 수 목	금 토 일 월 화	수 목 금 토 일	월 화 수 목 금	토 일 월 화 수
	음력	5/9 10 11 12 13	14 15 16 17 18	19 20 21 22 23	24 25 26 27 28	29 30 5*/1 2 3	4 5 6 7 8
	일진	정무기경신 / 사오미신유	임계갑을병 / 술해자축인	정무기경신 / 묘진사오미	임계갑을병 / 신유술해자	정무기경신 / 축인묘진사	임계갑을병 / 오미신유술

24절기와 잡절

명 칭	태양황경 (도)	월	일	시	분
소한	285	1	6	8	45
대한	300	1	21	2	13
입춘	315	2	4	20	25
우수	330	2	19	16	27
경칩	345	3	6	14	35
춘분	0	3	21	15	38
청명	15	4	5	19	36
곡우	30	4	21	2	54
입하	45	5	6	13	8
소만	60	5	22	2	15
망종	75	6	6	17	29

명 칭	태양황경 (도)	월	일	시	분
하지	90	6	22	10	20
소서	105	7	8	3	51
대서	120	7	23	21	15
입추	135	8	8	13	40
처서	150	8	24	4	15
백로	165	9	8	16	30
추분	180	9	24	1	45
한로	195	10	9	7	59
상강	210	10	24	10	53
입동	225	11	8	10	57
소설	240	11	23	8	14

명 칭	태양황경 (도)	월	일	시	분
대 설	255	12	8	3	36
동 지	270	12	22	21	24
한 식			4	6	
단 오			5	28	
초 복			7	14	
중 복			7	24	
말 복			8	13	
토왕용사	297		1	18	3 29
토왕용사	27		4	18	1 13
토왕용사	117		7	20	17 51
토왕용사	207		10	21	10 34

월	양력	1 2 3 4 5	6 7 8 9 10	11 12 13 14 15	16 17 18 19 20	21 22 23 24 25	26 27 28 29 30 31
7	요일	목 금 토 일 월	화 수 목 금 토	일 월 화 수 목	금 토 일 월 화	수 목 금 토 일	월 화 수 목 금 토
7	음력	5*/9 10 11 12 13	14 15 16 17 18	19 20 21 22 23	24 25 26 27 28	29 6/1 2 3 4	5 6 7 8 9 10
7	일진	정 무 기 경 신 해 자 축 인 묘	임 계 갑 을 병 진 사 오 미 신	정 무 기 경 신 유 술 해 자 축	임 계 갑 을 병 인 묘 진 사 오	정 무 기 경 신 미 신 유 술 해	임 계 갑 을 병 정 자 축 인 묘 진 사
8	요일	일 월 화 수 목	금 토 일 월 화	수 목 금 토 일	월 화 수 목 금	토 일 월 화 수	목 금 토 일 월 화
8	음력	6/11 12 13 14 15	16 17 18 19 20	21 22 23 24 25	26 27 28 29 30	7/1 2 3 4 5	6 7 8 9 10 11
8	일진	무 기 경 신 임 오 미 신 유 술	계 갑 을 병 정 해 자 축 인 묘	무 기 경 신 임 진 사 오 미 신	계 갑 을 병 정 유 술 해 자 축	무 기 경 신 임 인 묘 진 사 오	계 갑 을 병 정 무 미 신 유 술 해 자
9	요일	수 목 금 토 일	월 화 수 목 금	토 일 월 화 수	목 금 토 일 월	화 수 목 금 토	일 월 화 수 목
9	음력	7/12 13 14 15 16	17 18 19 20 21	22 23 24 25 26	27 28 29 8/1 2	3 4 5 6 7	8 9 10 11 12
9	일진	기 경 신 임 계 축 인 묘 진 사	갑 을 병 정 무 오 미 신 유 술	기 경 신 임 계 해 자 축 인 묘	갑 을 병 정 무 진 사 오 미 신	기 경 신 임 계 유 술 해 자 축	갑 을 병 정 무 인 묘 진 사 오
10	요일	금 토 일 월 화	수 목 금 토 일	월 화 수 목 금	토 일 월 화 수	목 금 토 일 월	화 수 목 금 토 일
10	음력	8/13 14 15 16 17	18 19 20 21 22	23 24 25 26 27	28 29 30 9/1 2	3 4 5 6 7	8 9 10 11 12 13
10	일진	기 경 신 임 계 미 신 유 술 해	갑 을 병 정 무 자 축 인 묘 진	기 경 신 임 계 사 오 미 신 유	갑 을 병 정 무 술 해 자 축 인	기 경 신 임 계 묘 진 사 오 미	갑 을 병 정 무 기 신 유 술 해 자 축
11	요일	월 화 수 목 금	토 일 월 화 수	목 금 토 일 월	화 수 목 금 토	일 월 화 수 목	금 토 일 월 화
11	음력	9/14 15 16 17 18	19 20 21 22 23	24 25 26 27 28	29 30 10/1 2 3	4 5 6 7 8	9 10 11 12 13
11	일진	경 신 임 계 갑 인 묘 진 사 오	을 병 정 무 기 미 신 유 술 해	경 신 임 계 갑 자 축 인 묘 진	을 병 정 무 기 사 오 미 신 유	경 신 임 계 갑 술 해 자 축 인	을 병 정 무 기 묘 진 사 오 미
12	요일	수 목 금 토 일	월 화 수 목 금	토 일 월 화 수	목 금 토 일 월	화 수 목 금 토	일 월 화 수 목 금
12	음력	10/14 15 16 17 18	19 20 21 22 23	24 25 26 27 28	29 30 11/1 2 3	4 5 6 7 8	9 10 11 12 13 14
12	일진	경 신 임 계 갑 신 유 술 해 자	을 병 정 무 기 축 인 묘 진 사	경 신 임 계 갑 오 미 신 유 술	을 병 정 무 기 해 자 축 인 묘	경 신 임 계 갑 진 사 오 미 신	을 병 정 무 기 경 유 술 해 자 축 인

* 윤달 : 5월

1972 임자년 • 단기 4305

주요 국경일과 명절

구 분	월일	요일	구 분	월일	요일
신 정	1 1	토	추 석	9 22	금
3·1절	3 1	수	개 천 절	10 3	화
식 목 일	4 5	수	한 글 날	10 9	월
현 충 일	6 6	화	국제연합일	10 24	화
제 헌 절	7 17	월	기독탄신일	12 25	월
광 복 절	8 15	화			

음양력 대조일람

음력월	월건	대소	음력 1일의 양력 월일	음력월	월건	대소	음력 1일의 양력 월일
1	임인	소	2 15	7	무신	대	8 9
2	계묘	대	3 15	8	기유	소	9 8
3	갑진	소	4 14	9	경술	대	10 7
4	을사	소	5 13	10	신해	대	11 6
5	병오	대	6 11	11	임자	대	12 6
6	정미	소	7 11	12	계축	소	1973/1 5

월	양력	1 2 3 4 5	6 7 8 9 10	11 12 13 14 15	16 17 18 19 20	21 22 23 24 25	26 27 28 29 30 31
1	요일	토 일 월 화 수	목 금 토 일 월	화 수 목 금 토	일 월 화 수 목	금 토 일 월 화	수 목 금 토 일 월
1	음력	11/15 16 17 18 19	20 21 22 23 24	25 26 27 28 29	12/1 2 3 4 5	6 7 8 9 10	11 12 13 14 15 16
1	일진	신임계갑을 묘진사오미	병정무기경 신유술해자	신임계갑을 축인묘진사	병정무기경 오미신유술	신임계갑을 해자축인묘	병정무기경신 진사오미신유
2	요일	화 수 목 금 토	일 월 화 수 목	금 토 일 월 화	수 목 금 토 일	월 화 수 목 금	토 일 월 화
2	음력	12/17 18 19 20 21	22 23 24 25 26	27 28 29 30 1/1	2 3 4 5 6	7 8 9 10 11	12 13 14 15
2	일진	임계갑을병 술해자축인	정무기경신 묘진사오미	임계갑을병 신유술해자	정무기경신 축인묘진사	임계갑을병 오미신유술	정무기경 해자축인
3	요일	수 목 금 토 일	월 화 수 목 금	토 일 월 화 수	목 금 토 일 월	화 수 목 금 토	일 월 화 수 목 금
3	음력	1/16 17 18 19 20	21 22 23 24 25	26 27 28 29 2/1	2 3 4 5 6	7 8 9 10 11	12 13 14 15 16 17
3	일진	신임계갑을 묘진사오미	병정무기경 신유술해자	신임계갑을 축인묘진사	병정무기경 오미신유술	신임계갑을 해자축인묘	병정무기경신 진사오미신유
4	요일	토 일 월 화 수	목 금 토 일 월	화 수 목 금 토	일 월 화 수 목	금 토 일 월 화	수 목 금 토 일
4	음력	2/18 19 20 21 22	23 24 25 26 27	28 29 30 3/1 2	3 4 5 6 7	8 9 10 11 12	13 14 15 16 17
4	일진	임계갑을병 술해자축인	정무기경신 묘진사오미	임계갑을병 신유술해자	정무기경신 축인묘진사	임계갑을병 오미신유술	정무기경신 해자축인묘
5	요일	월 화 수 목 금	토 일 월 화 수	목 금 토 일 월	화 수 목 금 토	일 월 화 수 목	금 토 일 월 화 수
5	음력	3/18 19 20 21 22	23 24 25 26 27	28 29 4/1 2 3	4 5 6 7 8	9 10 11 12 13	14 15 16 17 18 19
5	일진	임계갑을병 진사오미신	정무기경신 유술해자축	임계갑을병 인묘진사오	정무기경신 미신유술해	임계갑을병 자축인묘진	정무기경신임 사오미신유술
6	요일	목 금 토 일 월	화 수 목 금 토	일 월 화 수 목	금 토 일 월 화	수 목 금 토 일	월 화 수 목 금
6	음력	4/20 21 22 23 24	25 26 27 28 29	5/1 2 3 4 5	6 7 8 9 10	11 12 13 14 15	16 17 18 19 20
6	일진	계갑을병정 해자축인묘	무기경신임 진사오미신	계갑을병정 유술해자축	무기경신임 인묘진사오	계갑을병정 미신유술해	무기경신임 자축인묘진

24절기와 잡절

명칭	태양황경(도)	한국표준시 월 일	시 분	명칭	태양황경(도)	한국표준시 월 일	시 분	명칭	태양황경(도)	한국표준시 월 일	시 분
소한	285	1 6	14 42	하지	90	6 21	16 6	대 설	255	12 7	9 19
대한	300	1 21	7 59	소서	105	7 7	9 43	동 지	270	12 22	3 13
입춘	315	2 5	2 20	대서	120	7 23	3 3				
우수	330	2 19	22 11	입추	135	8 7	19 29	한 식		4 5	
경칩	345	3 5	20 28	처서	150	8 23	10 3	단 오		6 15	
춘분	0	3 20	21 21	백로	165	9 7	22 15	초 복		7 18	
청명	15	4 5	1 29	추분	180	9 23	7 33	중 복		7 28	
곡우	30	4 20	8 37	한로	195	10 8	13 42	말 복		8 7	
입하	45	5 5	19 1	상강	210	10 23	16 41	토왕용사	297	1 18	9 17
소만	60	5 21	8 0	입동	225	11 7	16 39	토왕용사	27	4 17	6 57
망종	75	6 5	23 22	소설	240	11 22	14 3	토왕용사	117	7 19	23 36
								토왕용사	207	10 20	16 19

월	양력	1 2 3 4 5	6 7 8 9 10	11 12 13 14 15	16 17 18 19 20	21 22 23 24 25	26 27 28 29 30 31
7	요일	토 일 월 화 수	목 금 토 일 월	화 수 목 금 토	일 월 화 수 목	금 토 일 월 화	수 목 금 토 일 월
	음력	5/21 22 23 24 25	26 27 28 29 30	6/1 2 3 4 5	6 7 8 9 10	11 12 13 14 15	16 17 18 19 20 21
	일진	계갑을병정 사오미신유	무기경신임 술해자축인	계갑을병정 묘진사오미	무기경신임 신유술해자	계갑을병정 축인묘진사	무기경신임계 오미신유술해
8	요일	화 수 목 금 토	일 월 화 수 목	금 토 일 월 화	수 목 금 토 일	월 화 수 목 금	토 일 월 화 수 목
	음력	6/22 23 24 25 26	27 28 29 7/1 2	3 4 5 6 7	8 9 10 11 12	13 14 15 16 17	18 19 20 21 22 23
	일진	갑을병정무 자축인묘진	기경신임계 사오미신유	갑을병정무 술해자축인	기경신임계 묘진사오미	갑을병정무 신유술해자	기경신임계갑 축인묘진사오
9	요일	금 토 일 월 화	수 목 금 토 일	월 화 수 목 금	토 일 월 화 수	목 금 토 일 월	화 수 목 금 토
	음력	7/24 25 26 27 28	29 30 8/1 2 3	4 5 6 7 8	9 10 11 12 13	14 15 16 17 18	19 20 21 22 23
	일진	을병정무기 미신유술해	경신임계갑 자축인묘진	을병정무기 사오미신유	경신임계갑 술해자축인	을병정무기 묘진사오미	경신임계갑 신유술해자
10	요일	일 월 화 수 목	금 토 일 월 화	수 목 금 토 일	월 화 수 목 금	토 일 월 화 수	목 금 토 일 월 화
	음력	8/24 25 26 27 28	29 9/1 2 3 4	5 6 7 8 9	10 11 12 13 14	15 16 17 18 19	20 21 22 23 24 25
	일진	을병정무기 축인묘진사	경신임계갑 오미신유술	을병정무기 해자축인묘	경신임계갑 진사오미신	을병정무기 유술해자축	경신임계갑을 인묘진사오미
11	요일	수 목 금 토 일	월 화 수 목 금	토 일 월 화 수	목 금 토 일 월	화 수 목 금 토	일 월 화 수 목
	음력	9/26 27 28 29 30	10/1 2 3 4 5	6 7 8 9 10	11 12 13 14 15	16 17 18 19 20	21 22 23 24 25
	일진	병정무기경 신유술해자	신임계갑을 축인묘진사	병정무기경 오미신유술	신임계갑을 해자축인묘	병정무기경 진사오미신	신임계갑을 유술해자축
12	요일	금 토 일 월 화	수 목 금 토 일	월 화 수 목 금	토 일 월 화 수	목 금 토 일 월	화 수 목 금 토 일
	음력	10/26 27 28 29 30	11/1 2 3 4 5	6 7 8 9 10	11 12 13 14 15	16 17 18 19 20	21 22 23 24 25 26
	일진	병정무기경 인묘진사오	신임계갑을 미신유술해	병정무기경 자축인묘진	신임계갑을 사오미신유	병정무기경 술해자축인	신임계갑을병 묘진사오미신

주요 국경일과 명절

구 분	월일	요일	구 분	월일	요일
신 정	1 1	월	추 석	9 11	화
3·1절	3 1	목	개천절	10 3	수
식목일	4 5	목	한글날	10 9	화
현충일	6 6	수	국제연합일	10 24	수
제헌절	7 17	화	기독탄신일	12 25	화
광복절	8 15	수			

음양력 대조일람

음력월	월건	대소	음력 1일의 양력 월일	음력월	월건	대소	음력 1일의 양력 월일
1	갑인	대	2 3	7	경신	소	7 30
2	을묘	소	3 5	8	신유	소	8 28
3	병진	대	4 3	9	임술	대	9 26
4	정사	소	5 3	10	계해	대	10 26
5	무오	소	6 1	11	갑자	대	11 25
6	기미	대	6 30	12	을축	소	12 25

월	양력	1 2 3 4 5	6 7 8 9 10	11 12 13 14 15	16 17 18 19 20	21 22 23 24 25	26 27 28 29 30 31
1	요일	월화수목금	토일월화수	목금토일월	화수목금토	일월화수목	금토일월화수
	음력	11/27 28 29 30 12/1	2 3 4 5 6	7 8 9 10 11	12 13 14 15 16	17 18 19 20 21	22 23 24 25 26 27
	일진	정무기경신 유술해자축	임계갑을병 인묘진사오	정무기경신 미신유술해	임계갑을병 자축인묘진	정무기경신 사오미신유	임계갑을병정 술해자축인묘
2	요일	목금토일월	화수목금토	일월화수목	금토일월화	수목금토일	월화수
	음력	12/28 29 1/1 2 3	4 5 6 7 8	9 10 11 12 13	14 15 16 17 18	19 20 21 22 23	24 25 26
	일진	무기경신임 진사오미신	계갑을병정 유술해자축	무기경신임 인묘진사오	계갑을병정 미신유술해	무기경신임 자축인묘진	계갑을 사오미
3	요일	목금토일월	화수목금토	일월화수목	금토일월화	수목금토일	월화수목금토
	음력	1/27 28 29 30 2/1	2 3 4 5 6	7 8 9 10 11	12 13 14 15 16	17 18 19 20 21	22 23 24 25 26 27
	일진	병정무기경 신유술해자	신임계갑을 축인묘진사	병정무기경 오미신유술	신임계갑을 해자축인묘	병정무기경 진사오미신	신임계갑을병 유술해자축인
4	요일	일월화수목	금토일월화	수목금토일	월화수목금	토일월화수	목금토일월
	음력	2/28 29 3/1 2 3	4 5 6 7 8	9 10 11 12 13	14 15 16 17 18	19 20 21 22 23	24 25 26 27 28
	일진	정무기경신 묘진사오미	임계갑을병 신유술해자	정무기경신 축인묘진사	임계갑을병 오미신유술	정무기경신 해자축인묘	임계갑을병 진사오미신
5	요일	화수목금토	일월화수목	금토일월화	수목금토일	월화수목금	토일월화수목
	음력	3/29 30 4/1 2 3	4 5 6 7 8	9 10 11 12 13	14 15 16 17 18	19 20 21 22 23	24 25 26 27 28 29
	일진	정무기경신 유술해자축	임계갑을병 인묘진사오	정무기경신 미신유술해	임계갑을병 자축인묘진	정무기경신 사오미신유	임계갑을병정 술해자축인묘
6	요일	금토일월화	수목금토일	월화수목금	토일월화수	목금토일월	화수목금토
	음력	5/1 2 3 4 5	6 7 8 9 10	11 12 13 14 15	16 17 18 19 20	21 22 23 24 25	26 27 28 29 6/1
	일진	무기경신임 진사오미신	계갑을병정 유술해자축	무기경신임 인묘진사오	계갑을병정 미신유술해	무기경신임 자축인묘진	계갑을병정 사오미신유

24절기와 잡절

명 칭	태양황경 (도)	한국표준시 월 일	한국표준시 시 분	명 칭	태양황경 (도)	한국표준시 월 일	한국표준시 시 분	명 칭	태양황경 (도)	한국표준시 월 일	한국표준시 시 분
소한	285	1 5	20 25	하지	90	6 21	22 1	대 설	255	12 7	15 10
대한	300	1 20	13 48	소서	105	7 7	15 27	동 지	270	12 22	9 8
입춘	315	2 4	8 4	대서	120	7 23	8 56				
우수	330	2 19	4 1	입추	135	8 8	1 13	한 식		4 6	
경칩	345	3 6	2 13	처서	150	8 23	15 53	단 오		6 5	
춘분	0	3 21	3 12	백로	165	9 8	3 59	초 복		7 13	
청명	15	4 5	7 14	추분	180	9 23	13 21	중 복		7 23	
곡우	30	4 20	14 30	한로	195	10 8	19 27	말 복		8 12	
입하	45	5 6	0 46	상강	210	10 23	22 30	토왕용사	297	1 17	15 3
소만	60	5 21	13 54	입동	225	11 7	22 28	토왕용사	27	4 17	12 47
망종	75	6 6	5 7	소설	240	11 22	19 54	토왕용사	117	7 20	5 30
								토왕용사	207	10 20	22 10

월	양력	1	2	3	4	5	6	7	8	9	10	11	12	13	14	15	16	17	18	19	20	21	22	23	24	25	26	27	28	29	30	31
7	요일	일	월	화	수	목	금	토	일	월	화	수	목	금	토	일	월	화	수	목	금	토	일	월	화	수	목	금	토	일	월	화
7	음력	6/2	3	4	5	6	7	8	9	10	11	12	13	14	15	16	17	18	19	20	21	22	23	24	25	26	27	28	29	30	7/1	2
7	일진	무술	기해	경자	신축	임인	계묘	갑진	을사	병오	정미	무신	기유	경술	신해	임자	계축	갑인	을묘	병진	정사	무오	기미	경신	신유	임술	계해	갑자	을축	병인	정묘	무진
8	요일	수	목	금	토	일	월	화	수	목	금	토	일	월	화	수	목	금	토	일	월	화	수	목	금	토	일	월	화	수	목	금
8	음력	7/3	4	5	6	7	8	9	10	11	12	13	14	15	16	17	18	19	20	21	22	23	24	25	26	27	28	29	8/1	2	3	4
8	일진	기사	경오	신미	임신	계유	갑술	을해	병자	정축	무인	기묘	경진	신사	임오	계미	갑신	을유	병술	정해	무자	기축	경인	신묘	임진	계사	갑오	을미	병신	정유	무술	기해
9	요일	토	일	월	화	수	목	금	토	일	월	화	수	목	금	토	일	월	화	수	목	금	토	일	월	화	수	목	금	토	일	
9	음력	8/5	6	7	8	9	10	11	12	13	14	15	16	17	18	19	20	21	22	23	24	25	26	27	28	29	9/1	2	3	4	5	
9	일진	경자	신축	임인	계묘	갑진	을사	병오	정미	무신	기유	경술	신해	임자	계축	갑인	을묘	병진	정사	무오	기미	경신	신유	임술	계해	갑자	을축	병인	정묘	무진	기사	
10	요일	월	화	수	목	금	토	일	월	화	수	목	금	토	일	월	화	수	목	금	토	일	월	화	수	목	금	토	일	월	화	수
10	음력	9/6	7	8	9	10	11	12	13	14	15	16	17	18	19	20	21	22	23	24	25	26	27	28	29	30	10/1	2	3	4	5	6
10	일진	경오	신미	임신	계유	갑술	을해	병자	정축	무인	기묘	경진	신사	임오	계미	갑신	을유	병술	정해	무자	기축	경인	신묘	임진	계사	갑오	을미	병신	정유	무술	기해	경자
11	요일	목	금	토	일	월	화	수	목	금	토	일	월	화	수	목	금	토	일	월	화	수	목	금	토	일	월	화	수	목	금	
11	음력	10/7	8	9	10	11	12	13	14	15	16	17	18	19	20	21	22	23	24	25	26	27	28	29	30	11/1	2	3	4	5	6	
11	일진	신축	임인	계묘	갑진	을사	병오	정미	무신	기유	경술	신해	임자	계축	갑인	을묘	병진	정사	무오	기미	경신	신유	임술	계해	갑자	을축	병인	정묘	무진	기사	경오	
12	요일	토	일	월	화	수	목	금	토	일	월	화	수	목	금	토	일	월	화	수	목	금	토	일	월	화	수	목	금	토	일	월
12	음력	11/7	8	9	10	11	12	13	14	15	16	17	18	19	20	21	22	23	24	25	26	27	28	29	30	12/1	2	3	4	5	6	7
12	일진	신미	임신	계유	갑술	을해	병자	정축	무인	기묘	경진	신사	임오	계미	갑신	을유	병술	정해	무자	기축	경인	신묘	임진	계사	갑오	을미	병신	정유	무술	기해	경자	신축

1974 갑인년 • 단기 4307

주요 국경일과 명절

구 분	월일	요일	구 분	월일	요일
신 정	1 1	화	추 석	9 30	월
3·1 절	3 1	금	개 천 절	10 3	목
식 목 일	4 5	금	한 글 날	10 9	수
현 충 일	6 6	목	국제연합일	10 24	목
제 헌 절	7 17	수	기독탄신일	12 25	수
광 복 절	8 15	목			

음양력 대조일람

음력월	월건	대소	음력 1일의 양력 월일	음력월	월건	대소	음력 1일의 양력 월일
1	병인	대	1 23	7	임신	소	8 18
2	정묘	대	2 22	8	계유	소	9 16
3	무진	소	3 24	9	갑술	대	10 15
4	기사	대	4 22	10	을해	대	11 14
(윤)4		소	5 22	11	병자	소	12 14
5	경오	소	6 20	12	정축	대	1975/1 12
6	신미	대	7 19				

월	양력	1 2 3 4 5	6 7 8 9 10	11 12 13 14 15	16 17 18 19 20	21 22 23 24 25	26 27 28 29 30 31
1	요일	화 수 목 금 토	일 월 화 수 목	금 토 일 월 화	수 목 금 토 일	월 화 수 목 금	토 일 월 화 수 목
	음력	12/8 9 10 11 12	13 14 15 16 17	18 19 20 21 22	23 24 25 26 27	28 29 1/1 2 3	4 5 6 7 8 9
	일진	임계갑을병 인묘진사오	정무기경신 미신유술해	임계갑을병 자축인묘진	정무기경신 사오미신유	임계갑을병 술해자축인	정무기경신임 묘진사오미신
2	요일	금 토 일 월 화	수 목 금 토 일	월 화 수 목 금	토 일 월 화 수	목 금 토 일 월	화 수 목
	음력	1/10 11 12 13 14	15 16 17 18 19	20 21 22 23 24	25 26 27 28 29	30 2/1 2 3 4	5 6 7
	일진	계갑을병정 유술해자축	무기경신임 인묘진사오	계갑을병정 미신유술해	무기경신임 자축인묘진	계갑을병정 사오미신유	무기경 술해자
3	요일	금 토 일 월 화	수 목 금 토 일	월 화 수 목 금	토 일 월 화 수	목 금 토 일 월	화 수 목 금 토 일
	음력	2/8 9 10 11 12	13 14 15 16 17	18 19 20 21 22	23 24 25 26 27	28 29 30 3/1 2	3 4 5 6 7 8
	일진	신임계갑을 축인묘진사	병정무기경 오미신유술	신임계갑을 해자축인묘	병정무기경 진사오미신	신임계갑을 유술해자축	병정무기경신 인묘진사오미
4	요일	월 화 수 목 금	토 일 월 화 수	목 금 토 일 월	화 수 목 금 토	일 월 화 수 목	금 토 일 월 화
	음력	3/9 10 11 12 13	14 15 16 17 18	19 20 21 22 23	24 25 26 27 28	29 4/1 2 3 4	5 6 7 8 9
	일진	임계갑을병 신유술해자	정무기경신 축인묘진사	임계갑을병 오미신유술	정무기경신 해자축인묘	임계갑을병 진사오미신	정무기경신 유술해자축
5	요일	수 목 금 토 일	월 화 수 목 금	토 일 월 화 수	목 금 토 일 월	화 수 목 금 토	일 월 화 수 목 금
	음력	4/10 11 12 13 14	15 16 17 18 19	20 21 22 23 24	25 26 27 28 29	30 4*/1 2 3 4	5 6 7 8 9 10
	일진	임계갑을병 인묘진사오	정무기경신 미신유술해	임계갑을병 자축인묘진	정무기경신 사오미신유	임계갑을병 술해자축인	정무기경신임 묘진사오미신
6	요일	토 일 월 화 수	목 금 토 일 월	화 수 목 금 토	일 월 화 수 목	금 토 일 월 화	수 목 금 토 일
	음력	4*/11 12 13 14 15	16 17 18 19 20	21 22 23 24 25	26 27 28 29 5/1	2 3 4 5 6	7 8 9 10 11
	일진	계갑을병정 유술해자축	무기경신임 인묘진사오	계갑을병정 미신유술해	무기경신임 자축인묘진	계갑을병정 사오미신유	무기경신임 술해자축인

24절기와 잡절

명 칭	태양황경(도)	월	일	시	분	명 칭	태양황경(도)	월	일	시	분	명 칭	태양황경(도)	월	일	시	분
소한	285	1	6	2	20	하지	90	6	22	3	38	대 설	255	12	7	21	5
대한	300	1	20	19	46	소서	105	7	7	21	11	동 지	270	12	22	14	56
입춘	315	2	4	14	0	대서	120	7	23	14	30						
우수	330	2	19	9	59	입추	135	8	8	6	57	한 식				4	6
경칩	345	3	6	8	7	처서	150	8	23	21	29	단 오				6	24
춘분	0	3	21	9	7	백로	165	9	8	9	45	초 복				7	18
청명	15	4	5	13	5	추분	180	9	23	18	58	중 복				7	28
곡우	30	4	20	20	19	한로	195	10	9	1	15	말 복				8	17
입하	45	5	6	6	34	상강	210	10	24	4	11	토왕용사	297	1	17	21	3
소만	60	5	21	19	36	입동	225	11	8	4	18	토왕용사	27	4	17	18	39
망종	75	6	6	10	52	소설	240	11	23	1	38	토왕용사	117	7	20	11	6
												토왕용사	207	10	21	3	50

월	양력	1 2 3 4 5	6 7 8 9 10	11 12 13 14 15	16 17 18 19 20	21 22 23 24 25	26 27 28 29 30 31
7	요일	월 화 수 목 금	토 일 월 화 수	목 금 토 일 월	화 수 목 금 토	일 월 화 수 목	금 토 일 월 화 수
	음력	5/12 13 14 15 16	17 18 19 20 21	22 23 24 25 26	27 28 29 6/1 2	3 4 5 6 7	8 9 10 11 12 13
	일진	계 갑 을 병 정 묘 진 사 오 미	무 기 경 신 임 신 유 술 해 자	계 갑 을 병 정 축 인 묘 진 사	무 기 경 신 임 오 미 신 유 술	계 갑 을 병 정 해 자 축 인 묘	무 기 경 신 임 계 진 사 오 미 신 유
8	요일	목 금 토 일 월	화 수 목 금 토	일 월 화 수 목	금 토 일 월 화	수 목 금 토 일	월 화 수 목 금 토
	음력	6/14 15 16 17 18	19 20 21 22 23	24 25 26 27 28	29 30 7/1 2 3	4 5 6 7 8	9 10 11 12 13 14
	일진	갑 을 병 정 무 술 해 자 축 인	기 경 신 임 계 묘 진 사 오 미	갑 을 병 정 무 신 유 술 해 자	기 경 신 임 계 축 인 묘 진 사	갑 을 병 정 무 오 미 신 유 술	기 경 신 임 계 갑 해 자 축 인 묘 진
9	요일	일 월 화 수 목	금 토 일 월 화	수 목 금 토 일	월 화 수 목 금	토 일 월 화 수	목 금 토 일 월
	음력	7/15 16 17 18 19	20 21 22 23 24	25 26 27 28 29	8/1 2 3 4 5	6 7 8 9 10	11 12 13 14 15
	일진	을 병 정 무 기 사 오 미 신 유	경 신 임 계 갑 술 해 자 축 인	을 병 정 무 기 묘 진 사 오 미	경 신 임 계 갑 신 유 술 해 자	을 병 정 무 기 축 인 묘 진 사	경 신 임 계 갑 오 미 신 유 술
10	요일	화 수 목 금 토	일 월 화 수 목	금 토 일 월 화	수 목 금 토 일	월 화 수 목 금	토 일 월 화 수 목
	음력	8/16 17 18 19 20	21 22 23 24 25	26 27 28 29 9/1	2 3 4 5 6	7 8 9 10 11	12 13 14 15 16 17
	일진	을 병 정 무 기 해 자 축 인 묘	경 신 임 계 갑 진 사 오 미 신	을 병 정 무 기 유 술 해 자 축	경 신 임 계 갑 인 묘 진 사 오	을 병 정 무 기 미 신 유 술 해	경 신 임 계 갑 을 자 축 인 묘 진 사
11	요일	금 토 일 월 화	수 목 금 토 일	월 화 수 목 금	토 일 월 화 수	목 금 토 일 월	화 수 목 금 토
	음력	9/18 19 20 21 22	23 24 25 26 27	28 29 30 10/1 2	3 4 5 6 7	8 9 10 11 12	13 14 15 16 17
	일진	병 정 무 기 경 오 미 신 유 술	신 임 계 갑 을 해 자 축 인 묘	병 정 무 기 경 진 사 오 미 신	신 임 계 갑 을 유 술 해 자 축	병 정 무 기 경 인 묘 진 사 오	신 임 계 갑 을 미 신 유 술 해
12	요일	일 월 화 수 목	금 토 일 월 화	수 목 금 토 일	월 화 수 목 금	토 일 월 화 수	목 금 토 일 월 화
	음력	10/18 19 20 21 22	23 24 25 26 27	28 29 30 11/1 2	3 4 5 6 7	8 9 10 11 12	13 14 15 16 17 18
	일진	병 정 무 기 경 자 축 인 묘 진	신 임 계 갑 을 사 오 미 신 유	병 정 무 기 경 술 해 자 축 인	신 임 계 갑 을 묘 진 사 오 미	병 정 무 기 경 신 유 술 해 자	신 임 계 갑 을 병 축 인 묘 진 사 오

* 윤달 : 4월

주요 국경일과 명절

구 분	월일	요일	구 분	월일	요일
신　　정	1 1	수	제 헌 절	7 17	목
3·1 절	3 1	토	광 복 절	8 15	금
식 목 일	4 5	토	추　　석	9 20	토
어린이날	5 5	월	개 천 절	10 3	금
석가탄신일	5 18	일	한 글 날	10 9	목
현 충 일	6 6	금	기독탄신일	12 25	목

음양력 대조일람

음력월	월건	대소	음력 1일의 양력 월일	음력월	월건	대소	음력 1일의 양력 월일
1	무인	대	2 11	7	갑신	대	8 7
2	기묘	대	3 13	8	을유	소	9 6
3	경진	소	4 12	9	병술	소	10 5
4	신사	대	5 11	10	정해	대	11 3
5	임오	소	6 10	11	무자	소	12 3
6	계미	소	7 9	12	기축	대	1976/1 1

월	양력	1 2 3 4 5	6 7 8 9 10	11 12 13 14 15	16 17 18 19 20	21 22 23 24 25	26 27 28 29 30 31
1	요일	수 목 금 토 일	월 화 수 목 금	토 일 월 화 수	목 금 토 일 월	화 수 목 금 토	일 월 화 수 목 금
	음력	11/19 20 21 22 23	24 25 26 27 28	29 12/1 2 3 4	5 6 7 8 9	10 11 12 13 14	15 16 17 18 19 20
	일진	정무기경신 미신유술해	임계갑을병 자축인묘진	정무기경신 사오미신유	임계갑을병 술해자축인	정무기경신 묘진사오미	임계갑을병정 신유술해자축
2	요일	토 일 월 화 수	목 금 토 일 월	화 수 목 금 토	일 월 화 수 목	금 토 일 월 화	수 목 금
	음력	12/21 22 23 24 25	26 27 28 29 30	1/1 2 3 4 5	6 7 8 9 10	11 12 13 14 15	16 17 18
	일진	무기경신임 인묘진사오	계갑을병정 미신유술해	무기경신임 자축인묘진	계갑을병정 사오미신유	무기경신임 술해자축인	계갑을 묘진사
3	요일	토 일 월 화 수	목 금 토 일 월	화 수 목 금 토	일 월 화 수 목	금 토 일 월 화	수 목 금 토 일 월
	음력	1/19 20 21 22 23	24 25 26 27 28	29 30 2/1 2 3	4 5 6 7 8	9 10 11 12 13	14 15 16 17 18 19
	일진	병정무기경 오미신유술	신임계갑을 해자축인묘	병정무기경 진사오미신	신임계갑을 유술해자축	병정무기경 인묘진사오	신임계갑을병 미신유술해자
4	요일	화 수 목 금 토	일 월 화 수 목	금 토 일 월 화	수 목 금 토 일	월 화 수 목 금	토 일 월 화 수
	음력	2/20 21 22 23 24	25 26 27 28 29	30 3/1 2 3 4	5 6 7 8 9	10 11 12 13 14	15 16 17 18 19
	일진	정무기경신 축인묘진사	임계갑을병 오미신유술	정무기경신 해자축인묘	임계갑을병 진사오미신	정무기경신 유술해자축	임계갑을병 인묘진사오
5	요일	목 금 토 일 월	화 수 목 금 토	일 월 화 수 목	금 토 일 월 화	수 목 금 토 일	월 화 수 목 금 토
	음력	3/20 21 22 23 24	25 26 27 28 29	4/1 2 3 4 5	6 7 8 9 10	11 12 13 14 15	16 17 18 19 20 21
	일진	정무기경신 미신유술해	임계갑을병 자축인묘진	정무기경신 사오미신유	임계갑을병 술해자축인	정무기경신 묘진사오미	임계갑을병정 신유술해자축
6	요일	일 월 화 수 목	금 토 일 월 화	수 목 금 토 일	월 화 수 목 금	토 일 월 화 수	목 금 토 일 월
	음력	4/22 23 24 25 26	27 28 29 30 5/1	2 3 4 5 6	7 8 9 10 11	12 13 14 15 16	17 18 19 20 21
	일진	무기경신임 인묘진사오	계갑을병정 미신유술해	무기경신임 자축인묘진	계갑을병정 사오미신유	무기경신임 술해자축인	계갑을병정 묘진사오미

24절기와 잡절

명칭	태양황경(도)	한국표준시 월	일	시	분	명칭	태양황경(도)	한국표준시 월	일	시	분	명칭	태양황경(도)	한국표준시 월	일	시	분
소한	285	1	6	8	18	하지	90	6	22	9	26	대 설	255	12	8	2	46
대한	300	1	21	1	36	소서	105	7	8	2	59	동 지	270	12	22	20	46
입춘	315	2	4	19	59	대서	120	7	23	20	22						
우수	330	2	19	15	50	입추	135	8	8	12	45	한 식			4	6	
경칩	345	3	6	14	6	처서	150	8	24	3	24	단 오			6	14	
춘분	0	3	21	14	57	백로	165	9	8	15	33	초 복			7	13	
청명	15	4	5	19	2	추분	180	9	24	0	55	중 복			7	23	
곡우	30	4	21	2	7	한로	195	10	9	7	2	말 복			8	12	
입하	45	5	6	12	27	상강	210	10	24	10	6	토왕용사	297	1	18	2	53
소만	60	5	22	1	24	입동	225	11	8	10	3	토왕용사	27	4	18	0	26
망종	75	6	6	16	42	소설	240	11	23	7	31	토왕용사	117	7	20	16	55
												토왕용사	207	10	21	9	44

월	양력	1 2 3 4 5	6 7 8 9 10	11 12 13 14 15	16 17 18 19 20	21 22 23 24 25	26 27 28 29 30 31
7	요일	화 수 목 금 토	일 월 화 수 목	금 토 일 월 화	수 목 금 토 일	월 화 수 목 금	토 일 월 화 수 목
	음력	5/22 23 24 25 26	27 28 29 6/1 2	3 4 5 6 7	8 9 10 11 12	13 14 15 16 17	18 19 20 21 22 23
	일진	무기경신임 신유술해자	계갑을병정 축인묘진사	무기경신임 오미신유술	계갑을병정 해자축인묘	무기경신임 진사오미신	계갑을병정무 유술해자축인
8	요일	금 토 일 월 화	수 목 금 토 일	월 화 수 목 금	토 일 월 화 수	목 금 토 일 월	화 수 목 금 토 일
	음력	6/24 25 26 27 28	29 7/1 2 3 4	5 6 7 8 9	10 11 12 13 14	15 16 17 18 19	20 21 22 23 24 25
	일진	기경신임계 묘진사오미	갑을병정무 신유술해자	기경신임계 축인묘진사	갑을병정무 오미신유술	기경신임계 해자축인묘	갑을병정무기 진사오미신유
9	요일	월 화 수 목 금	토 일 월 화 수	목 금 토 일 월	화 수 목 금 토	일 월 화 수 목	금 토 일 월 화
	음력	7/26 27 28 29 30	8/1 2 3 4 5	6 7 8 9 10	11 12 13 14 15	16 17 18 19 20	21 22 23 24 25
	일진	경신임계갑 술해자축인	을병정무기 묘진사오미	경신임계갑 신유술해자	을병정무기 축인묘진사	경신임계갑 오미신유술	을병정무기 해자축인묘
10	요일	수 목 금 토 일	월 화 수 목 금	토 일 월 화 수	목 금 토 일 월	화 수 목 금 토	일 월 화 수 목 금
	음력	8/26 27 28 29 9/1	2 3 4 5 6	7 8 9 10 11	12 13 14 15 16	17 18 19 20 21	22 23 24 25 26 27
	일진	경신임계갑 진사오미신	을병정무기 유술해자축	경신임계갑 인묘진사오	을병정무기 미신유술해	경신임계갑 자축인묘진	을병정무기경 사오미신유술
11	요일	토 일 월 화 수	목 금 토 일 월	화 수 목 금 토	일 월 화 수 목	금 토 일 월 화	수 목 금 토 일
	음력	9/28 29 10/1 2 3	4 5 6 7 8	9 10 11 12 13	14 15 16 17 18	19 20 21 22 23	24 25 26 27 28
	일진	신임계갑을 해자축인묘	병정무기경 진사오미신	신임계갑을 유술해자축	병정무기경 인묘진사오	신임계갑을 미신유술해	병정무기경 자축인묘진
12	요일	월 화 수 목 금	토 일 월 화 수	목 금 토 일 월	화 수 목 금 토	일 월 화 수 목	금 토 일 월 화 수
	음력	10/29 30 11/1 2 3	4 5 6 7 8	9 10 11 12 13	14 15 16 17 18	19 20 21 22 23	24 25 26 27 28 29
	일진	신임계갑을 사오미신유	병정무기경 술해자축인	신임계갑을 묘진사오미	병정무기경 신유술해자	신임계갑을 축인묘진사	병정무기경신 오미신유술해

1976 병진년 • 단기 4309

주요 국경일과 명절

구 분	월일	요일	구 분	월일	요일
신 정	1 1	목	광복절	8 15	일
3·1절	3 1	월	추 석	9 8	수
식 목 일	4 5	월	국군의날	10 1	금
어린이날	5 5	수	개 천 절	10 3	일
석가탄신일	5 6	목	한 글 날	10 9	토
현 충 일	6 6	일	기독탄신일	12 25	토
제 헌 절	7 17	토			

음양력 대조일람

음력월	월건	대소	음력 1일의 양력 월일	음력월	월건	대소	음력 1일의 양력 월일
1	경인	대	1 31	8	정유	대	8 25
2	신묘	대	3 1	(윤)8		소	9 24
3	임진	소	3 31	9	무술	대	10 23
4	계사	대	4 29	10	기해	소	11 22
5	갑오	소	5 29	11	경자	소	12 21
6	을미	대	6 27	12	신축	대	1977/1 19
7	병신	소	7 27				

월	양력	1 2 3 4 5	6 7 8 9 10	11 12 13 14 15	16 17 18 19 20	21 22 23 24 25	26 27 28 29 30 31
1	요일	목 금 토 일 월	화 수 목 금 토	일 월 화 수 목	금 토 일 월 화	수 목 금 토 일	월 화 수 목 금 토
	음력	12/1 2 3 4 5	6 7 8 9 10	11 12 13 14 15	16 17 18 19 20	21 22 23 24 25	26 27 28 29 30 1/1
	일진	임계갑을병 자축인묘진	정무기경신 사오미신유	임계갑을병 술해자축인	정무기경신 묘진사오미	임계갑을병 신유술해자	정무기경신임 축인묘진사오
2	요일	일 월 화 수 목	금 토 일 월 화	수 목 금 토 일	월 화 수 목 금	토 일 월 화 수	목 금 토 일
	음력	1/2 3 4 5 6	7 8 9 10 11	12 13 14 15 16	17 18 19 20 21	22 23 24 25 26	27 28 29 30
	일진	계갑을병정 미신유술해	무기경신임 자축인묘진	계갑을병정 사오미신유	무기경신임 술해자축인	계갑을병정 묘진사오미	무기경신 신유술해
3	요일	월 화 수 목 금	토 일 월 화 수	목 금 토 일 월	화 수 목 금 토	일 월 화 수 목	금 토 일 월 화 수
	음력	2/1 2 3 4 5	6 7 8 9 10	11 12 13 14 15	16 17 18 19 20	21 22 23 24 25	26 27 28 29 30 3/1
	일진	임계갑을병 자축인묘진	정무기경신 사오미신유	임계갑을병 술해자축인	정무기경신 묘진사오미	임계갑을병 신유술해자	정무기경신임 축인묘진사오
4	요일	목 금 토 일 월	화 수 목 금 토	일 월 화 수 목	금 토 일 월 화	수 목 금 토 일	월 화 수 목 금
	음력	3/2 3 4 5 6	7 8 9 10 11	12 13 14 15 16	17 18 19 20 21	22 23 24 25 26	27 28 29 4/1 2
	일진	계갑을병정 미신유술해	무기경신임 자축인묘진	계갑을병정 사오미신유	무기경신임 술해자축인	계갑을병정 묘진사오미	무기경신임 신유술해자
5	요일	토 일 월 화 수	목 금 토 일 월	화 수 목 금 토	일 월 화 수 목	금 토 일 월 화	수 목 금 토 일 월
	음력	4/3 4 5 6 7	8 9 10 11 12	13 14 15 16 17	18 19 20 21 22	23 24 25 26 27	28 29 30 5/1 2 3
	일진	계갑을병정 축인묘진사	무기경신임 오미신유술	계갑을병정 해자축인묘	무기경신임 진사오미신	계갑을병정 유술해자축	무기경신임계 인묘진사오미
6	요일	화 수 목 금 토	일 월 화 수 목	금 토 일 월 화	수 목 금 토 일	월 화 수 목 금	토 일 월 화 수
	음력	5/4 5 6 7 8	9 10 11 12 13	14 15 16 17 18	19 20 21 22 23	24 25 26 27 28	29 6/1 2 3 4
	일진	갑을병정무 신유술해자	기경신임계 축인묘진사	갑을병정무 오미신유술	기경신임계 해자축인묘	갑을병정무 진사오미신	기경신임계 유술해자축

24절기와 잡절

명 칭	태양황경(도)	월	일	시	분	명 칭	태양황경(도)	월	일	시	분	명 칭	태양황경(도)	월	일	시	분
소한	285	1	6	13	57	하지	90	6	21	15	24	대설	255	12	7	8	41
대한	300	1	21	7	25	소서	105	7	7	8	51	동지	270	12	22	2	35
입춘	315	2	5	1	39	대서	120	7	23	2	18						
우수	330	2	19	21	40	입추	135	8	7	18	38	한식		4	5		
경칩	345	3	5	19	48	처서	150	8	23	9	18	단오		6	2		
춘분	0	3	20	20	50	백로	165	9	7	21	28	초복		7	17		
청명	15	4	5	0	46	추분	180	9	23	6	48	중복		7	27		
곡우	30	4	20	8	3	한로	195	10	8	12	58	말복		8	16		
입하	45	5	5	18	14	상강	210	10	23	15	58	토왕용사	297	1	18	8	40
소만	60	5	21	7	21	입동	225	11	7	15	59	토왕용사	27	4	17	6	20
망종	75	6	5	22	31	소설	240	11	22	13	22	토왕용사	117	7	19	22	54
												토왕용사	207	10	20	15	39

월	양력	1 2 3 4 5	6 7 8 9 10	11 12 13 14 15	16 17 18 19 20	21 22 23 24 25	26 27 28 29 30 31
7	요일	목 금 토 일 월	화 수 목 금 토	일 월 화 수 목	금 토 일 월 화	수 목 금 토 일	월 화 수 목 금 토
	음력	6/5 6 7 8 9	10 11 12 13 14	15 16 17 18 19	20 21 22 23 24	25 26 27 28 29	30 7/1 2 3 4 5
	일진	갑 을 병 정 무 인 묘 진 사 오	기 경 신 임 계 미 신 유 술 해	갑 을 병 정 무 자 축 인 묘 진	기 경 신 임 계 사 오 미 신 유	갑 을 병 정 무 술 해 자 축 인	기 경 신 임 계 갑 묘 진 사 오 미 신
8	요일	일 월 화 수 목	금 토 일 월 화	수 목 금 토 일	월 화 수 목 금	토 일 월 화 수	목 금 토 일 월 화
	음력	7/6 7 8 9 10	11 12 13 14 15	16 17 18 19 20	21 22 23 24 25	26 27 28 29 8/1	2 3 4 5 6 7
	일진	을 병 정 무 기 유 술 해 자 축	경 신 임 계 갑 인 묘 진 사 오	을 병 정 무 기 미 신 유 술 해	경 신 임 계 갑 자 축 인 묘 진	을 병 정 무 기 사 오 미 신 유	경 신 임 계 갑 을 술 해 자 축 인 묘
9	요일	수 목 금 토 일	월 화 수 목 금	토 일 월 화 수	목 금 토 일 월	화 수 목 금 토	일 월 화 수 목
	음력	8/8 9 10 11 12	13 14 15 16 17	18 19 20 21 22	23 24 25 26 27	28 29 30 8*/1 2	3 4 5 6 7
	일진	병 정 무 기 경 진 사 오 미 신	신 임 계 갑 을 유 술 해 자 축	병 정 무 기 경 인 묘 진 사 오	신 임 계 갑 을 미 신 유 술 해	병 정 무 기 경 자 축 인 묘 진	신 임 계 갑 을 사 오 미 신 유
10	요일	금 토 일 월 화	수 목 금 토 일	월 화 수 목 금	토 일 월 화 수	목 금 토 일 월	화 수 목 금 토 일
	음력	8*/8 9 10 11 12	13 14 15 16 17	18 19 20 21 22	23 24 25 26 27	28 29 9/1 2 3	4 5 6 7 8 9
	일진	병 정 무 기 경 술 해 자 축 인	신 임 계 갑 을 묘 진 사 오 미	병 정 무 기 경 신 유 술 해 자	신 임 계 갑 을 축 인 묘 진 사	병 정 무 기 경 오 미 신 유 술	신 임 계 갑 을 병 해 자 축 인 묘 진
11	요일	월 화 수 목 금	토 일 월 화 수	목 금 토 일 월	화 수 목 금 토	일 월 화 수 목	금 토 일 월 화
	음력	9/10 11 12 13 14	15 16 17 18 19	20 21 22 23 24	25 26 27 28 29	30 10/1 2 3 4	5 6 7 8 9
	일진	정 무 기 경 신 사 오 미 신 유	임 계 갑 을 병 술 해 자 축 인	정 무 기 경 신 묘 진 사 오 미	임 계 갑 을 병 신 유 술 해 자	정 무 기 경 신 축 인 묘 진 사	임 계 갑 을 병 오 미 신 유 술
12	요일	수 목 금 토 일	월 화 수 목 금	토 일 월 화 수	목 금 토 일 월	화 수 목 금 토	일 월 화 수 목 금
	음력	10/10 11 12 13 14	15 16 17 18 19	20 21 22 23 24	25 26 27 28 29	11/1 2 3 4 5	6 7 8 9 10 11
	일진	정 무 기 경 신 해 자 축 인 묘	임 계 갑 을 병 진 사 오 미 신	정 무 기 경 신 유 술 해 자 축	임 계 갑 을 병 인 묘 진 사 오	정 무 기 경 신 미 신 유 술 해	임 계 갑 을 병 정 자 축 인 묘 진 사

* 윤달 : 8월

1977 정사년 • 단기 4310

주요 국경일과 명절

구 분	월일	요일	구 분	월일	요일
신 정	1 1	토	광 복 절	8 15	월
3·1절	3 1	화	추 석	9 27	화
식 목 일	4 5	화	국군의날	10 1	토
어린이날	5 5	목	개 천 절	10 3	월
석가탄신일	5 25	수	한 글 날	10 9	일
현 충 일	6 6	월	기독탄신일	12 25	일
제 헌 절	7 17	일			

음양력 대조일람

음력월	월건	대소	음력 1일의 양력 월일	음력월	월건	대소	음력 1일의 양력 월일
1	임인	대	2 18	7	무신	소	8 15
2	계묘	소	3 20	8	기유	대	9 13
3	갑진	대	4 18	9	경술	소	10 13
4	을사	대	5 18	10	신해	대	11 11
5	병오	소	6 17	11	임자	소	12 11
6	정미	대	7 16	12	계축	소	1978/1 9

월	양력	1 2 3 4 5	6 7 8 9 10	11 12 13 14 15	16 17 18 19 20	21 22 23 24 25	26 27 28 29 30 31
1	요일	토 일 월 화 수	목 금 토 일 월	화 수 목 금 토	일 월 화 수 목	금 토 일 월 화	수 목 금 토 일 월
	음력	11/12 13 14 15 16	17 18 19 20 21	22 23 24 25 26	27 28 29 12/1 2	3 4 5 6 7	8 9 10 11 12 13
	일진	무기경신임 오미신유술	계갑을병정 해자축인묘	무기경신임 진사오미신	계갑을병정 유술해자축	무기경신임 인묘진사오	계갑을병정무 미신유술해자
2	요일	화 수 목 금 토	일 월 화 수 목	금 토 일 월 화	수 목 금 토 일	월 화 수 목 금	토 일 월
	음력	12/14 15 16 17 18	19 20 21 22 23	24 25 26 27 28	29 30 1/1 2 3	4 5 6 7 8	9 10 11
	일진	기경신임계 축인묘진사	갑을병정무 오미신유술	기경신임계 해자축인묘	갑을병정무 진사오미신	기경신임계 유술해자축	갑을병 인묘진
3	요일	화 수 목 금 토	일 월 화 수 목	금 토 일 월 화	수 목 금 토 일	월 화 수 목 금	토 일 월 화 수 목
	음력	1/12 13 14 15 16	17 18 19 20 21	22 23 24 25 26	27 28 29 30 2/1	2 3 4 5 6	7 8 9 10 11 12
	일진	정무기경신 사오미신유	임계갑을병 술해자축인	정무기경신 묘진사오미	임계갑을병 신유술해자	정무기경신 축인묘진사	임계갑을병정 오미신유술해
4	요일	금 토 일 월 화	수 목 금 토 일	월 화 수 목 금	토 일 월 화 수	목 금 토 일 월	화 수 목 금 토
	음력	2/13 14 15 16 17	18 19 20 21 22	23 24 25 26 27	28 29 3/1 2 3	4 5 6 7 8	9 10 11 12 13
	일진	무기경신임 자축인묘진	계갑을병정 사오미신유	무기경신임 술해자축인	계갑을병정 묘진사오미	무기경신임 신유술해자	계갑을병정 축인묘진사
5	요일	일 월 화 수 목	금 토 일 월 화	수 목 금 토 일	월 화 수 목 금	토 일 월 화 수	목 금 토 일 월 화
	음력	3/14 15 16 17 18	19 20 21 22 23	24 25 26 27 28	29 30 4/1 2 3	4 5 6 7 8	9 10 11 12 13 14
	일진	무기경신임 오미신유술	계갑을병정 해자축인묘	무기경신임 진사오미신	계갑을병정 유술해자축	무기경신임 인묘진사오	계갑을병정무 미신유술해자
6	요일	수 목 금 토 일	월 화 수 목 금	토 일 월 화 수	목 금 토 일 월	화 수 목 금 토	일 월 화 수 목
	음력	4/15 16 17 18 19	20 21 22 23 24	25 26 27 28 29	30 5/1 2 3 4	5 6 7 8 9	10 11 12 13 14
	일진	기경신임계 축인묘진사	갑을병정무 오미신유술	기경신임계 해자축인묘	갑을병정무 진사오미신	기경신임계 유술해자축	갑을병정무 인묘진사오

24절기와 잡절

명칭	태양황경(도)	월	일	시	분
소한	285	1	5	19	51
대한	300	1	20	13	14
입춘	315	2	4	7	33
우수	330	2	19	3	30
경칩	345	3	6	1	44
춘분	0	3	21	2	42
청명	15	4	5	6	46
곡우	30	4	20	13	57
입하	45	5	6	0	16
소만	60	5	21	13	14
망종	75	6	6	4	32
하지	90	6	21	21	14
소서	105	7	7	14	48
대서	120	7	23	8	4
입추	135	8	8	0	30
처서	150	8	23	15	0
백로	165	9	8	3	16
추분	180	9	23	12	29
한로	195	10	8	18	44
상강	210	10	23	21	41
입동	225	11	7	21	46
소설	240	11	22	19	7
대설	255	12	7	14	31
동지	270	12	22	8	23
한식		4	6		
단오		6	21		
초복		7	12		
중복		7	22		
말복		8	11		
토왕용사	297	1	17	14	32
토왕용사	27	4	17	12	17
토왕용사	117	7	20	4	39
토왕용사	207	10	20	21	19

월별 음력·일진표

7월

양력	1	2	3	4	5	6	7	8	9	10	11	12	13	14	15	16	17	18	19	20	21	22	23	24	25	26	27	28	29	30	31
요일	금	토	일	월	화	수	목	금	토	일	월	화	수	목	금	토	일	월	화	수	목	금	토	일	월	화	수	목	금	토	일
음력	5/15	16	17	18	19	20	21	22	23	24	25	26	27	28	29	6/1	2	3	4	5	6	7	8	9	10	11	12	13	14	15	16
일진	기미	경신	신유	임술	계해	갑자	을축	병인	정묘	무진	기사	경오	신미	임신	계유	갑술	을해	병자	정축	무인	기묘	경진	신사	임오	계미	갑신	을유	병술	정해	무자	기축

8월

양력	1	2	3	4	5	6	7	8	9	10	11	12	13	14	15	16	17	18	19	20	21	22	23	24	25	26	27	28	29	30	31
요일	월	화	수	목	금	토	일	월	화	수	목	금	토	일	월	화	수	목	금	토	일	월	화	수	목	금	토	일	월	화	수
음력	6/17	18	19	20	21	22	23	24	25	26	27	28	29	30	7/1	2	3	4	5	6	7	8	9	10	11	12	13	14	15	16	17
일진	경인	신묘	임진	계사	갑오	을미	병신	정유	무술	기해	경자	신축	임인	계묘	갑진	을사	병오	정미	무신	기유	경술	신해	임자	계축	갑인	을묘	병진	정사	무오	기미	경신

9월

양력	1	2	3	4	5	6	7	8	9	10	11	12	13	14	15	16	17	18	19	20	21	22	23	24	25	26	27	28	29	30	31
요일	목	금	토	일	월	화	수	목	금	토	일	월	화	수	목	금	토	일	월	화	수	목	금	토	일	월	화	수	목	금	
음력	7/18	19	20	21	22	23	24	25	26	27	28	29	8/1	2	3	4	5	6	7	8	9	10	11	12	13	14	15	16	17	18	
일진	신유	임술	계해	갑자	을축	병인	정묘	무진	기사	경오	신미	임신	계유	갑술	을해	병자	정축	무인	기묘	경진	신사	임오	계미	갑신	을유	병술	정해	무자	기축	경인	

10월

양력	1	2	3	4	5	6	7	8	9	10	11	12	13	14	15	16	17	18	19	20	21	22	23	24	25	26	27	28	29	30	31
요일	토	일	월	화	수	목	금	토	일	월	화	수	목	금	토	일	월	화	수	목	금	토	일	월	화	수	목	금	토	일	월
음력	8/19	20	21	22	23	24	25	26	27	28	29	30	9/1	2	3	4	5	6	7	8	9	10	11	12	13	14	15	16	17	18	19
일진	신묘	임진	계사	갑오	을미	병신	정유	무술	기해	경자	신축	임인	계묘	갑진	을사	병오	정미	무신	기유	경술	신해	임자	계축	갑인	을묘	병진	정사	무오	기미	경신	신유

11월

양력	1	2	3	4	5	6	7	8	9	10	11	12	13	14	15	16	17	18	19	20	21	22	23	24	25	26	27	28	29	30	31
요일	화	수	목	금	토	일	월	화	수	목	금	토	일	월	화	수	목	금	토	일	월	화	수	목	금	토	일	월	화	수	
음력	9/20	21	22	23	24	25	26	27	28	29	10/1	2	3	4	5	6	7	8	9	10	11	12	13	14	15	16	17	18	19	20	
일진	임술	계해	갑자	을축	병인	정묘	무진	기사	경오	신미	임신	계유	갑술	을해	병자	정축	무인	기묘	경진	신사	임오	계미	갑신	을유	병술	정해	무자	기축	경인	신묘	

12월

양력	1	2	3	4	5	6	7	8	9	10	11	12	13	14	15	16	17	18	19	20	21	22	23	24	25	26	27	28	29	30	31
요일	목	금	토	일	월	화	수	목	금	토	일	월	화	수	목	금	토	일	월	화	수	목	금	토	일	월	화	수	목	금	토
음력	10/21	22	23	24	25	26	27	28	29	30	11/1	2	3	4	5	6	7	8	9	10	11	12	13	14	15	16	17	18	19	20	21
일진	임진	계사	갑오	을미	병신	정유	무술	기해	경자	신축	임인	계묘	갑진	을사	병오	정미	무신	기유	경술	신해	임자	계축	갑인	을묘	병진	정사	무오	기미	경신	신유	임술

1978 무오년 · 단기 4311

주요 국경일과 명절

구 분	월일	요일	구 분	월일	요일
신 정	1 1	일	광 복 절	8 15	화
3·1절	3 1	수	추 석	9 17	일
식 목 일	4 5	수	국군의날	10 1	일
어린이날	5 5	금	개 천 절	10 3	화
석가탄신일	5 14	일	한 글 날	10 9	월
현 충 일	6 6	화	기독탄신일	12 25	월
제 헌 절	7 17	월			

음양력 대조일람

음력월	월건	대소	음력 1일의 양력 월일	음력월	월건	대소	음력 1일의 양력 월일
1	갑인	대	2 7	7	경신	대	8 4
2	을묘	대	3 9	8	신유	소	9 3
3	병진	소	4 8	9	임술	대	10 2
4	정사	대	5 7	10	계해	소	11 1
5	무오	소	6 6	11	갑자	대	11 30
6	기미	대	7 5	12	을축	소	12 30

월	양력	1 2 3 4 5	6 7 8 9 10	11 12 13 14 15	16 17 18 19 20	21 22 23 24 25	26 27 28 29 30 31
1	요일	일 월 화 수 목	금 토 일 월 화	수 목 금 토 일	월 화 수 목 금	토 일 월 화 수	목 금 토 일 월 화
	음력	11/22 23 24 25 26	27 28 29 12/1 2	3 4 5 6 7	8 9 10 11 12	13 14 15 16 17	18 19 20 21 22 23
	일진	계갑을병정 해자축인묘	무기경신임 진사오미신	계갑을병정 유술해자축	무기경신임 인묘진사오	계갑을병정 미신유술해	무기경신임계 자축인묘진사
2	요일	수 목 금 토 일	월 화 수 목 금	토 일 월 화 수	목 금 토 일 월	화 수 목 금 토	일 월 화
	음력	12/24 25 26 27 28	29 1/1 2 3 4	5 6 7 8 9	10 11 12 13 14	15 16 17 18 19	20 21 22
	일진	갑을병정무 오미신유술	기경신임계 해자축인묘	갑을병정무 진사오미신	기경신임계 유술해자축	갑을병정무 인묘진사오	기경신 미신유
3	요일	수 목 금 토 일	월 화 수 목 금	토 일 월 화 수	목 금 토 일 월	화 수 목 금 토	일 월 화 수 목 금
	음력	1/23 24 25 26 27	28 29 30 2/1 2	3 4 5 6 7	8 9 10 11 12	13 14 15 16 17	18 19 20 21 22 23
	일진	임계갑을병 술해자축인	정무기경신 묘진사오미	임계갑을병 신유술해자	정무기경신 축인묘진사	임계갑을병 오미신유술	정무기경신임 해자축인묘진
4	요일	토 일 월 화 수	목 금 토 일 월	화 수 목 금 토	일 월 화 수 목	금 토 일 월 화	수 목 금 토 일
	음력	2/24 25 26 27 28	29 30 3/1 2 3	4 5 6 7 8	9 10 11 12 13	14 15 16 17 18	19 20 21 22 23
	일진	계갑을병정 사오미신유	무기경신임 술해자축인	계갑을병정 묘진사오미	무기경신임 신유술해자	계갑을병정 축인묘진사	무기경신임 오미신유술
5	요일	월 화 수 목 금	토 일 월 화 수	목 금 토 일 월	화 수 목 금 토	일 월 화 수 목	금 토 일 월 화 수
	음력	3/24 25 26 27 28	29 4/1 2 3 4	5 6 7 8 9	10 11 12 13 14	15 16 17 18 19	20 21 22 23 24 25
	일진	계갑을병정 해자축인묘	무기경신임 진사오미신	계갑을병정 유술해자축	무기경신임 인묘진사오	계갑을병정 미신유술해	무기경신임계 자축인묘진사
6	요일	목 금 토 일 월	화 수 목 금 토	일 월 화 수 목	금 토 일 월 화	수 목 금 토 일	월 화 수 목 금
	음력	4/26 27 28 29 30	5/1 2 3 4 5	6 7 8 9 10	11 12 13 14 15	16 17 18 19 20	21 22 23 24 25
	일진	갑을병정무 오미신유술	기경신임계 해자축인묘	갑을병정무 진사오미신	기경신임계 유술해자축	갑을병정무 인묘진사오	기경신임계 미신유술해

24절기와 잡절

명칭	태양황경(도)	월	일	시	분	명칭	태양황경(도)	월	일	시	분	명칭	태양황경(도)	월	일	시	분
소한	285	1	6	1	43	하지	90	6	22	3	10	대설	255	12	7	20	20
대한	300	1	20	19	4	소서	105	7	7	20	37	동지	270	12	22	14	21
입춘	315	2	4	13	27	대서	120	7	23	14	0	한식		4	6		
우수	330	2	19	9	21	입추	135	8	8	6	18	단오		6	10		
경칩	345	3	6	7	38	처서	150	8	23	20	57	초복		7	17		
춘분	0	3	21	8	34	백로	165	9	8	9	2	중복		7	27		
청명	15	4	5	12	39	추분	180	9	23	18	25	말복		8	16		
곡우	30	4	20	19	50	한로	195	10	9	0	31	토왕용사	297	1	17	20	19
입하	45	5	6	6	9	상강	210	10	24	3	37	토왕용사	27	4	17	18	7
소만	60	5	21	19	8	입동	225	11	8	3	34	토왕용사	117	7	20	10	34
망종	75	6	6	10	23	소설	240	11	23	1	5	토왕용사	207	10	21	3	15

월	양력	1 2 3 4 5	6 7 8 9 10	11 12 13 14 15	16 17 18 19 20	21 22 23 24 25	26 27 28 29 30 31
7	요일	토 일 월 화 수	목 금 토 일 월	화 수 목 금 토	일 월 화 수 목	금 토 일 월 화	수 목 금 토 일 월
	음력	5/26 27 28 29 6/1	2 3 4 5 6	7 8 9 10 11	12 13 14 15 16	17 18 19 20 21	22 23 24 25 26 27
	일진	갑을병정무 자축인묘진	기경신임계 사오미신유	갑을병정무 술해자축인	기경신임계 묘진사오미	갑을병정무 신유술해자	기경신임계갑 축인묘진사오
8	요일	화 수 목 금 토	일 월 화 수 목	금 토 일 월 화	수 목 금 토 일	월 화 수 목 금	토 일 월 화 수 목
	음력	6/28 29 30 7/1 2	3 4 5 6 7	8 9 10 11 12	13 14 15 16 17	18 19 20 21 22	23 24 25 26 27 28
	일진	을병정무기 미신유술해	경신임계갑 자축인묘진	을병정무기 사오미신유	경신임계갑 술해자축인	을병정무기 묘진사오미	경신임계갑을 신유술해자축
9	요일	금 토 일 월 화	수 목 금 토 일	월 화 수 목 금	토 일 월 화 수	목 금 토 일 월	화 수 목 금 토
	음력	7/29 30 8/1 2 3	4 5 6 7 8	9 10 11 12 13	14 15 16 17 18	19 20 21 22 23	24 25 26 27 28
	일진	병정무기경 인묘진사오	신임계갑을 미신유술해	병정무기경 자축인묘진	신임계갑을 사오미신유	병정무기경 술해자축인	신임계갑을 묘진사오미
10	요일	일 월 화 수 목	금 토 일 월 화	수 목 금 토 일	월 화 수 목 금	토 일 월 화 수	목 금 토 일 월 화
	음력	8/29 9/1 2 3 4	5 6 7 8 9	10 11 12 13 14	15 16 17 18 19	20 21 22 23 24	25 26 27 28 29 30
	일진	병정무기경 신유술해자	신임계갑을 축인묘진사	병정무기경 오미신유술	신임계갑을 해자축인묘	병정무기경 진사오미신	신임계갑을병 유술해자축인
11	요일	수 목 금 토 일	월 화 수 목 금	토 일 월 화 수	목 금 토 일 월	화 수 목 금 토	일 월 화 수 목
	음력	10/1 2 3 4 5	6 7 8 9 10	11 12 13 14 15	16 17 18 19 20	21 22 23 24 25	26 27 28 29 11/1
	일진	정무기경신 묘진사오미	임계갑을병 신유술해자	정무기경신 축인묘진사	임계갑을병 오미신유술	정무기경신 해자축인묘	임계갑을병 진사오미신
12	요일	금 토 일 월 화	수 목 금 토 일	월 화 수 목 금	토 일 월 화 수	목 금 토 일 월	화 수 목 금 토 일
	음력	11/2 3 4 5 6	7 8 9 10 11	12 13 14 15 16	17 18 19 20 21	22 23 24 25 26	27 28 29 30 12/1 2
	일진	정무기경신 유술해자축	임계갑을병 인묘진사오	정무기경신 미신유술해	임계갑을병 자축인묘진	정무기경신 사오미신유	임계갑을병정 술해자축인묘

1979 기미년 · 단기 4312

주요 국경일과 명절

구 분	월 일	요일	구 분	월 일	요일
신 정	1 1	월	광복절	8 15	수
3·1 절	3 1	목	국군의날	10 1	월
식 목 일	4 5	목	개 천 절	10 3	수
석가탄신일	5 3	목	추 석	10 5	금
어린이날	5 5	토	한 글 날	10 9	화
현 충 일	6 6	수	기독탄신일	12 25	화
제 헌 절	7 17	화			

음양력 대조일람

음력월	월건	대소	음력 1일의 양력 월일	음력월	월건	대소	음력 1일의 양력 월일
1	병인	대	1 28	7	임신	소	8 23
2	정묘	소	2 27	8	계유	대	9 21
3	무진	소	3 28	9	갑술	대	10 21
4	기사	대	4 26	10	을해	소	11 20
5	경오	소	5 26	11	병자	대	12 19
6	신미	대	6 24	12	정축	소	1980/1 18
(윤)6		대	7 24				

월	양력	1 2 3 4 5	6 7 8 9 10	11 12 13 14 15	16 17 18 19 20	21 22 23 24 25	26 27 28 29 30 31
1	요일	월 화 수 목 금	토 일 월 화 수	목 금 토 일 월	화 수 목 금 토	일 월 화 수 목	금 토 일 월 화 수
	음력	12/3 4 5 6 7	8 9 10 11 12	13 14 15 16 17	18 19 20 21 22	23 24 25 26 27	28 29 1/1 2 3 4
	일진	무기경신임 진사오미신	계갑을병정 유술해자축	무기경신임 인묘진사오	계갑을병정 미신유술해	무기경신임 자축인묘진	계갑을병정무 사오미신유술
2	요일	목 금 토 일 월	화 수 목 금 토	일 월 화 수 목	금 토 일 월 화	수 목 금 토 일	월 화 수
	음력	1/5 6 7 8 9	10 11 12 13 14	15 16 17 18 19	20 21 22 23 24	25 26 27 28 29	30 2/1 2
	일진	기경신임계 해자축인묘	갑을병정무 진사오미신	기경신임계 유술해자축	갑을병정무 인묘진사오	기경신임계 미신유술해	갑을병 자축인
3	요일	목 금 토 일 월	화 수 목 금 토	일 월 화 수 목	금 토 일 월 화	수 목 금 토 일	월 화 수 목 금 토
	음력	2/3 4 5 6 7	8 9 10 11 12	13 14 15 16 17	18 19 20 21 22	23 24 25 26 27	28 29 3/1 2 3 4
	일진	정무기경신 묘진사오미	임계갑을병 신유술해자	정무기경신 축인묘진사	임계갑을병 오미신유술	정무기경신 해자축인묘	임계갑을병정 진사오미신유
4	요일	일 월 화 수 목	금 토 일 월 화	수 목 금 토 일	월 화 수 목 금	토 일 월 화 수	목 금 토 일 월
	음력	3/5 6 7 8 9	10 11 12 13 14	15 16 17 18 19	20 21 22 23 24	25 26 27 28 29	4/1 2 3 4 5
	일진	무기경신임 술해자축인	계갑을병정 묘진사오미	무기경신임 신유술해자	계갑을병정 축인묘진사	무기경신임 오미신유술	계갑을병정 해자축인묘
5	요일	화 수 목 금 토	일 월 화 수 목	금 토 일 월 화	수 목 금 토 일	월 화 수 목 금	토 일 월 화 수 목
	음력	4/6 7 8 9 10	11 12 13 14 15	16 17 18 19 20	21 22 23 24 25	26 27 28 29 30	5/1 2 3 4 5 6
	일진	무기경신임 진사오미신	계갑을병정 유술해자축	무기경신임 인묘진사오	계갑을병정 미신유술해	무기경신임 자축인묘진	계갑을병정무 사오미신유술
6	요일	금 토 일 월 화	수 목 금 토 일	월 화 수 목 금	토 일 월 화 수	목 금 토 일 월	화 수 목 금 토
	음력	5/7 8 9 10 11	12 13 14 15 16	17 18 19 20 21	22 23 24 25 26	27 28 29 6/1 2	3 4 5 6 7
	일진	기경신임계 해자축인묘	갑을병정무 진사오미신	기경신임계 유술해자축	갑을병정무 인묘진사오	기경신임계 미신유술해	갑을병정무 자축인묘진

24절기와 잡절

명칭	태양황경(도)	한국표준시 월 일	한국표준시 시 분	명칭	태양황경(도)	한국표준시 월 일	한국표준시 시 분	명칭	태양황경(도)	한국표준시 월 일	한국표준시 시 분
소한	285	1 6	7 32	하지	90	6 22	8 56	대설	255	12 8	2 18
대한	300	1 21	1 0	소서	105	7 8	2 25	동지	270	12 22	20 10
입춘	315	2 4	19 12	대서	120	7 23	19 49				
우수	330	2 19	15 13	입추	135	8 8	12 11	한식			4 6
경칩	345	3 6	13 20	처서	150	8 24	2 47	단오			5 30
춘분	0	3 21	14 22	백로	165	9 8	15 0	초복			7 12
청명	15	4 5	18 18	추분	180	9 24	0 16	중복			7 22
곡우	30	4 21	1 35	한로	195	10 9	6 30	말복			8 11
입하	45	5 6	11 47	상강	210	10 24	9 28	토왕용사	297	1 18	2 16
소만	60	5 22	0 54	입동	225	11 8	9 33	토왕용사	27	4 17	23 54
망종	75	6 6	16 5	소설	240	11 23	6 54	토왕용사	117	7 20	16 25
								토왕용사	207	10 21	9 8

월	양력	1 2 3 4 5	6 7 8 9 10	11 12 13 14 15	16 17 18 19 20	21 22 23 24 25	26 27 28 29 30 31
7	요일	일월화수목	금토일월화	수목금토일	월화수목금	토일월화수	목금토일월화
7	음력	6/8 9 10 11 12	13 14 15 16 17	18 19 20 21 22	23 24 25 26 27	28 29 30 6*/1 2	3 4 5 6 7 8
7	일진	기경신임계 사오미신유	갑을병정무 술해자축인	기경신임계 묘진사오미	갑을병정무 신유술해자	기경신임계 축인묘진사	갑을병정무기 오미신유술해
8	요일	수목금토일	월화수목금	토일월화수	목금토일월	화수목금토	일월화수목금
8	음력	6*/9 10 11 12 13	14 15 16 17 18	19 20 21 22 23	24 25 26 27 28	29 30 7/1 2 3	4 5 6 7 8 9
8	일진	경신임계갑 자축인묘진	을병정무기 사오미신유	경신임계갑 술해자축인	을병정무기 묘진사오미	경신임계갑 신유술해자	을병정무기경 축인묘진사오
9	요일	토일월화수	목금토일월	화수목금토	일월화수목	금토일월화	수목금토일
9	음력	7/10 11 12 13 14	15 16 17 18 19	20 21 22 23 24	25 26 27 28 29	8/1 2 3 4 5	6 7 8 9 10
9	일진	신임계갑을 미신유술해	병정무기경 자축인묘진	신임계갑을 사오미신유	병정무기경 술해자축인	신임계갑을 묘진사오미	병정무기경 신유술해자
10	요일	월화수목금	토일월화수	목금토일월	화수목금토	일월화수목	금토일월화수
10	음력	8/11 12 13 14 15	16 17 18 19 20	21 22 23 24 25	26 27 28 29 30	9/1 2 3 4 5	6 7 8 9 10 11
10	일진	신임계갑을 축인묘진사	병정무기경 오미신유술	신임계갑을 해자축인묘	병정무기경 진사오미신	신임계갑을 유술해자축	병정무기경신 인묘진사오미
11	요일	목금토일월	화수목금토	일월화수목	금토일월화	수목금토일	월화수목금
11	음력	9/12 13 14 15 16	17 18 19 20 21	22 23 24 25 26	27 28 29 30 10/1	2 3 4 5 6	7 8 9 10 11
11	일진	임계갑을병 신유술해자	정무기경신 축인묘진사	임계갑을병 오미신유술	정무기경신 해자축인묘	임계갑을병 진사오미신	정무기경신 유술해자축
12	요일	토일월화수	목금토일월	화수목금토	일월화수목	금토일월화	수목금토일월
12	음력	10/12 13 14 15 16	17 18 19 20 21	22 23 24 25 26	27 28 29 11/1 2	3 4 5 6 7	8 9 10 11 12 13
12	일진	임계갑을병 인묘진사오	정무기경신 미신유술해	임계갑을병 자축인묘진	정무기경신 사오미신유	임계갑을병 술해자축인	정무기경신임 묘진사오미신

* 윤달 : 6월

주요 국경일과 명절

구 분	월 일	요일	구 분	월 일	요일
신 정	1 1	화	광복절	8 15	금
3·1절	3 1	토	추 석	9 23	화
식 목 일	4 5	토	국군의날	10 1	수
어린이날	5 5	월	개천절	10 3	금
석가탄신일	5 21	수	한 글 날	10 9	목
현 충 일	6 6	금	기독탄신일	12 25	목
제 헌 절	7 17	목			

음양력 대조일람

음력월	월건	대소	음력 1일의 양력 월일	음력월	월건	대소	음력 1일의 양력 월일
1	무인	대	2 16	7	갑신	소	8 11
2	기묘	소	3 17	8	을유	대	9 9
3	경진	소	4 15	9	병술	대	10 9
4	신사	대	5 14	10	정해	소	11 8
5	임오	소	6 13	11	무자	대	12 7
6	계미	대	7 12	12	기축	대	1981/1 6

월	양력	1 2 3 4 5	6 7 8 9 10	11 12 13 14 15	16 17 18 19 20	21 22 23 24 25	26 27 28 29 30 31
1	요일	화 수 목 금 토	일 월 화 수 목	금 토 일 월 화	수 목 금 토 일	월 화 수 목 금	토 일 월 화 수 목
1	음력	11/14 15 16 17 18	19 20 21 22 23	24 25 26 27 28	29 30 12/1 2 3	4 5 6 7 8	9 10 11 12 13 14
1	일진	계갑을병정 유술해자축	무기경신임 인묘진사오	계갑을병정 미신유술해	무기경신임 자축인묘진	계갑을병정 사오미신유	무기경신임계 술해자축인묘
2	요일	금 토 일 월 화	수 목 금 토 일	월 화 수 목 금	토 일 월 화 수	목 금 토 일 월	화 수 목 금
2	음력	12/15 16 17 18 19	20 21 22 23 24	25 26 27 28 29	1/1 2 3 4 5	6 7 8 9 10	11 12 13 14
2	일진	갑을병정무 진사오미신	기경신임계 유술해자축	갑을병정무 인묘진사오	기경신임계 미신유술해	갑을병정무 자축인묘진	기경신임 사오미신
3	요일	토 일 월 화 수	목 금 토 일 월	화 수 목 금 토	일 월 화 수 목	금 토 일 월 화	수 목 금 토 일 월
3	음력	1/15 16 17 18 19	20 21 22 23 24	25 26 27 28 29	30 2/1 2 3 4	5 6 7 8 9	10 11 12 13 14 15
3	일진	계갑을병정 유술해자축	무기경신임 인묘진사오	계갑을병정 미신유술해	무기경신임 자축인묘진	계갑을병정 사오미신유	무기경신임계 술해자축인묘
4	요일	화 수 목 금 토	일 월 화 수 목	금 토 일 월 화	수 목 금 토 일	월 화 수 목 금	토 일 월 화 수
4	음력	2/16 17 18 19 20	21 22 23 24 25	26 27 28 29 3/1	2 3 4 5 6	7 8 9 10 11	12 13 14 15 16
4	일진	갑을병정무 진사오미신	기경신임계 유술해자축	갑을병정무 인묘진사오	기경신임계 미신유술해	갑을병정무 자축인묘진	기경신임계 사오미신유
5	요일	목 금 토 일 월	화 수 목 금 토	일 월 화 수 목	금 토 일 월 화	수 목 금 토 일	월 화 수 목 금 토
5	음력	3/17 18 19 20 21	22 23 24 25 26	27 28 29 4/1 2	3 4 5 6 7	8 9 10 11 12	13 14 15 16 17 18
5	일진	갑을병정무 술해자축인	기경신임계 묘진사오미	갑을병정무 신유술해자	기경신임계 축인묘진사	갑을병정무 오미신유술	기경신임계갑 해자축인묘진
6	요일	일 월 화 수 목	금 토 일 월 화	수 목 금 토 일	월 화 수 목 금	토 일 월 화 수	목 금 토 일 월
6	음력	4/19 20 21 22 23	24 25 26 27 28	29 30 5/1 2 3	4 5 6 7 8	9 10 11 12 13	14 15 16 17 18
6	일진	을병정무기 사오미신유	경신임계갑 술해자축인	을병정무기 묘진사오미	경신임계갑 신유술해자	을병정무기 축인묘진사	경신임계갑 오미신유술

24절기와 잡절

명칭	태양황경(도)	월	일	시	분	명칭	태양황경(도)	월	일	시	분	명칭	태양황경(도)	월	일	시	분
소한	285	1	6	13	29	하지	90	6	21	14	47	대 설	255	12	7	8	1
대한	300	1	21	6	49	소서	105	7	7	8	24	동 지	270	12	22	1	56
입춘	315	2	5	1	9	대서	120	7	23	1	42						
우수	330	2	19	21	2	입추	135	8	7	18	9	한 식		4	5		
경칩	345	3	5	19	17	처서	150	8	23	8	41	단 오		6	17		
춘분	0	3	20	20	10	백로	165	9	7	20	53	초 복		7	16		
청명	15	4	5	0	15	추분	180	9	23	6	9	중 복		7	26		
곡우	30	4	20	7	23	한로	195	10	8	12	19	말 복		8	15		
입하	45	5	5	17	45	상강	210	10	23	15	18	토왕용사	297	1	18	8	7
소만	60	5	21	6	42	입동	225	11	7	15	18	토왕용사	27	4	17	5	43
망종	75	6	5	22	4	소설	240	11	22	12	41	토왕용사	117	7	19	22	16
												토왕용사	207	10	20	14	55

월	양력	1	2	3	4	5	6	7	8	9	10	11	12	13	14	15	16	17	18	19	20	21	22	23	24	25	26	27	28	29	30	31
7	요일	화	수	목	금	토	일	월	화	수	목	금	토	일	월	화	수	목	금	토	일	월	화	수	목	금	토	일	월	화	수	목
7	음력	5/19	20	21	22	23	24	25	26	27	28	29	6/1	2	3	4	5	6	7	8	9	10	11	12	13	14	15	16	17	18	19	20
7	일진	을해	병자	정축	무인	기묘	경진	신사	임오	계미	갑신	을유	병술	정해	무자	기축	경인	신묘	임진	계사	갑오	을미	병신	정유	무술	기해	경자	신축	임인	계묘	갑진	을사
8	요일	금	토	일	월	화	수	목	금	토	일	월	화	수	목	금	토	일	월	화	수	목	금	토	일	월	화	수	목	금	토	일
8	음력	6/21	22	23	24	25	26	27	28	29	30	7/1	2	3	4	5	6	7	8	9	10	11	12	13	14	15	16	17	18	19	20	21
8	일진	병오	정미	무신	기유	경술	신해	임자	계축	갑인	을묘	병진	정사	무오	기미	경신	신유	임술	계해	갑자	을축	병인	정묘	무진	기사	경오	신미	임신	계유	갑술	을해	병자
9	요일	월	화	수	목	금	토	일	월	화	수	목	금	토	일	월	화	수	목	금	토	일	월	화	수	목	금	토	일	월	화	수
9	음력	7/22	23	24	25	26	27	28	29	8/1	2	3	4	5	6	7	8	9	10	11	12	13	14	15	16	17	18	19	20	21	22	
9	일진	정축	무인	기묘	경진	신사	임오	계미	갑신	을유	병술	정해	무자	기축	경인	신묘	임진	계사	갑오	을미	병신	정유	무술	기해	경자	신축	임인	계묘	갑진	을사	병오	
10	요일	수	목	금	토	일	월	화	수	목	금	토	일	월	화	수	목	금	토	일	월	화	수	목	금	토	일	월	화	수	목	금
10	음력	8/23	24	25	26	27	28	29	30	9/1	2	3	4	5	6	7	8	9	10	11	12	13	14	15	16	17	18	19	20	21	22	23
10	일진	정미	무신	기유	경술	신해	임자	계축	갑인	을묘	병진	정사	무오	기미	경신	신유	임술	계해	갑자	을축	병인	정묘	무진	기사	경오	신미	임신	계유	갑술	을해	병자	정축
11	요일	토	일	월	화	수	목	금	토	일	월	화	수	목	금	토	일	월	화	수	목	금	토	일	월	화	수	목	금	토	일	
11	음력	9/24	25	26	27	28	29	30	10/1	2	3	4	5	6	7	8	9	10	11	12	13	14	15	16	17	18	19	20	21	22	23	
11	일진	무인	기묘	경진	신사	임오	계미	갑신	을유	병술	정해	무자	기축	경인	신묘	임진	계사	갑오	을미	병신	정유	무술	기해	경자	신축	임인	계묘	갑진	을사	병오	정미	
12	요일	월	화	수	목	금	토	일	월	화	수	목	금	토	일	월	화	수	목	금	토	일	월	화	수	목	금	토	일	월	화	수
12	음력	10/24	25	26	27	28	29	11/1	2	3	4	5	6	7	8	9	10	11	12	13	14	15	16	17	18	19	20	21	22	23	24	25
12	일진	무신	기유	경술	신해	임자	계축	갑인	을묘	병진	정사	무오	기미	경신	신유	임술	계해	갑자	을축	병인	정묘	무진	기사	경오	신미	임신	계유	갑술	을해	병자	정축	무인

1981 신유년 · 단기 4314

주요 국경일과 명절

구 분	월일	요일	구 분	월일	요일
신 정	1 1	목	광복절	8 15	토
3·1절	3 1	일	추 석	9 12	토
식 목 일	4 5	일	국군의날	10 1	목
어린이날	5 5	화	개 천 절	10 3	토
석가탄신일	5 11	월	한 글 날	10 9	금
현 충 일	6 6	토	기독탄신일	12 25	금
제 헌 절	7 17	금			

음양력 대조일람

음력월	월건	대소	음력 1일의 양력 월일	음력월	월건	대소	음력 1일의 양력 월일
1	경인	소	2 5	7	병신	소	7 31
2	신묘	대	3 6	8	정유	대	8 29
3	임진	소	4 5	9	무술	대	9 28
4	계사	소	5 4	10	기해	소	10 28
5	갑오	대	6 2	11	경자	대	11 26
6	을미	소	7 2	12	신축	대	12 26

월	양력	1 2 3 4 5	6 7 8 9 10	11 12 13 14 15	16 17 18 19 20	21 22 23 24 25	26 27 28 29 30 31
1	요일	목 금 토 일 월	화 수 목 금 토	일 월 화 수 목	금 토 일 월 화	수 목 금 토 일	월 화 수 목 금 토
	음력	11/26 27 28 29 30	12/1 2 3 4 5	6 7 8 9 10	11 12 13 14 15	16 17 18 19 20	21 22 23 24 25 26
	일진	기경신임제 / 묘진사오미	갑을병정무 / 신유술해자	기경신임계 / 축인묘진사	갑을병정무 / 오미신유술	기경신임계 / 해자축인묘	갑을병정무기 / 진사오미신유
2	요일	일 월 화 수 목	금 토 일 월 화	수 목 금 토 일	월 화 수 목 금	토 일 월 화 수	목 금 토
	음력	12/27 28 29 30 1/1	2 3 4 5 6	7 8 9 10 11	12 13 14 15 16	17 18 19 20 21	22 23 24
	일진	경신임계갑 / 술해자축인	을병정무기 / 묘진사오미	경신임계갑 / 신유술해자	을병정무기 / 축인묘진사	경신임계갑 / 오미신유술	을병정 / 해자축
3	요일	일 월 화 수 목	금 토 일 월 화	수 목 금 토 일	월 화 수 목 금	토 일 월 화 수	목 금 토 일 월 화
	음력	1/25 26 27 28 29	2/1 2 3 4 5	6 7 8 9 10	11 12 13 14 15	16 17 18 19 20	21 22 23 24 25 26
	일진	무기경신임 / 인묘진사오	계갑을병정 / 미신유술해	무기경신임 / 자축인묘진	계갑을병정 / 사오미신유	무기경신임 / 술해자축인	계갑을병정무 / 묘진사오미신
4	요일	수 목 금 토 일	월 화 수 목 금	토 일 월 화 수	목 금 토 일 월	화 수 목 금 토	일 월 화 수 목
	음력	2/27 28 29 30 3/1	2 3 4 5 6	7 8 9 10 11	12 13 14 15 16	17 18 19 20 21	22 23 24 25 26
	일진	기경신임계 / 유술해자축	갑을병정무 / 인묘진사오	기경신임계 / 미신유술해	갑을병정무 / 자축인묘진	기경신임계 / 사오미신유	갑을병정무 / 술해자축인
5	요일	금 토 일 월 화	수 목 금 토 일	월 화 수 목 금	토 일 월 화 수	목 금 토 일 월	화 수 목 금 토 일
	음력	3/27 28 29 4/1 2	3 4 5 6 7	8 9 10 11 12	13 14 15 16 17	18 19 20 21 22	23 24 25 26 27 28
	일진	기경신임계 / 묘진사오미	갑을병정무 / 신유술해자	기경신임계 / 축인묘진사	갑을병정무 / 오미신유술	기경신임계 / 해자축인묘	갑을병정무기 / 진사오미신유
6	요일	월 화 수 목 금	토 일 월 화 수	목 금 토 일 월	화 수 목 금 토	일 월 화 수 목	금 토 일 월 화
	음력	4/29 5/1 2 3 4	5 6 7 8 9	10 11 12 13 14	15 16 17 18 19	20 21 22 23 24	25 26 27 28 29
	일진	경신임계갑 / 술해자축인	을병정무기 / 묘진사오미	경신임계갑 / 신유술해자	을병정무기 / 축인묘진사	경신임계갑 / 오미신유술	을병정무기 / 해자축인묘

24절기와 잡절

명 칭	태양황경(도)	월	일	시	분	명 칭	태양황경(도)	월	일	시	분	명 칭	태양황경(도)	월	일	시	분
소한	285	1	5	19	13	하지	90	6	21	20	45	대 설	255	12	7	13	51
대한	300	1	20	12	36	소서	105	7	7	14	12	동 지	270	12	22	7	51
입춘	315	2	4	6	55	대서	120	7	23	7	40						
우수	330	2	19	2	52	입추	135	8	7	23	57	한 식		4	6		
경칩	345	3	6	1	5	처서	150	8	23	14	38	단 오		6	6		
춘분	0	3	21	2	3	백로	165	9	8	2	43	초 복		7	11		
청명	15	4	5	6	5	추분	180	9	23	12	5	중 복		7	21		
곡우	30	4	20	13	19	한로	195	10	8	18	10	말 복		8	10		
입하	45	5	5	23	35	상강	210	10	23	21	13	토왕용사	297	1	17	13	51
소만	60	5	21	12	39	입동	225	11	7	21	9	토왕용사	27	4	17	11	35
망종	75	6	6	3	53	소설	240	11	22	18	36	토왕용사	117	7	20	4	13
												토왕용사	207	10	20	20	52

월	양력	1	2	3	4	5	6	7	8	9	10	11	12	13	14	15	16	17	18	19	20	21	22	23	24	25	26	27	28	29	30	31
7	요일	수	목	금	토	일	월	화	수	목	금	토	일	월	화	수	목	금	토	일	월	화	수	목	금	토	일	월	화	수	목	금
	음력	5/30	6/1	2	3	4	5	6	7	8	9	10	11	12	13	14	15	16	17	18	19	20	21	22	23	24	25	26	27	28	29	7/1
	일진	경진	신사	임오	계미	갑신	을유	병술	정해	무자	기축	경인	신묘	임진	계사	갑오	을미	병신	정유	무술	기해	경자	신축	임인	계묘	갑진	을사	병오	정미	무신	기유	경술
8	요일	토	일	월	화	수	목	금	토	일	월	화	수	목	금	토	일	월	화	수	목	금	토	일	월	화	수	목	금	토	일	월
	음력	7/2	3	4	5	6	7	8	9	10	11	12	13	14	15	16	17	18	19	20	21	22	23	24	25	26	27	28	29	8/1	2	3
	일진	신해	임자	계축	갑인	을묘	병진	정사	무오	기미	경신	신유	임술	계해	갑자	을축	병인	정묘	무진	기사	경오	신미	임신	계유	갑술	을해	병자	정축	무인	기묘	경진	신사
9	요일	화	수	목	금	토	일	월	화	수	목	금	토	일	월	화	수	목	금	토	일	월	화	수	목	금	토	일	월	화	수	
	음력	8/4	5	6	7	8	9	10	11	12	13	14	15	16	17	18	19	20	21	22	23	24	25	26	27	28	29	30	9/1	2	3	
	일진	임오	계미	갑신	을유	병술	정해	무자	기축	경인	신묘	임진	계사	갑오	을미	병신	정유	무술	기해	경자	신축	임인	계묘	갑진	을사	병오	정미	무신	기유	경술	신해	
10	요일	목	금	토	일	월	화	수	목	금	토	일	월	화	수	목	금	토	일	월	화	수	목	금	토	일	월	화	수	목	금	토
	음력	9/4	5	6	7	8	9	10	11	12	13	14	15	16	17	18	19	20	21	22	23	24	25	26	27	28	29	30	10/1	2	3	4
	일진	임자	계축	갑인	을묘	병진	정사	무오	기미	경신	신유	임술	계해	갑자	을축	병인	정묘	무진	기사	경오	신미	임신	계유	갑술	을해	병자	정축	무인	기묘	경진	신사	임오
11	요일	일	월	화	수	목	금	토	일	월	화	수	목	금	토	일	월	화	수	목	금	토	일	월	화	수	목	금	토	일	월	
	음력	10/5	6	7	8	9	10	11	12	13	14	15	16	17	18	19	20	21	22	23	24	25	26	27	28	29	11/1	2	3	4	5	
	일진	계미	갑신	을유	병술	정해	무자	기축	경인	신묘	임진	계사	갑오	을미	병신	정유	무술	기해	경자	신축	임인	계묘	갑진	을사	병오	정미	무신	기유	경술	신해	임자	
12	요일	화	수	목	금	토	일	월	화	수	목	금	토	일	월	화	수	목	금	토	일	월	화	수	목	금	토	일	월	화	수	목
	음력	11/6	7	8	9	10	11	12	13	14	15	16	17	18	19	20	21	22	23	24	25	26	27	28	29	30	12/1	2	3	4	5	6
	일진	계축	갑인	을묘	병진	정사	무오	기미	경신	신유	임술	계해	갑자	을축	병인	정묘	무진	기사	경오	신미	임신	계유	갑술	을해	병자	정축	무인	기묘	경진	신사	임오	계미

1982 임술년 · 단기 4315

주요 국경일과 명절

구 분	월 일	요일	구 분	월 일	요일
신 정	1 1	금	광복절	8 15	일
3·1절	3 1	월	추 석	10 1	금
식목일	4 5	월	국군의날	10 1	금
석가탄신일	5 1	토	개천절	10 3	일
어린이날	5 5	수	한글날	10 9	토
현충일	6 6	일	기독탄신일	12 25	토
제헌절	7 17	토			

음양력 대조일람

음력월	월건	대소	음력 1일의 양력 월일	음력월	월건	대소	음력 1일의 양력 월일
1	임인	대	1 25	7	무신	소	8 19
2	계묘	소	2 24	8	기유	대	9 17
3	갑진	대	3 25	9	경술	대	10 17
4	을사	소	4 24	10	신해	소	11 16
(윤)4		소	5 23	11	임자	대	12 15
5	병오	대	6 21	12	계축	대	1983/1 14
6	정미	소	7 21				

월별 음양력

월	양력	1	2	3	4	5	6	7	8	9	10	11	12	13	14	15	16	17	18	19	20	21	22	23	24	25	26	27	28	29	30	31
1	요일	금	토	일	월	화	수	목	금	토	일	월	화	수	목	금	토	일	월	화	수	목	금	토	일	월	화	수	목	금	토	일
	음력	12/7	8	9	10	11	12	13	14	15	16	17	18	19	20	21	22	23	24	25	26	27	28	29	30	1/1	2	3	4	5	6	7
	일진	갑신	을유	병술	정해	무자	기축	경인	신묘	임진	계사	갑오	을미	병신	정유	무술	기해	경자	신축	임인	계묘	갑진	을사	병오	정미	무신	기유	경술	신해	임자	계축	갑인
2	요일	월	화	수	목	금	토	일	월	화	수	목	금	토	일	월	화	수	목	금	토	일	월	화	수	목	금	토	일			
	음력	1/8	9	10	11	12	13	14	15	16	17	18	19	20	21	22	23	24	25	26	27	28	29	30	2/1	2	3	4	5			
	일진	을묘	병진	정사	무오	기미	경신	신유	임술	계해	갑자	을축	병인	정묘	무진	기사	경오	신미	임신	계유	갑술	을해	병자	정축	무인	기묘	경진	신사	임오			
3	요일	월	화	수	목	금	토	일	월	화	수	목	금	토	일	월	화	수	목	금	토	일	월	화	수	목	금	토	일	월	화	수
	음력	2/6	7	8	9	10	11	12	13	14	15	16	17	18	19	20	21	22	23	24	25	26	27	28	29	3/1	2	3	4	5	6	7
	일진	계미	갑신	을유	병술	정해	무자	기축	경인	신묘	임진	계사	갑오	을미	병신	정유	무술	기해	경자	신축	임인	계묘	갑진	을사	병오	정미	무신	기유	경술	신해	임자	계축
4	요일	목	금	토	일	월	화	수	목	금	토	일	월	화	수	목	금	토	일	월	화	수	목	금	토	일	월	화	수	목	금	
	음력	3/8	9	10	11	12	13	14	15	16	17	18	19	20	21	22	23	24	25	26	27	28	29	30	4/1	2	3	4	5	6	7	
	일진	갑인	을묘	병진	정사	무오	기미	경신	신유	임술	계해	갑자	을축	병인	정묘	무진	기사	경오	신미	임신	계유	갑술	을해	병자	정축	무인	기묘	경진	신사	임오	계미	
5	요일	토	일	월	화	수	목	금	토	일	월	화	수	목	금	토	일	월	화	수	목	금	토	일	월	화	수	목	금	토	일	월
	음력	4/8	9	10	11	12	13	14	15	16	17	18	19	20	21	22	23	24	25	26	27	28	29	4*/1	2	3	4	5	6	7	8	9
	일진	갑신	을유	병술	정해	무자	기축	경인	신묘	임진	계사	갑오	을미	병신	정유	무술	기해	경자	신축	임인	계묘	갑진	을사	병오	정미	무신	기유	경술	신해	임자	계축	갑인
6	요일	화	수	목	금	토	일	월	화	수	목	금	토	일	월	화	수	목	금	토	일	월	화	수	목	금	토	일	월	화	수	
	음력	4*/10	11	12	13	14	15	16	17	18	19	20	21	22	23	24	25	26	27	28	29	5/1	2	3	4	5	6	7	8	9	10	
	일진	을묘	병진	정사	무오	기미	경신	신유	임술	계해	갑자	을축	병인	정묘	무진	기사	경오	신미	임신	계유	갑술	을해	병자	정축	무인	기묘	경진	신사	임오	계미	갑신	

24절기와 잡절

명 칭	태양황경(도)	월	일	시	분	명 칭	태양황경(도)	월	일	시	분	명 칭	태양황경(도)	월	일	시	분
소한	285	1	6	1	3	하지	90	6	22	2	23	대 설	255	12	7	19	48
대한	300	1	20	18	31	소서	105	7	7	19	55	동 지	270	12	22	13	38
입춘	315	2	4	12	45	대서	120	7	23	13	15						
우수	330	2	19	8	47	입추	135	8	8	5	42	한 식		4	6		
경칩	345	3	6	6	55	처서	150	8	23	20	15	단 오		6	25		
춘분	0	3	21	7	56	백로	165	9	8	8	32	초 복		7	16		
청명	15	4	5	11	53	추분	180	9	23	17	46	중 복		7	26		
곡우	30	4	20	19	7	한로	195	10	9	0	2	말 복		8	15		
입하	45	5	6	5	20	상강	210	10	24	2	58	토왕용사	297	1	17	19	48
소만	60	5	21	18	23	입동	225	11	8	3	4	토왕용사	27	4	17	17	27
망종	75	6	6	9	36	소설	240	11	23	0	23	토왕용사	117	7	20	9	52
												토왕용사	207	10	21	2	37

월	양력	1	2	3	4	5	6	7	8	9	10	11	12	13	14	15	16	17	18	19	20	21	22	23	24	25	26	27	28	29	30	31
7	요일	목	금	토	일	월	화	수	목	금	토	일	월	화	수	목	금	토	일	월	화	수	목	금	토	일	월	화	수	목	금	토
	음력	5/11	12	13	14	15	16	17	18	19	20	21	22	23	24	25	26	27	28	29	30	6/1	2	3	4	5	6	7	8	9	10	11
	일진	을유	병술	정해	무자	기축	경인	신묘	임진	계사	갑오	을미	병신	정유	무술	기해	경자	신축	임인	계묘	갑진	을사	병오	정미	무신	기유	경술	신해	임자	계축	갑인	을묘
8	요일	일	월	화	수	목	금	토	일	월	화	수	목	금	토	일	월	화	수	목	금	토	일	월	화	수	목	금	토	일	월	화
	음력	6/12	13	14	15	16	17	18	19	20	21	22	23	24	25	26	27	28	29	7/1	2	3	4	5	6	7	8	9	10	11	12	13
	일진	병진	정사	무오	기미	경신	신유	임술	계해	갑자	을축	병인	정묘	무진	기사	경오	신미	임신	계유	갑술	을해	병자	정축	무인	기묘	경진	신사	임오	계미	갑신	을유	병술
9	요일	수	목	금	토	일	월	화	수	목	금	토	일	월	화	수	목	금	토	일	월	화	수	목	금	토	일	월	화	수	목	
	음력	7/14	15	16	17	18	19	20	21	22	23	24	25	26	27	28	29	8/1	2	3	4	5	6	7	8	9	10	11	12	13	14	
	일진	정해	무자	기축	경인	신묘	임진	계사	갑오	을미	병신	정유	무술	기해	경자	신축	임인	계묘	갑진	을사	병오	정미	무신	기유	경술	신해	임자	계축	갑인	을묘	병진	
10	요일	금	토	일	월	화	수	목	금	토	일	월	화	수	목	금	토	일	월	화	수	목	금	토	일	월	화	수	목	금	토	일
	음력	8/15	16	17	18	19	20	21	22	23	24	25	26	27	28	29	30	9/1	2	3	4	5	6	7	8	9	10	11	12	13	14	15
	일진	정사	무오	기미	경신	신유	임술	계해	갑자	을축	병인	정묘	무진	기사	경오	신미	임신	계유	갑술	을해	병자	정축	무인	기묘	경진	신사	임오	계미	갑신	을유	병술	정해
11	요일	월	화	수	목	금	토	일	월	화	수	목	금	토	일	월	화	수	목	금	토	일	월	화	수	목	금	토	일	월	화	
	음력	9/16	17	18	19	20	21	22	23	24	25	26	27	28	29	30	10/1	2	3	4	5	6	7	8	9	10	11	12	13	14	15	
	일진	무자	기축	경인	신묘	임진	계사	갑오	을미	병신	정유	무술	기해	경자	신축	임인	계묘	갑진	을사	병오	정미	무신	기유	경술	신해	임자	계축	갑인	을묘	병진	정사	
12	요일	수	목	금	토	일	월	화	수	목	금	토	일	월	화	수	목	금	토	일	월	화	수	목	금	토	일	월	화	수	목	금
	음력	10/16	17	18	19	20	21	22	23	24	25	26	27	28	29	11/1	2	3	4	5	6	7	8	9	10	11	12	13	14	15	16	17
	일진	무오	기미	경신	신유	임술	계해	갑자	을축	병인	정묘	무진	기사	경오	신미	임신	계유	갑술	을해	병자	정축	무인	기묘	경진	신사	임오	계미	갑신	을유	병술	정해	무자

* 윤달 : 4월

주요 국경일과 명절

구 분	월일	요일	구 분	월일	요일
신 정	1 1	토	광 복 절	8 15	월
3·1절	3 1	화	추 석	9 21	수
식 목 일	4 5	화	국군의날	10 1	토
어린이날	5 5	목	개 천 절	10 3	월
석가탄신일	5 20	금	한 글 날	10 9	일
현 충 일	6 6	월	기독탄신일	12 25	일
제 헌 절	7 17	일			

음양력 대조일람

음력월	월건	대소	음력 1일의 양력 월일	음력월	월건	대소	음력 1일의 양력 월일
1	갑인	대	2 13	7	경신	소	8 9
2	을묘	소	3 15	8	신유	소	9 7
3	병진	대	4 13	9	임술	대	10 6
4	정사	소	5 13	10	계해	소	11 5
5	무오	소	6 11	11	갑자	대	12 4
6	기미	대	7 10	12	을축	대	1984/1 3

월	양력	1	2	3	4	5	6	7	8	9	10	11	12	13	14	15	16	17	18	19	20	21	22	23	24	25	26	27	28	29	30	31
1	요일	토	일	월	화	수	목	금	토	일	월	화	수	목	금	토	일	월	화	수	목	금	토	일	월	화	수	목	금	토	일	월
1	음력	11/18	19	20	21	22	23	24	25	26	27	28	29	30	12/1	2	3	4	5	6	7	8	9	10	11	12	13	14	15	16	17	18
1	일진	기축	경인	신묘	임진	계사	갑오	을미	병신	정유	무술	기해	경자	신축	임인	계묘	갑진	을사	병오	정미	무신	기유	경술	신해	임자	계축	갑인	을묘	병진	정사	무오	기미
2	요일	화	수	목	금	토	일	월	화	수	목	금	토	일	월	화	수	목	금	토	일	월	화	수	목	금	토	일	월			
2	음력	12/19	20	21	22	23	24	25	26	27	28	29	30	1/1	2	3	4	5	6	7	8	9	10	11	12	13	14	15	16			
2	일진	경신	신유	임술	계해	갑자	을축	병인	정묘	무진	기사	경오	신미	임신	계유	갑술	을해	병자	정축	무인	기묘	경진	신사	임오	계미	갑신	을유	병술	정해			
3	요일	화	수	목	금	토	일	월	화	수	목	금	토	일	월	화	수	목	금	토	일	월	화	수	목	금	토	일	월	화	수	목
3	음력	1/17	18	19	20	21	22	23	24	25	26	27	28	29	30	2/1	2	3	4	5	6	7	8	9	10	11	12	13	14	15	16	17
3	일진	무자	기축	경인	신묘	임진	계사	갑오	을미	병신	정유	무술	기해	경자	신축	임인	계묘	갑진	을사	병오	정미	무신	기유	경술	신해	임자	계축	갑인	을묘	병진	정사	무오
4	요일	금	토	일	월	화	수	목	금	토	일	월	화	수	목	금	토	일	월	화	수	목	금	토	일	월	화	수	목	금	토	
4	음력	2/18	19	20	21	22	23	24	25	26	27	28	29	3/1	2	3	4	5	6	7	8	9	10	11	12	13	14	15	16	17	18	
4	일진	기미	경신	신유	임술	계해	갑자	을축	병인	정묘	무진	기사	경오	신미	임신	계유	갑술	을해	병자	정축	무인	기묘	경진	신사	임오	계미	갑신	을유	병술	정해	무자	
5	요일	일	월	화	수	목	금	토	일	월	화	수	목	금	토	일	월	화	수	목	금	토	일	월	화	수	목	금	토	일	월	화
5	음력	3/19	20	21	22	23	24	25	26	27	28	29	30	4/1	2	3	4	5	6	7	8	9	10	11	12	13	14	15	16	17	18	19
5	일진	기축	경인	신묘	임진	계사	갑오	을미	병신	정유	무술	기해	경자	신축	임인	계묘	갑진	을사	병오	정미	무신	기유	경술	신해	임자	계축	갑인	을묘	병진	정사	무오	기미
6	요일	수	목	금	토	일	월	화	수	목	금	토	일	월	화	수	목	금	토	일	월	화	수	목	금	토	일	월	화	수	목	
6	음력	4/20	21	22	23	24	25	26	27	28	29	5/1	2	3	4	5	6	7	8	9	10	11	12	13	14	15	16	17	18	19	20	
6	일진	경신	신유	임술	계해	갑자	을축	병인	정묘	무진	기사	경오	신미	임신	계유	갑술	을해	병자	정축	무인	기묘	경진	신사	임오	계미	갑신	을유	병술	정해	무자	기축	

24절기와 잡절

명칭	태양황경(도)	월	일	시	분
소한	285	1	6	6	59
대한	300	1	21	0	17
입춘	315	2	4	18	40
우수	330	2	19	14	31
경칩	345	3	6	12	47
춘분	0	3	21	13	39
청명	15	4	5	17	44
곡우	30	4	21	0	50
입하	45	5	6	11	11
소만	60	5	22	0	6
망종	75	6	6	15	26

명칭	태양황경(도)	월	일	시	분
하지	90	6	22	8	9
소서	105	7	8	1	43
대서	120	7	23	19	4
입추	135	8	8	11	30
처서	150	8	24	2	7
백로	165	9	8	14	20
추분	180	9	23	23	42
한로	195	10	9	5	51
상강	210	10	24	8	54
입동	225	11	8	8	52
소설	240	11	23	6	18

명칭	태양황경(도)	월	일	시	분
대설	255	12	8	1	34
동지	270	12	22	19	30
한식				4	6
단오				6	15
초복				7	21
중복				7	31
말복				8	10
토왕용사	297	1	18	1	34
토왕용사	27	4	17	23	9
토왕용사	117	7	20	15	37
토왕용사	207	10	21	8	31

월	양력	1 2 3 4 5	6 7 8 9 10	11 12 13 14 15	16 17 18 19 20	21 22 23 24 25	26 27 28 29 30 31
7	요일	금 토 일 월 화	수 목 금 토 일	월 화 수 목 금	토 일 월 화 수	목 금 토 일 월	화 수 목 금 토 일
	음력	5/21 22 23 24 25	26 27 28 29 6/1	2 3 4 5 6	7 8 9 10 11	12 13 14 15 16	17 18 19 20 21 22
	일진	경신임계갑 인묘진사오	을병정무기 미신유술해	경신임계갑 자축인묘진	을병정무기 사오미신유	경신임계갑 술해자축인	을병정무기경 묘진사오미신
8	요일	월 화 수 목 금	토 일 월 화 수	목 금 토 일 월	화 수 목 금 토	일 월 화 수 목	금 토 일 월 화 수
	음력	6/23 24 25 26 27	28 29 30 7/1 2	3 4 5 6 7	8 9 10 11 12	13 14 15 16 17	18 19 20 21 22 23
	일진	신임계갑을 유술해자축	병정무기경 인묘진사오	신임계갑을 미신유술해	병정무기경 자축인묘진	신임계갑을 사오미신유	병정무기경신 술해자축인묘
9	요일	목 금 토 일 월	화 수 목 금 토	일 월 화 수 목	금 토 일 월 화	수 목 금 토 일	월 화 수 목 금
	음력	7/24 25 26 27 28	29 8/1 2 3 4	5 6 7 8 9	10 11 12 13 14	15 16 17 18 19	20 21 22 23 24
	일지	임계갑을병 신사오미신	정무기경신 유술해기축	임계갑을병 인묘진사우	정무기경신 미신유술해	임계갑을병 자축인묘진	정무기경신 사오미신유
10	요일	토 일 월 화 수	목 금 토 일 월	화 수 목 금 토	일 월 화 수 목	금 토 일 월 화	수 목 금 토 일 월
	음력	8/25 26 27 28 29	9/1 2 3 4 5	6 7 8 9 10	11 12 13 14 15	16 17 18 19 20	21 22 23 24 25 26
	일진	임계갑을병 술해자축인	정무기경신 묘진사오미	임계갑을병 신유술해자	정무기경신 축인묘진사	임계갑을병 오미신유술	정무기경신임 해자축인묘진
11	요일	화 수 목 금 토	일 월 화 수 목	금 토 일 월 화	수 목 금 토 일	월 화 수 목 금	토 일 월 화 수
	음력	9/27 28 29 30 10/1	2 3 4 5 6	7 8 9 10 11	12 13 14 15 16	17 18 19 20 21	22 23 24 25 26
	일진	계갑을병정 사오미신유	무기경신임 술해자축인	계갑을병정 묘진사오미	무기경신임 신유술해자	계갑을병정 축인묘진사	무기경신임 오미신유술
12	요일	목 금 토 일 월	화 수 목 금 토	일 월 화 수 목	금 토 일 월 화	수 목 금 토 일	월 화 수 목 금 토
	음력	10/27 28 29 11/1 2	3 4 5 6 7	8 9 10 11 12	13 14 15 16 17	18 19 20 21 22	23 24 25 26 27 28
	일진	계갑을병정 해자축인묘	무기경신임 진사오미신	계갑을병정 유술해자축	무기경신임 인묘진사오	계갑을병정 미신유술해	무기경신임계 자축인묘진사

1984 갑자년 · 단기 4317

주요 국경일과 명절

구 분	월일	요일	구 분	월일	요일
신 정	1 1	일	광 복 절	8 15	수
3·1 절	3 1	목	추 석	9 10	월
식 목 일	4 5	목	국군의날	10 1	월
어린이날	5 5	토	개 천 절	10 3	수
석가탄신일	5 8	화	한 글 날	10 9	화
현 충 일	6 6	수	기독탄신일	12 25	화
제 헌 절	7 17	화			

음양력 대조일람

음력월	월건	대소	음력 1일의 양력 월일	음력월	월건	대소	음력 1일의 양력 월일
1	병인	대	2 2	8	계유	소	8 27
2	정묘	소	3 3	9	갑술	소	9 25
3	무진	대	4 1	10	을해	대	10 24
4	기사	대	5 1	(윤)10		소	11 23
5	경오	소	5 31	11	병자	대	12 22
6	신미	소	6 29	12	정축	대	1985/1 21
7	임신	대	7 28				

양력·음력·일진 대조표

월		1 2 3 4 5	6 7 8 9 10	11 12 13 14 15	16 17 18 19 20	21 22 23 24 25	26 27 28 29 30 31
1	요일	일 월 화 수 목	금 토 일 월 화	수 목 금 토 일	월 화 수 목 금	토 일 월 화 수	목 금 토 일 월 화
	음력	11/29 30 12/1 2 3	4 5 6 7 8	9 10 11 12 13	14 15 16 17 18	19 20 21 22 23	24 25 26 27 28 29
	일진	갑 을 병 정 무 오 미 신 유 술	기 경 신 임 계 해 자 축 인 묘	갑 을 병 정 무 진 사 오 미 신	기 경 신 임 계 유 술 해 자 축	갑 을 병 정 무 인 묘 진 사 오	기 경 신 임 계 갑 미 신 유 술 해 자
2	요일	수 목 금 토 일	월 화 수 목 금	토 일 월 화 수	목 금 토 일 월	화 수 목 금 토	일 월 화 수
	음력	12/30 1/1 2 3 4	5 6 7 8 9	10 11 12 13 14	15 16 17 18 19	20 21 22 23 24	25 26 27 28
	일진	을 병 정 무 기 축 인 묘 진 사	경 신 임 계 갑 오 미 신 유 술	을 병 정 무 기 해 자 축 인 묘	경 신 임 계 갑 진 사 오 미 신	을 병 정 무 기 유 술 해 자 축	경 신 임 계 인 묘 진 사
3	요일	목 금 토 일 월	화 수 목 금 토	일 월 화 수 목	금 토 일 월 화	수 목 금 토 일	월 화 수 목 금 토
	음력	1/29 30 2/1 2 3	4 5 6 7 8	9 10 11 12 13	14 15 16 17 18	19 20 21 22 23	24 25 26 27 28 29
	일진	갑 을 병 정 무 오 미 신 유 술	기 경 신 임 계 해 자 축 인 묘	갑 을 병 정 무 진 사 오 미 신	기 경 신 임 계 유 술 해 자 축	갑 을 병 정 무 인 묘 진 사 오	기 경 신 임 계 갑 미 신 유 술 해 자
4	요일	일 월 화 수 목	금 토 일 월 화	수 목 금 토 일	월 화 수 목 금	토 일 월 화 수	목 금 토 일 월
	음력	3/1 2 3 4 5	6 7 8 9 10	11 12 13 14 15	16 17 18 19 20	21 22 23 24 25	26 27 28 29 30
	일진	을 병 정 무 기 축 인 묘 진 사	경 신 임 계 갑 오 미 신 유 술	을 병 정 무 기 해 자 축 인 묘	경 신 임 계 갑 진 사 오 미 신	을 병 정 무 기 유 술 해 자 축	경 신 임 계 갑 인 묘 진 사 오
5	요일	화 수 목 금 토	일 월 화 수 목	금 토 일 월 화	수 목 금 토 일	월 화 수 목 금	토 일 월 화 수 목
	음력	4/1 2 3 4 5	6 7 8 9 10	11 12 13 14 15	16 17 18 19 20	21 22 23 24 25	26 27 28 29 30 5/1
	일진	을 병 정 무 기 미 신 유 술 해	경 신 임 계 갑 자 축 인 묘 진	을 병 정 무 기 사 오 미 신 유	경 신 임 계 갑 술 해 자 축 인	을 병 정 무 기 묘 진 사 오 미	경 신 임 계 갑 을 신 유 술 해 자 축
6	요일	금 토 일 월 화	수 목 금 토 일	월 화 수 목 금	토 일 월 화 수	목 금 토 일 월	화 수 목 금 토
	음력	5/2 3 4 5 6	7 8 9 10 11	12 13 14 15 16	17 18 19 20 21	22 23 24 25 26	27 28 29 6/1 2
	일진	병 정 무 기 경 인 묘 진 사 오	신 임 계 갑 을 미 신 유 술 해	병 정 무 기 경 자 축 인 묘 진	신 임 계 갑 을 사 오 미 신 유	병 정 무 기 경 술 해 자 축 인	신 임 계 갑 을 묘 진 사 오 미

24절기와 잡절

명 칭	태양황경(도)	월 일	시 분	명 칭	태양황경(도)	월 일	시 분	명 칭	태양황경(도)	월 일	시 분
		한국표준시				한국표준시				한국표준시	
소한	285	1 6	12 41	하지	90	6 21	14 2	대 설	255	12 7	7 28
대한	300	1 21	6 5	소서	105	7 7	7 29	동 지	270	12 22	1 23
입춘	315	2 5	0 19	대서	120	7 23	0 58				
우수	330	2 19	20 16	입추	135	8 7	17 18	한 식		4 5	
경칩	345	3 5	18 25	처서	150	8 23	8 0	단 오		6 4	
춘분	0	3 20	19 24	백로	165	9 7	20 10	초 복		7 15	
청명	15	4 4	23 22	추분	180	9 23	5 33	중 복		7 25	
곡우	30	4 20	6 38	한로	195	10 8	11 43	말 복		8 14	
입하	45	5 5	16 51	상강	210	10 23	14 46	토왕용사	297	1 18	7 20
소만	60	5 21	5 58	입동	225	11 7	14 46	토왕용사	27	4 17	4 55
망종	75	6 5	21 9	소설	240	11 22	12 11	토왕용사	117	7 19	21 33
								토왕용사	207	10 20	14 26

월	양력	1 2 3 4 5	6 7 8 9 10	11 12 13 14 15	16 17 18 19 20	21 22 23 24 25	26 27 28 29 30 31
7	요일	일 월 화 수 목	금 토 일 월 화	수 목 금 토 일	월 화 수 목 금	토 일 월 화 수	목 금 토 일 월 화
	음력	6/3 4 5 6 7	8 9 10 11 12	13 14 15 16 17	18 19 20 21 22	23 24 25 26 27	28 29 7/1 2 3 4
	일진	병 정 무 기 경 신 유 술 해 자	신 임 계 갑 을 축 인 묘 진 사	병 정 무 기 경 오 미 신 유 술	신 임 계 갑 을 해 자 축 인 묘	병 정 무 기 경 진 사 오 미 신	신 임 계 갑 을 병 유 술 해 자 축 인
8	요일	수 목 금 토 일	월 화 수 목 금	토 일 월 화 수	목 금 토 일 월	화 수 목 금 토	일 월 화 수 목 금
	음력	7/5 6 7 8 9	10 11 12 13 14	15 16 17 18 19	20 21 22 23 24	25 26 27 28 29	30 8/1 2 3 4 5
	일진	정 무 기 경 신 묘 진 사 오 미	임 계 갑 을 병 신 유 술 해 자	정 무 기 경 신 축 인 묘 진 사	임 계 갑 을 병 오 미 신 유 술	정 무 기 경 신 해 자 축 인 묘	임 계 갑 을 병 정 진 사 오 미 신 유
9	요일	토 일 월 화 수	목 금 토 일 월	화 수 목 금 토	일 월 화 수 목	금 토 일 월 화	수 목 금 토 일
	음력	8/6 7 8 9 10	11 12 13 14 15	16 17 18 19 20	21 22 23 24 25	26 27 28 29 9/1	2 3 4 5 6
	일진	무 기 경 신 임 술 해 자 축 인	계 갑 을 병 정 묘 진 사 오 미	무 기 경 신 임 신 유 술 해 자	계 갑 을 병 정 축 인 묘 진 사	무 기 경 신 임 오 미 신 유 술	계 갑 을 병 정 해 자 축 인 묘
10	요일	월 화 수 목 금	토 일 월 화 수	목 금 토 일 월	화 수 목 금 토	일 월 화 수 목	금 토 일 월 화 수
	음력	9/7 8 9 10 11	12 13 14 15 16	17 18 19 20 21	22 23 24 25 26	27 28 29 10/1 2	3 4 5 6 7 8
	일진	무 기 경 신 임 진 사 오 미 신	계 갑 을 병 정 유 술 해 자 축	무 기 경 신 임 인 묘 진 사 오	계 갑 을 병 정 미 신 유 술 해	무 기 경 신 임 자 축 인 묘 진	계 갑 을 병 정 무 사 오 미 신 유 술
11	요일	목 금 토 일 월	화 수 목 금 토	일 월 화 수 목	금 토 일 월 화	수 목 금 토 일	월 화 수 목 금
	음력	10/9 10 11 12 13	14 15 16 17 18	19 20 21 22 23	24 25 26 27 28	29 30 10*/1 2 3	4 5 6 7 8
	일진	기 경 신 임 계 해 자 축 인 묘	갑 을 병 정 무 진 사 오 미 신	기 경 신 임 계 유 술 해 자 축	갑 을 병 정 무 인 묘 진 사 오	기 경 신 임 계 미 신 유 술 해	갑 을 병 정 무 자 축 인 묘 진
12	요일	토 일 월 화 수	목 금 토 일 월	화 수 목 금 토	일 월 화 수 목	금 토 일 월 화	수 목 금 토 일 월
	음력	10*/9 10 11 12 13	14 15 16 17 18	19 20 21 22 23	24 25 26 27 28	29 11/1 2 3 4	5 6 7 8 9 10
	일진	기 경 신 임 계 사 오 미 신 유	갑 을 병 정 무 술 해 자 축 인	기 경 신 임 계 묘 진 사 오 미	갑 을 병 정 무 신 유 술 해 자	기 경 신 임 계 축 인 묘 진 사	갑 을 병 정 무 기 오 미 신 유 술 해

* 윤달 : 10월

주요 국경일과 명절

구 분	월일	요일	구 분	월일	요일
신 정	1 1	화	제 헌 절	7 17	수
민속의날	2 20	수	광 복 절	8 15	목
3·1 절	3 1	금	추 석	9 29	일
식 목 일	4 5	금	국군의날	10 1	화
어린이날	5 5	일	개 천 절	10 3	목
석가탄신일	5 27	월	한 글 날	10 9	수
현 충 일	6 6	목	기독탄신일	12 25	수

음양력 대조일람

음력월	월건	대소	음력 1일의 양력 월일	음력월	월건	대소	음력 1일의 양력 월일
1	무인	소	2 20	7	갑신	대	8 16
2	기묘	대	3 21	8	을유	소	9 15
3	경진	대	4 20	9	병술	소	10 14
4	신사	소	5 20	10	정해	대	11 12
5	임오	대	6 18	11	무자	소	12 12
6	계미	소	7 18	12	기축	대	1986/1 10

월	양력	1 2 3 4 5	6 7 8 9 10	11 12 13 14 15	16 17 18 19 20	21 22 23 24 25	26 27 28 29 30 31
1	요일	화 수 목 금 토	일 월 화 수 목	금 토 일 월 화	수 목 금 토 일	월 화 수 목 금	토 일 월 화 수 목
	음력	11/11 12 13 14 15	16 17 18 19 20	21 22 23 24 25	26 27 28 29 30	12/1 2 3 4 5	6 7 8 9 10 11
	일진	경 신 임 계 갑 자 축 인 묘 진	을 병 정 무 기 사 오 미 신 유	경 신 임 계 갑 술 해 자 축 인	을 병 정 무 기 묘 진 사 오 미	경 신 임 계 갑 신 유 술 해 자	을 병 정 무 기 경 축 인 묘 진 사 오
2	요일	금 토 일 월 화	수 목 금 토 일	월 화 수 목 금	토 일 월 화 수	목 금 토 일 월	화 수 목
	음력	12/12 13 14 15 16	17 18 19 20 21	22 23 24 25 26	27 28 29 30 1/1	2 3 4 5 6	7 8 9
	일진	신 임 계 갑 을 미 신 유 술 해	병 정 무 기 경 자 축 인 묘 진	신 임 계 갑 을 사 오 미 신 유	병 정 무 기 경 술 해 자 축 인	신 임 계 갑 을 묘 진 사 오 미	병 정 무 신 유 술
3	요일	금 토 일 월 화	수 목 금 토 일	월 화 수 목 금	토 일 월 화 수	목 금 토 일 월	화 수 목 금 토 일
	음력	1/10 11 12 13 14	15 16 17 18 19	20 21 22 23 24	25 26 27 28 29	2/1 2 3 4 5	6 7 8 9 10 11
	일진	기 경 신 임 계 해 자 축 인 묘	갑 을 병 정 무 진 사 오 미 신	기 경 신 임 계 유 술 해 자 축	갑 을 병 정 무 인 묘 진 사 오	기 경 신 임 계 미 신 유 술 해	갑 을 병 정 무 기 자 축 인 묘 진 사
4	요일	월 화 수 목 금	토 일 월 화 수	목 금 토 일 월	화 수 목 금 토	일 월 화 수 목	금 토 일 월 화
	음력	2/12 13 14 15 16	17 18 19 20 21	22 23 24 25 26	27 28 29 30 3/1	2 3 4 5 6	7 8 9 10 11
	일진	경 신 임 계 갑 오 미 신 유 술	을 병 정 무 기 해 자 축 인 묘	경 신 임 계 갑 진 사 오 미 신	을 병 정 무 기 유 술 해 자 축	경 신 임 계 갑 인 묘 진 사 오	을 병 정 무 기 미 신 유 술 해
5	요일	수 목 금 토 일	월 화 수 목 금	토 일 월 화 수	목 금 토 일 월	화 수 목 금 토	일 월 화 수 목 금
	음력	3/12 13 14 15 16	17 18 19 20 21	22 23 24 25 26	27 28 29 30 4/1	2 3 4 5 6	7 8 9 10 11 12
	일진	경 신 임 계 갑 자 축 인 묘 진	을 병 정 무 기 사 오 미 신 유	경 신 임 계 갑 술 해 자 축 인	을 병 정 무 기 묘 진 사 오 미	경 신 임 계 갑 신 유 술 해 자	을 병 정 무 기 경 축 인 묘 진 사 오
6	요일	토 일 월 화 수	목 금 토 일 월	화 수 목 금 토	일 월 화 수 목	금 토 일 월 화	수 목 금 토 일
	음력	4/13 14 15 16 17	18 19 20 21 22	23 24 25 26 27	28 29 5/1 2 3	4 5 6 7 8	9 10 11 12 13
	일진	신 임 계 갑 을 미 신 유 술 해	병 정 무 기 경 자 축 인 묘 진	신 임 계 갑 을 사 오 미 신 유	병 정 무 기 경 술 해 자 축 인	신 임 계 갑 을 묘 진 사 오 미	병 정 무 기 경 신 유 술 해 자

24절기와 잡절

명칭	태양황경(도)	월	일	시	분	명칭	태양황경(도)	월	일	시	분	명칭	태양황경(도)	월	일	시	분
소한	285	1	5	18	35	하지	90	6	21	19	44	대설	255	12	7	13	16
대한	300	1	20	11	58	소서	105	7	7	13	19	동지	270	12	22	7	8
입춘	315	2	4	6	12	대서	120	7	23	6	36						
우수	330	2	19	2	7	입추	135	8	7	23	4	한식		4	6		
경칩	345	3	6	0	16	처서	150	8	23	13	36	단오		6	22		
춘분	0	3	21	1	14	백로	165	9	8	1	53	초복		7	20		
청명	15	4	5	5	14	추분	180	9	23	11	7	중복		7	30		
곡우	30	4	20	12	26	한로	195	10	8	17	25	말복		8	9		
입하	45	5	5	22	43	상강	210	10	23	20	22	토왕용사	297	1	17	13	16
소만	60	5	21	11	43	입동	225	11	7	20	29	토왕용사	27	4	17	10	46
망종	75	6	6	3	0	소설	240	11	22	17	51	토왕용사	117	7	20	3	12
												토왕용사	207	10	20	20	0

월	양력	1 2 3 4 5	6 7 8 9 10	11 12 13 14 15	16 17 18 19 20	21 22 23 24 25	26 27 28 29 30 31
7	요일	월 화 수 목 금	토 일 월 화 수	목 금 토 일 월	화 수 목 금 토	일 월 화 수 목	금 토 일 월 화 수
	음력	5/14 15 16 17 18	19 20 21 22 23	24 25 26 27 28	29 30 6/1 2 3	4 5 6 7 8	9 10 11 12 13 14
	일진	신임계갑을 축인묘진사	병정무기경 오미신유술	신임계갑을 해자축인묘	병정무기경 진사오미신	신임계갑을 유술해자축	병정무기경신 인묘진사오미
8	요일	목 금 토 일 월	화 수 목 금 토	일 월 화 수 목	금 토 일 월 화	수 목 금 토 일	월 화 수 목 금 토
	음력	6/15 16 17 18 19	20 21 22 23 24	25 26 27 28 29	7/1 2 3 4 5	6 7 8 9 10	11 12 13 14 15 16
	일진	임계갑을병 신유술해자	정무기경신 축인묘진사	임계갑을병 오미신유술	정무기경신 해자축인묘	임계갑을병 진사오미신	정무기경신임 유술해자축인
9	요일	일 월 화 수 목	금 토 일 월 화	수 목 금 토 일	월 화 수 목 금	토 일 월 화 수	목 금 토 일 월
	음력	7/17 18 19 20 21	22 23 24 25 26	27 28 29 30 8/1	2 3 4 5 6	7 8 9 10 11	12 13 14 15 16
	일진	계갑을병정 묘진사오미	무기경신임 신유술해자	계갑을병정 축인묘진사	무기경신임 오미신유술	계갑을병정 해자축인묘	무기경신임 진사오미신
10	요일	화 수 목 금 토	일 월 화 수 목	금 토 일 월 화	수 목 금 토 일	월 화 수 목 금	토 일 월 화 수 목
	음력	8/17 18 19 20 21	22 23 24 25 26	27 28 29 9/1 2	3 4 5 6 7	8 9 10 11 12	13 14 15 16 17 18
	일진	계갑을병정 유술해자축	무기경신임 인묘진사오	계갑을병정 미신유술해	무기경신임 자축인묘진	계갑을병정 사오미신유	무기경신임계 술해자축인묘
11	요일	금 토 일 월 화	수 목 금 토 일	월 화 수 목 금	토 일 월 화 수	목 금 토 일 월	화 수 목 금 토
	음력	9/19 20 21 22 23	24 25 26 27 28	29 10/1 2 3 4	5 6 7 8 9	10 11 12 13 14	15 16 17 18 19
	일진	갑을병정무 진사오미신	기경신임계 유술해자축	갑을병정무 인묘진사오	기경신임계 미신유술해	갑을병정무 자축인묘진	기경신임계 사오미신유
12	요일	일 월 화 수 목	금 토 일 월 화	수 목 금 토 일	월 화 수 목 금	토 일 월 화 수	목 금 토 일 월 화
	음력	10/20 21 22 23 24	25 26 27 28 29	30 11/1 2 3 4	5 6 7 8 9	10 11 12 13 14	15 16 17 18 19 20
	일진	갑을병정무 술해자축인	기경신임계 묘진사오미	갑을병정무 신유술해자	기경신임계 축인묘진사	갑을병정무 오미신유술	기경신임계갑 해자축인묘진

1986 병인년 • 단기 4319

주요 국경일과 명절

구 분	월일	요일	구 분	월일	요일
신 정	1 1	수	제 헌 절	7 17	목
민속의날	2 9	일	광 복 절	8 15	금
3 · 1 절	3 1	토	추 석	9 18	목
식 목 일	4 5	토	국군의날	10 1	수
어린이날	5 5	월	개 천 절	10 3	금
석가탄신일	5 16	금	한 글 날	10 9	목
현 충 일	6 6	금	기독탄신일	12 25	목

음양력 대조일람

음력월	월건	대소	음력 1일의 양력 월일	음력월	월건	대소	음력 1일의 양력 월일
1	경인	소	2 9	7	병신	소	8 6
2	신묘	대	3 10	8	정유	대	9 4
3	임진	대	4 9	9	무술	소	10 4
4	계사	소	5 9	10	기해	대	11 2
5	갑오	대	6 7	11	경자	소	12 2
6	을미	대	7 7	12	신축	소	12 31

월	양력	1 2 3 4 5	6 7 8 9 10	11 12 13 14 15	16 17 18 19 20	21 22 23 24 25	26 27 28 29 30 31
1	요일	수 목 금 토 일	월 화 수 목 금	토 일 월 화 수	목 금 토 일 월	화 수 목 금 토	일 월 화 수 목 금
	음력	11/21 22 23 24 25	26 27 28 29 12/1	2 3 4 5 6	7 8 9 10 11	12 13 14 15 16	17 18 19 20 21 22
	일진	을병정무기 사오미신유	경신임계갑 술해자축인	을병정무기 묘진사오미	경신임계갑 신유술해자	을병정무기 축인묘진사	경신임계갑을 오미신유술해
2	요일	토 일 월 화 수	목 금 토 일 월	화 수 목 금 토	일 월 화 수 목	금 토 일 월 화	수 목 금
	음력	12/23 24 25 26 27	28 29 30 1/1 2	3 4 5 6 7	8 9 10 11 12	13 14 15 16 17	18 19 20
	일진	병정무기경 자축인묘진	신임계갑을 사오미신유	병정무기경 술해자축인	신임계갑을 묘진사오미	병정무기경 신유술해자	신임계 축인묘
3	요일	토 일 월 화 수	목 금 토 일 월	화 수 목 금 토	일 월 화 수 목	금 토 일 월 화	수 목 금 토 일 월
	음력	1/21 22 23 24 25	26 27 28 29 2/1	2 3 4 5 6	7 8 9 10 11	12 13 14 15 16	17 18 19 20 21 22
	일진	갑을병정무 진사오미신	기경신임계 유술해자축	갑을병정무 인묘진사오	기경신임계 미신유술해	갑을병정무 자축인묘진	기경신임계갑 사오미신유술
4	요일	화 수 목 금 토	일 월 화 수 목	금 토 일 월 화	수 목 금 토 일	월 화 수 목 금	토 일 월 화 수
	음력	2/23 24 25 26 27	28 29 30 3/1 2	3 4 5 6 7	8 9 10 11 12	13 14 15 16 17	18 19 20 21 22
	일진	을병정무기 해자축인묘	경신임계갑 진사오미신	을병정무기 유술해자축	경신임계갑 인묘진사오	을병정무기 미신유술해	경신임계갑 자축인묘진
5	요일	목 금 토 일 월	화 수 목 금 토	일 월 화 수 목	금 토 일 월 화	수 목 금 토 일	월 화 수 목 금 토
	음력	3/23 24 25 26 27	28 29 30 4/1 2	3 4 5 6 7	8 9 10 11 12	13 14 15 16 17	18 19 20 21 22 23
	일진	을병정무기 사오미신유	경신임계갑 술해자축인	을병정무기 묘진사오미	경신임계갑 신유술해자	을병정무기 축인묘진사	경신임계갑을 오미신유술해
6	요일	일 월 화 수 목	금 토 일 월 화	수 목 금 토 일	월 화 수 목 금	토 일 월 화 수	목 금 토 일 월
	음력	4/24 25 26 27 28	29 5/1 2 3 4	5 6 7 8 9	10 11 12 13 14	15 16 17 18 19	20 21 22 23 24
	일진	병정무기경 자축인묘진	신임계갑을 사오미신유	병정무기경 술해자축인	신임계갑을 묘진사오미	병정무기경 신유술해자	신임계갑을 축인묘진사

24절기와 잡절

명 칭	태양황경(도)	월	일	시	분	명 칭	태양황경(도)	월	일	시	분	명 칭	태양황경(도)	월	일	시	분
소한	285	1	6	0	28	하지	90	6	22	1	30	대설	255	12	7	19	1
대한	300	1	20	17	46	소서	105	7	7	19	1	동지	270	12	22	13	2
입춘	315	2	4	12	8	대서	120	7	23	12	24						
우수	330	2	19	7	58	입추	135	8	8	4	46	한식		4	6		
경칩	345	3	6	6	12	처서	150	8	23	19	26	단오		6	11		
춘분	0	3	21	7	3	백로	165	9	8	7	35	초복		7	15		
청명	15	4	5	11	6	추분	180	9	23	16	59	중복		7	25		
곡우	30	4	20	18	12	한로	195	10	8	23	7	말복		8	14		
입하	45	5	6	4	31	상강	210	10	24	2	14	토왕용사	297	1	17	19	2
소만	60	5	21	17	28	입동	225	11	8	2	13	토왕용사	27	4	17	16	30
망종	75	6	6	8	44	소설	240	11	22	23	44	토왕용사	117	7	20	8	57
												토왕용사	207	10	21	1	52

월	양력	1 2 3 4 5	6 7 8 9 10	11 12 13 14 15	16 17 18 19 20	21 22 23 24 25	26 27 28 29 30 31
7	요일	화 수 목 금 토	일 월 화 수 목	금 토 일 월 화	수 목 금 토 일	월 화 수 목 금	토 일 월 화 수 목
	음력	5/25 26 27 28 29	30 6/1 2 3 4	5 6 7 8 9	10 11 12 13 14	15 16 17 18 19	20 21 22 23 24 25
	일진	병정무기경 오미신유술	신임계갑을 해자축인묘	병정무기경 진사오미신	신임계갑을 유술해자축	병정무기경 인묘진사오	신임계갑을병 미신유술해자
8	요일	금 토 일 월 화	수 목 금 토 일	월 화 수 목 금	토 일 월 화 수	목 금 토 일 월	화 수 목 금 토 일
	음력	6/26 27 28 29 30	7/1 2 3 4 5	6 7 8 9 10	11 12 13 14 15	16 17 18 19 20	21 22 23 24 25 26
	일진	정무기경신 축인묘진사	임계갑을병 오미신유술	정무기경신 해자축인묘	임계갑을병 진사오미신	정무기경신 유술해자축	임계갑을병정 인묘진사오미
9	요일	월 화 수 목 금	토 일 월 화 수	목 금 토 일 월	화 수 목 금 토	일 월 화 수 목	금 토 일 월 화
	음력	7/27 28 29 8/1 2	3 4 5 6 7	8 9 10 11 12	13 14 15 16 17	18 19 20 21 22	23 24 25 26 27
	일진	무기경신임 신유술해자	계갑을병정 축인묘진사	무기경신임 오미신유술	계갑을병정 해자축인묘	무기경신임 진사오미신	계갑을병정 유술해자축
10	요일	수 목 금 토 일	월 화 수 목 금	토 일 월 화 수	목 금 토 일 월	화 수 목 금 토	일 월 화 수 목 금
	음력	8/28 29 30 9/1 2	3 4 5 6 7	8 9 10 11 12	13 14 15 16 17	18 19 20 21 22	23 24 25 26 27 28
	일진	무기경신임 인묘진사오	계갑을병정 미신유술해	무기경신임 자축인묘진	계갑을병정 사오미신유	무기경신임 술해자축인	계갑을병정무 묘진사오미신
11	요일	토 일 월 화 수	목 금 토 일 월	화 수 목 금 토	일 월 화 수 목	금 토 일 월 화	수 목 금 토 일
	음력	9/29 10/1 2 3 4	5 6 7 8 9	10 11 12 13 14	15 16 17 18 19	20 21 22 23 24	25 26 27 28 29
	일진	기경신임계 유술해자축	갑을병정무 인묘진사오	기경신임계 미신유술해	갑을병정무 자축인묘진	기경신임계 사오미신유	갑을병정무 술해자축인
12	요일	월 화 수 목 금	토 일 월 화 수	목 금 토 일 월	화 수 목 금 토	일 월 화 수 목	금 토 일 월 화 수
	음력	10/30 11/1 2 3 4	5 6 7 8 9	10 11 12 13 14	15 16 17 18 19	20 21 22 23 24	25 26 27 28 29 12/1
	일진	기경신임계 묘진사오미	갑을병정무 신유술해자	기경신임계 축인묘진사	갑을병정무 오미신유술	기경신임계 해자축인묘	갑을병정무기 진사오미신유

1987 정묘년 • 단기 4320

주요 국경일과 명절

구 분	월 일	요일	구 분	월 일	요일
신 정	1 1	목	제 헌 절	7 17	금
민속의날	1 29	목	광 복 절	8 15	토
3·1절	3 1	일	국군의날	10 1	목
식 목 일	4 5	일	개 천 절	10 3	토
어린이날	5 5	화	추 석	10 7	수
석가탄신일	5 5	화	한 글 날	10 9	금
현 충 일	6 6	토	기독탄신일	12 25	금

음양력 대조일람

음력월	월건	대소	음력 1일의 양력 월일	음력월	월건	대소	음력 1일의 양력 월일
1	임인	대	1 29	7	무신	대	8 24
2	계묘	소	2 28	8	기유	대	9 23
3	갑진	대	3 29	9	경술	소	10 23
4	을사	대	4 28	10	신해	대	11 21
5	병오	소	5 28	11	임자	소	12 21
6	정미	대	6 26	12	계축	대	1988/1 19
(윤)6		소	7 26				

양력·음력 대조 달력

월	양력	1	2	3	4	5	6	7	8	9	10	11	12	13	14	15	16	17	18	19	20	21	22	23	24	25	26	27	28	29	30	31
1	요일	목	금	토	일	월	화	수	목	금	토	일	월	화	수	목	금	토	일	월	화	수	목	금	토	일	월	화	수	목	금	토
	음력	12/2	3	4	5	6	7	8	9	10	11	12	13	14	15	16	17	18	19	20	21	22	23	24	25	26	27	28	29	1/1	2	3
	일진	경술	신해	임자	계축	갑인	을묘	병진	정사	무오	기미	경신	신유	임술	계해	갑자	을축	병인	정묘	무진	기사	경오	신미	임신	계유	갑술	을해	병자	정축	무인	기묘	경진
2	요일	일	월	화	수	목	금	토	일	월	화	수	목	금	토	일	월	화	수	목	금	토	일	월	화	수	목	금	토			
	음력	1/4	5	6	7	8	9	10	11	12	13	14	15	16	17	18	19	20	21	22	23	24	25	26	27	28	29	30	2/1			
	일진	신사	임오	계미	갑신	을유	병술	정해	무자	기축	경인	신묘	임진	계사	갑오	을미	병신	정유	무술	기해	경자	신축	임인	계묘	갑진	을사	병오	정미	무신			
3	요일	일	월	화	수	목	금	토	일	월	화	수	목	금	토	일	월	화	수	목	금	토	일	월	화	수	목	금	토	일	월	화
	음력	2/2	3	4	5	6	7	8	9	10	11	12	13	14	15	16	17	18	19	20	21	22	23	24	25	26	27	28	29	3/1	2	3
	일진	기유	경술	신해	임자	계축	갑인	을묘	병진	정사	무오	기미	경신	신유	임술	계해	갑자	을축	병인	정묘	무진	기사	경오	신미	임신	계유	갑술	을해	병자	정축	무인	기묘
4	요일	수	목	금	토	일	월	화	수	목	금	토	일	월	화	수	목	금	토	일	월	화	수	목	금	토	일	월	화	수	목	
	음력	3/4	5	6	7	8	9	10	11	12	13	14	15	16	17	18	19	20	21	22	23	24	25	26	27	28	29	30	4/1	2	3	
	일진	경진	신사	임오	계미	갑신	을유	병술	정해	무자	기축	경인	신묘	임진	계사	갑오	을미	병신	정유	무술	기해	경자	신축	임인	계묘	갑진	을사	병오	정미	무신	기유	
5	요일	금	토	일	월	화	수	목	금	토	일	월	화	수	목	금	토	일	월	화	수	목	금	토	일	월	화	수	목	금	토	일
	음력	4/4	5	6	7	8	9	10	11	12	13	14	15	16	17	18	19	20	21	22	23	24	25	26	27	28	29	30	5/1	2	3	4
	일진	경술	신해	임자	계축	갑인	을묘	병진	정사	무오	기미	경신	신유	임술	계해	갑자	을축	병인	정묘	무진	기사	경오	신미	임신	계유	갑술	을해	병자	정축	무인	기묘	경진
6	요일	월	화	수	목	금	토	일	월	화	수	목	금	토	일	월	화	수	목	금	토	일	월	화	수	목	금	토	일	월	화	
	음력	5/5	6	7	8	9	10	11	12	13	14	15	16	17	18	19	20	21	22	23	24	25	26	27	28	29	6/1	2	3	4	5	
	일진	신사	임오	계미	갑신	을유	병술	정해	무자	기축	경인	신묘	임진	계사	갑오	을미	병신	정유	무술	기해	경자	신축	임인	계묘	갑진	을사	병오	정미	무신	기유	경술	

24절기와 잡절

명칭	태양황경 (도)	한국표준시			명칭	태양황경 (도)	한국표준시			명칭	태양황경 (도)	한국표준시	
		월 일	시	분			월 일	시	분			월 일	시 분
소한	285	1 6	6	13	하지	90	6 22	7	11	대 설	255	12 8	0 52
대한	300	1 20	23	40	소서	105	7 8	0	39	동 지	270	12 22	18 46
입춘	315	2 4	17	52	대서	120	7 23	18	6				
우수	330	2 19	13	50	입추	135	8 8	10	29	한 식		4 6	
경칩	345	3 6	11	54	처서	150	8 24	1	10	단 오		6 1	
춘분	0	3 21	12	52	백로	165	9 8	13	24	초 복		7 20	
청명	15	4 5	16	44	추분	180	9 23	22	45	중 복		7 30	
곡우	30	4 20	23	58	한로	195	10 9	5	0	말 복		8 9	
입하	45	5 6	10	6	상강	210	10 24	8	1	토왕용사	297	1 18	0 56
소만	60	5 21	23	10	입동	225	11 8	8	6	토왕용사	27	4 17	22 16
망종	75	6 6	14	19	소설	240	11 23	5	29	토왕용사	117	7 20	14 42
										토왕용사	207	10 21	7 41

월	양력	1 2 3 4 5	6 7 8 9 10	11 12 13 14 15	16 17 18 19 20	21 22 23 24 25	26 27 28 29 30 31
7	요일	수 목 금 토 일	월 화 수 목 금	토 일 월 화 수	목 금 토 일 월	화 수 목 금 토	일 월 화 수 목 금
	음력	6/6 7 8 9 10	11 12 13 14 15	16 17 18 19 20	21 22 23 24 25	26 27 28 29 30	6*/1 2 3 4 5 6
	일진	신임계갑을 해자축인묘	병정무기경 진사오미신	신임계갑을 유술해자축	병정무기경 인묘진사오	신임계갑을 미신유술해	병정무기경신 자축인묘진사
8	요일	토 일 월 화 수	목 금 토 일 월	화 수 목 금 토	일 월 화 수 목	금 토 일 월 화	수 목 금 토 일 월
	음력	6*/7 8 9 10 11	12 13 14 15 16	17 18 19 20 21	22 23 24 25 26	27 28 29 7/1 2	3 4 5 6 7 8
	일진	임계갑을병 오미신유술	정무기경신 해자축인묘	임계갑을병 진사오미신	정무기경신 유술해자축	임계갑을병 인묘진사오	정무기경신임 미신유술해자
9	요일	화 수 목 금 토	일 월 화 수 목	금 토 일 월 화	수 목 금 토 일	월 화 수 목 금	토 일 월 화 수
	음력	7/9 10 11 12 13	14 15 16 17 18	19 20 21 22 23	24 25 26 27 28	29 30 8/1 2 3	4 5 6 7 8
	일진	계갑을병정 축인묘진사	무기경신임 오미신유술	계갑을병정 해자축인묘	무기경신임 진사오미신	계갑을병정 유술해자축	무기경신임 인묘진사오
10	요일	목 금 토 일 월	화 수 목 금 토	일 월 화 수 목	금 토 일 월 화	수 목 금 토 일	월 화 수 목 금 토
	음력	8/9 10 11 12 13	14 15 16 17 18	19 20 21 22 23	24 25 26 27 28	29 30 9/1 2 3	4 5 6 7 8 9
	일진	계갑을병정 미신유술해	무기경신임 자축인묘진	계갑을병정 사오미신유	무기경신임 술해자축인	계갑을병정 묘진사오미	무기경신임계 신유술해자축
11	요일	일 월 화 수 목	금 토 일 월 화	수 목 금 토 일	월 화 수 목 금	토 일 월 화 수	목 금 토 일 월
	음력	9/10 11 12 13 14	15 16 17 18 19	20 21 22 23 24	25 26 27 28 29	10/1 2 3 4 5	6 7 8 9 10
	일진	갑을병정무 인묘진사오	기경신임계 미신유술해	갑을병정무 자축인묘진	기경신임계 사오미신유	갑을병정무 술해자축인	기경신임계 묘진사오미
12	요일	화 수 목 금 토	일 월 화 수 목	금 토 일 월 화	수 목 금 토 일	월 화 수 목 금	토 일 월 화 수 목
	음력	10/11 12 13 14 15	16 17 18 19 20	21 22 23 24 25	26 27 28 29 30	11/1 2 3 4 5	6 7 8 9 10 11
	일진	갑을병정무 신유술해자	기경신임계 축인묘진사	갑을병정무 오미신유술	기경신임계 해자축인묘	갑을병정무 진사오미신	기경신임계갑 유술해자축인

* 윤달 : 6월

무진년 • 단기 4321

주요 국경일과 명절

구 분	월	일	요일	구 분	월	일	요일
신 정	1	1	금	제 헌 절	7	17	일
민속의날	2	18	목	광 복 절	8	15	월
3·1 절	3	1	화	추 석	9	25	일
식 목 일	4	5	화	국군의날	10	1	토
어린이날	5	5	목	개 천 절	10	3	월
석가탄신일	5	23	월	한 글 날	10	9	일
현 충 일	6	6	월	기독탄신일	12	25	일

음양력 대조일람

음력 월	월건	대소	음력 1일의 양력 월일	음력 월	월건	대소	음력 1일의 양력 월일
1	갑인	소	2 18	7	경신	대	8 12
2	을묘	소	3 18	8	신유	대	9 11
3	병진	대	4 16	9	임술	소	10 11
4	정사	소	5 16	10	계해	대	11 9
5	무오	대	6 14	11	갑자	대	12 9
6	기미	소	7 14	12	을축	소	1989/1 8

월	양력	1 2 3 4 5	6 7 8 9 10	11 12 13 14 15	16 17 18 19 20	21 22 23 24 25	26 27 28 29 30 31
1	요일	금 토 일 월 화	수 목 금 토 일	월 화 수 목 금	토 일 월 화 수	목 금 토 일 월	화 수 목 금 토 일
1	음력	11/12 13 14 15 16	17 18 19 20 21	22 23 24 25 26	27 28 29 12/1 2	3 4 5 6 7	8 9 10 11 12 13
1	일진	을병정무기 묘진사오미	경신임계갑 신유술해자	을병정무기 축인묘진사	경신임계갑 오미신유술	을병정무기 해자축인묘	경신임계갑을 진사오미신유
2	요일	월 화 수 목 금	토 일 월 화 수	목 금 토 일 월	화 수 목 금 토	일 월 화 수 목	금 토 일 월
2	음력	12/14 15 16 17 18	19 20 21 22 23	24 25 26 27 28	29 30 1/1 2 3	4 5 6 7 8	9 10 11 12
2	일진	병정무기경 술해자축인	신임계갑을 묘진사오미	병정무기경 신유술해자	신임계갑을 축인묘진사	병정무기경 오미신유술	신임계갑 해자축인
3	요일	화 수 목 금 토	일 월 화 수 목	금 토 일 월 화	수 목 금 토 일	월 화 수 목 금	토 일 월 화 수 목
3	음력	1/13 14 15 16 17	18 19 20 21 22	23 24 25 26 27	28 29 2/1 2 3	4 5 6 7 8	9 10 11 12 13 14
3	일진	을병정무기 묘진사오미	경신임계갑 신유술해자	을병정무기 축인묘진사	경신임계갑 오미신유술	을병정무기 해자축인묘	경신임계갑을 진사오미신유
4	요일	금 토 일 월 화	수 목 금 토 일	월 화 수 목 금	토 일 월 화 수	목 금 토 일 월	화 수 목 금 토
4	음력	2/15 16 17 18 19	20 21 22 23 24	25 26 27 28 29	3/1 2 3 4 5	6 7 8 9 10	11 12 13 14 15
4	일진	병정무기경 술해자축인	신임계갑을 묘진사오미	병정무기경 신유술해자	신임계갑을 축인묘진사	병정무기경 오미신유술	신임계갑을 해자축인묘
5	요일	일 월 화 수 목	금 토 일 월 화	수 목 금 토 일	월 화 수 목 금	토 일 월 화 수	목 금 토 일 월 화
5	음력	3/16 17 18 19 20	21 22 23 24 25	26 27 28 29 30	4/1 2 3 4 5	6 7 8 9 10	11 12 13 14 15 16
5	일진	병정무기경 진사오미신	신임계갑을 유술해자축	병정무기경 인묘진사오	신임계갑을 미신유술해	병정무기경 자축인묘진	신임계갑을병 사오미신유술
6	요일	수 목 금 토 일	월 화 수 목 금	토 일 월 화 수	목 금 토 일 월	화 수 목 금 토	일 월 화 수 목
6	음력	4/17 18 19 20 21	22 23 24 25 26	27 28 29 5/1 2	3 4 5 6 7	8 9 10 11 12	13 14 15 16 17
6	일진	정무기경신 해자축인묘	임계갑을병 진사오미신	정무기경신 유술해자축	임계갑을병 인묘진사오	정무기경신 미신유술해	임계갑을병 자축인묘진

24절기와 잡절

명칭	태양황경(도)	월 일	시 분	명칭	태양황경(도)	월 일	시 분	명칭	태양황경(도)	월 일	시 분
소한	285	1 6	12 4	하지	90	6 21	12 57	대설	255	12 7	6 34
대한	300	1 21	5 24	소서	105	7 7	6 33	동지	270	12 22	0 28
입춘	315	2 4	23 43	대서	120	7 22	23 51	한식			4 5
우수	330	2 19	19 35	입추	135	8 7	16 20	단오			6 18
경칩	345	3 5	17 47	처서	150	8 23	6 54	초복			7 14
춘분	0	3 20	18 39	백로	165	9 7	19 12	중복			7 24
청명	15	4 4	22 39	추분	180	9 23	4 29	말복			8 13
곡우	30	4 20	5 45	한로	195	10 8	10 45	토왕용사	297	1 18	6 43
입하	45	5 5	16 2	상강	210	10 23	13 44	토왕용사	27	4 17	4 6
소만	60	5 21	4 57	입동	225	11 7	13 49	토왕용사	117	7 19	20 26
망종	75	6 5	20 15	소설	240	11 22	11 12	토왕용사	207	10 20	13 21

월	양력	1 2 3 4 5	6 7 8 9 10	11 12 13 14 15	16 17 18 19 20	21 22 23 24 25	26 27 28 29 30 31
7	요일	금 토 일 월 화	수 목 금 토 일	월 화 수 목 금	토 일 월 화 수	목 금 토 일 월	화 수 목 금 토 일
	음력	5/18 19 20 21 22	23 24 25 26 27	28 29 30 6/1 2	3 4 5 6 7	8 9 10 11 12	13 14 15 16 17 18
	일진	정무기경신 사오미신유	임계갑을병 술해자축인	정무기경신 묘진사오미	임계갑을병 신유술해자	정무기경신 축인묘진사	임계갑을병정 오미신유술해
8	요일	월 화 수 목 금	토 일 월 화 수	목 금 토 일 월	화 수 목 금 토	일 월 화 수 목	금 토 일 월 화 수
	음력	6/19 20 21 22 23	24 25 26 27 28	29 7/1 2 3 4	5 6 7 8 9	10 11 12 13 14	15 16 17 18 19 20
	일진	무기경신임 자축인묘진	계갑을병정 사오미신유	무기경신임 술해자축인	계갑을병정 묘진사오미	무기경신임 신유술해자	계갑을병정무 축인묘진사오
9	요일	목 금 토 일 월	화 수 목 금 토	일 월 화 수 목	금 토 일 월 화	수 목 금 토 일	월 화 수 목 금
	음력	7/21 22 23 24 25	26 27 28 29 30	8/1 2 3 4 5	6 7 8 9 10	11 12 13 14 15	16 17 18 19 20
	일진	기경신임계 미신유술해	갑을병정무 자축인묘진	기경신임계 사오미신유	갑을병정무 술해자축인	기경신임계 묘진사오미	갑을병정무 신유술해자
10	요일	토 일 월 화 수	목 금 토 일 월	화 수 목 금 토	일 월 화 수 목	금 토 일 월 화	수 목 금 토 일 월
	음력	8/21 22 23 24 25	26 27 28 29 30	9/1 2 3 4 5	6 7 8 9 10	11 12 13 14 15	16 17 18 19 20 21
	일진	기경신임계 축인묘진사	갑을병정무 오미신유술	기경신임계 해자축인묘	갑을병정무 진사오미신	기경신임계 유술해자축	갑을병정무기 인묘진사오미
11	요일	화 수 목 금 토	일 월 화 수 목	금 토 일 월 화	수 목 금 토 일	월 화 수 목 금	토 일 월 화 수
	음력	9/22 23 24 25 26	27 28 29 10/1 2	3 4 5 6 7	8 9 10 11 12	13 14 15 16 17	18 19 20 21 22
	일진	경신임계갑 신유술해자	을병정무기 축인묘진사	경신임계갑 오미신유술	을병정무기 해자축인묘	경신임계갑 진사오미신	을병정무기 유술해자축
12	요일	목 금 토 일 월	화 수 목 금 토	일 월 화 수 목	금 토 일 월 화	수 목 금 토 일	월 화 수 목 금 토
	음력	10/23 24 25 26 27	28 29 30 11/1 2	3 4 5 6 7	8 9 10 11 12	13 14 15 16 17	18 19 20 21 22 23
	일진	경신임계갑 인묘진사오	을병정무기 미신유술해	경신임계갑 자축인묘진	을병정무기 사오미신유	경신임계갑 술해자축인	을병정무기경 묘진사오미신

1989 기사년 • 단기 4322

주요 국경일과 명절

구 분	월일	요일	구 분	월일	요일
신 정	1 1	일	제 헌 절	7 17	월
설 날	2 6	월	광 복 절	8 15	화
3·1 절	3 1	수	추 석	9 14	목
식 목 일	4 5	수	국군의날	10 1	일
어린이날	5 5	금	개 천 절	10 3	화
석가탄신일	5 12	금	한 글 날	10 9	월
현 충 일	6 6	화	기독탄신일	12 25	월

음양력 대조일람

음력월	월건	대소	음력 1일의 양력 월일	음력월	월건	대소	음력 1일의 양력 월일
1	병인	대	2 6	7	임신	소	8 2
2	정묘	소	3 8	8	계유	대	8 31
3	무진	소	4 6	9	갑술	대	9 30
4	기사	대	5 5	10	을해	소	10 30
5	경오	소	6 4	11	병자	대	11 28
6	신미	대	7 3	12	정축	대	12 28

월	양력	1 2 3 4 5	6 7 8 9 10	11 12 13 14 15	16 17 18 19 20	21 22 23 24 25	26 27 28 29 30 31
1	요일	일월화수목	금토일월화	수목금토일	월화수목금	토일월화수	목금토일월화
1	음력	11/24 25 26 27 28	29 30 12/1 2 3	4 5 6 7 8	9 10 11 12 13	14 15 16 17 18	19 20 21 22 23 24
1	일진	신임계갑을 유술해자축	병정무기경 인묘진사오	신임계갑을 미신유술해	병정무기경 자축인묘진	신임계갑을 사오미신유	병정무기경신 술해자축인묘
2	요일	수목금토일	월화수목금	토일월화수	목금토일월	화수목금토	일월화
2	음력	12/25 26 27 28 29	1/1 2 3 4 5	6 7 8 9 10	11 12 13 14 15	16 17 18 19 20	21 22 23
2	일진	임계갑을병 진사오미신	정무기경신 유술해자축	임계갑을병 인묘진사오	정무기경신 미신유술해	임계갑을병 자축인묘진	정무기 사오미
3	요일	수목금토일	월화수목금	토일월화수	목금토일월	화수목금토	일월화수목금
3	음력	1/24 25 26 27 28	29 30 2/1 2 3	4 5 6 7 8	9 10 11 12 13	14 15 16 17 18	19 20 21 22 23 24
3	일진	경신임계갑 신유술해자	을병정무기 축인묘진사	경신임계갑 오미신유술	을병정무기 해자축인묘	경신임계갑 진사오미신	을병정무기경 유술해자축인
4	요일	토일월화수	목금토일월	화수목금토	일월화수목	금토일월화	수목금토일
4	음력	2/25 26 27 28 29	3/1 2 3 4 5	6 7 8 9 10	11 12 13 14 15	16 17 18 19 20	21 22 23 24 25
4	일진	신임계갑을 묘진사오미	병정무기경 신유술해자	신임계갑을 축인묘진사	병정무기경 오미신유술	신임계갑을 해자축인묘	병정무기경 진사오미신
5	요일	월화수목금	토일월화수	목금토일월	화수목금토	일월화수목	금토일월화수
5	음력	3/26 27 28 29 4/1	2 3 4 5 6	7 8 9 10 11	12 13 14 15 16	17 18 19 20 21	22 23 24 25 26 27
5	일진	신임계갑을 유술해자축	병정무기경 인묘진사오	신임계갑을 미신유술해	병정무기경 자축인묘진	신임계갑을 사오미신유	병정무기경신 술해자축인묘
6	요일	목금토일월	화수목금토	일월화수목	금토일월화	수목금토일	월화수목금
6	음력	4/28 29 30 5/1 2	3 4 5 6 7	8 9 10 11 12	13 14 15 16 17	18 19 20 21 22	23 24 25 26 27
6	일진	임계갑을병 진사오미신	정무기경신 유술해자축	임계갑을병 인묘진사오	정무기경신 미신유술해	임계갑을병 자축인묘진	정무기경신 사오미신유

24절기와 잡절

명 칭	태양황경(도)	월	일	시	분
소한	285	1	5	17	46
대한	300	1	20	11	7
입춘	315	2	4	5	27
우수	330	2	19	1	21
경칩	345	3	5	23	34
춘분	0	3	21	0	28
청명	15	4	5	4	30
곡우	30	4	20	11	39
입하	45	5	5	21	54
소만	60	5	21	10	54
망종	75	6	6	2	5

명 칭	태양황경(도)	월	일	시	분
하지	90	6	21	18	53
소서	105	7	7	12	19
대서	120	7	23	5	45
입추	135	8	7	22	4
처서	150	8	23	12	46
백로	165	9	8	0	54
추분	180	9	23	10	20
한로	195	10	8	16	27
상강	210	10	23	19	35
입동	225	11	7	19	34
소설	240	11	22	17	5

명 칭	태양황경(도)	월	일	시	분
대설	255	12	7	12	21
동지	270	12	22	6	22
한식		4	6		
단오		6	8		
초복		7	19		
중복		7	29		
말복		8	8		
토왕용사	297	1	17	12	22
토왕용사	27	4	17	9	56
토왕용사	117	7	20	2	19
토왕용사	207	10	20	19	13

월	구분	1 2 3 4 5	6 7 8 9 10	11 12 13 14 15	16 17 18 19 20	21 22 23 24 25	26 27 28 29 30 31
7	요일	토 일 월 화 수	목 금 토 일 월	화 수 목 금 토	일 월 화 수 목	금 토 일 월 화	수 목 금 토 일 월
7	음력	5/28 29 6/1 2 3	4 5 6 7 8	9 10 11 12 13	14 15 16 17 18	19 20 21 22 23	24 25 26 27 28 29
7	일진	임계갑을병 술해자축인	정무기경신 묘진사오미	임계갑을병 신유술해자	정무기경신 축인묘진사	임계갑을병 오미신유술	정무기경신임 해자축인묘진
8	요일	화 수 목 금 토	일 월 화 수 목	금 토 일 월 화	수 목 금 토 일	월 화 수 목 금	토 일 월 화 수 목
8	음력	6/30 7/1 2 3 4	5 6 7 8 9	10 11 12 13 14	15 16 17 18 19	20 21 22 23 24	25 26 27 28 29 8/1
8	일진	계갑을병정 사오미신유	무기경신임 술해자축인	계갑을병정 묘진사오미	무기경신임 신유술해자	계갑을병정 축인묘진사	무기경신임계 오미신유술해
9	요일	금 토 일 월 화	수 목 금 토 일	월 화 수 목 금	토 일 월 화 수	목 금 토 일 월	화 수 목 금 토
9	음력	8/2 3 4 5 6	7 8 9 10 11	12 13 14 15 16	17 18 19 20 21	22 23 24 25 26	27 28 29 30 9/1
9	일지	갑을병정무 자축인묘진	기경신임계 사오미신유	갑을병정무 술해자축인	기경신임계 묘진사오미	갑을병정무 신유술해자	기경신임계 축인묘진사
10	요일	일 월 화 수 목	금 토 일 월 화	수 목 금 토 일	월 화 수 목 금	토 일 월 화 수	목 금 토 일 월 화
10	음력	9/2 3 4 5 6	7 8 9 10 11	12 13 14 15 16	17 18 19 20 21	22 23 24 25 26	27 28 29 30 10/1 2
10	일진	갑을병정무 오미신유술	기경신임계 해자축인묘	갑을병정무 진사오미신	기경신임계 유술해자축	갑을병정무 인묘진사오	기경신임계갑 미신유술해자
11	요일	수 목 금 토 일	월 화 수 목 금	토 일 월 화 수	목 금 토 일 월	화 수 목 금 토	일 월 화 수 목
11	음력	10/3 4 5 6 7	8 9 10 11 12	13 14 15 16 17	18 19 20 21 22	23 24 25 26 27	28 29 11/1 2 3
11	일진	을병정무기 축인묘진사	경신임계갑 오미신유술	을병정무기 해자축인묘	경신임계갑 진사오미신	을병정무기 유술해자축	경신임계갑 인묘진사오
12	요일	금 토 일 월 화	수 목 금 토 일	월 화 수 목 금	토 일 월 화 수	목 금 토 일 월	화 수 목 금 토 일
12	음력	11/4 5 6 7 8	9 10 11 12 13	14 15 16 17 18	19 20 21 22 23	24 25 26 27 28	29 30 12/1 2 3 4
12	일진	을병정무기 미신유술해	경신임계갑 자축인묘진	을병정무기 사오미신유	경신임계갑 술해자축인	을병정무기 묘진사오미	경신임계갑을 신유술해자축

1990 경오년 • 단기 4323

주요 국경일과 명절

구 분	월일	요일	구 분	월일	요일
신 정	1 1	월	제 헌 절	7 17	화
설 날	1 27	토	광 복 절	8 15	수
3·1절	3 1	목	국군의날	10 1	월
식 목 일	4 5	목	추 석	10 3	수
석가탄신일	5 2	수	개 천 절	10 3	수
어린이날	5 5	토	한 글 날	10 9	화
현 충 일	6 6	수	기독탄신일	12 25	화

음양력 대조일람

음력월	월건	대소	음력 1일의 양력 월일	음력월	월건	대소	음력 1일의 양력 월일
1	무인	소	1 27	7	갑신	대	8 20
2	기묘	대	2 25	8	을유	대	9 19
3	경진	소	3 27	9	병술	소	10 19
4	신사	소	4 25	10	정해	대	11 17
5	임오	대	5 24	11	무자	대	12 17
(윤)5		소	6 23	12	기축	대	1991/1 16
6	계미	소	7 22				

월	양력	1 2 3 4 5	6 7 8 9 10	11 12 13 14 15	16 17 18 19 20	21 22 23 24 25	26 27 28 29 30 31
1	요일	월 화 수 목 금	토 일 월 화 수	목 금 토 일 월	화 수 목 금 토	일 월 화 수 목	금 토 일 월 화 수
	음력	12/5 6 7 8 9	10 11 12 13 14	15 16 17 18 19	20 21 22 23 24	25 26 27 28 29	30 1/1 2 3 4 5
	일진	병정무기경 인묘진사오	신임계갑을 미신유술해	병정무기경 자축인묘진	신임계갑을 사오미신유	병정무기경 술해자축인	신임계갑을병 묘진사오미신
2	요일	목 금 토 일 월	화 수 목 금 토	일 월 화 수 목	금 토 일 월 화	수 목 금 토 일	월 화 수
	음력	1/6 7 8 9 10	11 12 13 14 15	16 17 18 19 20	21 22 23 24 25	26 27 28 29 2/1	2 3 4
	일진	정무기경신 유술해자축	임계갑을병 인묘진사오	정무기경신 미신유술해	임계갑을병 자축인묘진	정무기경신 사오미신유	임계갑 술해자
3	요일	목 금 토 일 월	화 수 목 금 토	일 월 화 수 목	금 토 일 월 화	수 목 금 토 일	월 화 수 목 금 토
	음력	2/5 6 7 8 9	10 11 12 13 14	15 16 17 18 19	20 21 22 23 24	25 26 27 28 29	30 3/1 2 3 4 5
	일진	을병정무기 축인묘진사	경신임계갑 오미신유술	을병정무기 해자축인묘	경신임계갑 진사오미신	을병정무기 유술해자축	경신임계갑을 인묘진사오미
4	요일	일 월 화 수 목	금 토 일 월 화	수 목 금 토 일	월 화 수 목 금	토 일 월 화 수	목 금 토 일 월
	음력	3/6 7 8 9 10	11 12 13 14 15	16 17 18 19 20	21 22 23 24 25	26 27 28 29 4/1	2 3 4 5 6
	일진	병정무기경 신유술해자	신임계갑을 축인묘진사	병정무기경 오미신유술	신임계갑을 해자축인묘	병정무기경 진사오미신	신임계갑을 유술해자축
5	요일	화 수 목 금 토	일 월 화 수 목	금 토 일 월 화	수 목 금 토 일	월 화 수 목 금	토 일 월 화 수 목
	음력	4/7 8 9 10 11	12 13 14 15 16	17 18 19 20 21	22 23 24 25 26	27 28 29 5/1 2	3 4 5 6 7 8
	일진	병정무기경 인묘진사오	신임계갑을 미신유술해	병정무기경 자축인묘진	신임계갑을 사오미신유	병정무기경 술해자축인	신임계갑을병 묘진사오미신
6	요일	금 토 일 월 화	수 목 금 토 일	월 화 수 목 금	토 일 월 화 수	목 금 토 일 월	화 수 목 금 토
	음력	5/9 10 11 12 13	14 15 16 17 18	19 20 21 22 23	24 25 26 27 28	29 30 5*/1 2 3	4 5 6 7 8
	일진	정무기경신 유술해자축	임계갑을병 인묘진사오	정무기경신 미신유술해	임계갑을병 자축인묘진	정무기경신 사오미신유	임계갑을병 술해자축인

24절기와 잡절

명 칭	태양황경 (도)	한국표준시 월 일	한국표준시 시 분
소한	285	1 5	23 33
대한	300	1 20	17 2
입춘	315	2 4	11 14
우수	330	2 19	7 14
경칩	345	3 6	5 19
춘분	0	3 21	6 19
청명	15	4 5	10 13
곡우	30	4 20	17 27
입하	45	5 6	3 35
소만	60	5 21	16 37
망종	75	6 6	7 46

명 칭	태양황경 (도)	한국표준시 월 일	한국표준시 시 분
하지	90	6 22	0 33
소서	105	7 7	18 0
대서	120	7 23	11 22
입추	135	8 8	3 46
처서	150	8 23	18 21
백로	165	9 8	6 37
추분	180	9 23	15 56
한로	195	10 8	22 14
상강	210	10 24	1 14
입동	225	11 8	1 23
소설	240	11 22	22 47

명 칭	태양황경 (도)	한국표준시 월 일	한국표준시 시 분
대 설	255	12 7	18 14
동 지	270	12 22	12 7
한 식		4 6	
단 오		5 28	
초 복		7 14	
중 복		7 24	
말 복		8 13	
토왕용사	297	1 17	18 18
토왕용사	27	4 17	15 46
토왕용사	117	7 20	7 58
토왕용사	207	10 21	0 53

월	양력	1 2 3 4 5	6 7 8 9 10	11 12 13 14 15	16 17 18 19 20	21 22 23 24 25	26 27 28 29 30 31
7	요일	일 월 화 수 목	금 토 일 월 화	수 목 금 토 일	월 화 수 목 금	토 일 월 화 수	목 금 토 일 월 화
	음력	5*/9 10 11 12 13	14 15 16 17 18	19 20 21 22 23	24 25 26 27 28	29 6/1 2 3 4	5 6 7 8 9 10
	일진	정무기경신 묘진사오미	임계갑을병 신유술해자	정무기경신 축인묘진사	임계갑을병 오미신유술	정무기경신 해자축인묘	임계갑을병정 진사오미신유
8	요일	수 목 금 토 일	월 화 수 목 금	토 일 월 화 수	목 금 토 일 월	화 수 목 금 토	일 월 화 수 목 금
	음력	6/11 12 13 14 15	16 17 18 19 20	21 22 23 24 25	26 27 28 29 7/1	2 3 4 5 6	7 8 9 10 11 12
	일진	무기경신임 술해자축인	계갑을병정 묘진사오미	무기경신임 신유술해자	계갑을병정 축인묘진사	무기경신임 오미신유술	계갑을병정무 해자축인묘진
9	요일	토 일 월 화 수	목 금 토 일 월	화 수 목 금 토	일 월 화 수 목	금 토 일 월 화	수 목 금 토 일
	음력	7/13 14 15 16 17	18 19 20 21 22	23 24 25 26 27	28 29 30 8/1 2	3 4 5 6 7	8 9 10 11 12
	일진	기경신임계 사오미신유	갑을병정무 술해자축인	기경신임계 묘진사오미	갑을병정무 신유술해자	기경신임계 축인묘진사	갑을병정무 오미신유술
10	요일	월 화 수 목 금	토 일 월 화 수	목 금 토 일 월	화 수 목 금 토	일 월 화 수 목	금 토 일 월 화 수
	음력	8/13 14 15 16 17	18 19 20 21 22	23 24 25 26 27	28 29 30 9/1 2	3 4 5 6 7	8 9 10 11 12 13
	일진	기경신임계 해자축인묘	갑을병정무 진사오미신	기경신임계 유술해자축	갑을병정무 인묘진사오	기경신임계 미신유술해	갑을병정무기 자축인묘진사
11	요일	목 금 토 일 월	화 수 목 금 토	일 월 화 수 목	금 토 일 월 화	수 목 금 토 일	월 화 수 목 금
	음력	9/14 15 16 17 18	19 20 21 22 23	24 25 26 27 28	29 10/1 2 3 4	5 6 7 8 9	10 11 12 13 14
	일진	경신임계갑 오미신유술	을병정무기 해자축인묘	경신임계갑 진사오미신	을병정무기 유술해자축	경신임계갑 인묘진사오	을병정무기 미신유술해
12	요일	토 일 월 화 수	목 금 토 일 월	화 수 목 금 토	일 월 화 수 목	금 토 일 월 화	수 목 금 토 일 월
	음력	10/15 16 17 18 19	20 21 22 23 24	25 26 27 28 29	30 11/1 2 3 4	5 6 7 8 9	10 11 12 13 14 15
	일진	경신임계갑 자축인묘진	을병정무기 사오미신유	경신임계갑 술해자축인	을병정무기 묘진사오미	경신임계갑 신유술해자	을병정무기경 축인묘진사오

* 윤달 : 5월

주요 국경일과 명절

구 분	월 일	요일	구 분	월 일	요일
신 정	1 1	화	현 충 일	6 6	목
설 날	2 15	금	제 헌 절	7 17	수
3·1절	3 1	금	광 복 절	8 15	목
식 목 일	4 5	금	추 석	9 22	일
어린이날	5 5	일	개 천 절	10 3	목
석가탄신일	5 21	화	기독탄신일	12 25	수

음양력 대조일람

음력 월	월건	대소	음력 1일의 양력 월일	음력 월	월건	대소	음력 1일의 양력 월일
1	경인	소	2 15	7	병신	소	8 10
2	신묘	대	3 16	8	정유	대	9 8
3	임진	소	4 15	9	무술	소	10 8
4	계사	소	5 14	10	기해	대	11 6
5	갑오	대	6 12	11	경자	대	12 6
6	을미	소	7 12	12	신축	대	1992/1 5

1월

	1	2	3	4	5	6	7	8	9	10	11	12	13	14	15	16	17	18	19	20	21	22	23	24	25	26	27	28	29	30	31
요일	화	수	목	금	토	일	월	화	수	목	금	토	일	월	화	수	목	금	토	일	월	화	수	목	금	토	일	월	화	수	목
음력	11/16	17	18	19	20	21	22	23	24	25	26	27	28	29	30	12/1	2	3	4	5	6	7	8	9	10	11	12	13	14	15	16
일진	신미	임신	계유	갑술	을해	병자	정축	무인	기묘	경진	신사	임오	계미	갑신	을유	병술	정해	무자	기축	경인	신묘	임진	계사	갑오	을미	병신	정유	무술	기해	경자	신축

2월

	1	2	3	4	5	6	7	8	9	10	11	12	13	14	15	16	17	18	19	20	21	22	23	24	25	26	27	28
요일	금	토	일	월	화	수	목	금	토	일	월	화	수	목	금	토	일	월	화	수	목	금	토	일	월	화	수	목
음력	12/17	18	19	20	21	22	23	24	25	26	27	28	29	30	1/1	2	3	4	5	6	7	8	9	10	11	12	13	14
일진	임인	계묘	갑진	을사	병오	정미	무신	기유	경술	신해	임자	계축	갑인	을묘	병진	정사	무오	기미	경신	신유	임술	계해	갑자	을축	병인	정묘	무진	기사

3월

	1	2	3	4	5	6	7	8	9	10	11	12	13	14	15	16	17	18	19	20	21	22	23	24	25	26	27	28	29	30	31
요일	금	토	일	월	화	수	목	금	토	일	월	화	수	목	금	토	일	월	화	수	목	금	토	일	월	화	수	목	금	토	일
음력	1/15	16	17	18	19	20	21	22	23	24	25	26	27	28	29	2/1	2	3	4	5	6	7	8	9	10	11	12	13	14	15	16
일진	경오	신미	임신	계유	갑술	을해	병자	정축	무인	기묘	경진	신사	임오	계미	갑신	을유	병술	정해	무자	기축	경인	신묘	임진	계사	갑오	을미	병신	정유	무술	기해	경자

4월

	1	2	3	4	5	6	7	8	9	10	11	12	13	14	15	16	17	18	19	20	21	22	23	24	25	26	27	28	29	30
요일	월	화	수	목	금	토	일	월	화	수	목	금	토	일	월	화	수	목	금	토	일	월	화	수	목	금	토	일	월	화
음력	2/17	18	19	20	21	22	23	24	25	26	27	28	29	30	3/1	2	3	4	5	6	7	8	9	10	11	12	13	14	15	16
일진	신축	임인	계묘	갑진	을사	병오	정미	무신	기유	경술	신해	임자	계축	갑인	을묘	병진	정사	무오	기미	경신	신유	임술	계해	갑자	을축	병인	정묘	무진	기사	경오

5월

	1	2	3	4	5	6	7	8	9	10	11	12	13	14	15	16	17	18	19	20	21	22	23	24	25	26	27	28	29	30	31
요일	수	목	금	토	일	월	화	수	목	금	토	일	월	화	수	목	금	토	일	월	화	수	목	금	토	일	월	화	수	목	금
음력	3/17	18	19	20	21	22	23	24	25	26	27	28	29	4/1	2	3	4	5	6	7	8	9	10	11	12	13	14	15	16	17	18
일진	신미	임신	계유	갑술	을해	병자	정축	무인	기묘	경진	신사	임오	계미	갑신	을유	병술	정해	무자	기축	경인	신묘	임진	계사	갑오	을미	병신	정유	무술	기해	경자	신축

6월

	1	2	3	4	5	6	7	8	9	10	11	12	13	14	15	16	17	18	19	20	21	22	23	24	25	26	27	28	29	30
요일	토	일	월	화	수	목	금	토	일	월	화	수	목	금	토	일	월	화	수	목	금	토	일	월	화	수	목	금	토	일
음력	4/19	20	21	22	23	24	25	26	27	28	29	5/1	2	3	4	5	6	7	8	9	10	11	12	13	14	15	16	17	18	19
일진	임인	계묘	갑진	을사	병오	정미	무신	기유	경술	신해	임자	계축	갑인	을묘	병진	정사	무오	기미	경신	신유	임술	계해	갑자	을축	병인	정묘	무진	기사	경오	신미

24절기와 잡절

명칭	태양황경(도)	월	일	시	분	명칭	태양황경(도)	월	일	시	분	명칭	태양황경(도)	월	일	시	분
소한	285	1	6	5	28	하지	90	6	22	6	19	대설	255	12	7	23	56
대한	300	1	20	22	47	소서	105	7	7	23	53	동지	270	12	22	17	54
입춘	315	2	4	17	8	대서	120	7	23	17	11						
우수	330	2	19	12	58	입추	135	8	8	9	37	한식		4	6		
경칩	345	3	6	11	12	처서	150	8	24	0	13	단오		6	16		
춘분	0	3	21	12	2	백로	165	9	8	12	27	초복		7	19		
청명	15	4	5	16	5	추분	180	9	23	21	48	중복		7	29		
곡우	30	4	20	23	8	한로	195	10	9	4	1	말복		8	8		
입하	45	5	6	9	27	상강	210	10	24	7	5	토왕용사	297	1	18	0	5
소만	60	5	21	22	20	입동	225	11	8	7	8	토왕용사	27	4	17	21	29
망종	75	6	6	13	38	소설	240	11	23	4	36	토왕용사	117	7	20	13	45
												토왕용사	207	10	21	6	42

월		1	2	3	4	5	6	7	8	9	10	11	12	13	14	15	16	17	18	19	20	21	22	23	24	25	26	27	28	29	30	31
7	요일	월	화	수	목	금	토	일	월	화	수	목	금	토	일	월	화	수	목	금	토	일	월	화	수	목	금	토	일	월	화	수
	음력	5/20	21	22	23	24	25	26	27	28	29	30	6/1	2	3	4	5	6	7	8	9	10	11	12	13	14	15	16	17	18	19	20
	일진	임신	계유	갑술	을해	병자	정축	무인	기묘	경진	신사	임오	계미	갑신	을유	병술	정해	무자	기축	경인	신묘	임진	계사	갑오	을미	병신	정유	무술	기해	경자	신축	임인
8	요일	목	금	토	일	월	화	수	목	금	토	일	월	화	수	목	금	토	일	월	화	수	목	금	토	일	월	화	수	목	금	토
	음력	6/21	22	23	24	25	26	27	28	29	7/1	2	3	4	5	6	7	8	9	10	11	12	13	14	15	16	17	18	19	20	21	22
	일진	계묘	갑진	을사	병오	정미	무신	기유	경술	신해	임자	계축	갑인	을묘	병진	정사	무오	기미	경신	신유	임술	계해	갑자	을축	병인	정묘	무진	기사	경오	신미	임신	계유
9	요일	일	월	화	수	목	금	토	일	월	화	수	목	금	토	일	월	화	수	목	금	토	일	월	화	수	목	금	토	일	월	
	음력	7/23	24	25	26	27	28	29	8/1	2	3	4	5	6	7	8	9	10	11	12	13	14	15	16	17	18	19	20	21	22	23	
	일진	갑술	을해	병자	정축	무인	기묘	경진	신사	임오	계미	갑신	을유	병술	정해	무자	기축	경인	신묘	임진	계사	갑오	을미	병신	정유	무술	기해	경자	신축	임인	계묘	
10	요일	화	수	목	금	토	일	월	화	수	목	금	토	일	월	화	수	목	금	토	일	월	화	수	목	금	토	일	월	화	수	목
	음력	8/24	25	26	27	28	29	30	9/1	2	3	4	5	6	7	8	9	10	11	12	13	14	15	16	17	18	19	20	21	22	23	24
	일진	갑진	을사	병오	정미	무신	기유	경술	신해	임자	계축	갑인	을묘	병진	정사	무오	기미	경신	신유	임술	계해	갑자	을축	병인	정묘	무진	기사	경오	신미	임신	계유	갑술
11	요일	금	토	일	월	화	수	목	금	토	일	월	화	수	목	금	토	일	월	화	수	목	금	토	일	월	화	수	목	금	토	
	음력	9/25	26	27	28	29	10/1	2	3	4	5	6	7	8	9	10	11	12	13	14	15	16	17	18	19	20	21	22	23	24	25	
	일진	을해	병자	정축	무인	기묘	경진	신사	임오	계미	갑신	을유	병술	정해	무자	기축	경인	신묘	임진	계사	갑오	을미	병신	정유	무술	기해	경자	신축	임인	계묘	갑진	
12	요일	일	월	화	수	목	금	토	일	월	화	수	목	금	토	일	월	화	수	목	금	토	일	월	화	수	목	금	토	일	월	화
	음력	10/26	27	28	29	30	11/1	2	3	4	5	6	7	8	9	10	11	12	13	14	15	16	17	18	19	20	21	22	23	24	25	26
	일진	을사	병오	정미	무신	기유	경술	신해	임자	계축	갑인	을묘	병진	정사	무오	기미	경신	신유	임술	계해	갑자	을축	병인	정묘	무진	기사	경오	신미	임신	계유	갑술	을해

1992 임신년 • 단기 4325

주요 국경일과 명절

구 분	월	일	요일	구 분	월	일	요일
신 정	1	1	수	현 충 일	6	6	토
설 날	2	4	화	제 헌 절	7	17	금
3·1절	3	1	일	광 복 절	8	15	토
식 목 일	4	5	일	추 석	9	11	금
어린이날	5	5	화	개 천 절	10	3	토
석가탄신일	5	10	일	기독탄신일	12	25	금

음양력 대조일람

음력월	월건	대소	음력 1일의 양력 월일	음력월	월건	대소	음력 1일의 양력 월일
1	임인	소	2 4	7	무신	소	7 30
2	계묘	대	3 4	8	기유	소	8 28
3	갑진	대	4 3	9	경술	대	9 26
4	을사	소	5 3	10	신해	소	10 26
5	병오	소	6 1	11	임자	대	11 24
6	정미	대	6 30	12	계축	대	12 24

월	양력	1	2	3	4	5	6	7	8	9	10	11	12	13	14	15	16	17	18	19	20	21	22	23	24	25	26	27	28	29	30	31
1	요일	수	목	금	토	일	월	화	수	목	금	토	일	월	화	수	목	금	토	일	월	화	수	목	금	토	일	월	화	수	목	금
	음력	11/27	28	29	30	12/1	2	3	4	5	6	7	8	9	10	11	12	13	14	15	16	17	18	19	20	21	22	23	24	25	26	27
	일진	병자	정축	무인	기묘	경진	신사	임오	계미	갑신	을유	병술	정해	무자	기축	경인	신묘	임진	계사	갑오	을미	병신	정유	무술	기해	경자	신축	임인	계묘	갑진	을사	병오
2	요일	토	일	월	화	수	목	금	토	일	월	화	수	목	금	토	일	월	화	수	목	금	토	일	월	화	수	목	금	토		
	음력	12/28	29	30	1/1	2	3	4	5	6	7	8	9	10	11	12	13	14	15	16	17	18	19	20	21	22	23	24	25	26		
	일진	정미	무신	기유	경술	신해	임자	계축	갑인	을묘	병진	정사	무오	기미	경신	신유	임술	계해	갑자	을축	병인	정묘	무진	기사	경오	신미	임신	계유	갑술	을해		
3	요일	일	월	화	수	목	금	토	일	월	화	수	목	금	토	일	월	화	수	목	금	토	일	월	화	수	목	금	토	일	월	화
	음력	1/27	28	29	2/1	2	3	4	5	6	7	8	9	10	11	12	13	14	15	16	17	18	19	20	21	22	23	24	25	26	27	28
	일진	병자	정축	무인	기묘	경진	신사	임오	계미	갑신	을유	병술	정해	무자	기축	경인	신묘	임진	계사	갑오	을미	병신	정유	무술	기해	경자	신축	임인	계묘	갑진	을사	병오
4	요일	수	목	금	토	일	월	화	수	목	금	토	일	월	화	수	목	금	토	일	월	화	수	목	금	토	일	월	화	수	목	
	음력	2/29	30	3/1	2	3	4	5	6	7	8	9	10	11	12	13	14	15	16	17	18	19	20	21	22	23	24	25	26	27	28	
	일진	정미	무신	기유	경술	신해	임자	계축	갑인	을묘	병진	정사	무오	기미	경신	신유	임술	계해	갑자	을축	병인	정묘	무진	기사	경오	신미	임신	계유	갑술	을해	병자	
5	요일	금	토	일	월	화	수	목	금	토	일	월	화	수	목	금	토	일	월	화	수	목	금	토	일	월	화	수	목	금	토	일
	음력	3/29	30	4/1	2	3	4	5	6	7	8	9	10	11	12	13	14	15	16	17	18	19	20	21	22	23	24	25	26	27	28	29
	일진	정축	무인	기묘	경진	신사	임오	계미	갑신	을유	병술	정해	무자	기축	경인	신묘	임진	계사	갑오	을미	병신	정유	무술	기해	경자	신축	임인	계묘	갑진	을사	병오	정미
6	요일	월	화	수	목	금	토	일	월	화	수	목	금	토	일	월	화	수	목	금	토	일	월	화	수	목	금	토	일	월	화	
	음력	5/1	2	3	4	5	6	7	8	9	10	11	12	13	14	15	16	17	18	19	20	21	22	23	24	25	26	27	28	29	6/1	
	일진	무신	기유	경술	신해	임자	계축	갑인	을묘	병진	정사	무오	기미	경신	신유	임술	계해	갑자	을축	병인	정묘	무진	기사	경오	신미	임신	계유	갑술	을해	병자	정축	

24절기와 잡절

명칭	태양황경(도)	월	일	시	분	명칭	태양황경(도)	월	일	시	분	명칭	태양황경(도)	월	일	시	분
소한	285	1	6	11	9	하지	90	6	21	12	14	대설	255	12	7	5	44
대한	300	1	21	4	32	소서	105	7	7	5	40	동지	270	12	21	23	43
입춘	315	2	4	22	48	대서	120	7	22	23	9						
우수	330	2	19	18	44	입추	135	8	7	15	27	한식				4	5
경칩	345	3	5	16	52	처서	150	8	23	6	10	단오				6	5
춘분	0	3	20	17	48	백로	165	9	7	18	18	초복				7	13
청명	15	4	4	21	45	추분	180	9	23	3	43	중복				7	23
곡우	30	4	20	4	57	한로	195	10	8	9	51	말복				8	12
입하	45	5	5	15	9	상강	210	10	23	12	57	토왕용사	297	1	18	5	48
소만	60	5	21	4	12	입동	225	11	7	12	57	토왕용사	27	4	17	3	14
망종	75	6	5	19	22	소설	240	11	22	10	26	토왕용사	117	7	19	19	43
												토왕용사	207	10	20	12	36

월	양력	1 2 3 4 5	6 7 8 9 10	11 12 13 14 15	16 17 18 19 20	21 22 23 24 25	26 27 28 29 30 31
7	요일	수 목 금 토 일	월 화 수 목 금	토 일 월 화 수	목 금 토 일 월	화 수 목 금 토	일 월 화 수 목 금
	음력	6/2 3 4 5 6	7 8 9 10 11	12 13 14 15 16	17 18 19 20 21	22 23 24 25 26	27 28 29 30 7/1 2
	일진	무 기 경 신 임 인 묘 진 사 오	계 갑 을 병 정 미 신 유 술 해	무 기 경 신 임 자 축 인 묘 진	계 갑 을 병 정 사 오 미 신 유	무 기 경 신 임 술 해 자 축 인	계 갑 을 병 정 무 묘 진 사 오 미 신
8	요일	토 일 월 화 수	목 금 토 일 월	화 수 목 금 토	일 월 화 수 목	금 토 일 월 화	수 목 금 토 일 월
	음력	7/3 4 5 6 7	8 9 10 11 12	13 14 15 16 17	18 19 20 21 22	23 24 25 26 27	28 29 8/1 2 3 4
	일진	기 경 신 임 계 유 술 해 자 축	갑 을 병 정 무 인 묘 진 사 오	기 경 신 임 계 미 신 유 술 해	갑 을 병 정 무 자 축 인 묘 진	기 경 신 임 계 사 오 미 신 유	갑 을 병 정 무 기 술 해 자 축 인 묘
9	요일	화 수 목 금 토	일 월 화 수 목	금 토 일 월 화	수 목 금 토 일	월 화 수 목 금	토 일 월 화 수
	음력	8/5 6 7 8 9	10 11 12 13 14	15 16 17 18 19	20 21 22 23 24	25 26 27 28 29	9/1 2 3 4 5
	일진	경 신 임 계 갑 진 사 오 미 신	을 병 정 무 기 유 술 해 자 축	경 신 임 계 갑 인 묘 진 사 오	을 병 정 무 기 미 신 유 술 해	경 신 임 계 갑 자 축 인 묘 진	을 병 정 무 기 사 오 미 신 유
10	요일	목 금 토 일 월	화 수 목 금 토	일 월 화 수 목	금 토 일 월 화	수 목 금 토 일	월 화 수 목 금 토
	음력	9/6 7 8 9 10	11 12 13 14 15	16 17 18 19 20	21 22 23 24 25	26 27 28 29 30	10/1 2 3 4 5 6
	일진	경 신 임 계 갑 술 해 자 축 인	을 병 정 무 기 묘 진 사 오 미	경 신 임 계 갑 신 유 술 해 자	을 병 정 무 기 축 인 묘 진 사	경 신 임 계 갑 오 미 신 유 술	을 병 정 무 기 경 해 자 축 인 묘 진
11	요일	일 월 화 수 목	금 토 일 월 화	수 목 금 토 일	월 화 수 목 금	토 일 월 화 수	목 금 토 일 월
	음력	10/7 8 9 10 11	12 13 14 15 16	17 18 19 20 21	22 23 24 25 26	27 28 29 11/1 2	3 4 5 6 7
	일진	신 임 계 갑 을 사 오 미 신 유	병 정 무 기 경 술 해 자 축 인	신 임 계 갑 을 묘 진 사 오 미	병 정 무 기 경 신 유 술 해 자	신 임 계 갑 을 축 인 묘 진 사	병 정 무 기 경 오 미 신 유 술
12	요일	화 수 목 금 토	일 월 화 수 목	금 토 일 월 화	수 목 금 토 일	월 화 수 목 금	토 일 월 화 수 목
	음력	11/8 9 10 11 12	13 14 15 16 17	18 19 20 21 22	23 24 25 26 27	28 29 30 12/1 2	3 4 5 6 7 8
	일진	신 임 계 갑 을 해 자 축 인 묘	병 정 무 기 경 진 사 오 미 신	신 임 계 갑 을 유 술 해 자 축	병 정 무 기 경 인 묘 진 사 오	신 임 계 갑 을 미 신 유 술 해	병 정 무 기 경 신 자 축 인 묘 진 사

1993 계유년 • 단기 4326

주요 국경일과 명절

구 분	월일	요일	구 분	월일	요일
신 정	1 1	금	현충일	6 6	일
설 날	1 23	토	제헌절	7 17	토
3·1절	3 1	월	광복절	8 15	일
식목일	4 5	월	추 석	9 30	목
어린이날	5 5	수	개천절	10 3	일
석가탄신일	5 28	금	기독탄신일	12 25	토

음양력 대조일람

음력월	월건	대소	음력 1일의 양력 월일	음력월	월건	대소	음력 1일의 양력 월일
1	갑인	소	1 23	7	경신	소	8 18
2	을묘	대	2 21	8	신유	소	9 16
3	병진	대	3 23	9	임술	대	10 15
(윤)3		소	4 22	10	계해	소	11 14
4	정사	대	5 21	11	갑자	대	12 13
5	무오	소	6 20	12	을축	소	1994/1 12
6	기미	대	7 19				

월	양력	1 2 3 4 5	6 7 8 9 10	11 12 13 14 15	16 17 18 19 20	21 22 23 24 25	26 27 28 29 30 31
1	요일	금 토 일 월 화	수 목 금 토 일	월 화 수 목 금	토 일 월 화 수	목 금 토 일 월	화 수 목 금 토 일
	음력	12/9 10 11 12 13	14 15 16 17 18	19 20 21 22 23	24 25 26 27 28	29 30 1/1 2 3	4 5 6 7 8 9
	일진	임계갑을병 / 오미신유술	정무기경신 / 해자축인묘	임계갑을병 / 진사오미신	정무기경신 / 유술해자축	임계갑을병 / 인묘진사오	정무기경신임 / 미신유술해자
2	요일	월 화 수 목 금	토 일 월 화 수	목 금 토 일 월	화 수 목 금 토	일 월 화 수 목	금 토 일
	음력	1/10 11 12 13 14	15 16 17 18 19	20 21 22 23 24	25 26 27 28 29	2/1 2 3 4 5	6 7 8
	일진	계갑을병정 / 축인묘진사	무기경신임 / 오미신유술	계갑을병정 / 해자축인묘	무기경신임 / 진사오미신	계갑을병정 / 유술해자축	무기경 / 인묘진
3	요일	월 화 수 목 금	토 일 월 화 수	목 금 토 일 월	화 수 목 금 토	일 월 화 수 목	금 토 일 월 화 수
	음력	2/9 10 11 12 13	14 15 16 17 18	19 20 21 22 23	24 25 26 27 28	29 30 3/1 2 3	4 5 6 7 8 9
	일진	신임계갑을 / 사오미신유	병정무기경 / 술해자축인	신임계갑을 / 묘진사오미	병정무기경 / 신유술해자	신임계갑을 / 축인묘진사	병정무기경신 / 오미신유술해
4	요일	목 금 토 일 월	화 수 목 금 토	일 월 화 수 목	금 토 일 월 화	수 목 금 토 일	월 화 수 목 금
	음력	3/10 11 12 13 14	15 16 17 18 19	20 21 22 23 24	25 26 27 28 29	30 3*/1 2 3 4	5 6 7 8 9
	일진	임계갑을병 / 자축인묘진	정무기경신 / 사오미신유	임계갑을병 / 술해자축인	정무기경신 / 묘진사오미	임계갑을병 / 신유술해자	정무기경신 / 축인묘진사
5	요일	토 일 월 화 수	목 금 토 일 월	화 수 목 금 토	일 월 화 수 목	금 토 일 월 화	수 목 금 토 일 월
	음력	3*/10 11 12 13 14	15 16 17 18 19	20 21 22 23 24	25 26 27 28 29	4/1 2 3 4 5	6 7 8 9 10 11
	일진	임계갑을병 / 오미신유술	정무기경신 / 해자축인묘	임계갑을병 / 진사오미신	정무기경신 / 유술해자축	임계갑을병 / 인묘진사오	정무기경신임 / 미신유술해자
6	요일	화 수 목 금 토	일 월 화 수 목	금 토 일 월 화	수 목 금 토 일	월 화 수 목 금	토 일 월 화 수
	음력	4/12 13 14 15 16	17 18 19 20 21	22 23 24 25 26	27 28 29 30 5/1	2 3 4 5 6	7 8 9 10 11
	일진	계갑을병정 / 축인묘진사	무기경신임 / 오미신유술	계갑을병정 / 해자축인묘	무기경신임 / 진사오미신	계갑을병정 / 유술해자축	무기경신임 / 인묘진사오

24절기와 잡절

명칭	태양황경(도)	한국표준시 월 일	시 분	명칭	태양황경(도)	한국표준시 월 일	시 분	명칭	태양황경(도)	한국표준시 월 일	시 분
소한	285	1 5	16 57	하지	90	6 21	18 0	대 설	255	12 7	11 34
대한	300	1 20	10 23	소서	105	7 7	11 32	동 지	270	12 22	5 26
입춘	315	2 4	4 37	대서	120	7 23	4 51	한식		4 5	
우수	330	2 19	0 35	입추	135	8 7	21 18	단오		6 24	
경칩	345	3 5	22 43	처서	150	8 23	11 50	초복		7 18	
춘분	0	3 20	23 41	백로	165	9 8	0 8	중복		7 28	
청명	15	4 5	3 37	추분	180	9 23	9 22	말복		8 7	
곡우	30	4 20	10 49	한로	195	10 8	15 40	토왕용사	297	1 17	11 40
입하	45	5 5	21 2	상강	210	10 23	18 37	토왕용사	27	4 17	9 9
소만	60	5 21	10 2	입동	225	11 7	18 46	토왕용사	117	7 20	1 27
망종	75	6 6	1 15	소설	240	11 22	16 7	토왕용사	207	10 20	18 16

월	양력	1	2	3	4	5	6	7	8	9	10	11	12	13	14	15	16	17	18	19	20	21	22	23	24	25	26	27	28	29	30	31
7	요일	목	금	토	일	월	화	수	목	금	토	일	월	화	수	목	금	토	일	월	화	수	목	금	토	일	월	화	수	목	금	토
	음력	5/12	13	14	15	16	17	18	19	20	21	22	23	24	25	26	27	28	29	6/1	2	3	4	5	6	7	8	9	10	11	12	13
	일진	계미	갑신	을유	병술	정해	무자	기축	경인	신묘	임진	계사	갑오	을미	병신	정유	무술	기해	경자	신축	임인	계묘	갑진	을사	병오	정미	무신	기유	경술	신해	임자	계축
8	요일	일	월	화	수	목	금	토	일	월	화	수	목	금	토	일	월	화	수	목	금	토	일	월	화	수	목	금	토	일	월	화
	음력	6/14	15	16	17	18	19	20	21	22	23	24	25	26	27	28	29	30	7/1	2	3	4	5	6	7	8	9	10	11	12	13	14
	일진	갑인	을묘	병진	정사	무오	기미	경신	신유	임술	계해	갑자	을축	병인	정묘	무진	기사	경오	신미	임신	계유	갑술	을해	병자	정축	무인	기묘	경진	신사	임오	계미	갑신
9	요일	수	목	금	토	일	월	화	수	목	금	토	일	월	화	수	목	금	토	일	월	화	수	목	금	토	일	월	화	수	목	
	음력	7/15	16	17	18	19	20	21	22	23	24	25	26	27	28	29	8/1	2	3	4	5	6	7	8	9	10	11	12	13	14	15	
	일진	을유	병술	정해	무자	기축	경인	신묘	임진	계사	갑오	을미	병신	정유	무술	기해	경자	신축	임인	계묘	갑진	을사	병오	정미	무신	기유	경술	신해	임자	계축	갑인	
10	요일	금	토	일	월	화	수	목	금	토	일	월	화	수	목	금	토	일	월	화	수	목	금	토	일	월	화	수	목	금	토	일
	음력	8/16	17	18	19	20	21	22	23	24	25	26	27	28	29	9/1	2	3	4	5	6	7	8	9	10	11	12	13	14	15	16	17
	일진	을묘	병진	정사	무오	기미	경신	신유	임술	계해	갑자	을축	병인	정묘	무진	기사	경오	신미	임신	계유	갑술	을해	병자	정축	무인	기묘	경진	신사	임오	계미	갑신	을유
11	요일	월	화	수	목	금	토	일	월	화	수	목	금	토	일	월	화	수	목	금	토	일	월	화	수	목	금	토	일	월	화	
	음력	9/18	19	20	21	22	23	24	25	26	27	28	29	30	10/1	2	3	4	5	6	7	8	9	10	11	12	13	14	15	16	17	
	일진	병술	정해	무자	기축	경인	신묘	임진	계사	갑오	을미	병신	정유	무술	기해	경자	신축	임인	계묘	갑진	을사	병오	정미	무신	기유	경술	신해	임자	계축	갑인	을묘	
12	요일	수	목	금	토	일	월	화	수	목	금	토	일	월	화	수	목	금	토	일	월	화	수	목	금	토	일	월	화	수	목	금
	음력	10/18	19	20	21	22	23	24	25	26	27	28	29	11/1	2	3	4	5	6	7	8	9	10	11	12	13	14	15	16	17	18	19
	일진	병진	정사	무오	기미	경신	신유	임술	계해	갑자	을축	병인	정묘	무진	기사	경오	신미	임신	계유	갑술	을해	병자	정축	무인	기묘	경진	신사	임오	계미	갑신	을유	병술

* 윤달 : 3월

1994 갑술년 • 단기 4327

주요 국경일과 명절

구 분	월일	요일	구 분	월일	요일
신 정	1 1	토	현충일	6 6	월
설 날	2 10	목	제헌절	7 17	일
3·1절	3 1	화	광복절	8 15	월
식 목 일	4 5	화	추 석	9 20	화
어린이날	5 5	목	개 천 절	10 3	월
석가탄신일	5 18	수	기독탄신일	12 25	일

음양력 대조일람

음력월	월건	대소	음력 1일의 양력 월일	음력월	월건	대소	음력 1일의 양력 월일
1	병인	대	2 10	7	임신	대	8 7
2	정묘	대	3 12	8	계유	소	9 6
3	무진	대	4 11	9	갑술	소	10 5
4	기사	소	5 11	10	을해	대	11 3
5	경오	대	6 9	11	병자	소	12 3
6	신미	소	7 9	12	정축	대	1995/1 1

월별 양력·음력 대조

월	양력	1	2	3	4	5	6	7	8	9	10	11	12	13	14	15	16	17	18	19	20	21	22	23	24	25	26	27	28	29	30	31
1	요일	토	일	월	화	수	목	금	토	일	월	화	수	목	금	토	일	월	화	수	목	금	토	일	월	화	수	목	금	토	일	월
	음력	11/20	21	22	23	24	25	26	27	28	29	30	12/1	2	3	4	5	6	7	8	9	10	11	12	13	14	15	16	17	18	19	20
	일진	정해	무자	기축	경인	신묘	임진	계사	갑오	을미	병신	정유	무술	기해	경자	신축	임인	계묘	갑진	을사	병오	정미	무신	기유	경술	신해	임자	계축	갑인	을묘	병진	정사
2	요일	화	수	목	금	토	일	월	화	수	목	금	토	일	월	화	수	목	금	토	일	월	화	수	목	금	토	일	월			
	음력	12/21	22	23	24	25	26	27	28	29	1/1	2	3	4	5	6	7	8	9	10	11	12	13	14	15	16	17	18	19			
	일진	무오	기미	경신	신유	임술	계해	갑자	을축	병인	정묘	무진	기사	경오	신미	임신	계유	갑술	을해	병자	정축	무인	기묘	경진	신사	임오	계미	갑신	을유			
3	요일	화	수	목	금	토	일	월	화	수	목	금	토	일	월	화	수	목	금	토	일	월	화	수	목	금	토	일	월	화	수	목
	음력	1/20	21	22	23	24	25	26	27	28	29	30	2/1	2	3	4	5	6	7	8	9	10	11	12	13	14	15	16	17	18	19	20
	일진	병술	정해	무자	기축	경인	신묘	임진	계사	갑오	을미	병신	정유	무술	기해	경자	신축	임인	계묘	갑진	을사	병오	정미	무신	기유	경술	신해	임자	계축	갑인	을묘	병진
4	요일	금	토	일	월	화	수	목	금	토	일	월	화	수	목	금	토	일	월	화	수	목	금	토	일	월	화	수	목	금	토	
	음력	2/21	22	23	24	25	26	27	28	29	30	3/1	2	3	4	5	6	7	8	9	10	11	12	13	14	15	16	17	18	19	20	
	일진	정사	무오	기미	경신	신유	임술	계해	갑자	을축	병인	정묘	무진	기사	경오	신미	임신	계유	갑술	을해	병자	정축	무인	기묘	경진	신사	임오	계미	갑신	을유	병술	
5	요일	일	월	화	수	목	금	토	일	월	화	수	목	금	토	일	월	화	수	목	금	토	일	월	화	수	목	금	토	일	월	화
	음력	3/21	22	23	24	25	26	27	28	29	30	4/1	2	3	4	5	6	7	8	9	10	11	12	13	14	15	16	17	18	19	20	21
	일진	정해	무자	기축	경인	신묘	임진	계사	갑오	을미	병신	정유	무술	기해	경자	신축	임인	계묘	갑진	을사	병오	정미	무신	기유	경술	신해	임자	계축	갑인	을묘	병진	정사
6	요일	수	목	금	토	일	월	화	수	목	금	토	일	월	화	수	목	금	토	일	월	화	수	목	금	토	일	월	화	수	목	
	음력	4/22	23	24	25	26	27	28	29	5/1	2	3	4	5	6	7	8	9	10	11	12	13	14	15	16	17	18	19	20	21	22	
	일진	무오	기미	경신	신유	임술	계해	갑자	을축	병인	정묘	무진	기사	경오	신미	임신	계유	갑술	을해	병자	정축	무인	기묘	경진	신사	임오	계미	갑신	을유	병술	정해	

24절기와 잡절

명칭	태양황경(도)	월 일	시 분	명칭	태양황경(도)	월 일	시 분	명칭	태양황경(도)	월 일	시 분
소한	285	1 5	22 48	하지	90	6 21	23 48	대 설	255	12 7	17 23
대한	300	1 20	16 7	소서	105	7 7	17 19	동 지	270	12 22	11 23
입춘	315	2 4	10 31	대서	120	7 23	10 41				
우수	330	2 19	6 22	입추	135	8 8	3 4	한 식		4 6	
경칩	345	3 6	4 38	처서	150	8 23	17 44	단 오		6 13	
춘분	0	3 21	5 28	백로	165	9 8	5 55	초 복		7 13	
청명	15	4 5	9 32	추분	180	9 23	15 19	중 복		7 23	
곡우	30	4 20	16 36	한로	195	10 8	21 29	말 복		8 12	
입하	45	5 6	2 54	상강	210	10 24	0 36	토왕용사	297	1 17	17 24
소만	60	5 21	15 48	입동	225	11 8	0 36	토왕용사	27	4 17	14 55
망종	75	6 6	7 5	소설	240	11 22	22 6	토왕용사	117	7 20	7 14
								토왕용사	207	10 21	0 13

7월

구분	1	2	3	4	5	6	7	8	9	10	11	12	13	14	15	16	17	18	19	20	21	22	23	24	25	26	27	28	29	30	31
요일	금	토	일	월	화	수	목	금	토	일	월	화	수	목	금	토	일	월	화	수	목	금	토	일	월	화	수	목	금	토	일
음력	5/23	24	25	26	27	28	29	30	6/1	2	3	4	5	6	7	8	9	10	11	12	13	14	15	16	17	18	19	20	21	22	23
일진	무자	기축	경인	신묘	임진	계사	갑오	을미	병신	정유	무술	기해	경자	신축	임인	계묘	갑진	을사	병오	정미	무신	기유	경술	신해	임자	계축	갑인	을묘	병진	정사	무오

8월

구분	1	2	3	4	5	6	7	8	9	10	11	12	13	14	15	16	17	18	19	20	21	22	23	24	25	26	27	28	29	30	31
요일	월	화	수	목	금	토	일	월	화	수	목	금	토	일	월	화	수	목	금	토	일	월	화	수	목	금	토	일	월	화	수
음력	6/24	25	26	27	28	29	7/1	2	3	4	5	6	7	8	9	10	11	12	13	14	15	16	17	18	19	20	21	22	23	24	25
일진	기미	경신	신유	임술	계해	갑자	을축	병인	정묘	무진	기사	경오	신미	임신	계유	갑술	을해	병자	정축	무인	기묘	경진	신사	임오	계미	갑신	을유	병술	정해	무자	기축

9월

구분	1	2	3	4	5	6	7	8	9	10	11	12	13	14	15	16	17	18	19	20	21	22	23	24	25	26	27	28	29	30
요일	목	금	토	일	월	화	수	목	금	토	일	월	화	수	목	금	토	일	월	화	수	목	금	토	일	월	화	수	목	금
음력	7/26	27	28	29	30	8/1	2	3	4	5	6	7	8	9	10	11	12	13	14	15	16	17	18	19	20	21	22	23	24	25
일진	경인	신묘	임진	계사	갑오	을미	병신	정유	무술	기해	경자	신축	임인	계묘	갑진	을사	병오	정미	무신	기유	경술	신해	임자	계축	갑인	을묘	병진	정사	무오	기미

10월

구분	1	2	3	4	5	6	7	8	9	10	11	12	13	14	15	16	17	18	19	20	21	22	23	24	25	26	27	28	29	30	31
요일	토	일	월	화	수	목	금	토	일	월	화	수	목	금	토	일	월	화	수	목	금	토	일	월	화	수	목	금	토	일	월
음력	8/26	27	28	29	9/1	2	3	4	5	6	7	8	9	10	11	12	13	14	15	16	17	18	19	20	21	22	23	24	25	26	27
일진	경신	신유	임술	계해	갑자	을축	병인	정묘	무진	기사	경오	신미	임신	계유	갑술	을해	병자	정축	무인	기묘	경진	신사	임오	계미	갑신	을유	병술	정해	무자	기축	경인

11월

구분	1	2	3	4	5	6	7	8	9	10	11	12	13	14	15	16	17	18	19	20	21	22	23	24	25	26	27	28	29	30
요일	화	수	목	금	토	일	월	화	수	목	금	토	일	월	화	수	목	금	토	일	월	화	수	목	금	토	일	월	화	수
음력	9/28	29	10/1	2	3	4	5	6	7	8	9	10	11	12	13	14	15	16	17	18	19	20	21	22	23	24	25	26	27	28
일진	신묘	임진	계사	갑오	을미	병신	정유	무술	기해	경자	신축	임인	계묘	갑진	을사	병오	정미	무신	기유	경술	신해	임자	계축	갑인	을묘	병진	정사	무오	기미	경신

12월

구분	1	2	3	4	5	6	7	8	9	10	11	12	13	14	15	16	17	18	19	20	21	22	23	24	25	26	27	28	29	30	31
요일	목	금	토	일	월	화	수	목	금	토	일	월	화	수	목	금	토	일	월	화	수	목	금	토	일	월	화	수	목	금	토
음력	10/29	30	11/1	2	3	4	5	6	7	8	9	10	11	12	13	14	15	16	17	18	19	20	21	22	23	24	25	26	27	28	29
일진	신유	임술	계해	갑자	을축	병인	정묘	무진	기사	경오	신미	임신	계유	갑술	을해	병자	정축	무인	기묘	경진	신사	임오	계미	갑신	을유	병술	정해	무자	기축	경인	신묘

1995 을해년 • 단기 4328

주요 국경일과 명절

구 분	월일	요일	구 분	월일	요일
신　　정	1 1	일	현 충 일	6 6	화
설　　날	1 31	화	제 헌 절	7 17	월
3·1절	3 1	수	광 복 절	8 15	화
식 목 일	4 5	수	추　　석	9 9	토
어린이날	5 5	금	개 천 절	10 3	화
석가탄신일	5 7	일	기독탄신일	12 25	월

음양력 대조일람

음력월	월건	대소	음력 1일의 양력 월일	음력월	월건	대소	음력 1일의 양력 월일
1	무인	소	1 31	8	을유	대	8 26
2	기묘	대	3 1	(윤)8		소	9 25
3	경진	대	3 31	9	병술	대	10 24
4	신사	소	4 30	10	정해	소	11 23
5	임오	대	5 29	11	무자	소	12 22
6	계미	대	6 28	12	기축	대	1996/1 20
7	갑신	소	7 28				

월	양력	1	2	3	4	5	6	7	8	9	10	11	12	13	14	15	16	17	18	19	20	21	22	23	24	25	26	27	28	29	30	31
1	요일	일	월	화	수	목	금	토	일	월	화	수	목	금	토	일	월	화	수	목	금	토	일	월	화	수	목	금	토	일	월	화
	음력	12/1	2	3	4	5	6	7	8	9	10	11	12	13	14	15	16	17	18	19	20	21	22	23	24	25	26	27	28	29	30	1/1
	일진	임진	계사	갑오	을미	병신	정유	무술	기해	경자	신축	임인	계묘	갑진	을사	병오	정미	무신	기유	경술	신해	임자	계축	갑인	을묘	병진	정사	무오	기미	경신	신유	임술
2	요일	수	목	금	토	일	월	화	수	목	금	토	일	월	화	수	목	금	토	일	월	화	수	목	금	토	일	월	화			
	음력	1/2	3	4	5	6	7	8	9	10	11	12	13	14	15	16	17	18	19	20	21	22	23	24	25	26	27	28	29			
	일진	계해	갑자	을축	병인	정묘	무진	기사	경오	신미	임신	계유	갑술	을해	병자	정축	무인	기묘	경진	신사	임오	계미	갑신	을유	병술	정해	무자	기축	경인			
3	요일	수	목	금	토	일	월	화	수	목	금	토	일	월	화	수	목	금	토	일	월	화	수	목	금	토	일	월	화	수	목	금
	음력	2/1	2	3	4	5	6	7	8	9	10	11	12	13	14	15	16	17	18	19	20	21	22	23	24	25	26	27	28	29	30	3/1
	일진	신묘	임진	계사	갑오	을미	병신	정유	무술	기해	경자	신축	임인	계묘	갑진	을사	병오	정미	무신	기유	경술	신해	임자	계축	갑인	을묘	병진	정사	무오	기미	경신	신유
4	요일	토	일	월	화	수	목	금	토	일	월	화	수	목	금	토	일	월	화	수	목	금	토	일	월	화	수	목	금	토	일	
	음력	3/2	3	4	5	6	7	8	9	10	11	12	13	14	15	16	17	18	19	20	21	22	23	24	25	26	27	28	29	30	4/1	
	일진	임술	계해	갑자	을축	병인	정묘	무진	기사	경오	신미	임신	계유	갑술	을해	병자	정축	무인	기묘	경진	신사	임오	계미	갑신	을유	병술	정해	무자	기축	경인	신묘	
5	요일	월	화	수	목	금	토	일	월	화	수	목	금	토	일	월	화	수	목	금	토	일	월	화	수	목	금	토	일	월	화	수
	음력	4/2	3	4	5	6	7	8	9	10	11	12	13	14	15	16	17	18	19	20	21	22	23	24	25	26	27	28	29	5/1	2	3
	일진	임진	계사	갑오	을미	병신	정유	무술	기해	경자	신축	임인	계묘	갑진	을사	병오	정미	무신	기유	경술	신해	임자	계축	갑인	을묘	병진	정사	무오	기미	경신	신유	임술
6	요일	목	금	토	일	월	화	수	목	금	토	일	월	화	수	목	금	토	일	월	화	수	목	금	토	일	월	화	수	목	금	
	음력	5/4	5	6	7	8	9	10	11	12	13	14	15	16	17	18	19	20	21	22	23	24	25	26	27	28	29	30	6/1	2	3	
	일진	계해	갑자	을축	병인	정묘	무진	기사	경오	신미	임신	계유	갑술	을해	병자	정축	무인	기묘	경진	신사	임오	계미	갑신	을유	병술	정해	무자	기축	경인	신묘	임진	

24절기와 잡절

명칭	태양황경(도)	한국표준시 월 일	한국표준시 시 분	명칭	태양황경(도)	한국표준시 월 일	한국표준시 시 분	명칭	태양황경(도)	한국표준시 월 일	한국표준시 시 분
*소한	285	1 6	4 34	하지	90	6 22	5 34	대　설	255	12 7	23 22
대한	300	1 20	22 0	소서	105	7 7	23 1	동　지	270	12 22	17 17
입춘	315	2 4	16 13	대서	120	7 23	16 30				
우수	330	2 19	12 11	입추	135	8 8	8 52	한　식		4 6	
경칩	345	3 6	10 16	처서	150	8 23	23 35	단　오		6 2	
춘분	0	3 21	11 14	백로	165	9 8	11 49	초　복		7 18	
청명	15	4 5	15 8	추분	180	9 23	21 13	중　복		7 28	
곡우	30	4 20	22 21	한로	195	10 9	3 27	말　복		8 17	
입하	45	5 6	8 30	상강	210	10 24	6 32	토왕용사	297	1 17	23 16
소만	60	5 21	21 34	입동	225	11 8	6 36	토왕용사	27	4 17	20 39
망종	75	6 6	12 43	소설	240	11 23	4 1	토왕용사	117	7 20	13 5
								토왕용사	207	10 21	6 11

월	양력	1 2 3 4 5	6 7 8 9 10	11 12 13 14 15	16 17 18 19 20	21 22 23 24 25	26 27 28 29 30 31
7	요일	토 일 월 화 수	목 금 토 일 월	화 수 목 금 토	일 월 화 수 목	금 토 일 월 화	수 목 금 토 일 월
7	음력	6/4 5 6 7 8	9 10 11 12 13	14 15 16 17 18	19 20 21 22 23	24 25 26 27 28	29 30 7/1 2 3 4
7	일진	계갑을병정 사오미신유	무기경신임 술해자축인	계갑을병정 묘진사오미	무기경신임 신유술해자	계갑을병정 축인묘진사	무기경신임계 오미신유술해
8	요일	화 수 목 금 토	일 월 화 수 목	금 토 일 월 화	수 목 금 토 일	월 화 수 목 금	토 일 월 화 수 목
8	음력	7/5 6 7 8 9	10 11 12 13 14	15 16 17 18 19	20 21 22 23 24	25 26 27 28 29	8/1 2 3 4 5 6
8	일진	갑을병정무 자축인묘진	기경신임계 사오미신유	갑을병정무 술해자축인	기경신임계 묘진사오미	갑을병정무 신유술해자	기경신임계갑 축인묘진사오
9	요일	금 토 일 월 화	수 목 금 토 일	월 화 수 목 금	토 일 월 화 수	목 금 토 일 월	화 수 목 금 토
9	음력	8/7 8 9 10 11	12 13 14 15 16	17 18 19 20 21	22 23 24 25 26	27 28 29 30 8*/1	2 3 4 5 6
9	일진	을병정무기 미신유술해	경신임계갑 자축인묘진	을병정무기 사오미신유	경신임계갑 술해자축인	을병정무기 묘진사오미	경신임계갑 신유술해자
10	요일	일 월 화 수 목	금 토 일 월 화	수 목 금 토 일	월 화 수 목 금	토 일 월 화 수	목 금 토 일 월 화
10	음력	8*/7 8 9 10 11	12 13 14 15 16	17 18 19 20 21	22 23 24 25 26	27 28 29 9/1 2	3 4 5 6 7 8
10	일진	을병정무기 축인묘진사	경신임계갑 오미신유술	을병정무기 해자축인묘	경신임계갑 진사오미신	을병정무기 유술해자축	경신임계갑을 인묘진사오미
11	요일	수 목 금 토 일	월 화 수 목 금	토 일 월 화 수	목 금 토 일 월	화 수 목 금 토	일 월 화 수 목
11	음력	9/9 10 11 12 13	14 15 16 17 18	19 20 21 22 23	24 25 26 27 28	29 30 10/1 2 3	4 5 6 7 8
11	일진	병정무기경 신유술해자	신임계갑을 축인묘진사	병정무기경 오미신유술	신임계갑을 해자축인묘	병정무기경 진사오미신	신임계갑을 유술해자축
12	요일	금 토 일 월 화	수 목 금 토 일	월 화 수 목 금	토 일 월 화 수	목 금 토 일 월	화 수 목 금 토 일
12	음력	10/9 10 11 12 13	14 15 16 17 18	19 20 21 22 23	24 25 26 27 28	29 11/1 2 3 4	5 6 7 8 9 10
12	일진	병정무기경 인묘진사오	신임계갑을 미신유술해	병정무기경 자축인묘진	신임계갑을 사오미신유	병정무기경 술해자축인	신임계갑을병 묘진사오미신

* 윤달 : 8월

1996 병자년 · 단기 4329

주요 국경일과 명절

구 분	월일	요일	구 분	월일	요일
신 정	1 1	월	현 충 일	6 6	목
설 날	2 19	월	제 헌 절	7 17	수
3·1절	3 1	금	광 복 절	8 15	목
식 목 일	4 5	금	추 석	9 27	금
어린이날	5 5	일	개 천 절	10 3	목
석가탄신일	5 24	금	기독탄신일	12 25	수

음양력 대조일람

음력월	월건	대소	음력 1일의 양력 월일	음력월	월건	대소	음력 1일의 양력 월일
1	경인	소	2 19	7	병신	대	8 14
2	신묘	대	3 19	8	정유	소	9 13
3	임진	소	4 18	9	무술	대	10 12
4	계사	대	5 17	10	기해	대	11 11
5	갑오	대	6 16	11	경자	소	12 11
6	을미	소	7 16	12	신축	대	1997/1 9

월	양력	1 2 3 4 5	6 7 8 9 10	11 12 13 14 15	16 17 18 19 20	21 22 23 24 25	26 27 28 29 30 31
1	요일	월화수목금	토일월화수	목금토일월	화수목금토	일월화수목	금토일월화수
	음력	11/11 12 13 14 15	16 17 18 19 20	21 22 23 24 25	26 27 28 29 12/1	2 3 4 5 6	7 8 9 10 11 12
	일진	정무기경신 유술해자축	임계갑을병 인묘진사오	정무기경신 미신유술해	임계갑을병 자축인묘진	정무기경신 사오미신유	임계갑을병정 술해자축인묘
2	요일	목금토일월	화수목금토	일월화수목	금토일월화	수목금토일	월화수목
	음력	12/13 14 15 16 17	18 19 20 21 22	23 24 25 26 27	28 29 30 1/1 2	3 4 5 6 7	8 9 10 11
	일진	무기경신임 진사오미신	계갑을병정 유술해자축	무기경신임 인묘진사오	계갑을병정 미신유술해	무기경신임 자축인묘진	계갑을병 사오미신
3	요일	금토일월화	수목금토일	월화수목금	토일월화수	목금토일월	화수목금토일
	음력	1/12 13 14 15 16	17 18 19 20 21	22 23 24 25 26	27 28 29 2/1 2	3 4 5 6 7	8 9 10 11 12 13
	일진	정무기경신 유술해자축	임계갑을병 인묘진사오	정무기경신 미신유술해	임계갑을병 자축인묘진	정무기경신 사오미신유	임계갑을병정 술해자축인묘
4	요일	월화수목금	토일월화수	목금토일월	화수목금토	일월화수목	금토일월화
	음력	2/14 15 16 17 18	19 20 21 22 23	24 25 26 27 28	29 30 3/1 2 3	4 5 6 7 8	9 10 11 12 13
	일진	무기경신임 진사오미신	계갑을병정 유술해자축	무기경신임 인묘진사오	계갑을병정 미신유술해	무기경신임 자축인묘진	계갑을병 사오미신유
5	요일	수목금토일	월화수목금	토일월화수	목금토일월	화수목금토	일월화수목금
	음력	3/14 15 16 17 18	19 20 21 22 23	24 25 26 27 28	29 4/1 2 3 4	5 6 7 8 9	10 11 12 13 14 15
	일진	무기경신임 술해자축인	계갑을병정 묘진사오미	무기경신임 신유술해자	계갑을병정 축인묘진사	무기경신임 오미신유술	계갑을병정무 해자축인묘진
6	요일	토일월화수	목금토일월	화수목금토	일월화수목	금토일월화	수목금토일
	음력	4/16 17 18 19 20	21 22 23 24 25	26 27 28 29 30	5/1 2 3 4 5	6 7 8 9 10	11 12 13 14 15
	일진	기경신임계 사오미신유	갑을병정무 술해자축인	기경신임계 묘진사오미	갑을병정무 신유술해자	기경신임계 축인묘진사	갑을병정무 오미신유술

24절기와 잡절

명 칭	태양황경(도)	한국표준시 월 일	한국표준시 시 분	명 칭	태양황경(도)	한국표준시 월 일	한국표준시 시 분	명 칭	태양황경(도)	한국표준시 월 일	한국표준시 시 분
소한	285	1 6	10 31	하지	90	6 21	11 24	대 설	255	12 7	5 14
대한	300	1 21	3 53	소서	105	7 7	5 0	동 지	270	12 21	23 6
입춘	315	2 4	22 8	대서	120	7 22	22 19				
우수	330	2 19	18 1	입추	135	8 7	14 49	한 식		4 5	
경칩	345	3 5	16 10	처서	150	8 23	5 23	단 오		6 20	
춘분	0	3 20	17 3	백로	165	9 7	17 42	초 복		7 12	
청명	15	4 4	21 2	추분	180	9 23	3 0	중 복		7 22	
곡우	30	4 20	4 10	한로	195	10 8	9 19	말 복		8 11	
입하	45	5 5	14 26	상강	210	10 23	12 19	토왕용사	297	1 18	5 11
소만	60	5 21	3 23	입동	225	11 7	12 27	토왕용사	27	4 17	2 31
망종	75	6 5	18 41	소설	240	11 22	9 49	토왕용사	117	7 19	18 54
								토왕용사	207	10 20	11 56

월	양력	1 2 3 4 5	6 7 8 9 10	11 12 13 14 15	16 17 18 19 20	21 22 23 24 25	26 27 28 29 30 31
7	요일	월화수목금	토일월화수	목금토일월	화수목금토	일월화수목	금토일월화수
	음력	5/16 17 18 19 20	21 22 23 24 25	26 27 28 29 30	6/1 2 3 4 5	6 7 8 9 10	11 12 13 14 15 16
	일진	기경신임계 해자축인묘	갑을병정무 진사오미신	기경신임계 유술해자축	갑을병정무 인묘진사오	기경신임계 미신유술해	갑을병정무기 자축인묘진사
8	요일	목금토일월	화수목금토	일월화수목	금토일월화	수목금토일	월화수목금토
	음력	6/17 18 19 20 21	22 23 24 25 26	27 28 29 7/1 2	3 4 5 6 7	8 9 10 11 12	13 14 15 16 17 18
	일진	경신임계갑 오미신유술	을병정무기 해자축인묘	경신임계갑 진사오미신	을병정무기 유술해자축	경신임계갑 인묘진사오	을병정무기경 미신유술해자
9	요일	일월화수목	금토일월화	수목금토일	월화수목금	토일월화수	목금토일월
	음력	7/19 20 21 22 23	24 25 26 27 28	29 30 8/1 2 3	4 5 6 7 8	9 10 11 12 13	14 15 16 17 18
	일진	신임계갑을 축인묘진사	병정무기경 오미신유술	신임계갑을 해자축인묘	병정무기경 진사오미신	신임계갑을 유술해자축	병정무기경 인묘진사오
10	요일	화수목금토	일월화수목	금토일월화	수목금토일	월화수목금	토일월화수목
	음력	8/19 20 21 22 23	24 25 26 27 28	29 9/1 2 3 4	5 6 7 8 9	10 11 12 13 14	15 16 17 18 19 20
	일진	신임계갑을 미신유술해	병정무기경 자축인묘진	신임계갑을 사오미신유	병정무기경 술해자축인	신임계갑을 묘진사오미	병정무기경신 신유술해자축
11	요일	금토일월화	수목금토일	월화수목금	토일월화수	목금토일월	화수목금토
	음력	9/21 22 23 24 25	26 27 28 29 30	10/1 2 3 4 5	6 7 8 9 10	11 12 13 14 15	16 17 18 19 20
	일진	임계갑을병 인묘진사오	정무기경신 미신유술해	임계갑을병 자축인묘진	정무기경신 사오미신유	임계갑을병 술해자축인	정무기경신 묘진사오미
12	요일	일월화수목	금토일월화	수목금토일	월화수목금	토일월화수	목금토일월화
	음력	10/21 22 23 24 25	26 27 28 29 30	11/1 2 3 4 5	6 7 8 9 10	11 12 13 14 15	16 17 18 19 20 21
	일진	임계갑을병 신유술해자	정무기경신 축인묘진사	임계갑을병 오미신유술	정무기경신 해자축인묘	임계갑을병 진사오미신	정무기경신임 유술해자축인

1997 정축년 • 단기 4330

주요 국경일과 명절

구 분	월일	요일	구 분	월일	요일
신 정	1 1	수	현 충 일	6 6	금
설 날	2 8	토	제 헌 절	7 17	목
3·1절	3 1	토	광 복 절	8 15	금
식 목 일	4 5	토	추 석	9 16	화
어린이날	5 5	월	개 천 절	10 3	금
석가탄신일	5 14	수	기독탄신일	12 25	목

음양력 대조일람

음력 월	월건	대소	음력 1일의 양력 월일	음력 월	월건	대소	음력 1일의 양력 월일
1	임인	소	2 8	7	무신	대	8 3
2	계묘	소	3 9	8	기유	대	9 2
3	갑진	대	4 7	9	경술	소	10 2
4	을사	소	5 7	10	신해	대	10 31
5	병오	대	6 5	11	임자	대	11 30
6	정미	소	7 5	12	계축	소	12 30

월	양력	1 2 3 4 5	6 7 8 9 10	11 12 13 14 15	16 17 18 19 20	21 22 23 24 25	26 27 28 29 30 31
1	요일	수 목 금 토 일	월 화 수 목 금	토 일 월 화 수	목 금 토 일 월	화 수 목 금 토	일 월 화 수 목 금
	음력	11/22 23 24 25 26	27 28 29 12/1 2	3 4 5 6 7	8 9 10 11 12	13 14 15 16 17	18 19 20 21 22 23
	일진	계갑을병정 묘진사오미	무기경신임 신유술해자	계갑을병정 축인묘진사	무기경신임 오미신유술	계갑을병정 해자축인묘	무기경신임계 진사오미신유
2	요일	토 일 월 화 수	목 금 토 일 월	화 수 목 금 토	일 월 화 수 목	금 토 일 월 화	수 목 금
	음력	12/24 25 26 27 28	29 30 1/1 2 3	4 5 6 7 8	9 10 11 12 13	14 15 16 17 18	19 20 21
	일진	갑을병정무 술해자축인	기경신임계 묘진사오미	갑을병정무 신유술해자	기경신임계 축인묘진사	갑을병정무 오미신유술	기경신 해자축
3	요일	토 일 월 화 수	목 금 토 일 월	화 수 목 금 토	일 월 화 수 목	금 토 일 월 화	수 목 금 토 일 월
	음력	1/22 23 24 25 26	27 28 29 2/1 2	3 4 5 6 7	8 9 10 11 12	13 14 15 16 17	18 19 20 21 22 23
	일진	임계갑을병 인묘진사오	정무기경신 미신유술해	임계갑을병 자축인묘진	정무기경신 사오미신유	임계갑을병 술해자축인	정무기경신임 묘진사오미신
4	요일	화 수 목 금 토	일 월 화 수 목	금 토 일 월 화	수 목 금 토 일	월 화 수 목 금	토 일 월 화 수
	음력	2/24 25 26 27 28	29 3/1 2 3 4	5 6 7 8 9	10 11 12 13 14	15 16 17 18 19	20 21 22 23 24
	일진	계갑을병정 유술해자축	무기경신임 인묘진사오	계갑을병정 미신유술해	무기경신임 자축인묘진	계갑을병정 사오미신유	무기경신임 술해자축인
5	요일	목 금 토 일 월	화 수 목 금 토	일 월 화 수 목	금 토 일 월 화	수 목 금 토 일	월 화 수 목 금 토
	음력	3/25 26 27 28 29	30 4/1 2 3 4	5 6 7 8 9	10 11 12 13 14	15 16 17 18 19	20 21 22 23 24 25
	일진	계갑을병정 묘진사오미	무기경신임 신유술해자	계갑을병정 축인묘진사	무기경신임 오미신유술	계갑을병정 해자축인묘	무기경신임계 진사오미신유
6	요일	일 월 화 수 목	금 토 일 월 화	수 목 금 토 일	월 화 수 목 금	토 일 월 화 수	목 금 토 일 월
	음력	4/26 27 28 29 5/1	2 3 4 5 6	7 8 9 10 11	12 13 14 15 16	17 18 19 20 21	22 23 24 25 26
	일진	갑을병정무 술해자축인	기경신임계 묘진사오미	갑을병정무 신유술해자	기경신임계 축인묘진사	갑을병정무 오미신유술	기경신임계 해자축인묘

24절기와 잡절

명칭	태양황경(도)	한국표준시		명칭	태양황경(도)	한국표준시		명칭	태양황경(도)	한국표준시	
		월 일	시 분			월 일	시 분			월 일	시 분
소한	285	1 5	16 24	하지	90	6 21	17 20	대 설	255	12 7	11 5
대한	300	1 20	9 43	소서	105	7 7	10 49	동 지	270	12 22	5 7
입춘	315	2 4	4 2	대서	120	7 23	4 15				
우수	330	2 18	23 51	입추	135	8 7	20 36	한 식			4 5
경칩	345	3 5	22 4	처서	150	8 23	11 19	단 오			6 9
춘분	0	3 20	22 55	백로	165	9 7	23 29	초 복			7 17
청명	15	4 5	2 56	추분	180	9 23	8 56	중 복			7 27
곡우	30	4 20	10 3	한로	195	10 8	15 5	말 복			8 16
입하	45	5 5	20 19	상강	210	10 23	18 15	토왕용사	297	1 17	10 59
소만	60	5 21	9 18	입동	225	11 7	18 15	토왕용사	27	4 17	8 21
망종	75	6 6	0 33	소설	240	11 22	15 48	토왕용사	117	7 20	0 48
								토왕용사	207	10 20	17 52

월	양력	1 2 3 4 5	6 7 8 9 10	11 12 13 14 15	16 17 18 19 20	21 22 23 24 25	26 27 28 29 30 31
7	요일	화수목금토	일월화수목	금토일월화	수목금토일	월화수목금	토일월화수목
	음력	5/27 28 29 30 6/1	2 3 4 5 6	7 8 9 10 11	12 13 14 15 16	17 18 19 20 21	22 23 24 25 26 27
	일진	갑을병정무 진사오미신	기경신임계 유술해자축	갑을병정무 인묘진사오	기경신임계 미신유술해	갑을병정무 자축인묘진	기경신임계갑 사오미신유술
8	요일	금토일월화	수목금토일	월화수목금	토일월화수	목금토일월	화수목금토일
	음력	6/28 29 7/1 2 3	4 5 6 7 8	9 10 11 12 13	14 15 16 17 18	19 20 21 22 23	24 25 26 27 28 29
	일진	을병정무기 해자축인묘	경신임계갑 진사오미신	을병정무기 유술해자축	경신임계갑 인묘진사오	을병정무기 미신유술해	경신임계갑을 자축인묘진사
9	요일	월화수목금	토일월화수	목금토일월	화수목금토	일월화수목	금토일월화
	음력	7/30 8/1 2 3 4	5 6 7 8 9	10 11 12 13 14	15 16 17 18 19	20 21 22 23 24	25 26 27 28 29
	일진	병정무기경 오미신유술	신임계갑을 해자축인묘	병정무기경 진사오미신	신임계갑을 유술해자축	병정무기경 인묘진사오	신임계갑을 미신유술해
10	요일	수목금토일	월화수목금	토일월화수	목금토일월	화수목금토	일월화수목금
	음력	8/30 9/1 2 3 4	5 6 7 8 9	10 11 12 13 14	15 16 17 18 19	20 21 22 23 24	25 26 27 28 29 10/1
	일진	병정무기경 자축인묘진	신임계갑을 사오미신유	병정무기경 술해자축인	신임계갑을 묘진사오미	병정무기경 신유술해자	신임계갑을병 축인묘진사오
11	요일	토일월화수	목금토일월	화수목금토	일월화수목	금토일월화	수목금토일
	음력	10/2 3 4 5 6	7 8 9 10 11	12 13 14 15 16	17 18 19 20 21	22 23 24 25 26	27 28 29 30 11/1
	일진	정무기경신 미신유술해	임계갑을병 자축인묘진	정무기경신 사오미신유	임계갑을병 술해자축인	정무기경신 묘진사오미	임계갑을병 신유술해자
12	요일	월화수목금	토일월화수	목금토일월	화수목금토	일월화수목	금토일월화수
	음력	11/2 3 4 5 6	7 8 9 10 11	12 13 14 15 16	17 18 19 20 21	22 23 24 25 26	27 28 29 30 12/1 2
	일진	정무기경신 축인묘진사	임계갑을병 오미신유술	정무기경신 해자축인묘	임계갑을병 진사오미신	정무기경신 유술해자축	임계갑을병정 인묘진사오미

1998 무인년 • 단기 4331

주요 국경일과 명절

구 분	월일	요일	구 분	월일	요일
신　정	1 1	목	현충일	6 6	토
설　날	1 28	수	제헌절	7 17	금
3·1절	3 1	일	광복절	8 15	토
식목일	4 5	일	개천절	10 3	토
석가탄신일	5 3	일	추　석	10 5	월
어린이날	5 5	화	기독탄신일	12 25	금

음양력 대조일람

음력월	월건	대소	음력 1일의 양력 월일	음력월	월건	대소	음력 1일의 양력 월일
1	갑인	대	1 28	7	경신	대	8 22
2	을묘	소	2 27	8	신유	소	9 21
3	병진	소	3 28	9	임술	대	10 20
4	정사	대	4 26	10	계해	대	11 19
5	무오	소	5 26	11	갑자	대	12 19
(윤)5		소	6 24	12	을축	소	1999/1 18
6	기미	대	7 23				

월	양력	1 2 3 4 5	6 7 8 9 10	11 12 13 14 15	16 17 18 19 20	21 22 23 24 25	26 27 28 29 30 31
1	요일	목 금 토 일 월	화 수 목 금 토	일 월 화 수 목	금 토 일 월 화	수 목 금 토 일	월 화 수 목 금 토
	음력	12/3 4 5 6 7	8 9 10 11 12	13 14 15 16 17	18 19 20 21 22	23 24 25 26 27	28 29 1/1 2 3 4
	일진	무기경신임 / 신유술해자	계갑을병정 / 축인묘진사	무기경신임 / 오미신유술	계갑을병정 / 해자축인묘	무기경신임 / 진사오미신	계갑을병정무 / 유술해자축인
2	요일	일 월 화 수 목	금 토 일 월 화	수 목 금 토 일	월 화 수 목 금	토 일 월 화 수	목 금 토
	음력	1/5 6 7 8 9	10 11 12 13 14	15 16 17 18 19	20 21 22 23 24	25 26 27 28 29	30 2/1 2
	일진	기경신임계 / 묘진사오미	갑을병정무 / 신유술해자	기경신임계 / 축인묘진사	갑을병정무 / 오미신유술	기경신임계 / 해자축인묘	갑을병 / 진사오
3	요일	일 월·화 수 목	금 토 일 월 화	수 목 금 토 일	월 화 수 목 금	토 일 월 화 수	목 금 토 일 월 화
	음력	2/3 4 5 6 7	8 9 10 11 12	13 14 15 16 17	18 19 20 21 22	23 24 25 26 27	28 29 3/1 2 3 4
	일진	정무기경신 / 미신유술해	임계갑을병 / 자축인묘진	정무기경신 / 사오미신유	임계갑을병 / 술해자축인	정무기경신 / 묘진사오미	임계갑을병정 / 신유술해자축
4	요일	수 목 금 토 일	월 화 수 목 금	토 일 월 화 수	목 금 토 일 월	화 수 목 금 토	일 월 화 수 목
	음력	3/5 6 7 8 9	10 11 12 13 14	15 16 17 18 19	20 21 22 23 24	25 26 27 28 29	4/1 2 3 4 5
	일진	무기경신임 / 인묘진사오	계갑을병정 / 미신유술해	무기경신임 / 자축인묘진	계갑을병정 / 사오미신유	무기경신임 / 술해자축인	계갑을병정 / 묘진사오미
5	요일	금 토 일 월 화	수 목 금 토 일	월 화 수 목 금	토 일 월 화 수	목 금 토 일 월	화 수 목 금 토 일
	음력	4/6 7 8 9 10	11 12 13 14 15	16 17 18 19 20	21 22 23 24 25	26 27 28 29 30	5/1 2 3 4 5 6
	일진	무기경신임 / 신유술해자	계갑을병정 / 축인묘진사	무기경신임 / 오미신유술	계갑을병정 / 해자축인묘	무기경신임 / 진사오미신	계갑을병정무 / 유술해자축인
6	요일	월 화 수 목 금	토 일 월 화 수	목 금 토 일 월	화 수 목 금 토	일 월 화 수 목	금 토 일 월 화
	음력	5/7 8 9 10 11	12 13 14 15 16	17 18 19 20 21	22 23 24 25 26	27 28 29 5'/1 2	3 4 5 6 7
	일진	기경신임계 / 묘진사오미	갑을병정무 / 신유술해자	기경신임계 / 축인묘진사	갑을병정무 / 오미신유술	기경신임계 / 해자축인묘	갑을병정무 / 진사오미신

24절기와 잡절

명칭	태양황경(도)	월	일	시	분	명칭	태양황경(도)	월	일	시	분	명칭	태양황경(도)	월	일	시	분
소한	285	1	5	22	18	하지	90	6	21	23	3	대설	255	12	7	17	2
대한	300	1	20	15	46	소서	105	7	7	16	30	동지	270	12	22	10	56
입춘	315	2	4	9	57	대서	120	7	23	9	55						
우수	330	2	19	5	55	입추	135	8	8	2	20	한식		4	6		
경칩	345	3	6	3	57	처서	150	8	23	16	59	단오		5	30		
춘분	0	3	21	4	55	백로	165	9	8	5	16	초복		7	12		
청명	15	4	5	8	45	추분	180	9	23	14	37	중복		7	22		
곡우	30	4	20	15	57	한로	195	10	8	20	56	말복		8	11		
입하	45	5	6	2	3	상강	210	10	23	23	59	토왕용사	297	1	17	17	2
소만	60	5	21	15	5	입동	225	11	8	0	8	토왕용사	27	4	17	14	16
망종	75	6	6	6	13	소설	240	11	22	21	34	토왕용사	117	7	20	6	31
												토왕용사	207	10	20	23	38

월	양력	1	2	3	4	5	6	7	8	9	10	11	12	13	14	15	16	17	18	19	20	21	22	23	24	25	26	27	28	29	30	31
7 요일		수	목	금	토	일	월	화	수	목	금	토	일	월	화	수	목	금	토	일	월	화	수	목	금	토	일	월	화	수	목	금
음력		5*/8	9	10	11	12	13	14	15	16	17	18	19	20	21	22	23	24	25	26	27	28	29	6/1	2	3	4	5	6	7	8	9
일진		기유	경술	신해	임자	계축	갑인	을묘	병진	정사	무오	기미	경신	신유	임술	계해	갑자	을축	병인	정묘	무진	기사	경오	신미	임신	계유	갑술	을해	병자	정축	무인	기묘
8 요일		토	일	월	화	수	목	금	토	일	월	화	수	목	금	토	일	월	화	수	목	금	토	일	월	화	수	목	금	토	일	월
음력		6/10	11	12	13	14	15	16	17	18	19	20	21	22	23	24	25	26	27	28	29	30	7/1	2	3	4	5	6	7	8	9	10
일진		경진	신사	임오	계미	갑신	을유	병술	정해	무자	기축	경인	신묘	임진	계사	갑오	을미	병신	정유	무술	기해	경자	신축	임인	계묘	갑진	을사	병오	정미	무신	기유	경술
9 요일		화	수	목	금	토	일	월	화	수	목	금	토	일	월	화	수	목	금	토	일	월	화	수	목	금	토	일	월	화	수	
음력		7/11	12	13	14	15	16	17	18	19	20	21	22	23	24	25	26	27	28	29	30	8/1	2	3	4	5	6	7	8	9	10	
일진		신해	임자	계축	갑인	을묘	병진	정사	무오	기미	경신	신유	임술	계해	갑자	을축	병인	정묘	무진	기사	경오	신미	임신	계유	갑술	을해	병자	정축	무인	기묘	경진	
10 요일		목	금	토	일	월	화	수	목	금	토	일	월	화	수	목	금	토	일	월	화	수	목	금	토	일	월	화	수	목	금	토
음력		8/11	12	13	14	15	16	17	18	19	20	21	22	23	24	25	26	27	28	29	9/1	2	3	4	5	6	7	8	9	10	11	12
일진		신사	임오	계미	갑신	을유	병술	정해	무자	기축	경인	신묘	임진	계사	갑오	을미	병신	정유	무술	기해	경자	신축	임인	계묘	갑진	을사	병오	정미	무신	기유	경술	신해
11 요일		일	월	화	수	목	금	토	일	월	화	수	목	금	토	일	월	화	수	목	금	토	일	월	화	수	목	금	토	일	월	
음력		9/13	14	15	16	17	18	19	20	21	22	23	24	25	26	27	28	29	30	10/1	2	3	4	5	6	7	8	9	10	11	12	
일진		임자	계축	갑인	을묘	병진	정사	무오	기미	경신	신유	임술	계해	갑자	을축	병인	정묘	무진	기사	경오	신미	임신	계유	갑술	을해	병자	정축	무인	기묘	경진	신사	
12 요일		화	수	목	금	토	일	월	화	수	목	금	토	일	월	화	수	목	금	토	일	월	화	수	목	금	토	일	월	화	수	목
음력		10/13	14	15	16	17	18	19	20	21	22	23	24	25	26	27	28	29	30	11/1	2	3	4	5	6	7	8	9	10	11	12	13
일진		임오	계미	갑신	을유	병술	정해	무자	기축	경인	신묘	임진	계사	갑오	을미	병신	정유	무술	기해	경자	신축	임인	계묘	갑진	을사	병오	정미	무신	기유	경술	신해	임자

* 윤달 : 5월

1999 기묘년 • 단기 4332

주요 국경일과 명절

구 분	월일	요일	구 분	월일	요일
신　　정	1 1	금	현 충 일	6 6	일
설　　날	2 16	화	제 헌 절	7 17	토
3·1절	3 1	월	광 복 절	8 15	일
식 목 일	4 5	월	추　　석	9 24	금
어린이날	5 5	수	개 천 절	10 3	일
석가탄신일	5 22	토	기독탄신일	12 25	토

음양력 대조일람

음력월	월건	대소	음력 1일의 양력 월일	음력월	월건	대소	음력 1일의 양력 월일
1	병인	대	2 16	7	임신	대	8 11
2	정묘	소	3 18	8	계유	소	9 10
3	무진	소	4 16	9	갑술	대	10 9
4	기사	대	5 15	10	을해	대	11 8
5	경오	소	6 14	11	병자	대	12 8
6	신미	소	7 13	12	정축	소	2000/1 7

월별 양력·음력·일진

월		1 2 3 4 5	6 7 8 9 10	11 12 13 14 15	16 17 18 19 20	21 22 23 24 25	26 27 28 29 30 31
1	요일	금토일월화	수목금토일	월화수목금	토일월화수	목금토일월	화수목금토일
	음력	11/14 15 16 17 18	19 20 21 22 23	24 25 26 27 28	29 30 12/1 2 3	4 5 6 7 8	9 10 11 12 13 14
	일진	계갑을병정 축인묘진사	무기경신임 오미신유술	계갑을병정 해자축인묘	무기경신임 진사오미신	계갑을병정 유술해자축	무기경신임계 인묘진사오미
2	요일	월화수목금	토일월화수	목금토일월	화수목금토	일월화수목	금토일
	음력	12/15 16 17 18 19	20 21 22 23 24	25 26 27 28 29	1/1 2 3 4 5	6 7 8 9 10	11 12 13
	일진	갑을병정무 신유술해자	기경신임계 축인묘진사	갑을병정무 오미신유술	기경신임계 해자축인묘	갑을병정무 진사오미신	기경신 유술해
3	요일	월화수목금	토일월화수	목금토일월	화수목금토	일월화수목	금토일월화수
	음력	1/14 15 16 17 18	19 20 21 22 23	24 25 26 27 28	29 30 2/1 2 3	4 5 6 7 8	9 10 11 12 13 14
	일진	임계갑을병 자축인묘진	정무기경신 사오미신유	임계갑을병 술해자축인	정무기경신 묘진사오미	임계갑을병 신유술해자	정무기경신임 축인묘진사오
4	요일	목금토일월	화수목금토	일월화수목	금토일월화	수목금토일	월화수목금
	음력	2/15 16 17 18 19	20 21 22 23 24	25 26 27 28 29	3/1 2 3 4 5	6 7 8 9 10	11 12 13 14 15
	일진	계갑을병정 미신유술해	무기경신임 자축인묘진	계갑을병정 사오미신유	무기경신임 술해자축인	계갑을병정 묘진사오미	무기경신임 신유술해자
5	요일	토일월화수	목금토일월	화수목금토	일월화수목	금토일월화	수목금토일월
	음력	3/16 17 18 19 20	21 22 23 24 25	26 27 28 29 4/1	2 3 4 5 6	7 8 9 10 11	12 13 14 15 16 17
	일진	계갑을병정 축인묘진사	무기경신임 오미신유술	계갑을병정 해자축인묘	무기경신임 진사오미신	계갑을병정 유술해자축	무기경신임계 인묘진사오미
6	요일	화수목금토	일월화수목	금토일월화	수목금토일	월화수목금	토일월화수
	음력	4/18 19 20 21 22	23 24 25 26 27	28 29 30 5/1 2	3 4 5 6 7	8 9 10 11 12	13 14 15 16 17
	일진	갑을병정무 신유술해자	기경신임계 축인묘진사	갑을병정무 오미신유술	기경신임계 해자축인묘	갑을병정무 진사오미신	기경신임계 유술해자축

24절기와 잡절

명 칭	태양황경 (도)	한국표준시			명 칭	태양황경 (도)	한국표준시			명 칭	태양황경 (도)	한국표준시		
		월 일	시	분			월 일	시	분			월 일	시	분
소한	285	1 6	4	17	하지	90	6 22	4	49	대 설	255	12 7	22	47
대한	300	1 20	21	37	소서	105	7 7	22	25	동 지	270	12 22	16	44
입춘	315	2 4	15	57	대서	120	7 23	15	44					
우수	330	2 19	11	47	입추	135	8 8	8	14	한 식		4 6		
경칩	345	3 6	9	58	처서	150	8 23	22	51	단 오		6 18		
춘분	0	3 21	10	46	백로	165	9 8	11	10	초 복		7 17		
청명	15	4 5	14	45	추분	180	9 23	20	32	중 복		7 27		
곡우	30	4 20	21	46	한로	195	10 9	2	48	말 복		8 16		
입하	45	5 6	8	1	상강	210	10 24	5	52	토왕용사	297	1 17	22	55
소만	60	5 21	20	52	입동	225	11 8	5	58	토왕용사	27	4 17	20	7
망종	75	6 6	12	9	소설	240	11 23	3	25	토왕용사	117	7 20	12	18
										토왕용사	207	10 21	5	29

월	양력	1 2 3 4 5	6 7 8 9 10	11 12 13 14 15	16 17 18 19 20	21 22 23 24 25	26 27 28 29 30 31
7	요일	목 금 토 일 월	화 수 목 금 토	일 월 화 수 목	금 토 일 월 화	수 목 금 토 일	월 화 수 목 금 토
	음력	5/18 19 20 21 22	23 24 25 26 27	28 29 6/1 2 3	4 5 6 7 8	9 10 11 12 13	14 15 16 17 18 19
	일진	갑 을 병 정 무 인 묘 진 사 오	기 경 신 임 계 미 신 유 술 해	갑 을 병 정 무 자 축 인 묘 진	기 경 신 임 계 사 오 미 신 유	갑 을 병 정 무 술 해 자 축 인	기 경 신 임 계 갑 묘 진 사 오 미 신
8	요일	일 월 화 수 목	금 토 일 월 화	수 목 금 토 일	월 화 수 목 금	토 일 월 화 수	목 금 토 일 월 화
	음력	6/20 21 22 23 24	25 26 27 28 29	7/1 2 3 4 5	6 7 8 9 10	11 12 13 14 15	16 17 18 19 20 21
	일진	을 병 정 무 기 유 술 해 자 축	경 신 임 계 갑 인 묘 진 사 오	을 병 정 무 기 미 신 유 술 해	경 신 임 계 갑 자 축 인 묘 진	을 병 정 무 기 사 오 미 신 유	경 신 임 계 갑 을 술 해 자 축 인 묘
9	요일	수 목 금 토 일	월 화 수 목 금	토 일 월 화 수	목 금 토 일 월	화 수 목 금 토	일 월 화 수 목
	음력	7/22 23 24 25 26	27 28 29 30 8/1	2 3 4 5 6	7 8 9 10 11	12 13 14 15 16	17 18 19 20 21
	일진	병 정 무 기 경 진 사 오 미 신	신 임 계 갑 을 유 술 해 자 축	병 정 무 기 경 인 묘 진 사 오	신 임 계 갑 을 미 신 유 술 해	병 정 무 기 경 자 축 인 묘 진	신 임 계 갑 을 사 오 미 신 유
10	요일	금 토 일 월 화	수 목 금 토 일	월 화 수 목 금	토 일 월 화 수	목 금 토 일 월	화 수 목 금 토 일
	음력	8/22 23 24 25 26	27 28 29 9/1 2	3 4 5 6 7	8 9 10 11 12	13 14 15 16 17	18 19 20 21 22 23
	일진	병 정 무 기 경 술 해 자 축 인	신 임 계 갑 을 묘 진 사 오 미	병 정 무 기 경 신 유 술 해 자	신 임 계 갑 을 축 인 묘 진 사	병 정 무 기 경 오 미 신 유 술	신 임 계 갑 을 병 해 자 축 인 묘 진
11	요일	월 화 수 목 금	토 일 월 화 수	목 금 토 일 월	화 수 목 금 토	일 월 화 수 목	금 토 일 월 화
	음력	9/24 25 26 27 28	29 30 10/1 2 3	4 5 6 7 8	9 10 11 12 13	14 15 16 17 18	19 20 21 22 23
	일진	정 무 기 경 신 사 오 미 신 유	임 계 갑 을 병 술 해 자 축 인	정 무 기 경 신 묘 진 사 오 미	임 계 갑 을 병 신 유 술 해 자	정 무 기 경 신 축 인 묘 진 사	임 계 갑 을 병 오 미 신 유 술
12	요일	수 목 금 토 일	월 화 수 목 금	토 일 월 화 수	목 금 토 일 월	화 수 목 금 토	일 월 화 수 목 금
	음력	10/24 25 26 27 28	29 30 11/1 2 3	4 5 6 7 8	9 10 11 12 13	14 15 16 17 18	19 20 21 22 23 24
	일진	정 무 기 경 신 해 자 축 인 묘	임 계 갑 을 병 진 사 오 미 신	정 무 기 경 신 유 술 해 자 축	임 계 갑 을 병 인 묘 진 사 오	정 무 기 경 신 미 신 유 술 해	임 계 갑 을 병 정 자 축 인 묘 진 사

2000 경진년 • 단기 4333

주요 국경일과 명절

구 분	월	일	요일	구 분	월	일	요일
신 정	1	1	토	현충일	6	6	화
설 날	2	5	토	제헌절	7	17	월
3·1절	3	1	수	광복절	8	15	화
식 목 일	4	5	수	추 석	9	12	화
어린이날	5	5	금	개 천 절	10	3	화
석가탄신일	5	11	목	기독탄신일	12	25	월

음양력 대조일람

음력월	월건	대소	음력 1일의 양력 월일	음력월	월건	대소	음력 1일의 양력 월일
1	무인	대	2 5	7	갑신	소	7 31
2	기묘	대	3 6	8	을유	대	8 29
3	경진	소	4 5	9	병술	소	9 28
4	신사	소	5 4	10	정해	대	10 27
5	임오	대	6 2	11	무자	대	11 26
6	계미	소	7 2	12	기축	소	12 26

월	양력	1 2 3 4 5	6 7 8 9 10	11 12 13 14 15	16 17 18 19 20	21 22 23 24 25	26 27 28 29 30 31
1	요일	토 일 월 화 수	목 금 토 일 월	화 수 목 금 토	일 월 화 수 목	금 토 일 월 화	수 목 금 토 일 월
	음력	11/25 26 27 28 29	30 12/1 2 3 4	5 6 7 8 9	10 11 12 13 14	15 16 17 18 19	20 21 22 23 24 25
	일진	무 기 경 신 임 오 미 신 유 술	계 갑 을 병 정 해 자 축 인 묘	무 기 경 신 임 진 사 오 미 신	계 갑 을 병 정 유 술 해 자 축	무 기 경 신 임 인 묘 진 사 오	계 갑 을 병 정 무 미 신 유 술 해 자
2	요일	화 수 목 금 토	일 월 화 수 목	금 토 일 월 화	수 목 금 토 일	월 화 수 목 금	토 일 월 화
	음력	12/26 27 28 29 1/1	2 3 4 5 6	7 8 9 10 11	12 13 14 15 16	17 18 19 20 21	22 23 24 25
	일진	기 경 신 임 계 축 인 묘 진 사	갑 을 병 정 무 오 미 신 유 술	기 경 신 임 계 해 자 축 인 묘	갑 을 병 정 무 진 사 오 미 신	기 경 신 임 계 유 술 해 자 축	갑 을 병 정 인 묘 진 사
3	요일	수 목 금 토 일	월 화 수 목 금	토 일 월 화 수	목 금 토 일 월	화 수 목 금 토	일 월 화 수 목 금
	음력	1/26 27 28 29 30	2/1 2 3 4 5	6 7 8 9 10	11 12 13 14 15	16 17 18 19 20	21 22 23 24 25 26
	일진	무 기 경 신 임 오 미 신 유 술	계 갑 을 병 정 해 자 축 인 묘	무 기 경 신 임 진 사 오 미 신	계 갑 을 병 정 유 술 해 자 축	무 기 경 신 임 인 묘 진 사 오	계 갑 을 병 정 무 미 신 유 술 해 자
4	요일	토 일 월 화 수	목 금 토 일 월	화 수 목 금 토	일 월 화 수 목	금 토 일 월 화	수 목 금 토 일
	음력	2/27 28 29 30 3/1	2 3 4 5 6	7 8 9 10 11	12 13 14 15 16	17 18 19 20 21	22 23 24 25 26
	일진	기 경 신 임 계 축 인 묘 진 사	갑 을 병 정 무 오 미 신 유 술	기 경 신 임 계 해 자 축 인 묘	갑 을 병 정 무 진 사 오 미 신	기 경 신 임 계 유 술 해 자 축	갑 을 병 정 무 인 묘 진 사 오
5	요일	월 화 수 목 금	토 일 월 화 수	목 금 토 일 월	화 수 목 금 토	일 월 화 수 목	금 토 일 월 화 수
	음력	3/27 28 29 4/1 2	3 4 5 6 7	8 9 10 11 12	13 14 15 16 17	18 19 20 21 22	23 24 25 26 27 28
	일진	기 경 신 임 계 미 신 유 술 해	갑 을 병 정 무 자 축 인 묘 진	기 경 신 임 계 사 오 미 신 유	갑 을 병 정 무 술 해 자 축 인	기 경 신 임 계 묘 진 사 오 미	갑 을 병 정 무 기 신 유 술 해 자 축
6	요일	목 금 토 일 월	화 수 목 금 토	일 월 화 수 목	금 토 일 월 화	수 목 금 토 일	월 화 수 목 금
	음력	4/29 5/1 2 3 4	5 6 7 8 9	10 11 12 13 14	15 16 17 18 19	20 21 22 23 24	25 26 27 28 29
	일진	경 신 임 계 갑 인 묘 진 사 오	을 병 정 무 기 미 신 유 술 해	경 신 임 계 갑 자 축 인 묘 진	을 병 정 무 기 사 오 미 신 유	경 신 임 계 갑 술 해 자 축 인	을 병 정 무 기 묘 진 사 오 미

24절기와 잡절

명 칭	태양황경(도)	한국표준시 월 일	한국표준시 시 분	명 칭	태양황경(도)	한국표준시 월 일	한국표준시 시 분	명 칭	태양황경(도)	한국표준시 월 일	한국표준시 시 분
소한	285	1 6	10 1	하지	90	6 21	10 48	대 설	255	12 7	4 37
대한	300	1 21	3 23	소서	105	7 7	4 14	동 지	270	12 21	22 37
입춘	315	2 4	21 40	대서	120	7 22	21 43	한 식		4 5	
우수	330	2 19	17 33	입추	135	8 7	14 3	단 오		6 6	
경칩	345	3 5	15 43	처서	150	8 23	4 49	초 복		7 11	
춘분	0	3 20	16 35	백로	165	9 7	16 59	중 복		7 21	
청명	15	4 4	20 32	추분	180	9 23	2 28	말 복		8 10	
곡우	30	4 20	3 39	한로	195	10 8	8 38	토왕용사	297	1 18	4 38
입하	45	5 5	13 50	상강	210	10 23	11 47	토왕용사	27	4 17	1 57
소만	60	5 21	2 49	입동	225	11 7	11 48	토왕용사	117	7 19	18 16
망종	75	6 5	17 59	소설	240	11 22	9 19	토왕용사	207	10 20	11 26

월		양력 1 2 3 4 5	6 7 8 9 10	11 12 13 14 15	16 17 18 19 20	21 22 23 24 25	26 27 28 29 30 31
7	요일	토 일 월 화 수	목 금 토 일 월	화 수 목 금 토	일 월 화 수 목	금 토 일 월 화	수 목 금 토 일 월
	음력	5/30 6/1 2 3 4	5 6 7 8 9	10 11 12 13 14	15 16 17 18 19	20 21 22 23 24	25 26 27 28 29 7/1
	일진	경신 임계 갑 신유 술해 자	을병 정무 기 축인 묘진 사	경신 임계 갑 오미 신유 술	을병 정무 기 해자 축인 묘	경신 임계 갑 진사 오미 신	을병 정무 기경 유술 해자 축인
8	요일	화 수 목 금 토	일 월 화 수 목	금 토 일 월 화	수 목 금 토 일	월 화 수 목 금	토 일 월 화 수 목
	음력	7/2 3 4 5 6	7 8 9 10 11	12 13 14 15 16	17 18 19 20 21	22 23 24 25 26	27 28 29 8/1 2 3
	일진	신임 계갑 을 묘진 사오 미	병정 무기 경 신유 술해 자	신임 계갑 을 축인 묘진 사	병정 무기 경 오미 신유 술	신임 계갑 을 해자 축인 묘	병정 무기 경신 진사 오미 신유
9	요일	금 토 일 월 화	수 목 금 토 일	월 화 수 목 금	토 일 월 화 수	목 금 토 일 월	화 수 목 금 토
	음력	8/4 5 6 7 8	9 10 11 12 13	14 15 16 17 18	19 20 21 22 23	24 25 26 27 28	29 30 9/1 2 3
	일진	임계 갑을 병 술해 자축 인	정무 기경 신 묘진 사오 미	임계 갑을 병 신유 술해 자	정무 기경 신 축인 묘진 사	임계 갑을 병 오미 신유 술	정무 기경 신 해자 축인 묘
10	요일	일 월 화 수 목	금 토 일 월 화	수 목 금 토 일	월 화 수 목 금	토 일 월 화 수	목 금 토 일 월 화
	음력	9/4 5 6 7 8	9 10 11 12 13	14 15 16 17 18	19 20 21 22 23	24 25 26 27 28	29 10/1 2 3 4 5
	일진	임계 갑을 병 진사 오미 신	정무 기경 신 유술 해자 축	임계 갑을 병 인묘 진사 오	정무 기경 신 미신 유술 해	임계 갑을 병 자축 인묘 진	정무 기경 신임 사오 미신 유술
11	요일	수 목 금 토 일	월 화 수 목 금	토 일 월 화 수	목 금 토 일 월	화 수 목 금 토	일 월 화 수 목
	음력	10/6 7 8 9 10	11 12 13 14 15	16 17 18 19 20	21 22 23 24 25	26 27 28 29 30	11/1 2 3 4 5
	일진	계갑 을병 정 해자 축인 묘	무기 경신 임 진사 오미 신	계갑 을병 정 유술 해자 축	무기 경신 임 인묘 진사 오	계갑 을병 정 미신 유술 해	무기 경신 임 자축 인묘 진
12	요일	금 토 일 월 화	수 목 금 토 일	월 화 수 목 금	토 일 월 화 수	목 금 토 일 월	화 수 목 금 토 일
	음력	11/6 7 8 9 10	11 12 13 14 15	16 17 18 19 20	21 22 23 24 25	26 27 28 29 30	12/1 2 3 4 5 6
	일진	계갑 을병 정 사오 미신 유	무기 경신 임 술해 자축 인	계갑 을병 정 묘진 사오 미	무기 경신 임 신유 술해 자	계갑 을병 정 축인 묘진 사	무기 경신 임계 오미 신유 술해

주요 국경일과 명절

구 분	월일	요일	구 분	월일	요일
신 정	1 1	월	현 충 일	6 6	수
설 날	1 24	수	제 헌 절	7 17	화
3·1절	3 1	목	광 복 절	8 15	수
식 목 일	4 5	목	추 석	10 1	월
석가탄신일	5 1	화	개 천 절	10 3	수
어린이날	5 5	토	기독탄신일	12 25	화

음양력 대조일람

음력월	월건	대소	음력 1일의 양력 월일	음력월	월건	대소	음력 1일의 양력 월일
1	경인	대	1 24	7	병신	소	8 19
2	신묘	대	2 23	8	정유	대	9 17
3	임진	대	3 25	9	무술	소	10 17
4	계사	소	4 24	10	기해	대	11 15
(윤)4		소	5 23	11	경자	소	12 15
5	갑오	대	6 21	12	신축	대	2002/1 13
6	을미	소	7 21				

월	양력	1 2 3 4 5	6 7 8 9 10	11 12 13 14 15	16 17 18 19 20	21 22 23 24 25	26 27 28 29 30 31
1	요일	월화수목금	토일월화수	목금토일월	화수목금토	일월화수목	금토일월화수
	음력	12/7 8 9 10 11	12 13 14 15 16	17 18 19 20 21	22 23 24 25 26	27 28 29 1/1 2	3 4 5 6 7 8
	일진	갑을병정무 자축인묘진	기경신임계 사오미신유	갑을병정무 술해자축인	기경신임계 묘진사오미	갑을병정무 신유술해자	기경신임계갑 축인묘진사오
2	요일	목금토일월	화수목금토	일월화수목	금토일월화	수목금토일	월화수
	음력	1/9 10 11 12 13	14 15 16 17 18	19 20 21 22 23	24 25 26 27 28	29 30 2/1 2 3	4 5 6
	일진	을병정무기 미신유술해	경신임계갑 자축인묘진	을병정무기 사오미신유	경신임계갑 술해자축인	을병정무기 묘진사오미	경신임 신유술
3	요일	목금토일월	화수목금토	일월화수목	금토일월화	수목금토일	월화수목금토
	음력	2/7 8 9 10 11	12 13 14 15 16	17 18 19 20 21	22 23 24 25 26	27 28 29 30 3/1	2 3 4 5 6 7
	일진	계갑을병정 해자축인묘	무기경신임 진사오미신	계갑을병정 유술해자축	무기경신임 인묘진사오	계갑을병정 미신유술해	무기경신임계 자축인묘진사
4	요일	일월화수목	금토일월화	수목금토일	월화수목금	토일월화수	목금토일월
	음력	3/8 9 10 11 12	13 14 15 16 17	18 19 20 21 22	23 24 25 26 27	28 29 30 4/1 2	3 4 5 6 7
	일진	갑을병정무 오미신유술	기경신임계 해자축인묘	갑을병정무 진사오미신	기경신임계 유술해자축	갑을병정무 인묘진사오	기경신임계 미신유술해
5	요일	화수목금토	일월화수목	금토일월화	수목금토일	월화수목금	토일월화수목
	음력	4/8 9 10 11 12	13 14 15 16 17	18 19 20 21 22	23 24 25 26 27	28 29 4*/1 2 3	4 5 6 7 8 9
	일진	갑을병정무 자축인묘진	기경신임계 사오미신유	갑을병정무 술해자축인	기경신임계 묘진사오미	갑을병정무 신유술해자	기경신임계갑 축인묘진사오
6	요일	금토일월화	수목금토일	월화수목금	토일월화수	목금토일월	화수목금토
	음력	4*/10 11 12 13 14	15 16 17 18 19	20 21 22 23 24	25 26 27 28 29	5/1 2 3 4 5	6 7 8 9 10
	일진	을병정무기 미신유술해	경신임계갑 자축인묘진	을병정무기 사오미신유	경신임계갑 술해자축인	을병정무기 묘진사오미	경신임계갑 신유술해자

24절기와 잡절

명칭	태양황경(도)	월	일	시	분	명칭	태양황경(도)	월	일	시	분	명칭	태양황경(도)	월	일	시	분
소한	285	1	5	15	49	하지	90	6	21	16	38	대설	255	12	7	10	29
대한	300	1	20	9	16	소서	105	7	7	10	7	동지	270	12	22	4	21
입춘	315	2	4	3	29	대서	120	7	23	3	26						
우수	330	2	18	23	27	입추	135	8	7	19	52	한식			4	5		
경칩	345	3	5	21	32	처서	150	8	23	10	27	단오		6	25		
춘분	0	3	20	22	31	백로	165	9	7	22	46	초복		7	16		
청명	15	4	5	2	24	추분	180	9	23	8	4	중복		7	26		
곡우	30	4	20	9	36	한로	195	10	8	14	25	말복		8	15		
입하	45	5	5	19	45	상강	210	10	23	17	26	토왕용사	297	1	17	10	33
소만	60	5	21	8	44	입동	225	11	7	17	37	토왕용사	27	4	17	7	56
망종	75	6	5	23	54	소설	240	11	22	15	0	토왕용사	117	7	20	0	3
												토왕용사	207	10	20	17	4

월	양력	1 2 3 4 5	6 7 8 9 10	11 12 13 14 15	16 17 18 19 20	21 22 23 24 25	26 27 28 29 30 31
7	요일	일 월 화 수 목	금 토 일 월 화	수 목 금 토 일	월 화 수 목 금	토 일 월 화 수	목 금 토 일 월 화
	음력	5/11 12 13 14 15	16 17 18 19 20	21 22 23 24 25	26 27 28 29 30	6/1 2 3 4 5	6 7 8 9 10 11
	일진	을 병 정 무 기 축 인 묘 진 사	경 신 임 계 갑 오 미 신 유 술	을 병 정 무 기 해 자 축 인 묘	경 신 임 계 갑 진 사 오 미 신	을 병 정 무 기 유 술 해 자 축	경 신 임 계 갑 을 인 묘 진 사 오 미
8	요일	수 목 금 토 일	월 화 수 목 금	토 일 월 화 수	목 금 토 일 월	화 수 목 금 토	일 월 화 수 목 금
	음력	6/12 13 14 15 16	17 18 19 20 21	22 23 24 25 26	27 28 29 7/1 2	3 4 5 6 7	8 9 10 11 12 13
	일진	병 정 무 기 경 신 유 술 해 자	신 임 계 갑 을 축 인 묘 진 사	병 정 무 기 경 오 미 신 유 술	신 임 계 갑 을 해 자 축 인 묘	병 정 무 기 경 진 사 오 미 신	신 임 계 갑 을 병 유 술 해 자 축 인
9	요일	토 일 월 화 수	목 금 토 일 월	화 수 목 금 토	일 월 화 수 목	금 토 일 월 화	수 목 금 토 일
	음력	7/14 15 16 17 18	19 20 21 22 23	24 25 26 27 28	29 8/1 2 3 4	5 6 7 8 9	10 11 12 13 14
	일진	정 무 기 경 신 묘 진 사 오 미	임 계 갑 을 병 신 유 술 해 자	정 무 기 경 신 축 인 묘 진 사	임 계 갑 을 병 오 미 신 유 술	정 무 기 경 신 해 자 축 인 묘	임 계 갑 을 병 진 사 오 미 신
10	요일	월 화 수 목 금	토 일 월 화 수	목 금 토 일 월	화 수 목 금 토	일 월 화 수 목	금 토 일 월 화 수
	음력	8/15 16 17 18 19	20 21 22 23 24	25 26 27 28 29	30 9/1 2 3 4	5 6 7 8 9	10 11 12 13 14 15
	일진	정 무 기 경 신 유 술 해 자 축	임 계 갑 을 병 인 묘 진 사 오	정 무 기 경 신 미 신 유 술 해	임 계 갑 을 병 자 축 인 묘 진	정 무 기 경 신 사 오 미 신 유	임 계 갑 을 병 정 술 해 자 축 인 묘
11	요일	목 금 토 일 월	화 수 목 금 토	일 월 화 수 목	금 토 일 월 화	수 목 금 토 일	월 화 수 목 금
	음력	9/16 17 18 19 20	21 22 23 24 25	26 27 28 29 10/1	2 3 4 5 6	7 8 9 10 11	12 13 14 15 16
	일진	무 기 경 신 임 진 사 오 미 신	계 갑 을 병 정 유 술 해 자 축	무 기 경 신 임 인 묘 진 사 오	계 갑 을 병 정 미 신 유 술 해	무 기 경 신 임 자 축 인 묘 진	계 갑 을 병 정 사 오 미 신 유
12	요일	토 일 월 화 수	목 금 토 일 월	화 수 목 금 토	일 월 화 수 목	금 토 일 월 화	수 목 금 토 일 월
	음력	10/17 18 19 20 21	22 23 24 25 26	27 28 29 30 11/1	2 3 4 5 6	7 8 9 10 11	12 13 14 15 16 17
	일진	무 기 경 신 임 술 해 자 축 인	계 갑 을 병 정 묘 진 사 오 미	무 기 경 신 임 신 유 술 해 자	계 갑 을 병 정 축 인 묘 진 사	무 기 경 신 임 오 미 신 유 술	계 갑 을 병 정 무 해 자 축 인 묘 진

* 윤달 : 4월

2002 임오년 • 단기 4335

주요 국경일과 명절

구 분	월 일	요일	구 분	월 일	요일
신 정	1 1	화	현 충 일	6 6	목
설 날	2 12	화	제 헌 절	7 17	수
3·1절	3 1	금	광 복 절	8 15	목
식 목 일	4 5	금	추 석	9 21	토
어린이날	5 5	일	개 천 절	10 3	목
석가탄신일	5 19	일	기독탄신일	12 25	수

음양력 대조일람

음력월	월건	대소	음력 1일의 양력 월일	음력월	월건	대소	음력 1일의 양력 월일
1	임인	대	2 12	7	무신	소	8 9
2	계묘	대	3 14	8	기유	소	9 7
3	갑진	소	4 13	9	경술	대	10 6
4	을사	대	5 12	10	신해	소	11 5
5	병오	소	6 11	11	임자	대	12 4
6	정미	대	7 10	12	계축	소	2003/1 3

월	양력	1 2 3 4 5	6 7 8 9 10	11 12 13 14 15	16 17 18 19 20	21 22 23 24 25	26 27 28 29 30 31
1	요일	화 수 목 금 토	일 월 화 수 목	금 토 일 월 화	수 목 금 토 일	월 화 수 목 금	토 일 월 화 수 목
	음력	11/18 19 20 21 22	23 24 25 26 27	28 29 12/1 2 3	4 5 6 7 8	9 10 11 12 13	14 15 16 17 18 19
	일진	기경신임계 / 사오미신유	갑을병정무 / 술해자축인	기경신임계 / 묘진사오미	갑을병정무 / 신유술해자	기경신임계 / 축인묘진사	갑을병정무기 / 오미신유술해
2	요일	금 토 일 월 화	수 목 금 토 일	월 화 수 목 금	토 일 월 화 수	목 금 토 일 월	화 수 목
	음력	12/20 21 22 23 24	25 26 27 28 29	30 1/1 2 3 4	5 6 7 8 9	10 11 12 13 14	15 16 17
	일진	경신임계갑 / 자축인묘진	을병정무기 / 사오미신유	경신임계갑 / 술해자축인	을병정무기 / 묘진사오미	경신임계갑 / 신유술해자	을병정 / 축인묘
3	요일	금 토 일 월 화	수 목 금 토 일	월 화 수 목 금	토 일 월 화 수	목 금 토 일 월	화 수 목 금 토 일
	음력	1/18 19 20 21 22	23 24 25 26 27	28 29 30 2/1 2	3 4 5 6 7	8 9 10 11 12	13 14 15 16 17 18
	일진	무기경신임 / 진사오미신	계갑을병정 / 유술해자축	무기경신임 / 인묘진사오	계갑을병정 / 미신유술해	무기경신임 / 자축인묘진	계갑을병정무 / 사오미신유술
4	요일	월 화 수 목 금	토 일 월 화 수	목 금 토 일 월	화 수 목 금 토	일 월 화 수 목	금 토 일 월 화
	음력	2/19 20 21 22 23	24 25 26 27 28	29 30 3/1 2 3	4 5 6 7 8	9 10 11 12 13	14 15 16 17 18
	일진	기경신임계 / 해자축인묘	갑을병정무 / 진사오미신	기경신임계 / 유술해자축	갑을병정무 / 인묘진사오	기경신임계 / 미신유술해	갑을병정무 / 자축인묘진
5	요일	수 목 금 토 일	월 화 수 목 금	토 일 월 화 수	목 금 토 일 월	화 수 목 금 토	일 월 화 수 목 금
	음력	3/19 20 21 22 23	24 25 26 27 28	29 4/1 2 3 4	5 6 7 8 9	10 11 12 13 14	15 16 17 18 19 20
	일진	기경신임계 / 사오미신유	갑을병정무 / 술해자축인	기경신임계 / 묘진사오미	갑을병정무 / 신유술해자	기경신임계 / 축인묘진사	갑을병정무기 / 오미신유술해
6	요일	토 일 월 화 수	목 금 토 일 월	화 수 목 금 토	일 월 화 수 목	금 토 일 월 화	수 목 금 토 일
	음력	4/21 22 23 24 25	26 27 28 29 30	5/1 2 3 4 5	6 7 8 9 10	11 12 13 14 15	16 17 18 19 20
	일진	경신임계갑 / 자축인묘진	을병정무기 / 사오미신유	경신임계갑 / 술해자축인	을병정무기 / 묘진사오미	경신임계갑 / 신유술해자	을병정무기 / 축인묘진사

24절기와 잡절

명칭	태양황경(도)	월	일	시	분	명칭	태양황경(도)	월	일	시	분	명칭	태양황경(도)	월	일	시	분
소한	285	1	5	21	43	하지	90	6	21	22	24	대설	255	12	7	16	14
대한	300	1	20	15	2	소서	105	7	7	15	56	동지	270	12	22	10	14
입춘	315	2	4	9	24	대서	120	7	23	9	15						
우수	330	2	19	5	13	입추	135	8	8	1	39	한식		4	6		
경칩	345	3	6	3	28	처서	150	8	23	16	17	단오		6	15		
춘분	0	3	21	4	16	백로	165	9	8	4	31	초복		7	11		
청명	15	4	5	8	18	추분	180	9	23	13	55	중복		7	21		
곡우	30	4	20	15	20	한로	195	10	8	20	9	말복		8	10		
입하	45	5	6	1	37	상강	210	10	23	23	18	토왕용사	297	1	17	16	19
소만	60	5	21	14	29	입동	225	11	7	23	22	토왕용사	27	4	17	13	41
망종	75	6	6	5	45	소설	240	11	22	20	54	토왕용사	117	7	20	5	48
												토왕용사	207	10	20	22	54

월	양력	1 2 3 4 5	6 7 8 9 10	11 12 13 14 15	16 17 18 19 20	21 22 23 24 25	26 27 28 29 30 31
7	요일	월 화 수 목 금	토 일 월 화 수	목 금 토 일 월	화 수 목 금 토	일 월 화 수 목	금 토 일 월 화 수
	음력	5/21 22 23 24 25	26 27 28 29 6/1	2 3 4 5 6	7 8 9 10 11	12 13 14 15 16	17 18 19 20 21 22
	일진	경신임계갑 오미신유술	을병정무기 해자축인묘	경신임계갑 진사오미신	을병정무기 유술해자축	경신임계갑 인묘진사오	을병정무기경 미신유술해자
8	요일	목 금 토 일 월	화 수 목 금 토	일 월 화 수 목	금 토 일 월 화	수 목 금 토 일	월 화 수 목 금 토
	음력	6/23 24 25 26 27	28 29 30 7/1 2	3 4 5 6 7	8 9 10 11 12	13 14 15 16 17	18 19 20 21 22 23
	일진	신임계갑을 축인묘진사	병정무기경 오미신유술	신임계갑을 해자축인묘	병정무기경 진사오미신	신임계갑을 유술해자축	병정무기경신 인묘진사오미
9	요일	일 월 화 수 목	금 토 일 월 화	수 목 금 토 일	월 화 수 목 금	토 일 월 화 수	목 금 토 일 월
	음력	7/24 25 26 27 28	29 8/1 2 3 4	5 6 7 8 9	10 11 12 13 14	15 16 17 18 19	20 21 22 23 24
	일진	임계갑을병 신유술해자	정무기경신 축인묘진사	임계갑을병 오미신유술	정무기경신 해자축인묘	임계갑을병 진사오미신	정무기경신 유술해자축
10	요일	화 수 목 금 토	일 월 화 수 목	금 토 일 월 화	수 목 금 토 일	월 화 수 목 금	토 일 월 화 수 목
	음력	8/25 26 27 28 29	9/1 2 3 4 5	6 7 8 9 10	11 12 13 14 15	16 17 18 19 20	21 22 23 24 25 26
	일진	임계갑을병 인묘진사오	정무기경신 미신유술해	임계갑을병 자축인묘진	정무기경신 사오미신유	임계갑을병 술해자축인	정무기경신임 묘진사오미신
11	요일	금 토 일 월 화	수 목 금 토 일	월 화 수 목 금	토 일 월 화 수	목 금 토 일 월	화 수 목 금 토
	음력	9/27 28 29 30 10/1	2 3 4 5 6	7 8 9 10 11	12 13 14 15 16	17 18 19 20 21	22 23 24 25 26
	일진	계갑을병정 유술해자축	무기경신임 인묘진사오	계갑을병정 미신유술해	무기경신임 자축인묘진	계갑을병정 사오미신유	무기경신임 술해자축인
12	요일	일 월 화 수 목	금 토 일 월 화	수 목 금 토 일	월 화 수 목 금	토 일 월 화 수	목 금 토 일 월 화
	음력	10/27 28 29 11/1 2	3 4 5 6 7	8 9 10 11 12	13 14 15 16 17	18 19 20 21 22	23 24 25 26 27 28
	일진	계갑을병정 묘진사오미	무기경신임 신유술해자	계갑을병정 축인묘진사	무기경신임 오미신유술	계갑을병정 해자축인묘	무기경신임계 진사오미신유

2003 계미년 · 단기 4336

주요 국경일과 명절

구 분	월	일	요일	구 분	월	일	요일
신 정	1	1	수	현 충 일	6	6	금
설 날	2	1	토	제 헌 절	7	17	목
3·1절	3	1	토	광 복 절	8	15	금
식 목 일	4	5	토	추 석	9	11	목
어린이날	5	5	월	개 천 절	10	3	금
석가탄신일	5	8	목	기독탄신일	12	25	목

음양력 대조일람

음력월	월건	대소	음력 1일의 양력 월일	음력월	월건	대소	음력 1일의 양력 월일
1	갑인	대	2 1	7	경신	대	7 29
2	을묘	대	3 3	8	신유	소	8 28
3	병진	소	4 2	9	임술	소	9 26
4	정사	대	5 1	10	계해	대	10 25
5	무오	대	5 31	11	갑자	소	11 24
6	기미	소	6 30	12	을축	대	12 23

달력

월	양력	1 2 3 4 5	6 7 8 9 10	11 12 13 14 15	16 17 18 19 20	21 22 23 24 25	26 27 28 29 30 31
1	요일	수 목 금 토 일	월 화 수 목 금	토 일 월 화 수	목 금 토 일 월	화 수 목 금 토	일 월 화 수 목 금
	음력	11/29 30 12/1 2 3	4 5 6 7 8	9 10 11 12 13	14 15 16 17 18	19 20 21 22 23	24 25 26 27 28 29
	일진	갑을병정무 술해자축인	기경신임계 묘진사오미	갑을병정무 신유술해자	기경신임계 축인묘진사	갑을병정무 오미신유술	기경신임계갑 해자축인묘진
2	요일	토 일 월 화 수	목 금 토 일 월	화 수 목 금 토	일 월 화 수 목	금 토 일 월 화	수 목 금
	음력	1/1 2 3 4 5	6 7 8 9 10	11 12 13 14 15	16 17 18 19 20	21 22 23 24 25	26 27 28
	일진	을병정무기 사오미신유	경신임계갑 술해자축인	을병정무기 묘진사오미	경신임계갑 신유술해자	을병정무기 축인묘진사	경신임 오미신
3	요일	토 일 월 화 수	목 금 토 일 월	화 수 목 금 토	일 월 화 수 목	금 토 일 월 화	수 목 금 토 일 월
	음력	1/29 30 2/1 2 3	4 5 6 7 8	9 10 11 12 13	14 15 16 17 18	19 20 21 22 23	24 25 26 27 28 29
	일진	계갑을병정 유술해자축	무기경신임 인묘진사오	계갑을병정 미신유술해	무기경신임 자축인묘진	계갑을병정 사오미신유	무기경신임계 술해자축인묘
4	요일	화 수 목 금 토	일 월 화 수 목	금 토 일 월 화	수 목 금 토 일	월 화 수 목 금	토 일 월 화 수
	음력	2/30 3/1 2 3 4	5 6 7 8 9	10 11 12 13 14	15 16 17 18 19	20 21 22 23 24	25 26 27 28 29
	일진	갑을병정무 진사오미신	기경신임계 유술해자축	갑을병정무 인묘진사오	기경신임계 미신유술해	갑을병정무 자축인묘진	기경신임계 사오미신유
5	요일	목 금 토 일 월	화 수 목 금 토	일 월 화 수 목	금 토 일 월 화	수 목 금 토 일	월 화 수 목 금 토
	음력	4/1 2 3 4 5	6 7 8 9 10	11 12 13 14 15	16 17 18 19 20	21 22 23 24 25	26 27 28 29 30 5/1
	일진	갑을병정무 술해자축인	기경신임계 묘진사오미	갑을병정무 신유술해자	기경신임계 축인묘진사	갑을병정무 오미신유술	기경신임계갑 해자축인묘진
6	요일	일 월 화 수 목	금 토 일 월 화	수 목 금 토 일	월 화 수 목 금	토 일 월 화 수	목 금 토 일 월
	음력	5/2 3 4 5 6	7 8 9 10 11	12 13 14 15 16	17 18 19 20 21	22 23 24 25 26	27 28 29 30 6/1
	일진	을병정무기 사오미신유	경신임계갑 술해자축인	을병정무기 묘진사오미	경신임계갑 신유술해자	을병정무기 축인묘진사	경신임계갑 오미신유술

24절기와 잡절

명 칭	태양황경(도)	한국표준시 월 일	한국표준시 시 분	명 칭	태양황경(도)	한국표준시 월 일	한국표준시 시 분	명 칭	태양황경(도)	한국표준시 월 일	한국표준시 시 분
소한	285	1 6	3 28	하지	90	6 22	4 10	대 설	255	12 7	22 5
대한	300	1 20	20 53	소서	105	7 7	21 36	동 지	270	12 22	16 4
입춘	315	2 4	15 5	대서	120	7 23	15 4				
우수	330	2 19	11 0	입추	135	8 8	7 24	한 식		4 6	
경칩	345	3 6	9 5	처서	150	8 23	22 8	단 오		6 4	
춘분	0	3 21	10 0	백로	165	9 8	10 20	초 복		7 16	
청명	15	4 5	13 52	추분	180	9 23	19 47	중 복		7 26	
곡우	30	4 20	21 3	한로	195	10 9	2 0	말 복		8 15	
입하	45	5 6	7 10	상강	210	10 24	5 8	토왕용사	297	1 17	22 8
소만	60	5 21	20 12	입동	225	11 8	5 13	토왕용사	27	4 17	19 21
망종	75	6 6	11 20	소설	240	11 23	2 43	토왕용사	117	7 20	11 39
								토왕용사	207	10 21	4 47

월	양력	1 2 3 4 5	6 7 8 9 10	11 12 13 14 15	16 17 18 19 20	21 22 23 24 25	26 27 28 29 30 31
7	요일	화 수 목 금 토	일 월 화 수 목	금 토 일 월 화	수 목 금 토 일	월 화 수 목 금	토 일 월 화 수 목
7	음력	6/2 3 4 5 6	7 8 9 10 11	12 13 14 15 16	17 18 19 20 21	22 23 24 25 26	27 28 29 7/1 2 3
7	일진	을병정무기 해자축인묘	경신임계갑 진사오미신	을병정무기 유술해자축	경신임계갑 인묘진사오	을병정무기 미신유술해	경신임계갑을 자축인묘진사
8	요일	금 토 일 월 화	수 목 금 토 일	월 화 수 목 금	토 일 월 화 수	목 금 토 일 월	화 수 목 금 토 일
8	음력	7/4 5 6 7 8	9 10 11 12 13	14 15 16 17 18	19 20 21 22 23	24 25 26 27 28	29 30 8/1 2 3 4
8	일진	병정무기경 오미신유술	신임계갑을 해자축인묘	병정무기경 진사오미신	신임계갑을 유술해자축	병정무기경 인묘진사오	신임계갑을병 미신유술해자
9	요일	월 화 수 목 금	토 일 월 화 수	목 금 토 일 월	화 수 목 금 토	일 월 화 수 목	금 토 일 월 화
9	음력	8/5 6 7 8 9	10 11 12 13 14	15 16 17 18 19	20 21 22 23 24	25 26 27 28 29	9/1 2 3 4 5
9	일진	정무기경신 축인묘진사	임계갑을병 오미신유술	정무기경신 해자축인묘	임계갑을병 진사오미신	정무기경신 유술해자축	임계갑을병 인묘진사오
10	요일	수 목 금 토 일	월 화 수 목 금	토 일 월 화 수	목 금 토 일 월	화 수 목 금 토	일 월 화 수 목 금
10	음력	9/6 7 8 9 10	11 12 13 14 15	16 17 18 19 20	21 22 23 24 25	26 27 28 29 10/1	2 3 4 5 6 7
10	일진	정무기경신 미신유술해	임계갑을병 자축인묘진	정무기경신 사오미신유	임계갑을병 술해자축인	정무기경신 묘진사오미	임계갑을병정 신유술해자축
11	요일	토 일 월 화 수	목 금 토 일 월	화 수 목 금 토	일 월 화 수 목	금 토 일 월 화	수 목 금 토 일
11	음력	10/8 9 10 11 12	13 14 15 16 17	18 19 20 21 22	23 24 25 26 27	28 29 30 11/1 2	3 4 5 6 7
11	일진	무기경신임 인묘진사오	계갑을병정 미신유술해	무기경신임 자축인묘진	계갑을병정 사오미신유	무기경신임 술해자축인	계갑을병정 묘진사오미
12	요일	월 화 수 목 금	토 일 월 화 수	목 금 토 일 월	화 수 목 금 토	일 월 화 수 목	금 토 일 월 화 수
12	음력	11/8 9 10 11 12	13 14 15 16 17	18 19 20 21 22	23 24 25 26 27	28 29 12/1 2 3	4 5 6 7 8 9
12	일진	무기경신임 신유술해자	계갑을병정 축인묘진사	무기경신임 오미신유술	계갑을병정 해자축인묘	무기경신임 진사오미신	계갑을병정무 유술해자축인

2004 갑신년 · 단기 4337

주요 국경일과 명절

구 분	월일	요일	구 분	월일	요일
신 정	1 1	목	현충일	6 6	일
설 날	1 22	목	제헌절	7 17	토
3·1절	3 1	월	광복절	8 15	일
식 목 일	4 5	월	추 석	9 28	화
어린이날	5 5	수	개 천 절	10 3	일
석가탄신일	5 26	수	기독탄신일	12 25	토

음양력 대조일람

음력월	월건	대소	음력 1일의 양력 월일	음력월	월건	대소	음력 1일의 양력 월일
1	병인	소	1 22	7	임신	소	8 16
2	정묘	대	2 20	8	계유	대	9 14
(윤)2		소	3 21	9	갑술	소	10 14
3	무진	대	4 19	10	을해	대	11 12
4	기사	대	5 19	11	병자	소	12 12
5	경오	소	6 18	12	정축	대	2005/1 10
6	신미	대	7 17				

월	양력	1 2 3 4 5	6 7 8 9 10	11 12 13 14 15	16 17 18 19 20	21 22 23 24 25	26 27 28 29 30 31
1	요일	목 금 토 일 월	화 수 목 금 토	일 월 화 수 목	금 토 일 월 화	수 목 금 토 일	월 화 수 목 금 토
	음력	12/10 11 12 13 14	15 16 17 18 19	20 21 22 23 24	25 26 27 28 29	30 1/1 2 3 4	5 6 7 8 9 10
	일진	기경신임계 / 묘진사오미	갑을병정무 / 신유술해자	기경신임계 / 축인묘진사	갑을병정무 / 오미신유술	기경신임계 / 해자축인묘	갑을병정무기 / 진사오미신유
2	요일	일 월 화 수 목	금 토 일 월 화	수 목 금 토 일	월 화 수 목 금	토 일 월 화 수	목 금 토 일
	음력	1/11 12 13 14 15	16 17 18 19 20	21 22 23 24 25	26 27 28 29 2/1	2 3 4 5 6	7 8 9 10
	일진	경신임계갑 / 술해자축인	을병정무기 / 묘진사오미	경신임계갑 / 신유술해자	을병정무기 / 축인묘진사	경신임계갑 / 오미신유술	을병정무 / 해자축인
3	요일	월 화 수 목 금	토 일 월 화 수	목 금 토 일 월	화 수 목 금 토	일 월 화 수 목	금 토 일 월 화 수
	음력	2/11 12 13 14 15	16 17 18 19 20	21 22 23 24 25	26 27 28 29 30	2*/1 2 3 4 5	6 7 8 9 10 11
	일진	기경신임계 / 묘진사오미	갑을병정무 / 신유술해자	기경신임계 / 축인묘진사	갑을병정무 / 오미신유술	기경신임계 / 해자축인묘	갑을병정무기 / 진사오미신유
4	요일	목 금 토 일 월	화 수 목 금 토	일 월 화 수 목	금 토 일 월 화	수 목 금 토 일	월 화 수 목 금
	음력	2*/12 13 14 15 16	17 18 19 20 21	22 23 24 25 26	27 28 29 3/1 2	3 4 5 6 7	8 9 10 11 12
	일진	경신임계갑 / 술해자축인	을병정무기 / 묘진사오미	경신임계갑 / 신유술해자	을병정무기 / 축인묘진사	경신임계갑 / 오미신유술	을병정무기 / 해자축인묘
5	요일	토 일 월 화 수	목 금 토 일 월	화 수 목 금 토	일 월 화 수 목	금 토 일 월 화	수 목 금 토 일 월
	음력	3/13 14 15 16 17	18 19 20 21 22	23 24 25 26 27	28 29 30 4/1 2	3 4 5 6 7	8 9 10 11 12 13
	일진	경신임계갑 / 진사오미신	을병정무기 / 유술해자축	경신임계갑 / 인묘진사오	을병정무기 / 미신유술해	경신임계갑 / 자축인묘진	을병정무기경 / 사오미신유술
6	요일	화 수 목 금 토	일 월 화 수 목	금 토 일 월 화	수 목 금 토 일	월 화 수 목 금	토 일 월 화 수
	음력	4/14 15 16 17 18	19 20 21 22 23	24 25 26 27 28	29 30 5/1 2 3	4 5 6 7 8	9 10 11 12 13
	일진	신임계갑을 / 해자축인묘	병정무기경 / 진사오미신	신임계갑을 / 유술해자축	병정무기경 / 인묘진사오	신임계갑을 / 미신유술해	병정무기경 / 자축인묘진

24절기와 잡절

명칭	태양황경(도)	월	일	시	분	명칭	태양황경(도)	월	일	시	분	명칭	태양황경(도)	월	일	시	분
소한	285	1	6	9	19	하지	90	6	21	9	57	대설	255	12	7	3	49
대한	300	1	21	2	42	소서	105	7	7	3	31	동지	270	12	21	21	42
입춘	315	2	4	20	56	대서	120	7	22	20	50						
우수	330	2	19	16	50	입추	135	8	7	13	20	한식		4	5		
경칩	345	3	5	14	56	처서	150	8	23	3	53	단오		6	22		
춘분	0	3	20	15	49	백로	165	9	7	16	13	초복		7	20		
청명	15	4	4	19	43	추분	180	9	23	1	30	중복		7	30		
곡우	30	4	20	2	50	한로	195	10	8	7	49	말복		8	9		
입하	45	5	5	13	2	상강	210	10	23	10	49	토왕용사	297	1	18	4	1
소만	60	5	21	1	59	입동	225	11	7	10	59	토왕용사	27	4	17	1	11
망종	75	6	5	17	14	소설	240	11	22	8	22	토왕용사	117	7	19	17	26
												토왕용사	207	10	20	10	27

월	양력	1 2 3 4 5	6 7 8 9 10	11 12 13 14 15	16 17 18 19 20	21 22 23 24 25	26 27 28 29 30 31
7	요일	목 금 토 일 월	화 수 목 금 토	일 월 화 수 목	금 토 일 월 화	수 목 금 토 일	월 화 수 목 금 토
7	음력	5/14 15 16 17 18	19 20 21 22 23	24 25 26 27 28	29 6/1 2 3 4	5 6 7 8 9	10 11 12 13 14 15
7	일진	신임계갑을 사오미신유	병정무기경 술해자축인	신임계갑을 묘진사오미	병정무기경 신유술해자	신임계갑을 축인묘진사	병정무기경신 오미신유술해
8	요일	일 월 화 수 목	금 토 일 월 화	수 목 금 토 일	월 화 수 목 금	토 일 월 화 수	목 금 토 일 월 화
8	음력	6/16 17 18 19 20	21 22 23 24 25	26 27 28 29 30	7/1 2 3 4 5	6 7 8 9 10	11 12 13 14 15 16
8	일진	임계갑을병 자축인묘진	정무기경신 사오미신유	임계갑을병 술해자축인	정무기경신 묘진사오미	임계갑을병 신유술해자	정무기경신임 축인묘진사오
9	요일	수 목 금 토 일	월 화 수 목 금	토 일 월 화 수	목 금 토 일 월	화 수 목 금 토	일 월 화 수 목
9	음력	7/17 18 19 20 21	22 23 24 25 26	27 28 29 8/1 2	3 4 5 6 7	8 9 10 11 12	13 14 15 16 17
9	일진	계갑을병정 미신유술해	무기경신임 자축인묘진	계갑을병정 사오미신유	무기경신임 술해자축인	계갑을병정 묘진사오미	무기경신임 신유술해자
10	요일	금 토 일 월 화	수 목 금 토 일	월 화 수 목 금	토 일 월 화 수	목 금 토 일 월	화 수 목 금 토 일
10	음력	8/18 19 20 21 22	23 24 25 26 27	28 29 30 9/1 2	3 4 5 6 7	8 9 10 11 12	13 14 15 16 17 18
10	일진	계갑을병정 축인묘진사	무기경신임 오미신유술	계갑을병정 해자축인묘	무기경신임 진사오미신	계갑을병정 유술해자축	무기경신임계 인묘진사오미
11	요일	월 화 수 목 금	토 일 월 화 수	목 금 토 일 월	화 수 목 금 토	일 월 화 수 목	금 토 일 월 화
11	음력	9/19 20 21 22 23	24 25 26 27 28	29 10/1 2 3 4	5 6 7 8 9	10 11 12 13 14	15 16 17 18 19
11	일진	갑을병정무 신유술해자	기경신임계 축인묘진사	갑을병정무 오미신유술	기경신임계 해자축인묘	갑을병정무 진사오미신	기경신임계 유술해자축
12	요일	수 목 금 토 일	월 화 수 목 금	토 일 월 화 수	목 금 토 일 월	화 수 목 금 토	일 월 화 수 목 금
12	음력	10/20 21 22 23 24	25 26 27 28 29	30 11/1 2 3 4	5 6 7 8 9	10 11 12 13 14	15 16 17 18 19 20
12	일진	갑을병정무 인묘진사오	기경신임계 미신유술해	갑을병정무 자축인묘진	기경신임계 사오미신유	갑을병정무 술해자축인	기경신임계갑 묘진사오미신

* 윤달 : 2월

2005 을유년 • 단기 4338

주요 국경일과 명절

구 분	월	일	요일	구 분	월	일	요일
신 정	1	1	토	현 충 일	6	6	월
설 날	2	9	수	제 헌 절	7	17	일
3·1절	3	1	화	광 복 절	8	15	월
식 목 일	4	5	화	추 석	9	18	일
어린이날	5	5	목	개 천 절	10	3	월
석가탄신일	5	15	일	기독탄신일	12	25	일

음양력 대조일람

음력월	월건	대소	음력 1일의 양력 월	일	음력월	월건	대소	음력 1일의 양력 월	일
1	무인	소	2	9	7	갑신	대	8	5
2	기묘	대	3	10	8	을유	소	9	4
3	경진	소	4	9	9	병술	대	10	3
4	신사	대	5	8	10	정해	대	11	2
5	임오	소	6	7	11	무자	소	12	2
6	계미	대	7	6	12	기축	소	12	31

양력·음력 대조표

1월

양력	1	2	3	4	5	6	7	8	9	10	11	12	13	14	15	16	17	18	19	20	21	22	23	24	25	26	27	28	29	30	31
요일	토	일	월	화	수	목	금	토	일	월	화	수	목	금	토	일	월	화	수	목	금	토	일	월	화	수	목	금	토	일	월
음력	11/21	22	23	24	25	26	27	28	29	12/1	2	3	4	5	6	7	8	9	10	11	12	13	14	15	16	17	18	19	20	21	22
일진	을유	병술	정해	무자	기축	경인	신묘	임진	계사	갑오	을미	병신	정유	무술	기해	경자	신축	임인	계묘	갑진	을사	병오	정미	무신	기유	경술	신해	임자	계축	갑인	을묘

2월

양력	1	2	3	4	5	6	7	8	9	10	11	12	13	14	15	16	17	18	19	20	21	22	23	24	25	26	27	28
요일	화	수	목	금	토	일	월	화	수	목	금	토	일	월	화	수	목	금	토	일	월	화	수	목	금	토	일	월
음력	12/23	24	25	26	27	28	29	30	1/1	2	3	4	5	6	7	8	9	10	11	12	13	14	15	16	17	18	19	20
일진	병진	정사	무오	기미	경신	신유	임술	계해	갑자	을축	병인	정묘	무진	기사	경오	신미	임신	계유	갑술	을해	병자	정축	무인	기묘	경진	신사	임오	계미

3월

양력	1	2	3	4	5	6	7	8	9	10	11	12	13	14	15	16	17	18	19	20	21	22	23	24	25	26	27	28	29	30	31
요일	화	수	목	금	토	일	월	화	수	목	금	토	일	월	화	수	목	금	토	일	월	화	수	목	금	토	일	월	화	수	목
음력	1/21	22	23	24	25	26	27	28	29	2/1	2	3	4	5	6	7	8	9	10	11	12	13	14	15	16	17	18	19	20	21	22
일진	갑신	을유	병술	정해	무자	기축	경인	신묘	임진	계사	갑오	을미	병신	정유	무술	기해	경자	신축	임인	계묘	갑진	을사	병오	정미	무신	기유	경술	신해	임자	계축	갑인

4월

양력	1	2	3	4	5	6	7	8	9	10	11	12	13	14	15	16	17	18	19	20	21	22	23	24	25	26	27	28	29	30
요일	금	토	일	월	화	수	목	금	토	일	월	화	수	목	금	토	일	월	화	수	목	금	토	일	월	화	수	목	금	토
음력	2/23	24	25	26	27	28	29	30	3/1	2	3	4	5	6	7	8	9	10	11	12	13	14	15	16	17	18	19	20	21	22
일진	을묘	병진	정사	무오	기미	경신	신유	임술	계해	갑자	을축	병인	정묘	무진	기사	경오	신미	임신	계유	갑술	을해	병자	정축	무인	기묘	경진	신사	임오	계미	갑신

5월

양력	1	2	3	4	5	6	7	8	9	10	11	12	13	14	15	16	17	18	19	20	21	22	23	24	25	26	27	28	29	30	31
요일	일	월	화	수	목	금	토	일	월	화	수	목	금	토	일	월	화	수	목	금	토	일	월	화	수	목	금	토	일	월	화
음력	3/23	24	25	26	27	28	29	4/1	2	3	4	5	6	7	8	9	10	11	12	13	14	15	16	17	18	19	20	21	22	23	24
일진	을유	병술	정해	무자	기축	경인	신묘	임진	계사	갑오	을미	병신	정유	무술	기해	경자	신축	임인	계묘	갑진	을사	병오	정미	무신	기유	경술	신해	임자	계축	갑인	을묘

6월

양력	1	2	3	4	5	6	7	8	9	10	11	12	13	14	15	16	17	18	19	20	21	22	23	24	25	26	27	28	29	30
요일	수	목	금	토	일	월	화	수	목	금	토	일	월	화	수	목	금	토	일	월	화	수	목	금	토	일	월	화	수	목
음력	4/25	26	27	28	29	30	5/1	2	3	4	5	6	7	8	9	10	11	12	13	14	15	16	17	18	19	20	21	22	23	24
일진	병진	정사	무오	기미	경신	신유	임술	계해	갑자	을축	병인	정묘	무진	기사	경오	신미	임신	계유	갑술	을해	병자	정축	무인	기묘	경진	신사	임오	계미	갑신	을유

24절기와 잡절

명칭	태양황경(도)	한국표준시 월 일	한국표준시 시 분	명칭	태양황경(도)	한국표준시 월 일	한국표준시 시 분	명칭	태양황경(도)	한국표준시 월 일	한국표준시 시 분
소한	285	1 5	15 3	하지	90	6 21	15 46	대설	255	12 7	9 33
대한	300	1 20	8 22	소서	105	7 7	9 17	동지	270	12 22	3 35
입춘	315	2 4	2 43	대서	120	7 23	2 41				
우수	330	2 18	22 32	입추	135	8 7	19 3	한식			4 5
경칩	345	3 5	20 45	처서	150	8 23	9 45	단오			6 11
춘분	0	3 20	21 33	백로	165	9 7	21 57	초복			7 15
청명	15	4 5	1 34	추분	180	9 23	7 23	중복			7 25
곡우	30	4 20	8 37	한로	195	10 8	13 33	말복			8 14
입하	45	5 5	18 53	상강	210	10 23	16 42	토왕용사	297	1 17	9 38
소만	60	5 21	7 47	입동	225	11 7	16 42	토왕용사	27	4 17	6 56
망종	75	6 5	23 2	소설	240	11 22	14 15	토왕용사	117	7 19	23 13
								토왕용사	207	10 20	16 19

월	양력	1 2 3 4 5	6 7 8 9 10	11 12 13 14 15	16 17 18 19 20	21 22 23 24 25	26 27 28 29 30 31
7	요일	금토일월화	수목금토일	월화수목금	토일월화수	목금토일월	화수목금토일
	음력	5/25 26 27 28 29	6/1 2 3 4 5	6 7 8 9 10	11 12 13 14 15	16 17 18 19 20	21 22 23 24 25 26
	일진	병정무기경 술해자축인	신임계갑을 묘진사오미	병정무기경 신유술해자	신임계갑을 축인묘진사	병정무기경 오미신유술	신임계갑을병 해자축인묘진
8	요일	월화수목금	토일월화수	목금토일월	화수목금토	일월화수목	금토일월화수
	음력	6/27 28 29 30 7/1	2 3 4 5 6	7 8 9 10 11	12 13 14 15 16	17 18 19 20 21	22 23 24 25 26 27
	일진	정무기경신 사오미신유	임계갑을병 술해자축인	정무기경신 묘진사오미	임계갑을병 신유술해자	정무기경신 축인묘진사	임계갑을병정 오미신유술해
9	요일	목금토일월	화수목금토	일월화수목	금토일월화	수목금토일	월화수목금
	음력	7/28 29 30 8/1 2	3 4 5 6 7	8 9 10 11 12	13 14 15 16 17	18 19 20 21 22	23 24 25 26 27
	일진	무기경신임 자축인묘진	계갑을병정 사오미신유	무기경신임 술해자축인	계갑을병정 묘진사오미	무기경신임 신유술해자	계갑을병정 축인묘진사
10	요일	토일월화수	목금토일월	화수목금토	일월화수목	금토일월화	수목금토일월
	음력	8/28 29 9/1 2 3	4 5 6 7 8	9 10 11 12 13	14 15 16 17 18	19 20 21 22 23	24 25 26 27 28 29
	일진	무기경신임 오미신유술	계갑을병정 해자축인묘	무기경신임 진사오미신	계갑을병정 유술해자축	무기경신임 인묘진사오	계갑을병정무 미신유술해자
11	요일	화수목금토	일월화수목	금토일월화	수목금토일	월화수목금	토일월화수
	음력	9/30 10/1 2 3 4	5 6 7 8 9	10 11 12 13 14	15 16 17 18 19	20 21 22 23 24	25 26 27 28 29
	일진	기경신임계 축인묘진사	갑을병정무 오미신유술	기경신임계 해자축인묘	갑을병정무 진사오미신	기경신임계 유술해자축	갑을병정무 인묘진사오
12	요일	목금토일월	화수목금토	일월화수목	금토일월화	수목금토일	월화수목금토
	음력	10/30 11/1 2 3 4	5 6 7 8 9	10 11 12 13 14	15 16 17 18 19	20 21 22 23 24	25 26 27 28 29 12/1
	일진	기경신임계 미신유술해	갑을병정무 자축인묘진	기경신임계 사오미신유	갑을병정무 술해자축인	기경신임계 묘진사오미	갑을병정무기 신유술해자축

2006 병술년 • 단기 4339

주요 국경일과 명절

구 분	월일	요일	구 분	월일	요일
신 정	1 1	일	현충일	6 6	화
설 날	1 29	일	제헌절	7 17	월
3·1절	3 1	수	광복절	8 15	화
식목일	4 5	수	개천절	10 3	화
어린이날	5 5	금	추 석	10 6	금
석가탄신일	5 5	금	기독탄신일	12 25	월

음양력 대조일람

음력월	월건	대소	음력 1일의 양력 월일	음력월	월건	대소	음력 1일의 양력 월일
1	경인	대	1 29	(윤)7		소	8 24
2	신묘	소	2 28	8	정유	대	9 22
3	임진	대	3 29	9	무술	대	10 22
4	계사	소	4 28	10	기해	소	11 21
5	갑오	대	5 27	11	경자	대	12 20
6	을미	소	6 26	12	신축	대	2007/1 19
7	병신	대	7 25				

월	양력	1 2 3 4 5	6 7 8 9 10	11 12 13 14 15	16 17 18 19 20	21 22 23 24 25	26 27 28 29 30 31
1	요일	일 월 화 수 목	금 토 일 월 화	수 목 금 토 일	월 화 수 목 금	토 일 월 화 수	목 금 토 일 월 화
	음력	12/2 3 4 5 6	7 8 9 10 11	12 13 14 15 16	17 18 19 20 21	22 23 24 25 26	27 28 29 1/1 2 3
	일진	경신임계갑 / 인묘진사오	을병정무기 / 미신유술해	경신임계갑 / 자축인묘진	을병정무기 / 사오미신유	경신임계갑 / 술해자축인	을병정무기경 / 묘진사오미신
2	요일	수 목 금 토 일	월 화 수 목 금	토 일 월 화 수	목 금 토 일 월	화 수 목 금 토	일 월 화
	음력	1/4 5 6 7 8	9 10 11 12 13	14 15 16 17 18	19 20 21 22 23	24 25 26 27 28	29 30 2/1
	일진	신임계갑을 / 유술해자축	병정무기경 / 인묘진사오	신임계갑을 / 미신유술해	병정무기경 / 자축인묘진	신임계갑을 / 사오미신유	병정무 / 술해자
3	요일	수 목 금 토 일	월 화 수 목 금	토 일 월 화 수	목 금 토 일 월	화 수 목 금 토	일 월 화 수 목 금
	음력	2/2 3 4 5 6	7 8 9 10 11	12 13 14 15 16	17 18 19 20 21	22 23 24 25 26	27 28 29 3/1 2 3
	일진	기경신임계 / 축인묘진사	갑을병정무 / 오미신유술	기경신임계 / 해자축인묘	갑을병정무 / 진사오미신	기경신임계 / 유술해자축	갑을병정무기 / 인묘진사오미
4	요일	토 일 월 화 수	목 금 토 일 월	화 수 목 금 토	일 월 화 수 목	금 토 일 월 화	수 목 금 토 일
	음력	3/4 5 6 7 8	9 10 11 12 13	14 15 16 17 18	19 20 21 22 23	24 25 26 27 28	29 30 4/1 2 3
	일진	경신임계갑 / 신유술해자	을병정무기 / 축인묘진사	경신임계갑 / 오미신유술	을병정무기 / 해자축인묘	경신임계갑 / 진사오미신	을병정무기 / 유술해자축
5	요일	월 화 수 목 금	토 일 월 화 수	목 금 토 일 월	화 수 목 금 토	일 월 화 수 목	금 토 일 월 화 수
	음력	4/4 5 6 7 8	9 10 11 12 13	14 15 16 17 18	19 20 21 22 23	24 25 26 27 28	29 5/1 2 3 4 5
	일진	경신임계갑 / 인묘진사오	을병정무기 / 미신유술해	경신임계갑 / 자축인묘진	을병정무기 / 사오미신유	경신임계갑 / 술해자축인	을병정무기경 / 묘진사오미신
6	요일	목 금 토 일 월	화 수 목 금 토	일 월 화 수 목	금 토 일 월 화	수 목 금 토 일	월 화 수 목 금
	음력	5/6 7 8 9 10	11 12 13 14 15	16 17 18 19 20	21 22 23 24 25	26 27 28 29 30	6/1 2 3 4 5
	일진	신임계갑을 / 유술해자축	병정무기경 / 인묘진사오	신임계갑을 / 미신유술해	병정무기경 / 자축인묘진	신임계갑을 / 사오미신유	병정무기경 / 술해자축인

24절기와 잡절

명 칭	태양황경(도)	월	일	시	분	명 칭	태양황경(도)	월	일	시	분	명 칭	태양황경(도)	월	일	시	분
소한	285	1	5	20	47	하지	90	6	21	21	26	대설	255	12	7	15	27
대한	300	1	20	14	15	소서	105	7	7	14	51	동지	270	12	22	9	22
입춘	315	2	4	8	27	대서	120	7	23	8	18	한식			4	6	
우수	330	2	19	4	26	입추	135	8	8	0	41	단오			5	31	
경칩	345	3	6	2	29	처서	150	8	23	15	23	초복			7	20	
춘분	0	3	21	3	26	백로	165	9	8	3	39	중복			7	30	
청명	15	4	5	7	15	추분	180	9	23	13	3	말복			8	9	
곡우	30	4	20	14	26	한로	195	10	8	19	21	토왕용사	297	1	17	15	31
입하	45	5	6	0	31	상강	210	10	23	22	26	토왕용사	27	4	17	12	45
소만	60	5	21	13	32	입동	225	11	7	22	35	토왕용사	117	7	20	4	53
망종	75	6	6	4	37	소설	240	11	22	20	2	토왕용사	207	10	20	22	5

월	양력	1 2 3 4 5	6 7 8 9 10	11 12 13 14 15	16 17 18 19 20	21 22 23 24 25	26 27 28 29 30 31
7	요일	토 일 월 화 수	목 금 토 일 월	화 수 목 금 토	일 월 화 수 목	금 토 일 월 화	수 목 금 토 일 월
	음력	6/6 7 8 9 10	11 12 13 14 15	16 17 18 19 20	21 22 23 24 25	26 27 28 29 7/1	2 3 4 5 6 7
	일진	신 임 계 갑 을 묘 진 사 오 미	병 정 무 기 경 신 유 술 해 자	신 임 계 갑 을 축 인 묘 진 사	병 정 무 기 경 오 미 신 유 술	신 임 계 갑 을 해 자 축 인 묘	병 정 무 기 경 신 진 사 오 미 신 유
8	요일	화 수 목 금 토	일 월 화 수 목	금 토 일 월 화	수 목 금 토 일	월 화 수 목 금	토 일 월 화 수 목
	음력	7/8 9 10 11 12	13 14 15 16 17	18 19 20 21 22	23 24 25 26 27	28 29 30 7*/1 2	3 4 5 6 7 8
	일진	임 계 갑 을 병 술 해 자 축 인	정 무 기 경 신 묘 진 사 오 미	임 계 갑 을 병 신 유 술 해 자	정 무 기 경 신 축 인 묘 진 사	임 계 갑 을 병 오 미 신 유 술	정 무 기 경 신 임 해 자 축 인 묘 진
9	요일	금 토 일 월 화	수 목 금 토 일	월 화 수 목 금	토 일 월 화 수	목 금 토 일 월	화 수 목 금 토
	음력	7*/9 10 11 12 13	14 15 16 17 18	19 20 21 22 23	24 25 26 27 28	29 8/1 2 3 4	5 6 7 8 9
	일진	계 갑 을 병 정 사 오 미 신 유	무 기 경 신 임 술 해 자 축 인	계 갑 을 병 정 묘 진 사 오 미	무 기 경 신 임 신 유 술 해 자	계 갑 을 병 정 축 인 묘 진 사	무 기 경 신 임 오 미 신 유 술
10	요일	일 월 화 수 목	금 토 일 월 화	수 목 금 토 일	월 화 수 목 금	토 일 월 화 수	목 금 토 일 월 화
	음력	8/10 11 12 13 14	15 16 17 18 19	20 21 22 23 24	25 26 27 28 29	30 9/1 2 3 4	5 6 7 8 9 10
	일진	계 갑 을 병 정 해 자 축 인 묘	무 기 경 신 임 진 사 오 미 신	계 갑 을 병 정 유 술 해 자 축	무 기 경 신 임 인 묘 진 사 오	계 갑 을 병 정 미 신 유 술 해	무 기 경 신 임 계 자 축 인 묘 진 사
11	요일	수 목 금 토 일	월 화 수 목 금	토 일 월 화 수	목 금 토 일 월	화 수 목 금 토	일 월 화 수 목
	음력	9/11 12 13 14 15	16 17 18 19 20	21 22 23 24 25	26 27 28 29 30	10/1 2 3 4 5	6 7 8 9 10
	일진	갑 을 병 정 무 오 미 신 유 술	기 경 신 임 계 해 자 축 인 묘	갑 을 병 정 무 진 사 오 미 신	기 경 신 임 계 유 술 해 자 축	갑 을 병 정 무 인 묘 진 사 오	기 경 신 임 계 미 신 유 술 해
12	요일	금 토 일 월 화	수 목 금 토 일	월 화 수 목 금	토 일 월 화 수	목 금 토 일 월	화 수 목 금 토 일
	음력	10/11 12 13 14 15	16 17 18 19 20	21 22 23 24 25	26 27 28 29 11/1	2 3 4 5 6	7 8 9 10 11 12
	일진	갑 을 병 정 무 자 축 인 묘 진	기 경 신 임 계 사 오 미 신 유	갑 을 병 정 무 술 해 자 축 인	기 경 신 임 계 묘 진 사 오 미	갑 을 병 정 무 신 유 술 해 자	기 경 신 임 계 갑 축 인 묘 진 사 오

* 윤달 : 7월

2007 정해년 · 단기 4340

주요 국경일과 명절

구 분	월일	요일	구 분	월일	요일
신 정	1 1	월	현충일	6 6	수
설 날	2 18	일	제헌절	7 17	화
3·1절	3 1	목	광복절	8 15	수
식목일	4 5	목	추 석	9 25	화
어린이날	5 5	토	개천절	10 3	수
석가탄신일	5 24	목	기독탄신일	12·25	화

음양력 대조일람

음력월	월건	대소	음력 1일의 양력 월일	음력월	월건	대소	음력 1일의 양력 월일
1	임인	소	2 18	7	무신	소	8 13
2	계묘	소	3 19	8	기유	대	9 11
3	갑진	대	4 17	9	경술	대	10 11
4	을사	소	5 17	10	신해	대	11 10
5	병오	소	6 15	11	임자	소	12 10
6	정미	대	7 14	12	계축	대	2008/1 8

월	양력	1 2 3 4 5	6 7 8 9 10	11 12 13 14 15	16 17 18 19 20	21 22 23 24 25	26 27 28 29 30 31
1	요일	월 화 수 목 금	토 일 월 화 수	목 금 토 일 월	화 수 목 금 토	일 월 화 수 목	금 토 일 월 화 수
	음력	11/13 14 15 16 17	18 19 20 21 22	23 24 25 26 27	28 29 30 12/1 2	3 4 5 6 7	8 9 10 11 12 13
	일진	을병정무기 미신유술해	경신임계갑 자축인묘진	을병정무기 사오미신유	경신임계갑 술해자축인	을병정무기 묘진사오미	경신임계갑을 신유술해자축
2	요일	목 금 토 일 월	화 수 목 금 토	일 월 화 수 목	금 토 일 월 화	수 목 금 토 일	월 화 수
	음력	12/14 15 16 17 18	19 20 21 22 23	24 25 26 27 28	29 30 1/1 2 3	4 5 6 7 8	9 10 11
	일진	병정무기경 인묘진사오	신임계갑을 미신유술해	병정무기경 자축인묘진	신임계갑을 사오미신유	병정무기경 술해자축인	신임계 묘진사
3	요일	목 금 토 일 월	화 수 목 금 토	일 월 화 수 목	금 토 일 월 화	수 목 금 토 일	월 화 수 목 금 토
	음력	1/12 13 14 15 16	17 18 19 20 21	22 23 24 25 26	27 28 29 2/1 2	3 4 5 6 7	8 9 10 11 12 13
	일진	갑을병정무 오미신유술	기경신임계 해자축인묘	갑을병정무 진사오미신	기경신임계 유술해자축	갑을병정무 인묘진사오	기경신임계갑 미신유술해자
4	요일	일 월 화 수 목	금 토 일 월 화	수 목 금 토 일	월 화 수 목 금	토 일 월 화 수	목 금 토 일 월
	음력	2/14 15 16 17 18	19 20 21 22 23	24 25 26 27 28	29 3/1 2 3 4	5 6 7 8 9	10 11 12 13 14
	일진	을병정무기 축인묘진사	경신임계갑 오미신유술	을병정무기 해자축인묘	경신임계갑 진사오미신	을병정무기 유술해자축	경신임계갑 인묘진사오
5	요일	화 수 목 금 토	일 월 화 수 목	금 토 일 월 화	수 목 금 토 일	월 화 수 목 금	토 일 월 화 수 목
	음력	3/15 16 17 18 19	20 21 22 23 24	25 26 27 28 29	30 4/1 2 3 4	5 6 7 8 9	10 11 12 13 14 15
	일진	을병정무기 미신유술해	경신임계갑 자축인묘진	을병정무기 사오미신유	경신임계갑 술해자축인	을병정무기 묘진사오미	경신임계갑을 신유술해자축
6	요일	금 토 일 월 화	수 목 금 토 일	월 화 수 목 금	토 일 월 화 수	목 금 토 일 월	화 수 목 금 토
	음력	4/16 17 18 19 20	21 22 23 24 25	26 27 28 29 5/1	2 3 4 5 6	7 8 9 10 11	12 13 14 15 16
	일진	병정무기경 인묘진사오	신임계갑을 미신유술해	병정무기경 자축인묘진	신임계갑을 사오미신유	병정무기경 술해자축인	신임계갑을 묘진사오미

24절기와 잡절

명칭	태양황경(도)	월	일	시	분	명칭	태양황경(도)	월	일	시	분	명칭	태양황경(도)	월	일	시	분
소한	285	1	6	2	40	하지	90	6	22	3	6	대설	255	12	7	21	14
대한	300	1	20	20	1	소서	105	7	7	20	42	동지	270	12	22	15	8
입춘	315	2	4	14	18	대서	120	7	23	14	0	한식				4	6
우수	330	2	19	10	9	입추	135	8	8	6	31						
경칩	345	3	6	8	18	처서	150	8	23	21	8	단오				6	19
춘분	0	3	21	9	7	백로	165	9	8	9	29	초복				7	15
청명	15	4	5	13	5	추분	180	9	23	18	51	중복				7	25
곡우	30	4	20	20	7	한로	195	10	9	1	11	말복				8	14
입하	45	5	6	6	20	상강	210	10	24	4	15	토왕용사	297	1	17	21	19
소만	60	5	21	19	12	입동	225	11	8	4	24	토왕용사	27	4	17	18	29
망종	75	6	6	10	27	소설	240	11	23	1	50	토왕용사	117	7	20	10	34
												토왕용사	207	10	21	3	52

월	양력	1	2	3	4	5	6	7	8	9	10	11	12	13	14	15	16	17	18	19	20	21	22	23	24	25	26	27	28	29	30	31
7	요일	일	월	화	수	목	금	토	일	월	화	수	목	금	토	일	월	화	수	목	금	토	일	월	화	수	목	금	토	일	월	화
	음력	5/17	18	19	20	21	22	23	24	25	26	27	28	29	6/1	2	3	4	5	6	7	8	9	10	11	12	13	14	15	16	17	18
	일진	병신	정유	무술	기해	경자	신축	임인	계묘	갑진	을사	병오	정미	무신	기유	경술	신해	임자	계축	갑인	을묘	병진	정사	무오	기미	경신	신유	임술	계해	갑자	을축	병인
8	요일	수	목	금	토	일	월	화	수	목	금	토	일	월	화	수	목	금	토	일	월	화	수	목	금	토	일	월	화	수	목	금
	음력	6/19	20	21	22	23	24	25	26	27	28	29	30	7/1	2	3	4	5	6	7	8	9	10	11	12	13	14	15	16	17	18	19
	일진	정묘	무진	기사	경오	신미	임신	계유	갑술	을해	병자	정축	무인	기묘	경진	신사	임오	계미	갑신	을유	병술	정해	무자	기축	경인	신묘	임진	계사	갑오	을미	병신	정유
9	요일	토	일	월	화	수	목	금	토	일	월	화	수	목	금	토	일	월	화	수	목	금	토	일	월	화	수	목	금	토	일	
	음력	7/20	21	22	23	24	25	26	27	28	29	8/1	2	3	4	5	6	7	8	9	10	11	12	13	14	15	16	17	18	19	20	
	일진	무술	기해	경자	신축	임인	계묘	갑진	을사	병오	정미	무신	기유	경술	신해	임자	계축	갑인	을묘	병진	정사	무오	기미	경신	신유	임술	계해	갑자	을축	병인	정묘	
10	요일	월	화	수	목	금	토	일	월	화	수	목	금	토	일	월	화	수	목	금	토	일	월	화	수	목	금	토	일	월	화	수
	음력	8/21	22	23	24	25	26	27	28	29	30	9/1	2	3	4	5	6	7	8	9	10	11	12	13	14	15	16	17	18	19	20	21
	일진	무진	기사	경오	신미	임신	계유	갑술	을해	병자	정축	무인	기묘	경진	신사	임오	계미	갑신	을유	병술	정해	무자	기축	경인	신묘	임진	계사	갑오	을미	병신	정유	무술
11	요일	목	금	토	일	월	화	수	목	금	토	일	월	화	수	목	금	토	일	월	화	수	목	금	토	일	월	화	수	목	금	
	음력	9/22	23	24	25	26	27	28	29	30	10/1	2	3	4	5	6	7	8	9	10	11	12	13	14	15	16	17	18	19	20	21	
	일진	기해	경자	신축	임인	계묘	갑진	을사	병오	정미	무신	기유	경술	신해	임자	계축	갑인	을묘	병진	정사	무오	기미	경신	신유	임술	계해	갑자	을축	병인	정묘	무진	
12	요일	토	일	월	화	수	목	금	토	일	월	화	수	목	금	토	일	월	화	수	목	금	토	일	월	화	수	목	금	토	일	월
	음력	10/22	23	24	25	26	27	28	29	30	11/1	2	3	4	5	6	7	8	9	10	11	12	13	14	15	16	17	18	19	20	21	22
	일진	기사	경오	신미	임신	계유	갑술	을해	병자	정축	무인	기묘	경진	신사	임오	계미	갑신	을유	병술	정해	무자	기축	경인	신묘	임진	계사	갑오	을미	병신	정유	무술	기해

주요 국경일과 명절

구 분	월일	요일	구 분	월일	요일
신 정	1 1	화	현충일	6 6	금
설 날	2 7	목	제헌절	7 17	목
3·1절	3 1	토	광복절	8 15	금
식 목 일	4 5	토	추 석	9 14	일
어린이날	5 5	월	개 천 절	10 3	금
석가탄신일	5 12	월	기독탄신일	12 25	목

음양력 대조일람

음력월	월건	대소	음력 1일의 양력 월일	음력월	월건	대소	음력 1일의 양력 월일
1	갑인	대	2 7	7	경신	대	8 1
2	을묘	소	3 8	8	신유	소	8 31
3	병진	소	4 6	9	임술	대	9 29
4	정사	대	5 5	10	계해	대	10 29
5	무오	소	6 4	11	갑자	소	11 28
6	기미	소	7 3	12	을축	대	12 27

월	양력	1 2 3 4 5	6 7 8 9 10	11 12 13 14 15	16 17 18 19 20	21 22 23 24 25	26 27 28 29 30 31
1	요일	화 수 목 금 토	일 월 화 수 목	금 토 일 월 화	수 목 금 토 일	월 화 수 목 금	토 일 월 화 수 목
1	음력	11/23 24 25 26 27	28 29 12/1 2 3	4 5 6 7 8	9 10 11 12 13	14 15 16 17 18	19 20 21 22 23 24
1	일진	경신임계갑 자축인묘진	을병정무기 사오미신유	경신임계갑 술해자축인	을병정무기 묘진사오미	경신임계갑 신유술해자	을병정무기경 축인묘진사오
2	요일	금 토 일 월 화	수 목 금 토 일	월 화 수 목 금	토 일 월 화 수	목 금 토 일 월	화 수 목 금
2	음력	12/25 26 27 28 29	30 1/1 2 3 4	5 6 7 8 9	10 11 12 13 14	15 16 17 18 19	20 21 22 23
2	일진	신임계갑을 미신유술해	병정무기경 자축인묘진	신임계갑을 사오미신유	병정무기경 술해자축인	신임계갑을 묘진사오미	병정무기 신유술해
3	요일	토 일 월 화 수	목 금 토 일 월	화 수 목 금 토	일 월 화 수 목	금 토 일 월 화	수 목 금 토 일 월
3	음력	1/24 25 26 27 28	29 30 2/1 2 3	4 5 6 7 8	9 10 11 12 13	14 15 16 17 18	19 20 21 22 23 24
3	일진	경신임계갑 자축인묘진	을병정무기 사오미신유	경신임계갑 술해자축인	을병정무기 묘진사오미	경신임계갑 신유술해자	을병정무기경 축인묘진사오
4	요일	화 수 목 금 토	일 월 화 수 목	금 토 일 월 화	수 목 금 토 일	월 화 수 목 금	토 일 월 화 수
4	음력	2/25 26 27 28 29	3/1 2 3 4 5	6 7 8 9 10	11 12 13 14 15	16 17 18 19 20	21 22 23 24 25
4	일진	신임계갑을 미신유술해	병정무기경 자축인묘진	신임계갑을 사오미신유	병정무기경 술해자축인	신임계갑을 묘진사오미	병정무기경 신유술해자
5	요일	목 금 토 일 월	화 수 목 금 토	일 월 화 수 목	금 토 일 월 화	수 목 금 토 일	월 화 수 목 금 토
5	음력	3/26 27 28 29 4/1	2 3 4 5 6	7 8 9 10 11	12 13 14 15 16	17 18 19 20 21	22 23 24 25 26 27
5	일진	신임계갑을 축인묘진사	병정무기경 오미신유술	신임계갑을 해자축인묘	병정무기경 진사오미신	신임계갑을 유술해자축	병정무기경신 인묘진사오미
6	요일	일 월 화 수 목	금 토 일 월 화	수 목 금 토 일	월 화 수 목 금	토 일 월 화 수	목 금 토 일 월
6	음력	4/28 29 30 5/1 2	3 4 5 6 7	8 9 10 11 12	13 14 15 16 17	18 19 20 21 22	23 24 25 26 27
6	일진	임계갑을병 신유술해자	정무기경신 축인묘진사	임계갑을병 오미신유술	정무기경신 해자축인묘	임계갑을병 진사오미신	정무기경신 유술해자축

24절기와 잡절

명칭	태양황경(도)	월	일	시	분	명칭	태양황경(도)	월	일	시	분	명칭	태양황경(도)	월	일	시	분
소한	285	1	6	8	25	하지	90	6	21	8	59	대설	255	12	7	3	2
대한	300	1	21	1	43	소서	105	7	7	2	27	동지	270	12	21	21	4
입춘	315	2	4	20	0	대서	120	7	22	19	55	한식		4	5		
우수	330	2	19	15	49	입추	135	8	7	12	16	단오		6	8		
경칩	345	3	5	13	59	처서	150	8	23	3	2	초복		7	19		
춘분	0	3	20	14	48	백로	165	9	7	15	14	중복		7	29		
청명	15	4	4	18	46	추분	180	9	23	0	44	말복		8	8		
곡우	30	4	20	1	51	한로	195	10	8	6	57	토왕용사	297	1	18	2	59
입하	45	5	5	12	3	상강	210	10	23	10	9	토왕용사	27	4	17	0	9
소만	60	5	21	1	1	입동	225	11	7	10	10	토왕용사	117	7	19	16	27
망종	75	6	5	16	12	소설	240	11	22	7	44	토왕용사	207	10	20	9	46

월	양력	1	2	3	4	5	6	7	8	9	10	11	12	13	14	15	16	17	18	19	20	21	22	23	24	25	26	27	28	29	30	31
7	요일	화	수	목	금	토	일	월	화	수	목	금	토	일	월	화	수	목	금	토	일	월	화	수	목	금	토	일	월	화	수	목
	음력	5/28	29	6/1	2	3	4	5	6	7	8	9	10	11	12	13	14	15	16	17	18	19	20	21	22	23	24	25	26	27	28	29
	일진	임인	계묘	갑진	을사	병오	정미	무신	기유	경술	신해	임자	계축	갑인	을묘	병진	정사	무오	기미	경신	신유	임술	계해	갑자	을축	병인	정묘	무진	기사	경오	신미	임신
8	요일	금	토	일	월	화	수	목	금	토	일	월	화	수	목	금	토	일	월	화	수	목	금	토	일	월	화	수	목	금	토	일
	음력	7/1	2	3	4	5	6	7	8	9	10	11	12	13	14	15	16	17	18	19	20	21	22	23	24	25	26	27	28	29	30	8/1
	일진	계유	갑술	을해	병자	정축	무인	기묘	경진	신사	임오	계미	갑신	을유	병술	정해	무자	기축	경인	신묘	임진	계사	갑오	을미	병신	정유	무술	기해	경자	신축	임인	계묘
9	요일	월	화	수	목	금	토	일	월	화	수	목	금	토	일	월	화	수	목	금	토	일	월	화	수	목	금	토	일	월	화	
	음력	8/2	3	4	5	6	7	8	9	10	11	12	13	14	15	16	17	18	19	20	21	22	23	24	25	26	27	28	29	9/1	2	
	일진	갑진	을사	병오	정미	무신	기유	경술	신해	임자	계축	갑인	을묘	병진	정사	무오	기미	경신	신유	임술	계해	갑자	을축	병인	정묘	무진	기사	경오	신미	임신	계유	
10	요일	수	목	금	토	일	월	화	수	목	금	토	일	월	화	수	목	금	토	일	월	화	수	목	금	토	일	월	화	수	목	금
	음력	9/3	4	5	6	7	8	9	10	11	12	13	14	15	16	17	18	19	20	21	22	23	24	25	26	27	28	29	30	10/1	2	3
	일진	갑술	을해	병자	정축	무인	기묘	경진	신사	임오	계미	갑신	을유	병술	정해	무자	기축	경인	신묘	임진	계사	갑오	을미	병신	정유	무술	기해	경자	신축	임인	계묘	갑진
11	요일	토	일	월	화	수	목	금	토	일	월	화	수	목	금	토	일	월	화	수	목	금	토	일	월	화	수	목	금	토	일	
	음력	10/4	5	6	7	8	9	10	11	12	13	14	15	16	17	18	19	20	21	22	23	24	25	26	27	28	29	30	11/1	2	3	
	일진	을사	병오	정미	무신	기유	경술	신해	임자	계축	갑인	을묘	병진	정사	무오	기미	경신	신유	임술	계해	갑자	을축	병인	정묘	무진	기사	경오	신미	임신	계유	갑술	
12	요일	월	화	수	목	금	토	일	월	화	수	목	금	토	일	월	화	수	목	금	토	일	월	화	수	목	금	토	일	월	화	수
	음력	11/4	5	6	7	8	9	10	11	12	13	14	15	16	17	18	19	20	21	22	23	24	25	26	27	28	29	12/1	2	3	4	5
	일진	을해	병자	정축	무인	기묘	경진	신사	임오	계미	갑신	을유	병술	정해	무자	기축	경인	신묘	임진	계사	갑오	을미	병신	정유	무술	기해	경자	신축	임인	계묘	갑진	을사

2009 기축년 · 단기 4342

주요 국경일과 명절

구 분	월일	요일	구 분	월일	요일
신 정	1 1	목	현 충 일	6 6	토
설 날	1 26	월	제 헌 절	7 17	금
3·1절	3 1	일	광 복 절	8 15	토
식 목 일	4 5	일	추 석	10 3	토
석가탄신일	5 2	토	개 천 절	10 3	토
어린이날	5 5	화	기독탄신일	12 25	금

음양력 대조일람

음력월	월건	대소	음력 1일의 양력 월일	음력월	월건	대소	음력 1일의 양력 월일
1	병인	대	1 26	7	임신	대	8 20
2	정묘	대	2 25	8	계유	소	9 19
3	무진	소	3 27	9	갑술	대	10 18
4	기사	소	4 25	10	을해	소	11 17
5	경오	대	5 24	11	병자	대	12 16
(윤)5		소	6 23	12	정축	대	2010/1 15
6	신미	소	7 22				

월	양력	1 2 3 4 5	6 7 8 9 10	11 12 13 14 15	16 17 18 19 20	21 22 23 24 25	26 27 28 29 30 31
1	요일	목 금 토 일 월	화 수 목 금 토	일 월 화 수 목	금 토 일 월 화	수 목 금 토 일	월 화 수 목 금 토
	음력	12/6 7 8 9 10	11 12 13 14 15	16 17 18 19 20	21 22 23 24 25	26 27 28 29 30	1/1 2 3 4 5 6
	일진	병정무기경 오미신유술	신임계갑을 해자축인묘	병정무기경 진사오미신	신임계갑을 유술해자축	병정무기경 인묘진사오	신임계갑을병 미신유술해자
2	요일	일 월 화 수 목	금 토 일 월 화	수 목 금 토 일	월 화 수 목 금	토 일 월 화 수	목 금 토
	음력	1/7 8 9 10 11	12 13 14 15 16	17 18 19 20 21	22 23 24 25 26	27 28 29 30 2/1	2 3 4
	일진	정무기경신 축인묘진사	임계갑을병 오미신유술	정무기경신 해자축인묘	임계갑을병 진사오미신	정무기경신 유술해자축	임계갑 인묘진
3	요일	일 월 화 수 목	금 토 일 월 화	수 목 금 토 일	월 화 수 목 금	토 일 월 화 수	목 금 토 일 월 화
	음력	2/5 6 7 8 9	10 11 12 13 14	15 16 17 18 19	20 21 22 23 24	25 26 27 28 29	30 3/1 2 3 4 5
	일진	을병정무기 사오미신유	경신임계갑 술해자축인	을병정무기 묘진사오미	경신임계갑 신유술해자	을병정무기 축인묘진사	경신임계갑을 오미신유술해
4	요일	수 목 금 토 일	월 화 수 목 금	토 일 월 화 수	목 금 토 일 월	화 수 목 금 토	일 월 화 수 목
	음력	3/6 7 8 9 10	11 12 13 14 15	16 17 18 19 20	21 22 23 24 25	26 27 28 29 4/1	2 3 4 5 6
	일진	병정무기경 자축인묘진	신임계갑을 사오미신유	병정무기경 술해자축인	신임계갑을 묘진사오미	병정무기경 신유술해자	신임계갑을 축인묘진사
5	요일	금 토 일 월 화	수 목 금 토 일	월 화 수 목 금	토 일 월 화 수	목 금 토 일 월	화 수 목 금 토 일
	음력	4/7 8 9 10 11	12 13 14 15 16	17 18 19 20 21	22 23 24 25 26	27 28 29 5/1 2	3 4 5 6 7 8
	일진	병정무기경 오미신유술	신임계갑을 해자축인묘	병정무기경 진사오미신	신임계갑을 유술해자축	병정무기경 인묘진사오	신임계갑을병 미신유술해자
6	요일	월 화 수 목 금	토 일 월 화 수	목 금 토 일 월	화 수 목 금 토	일 월 화 수 목	금 토 일 월 화
	음력	5/9 10 11 12 13	14 15 16 17 18	19 20 21 22 23	24 25 26 27 28	29 30 5*/1 2 3	4 5 6 7 8
	일진	정무기경신 축인묘진사	임계갑을병 오미신유술	정무기경신 해자축인묘	임계갑을병 진사오미신	정무기경신 유술해자축	임계갑을병 인묘진사오

24절기와 잡절

명칭	태양황경(도)	월	일	시	분
소한	285	1	5	14	14
대한	300	1	20	7	40
입춘	315	2	4	1	50
우수	330	2	18	21	46
경칩	345	3	5	19	47
춘분	0	3	20	20	44
청명	15	4	5	0	34
곡우	30	4	20	7	44
입하	45	5	5	17	51
소만	60	5	21	6	51
망종	75	6	5	21	59

명칭	태양황경(도)	월	일	시	분
하지	90	6	21	14	45
소서	105	7	7	8	13
대서	120	7	23	1	36
입추	135	8	7	18	1
처서	150	8	23	8	38
백로	165	9	7	20	58
추분	180	9	23	6	19
한로	195	10	8	12	40
상강	210	10	23	15	43
입동	225	11	7	15	56
소설	240	11	22	13	22

명칭	태양황경(도)	월	일	시	분
대설	255	12	7	8	52
동지	270	12	22	2	47
한식		4	5		
단오		5	28		
초복		7	14		
중복		7	24		
말복		8	13		
토왕용사	297	1	17	8	57
토왕용사	27	4	17	6	4
토왕용사	117	7	19	22	12
토왕용사	207	10	20	15	22

월	양력	1 2 3 4 5	6 7 8 9 10	11 12 13 14 15	16 17 18 19 20	21 22 23 24 25	26 27 28 29 30 31
7	요일	수 목 금 토 일	월 화 수 목 금	토 일 월 화 수	목 금 토 일 월	화 수 목 금 토	일 월 화 수 목 금
	음력	5*/9 10 11 12 13	14 15 16 17 18	19 20 21 22 23	24 25 26 27 28	29 6/1 2 3 4	5 6 7 8 9 10
	일진	정 무 기 경 신 미 신 유 술 해	임 계 갑 을 병 자 축 인 묘 진	정 무 기 경 신 사 오 미 신 유	임 계 갑 을 병 술 해 자 축 인	정 무 기 경 신 묘 진 사 오 미	임 계 갑 을 병 정 신 유 술 해 자 축
8	요일	토 일 월 화 수	목 금 토 일 월	화 수 목 금 토	일 월 화 수 목	금 토 일 월 화	수 목 금 토 일 월
	음력	6/11 12 13 14 15	16 17 18 19 20	21 22 23 24 25	26 27 28 29 7/1	2 3 4 5 6	7 8 9 10 11 12
	일진	무 기 경 신 임 인 묘 진 사 오	계 갑 을 병 정 미 신 유 술 해	무 기 경 신 임 자 축 인 묘 진	계 갑 을 병 정 사 오 미 신 유	무 기 경 신 임 술 해 자 축 인	계 갑 을 병 정 무 묘 진 사 오 미 신
9	요일	화 수 목 금 토	일 월 화 수 목	금 토 일 월 화	수 목 금 토 일	월 화 수 목 금	토 일 월 화 수
	음력	7/13 14 15 16 17	18 19 20 21 22	23 24 25 26 27	28 29 30 8/1 2	3 4 5 6 7	8 9 10 11 12
	일진	기 경 신 임 계 유 술 해 자 축	갑 을 병 정 무 인 묘 진 사 오	기 경 신 임 계 미 신 유 술 해	갑 을 병 정 무 자 축 인 묘 진	기 경 신 임 계 사 오 미 신 유	갑 을 병 정 무 술 해 자 축 인
10	요일	목 금 토 일 월	화 수 목 금 토	일 월 화 수 목	금 토 일 월 화	수 목 금 토 일	월 화 수 목 금 토
	음력	8/13 14 15 16 17	18 19 20 21 22	23 24 25 26 27	28 29 9/1 2 3	4 5 6 7 8	9 10 11 12 13 14
	일진	기 경 신 임 계 묘 진 사 오 미	갑 을 병 정 무 신 유 술 해 자	기 경 신 임 계 축 인 묘 진 사	갑 을 병 정 무 오 미 신 유 술	기 경 신 임 계 해 자 축 인 묘	갑 을 병 정 무 기 진 사 오 미 신 유
11	요일	일 월 화 수 목	금 토 일 월 화	수 목 금 토 일	월 화 수 목 금	토 일 월 화 수	목 금 토 일 월
	음력	9/15 16 17 18 19	20 21 22 23 24	25 26 27 28 29	30 10/1 2 3 4	5 6 7 8 9	10 11 12 13 14
	일진	경 신 임 계 갑 술 해 자 축 인	을 병 정 무 기 묘 진 사 오 미	경 신 임 계 갑 신 유 술 해 자	을 병 정 무 기 축 인 묘 진 사	경 신 임 계 갑 오 미 신 유 술	을 병 정 무 기 해 자 축 인 묘
12	요일	화 수 목 금 토	일 월 화 수 목	금 토 일 월 화	수 목 금 토 일	월 화 수 목 금	토 일 월 화 수 목
	음력	10/15 16 17 18 19	20 21 22 23 24	25 26 27 28 29	11/1 2 3 4 5	6 7 8 9 10	11 12 13 14 15 16
	일진	경 신 임 계 갑 진 사 오 미 신	을 병 정 무 기 유 술 해 자 축	경 신 임 계 갑 인 묘 진 사 오	을 병 정 무 기 미 신 유 술 해	경 신 임 계 갑 자 축 인 묘 진	을 병 정 무 기 경 사 오 미 신 유 술

* 윤달 : 5월

주요 국경일과 명절

구 분	월 일	요일	구 분	월 일	요일
신　　정	1　1	금	현 충 일	6　6	일
설　　날	2　14	일	제 헌 절	7　17	토
3·1절	3　1	월	광 복 절	8　15	일
식 목 일	4　5	월	추　　석	9　22	수
어린이날	5　5	수	개 천 절	10　3	일
석가탄신일	5　21	금	기독탄신일	12　25	토

음양력 대조일람

음력월	월건	대소	음력 1일의 양력 월일	음력월	월건	대소	음력 1일의 양력 월일
1	무인	대	2　14	7	갑신	소	8　10
2	기묘	소	3　16	8	을유	대	9　8
3	경진	대	4　14	9	병술	소	10　8
4	신사	소	5　14	10	정해	대	11　6
5	임오	대	6　12	11	무자	소	12　6
6	계미	소	7　12	12	기축	대	2011/1　4

1월

양력	1	2	3	4	5	6	7	8	9	10	11	12	13	14	15	16	17	18	19	20	21	22	23	24	25	26	27	28	29	30	31
요일	금	토	일	월	화	수	목	금	토	일	월	화	수	목	금	토	일	월	화	수	목	금	토	일	월	화	수	목	금	토	일
음력	11/17	18	19	20	21	22	23	24	25	26	27	28	29	30	12/1	2	3	4	5	6	7	8	9	10	11	12	13	14	15	16	17
일진	신해	임자	계축	갑인	을묘	병진	정사	무오	기미	경신	신유	임술	계해	갑자	을축	병인	정묘	무진	기사	경오	신미	임신	계유	갑술	을해	병자	정축	무인	기묘	경진	신사

2월

양력	1	2	3	4	5	6	7	8	9	10	11	12	13	14	15	16	17	18	19	20	21	22	23	24	25	26	27	28
요일	월	화	수	목	금	토	일	월	화	수	목	금	토	일	월	화	수	목	금	토	일	월	화	수	목	금	토	일
음력	12/18	19	20	21	22	23	24	25	26	27	28	29	30	1/1	2	3	4	5	6	7	8	9	10	11	12	13	14	15
일진	임오	계미	갑신	을유	병술	정해	무자	기축	경인	신묘	임진	계사	갑오	을미	병신	정유	무술	기해	경자	신축	임인	계묘	갑진	을사	병오	정미	무신	기유

3월

양력	1	2	3	4	5	6	7	8	9	10	11	12	13	14	15	16	17	18	19	20	21	22	23	24	25	26	27	28	29	30	31
요일	월	화	수	목	금	토	일	월	화	수	목	금	토	일	월	화	수	목	금	토	일	월	화	수	목	금	토	일	월	화	수
음력	1/16	17	18	19	20	21	22	23	24	25	26	27	28	29	30	2/1	2	3	4	5	6	7	8	9	10	11	12	13	14	15	16
일진	경술	신해	임자	계축	갑인	을묘	병진	정사	무오	기미	경신	신유	임술	계해	갑자	을축	병인	정묘	무진	기사	경오	신미	임신	계유	갑술	을해	병자	정축	무인	기묘	경진

4월

양력	1	2	3	4	5	6	7	8	9	10	11	12	13	14	15	16	17	18	19	20	21	22	23	24	25	26	27	28	29	30
요일	목	금	토	일	월	화	수	목	금	토	일	월	화	수	목	금	토	일	월	화	수	목	금	토	일	월	화	수	목	금
음력	2/17	18	19	20	21	22	23	24	25	26	27	28	29	3/1	2	3	4	5	6	7	8	9	10	11	12	13	14	15	16	17
일진	신사	임오	계미	갑신	을유	병술	정해	무자	기축	경인	신묘	임진	계사	갑오	을미	병신	정유	무술	기해	경자	신축	임인	계묘	갑진	을사	병오	정미	무신	기유	경술

5월

양력	1	2	3	4	5	6	7	8	9	10	11	12	13	14	15	16	17	18	19	20	21	22	23	24	25	26	27	28	29	30	31
요일	토	일	월	화	수	목	금	토	일	월	화	수	목	금	토	일	월	화	수	목	금	토	일	월	화	수	목	금	토	일	월
음력	3/18	19	20	21	22	23	24	25	26	27	28	29	30	4/1	2	3	4	5	6	7	8	9	10	11	12	13	14	15	16	17	18
일진	신해	임자	계축	갑인	을묘	병진	정사	무오	기미	경신	신유	임술	계해	갑자	을축	병인	정묘	무진	기사	경오	신미	임신	계유	갑술	을해	병자	정축	무인	기묘	경진	신사

6월

양력	1	2	3	4	5	6	7	8	9	10	11	12	13	14	15	16	17	18	19	20	21	22	23	24	25	26	27	28	29	30
요일	화	수	목	금	토	일	월	화	수	목	금	토	일	월	화	수	목	금	토	일	월	화	수	목	금	토	일	월	화	수
음력	4/19	20	21	22	23	24	25	26	27	28	29	5/1	2	3	4	5	6	7	8	9	10	11	12	13	14	15	16	17	18	19
일진	임오	계미	갑신	을유	병술	정해	무자	기축	경인	신묘	임진	계사	갑오	을미	병신	정유	무술	기해	경자	신축	임인	계묘	갑진	을사	병오	정미	무신	기유	경술	신해

24절기와 잡절

명 칭	태양황경(도)	월	일	시	분	명 칭	태양황경(도)	월	일	시	분	명 칭	태양황경(도)	월	일	시	분
소한	285	1	5	20	9	하지	90	6	21	20	28	대설	255	12	7	14	38
대한	300	1	20	13	28	소서	105	7	7	14	2	동지	270	12	22	8	38
입춘	315	2	4	7	48	대서	120	7	23	7	21						
우수	330	2	19	3	36	입추	135	8	7	23	49	한식		4	6		
경칩	345	3	6	1	46	처서	150	8	23	14	27	단오		6	16		
춘분	0	3	21	2	32	백로	165	9	8	2	45	초복		7	19		
청명	15	4	5	6	30	추분	180	9	23	12	9	중복		7	29		
곡우	30	4	20	13	30	한로	195	10	8	18	26	말복		8	8		
입하	45	5	5	23	44	상강	210	10	23	21	35	토왕용사	297	1	17	14	45
소만	60	5	21	12	34	입동	225	11	7	21	42	토왕용사	27	4	17	11	51
망종	75	6	6	3	49	소설	240	11	22	19	14	토왕용사	117	7	20	3	55
												토왕용사	207	10	20	21	11

월	양력	1 2 3 4 5	6 7 8 9 10	11 12 13 14 15	16 17 18 19 20	21 22 23 24 25	26 27 28 29 30 31
7	요일	목 금 토 일 월	화 수 목 금 토	일 월 화 수 목	금 토 일 월 화	수 목 금 토 일	월 화 수 목 금 토
7	음력	5/20 21 22 23 24	25 26 27 28 29	30 6/1 2 3 4	5 6 7 8 9	10 11 12 13 14	15 16 17 18 19 20
7	일진	임계갑을병 자축인묘진	정무기경신 사오미신유	임계갑을병 술해자축인	정무기경신 묘진사오미	임계갑을병 신유술해자	정무기경신임 축인묘진사오
8	요일	일 월 화 수 목	금 토 일 월 화	수 목 금 토 일	월 화 수 목 금	토 일 월 화 수	목 금 토 일 월 화
8	음력	6/21 22 23 24 25	26 27 28 29 7/1	2 3 4 5 6	7 8 9 10 11	12 13 14 15 16	17 18 19 20 21 22
8	일진	계갑을병정 미신유술해	무기경신임 자축인묘진	계갑을병정 사오미신유	무기경신임 술해자축인	계갑을병정 묘진사오미	무기경신임계 신유술해자축
9	요일	수 목 금 토 일	월 화 수 목 금	토 일 월 화 수	목 금 토 일 월	화 수 목 금 토	일 월 화 수 목
9	음력	7/23 24 25 26 27	28 29 8/1 2 3	4 5 6 7 8	9 10 11 12 13	14 15 16 17 18	19 20 21 22 23
9	일진	갑을병정무 인묘진사오	기경신임계 미신유술해	갑을병정무 자축인묘진	기경신임계 사오미신유	갑을병정무 술해자축인	기경신임계 묘진사오미
10	요일	금 토 일 월 화	수 목 금 토 일	월 화 수 목 금	토 일 월 화 수	목 금 토 일 월	화 수 목 금 토 일
10	음력	8/24 25 26 27 28	29 30 9/1 2 3	4 5 6 7 8	9 10 11 12 13	14 15 16 17 18	19 20 21 22 23 24
10	일진	갑을병정무 신유술해자	기경신임계 축인묘진사	갑을병정무 오미신유술	기경신임계 해자축인묘	갑을병정무 진사오미신	기경신임계갑 유술해자축인
11	요일	월 화 수 목 금	토 일 월 화 수	목 금 토 일 월	화 수 목 금 토	일 월 화 수 목	금 토 일 월 화
11	음력	9/25 26 27 28 29	10/1 2 3 4 5	6 7 8 9 10	11 12 13 14 15	16 17 18 19 20	21 22 23 24 25
11	일진	을병정무기 묘진사오미	경신임계갑 신유술해자	을병정무기 축인묘진사	경신임계갑 오미신유술	을병정무기 해자축인묘	경신임계갑 진사오미신
12	요일	수 목 금 토 일	월 화 수 목 금	토 일 월 화 수	목 금 토 일 월	화 수 목 금 토	일 월 화 수 목 금
12	음력	10/26 27 28 29 30	11/1 2 3 4 5	6 7 8 9 10	11 12 13 14 15	16 17 18 19 20	21 22 23 24 25 26
12	일진	을병정무기 유술해자축	경신임계갑 인묘진사오	을병정무기 미신유술해	경신임계갑 자축인묘진	을병정무기 사오미신유	경신임계갑을 술해자축인묘

2011 신묘년 • 단기 4344

주요 국경일과 명절

구 분	월	일	요일	구 분	월	일	요일
신 정	1	1	토	현 충 일	6	6	월
설 날	2	3	목	제 헌 절	7	17	일
3·1절	3	1	화	광 복 절	8	15	월
식 목 일	4	5	화	추 석	9	12	월
어린이날	5	5	목	개 천 절	10	3	월
석가탄신일	5	10	화	기독탄신일	12	25	일

음양력 대조일람

음력월	월건	대소	음력 1일의 양력 월일	음력월	월건	대소	음력 1일의 양력 월일
1	경인	대	2 3	7	병신	소	7 31
2	신묘	소	3 5	8	정유	소	8 29
3	임진	대	4 3	9	무술	대	9 27
4	계사	대	5 3	10	기해	소	10 27
5	갑오	소	6 2	11	경자	대	11 25
6	을미	대	7 1	12	신축	소	12 25

월별 음양력 대조표

월	양력	1	2	3	4	5	6	7	8	9	10	11	12	13	14	15	16	17	18	19	20	21	22	23	24	25	26	27	28	29	30	31
1	요일	토	일	월	화	수	목	금	토	일	월	화	수	목	금	토	일	월	화	수	목	금	토	일	월	화	수	목	금	토	일	월
1	음력	11/27	28	29	12/1	2	3	4	5	6	7	8	9	10	11	12	13	14	15	16	17	18	19	20	21	22	23	24	25	26	27	28
1	일진	병진	정사	무오	기미	경신	신유	임술	계해	갑자	을축	병인	정묘	무진	기사	경오	신미	임신	계유	갑술	을해	병자	정축	무인	기묘	경진	신사	임오	계미	갑신	을유	병술
2	요일	화	수	목	금	토	일	월	화	수	목	금	토	일	월	화	수	목	금	토	일	월	화	수	목	금	토	일	월			
2	음력	12/29	30	1/1	2	3	4	5	6	7	8	9	10	11	12	13	14	15	16	17	18	19	20	21	22	23	24	25	26			
2	일진	정해	무자	기축	경인	신묘	임진	계사	갑오	을미	병신	정유	무술	기해	경자	신축	임인	계묘	갑진	을사	병오	정미	무신	기유	경술	신해	임자	계축	갑인			
3	요일	화	수	목	금	토	일	월	화	수	목	금	토	일	월	화	수	목	금	토	일	월	화	수	목	금	토	일	월	화	수	목
3	음력	1/27	28	29	30	2/1	2	3	4	5	6	7	8	9	10	11	12	13	14	15	16	17	18	19	20	21	22	23	24	25	26	27
3	일진	을묘	병진	정사	무오	기미	경신	신유	임술	계해	갑자	을축	병인	정묘	무진	기사	경오	신미	임신	계유	갑술	을해	병자	정축	무인	기묘	경진	신사	임오	계미	갑신	을유
4	요일	금	토	일	월	화	수	목	금	토	일	월	화	수	목	금	토	일	월	화	수	목	금	토	일	월	화	수	목	금	토	
4	음력	2/28	29	3/1	2	3	4	5	6	7	8	9	10	11	12	13	14	15	16	17	18	19	20	21	22	23	24	25	26	27	28	
4	일진	병술	정해	무자	기축	경인	신묘	임진	계사	갑오	을미	병신	정유	무술	기해	경자	신축	임인	계묘	갑진	을사	병오	정미	무신	기유	경술	신해	임자	계축	갑인	을묘	
5	요일	일	월	화	수	목	금	토	일	월	화	수	목	금	토	일	월	화	수	목	금	토	일	월	화	수	목	금	토	일	월	화
5	음력	3/29	30	4/1	2	3	4	5	6	7	8	9	10	11	12	13	14	15	16	17	18	19	20	21	22	23	24	25	26	27	28	29
5	일진	병진	정사	무오	기미	경신	신유	임술	계해	갑자	을축	병인	정묘	무진	기사	경오	신미	임신	계유	갑술	을해	병자	정축	무인	기묘	경진	신사	임오	계미	갑신	을유	병술
6	요일	수	목	금	토	일	월	화	수	목	금	토	일	월	화	수	목	금	토	일	월	화	수	목	금	토	일	월	화	수	목	
6	음력	4/30	5/1	2	3	4	5	6	7	8	9	10	11	12	13	14	15	16	17	18	19	20	21	22	23	24	25	26	27	28	29	
6	일진	정해	무자	기축	경인	신묘	임진	계사	갑오	을미	병신	정유	무술	기해	경자	신축	임인	계묘	갑진	을사	병오	정미	무신	기유	경술	신해	임자	계축	갑인	을묘	병진	

24절기와 잡절

명칭	태양황경(도)	한국표준시		시 분		명칭	태양황경(도)	한국표준시		시 분		명칭	태양황경(도)	한국표준시		시 분	
		월	일	시	분			월	일	시	분			월	일	시	분
소한	285	1	6	1	55	하지	90	6	22	2	16	대설	255	12	7	20	29
대한	300	1	20	19	18	소서	105	7	7	19	42	동지	270	12	22	14	30
입춘	315	2	4	13	33	대서	120	7	23	13	12						
우수	330	2	19	9	25	입추	135	8	8	5	33	한식		4	6		
경칩	345	3	6	7	30	처서	150	8	23	20	21	단오		6	6		
춘분	0	3	21	8	21	백로	165	9	8	8	34	초복		7	14		
청명	15	4	5	12	12	추분	180	9	23	18	5	중복		7	24		
곡우	30	4	20	19	17	한로	195	10	9	0	19	말복		8	13		
입하	45	5	6	5	23	상강	210	10	24	3	30	토왕용사	297	1	17	20	34
소만	60	5	21	18	21	입동	225	11	8	3	35	토왕용사	27	4	17	17	36
망종	75	6	6	9	27	소설	240	11	23	1	8	토왕용사	117	7	20	9	45
												토왕용사	207	10	21	3	8

월	양력	1	2	3	4	5	6	7	8	9	10	11	12	13	14	15	16	17	18	19	20	21	22	23	24	25	26	27	28	29	30	31
7	요일	금	토	일	월	화	수	목	금	토	일	월	화	수	목	금	토	일	월	화	수	목	금	토	일	월	화	수	목	금	토	일
	음력	6/1	2	3	4	5	6	7	8	9	10	11	12	13	14	15	16	17	18	19	20	21	22	23	24	25	26	27	28	29	30	7/1
	일진	정사	무오	기미	경신	신유	임술	계해	갑자	을축	병인	정묘	무진	기사	경오	신미	임신	계유	갑술	을해	병자	정축	무인	기묘	경진	신사	임오	계미	갑신	을유	병술	정해
8	요일	월	화	수	목	금	토	일	월	화	수	목	금	토	일	월	화	수	목	금	토	일	월	화	수	목	금	토	일	월	화	수
	음력	7/2	3	4	5	6	7	8	9	10	11	12	13	14	15	16	17	18	19	20	21	22	23	24	25	26	27	28	29	8/1	2	3
	일진	무자	기축	경인	신묘	임진	계사	갑오	을미	병신	정유	무술	기해	경자	신축	임인	계묘	갑진	을사	병오	정미	무신	기유	경술	신해	임자	계축	갑인	을묘	병진	정사	무오
9	요일	목	금	토	일	월	화	수	목	금	토	일	월	화	수	목	금	토	일	월	화	수	목	금	토	일	월	화	수	목	금	
	음력	8/4	5	6	7	8	9	10	11	12	13	14	15	16	17	18	19	20	21	22	23	24	25	26	27	28	29	9/1	2	3	4	
	일진	기미	경신	신유	임술	계해	갑자	을축	병인	정묘	무진	기사	경오	신미	임신	계유	갑술	을해	병자	정축	무인	기묘	경진	신사	임오	계미	갑신	을유	병술	정해	무자	
10	요일	토	일	월	화	수	목	금	토	일	월	화	수	목	금	토	일	월	화	수	목	금	토	일	월	화	수	목	금	토	일	월
	음력	9/5	6	7	8	9	10	11	12	13	14	15	16	17	18	19	20	21	22	23	24	25	26	27	28	29	30	10/1	2	3	4	5
	일진	기축	경인	신묘	임진	계사	갑오	을미	병신	정유	무술	기해	경자	신축	임인	계묘	갑진	을사	병오	정미	무신	기유	경술	신해	임자	계축	갑인	을묘	병진	정사	무오	기미
11	요일	화	수	목	금	토	일	월	화	수	목	금	토	일	월	화	수	목	금	토	일	월	화	수	목	금	토	일	월	화	수	
	음력	10/6	7	8	9	10	11	12	13	14	15	16	17	18	19	20	21	22	23	24	25	26	27	28	29	11/1	2	3	4	5	6	
	일진	경신	신유	임술	계해	갑자	을축	병인	정묘	무진	기사	경오	신미	임신	계유	갑술	을해	병자	정축	무인	기묘	경진	신사	임오	계미	갑신	을유	병술	정해	무자	기축	
12	요일	목	금	토	일	월	화	수	목	금	토	일	월	화	수	목	금	토	일	월	화	수	목	금	토	일	월	화	수	목	금	토
	음력	11/7	8	9	10	11	12	13	14	15	16	17	18	19	20	21	22	23	24	25	26	27	28	29	30	12/1	2	3	4	5	6	7
	일진	경인	신묘	임진	계사	갑오	을미	병신	정유	무술	기해	경자	신축	임인	계묘	갑진	을사	병오	정미	무신	기유	경술	신해	임자	계축	갑인	을묘	병진	정사	무오	기미	경신

2012 임진년 · 단기 4345

주요 국경일과 명절

구 분	월일	요일	구 분	월일	요일
신 정	1 1	일	현충일	6 6	수
설 날	1 23	월	제헌절	7 17	화
3·1절	3 1	목	광복절	8 15	수
식 목 일	4 5	목	추 석	9 30	일
어린이날	5 5	토	개천절	10 3	수
석가탄신일	5 28	월	기독탄신일	12 25	화

음양력 대조일람

음력월	월건	대소	음력 1일의 양력 월일	음력월	월건	대소	음력 1일의 양력 월일
1	임인	대	1 23	7	무신	소	8 18
2	계묘	소	2 22	8	기유	소	9 16
3	갑진	대	3 22	9	경술	대	10 15
(윤)3		대	4 21	10	신해	소	11 14
4	을사	대	5 21	11	임자	대	12 13
5	병오	소	6 20	12	계축	소	2013/1 12
6	정미	대	7 19				

월	양력	1	2	3	4	5	6	7	8	9	10	11	12	13	14	15	16	17	18	19	20	21	22	23	24	25	26	27	28	29	30	31
1	요일	일	월	화	수	목	금	토	일	월	화	수	목	금	토	일	월	화	수	목	금	토	일	월	화	수	목	금	토	일	월	화
1	음력	12/8	9	10	11	12	13	14	15	16	17	18	19	20	21	22	23	24	25	26	27	28	29	1/1	2	3	4	5	6	7	8	9
1	일진	신유	임술	계해	갑자	을축	병인	정묘	무진	기사	경오	신미	임신	계유	갑술	을해	병자	정축	무인	기묘	경진	신사	임오	계미	갑신	을유	병술	정해	무자	기축	경인	신묘
2	요일	수	목	금	토	일	월	화	수	목	금	토	일	월	화	수	목	금	토	일	월	화	수	목	금	토	일	월	화	수		
2	음력	1/10	11	12	13	14	15	16	17	18	19	20	21	22	23	24	25	26	27	28	29	30	2/1	2	3	4	5	6	7	8		
2	일진	임진	계사	갑오	을미	병신	정유	무술	기해	경자	신축	임인	계묘	갑진	을사	병오	정미	무신	기유	경술	신해	임자	계축	갑인	을묘	병진	정사	무오	기미	경신		
3	요일	목	금	토	일	월	화	수	목	금	토	일	월	화	수	목	금	토	일	월	화	수	목	금	토	일	월	화	수	목	금	토
3	음력	2/9	10	11	12	13	14	15	16	17	18	19	20	21	22	23	24	25	26	27	28	29	3/1	2	3	4	5	6	7	8	9	10
3	일진	신유	임술	계해	갑자	을축	병인	정묘	무진	기사	경오	신미	임신	계유	갑술	을해	병자	정축	무인	기묘	경진	신사	임오	계미	갑신	을유	병술	정해	무자	기축	경인	신묘
4	요일	일	월	화	수	목	금	토	일	월	화	수	목	금	토	일	월	화	수	목	금	토	일	월	화	수	목	금	토	일	월	
4	음력	3/11	12	13	14	15	16	17	18	19	20	21	22	23	24	25	26	27	28	29	30	3*/1	2	3	4	5	6	7	8	9	10	
4	일진	임진	계사	갑오	을미	병신	정유	무술	기해	경자	신축	임인	계묘	갑진	을사	병오	정미	무신	기유	경술	신해	임자	계축	갑인	을묘	병진	정사	무오	기미	경신	신유	
5	요일	화	수	목	금	토	일	월	화	수	목	금	토	일	월	화	수	목	금	토	일	월	화	수	목	금	토	일	월	화	수	목
5	음력	3*/11	12	13	14	15	16	17	18	19	20	21	22	23	24	25	26	27	28	29	30	4/1	2	3	4	5	6	7	8	9	10	11
5	일진	임술	계해	갑자	을축	병인	정묘	무진	기사	경오	신미	임신	계유	갑술	을해	병자	정축	무인	기묘	경진	신사	임오	계미	갑신	을유	병술	정해	무자	기축	경인	신묘	임진
6	요일	금	토	일	월	화	수	목	금	토	일	월	화	수	목	금	토	일	월	화	수	목	금	토	일	월	화	수	목	금	토	
6	음력	4/12	13	14	15	16	17	18	19	20	21	22	23	24	25	26	27	28	29	30	5/1	2	3	4	5	6	7	8	9	10	11	
6	일진	계사	갑오	을미	병신	정유	무술	기해	경자	신축	임인	계묘	갑진	을사	병오	정미	무신	기유	경술	신해	임자	계축	갑인	을묘	병진	정사	무오	기미	경신	신유	임술	

24절기와 잡절

명칭	태양황경(도)	월	일	시	분
소한	285	1	6	7	44
대한	300	1	21	1	10
입춘	315	2	4	19	22
우수	330	2	19	15	17
경칩	345	3	5	13	21
춘분	0	3	20	14	14
청명	15	4	4	18	5
곡우	30	4	20	1	12
입하	45	5	5	11	20
소만	60	5	21	0	15
망종	75	6	5	15	26

명칭	태양황경(도)	월	일	시	분
하지	90	6	21	8	9
소서	105	7	7	1	41
대서	120	7	22	19	1
입추	135	8	7	11	30
처서	150	8	23	2	7
백로	165	9	7	14	29
추분	180	9	22	23	49
한로	195	10	8	6	12
상강	210	10	23	9	13
입동	225	11	7	9	26
소설	240	11	22	6	50

명칭	태양황경(도)	월	일	시	분
대설	255	12	7	2	19
동지	270	12	21	20	11
한식		4	5		
단오		6	24		
초복		7	18		
중복		7	28		
말복		8	7		
토왕용사	297	1	18	2	27
토왕용사	27	4	16	23	33
토왕용사	117	7	19	15	37
토왕용사	207	10	20	8	51

월	양력	1 2 3 4 5	6 7 8 9 10	11 12 13 14 15	16 17 18 19 20	21 22 23 24 25	26 27 28 29 30 31
7	요일	일 월 화 수 목	금 토 일 월 화	수 목 금 토 일	월 화 수 목 금	토 일 월 화 수	목 금 토 일 월 화
	음력	5/12 13 14 15 16	17 18 19 20 21	22 23 24 25 26	27 28 29 6/1 2	3 4 5 6 7	8 9 10 11 12 13
	일진	계갑을병정 해자축인묘	무기경신임 진사오미신	계갑을병정 유술해자축	무기경신임 인묘진사오	계갑을병정 미신유술해	무기경신임계 자축인묘진사
8	요일	수 목 금 토 일	월 화 수 목 금	토 일 월 화 수	목 금 토 일 월	화 수 목 금 토	일 월 화 수 목 금
	음력	6/14 15 16 17 18	19 20 21 22 23	24 25 26 27 28	29 30 7/1 2 3	4 5 6 7 8	9 10 11 12 13 14
	일진	갑을병정무 오미신유술	기경신임계 해자축인묘	갑을병정무 진사오미신	기경신임계 유술해자축	갑을병정무 인묘진사오	기경신임계갑 미신유술해자
9	요일	토 일 월 화 수	목 금 토 일 월	화 수 목 금 토	일 월 화 수 목	금 토 일 월 화	수 목 금 토 일
	음력	7/15 16 17 18 19	20 21 22 23 24	25 26 27 28 29	8/1 2 3 4 5	6 7 8 9 10	11 12 13 14 15
	일진	을병정무기 축인묘진사	경신임계갑 오미신유술	을병정무기 해자축인묘	경신임계갑 진사오미신	을병정무기 유술해자축	경신임계갑 인묘진사오
10	요일	월 화 수 목 금	토 일 월 화 수	목 금 토 일 월	화 수 목 금 토	일 월 화 수 목	금 토 일 월 화 수
	음력	8/16 17 18 19 20	21 22 23 24 25	26 27 28 29 9/1	2 3 4 5 6	7 8 9 10 11	12 13 14 15 16 17
	일진	을병정무기 미신유술해	경신임계갑 자축인묘진	을병정무기 사오미신유	경신임계갑 술해자축인	을병정무기 묘진사오미	경신임계갑을 신유술해자축
11	요일	목 금 토 일 월	화 수 목 금 토	일 월 화 수 목	금 토 일 월 화	수 목 금 토 일	월 화 수 목 금
	음력	9/18 19 20 21 22	23 24 25 26 27	28 29 30 10/1 2	3 4 5 6 7	8 9 10 11 12	13 14 15 16 17
	일진	병정무기경 인묘진사오	신임계갑을 미신유술해	병정무기경 자축인묘진	신임계갑을 사오미신유	병정무기경 술해자축인	신임계갑을 묘진사오미
12	요일	토 일 월 화 수	목 금 토 일 월	화 수 목 금 토	일 월 화 수 목	금 토 일 월 화	수 목 금 토 일 월
	음력	10/18 19 20 21 22	23 24 25 26 27	28 29 11/1 2 3	4 5 6 7 8	9 10 11 12 13	14 15 16 17 18 19
	일진	병정무기경 신유술해자	신임계갑을 축인묘진사	병정무기경 오미신유술	신임계갑을 해자축인묘	병정무기경 진사오미신	신임계갑을병 유술해자축인

* 윤달 : 3월

2013 계사년 • 단기 4346

주요 국경일과 명절

구 분	월	일	요일	구 분	월	일	요일
신 정	1	1	화	현 충 일	6	6	목
설 날	2	10	일	제 헌 절	7	17	수
3·1절	3	1	금	광 복 절	8	15	목
식 목 일	4	5	금	추 석	9	19	목
어린이날	5	5	일	개 천 절	10	3	목
석가탄신일	5	17	금	기독탄신일	12	25	수

음양력 대조일람

음력월	월건	대소	음력 1일의 양력 월일	음력월	월건	대소	음력 1일의 양력 월일
1	갑인	대	2 10	7	경신	소	8 7
2	을묘	소	3 12	8	신유	대	9 5
3	병진	대	4 10	9	임술	소	10 5
4	정사	대	5 10	10	계해	대	11 3
5	무오	소	6 9	11	갑자	소	12 3
6	기미	대	7 8	12	을축	대	2014/1 1

음력·일진 대조표

월	양력	1 2 3 4 5	6 7 8 9 10	11 12 13 14 15	16 17 18 19 20	21 22 23 24 25	26 27 28 29 30 31
1	요일	화 수 목 금 토	일 월 화 수 목	금 토 일 월 화	수 목 금 토 일	월 화 수 목 금	토 일 월 화 수 목
1	음력	11/20 21 22 23 24	25 26 27 28 29	30 12/1 2 3 4	5 6 7 8 9	10 11 12 13 14	15 16 17 18 19 20
1	일진	정무기경신 묘진사오미	임계갑을병 신유술해자	정무기경신 축인묘진사	임계갑을병 오미신유술	정무기경신 해자축인묘	임계갑을병정 진사오미신유
2	요일	금 토 일 월 화	수 목 금 토 일	월 화 수 목 금	토 일 월 화 수	목 금 토 일 월	화 수 목
2	음력	12/21 22 23 24 25	26 27 28 29 1/1	2 3 4 5 6	7 8 9 10 11	12 13 14 15 16	17 18 19
2	일진	무기경신임 술해자축인	계갑을병정 묘진사오미	무기경신임 신유술해자	계갑을병정 축인묘진사	무기경신임 오미신유술	계갑을 해자축
3	요일	금 토 일 월 화	수 목 금 토 일	월 화 수 목 금	토 일 월 화 수	목 금 토 일 월	화 수 목 금 토 일
3	음력	1/20 21 22 23 24	25 26 27 28 29	30 2/1 2 3 4	5 6 7 8 9	10 11 12 13 14	15 16 17 18 19 20
3	일진	병정무기경 인묘진사오	신임계갑을 미신유술해	병정무기경 자축인묘진	신임계갑을 사오미신유	병정무기경 술해자축인	신임계갑을병 묘진사오미신
4	요일	월 화 수 목 금	토 일 월 화 수	목 금 토 일 월	화 수 목 금 토	일 월 화 수 목	금 토 일 월 화
4	음력	2/21 22 23 24 25	26 27 28 29 3/1	2 3 4 5 6	7 8 9 10 11	12 13 14 15 16	17 18 19 20 21
4	일진	정무기경신 유술해자축	임계갑을병 인묘진사오	정무기경신 미신유술해	임계갑을병 자축인묘진	정무기경신 사오미신유	임계갑을병 술해자축인
5	요일	수 목 금 토 일	월 화 수 목 금	토 일 월 화 수	목 금 토 일 월	화 수 목 금 토	일 월 화 수 목 금
5	음력	3/22 23 24 25 26	27 28 29 30 4/1	2 3 4 5 6	7 8 9 10 11	12 13 14 15 16	17 18 19 20 21 22
5	일진	정무기경신 묘진사오미	임계갑을병 신유술해자	정무기경신 축인묘진사	임계갑을병 오미신유술	정무기경신 해자축인묘	임계갑을병정 진사오미신유
6	요일	토 일 월 화 수	목 금 토 일 월	화 수 목 금 토	일 월 화 수 목	금 토 일 월 화	수 목 금 토 일
6	음력	4/23 24 25 26 27	28 29 30 5/1 2	3 4 5 6 7	8 9 10 11 12	13 14 15 16 17	18 19 20 21 22
6	일진	무기경신임 술해자축인	계갑을병정 묘진사오미	무기경신임 신유술해자	계갑을병정 축인묘진사	무기경신임 오미신유술	계갑을병정 해자축인묘

24절기와 잡절

명칭	태양황경(도)	월	일	시	분	명칭	태양황경(도)	월	일	시	분	명칭	태양황경(도)	월	일	시	분
소한	285	1	5	13	34	하지	90	6	21	14	4	대설	255	12	7	8	8
대한	300	1	20	6	52	소서	105	7	7	7	34	동지	270	12	22	2	11
입춘	315	2	4	1	13	대서	120	7	23	0	56	한식		4	5		
우수	330	2	18	21	1	입추	135	8	7	17	20	단오		6	13		
경칩	345	3	5	19	15	처서	150	8	23	8	2	초복		7	13		
춘분	0	3	20	20	2	백로	165	9	7	20	16	중복		7	23		
청명	15	4	5	0	2	추분	180	9	23	5	44	말복		8	12		
곡우	30	4	20	7	3	한로	195	10	8	11	58	토왕용사	297	1	17	8	8
입하	45	5	5	17	18	상강	210	10	23	15	10	토왕용사	27	4	17	5	23
소만	60	5	21	6	9	입동	225	11	7	15	14	토왕용사	117	7	19	21	29
망종	75	6	5	21	23	소설	240	11	22	12	48	토왕용사	207	10	20	14	46

월	양력	1 2 3 4 5	6 7 8 9 10	11 12 13 14 15	16 17 18 19 20	21 22 23 24 25	26 27 28 29 30 31
7	요일	월 화 수 목 금	토 일 월 화 수	목 금 토 일 월	화 수 목 금 토	일 월 화 수 목	금 토 일 월 화 수
	음력	5/23 24 25 26 27	28 29 6/1 2 3	4 5 6 7 8	9 10 11 12 13	14 15 16 17 18	19 20 21 22 23 24
	일진	무기경신임 진사오미신	계갑을병정 유술해자축	무기경신임 인묘진사오	계갑을병정 미신유술해	무기경신임 자축인묘진	계갑을병정무 사오미신유술
8	요일	목 금 토 일 월	화 수 목 금 토	일 월 화 수 목	금 토 일 월 화	수 목 금 토 일	월 화 수 목 금 토
	음력	6/25 26 27 28 29	30 7/1 2 3 4	5 6 7 8 9	10 11 12 13 14	15 16 17 18 19	20 21 22 23 24 25
	일진	기경신임계 해자축인묘	갑을병정무 진사오미신	기경신임계 유술해자축	갑을병정무 인묘진사오	기경신임계 미신유술해	갑을병정무기 자축인묘진사
9	요일	일 월 화 수 목	금 토 일 월 화	수 목 금 토 일	월 화 수 목 금	토 일 월 화 수	목 금 토 일 월
	음력	7/26 27 28 29 8/1	2 3 4 5 6	7 8 9 10 11	12 13 14 15 16	17 18 19 20 21	22 23 24 25 26
	일진	경신임계갑 오미신유술	을병정무기 해자축인묘	경신임계갑 진사오미신	을병정무기 유술해자축	경신임계갑 인묘진사오	을병정무기 미신유술해
10	요일	화 수 목 금 토	일 월 화 수 목	금 토 일 월 화	수 목 금 토 일	월 화 수 목 금	토 일 월 화 수 목
	음력	8/27 28 29 30 9/1	2 3 4 5 6	7 8 9 10 11	12 13 14 15 16	17 18 19 20 21	22 23 24 25 26 27
	일진	경신임계갑 자축인묘진	을병정무기 사오미신유	경신임계갑 술해자축인	을병정무기 묘진사오미	경신임계갑 신유술해자	을병정무기경 축인묘진사오
11	요일	금 토 일 월 화	수 목 금 토 일	월 화 수 목 금	토 일 월 화 수	목 금 토 일 월	화 수 목 금 토
	음력	9/28 29 10/1 2 3	4 5 6 7 8	9 10 11 12 13	14 15 16 17 18	19 20 21 22 23	24 25 26 27 28
	일진	신임계갑을 미신유술해	병정무기경 자축인묘진	신임계갑을 사오미신유	병정무기경 술해자축인	신임계갑을 묘진사오미	병정무기경 신유술해자
12	요일	일 월 화 수 목	금 토 일 월 화	수 목 금 토 일	월 화 수 목 금	토 일 월 화 수	목 금 토 일 월 화
	음력	10/29 30 11/1 2 3	4 5 6 7 8	9 10 11 12 13	14 15 16 17 18	19 20 21 22 23	24 25 26 27 28 29
	일진	신임계갑을 축인묘진사	병정무기경 오미신유술	신임계갑을 해자축인묘	병정무기경 진사오미신	신임계갑을 유술해자축	병정무기경신 인묘진사오미

2014 갑오년 · 단기 4347

주요 국경일과 명절

구 분	월일	요일	구 분	월일	요일
신 정	1 1	수	현 충 일	6 6	금
설 날	1 31	금	제 헌 절	7 17	목
3 · 1 절	3 1	토	광 복 절	8 15	금
식 목 일	4 5	토	추 석	9 8	월
어린이날	5 5	월	개 천 절	10 3	금
석가탄신일	5 6	화	기독탄신일	12 25	목

음양력 대조일람

음력월	월건	대소	음력 1일의 양력 월일	음력월	월건	대소	음력 1일의 양력 월일
1	병인	소	1 31	8	계유	대	8 25
2	정묘	대	3 1	9	갑술	대	9 24
3	무진	소	3 31	(윤)9		소	10 24
4	기사	대	4 29	10	을해	대	11 22
5	경오	소	5 29	11	병자	소	12 22
6	신미	대	6 27	12	정축	대	2015/1 20
7	임신	소	7 27				

월	양력	1 2 3 4 5	6 7 8 9 10	11 12 13 14 15	16 17 18 19 20	21 22 23 24 25	26 27 28 29 30 31
1	요일	수 목 금 토 일	월 화 수 목 금	토 일 월 화 수	목 금 토 일 월	화 수 목 금 토	일 월 화 수 목 금
	음력	12/1 2 3 4 5	6 7 8 9 10	11 12 13 14 15	16 17 18 19 20	21 22 23 24 25	26 27 28 29 30 1/1
	일진	임 계 갑 을 병 신 유 술 해 자	정 무 기 경 신 축 인 묘 진 사	임 계 갑 을 병 오 미 신 유 술	정 무 기 경 신 해 자 축 인 묘	임 계 갑 을 병 진 사 오 미 신	정 무 기 경 신 임 유 술 해 자 축 인
2	요일	토 일 월 화 수	목 금 토 일 월	화 수 목 금 토	일 월 화 수 목	금 토 일 월 화	수 목 금
	음력	1/2 3 4 5 6	7 8 9 10 11	12 13 14 15 16	17 18 19 20 21	22 23 24 25 26	27 28 29
	일진	계 갑 을 병 정 묘 진 사 오 미	무 기 경 신 임 신 유 술 해 자	계 갑 을 병 정 축 인 묘 진 사	무 기 경 신 임 오 미 신 유 술	계 갑 을 병 정 해 자 축 인 묘	무 기 경 진 사 오
3	요일	토 일 월 화 수	목 금 토 일 월	화 수 목 금 토	일 월 화 수 목	금 토 일 월 화	수 목 금 토 일 월
	음력	2/1 2 3 4 5	6 7 8 9 10	11 12 13 14 15	16 17 18 19 20	21 22 23 24 25	26 27 28 29 30 3/1
	일진	신 임 계 갑 을 미 신 유 술 해	병 정 무 기 경 자 축 인 묘 진	신 임 계 갑 을 사 오 미 신 유	병 정 무 기 경 술 해 자 축 인	신 임 계 갑 을 묘 진 사 오 미	병 정 무 기 경 신 신 유 술 해 자 축
4	요일	화 수 목 금 토	일 월 화 수 목	금 토 일 월 화	수 목 금 토 일	월 화 수 목 금	토 일 월 화 수
	음력	3/2 3 4 5 6	7 8 9 10 11	12 13 14 15 16	17 18 19 20 21	22 23 24 25 26	27 28 29 4/1 2
	일진	임 계 갑 을 병 인 묘 진 사 오	정 무 기 경 신 미 신 유 술 해	임 계 갑 을 병 자 축 인 묘 진	정 무 기 경 신 사 오 미 신 유	임 계 갑 을 병 술 해 자 축 인	정 무 기 경 신 묘 진 사 오 미
5	요일	목 금 토 일 월	화 수 목 금 토	일 월 화 수 목	금 토 일 월 화	수 목 금 토 일	월 화 수 목 금 토
	음력	4/3 4 5 6 7	8 9 10 11 12	13 14 15 16 17	18 19 20 21 22	23 24 25 26 27	28 29 30 5/1 2 3
	일진	임 계 갑 을 병 신 유 술 해 자	정 무 기 경 신 축 인 묘 진 사	임 계 갑 을 병 오 미 신 유 술	정 무 기 경 신 해 자 축 인 묘	임 계 갑 을 병 진 사 오 미 신	정 무 기 경 신 임 유 술 해 자 축 인
6	요일	일 월 화 수 목	금 토 일 월 화	수 목 금 토 일	월 화 수 목 금	토 일 월 화 수	목 금 토 일 월
	음력	5/4 5 6 7 8	9 10 11 12 13	14 15 16 17 18	19 20 21 22 23	24 25 26 27 28	29 6/1 2 3 4
	일진	계 갑 을 병 정 묘 진 사 오 미	무 기 경 신 임 신 유 술 해 자	계 갑 을 병 정 축 인 묘 진 사	무 기 경 신 임 오 미 신 유 술	계 갑 을 병 정 해 자 축 인 묘	무 기 경 신 임 진 사 오 미 신

24절기와 잡절

명칭	태양황경(도)	한국표준시				명칭	태양황경(도)	한국표준시				명칭	태양황경(도)	한국표준시			
		월	일	시	분			월	일	시	분			월	일	시	분
소한	285	1	5	19	24	하지	90	6	21	19	51	대　설	255	12	7	14	4
대한	300	1	20	12	51	소서	105	7	7	13	15	동　지	270	12	22	8	3
입춘	315	2	4	7	3	대서	120	7	23	6	41						
우수	330	2	19	2	59	입추	135	8	7	23	2	한　식		4	6		
경칩	345	3	6	1	2	처서	150	8	23	13	46	단　오		6	2		
춘분	0	3	21	1	57	백로	165	9	8	2	1	초　복		7	18		
청명	15	4	5	5	47	추분	180	9	23	11	29	중　복		7	28		
곡우	30	4	20	12	55	한로	195	10	8	17	47	말　복		8	7		
입하	45	5	5	22	59	상강	210	10	23	20	57	토왕용사	297	1	17	14	6
소만	60	5	21	11	59	입동	225	11	7	21	7	토왕용사	27	4	17	11	14
망종	75	6	6	3	3	소설	240	11	22	18	38	토왕용사	117	7	20	3	16
												토왕용사	207	10	20	20	35

월	양력	1 2 3 4 5	6 7 8 9 10	11 12 13 14 15	16 17 18 19 20	21 22 23 24 25	26 27 28 29 30 31
7	요일	화 수 목 금 토	일 월 화 수 목	금 토 일 월 화	수 목 금 토 일	월 화 수 목 금	토 일 월 화 수 목
	음력	6/5 6 7 8 9	10 11 12 13 14	15 16 17 18 19	20 21 22 23 24	25 26 27 28 29	30 7/1 2 3 4 5
	일진	계갑을병정 / 유술해자축	무기경신임 / 인묘진사오	계갑을병정 / 미신유술해	무기경신임 / 자축인묘진	계갑을병정 / 사오미신유	무기경신임계 / 술해자축인묘
8	요일	금 토 일 월 화	수 목 금 토 일	월 화 수 목 금	토 일 월 화 수	목 금 토 일 월	화 수 목 금 토 일
	음력	7/6 7 8 9 10	11 12 13 14 15	16 17 18 19 20	21 22 23 24 25	26 27 28 29 8/1	2 3 4 5 6 7
	일진	갑을병정무 / 진사오미신	기경신임계 / 유술해자축	갑을병정무 / 인묘진사오	기경신임계 / 미신유술해	갑을병정무 / 자축인묘진	기경신임계갑 / 사오미신유술
9	요일	월 화 수 목 금	토 일 월 화 수	목 금 토 일 월	화 수 목 금 토	일 월 화 수 목	금 토 일 월 화
	음력	8/8 9 10 11 12	13 14 15 16 17	18 19 20 21 22	23 24 25 26 27	28 29 30 9/1 2	3 4 5 6 7
	일진	을병정무기 / 해자축인묘	경신임계갑 / 진사오미신	을병정무기 / 유술해자축	경신임계갑 / 인묘진사오	을병정무기 / 미신유술해	경신임계갑 / 자축인묘진
10	요일	수 목 금 토 일	월 화 수 목 금	토 일 월 화 수	목 금 토 일 월	화 수 목 금 토	일 월 화 수 목 금
	음력	9/8 9 10 11 12	13 14 15 16 17	18 19 20 21 22	23 24 25 26 27	28 29 30 9*/1 2	3 4 5 6 7 8
	일진	을병정무기 / 사오미신유	경신임계갑 / 술해자축인	을병정무기 / 묘진사오미	경신임계갑 / 신유술해자	을병정무기 / 축인묘진사	경신임계갑을 / 오미신유술해
11	요일	토 일 월 화 수	목 금 토 일 월	화 수 목 금 토	일 월 화 수 목	금 토 일 월 화	수 목 금 토 일
	음력	9*/9 10 11 12 13	14 15 16 17 18	19 20 21 22 23	24 25 26 27 28	29 10/1 2 3 4	5 6 7 8 9
	일진	병정무기경 / 자축인묘진	신임계갑을 / 사오미신유	병정무기경 / 술해자축인	신임계갑을 / 묘진사오미	병정무기경 / 신유술해자	신임계갑을 / 축인묘진사
12	요일	월 화 수 목 금	토 일 월 화 수	목 금 토 일 월	화 수 목 금 토	일 월 화 수 목	금 토 일 월 화 수
	음력	10/10 11 12 13 14	15 16 17 18 19	20 21 22 23 24	25 26 27 28 29	30 11/1 2 3 4	5 6 7 8 9 10
	일진	병정무기경 / 오미신유술	신임계갑을 / 해자축인묘	병정무기경 / 진사오미신	신임계갑을 / 유술해자축	병정무기경 / 인묘진사오	신임계갑을병 / 미신유술해자

* 윤달 : 9월

2015 을미년 • 단기 4348

주요 국경일과 명절

구 분	월일	요일	구 분	월일	요일
신 정	1 1	목	현 충 일	6 6	토
설 날	2 19	목	제 헌 절	7 17	금
3 · 1 절	3 1	일	광 복 절	8 15	토
식 목 일	4 5	일	추 석	9 27	일
어린이날	5 5	화	개 천 절	10 3	토
석가탄신일	5 25	월	기독탄신일	12 25	금

음양력 대조일람

음력월	월건	대소	음력 1일의 양력 월일	음력월	월건	대소	음력 1일의 양력 월일
1	무인	소	2 19	7	갑신	대	8 14
2	기묘	대	3 20	8	을유	대	9 13
3	경진	소	4 19	9	병술	대	10 13
4	신사	소	5 18	10	정해	소	11 12
5	임오	대	6 16	11	무자	대	12 11
6	계미	소	7 16	12	기축	소	2016/1 10

월	양력	1 2 3 4 5	6 7 8 9 10	11 12 13 14 15	16 17 18 19 20	21 22 23 24 25	26 27 28 29 30 31
1	요일	목 금 토 일 월	화 수 목 금 토	일 월 화 수 목	금 토 일 월 화	수 목 금 토 일	월 화 수 목 금 토
	음력	11/11 12 13 14 15	16 17 18 19 20	21 22 23 24 25	26 27 28 29 12/1	2 3 4 5 6	7 8 9 10 11 12
	일진	정무기경신 축인묘진사	임계갑을병 오미신유술	정무기경신 해자축인묘	임계갑을병 진사오미신	정무기경신 유술해자축	임계갑을병정 인묘진사오미
2	요일	일 월 화 수 목	금 토 일 월 화	수 목 금 토 일	월 화 수 목 금	토 일 월 화 수	목 금 토
	음력	12/13 14 15 16 17	18 19 20 21 22	23 24 25 26 27	28 29 30 1/1 2	3 4 5 6 7	8 9 10
	일진	무기경신임 신유술해자	계갑을병정 축인묘진사	무기경신임 오미신유술	계갑을병정 해자축인묘	무기경신임 진사오미신	계갑을 유술해
3	요일	일 월 화 수 목	금 토 일 월 화	수 목 금 토 일	월 화 수 목 금	토 일 월 화 수	목 금 토 일 월 화
	음력	1/11 12 13 14 15	16 17 18 19 20	21 22 23 24 25	26 27 28 29 2/1	2 3 4 5 6	7 8 9 10 11 12
	일진	병정무기경 자축인묘진	신임계갑을 사오미신유	병정무기경 술해자축인	신임계갑을 묘진사오미	병정무기경 신유술해자	신임계갑을병 축인묘진사오
4	요일	수 목 금 토 일	월 화 수 목 금	토 일 월 화 수	목 금 토 일 월	화 수 목 금 토	일 월 화 수 목
	음력	2/13 14 15 16 17	18 19 20 21 22	23 24 25 26 27	28 29 30 3/1 2	3 4 5 6 7	8 9 10 11 12
	일진	정무기경신 미신유술해	임계갑을병 자축인묘진	정무기경신 사오미신유	임계갑을병 술해자축인	정무기경신 묘진사오미	임계갑을병 신유술해자
5	요일	금 토 일 월 화	수 목 금 토 일	월 화 수 목 금	토 일 월 화 수	목 금 토 일 월	화 수 목 금 토 일
	음력	3/13 14 15 16 17	18 19 20 21 22	23 24 25 26 27	28 29 4/1 2 3	4 5 6 7 8	9 10 11 12 13 14
	일진	정무기경신 축인묘진사	임계갑을병 오미신유술	정무기경신 해자축인묘	임계갑을병 진사오미신	정무기경신 유술해자축	임계갑을병정 인묘진사오미
6	요일	월 화 수 목 금	토 일 월 화 수	목 금 토 일 월	화 수 목 금 토	일 월 화 수 목	금 토 일 월 화
	음력	4/15 16 17 18 19	20 21 22 23 24	25 26 27 28 29	5/1 2 3 4 5	6 7 8 9 10	11 12 13 14 15
	일진	무기경신임 신유술해자	계갑을병정 축인묘진사	무기경신임 오미신유술	계갑을병정 해자축인묘	무기경신임 진사오미신	계갑을병정 유술해자축

24절기와 잡절

명 칭	태양황경(도)	한국표준시 월 일	한국표준시 시 분	명 칭	태양황경(도)	한국표준시 월 일	한국표준시 시 분	명 칭	태양황경(도)	한국표준시 월 일	한국표준시 시 분
소한	285	1 6	1 20	하지	90	6 22	1 38	대 설	255	12 7	19 53
대한	300	1 20	18 43	소서	105	7 7	19 12	동 지	270	12 22	13 48
입춘	315	2 4	12 58	대서	120	7 23	12 30				
우수	330	2 19	8 50	입추	135	8 8	5 1	한 식		4 6	
경칩	345	3 6	6 56	처서	150	8 23	19 37	단 오		6 20	
춘분	0	3 21	7 45	백로	165	9 8	7 59	초 복		7 13	
청명	15	4 5	11 39	추분	180	9 23	17 20	중 복		7 23	
곡우	30	4 20	18 42	한로	195	10 8	23 43	말 복		8 12	
입하	45	5 6	4 52	상강	210	10 24	2 47	토왕용사	297	1 17	20 2
소만	60	5 21	17 45	입동	225	11 8	2 58	토왕용사	27	4 17	17 3
망종	75	6 6	8 58	소설	240	11 23	0 25	토왕용사	117	7 20	9 5
								토왕용사	207	10 21	2 23

월	양력	1 2 3 4 5	6 7 8 9 10	11 12 13 14 15	16 17 18 19 20	21 22 23 24 25	26 27 28 29 30 31
7	요일	수 목 금 토 일	월 화 수 목 금	토 일 월 화 수	목 금 토 일 월	화 수 목 금 토	일 월 화 수 목 금
	음력	5/16 17 18 19 20	21 22 23 24 25	26 27 28 29 30	6/1 2 3 4 5	6 7 8 9 10	11 12 13 14 15 16
	일진	무 기 경 신 임 인 묘 진 사 오	계 갑 을 병 정 미 신 유 술 해	무 기 경 신 임 자 축 인 묘 진	계 갑 을 병 정 사 오 미 신 유	무 기 경 신 임 술 해 자 축 인	계 갑 을 병 정 무 묘 진 사 오 미 신
8	요일	토 일 월 화 수	목 금 토 일 월	화 수 목 금 토	일 월 화 수 목	금 토 일 월 화	수 목 금 토 일 월
	음력	6/17 18 19 20 21	22 23 24 25 26	27 28 29 7/1 2	3 4 5 6 7	8 9 10 11 12	13 14 15 16 17 18
	일진	기 경 신 임 계 유 술 해 자 축	갑 을 병 정 무 인 묘 진 사 오	기 경 신 임 계 미 신 유 술 해	갑 을 병 정 무 자 축 인 묘 진	기 경 신 임 계 사 오 미 신 유	갑 을 병 정 무 기 술 해 자 축 인 묘
9	요일	화 수 목 금 토	일 월 화 수 목	금 토 일 월 화	수 목 금 토 일	월 화 수 목 금	토 일 월 화 수
	음력	7/19 20 21 22 23	24 25 26 27 28	29 30 8/1 2 3	4 5 6 7 8	9 10 11 12 13	14 15 16 17 18
	일진	경 신 임 계 갑 진 사 오 미 신	을 병 정 무 기 유 술 해 자 축	경 신 임 계 갑 인 묘 진 사 오	을 병 정 무 기 미 신 유 술 해	경 신 임 계 갑 자 축 인 묘 진	을 병 정 무 기 사 오 미 신 유
10	요일	목 금 토 일 월	화 수 목 금 토	일 월 화 수 목	금 토 일 월 화	수 목 금 토 일	월 화 수 목 금 토
	음력	8/19 20 21 22 23	24 25 26 27 28	29 30 9/1 2 3	4 5 6 7 8	9 10 11 12 13	14 15 16 17 18 19
	일진	경 신 임 계 갑 술 해 자 축 인	을 병 정 무 기 묘 진 사 오 미	경 신 임 계 갑 신 유 술 해 자	을 병 정 무 기 축 인 묘 진 사	경 신 임 계 갑 오 미 신 유 술	을 병 정 무 기 경 해 자 축 인 묘 진
11	요일	일 월 화 수 목	금 토 일 월 화	수 목 금 토 일	월 화 수 목 금	토 일 월 화 수	목 금 토 일 월
	음력	9/20 21 22 23 24	25 26 27 28 29	30 10/1 2 3 4	5 6 7 8 9	10 11 12 13 14	15 16 17 18 19
	일진	신 임 계 갑 을 사 오 미 신 유	병 정 무 기 경 술 해 자 축 인	신 임 계 갑 을 묘 진 사 오 미	병 정 무 기 경 신 유 술 해 자	신 임 계 갑 을 축 인 묘 진 사	병 정 무 기 경 오 미 신 유 술
12	요일	화 수 목 금 토	일 월 화 수 목	금 토 일 월 화	수 목 금 토 일	월 화 수 목 금	토 일 월 화 수 목
	음력	10/20 21 22 23 24	25 26 27 28 29	11/1 2 3 4 5	6 7 8 9 10	11 12 13 14 15	16 17 18 19 20 21
	일진	신 임 계 갑 을 해 자 축 인 묘	병 정 무 기 경 진 사 오 미 신	신 임 계 갑 을 유 술 해 자 축	병 정 무 기 경 인 묘 진 사 오	신 임 계 갑 을 미 신 유 술 해	병 정 무 기 경 신 자 축 인 묘 진 사

2016 병신년 · 단기 4349

주요 국경일과 명절

구 분	월일	요일	구 분	월일	요일
신 정	1 1	금	현 충 일	6 6	월
설 날	2 8	월	제 헌 절	7 17	일
3 · 1 절	3 1	화	광 복 절	8 15	월
식 목 일	4 5	화	추 석	9 15	목
어린이날	5 5	목	개 천 절	10 3	월
석가탄신일	5 14	토	기독탄신일	12 25	일

음양력 대조일람

음력월	월건	대소	음력 1일의 양력 월일	음력월	월건	대소	음력 1일의 양력 월일
1	경인	대	2 8	7	병신	소	8 3
2	신묘	소	3 9	8	정유	대	9 1
3	임진	대	4 7	9	무술	대	10 1
4	계사	소	5 7	10	기해	소	10 31
5	갑오	소	6 5	11	경자	대	11 29
6	을미	대	7 4	12	신축	대	12 29

월	양력	1 2 3 4 5	6 7 8 9 10	11 12 13 14 15	16 17 18 19 20	21 22 23 24 25	26 27 28 29 30 31
1	요일	금 토 일 월 화	수 목 금 토 일	월 화 수 목 금	토 일 월 화 수	목 금 토 일 월	화 수 목 금 토 일
	음력	11/22 23 24 25 26	27 28 29 30 12/1	2 3 4 5 6	7 8 9 10 11	12 13 14 15 16	17 18 19 20 21 22
	일진	임 계 갑 을 병 오 미 신 유 술	정 무 기 경 신 해 자 축 인 묘	임 계 갑 을 병 진 사 오 미 신	정 무 기 경 신 유 술 해 자 축	임 계 갑 을 병 인 묘 진 사 오	정 무 기 경 신 임 미 신 유 술 해 자
2	요일	월 화 수 목 금	토 일 월 화 수	목 금 토 일 월	화 수 목 금 토	일 월 화 수 목	금 토 일 월
	음력	12/23 24 25 26 27	28 29 1/1 2 3	4 5 6 7 8	9 10 11 12 13	14 15 16 17 18	19 20 21 22
	일진	계 갑 을 병 정 축 인 묘 진 사	무 기 경 신 임 오 미 신 유 술	계 갑 을 병 정 해 자 축 인 묘	무 기 경 신 임 진 사 오 미 신	계 갑 을 병 정 유 술 해 자 축	무 기 경 신 인 묘 진 사
3	요일	화 수 목 금 토	일 월 화 수 목	금 토 일 월 화	수 목 금 토 일	월 화 수 목 금	토 일 월 화 수 목
	음력	1/23 24 25 26 27	28 29 30 2/1 2	3 4 5 6 7	8 9 10 11 12	13 14 15 16 17	18 19 20 21 22 23
	일진	임 계 갑 을 병 오 미 신 유 술	정 무 기 경 신 해 자 축 인 묘	임 계 갑 을 병 진 사 오 미 신	정 무 기 경 신 유 술 해 자 축	임 계 갑 을 병 인 묘 진 사 오	정 무 기 경 신 임 미 신 유 술 해 자
4	요일	금 토 일 월 화	수 목 금 토 일	월 화 수 목 금	토 일 월 화 수	목 금 토 일 월	화 수 목 금 토
	음력	2/24 25 26 27 28	29 3/1 2 3 4	5 6 7 8 9	10 11 12 13 14	15 16 17 18 19	20 21 22 23 24
	일진	계 갑 을 병 정 축 인 묘 진 사	무 기 경 신 임 오 미 신 유 술	계 갑 을 병 정 해 자 축 인 묘	무 기 경 신 임 진 사 오 미 신	계 갑 을 병 정 유 술 해 자 축	무 기 경 신 임 인 묘 진 사 오
5	요일	일 월 화 수 목	금 토 일 월 화	수 목 금 토 일	월 화 수 목 금	토 일 월 화 수	목 금 토 일 월 화
	음력	3/25 26 27 28 29	30 4/1 2 3 4	5 6 7 8 9	10 11 12 13 14	15 16 17 18 19	20 21 22 23 24 25
	일진	계 갑 을 병 정 미 신 유 술 해	무 기 경 신 임 자 축 인 묘 진	계 갑 을 병 정 사 오 미 신 유	무 기 경 신 임 술 해 자 축 인	계 갑 을 병 정 묘 진 사 오 미	무 기 경 신 임 계 신 유 술 해 자 축
6	요일	수 목 금 토 일	월 화 수 목 금	토 일 월 화 수	목 금 토 일 월	화 수 목 금 토	일 월 화 수 목
	음력	4/26 27 28 29 5/1	2 3 4 5 6	7 8 9 10 11	12 13 14 15 16	17 18 19 20 21	22 23 24 25 26
	일진	갑 을 병 정 무 인 묘 진 사 오	기 경 신 임 계 미 신 유 술 해	갑 을 병 정 무 자 축 인 묘 진	기 경 신 임 계 사 오 미 신 유	갑 을 병 정 무 술 해 자 축 인	기 경 신 임 계 묘 진 사 오 미

24절기와 잡절

명칭	태양황경(도)	월	일	시	분	명칭	태양황경(도)	월	일	시	분	명칭	태양황경(도)	월	일	시	분
소한	285	1	6	7	8	하지	90	6	21	7	34	대설	255	12	7	1	41
대한	300	1	21	0	27	소서	105	7	7	1	3	동지	270	12	21	19	44
입춘	315	2	4	18	46	대서	120	7	22	18	30	한식				4	5
우수	330	2	19	14	34	입추	135	8	7	10	53	단오				6	9
경칩	345	3	5	12	43	처서	150	8	23	1	38	초복				7	17
춘분	0	3	20	13	30	백로	165	9	7	13	51	중복				7	27
청명	15	4	4	17	27	추분	180	9	22	23	21	말복				8	16
곡우	30	4	20	0	29	한로	195	10	8	5	33	토왕용사	297	1	18	1	43
입하	45	5	5	10	42	상강	210	10	23	8	45	토왕용사	27	4	16	22	48
소만	60	5	20	23	36	입동	225	11	7	8	48	토왕용사	117	7	19	15	3
망종	75	6	5	14	48	소설	240	11	22	6	22	토왕용사	207	10	20	8	22

(각 군의 월·일·시·분 열은 한국표준시)

월	양력	1	2	3	4	5	6	7	8	9	10	11	12	13	14	15	16	17	18	19	20	21	22	23	24	25	26	27	28	29	30	31
7	요일	금	토	일	월	화	수	목	금	토	일	월	화	수	목	금	토	일	월	화	수	목	금	토	일	월	화	수	목	금	토	일
7	음력	5/27	28	29	6/1	2	3	4	5	6	7	8	9	10	11	12	13	14	15	16	17	18	19	20	21	22	23	24	25	26	27	28
7	일진	갑신	을유	병술	정해	무자	기축	경인	신묘	임진	계사	갑오	을미	병신	정유	무술	기해	경자	신축	임인	계묘	갑진	을사	병오	정미	무신	기유	경술	신해	임자	계축	갑인
8	요일	월	화	수	목	금	토	일	월	화	수	목	금	토	일	월	화	수	목	금	토	일	월	화	수	목	금	토	일	월	화	수
8	음력	6/29	30	7/1	2	3	4	5	6	7	8	9	10	11	12	13	14	15	16	17	18	19	20	21	22	23	24	25	26	27	28	29
8	일진	을묘	병진	정사	무오	기미	경신	신유	임술	계해	갑자	을축	병인	정묘	무진	기사	경오	신미	임신	계유	갑술	을해	병자	정축	무인	기묘	경진	신사	임오	계미	갑신	을유
9	요일	목	금	토	일	월	화	수	목	금	토	일	월	화	수	목	금	토	일	월	화	수	목	금	토	일	월	화	수	목	금	
9	음력	8/1	2	3	4	5	6	7	8	9	10	11	12	13	14	15	16	17	18	19	20	21	22	23	24	25	26	27	28	29	30	
9	일진	병술	정해	무자	기축	경인	신묘	임진	계사	갑오	을미	병신	정유	무술	기해	경자	신축	임인	계묘	갑진	을사	병오	정미	무신	기유	경술	신해	임자	계축	갑인	을묘	
10	요일	토	일	월	화	수	목	금	토	일	월	화	수	목	금	토	일	월	화	수	목	금	토	일	월	화	수	목	금	토	일	월
10	음력	9/1	2	3	4	5	6	7	8	9	10	11	12	13	14	15	16	17	18	19	20	21	22	23	24	25	26	27	28	29	30	10/1
10	일진	병진	정사	무오	기미	경신	신유	임술	계해	갑자	을축	병인	정묘	무진	기사	경오	신미	임신	계유	갑술	을해	병자	정축	무인	기묘	경진	신사	임오	계미	갑신	을유	병술
11	요일	화	수	목	금	토	일	월	화	수	목	금	토	일	월	화	수	목	금	토	일	월	화	수	목	금	토	일	월	화	수	
11	음력	10/2	3	4	5	6	7	8	9	10	11	12	13	14	15	16	17	18	19	20	21	22	23	24	25	26	27	28	29	11/1	2	
11	일진	정해	무자	기축	경인	신묘	임진	계사	갑오	을미	병신	정유	무술	기해	경자	신축	임인	계묘	갑진	을사	병오	정미	무신	기유	경술	신해	임자	계축	갑인	을묘	병진	
12	요일	목	금	토	일	월	화	수	목	금	토	일	월	화	수	목	금	토	일	월	화	수	목	금	토	일	월	화	수	목	금	토
12	음력	11/3	4	5	6	7	8	9	10	11	12	13	14	15	16	17	18	19	20	21	22	23	24	25	26	27	28	29	30	12/1	2	3
12	일진	정사	무오	기미	경신	신유	임술	계해	갑자	을축	병인	정묘	무진	기사	경오	신미	임신	계유	갑술	을해	병자	정축	무인	기묘	경진	신사	임오	계미	갑신	을유	병술	정해

주요 국경일과 명절

구 분	월일	요일	구 분	월일	요일
신 정	1 1	일	현 충 일	6 6	화
설 날	1 28	토	제 헌 절	7 17	월
3·1절	3 1	수	광 복 절	8 15	화
식 목 일	4 5	수	개 천 절	10 3	화
석가탄신일	5 3	수	추 석	10 4	수
어린이날	5 5	금	기독탄신일	12 25	월

음양력 대조일람

음력월	월건	대소	음력 1일의 양력 월일	음력월	월건	대소	음력 1일의 양력 월일
1	임인	소	1 28	7	무신	소	8 22
2	계묘	대	2 26	8	기유	대	9 20
3	갑진	소	3 28	9	경술	소	10 20
4	을사	대	4 26	10	신해	대	11 18
5	병오	소	5 26	11	임자	대	12 18
(윤)5		소	6 24	12	계축	대	2018/1 17
6	정미	대	7 23				

월	양력	1 2 3 4 5	6 7 8 9 10	11 12 13 14 15	16 17 18 19 20	21 22 23 24 25	26 27 28 29 30 31
1	요일	일 월 화 수 목	금 토 일 월 화	수 목 금 토 일	월 화 수 목 금	토 일 월 화 수	목 금 토 일 월 화
	음력	12/4 5 6 7 8	9 10 11 12 13	14 15 16 17 18	19 20 21 22 23	24 25 26 27 28	29 30 1/1 2 3 4
	일진	무기경신임 자축인묘진	계갑을병정 사오미신유	무기경신임 술해자축인	계갑을병정 묘진사오미	무기경신임 신유술해자	계갑을병정무 축인묘진사오
2	요일	수 목 금 토 일	월 화 수 목 금	토 일 월 화 수	목 금 토 일 월	화 수 목 금 토	일 월 화
	음력	1/5 6 7 8 9	10 11 12 13 14	15 16 17 18 19	20 21 22 23 24	25 26 27 28 29	2/1 2 3
	일진	기경신임계 미신유술해	갑을병정무 자축인묘진	기경신임계 사오미신유	갑을병정무 술해자축인	기경신임계 묘진사오미	갑을병 신유술
3	요일	수 목 금 토 일	월 화 수 목 금	토 일 월 화 수	목 금 토 일 월	화 수 목 금 토	일 월 화 수 목 금
	음력	2/4 5 6 7 8	9 10 11 12 13	14 15 16 17 18	19 20 21 22 23	24 25 26 27 28	29 30 3/1 2 3 4
	일진	정무기경신 해자축인묘	임계갑을병 진사오미신	정무기경신 유술해자축	임계갑을병 인묘진사오	정무기경신 미신유술해	임계갑을병정 자축인묘진사
4	요일	토 일 월 화 수	목 금 토 일 월	화 수 목 금 토	일 월 화 수 목	금 토 일 월 화	수 목 금 토 일
	음력	3/5 6 7 8 9	10 11 12 13 14	15 16 17 18 19	20 21 22 23 24	25 26 27 28 29	4/1 2 3 4 5
	일진	무기경신임 오미신유술	계갑을병정 해자축인묘	무기경신임 진사오미신	계갑을병정 유술해자축	무기경신임 인묘진사오	계갑을병정 미신유술해
5	요일	월 화 수 목 금	토 일 월 화 수	목 금 토 일 월	화 수 목 금 토	일 월 화 수 목	금 토 일 월 화 수
	음력	4/6 7 8 9 10	11 12 13 14 15	16 17 18 19 20	21 22 23 24 25	26 27 28 29 30	5/1 2 3 4 5 6
	일진	무기경신임 자축인묘진	계갑을병정 사오미신유	무기경신임 술해자축인	계갑을병정 묘진사오미	무기경신임 신유술해자	계갑을병정무 축인묘진사오
6	요일	목 금 토 일 월	화 수 목 금 토	일 월 화 수 목	금 토 일 월 화	수 목 금 토 일	월 화 수 목 금
	음력	5/7 8 9 10 11	12 13 14 15 16	17 18 19 20 21	22 23 24 25 26	27 28 29 윤5/1 2	3 4 5 6 7
	일진	기경신임계 미신유술해	갑을병정무 자축인묘진	기경신임계 사오미신유	갑을병정무 술해자축인	기경신임계 묘진사오미	갑을병정무 신유술해자

24절기와 잡절

명칭	태양황경(도)	월 일	시 분	명칭	태양황경(도)	월 일	시 분	명칭	태양황경(도)	월 일	시 분
소한	285	1 5	12 56	하지	90	6 21	13 24	대 설	255	12 7	7 32
대한	300	1 20	6 23	소서	105	7 7	6 51	동 지	270	12 22	1 28
입춘	315	2 4	0 34	대서	120	7 23	0 15				
우수	330	2 18	20 31	입추	135	8 7	16 40	한 식		4 5	
경칩	345	3 5	18 33	처서	150	8 23	7 20	단 오		5 30	
춘분	0	3 20	19 28	백로	165	9 7	19 38	초 복		7 12	
청명	15	4 4	23 17	추분	180	9 23	5 2	중 복		7 22	
곡우	30	4 20	6 27	한로	195	10 8	11 22	말 복		8 11	
입하	45	5 5	16 31	상강	210	10 23	14 27	토왕용사	297	1 17	7 40
소만	60	5 21	5 31	입동	225	11 7	14 38	토왕용사	27	4 17	4 47
망종	75	6 5	20 36	소설	240	11 22	12 4	토왕용사	117	7 19	20 51
								토왕용사	207	10 20	14 5

월	양력	1 2 3 4 5	6 7 8 9 10	11 12 13 14 15	16 17 18 19 20	21 22 23 24 25	26 27 28 29 30 31
7	요일	토 일 월 화 수	목 금 토 일 월	화 수 목 금 토	일 월 화 수 목	금 토 일 월 화	수 목 금 토 일 월
	음력	5*/8 9 10 11 12	13 14 15 16 17	18 19 20 21 22	23 24 25 26 27	28 29 6/1 2 3	4 5 6 7 8 9
	일진	기경신임계 축인묘진사	갑을병정무 오미신유술	기경신임계 해자축인묘	갑을병정무 진사오미신	기경신임계 유술해자축	갑을병정무기 인묘진사오미
8	요일	화 수 목 금 토	일 월 화 수 목	금 토 일 월 화	수 목 금 토 일	월 화 수 목 금	토 일 월 화 수 목
	음력	6/10 11 12 13 14	15 16 17 18 19	20 21 22 23 24	25 26 27 28 29	30 7/1 2 3 4	5 6 7 8 9 10
	일진	경신임계갑 신유술해자	을병정무기 축인묘진사	경신임계갑 오미신유술	을병정무기 해자축인묘	경신임계갑 진사오미신	을병정무기경 유술해자축인
9	요일	금 토 일 월 화	수 목 금 토 일	월 화 수 목 금	토 일 월 화 수	목 금 토 일 월	화 수 목 금 토
	음력	7/11 12 13 14 15	16 17 18 19 20	21 22 23 24 25	26 27 28 29 8/1	2 3 4 5 6	7 8 9 10 11
	일진	신임계갑을 묘진사오미	병정무기경 신유술해자	신임계갑을 축인묘진사	병정무기경 오미신유술	신임계갑을 해자축인묘	병정무기경 진사오미신
10	요일	일 월 화 수 목	금 토 일 월 화	수 목 금 토 일	월 화 수 목 금	토 일 월 화 수	목 금 토 일 월 화
	음력	8/12 13 14 15 16	17 18 19 20 21	22 23 24 25 26	27 28 29 30 9/1	2 3 4 5 6	7 8 9 10 11 12
	일진	신임계갑을 유술해자축	병정무기경 인묘진사오	신임계갑을 미신유술해	병정무기경 자축인묘진	신임계갑을 사오미신유	병정무기경신 술해자축인묘
11	요일	수 목 금 토 일	월 화 수 목 금	토 일 월 화 수	목 금 토 일 월	화 수 목 금 토	일 월 화 수 목
	음력	9/13 14 15 16 17	18 19 20 21 22	23 24 25 26 27	28 29 10/1 2 3	4 5 6 7 8	9 10 11 12 13
	일진	임계갑을병 진사오미신	정무기경신 유술해자축	임계갑을병 인묘진사오	정무기경신 미신유술해	임계갑을병 자축인묘진	정무기경신 사오미신유
12	요일	금 토 일 월 화	수 목 금 토 일	월 화 수 목 금	토 일 월 화 수	목 금 토 일 월	화 수 목 금 토 일
	음력	10/14 15 16 17 18	19 20 21 22 23	24 25 26 27 28	29 30 11/1 2 3	4 5 6 7 8	9 10 11 12 13 14
	일진	임계갑을병 술해자축인	정무기경신 묘진사오미	임계갑을병 신유술해자	정무기경신 축인묘진사	임계갑을병 오미신유술	정무기경신임 해자축인묘진

* 윤달 : 5월

2018 무술년 • 단기 4351

주요 국경일과 명절

구 분	월 일	요일	구 분	월 일	요일
신 정	1 1	월	현충일	6 6	수
설 날	2 16	금	제헌절	7 17	화
3·1절	3 1	목	광복절	8 15	수
식목일	4 5	목	추 석	9 24	월
어린이날	5 5	토	개천절	10 3	수
석가탄신일	5 22	화	기독탄신일	12 25	화

음양력 대조일람

음력월	월건	대소	음력 1일의 양력 월일	음력월	월건	대소	음력 1일의 양력 월일
1	갑인	소	2 16	7	경신	대	8 11
2	을묘	대	3 17	8	신유	소	9 10
3	병진	소	4 16	9	임술	대	10 9
4	정사	대	5 15	10	계해	소	11 8
5	무오	소	6 14	11	갑자	대	12 7
6	기미	소	7 13	12	을축	대	2019/1 6

월	양력	1 2 3 4 5	6 7 8 9 10	11 12 13 14 15	16 17 18 19 20	21 22 23 24 25	26 27 28 29 30 31
1	요일	월 화 수 목 금	토 일 월 화 수	목 금 토 일 월	화 수 목 금 토	일 월 화 수 목	금 토 일 월 화 수
	음력	11/15 16 17 18 19	20 21 22 23 24	25 26 27 28 29	30 12/1 2 3 4	5 6 7 8 9	10 11 12 13 14 15
	일진	계갑을병정 사오미신유	무기경신임 술해자축인	계갑을병정 묘진사오미	무기경신임 신유술해자	계갑을병정 축인묘진사	무기경신임계 오미신유술해
2	요일	목 금 토 일 월	화 수 목 금 토	일 월 화 수 목	금 토 일 월 화	수 목 금 토 일	월 화 수
	음력	12/16 17 18 19 20	21 22 23 24 25	26 27 28 29 30	1/1 2 3 4 5	6 7 8 9 10	11 12 13
	일진	갑을병정무 자축인묘진	기경신임계 사오미신유	갑을병정무 술해자축인	기경신임계 묘진사오미	갑을병정무 신유술해자	기경신 축인묘
3	요일	목 금 토 일 월	화 수 목 금 토	일 월 화 수 목	금 토 일 월 화	수 목 금 토 일	월 화 수 목 금 토
	음력	1/14 15 16 17 18	19 20 21 22 23	24 25 26 27 28	29 2/1 2 3 4	5 6 7 8 9	10 11 12 13 14 15
	일진	임계갑을병 진사오미신	정무기경신 유술해자축	임계갑을병 인묘진사오	정무기경신 미신유술해	임계갑을병 자축인묘진	정무기경신임 사오미신유술
4	요일	일 월 화 수 목	금 토 일 월 화	수 목 금 토 일	월 화 수 목 금	토 일 월 화 수	목 금 토 일 월
	음력	2/16 17 18 19 20	21 22 23 24 25	26 27 28 29 30	3/1 2 3 4 5	6 7 8 9 10	11 12 13 14 15
	일진	계갑을병정 해자축인묘	무기경신임 진사오미신	계갑을병정 유술해자축	무기경신임 인묘진사오	계갑을병정 미신유술해	무기경신임 자축인묘진
5	요일	화 수 목 금 토	일 월 화 수 목	금 토 일 월 화	수 목 금 토 일	월 화 수 목 금	토 일 월 화 수 목
	음력	3/16 17 18 19 20	21 22 23 24 25	26 27 28 29 4/1	2 3 4 5 6	7 8 9 10 11	12 13 14 15 16 17
	일진	계갑을병정 사오미신유	무기경신임 술해자축인	계갑을병정 묘진사오미	무기경신임 신유술해자	계갑을병정 축인묘진사	무기경신임계 오미신유술해
6	요일	금 토 일 월 화	수 목 금 토 일	월 화 수 목 금	토 일 월 화 수	목 금 토 일 월	화 수 목 금 토
	음력	4/18 19 20 21 22	23 24 25 26 27	28 29 30 5/1 2	3 4 5 6 7	8 9 10 11 12	13 14 15 16 17
	일진	갑을병정무 자축인묘진	기경신임계 사오미신유	갑을병정무 술해자축인	기경신임계 묘진사오미	갑을병정무 신유술해자	기경신임계 축인묘진사

24절기와 잡절

명 칭	태양황경(도)	월 일	시 분	명 칭	태양황경(도)	월 일	시 분	명 칭	태양황경(도)	월 일	시 분
소한	285	1 5	18 49	하지	90	6 21	19 7	대 설	255	12 7	13 26
대한	300	1 20	12 9	소서	105	7 7	12 42	동 지	270	12 22	7 23
입춘	315	2 4	6 28	대서	120	7 23	6 0				
우수	330	2 19	2 18	입추	135	8 7	22 30	한 식		4 6	
경칩	345	3 6	0 28	처서	150	8 23	13 8	단 오		6 18	
춘분	0	3 21	1 15	백로	165	9 8	1 30	초 복		7 17	
청명	15	4 5	5 13	추분	180	9 23	10 54	중 복		7 27	
곡우	30	4 20	12 12	한로	195	10 8	17 15	말 복		8 16	
입하	45	5 5	22 25	상강	210	10 23	20 22	토왕용사	297	1 17	13 27
소만	60	5 21	11 14	입동	225	11 7	20 32	토왕용사	27	4 17	10 34
망종	75	6 6	2 29	소설	240	11 22	18 1	토왕용사	117	7 20	2 34
								토왕용사	207	10 20	19 58

월	양력	1 2 3 4 5	6 7 8 9 10	11 12 13 14 15	16 17 18 19 20	21 22 23 24 25	26 27 28 29 30 31
7	요일	일 월 화 수 목	금 토 일 월 화	수 목 금 토 일	월 화 수 목 금	토 일 월 화 수	목 금 토 일 월 화
	음력	5/18 19 20 21 22	23 24 25 26 27	28 29 6/1 2 3	4 5 6 7 8	9 10 11 12 13	14 15 16 17 18 19
	일진	갑을병정무 오미신유술	기경신임계 해자축인묘	갑을병정무 진사오미신	기경신임계 유술해자축	갑을병정무 인묘진사오	기경신임계갑 미신유술해자
8	요일	수 목 금 토 일	월 화 수 목 금	토 일 월 화 수	목 금 토 일 월	화 수 목 금 토	일 월 화 수 목 금
	음력	6/20 21 22 23 24	25 26 27 28 29	7/1 2 3 4 5	6 7 8 9 10	11 12 13 14 15	16 17 18 19 20 21
	일진	을병정무기 축인묘진사	경신임계갑 오미신유술	을병정무기 해자축인묘	경신임계갑 진사오미신	을병정무기 유술해자축	경신임계갑을 인묘진사오미
9	요일	토 일 월 화 수	목 금 토 일 월	화 수 목 금 토	일 월 화 수 목	금 토 일 월 화	수 목 금 토 일
	음력	7/22 23 24 25 26	27 28 29 30 8/1	2 3 4 5 6	7 8 9 10 11	12 13 14 15 16	17 18 19 20 21
	일진	병정무기경 신유술해자	신임계갑을 축인묘진사	병정무기경 오미신유술	신임계갑을 해자축인묘	병정무기경 진사오미신	신임계갑을 유술해자축
10	요일	월 화 수 목 금	토 일 월 화 수	목 금 토 일 월	화 수 목 금 토	일 월 화 수 목	금 토 일 월 화 수
	음력	8/22 23 24 25 26	27 28 29 9/1 2	3 4 5 6 7	8 9 10 11 12	13 14 15 16 17	18 19 20 21 22 23
	일진	병정무기경 인묘진사오	신임계갑을 미신유술해	병정무기경 자축인묘진	신임계갑을 사오미신유	병정무기경 술해자축인	신임계갑을병 묘진사오미신
11	요일	목 금 토 일 월	화 수 목 금 토	일 월 화 수 목	금 토 일 월 화	수 목 금 토 일	월 화 수 목 금
	음력	9/24 25 26 27 28	29 30 10/1 2 3	4 5 6 7 8	9 10 11 12 13	14 15 16 17 18	19 20 21 22 23
	일진	정무기경신 유술해자축	임계갑을병 인묘진사오	정무기경신 미신유술해	임계갑을병 자축인묘진	정무기경신 사오미신유	임계갑을병 술해자축인
12	요일	토 일 월 화 수	목 금 토 일 월	화 수 목 금 토	일 월 화 수 목	금 토 일 월 화	수 목 금 토 일 월
	음력	10/24 25 26 27 28	29 11/1 2 3 4	5 6 7 8 9	10 11 12 13 14	15 16 17 18 19	20 21 22 23 24 25
	일진	정무기경신 묘진사오미	임계갑을병 신유술해자	정무기경신 축인묘진사	임계갑을병 오미신유술	정무기경신 해자축인묘	임계갑을병정 진사오미신유

주요 국경일과 명절

구 분	월 일	요일	구 분	월 일	요일
신 정	1 1	화	현 충 일	6 6	목
설 날	2 5	화	제 헌 절	7 17	수
3·1절	3 1	금	광 복 절	8 15	목
식 목 일	4 5	금	추 석	9 13	금
어린이날	5 5	일	개 천 절	10 3	목
석가탄신일	5 12	일	기독탄신일	12 25	수

음양력 대조일람

음력월	월건	대소	음력 1일의 양력 월일	음력월	월건	대소	음력 1일의 양력 월일
1	병인	대	2 5	7	임신	소	8 1
2	정묘	소	3 7	8	계유	대	8 30
3	무진	대	4 5	9	갑술	소	9 29
4	기사	소	5 5	10	을해	대	10 28
5	경오	대	6 3	11	병자	소	11 27
6	신미	소	7 3	12	정축	대	12 26

월	양력	1 2 3 4 5	6 7 8 9 10	11 12 13 14 15	16 17 18 19 20	21 22 23 24 25	26 27 28 29 30 31
1	요일	화 수 목 금 토	일 월 화 수 목	금 토 일 월 화	수 목 금 토 일	월 화 수 목 금	토 일 월 화 수 목
	음력	11/26 27 28 29 30	12/1 2 3 4 5	6 7 8 9 10	11 12 13 14 15	16 17 18 19 20	21 22 23 24 25 26
	일진	무기경신임 술해자축인	계갑을병정 묘진사오미	무기경신임 신유술해자	계갑을병정 축인묘진사	무기경신임 오미신유술	계갑을병정무 해자축인묘진
2	요일	금 토 일 월 화	수 목 금 토 일	월 화 수 목 금	토 일 월 화 수	목 금 토 일 월	화 수 목
	음력	12/27 28 29 30 1/1	2 3 4 5 6	7 8 9 10 11	12 13 14 15 16	17 18 19 20 21	22 23 24
	일진	기경신임계 사오미신유	갑을병정무 술해자축인	기경신임계 묘진사오미	갑을병정무 신유술해자	기경신임계 축인묘진사	갑을병 오미신
3	요일	금 토 일 월 화	수 목 금 토 일	월 화 수 목 금	토 일 월 화 수	목 금 토 일 월	화 수 목 금 토 일
	음력	1/25 26 27 28 29	30 2/1 2 3 4	5 6 7 8 9	10 11 12 13 14	15 16 17 18 19	20 21 22 23 24 25
	일진	정무기경신 유술해자축	임계갑을병 인묘진사오	정무기경신 미신유술해	임계갑을병 자축인묘진	정무기경신 사오미신유	임계갑을병정 술해자축인묘
4	요일	월 화 수 목 금	토 일 월 화 수	목 금 토 일 월	화 수 목 금 토	일 월 화 수 목	금 토 일 월 화
	음력	2/26 27 28 29 3/1	2 3 4 5 6	7 8 9 10 11	12 13 14 15 16	17 18 19 20 21	22 23 24 25 26
	일진	무기경신임 진사오미신	계갑을병정 유술해자축	무기경신임 인묘진사오	계갑을병정 미신유술해	무기경신임 자축인묘진	계갑을병정 사오미신유
5	요일	수 목 금 토 일	월 화 수 목 금	토 일 월 화 수	목 금 토 일 월	화 수 목 금 토	일 월 화 수 목 금
	음력	3/27 28 29 30 4/1	2 3 4 5 6	7 8 9 10 11	12 13 14 15 16	17 18 19 20 21	22 23 24 25 26 27
	일진	무기경신임 술해자축인	계갑을병정 묘진사오미	무기경신임 신유술해자	계갑을병정 축인묘진사	무기경신임 오미신유술	계갑을병정무 해자축인묘진
6	요일	토 일 월 화 수	목 금 토 일 월	화 수 목 금 토	일 월 화 수 목	금 토 일 월 화	수 목 금 토 일
	음력	4/28 29 5/1 2 3	4 5 6 7 8	9 10 11 12 13	14 15 16 17 18	19 20 21 22 23	24 25 26 27 28
	일진	기경신임계 사오미신유	갑을병정무 술해자축인	기경신임계 묘진사오미	갑을병정무 신유술해자	기경신임계 축인묘진사	갑을병정무 오미신유술

24절기와 잡절

명칭	태양황경(도)	한국표준시 월	일	시	분	명칭	태양황경(도)	한국표준시 월	일	시	분	명칭	태양황경(도)	한국표준시 월	일	시	분
소한	285	1	6	0	39	하지	90	6	22	0	54	대설	255	12	7	19	18
대한	300	1	20	17	59	소서	105	7	7	18	20	동지	270	12	22	13	19
입춘	315	2	4	12	14	대서	120	7	23	11	50						
우수	330	2	19	8	4	입추	135	8	8	4	13	한식		4	6		
경칩	345	3	6	6	10	처서	150	8	23	19	2	단오		6	7		
춘분	0	3	21	6	58	백로	165	9	8	7	17	초복		7	12		
청명	15	4	5	10	51	추분	180	9	23	16	50	중복		7	22		
곡우	30	4	20	17	55	한로	195	10	8	23	5	말복		8	11		
입하	45	5	6	4	3	상강	210	10	24	2	20	토왕용사	297	1	17	19	15
소만	60	5	21	16	59	입동	225	11	8	2	24	토왕용사	27	4	17	16	13
망종	75	6	6	8	6	소설	240	11	22	23	59	토왕용사	117	7	20	8	23
												토왕용사	207	10	21	1	57

월	양력	1	2	3	4	5	6	7	8	9	10	11	12	13	14	15	16	17	18	19	20	21	22	23	24	25	26	27	28	29	30	31
7	요일	월	화	수	목	금	토	일	월	화	수	목	금	토	일	월	화	수	목	금	토	일	월	화	수	목	금	토	일	월	화	수
7	음력	5/29	30	6/1	2	3	4	5	6	7	8	9	10	11	12	13	14	15	16	17	18	19	20	21	22	23	24	25	26	27	28	29
7	일진	기해	경자	신축	임인	계묘	갑진	을사	병오	정미	무신	기유	경술	신해	임자	계축	갑인	을묘	병진	정사	무오	기미	경신	신유	임술	계해	갑자	을축	병인	정묘	무진	기사
8	요일	목	금	토	일	월	화	수	목	금	토	일	월	화	수	목	금	토	일	월	화	수	목	금	토	일	월	화	수	목	금	토
8	음력	7/1	2	3	4	5	6	7	8	9	10	11	12	13	14	15	16	17	18	19	20	21	22	23	24	25	26	27	28	29	8/1	2
8	일진	경오	신미	임신	계유	갑술	을해	병자	정축	무인	기묘	경진	신사	임오	계미	갑신	을유	병술	정해	무자	기축	경인	신묘	임진	계사	갑오	을미	병신	정유	무술	기해	경자
9	요일	일	월	화	수	목	금	토	일	월	화	수	목	금	토	일	월	화	수	목	금	토	일	월	화	수	목	금	토	일	월	
9	음력	8/3	4	5	6	7	8	9	10	11	12	13	14	15	16	17	18	19	20	21	22	23	24	25	26	27	28	29	30	9/1	2	
9	일진	신축	임인	계묘	갑진	을사	병오	정미	무신	기유	경술	신해	임자	계축	갑인	을묘	병진	정사	무오	기미	경신	신유	임술	계해	갑자	을축	병인	정묘	무진	기사	경오	
10	요일	화	수	목	금	토	일	월	화	수	목	금	토	일	월	화	수	목	금	토	일	월	화	수	목	금	토	일	월	화	수	목
10	음력	9/3	4	5	6	7	8	9	10	11	12	13	14	15	16	17	18	19	20	21	22	23	24	25	26	27	28	29	10/1	2	3	4
10	일진	신미	임신	계유	갑술	을해	병자	정축	무인	기묘	경진	신사	임오	계미	갑신	을유	병술	정해	무자	기축	경인	신묘	임진	계사	갑오	을미	병신	정유	무술	기해	경자	신축
11	요일	금	토	일	월	화	수	목	금	토	일	월	화	수	목	금	토	일	월	화	수	목	금	토	일	월	화	수	목	금	토	
11	음력	10/5	6	7	8	9	10	11	12	13	14	15	16	17	18	19	20	21	22	23	24	25	26	27	28	29	30	11/1	2	3	4	
11	일진	임인	계묘	갑진	을사	병오	정미	무신	기유	경술	신해	임자	계축	갑인	을묘	병진	정사	무오	기미	경신	신유	임술	계해	갑자	을축	병인	정묘	무진	기사	경오	신미	
12	요일	일	월	화	수	목	금	토	일	월	화	수	목	금	토	일	월	화	수	목	금	토	일	월	화	수	목	금	토	일	월	화
12	음력	11/5	6	7	8	9	10	11	12	13	14	15	16	17	18	19	20	21	22	23	24	25	26	27	28	29	12/1	2	3	4	5	6
12	일진	임신	계유	갑술	을해	병자	정축	무인	기묘	경진	신사	임오	계미	갑신	을유	병술	정해	무자	기축	경인	신묘	임진	계사	갑오	을미	병신	정유	무술	기해	경자	신축	임인

259

2020 경자년 · 단기 4353

주요 국경일과 명절

구 분	월일	요일	구 분	월일	요일
신 정	1 1	수	현 충 일	6 6	토
설 날	1 25	토	제 헌 절	7 17	금
3·1절	3 1	일	광 복 절	8 15	토
식 목 일	4 5	일	추 석	10 1	목
어린이날	5 5	화	개 천 절	10 3	토
석가탄신일	4 30	목	기독탄신일	12 25	금

음양력 대조일람

음력월	월건	대소	음력 1일의 양력 월일	음력월	월건	대소	음력 1일의 양력 월일
1	무인	대	1 25	7	갑신	소	8 19
2	기묘	소	2 24	8	을유	대	9 17
3	경진	대	3 24	9	병술	소	10 17
4	신사	대	4 23	10	정해	대	11 15
(윤)4		소	5 23	11	무자	소	12 15
5	임오	대	6 21	12	기축	대	2021/1 13
6	계미	소	7 21				

월	양력	1 2 3 4 5	6 7 8 9 10	11 12 13 14 15	16 17 18 19 20	21 22 23 24 25	26 27 28 29 30 31
1	요일	수 목 금 토 일	월 화 수 목 금	토 일 월 화 수	목 금 토 일 월	화 수 목 금 토	일 월 화 수 목 금
	음력	12/7 8 9 10 11	12 13 14 15 16	17 18 19 20 21	22 23 24 25 26	27 28 29 30 1/1	2 3 4 5 6 7
	일진	계갑을병정 묘진사오미	무기경신임 신유술해자	계갑을병정 축인묘진사	무기경신임 오미신유술	계갑을병정 해자축인묘	무기경신임계 진사오미신유
2	요일	토 일 월 화 수	목 금 토 일 월	화 수 목 금 토	일 월 화 수 목	금 토 일 월 화	수 목 금 토
	음력	1/8 9 10 11 12	13 14 15 16 17	18 19 20 21 22	23 24 25 26 27	28 29 30 2/1 2	3 4 5 6
	일진	갑을병정무 술해자축인	기경신임계 묘진사오미	갑을병정무 신유술해자	기경신임계 축인묘진사	갑을병정무 오미신유술	기경신임 해자축인
3	요일	일 월 화 수 목	금 토 일 월 화	수 목 금 토 일	월 화 수 목 금	토 일 월 화 수	목 금 토 일 월 화
	음력	2/7 8 9 10 11	12 13 14 15 16	17 18 19 20 21	22 23 24 25 26	27 28 29 3/1 2	3 4 5 6 7 8
	일진	계갑을병정 묘진사오미	무기경신임 신유술해자	계갑을병정 축인묘진사	무기경신임 오미신유술	계갑을병정 해자축인묘	무기경신임계 진사오미신유
4	요일	수 목 금 토 일	월 화 수 목 금	토 일 월 화 수	목 금 토 일 월	화 수 목 금 토	일 월 화 수 목
	음력	3/9 10 11 12 13	14 15 16 17 18	19 20 21 22 23	24 25 26 27 28	29 30 4/1 2 3	4 5 6 7 8
	일진	갑을병정무 술해자축인	기경신임계 묘진사오미	갑을병정무 신유술해자	기경신임계 축인묘진사	갑을병정무 오미신유술	기경신임계 해자축인묘
5	요일	금 토 일 월 화	수 목 금 토 일	월 화 수 목 금	토 일 월 화 수	목 금 토 일 월	화 수 목 금 토 일
	음력	4/9 10 11 12 13	14 15 16 17 18	19 20 21 22 23	24 25 26 27 28	29 30 4*/1 2 3	4 5 6 7 8 9
	일진	갑을병정무 진사오미신	기경신임계 유술해자축	갑을병정무 인묘진사오	기경신임계 미신유술해	갑을병정무 자축인묘진	기경신임계갑 사오미신유술
6	요일	월 화 수 목 금	토 일 월 화 수	목 금 토 일 월	화 수 목 금 토	일 월 화 수 목	금 토 일 월 화
	음력	4*/10 11 12 13 14	15 16 17 18 19	20 21 22 23 24	25 26 27 28 29	5/1 2 3 4 5	6 7 8 9 10
	일진	을병정무기 해자축인묘	경신임계갑 진사오미신	을병정무기 유술해자축	경신임계갑 인묘진사오	을병정무기 미신유술해	경신임계갑 자축인묘진

24절기와 잡절

명칭	태양황경(도)	한국표준시 월 일	시 분	명칭	태양황경(도)	한국표준시 월 일	시 분	명칭	태양황경(도)	한국표준시 월 일	시 분
소한	285	1 6	6 30	하지	90	6 21	6 43	대설	255	12 7	1 9
대한	300	1 20	23 54	소서	105	7 7	0 14	동지	270	12 21	19 2
입춘	315	2 4	18 3	대서	120	7 22	17 37				
우수	330	2 19	13 57	입추	135	8 7	10 6	한식		4 5	
경칩	345	3 5	11 57	처서	150	8 23	0 45	단오		6 25	
춘분	0	3 20	12 49	백로	165	9 7	13 8	초복		7 16	
청명	15	4 4	16 38	추분	180	9 22	22 30	중복		7 26	
곡우	30	4 19	23 45	한로	195	10 8	4 55	말복		8 15	
입하	45	5 5	9 51	상강	210	10 23	7 59	토왕용사	297	1 18	1 12
소만	60	5 20	22 49	입동	225	11 7	8 14	토왕용사	27	4 16	22 6
망종	75	6 5	13 58	소설	240	11 22	5 40	토왕용사	117	7 19	14 13
								토왕용사	207	10 20	7 37

월	양력	1 2 3 4 5	6 7 8 9 10	11 12 13 14 15	16 17 18 19 20	21 22 23 24 25	26 27 28 29 30 31
7	요일	수 목 금 토 일	월 화 수 목 금	토 일 월 화 수	목 금 토 일 월	화 수 목 금 토	일 월 화 수 목 금
	음력	5/11 12 13 14 15	16 17 18 19 20	21 22 23 24 25	26 27 28 29 30	6/1 2 3 4 5	6 7 8 9 10 11
	일진	을병정무기 사오미신유	경신임계갑 술해자축인	을병정무기 묘진사오미	경신임계갑 신유술해자	을병정무기 축인묘진사	경신임계갑을 오미신유술해
8	요일	토 일 월 화 수	목 금 토 일 월	화 수 목 금 토	일 월 화 수 목	금 토 일 월 화	수 목 금 토 일 월
	음력	6/12 13 14 15 16	17 18 19 20 21	22 23 24 25 26	27 28 29 7/1 2	3 4 5 6 7	8 9 10 11 12 13
	일진	병정무기경 자축인묘진	신임계갑을 사오미신유	병정무기경 술해자축인	신임계갑을 묘진사오미	병정무기경 신유술해자	신임계갑을병 축인묘진사오
9	요일	화 수 목 금 토	일 월 화 수 목	금 토 일 월 화	수 목 금 토 일	월 화 수 목 금	토 일 월 화 수
	음력	7/14 15 16 17 18	19 20 21 22 23	24 25 26 27 28	29 8/1 2 3 4	5 6 7 8 9	10 11 12 13 14
	일진	정무기경신 미신유술해	임계갑을병 자축인묘진	정무기경신 사오미신유	임계갑을병 술해자축인	정무기경신 묘진사오미	임계갑을병 신유술해자
10	요일	목 금 토 일 월	화 수 목 금 토	일 월 화 수 목	금 토 일 월 화	수 목 금 토 일	월 화 수 목 금 토
	음력	8/15 16 17 18 19	20 21 22 23 24	25 26 27 28 29	30 9/1 2 3 4	5 6 7 8 9	10 11 12 13 14 15
	일진	정무기경신 축인묘진사	임계갑을병 오미신유술	정무기경신 해자축인묘	임계갑을병 진사오미신	정무기경신 유술해자축	임계갑을병정 인묘진사오미
11	요일	일 월 화 수 목	금 토 일 월 화	수 목 금 토 일	월 화 수 목 금	토 일 월 화 수	목 금 토 일 월
	음력	9/16 17 18 19 20	21 22 23 24 25	26 27 28 29 10/1	2 3 4 5 6	7 8 9 10 11	12 13 14 15 16
	일진	무기경신임 신유술해자	계갑을병정 축인묘진사	무기경신임 오미신유술	계갑을병정 해자축인묘	무기경신임 진사오미신	계갑을병정 유술해자축
12	요일	화 수 목 금 토	일 월 화 수 목	금 토 일 월 화	수 목 금 토 일	월 화 수 목 금	토 일 월 화 수 목
	음력	10/17 18 19 20 21	22 23 24 25 26	27 28 29 30 11/1	2 3 4 5 6	7 8 9 10 11	12 13 14 15 16 17
	일진	무기경신임 인묘진사오	계갑을병정 미신유술해	무기경신임 자축인묘진	계갑을병정 사오미신유	무기경신임 술해자축인	계갑을병정무 묘진사오미신

* 윤달 : 4월

2021 신축년 · 단기 4354

주요 국경일과 명절

구 분	월일	요일	구 분	월일	요일
신 정	1 1	금	현 충 일	6 6	일
설 날	2 12	금	제 헌 절	7 17	토
3 · 1 절	3 1	월	광 복 절	8 15	일
식 목 일	4 5	월	추 석	9 21	화
어린이날	5 5	수	개 천 절	10 3	일
석가탄신일	5 19	수	기독탄신일	12 25	토

음양력 대조일람

음력월	월건	대소	음력 1일의 양력 월일	음력월	월건	대소	음력 1일의 양력 월일
1	경인	소	2 12	7	병신	대	8 8
2	신묘	대	3 13	8	정유	소	9 7
3	임진	대	4 12	9	무술	대	10 6
4	계사	소	5 12	10	기해	소	11 5
5	갑오	대	6 10	11	경자	대	12 4
6	을미	소	7 10	12	신축	소	2022/1 3

월	양력	1 2 3 4 5	6 7 8 9 10	11 12 13 14 15	16 17 18 19 20	21 22 23 24 25	26 27 28 29 30 31
1	요일	금 토 일 월 화	수 목 금 토 일	월 화 수 목 금	토 일 월 화 수	목 금 토 일 월	화 수 목 금 토 일
	음력	11/18 19 20 21 22	23 24 25 26 27	28 29 12/1 2 3	4 5 6 7 8	9 10 11 12 13	14 15 16 17 18 19
	일진	기경신임계 유술해자축	갑을병정무 인묘진사오	기경신임계 미신유술해	갑을병정무 자축인묘진	기경신임계 사오미신유	갑을병정무기 술해자축인묘
2	요일	월 화 수 목 금	토 일 월 화 수	목 금 토 일 월	화 수 목 금 토	일 월 화 수 목	금 토 일
	음력	12/20 21 22 23 24	25 26 27 28 29	30 1/1 2 3 4	5 6 7 8 9	10 11 12 13 14	15 16 17
	일진	경신임계갑 진사오미신	을병정무기 유술해자축	경신임계갑 인묘진사오	을병정무기 미신유술해	경신임계갑 자축인묘진	을병정 사오미
3	요일	월 화 수 목 금	토 일 월 화 수	목 금 토 일 월	화 수 목 금 토	일 월 화 수 목	금 토 일 월 화 수
	음력	1/18 19 20 21 22	23 24 25 26 27	28 29 2/1 2 3	4 5 6 7 8	9 10 11 12 13	14 15 16 17 18 19
	일진	무기경신임 신유술해자	계갑을병정 축인묘진사	무기경신임 오미신유술	계갑을병정 해자축인묘	무기경신임 진사오미신	계갑을병정무 유술해자축인
4	요일	목 금 토 일 월	화 수 목 금 토	일 월 화 수 목	금 토 일 월 화	수 목 금 토 일	월 화 수 목 금
	음력	2/20 21 22 23 24	25 26 27 28 29	30 3/1 2 3 4	5 6 7 8 9	10 11 12 13 14	15 16 17 18 19
	일진	기경신임계 묘진사오미	갑을병정무 신유술해자	기경신임계 축인묘진사	갑을병정무 오미신유술	기경신임계 해자축인묘	갑을병정무 진사오미신
5	요일	토 일 월 화 수	목 금 토 일 월	화 수 목 금 토	일 월 화 수 목	금 토 일 월 화	수 목 금 토 일 월
	음력	3/20 21 22 23 24	25 26 27 28 29	30 4/1 2 3 4	5 6 7 8 9	10 11 12 13 14	15 16 17 18 19 20
	일진	기경신임계 유술해자축	갑을병정무 인묘진사오	기경신임계 미신유술해	갑을병정무 자축인묘진	기경신임계 사오미신유	갑을병정무기 술해자축인묘
6	요일	화 수 목 금 토	일 월 화 수 목	금 토 일 월 화	수 목 금 토 일	월 화 수 목 금	토 일 월 화 수
	음력	4/21 22 23 24 25	26 27 28 29 5/1	2 3 4 5 6	7 8 9 10 11	12 13 14 15 16	17 18 19 20 21
	일진	경신임계갑 진사오미신	을병정무기 유술해자축	경신임계갑 인묘진사오	을병정무기 미신유술해	경신임계갑 자축인묘진	을병정무기 사오미신유

24절기와 잡절

명 칭	태양황경(도)	월 일	시 분	명 칭	태양황경(도)	월 일	시 분	명 칭	태양황경(도)	월 일	시 분
소한	285	1 5	12 23	하지	90	6 21	12 32	대 설	255	12 7	6 57
대한	300	1 20	5 40	소서	105	7 7	6 5	동 지	270	12 22	0 59
입춘	315	2 3	23 59	대서	120	7 22	23 26				
우수	330	2 18	19 44	입추	135	8 7	15 54	한 식		4 5	
경칩	345	3 5	17 53	처서	150	8 23	6 35	단 오		6 14	
춘분	0	3 20	18 37	백로	165	9 7	18 53	초 복		7 11	
청명	15	4 4	22 35	추분	180	9 23	4 21	중 복		7 21	
곡우	30	4 20	5 33	한로	195	10 8	10 39	말 복		8 10	
입하	45	5 5	15 47	상강	210	10 23	13 51	토왕용사	297	1 17	6 57
소만	60	5 21	4 37	입동	225	11 7	13 59	토왕용사	27	4 17	3 54
망종	75	6 5	19 52	소설	240	11 22	11 33	토왕용사	117	7 19	19 59
								토왕용사	207	10 20	13 26

월	양력	1 2 3 4 5	6 7 8 9 10	11 12 13 14 15	16 17 18 19 20	21 22 23 24 25	26 27 28 29 30 31
7	요일	목 금 토 일 월	화 수 목 금 토	일 월 화 수 목	금 토 일 월 화	수 목 금 토 일	월 화 수 목 금 토
	음력	5/22 23 24 25 26	27 28 29 30 6/1	2 3 4 5 6	7 8 9 10 11	12 13 14 15 16	17 18 19 20 21 22
	일진	경신임계갑 술해자축인	을병정무기 묘진사오미	경신임계갑 신유술해자	을병정무기 축인묘진사	경신임계갑 오미신유술	을병정무기경 해자축인묘진
8	요일	일 월 화 수 목	금 토 일 월 화	수 목 금 토 일	월 화 수 목 금	토 일 월 화 수	목 금 토 일 월 화
	음력	6/23 24 25 26 27	28 29 7/1 2 3	4 5 6 7 8	9 10 11 12 13	14 15 16 17 18	19 20 21 22 23 24
	일진	신임계갑을 사오미신유	병정무기경 술해자축인	신임계갑을 묘진사오미	병정무기경 신유술해자	신임계갑을 축인묘진사	병정무기경신 오미신유술해
9	요일	수 목 금 토 일	월 화 수 목 금	토 일 월 화 수	목 금 토 일 월	화 수 목 금 토	일 월 화 수 목
	음력	7/25 26 27 28 29	30 8/1 2 3 4	5 6 7 8 9	10 11 12 13 14	15 16 17 18 19	20 21 22 23 24
	일진	임계갑을병 자축인묘신	정무기경신 사오미신유	임계갑을병 술해사축인	정무기경신 묘진사오미	임계갑을병 신유술해자	정무기경신 축인묘진사
10	요일	금 토 일 월 화	수 목 금 토 일	월 화 수 목 금	토 일 월 화 수	목 금 토 일 월	화 수 목 금 토 일
	음력	8/25 26 27 28 29	9/1 2 3 4 5	6 7 8 9 10	11 12 13 14 15	16 17 18 19 20	21 22 23 24 25 26
	일진	임계갑을병 오미신유술	정무기경신 해자축인묘	임계갑을병 진사오미신	정무기경신 유술해자축	임계갑을병 인묘진사오	정무기경신임 미신유술해자
11	요일	월 화 수 목 금	토 일 월 화 수	목 금 토 일 월	화 수 목 금 토	일 월 화 수 목	금 토 일 월 화
	음력	9/27 28 29 30 10/1	2 3 4 5 6	7 8 9 10 11	12 13 14 15 16	17 18 19 20 21	22 23 24 25 26
	일진	계갑을병정 축인묘진사	무기경신임 오미신유술	계갑을병정 해자축인묘	무기경신임 진사오미신	계갑을병정 유술해자축	무기경신임 인묘진사오
12	요일	수 목 금 토 일	월 화 수 목 금	토 일 월 화 수	목 금 토 일 월	화 수 목 금 토	일 월 화 수 목 금
	음력	10/27 28 29 11/1 2	3 4 5 6 7	8 9 10 11 12	13 14 15 16 17	18 19 20 21 22	23 24 25 26 27 28
	일진	계갑을병정 미신유술해	무기경신임 자축인묘진	계갑을병정 사오미신유	무기경신임 술해자축인	계갑을병정 묘진사오미	무기경신임계 신유술해자축

2022 임인년 • 단기 4355

주요 국경일과 명절

구 분	월일	요일	구 분	월일	요일
신 정	1 1	토	현충일	6 6	월
설 날	2 1	화	제헌절	7 17	일
3·1절	3 1	화	광복절	8 15	월
식목일	4 5	화	추 석	9 10	토
어린이날	5 5	목	개천절	10 3	월
석가탄신일	5 8	일	기독탄신일	12 25	일

음양력 대조일람

음력월	월건	대소	음력 1일의 양력 월일	음력월	월건	대소	음력 1일의 양력 월일
1	임인	대	2 1	7	무신	소	7 29
2	계묘	소	3 3	8	기유	대	8 27
3	갑진	대	4 1	9	경술	소	9 26
4	을사	소	5 1	10	신해	대	10 25
5	병오	대	5 30	11	임자	소	11 24
6	정미	대	6 29	12	계축	대	12 23

월	양력	1 2 3 4 5	6 7 8 9 10	11 12 13 14 15	16 17 18 19 20	21 22 23 24 25	26 27 28 29 30 31
1	요일	토 일 월 화 수	목 금 토 일 월	화 수 목 금 토	일 월 화 수 목	금 토 일 월 화	수 목 금 토 일 월
	음력	11/29 30 12/1 2 3	4 5 6 7 8	9 10 11 12 13	14 15 16 17 18	19 20 21 22 23	24 25 26 27 28 29
	일진	갑을병정무 / 인묘진사오	기경신임계 / 미신유술해	갑을병정무 / 자축인묘진	기경신임계 / 사오미신유	갑을병정무 / 술해자축인	기경신임계갑 / 묘진사오미신
2	요일	화 수 목 금 토	일 월 화 수 목	금 토 일 월 화	수 목 금 토 일	월 화 수 목 금	토 일 월
	음력	1/1 2 3 4 5	6 7 8 9 10	11 12 13 14 15	16 17 18 19 20	21 22 23 24 25	26 27 28
	일진	을병정무기 / 유술해자축	경신임계갑 / 인묘진사오	을병정무기 / 미신유술해	경신임계갑 / 자축인묘진	을병정무기 / 사오미신유	경신임 / 술해자
3	요일	화 수 목 금 토	일 월 화 수 목	금 토 일 월 화	수 목 금 토 일	월 화 수 목 금	토 일 월 화 수 목
	음력	1/29 30 2/1 2 3	4 5 6 7 8	9 10 11 12 13	14 15 16 17 18	19 20 21 22 23	24 25 26 27 28 29
	일진	계갑을병정 / 축인묘진사	무기경신임 / 오미신유술	계갑을병정 / 해자축인묘	무기경신임 / 진사오미신	계갑을병정 / 유술해자축	무기경신임계 / 인묘진사오미
4	요일	금 토 일 월 화	수 목 금 토 일	월 화 수 목 금	토 일 월 화 수	목 금 토 일 월	화 수 목 금 토
	음력	3/1 2 3 4 5	6 7 8 9 10	11 12 13 14 15	16 17 18 19 20	21 22 23 24 25	26 27 28 29 30
	일진	갑을병정무 / 신유술해자	기경신임계 / 축인묘진사	갑을병정무 / 오미신유술	기경신임계 / 해자축인묘	갑을병정무 / 진사오미신	기경신임계 / 유술해자축
5	요일	일 월 화 수 목	금 토 일 월 화	수 목 금 토 일	월 화 수 목 금	토 일 월 화 수	목 금 토 일 월 화
	음력	4/1 2 3 4 5	6 7 8 9 10	11 12 13 14 15	16 17 18 19 20	21 22 23 24 25	26 27 28 29 5/1 2
	일진	갑을병정무 / 인묘진사오	기경신임계 / 미신유술해	갑을병정무 / 자축인묘진	기경신임계 / 사오미신유	갑을병정무 / 술해자축인	기경신임계갑 / 묘진사오미신
6	요일	수 목 금 토 일	월 화 수 목 금	토 일 월 화 수	목 금 토 일 월	화 수 목 금 토	일 월 화 수 목
	음력	5/3 4 5 6 7	8 9 10 11 12	13 14 15 16 17	18 19 20 21 22	23 24 25 26 27	28 29 30 6/1 2
	일진	을병정무기 / 유술해자축	경신임계갑 / 인묘진사오	을병정무기 / 미신유술해	경신임계갑 / 자축인묘진	을병정무기 / 사오미신유	경신임계갑 / 술해자축인

24절기와 잡절

명 칭	태양황경(도)	월	일	시	분	명 칭	태양황경(도)	월	일	시	분	명 칭	태양황경(도)	월	일	시	분
소한	285	1	5	18	14	하지	90	6	21	18	14	대 설	255	12	7	12	46
대한	300	1	20	11	39	소서	105	7	7	11	38	동 지	270	12	22	6	48
입춘	315	2	4	5	51	대서	120	7	23	5	7						
우수	330	2	19	1	43	입추	135	8	7	21	29	한 식		4	6		
경칩	345	3	5	23	43	처서	150	8	23	12	16	단 오		6	3		
춘분	0	3	21	0	33	백로	165	9	8	0	32	초 복		7	16		
청명	15	4	5	4	20	추분	180	9	23	10	3	중 복		7	26		
곡우	30	4	20	11	24	한로	195	10	8	16	22	말 복		8	15		
입하	45	5	5	21	26	상강	210	10	23	19	35	토왕용사	297	1	17	12	54
소만	60	5	21	10	22	입동	225	11	7	19	45	토왕용사	27	4	17	9	43
망종	75	6	6	1	26	소설	240	11	22	17	20	토왕용사	117	7	20	1	41
												토왕용사	207	10	20	19	13

월	양력	1 2 3 4 5	6 7 8 9 10	11 12 13 14 15	16 17 18 19 20	21 22 23 24 25	26 27 28 29 30 31
7	요일	금 토 일 월 화	수 목 금 토 일	월 화 수 목 금	토 일 월 화 수	목 금 토 일 월	화 수 목 금 토 일
	음력	6/3 4 5 6 7	8 9 10 11 12	13 14 15 16 17	18 19 20 21 22	23 24 25 26 27	28 29 30 7/1 2 3
	일진	을 병 정 무 기 묘 진 사 오 미	경 신 임 계 갑 신 유 술 해 자	을 병 정 무 기 축 인 묘 진 사	경 신 임 계 갑 오 미 신 유 술	을 병 정 무 기 해 자 축 인 묘	경 신 임 계 갑 을 진 사 오 미 신 유
8	요일	월 화 수 목 금	토 일 월 화 수	목 금 토 일 월	화 수 목 금 토	일 월 화 수 목	금 토 일 월 화 수
	음력	7/4 5 6 7 8	9 10 11 12 13	14 15 16 17 18	19 20 21 22 23	24 25 26 27 28	29 8/1 2 3 4 5
	일진	병 정 무 기 경 술 해 자 축 인	신 임 계 갑 을 묘 진 사 오 미	병 정 무 기 경 신 유 술 해 자	신 임 계 갑 을 축 인 묘 진 사	병 정 무 기 경 오 미 신 유 술	신 임 계 갑 을 병 해 자 축 인 묘 진
9	요일	목 금 토 일 월	화 수 목 금 토	일 월 화 수 목	금 토 일 월 화	수 목 금 토 일	월 화 수 목 금
	음력	8/6 7 8 9 10	11 12 13 14 15	16 17 18 19 20	21 22 23 24 25	26 27 28 29 30	9/1 2 3 4 5
	일진	정 무 기 경 신 사 오 미 신 유	임 계 갑 을 병 술 해 자 축 인	정 무 기 경 신 묘 진 사 오 미	임 계 갑 을 병 신 유 술 해 자	정 무 기 경 신 축 인 묘 진 사	임 계 갑 을 병 오 미 신 유 술
10	요일	토 일 월 화 수	목 금 토 일 월	화 수 목 금 토	일 월 화 수 목	금 토 일 월 화	수 목 금 토 일 월
	음력	9/6 7 8 9 10	11 12 13 14 15	16 17 18 19 20	21 22 23 24 25	26 27 28 29 10/1	2 3 4 5 6 7
	일진	정 무 기 경 신 해 자 축 인 묘	임 계 갑 을 병 진 사 오 미 신	정 무 기 경 신 유 술 해 자 축	임 계 갑 을 병 인 묘 진 사 오	정 무 기 경 신 미 신 유 술 해	임 계 갑 을 병 정 자 축 인 묘 진 사
11	요일	화 수 목 금 토	일 월 화 수 목	금 토 일 월 화	수 목 금 토 일	월 화 수 목 금	토 일 월 화 수
	음력	10/8 9 10 11 12	13 14 15 16 17	18 19 20 21 22	23 24 25 26 27	28 29 30 11/1 2	3 4 5 6 7
	일진	무 기 경 신 임 오 미 신 유 술	계 갑 을 병 정 해 자 축 인 묘	무 기 경 신 임 진 사 오 미 신	계 갑 을 병 정 유 술 해 자 축	무 기 경 신 임 인 묘 진 사 오	계 갑 을 병 정 미 신 유 술 해
12	요일	목 금 토 일 월	화 수 목 금 토	일 월 화 수 목	금 토 일 월 화	수 목 금 토 일	월 화 수 목 금 토
	음력	11/8 9 10 11 12	13 14 15 16 17	18 19 20 21 22	23 24 25 26 27	28 29 12/1 2 3	4 5 6 7 8 9
	일진	무 기 경 신 임 자 축 인 묘 진	계 갑 을 병 정 사 오 미 신 유	무 기 경 신 임 술 해 자 축 인	계 갑 을 병 정 묘 진 사 오 미	무 기 경 신 임 신 유 술 해 자	계 갑 을 병 정 무 축 인 묘 진 사 오

계묘년 · 단기 4356

주요 국경일과 명절

구 분	월 일	요일	구 분	월 일	요일
신 정	1 1	일	현충일	6 6	화
설 날	1 22	일	제헌절	7 17	월
3·1절	3 1	수	광복절	8 15	화
식목일	4 5	수	추 석	9 29	금
어린이날	5 5	금	개천절	10 3	화
석가탄신일	5 27	토	기독탄신일	12 25	월

음양력 대조일람

음력 월	월건	대소	음력 1일의 양력 월일	음력 월	월건	대소	음력 1일의 양력 월일
1	갑인	소	1 22	7	경신	대	8 16
2	을묘	대	2 20	8	신유	대	9 15
(윤)2		소	3 22	9	임술	소	10 15
3	병진	대	4 20	10	계해	대	11 13
4	정사	소	5 20	11	갑자	소	12 13
5	무오	대	6 18	12	을축	대	2024/1 11
6	기미	소	7 18				

월		1 2 3 4 5	6 7 8 9 10	11 12 13 14 15	16 17 18 19 20	21 22 23 24 25	26 27 28 29 30 31
1	요일	일월화수목	금토일월화	수목금토일	월화수목금	토일월화수	목금토일월화
	음력	12/10 11 12 13 14	15 16 17 18 19	20 21 22 23 24	25 26 27 28 29	30 1/1 2 3 4	5 6 7 8 9 10
	일진	기경신임계 미신유술해	갑을병정무 자축인묘진	기경신임계 사오미신유	갑을병정무 술해자축인	기경신임계 묘진사오미	갑을병정무기 신유술해자축
2	요일	수목금토일	월화수목금	토일월화수	목금토일월	화수목금토	일월화
	음력	1/11 12 13 14 15	16 17 18 19 20	21 22 23 24 25	26 27 28 29 2/1	2 3 4 5 6	7 8 9
	일진	경신임계갑 인묘진사오	을병정무기 미신유술해	경신임계갑 자축인묘진	을병정무기 사오미신유	경신임계갑 술해자축인	을병정 묘진사
3	요일	수목금토일	월화수목금	토일월화수	목금토일월	화수목금토	일월화수목금
	음력	2/10 11 12 13 14	15 16 17 18 19	20 21 22 23 24	25 26 27 28 29	30 2*/1 2 3 4	5 6 7 8 9 10
	일진	무기경신임 오미신유술	계갑을병정 해자축인묘	무기경신임 진사오미신	계갑을병정 유술해자축	무기경신임 인묘진사오	계갑을병정무 미신유술해자
4	요일	토일월화수	목금토일월	화수목금토	일월화수목	금토일월화	수목금토일
	음력	2*/11 12 13 14 15	16 17 18 19 20	21 22 23 24 25	26 27 28 29 3/1	2 3 4 5 6	7 8 9 10 11
	일진	기경신임계 축인묘진사	갑을병정무 오미신유술	기경신임계 해자축인묘	갑을병정무 진사오미신	기경신임계 유술해자축	갑을병정무 인묘진사오
5	요일	월화수목금	토일월화수	목금토일월	화수목금토	일월화수목	금토일월화수
	음력	3/12 13 14 15 16	17 18 19 20 21	22 23 24 25 26	27 28 29 30 4/1	2 3 4 5 6	7 8 9 10 11 12
	일진	기경신임계 미신유술해	갑을병정무 자축인묘진	기경신임계 사오미신유	갑을병정무 술해자축인	기경신임계 묘진사오미	갑을병정무기 신유술해자축
6	요일	목금토일월	화수목금토	일월화수목	금토일월화	수목금토일	월화수목금
	음력	4/13 14 15 16 17	18 19 20 21 22	23 24 25 26 27	28 29 5/1 2 3	4 5 6 7 8	9 10 11 12 13
	일진	경신임계갑 인묘진사오	을병정무기 미신유술해	경신임계갑 자축인묘진	을병정무기 사오미신유	경신임계갑 술해자축인	을병정무기 묘진사오미

24절기와 잡절

명 칭	태양황경(도)	월	일	시	분	명 칭	태양황경(도)	월	일	시	분	명 칭	태양황경(도)	월	일	시	분
소한	285	1	6	0	5	하지	90	6	21	23	58	대설	255	12	7	18	33
대한	300	1	20	17	29	소서	105	7	7	17	30	동지	270	12	22	12	27
입춘	315	2	4	11	42	대서	120	7	23	10	50						
우수	330	2	19	7	34	입추	135	8	8	3	23	한식		4	6		
경칩	345	3	6	5	36	처서	150	8	23	18	1	단오		6	22		
춘분	0	3	21	6	24	백로	165	9	8	6	26	초복		7	11		
청명	15	4	5	10	13	추분	180	9	23	15	50	중복		7	21		
곡우	30	4	20	17	13	한로	195	10	8	22	15	말복		8	10		
입하	45	5	6	3	18	상강	210	10	24	1	21	토왕용사	297	1	17	18	47
소만	60	5	21	16	9	입동	225	11	8	1	35	토왕용사	27	4	17	15	36
망종	75	6	6	7	18	소설	240	11	22	23	2	토왕용사	117	7	20	7	25
												토왕용사	207	10	21	0	57

월	양력	1 2 3 4 5	6 7 8 9 10	11 12 13 14 15	16 17 18 19 20	21 22 23 24 25	26 27 28 29 30 31
7	요일	토 일 월 화 수	목 금 토 일 월	화 수 목 금 토	일 월 화 수 목	금 토 일 월 화	수 목 금 토 일 월
7	음력	5/14 15 16 17 18	19 20 21 22 23	24 25 26 27 28	29 30 6/1 2 3	4 5 6 7 8	9 10 11 12 13 14
7	일진	경신임계갑 신유술해자	을병정무기 축인묘진사	경신임계갑 오미신유술	을병정무기 해자축인묘	경신임계갑 진사오미신	을병정무기경 유술해자축인
8	요일	화 수 목 금 토	일 월 화 수 목	금 토 일 월 화	수 목 금 토 일	월 화 수 목 금	토 일 월 화 수 목
8	음력	6/15 16 17 18 19	20 21 22 23 24	25 26 27 28 29	7/1 2 3 4 5	6 7 8 9 10	11 12 13 14 15 16
8	일진	신임계갑을 묘진사오미	병정무기경 신유술해자	신임계갑을 축인묘진사	병정무기경 오미신유술	신임계갑을 해자축인묘	병정무기경신 진사오미신유
9	요일	금 토 일 월 화	수 목 금 토 일	월 화 수 목 금	토 일 월 화 수	목 금 토 일 월	화 수 목 금 토
9	음력	7/17 18 19 20 21	22 23 24 25 26	27 28 29 30 8/1	2 3 4 5 6	7 8 9 10 11	12 13 14 15 16
9	일진	임계갑을병 술해자축인	정무기경신 묘신사오미	임계갑을병 신유술해사	정무기경신 축인묘신사	임계갑을병 오미신유술	정무기경신 해사축인묘
10	요일	일 월 화 수 목	금 토 일 월 화	수 목 금 토 일	월 화 수 목 금	토 일 월 화 수	목 금 토 일 월 화
10	음력	8/17 18 19 20 21	22 23 24 25 26	27 28 29 30 9/1	2 3 4 5 6	7 8 9 10 11	12 13 14 15 16 17
10	일진	임계갑을병 진사오미신	정무기경신 유술해자축	임계갑을병 인묘진사오	정무기경신 미신유술해	임계갑을병 자축인묘진	정무기경신임 사오미신유술
11	요일	수 목 금 토 일	월 화 수 목 금	토 일 월 화 수	목 금 토 일 월	화 수 목 금 토	일 월 화 수 목
11	음력	9/18 19 20 21 22	23 24 25 26 27	28 29 10/1 2 3	4 5 6 7 8	9 10 11 12 13	14 15 16 17 18
11	일진	계갑을병정 해자축인묘	무기경신임 진사오미신	계갑을병정 유술해자축	무기경신임 인묘진사오	계갑을병정 미신유술해	무기경신임 자축인묘진
12	요일	금 토 일 월 화	수 목 금 토 일	월 화 수 목 금	토 일 월 화 수	목 금 토 일 월	화 수 목 금 토 일
12	음력	10/19 20 21 22 23	24 25 26 27 28	29 30 11/1 2 3	4 5 6 7 8	9 10 11 12 13	14 15 16 17 18 19
12	일진	계갑을병정 사오미신유	무기경신임 술해자축인	계갑을병정 묘진사오미	무기경신임 신유술해자	계갑을병정 축인묘진사	무기경신임계 오미신유술해

* 윤달 : 2월

2024 갑진년 • 단기 4357

주요 국경일과 명절

구 분	월일	요일	구 분	월일	요일
신 정	1 1	월	현충일	6 6	목
설 날	2 10	토	제헌절	7 17	수
3·1절	3 1	금	광복절	8 15	목
식 목 일	4 5	금	추 석	9 17	화
어린이날	5 5	일	개 천 절	10 3	목
석가탄신일	5 15	수	기독탄신일	12 25	수

음양력 대조일람

음력월	월건	대소	음력 1일의 양력 월일	음력월	월건	대소	음력 1일의 양력 월일
1	병인	소	2 10	7	임신	대	8 4
2	정묘	대	3 10	8	계유	대	9 3
3	무진	소	4 9	9	갑술	소	10 3
4	기사	소	5 8	10	을해	대	11 1
5	경오	대	6 6	11	병자	대	12 1
6	신미	소	7 6	12	정축	소	12 31

월	양력	1 2 3 4 5	6 7 8 9 10	11 12 13 14 15	16 17 18 19 20	21 22 23 24 25	26 27 28 29 30 31
1	요일	월화수목금	토일월화수	목금토일월	화수목금토	일월화수목	금토일월화수
	음력	11/20 21 22 23 24	25 26 27 28 29	12/1 2 3 4 5	6 7 8 9 10	11 12 13 14 15	16 17 18 19 20 21
	일진	갑을병정무 자축인묘진	기경신임계 사오미신유	갑을병정무 술해자축인	기경신임계 묘진사오미	갑을병정무 신유술해자	기경신임계갑 축인묘진사오
2	요일	목금토일월	화수목금토	일월화수목	금토일월화	수목금토일	월화수목
	음력	12/22 23 24 25 26	27 28 29 30 1/1	2 3 4 5 6	7 8 9 10 11	12 13 14 15 16	17 18 19 20
	일진	을병정무기 미신유술해	경신임계갑 자축인묘진	을병정무기 사오미신유	경신임계갑 술해자축인	을병정무기 묘진사오미	경신임계 신유술해
3	요일	금토일월화	수목금토일	월화수목금	토일월화수	목금토일월	화수목금토일
	음력	1/21 22 23 24 25	26 27 28 29 2/1	2 3 4 5 6	7 8 9 10 11	12 13 14 15 16	17 18 19 20 21 22
	일진	갑을병정무 자축인묘진	기경신임계 사오미신유	갑을병정무 술해자축인	기경신임계 묘진사오미	갑을병정무 신유술해자	기경신임계갑 축인묘진사오
4	요일	월화수목금	토일월화수	목금토일월	화수목금토	일월화수목	금토일월화
	음력	2/23 24 25 26 27	28 29 30 3/1 2	3 4 5 6 7	8 9 10 11 12	13 14 15 16 17	18 19 20 21 22
	일진	을병정무기 미신유술해	경신임계갑 자축인묘진	을병정무기 사오미신유	경신임계갑 술해자축인	을병정무기 묘진사오미	경신임계갑 신유술해자
5	요일	수목금토일	월화수목금	토일월화수	목금토일월	화수목금토	일월화수목금
	음력	3/23 24 25 26 27	28 29 4/1 2 3	4 5 6 7 8	9 10 11 12 13	14 15 16 17 18	19 20 21 22 23 24
	일진	을병정무기 축인묘진사	경신임계갑 오미신유술	을병정무기 해자축인묘	경신임계갑 진사오미신	을병정무기 유술해자축	경신임계갑을 인묘진사오미
6	요일	토일월화수	목금토일월	화수목금토	일월화수목	금토일월화	수목금토일
	음력	4/25 26 27 28 29	5/1 2 3 4 5	6 7 8 9 10	11 12 13 14 15	16 17 18 19 20	21 22 23 24 25
	일진	병정무기경 신유술해자	신임계갑을 축인묘진사	병정무기경 오미신유술	신임계갑을 해자축인묘	병정무기경 진사오미신	신임계갑을 유술해자축

24절기와 잡절

명 칭	태양황경(도)	월	일	시	분
소한	285	1	6	5	49
대한	300	1	20	23	7
입춘	315	2	4	17	27
우수	330	2	19	13	13
경칩	345	3	5	11	22
춘분	0	3	20	12	6
청명	15	4	4	16	2
곡우	30	4	19	22	59
입하	45	5	5	9	10
소만	60	5	20	21	59
망종	75	6	5	13	10

명 칭	태양황경(도)	월	일	시	분
하지	90	6	21	5	51
소서	105	7	6	23	20
대서	120	7	22	16	44
입추	135	8	7	9	9
처서	150	8	22	23	55
백로	165	9	7	12	11
추분	180	9	22	21	43
한로	195	10	8	4	0
상강	210	10	23	7	14
입동	225	11	7	7	20
소설	240	11	22	4	56

명 칭	태양황경(도)	월	일	시	분
대설	255	12	7	0	17
동지	270	12	21	18	20
한식			4	5	
단오			6	10	
초복			7	15	
중복			7	25	
말복			8	14	
토왕용사	297	1	18	0	24
토왕용사	27	4	16	21	19
토왕용사	117	7	19	13	17
토왕용사	207	10	20	6	50

월	양력	1 2 3 4 5	6 7 8 9 10	11 12 13 14 15	16 17 18 19 20	21 22 23 24 25	26 27 28 29 30 31
7	요일	월 화 수 목 금	토 일 월 화 수	목 금 토 일 월	화 수 목 금 토	일 월 화 수 목	금 토 일 월 화 수
	음력	5/26 27 28 29 30	6/1 2 3 4 5	6 7 8 9 10	11 12 13 14 15	16 17 18 19 20	21 22 23 24 25 26
	일진	병정무기경 인묘진사오	신임계갑을 미신유술해	병정무기경 자축인묘진	신임계갑을 사오미신유	병정무기경 술해자축인	신임계갑을병 묘진사오미신
8	요일	목 금 토 일 월	화 수 목 금 토	일 월 화 수 목	금 토 일 월 화	수 목 금 토 일	월 화 수 목 금 토
	음력	6/27 28 29 7/1 2	3 4 5 6 7	8 9 10 11 12	13 14 15 16 17	18 19 20 21 22	23 24 25 26 27 28
	일진	정무기경신 유술해자축	임계갑을병 인묘진사오	정무기경신 미신유술해	임계갑을병 자축인묘진	정무기경신 사오미신유	임계갑을병정 술해자축인묘
9	요일	일 월 화 수 목	금 토 일 월 화	수 목 금 토 일	월 화 수 목 금	토 일 월 화 수	목 금 토 일 월
	음력	7/29 30 8/1 2 3	4 5 6 7 8	9 10 11 12 13	14 15 16 17 18	19 20 21 22 23	24 25 26 27 28
	일진	무기경신임 진사오미신	계갑을병정 유술해자축	무기경신임 인묘진사오	계갑을병정 미신유술해	무기경신임 자축인묘진	계갑을병정 사오미신유
10	요일	화 수 목 금 토	일 월 화 수 목	금 토 일 월 화	수 목 금 토 일	월 화 수 목 금	토 일 월 화 수 목
	음력	8/29 30 9/1 2 3	4 5 6 7 8	9 10 11 12 13	14 15 16 17 18	19 20 21 22 23	24 25 26 27 28 29
	일진	무기경신임 술해자축인	계갑을병정 묘진사오미	무기경신임 신유술해자	계갑을병정 축인묘진사	무기경신임 오미신유술	계갑을병정무 해자축인묘진
11	요일	금 토 일 월 화	수 목 금 토 일	월 화 수 목 금	토 일 월 화 수	목 금 토 일 월	화 수 목 금 토
	음력	10/1 2 3 4 5	6 7 8 9 10	11 12 13 14 15	16 17 18 19 20	21 22 23 24 25	26 27 28 29 30
	일진	기경신임계 사오미신유	갑을병정무 술해자축인	기경신임계 묘진사오미	갑을병정무 신유술해자	기경신임계 축인묘진사	갑을병정무 오미신유술
12	요일	일 월 화 수 목	금 토 일 월 화	수 목 금 토 일	월 화 수 목 금	토 일 월 화 수	목 금 토 일 월 화
	음력	11/1 2 3 4 5	6 7 8 9 10	11 12 13 14 15	16 17 18 19 20	21 22 23 24 25	26 27 28 29 30 12/1
	일진	기경신임계 해자축인묘	갑을병정무 진사오미신	기경신임계 유술해자축	갑을병정무 인묘진사오	기경신임계 미신유술해	갑을병정무기 자축인묘진사

2025 을사년 • 단기 4358

주요 국경일과 명절

구 분	월일	요일	구 분	월일	요일
신 정	1 1	수	현 충 일	6 6	금
설 날	1 29	수	제 헌 절	7 17	목
3·1절	3 1	토	광 복 절	8 15	금
식 목 일	4 5	토	개 천 절	10 3	금
어린이날	5 5	월	추 석	10 6	월
석가탄신일	5 5	월	기독탄신일	12 25	목

음양력 대조일람

음력월	월건	대소	음력 1일의 양력 월일	음력월	월건	대소	음력 1일의 양력 월일
1	무인	대	1 29	7	갑신	대	8 23
2	기묘	소	2 28	8	을유	소	9 22
3	경진	대	3 29	9	병술	대	10 21
4	신사	소	4 28	10	정해	대	11 20
5	임오	소	5 27	11	무자	대	12 20
6	계미	대	6 25	12	기축	소	2026/1 19
(윤)6		소	7 25				

월	양력	1 2 3 4 5	6 7 8 9 10	11 12 13 14 15	16 17 18 19 20	21 22 23 24 25	26 27 28 29 30 31
1	요일	수 목 금 토 일	월 화 수 목 금	토 일 월 화 수	목 금 토 일 월	화 수 목 금 토	일 월 화 수 목 금
	음력	12/2 3 4 5 6	7 8 9 10 11	12 13 14 15 16	17 18 19 20 21	22 23 24 25 26	27 28 29 1/1 2 3
	일진	경신임계갑 오미신유술	을병정무기 해자축인묘	경신임계갑 진사오미신	을병정무기 유술해자축	경신임계갑 인묘진사오	을병정무기경 미신유술해자
2	요일	토 일 월 화 수	목 금 토 일 월	화 수 목 금 토	일 월 화 수 목	금 토 일 월 화	수 목 금
	음력	1/4 5 6 7 8	9 10 11 12 13	14 15 16 17 18	19 20 21 22 23	24 25 26 27 28	29 30 2/1
	일진	신임계갑을 축인묘진사	병정무기경 오미신유술	신임계갑을 해자축인묘	병정무기경 진사오미신	신임계갑을 유술해자축	병정무 인묘진
3	요일	토 일 월 화 수	목 금 토 일 월	화 수 목 금 토	일 월 화 수 목	금 토 일 월 화	수 목 금 토 일 월
	음력	2/2 3 4 5 6	7 8 9 10 11	12 13 14 15 16	17 18 19 20 21	22 23 24 25 26	27 28 29 3/1 2 3
	일진	기경신임계 사오미신유	갑을병정무 술해자축인	기경신임계 묘진사오미	갑을병정무 신유술해자	기경신임계 축인묘진사	갑을병정무기 오미신유술해
4	요일	화 수 목 금 토	일 월 화 수 목	금 토 일 월 화	수 목 금 토 일	월 화 수 목 금	토 일 월 화 수
	음력	3/4 5 6 7 8	9 10 11 12 13	14 15 16 17 18	19 20 21 22 23	24 25 26 27 28	29 30 4/1 2 3
	일진	경신임계갑 자축인묘진	을병정무기 사오미신유	경신임계갑 술해자축인	을병정무기 묘진사오미	경신임계갑 신유술해자	을병정무기 축인묘진사
5	요일	목 금 토 일 월	화 수 목 금 토	일 월 화 수 목	금 토 일 월 화	수 목 금 토 일	월 화 수 목 금 토
	음력	4/4 5 6 7 8	9 10 11 12 13	14 15 16 17 18	19 20 21 22 23	24 25 26 27 28	29 5/1 2 3 4 5
	일진	경신임계갑 오미신유술	을병정무기 해자축인묘	경신임계갑 진사오미신	을병정무기 유술해자축	경신임계갑 인묘진사오	을병정무기경 미신유술해자
6	요일	일 월 화 수 목	금 토 일 월 화	수 목 금 토 일	월 화 수 목 금	토 일 월 화 수	목 금 토 일 월
	음력	5/6 7 8 9 10	11 12 13 14 15	16 17 18 19 20	21 22 23 24 25	26 27 28 29 6/1	2 3 4 5 6
	일진	신임계갑을 축인묘진사	병정무기경 오미신유술	신임계갑을 해자축인묘	병정무기경 진사오미신	신임계갑을 유술해자축	병정무기경 인묘진사오

24절기와 잡절

명칭	태양황경(도)	한국표준시			명칭	태양황경(도)	한국표준시			명칭	태양황경(도)	한국표준시		
		월	일	시 분			월	일	시 분			월	일	시 분
소한	285	1	5	11 32	하지	90	6	21	11 42	대 설	255	12	7	6 4
대한	300	1	20	5 0	소서	105	7	7	5 5	동 지	270	12	22	0 3
입춘	315	2	3	23 10	대서	120	7	22	22 29					
우수	330	2	18	19 6	입추	135	8	7	14 51	한식			4 5	
경칩	345	3	5	17 7	처서	150	8	23	5 34	단오			5 31	
춘분	0	3	20	18 1	백로	165	9	7	17 52	초복			7 20	
청명	15	4	4	21 48	추분	180	9	23	3 19	중복			7 30	
곡우	30	4	20	4 56	한로	195	10	8	9 41	말복			8 9	
입하	45	5	5	14 57	상강	210	10	23	12 51	토왕용사	297	1	17	6 15
소만	60	5	21	3 54	입동	225	11	7	13 4	토왕용사	27	4	17	3 15
망종	75	6	5	18 56	소설	240	11	22	10 35	토왕용사	117	7	19	19 5
										토왕용사	207	10	20	12 29

월	양력	1 2 3 4 5	6 7 8 9 10	11 12 13 14 15	16 17 18 19 20	21 22 23 24 25	26 27 28 29 30 31
7	요일	화 수 목 금 토	일 월 화 수 목	금 토 일 월 화	수 목 금 토 일	월 화 수 목 금	토 일 월 화 수 목
	음력	6/7 8 9 10 11	12 13 14 15 16	17 18 19 20 21	22 23 24 25 26	27 28 29 30 6*/1	2 3 4 5 6 7
	일진	신 임 계 갑 을 미 신 유 술 해	병 정 무 기 경 자 축 인 묘 진	신 임 계 갑 을 사 오 미 신 유	병 정 무 기 경 술 해 자 축 인	신 임 계 갑 을 묘 진 사 오 미	병 정 무 기 경 신 신 유 술 해 자 축
8	요일	금 토 일 월 화	수 목 금 토 일	월 화 수 목 금	토 일 월 화 수	목 금 토 일 월	화 수 목 금 토 일
	음력	6*/8 9 10 11 12	13 14 15 16 17	18 19 20 21 22	23 24 25 26 27	28 29 7/1 2 3	4 5 6 7 8 9
	일진	임 계 갑 을 병 인 묘 진 사 오	정 무 기 경 신 미 신 유 술 해	임 계 갑 을 병 자 축 인 묘 진	정 무 기 경 신 사 오 미 신 유	임 계 갑 을 병 술 해 자 축 인	정 무 기 경 신 임 묘 진 사 오 미 신
9	요일	월 화 수 목 금	토 일 월 화 수	목 금 토 일 월	화 수 목 금 토	일 월 화 수 목	금 토 일 월 화
	음력	7/10 11 12 13 14	15 16 17 18 19	20 21 22 23 24	25 26 27 28 29	30 8/1 2 3 4	5 6 7 8 9
	일진	계 갑 을 병 정 유 술 해 자 축	무 기 경 신 임 인 묘 진 사 오	계 갑 을 병 정 미 신 유 술 해	무 기 경 신 임 자 축 인 묘 진	계 갑 을 병 정 사 오 미 신 유	무 기 경 신 임 술 해 자 축 인
10	요일	수 목 금 토 일	월 화 수 목 금	토 일 월 화 수	목 금 토 일 월	화 수 목 금 토	일 월 화 수 목 금
	음력	8/10 11 12 13 14	15 16 17 18 19	20 21 22 23 24	25 26 27 28 29	9/1 2 3 4 5	6 7 8 9 10 11
	일진	계 갑 을 병 정 묘 진 사 오 미	무 기 경 신 임 신 유 술 해 자	계 갑 을 병 정 축 인 묘 진 사	무 기 경 신 임 오 미 신 유 술	계 갑 을 병 정 해 자 축 인 묘	무 기 경 신 임 계 진 사 오 미 신 유
11	요일	토 일 월 화 수	목 금 토 일 월	화 수 목 금 토	일 월 화 수 목	금 토 일 월 화	수 목 금 토 일
	음력	9/12 13 14 15 16	17 18 19 20 21	22 23 24 25 26	27 28 29 30 10/1	2 3 4 5 6	7 8 9 10 11
	일진	갑 을 병 정 무 술 해 자 축 인	기 경 신 임 계 묘 진 사 오 미	갑 을 병 정 무 신 유 술 해 자	기 경 신 임 계 축 인 묘 진 사	갑 을 병 정 무 오 미 신 유 술	기 경 신 임 계 해 자 축 인 묘
12	요일	월 화 수 목 금	토 일 월 화 수	목 금 토 일 월	화 수 목 금 토	일 월 화 수 목	금 토 일 월 화 수
	음력	10/12 13 14 15 16	17 18 19 20 21	22 23 24 25 26	27 28 29 30 11/1	2 3 4 5 6	7 8 9 10 11 12
	일진	갑 을 병 정 무 진 사 오 미 신	기 경 신 임 계 유 술 해 자 축	갑 을 병 정 무 인 묘 진 사 오	기 경 신 임 계 미 신 유 술 해	갑 을 병 정 무 자 축 인 묘 진	기 경 신 임 계 갑 사 오 미 신 유 술

* 윤달 : 6월

병오년 • 단기 4359

주요 국경일과 명절

구 분	월일	요일	구 분	월일	요일
신 정	1 1	목	현 충 일	6 6	토
설 날	2 17	화	제 헌 절	7 17	금
3·1절	3 1	일	광 복 절	8 15	토
식 목 일	4 5	일	추 석	9 25	금
어린이날	5 5	화	개 천 절	10 3	토
석가탄신일	5 24	일	기독탄신일	12 25	금

음양력 대조일람

음력월	월건	대소	음력 1일의 양력 월일	음력월	월건	대소	음력 1일의 양력 월일
1	경인	대	2 17	7	병신	소	8 13
2	신묘	소	3 19	8	정유	대	9 11
3	임진	대	4 17	9	무술	소	10 11
4	계사	소	5 17	10	기해	대	11 9
5	갑오	소	6 15	11	경자	대	12 9
6	을미	대	7 14	12	신축	대	2027/1 8

월	양력	1 2 3 4 5	6 7 8 9 10	11 12 13 14 15	16 17 18 19 20	21 22 23 24 25	26 27 28 29 30 31
1	요일	목 금 토 일 월	화 수 목 금 토	일 월 화 수 목	금 토 일 월 화	수 목 금 토 일	월 화 수 목 금 토
1	음력	11/13 14 15 16 17	18 19 20 21 22	23 24 25 26 27	28 29 30 12/1 2	3 4 5 6 7	8 9 10 11 12 13
1	일진	을병정무기 해자축인묘	경신임계갑 진사오미신	을병정무기 유술해자축	경신임계갑 인묘진사오	을병정무기 미신유술해	경신임계갑을 자축인묘진사
2	요일	일 월 화 수 목	금 토 일 월 화	수 목 금 토 일	월 화 수 목 금	토 일 월 화 수	목 금 토
2	음력	12/14 15 16 17 18	19 20 21 22 23	24 25 26 27 28	29 1/1 2 3 4	5 6 7 8 9	10 11 12
2	일진	병정무기경 오미신유술	신임계갑을 해자축인묘	병정무기경 진사오미신	신임계갑을 유술해자축	병정무기경 인묘진사오	신임계 미신유
3	요일	일 월 화 수 목	금 토 일 월 화	수 목 금 토 일	월 화 수 목 금	토 일 월 화 수	목 금 토 일 월 화
3	음력	1/13 14 15 16 17	18 19 20 21 22	23 24 25 26 27	28 29 30 2/1 2	3 4 5 6 7	8 9 10 11 12 13
3	일진	갑을병정무 술해자축인	기경신임계 묘진사오미	갑을병정무 신유술해자	기경신임계 축인묘진사	갑을병정무 오미신유술	기경신임계갑 해자축인묘진
4	요일	수 목 금 토 일	월 화 수 목 금	토 일 월 화 수	목 금 토 일 월	화 수 목 금 토	일 월 화 수 목
4	음력	2/14 15 16 17 18	19 20 21 22 23	24 25 26 27 28	29 3/1 2 3 4	5 6 7 8 9	10 11 12 13 14
4	일진	을병정무기 사오미신유	경신임계갑 술해자축인	을병정무기 묘진사오미	경신임계갑 신유술해자	을병정무기 축인묘진사	경신임계갑 오미신유술
5	요일	금 토 일 월 화	수 목 금 토 일	월 화 수 목 금	토 일 월 화 수	목 금 토 일 월	화 수 목 금 토 일
5	음력	3/15 16 17 18 19	20 21 22 23 24	25 26 27 28 29	30 4/1 2 3 4	5 6 7 8 9	10 11 12 13 14 15
5	일진	을병정무기 해자축인묘	경신임계갑 진사오미신	을병정무기 유술해자축	경신임계갑 인묘진사오	을병정무기 미신유술해	경신임계갑을 자축인묘진사
6	요일	월 화 수 목 금	토 일 월 화 수	목 금 토 일 월	화 수 목 금 토	일 월 화 수 목	금 토 일 월 화
6	음력	4/16 17 18 19 20	21 22 23 24 25	26 27 28 29 5/1	2 3 4 5 6	7 8 9 10 11	12 13 14 15 16
6	일진	병정무기경 오미신유술	신임계갑을 해자축인묘	병정무기경 진사오미신	신임계갑을 유술해자축	병정무기경 인묘진사오	신임계갑을 미신유술해

24절기와 잡절

명칭	태양황경(도)	한국표준시 월	일	시	분	명칭	태양황경(도)	한국표준시 월	일	시	분	명칭	태양황경(도)	한국표준시 월	일	시	분
소한	285	1	5	17	23	하지	90	6	21	17	24	대　설	255	12	7	11	52
대한	300	1	20	10	45	소서	105	7	7	10	57	동　지	270	12	22	5	50
입춘	315	2	4	5	2	대서	120	7	23	4	13						
우수	330	2	19	0	52	입추	135	8	7	20	42	한　식			4	6	
경칩	345	3	5	22	59	처서	150	8	23	11	18	단　오			6	19	
춘분	0	3	20	23	46	백로	165	9	7	23	41	초　복			7	15	
청명	15	4	5	3	40	추분	180	9	23	9	5	중　복			7	25	
곡우	30	4	20	10	39	한로	195	10	8	15	29	말　복			8	14	
입하	45	5	5	20	48	상강	210	10	23	18	38	토왕용사	297	1	17	12	3
소만	60	5	21	9	36	입동	225	11	7	18	52	토왕용사	27	4	17	9	1
망종	75	6	6	0	48	소설	240	11	22	16	23	토왕용사	117	7	20	0	48
												토왕용사	207	10	20	18	13

월	양력	1 2 3 4 5	6 7 8 9 10	11 12 13 14 15	16 17 18 19 20	21 22 23 24 25	26 27 28 29 30 31
7	요일	수 목 금 토 일	월 화 수 목 금	토 일 월 화 수	목 금 토 일 월	화 수 목 금 토	일 월 화 수 목 금
	음력	5/17 18 19 20 21	22 23 24 25 26	27 28 29 6/1 2	3 4 5 6 7	8 9 10 11 12	13 14 15 16 17 18
	일진	병정무기경 자축인묘진	신임계갑을 사오미신유	병정무기경 술해자축인	신임계갑을 묘진사오미	병정무기경 신유술해자	신임계갑을병 축인묘진사오
8	요일	토 일 월 화 수	목 금 토 일 월	화 수 목 금 토	일 월 화 수 목	금 토 일 월 화	수 목 금 토 일 월
	음력	6/19 20 21 22 23	24 25 26 27 28	29 30 7/1 2 3	4 5 6 7 8	9 10 11 12 13	14 15 16 17 18 19
	일진	정무기경신 미신유술해	임계갑을병 자축인묘진	정무기경신 사오미신유	임계갑을병 술해자축인	정무기경신 묘진사오미	임계갑을병정 신유술해자축
9	요일	화 수 목 금 토	일 월 화 수 목	금 토 일 월 화	수 목 금 토 일	월 화 수 목 금	토 일 월 화 수
	음력	7/20 21 22 23 24	25 26 27 28 29	8/1 2 3 4 5	6 7 8 9 10	11 12 13 14 15	16 17 18 19 20
	일지	무기경신임 인묘진사오	계갑을병정 미신유술해	무기경신임 자축인묘진	계갑을병정 사오미신유	무기경신임 술해자축인	계갑을병정 묘진사오미
10	요일	목 금 토 일 월	화 수 목 금 토	일 월 화 수 목	금 토 일 월 화	수 목 금 토 일	월 화 수 목 금 토
	음력	8/21 22 23 24 25	26 27 28 29 30	9/1 2 3 4 5	6 7 8 9 10	11 12 13 14 15	16 17 18 19 20 21
	일진	무기경신임 신유술해자	계갑을병정 축인묘진사	무기경신임 오미신유술	계갑을병정 해자축인묘	무기경신임 진사오미신	계갑을병정무 유술해자축인
11	요일	일 월 화 수 목	금 토 일 월 화	수 목 금 토 일	월 화 수 목 금	토 일 월 화 수	목 금 토 일 월
	음력	9/22 23 24 25 26	27 28 29 10/1 2	3 4 5 6 7	8 9 10 11 12	13 14 15 16 17	18 19 20 21 22
	일진	기경신임계 묘진사오미	갑을병정무 신유술해자	기경신임계 축인묘진사	갑을병정무 오미신유술	기경신임계 해자축인묘	갑을병정무 진사오미신
12	요일	화 수 목 금 토	일 월 화 수 목	금 토 일 월 화	수 목 금 토 일	월 화 수 목 금	토 일 월 화 수 목
	음력	10/23 24 25 26 27	28 29 30 11/1 2	3 4 5 6 7	8 9 10 11 12	13 14 15 16 17	18 19 20 21 22 23
	일진	기경신임계 유술해자축	갑을병정무 인묘진사오	기경신임계 미신유술해	갑을병정무 자축인묘진	기경신임계 사오미신유	갑을병정무기 술해자축인묘

2027 정미년 · 단기 4360

주요 국경일과 명절

구 분	월	일	요일	구 분	월	일	요일
신 정	1	1	금	현 충 일	6	6	일
설 날	2	7	일	제 헌 절	7	17	토
3·1절	3	1	월	광 복 절	8	15	일
식 목 일	4	5	월	추 석	9	15	수
어린이날	5	5	수	개 천 절	10	3	일
석가탄신일	5	13	목	기독탄신일	12	25	토

음양력 대조일람

음력월	월건	대소	음력 1일의 양력 월일	음력월	월건	대소	음력 1일의 양력 월일
1	임인	소	2 7	7	무신	대	8 2
2	계묘	대	3 8	8	기유	소	9 1
3	갑진	소	4 7	9	경술	소	9 30
4	을사	대	5 6	10	신해	대	10 29
5	병오	소	6 5	11	임자	대	11 28
6	정미	소	7 4	12	계축	대	12 28

월별 달력

월	양력	1 2 3 4 5	6 7 8 9 10	11 12 13 14 15	16 17 18 19 20	21 22 23 24 25	26 27 28 29 30 31
1	요일	금 토 일 월 화	수 목 금 토 일	월 화 수 목 금	토 일 월 화 수	목 금 토 일 월	화 수 목 금 토 일
	음력	11/24 25 26 27 28	29 30 12/1 2 3	4 5 6 7 8	9 10 11 12 13	14 15 16 17 18	19 20 21 22 23 24
	일진	경신임계갑 진사오미신	을병정무기 유술해자축	경신임계갑 인묘진사오	을병정무기 미신유술해	경신임계갑 자축인묘진	을병정무기경 사오미신유술
2	요일	월 화 수 목 금	토 일 월 화 수	목 금 토 일 월	화 수 목 금 토	일 월 화 수 목	금 토 일
	음력	12/25 26 27 28 29	30 1/1 2 3 4	5 6 7 8 9	10 11 12 13 14	15 16 17 18 19	20 21 22
	일진	신임계갑을 해자축인묘	병정무기경 진사오미신	신임계갑을 유술해자축	병정무기경 인묘진사오	신임계갑을 미신유술해	병정무 자축인
3	요일	월 화 수 목 금	토 일 월 화 수	목 금 토 일 월	화 수 목 금 토	일 월 화 수 목	금 토 일 월 화 수
	음력	1/23 24 25 26 27	28 29 2/1 2 3	4 5 6 7 8	9 10 11 12 13	14 15 16 17 18	19 20 21 22 23 24
	일진	기경신임계 묘진사오미	갑을병정무 신유술해자	기경신임계 축인묘진사	갑을병정무 오미신유술	기경신임계 해자축인묘	갑을병정무기 진사오미신유
4	요일	목 금 토 일 월	화 수 목 금 토	일 월 화 수 목	금 토 일 월 화	수 목 금 토 일	월 화 수 목 금
	음력	2/25 26 27 28 29	30 3/1 2 3 4	5 6 7 8 9	10 11 12 13 14	15 16 17 18 19	20 21 22 23 24
	일진	경신임계갑 술해자축인	을병정무기 묘진사오미	경신임계갑 신유술해자	을병정무기 축인묘진사	경신임계갑 오미신유술	을병정무기 해자축인묘
5	요일	토 일 월 화 수	목 금 토 일 월	화 수 목 금 토	일 월 화 수 목	금 토 일 월 화	수 목 금 토 일 월
	음력	3/25 26 27 28 29	4/1 2 3 4 5	6 7 8 9 10	11 12 13 14 15	16 17 18 19 20	21 22 23 24 25 26
	일진	경신임계갑 진사오미신	을병정무기 유술해자축	경신임계갑 인묘진사오	을병정무기 미신유술해	경신임계갑 자축인묘진	을병정무기경 사오미신유술
6	요일	화 수 목 금 토	일 월 화 수 목	금 토 일 월 화	수 목 금 토 일	월 화 수 목 금	토 일 월 화 수
	음력	4/27 28 29 30 5/1	2 3 4 5 6	7 8 9 10 11	12 13 14 15 16	17 18 19 20 21	22 23 24 25 26
	일진	신임계갑을 해자축인묘	병정무기경 진사오미신	신임계갑을 유술해자축	병정무기경 인묘진사오	신임계갑을 미신유술해	병정무기경 자축인묘진

24절기와 잡절

명칭	태양황경(도)	월	일	시	분	명칭	태양황경(도)	월	일	시	분	명칭	태양황경(도)	월	일	시	분
소한	285	1	5	23	10	하지	90	6	21	23	10	대설	255	12	7	17	37
대한	300	1	20	16	29	소서	105	7	7	16	37	동지	270	12	22	11	42
입춘	315	2	4	10	46	대서	120	7	23	10	4						
우수	330	2	19	6	33	입추	135	8	8	2	26	한식			4	6	
경칩	345	3	6	4	39	처서	150	8	23	17	14	단오			6	9	
춘분	0	3	21	5	24	백로	165	9	8	5	28	초복			7	20	
청명	15	4	5	9	17	추분	180	9	23	15	1	중복			7	30	
곡우	30	4	20	16	17	한로	195	10	8	21	17	말복			8	9	
입하	45	5	6	2	25	상강	210	10	24	0	33	토왕용사	297	1	17	17	45
소만	60	5	21	15	18	입동	225	11	8	0	38	토왕용사	27	4	17	14	36
망종	75	6	6	6	25	소설	240	11	22	22	16	토왕용사	117	7	20	6	37
												토왕용사	207	10	21	0	9

월	양력	1 2 3 4 5	6 7 8 9 10	11 12 13 14 15	16 17 18 19 20	21 22 23 24 25	26 27 28 29 30 31
7	요일	목 금 토 일 월	화 수 목 금 토	일 월 화 수 목	금 토 일 월 화	수 목 금 토 일	월 화 수 목 금 토
	음력	5/27 28 29 6/1 2	3 4 5 6 7	8 9 10 11 12	13 14 15 16 17	18 19 20 21 22	23 24 25 26 27 28
	일진	신임계갑을 사오미신유	병정무기경 술해자축인	신임계갑을 묘진사오미	병정무기경 신유술해자	신임계갑을 축인묘진사	병정무기경신 오미신유술해
8	요일	일 월 화 수 목	금 토 일 월 화	수 목 금 토 일	월 화 수 목 금	토 일 월 화 수	목 금 토 일 월 화
	음력	6/29 7/1 2 3 4	5 6 7 8 9	10 11 12 13 14	15 16 17 18 19	20 21 22 23 24	25 26 27 28 29 30
	일진	임계갑을병 자축인묘진	정무기경신 사오미신유	임계갑을병 술해자축인	정무기경신 묘진사오미	임계갑을병 신유술해자	정무기경신임 축인묘진사오
9	요일	수 목 금 토 일	월 화 수 목 금	토 일 월 화 수	목 금 토 일 월	화 수 목 금 토	일 월 화 수 목
	음력	8/1 2 3 4 5	6 7 8 9 10	11 12 13 14 15	16 17 18 19 20	21 22 23 24 25	26 27 28 29 9/1
	일진	계갑을병정 미신유술해	무기경신임 사축인묘신	계갑을병정 사오미신유	무기경신임 술해사축인	계갑을병정 묘신사오미	무기경신임 신유술해사
10	요일	금 토 일 월 화	수 목 금 토 일	월 화 수 목 금	토 일 월 화 수	목 금 토 일 월	화 수 목 금 토 일
	음력	9/2 3 4 5 6	7 8 9 10 11	12 13 14 15 16	17 18 19 20 21	22 23 24 25 26	27 28 29 10/1 2 3
	일진	계갑을병정 축인묘진사	무기경신임 오미신유술	계갑을병정 해자축인묘	무기경신임 진사오미신	계갑을병정 유술해자축	무기경신임계 인묘진사오미
11	요일	월 화 수 목 금	토 일 월 화 수	목 금 토 일 월	화 수 목 금 토	일 월 화 수 목	금 토 일 월 화
	음력	10/4 5 6 7 8	9 10 11 12 13	14 15 16 17 18	19 20 21 22 23	24 25 26 27 28	29 30 11/1 2 3
	일진	갑을병정무 신유술해자	기경신임계 축인묘진사	갑을병정무 오미신유술	기경신임계 해자축인묘	갑을병정무 진사오미신	기경신임계 유술해자축
12	요일	수 목 금 토 일	월 화 수 목 금	토 일 월 화 수	목 금 토 일 월	화 수 목 금 토	일 월 화 수 목 금
	음력	11/4 5 6 7 8	9 10 11 12 13	14 15 16 17 18	19 20 21 22 23	24 25 26 27 28	29 30 12/1 2 3 4
	일진	갑을병정무 인묘진사오	기경신임계 미신유술해	갑을병정무 자축인묘진	기경신임계 사오미신유	갑을병정무 술해자축인	기경신임계갑 묘진사오미신

2028 무신년 • 단기 4361

주요 국경일과 명절

구 분	월일	요일	구 분	월일	요일
신 정	1 1	토	현 충 일	6 6	화
설 날	1 27	목	제 헌 절	7 17	월
3·1절	3 1	수	광 복 절	8 15	화
식 목 일	4 5	수	추 석	10 3	화
석가탄신일	5 2	화	개 천 절	10 3	화
어린이날	5 5	금	기독탄신일	12 25	월

음양력 대조일람

음력월	월건	대소	음력 1일의 양력 월일	음력월	월건	대소	음력 1일의 양력 월일
1	갑인	소	1 27	7	경신	대	8 20
2	을묘	대	2 25	8	신유	소	9 19
3	병진	대	3 26	9	임술	소	10 18
4	정사	소	4 25	10	계해	대	11 16
5	무오	대	5 24	11	갑자	대	12 16
(윤)5		소	6 23	12	을축	소	2029/1 15
6	기미	소	7 22				

양력·음력·일진표

월	양력	1 2 3 4 5	6 7 8 9 10	11 12 13 14 15	16 17 18 19 20	21 22 23 24 25	26 27 28 29 30 31
1	요일	토 일 월 화 수	목 금 토 일 월	화 수 목 금 토	일 월 화 수 목	금 토 일 월 화	수 목 금 토 일 월
	음력	12/5 6 7 8 9	10 11 12 13 14	15 16 17 18 19	20 21 22 23 24	25 26 27 28 29	30 1/1 2 3 4 5
	일진	을병정무기 유술해자축	경신임계갑 인묘진사오	을병정무기 미신유술해	경신임계갑 자축인묘진	을병정무기 사오미신유	경신임계갑을 술해자축인묘
2	요일	화 수 목 금 토	일 월 화 수 목	금 토 일 월 화	수 목 금 토 일	월 화 수 목 금	토 일 월 화
	음력	1/6 7 8 9 10	11 12 13 14 15	16 17 18 19 20	21 22 23 24 25	26 27 28 29 2/1	2 3 4 5
	일진	병정무기경 진사오미신	신임계갑을 유술해자축	병정무기경 인묘진사오	신임계갑을 미신유술해	병정무기경 자축인묘진	신임계갑 사오미신
3	요일	수 목 금 토 일	월 화 수 목 금	토 일 월 화 수	목 금 토 일 월	화 수 목 금 토	일 월 화 수 목 금
	음력	2/6 7 8 9 10	11 12 13 14 15	16 17 18 19 20	21 22 23 24 25	26 27 28 29 30	3/1 2 3 4 5 6
	일진	을병정무기 유술해자축	경신임계갑 인묘진사오	을병정무기 미신유술해	경신임계갑 자축인묘진	을병정무기 사오미신유	경신임계갑을 술해자축인묘
4	요일	토 일 월 화 수	목 금 토 일 월	화 수 목 금 토	일 월 화 수 목	금 토 일 월 화	수 목 금 토 일
	음력	3/7 8 9 10 11	12 13 14 15 16	17 18 19 20 21	22 23 24 25 26	27 28 29 30 4/1	2 3 4 5 6
	일진	병정무기경 진사오미신	신임계갑을 유술해자축	병정무기경 인묘진사오	신임계갑을 미신유술해	병정무기경 자축인묘진	신임계갑을 사오미신유
5	요일	월 화 수 목 금	토 일 월 화 수	목 금 토 일 월	화 수 목 금 토	일 월 화 수 목	금 토 일 월 화 수
	음력	4/7 8 9 10 11	12 13 14 15 16	17 18 19 20 21	22 23 24 25 26	27 28 29 5/1 2	3 4 5 6 7 8
	일진	병정무기경 술해자축인	신임계갑을 묘진사오미	병정무기경 신유술해자	신임계갑을 축인묘진사	병정무기경 오미신유술	신임계갑을병 해자축인묘진
6	요일	목 금 토 일 월	화 수 목 금 토	일 월 화 수 목	금 토 일 월 화	수 목 금 토 일	월 화 수 목 금
	음력	5/9 10 11 12 13	14 15 16 17 18	19 20 21 22 23	24 25 26 27 28	29 30 5*/1 2 3	4 5 6 7 8
	일진	정무기경신 사오미신유	임계갑을병 술해자축인	정무기경신 묘진사오미	임계갑을병 신유술해자	정무기경신 축인묘진사	임계갑을병 오미신유술

24절기와 잡절

명칭	태양황경(도)	월	일	시	분
소한	285	1	6	4	54
대한	300	1	20	22	22
입춘	315	2	4	16	31
우수	330	2	19	12	26
경칩	345	3	5	10	24
춘분	0	3	20	11	17
청명	15	4	4	15	3
곡우	30	4	19	22	9
입하	45	5	5	8	12
소만	60	5	20	21	9
망종	75	6	5	12	16

명칭	태양황경(도)	월	일	시	분
하지	90	6	21	5	2
소서	105	7	6	22	30
대서	120	7	22	15	54
입추	135	8	7	8	21
처서	150	8	22	23	1
백로	165	9	7	11	22
추분	180	9	22	20	45
한로	195	10	8	3	8
상강	210	10	23	6	13
입동	225	11	7	6	27
소설	240	11	22	3	54

명칭	태양황경(도)	월	일	시	분
대설	255	12	6	23	24
동지	270	12	21	17	19
한식		4	5		
단오		5	28		
초복		7	14		
중복		7	24		
말복		8	13		
토왕용사	297	1	17	23	38
토왕용사	27	4	16	20	30
토왕용사	117	7	19	12	30
토왕용사	207	10	20	5	51

월	양력	1 2 3 4 5	6 7 8 9 10	11 12 13 14 15	16 17 18 19 20	21 22 23 24 25	26 27 28 29 30 31
7	요일	토 일 월 화 수	목 금 토 일 월	화 수 목 금 토	일 월 화 수 목	금 토 일 월 화	수 목 금 토 일 월
7	음력	5*/9 10 11 12 13	14 15 16 17 18	19 20 21 22 23	24 25 26 27 28	29 6/1 2 3 4	5 6 7 8 9 10
7	일진	정무기경신 해자축인묘	임계갑을병 진사오미신	정무기경신 유술해자축	임계갑을병 인묘진사오	정무기경신 미신유술해	임계갑을병정 자축인묘진사
8	요일	화 수 목 금 토	일 월 화 수 목	금 토 일 월 화	수 목 금 토 일	월 화 수 목 금	토 일 월 화 수 목
8	음력	6/11 12 13 14 15	16 17 18 19 20	21 22 23 24 25	26 27 28 29 7/1	2 3 4 5 6	7 8 9 10 11 12
8	일진	무기경신임 오미신유술	계갑을병정 해자축인묘	무기경신임 진사오미신	계갑을병정 유술해자축	무기경신임 인묘진사오	계갑을병정무 미신유술해자
9	요일	금 토 일 월 화	수 목 금 토 일	월 화 수 목 금	토 일 월 화 수	목 금 토 일 월	화 수 목 금 토
9	음력	7/13 14 15 16 17	18 19 20 21 22	23 24 25 26 27	28 29 30 8/1 2	3 4 5 6 7	8 9 10 11 12
9	일진	기경신임계 축인묘진사	갑을병정무 오미신유술	기경신임계 해자축인묘	갑을병정무 진사오미신	기경신임계 유술해자축	갑을병정무 인묘진사오
10	요일	일 월 화 수 목	금 토 일 월 화	수 목 금 토 일	월 화 수 목 금	토 일 월 화 수	목 금 토 일 월 화
10	음력	8/13 14 15 16 17	18 19 20 21 22	23 24 25 26 27	28 29 9/1 2 3	4 5 6 7 8	9 10 11 12 13 14
10	일진	기경신임계 미신유술해	갑을병정무 자축인묘진	기경신임계 사오미신유	갑을병정무 술해자축인	기경신임계 묘진사오미	갑을병정무기 신유술해자축
11	요일	수 목 금 토 일	월 화 수 목 금	토 일 월 화 수	목 금 토 일 월	화 수 목 금 토	일 월 화 수 목
11	음력	9/15 16 17 18 19	20 21 22 23 24	25 26 27 28 29	10/1 2 3 4 5	6 7 8 9 10	11 12 13 14 15
11	일진	경신임계갑 인묘진사오	을병정무기 미신유술해	경신임계갑 자축인묘진	을병정무기 사오미신유	경신임계갑 술해자축인	을병정무기 묘진사오미
12	요일	금 토 일 월 화	수 목 금 토 일	월 화 수 목 금	토 일 월 화 수	목 금 토 일 월	화 수 목 금 토 일
12	음력	10/16 17 18 19 20	21 22 23 24 25	26 27 28 29 30	11/1 2 3 4 5	6 7 8 9 10	11 12 13 14 15 16
12	일진	경신임계갑 신유술해자	을병정무기 축인묘진사	경신임계갑 오미신유술	을병정무기 해자축인묘	경신임계갑 진사오미신	을병정무기경 유술해자축인

* 윤달 : 5월

2029 기유년 • 단기 4362

주요 국경일과 명절

구 분	월일	요일	구 분	월일	요일
신 정	1 1	월	현 충 일	6 6	수
설 날	2 13	화	제 헌 절	7 17	화
3·1절	3 1	목	광 복 절	8 15	수
식 목 일	4 5	목	추 석	9 22	토
어린이날	5 5	토	개 천 절	10 3	수
석가탄신일	5 20	일	기독탄신일	12 25	화

음양력 대조일람

음력월	월건	대소	음력 1일의 양력 월일	음력월	월건	대소	음력 1일의 양력 월일
1	병인	대	2 13	7	임신	소	8 10
2	정묘	대	3 15	8	계유	대	9 8
3	무진	소	4 14	9	갑술	소	10 8
4	기사	대	5 13	10	을해	소	11 6
5	경오	대	6 12	11	병자	대	12 5
6	신미	소	7 12	12	정축	대	2030/1 4

월	양력	1	2	3	4	5	6	7	8	9	10	11	12	13	14	15	16	17	18	19	20	21	22	23	24	25	26	27	28	29	30	31
1	요일	월	화	수	목	금	토	일	월	화	수	목	금	토	일	월	화	수	목	금	토	일	월	화	수	목	금	토	일	월	화	수
	음력	11/17	18	19	20	21	22	23	24	25	26	27	28	29	30	12/1	2	3	4	5	6	7	8	9	10	11	12	13	14	15	16	17
	일진	신묘	임진	계사	갑오	을미	병신	정유	무술	기해	경자	신축	임인	계묘	갑진	을사	병오	정미	무신	기유	경술	신해	임자	계축	갑인	을묘	병진	정사	무오	기미	경신	신유
2	요일	목	금	토	일	월	화	수	목	금	토	일	월	화	수	목	금	토	일	월	화	수	목	금	토	일	월	화	수			
	음력	12/18	19	20	21	22	23	24	25	26	27	28	29	1/1	2	3	4	5	6	7	8	9	10	11	12	13	14	15	16			
	일진	임술	계해	갑자	을축	병인	정묘	무진	기사	경오	신미	임신	계유	갑술	을해	병자	정축	무인	기묘	경진	신사	임오	계미	갑신	을유	병술	정해	무자	기축			
3	요일	목	금	토	일	월	화	수	목	금	토	일	월	화	수	목	금	토	일	월	화	수	목	금	토	일	월	화	수	목	금	토
	음력	1/17	18	19	20	21	22	23	24	25	26	27	28	29	30	2/1	2	3	4	5	6	7	8	9	10	11	12	13	14	15	16	17
	일진	경인	신묘	임진	계사	갑오	을미	병신	정유	무술	기해	경자	신축	임인	계묘	갑진	을사	병오	정미	무신	기유	경술	신해	임자	계축	갑인	을묘	병진	정사	무오	기미	경신
4	요일	일	월	화	수	목	금	토	일	월	화	수	목	금	토	일	월	화	수	목	금	토	일	월	화	수	목	금	토	일	월	
	음력	2/18	19	20	21	22	23	24	25	26	27	28	29	30	3/1	2	3	4	5	6	7	8	9	10	11	12	13	14	15	16	17	
	일진	신유	임술	계해	갑자	을축	병인	정묘	무진	기사	경오	신미	임신	계유	갑술	을해	병자	정축	무인	기묘	경진	신사	임오	계미	갑신	을유	병술	정해	무자	기축	경인	
5	요일	화	수	목	금	토	일	월	화	수	목	금	토	일	월	화	수	목	금	토	일	월	화	수	목	금	토	일	월	화	수	목
	음력	3/18	19	20	21	22	23	24	25	26	27	28	29	4/1	2	3	4	5	6	7	8	9	10	11	12	13	14	15	16	17	18	19
	일진	신묘	임진	계사	갑오	을미	병신	정유	무술	기해	경자	신축	임인	계묘	갑진	을사	병오	정미	무신	기유	경술	신해	임자	계축	갑인	을묘	병진	정사	무오	기미	경신	신유
6	요일	금	토	일	월	화	수	목	금	토	일	월	화	수	목	금	토	일	월	화	수	목	금	토	일	월	화	수	목	금	토	
	음력	4/20	21	22	23	24	25	26	27	28	29	30	5/1	2	3	4	5	6	7	8	9	10	11	12	13	14	15	16	17	18	19	
	일진	임술	계해	갑자	을축	병인	정묘	무진	기사	경오	신미	임신	계유	갑술	을해	병자	정축	무인	기묘	경진	신사	임오	계미	갑신	을유	병술	정해	무자	기축	경인	신묘	

24절기와 잡절

명칭	태양황경(도)	월	일	시	분	명칭	태양황경(도)	월	일	시	분	명칭	태양황경(도)	월	일	시	분
소한	285	1	5	10	42	하지	90	6	21	10	48	대설	255	12	7	5	13
대한	300	1	20	4	0	소서	105	7	7	4	22	동지	270	12	21	23	14
입춘	315	2	3	22	20	대서	120	7	22	21	42	한식			4	5	
우수	330	2	18	18	8	입추	135	8	7	14	11	단오			6	16	
경칩	345	3	5	16	17	처서	150	8	23	4	51	초복			7	19	
춘분	0	3	20	17	2	백로	165	9	7	17	11	중복			7	29	
청명	15	4	4	20	58	추분	180	9	23	2	38	말복			8	8	
곡우	30	4	20	3	55	한로	195	10	8	8	58	토왕용사	297	1	17	5	18
입하	45	5	5	14	7	상강	210	10	23	12	8	토왕용사	27	4	17	2	17
소만	60	5	21	2	55	입동	225	11	7	12	16	토왕용사	117	7	19	18	15
망종	75	6	5	18	10	소설	240	11	22	9	49	토왕용사	207	10	20	11	43

월	양력	1 2 3 4 5	6 7 8 9 10	11 12 13 14 15	16 17 18 19 20	21 22 23 24 25	26 27 28 29 30 31
7	요일	일월화수목	금토일월화	수목금토일	월화수목금	토일월화수	목금토일월화
	음력	5/20 21 22 23 24	25 26 27 28 29	30 6/1 2 3 4	5 6 7 8 9	10 11 12 13 14	15 16 17 18 19 20
	일진	임계갑을병 진사오미신	정무기경신 유술해자축	임계갑을병 인묘진사오	정무기경신 미신유술해	임계갑을병 자축인묘진	정무기경신임 사오미신유술
8	요일	수목금토일	월화수목금	토일월화수	목금토일월	화수목금토	일월화수목금
	음력	6/21 22 23 24 25	26 27 28 29 7/1	2 3 4 5 6	7 8 9 10 11	12 13 14 15 16	17 18 19 20 21 22
	일진	계갑을병정 해자축인묘	무기경신임 진사오미신	계갑을병정 유술해자축	무기경신임 인묘진사오	계갑을병정 미신유술해	무기경신임계 자축인묘진사
9	요일	토일월화수	목금토일월	화수목금토	일월화수목	금토일월화	수목금토일
	음력	7/23 24 25 26 27	28 29 8/1 2 3	4 5 6 7 8	9 10 11 12 13	14 15 16 17 18	19 20 21 22 23
	일진	갑을병정무 오미신유술	기경신임계 해자축인묘	갑을병정무 진사오미신	기경신임계 유술해자축	갑을병정무 인묘진사오	기경신임계 미신유술해
10	요일	월화수목금	토일월화수	목금토일월	화수목금토	일월화수목	금토일월화수
	음력	8/24 25 26 27 28	29 30 9/1 2 3	4 5 6 7 8	9 10 11 12 13	14 15 16 17 18	19 20 21 22 23 24
	일진	갑을병정무 자축인묘진	기경신임계 사오미신유	갑을병정무 술해자축인	기경신임계 묘진사오미	갑을병정무 신유술해자	기경신임계갑 축인묘진사오
11	요일	목금토일월	화수목금토	일월화수목	금토일월화	수목금토일	월화수목금
	음력	9/25 26 27 28 29	10/1 2 3 4 5	6 7 8 9 10	11 12 13 14 15	16 17 18 19 20	21 22 23 24 25
	일진	을병정무기 미신유술해	경신임계갑 자축인묘진	을병정무기 사오미신유	경신임계갑 술해자축인	을병정무기 묘진사오미	경신임계갑 신유술해자
12	요일	토일월화수	목금토일월	화수목금토	일월화수목	금토일월화	수목금토일월
	음력	10/26 27 28 29 11/1	2 3 4 5 6	7 8 9 10 11	12 13 14 15 16	17 18 19 20 21	22 23 24 25 26 27
	일진	을병정무기 축인묘진사	경신임계갑 오미신유술	을병정무기 해자축인묘	경신임계갑 진사오미신	을병정무기 유술해자축	경신임계갑을 인묘진사오미

2030 경술년 · 단기 4363

주요 국경일과 명절

구 분	월일	요일	구 분	월일	요일
신 정	1 1	화	현충일	6 6	목
설 날	2 3	일	제헌절	7 17	수
3·1절	3 1	금	광복절	8 15	목
식 목 일	4 5	금	추 석	9 12	목
어린이날	5 5	일	개 천 절	10 3	목
석가탄신일	5 9	목	기독탄신일	12 25	수

음양력 대조일람

음력월	월건	대소	음력 1일의 양력 월일	음력월	월건	대소	음력 1일의 양력 월일
1	무인	소	2 3	7	갑신	대	7 30
2	기묘	대	3 4	8	을유	소	8 29
3	경진	소	4 3	9	병술	대	9 27
4	신사	대	5 2	10	정해	소	10 27
5	임오	대	6 1	11	무자	대	11 25
6	계미	소	7 1	12	기축	소	12 25

월	양력	1 2 3 4 5	6 7 8 9 10	11 12 13 14 15	16 17 18 19 20	21 22 23 24 25	26 27 28 29 30 31
1	요일	화 수 목 금 토	일 월 화 수 목	금 토 일 월 화	수 목 금 토 일	월 화 수 목 금	토 일 월 화 수 목
	음력	11/28 29 30 12/1 2	3 4 5 6 7	8 9 10 11 12	13 14 15 16 17	18 19 20 21 22	23 24 25 26 27 28
	일진	병정무기경 신유술해자	신임계갑을 축인묘진사	병정무기경 오미신유술	신임계갑을 해자축인묘	병정무기경 진사오미신	신임계갑을병 유술해자축인
2	요일	금 토 일 월 화	수 목 금 토 일	월 화 수 목 금	토 일 월 화 수	목 금 토 일 월	화 수 목
	음력	12/29 30 1/1 2 3	4 5 6 7 8	9 10 11 12 13	14 15 16 17 18	19 20 21 22 23	24 25 26
	일진	정무기경신 묘진사오미	임계갑을병 신유술해자	정무기경신 축인묘진사	임계갑을병 오미신유술	정무기경신 해자축인묘	임계갑 진사오
3	요일	금 토 일 월 화	수 목 금 토 일	월 화 수 목 금	토 일 월 화 수	목 금 토 일 월	화 수 목 금 토 일
	음력	1/27 28 29 2/1 2	3 4 5 6 7	8 9 10 11 12	13 14 15 16 17	18 19 20 21 22	23 24 25 26 27 28
	일진	을병정무기 미신유술해	경신임계갑 자축인묘진	을병정무기 사오미신유	경신임계갑 술해자축인	을병정무기 묘진사오미	경신임계갑을 신유술해자축
4	요일	월 화 수 목 금	토 일 월 화 수	목 금 토 일 월	화 수 목 금 토	일 월 화 수 목	금 토 일 월 화
	음력	2/29 30 3/1 2 3	4 5 6 7 8	9 10 11 12 13	14 15 16 17 18	19 20 21 22 23	24 25 26 27 28
	일진	병정무기경 인묘진사오	신임계갑을 미신유술해	병정무기경 자축인묘진	신임계갑을 사오미신유	병정무기경 술해자축인	신임계갑을 묘진사오미
5	요일	수 목 금 토 일	월 화 수 목 금	토 일 월 화 수	목 금 토 일 월	화 수 목 금 토	일 월 화 수 목 금
	음력	3/29 4/1 2 3 4	5 6 7 8 9	10 11 12 13 14	15 16 17 18 19	20 21 22 23 24	25 26 27 28 29 30
	일진	병정무기경 신유술해자	신임계갑을 축인묘진사	병정무기경 오미신유술	신임계갑을 해자축인묘	병정무기경 진사오미신	신임계갑을병 유술해자축인
6	요일	토 일 월 화 수	목 금 토 일 월	화 수 목 금 토	일 월 화 수 목	금 토 일 월 화	수 목 금 토 일
	음력	5/1 2 3 4 5	6 7 8 9 10	11 12 13 14 15	16 17 18 19 20	21 22 23 24 25	26 27 28 29 30
	일진	정무기경신 묘진사오미	임계갑을병 신유술해자	정무기경신 축인묘진사	임계갑을병 오미신유술	정무기경신 해자축인묘	임계갑을병 진사오미신

24절기와 잡절

명칭	태양황경(도)	월	일	시	분	명칭	태양황경(도)	월	일	시	분	명칭	태양황경(도)	월	일	시	분
소한	285	1	5	16	29	하지	90	6	21	16	30	대설	255	12	7	11	6
대한	300	1	20	9	53	소서	105	7	7	9	54	동지	270	12	22	5	8
입춘	315	2	4	4	7	대서	120	7	23	3	24						
우수	330	2	18	23	59	입추	135	8	7	19	46	한식		4	5		
경칩	345	3	5	22	2	처서	150	8	23	10	35	단오		6	5		
춘분	0	3	20	22	51	백로	165	9	7	22	52	초복		7	14		
청명	15	4	5	2	40	추분	180	9	23	8	26	중복		7	24		
곡우	30	4	20	9	42	한로	195	10	8	14	44	말복		8	13		
입하	45	5	5	19	45	상강	210	10	23	17	59	토왕용사	297	1	17	11	8
소만	60	5	21	8	40	입동	225	11	7	18	7	토왕용사	27	4	17	8	1
망종	75	6	5	23	43	소설	240	11	22	15	43	토왕용사	117	7	19	23	57
												토왕용사	207	10	20	17	37

월	양력	1 2 3 4 5	6 7 8 9 10	11 12 13 14 15	16 17 18 19 20	21 22 23 24 25	26 27 28 29 30 31
7	요일	월 화 수 목 금	토 일 월 화 수	목 금 토 일 월	화 수 목 금 토	일 월 화 수 목	금 토 일 월 화 수
	음력	6/1 2 3 4 5	6 7 8 9 10	11 12 13 14 15	16 17 18 19 20	21 22 23 24 25	26 27 28 29 7/1 2
	일진	정 무 기 경 신 유 술 해 자 축	임 계 갑 을 병 인 묘 진 사 오	정 무 기 경 신 미 신 유 술 해	임 계 갑 을 병 자 축 인 묘 진	정 무 기 경 신 사 오 미 신 유	임 계 갑 을 병 정 술 해 자 축 인 묘
8	요일	목 금 토 일 월	화 수 목 금 토	일 월 화 수 목	금 토 일 월 화	수 목 금 토 일	월 화 수 목 금 토
	음력	7/3 4 5 6 7	8 9 10 11 12	13 14 15 16 17	18 19 20 21 22	23 24 25 26 27	28 29 30 8/1 2 3
	일진	무 기 경 신 임 진 사 오 미 신	계 갑 을 병 정 유 술 해 자 축	무 기 경 신 임 인 묘 진 사 오	계 갑 을 병 정 미 신 유 술 해	무 기 경 신 임 자 축 인 묘 진	계 갑 을 병 정 무 사 오 미 신 유 술
9	요일	일 월 화 수 목	금 토 일 월 화	수 목 금 토 일	월 화 수 목 금	토 일 월 화 수	목 금 토 일 월
	음력	8/4 5 6 7 8	9 10 11 12 13	14 15 16 17 18	19 20 21 22 23	24 25 26 27 28	29 9/1 2 3 4
	일진	기 경 신 임 계 해 자 축 인 묘	갑 을 병 정 무 진 사 오 미 신	기 경 신 임 계 유 술 해 자 축	갑 을 병 정 무 인 묘 진 사 오	기 경 신 임 계 미 신 유 술 해	갑 을 병 정 무 자 축 인 묘 진
10	요일	화 수 목 금 토	일 월 화 수 목	금 토 일 월 화	수 목 금 토 일	월 화 수 목 금	토 일 월 화 수 목
	음력	9/5 6 7 8 9	10 11 12 13 14	15 16 17 18 19	20 21 22 23 24	25 26 27 28 29	30 10/1 2 3 4 5
	일진	기 경 신 임 계 사 오 미 신 유	갑 을 병 정 무 술 해 자 축 인	기 경 신 임 계 묘 진 사 오 미	갑 을 병 정 무 신 유 술 해 자	기 경 신 임 계 축 인 묘 진 사	갑 을 병 정 무 기 오 미 신 유 술 해
11	요일	금 토 일 월 화	수 목 금 토 일	월 화 수 목 금	토 일 월 화 수	목 금 토 일 월	화 수 목 금 토
	음력	10/6 7 8 9 10	11 12 13 14 15	16 17 18 19 20	21 22 23 24 25	26 27 28 29 11/1	2 3 4 5 6
	일진	경 신 임 계 갑 자 축 인 묘 진	을 병 정 무 기 사 오 미 신 유	경 신 임 계 갑 술 해 자 축 인	을 병 정 무 기 묘 진 사 오 미	경 신 임 계 갑 신 유 술 해 자	을 병 정 무 기 축 인 묘 진 사
12	요일	일 월 화 수 목	금 토 일 월 화	수 목 금 토 일	월 화 수 목 금	토 일 월 화 수	목 금 토 일 월 화
	음력	11/7 8 9 10 11	12 13 14 15 16	17 18 19 20 21	22 23 24 25 26	27 28 29 30 12/1	2 3 4 5 6 7
	일진	경 신 임 계 갑 오 미 신 유 술	을 병 정 무 기 해 자 축 인 묘	경 신 임 계 갑 진 사 오 미 신	을 병 정 무 기 유 술 해 자 축	경 신 임 계 갑 인 묘 진 사 오	을 병 정 무 기 경 미 신 유 술 해 자

2031 신해년 · 단기 4364

주요 국경일과 명절

구 분	월일	요일	구 분	월일	요일
신　　정	1 1	수	현 충 일	6 6	금
설　　날	1 23	목	제 헌 절	7 17	목
3·1절	3 1	토	광 복 절	8 15	금
식 목 일	4 5	토	추　　석	10 1	수
어린이날	5 5	월	개 천 절	10 3	금
석가탄신일	5 28	수	기독탄신일	12 25	목

음양력 대조일람

음력월	월건	대소	음력 1일의 양력 월일	음력월	월건	대소	음력 1일의 양력 월일
1	경인	대	1 23	7	병신	대	8 18
2	신묘	소	2 22	8	정유	소	9 17
3	임진	대	3 23	9	무술	대	10 16
(윤)3		소	4 22	10	기해	소	11 15
4	계사	대	5 21	11	경자	대	12 14
5	갑오	소	6 20	12	신축	소	2032/1 13
6	을미	대	7 19				

월	양력	1 2 3 4 5	6 7 8 9 10	11 12 13 14 15	16 17 18 19 20	21 22 23 24 25	26 27 28 29 30 31
1	요일	수 목 금 토 일	월 화 수 목 금	토 일 월 화 수	목 금 토 일 월	화 수 목 금 토	일 월 화 수 목 금
	음력	12/8 9 10 11 12	13 14 15 16 17	18 19 20 21 22	23 24 25 26 27	28 29 1/1 2 3	4 5 6 7 8 9
	일진	신 임 계 갑 을 축 인 묘 진 사	병 정 무 기 경 오 미 신 유 술	신 임 계 갑 을 해 자 축 인 묘	병 정 무 기 경 진 사 오 미 신	신 임 계 갑 을 유 술 해 자 축	병 정 무 기 경 신 인 묘 진 사 오 미
2	요일	토 일 월 화 수	목 금 토 일 월	화 수 목 금 토	일 월 화 수 목	금 토 일 월 화	수 목 금
	음력	1/10 11 12 13 14	15 16 17 18 19	20 21 22 23 24	25 26 27 28 29	30 2/1 2 3 4	5 6 7
	일진	임 계 갑 을 병 신 유 술 해 자	정 무 기 경 신 축 인 묘 진 사	임 계 갑 을 병 오 미 신 유 술	정 무 기 경 신 해 자 축 인 묘	임 계 갑 을 병 진 사 오 미 신	정 무 기 유 술 해
3	요일	토 일 월 화 수	목 금 토 일 월	화 수 목 금 토	일 월 화 수 목	금 토 일 월 화	수 목 금 토 일 월
	음력	2/8 9 10 11 12	13 14 15 16 17	18 19 20 21 22	23 24 25 26 27	28 29 3/1 2 3	4 5 6 7 8 9
	일진	경 신 임 계 갑 자 축 인 묘 진	을 병 정 무 기 사 오 미 신 유	경 신 임 계 갑 술 해 자 축 인	을 병 정 무 기 묘 진 사 오 미	경 신 임 계 갑 신 유 술 해 자	을 병 정 무 기 경 축 인 묘 진 사 오
4	요일	화 수 목 금 토	일 월 화 수 목	금 토 일 월 화	수 목 금 토 일	월 화 수 목 금	토 일 월 화 수
	음력	3/10 11 12 13 14	15 16 17 18 19	20 21 22 23 24	25 26 27 28 29	30 3*/1 2 3 4	5 6 7 8 9
	일진	신 임 계 갑 을 미 신 유 술 해	병 정 무 기 경 자 축 인 묘 진	신 임 계 갑 을 사 오 미 신 유	병 정 무 기 경 술 해 자 축 인	신 임 계 갑 을 묘 진 사 오 미	병 정 무 기 경 신 유 술 해 자
5	요일	목 금 토 일 월	화 수 목 금 토	일 월 화 수 목	금 토 일 월 화	수 목 금 토 일	월 화 수 목 금 토
	음력	3*/10 11 12 13 14	15 16 17 18 19	20 21 22 23 24	25 26 27 28 29	4/1 2 3 4 5	6 7 8 9 10 11
	일진	신 임 계 갑 을 축 인 묘 진 사	병 정 무 기 경 오 미 신 유 술	신 임 계 갑 을 해 자 축 인 묘	병 정 무 기 경 진 사 오 미 신	신 임 계 갑 을 유 술 해 자 축	병 정 무 기 경 신 인 묘 진 사 오 미
6	요일	일 월 화 수 목	금 토 일 월 화	수 목 금 토 일	월 화 수 목 금	토 일 월 화 수	목 금 토 일 월
	음력	4/12 13 14 15 16	17 18 19 20 21	22 23 24 25 26	27 28 29 30 5/1	2 3 4 5 6	7 8 9 10 11
	일진	임 계 갑 을 병 신 유 술 해 자	정 무 기 경 신 축 인 묘 진 사	임 계 갑 을 병 오 미 신 유 술	정 무 기 경 신 해 자 축 인 묘	임 계 갑 을 병 진 사 오 미 신	정 무 기 경 신 유 술 해 자 축

24절기와 잡절

명 칭	태양황경(도)	한국표준시			명 칭	태양황경(도)	한국표준시			명 칭	태양황경(도)	한국표준시		
		월	일	시 분			월	일	시 분			월	일	시 분
소한	285	1	5	22 22	하지	90	6	21	22 16	대 설	255	12	7	17 2
대한	300	1	20	15 47	소서	105	7	7	15 48	동 지	270	12	22	10 54
입춘	315	2	4	9 57	대서	120	7	23	9 9					
우수	330	2	19	5 50	입추	135	8	8	1 42	한 식		4	6	
경칩	345	3	6	3 50	처서	150	8	23	16 22	단 오		6	24	
춘분	0	3	21	4 40	백로	165	9	8	4 49	초 복		7	19	
청명	15	4	5	8 27	추분	180	9	23	14 14	중 복		7	29	
곡우	30	4	20	15 30	한로	195	10	8	20 42	말 복		8	8	
입하	45	5	6	1 34	상강	210	10	23	23 48	토왕용사	297	1	17	17 5
소만	60	5	21	14 27	입동	225	11	8	0 4	토왕용사	27	4	17	13 52
망종	75	6	6	5 34	소설	240	11	22	21 31	토왕용사	117	7	20	5 45
										토왕용사	207	10	20	23 25

월	양력	1 2 3 4 5	6 7 8 9 10	11 12 13 14 15	16 17 18 19 20	21 22 23 24 25	26 27 28 29 30 31
7	요일	화 수 목 금 토	일 월 화 수 목	금 토 일 월 화	수 목 금 토 일	월 화 수 목 금	토 일 월 화 수 목
	음력	5/12 13 14 15 16	17 18 19 20 21	22 23 24 25 26	27 28 29 6/1 2	3 4 5 6 7	8 9 10 11 12 13
	일진	임 계 갑 을 병 인 묘 진 사 오	정 무 기 경 신 미 신 유 술 해	임 계 갑 을 병 자 축 인 묘 진	정 무 기 경 신 사 오 미 신 유	임 계 갑 을 병 술 해 자 축 인	정 무 기 경 신 임 묘 진 사 오 미 신
8	요일	금 토 일 월 화	수 목 금 토 일	월 화 수 목 금	토 일 월 화 수	목 금 토 일 월	화 수 목 금 토 일
	음력	6/14 15 16 17 18	19 20 21 22 23	24 25 26 27 28	29 30 7/1 2 3	4 5 6 7 8	9 10 11 12 13 14
	일진	계 갑 을 병 정 유 술 해 자 축	무 기 경 신 임 인 묘 진 사 오	계 갑 을 병 정 미 신 유 술 해	무 기 경 신 임 자 축 인 묘 진	계 갑 을 병 정 사 오 미 신 유	무 기 경 신 임 계 술 해 자 축 인 묘
9	요일	월 화 수 목 금	토 일 월 화 수	목 금 토 일 월	화 수 목 금 토	일 월 화 수 목	금 토 일 월 화
	음력	7/15 16 17 18 19	20 21 22 23 24	25 26 27 28 29	30 8/1 2 3 4	5 6 7 8 9	10 11 12 13 14
	일진	갑 을 병 정 무 진 사 오 미 신	기 경 신 임 계 유 술 해 자 축	갑 을 병 정 무 인 묘 진 사 오	기 경 신 임 계 미 신 유 술 해	갑 을 병 정 무 자 축 인 묘 진	기 경 신 임 계 사 오 미 신 유
10	요일	수 목 금 토 일	월 화 수 목 금	토 일 월 화 수	목 금 토 일 월	화 수 목 금 토	일 월 화 수 목 금
	음력	8/15 16 17 18 19	20 21 22 23 24	25 26 27 28 29	9/1 2 3 4 5	6 7 8 9 10	11 12 13 14 15 16
	일진	갑 을 병 정 무 술 해 자 축 인	기 경 신 임 계 묘 진 사 오 미	갑 을 병 정 무 신 유 술 해 자	기 경 신 임 계 축 인 묘 진 사	갑 을 병 정 무 오 미 신 유 술	기 경 신 임 계 갑 해 자 축 인 묘 진
11	요일	토 일 월 화 수	목 금 토 일 월	화 수 목 금 토	일 월 화 수 목	금 토 일 월 화	수 목 금 토 일
	음력	9/17 18 19 20 21	22 23 24 25 26	27 28 29 30 10/1	2 3 4 5 6	7 8 9 10 11	12 13 14 15 16
	일진	을 병 정 무 기 사 오 미 신 유	경 신 임 계 갑 술 해 자 축 인	을 병 정 무 기 묘 진 사 오 미	경 신 임 계 갑 신 유 술 해 자	을 병 정 무 기 축 인 묘 진 사	경 신 임 계 갑 오 미 신 유 술
12	요일	월 화 수 목 금	토 일 월 화 수	목 금 토 일 월	화 수 목 금 토	일 월 화 수 목	금 토 일 월 화 수
	음력	10/17 18 19 20 21	22 23 24 25 26	27 28 29 11/1 2	3 4 5 6 7	8 9 10 11 12	13 14 15 16 17 18
	일진	을 병 정 무 기 해 자 축 인 묘	경 신 임 계 갑 진 사 오 미 신	을 병 정 무 기 유 술 해 자 축	경 신 임 계 갑 인 묘 진 사 오	을 병 정 무 기 미 신 유 술 해	경 신 임 계 갑 을 자 축 인 묘 진 사

* 윤달 : 3월

2032 임자년 • 단기 4365

주요 국경일과 명절

구 분	월일	요일	구 분	월일	요일
신 정	1 1	목	현 충 일	6 6	일
설 날	2 11	수	제 헌 절	7 17	토
3·1절	3 1	월	광 복 절	8 15	일
식 목 일	4 5	월	추 석	9 19	일
어린이날	5 5	수	개 천 절	10 3	일
석가탄신일	5 16	일	기독탄신일	12 25	토

음양력 대조일람

음력월	월건	대소	음력 1일의 양력 월일	음력월	월건	대소	음력 1일의 양력 월일
1	임인	대	2 11	7	무신	대	8 6
2	계묘	소	3 12	8	기유	소	9 5
3	갑진	소	4 10	9	경술	대	10 4
4	을사	대	5 9	10	신해	대	11 3
5	병오	소	6 8	11	임자	소	12 3
6	정미	대	7 7	12	계축	대	2033/1 1

월	양력	1 2 3 4 5	6 7 8 9 10	11 12 13 14 15	16 17 18 19 20	21 22 23 24 25	26 27 28 29 30 31
1	요일	목 금 토 일 월	화 수 목 금 토	일 월 화 수 목	금 토 일 월 화	수 목 금 토 일	월 화 수 목 금 토
	음력	11/19 20 21 22 23	24 25 26 27 28	29 30 12/1 2 3	4 5 6 7 8	9 10 11 12 13	14 15 16 17 18 19
	일진	병정무기경 오미신유술	신임계갑을 해자축인묘	병정무기경 진사오미신	신임계갑을 유술해자축	병정무기경 인묘진사오	신임계갑을병 미신유술해자
2	요일	일 월 화 수 목	금 토 일 월 화	수 목 금 토 일	월 화 수 목 금	토 일 월 화 수	목 금 토 일
	음력	12/20 21 22 23 24	25 26 27 28 29	1/1 2 3 4 5	6 7 8 9 10	11 12 13 14 15	16 17 18 19
	일진	정무기경신 축인묘진사	임계갑을병 오미신유술	정무기경신 해자축인묘	임계갑을병 진사오미신	정무기경신 유술해자축	임계갑을 인묘진사
3	요일	월 화 수 목 금	토 일 월 화 수	목 금 토 일 월	화 수 목 금 토	일 월 화 수 목	금 토 일 월 화 수
	음력	1/20 21 22 23 24	25 26 27 28 29	30 2/1 2 3 4	5 6 7 8 9	10 11 12 13 14	15 16 17 18 19 20
	일진	병정무기경 오미신유술	신임계갑을 해자축인묘	병정무기경 진사오미신	신임계갑을 유술해자축	병정무기경 인묘진사오	신임계갑을병 미신유술해자
4	요일	목 금 토 일 월	화 수 목 금 토	일 월 화 수 목	금 토 일 월 화	수 목 금 토 일	월 화 수 목 금
	음력	2/21 22 23 24 25	26 27 28 29 3/1	2 3 4 5 6	7 8 9 10 11	12 13 14 15 16	17 18 19 20 21
	일진	정무기경신 축인묘진사	임계갑을병 오미신유술	정무기경신 해자축인묘	임계갑을병 진사오미신	정무기경신 유술해자축	임계갑을병 인묘진사오
5	요일	토 일 월 화 수	목 금 토 일 월	화 수 목 금 토	일 월 화 수 목	금 토 일 월 화	수 목 금 토 일 월
	음력	3/22 23 24 25 26	27 28 29 4/1 2	3 4 5 6 7	8 9 10 11 12	13 14 15 16 17	18 19 20 21 22 23
	일진	정무기경신 미신유술해	임계갑을병 자축인묘진	정무기경신 사오미신유	임계갑을병 술해자축인	정무기경신 묘진사오미	임계갑을병정 신유술해자축
6	요일	화 수 목 금 토	일 월 화 수 목	금 토 일 월 화	수 목 금 토 일	월 화 수 목 금	토 일 월 화 수
	음력	4/24 25 26 27 28	29 30 5/1 2 3	4 5 6 7 8	9 10 11 12 13	14 15 16 17 18	19 20 21 22 23
	일진	무기경신임 인묘진사오	계갑을병정 미신유술해	무기경신임 자축인묘진	계갑을병정 사오미신유	무기경신임 술해자축인	계갑을병정 묘진사오미

24절기와 잡절

명칭	태양황경(도)	월	일	시	분	명칭	태양황경(도)	월	일	시	분	명칭	태양황경(도)	월	일	시	분
소한	285	1	6	4	15	하지	90	6	21	4	7	대설	255	12	6	22	52
대한	300	1	20	21	30	소서	105	7	6	21	40	동지	270	12	21	16	55
입춘	315	2	4	15	48	대서	120	7	22	15	3						
우수	330	2	19	11	31	입추	135	8	7	7	31	한식			4	5	
경칩	345	3	5	9	39	처서	150	8	22	22	17	단오			6	12	
춘분	0	3	20	10	21	백로	165	9	7	10	37	초복			7	13	
청명	15	4	4	14	16	추분	180	9	22	20	10	중복			7	23	
곡우	30	4	19	21	13	한로	195	10	8	2	29	말복			8	12	
입하	45	5	5	7	25	상강	210	10	23	5	45	토왕용사	297	1	17	22	47
소만	60	5	20	20	14	입동	225	11	7	5	53	토왕용사	27	4	16	19	33
망종	75	6	5	11	27	소설	240	11	22	3	30	토왕용사	117	7	19	11	36
												토왕용사	207	10	20	5	20

월	양력	1 2 3 4 5	6 7 8 9 10	11 12 13 14 15	16 17 18 19 20	21 22 23 24 25	26 27 28 29 30 31
7	요일	목 금 토 일 월	화 수 목 금 토	일 월 화 수 목	금 토 일 월 화	수 목 금 토 일	월 화 수 목 금 토
7	음력	5/24 25 26 27 28	29 6/1 2 3 4	5 6 7 8 9	10 11 12 13 14	15 16 17 18 19	20 21 22 23 24 25
7	일진	무기경신임 / 신유술해자	계갑을병정 / 축인묘진사	무기경신임 / 오미신유술	계갑을병정 / 해자축인묘	무기경신임 / 진사오미신	계갑을병정무 / 유술해자축인
8	요일	일 월 화 수 목	금 토 일 월 화	수 목 금 토 일	월 화 수 목 금	토 일 월 화 수	목 금 토 일 월 화
8	음력	6/26 27 28 29 30	7/1 2 3 4 5	6 7 8 9 10	11 12 13 14 15	16 17 18 19 20	21 22 23 24 25 26
8	일진	기경신임계 / 묘진사오미	갑을병정무 / 신유술해자	기경신임계 / 축인묘진사	갑을병정무 / 오미신유술	기경신임계 / 해자축인묘	갑을병정무기 / 진사오미신유
9	요일	수 목 금 토 일	월 화 수 목 금	토 일 월 화 수	목 금 토 일 월	화 수 목 금 토	일 월 화 수 목
9	음력	7/27 28 29 30 8/1	2 3 4 5 6	7 8 9 10 11	12 13 14 15 16	17 18 19 20 21	22 23 24 25 26
9	일진	경신임계갑 / 술해자축인	을병정무기 / 묘진사오미	경신임계갑 / 신유술해자	을병정무기 / 축인묘진사	경신임계갑 / 오미신유술	을병정무기 / 해자축인묘
10	요일	금 토 일 월 화	수 목 금 토 일	월 화 수 목 금	토 일 월 화 수	목 금 토 일 월	화 수 목 금 토 일
10	음력	8/27 28 29 9/1 2	3 4 5 6 7	8 9 10 11 12	13 14 15 16 17	18 19 20 21 22	23 24 25 26 27 28
10	일진	경신임계갑 / 진사오미신	을병정무기 / 유술해자축	경신임계갑 / 인묘진사오	을병정무기 / 미신유술해	경신임계갑 / 자축인묘진	을병정무기경 / 사오미신유술
11	요일	월 화 수 목 금	토 일 월 화 수	목 금 토 일 월	화 수 목 금 토	일 월 화 수 목	금 토 일 월 화
11	음력	9/29 30 10/1 2 3	4 5 6 7 8	9 10 11 12 13	14 15 16 17 18	19 20 21 22 23	24 25 26 27 28
11	일진	신임계갑을 / 해자축인묘	병정무기경 / 진사오미신	신임계갑을 / 유술해자축	병정무기경 / 인묘진사오	신임계갑을 / 미신유술해	병정무기경 / 자축인묘진
12	요일	수 목 금 토 일	월 화 수 목 금	토 일 월 화 수	목 금 토 일 월	화 수 목 금 토	일 월 화 수 목 금
12	음력	10/29 30 11/1 2 3	4 5 6 7 8	9 10 11 12 13	14 15 16 17 18	19 20 21 22 23	24 25 26 27 28 29
12	일진	신임계갑을 / 사오미신유	병정무기경 / 술해자축인	신임계갑을 / 묘진사오미	병정무기경 / 신유술해자	신임계갑을 / 축인묘진사	병정무기경신 / 오미신유술해

주요 국경일과 명절

구 분	월일	요일	구 분	월일	요일
신 정	1 1	토	현 충 일	6 6	월
설 날	1 31	월	제 헌 절	7 17	일
3·1절	3 1	화	광 복 절	8 15	월
식 목 일	4 5	화	추 석	9 8	목
어린이날	5 5	목	개 천 절	10 3	월
석가탄신일	5 6	금	기독탄신일	12 25	일

음양력 대조일람

음력월	월건	대소	음력 1일의 양력 월일	음력월	월건	대소	음력 1일의 양력 월일
1	갑인	소	1 31	8	신유	소	8 25
2	을묘	대	3 1	9	임술	대	9 23
3	병진	소	3 31	10	계해	대	10 23
4	정사	소	4 29	11	갑자	대	11 22
5	무오	대	5 28	(윤)11		소	12 22
6	기미	소	6 27	12	을축	대	2034/1 20
7	경신	대	7 26				

월	양력	1 2 3 4 5	6 7 8 9 10	11 12 13 14 15	16 17 18 19 20	21 22 23 24 25	26 27 28 29 30 31
1	요일	토 일 월 화 수	목 금 토 일 월	화 수 목 금 토	일 월 화 수 목	금 토 일 월 화	수 목 금 토 일 월
1	음력	12/1 2 3 4 5	6 7 8 9 10	11 12 13 14 15	16 17 18 19 20	21 22 23 24 25	26 27 28 29 30 1/1
1	일진	임계갑을병 자축인묘진	정무기경신 사오미신유	임계갑을병 술해자축인	정무기경신 묘진사오미	임계갑을병 신유술해자	정무기경신임 축인묘진사오
2	요일	화 수 목 금 토	일 월 화 수 목	금 토 일 월 화	수 목 금 토 일	월 화 수 목 금	토 일 월
2	음력	1/2 3 4 5 6	7 8 9 10 11	12 13 14 15 16	17 18 19 20 21	22 23 24 25 26	27 28 29
2	일진	계갑을병정 미신유술해	무기경신임 자축인묘진	계갑을병정 사오미신유	무기경신임 술해자축인	계갑을병정 묘진사오미	무기경 신유술
3	요일	화 수 목 금 토	일 월 화 수 목	금 토 일 월 화	수 목 금 토 일	월 화 수 목 금	토 일 월 화 수 목
3	음력	2/1 2 3 4 5	6 7 8 9 10	11 12 13 14 15	16 17 18 19 20	21 22 23 24 25	26 27 28 29 30 3/1
3	일진	신임계갑을 해자축인묘	병정무기경 진사오미신	신임계갑을 유술해자축	병정무기경 인묘진사오	신임계갑을 미신유술해	병정무기경신 자축인묘진사
4	요일	금 토 일 월 화	수 목 금 토 일	월 화 수 목 금	토 일 월 화 수	목 금 토 일 월	화 수 목 금 토
4	음력	3/2 3 4 5 6	7 8 9 10 11	12 13 14 15 16	17 18 19 20 21	22 23 24 25 26	27 28 29 4/1 2
4	일진	임계갑을병 오미신유술	정무기경신 해자축인묘	임계갑을병 진사오미신	정무기경신 유술해자축	임계갑을병 인묘진사오	정무기경신 미신유술해
5	요일	일 월 화 수 목	금 토 일 월 화	수 목 금 토 일	월 화 수 목 금	토 일 월 화 수	목 금 토 일 월 화
5	음력	4/3 4 5 6 7	8 9 10 11 12	13 14 15 16 17	18 19 20 21 22	23 24 25 26 27	28 29 5/1 2 3 4
5	일진	임계갑을병 자축인묘진	정무기경신 사오미신유	임계갑을병 술해자축인	정무기경신 묘진사오미	임계갑을병 신유술해자	정무기경신임 축인묘진사오
6	요일	수 목 금 토 일	월 화 수 목 금	토 일 월 화 수	목 금 토 일 월	화 수 목 금 토	일 월 화 수 목
6	음력	5/5 6 7 8 9	10 11 12 13 14	15 16 17 18 19	20 21 22 23 24	25 26 27 28 29	30 6/1 2 3 4
6	일진	계갑을병정 미신유술해	무기경신임 자축인묘진	계갑을병정 사오미신유	무기경신임 술해자축인	계갑을병정 묘진사오미	무기경신임 신유술해자

24절기와 잡절

명칭	태양황경(도)	한국표준시 월 일	시 분	명칭	태양황경(도)	한국표준시 월 일	시 분	명칭	태양황경(도)	한국표준시 월 일	시 분
소한	285	1 5	10 7	하지	90	6 21	10 0	대설	255	12 7	4 44
대한	300	1 20	3 31	소서	105	7 7	3 24	동지	270	12 21	22 45
입춘	315	2 3	21 40	대서	120	7 22	20 51				
우수	330	2 18	17 32	입추	135	8 7	13 14	한식			4 5
경칩	345	3 5	15 31	처서	150	8 23	4 1	단오			6 1
춘분	0	3 20	16 21	백로	165	9 7	16 19	초복			7 18
청명	15	4 4	20 7	추분	180	9 23	1 50	중복			7 28
곡우	30	4 20	3 12	한로	195	10 8	8 13	말복			8 7
입하	45	5 5	13 12	상강	210	10 23	11 26	토왕용사	297	1 17	4 47
소만	60	5 21	2 10	입동	225	11 7	11 40	토왕용사	27	4 17	1 31
망종	75	6 5	17 12	소설	240	11 22	9 15	토왕용사	117	7 19	17 26
								토왕용사	207	10 20	11 4

월	양력	1	2	3	4	5	6	7	8	9	10	11	12	13	14	15	16	17	18	19	20	21	22	23	24	25	26	27	28	29	30	31
7	요일	금	토	일	월	화	수	목	금	토	일	월	화	수	목	금	토	일	월	화	수	목	금	토	일	월	화	수	목	금	토	일
7	음력	6/5	6	7	8	9	10	11	12	13	14	15	16	17	18	19	20	21	22	23	24	25	26	27	28	29	7/1	2	3	4	5	6
7	일진	계축	갑인	을묘	병진	정사	무오	기미	경신	신유	임술	계해	갑자	을축	병인	정묘	무진	기사	경오	신미	임신	계유	갑술	을해	병자	정축	무인	기묘	경진	신사	임오	계미
8	요일	월	화	수	목	금	토	일	월	화	수	목	금	토	일	월	화	수	목	금	토	일	월	화	수	목	금	토	일	월	화	수
8	음력	7/7	8	9	10	11	12	13	14	15	16	17	18	19	20	21	22	23	24	25	26	27	28	29	30	8/1	2	3	4	5	6	7
8	일진	갑신	을유	병술	정해	무자	기축	경인	신묘	임진	계사	갑오	을미	병신	정유	무술	기해	경자	신축	임인	계묘	갑진	을사	병오	정미	무신	기유	경술	신해	임자	계축	갑인
9	요일	목	금	토	일	월	화	수	목	금	토	일	월	화	수	목	금	토	일	월	화	수	목	금	토	일	월	화	수	목	금	
9	음력	8/8	9	10	11	12	13	14	15	16	17	18	19	20	21	22	23	24	25	26	27	28	29	9/1	2	3	4	5	6	7	8	
9	일진	을묘	병진	정사	무오	기미	경신	신유	임술	계해	갑자	을축	병인	정묘	무진	기사	경오	신미	임신	계유	갑술	을해	병자	정축	무인	기묘	경진	신사	임오	계미	갑신	
10	요일	토	일	월	화	수	목	금	토	일	월	화	수	목	금	토	일	월	화	수	목	금	토	일	월	화	수	목	금	토	일	월
10	음력	9/9	10	11	12	13	14	15	16	17	18	19	20	21	22	23	24	25	26	27	28	29	30	10/1	2	3	4	5	6	7	8	9
10	일진	을유	병술	정해	무자	기축	경인	신묘	임진	계사	갑오	을미	병신	정유	무술	기해	경자	신축	임인	계묘	갑진	을사	병오	정미	무신	기유	경술	신해	임자	계축	갑인	을묘
11	요일	화	수	목	금	토	일	월	화	수	목	금	토	일	월	화	수	목	금	토	일	월	화	수	목	금	토	일	월	화	수	
11	음력	10/10	11	12	13	14	15	16	17	18	19	20	21	22	23	24	25	26	27	28	29	30	11/1	2	3	4	5	6	7	8	9	
11	일진	병진	정사	무오	기미	경신	신유	임술	계해	갑자	을축	병인	정묘	무진	기사	경오	신미	임신	계유	갑술	을해	병자	정축	무인	기묘	경진	신사	임오	계미	갑신	을유	
12	요일	목	금	토	일	월	화	수	목	금	토	일	월	화	수	목	금	토	일	월	화	수	목	금	토	일	월	화	수	목	금	토
12	음력	11/10	11	12	13	14	15	16	17	18	19	20	21	22	23	24	25	26	27	28	29	30	윤11/1	2	3	4	5	6	7	8	9	10
12	일진	병술	정해	무자	기축	경인	신묘	임진	계사	갑오	을미	병신	정유	무술	기해	경자	신축	임인	계묘	갑진	을사	병오	정미	무신	기유	경술	신해	임자	계축	갑인	을묘	병진

* 윤달 : 11월

2034 갑인년 · 단기 4367

주요 국경일과 명절

구 분	월일	요일	구 분	월일	요일
신 정	1 1	일	현 충 일	6 6	화
설 날	2 19	일	제 헌 절	7 17	월
3·1절	3 1	수	광 복 절	8 15	화
식 목 일	4 5	수	추 석	9 27	수
어린이날	5 5	금	개 천 절	10 3	화
석가탄신일	5 25	목	기독탄신일	12 25	월

음양력 대조일람

음력월	월건	대소	음력 1일의 양력 월일	음력월	월건	대소	음력 1일의 양력 월일
1	병인	소	2 19	7	임신	대	8 14
2	정묘	대	3 20	8	계유	소	9 13
3	무진	소	4 19	9	갑술	대	10 12
4	기사	소	5 18	10	을해	대	11 11
5	경오	대	6 16	11	병자	대	12 11
6	신미	소	7 16	12	정축	소	2035/1 10

월	양력	1 2 3 4 5	6 7 8 9 10	11 12 13 14 15	16 17 18 19 20	21 22 23 24 25	26 27 28 29 30 31
1	요일	일월화수목	금토일월화	수목금토일	월화수목금	토일월화수	목금토일월화
	음력	11*/11 12 13 14 15	16 17 18 19 20	21 22 23 24 25	26 27 28 29 12/1	2 3 4 5 6	7 8 9 10 11 12
	일진	정무기경신 사오미신유	임계갑을병 술해자축인	정무기경신 묘진사오미	임계갑을병 신유술해자	정무기경신 축인묘진사	임계갑을병정 오미신유술해
2	요일	수목금토일	월화수목금	토일월화수	목금토일월	화수목금토	일월화
	음력	12/13 14 15 16 17	18 19 20 21 22	23 24 25 26 27	28 29 30 1/1 2	3 4 5 6 7	8 9 10
	일진	무기경신임 자축인묘진	계갑을병정 사오미신유	무기경신임 술해자축	계갑을병정 묘진사오미	무기경신임 신유술해자	계갑을 축인묘
3	요일	수목금토일	월화수목금	토일월화수	목금토일월	화수목금토	일월화수목금
	음력	1/11 12 13 14 15	16 17 18 19 20	21 22 23 24 25	26 27 28 29 2/1	2 3 4 5 6	7 8 9 10 11 12
	일진	병정무기경 진사오미신	신임계갑을 유술해자축	병정무기경 인묘진사오	신임계갑을 미신유술해	병정무기경 자축인묘진	신임계갑을병 사오미신유술
4	요일	토일월화수	목금토일월	화수목금토	일월화수목	금토일월화	수목금토일
	음력	2/13 14 15 16 17	18 19 20 21 22	23 24 25 26 27	28 29 30 3/1 2	3 4 5 6 7	8 9 10 11 12
	일진	정무기경신 해자축인묘	임계갑을병 진사오미신	정무기경신 유술해자축	임계갑을병 인묘진사오	정무기경신 미신유술해	임계갑을병 자축인묘진
5	요일	월화수목금	토일월화수	목금토일월	화수목금토	일월화수목	금토일월화수
	음력	3/13 14 15 16 17	18 19 20 21 22	23 24 25 26 27	28 29 4/1 2 3	4 5 6 7 8	9 10 11 12 13 14
	일진	정무기경신 사오미신유	임계갑을병 술해자축인	정무기경신 묘진사오미	임계갑을병 신유술해자	정무기경신 축인묘진사	임계갑을병정 오미신유술해
6	요일	목금토일월	화수목금토	일월화수목	금토일월화	수목금토일	월화수목금
	음력	4/15 16 17 18 19	20 21 22 23 24	25 26 27 28 29	5/1 2 3 4 5	6 7 8 9 10	11 12 13 14 15
	일진	무기경신임 자축인묘진	계갑을병정 사오미신유	무기경신임 술해자축인	계갑을병정 묘진사오미	무기경신임 신유술해자	계갑을병정 축인묘진사

24절기와 잡절

명 칭	태양황경(도)	한국표준시 월 일	시 분	명 칭	태양황경(도)	한국표준시 월 일	시 분	명 칭	태양황경(도)	한국표준시 월 일	시 분
소한	285	1 5	16 3	하지	90	6 21	15 43	대 설	255	12 7	10 35
대한	300	1 20	9 26	소서	105	7 7	9 16	동 지	270	12 22	4 33
입춘	315	2 4	3 40	대서	120	7 23	2 35				
우수	330	2 18	23 29	입추	135	8 7	19 8	한 식		4 5	
경칩	345	3 5	21 31	처서	150	8 23	9 46	단 오		6 20	
춘분	0	3 20	22 16	백로	165	9 7	22 13	초 복		7 13	
청명	15	4 5	2 5	추분	180	9 23	7 38	중 복		7 23	
곡우	30	4 20	9 2	한로	195	10 8	14 6	말 복		8 12	
입하	45	5 5	19 8	상강	210	10 23	17 15	토왕용사	297	1 17	10 44
소만	60	5 21	7 56	입동	225	11 7	17 32	토왕용사	27	4 17	7 25
망종	75	6 5	23 5	소설	240	11 22	15 4	토왕용사	117	7 19	23 10
								토왕용사	207	10 20	16 51

월	양력	1 2 3 4 5	6 7 8 9 10	11 12 13 14 15	16 17 18 19 20	21 22 23 24 25	26 27 28 29 30 31
7	요일	토일월화수	목금토일월	화수목금토	일월화수목	금토일월화	수목금토일월
	음력	5/16 17 18 19 20	21 22 23 24 25	26 27 28 29 30	6/1 2 3 4 5	6 7 8 9 10	11 12 13 14 15 16
	일진	무기경신임 오미신유술	계갑을병정 해자축인묘	무기경신임 진사오미신	계갑을병정 유술해자축	무기경신임 인묘진사오	계갑을병정무 미신유술해자
8	요일	화수목금토	일월화수목	금토일월화	수목금토일	월화수목금	토일월화수목
	음력	6/17 18 19 20 21	22 23 24 25 26	27 28 29 7/1 2	3 4 5 6 7	8 9 10 11 12	13 14 15 16 17 18
	일진	기경신임계 축인묘진사	갑을병정무 오미신유술	기경신임계 해자축인묘	갑을병정무 진사오미신	기경신임계 유술해자축	갑을병정무기 인묘진사오미
9	요일	금토일월화	수목금토일	월화수목금	토일월화수	목금토일월	화수목금토
	음력	7/19 20 21 22 23	24 25 26 27 28	29 30 8/1 2 3	4 5 6 7 8	9 10 11 12 13	14 15 16 17 18
	일진	경신임계갑 신유술해자	을병정무기 축인묘진사	경신임계갑 오미신유술	을병정무기 해자축인묘	경신임계갑 신사오미신	을병정무기 유술해자축
10	요일	일월화수목	금토일월화	수목금토일	월화수목금	토일월화수	목금토일월화
	음력	8/19 20 21 22 23	24 25 26 27 28	29 9/1 2 3 4	5 6 7 8 9	10 11 12 13 14	15 16 17 18 19 20
	일진	경신임계갑 인묘진사오	을병정무기 미신유술해	경신임계갑 자축인묘진	을병정무기 사오미신유	경신임계갑 술해자축인	을병정무기경 묘진사오미신
11	요일	수목금토일	월화수목금	토일월화수	목금토일월	화수목금토	일월화수목
	음력	9/21 22 23 24 25	26 27 28 29 30	10/1 2 3 4 5	6 7 8 9 10	11 12 13 14 15	16 17 18 19 20
	일진	신임계갑을 유술해자축	병정무기경 인묘진사오	신임계갑을 미신유술해	병정무기경 자축인묘진	신임계갑을 사오미신유	병정무기경 술해자축인
12	요일	금토일월화	수목금토일	월화수목금	토일월화수	목금토일월	화수목금토일
	음력	10/21 22 23 24 25	26 27 28 29 30	11/1 2 3 4 5	6 7 8 9 10	11 12 13 14 15	16 17 18 19 20 21
	일진	신임계갑을 묘진사오미	병정무기경 신유술해자	신임계갑을 축인묘진사	병정무기경 오미신유술	신임계갑을 해자축인묘	병정무기경신 진사오미신유

2035 을묘년 · 단기 4368

주요 국경일과 명절

구 분	월일	요일	구 분	월일	요일
신 정	1 1	월	현 충 일	6 6	수
설 날	2 8	목	제 헌 절	7 17	화
3·1절	3 1	목	광 복 절	8 15	수
식 목 일	4 5	목	추 석	9 16	일
어린이날	5 5	토	개 천 절	10 3	수
석가탄신일	5 15	화	기독탄신일	12 25	화

음양력 대조일람

음력월	월건	대소	음력 1일의 양력 월일	음력월	월건	대소	음력 1일의 양력 월일
1	무인	대	2 8	7	갑신	소	8 4
2	기묘	소	3 10	8	을유	소	9 2
3	경진	대	4 8	9	병술	대	10 1
4	신사	소	5 8	10	정해	대	10 31
5	임오	소	6 6	11	무자	소	11 30
6	계미	대	7 5	12	기축	대	12 29

월	양력	1 2 3 4 5	6 7 8 9 10	11 12 13 14 15	16 17 18 19 20	21 22 23 24 25	26 27 28 29 30 31
1	요일	월 화 수 목 금	토 일 월 화 수	목 금 토 일 월	화 수 목 금 토	일 월 화 수 목	금 토 일 월 화 수
	음력	11/22 23 24 25 26	27 28 29 30 12/1	2 3 4 5 6	7 8 9 10 11	12 13 14 15 16	17 18 19 20 21 22
	일진	임계갑을병 / 술해자축인	정무기경신 / 묘진사오미	임계갑을병 / 신유술해자	정무기경신 / 축인묘진사	임계갑을병 / 오미신유술	정무기경신임 / 해자축인묘진
2	요일	목 금 토 일 월	화 수 목 금 토	일 월 화 수 목	금 토 일 월 화	수 목 금 토 일	월 화 수
	음력	12/23 24 25 26 27	28 29 1/1 2 3	4 5 6 7 8	9 10 11 12 13	14 15 16 17 18	19 20 21
	일진	계갑을병정 / 사오미신유	무기경신임 / 술해자축인	계갑을병정 / 묘진사오미	무기경신임 / 신유술해자	계갑을병정 / 축인묘진사	무기경 / 오미신
3	요일	목 금 토 일 월	화 수 목 금 토	일 월 화 수 목	금 토 일 월 화	수 목 금 토 일	월 화 수 목 금 토
	음력	1/22 23 24 25 26	27 28 29 30 2/1	2 3 4 5 6	7 8 9 10 11	12 13 14 15 16	17 18 19 20 21 22
	일진	신임계갑을 / 유술해자축	병정무기경 / 인묘진사오	신임계갑을 / 미신유술해	병정무기경 / 자축인묘진	신임계갑을 / 사오미신유	병정무기경신 / 술해자축인묘
4	요일	일 월 화 수 목	금 토 일 월 화	수 목 금 토 일	월 화 수 목 금	토 일 월 화 수	목 금 토 일 월
	음력	2/23 24 25 26 27	28 29 3/1 2 3	4 5 6 7 8	9 10 11 12 13	14 15 16 17 18	19 20 21 22 23
	일진	임계갑을병 / 진사오미신	정무기경신 / 유술해자축	임계갑을병 / 인묘진사오	정무기경신 / 미신유술해	임계갑을병 / 자축인묘진	정무기경신 / 사오미신유
5	요일	화 수 목 금 토	일 월 화 수 목	금 토 일 월 화	수 목 금 토 일	월 화 수 목 금	토 일 월 화 수 목
	음력	3/24 25 26 27 28	29 30 4/1 2 3	4 5 6 7 8	9 10 11 12 13	14 15 16 17 18	19 20 21 22 23 24
	일진	임계갑을병 / 술해자축인	정무기경신 / 묘진사오미	임계갑을병 / 신유술해자	정무기경신 / 축인묘진사	임계갑을병 / 오미신유술	정무기경신임 / 해자축인묘진
6	요일	금 토 일 월 화	수 목 금 토 일	월 화 수 목 금	토 일 월 화 수	목 금 토 일 월	화 수 목 금 토
	음력	4/25 26 27 28 29	5/1 2 3 4 5	6 7 8 9 10	11 12 13 14 15	16 17 18 19 20	21 22 23 24 25
	일진	계갑을병정 / 사오미신유	무기경신임 / 술해자축인	계갑을병정 / 묘진사오미	무기경신임 / 신유술해자	계갑을병정 / 축인묘진사	무기경신임 / 오미신유술

24절기와 잡절

명 칭	태양황경(도)	월	일	시	분	명 칭	태양황경(도)	월	일	시	분	명 칭	태양황경(도)	월	일	시	분
소한	285	1	5	21	54	하지	90	6	21	21	32	대 설	255	12	7	16	24
대한	300	1	20	15	13	소서	105	7	7	15	0	동 지	270	12	22	10	29
입춘	315	2	4	9	30	대서	120	7	23	8	27						
우수	330	2	19	5	15	입추	135	8	8	0	53	한 식			4	6	
경칩	345	3	6	3	20	처서	150	8	23	15	43	단 오			6	10	
춘분	0	3	21	4	1	백로	165	9	8	4	1	초 복			7	18	
청명	15	4	5	7	52	추분	180	9	23	13	38	중 복			7	28	
곡우	30	4	20	14	48	한로	195	10	8	19	56	말 복			8	17	
입하	45	5	6	0	54	상강	210	10	23	23	15	토왕용사	297	1	17	16	29
소만	60	5	21	13	42	입동	225	11	7	23	22	토왕용사	27	4	17	13	8
망종	75	6	6	4	49	소설	240	11	22	21	2	토왕용사	117	7	20	5	0
												토왕용사	207	10	20	22	50

월	양력	1 2 3 4 5	6 7 8 9 10	11 12 13 14 15	16 17 18 19 20	21 22 23 24 25	26 27 28 29 30 31
7	요일	일 월 화 수 목	금 토 일 월 화	수 목 금 토 일	월 화 수 목 금	토 일 월 화 수	목 금 토 일 월 화
	음력	5/26 27 28 29 6/1	2 3 4 5 6	7 8 9 10 11	12 13 14 15 16	17 18 19 20 21	22 23 24 25 26 27
	일진	계 갑 을 병 정 해 자 축 인 묘	무 기 경 신 임 진 사 오 미 신	계 갑 을 병 정 유 술 해 자 축	무 기 경 신 임 인 묘 진 사 오	계 갑 을 병 정 미 신 유 술 해	무 기 경 신 임 계 자 축 인 묘 진 사
8	요일	수 목 금 토 일	월 화 수 목 금	토 일 월 화 수	목 금 토 일 월	화 수 목 금 토	일 월 화 수 목 금
	음력	6/28 29 30 7/1 2	3 4 5 6 7	8 9 10 11 12	13 14 15 16 17	18 19 20 21 22	23 24 25 26 27 28
	일진	갑 을 병 정 무 오 미 신 유 술	기 경 신 임 계 해 자 축 인 묘	갑 을 병 정 무 진 사 오 미 신	기 경 신 임 계 유 술 해 자 축	갑 을 병 정 무 인 묘 진 사 오	기 경 신 임 계 갑 미 신 유 술 해 자
9	요일	토 일 월 화 수	목 금 토 일 월	화 수 목 금 토	일 월 화 수 목	금 토 일 월 화	수 목 금 토 일
	음력	7/29 8/1 2 3 4	5 6 7 8 9	10 11 12 13 14	15 16 17 18 19	20 21 22 23 24	25 26 27 28 29
	일진	을 병 정 무 기 축 인 묘 진 사	경 신 임 계 갑 오 미 신 유 술	을 병 정 무 기 해 자 축 인 묘	경 신 임 계 갑 진 사 오 미 신	을 병 정 무 기 유 술 해 자 축	경 신 임 계 갑 인 묘 진 사 오
10	요일	월 화 수 목 금	토 일 월 화 수	목 금 토 일 월	화 수 목 금 토	일 월 화 수 목	금 토 일 월 화 수
	음력	9/1 2 3 4 5	6 7 8 9 10	11 12 13 14 15	16 17 18 19 20	21 22 23 24 25	26 27 28 29 30 10/1
	일진	을 병 정 무 기 미 신 유 술 해	경 신 임 계 갑 자 축 인 묘 진	을 병 정 무 기 사 오 미 신 유	경 신 임 계 갑 술 해 자 축 인	을 병 정 무 기 묘 진 사 오 미	경 신 임 계 갑 을 신 유 술 해 자 축
11	요일	목 금 토 일 월	화 수 목 금 토	일 월 화 수 목	금 토 일 월 화	수 목 금 토 일	월 화 수 목 금
	음력	10/2 3 4 5 6	7 8 9 10 11	12 13 14 15 16	17 18 19 20 21	22 23 24 25 26	27 28 29 30 11/1
	일진	병 정 무 기 경 인 묘 진 사 오	신 임 계 갑 을 미 신 유 술 해	병 정 무 기 경 자 축 인 묘 진	신 임 계 갑 을 사 오 미 신 유	병 정 무 기 경 술 해 자 축 인	신 임 계 갑 을 묘 진 사 오 미
12	요일	토 일 월 화 수	목 금 토 일 월	화 수 목 금 토	일 월 화 수 목	금 토 일 월 화	수 목 금 토 일 월
	음력	11/2 3 4 5 6	7 8 9 10 11	12 13 14 15 16	17 18 19 20 21	22 23 24 25 26	27 28 29 12/1 2 3
	일진	병 정 무 기 경 신 유 술 해 자	신 임 계 갑 을 축 인 묘 진 사	병 정 무 기 경 오 미 신 유 술	신 임 계 갑 을 해 자 축 인 묘	병 정 무 기 경 진 사 오 미 신	신 임 계 갑 을 병 유 술 해 자 축 인

2036 병진년 · 단기 4369

주요 국경일과 명절

구 분	월 일	요일	구 분	월 일	요일
신 정	1 1	화	현 충 일	6 6	금
설 날	1 28	월	제 헌 절	7 17	목
3 · 1 절	3 1	토	광 복 절	8 15	금
식 목 일	4 5	토	개 천 절	10 3	금
석가탄신일	5 3	토	추 석	10 4	토
어린이날	5 5	월	기독탄신일	12 25	목

음양력 대조일람

음력 월	월건	대소	음력 1일의 양력 월일	음력 월	월건	대소	음력 1일의 양력 월일
1	경인	대	1 28	7	병신	소	8 22
2	신묘	대	2 27	8	정유	소	9 20
3	임진	소	3 28	9	무술	대	10 19
4	계사	대	4 26	10	기해	대	11 18
5	갑오	소	5 26	11	경자	소	12 18
6	을미	소	6 24	12	신축	대	2037/1 16
(윤)6		대	7 23				

월	양력	1 2 3 4 5	6 7 8 9 10	11 12 13 14 15	16 17 18 19 20	21 22 23 24 25	26 27 28 29 30 31
1	요일	화 수 목 금 토	일 월 화 수 목	금 토 일 월 화	수 목 금 토 일	월 화 수 목 금	토 일 월 화 수 목
	음력	12/4 5 6 7 8	9 10 11 12 13	14 15 16 17 18	19 20 21 22 23	24 25 26 27 28	29 30 1/1 2 3 4
	일진	정무기경신 묘진사오미	임계갑을병 신유술해자	정무기경신 축인묘진사	임계갑을병 오미신유술	정무기경신 해자축인묘	임계갑을병정 진사오미신유
2	요일	금 토 일 월 화	수 목 금 토 일	월 화 수 목 금	토 일 월 화 수	목 금 토 일 월	화 수 목 금
	음력	1/5 6 7 8 9	10 11 12 13 14	15 16 17 18 19	20 21 22 23 24	25 26 27 28 29	30 2/1 2 3
	일진	무기경신임 술해자축인	계갑을병정 묘진사오미	무기경신임 신유술해자	계갑을병정 축인묘진사	무기경신임 오미신유술	계갑을병 해자축인
3	요일	토 일 월 화 수	목 금 토 일 월	화 수 목 금 토	일 월 화 수 목	금 토 일 월 화	수 목 금 토 일 월
	음력	2/4 5 6 7 8	9 10 11 12 13	14 15 16 17 18	19 20 21 22 23	24 25 26 27 28	29 30 3/1 2 3 4
	일진	정무기경신 묘진사오미	임계갑을병 신유술해자	정무기경신 축인묘진사	임계갑을병 오미신유술	정무기경신 해자축인묘	임계갑을병정 진사오미신유
4	요일	화 수 목 금 토	일 월 화 수 목	금 토 일 월 화	수 목 금 토 일	월 화 수 목 금	토 일 월 화 수
	음력	3/5 6 7 8 9	10 11 12 13 14	15 16 17 18 19	20 21 22 23 24	25 26 27 28 29	4/1 2 3 4 5
	일진	무기경신임 술해자축인	계갑을병정 묘진사오미	무기경신임 신유술해자	계갑을병정 축인묘진사	무기경신임 오미신유술	계갑을병정 해자축인묘
5	요일	목 금 토 일 월	화 수 목 금 토	일 월 화 수 목	금 토 일 월 화	수 목 금 토 일	월 화 수 목 금 토
	음력	4/6 7 8 9 10	11 12 13 14 15	16 17 18 19 20	21 22 23 24 25	26 27 28 29 30	5/1 2 3 4 5 6
	일진	무기경신임 진사오미신	계갑을병정 유술해자축	무기경신임 인묘진사오	계갑을병정 미신유술해	무기경신임 자축인묘진	계갑을병정무 사오미신유술
6	요일	일 월 화 수 목	금 토 일 월 화	수 목 금 토 일	월 화 수 목 금	토 일 월 화 수	목 금 토 일 월
	음력	5/7 8 9 10 11	12 13 14 15 16	17 18 19 20 21	22 23 24 25 26	27 28 29 6/1 2	3 4 5 6 7
	일진	기경신임계 해자축인묘	갑을병정무 진사오미신	기경신임계 유술해자축	갑을병정무 인묘진사오	기경신임계 미신유술해	갑을병정무 자축인묘진

24절기와 잡절

명칭	태양황경(도)	월	일	시	분	명칭	태양황경(도)	월	일	시	분	명칭	태양황경(도)	월	일	시	분
소한	285	1	6	3	42	하지	90	6	21	3	31	대 설	255	12	6	22	15
대한	300	1	20	21	10	소서	105	7	6	20	56	동 지	270	12	21	16	11
입춘	315	2	4	15	19	대서	120	7	22	14	21						
우수	330	2	19	11	13	입추	135	8	7	6	48	한 식		4	5		
경칩	345	3	5	9	10	처서	150	8	22	21	31	단 오		5	30		
춘분	0	3	20	10	1	백로	165	9	7	9	54	초복		7	12		
청명	15	4	4	13	45	추분	180	9	22	19	22	중복		7	22		
곡우	30	4	19	20	49	한로	195	10	8	1	48	말복		8	11		
입하	45	5	5	6	48	상강	210	10	23	4	57	토왕용사	297	1	17	22	26
소만	60	5	20	19	43	입동	225	11	7	5	13	토왕용사	27	4	16	19	10
망종	75	6	5	10	46	소설	240	11	22	2	44	토왕용사	117	7	19	10	57
												토왕용사	207	10	20	4	35

월	양력	1 2 3 4 5	6 7 8 9 10	11 12 13 14 15	16 17 18 19 20	21 22 23 24 25	26 27 28 29 30 31
7	요일	화 수 목 금 토	일 월 화 수 목	금 토 일 월 화	수 목 금 토 일	월 화 수 목 금	토 일 월 화 수 목
	음력	6/8 9 10 11 12	13 14 15 16 17	18 19 20 21 22	23 24 25 26 27	28 29 6*/1 2 3	4 5 6 7 8 9
	일진	기 경 신 임 계 사 오 미 신 유	갑 을 병 정 무 술 해 자 축 인	기 경 신 임 계 묘 진 사 오 미	갑 을 병 정 무 신 유 술 해 자	기 경 신 임 계 축 인 묘 진 사	갑 을 병 정 무 기 오 미 신 유 술 해
8	요일	금 토 일 월 화	수 목 금 토 일	월 화 수 목 금	토 일 월 화 수	목 금 토 일 월	화 수 목 금 토 일
	음력	6*/10 11 12 13 14	15 16 17 18 19	20 21 22 23 24	25 26 27 28 29	30 7/1 2 3 4	5 6 7 8 9 10
	일진	경 신 임 계 갑 자 축 인 묘 진	을 병 정 무 기 사 오 미 신 유	경 신 임 계 갑 술 해 자 축 인	을 병 정 무 기 묘 진 사 오 미	경 신 임 계 갑 신 유 술 해 자	을 병 정 무 기 경 축 인 묘 진 사 오
9	요일	월 화 수 목 금	토 일 월 화 수	목 금 토 일 월	화 수 목 금 토	일 월 화 수 목	금 토 일 월 화
	음력	7/11 12 13 14 15	16 17 18 19 20	21 22 23 24 25	26 27 28 29 8/1	2 3 4 5 6	7 8 9 10 11
	일진	신 임 계 갑 을 미 신 유 술 해	병 정 무 기 경 자 축 인 묘 진	신 임 계 갑 을 사 오 미 신 유	병 정 무 기 경 술 해 자 축 인	신 임 계 갑 을 묘 신 사 오 미	병 정 무 기 경 신 유 술 해 자
10	요일	수 목 금 토 일	월 화 수 목 금	토 일 월 화 수	목 금 토 일 월	화 수 목 금 토	일 월 화 수 목 금
	음력	8/12 13 14 15 16	17 18 19 20 21	22 23 24 25 26	27 28 29 9/1 2	3 4 5 6 7	8 9 10 11 12 13
	일진	신 임 계 갑 을 축 인 묘 진 사	병 정 무 기 경 오 미 신 유 술	신 임 계 갑 을 해 자 축 인 묘	병 정 무 기 경 진 사 오 미 신	신 임 계 갑 을 유 술 해 자 축	병 정 무 기 경 신 인 묘 진 사 오 미
11	요일	토 일 월 화 수	목 금 토 일 월	화 수 목 금 토	일 월 화 수 목	금 토 일 월 화	수 목 금 토 일
	음력	9/14 15 16 17 18	19 20 21 22 23	24 25 26 27 28	29 30 10/1 2 3	4 5 6 7 8	9 10 11 12 13
	일진	임 계 갑 을 병 신 유 술 해 자	정 무 기 경 신 축 인 묘 진 사	임 계 갑 을 병 오 미 신 유 술	정 무 기 경 신 해 자 축 인 묘	임 계 갑 을 병 진 사 오 미 신	정 무 기 경 신 유 술 해 자 축
12	요일	월 화 수 목 금	토 일 월 화 수	목 금 토 일 월	화 수 목 금 토	일 월 화 수 목	금 토 일 월 화 수
	음력	10/14 15 16 17 18	19 20 21 22 23	24 25 26 27 28	29 30 11/1 2 3	4 5 6 7 8	9 10 11 12 13 14
	일진	임 계 갑 을 병 인 묘 진 사 오	정 무 기 경 신 미 신 유 술 해	임 계 갑 을 병 자 축 인 묘 진	정 무 기 경 신 사 오 미 신 유	임 계 갑 을 병 술 해 자 축 인	정 무 기 경 신 임 묘 진 사 오 미 신

* 윤달 : 6월

주요 국경일과 명절

구 분	월 일	요일	구 분	월 일	요일
신 정	1 1	목	현충일	6 6	토
설 날	2 15	일	제헌절	7 17	금
3·1절	3 1	일	광복절	8 15	토
식목일	4 5	일	추 석	9 24	목
어린이날	5 5	화	개천절	10 3	토
석가탄신일	5 22	금	기독탄신일	12 25	금

음양력 대조일람

음력월	월건	대소	음력 1일의 양력 월일	음력월	월건	대소	음력 1일의 양력 월일
1	임인	대	2 15	7	무신	대	8 11
2	계묘	대	3 17	8	기유	소	9 10
3	갑진	소	4 16	9	경술	소	10 9
4	을사	대	5 15	10	신해	대	11 7
5	병오	소	6 14	11	임자	소	12 7
6	정미	소	7 13	12	계축	대	2038/1 5

월	양력	1 2 3 4 5	6 7 8 9 10	11 12 13 14 15	16 17 18 19 20	21 22 23 24 25	26 27 28 29 30 31
1	요일	목 금 토 일 월	화 수 목 금 토	일 월 화 수 목	금 토 일 월 화	수 목 금 토 일	월 화 수 목 금 토
	음력	11/15 16 17 18 19	20 21 22 23 24	25 26 27 28 29	12/1 2 3 4 5	6 7 8 9 10	11 12 13 14 15 16
	일진	계갑을병정 유술해자축	무기경신임 인묘진사오	계갑을병정 미신유술해	무기경신임 자축인묘진	계갑을병정 사오미신유	무기경신임계 술해자축인묘
2	요일	일 월 화 수 목	금 토 일 월 화	수 목 금 토 일	월 화 수 목 금	토 일 월 화 수	목 금 토
	음력	12/17 18 19 20 21	22 23 24 25 26	27 28 29 30 1/1	2 3 4 5 6	7 8 9 10 11	12 13 14
	일진	갑을병정무 진사오미신	기경신임계 유술해자축	갑을병정무 인묘진사오	기경신임계 미신유술해	갑을병정무 자축인묘진	기경신 사오미
3	요일	일 월 화 수 목	금 토 일 월 화	수 목 금 토 일	월 화 수 목 금	토 일 월 화 수	목 금 토 일 월 화
	음력	1/15 16 17 18 19	20 21 22 23 24	25 26 27 28 29	30 2/1 2 3 4	5 6 7 8 9	10 11 12 13 14 15
	일진	임계갑을병 신유술해자	정무기경신 축인묘진사	임계갑을병 오미신유술	정무기경신 해자축인묘	임계갑을병 진사오미신	정무기경신임 유술해자축인
4	요일	수 목 금 토 일	월 화 수 목 금	토 일 월 화 수	목 금 토 일 월	화 수 목 금 토	일 월 화 수 목
	음력	2/16 17 18 19 20	21 22 23 24 25	26 27 28 29 30	3/1 2 3 4 5	6 7 8 9 10	11 12 13 14 15
	일진	계갑을병정 묘진사오미	무기경신임 신유술해자	계갑을병정 축인묘진사	무기경신임 오미신유술	계갑을병정 해자축인묘	무기경신임 진사오미신
5	요일	금 토 일 월 화	수 목 금 토 일	월 화 수 목 금	토 일 월 화 수	목 금 토 일 월	화 수 목 금 토 일
	음력	3/16 17 18 19 20	21 22 23 24 25	26 27 28 29 4/1	2 3 4 5 6	7 8 9 10 11	12 13 14 15 16 17
	일진	계갑을병정 유술해자축	무기경신임 인묘진사오	계갑을병정 미신유술해	무기경신임 자축인묘진	계갑을병정 사오미신유	무기경신임계 술해자축인묘
6	요일	월 화 수 목 금	토 일 월 화 수	목 금 토 일 월	화 수 목 금 토	일 월 화 수 목	금 토 일 월 화
	음력	4/18 19 20 21 22	23 24 25 26 27	28 29 30 5/1 2	3 4 5 6 7	8 9 10 11 12	13 14 15 16 17
	일진	갑을병정무 진사오미신	기경신임계 유술해자축	갑을병정무 인묘진사오	기경신임계 미신유술해	갑을병정무 자축인묘진	기경신임계 사오미신유

24절기와 잡절

명칭	태양황경(도)	월	일	시	분	명칭	태양황경(도)	월	일	시	분	명칭	태양황경(도)	월	일	시	분
소한	285	1	5	9	33	하지	90	6	21	9	21	대설	255	12	7	4	6
대한	300	1	20	2	52	소서	105	7	7	2	54	동지	270	12	21	22	6
입춘	315	2	3	21	10	대서	120	7	22	20	11	한식		4	5		
우수	330	2	18	16	57	입추	135	8	7	12	42						
경칩	345	3	5	15	5	처서	150	8	23	3	21	단오		6	18		
춘분	0	3	20	15	49	백로	165	9	7	15	44	초복		7	17		
청명	15	4	4	19	43	추분	180	9	23	1	12	중복		7	27		
곡우	30	4	20	2	39	한로	195	10	8	7	36	말복		8	16		
입하	45	5	5	12	48	상강	210	10	23	10	48	토왕용사	297	1	17	4	10
소만	60	5	21	1	34	입동	225	11	7	11	3	토왕용사	27	4	17	1	1
망종	75	6	5	16	45	소설	240	11	22	8	37	토왕용사	117	7	19	16	45
												토왕용사	207	10	20	10	23

월	양력	1	2	3	4	5	6	7	8	9	10	11	12	13	14	15	16	17	18	19	20	21	22	23	24	25	26	27	28	29	30	31
7	요일	수	목	금	토	일	월	화	수	목	금	토	일	월	화	수	목	금	토	일	월	화	수	목	금	토	일	월	화	수	목	금
7	음력	5/18	19	20	21	22	23	24	25	26	27	28	29	6/1	2	3	4	5	6	7	8	9	10	11	12	13	14	15	16	17	18	19
7	일진	갑술	을해	병자	정축	무인	기묘	경진	신사	임오	계미	갑신	을유	병술	정해	무자	기축	경인	신묘	임진	계사	갑오	을미	병신	정유	무술	기해	경자	신축	임인	계묘	갑진
8	요일	토	일	월	화	수	목	금	토	일	월	화	수	목	금	토	일	월	화	수	목	금	토	일	월	화	수	목	금	토	일	월
8	음력	6/20	21	22	23	24	25	26	27	28	29	7/1	2	3	4	5	6	7	8	9	10	11	12	13	14	15	16	17	18	19	20	21
8	일진	을사	병오	정미	무신	기유	경술	신해	임자	계축	갑인	을묘	병진	정사	무오	기미	경신	신유	임술	계해	갑자	을축	병인	정묘	무진	기사	경오	신미	임신	계유	갑술	을해
9	요일	화	수	목	금	토	일	월	화	수	목	금	토	일	월	화	수	목	금	토	일	월	화	수	목	금	토	일	월	화	수	
9	음력	7/22	23	24	25	26	27	28	29	30	8/1	2	3	4	5	6	7	8	9	10	11	12	13	14	15	16	17	18	19	20	21	
9	일진	병자	정축	무인	기묘	경진	신사	임오	계미	갑신	을유	병술	정해	무자	기축	경인	신묘	임진	계사	갑오	을미	병신	정유	무술	기해	경자	신축	임인	계묘	갑진	을사	
10	요일	목	금	토	일	월	화	수	목	금	토	일	월	화	수	목	금	토	일	월	화	수	목	금	토	일	월	화	수	목	금	토
10	음력	8/22	23	24	25	26	27	28	29	9/1	2	3	4	5	6	7	8	9	10	11	12	13	14	15	16	17	18	19	20	21	22	23
10	일진	병오	정미	무신	기유	경술	신해	임자	계축	갑인	을묘	병진	정사	무오	기미	경신	신유	임술	계해	갑자	을축	병인	정묘	무진	기사	경오	신미	임신	계유	갑술	을해	병자
11	요일	일	월	화	수	목	금	토	일	월	화	수	목	금	토	일	월	화	수	목	금	토	일	월	화	수	목	금	토	일	월	
11	음력	9/24	25	26	27	28	29	10/1	2	3	4	5	6	7	8	9	10	11	12	13	14	15	16	17	18	19	20	21	22	23	24	
11	일진	정축	무인	기묘	경진	신사	임오	계미	갑신	을유	병술	정해	무자	기축	경인	신묘	임진	계사	갑오	을미	병신	정유	무술	기해	경자	신축	임인	계묘	갑진	을사	병오	
12	요일	화	수	목	금	토	일	월	화	수	목	금	토	일	월	화	수	목	금	토	일	월	화	수	목	금	토	일	월	화	수	목
12	음력	10/25	26	27	28	29	30	11/1	2	3	4	5	6	7	8	9	10	11	12	13	14	15	16	17	18	19	20	21	22	23	24	25
12	일진	정미	무신	기유	경술	신해	임자	계축	갑인	을묘	병진	정사	무오	기미	경신	신유	임술	계해	갑자	을축	병인	정묘	무진	기사	경오	신미	임신	계유	갑술	을해	병자	정축

주요 국경일과 명절

구 분	월 일	요일	구 분	월 일	요일
신 정	1 1	금	현 충 일	6 6	일
설 날	2 4	목	제 헌 절	7 17	토
3·1절	3 1	월	광 복 절	8 15	일
식 목 일	4 5	월	추 석	9 13	월
어린이날	5 5	수	개 천 절	10 3	일
석가탄신일	5 11	화	기독탄신일	12 25	토

음양력 대조일람

음력월	월건	대소	음력 1일의 양력 월일	음력월	월건	대소	음력 1일의 양력 월일
1	갑인	대	2 4	7	경신	소	8 1
2	을묘	대	3 6	8	신유	대	8 30
3	병진	소	4 5	9	임술	소	9 29
4	정사	대	5 4	10	계해	소	10 28
5	무오	소	6 3	11	갑자	대	11 26
6	기미	대	7 2	12	을축	소	12 26

월	양력	1 2 3 4 5	6 7 8 9 10	11 12 13 14 15	16 17 18 19 20	21 22 23 24 25	26 27 28 29 30 31
1	요일	금 토 일 월 화	수 목 금 토 일	월 화 수 목 금	토 일 월 화 수	목 금 토 일 월	화 수 목 금 토 일
	음력	11/26 27 28 29 12/1	2 3 4 5 6	7 8 9 10 11	12 13 14 15 16	17 18 19 20 21	22 23 24 25 26 27
	일진	무기경신임 인묘진사오	계갑을병정 미신유술해	무기경신임 자축인묘진	계갑을병정 사오미신유	무기경신임 술해자축인	계갑을병정무 묘진사오미신
2	요일	월 화 수 목 금	토 일 월 화 수	목 금 토 일 월	화 수 목 금 토	일 월 화 수 목	금 토 일
	음력	12/28 29 30 1/1 2	3 4 5 6 7	8 9 10 11 12	13 14 15 16 17	18 19 20 21 22	23 24 25
	일진	기경신임계 유술해자축	갑을병정무 인묘진사오	기경신임계 미신유술해	갑을병정무 자축인묘진	기경신임계 사오미신유	갑을병 술해자
3	요일	월 화 수 목 금	토 일 월 화 수	목 금 토 일 월	화 수 목 금 토	일 월 화 수 목	금 토 일 월 화 수
	음력	1/26 27 28 29 30	2/1 2 3 4 5	6 7 8 9 10	11 12 13 14 15	16 17 18 19 20	21 22 23 24 25 26
	일진	정무기경신 축인묘진사	임계갑을병 오미신유술	정무기경신 해자축인묘	임계갑을병 진사오미신	정무기경신 유술해자축	임계갑을병정 인묘진사오미
4	요일	목 금 토 일 월	화 수 목 금 토	일 월 화 수 목	금 토 일 월 화	수 목 금 토 일	월 화 수 목 금
	음력	2/27 28 29 30 3/1	2 3 4 5 6	7 8 9 10 11	12 13 14 15 16	17 18 19 20 21	22 23 24 25 26
	일진	무기경신임 신유술해자	계갑을병정 축인묘진사	무기경신임 오미신유술	계갑을병정 해자축인묘	무기경신임 진사오미신	계갑을병정 유술해자축
5	요일	토 일 월 화 수	목 금 토 일 월	화 수 목 금 토	일 월 화 수 목	금 토 일 월 화	수 목 금 토 일 월
	음력	3/27 28 29 4/1 2	3 4 5 6 7	8 9 10 11 12	13 14 15 16 17	18 19 20 21 22	23 24 25 26 27 28
	일진	무기경신임 인묘진사오	계갑을병정 미신유술해	무기경신임 자축인묘진	계갑을병정 사오미신유	무기경신임 술해자축인	계갑을병정무 묘진사오미신
6	요일	화 수 목 금 토	일 월 화 수 목	금 토 일 월 화	수 목 금 토 일	월 화 수 목 금	토 일 월 화 수
	음력	4/29 30 5/1 2 3	4 5 6 7 8	9 10 11 12 13	14 15 16 17 18	19 20 21 22 23	24 25 26 27 28
	일진	기경신임계 유술해자축	갑을병정무 인묘진사오	기경신임계 미신유술해	갑을병정무 자축인묘진	기경신임계 사오미신유	갑을병정무 술해자축인

24절기와 잡절

명 칭	태양황경(도)	월	일	시	분	명 칭	태양황경(도)	월	일	시	분	명 칭	태양황경(도)	월	일	시	분
소한	285	1	5	15	25	하지	90	6	21	15	8	대 설	255	12	7	9	55
대한	300	1	20	8	47	소서	105	7	7	8	31	동 지	270	12	22	4	1
입춘	315	2	4	3	2	대서	120	7	23	1	58						
우수	330	2	18	22	51	입추	135	8	7	18	20	한 식		4	5		
경칩	345	3	5	20	54	처서	150	8	23	9	9	단 오		6	7		
춘분	0	3	20	21	39	백로	165	9	7	21	25	초 복		7	12		
청명	15	4	5	1	28	추분	180	9	23	7	1	중 복		7	22		
곡우	30	4	20	8	27	한로	195	10	8	13	20	말 복		8	11		
입하	45	5	5	18	30	상강	210	10	23	16	39	토왕용사	297	1	17	10	3
소만	60	5	21	7	21	입동	225	11	7	16	49	토왕용사	27	4	17	6	46
망종	75	6	5	22	24	소설	240	11	22	14	30	토왕용사	117	7	19	22	32
												토왕용사	207	10	20	16	16

월	양력	1 2 3 4 5	6 7 8 9 10	11 12 13 14 15	16 17 18 19 20	21 22 23 24 25	26 27 28 29 30 31
7	요일	목 금 토 일 월	화 수 목 금 토	일 월 화 수 목	금 토 일 월 화	수 목 금 토 일	월 화 수 목 금 토
7	음력	5/29 6/1 2 3 4	5 6 7 8 9	10 11 12 13 14	15 16 17 18 19	20 21 22 23 24	25 26 27 28 29 30
7	일진	기경신임계 묘진사오미	갑을병정무 신유술해자	기경신임계 축인묘진사	갑을병정무 오미신유술	기경신임계 해자축인묘	갑을병정무기 진사오미신유
8	요일	일 월 화 수 목	금 토 일 월 화	수 목 금 토 일	월 화 수 목 금	토 일 월 화 수	목 금 토 일 월 화
8	음력	7/1 2 3 4 5	6 7 8 9 10	11 12 13 14 15	16 17 18 19 20	21 22 23 24 25	26 27 28 29 8/1 2
8	일진	경신임계갑 술해자축인	을병정무기 묘진사오미	경신임계갑 신유술해자	을병정무기 축인묘진사	경신임계갑 오미신유술	을병정무기경 해자축인묘진
9	요일	수 목 금 토 일	월 화 수 목 금	토 일 월 화 수	목 금 토 일 월	화 수 목 금 토	일 월 화 수 목
9	음력	8/3 4 5 6 7	8 9 10 11 12	13 14 15 16 17	18 19 20 21 22	23 24 25 26 27	28 29 30 9/1 2
9	일진	신임계갑을 사오미신유	병정무기경 술해자축인	신임계갑을 묘진사오미	병정무기경 신유술해자	신임계갑을 축인묘신사	병정무기경 오미신유술
10	요일	금 토 일 월 화	수 목 금 토 일	월 화 수 목 금	토 일 월 화 수	목 금 토 일 월	화 수 목 금 토 일
10	음력	9/3 4 5 6 7	8 9 10 11 12	13 14 15 16 17	18 19 20 21 22	23 24 25 26 27	28 29 10/1 2 3 4
10	일진	신임계갑을 해자축인묘	병정무기경 진사오미신	신임계갑을 유술해자축	병정무기경 인묘진사오	신임계갑을 미신유술해	병정무기경신 자축인묘진사
11	요일	월 화 수 목 금	토 일 월 화 수	목 금 토 일 월	화 수 목 금 토	일 월 화 수 목	금 토 일 월 화
11	음력	10/5 6 7 8 9	10 11 12 13 14	15 16 17 18 19	20 21 22 23 24	25 26 27 28 29	11/1 2 3 4 5
11	일진	임계갑을병 오미신유술	정무기경신 해자축인묘	임계갑을병 진사오미신	정무기경신 유술해자축	임계갑을병 인묘진사오	정무기경신 미신유술해
12	요일	수 목 금 토 일	월 화 수 목 금	토 일 월 화 수	목 금 토 일 월	화 수 목 금 토	일 월 화 수 목 금
12	음력	11/6 7 8 9 10	11 12 13 14 15	16 17 18 19 20	21 22 23 24 25	26 27 28 29 30	12/1 2 3 4 5 6
12	일진	임계갑을병 자축인묘진	정무기경신 사오미신유	임계갑을병 술해자축인	정무기경신 묘진사오미	임계갑을병 신유술해자	정무기경신임 축인묘진사오

2039 기미년 · 단기 4372

주요 국경일과 명절

구 분	월 일	요일	구 분	월 일	요일
신 정	1 1	토	현 충 일	6 6	월
설 날	1 24	월	제 헌 절	7 17	일
3·1절	3 1	화	광 복 절	8 15	월
식 목 일	4 5	화	추 석	10 2	일
석가탄신일	4 30	토	개 천 절	10 3	월
어린이날	5 5	목	기독탄신일	12 25	일

음양력 대조일람

음력 월	월건	대소	음력 1일의 양력 월일	음력 월	월건	대소	음력 1일의 양력 월일
1	병인	대	1 24	7	임신	소	8 20
2	정묘	대	2 23	8	계유	대	9 18
3	무진	소	3 25	9	갑술	소	10 18
4	기사	대	4 23	10	을해	대	11 16
5	경오	대	5 23	11	병자	소	12 16
(윤)5		소	6 22	12	정축	소	2040/1 14
6	신미	대	7 21				

월		1	2	3	4	5	6	7	8	9	10	11	12	13	14	15	16	17	18	19	20	21	22	23	24	25	26	27	28	29	30	31
1	요일	토	일	월	화	수	목	금	토	일	월	화	수	목	금	토	일	월	화	수	목	금	토	일	월	화	수	목	금	토	일	월
	음력	12/7	8	9	10	11	12	13	14	15	16	17	18	19	20	21	22	23	24	25	26	27	28	29	1/1	2	3	4	5	6	7	8
	일진	계미	갑신	을유	병술	정해	무자	기축	경인	신묘	임진	계사	갑오	을미	병신	정유	무술	기해	경자	신축	임인	계묘	갑진	을사	병오	정미	무신	기유	경술	신해	임자	계축
2	요일	화	수	목	금	토	일	월	화	수	목	금	토	일	월	화	수	목	금	토	일	월	화	수	목	금	토	일	월			
	음력	1/9	10	11	12	13	14	15	16	17	18	19	20	21	22	23	24	25	26	27	28	29	30	2/1	2	3	4	5	6			
	일진	갑인	을묘	병진	정사	무오	기미	경신	신유	임술	계해	갑자	을축	병인	정묘	무진	기사	경오	신미	임신	계유	갑술	을해	병자	정축	무인	기묘	경진	신사			
3	요일	화	수	목	금	토	일	월	화	수	목	금	토	일	월	화	수	목	금	토	일	월	화	수	목	금	토	일	월	화	수	목
	음력	2/7	8	9	10	11	12	13	14	15	16	17	18	19	20	21	22	23	24	25	26	27	28	29	30	3/1	2	3	4	5	6	7
	일진	임오	계미	갑신	을유	병술	정해	무자	기축	경인	신묘	임진	계사	갑오	을미	병신	정유	무술	기해	경자	신축	임인	계묘	갑진	을사	병오	정미	무신	기유	경술	신해	임자
4	요일	금	토	일	월	화	수	목	금	토	일	월	화	수	목	금	토	일	월	화	수	목	금	토	일	월	화	수	목	금	토	
	음력	3/8	9	10	11	12	13	14	15	16	17	18	19	20	21	22	23	24	25	26	27	28	29	4/1	2	3	4	5	6	7	8	
	일진	계축	갑인	을묘	병진	정사	무오	기미	경신	신유	임술	계해	갑자	을축	병인	정묘	무진	기사	경오	신미	임신	계유	갑술	을해	병자	정축	무인	기묘	경진	신사	임오	
5	요일	일	월	화	수	목	금	토	일	월	화	수	목	금	토	일	월	화	수	목	금	토	일	월	화	수	목	금	토	일	월	화
	음력	4/9	10	11	12	13	14	15	16	17	18	19	20	21	22	23	24	25	26	27	28	29	30	5/1	2	3	4	5	6	7	8	9
	일진	계미	갑신	을유	병술	정해	무자	기축	경인	신묘	임진	계사	갑오	을미	병신	정유	무술	기해	경자	신축	임인	계묘	갑진	을사	병오	정미	무신	기유	경술	신해	임자	계축
6	요일	수	목	금	토	일	월	화	수	목	금	토	일	월	화	수	목	금	토	일	월	화	수	목	금	토	일	월	화	수	목	
	음력	5/10	11	12	13	14	15	16	17	18	19	20	21	22	23	24	25	26	27	28	29	30	5*/1	2	3	4	5	6	7	8	9	
	일진	갑인	을묘	병진	정사	무오	기미	경신	신유	임술	계해	갑자	을축	병인	정묘	무진	기사	경오	신미	임신	계유	갑술	을해	병자	정축	무인	기묘	경진	신사	임오	계미	

24절기와 잡절

명칭	태양황경(도)	월	일	시	분	명칭	태양황경(도)	월	일	시	분	명칭	태양황경(도)	월	일	시	분
소한	285	1	5	21	15	하지	90	6	21	20	56	대설	255	12	7	15	44
대한	300	1	20	14	42	소서	105	7	7	14	25	동지	270	12	22	9	39
입춘	315	2	4	8	51	대서	120	7	23	7	47	한식			4	6	
우수	330	2	19	4	44	입추	135	8	8	0	17						
경칩	345	3	6	2	42	처서	150	8	23	14	57	단오			5	27	
춘분	0	3	21	3	31	백로	165	9	8	3	23	초복			7	17	
청명	15	4	5	7	14	추분	180	9	23	12	48	중복			7	27	
곡우	30	4	20	14	16	한로	195	10	8	19	16	말복			8	16	
입하	45	5	6	0	17	상강	210	10	23	22	24	토왕용사	297	1	17	15	59
소만	60	5	21	13	9	입동	225	11	7	22	41	토왕용사	27	4	17	12	38
망종	75	6	6	4	14	소설	240	11	22	20	11	토왕용사	117	7	20	4	23
												토왕용사	207	10	20	22	1

월	양력	1 2 3 4 5	6 7 8 9 10	11 12 13 14 15	16 17 18 19 20	21 22 23 24 25	26 27 28 29 30 31
7	요일	금 토 일 월 화	수 목 금 토 일	월 화 수 목 금	토 일 월 화 수	목 금 토 일 월	화 수 목 금 토 일
	음력	5*/10 11 12 13 14	15 16 17 18 19	20 21 22 23 24	25 26 27 28 29	6/1 2 3 4 5	6 7 8 9 10 11
	일진	갑 을 병 정 무 신 유 술 해 자	기 경 신 임 계 축 인 묘 진 사	갑 을 병 정 무 오 미 신 유 술	기 경 신 임 계 해 자 축 인 묘	갑 을 병 정 무 진 사 오 미 신	기 경 신 임 계 갑 유 술 해 자 축 인
8	요일	월 화 수 목 금	토 일 월 화 수	목 금 토 일 월	화 수 목 금 토	일 월 화 수 목	금 토 일 월 화 수
	음력	6/12 13 14 15 16	17 18 19 20 21	22 23 24 25 26	27 28 29 30 7/1	2 3 4 5 6	7 8 9 10 11 12
	일진	을 병 정 무 기 묘 진 사 오 미	경 신 임 계 갑 신 유 술 해 자	을 병 정 무 기 축 인 묘 진 사	경 신 임 계 갑 오 미 신 유 술	을 병 정 무 기 해 자 축 인 묘	경 신 임 계 갑 을 진 사 오 미 신 유
9	요일	목 금 토 일 월	화 수 목 금 토	일 월 화 수 목	금 토 일 월 화	수 목 금 토 일	월 화 수 목 금
	음력	7/13 14 15 16 17	18 19 20 21 22	23 24 25 26 27	28 29 8/1 2 3	4 5 6 7 8	9 10 11 12 13
	일진	병 정 무 기 경 술 해 자 축 인	신 임 계 갑 을 묘 진 사 오 미	병 정 무 기 경 신 유 술 해 자	신 임 계 갑 을 축 인 묘 진 사	병 정 무 기 경 오 미 신 유 술	신 임 계 갑 을 해 자 축 인 묘
10	요일	토 일 월 화 수	목 금 토 일 월	화 수 목 금 토	일 월 화 수 목	금 토 일 월 화	수 목 금 토 일 월
	음력	8/14 15 16 17 18	19 20 21 22 23	24 25 26 27 28	29 30 9/1 2 3	4 5 6 7 8	9 10 11 12 13 14
	일진	병 정 무 기 경 진 사 오 미 신	신 임 계 갑 을 유 술 해 자 축	병 정 무 기 경 인 묘 진 사 오	신 임 계 갑 을 미 신 유 술 해	병 정 무 기 경 자 축 인 묘 진	신 임 계 갑 을 병 사 오 미 신 유 술
11	요일	화 수 목 금 토	일 월 화 수 목	금 토 일 월 화	수 목 금 토 일	월 화 수 목 금	토 일 월 화 수
	음력	9/15 16 17 18 19	20 21 22 23 24	25 26 27 28 29	10/1 2 3 4 5	6 7 8 9 10	11 12 13 14 15
	일진	정 무 기 경 신 해 자 축 인 묘	임 계 갑 을 병 진 사 오 미 신	정 무 기 경 신 유 술 해 자 축	임 계 갑 을 병 인 묘 진 사 오	정 무 기 경 신 미 신 유 술 해	임 계 갑 을 병 자 축 인 묘 진
12	요일	목 금 토 일 월	화 수 목 금 토	일 월 화 수 목	금 토 일 월 화	수 목 금 토 일	월 화 수 목 금 토
	음력	10/16 17 18 19 20	21 22 23 24 25	26 27 28 29 30	11/1 2 3 4 5	6 7 8 9 10	11 12 13 14 15 16
	일진	정 무 기 경 신 사 오 미 신 유	임 계 갑 을 병 술 해 자 축 인	정 무 기 경 신 묘 진 사 오 미	임 계 갑 을 병 신 유 술 해 자	정 무 기 경 신 축 인 묘 진 사	임 계 갑 을 병 정 오 미 신 유 술 해

* 윤달 : 5월

주요 국경일과 명절

구 분	월일	요일	구 분	월일	요일
신 정	1 1	일	현 충 일	6 6	수
설 날	2 12	일	제 헌 절	7 17	화
3·1절	3 1	목	광 복 절	8 15	수
식 목 일	4 5	목	추 석	9 21	금
어린이날	5 5	토	개 천 절	10 3	수
석가탄신일	5 18	금	기독탄신일	12 25	화

음양력 대조일람

음력월	월건	대소	음력 1일의 양력 월일	음력월	월건	대소	음력 1일의 양력 월일
1	무인	대	2 12	7	갑신	대	8 8
2	기묘	소	3 13	8	을유	소	9 7
3	경진	대	4 11	9	병술	대	10 6
4	신사	대	5 11	10	정해	소	11 5
5	임오	소	6 10	11	무자	대	12 4
6	계미	대	7 9	12	기축	소	2041/1 3

월	양력	1 2 3 4 5	6 7 8 9 10	11 12 13 14 15	16 17 18 19 20	21 22 23 24 25	26 27 28 29 30 31
1	요일	일 월 화 수 목	금 토 일 월 화	수 목 금 토 일	월 화 수 목 금	토 일 월 화 수	목 금 토 일 월 화
	음력	11/17 18 19 20 21	22 23 24 25 26	27 28 29 12/1 2	3 4 5 6 7	8 9 10 11 12	13 14 15 16 17 18
	일진	무기경신임 자축인묘진	계갑을병정 사오미신유	무기경신임 술해자축인	계갑을병정 묘진사오미	무기경신임 신유술해자	계갑을병정무 축인묘진사오
2	요일	수 목 금 토 일	월 화 수 목 금	토 일 월 화 수	목 금 토 일 월	화 수 목 금 토	일 월 화 수
	음력	12/19 20 21 22 23	24 25 26 27 28	29 1/1 2 3 4	5 6 7 8 9	10 11 12 13 14	15 16 17 18
	일진	기경신임계 미신유술해	갑을병정무 자축인묘진	기경신임계 사오미신유	갑을병정무 술해자축인	기경신임계 묘진사오미	갑을병정 신유술해
3	요일	목 금 토 일 월	화 수 목 금 토	일 월 화 수 목	금 토 일 월 화	수 목 금 토 일	월 화 수 목 금 토
	음력	1/19 20 21 22 23	24 25 26 27 28	29 30 2/1 2 3	4 5 6 7 8	9 10 11 12 13	14 15 16 17 18 19
	일진	무기경신임 자축인묘진	계갑을병정 사오미신유	무기경신임 술해자축인	계갑을병정 묘진사오미	무기경신임 신유술해자	계갑을병정무 축인묘진사오
4	요일	일 월 화 수 목	금 토 일 월 화	수 목 금 토 일	월 화 수 목 금	토 일 월 화 수	목 금 토 일 월
	음력	2/20 21 22 23 24	25 26 27 28 29	3/1 2 3 4 5	6 7 8 9 10	11 12 13 14 15	16 17 18 19 20
	일진	기경신임계 미신유술해	갑을병정무 자축인묘진	기경신임계 사오미신유	갑을병정무 술해자축인	기경신임계 묘진사오미	갑을병정무 신유술해자
5	요일	화 수 목 금 토	일 월 화 수 목	금 토 일 월 화	수 목 금 토 일	월 화 수 목 금	토 일 월 화 수 목
	음력	3/21 22 23 24 25	26 27 28 29 30	4/1 2 3 4 5	6 7 8 9 10	11 12 13 14 15	16 17 18 19 20 21
	일진	기경신임계 축인묘진사	갑을병정무 오미신유술	기경신임계 해자축인묘	갑을병정무 진사오미신	기경신임계 유술해자축	갑을병정무기 인묘진사오미
6	요일	금 토 일 월 화	수 목 금 토 일	월 화 수 목 금	토 일 월 화 수	목 금 토 일 월	화 수 목 금 토
	음력	4/22 23 24 25 26	27 28 29 30 5/1	2 3 4 5 6	7 8 9 10 11	12 13 14 15 16	17 18 19 20 21
	일진	경신임계갑 신유술해자	을병정무기 축인묘진사	경신임계갑 오미신유술	을병정무기 해자축인묘	경신임계갑 진사오미신	을병정무기 유술해자축

24절기와 잡절

명칭	태양황경(도)	월	일	시	분
소한	285	1	6	3	2
대한	300	1	20	20	20
입춘	315	2	4	14	38
우수	330	2	19	10	22
경칩	345	3	5	8	30
춘분	0	3	20	9	10
청명	15	4	4	13	4
곡우	30	4	19	19	58
입하	45	5	5	6	8
소만	60	5	20	18	54
망종	75	6	5	10	7

명칭	태양황경(도)	월	일	시	분
하지	90	6	21	2	45
소서	105	7	6	20	18
대서	120	7	22	13	39
입추	135	8	7	6	9
처서	150	8	22	20	52
백로	165	9	7	9	13
추분	180	9	22	18	43
한로	195	10	8	1	4
상강	210	10	23	4	18
입동	225	11	7	4	28
소설	240	11	22	2	4

명칭	태양황경(도)	월	일	시	분
대설	255	12	6	21	29
동지	270	12	21	15	31
한식		4	5		
단오		6	14		
초복		7	11		
중복		7	21		
말복		8	10		
토왕용사	297	1	17	21	37
토왕용사	27	4	16	18	20
토왕용사	117	7	19	10	12
토왕용사	207	10	20	3	53

월	양력	1 2 3 4 5	6 7 8 9 10	11 12 13 14 15	16 17 18 19 20	21 22 23 24 25	26 27 28 29 30 31
7	요일	일 월 화 수 목	금 토 일 월 화	수 목 금 토 일	월 화 수 목 금	토 일 월 화 수	목 금 토 일 월 화
	음력	5/22 23 24 25 26	27 28 29 6/1 2	3 4 5 6 7	8 9 10 11 12	13 14 15 16 17	18 19 20 21 22 23
	일진	경신임계갑 인묘진사오	을병정무기 미신유술해	경신임계갑 자축인묘진	을병정무기 사오미신유	경신임계갑 술해자축인	을병정무기경 묘진사오미신
8	요일	수 목 금 토 일	월 화 수 목 금	토 일 월 화 수	목 금 토 일 월	화 수 목 금 토	일 월 화 수 목 금
	음력	6/24 25 26 27 28	29 30 7/1 2 3	4 5 6 7 8	9 10 11 12 13	14 15 16 17 18	19 20 21 22 23 24
	일진	신임계갑을 유술해자축	병정무기경 인묘진사오	신임계갑을 미신유술해	병정무기경 자축인묘진	신임계갑을 사오미신유	병정무기경신 술해자축인묘
9	요일	토 일 월 화 수	목 금 토 일 월	화 수 목 금 토	일 월 화 수 목	금 토 일 월 화	수 목 금 토 일
	음력	7/25 26 27 28 29	30 8/1 2 3 4	5 6 7 8 9	10 11 12 13 14	15 16 17 18 19	20 21 22 23 24
	일진	임계갑을병 진사오미신	정무기경신 유술해자축	임계갑을병 인묘신사오	정무기경신 미신유술해	임계갑을병 지축인묘진	정무기경신 사오미신유
10	요일	월 화 수 목 금	토 일 월 화 수	목 금 토 일 월	화 수 목 금 토	일 월 화 수 목	금 토 일 월 화 수
	음력	8/25 26 27 28 29	9/1 2 3 4 5	6 7 8 9 10	11 12 13 14 15	16 17 18 19 20	21 22 23 24 25 26
	일진	임계갑을병 술해자축인	정무기경신 묘진사오미	임계갑을병 신유술해자	정무기경신 축인묘진사	임계갑을병 오미신유술	정무기경신임 해자축인묘진
11	요일	목 금 토 일 월	화 수 목 금 토	일 월 화 수 목	금 토 일 월 화	수 목 금 토 일	월 화 수 목 금
	음력	9/27 28 29 30 10/1	2 3 4 5 6	7 8 9 10 11	12 13 14 15 16	17 18 19 20 21	22 23 24 25 26
	일진	계갑을병정 사오미신유	무기경신임 술해자축인	계갑을병정 묘진사오미	무기경신임 신유술해자	계갑을병정 축인묘진사	무기경신임 오미신유술
12	요일	토 일 월 화 수	목 금 토 일 월	화 수 목 금 토	일 월 화 수 목	금 토 일 월 화	수 목 금 토 일 월
	음력	10/27 28 29 11/1 2	3 4 5 6 7	8 9 10 11 12	13 14 15 16 17	18 19 20 21 22	23 24 25 26 27 28
	일진	계갑을병정 해자축인묘	무기경신임 진사오미신	계갑을병정 유술해자축	무기경신임 인묘진사오	계갑을병정 미신유술해	무기경신임계 자축인묘진사

2041 신유년 • 단기 4374

주요 국경일과 명절

구 분	월일	요일	구 분	월일	요일
신 정	1 1	화	현 충 일	6 6	목
설 날	2 1	금	제 헌 절	7 17	수
3·1절	3 1	금	광 복 절	8 15	목
식 목 일	4 5	금	추 석	9 10	화
어린이날	5 5	일	개 천 절	10 3	목
석가탄신일	5 7	화	기독탄신일	12 25	수

음양력 대조일람

음력월	월건	대소	음력 1일의 양력 월일	음력월	월건	대소	음력 1일의 양력 월일
1	경인	대	2 1	7	병신	대	7 28
2	신묘	소	3 3	8	정유	소	8 27
3	임진	소	4 1	9	무술	대	9 25
4	계사	대	4 30	10	기해	대	10 25
5	갑오	소	5 30	11	경자	소	11 24
6	을미	대	6 28	12	신축	대	12 23

양력·음력·일진 대조표

월	양력	1 2 3 4 5	6 7 8 9 10	11 12 13 14 15	16 17 18 19 20	21 22 23 24 25	26 27 28 29 30 31
1	요일	화 수 목 금 토	일 월 화 수 목	금 토 일 월 화	수 목 금 토 일	월 화 수 목 금	토 일 월 화 수 목
1	음력	11/29 30 12/1 2 3	4 5 6 7 8	9 10 11 12 13	14 15 16 17 18	19 20 21 22 23	24 25 26 27 28 29
1	일진	갑오 을미 병신 정유 무술	기해 경자 신축 임인 계묘	갑진 을사 병오 정미 무신	기유 경술 신해 임자 계축	갑인 을묘 병진 정사 무오	기미 경신 신유 임술 계해 갑자
2	요일	금 토 일 월 화	수 목 금 토 일	월 화 수 목 금	토 일 월 화 수	목 금 토 일 월	화 수 목
2	음력	1/1 2 3 4 5	6 7 8 9 10	11 12 13 14 15	16 17 18 19 20	21 22 23 24 25	26 27 28
2	일진	을축 병인 정묘 무진 기사	경오 신미 임신 계유 갑술	을해 병자 정축 무인 기묘	경진 신사 임오 계미 갑신	을유 병술 정해 무자 기축	경인 신묘 임진
3	요일	금 토 일 월 화	수 목 금 토 일	월 화 수 목 금	토 일 월 화 수	목 금 토 일 월	화 수 목 금 토 일
3	음력	1/29 30 2/1 2 3	4 5 6 7 8	9 10 11 12 13	14 15 16 17 18	19 20 21 22 23	24 25 26 27 28 29
3	일진	계사 갑오 을미 병신 정유	무술 기해 경자 신축 임인	계묘 갑진 을사 병오 정미	무신 기유 경술 신해 임자	계축 갑인 을묘 병진 정사	무오 기미 경신 신유 임술 계해
4	요일	월 화 수 목 금	토 일 월 화 수	목 금 토 일 월	화 수 목 금 토	일 월 화 수 목	금 토 일 월 화
4	음력	3/1 2 3 4 5	6 7 8 9 10	11 12 13 14 15	16 17 18 19 20	21 22 23 24 25	26 27 28 29 4/1
4	일진	갑자 을축 병인 정묘 무진	기사 경오 신미 임신 계유	갑술 을해 병자 정축 무인	기묘 경진 신사 임오 계미	갑신 을유 병술 정해 무자	기축 경인 신묘 임진 계사
5	요일	수 목 금 토 일	월 화 수 목 금	토 일 월 화 수	목 금 토 일 월	화 수 목 금 토	일 월 화 수 목 금
5	음력	4/2 3 4 5 6	7 8 9 10 11	12 13 14 15 16	17 18 19 20 21	22 23 24 25 26	27 28 29 30 5/1 2
5	일진	갑오 을미 병신 정유 무술	기해 경자 신축 임인 계묘	갑진 을사 병오 정미 무신	기유 경술 신해 임자 계축	갑인 을묘 병진 정사 무오	기미 경신 신유 임술 계해 갑자
6	요일	토 일 월 화 수	목 금 토 일 월	화 수 목 금 토	일 월 화 수 목	금 토 일 월 화	수 목 금 토 일
6	음력	5/3 4 5 6 7	8 9 10 11 12	13 14 15 16 17	18 19 20 21 22	23 24 25 26 27	28 29 6/1 2 3
6	일진	을축 병인 정묘 무진 기사	경오 신미 임신 계유 갑술	을해 병자 정축 무인 기묘	경진 신사 임오 계미 갑신	을유 병술 정해 무자 기축	경인 신묘 임진 계사 갑오

24절기와 잡절

명칭	태양황경(도)	월	일	시	분	명칭	태양황경(도)	월	일	시	분	명칭	태양황경(도)	월	일	시	분
소한	285	1	5	8	47	하지	90	6	21	8	34	대설	255	12	7	3	14
대한	300	1	20	2	12	소서	105	7	7	1	57	동지	270	12	21	21	17
입춘	315	2	3	20	24	대서	120	7	22	19	25						
우수	330	2	18	16	16	입추	135	8	7	11	47	한식		4	5		
경칩	345	3	5	14	16	처서	150	8	23	2	35	단오		6	3		
춘분	0	3	20	15	5	백로	165	9	7	14	52	초복		7	16		
청명	15	4	4	18	51	추분	180	9	23	0	25	중복		7	26		
곡우	30	4	20	1	53	한로	195	10	8	6	45	말복		8	15		
입하	45	5	5	11	53	상강	210	10	23	10	0	토왕용사	297	1	17	3	27
소만	60	5	21	0	47	입동	225	11	7	10	12	토왕용사	27	4	17	0	13
망종	75	6	5	15	48	소설	240	11	22	7	48	토왕용사	117	7	19	15	59
												토왕용사	207	10	20	9	38

월	양력	1 2 3 4 5	6 7 8 9 10	11 12 13 14 15	16 17 18 19 20	21 22 23 24 25	26 27 28 29 30 31
7	요일	월 화 수 목 금	토 일 월 화 수	목 금 토 일 월	화 수 목 금 토	일 월 화 수 목	금 토 일 월 화 수
	음력	6/4 5 6 7 8	9 10 11 12 13	14 15 16 17 18	19 20 21 22 23	24 25 26 27 28	29 30 7/1 2 3 4
	일진	을병정무기 미신유술해	경신임계갑 자축인묘진	을병정무기 사오미신유	경신임계갑 술해자축인	을병정무기 묘진사오미	경신임계갑을 신유술해자축
8	요일	목 금 토 일 월	화 수 목 금 토	일 월 화 수 목	금 토 일 월 화	수 목 금 토 일	월 화 수 목 금 토
	음력	7/5 6 7 8 9	10 11 12 13 14	15 16 17 18 19	20 21 22 23 24	25 26 27 28 29	30 8/1 2 3 4 5
	일진	병정무기경 인묘진사오	신임계갑을 미신유술해	병정무기경 자축인묘진	신임계갑을 사오미신유	병정무기경 술해자축인	신임계갑을병 묘진사오미신
9	요일	일 월 화 수 목	금 토 일 월 화	수 목 금 토 일	월 화 수 목 금	토 일 월 화 수	목 금 토 일 월
	음력	8/6 7 8 9 10	11 12 13 14 15	16 17 18 19 20	21 22 23 24 25	26 27 28 29 9/1	2 3 4 5 6
	일진	정무기경신 유술해자축	임계갑을병 인묘진사오	정무기경신 미신유술해	임계갑을병 자축인묘진	정무기경신 사오미신유	임계갑을병 술해자축인
10	요일	화 수 목 금 토	일 월 화 수 목	금 토 일 월 화	수 목 금 토 일	월 화 수 목 금	토 일 월 화 수 목
	음력	9/7 8 9 10 11	12 13 14 15 16	17 18 19 20 21	22 23 24 25 26	27 28 29 30 10/1	2 3 4 5 6 7
	일진	정무기경신 묘진사오미	임계갑을병 신유술해자	정무기경신 축인묘진사	임계갑을병 오미신유술	정무기경신 해자축인묘	임계갑을병정 진사오미신유
11	요일	금 토 일 월 화	수 목 금 토 일	월 화 수 목 금	토 일 월 화 수	목 금 토 일 월	화 수 목 금 토
	음력	10/8 9 10 11 12	13 14 15 16 17	18 19 20 21 22	23 24 25 26 27	28 29 30 11/1 2	3 4 5 6 7
	일진	무기경신임 술해자축인	계갑을병정 묘진사오미	무기경신임 신유술해자	계갑을병정 축인묘진사	무기경신임 오미신유술	계갑을병정 해자축인묘
12	요일	일 월 화 수 목	금 토 일 월 화	수 목 금 토 일	월 화 수 목 금	토 일 월 화 수	목 금 토 일 월 화
	음력	11/8 9 10 11 12	13 14 15 16 17	18 19 20 21 22	23 24 25 26 27	28 29 12/1 2 3	4 5 6 7 8 9
	일진	무기경신임 진사오미신	계갑을병정 유술해자축	무기경신임 인묘진사오	계갑을병정 미신유술해	무기경신임 자축인묘진	계갑을병정무 사오미신유술

주요 국경일과 명절

구 분	월일	요일	구 분	월일	요일
신 정	1 1	수	현충일	6 6	금
설 날	1 22	수	제헌절	7 17	목
3·1절	3 1	토	광복절	8 15	금
식목일	4 5	토	추 석	9 28	일
어린이날	5 5	월	개천절	10 3	금
석가탄신일	5 26	월	기독탄신일	12 25	목

음양력 대조일람

음력월	월건	대소	음력 1일의 양력 월일	음력월	월건	대소	음력 1일의 양력 월일
1	임인	소	1 22	7	무신	소	8 16
2	계묘	대	2 20	8	기유	대	9 14
(윤)2		소	3 22	9	경술	대	10 14
3	갑진	소	4 20	10	신해	소	11 13
4	을사	대	5 19	11	임자	대	12 12
5	병오	소	6 18	12	계축	대	2043/1 11
6	정미	대	7 17				

월	양력	1 2 3 4 5	6 7 8 9 10	11 12 13 14 15	16 17 18 19 20	21 22 23 24 25	26 27 28 29 30 31
1	요일	수 목 금 토 일	월 화 수 목 금	토 일 월 화 수	목 금 토 일 월	화 수 목 금 토	일 월 화 수 목 금
	음력	12/10 11 12 13 14	15 16 17 18 19	20 21 22 23 24	25 26 27 28 29	30 1/1 2 3 4	5 6 7 8 9 10
	일진	기해 경자 신축 임인 계묘	갑진 을사 병오 정미 무신	기유 경술 신해 임자 계축	갑인 을묘 병진 정사 무오	기미 경신 신유 임술 계해	갑자 을축 병인 정묘 무진 기사
2	요일	토 일 월 화 수	목 금 토 일 월	화 수 목 금 토	일 월 화 수 목	금 토 일 월 화	수 목 금
	음력	1/11 12 13 14 15	16 17 18 19 20	21 22 23 24 25	26 27 28 29 2/1	2 3 4 5 6	7 8 9
	일진	경오 신미 임신 계유 갑술	을해 병자 정축 무인 기묘	경진 신사 임오 계미 갑신	을유 병술 정해 무자 기축	경인 신묘 임진 계사 갑오	을미 병신 정유
3	요일	토 일 월 화 수	목 금 토 일 월	화 수 목 금 토	일 월 화 수 목	금 토 일 월 화	수 목 금 토 일 월
	음력	2/10 11 12 13 14	15 16 17 18 19	20 21 22 23 24	25 26 27 28 29	30 2*/1 2 3 4	5 6 7 8 9 10
	일진	무술 기해 경자 신축 임인	계묘 갑진 을사 병오 정미	무신 기유 경술 신해 임자	계축 갑인 을묘 병진 정사	무오 기미 경신 신유 임술	계해 갑자 을축 병인 정묘 무진
4	요일	화 수 목 금 토	일 월 화 수 목	금 토 일 월 화	수 목 금 토 일	월 화 수 목 금	토 일 월 화 수
	음력	2*/11 12 13 14 15	16 17 18 19 20	21 22 23 24 25	26 27 28 29 3/1	2 3 4 5 6	7 8 9 10 11
	일진	기사 경오 신미 임신 계유	갑술 을해 병자 정축 무인	기묘 경진 신사 임오 계미	갑신 을유 병술 정해 무자	기축 경인 신묘 임진 계사	갑오 을미 병신 정유 무술
5	요일	목 금 토 일 월	화 수 목 금 토	일 월 화 수 목	금 토 일 월 화	수 목 금 토 일	월 화 수 목 금 토
	음력	3/12 13 14 15 16	17 18 19 20 21	22 23 24 25 26	27 28 29 4/1 2	3 4 5 6 7	8 9 10 11 12 13
	일진	기해 경자 신축 임인 계묘	갑진 을사 병오 정미 무신	기유 경술 신해 임자 계축	갑인 을묘 병진 정사 무오	기미 경신 신유 임술 계해	갑자 을축 병인 정묘 무진 기사
6	요일	일 월 화 수 목	금 토 일 월 화	수 목 금 토 일	월 화 수 목 금	토 일 월 화 수	목 금 토 일 월
	음력	4/14 15 16 17 18	19 20 21 22 23	24 25 26 27 28	29 30 5/1 2 3	4 5 6 7 8	9 10 11 12 13
	일진	경오 신미 임신 계유 갑술	을해 병자 정축 무인 기묘	경진 신사 임오 계미 갑신	을유 병술 정해 무자 기축	경인 신묘 임진 계사 갑오	을미 병신 정유 무술 기해

24절기와 잡절

명칭	태양황경(도)	월 일	시 분	명칭	태양황경(도)	월 일	시 분	명칭	태양황경(도)	월 일	시 분
		한국표준시				한국표준시				한국표준시	
소한	285	1 5	14 34	하지	90	6 21	14 14	대설	255	12 7	9 8
대한	300	1 20	7 59	소서	105	7 7	7 46	동지	270	12 22	3 3
입춘	315	2 4	2 11	대서	120	7 23	1 5				
우수	330	2 18	22 3	입추	135	8 7	17 37	한식		4 5	
경칩	345	3 5	20 4	처서	150	8 23	8 17	단오		6 22	
춘분	0	3 20	20 52	백로	165	9 7	20 44	초복		7 11	
청명	15	4 5	0 39	추분	180	9 23	6 10	중복		7 21	
곡우	30	4 20	7 38	한로	195	10 8	12 39	말복		8 10	
입하	45	5 5	17 41	상강	210	10 23	15 48	토왕용사	297	1 17	9 17
소만	60	5 21	6 30	입동	225	11 7	16 6	토왕용사	27	4 17	6 1
망종	75	6 5	21 37	소설	240	11 22	13 36	토왕용사	117	7 19	21 40
								토왕용사	207	10 20	15 24

월	양력	1 2 3 4 5	6 7 8 9 10	11 12 13 14 15	16 17 18 19 20	21 22 23 24 25	26 27 28 29 30 31
7	요일	화수목금토	일월화수목	금토일월화	수목금토일	월화수목금	토일월화수목
7	음력	5/14 15 16 17 18	19 20 21 22 23	24 25 26 27 28	29 6/1 2 3 4	5 6 7 8 9	10 11 12 13 14 15
7	일진	경신임계갑 자축인묘진	을병정무기 사오미신유	경신임계갑 술해자축인	을병정무기 묘진사오미	경신임계갑 신유술해자	을병정무기경 축인묘진사오
8	요일	금토일월화	수목금토일	월화수목금	토일월화수	목금토일월	화수목금토일
8	음력	6/16 17 18 19 20	21 22 23 24 25	26 27 28 29 30	7/1 2 3 4 5	6 7 8 9 10	11 12 13 14 15 16
8	일진	신임계갑을 미신유술해	병정무기경 자축인묘진	신임계갑을 사오미신유	병정무기경 술해자축인	신임계갑을 묘진사오미	병정무기경신 신유술해자축
9	요일	월화수목금	토일월화수	목금토일월	화수목금토	일월화수목	금토일월화
9	음력	7/17 18 19 20 21	22 23 24 25 26	27 28 29 8/1 2	3 4 5 6 7	8 9 10 11 12	13 14 15 16 17
9	일신	임계갑을병 인묘진사오	정무기경신 미신유술해	임계갑을병 자축인묘신	정무기경신 사오미신유	임계갑을병 술해자축인	정무기경신 묘진사오미
10	요일	수목금토일	월화수목금	토일월화수	목금토일월	화수목금토	일월화수목금
10	음력	8/18 19 20 21 22	23 24 25 26 27	28 29 30 9/1 2	3 4 5 6 7	8 9 10 11 12	13 14 15 16 17 18
10	일진	임계갑을병 신유술해자	정무기경신 축인묘진사	임계갑을병 오미신유술	정무기경신 해자축인묘	임계갑을병 진사오미신	정무기경신임 유술해자축인
11	요일	토일월화수	목금토일월	화수목금토	일월화수목	금토일월화	수목금토일
11	음력	9/19 20 21 22 23	24 25 26 27 28	29 30 10/1 2 3	4 5 6 7 8	9 10 11 12 13	14 15 16 17 18
11	일진	계갑을병정 묘진사오미	무기경신임 신유술해자	계갑을병정 축인묘진사	무기경신임 오미신유술	계갑을병정 해자축인묘	무기경신임 진사오미신
12	요일	월화수목금	토일월화수	목금토일월	화수목금토	일월화수목	금토일월화수
12	음력	10/19 20 21 22 23	24 25 26 27 28	29 11/1 2 3 4	5 6 7 8 9	10 11 12 13 14	15 16 17 18 19 20
12	일진	계갑을병정 유술해자축	무기경신임 인묘진사오	계갑을병정 미신유술해	무기경신임 자축인묘진	계갑을병정 사오미신유	무기경신임계 술해자축인묘

*윤달 : 2월

2043 계해년 · 단기 4376

주요 국경일과 명절

구 분	월	일	요일	구 분	월	일	요일
신 정	1	1	목	현충일	6	6	토
설 날	2	10	화	제헌절	7	17	금
3·1절	3	1	일	광복절	8	15	토
식목일	4	5	일	추 석	9	17	목
어린이날	5	5	화	개천절	10	3	토
석가탄신일	5	16	토	기독탄신일	12	25	금

음양력 대조일람

음력월	월건	대소	음력 1일의 양력 월일	음력월	월건	대소	음력 1일의 양력 월일
1	갑인	소	2 10	7	경신	소	8 5
2	을묘	대	3 11	8	신유	대	9 3
3	병진	소	4 10	9	임술	대	10 3
4	정사	소	5 9	10	계해	소	11 2
5	무오	대	6 7	11	갑자	대	12 1
6	기미	소	7 7	12	을축	대	12 31

월	양력	1 2 3 4 5	6 7 8 9 10	11 12 13 14 15	16 17 18 19 20	21 22 23 24 25	26 27 28 29 30 31
1	요일	목 금 토 일 월	화 수 목 금 토	일 월 화 수 목	금 토 일 월 화	수 목 금 토 일	월 화 수 목 금 토
	음력	11/21 22 23 24 25	26 27 28 29 30	12/1 2 3 4 5	6 7 8 9 10	11 12 13 14 15	16 17 18 19 20 21
	일진	갑을병정무 진사오미신	기경신임계 유술해자축	갑을병정무 인묘진사오	기경신임계 미신유술해	갑을병정무 자축인묘진	기경신임계갑 사오미신유술
2	요일	일 월 화 수 목	금 토 일 월 화	수 목 금 토 일	월 화 수 목 금	토 일 월 화 수	목 금 토
	음력	12/22 23 24 25 26	27 28 29 30 1/1	2 3 4 5 6	7 8 9 10 11	12 13 14 15 16	17 18 19
	일진	을병정무기 해자축인묘	경신임계갑 진사오미신	을병정무기 유술해자축	경신임계갑 인묘진사오	을병정무기 미신유술해	경신임 자축인
3	요일	일 월 화 수 목	금 토 일 월 화	수 목 금 토 일	월 화 수 목 금	토 일 월 화 수	목 금 토 일 월 화
	음력	1/20 21 22 23 24	25 26 27 28 29	2/1 2 3 4 5	6 7 8 9 10	11 12 13 14 15	16 17 18 19 20 21
	일진	계갑을병정 묘진사오미	무기경신임 신유술해자	계갑을병정 축인묘진사	무기경신임 오미신유술	계갑을병정 해자축인묘	무기경신임계 진사오미신유
4	요일	수 목 금 토 일	월 화 수 목 금	토 일 월 화 수	목 금 토 일 월	화 수 목 금 토	일 월 화 수 목
	음력	2/22 23 24 25 26	27 28 29 30 3/1	2 3 4 5 6	7 8 9 10 11	12 13 14 15 16	17 18 19 20 21
	일진	갑을병정무 술해자축인	기경신임계 묘진사오미	갑을병정무 신유술해자	기경신임계 축인묘진사	갑을병정무 오미신유술	기경신임계 해자축인묘
5	요일	금 토 일 월 화	수 목 금 토 일	월 화 수 목 금	토 일 월 화 수	목 금 토 일 월	화 수 목 금 토 일
	음력	3/22 23 24 25 26	27 28 29 4/1 2	3 4 5 6 7	8 9 10 11 12	13 14 15 16 17	18 19 20 21 22 23
	일진	갑을병정무 진사오미신	기경신임계 유술해자축	갑을병정무 인묘진사오	기경신임계 미신유술해	갑을병정무 자축인묘진	기경신임계갑 사오미신유술
6	요일	월 화 수 목 금	토 일 월 화 수	목 금 토 일 월	화 수 목 금 토	일 월 화 수 목	금 토 일 월 화
	음력	4/24 25 26 27 28	29 5/1 2 3 4	5 6 7 8 9	10 11 12 13 14	15 16 17 18 19	20 21 22 23 24
	일진	을병정무기 해자축인묘	경신임계갑 진사오미신	을병정무기 유술해자축	경신임계갑 인묘진사오	을병정무기 미신유술해	경신임계갑 자축인묘진

24절기와 잡절

명칭	태양황경(도)	월	일	시	분	명칭	태양황경(도)	월	일	시	분	명칭	태양황경(도)	월	일	시	분
소한	285	1	5	20	24	하지	90	6	21	19	57	대설	255	12	7	14	56
대한	300	1	20	13	40	소서	105	7	7	13	26	동지	270	12	22	9	0
입춘	315	2	4	7	57	대서	120	7	23	6	52	한식				4	6
우수	330	2	19	3	40	입추	135	8	7	23	19	단오				6	11
경칩	345	3	6	1	46	처서	150	8	23	14	8	초복				7	16
춘분	0	3	21	2	26	백로	165	9	8	2	29	중복				7	26
청명	15	4	5	6	19	추분	180	9	23	12	5	말복				8	15
곡우	30	4	20	13	13	한로	195	10	8	18	26	토왕용사	297	1	17	14	57
입하	45	5	5	23	21	상강	210	10	23	21	45	토왕용사	27	4	17	11	33
소만	60	5	21	12	8	입동	225	11	7	21	54	토왕용사	117	7	20	3	24
망종	75	6	6	3	17	소설	240	11	22	19	34	토왕용사	207	10	20	21	20

월	양력	1 2 3 4 5	6 7 8 9 10	11 12 13 14 15	16 17 18 19 20	21 22 23 24 25	26 27 28 29 30 31
7	요일	수 목 금 토 일	월 화 수 목 금	토 일 월 화 수	목 금 토 일 월	화 수 목 금 토	일 월 화 수 목 금
	음력	5/25 26 27 28 29	30 6/1 2 3 4	5 6 7 8 9	10 11 12 13 14	15 16 17 18 19	20 21 22 23 24 25
	일진	을병정무기 사오미신유	경신임계갑 술해자축인	을병정무기 묘진사오미	경신임계갑 신유술해자	을병정무기 축인묘진사	경신임계갑을 오미신유술해
8	요일	토 일 월 화 수	목 금 토 일 월	화 수 목 금 토	일 월 화 수 목	금 토 일 월 화	수 목 금 토 일 월
	음력	6/26 27 28 29 7/1	2 3 4 5 6	7 8 9 10 11	12 13 14 15 16	17 18 19 20 21	22 23 24 25 26 27
	일진	병정무기경 자축인묘진	신임계갑을 사오미신유	병정무기경 술해자축인	신임계갑을 묘진사오미	병정무기경 신유술해자	신임계갑을병 축인묘진사오
9	요일	화 수 목 금 토	일 월 화 수 목	금 토 일 월 화	수 목 금 토 일	월 화 수 목 금	토 일 월 화 수
	음력	7/28 29 8/1 2 3	4 5 6 7 8	9 10 11 12 13	14 15 16 17 18	19 20 21 22 23	24 25 26 27 28
	일진	정무기경신 미신유술해	임계갑을병 자축인묘진	정무기경신 사오미신유	임계갑을병 술해자축인	정무기경신 묘진사오미	임계갑을병 신유술해자
10	요일	목 금 토 일 월	화 수 목 금 토	일 월 화 수 목	금 토 일 월 화	수 목 금 토 일	월 화 수 목 금 토
	음력	8/29 30 9/1 2 3	4 5 6 7 8	9 10 11 12 13	14 15 16 17 18	19 20 21 22 23	24 25 26 27 28 29
	일진	정무기경신 축인묘진사	임계갑을병 오미신유술	정무기경신 해자축인묘	임계갑을병 진사오미신	정무기경신 유술해자축	임계갑을병정 인묘진사오미
11	요일	일 월 화 수 목	금 토 일 월 화	수 목 금 토 일	월 화 수 목 금	토 일 월 화 수	목 금 토 일 월
	음력	9/30 10/1 2 3 4	5 6 7 8 9	10 11 12 13 14	15 16 17 18 19	20 21 22 23 24	25 26 27 28 29
	일진	무기경신임 신유술해자	계갑을병정 축인묘진사	무기경신임 오미신유술	계갑을병정 해자축인묘	무기경신임 진사오미신	계갑을병정 유술해자축
12	요일	화 수 목 금 토	일 월 화 수 목	금 토 일 월 화	수 목 금 토 일	월 화 수 목 금	토 일 월 화 수 목
	음력	11/1 2 3 4 5	6 7 8 9 10	11 12 13 14 15	16 17 18 19 20	21 22 23 24 25	26 27 28 29 30 12/1
	일진	무기경신임 인묘진사오	계갑을병정 미신유술해	무기경신임 자축인묘진	계갑을병정 사오미신유	무기경신임 술해자축인	계갑을병정무 묘진사오미신

갑자년 • 단기 4377

주요 국경일과 명절

구 분	월일	요일	구 분	월일	요일
신 정	1 1	금	현 충 일	6 6	월
설 날	1 30	토	제 헌 절	7 17	일
3·1절	3 1	화	광 복 절	8 15	월
식 목 일	4 5	화	개 천 절	10 3	월
어린이날	5 5	목	추 석	10 5	수
석가탄신일	5 5	목	기독탄신일	12 25	일

음양력 대조일람

음력월	월건	대소	음력 1일의 양력 월일	음력월	월건	대소	음력 1일의 양력 월일
1	병인	대	1 30	(윤)7		소	8 23
2	정묘	소	2 29	8	계유	대	9 21
3	무진	대	3 29	9	갑술	소	10 21
4	기사	소	4 28	10	을해	대	11 19
5	경오	소	5 27	11	병자	대	12 19
6	신미	대	6 25	12	정축	대	2045/1 18
7	임신	소	7 25				

월		1	2	3	4	5	6	7	8	9	10	11	12	13	14	15	16	17	18	19	20	21	22	23	24	25	26	27	28	29	30	31
1	요일	금	토	일	월	화	수	목	금	토	일	월	화	수	목	금	토	일	월	화	수	목	금	토	일	월	화	수	목	금	토	일
	음력	12/2	3	4	5	6	7	8	9	10	11	12	13	14	15	16	17	18	19	20	21	22	23	24	25	26	27	28	29	30	1/1	2
	일진	기유	경술	신해	임자	계축	갑인	을묘	병진	정사	무오	기미	경신	신유	임술	계해	갑자	을축	병인	정묘	무진	기사	경오	신미	임신	계유	갑술	을해	병자	정축	무인	기묘
2	요일	월	화	수	목	금	토	일	월	화	수	목	금	토	일	월	화	수	목	금	토	일	월	화	수	목	금	토	일	월		
	음력	1/3	4	5	6	7	8	9	10	11	12	13	14	15	16	17	18	19	20	21	22	23	24	25	26	27	28	29	30	2/1		
	일진	경진	신사	임오	계미	갑신	을유	병술	정해	무자	기축	경인	신묘	임진	계사	갑오	을미	병신	정유	무술	기해	경자	신축	임인	계묘	갑진	을사	병오	정미	무신		
3	요일	화	수	목	금	토	일	월	화	수	목	금	토	일	월	화	수	목	금	토	일	월	화	수	목	금	토	일	월	화	수	목
	음력	2/2	3	4	5	6	7	8	9	10	11	12	13	14	15	16	17	18	19	20	21	22	23	24	25	26	27	28	29	3/1	2	3
	일진	기유	경술	신해	임자	계축	갑인	을묘	병진	정사	무오	기미	경신	신유	임술	계해	갑자	을축	병인	정묘	무진	기사	경오	신미	임신	계유	갑술	을해	병자	정축	무인	기묘
4	요일	금	토	일	월	화	수	목	금	토	일	월	화	수	목	금	토	일	월	화	수	목	금	토	일	월	화	수	목	금	토	
	음력	3/4	5	6	7	8	9	10	11	12	13	14	15	16	17	18	19	20	21	22	23	24	25	26	27	28	29	30	4/1	2	3	
	일진	경진	신사	임오	계미	갑신	을유	병술	정해	무자	기축	경인	신묘	임진	계사	갑오	을미	병신	정유	무술	기해	경자	신축	임인	계묘	갑진	을사	병오	정미	무신	기유	
5	요일	일	월	화	수	목	금	토	일	월	화	수	목	금	토	일	월	화	수	목	금	토	일	월	화	수	목	금	토	일	월	화
	음력	4/4	5	6	7	8	9	10	11	12	13	14	15	16	17	18	19	20	21	22	23	24	25	26	27	28	29	5/1	2	3	4	5
	일진	경술	신해	임자	계축	갑인	을묘	병진	정사	무오	기미	경신	신유	임술	계해	갑자	을축	병인	정묘	무진	기사	경오	신미	임신	계유	갑술	을해	병자	정축	무인	기묘	경진
6	요일	수	목	금	토	일	월	화	수	목	금	토	일	월	화	수	목	금	토	일	월	화	수	목	금	토	일	월	화	수	목	
	음력	5/6	7	8	9	10	11	12	13	14	15	16	17	18	19	20	21	22	23	24	25	26	27	28	29	6/1	2	3	4	5	6	
	일진	신사	임오	계미	갑신	을유	병술	정해	무자	기축	경인	신묘	임진	계사	갑오	을미	병신	정유	무술	기해	경자	신축	임인	계묘	갑진	을사	병오	정미	무신	기유	경술	

24절기와 잡절

명칭	태양황경 (도)	월	일	시	분	명칭	태양황경 (도)	월	일	시	분	명칭	태양황경 (도)	월	일	시	분
소한	285	1	6	2	11	하지	90	6	21	1	50	대설	255	12	6	20	44
대한	300	1	20	19	36	소서	105	7	6	19	14	동지	270	12	21	14	42
입춘	315	2	4	13	43	대서	120	7	22	12	42						
우수	330	2	19	9	34	입추	135	8	7	5	7	한식		4	5		
경칩	345	3	5	7	30	처서	150	8	22	19	53	단오		5	31		
춘분	0	3	20	8	19	백로	165	9	7	8	15	초복		7	20		
청명	15	4	4	12	2	추분	180	9	22	17	46	중복		7	30		
곡우	30	4	19	19	5	한로	195	10	8	0	12	말복		8	9		
입하	45	5	5	5	4	상강	210	10	23	3	25	토왕용사	297	1	17	20	52
소만	60	5	20	18	0	입동	225	11	7	3	40	토왕용사	27	4	16	17	26
망종	75	6	5	9	2	소설	240	11	22	1	14	토왕용사	117	7	19	9	17
												토왕용사	207	10	20	3	2

월	양력	1	2	3	4	5	6	7	8	9	10	11	12	13	14	15	16	17	18	19	20	21	22	23	24	25	26	27	28	29	30	31
7	요일	금	토	일	월	화	수	목	금	토	일	월	화	수	목	금	토	일	월	화	수	목	금	토	일	월	화	수	목	금	토	일
	음력	6/7	8	9	10	11	12	13	14	15	16	17	18	19	20	21	22	23	24	25	26	27	28	29	30	7/1	2	3	4	5	6	7
	일진	신해	임자	계축	갑인	을묘	병진	정사	무오	기미	경신	신유	임술	계해	갑자	을축	병인	정묘	무진	기사	경오	신미	임신	계유	갑술	을해	병자	정축	무인	기묘	경진	신사
8	요일	월	화	수	목	금	토	일	월	화	수	목	금	토	일	월	화	수	목	금	토	일	월	화	수	목	금	토	일	월	화	수
	음력	7/8	9	10	11	12	13	14	15	16	17	18	19	20	21	22	23	24	25	26	27	28	29	7*/1	2	3	4	5	6	7	8	9
	일진	임오	계미	갑신	을유	병술	정해	무자	기축	경인	신묘	임진	계사	갑오	을미	병신	정유	무술	기해	경자	신축	임인	계묘	갑진	을사	병오	정미	무신	기유	경술	신해	임자
9	요일	목	금	토	일	월	화	수	목	금	토	일	월	화	수	목	금	토	일	월	화	수	목	금	토	일	월	화	수	목	금	
	음력	7*/10	11	12	13	14	15	16	17	18	19	20	21	22	23	24	25	26	27	28	29	8/1	2	3	4	5	6	7	8	9	10	
	일진	계축	갑인	을묘	병진	정사	무오	기미	경신	신유	임술	계해	갑자	을축	병인	정묘	무진	기사	경오	신미	임신	계유	갑술	을해	병자	정축	무인	기묘	경진	신사	임오	
10	요일	토	일	월	화	수	목	금	토	일	월	화	수	목	금	토	일	월	화	수	목	금	토	일	월	화	수	목	금	토	일	월
	음력	8/11	12	13	14	15	16	17	18	19	20	21	22	23	24	25	26	27	28	29	30	9/1	2	3	4	5	6	7	8	9	10	11
	일진	계미	갑신	을유	병술	정해	무자	기축	경인	신묘	임진	계사	갑오	을미	병신	정유	무술	기해	경자	신축	임인	계묘	갑진	을사	병오	정미	무신	기유	경술	신해	임자	계축
11	요일	화	수	목	금	토	일	월	화	수	목	금	토	일	월	화	수	목	금	토	일	월	화	수	목	금	토	일	월	화	수	
	음력	9/12	13	14	15	16	17	18	19	20	21	22	23	24	25	26	27	28	29	10/1	2	3	4	5	6	7	8	9	10	11	12	
	일진	갑인	을묘	병진	정사	무오	기미	경신	신유	임술	계해	갑자	을축	병인	정묘	무진	기사	경오	신미	임신	계유	갑술	을해	병자	정축	무인	기묘	경진	신사	임오	계미	
12	요일	목	금	토	일	월	화	수	목	금	토	일	월	화	수	목	금	토	일	월	화	수	목	금	토	일	월	화	수	목	금	토
	음력	10/13	14	15	16	17	18	19	20	21	22	23	24	25	26	27	28	29	30	11/1	2	3	4	5	6	7	8	9	10	11	12	13
	일진	갑신	을유	병술	정해	무자	기축	경인	신묘	임진	계사	갑오	을미	병신	정유	무술	기해	경자	신축	임인	계묘	갑진	을사	병오	정미	무신	기유	경술	신해	임자	계축	갑인

* 윤달 : 7월

주요 국경일과 명절

구 분	월 일	요일	구 분	월 일	요일
신 정	1 1	일	현충일	6 6	화
설 날	2 17	금	제헌절	7 17	월
3·1절	3 1	수	광복절	8 15	화
식 목 일	4 5	수	추 석	9 25	월
어린이날	5 5	금	개천절	10 3	화
석가탄신일	5 24	수	기독탄신일	12 25	월

음양력 대조일람

음력월	월건	대소	음력 1일의 양력 월일	음력월	월건	대소	음력 1일의 양력 월일
1	무인	대	2 17	7	갑신	소	8 13
2	기묘	소	3 19	8	을유	소	9 11
3	경진	대	4 17	9	병술	대	10 10
4	신사	소	5 17	10	정해	소	11 9
5	임오	소	6 15	11	무자	대	12 8
6	계미	대	7 14	12	기축	대	2046/1 7

월	양력	1 2 3 4 5	6 7 8 9 10	11 12 13 14 15	16 17 18 19 20	21 22 23 24 25	26 27 28 29 30 31
1	요일	일 월 화 수 목	금 토 일 월 화	수 목 금 토 일	월 화 수 목 금	토 일 월 화 수	목 금 토 일 월 화
	음력	11/14 15 16 17 18	19 20 21 22 23	24 25 26 27 28	29 30 12/1 2 3	4 5 6 7 8	9 10 11 12 13 14
	일진	을 병 정 무 기 묘 진 사 오 미	경 신 임 계 갑 신 유 술 해 자	을 병 정 무 기 축 인 묘 진 사	경 신 임 계 갑 오 미 신 유 술	을 병 정 무 기 해 자 축 인 묘	경 신 임 계 갑 을 진 사 오 미 신 유
2	요일	수 목 금 토 일	월 화 수 목 금	토 일 월 화 수	목 금 토 일 월	화 수 목 금 토	일 월 화
	음력	12/15 16 17 18 19	20 21 22 23 24	25 26 27 28 29	30 1/1 2 3 4	5 6 7 8 9	10 11 12
	일진	병 정 무 기 경 술 해 자 축 인	신 임 계 갑 을 묘 진 사 오 미	병 정 무 기 경 신 유 술 해 자	신 임 계 갑 을 축 인 묘 진 사	병 정 무 기 경 오 미 신 유 술	신 임 계 해 자 축
3	요일	수 목 금 토 일	월 화 수 목 금	토 일 월 화 수	목 금 토 일 월	화 수 목 금 토	일 월 화 수 목 금
	음력	1/13 14 15 16 17	18 19 20 21 22	23 24 25 26 27	28 29 30 2/1 2	3 4 5 6 7	8 9 10 11 12 13
	일진	갑 을 병 정 무 인 묘 진 사 오	기 경 신 임 계 미 신 유 술 해	갑 을 병 정 무 자 축 인 묘 진	기 경 신 임 계 사 오 미 신 유	갑 을 병 정 무 술 해 자 축 인	기 경 신 임 계 갑 묘 진 사 오 미 신
4	요일	토 일 월 화 수	목 금 토 일 월	화 수 목 금 토	일 월 화 수 목	금 토 일 월 화	수 목 금 토 일
	음력	2/14 15 16 17 18	19 20 21 22 23	24 25 26 27 28	29 3/1 2 3 4	5 6 7 8 9	10 11 12 13 14
	일진	을 병 정 무 기 유 술 해 자 축	경 신 임 계 갑 인 묘 진 사 오	을 병 정 무 기 미 신 유 술 해	경 신 임 계 갑 자 축 인 묘 진	을 병 정 무 기 사 오 미 신 유	경 신 임 계 갑 술 해 자 축 인
5	요일	월 화 수 목 금	토 일 월 화 수	목 금 토 일 월	화 수 목 금 토	일 월 화 수 목	금 토 일 월 화 수
	음력	3/15 16 17 18 19	20 21 22 23 24	25 26 27 28 29	30 4/1 2 3 4	5 6 7 8 9	10 11 12 13 14 15
	일진	을 병 정 무 기 묘 진 사 오 미	경 신 임 계 갑 신 유 술 해 자	을 병 정 무 기 축 인 묘 진 사	경 신 임 계 갑 오 미 신 유 술	을 병 정 무 기 해 자 축 인 묘	경 신 임 계 갑 을 진 사 오 미 신 유
6	요일	목 금 토 일 월	화 수 목 금 토	일 월 화 수 목	금 토 일 월 화	수 목 금 토 일	월 화 수 목 금
	음력	4/16 17 18 19 20	21 22 23 24 25	26 27 28 29 5/1	2 3 4 5 6	7 8 9 10 11	12 13 14 15 16
	일진	병 정 무 기 경 술 해 자 축 인	신 임 계 갑 을 묘 진 사 오 미	병 정 무 기 경 신 유 술 해 자	신 임 계 갑 을 축 인 묘 진 사	병 정 무 기 경 오 미 신 유 술	신 임 계 갑 을 해 자 축 인 묘

24절기와 잡절

명 칭	태양황경(도)	월	일	시	분	명 칭	태양황경(도)	월	일	시	분	명 칭	태양황경(도)	월	일	시	분
소한	285	1	5	8	1	하지	90	6	21	7	32	대설	255	12	7	2	34
대한	300	1	20	1	21	소서	105	7	7	1	7	동지	270	12	21	20	34
입춘	315	2	3	19	35	대서	120	7	22	18	25						
우수	330	2	18	15	21	입추	135	8	7	10	58	한식			4	5	
경칩	345	3	5	13	23	처서	150	8	23	1	38	단오			6	19	
춘분	0	3	20	14	6	백로	165	9	7	14	4	초복			7	15	
청명	15	4	4	17	56	추분	180	9	22	23	31	중복			7	25	
곡우	30	4	20	0	51	한로	195	10	8	5	59	말복			8	14	
입하	45	5	5	10	58	상강	210	10	23	9	11	토왕용사	297	1	17	2	39
소만	60	5	20	23	44	입동	225	11	7	9	28	토왕용사	27	4	16	23	14
망종	75	6	5	14	55	소설	240	11	22	7	2	토왕용사	117	7	19	14	59
												토왕용사	207	10	20	8	46

월	양력	1 2 3 4 5	6 7 8 9 10	11 12 13 14 15	16 17 18 19 20	21 22 23 24 25	26 27 28 29 30 31
7	요일	토 일 월 화 수	목 금 토 일 월	화 수 목 금 토	일 월 화 수 목	금 토 일 월 화	수 목 금 토 일 월
	음력	5/17 18 19 20 21	22 23 24 25 26	27 28 29 6/1 2	3 4 5 6 7	8 9 10 11 12	13 14 15 16 17 18
	일진	병정무기경 진사오미신	신임계갑을 유술해자축	병정무기경 인묘진사오	신임계갑을 미신유술해	병정무기경 자축인묘진	신임계갑을병 사오미신유술
8	요일	화 수 목 금 토	일 월 화 수 목	금 토 일 월 화	수 목 금 토 일	월 화 수 목 금	토 일 월 화 수 목
	음력	6/19 20 21 22 23	24 25 26 27 28	29 30 7/1 2 3	4 5 6 7 8	9 10 11 12 13	14 15 16 17 18 19
	일진	정무기경신 해자축인묘	임계갑을병 진사오미신	정무기경신 유술해자축	임계갑을병 인묘진사오	정무기경신 미신유술해	임계갑을병정 자축인묘진사
9	요일	금 토 일 월 화	수 목 금 토 일	월 화 수 목 금	토 일 월 화 수	목 금 토 일 월	화 수 목 금 토
	음력	7/20 21 22 23 24	25 26 27 28 29	8/1 2 3 4 5	6 7 8 9 10	11 12 13 14 15	16 17 18 19 20
	일진	무기경신임 오미신유술	계갑을병정 해자축인묘	무기경신임 진사오미신	계갑을병정 유술해자축	무기경신임 인묘진사오	계갑을병정 미신유술해
10	요일	일 월 화 수 목	금 토 일 월 화	수 목 금 토 일	월 화 수 목 금	토 일 월 화 수	목 금 토 일 월 화
	음력	8/21 22 23 24 25	26 27 28 29 9/1	2 3 4 5 6	7 8 9 10 11	12 13 14 15 16	17 18 19 20 21 22
	일진	무기경신임 자축인묘진	계갑을병정 사오미신유	무기경신임 술해자축인	계갑을병정 묘진사오미	무기경신임 신유술해자	계갑을병정무 축인묘진사오
11	요일	수 목 금 토 일	월 화 수 목 금	토 일 월 화 수	목 금 토 일 월	화 수 목 금 토	일 월 화 수 목
	음력	9/23 24 25 26 27	28 29 30 10/1 2	3 4 5 6 7	8 9 10 11 12	13 14 15 16 17	18 19 20 21 22
	일진	기경신임계 미신유술해	갑을병정무 자축인묘진	기경신임계 사오미신유	갑을병정무 술해자축인	기경신임계 묘진사오미	갑을병정무 신유술해자
12	요일	금 토 일 월 화	수 목 금 토 일	월 화 수 목 금	토 일 월 화 수	목 금 토 일 월	화 수 목 금 토 일
	음력	10/23 24 25 26 27	28 29 11/1 2 3	4 5 6 7 8	9 10 11 12 13	14 15 16 17 18	19 20 21 22 23 24
	일진	기경신임계 축인묘진사	갑을병정무 오미신유술	기경신임계 해자축인묘	갑을병정무 진사오미신	기경신임계 유술해자축	갑을병정무기 인묘진사오미

2046 병인년 • 단기 4379

주요 국경일과 명절

구 분	월일	요일	구 분	월일	요일
신 정	1 1	월	현 충 일	6 6	수
설 날	2 6	화	제 헌 절	7 17	화
3·1절	3 1	목	광 복 절	8 15	수
식 목 일	4 5	목	추 석	9 15	토
어린이날	5 5	토	개 천 절	10 3	수
석가탄신일	5 13	일	기독탄신일	12 25	화

음양력 대조일람

음력월	월건	대소	음력 1일의 양력 월일	음력월	월건	대소	음력 1일의 양력 월일
1	경인	대	2 6	7	병신	대	8 2
2	신묘	소	3 8	8	정유	소	9 1
3	임진	대	4 6	9	무술	소	9 30
4	계사	대	5 6	10	기해	대	10 29
5	갑오	소	6 5	11	경자	소	11 28
6	을미	소	7 4	12	신축	대	12 27

월	양력	1 2 3 4 5	6 7 8 9 10	11 12 13 14 15	16 17 18 19 20	21 22 23 24 25	26 27 28 29 30 31
1	요일	월 화 수 목 금	토 일 월 화 수	목 금 토 일 월	화 수 목 금 토	일 월 화 수 목	금 토 일 월 화 수
1	음력	11/25 26 27 28 29	30 12/1 2 3 4	5 6 7 8 9	10 11 12 13 14	15 16 17 18 19	20 21 22 23 24 25
1	일진	경신임계갑 신유술해자	을병정무기 축인묘진사	경신임계갑 오미신유술	을병정무기 해자축인묘	경신임계갑 진사오미신	을병정무기경 유술해자축인
2	요일	목 금 토 일 월	화 수 목 금 토	일 월 화 수 목	금 토 일 월 화	수 목 금 토 일	월 화 수
2	음력	12/26 27 28 29 30	1/1 2 3 4 5	6 7 8 9 10	11 12 13 14 15	16 17 18 19 20	21 22 23
2	일진	신임계갑을 묘진사오미	병정무기경 신유술해자	신임계갑을 축인묘진사	병정무기경 오미신유술	신임계갑을 해자축인묘	병정무 진사오
3	요일	목 금 토 일 월	화 수 목 금 토	일 월 화 수 목	금 토 일 월 화	수 목 금 토 일	월 화 수 목 금 토
3	음력	1/24 25 26 27 28	29 30 2/1 2 3	4 5 6 7 8	9 10 11 12 13	14 15 16 17 18	19 20 21 22 23 24
3	일진	기경신임계 미신유술해	갑을병정무 자축인묘진	기경신임계 사오미신유	갑을병정무 술해자축인	기경신임계 묘진사오미	갑을병정무기 신유술해자축
4	요일	일 월 화 수 목	금 토 일 월 화	수 목 금 토 일	월 화 수 목 금	토 일 월 화 수	목 금 토 일 월
4	음력	2/25 26 27 28 29	3/1 2 3 4 5	6 7 8 9 10	11 12 13 14 15	16 17 18 19 20	21 22 23 24 25
4	일진	경신임계갑 인묘진사오	을병정무기 미신유술해	경신임계갑 자축인묘진	을병정무기 사오미신유	경신임계갑 술해자축인	을병정무기 묘진사오미
5	요일	화 수 목 금 토	일 월 화 수 목	금 토 일 월 화	수 목 금 토 일	월 화 수 목 금	토 일 월 화 수 목
5	음력	3/26 27 28 29 30	4/1 2 3 4 5	6 7 8 9 10	11 12 13 14 15	16 17 18 19 20	21 22 23 24 25 26
5	일진	경신임계갑 신유술해자	을병정무기 축인묘진사	경신임계갑 오미신유술	을병정무기 해자축인묘	경신임계갑 진사오미신	을병정무기경 유술해자축인
6	요일	금 토 일 월 화	수 목 금 토 일	월 화 수 목 금	토 일 월 화 수	목 금 토 일 월	화 수 목 금 토
6	음력	4/27 28 29 30 5/1	2 3 4 5 6	7 8 9 10 11	12 13 14 15 16	17 18 19 20 21	22 23 24 25 26
6	일진	신임계갑을 묘진사오미	병정무기경 신유술해자	신임계갑을 축인묘진사	병정무기경 오미신유술	신임계갑을 해자축인묘	병정무기경 진사오미신

24절기와 잡절

명칭	태양황경(도)	월	일	시	분	명칭	태양황경(도)	월	일	시	분	명칭	태양황경(도)	월	일	시	분
소한	285	1	5	13	54	하지	90	6	21	13	13	대설	255	12	7	8	20
대한	300	1	20	7	14	소서	105	7	7	6	39	동지	270	12	22	2	27
입춘	315	2	4	1	30	대서	120	7	23	0	7						
우수	330	2	18	21	14	입추	135	8	7	16	32	한식			4	5	
경칩	345	3	5	19	16	처서	150	8	23	7	23	단오			6	9	
춘분	0	3	20	19	56	백로	165	9	7	19	42	초복			7	20	
청명	15	4	4	23	43	추분	180	9	23	5	20	중복			7	30	
곡우	30	4	20	6	37	한로	195	10	8	11	41	말복			8	9	
입하	45	5	5	16	39	상강	210	10	23	15	2	토왕용사	297	1	17	8	30
소만	60	5	21	5	27	입동	225	11	7	15	13	토왕용사	27	4	17	4	57
망종	75	6	5	20	31	소설	240	11	22	12	55	토왕용사	117	7	19	20	40
												토왕용사	207	10	20	14	38

월	양력	1 2 3 4 5	6 7 8 9 10	11 12 13 14 15	16 17 18 19 20	21 22 23 24 25	26 27 28 29 30 31
7	요일	일월화수목	금토일월화	수목금토일	월화수목금	토일월화수	목금토일월화
	음력	5/27 28 29 6/1 2	3 4 5 6 7	8 9 10 11 12	13 14 15 16 17	18 19 20 21 22	23 24 25 26 27 28
	일진	신임계갑을 유술해자축	병정무기경 인묘진사오	신임계갑을 미신유술해	병정무기경 자축인묘진	신임계갑을 사오미신유	병정무기경신 술해자축인묘
8	요일	수목금토일	월화수목금	토일월화수	목금토일월	화수목금토	일월화수목금
	음력	6/29 7/1 2 3 4	5 6 7 8 9	10 11 12 13 14	15 16 17 18 19	20 21 22 23 24	25 26 27 28 29 30
	일진	임계갑을병 진사오미신	정무기경신 유술해자축	임계갑을병 인묘진사오	정무기경신 미신유술해	임계갑을병 자축인묘진	정무기경신임 사오미신유술
9	요일	토일월화수	목금토일월	화수목금토	일월화수목	금토일월화	수목금토일
	음력	8/1 2 3 4 5	6 7 8 9 10	11 12 13 14 15	16 17 18 19 20	21 22 23 24 25	26 27 28 29 9/1
	일진	계갑을병정 해자축인묘	무기경신임 진사오미신	계갑을병정 유술해자축	무기경신임 인묘진사오	계갑을병정 미신유술해	무기경신임 사축인묘진
10	요일	월화수목금	토일월화수	목금토일월	화수목금토	일월화수목	금토일월화수
	음력	9/2 3 4 5 6	7 8 9 10 11	12 13 14 15 16	17 18 19 20 21	22 23 24 25 26	27 28 29 10/1 2 3
	일진	계갑을병정 사오미신유	무기경신임 술해자축인	계갑을병정 묘진사오미	무기경신임 신유술해자	계갑을병정 축인묘진사	무기경신임계 오미신유술해
11	요일	목금토일월	화수목금토	일월화수목	금토일월화	수목금토일	월화수목금
	음력	10/4 5 6 7 8	9 10 11 12 13	14 15 16 17 18	19 20 21 22 23	24 25 26 27 28	29 30 11/1 2 3
	일진	갑을병정무 자축인묘진	기경신임계 사오미신유	갑을병정무 술해자축인	기경신임계 묘진사오미	갑을병정무 신유술해자	기경신임계 축인묘진사
12	요일	토일월화수	목금토일월	화수목금토	일월화수목	금토일월화	수목금토일월
	음력	11/4 5 6 7 8	9 10 11 12 13	14 15 16 17 18	19 20 21 22 23	24 25 26 27 28	29 12/1 2 3 4 5
	일진	갑을병정무 오미신유술	기경신임계 해자축인묘	갑을병정무 진사오미신	기경신임계 유술해자축	갑을병정무 인묘진사오	기경신임계갑 미신유술해자

2047 정묘년 · 단기 4380

주요 국경일과 명절

구 분	월일	요일	구 분	월일	요일
신 정	1 1	화	현 충 일	6 6	목
설 날	1 26	토	제 헌 절	7 17	수
3·1절	3 1	금	광 복 절	8 15	목
식 목 일	4 5	금	개 천 절	10 3	목
석가탄신일	5 2	목	추 석	10 4	금
어린이날	5 5	일	기독탄신일	12 25	수

음양력 대조일람

음력월	월건	대소	음력 1일의 양력 월일	음력월	월건	대소	음력 1일의 양력 월일
1	임인	대	1 26	7	무신	대	8 21
2	계묘	소	2 25	8	기유	소	9 20
3	갑진	대	3 26	9	경술	소	10 19
4	을사	대	4 25	10	신해	대	11 17
5	병오	소	5 25	11	임자	소	12 17
(윤)5		대	6 23	12	계축	대	2048/1 15
6	정미	소	7 23				

월	양력	1 2 3 4 5	6 7 8 9 10	11 12 13 14 15	16 17 18 19 20	21 22 23 24 25	26 27 28 29 30 31
1	요일	화 수 목 금 토	일 월 화 수 목	금 토 일 월 화	수 목 금 토 일	월 화 수 목 금	토 일 월 화 수 목
1	음력	12/6 7 8 9 10	11 12 13 14 15	16 17 18 19 20	21 22 23 24 25	26 27 28 29 30	1/1 2 3 4 5 6
1	일진	을축 병인 정묘 무진 기사	경오 신미 임신 계유 갑술	을해 병자 정축 무인 기묘	경진 신사 임오 계미 갑신	을유 병술 정해 무자 기축	경인 신묘 임진 계사 갑오 을미
2	요일	금 토 일 월 화	수 목 금 토 일	월 화 수 목 금	토 일 월 화 수	목 금 토 일 월	화 수 목
2	음력	1/7 8 9 10 11	12 13 14 15 16	17 18 19 20 21	22 23 24 25 26	27 28 29 30 2/1	2 3 4
2	일진	병신 정유 무술 기해 경자	신축 임인 계묘 갑진 을사	병오 정미 무신 기유 경술	신해 임자 계축 갑인 을묘	병진 정사 무오 기미 경신	신유 임술 계해
3	요일	금 토 일 월 화	수 목 금 토 일	월 화 수 목 금	토 일 월 화 수	목 금 토 일 월	화 수 목 금 토 일
3	음력	2/5 6 7 8 9	10 11 12 13 14	15 16 17 18 19	20 21 22 23 24	25 26 27 28 29	3/1 2 3 4 5 6
3	일진	갑자 을축 병인 정묘 무진	기사 경오 신미 임신 계유	갑술 을해 병자 정축 무인	기묘 경진 신사 임오 계미	갑신 을유 병술 정해 무자	기축 경인 신묘 임진 계사 갑오
4	요일	월 화 수 목 금	토 일 월 화 수	목 금 토 일 월	화 수 목 금 토	일 월 화 수 목	금 토 일 월 화
4	음력	3/7 8 9 10 11	12 13 14 15 16	17 18 19 20 21	22 23 24 25 26	27 28 29 30 4/1	2 3 4 5 6
4	일진	을미 병신 정유 무술 기해	경자 신축 임인 계묘 갑진	을사 병오 정미 무신 기유	경술 신해 임자 계축 갑인	을묘 병진 정사 무오 기미	경신 신유 임술 계해 갑자
5	요일	수 목 금 토 일	월 화 수 목 금	토 일 월 화 수	목 금 토 일 월	화 수 목 금 토	일 월 화 수 목 금
5	음력	4/7 8 9 10 11	12 13 14 15 16	17 18 19 20 21	22 23 24 25 26	27 28 29 30 5/1	2 3 4 5 6 7
5	일진	을축 병인 정묘 무진 기사	경오 신미 임신 계유 갑술	을해 병자 정축 무인 기묘	경진 신사 임오 계미 갑신	을유 병술 정해 무자 기축	경인 신묘 임진 계사 갑오 을미
6	요일	토 일 월 화 수	목 금 토 일 월	화 수 목 금 토	일 월 화 수 목	금 토 일 월 화	수 목 금 토 일
6	음력	5/8 9 10 11 12	13 14 15 16 17	18 19 20 21 22	23 24 25 26 27	28 29 5*/1 2 3	4 5 6 7 8
6	일진	병신 정유 무술 기해 경자	신축 임인 계묘 갑진 을사	병오 정미 무신 기유 경술	신해 임자 계축 갑인 을묘	병진 정사 무오 기미 경신	신유 임술 계해 갑자 을축

24절기와 잡절

명 칭	태양황경(도)	한국표준시 월 일	시 분	명 칭	태양황경(도)	한국표준시 월 일	시 분	명 칭	태양황경(도)	한국표준시 월 일	시 분
소한	285	1 5	19 41	하지	90	6 21	19 2	대 설	255	12 7	14 9
대한	300	1 20	13 8	소서	105	7 7	12 29	동 지	270	12 22	8 6
입춘	315	2 4	7 16	대서	120	7 23	5 54				
우수	330	2 19	3 9	입추	135	8 7	22 24	한 식		4 6	
경칩	345	3 6	1 4	처서	150	8 23	13 9	단 오		5 29	
춘분	0	3 21	1 51	백로	165	9 8	1 37	초 복		7 15	
청명	15	4 5	5 31	추분	180	9 23	11 6	중 복		7 25	
곡우	30	4 20	12 31	한로	195	10 8	17 36	말 복		8 14	
입하	45	5 5	22 27	상강	210	10 23	20 47	토왕용사	297	1 17	14 25
소만	60	5 21	11 18	입동	225	11 7	21 6	토왕용사	27	4 17	10 53
망종	75	6 6	2 19	소설	240	11 22	18 37	토왕용사	117	7 20	2 29
								토왕용사	207	10 20	20 24

월	양력	1 2 3 4 5	6 7 8 9 10	11 12 13 14 15	16 17 18 19 20	21 22 23 24 25	26 27 28 29 30 31
7	요일	월 화 수 목 금	토 일 월 화 수	목 금 토 일 월	화 수 목 금 토	일 월 화 수 목	금 토 일 월 화 수
	음력	5*/9 10 11 12 13	14 15 16 17 18	19 20 21 22 23	24 25 26 27 28	29 30 6/1 2 3	4 5 6 7 8 9
	일진	병정무기경 / 인묘진사오	신임계갑을 / 미신유술해	병정무기경 / 자축인묘진	신임계갑을 / 사오미신유	병정무기경 / 술해자축인	신임계갑을병 / 묘진사오미신
8	요일	목 금 토 일 월	화 수 목 금 토	일 월 화 수 목	금 토 일 월 화	수 목 금 토 일	월 화 수 목 금 토
	음력	6/10 11 12 13 14	15 16 17 18 19	20 21 22 23 24	25 26 27 28 29	7/1 2 3 4 5	6 7 8 9 10 11
	일진	정무기경신 / 유술해자축	임계갑을병 / 인묘진사오	정무기경신 / 미신유술해	임계갑을병 / 자축인묘진	정무기경신 / 사오미신유	임계갑을병정 / 술해자축인묘
9	요일	일 월 화 수 목	금 토 일 월 화	수 목 금 토 일	월 화 수 목 금	토 일 월 화 수	목 금 토 일 월
	음력	7/12 13 14 15 16	17 18 19 20 21	22 23 24 25 26	27 28 29 30 8/1	2 3 4 5 6	7 8 9 10 11
	일진	무기경신임 / 진사오미신	계갑을병정 / 유술해자축	무기경신임 / 인묘진사오	계갑을병정 / 미신유술해	무기경신임 / 자축인묘진	계갑을병정 / 사오미신유
10	요일	화 수 목 금 토	일 월 화 수 목	금 토 일 월 화	수 목 금 토 일	월 화 수 목 금	토 일 월 화 수 목
	음력	8/12 13 14 15 16	17 18 19 20 21	22 23 24 25 26	27 28 29 9/1 2	3 4 5 6 7	8 9 10 11 12 13
	일진	무기경신임 / 술해자축인	계갑을병정 / 묘진사오미	무기경신임 / 신유술해자	계갑을병정 / 축인묘진사	무기경신임 / 오미신유술	계갑을병정무 / 해자축인묘진
11	요일	금 토 일 월 화	수 목 금 토 일	월 화 수 목 금	토 일 월 화 수	목 금 토 일 월	화 수 목 금 토
	음력	9/14 15 16 17 18	19 20 21 22 23	24 25 26 27 28	29 10/1 2 3 4	5 6 7 8 9	10 11 12 13 14
	일진	기경신임계 / 사오미신유	갑을병정무 / 술해자축인	기경신임계 / 묘진사오미	갑을병정무 / 신유술해자	기경신임계 / 축인묘진사	갑을병정무 / 오미신유술
12	요일	일 월 화 수 목	금 토 일 월 화	수 목 금 토 일	월 화 수 목 금	토 일 월 화 수	목 금 토 일 월 화
	음력	10/15 16 17 18 19	20 21 22 23 24	25 26 27 28 29	30 11/1 2 3 4	5 6 7 8 9	10 11 12 13 14 15
	일진	기경신임계 / 해자축인묘	갑을병정무 / 진사오미신	기경신임계 / 유술해자축	갑을병정무 / 인묘진사오	기경신임계 / 미신유술해	갑을병정무기 / 자축인묘진사

* 윤달 : 5월

주요 국경일과 명절

구 분	월일	요일	구 분	월일	요일
신 정	1 1	수	현 충 일	6 6	토
설 날	2 14	금	제 헌 절	7 17	금
3·1절	3 1	일	광 복 절	8 15	토
식 목 일	4 5	일	추 석	9 22	화
어린이날	5 5	화	개 천 절	10 3	토
석가탄신일	5 20	수	기독탄신일	12 25	금

음양력 대조일람

음력월	월건	대소	음력 1일의 양력 월일	음력월	월건	대소	음력 1일의 양력 월일
1	갑인	소	2 14	7	경신	소	8 10
2	을묘	대	3 14	8	신유	대	9 8
3	병진	대	4 13	9	임술	소	10 8
4	정사	소	5 13	10	계해	대	11 6
5	무오	대	6 11	11	갑자	소	12 6
6	기미	대	7 11	12	을축	소	2049/1 4

월	양력	1 2 3 4 5	6 7 8 9 10	11 12 13 14 15	16 17 18 19 20	21 22 23 24 25	26 27 28 29 30 31
1	요일	수 목 금 토 일	월 화 수 목 금	토 일 월 화 수	목 금 토 일 월	화 수 목 금 토	일 월 화 수 목 금
1	음력	11/16 17 18 19 20	21 22 23 24 25	26 27 28 29 12/1	2 3 4 5 6	7 8 9 10 11	12 13 14 15 16 17
1	일진	경신임계갑 / 오미신유술	을병정무기 / 해자축인묘	경신임계갑 / 진사오미신	을병정무기 / 유술해자축	경신임계갑 / 인묘진사오	을병정무기경 / 미신유술해자
2	요일	토 일 월 화 수	목 금 토 일 월	화 수 목 금 토	일 월 화 수 목	금 토 일 월 화	수 목 금 토
2	음력	12/18 19 20 21 22	23 24 25 26 27	28 29 30 1/1 2	3 4 5 6 7	8 9 10 11 12	13 14 15 16
2	일진	신임계갑을 / 축인묘진사	병정무기경 / 오미신유술	신임계갑을 / 해자축인묘	병정무기경 / 진사오미신	신임계갑을 / 유술해자축	병정무기 / 인묘진사
3	요일	일 월 화 수 목	금 토 일 월 화	수 목 금 토 일	월 화 수 목 금	토 일 월 화 수	목 금 토 일 월 화
3	음력	1/17 18 19 20 21	22 23 24 25 26	27 28 29 2/1 2	3 4 5 6 7	8 9 10 11 12	13 14 15 16 17 18
3	일진	경신임계갑 / 오미신유술	을병정무기 / 해자축인묘	경신임계갑 / 진사오미신	을병정무기 / 유술해자축	경신임계갑 / 인묘진사오	을병정무기경 / 미신유술해자
4	요일	수 목 금 토 일	월 화 수 목 금	토 일 월 화 수	목 금 토 일 월	화 수 목 금 토	일 월 화 수 목
4	음력	2/19 20 21 22 23	24 25 26 27 28	29 30 3/1 2 3	4 5 6 7 8	9 10 11 12 13	14 15 16 17 18
4	일진	신임계갑을 / 축인묘진사	병정무기경 / 오미신유술	신임계갑을 / 해자축인묘	병정무기경 / 진사오미신	신임계갑을 / 유술해자축	병정무기경 / 인묘진사오
5	요일	금 토 일 월 화	수 목 금 토 일	월 화 수 목 금	토 일 월 화 수	목 금 토 일 월	화 수 목 금 토 일
5	음력	3/19 20 21 22 23	24 25 26 27 28	29 30 4/1 2 3	4 5 6 7 8	9 10 11 12 13	14 15 16 17 18 19
5	일진	신임계갑을 / 미신유술해	병정무기경 / 자축인묘진	신임계갑을 / 사오미신유	병정무기경 / 술해자축인	신임계갑을 / 묘진사오미	병정무기경신 / 신유술해자축
6	요일	월 화 수 목 금	토 일 월 화 수	목 금 토 일 월	화 수 목 금 토	일 월 화 수 목	금 토 일 월 화
6	음력	4/20 21 22 23 24	25 26 27 28 29	5/1 2 3 4 5	6 7 8 9 10	11 12 13 14 15	16 17 18 19 20
6	일진	임계갑을병 / 인묘진사오	정무기경신 / 미신유술해	임계갑을병 / 자축인묘진	정무기경신 / 사오미신유	임계갑을병 / 술해자축인	정무기경신 / 묘진사오미

24절기와 잡절

명칭	태양황경(도)	한국표준시 월 일	시 분	명칭	태양황경(도)	한국표준시 월 일	시 분	명칭	태양황경(도)	한국표준시 월 일	시 분
소한	285	1 6	1 28	하지	90	6 21	0 52	대　설	255	12 6	19 59
대한	300	1 20	18 46	소서	105	7 6	18 25	동　지	270	12 21	14 1
입춘	315	2 4	13 3	대서	120	7 22	11 45				
우수	330	2 19	8 47	입추	135	8 7	4 17	한　식		4 5	
경칩	345	3 5	6 53	처서	150	8 22	19 1	단　오		6 15	
춘분	0	3 20	7 32	백로	165	9 7	7 26	초　복		7 19	
청명	15	4 4	11 24	추분	180	9 22	16 59	중　복		7 29	
곡우	30	4 19	18 16	한로	195	10 7	23 25	말　복		8 8	
입하	45	5 5	4 23	상강	210	10 23	2 41	토왕용사	297	1 17	20 4
소만	60	5 20	17 6	입동	225	11 7	2 55	토왕용사	27	4 16	16 38
망종	75	6 5	8 17	소설	240	11 22	0 32	토왕용사	117	7 19	8 19
								토왕용사	207	10 20	2 15

월	양력	1 2 3 4 5	6 7 8 9 10	11 12 13 14 15	16 17 18 19 20	21 22 23 24 25	26 27 28 29 30 31
7	요일	수 목 금 토 일	월 화 수 목 금	토 일 월 화 수	목 금 토 일 월	화 수 목 금 토	일 월 화 수 목 금
	음력	5/21 22 23 24 25	26 27 28 29 30	6/1 2 3 4 5	6 7 8 9 10	11 12 13 14 15	16 17 18 19 20 21
	일진	임계갑을병 신유술해자	정무기경신 축인묘진사	임계갑을병 오미신유술	정무기경신 해자축인묘	임계갑을병 진사오미신	정무기경신임 유술해자축인
8	요일	토 일 월 화 수	목 금 토 일 월	화 수 목 금 토	일 월 화 수 목	금 토 일 월 화	수 목 금 토 일 월
	음력	6/22 23 24 25 26	27 28 29 30 7/1	2 3 4 5 6	7 8 9 10 11	12 13 14 15 16	17 18 19 20 21 22
	일진	계갑을병정 묘진사오미	무기경신임 신유술해자	계갑을병정 축인묘진사	무기경신임 오미신유술	계갑을병정 해자축인묘	무기경신임계 진사오미신유
9	요일	화 수 목 금 토	일 월 화 수 목	금 토 일 월 화	수 목 금 토 일	월 화 수 목 금	토 일 월 화 수
	음력	7/23 24 25 26 27	28 29 8/1 2 3	4 5 6 7 8	9 10 11 12 13	14 15 16 17 18	19 20 21 22 23
	일진	갑을병정무 술해자축인	기경신임계 묘진사오미	갑을병정무 신유술해자	기경신임계 축인묘진사	갑을병정무 오미신유술	기경신임계 해자축인묘
10	요일	목 금 토 일 월	화 수 목 금 토	일 월 화 수 목	금 토 일 월 화	수 목 금 토 일	월 화 수 목 금 토
	음력	8/24 25 26 27 28	29 30 9/1 2 3	4 5 6 7 8	9 10 11 12 13	14 15 16 17 18	19 20 21 22 23 24
	일진	갑을병정무 진사오미신	기경신임계 유술해자축	갑을병정무 인묘진사오	기경신임계 미신유술해	갑을병정무 자축인묘진	기경신임계갑 사오미신유술
11	요일	일 월 화 수 목	금 토 일 월 화	수 목 금 토 일	월 화 수 목 금	토 일 월 화 수	목 금 토 일 월
	음력	9/25 26 27 28 29	10/1 2 3 4 5	6 7 8 9 10	11 12 13 14 15	16 17 18 19 20	21 22 23 24 25
	일진	을병정무기 해자축인묘	경신임계갑 진사오미신	을병정무기 유술해자축	경신임계갑 인묘진사오	을병정무기 미신유술해	경신임계갑 자축인묘진
12	요일	화 수 목 금 토	일 월 화 수 목	금 토 일 월 화	수 목 금 토 일	월 화 수 목 금	토 일 월 화 수 목
	음력	10/26 27 28 29 30	11/1 2 3 4 5	6 7 8 9 10	11 12 13 14 15	16 17 18 19 20	21 22 23 24 25 26
	일진	을병정무기 사오미신유	경신임계갑 술해자축인	을병정무기 묘진사오미	경신임계갑 신유술해자	을병정무기 축인묘진사	경신임계갑을 오미신유술해

2049 기사년 · 단기 4382

주요 국경일과 명절

구 분	월	일	요일	구 분	월	일	요일
신 정	1	1	금	현 충 일	6	6	일
설 날	2	2	화	제 헌 절	7	17	토
3·1절	3	1	월	광 복 절	8	15	일
식 목 일	4	5	월	추 석	9	11	토
어린이날	5	5	수	개 천 절	10	3	일
석가탄신일	5	9	일	기독탄신일	12	25	토

음양력 대조일람

음력월	월건	대소	음력 1일의 양력 월일	음력월	월건	대소	음력 1일의 양력 월일
1	병인	대	2 2	7	임신	소	7 30
2	정묘	소	3 4	8	계유	대	8 28
3	무진	대	4 2	9	갑술	대	9 27
4	기사	소	5 2	10	을해	소	10 27
5	경오	대	5 31	11	병자	대	11 25
6	신미	대	6 30	12	정축	소	12 25

월	양력	1 2 3 4 5	6 7 8 9 10	11 12 13 14 15	16 17 18 19 20	21 22 23 24 25	26 27 28 29 30 31
1	요일	금 토 일 월 화	수 목 금 토 일	월 화 수 목 금	토 일 월 화 수	목 금 토 일 월	화 수 목 금 토 일
	음력	11/27 28 29 12/1 2	3 4 5 6 7	8 9 10 11 12	13 14 15 16 17	18 19 20 21 22	23 24 25 26 27 28
	일진	병정무기경 자축인묘진	신임계갑을 사오미신유	병정무기경 술해자축인	신임계갑을 묘진사오미	병정무기경 신유술해자	신임계갑을병 축인묘진사오
2	요일	월 화 수 목 금	토 일 월 화 수	목 금 토 일 월	화 수 목 금 토	일 월 화 수 목	금 토 일
	음력	12/29 1/1 2 3 4	5 6 7 8 9	10 11 12 13 14	15 16 17 18 19	20 21 22 23 24	25 26 27
	일진	정무기경신 미신유술해	임계갑을병 자축인묘진	정무기경신 사오미신유	임계갑을병 술해자축인	정무기경신 묘진사오미	임계갑 신유술
3	요일	월 화 수 목 금	토 일 월 화 수	목 금 토 일 월	화 수 목 금 토	일 월 화 수 목	금 토 일 월 화 수
	음력	1/28 29 30 2/1 2	3 4 5 6 7	8 9 10 11 12	13 14 15 16 17	18 19 20 21 22	23 24 25 26 27 28
	일진	을병정무기 해자축인묘	경신임계갑 진사오미신	을병정무기 유술해자축	경신임계갑 인묘진사오	을병정무기 미신유술해	경신임계갑을 자축인묘진사
4	요일	목 금 토 일 월	화 수 목 금 토	일 월 화 수 목	금 토 일 월 화	수 목 금 토 일	월 화 수 목 금
	음력	2/29 3/1 2 3 4	5 6 7 8 9	10 11 12 13 14	15 16 17 18 19	20 21 22 23 24	25 26 27 28 29
	일진	병정무기경 오미신유술	신임계갑을 해자축인묘	병정무기경 진사오미신	신임계갑을 유술해자축	병정무기경 인묘진사오	신임계갑을 미신유술해
5	요일	토 일 월 화 수	목 금 토 일 월	화 수 목 금 토	일 월 화 수 목	금 토 일 월 화	수 목 금 토 일 월
	음력	3/30 4/1 2 3 4	5 6 7 8 9	10 11 12 13 14	15 16 17 18 19	20 21 22 23 24	25 26 27 28 29 5/1
	일진	병정무기경 자축인묘진	신임계갑을 사오미신유	병정무기경 술해자축인	신임계갑을 묘진사오미	병정무기경 신유술해자	신임계갑을병 축인묘진사오
6	요일	화 수 목 금 토	일 월 화 수 목	금 토 일 월 화	수 목 금 토 일	월 화 수 목 금	토 일 월 화 수
	음력	5/2 3 4 5 6	7 8 9 10 11	12 13 14 15 16	17 18 19 20 21	22 23 24 25 26	27 28 29 30 6/1
	일진	정무기경신 미신유술해	임계갑을병 자축인묘진	정무기경신 사오미신유	임계갑을병 술해자축인	정무기경신 묘진사오미	임계갑을병 신유술해자

24절기와 잡절

명칭	태양황경(도)	월일	시 분	명칭	태양황경(도)	월일	시 분	명칭	태양황경(도)	월일	시 분
소한	285	1 5	7 17	하지	90	6 21	6 46	대 설	255	12 7	1 45
대한	300	1 20	0 40	소서	105	7 7	0 7	동 지	270	12 21	19 51
입춘	315	2 3	18 52	대서	120	7 22	17 35				
우수	330	2 18	14 41	입추	135	8 7	9 56	한 식		4 5	
경칩	345	3 5	12 41	처서	150	8 23	0 46	단 오		6 4	
춘분	0	3 20	13 27	백로	165	9 7	13 4	초 복		7 14	
청명	15	4 4	17 13	추분	180	9 22	22 41	중 복		7 24	
곡우	30	4 20	0 12	한로	195	10 8	5 3	말 복		8 13	
입하	45	5 5	10 11	상강	210	10 23	8 24	토왕용사	297	1 17	1 55
소만	60	5 20	23 2	입동	225	11 7	8 37	토왕용사	27	4 16	22 32
망종	75	6 5	14 2	소설	240	11 22	6 18	토왕용사	117	7 19	14 8
								토왕용사	207	10 20	8 0

월	양력	1 2 3 4 5	6 7 8 9 10	11 12 13 14 15	16 17 18 19 20	21 22 23 24 25	26 27 28 29 30 31
7	요일	목 금 토 일 월	화 수 목 금 토	일 월 화 수 목	금 토 일 월 화	수 목 금 토 일	월 화 수 목 금 토
	음력	6/2 3 4 5 6	7 8 9 10 11	12 13 14 15 16	17 18 19 20 21	22 23 24 25 26	27 28 29 30 7/1 2
	일진	정무기경신 축인묘진사	임계갑을병 오미신유술	정무기경신 해자축인묘	임계갑을병 진사오미신	정무기경신 유술해자축	임계갑을병정 인묘진사오미
8	요일	일 월 화 수 목	금 토 일 월 화	수 목 금 토 일	월 화 수 목 금	토 일 월 화 수	목 금 토 일 월 화
	음력	7/3 4 5 6 7	8 9 10 11 12	13 14 15 16 17	18 19 20 21 22	23 24 25 26 27	28 29 8/1 2 3 4
	일진	무기경신임 신유술해자	계갑을병정 축인묘진사	무기경신임 오미신유술	계갑을병정 해자축인묘	무기경신임 진사오미신	계갑을병정무 유술해자축인
9	요일	수 목 금 토 일	월 화 수 목 금	토 일 월 화 수	목 금 토 일 월	화 수 목 금 토	일 월 화 수 목
	음력	8/5 6 7 8 9	10 11 12 13 14	15 16 17 18 19	20 21 22 23 24	25 26 27 28 29	30 9/1 2 3 4
	일진	기경신임계 묘진사오미	갑을병정무 신유술해자	기경신임계 축인묘진사	갑을병정무 오미신유술	기경신임계 해자축인묘	갑을병정무 진사오미신
10	요일	금 토 일 월 화	수 목 금 토 일	월 화 수 목 금	토 일 월 화 수	목 금 토 일 월	화 수 목 금 토 일
	음력	9/5 6 7 8 9	10 11 12 13 14	15 16 17 18 19	20 21 22 23 24	25 26 27 28 29	30 10/1 2 3 4 5
	일진	기경신임계 유술해자축	갑을병정무 인묘진사오	기경신임계 미신유술해	갑을병정무 자축인묘진	기경신임계 사오미신유	갑을병정무기 술해자축인묘
11	요일	월 화 수 목 금	토 일 월 화 수	목 금 토 일 월	화 수 목 금 토	일 월 화 수 목	금 토 일 월 화
	음력	10/6 7 8 9 10	11 12 13 14 15	16 17 18 19 20	21 22 23 24 25	26 27 28 29 11/1	2 3 4 5 6
	일진	경신임계갑 진사오미신	을병정무기 유술해자축	경신임계갑 인묘진사오	을병정무기 미신유술해	경신임계갑 자축인묘진	을병정무기 사오미신유
12	요일	수 목 금 토 일	월 화 수 목 금	토 일 월 화 수	목 금 토 일 월	화 수 목 금 토	일 월 화 수 목 금
	음력	11/7 8 9 10 11	12 13 14 15 16	17 18 19 20 21	22 23 24 25 26	27 28 29 30 12/1	2 3 4 5 6 7
	일진	경신임계갑 술해자축인	을병정무기 묘진사오미	경신임계갑 신유술해자	을병정무기 축인묘진사	경신임계갑 오미신유술	을병정무기경 해자축인묘진

2050 경오년 · 단기 4383

주요 국경일과 명절

구분	월일	요일	구분	월일	요일
신 정	1 1	토	현 충 일	6 6	월
설 날	1 23	일	제 헌 절	7 17	일
3·1절	3 1	화	광 복 절	8 15	월
식 목 일	4 5	화	추 석	9 30	금
어린이날	5 5	목	개 천 절	10 3	월
석가탄신일	5 28	토	기독탄신일	12 25	일

음양력 대조일람

음력월	월건	대소	음력 1일의 양력 월일	음력월	월건	대소	음력 1일의 양력 월일
1	무인	대	1 23	7	갑신	대	8 17
2	기묘	소	2 22	8	을유	대	9 16
3	경진	소	3 23	9	병술	소	10 16
(윤)3		대	4 21	10	정해	대	11 14
4	신사	소	5 21	11	무자	대	12 14
5	임오	대	6 19	12	기축	소	2051/1 13
6	계미	소	7 19				

월	양력	1 2 3 4 5	6 7 8 9 10	11 12 13 14 15	16 17 18 19 20	21 22 23 24 25	26 27 28 29 30 31
1	요일	토 일 월 화 수	목 금 토 일 월	화 수 목 금 토	일 월 화 수 목	금 토 일 월 화	수 목 금 토 일 월
	음력	12/8 9 10 11 12	13 14 15 16 17	18 19 20 21 22	23 24 25 26 27	28 29 1/1 2 3	4 5 6 7 8 9
	일진	신임계갑을 / 사오미신유	병정무기경 / 술해자축인	신임계갑을 / 묘진사오미	병정무기경 / 신유술해자	신임계갑을 / 축인묘진사	병정무기경신 / 오미신유술해
2	요일	화 수 목 금 토	일 월 화 수 목	금 토 일 월 화	수 목 금 토 일	월 화 수 목 금	토 일 월
	음력	1/10 11 12 13 14	15 16 17 18 19	20 21 22 23 24	25 26 27 28 29	30 2/1 2 3 4	5 6 7
	일진	임계갑을병 / 자축인묘진	정무기경신 / 사오미신유	임계갑을병 / 술해자축인	정무기경신 / 묘진사오미	임계갑을병 / 신유술해자	정무기 / 축인묘
3	요일	화 수 목 금 토	일 월 화 수 목	금 토 일 월 화	수 목 금 토 일	월 화 수 목 금	토 일 월 화 수 목
	음력	2/8 9 10 11 12	13 14 15 16 17	18 19 20 21 22	23 24 25 26 27	28 29 3/1 2 3	4 5 6 7 8 9
	일진	경신임계갑 / 진사오미신	을병정무기 / 유술해자축	경신임계갑 / 인묘진사오	을병정무기 / 미신유술해	경신임계갑 / 자축인묘진	을병정무기경 / 사오미신유술
4	요일	금 토 일 월 화	수 목 금 토 일	월 화 수 목 금	토 일 월 화 수	목 금 토 일 월	화 수 목 금 토
	음력	3/10 11 12 13 14	15 16 17 18 19	20 21 22 23 24	25 26 27 28 29	3*/1 2 3 4 5	6 7 8 9 10
	일진	신임계갑을 / 해자축인묘	병정무기경 / 진사오미신	신임계갑을 / 유술해자축	병정무기경 / 인묘진사오	신임계갑을 / 미신유술해	병정무기경 / 자축인묘진
5	요일	일 월 화 수 목	금 토 일 월 화	수 목 금 토 일	월 화 수 목 금	토 일 월 화 수	목 금 토 일 월 화
	음력	3*/11 12 13 14 15	16 17 18 19 20	21 22 23 24 25	26 27 28 29 30	4/1 2 3 4 5	6 7 8 9 10 11
	일진	신임계갑을 / 사오미신유	병정무기경 / 술해자축인	신임계갑을 / 묘진사오미	병정무기경 / 신유술해자	신임계갑을 / 축인묘진사	병정무기경신 / 오미신유술해
6	요일	수 목 금 토 일	월 화 수 목 금	토 일 월 화 수	목 금 토 일 월	화 수 목 금 토	일 월 화 수 목
	음력	4/12 13 14 15 16	17 18 19 20 21	22 23 24 25 26	27 28 29 5/1 2	3 4 5 6 7	8 9 10 11 12
	일진	임계갑을병 / 자축인묘진	정무기경신 / 사오미신유	임계갑을병 / 술해자축인	정무기경신 / 묘진사오미	임계갑을병 / 신유술해자	정무기경신 / 축인묘진사

24절기와 잡절

명칭	태양황경(도)	한국표준시 월 일	한국표준시 시 분	명칭	태양황경(도)	한국표준시 월 일	한국표준시 시 분	명칭	태양황경(도)	한국표준시 월 일	한국표준시 시 분
*소한	285	1 5	13 6	하지	90	6 21	12 31	대설	255	12 7	7 40
대한	300	1 20	6 32	소서	105	7 7	6 0	동지	270	12 22	1 37
입춘	315	2 4	0 42	대서	120	7 22	23 20				
우수	330	2 18	20 33	입추	135	8 7	15 51	한식			4 5
경칩	345	3 5	18 31	처서	150	8 23	6 31	단오			6 23
춘분	0	3 20	19 18	백로	165	9 7	18 59	초복			7 19
청명	15	4 4	23 2	추분	180	9 23	4 27	중복			7 29
곡우	30	4 20	6 1	한로	195	10 8	10 59	말복			8 8
입하	45	5 5	16 0	상강	210	10 23	14 10	토왕용사	297	1 17	7 50
소만	60	5 21	4 49	입동	225	11 7	14 32	토왕용사	27	4 17	4 23
망종	75	6 5	19 53	소설	240	11 22	12 5	토왕용사	117	7 19	19 56
								토왕용사	207	10 20	13 46

월	양력	1 2 3 4 5	6 7 8 9 10	11 12 13 14 15	16 17 18 19 20	21 22 23 24 25	26 27 28 29 30 31
7	요일	금 토 일 월 화	수 목 금 토 일	월 화 수 목 금	토 일 월 화 수	목 금 토 일 월	화 수 목 금 토 일
	음력	5/13 14 15 16 17	18 19 20 21 22	23 24 25 26 27	28 29 30 6/1 2	3 4 5 6 7	8 9 10 11 12 13
	일진	임 계 갑 을 병 오 미 신 유 술	정 무 기 경 신 해 자 축 인 묘	임 계 갑 을 병 진 사 오 미 신	정 무 기 경 신 유 술 해 자 축	임 계 갑 을 병 인 묘 진 사 오	정 무 기 경 신 임 미 신 유 술 해 자
8	요일	월 화 수 목 금	토 일 월 화 수	목 금 토 일 월	화 수 목 금 토	일 월 화 수 목	금 토 일 월 화 수
	음력	6/14 15 16 17 18	19 20 21 22 23	24 25 26 27 28	29 7/1 2 3 4	5 6 7 8 9	10 11 12 13 14 15
	일진	계 갑 을 병 정 축 인 묘 진 사	무 기 경 신 임 오 미 신 유 술	계 갑 을 병 정 해 자 축 인 묘	무 기 경 신 임 진 사 오 미 신	계 갑 을 병 정 유 술 해 자 축	무 기 경 신 임 계 인 묘 진 사 오 미
9	요일	목 금 토 일 월	화 수 목 금 토	일 월 화 수 목	금 토 일 월 화	수 목 금 토 일	월 화 수 목 금
	음력	7/16 17 18 19 20	21 22 23 24 25	26 27 28 29 30	8/1 2 3 4 5	6 7 8 9 10	11 12 13 14 15
	일진	갑 을 병 정 무 신 유 술 해 자	기 경 신 임 계 축 인 묘 진 사	갑 을 병 정 무 오 미 신 유 술	기 경 신 임 계 해 자 축 인 묘	갑 을 병 정 무 진 사 오 미 신	기 경 신 임 계 유 술 해 자 축
10	요일	토 일 월 화 수	목 금 토 일 월	화 수 목 금 토	일 월 화 수 목	금 토 일 월 화	수 목 금 토 일 월
	음력	8/16 17 18 19 20	21 22 23 24 25	26 27 28 29 30	9/1 2 3 4 5	6 7 8 9 10	11 12 13 14 15 16
	일진	갑 을 병 정 무 인 묘 진 사 오	기 경 신 임 계 미 신 유 술 해	갑 을 병 정 무 자 축 인 묘 진	기 경 신 임 계 사 오 미 신 유	갑 을 병 정 무 술 해 자 축 인	기 경 신 임 계 갑 묘 진 사 오 미 신
11	요일	화 수 목 금 토	일 월 화 수 목	금 토 일 월 화	수 목 금 토 일	월 화 수 목 금	토 일 월 화 수
	음력	9/17 18 19 20 21	22 23 24 25 26	27 28 29 10/1 2	3 4 5 6 7	8 9 10 11 12	13 14 15 16 17
	일진	을 병 정 무 기 유 술 해 자 축	경 신 임 계 갑 인 묘 진 사 오	을 병 정 무 기 미 신 유 술 해	경 신 임 계 갑 자 축 인 묘 진	을 병 정 무 기 사 오 미 신 유	경 신 임 계 갑 술 해 자 축 인
12	요일	목 금 토 일 월	화 수 목 금 토	일 월 화 수 목	금 토 일 월 화	수 목 금 토 일	월 화 수 목 금 토
	음력	10/18 19 20 21 22	23 24 25 26 27	28 29 30 11/1 2	3 4 5 6 7	8 9 10 11 12	13 14 15 16 17 18
	일진	을 병 정 무 기 묘 진 사 오 미	경 신 임 계 갑 신 유 술 해 자	을 병 정 무 기 축 인 묘 진 사	경 신 임 계 갑 오 미 신 유 술	을 병 정 무 기 해 자 축 인 묘	경 신 임 계 갑 을 진 사 오 미 신 유

* 윤달 : 3월

2051 신미년 · 단기 4384

주요 국경일과 명절

구 분	월일	요일	구 분	월일	요일
신 정	1 1	일	현충일	6 6	화
설 날	2 11	토	제헌절	7 17	월
3·1절	3 1	수	광복절	8 15	화
식 목 일	4 5	수	추 석	9 19	화
어린이날	5 5	금	개천절	10 3	화
석가탄신일	5 17	수	기독탄신일	12 25	월

음양력 대조일람

음력월	월건	대소	음력 1일의 양력 월일	음력월	월건	대소	음력 1일의 양력 월일
1	경인	대	2 11	7	병신	소	8 7
2	신묘	소	3 13	8	정유	대	9 5
3	임진	소	4 11	9	무술	소	10 5
4	계사	대	5 10	10	기해	대	11 3
5	갑오	소	6 9	11	경자	대	12 3
6	을미	대	7 8	12	신축	대	2052/1 2

월	양력	1 2 3 4 5	6 7 8 9 10	11 12 13 14 15	16 17 18 19 20	21 22 23 24 25	26 27 28 29 30 31
1	요일	일 월 화 수 목	금 토 일 월 화	수 목 금 토 일	월 화 수 목 금	토 일 월 화 수	목 금 토 일 월 화
	음력	11/19 20 21 22 23	24 25 26 27 28	29 30 12/1 2 3	4 5 6 7 8	9 10 11 12 13	14 15 16 17 18 19
	일진	병정무기경 술해자축인	신임계갑을 묘진사오미	병정무기경 신유술해자	신임계갑을 축인묘진사	병정무기경 오미신유술	신임계갑을병 해자축인묘진
2	요일	수 목 금 토 일	월 화 수 목 금	토 일 월 화 수	목 금 토 일 월	화 수 목 금 토	일 월 화
	음력	12/20 21 22 23 24	25 26 27 28 29	1/1 2 3 4 5	6 7 8 9 10	11 12 13 14 15	16 17 18
	일진	정무기경신 사오미신유	임계갑을병 술해자축인	정무기경신 묘진사오미	임계갑을병 신유술해자	정무기경신 축인묘진사	임계갑 오미신
3	요일	수 목 금 토 일	월 화 수 목 금	토 일 월 화 수	목 금 토 일 월	화 수 목 금 토	일 월 화 수 목 금
	음력	1/19 20 21 22 23	24 25 26 27 28	29 30 2/1 2 3	4 5 6 7 8	9 10 11 12 13	14 15 16 17 18 19
	일진	을병정무기 유술해자축	경신임계갑 인묘진사오	을병정무기 미신유술해	경신임계갑 자축인묘진	을병정무기 사오미신유	경신임계갑을 술해자축인묘
4	요일	토 일 월 화 수	목 금 토 일 월	화 수 목 금 토	일 월 화 수 목	금 토 일 월 화	수 목 금 토 일
	음력	2/20 21 22 23 24	25 26 27 28 29	3/1 2 3 4 5	6 7 8 9 10	11 12 13 14 15	16 17 18 19 20
	일진	병정무기경 진사오미신	신임계갑을 유술해자축	병정무기경 인묘진사오	신임계갑을 미신유술해	병정무기경 자축인묘진	신임계갑을 사오미신유
5	요일	월 화 수 목 금	토 일 월 화 수	목 금 토 일 월	화 수 목 금 토	일 월 화 수 목	금 토 일 월 화 수
	음력	3/21 22 23 24 25	26 27 28 29 4/1	2 3 4 5 6	7 8 9 10 11	12 13 14 15 16	17 18 19 20 21 22
	일진	병정무기경 술해자축인	신임계갑을 묘진사오미	병정무기경 신유술해자	신임계갑을 축인묘진사	병정무기경 오미신유술	신임계갑을병 해자축인묘진
6	요일	목 금 토 일 월	화 수 목 금 토	일 월 화 수 목	금 토 일 월 화	수 목 금 토 일	월 화 수 목 금
	음력	4/23 24 25 26 27	28 29 30 5/1 2	3 4 5 6 7	8 9 10 11 12	13 14 15 16 17	18 19 20 21 22
	일진	정무기경신 사오미신유	임계갑을병 술해자축인	정무기경신 묘진사오미	임계갑을병 신유술해자	정무기경신 축인묘진사	임계갑을병 오미신유술

24절기와 잡절

명칭	태양황경(도)	월 일	시 분	명칭	태양황경(도)	월 일	시 분	명칭	태양황경(도)	월 일	시 분
소한	285	1 5	19 1	하지	90	6 21	18 17	대설	255	12 7	13 27
대한	300	1 20	12 17	소서	105	7 7	11 48	동지	270	12 22	7 33
입춘	315	2 4	6 34	대서	120	7 23	5 11				
우수	330	2 19	2 16	입추	135	8 7	21 40	한식		4 6	
경칩	345	3 6	0 20	처서	150	8 23	12 28	단오		6 13	
춘분	0	3 21	0 58	백로	165	9 8	0 50	초복		7 14	
청명	15	4 5	4 48	추분	180	9 23	10 26	중복		7 24	
곡우	30	4 20	11 39	한로	195	10 8	16 49	말복		8 13	
입하	45	5 5	21 45	상강	210	10 23	20 8	토왕용사	297	1 17	13 35
소만	60	5 21	10 30	입동	225	11 7	20 21	토왕용사	27	4 17	10 1
망종	75	6 6	1 39	소설	240	11 22	18 1	토왕용사	117	7 20	1 44
								토왕용사	207	10 20	19 43

월	양력	1 2 3 4 5	6 7 8 9 10	11 12 13 14 15	16 17 18 19 20	21 22 23 24 25	26 27 28 29 30 31
7	요일	토 일 월 화 수	목 금 토 일 월	화 수 목 금 토	일 월 화 수 목	금 토 일 월 화	수 목 금 토 일 월
	음력	5/23 24 25 26 27	28 29 6/1 2 3	4 5 6 7 8	9 10 11 12 13	14 15 16 17 18	19 20 21 22 23 24
	일진	정무기경신 해자축인묘	임계갑을병 진사오미신	정무기경신 유술해자축	임계갑을병 인묘진사오	정무기경신 미신유술해	임계갑을병정 자축인묘진사
8	요일	화 수 목 금 토	일 월 화 수 목	금 토 일 월 화	수 목 금 토 일	월 화 수 목 금	토 일 월 화 수 목
	음력	6/25 26 27 28 29	30 7/1 2 3 4	5 6 7 8 9	10 11 12 13 14	15 16 17 18 19	20 21 22 23 24 25
	일진	무기경신임 오미신유술	계갑을병정 해자축인묘	무기경신임 진사오미신	계갑을병정 유술해자축	무기경신임 인묘진사오	계갑을병정무 미신유술해자
9	요일	금 토 일 월 화	수 목 금 토 일	월 화 수 목 금	토 일 월 화 수	목 금 토 일 월	화 수 목 금 토
	음력	7/26 27 28 29 8/1	2 3 4 5 6	7 8 9 10 11	12 13 14 15 16	17 18 19 20 21	22 23 24 25 26
	일진	기경신임계 축인묘진사	갑을병정무 오미신유술	기경신임계 해자축인묘	갑을병정무 진사오미신	기경신임계 유술해자축	갑을병정무 인묘진사오
10	요일	일 월 화 수 목	금 토 일 월 화	수 목 금 토 일	월 화 수 목 금	토 일 월 화 수	목 금 토 일 월 화
	음력	8/27 28 29 30 9/1	2 3 4 5 6	7 8 9 10 11	12 13 14 15 16	17 18 19 20 21	22 23 24 25 26 27
	일진	기경신임계 미신유술해	갑을병정무 자축인묘진	기경신임계 사오미신유	갑을병정무 술해자축인	기경신임계 묘진사오미	갑을병정무기 신유술해자축
11	요일	수 목 금 토 일	월 화 수 목 금	토 일 월 화 수	목 금 토 일 월	화 수 목 금 토	일 월 화 수 목
	음력	9/28 29 10/1 2 3	4 5 6 7 8	9 10 11 12 13	14 15 16 17 18	19 20 21 22 23	24 25 26 27 28
	일진	경신임계갑 인묘진사오	을병정무기 미신유술해	경신임계갑 자축인묘진	을병정무기 사오미신유	경신임계갑 술해자축인	을병정무기 묘진사오미
12	요일	금 토 일 월 화	수 목 금 토 일	월 화 수 목 금	토 일 월 화 수	목 금 토 일 월	화 수 목 금 토 일
	음력	10/29 30 11/1 2 3	4 5 6 7 8	9 10 11 12 13	14 15 16 17 18	19 20 21 22 23	24 25 26 27 28 29
	일진	경신임계갑 신유술해자	을병정무기 축인묘진사	경신임계갑 오미신유술	을병정무기 해자축인묘	경신임계갑 진사오미신	을병정무기경 유술해자축인

2052 임신년 · 단기 4385

주요 국경일과 명절

구 분	월일	요일	구 분	월일	요일
신 정	1 1	월	현 충 일	6 6	목
설 날	2 1	목	제 헌 절	7 17	수
3·1절	3 1	금	광 복 절	8 15	목
식 목 일	4 5	금	추 석	9 7	토
어린이날	5 5	일	개 천 절	10 3	목
석가탄신일	5 6	월	기독탄신일	12 25	수

음양력 대조일람

음력월	월건	대소	음력 1일의 양력 월일	음력월	월건	대소	음력 1일의 양력 월일
1	임인	소	2 1	7	기유	대	8 24
2	계묘	대	3 1	8		대	9 23
3	갑진	소	3 31	(윤)8	경술	소	10 23
4	을사	소	4 29	9	신해	대	11 21
5	병오	대	5 28	10	임자	대	12 21
6	정미	소	6 27	11	계축	대	2053/1 20
7	무신	소	7 26	12			

월	양력	1 2 3 4 5	6 7 8 9 10	11 12 13 14 15	16 17 18 19 20	21 22 23 24 25	26 27 28 29 30 31
1	요일	월화수목금	토일월화수	목금토일월	화수목금토	일월화수목	금토일월화수
	음력	11/30 12/1 2 3 4	5 6 7 8 9	10 11 12 13 14	15 16 17 18 19	20 21 22 23 24	25 26 27 28 29 30
	일진	신임계갑을 묘진사오미	병정무기경 신유술해자	신임계갑을 축인묘진사	병정무기경 오미신유술	신임계갑을 해자축인묘	병정무기경신 진사오미신유
2	요일	목금토일월	화수목금토	일월화수목	금토일월화	수목금토일	월화수목
	음력	1/1 2 3 4 5	6 7 8 9 10	11 12 13 14 15	16 17 18 19 20	21 22 23 24 25	26 27 28 29
	일진	임계갑을병 술해자축인	정무기경신 묘진사오미	임계갑을병 신유술해자	정무기경신 축인묘진사	임계갑을병 오미신유술	정무기경 해자축인
3	요일	금토일월화	수목금토일	월화수목금	토일월화수	목금토일월	화수목금토일
	음력	2/1 2 3 4 5	6 7 8 9 10	11 12 13 14 15	16 17 18 19 20	21 22 23 24 25	26 27 28 29 30 3/1
	일진	신임계갑을 묘진사오미	병정무기경 신유술해자	신임계갑을 축인묘진사	병정무기경 오미신유술	신임계갑을 해자축인묘	병정무기경신 진사오미신유
4	요일	월화수목금	토일월화수	목금토일월	화수목금토	일월화수목	금토일월화
	음력	3/2 3 4 5 6	7 8 9 10 11	12 13 14 15 16	17 18 19 20 21	22 23 24 25 26	27 28 29 4/1 2
	일진	임계갑을병 술해자축인	정무기경신 묘진사오미	임계갑을병 신유술해자	정무기경신 축인묘진사	임계갑을병 오미신유술	정무기경신 해자축인묘
5	요일	수목금토일	월화수목금	토일월화수	목금토일월	화수목금토	일월화수목금
	음력	4/3 4 5 6 7	8 9 10 11 12	13 14 15 16 17	18 19 20 21 22	23 24 25 26 27	28 29 5/1 2 3 4
	일진	임계갑을병 진사오미신	정무기경신 유술해자축	임계갑을병 인묘진사오	정무기경신 미신유술해	임계갑을병 자축인묘진	정무기경신임 사오미신유술
6	요일	토일월화수	목금토일월	화수목금토	일월화수목	금토일월화	수목금토일
	음력	5/5 6 7 8 9	10 11 12 13 14	15 16 17 18 19	20 21 22 23 24	25 26 27 28 29	30 6/1 2 3 4
	일진	계갑을병정 해자축인묘	무기경신임 진사오미신	계갑을병정 유술해자축	무기경신임 인묘진사오	계갑을병정 미신유술해	무기경신임 자축인묘진

24절기와 잡절

명칭	태양황경(도)	한국표준시			명칭	태양황경(도)	한국표준시			명칭	태양황경(도)	한국표준시		
		월	일	시 분			월	일	시 분			월	일	시 분
소한	285	1	6	0 47	하지	90	6	21	0 15	대 설	255	12	6	19 14
대한	300	1	20	18 13	소서	105	7	6	17 38	동 지	270	12	21	13 16
입춘	315	2	4	12 21	대서	120	7	22	11 7					
우수	330	2	19	8 12	입추	135	8	7	3 32	한 식			4	5
경칩	345	3	5	6 8	처서	150	8	22	18 20	단 오			6	1
춘분	0	3	20	6 54	백로	165	9	7	6 41	초 복			7	18
청명	15	4	4	10 36	추분	180	9	22	16 14	중 복			7	28
곡우	30	4	19	17 36	한로	195	10	7	22 38	말 복			8	7
입하	45	5	5	3 33	상강	210	10	23	1 54	토왕용사	297	1	17	19 28
소만	60	5	20	16 27	입동	225	11	7	2 8	토왕용사	27	4	16	15 57
망종	75	6	5	7 28	소설	240	11	21	23 44	토왕용사	117	7	19	7 42
										토왕용사	207	10	20	1 31

월		1 2 3 4 5	6 7 8 9 10	11 12 13 14 15	16 17 18 19 20	21 22 23 24 25	26 27 28 29 30 31
7	요일	월 화 수 목 금	토 일 월 화 수	목 금 토 일 월	화 수 목 금 토	일 월 화 수 목	금 토 일 월 화 수
	음력	6/5 6 7 8 9	10 11 12 13 14	15 16 17 18 19	20 21 22 23 24	25 26 27 28 29	7/1 2 3 4 5 6
	일진	계 갑 을 병 정 사 오 미 신 유	무 기 경 신 임 술 해 자 축 인	계 갑 을 병 정 묘 진 사 오 미	무 기 경 신 임 신 유 술 해 자	계 갑 을 병 정 축 인 묘 진 사	무 기 경 신 임 계 오 미 신 유 술 해
8	요일	목 금 토 일 월	화 수 목 금 토	일 월 화 수 목	금 토 일 월 화	수 목 금 토 일	월 화 수 목 금 토
	음력	7/7 8 9 10 11	12 13 14 15 16	17 18 19 20 21	22 23 24 25 26	27 28 29 8/1 2	3 4 5 6 7 8
	일진	갑 을 병 정 무 자 축 인 묘 진	기 경 신 임 계 사 오 미 신 유	갑 을 병 정 무 술 해 자 축 인	기 경 신 임 계 묘 진 사 오 미	갑 을 병 정 무 신 유 술 해 자	기 경 신 임 계 갑 축 인 묘 진 사 오
9	요일	일 월 화 수 목	금 토 일 월 화	수 목 금 토 일	월 화 수 목 금	토 일 월 화 수	목 금 토 일 월
	음력	8/9 10 11 12 13	14 15 16 17 18	19 20 21 22 23	24 25 26 27 28	29 30 8*/1 2 3	4 5 6 7 8
	일진	을 병 정 무 기 미 신 유 술 해	경 신 임 계 갑 자 축 인 묘 진	을 병 정 무 기 사 오 미 신 유	경 신 임 계 갑 술 해 자 축 인	을 병 정 무 기 묘 진 사 오 미	경 신 임 계 갑 신 유 술 해 자
10	요일	화 수 목 금 토	일 월 화 수 목	금 토 일 월 화	수 목 금 토 일	월 화 수 목 금	토 일 월 화 수 목
	음력	8*/9 10 11 12 13	14 15 16 17 18	19 20 21 22 23	24 25 26 27 28	29 30 9/1 2 3	4 5 6 7 8 9
	일진	을 병 정 무 기 축 인 묘 진 사	경 신 임 계 갑 오 미 신 유 술	을 병 정 무 기 해 자 축 인 묘	경 신 임 계 갑 진 사 오 미 신	을 병 정 무 기 유 술 해 자 축	경 신 임 계 갑 을 인 묘 진 사 오 미
11	요일	금 토 일 월 화	수 목 금 토 일	월 화 수 목 금	토 일 월 화 수	목 금 토 일 월	화 수 목 금 토
	음력	9/10 11 12 13 14	15 16 17 18 19	20 21 22 23 24	25 26 27 28 29	10/1 2 3 4 5	6 7 8 9 10
	일진	병 정 무 기 경 신 유 술 해 자	신 임 계 갑 을 축 인 묘 진 사	병 정 무 기 경 오 미 신 유 술	신 임 계 갑 을 해 자 축 인 묘	병 정 무 기 경 진 사 오 미 신	신 임 계 갑 을 유 술 해 자 축
12	요일	일 월 화 수 목	금 토 일 월 화	수 목 금 토 일	월 화 수 목 금	토 일 월 화 수	목 금 토 일 월 화
	음력	10/11 12 13 14 15	16 17 18 19 20	21 22 23 24 25	26 27 28 29 30	11/1 2 3 4 5	6 7 8 9 10 11
	일진	병 정 무 기 경 인 묘 진 사 오	신 임 계 갑 을 미 신 유 술 해	병 정 무 기 경 자 축 인 묘 진	신 임 계 갑 을 사 오 미 신 유	병 정 무 기 경 술 해 자 축 인	신 임 계 갑 을 병 묘 진 사 오 미 신

* 윤달 : 8월

2053 계유년 • 단기 4386

주요 국경일과 명절

구 분	월일	요일	구 분	월일	요일
신 정	1 1	수	현충일	6 6	금
설 날	2 19	수	제헌절	7 17	목
3·1절	3 1	토	광복절	8 15	금
식목일	4 5	토	추 석	9 26	금
어린이날	5 5	월	개천절	10 3	금
석가탄신일	5 25	일	기독탄신일	12 25	목

음양력 대조일람

음력월	월건	대소	음력 1일의 양력 월일	음력월	월건	대소	음력 1일의 양력 월일
1	갑인	소	2 19	7	경신	소	8 14
2	을묘	대	3 20	8	신유	대	9 12
3	병진	소	4 19	9	임술	소	10 12
4	정사	소	5 18	10	계해	대	11 10
5	무오	대	6 16	11	갑자	대	12 10
6	기미	소	7 16	12	을축	대	2054/1 9

월	양력	1 2 3 4 5	6 7 8 9 10	11 12 13 14 15	16 17 18 19 20	21 22 23 24 25	26 27 28 29 30 31
1	요일	수 목 금 토 일	월 화 수 목 금	토 일 월 화 수	목 금 토 일 월	화 수 목 금 토	일 월 화 수 목 금
	음력	11/12 13 14 15 16	17 18 19 20 21	22 23 24 25 26	27 28 29 30 12/1	2 3 4 5 6	7 8 9 10 11 12
	일진	정무기경신 유술해자축	임계갑을병 인묘진사오	정무기경신 미신유술해	임계갑을병 자축인묘진	정무기경신 사오미신유	임계갑을병정 술해자축인묘
2	요일	토 일 월 화 수	목 금 토 일 월	화 수 목 금 토	일 월 화 수 목	금 토 일 월 화	수 목 금
	음력	12/13 14 15 16 17	18 19 20 21 22	23 24 25 26 27	28 29 30 1/1 2	3 4 5 6 7	8 9 10
	일진	무기경신임 진사오미신	계갑을병정 유술해자축	무기경신임 인묘진사오	계갑을병정 미신유술해	무기경신임 자축인묘진	계갑을 사오미
3	요일	토 일 월 화 수	목 금 토 일 월	화 수 목 금 토	일 월 화 수 목	금 토 일 월 화	수 목 금 토 일 월
	음력	1/11 12 13 14 15	16 17 18 19 20	21 22 23 24 25	26 27 28 29 2/1	2 3 4 5 6	7 8 9 10 11 12
	일진	병정무기경 신유술해자	신임계갑을 축인묘진사	병정무기경 오미신유술	신임계갑을 해자축인묘	병정무기경 진사오미신	신임계갑을병 유술해자축인
4	요일	화 수 목 금 토	일 월 화 수 목	금 토 일 월 화	수 목 금 토 일	월 화 수 목 금	토 일 월 화 수
	음력	2/13 14 15 16 17	18 19 20 21 22	23 24 25 26 27	28 29 30 3/1 2	3 4 5 6 7	8 9 10 11 12
	일진	정무기경신 묘진사오미	임계갑을병 신유술해자	정무기경신 축인묘진사	임계갑을병 오미신유술	정무기경신 해자축인묘	임계갑을병 진사오미신
5	요일	목 금 토 일 월	화 수 목 금 토	일 월 화 수 목	금 토 일 월 화	수 목 금 토 일	월 화 수 목 금 토
	음력	3/13 14 15 16 17	18 19 20 21 22	23 24 25 26 27	28 29 4/1 2 3	4 5 6 7 8	9 10 11 12 13 14
	일진	정무기경신 유술해자축	임계갑을병 인묘진사오	정무기경신 미신유술해	임계갑을병 자축인묘진	정무기경신 사오미신유	임계갑을병정 술해자축인묘
6	요일	일 월 화 수 목	금 토 일 월 화	수 목 금 토 일	월 화 수 목 금	토 일 월 화 수	목 금 토 일 월
	음력	4/15 16 17 18 19	20 21 22 23 24	25 26 27 28 29	5/1 2 3 4 5	6 7 8 9 10	11 12 13 14 15
	일진	무기경신임 진사오미신	계갑을병정 유술해자축	무기경신임 인묘진사오	계갑을병정 미신유술해	무기경신임 자축인묘진	계갑을병정 사오미신유

24절기와 잡절

명칭	태양황경(도)	월 일	시 분	명칭	태양황경(도)	월 일	시 분	명칭	태양황경(도)	월 일	시 분
소한	285	1 5	6 34	하지	90	6 21	6 3	대설	255	12 7	1 10
대한	300	1 19	23 58	소서	105	7 6	23 36	동지	270	12 21	19 8
입춘	315	2 3	18 11	대서	120	7 22	16 55				
우수	330	2 18	14 0	입추	135	8 7	9 28	한식		4 5	
경칩	345	3 5	12 2	처서	150	8 23	0 9	단오		6 20	
춘분	0	3 20	12 46	백로	165	9 7	12 37	초복		7 13	
청명	15	4 4	16 33	추분	180	9 22	22 5	중복		7 23	
곡우	30	4 19	23 29	한로	195	10 8	4 34	말복		8 12	
입하	45	5 5	9 32	상강	210	10 23	7 46	토왕용사	297	1 17	1 16
소만	60	5 20	22 18	입동	225	11 7	8 5	토왕용사	27	4 16	21 52
망종	75	6 5	13 26	소설	240	11 22	5 37	토왕용사	117	7 19	13 29
								토왕용사	207	10 20	7 21

월	양력	1 2 3 4 5	6 7 8 9 10	11 12 13 14 15	16 17 18 19 20	21 22 23 24 25	26 27 28 29 30 31
7	요일	화 수 목 금 토	일 월 화 수 목	금 토 일 월 화	수 목 금 토 일	월 화 수 목 금	토 일 월 화 수 목
	음력	5/16 17 18 19 20	21 22 23 24 25	26 27 28 29 30	6/1 2 3 4 5	6 7 8 9 10	11 12 13 14 15 16
	일진	무기경신임 술해자축인	계갑을병정 묘진사오미	무기경신임 신유술해자	계갑을병정 축인묘진사	무기경신임 오미신유술	계갑을병정무 해자축인묘진
8	요일	금 토 일 월 화	수 목 금 토 일	월 화 수 목 금	토 일 월 화 수	목 금 토 일 월	화 수 목 금 토 일
	음력	6/17 18 19 20 21	22 23 24 25 26	27 28 29 7/1 2	3 4 5 6 7	8 9 10 11 12	13 14 15 16 17 18
	일진	기경신임계 사오미신유	갑을병정무 술해자축인	기경신임계 묘진사오미	갑을병정무 신유술해자	기경신임계 축인묘진사	갑을병정무기 오미신유술해
9	요일	월 화 수 목 금	토 일 월 화 수	목 금 토 일 월	화 수 목 금 토	일 월 화 수 목	금 토 일 월 화
	음력	7/19 20 21 22 23	24 25 26 27 28	29 8/1 2 3 4	5 6 7 8 9	10 11 12 13 14	15 16 17 18 19
	일진	경신임계갑 자축인묘진	을병정무기 사오미신유	경신임계갑 술해자축인	을병정무기 묘진사오미	경신임계갑 신유술해자	을병정무기 축인묘진사
10	요일	수 목 금 토 일	월 화 수 목 금	토 일 월 화 수	목 금 토 일 월	화 수 목 금 토	일 월 화 수 목 금
	음력	8/20 21 22 23 24	25 26 27 28 29	30 9/1 2 3 4	5 6 7 8 9	10 11 12 13 14	15 16 17 18 19 20
	일진	경신임계갑 오미신유술	을병정무기 해자축인묘	경신임계갑 진사오미신	을병정무기 유술해자축	경신임계갑 인묘진사오	을병정무기경 미신유술해자
11	요일	토 일 월 화 수	목 금 토 일 월	화 수 목 금 토	일 월 화 수 목	금 토 일 월 화	수 목 금 토 일
	음력	9/21 22 23 24 25	26 27 28 29 10/1	2 3 4 5 6	7 8 9 10 11	12 13 14 15 16	17 18 19 20 21
	일진	신임계갑을 축인묘진사	병정무기경 오미신유술	신임계갑을 해자축인묘	병정무기경 진사오미신	신임계갑을 유술해자축	병정무기경 인묘진사오
12	요일	월 화 수 목 금	토 일 월 화 수	목 금 토 일 월	화 수 목 금 토	일 월 화 수 목	금 토 일 월 화 수
	음력	10/22 23 24 25 26	27 28 29 30 11/1	2 3 4 5 6	7 8 9 10 11	12 13 14 15 16	17 18 19 20 21 22
	일진	신임계갑을 미신유술해	병정무기경 자축인묘진	신임계갑을 사오미신유	병정무기경 술해자축인	신임계갑을 묘진사오미	병정무기경신 신유술해자축

2054 갑술년 · 단기 4387

주요 국경일과 명절

구 분	월일	요일	구 분	월일	요일
신 정	1 1	목	현 충 일	6 6	토
설 날	2 8	일	제 헌 절	7 17	금
3·1절	3 1	일	광 복 절	8 15	토
식 목 일	4 5	일	추 석	9 16	수
어린이날	5 5	화	개 천 절	10 3	토
석가탄신일	5 15	금	기독탄신일	12 25	금

음양력 대조일람

음력월	월건	대소	음력 1일의 양력 월일	음력월	월건	대소	음력 1일의 양력 월일
1	병인	소	2 8	7	임신	소	8 4
2	정묘	대	3 9	8	계유	소	9 2
3	무진	대	4 8	9	갑술	대	10 1
4	기사	소	5 8	10	을해	소	10 31
5	경오	소	6 6	11	병자	대	11 29
6	신미	대	7 5	12	정축	대	12 29

월력

1월

양력	1	2	3	4	5	6	7	8	9	10	11	12	13	14	15	16	17	18	19	20	21	22	23	24	25	26	27	28	29	30	31
요일	목	금	토	일	월	화	수	목	금	토	일	월	화	수	목	금	토	일	월	화	수	목	금	토	일	월	화	수	목	금	토
음력	11/23	24	25	26	27	28	29	30	12/1	2	3	4	5	6	7	8	9	10	11	12	13	14	15	16	17	18	19	20	21	22	23
일진	임인	계묘	갑진	을사	병오	정미	무신	기유	경술	신해	임자	계축	갑인	을묘	병진	정사	무오	기미	경신	신유	임술	계해	갑자	을축	병인	정묘	무진	기사	경오	신미	임신

2월

양력	1	2	3	4	5	6	7	8	9	10	11	12	13	14	15	16	17	18	19	20	21	22	23	24	25	26	27	28
요일	일	월	화	수	목	금	토	일	월	화	수	목	금	토	일	월	화	수	목	금	토	일	월	화	수	목	금	토
음력	12/24	25	26	27	28	29	30	1/1	2	3	4	5	6	7	8	9	10	11	12	13	14	15	16	17	18	19	20	21
일진	계유	갑술	을해	병자	정축	무인	기묘	경진	신사	임오	계미	갑신	을유	병술	정해	무자	기축	경인	신묘	임진	계사	갑오	을미	병신	정유	무술	기해	경자

3월

양력	1	2	3	4	5	6	7	8	9	10	11	12	13	14	15	16	17	18	19	20	21	22	23	24	25	26	27	28	29	30	31
요일	일	월	화	수	목	금	토	일	월	화	수	목	금	토	일	월	화	수	목	금	토	일	월	화	수	목	금	토	일	월	화
음력	1/22	23	24	25	26	27	28	29	2/1	2	3	4	5	6	7	8	9	10	11	12	13	14	15	16	17	18	19	20	21	22	23
일진	신축	임인	계묘	갑진	을사	병오	정미	무신	기유	경술	신해	임자	계축	갑인	을묘	병진	정사	무오	기미	경신	신유	임술	계해	갑자	을축	병인	정묘	무진	기사	경오	신미

4월

양력	1	2	3	4	5	6	7	8	9	10	11	12	13	14	15	16	17	18	19	20	21	22	23	24	25	26	27	28	29	30
요일	수	목	금	토	일	월	화	수	목	금	토	일	월	화	수	목	금	토	일	월	화	수	목	금	토	일	월	화	수	목
음력	2/24	25	26	27	28	29	30	3/1	2	3	4	5	6	7	8	9	10	11	12	13	14	15	16	17	18	19	20	21	22	23
일진	임신	계유	갑술	을해	병자	정축	무인	기묘	경진	신사	임오	계미	갑신	을유	병술	정해	무자	기축	경인	신묘	임진	계사	갑오	을미	병신	정유	무술	기해	경자	신축

5월

양력	1	2	3	4	5	6	7	8	9	10	11	12	13	14	15	16	17	18	19	20	21	22	23	24	25	26	27	28	29	30	31
요일	금	토	일	월	화	수	목	금	토	일	월	화	수	목	금	토	일	월	화	수	목	금	토	일	월	화	수	목	금	토	일
음력	3/24	25	26	27	28	29	30	4/1	2	3	4	5	6	7	8	9	10	11	12	13	14	15	16	17	18	19	20	21	22	23	24
일진	임인	계묘	갑진	을사	병오	정미	무신	기유	경술	신해	임자	계축	갑인	을묘	병진	정사	무오	기미	경신	신유	임술	계해	갑자	을축	병인	정묘	무진	기사	경오	신미	임신

6월

양력	1	2	3	4	5	6	7	8	9	10	11	12	13	14	15	16	17	18	19	20	21	22	23	24	25	26	27	28	29	30
요일	월	화	수	목	금	토	일	월	화	수	목	금	토	일	월	화	수	목	금	토	일	월	화	수	목	금	토	일	월	화
음력	4/25	26	27	28	29	5/1	2	3	4	5	6	7	8	9	10	11	12	13	14	15	16	17	18	19	20	21	22	23	24	25
일진	계유	갑술	을해	병자	정축	무인	기묘	경진	신사	임오	계미	갑신	을유	병술	정해	무자	기축	경인	신묘	임진	계사	갑오	을미	병신	정유	무술	기해	경자	신축	임인

24절기와 잡절

명칭	태양황경(도)	한국표준시 월	일	시	분	명칭	태양황경(도)	한국표준시 월	일	시	분	명칭	태양황경(도)	한국표준시 월	일	시	분
소한	285	1	5	12	31	하지	90	6	21	11	46	대설	255	12	7	7	2
대한	300	1	20	5	49	소서	105	7	7	5	12	동지	270	12	22	1	8
입춘	315	2	4	0	6	대서	120	7	22	22	39						
우수	330	2	18	19	50	입추	135	8	7	15	5	한식		4	5		
경칩	345	3	5	17	54	처서	150	8	23	5	57	단오		6	10		
춘분	0	3	20	18	33	백로	165	9	7	18	18	초복		7	18		
청명	15	4	4	22	21	추분	180	9	23	3	58	중복		7	28		
곡우	30	4	20	5	13	한로	195	10	8	10	21	말복		8	7		
입하	45	5	5	15	16	상강	210	10	23	13	43	토왕용사	297	1	17	7	6
소만	60	5	21	4	1	입동	225	11	7	13	55	토왕용사	27	4	17	3	34
망종	75	6	5	19	6	소설	240	11	22	11	37	토왕용사	117	7	19	19	11
												토왕용사	207	10	20	13	18

월	양력	1 2 3 4 5	6 7 8 9 10	11 12 13 14 15	16 17 18 19 20	21 22 23 24 25	26 27 28 29 30 31
7	요일	수 목 금 토 일	월 화 수 목 금	토 일 월 화 수	목 금 토 일 월	화 수 목 금 토	일 월 화 수 목 금
	음력	5/26 27 28 29 6/1	2 3 4 5 6	7 8 9 10 11	12 13 14 15 16	17 18 19 20 21	22 23 24 25 26 27
	일진	계갑을병정 묘진사오미	무기경신임 신유술해자	계갑을병정 축인묘진사	무기경신임 오미신유술	계갑을병정 해자축인묘	무기경신임계 진사오미신유
8	요일	토 일 월 화 수	목 금 토 일 월	화 수 목 금 토	일 월 화 수 목	금 토 일 월 화	수 목 금 토 일 월
	음력	6/28 29 30 7/1 2	3 4 5 6 7	8 9 10 11 12	13 14 15 16 17	18 19 20 21 22	23 24 25 26 27 28
	일진	갑을병정무 술해자축인	기경신임계 묘진사오미	갑을병정무 신유술해자	기경신임계 축인묘진사	갑을병정무 오미신유술	기경신임계갑 해자축인묘진
9	요일	화 수 목 금 토	일 월 화 수 목	금 토 일 월 화	수 목 금 토 일	월 화 수 목 금	토 일 월 화 수
	음력	7/29 8/1 2 3 4	5 6 7 8 9	10 11 12 13 14	15 16 17 18 19	20 21 22 23 24	25 26 27 28 29
	일진	을병정무기 사오미신유	경신임계갑 술해자축인	을병정무기 묘진사오미	경신임계갑 신유술해자	을병정무기 축인묘진사	경신임계갑 오미신유술
10	요일	목 금 토 일 월	화 수 목 금 토	일 월 화 수 목	금 토 일 월 화	수 목 금 토 일	월 화 수 목 금 토
	음력	9/1 2 3 4 5	6 7 8 9 10	11 12 13 14 15	16 17 18 19 20	21 22 23 24 25	26 27 28 29 30 10/1
	일진	을병정무기 해자축인묘	경신임계갑 진사오미신	을병정무기 유술해자축	경신임계갑 인묘진사오	을병정무기 미신유술해	경신임계갑을 자축인묘진사
11	요일	일 월 화 수 목	금 토 일 월 화	수 목 금 토 일	월 화 수 목 금	토 일 월 화 수	목 금 토 일 월
	음력	10/2 3 4 5 6	7 8 9 10 11	12 13 14 15 16	17 18 19 20 21	22 23 24 25 26	27 28 29 11/1 2
	일진	병정무기경 오미신유술	신임계갑을 해자축인묘	병정무기경 진사오미신	신임계갑을 유술해자축	병정무기경 인묘진사오	신임계갑을 미신유술해
12	요일	화 수 목 금 토	일 월 화 수 목	금 토 일 월 화	수 목 금 토 일	월 화 수 목 금	토 일 월 화 수 목
	음력	11/3 4 5 6 7	8 9 10 11 12	13 14 15 16 17	18 19 20 21 22	23 24 25 26 27	28 29 30 12/1 2 3
	일진	병정무기경 자축인묘진	신임계갑을 사오미신유	병정무기경 술해자축인	신임계갑을 묘진사오미	병정무기경 신유술해자	신임계갑을병 축인묘진사오

을해년 · 단기 4388

주요 국경일과 명절

구 분	월일	요일	구 분	월일	요일
신 정	1 1	금	현충일	6 6	일
설 날	1 28	목	제헌절	7 17	토
3·1절	3 1	월	광복절	8 15	일
식목일	4 5	월	개천절	10 3	일
석가탄신일	5 4	화	추 석	10 5	화
어린이날	5 5	수	기독탄신일	12 25	토

음양력 대조일람

음력월	월건	대소	음력 1일의 양력 월일	음력월	월건	대소	음력 1일의 양력 월일
1	무인	소	1 28	7	갑신	소	8 23
2	기묘	대	2 26	8	을유	소	9 21
3	경진	대	3 28	9	병술	대	10 20
4	신사	소	4 27	10	정해	소	11 19
5	임오	대	5 26	11	무자	대	12 18
6	계미	소	6 25	12	기축	소	2056/1 17
(윤)6		대	7 24				

월	양력	1 2 3 4 5	6 7 8 9 10	11 12 13 14 15	16 17 18 19 20	21 22 23 24 25	26 27 28 29 30 31
1	요일	금 토 일 월 화	수 목 금 토 일	월 화 수 목 금	토 일 월 화 수	목 금 토 일 월	화 수 목 금 토 일
	음력	12/4 5 6 7 8	9 10 11 12 13	14 15 16 17 18	19 20 21 22 23	24 25 26 27 28	29 30 1/1 2 3 4
	일진	정무기경신 미신유술해	임계갑을병 자축인묘진	정무기경신 사오미신유	임계갑을병 술해자축인	정무기경신 묘진사오미	임계갑을병정 신유술해자축
2	요일	월 화 수 목 금	토 일 월 화 수	목 금 토 일 월	화 수 목 금 토	일 월 화 수 목	금 토 일
	음력	1/5 6 7 8 9	10 11 12 13 14	15 16 17 18 19	20 21 22 23 24	25 26 27 28 29	2/1 2 3
	일진	무기경신임 인묘진사오	계갑을병정 미신유술해	무기경신임 자축인묘진	계갑을병정 사오미신유	무기경신임 술해자축인	계갑을 묘진사
3	요일	월 화 수 목 금	토 일 월 화 수	목 금 토 일 월	화 수 목 금 토	일 월 화 수 목	금 토 일 월 화 수
	음력	2/4 5 6 7 8	9 10 11 12 13	14 15 16 17 18	19 20 21 22 23	24 25 26 27 28	29 30 3/1 2 3 4
	일진	병정무기경 오미신유술	신임계갑을 해자축인묘	병정무기경 진사오미신	신임계갑을 유술해자축	병정무기경 인묘진사오	신임계갑을병 미신유술해자
4	요일	목 금 토 일 월	화 수 목 금 토	일 월 화 수 목	금 토 일 월 화	수 목 금 토 일	월 화 수 목 금
	음력	3/5 6 7 8 9	10 11 12 13 14	15 16 17 18 19	20 21 22 23 24	25 26 27 28 29	30 4/1 2 3 4
	일진	정무기경신 축인묘진사	임계갑을병 오미신유술	정무기경신 해자축인묘	임계갑을병 진사오미신	정무기경신 유술해자축	임계갑을병 인묘진사오
5	요일	토 일 월 화 수	목 금 토 일 월	화 수 목 금 토	일 월 화 수 목	금 토 일 월 화	수 목 금 토 일 월
	음력	4/5 6 7 8 9	10 11 12 13 14	15 16 17 18 19	20 21 22 23 24	25 26 27 28 29	5/1 2 3 4 5 6
	일진	정무기경신 미신유술해	임계갑을병 자축인묘진	정무기경신 사오미신유	임계갑을병 술해자축인	정무기경신 묘진사오미	임계갑을병정 신유술해자축
6	요일	화 수 목 금 토	일 월 화 수 목	금 토 일 월 화	수 목 금 토 일	월 화 수 목 금	토 일 월 화 수
	음력	5/7 8 9 10 11	12 13 14 15 16	17 18 19 20 21	22 23 24 25 26	27 28 29 30 6/1	2 3 4 5 6
	일진	무기경신임 인묘진사오	계갑을병정 미신유술해	무기경신임 자축인묘진	계갑을병정 사오미신유	무기경신임 술해자축인	계갑을병정 묘진사오미

24절기와 잡절

명칭	태양황경(도)	한국표준시 월 일	한국표준시 시 분	명칭	태양황경(도)	한국표준시 월 일	한국표준시 시 분	명칭	태양황경(도)	한국표준시 월 일	한국표준시 시 분
소한	285	1 5	18 21	하지	90	6 21	17 38	대　설	255	12 7	12 57
대한	300	1 20	11 47	소서	105	7 7	11 4	동　지	270	12 22	6 54
입춘	315	2 4	5 54	대서	120	7 23	4 30				
우수	330	2 19	1 46	입추	135	8 7	20 59	한　식			4 6
경칩	345	3 5	23 40	처서	150	8 23	11 47	단　오			5 30
춘분	0	3 21	0 27	백로	165	9 8	0 14	초　복			7 13
청명	15	4 5	4 7	추분	180	9 23	9 47	중　복			7 23
곡우	30	4 20	11 7	한로	195	10 8	16 17	말　복			8 12
입하	45	5 5	21 2	상강	210	10 23	19 32	토왕용사	297	1 17	13 4
소만	60	5 21	9 55	입동	225	11 7	19 51	토왕용사	27	4 17	9 29
망종	75	6 6	0 54	소설	240	11 22	17 25	토왕용사	117	7 20	1 6
								토왕용사	207	10 20	19 9

월	양력	1 2 3 4 5	6 7 8 9 10	11 12 13 14 15	16 17 18 19 20	21 22 23 24 25	26 27 28 29 30 31
7	요일	목 금 토 일 월	화 수 목 금 토	일 월 화 수 목	금 토 일 월 화	수 목 금 토 일	월 화 수 목 금 토
	음력	6/7 8 9 10 11	12 13 14 15 16	17 18 19 20 21	22 23 24 25 26	27 28 29 6*/1 2	3 4 5 6 7 8
	일진	무기경신임 신유술해자	계갑을병정 축인묘진사	무기경신임 오미신유술	계갑을병정 해자축인묘	무기경신임 진사오미신	계갑을병정무 유술해자축인
8	요일	일 월 화 수 목	금 토 일 월 화	수 목 금 토 일	월 화 수 목 금	토 일 월 화 수	목 금 토 일 월 화
	음력	6*/9 10 11 12 13	14 15 16 17 18	19 20 21 22 23	24 25 26 27 28	29 30 7/1 2 3	4 5 6 7 8 9
	일진	기경신임계 묘진사오미	갑을병정무 신유술해자	기경신임계 축인묘진사	갑을병정무 오미신유술	기경신임계 해자축인묘	갑을병정무기 진사오미신유
9	요일	수 목 금 토 일	월 화 수 목 금	토 일 월 화 수	목 금 토 일 월	화 수 목 금 토	일 월 화 수 목
	음력	7/10 11 12 13 14	15 16 17 18 19	20 21 22 23 24	25 26 27 28 29	8/1 2 3 4 5	6 7 8 9 10
	일진	경신임계갑 술해자축인	을병정무기 묘진사오미	경신임계갑 신유술해차	을병정무기 축인묘신사	경신임계갑 오미신유술	을병정무기 해자축인묘
10	요일	금 토 일 월 화	수 목 금 토 일	월 화 수 목 금	토 일 월 화 수	목 금 토 일 월	화 수 목 금 토 일
	음력	8/11 12 13 14 15	16 17 18 19 20	21 22 23 24 25	26 27 28 29 9/1	2 3 4 5 6	7 8 9 10 11 12
	일진	경신임계갑 진사오미신	을병정무기 유술해자축	경신임계갑 인묘진사오	을병정무기 미신유술해	경신임계갑 자축인묘진	을병정무기경 사오미신유술
11	요일	월 화 수 목 금	토 일 월 화 수	목 금 토 일 월	화 수 목 금 토	일 월 화 수 목	금 토 일 월 화
	음력	9/13 14 15 16 17	18 19 20 21 22	23 24 25 26 27	28 29 30 10/1 2	3 4 5 6 7	8 9 10 11 12
	일진	신임계갑을 해자축인묘	병정무기경 진사오미신	신임계갑을 유술해자축	병정무기경 인묘진사오	신임계갑을 미신유술해	병정무기경 자축인묘진
12	요일	수 목 금 토 일	월 화 수 목 금	토 일 월 화 수	목 금 토 일 월	화 수 목 금 토	일 월 화 수 목 금
	음력	10/13 14 15 16 17	18 19 20 21 22	23 24 25 26 27	28 29 11/1 2 3	4 5 6 7 8	9 10 11 12 13 14
	일진	신임계갑을 사오미신유	병정무기경 술해자축인	신임계갑을 묘진사오미	병정무기경 신유술해자	신임계갑을 축인묘진사	병정무기경신 오미신유술해

* 윤달 : 6월

2056 병자년 • 단기 4389

주요 국경일과 명절

구 분	월일	요일	구 분	월일	요일
신 정	1 1	토	현충일	6 6	화
설 날	2 15	화	제헌절	7 17	월
3·1절	3 1	수	광복절	8 15	화
식목일	4 5	수	추 석	9 24	일
어린이날	5 5	금	개천절	10 3	화
석가탄신일	5 22	월	기독탄신일	12 25	월

음양력 대조일람

음력 월	월건	대소	음력 1일의 양력 월일	음력 월	월건	대소	음력 1일의 양력 월일
1	경인	대	2 15	7	병신	대	8 11
2	신묘	대	3 16	8	정유	소	9 10
3	임진	대	4 15	9	무술	소	10 9
4	계사	소	5 15	10	기해	대	11 7
5	갑오	대	6 13	11	경자	소	12 7
6	을미	소	7 13	12	신축	대	2057/1 5

월	양력	1 2 3 4 5	6 7 8 9 10	11 12 13 14 15	16 17 18 19 20	21 22 23 24 25	26 27 28 29 30 31
1	요일	토 일 월 화 수	목 금 토 일 월	화 수 목 금 토	일 월 화 수 목	금 토 일 월 화	수 목 금 토 일 월
1	음력	11/15 16 17 18 19	20 21 22 23 24	25 26 27 28 29	30 12/1 2 3 4	5 6 7 8 9	10 11 12 13 14 15
1	일진	임계갑을병 자축인묘진	정무기경신 사오미신유	임계갑을병 술해자축인	정무기경신 묘진사오미	임계갑을병 신유술해자	정무기경신임 축인묘진사오
2	요일	화 수 목 금 토	일 월 화 수 목	금 토 일 월 화	수 목 금 토 일	월 화 수 목 금	토 일 월 화
2	음력	12/16 17 18 19 20	21 22 23 24 25	26 27 28 29 1/1	2 3 4 5 6	7 8 9 10 11	12 13 14 15
2	일진	계갑을병정 미신유술해	무기경신임 자축인묘진	계갑을병정 사오미신유	무기경신임 술해자축인	계갑을병정 묘진사오미	무기경신 신유술해
3	요일	수 목 금 토 일	월 화 수 목 금	토 일 월 화 수	목 금 토 일 월	화 수 목 금 토	일 월 화 수 목 금
3	음력	1/16 17 18 19 20	21 22 23 24 25	26 27 28 29 30	2/1 2 3 4 5	6 7 8 9 10	11 12 13 14 15 16
3	일진	임계갑을병 자축인묘진	정무기경신 사오미신유	임계갑을병 술해자축인	정무기경신 묘진사오미	임계갑을병 신유술해자	정무기경신임 축인묘진사오
4	요일	토 일 월 화 수	목 금 토 일 월	화 수 목 금 토	일 월 화 수 목	금 토 일 월 화	수 목 금 토 일
4	음력	2/17 18 19 20 21	22 23 24 25 26	27 28 29 30 3/1	2 3 4 5 6	7 8 9 10 11	12 13 14 15 16
4	일진	계갑을병정 미신유술해	무기경신임 자축인묘진	계갑을병정 사오미신유	무기경신임 술해자축인	계갑을병정 묘진사오미	무기경신임 신유술해자
5	요일	월 화 수 목 금	토 일 월 화 수	목 금 토 일 월	화 수 목 금 토	일 월 화 수 목	금 토 일 월 화 수
5	음력	3/17 18 19 20 21	22 23 24 25 26	27 28 29 30 4/1	2 3 4 5 6	7 8 9 10 11	12 13 14 15 16 17
5	일진	계갑을병정 축인묘진사	무기경신임 오미신유술	계갑을병정 해자축인묘	무기경신임 진사오미신	계갑을병정 유술해자축	무기경신임계 인묘진사오미
6	요일	목 금 토 일 월	화 수 목 금 토	일 월 화 수 목	금 토 일 월 화	수 목 금 토 일	월 화 수 목 금
6	음력	4/18 19 20 21 22	23 24 25 26 27	28 29 5/1 2 3	4 5 6 7 8	9 10 11 12 13	14 15 16 17 18
6	일진	갑을병정무 신유술해자	기경신임계 축인묘진사	갑을병정무 오미신유술	기경신임계 해자축인묘	갑을병정무 진사오미신	기경신임계 유술해자축

24절기와 잡절

명 칭	태양황경(도)	월	일	시	분	명 칭	태양황경(도)	월	일	시	분	명 칭	태양황경(도)	월	일	시	분
소한	285	1	6	0	14	하지	90	6	20	23	27	대설	255	12	6	18	49
대한	300	1	20	17	31	소서	105	7	6	17	1	동지	270	12	21	12	50
입춘	315	2	4	11	46	대서	120	7	22	10	21						
우수	330	2	19	7	28	입추	135	8	7	2	54	한식			4	5	
경칩	345	3	5	5	31	처서	150	8	22	17	37	단오			6	17	
춘분	0	3	20	6	9	백로	165	9	7	6	6	초복			7	17	
청명	15	4	4	9	58	추분	180	9	22	15	38	중복			7	27	
곡우	30	4	19	16	51	한로	195	10	7	22	8	말복			8	16	
입하	45	5	5	2	56	상강	210	10	23	1	24	토왕용사	297	1	17	18	50
소만	60	5	20	15	40	입동	225	11	7	1	42	토왕용사	27	4	16	15	13
망종	75	6	5	6	51	소설	240	11	21	23	19	토왕용사	117	7	19	6	54
												토왕용사	207	10	20	0	58

월	양력	1 2 3 4 5	6 7 8 9 10	11 12 13 14 15	16 17 18 19 20	21 22 23 24 25	26 27 28 29 30 31
7	요일	토일월화수	목금토일월	화수목금토	일월화수목	금토일월화	수목금토일월
	음력	5/19 20 21 22 23	24 25 26 27 28	29 30 6/1 2 3	4 5 6 7 8	9 10 11 12 13	14 15 16 17 18 19
	일진	갑을병정무 인묘진사오	기경신임계 미신유술해	갑을병정무 자축인묘진	기경신임계 사오미신유	갑을병정무 술해자축인	기경신임계갑 묘진사오미신
8	요일	화수목금토	일월화수목	금토일월화	수목금토일	월화수목금	토일월화수목
	음력	6/20 21 22 23 24	25 26 27 28 29	7/1 2 3 4 5	6 7 8 9 10	11 12 13 14 15	16 17 18 19 20 21
	일진	을병정무기 유술해자축	경신임계갑 인묘진사오	을병정무기 미신유술해	경신임계갑 자축인묘진	을병정무기 사오미신유	경신임계갑을 술해자축인묘
9	요일	금토일월화	수목금토일	월화수목금	토일월화수	목금토일월	화수목금토
	음력	7/22 23 24 25 26	27 28 29 30 8/1	2 3 4 5 6	7 8 9 10 11	12 13 14 15 16	17 18 19 20 21
	밀신	병정무기경 진사오미신	신임계갑을 유술해자축	병정무기경 인묘신사오	신임계갑을 미신유술해	병정무기경 기축인묘진	신임계갑을 사오미신유
10	요일	일월화수목	금토일월화	수목금토일	월화수목금	토일월화수	목금토일월화
	음력	8/22 23 24 25 26	27 28 29 9/1 2	3 4 5 6 7	8 9 10 11 12	13 14 15 16 17	18 19 20 21 22 23
	일진	병정무기경 술해자축인	신임계갑을 묘진사오미	병정무기경 신유술해자	신임계갑을 축인묘진사	병정무기경 오미신유술	신임계갑을병 해자축인묘진
11	요일	수목금토일	월화수목금	토일월화수	목금토일월	화수목금토	일월화수목
	음력	9/24 25 26 27 28	29 10/1 2 3 4	5 6 7 8 9	10 11 12 13 14	15 16 17 18 19	20 21 22 23 24
	일진	정무기경신 사오미신유	임계갑을병 술해자축인	정무기경신 묘진사오미	임계갑을병 신유술해자	정무기경신 축인묘진사	임계갑을병 오미신유술
12	요일	금토일월화	수목금토일	월화수목금	토일월화수	목금토일월	화수목금토일
	음력	10/25 26 27 28 29	30 11/1 2 3 4	5 6 7 8 9	10 11 12 13 14	15 16 17 18 19	20 21 22 23 24 25
	일진	정무기경신 해자축인묘	임계갑을병 진사오미신	정무기경신 유술해자축	임계갑을병 인묘진사오	정무기경신 미신유술해	임계갑을병정 자축인묘진사

주요 국경일과 명절

구 분	월	일	요일	구 분	월	일	요일
신　　정	1	1	월	현 충 일	6	6	수
설　　날	2	4	일	제 헌 절	7	17	화
3·1절	3	1	목	광 복 절	8	15	수
식 목 일	4	5	목	추　　석	9	13	목
어린이날	5	5	토	개 천 절	10	3	수
석가탄신일	5	11	금	기독탄신일	12	25	화

음양력 대조일람

음력월	월건	대소	음력 1일의 양력	월일	음력월	월건	대소	음력 1일의 양력	월일
1	임인	소	2	4	7	무신	대	7	31
2	계묘	대	3	5	8	기유	대	8	30
3	갑진	대	4	4	9	경술	소	9	29
4	을사	소	5	4	10	신해	소	10	28
5	병오	대	6	2	11	임자	대	11	26
6	정미	소	7	2	12	계축	소	12	26

월	양력	1 2 3 4 5	6 7 8 9 10	11 12 13 14 15	16 17 18 19 20	21 22 23 24 25	26 27 28 29 30 31
1	요일	월 화 수 목 금	토 일 월 화 수	목 금 토 일 월	화 수 목 금 토	일 월 화 수 목	금 토 일 월 화 수
	음력	11/26 27 28 29 12/1	2 3 4 5 6	7 8 9 10 11	12 13 14 15 16	17 18 19 20 21	22 23 24 25 26 27
	일진	무기경신임 오미신유술	계갑을병정 해자축인묘	무기경신임 진사오미신	계갑을병정 유술해자축	무기경신임 인묘진사오	계갑을병정무 미신유술해자
2	요일	목 금 토 일 월	화 수 목 금 토	일 월 화 수 목	금 토 일 월 화	수 목 금 토 일	월 화 수
	음력	12/28 29 30 1/1 2	3 4 5 6 7	8 9 10 11 12	13 14 15 16 17	18 19 20 21 22	23 24 25
	일진	기경신임계 축인묘진사	갑을병정무 오미신유술	기경신임계 해자축인묘	갑을병정무 진사오미신	기경신임계 유술해자축	갑을병 인묘진
3	요일	목 금 토 일 월	화 수 목 금 토	일 월 화 수 목	금 토 일 월 화	수 목 금 토 일	월 화 수 목 금 토
	음력	1/26 27 28 29 2/1	2 3 4 5 6	7 8 9 10 11	12 13 14 15 16	17 18 19 20 21	22 23 24 25 26 27
	일진	정무기경신 사오미신유	임계갑을병 술해자축인	정무기경신 묘진사오미	임계갑을병 신유술해자	정무기경신 축인묘진사	임계갑을병정 오미신유술해
4	요일	일 월 화 수 목	금 토 일 월 화	수 목 금 토 일	월 화 수 목 금	토 일 월 화 수	목 금 토 일 월
	음력	2/28 29 30 3/1 2	3 4 5 6 7	8 9 10 11 12	13 14 15 16 17	18 19 20 21 22	23 24 25 26 27
	일진	무기경신임 자축인묘진	계갑을병정 사오미신유	무기경신임 술해자축인	계갑을병정 묘진사오미	무기경신임 신유술해자	계갑을병정 축인묘진사
5	요일	화 수 목 금 토	일 월 화 수 목	금 토 일 월 화	수 목 금 토 일	월 화 수 목 금	토 일 월 화 수 목
	음력	3/28 29 30 4/1 2	3 4 5 6 7	8 9 10 11 12	13 14 15 16 17	18 19 20 21 22	23 24 25 26 27 28
	일진	무기경신임 오미신유술	계갑을병정 해자축인묘	무기경신임 진사오미신	계갑을병정 유술해자축	무기경신임 인묘진사오	계갑을병정무 미신유술해자
6	요일	금 토 일 월 화	수 목 금 토 일	월 화 수 목 금	토 일 월 화 수	목 금 토 일 월	화 수 목 금 토
	음력	4/29 5/1 2 3 4	5 6 7 8 9	10 11 12 13 14	15 16 17 18 19	20 21 22 23 24	25 26 27 28 29
	일진	기경신임계 축인묘진사	갑을병정무 오미신유술	기경신임계 해자축인묘	갑을병정무 진사오미신	기경신임계 유술해자축	갑을병정무 인묘진사오

24절기와 잡절

명 칭	태양황경(도)	한국표준시				명 칭	태양황경(도)	한국표준시				명 칭		태양황경(도)	한국표준시			
		월	일	시	분			월	일	시	분				월	일	시	분
소한	285	1	5	6	8	하지	90	6	21	5	17	대	설	255	12	7	0	33
대한	300	1	19	23	29	소서	105	7	6	22	41	동	지	270	12	21	18	41
입춘	315	2	3	17	41	대서	120	7	22	16	9							
우수	330	2	18	13	26	입추	135	8	7	8	32	한	식		4	5		
경칩	345	3	5	11	25	처서	150	8	22	23	23	단	오		6	6		
춘분	0	3	20	12	6	백로	165	9	7	11	42	초	복		7	12		
청명	15	4	4	15	51	추분	180	9	22	21	22	중	복		7	22		
곡우	30	4	19	22	46	한로	195	10	8	3	45	말	복		8	11		
입하	45	5	5	8	45	상강	210	10	23	7	7	토왕용사		297	1	17	0	45
소만	60	5	20	21	34	입동	225	11	7	7	21	토왕용사		27	4	16	21	6
망종	75	6	5	12	35	소설	240	11	22	5	5	토왕용사		117	7	19	12	42
												토왕용사		207	10	20	6	43

월	양력	1	2	3	4	5	6	7	8	9	10	11	12	13	14	15	16	17	18	19	20	21	22	23	24	25	26	27	28	29	30	31
7	요일	일	월	화	수	목	금	토	일	월	화	수	목	금	토	일	월	화	수	목	금	토	일	월	화	수	목	금	토	일	월	화
	음력	5/30	6/1	2	3	4	5	6	7	8	9	10	11	12	13	14	15	16	17	18	19	20	21	22	23	24	25	26	27	28	29	7/1
	일진	기미	경신	신유	임술	계해	갑자	을축	병인	정묘	무진	기사	경오	신미	임신	계유	갑술	을해	병자	정축	무인	기묘	경진	신사	임오	계미	갑신	을유	병술	정해	무자	기축
8	요일	수	목	금	토	일	월	화	수	목	금	토	일	월	화	수	목	금	토	일	월	화	수	목	금	토	일	월	화	수	목	금
	음력	7/2	3	4	5	6	7	8	9	10	11	12	13	14	15	16	17	18	19	20	21	22	23	24	25	26	27	28	29	30	8/1	2
	일진	경인	신묘	임진	계사	갑오	을미	병신	정유	무술	기해	경자	신축	임인	계묘	갑진	을사	병오	정미	무신	기유	경술	신해	임자	계축	갑인	을묘	병진	정사	무오	기미	경신
9	요일	토	일	월	화	수	목	금	토	일	월	화	수	목	금	토	일	월	화	수	목	금	토	일	월	화	수	목	금	토	일	
	음력	8/3	4	5	6	7	8	9	10	11	12	13	14	15	16	17	18	19	20	21	22	23	24	25	26	27	28	29	30	9/1	2	
	일진	신유	임술	계해	갑자	을축	병인	정묘	무진	기사	경오	신미	임신	계유	갑술	을해	병자	정축	무인	기묘	경진	신사	임오	계미	갑신	을유	병술	정해	무자	기축	경인	
10	요일	월	화	수	목	금	토	일	월	화	수	목	금	토	일	월	화	수	목	금	토	일	월	화	수	목	금	토	일	월	화	수
	음력	9/3	4	5	6	7	8	9	10	11	12	13	14	15	16	17	18	19	20	21	22	23	24	25	26	27	28	29	10/1	2	3	4
	일진	신묘	임진	계사	갑오	을미	병신	정유	무술	기해	경자	신축	임인	계묘	갑진	을사	병오	정미	무신	기유	경술	신해	임자	계축	갑인	을묘	병진	정사	무오	기미	경신	신유
11	요일	목	금	토	일	월	화	수	목	금	토	일	월	화	수	목	금	토	일	월	화	수	목	금	토	일	월	화	수	목	금	
	음력	10/5	6	7	8	9	10	11	12	13	14	15	16	17	18	19	20	21	22	23	24	25	26	27	28	29	11/1	2	3	4	5	
	일진	임술	계해	갑자	을축	병인	정묘	무진	기사	경오	신미	임신	계유	갑술	을해	병자	정축	무인	기묘	경진	신사	임오	계미	갑신	을유	병술	정해	무자	기축	경인	신묘	
12	요일	토	일	월	화	수	목	금	토	일	월	화	수	목	금	토	일	월	화	수	목	금	토	일	월	화	수	목	금	토	일	월
	음력	11/6	7	8	9	10	11	12	13	14	15	16	17	18	19	20	21	22	23	24	25	26	27	28	29	30	12/1	2	3	4	5	6
	일진	임진	계사	갑오	을미	병신	정유	무술	기해	경자	신축	임인	계묘	갑진	을사	병오	정미	무신	기유	경술	신해	임자	계축	갑인	을묘	병진	정사	무오	기미	경신	신유	임술

2058 무인년 · 단기 4391

주요 국경일과 명절

구 분	월	일	요일	구 분	월	일	요일
신 정	1	1	화	현 충 일	6	6	목
설 날	1	24	목	제 헌 절	7	17	수
3·1절	3	1	금	광 복 절	8	15	목
식 목 일	4	5	금	추 석	10	2	수
석가탄신일	4	30	화	개 천 절	10	3	목
어린이날	5	5	일	기독탄신일	12	25	수

음양력 대조일람

음력월	월건	대소	음력 1일의 양력 월일	음력월	월건	대소	음력 1일의 양력 월일
1	갑인	대	1 24	7	경신	대	8 19
2	을묘	소	2 23	8	신유	소	9 18
3	병진	대	3 24	9	임술	대	10 17
4	정사	소	4 23	10	계해	대	11 16
(윤)4		대	5 22	11	갑자	소	12 16
5	무오	대	6 21	12	을축	소	2059/1 14
6	기미	소	7 21				

월		1 2 3 4 5	6 7 8 9 10	11 12 13 14 15	16 17 18 19 20	21 22 23 24 25	26 27 28 29 30 31
1	요일	화 수 목 금 토	일 월 화 수 목	금 토 일 월 화	수 목 금 토 일	월 화 수 목 금	토 일 월 화 수 목
	음력	12/7. 8 9 10 11	12 13 14 15 16	17 18 19 20 21	22 23 24 25 26	27 28 29 1/1 2	3 4 5 6 7 8
	일진	계갑을병정 / 해자축인묘	무기경신임 / 진사오미신	계갑을병정 / 유술해자축	무기경신임 / 인묘진사오	계갑을병정 / 미신유술해	무기경신임계 / 자축인묘진사
2	요일	금 토 일 월 화	수 목 금 토 일	월 화 수 목 금	토 일 월 화 수	목 금 토 일 월	화 수 목
	음력	1/9 10 11 12 13	14 15 16 17 18	19 20 21 22 23	24 25 26 27 28	29 30 2/1 2 3	4 5 6
	일진	갑을병정무 / 오미신유술	기경신임계 / 해자축인묘	갑을병정무 / 진사오미신	기경신임계 / 유술해자축	갑을병정무 / 인묘진사오	기경신 / 미신유
3	요일	금 토 일 월 화	수 목 금 토 일	월 화 수 목 금	토 일 월 화 수	목 금 토 일 월	화 수 목 금 토 일
	음력	2/7 8 9 10 11	12 13 14 15 16	17 18 19 20 21	22 23 24 25 26	27 28 29 3/1 2	3 4 5 6 7 8
	일진	임계갑을병 / 술해자축인	정무기경신 / 묘진사오미	임계갑을병 / 신유술해자	정무기경신 / 축인묘진사	임계갑을병 / 오미신유술	정무기경신임 / 해자축인묘진
4	요일	월 화 수 목 금	토 일 월 화 수	목 금 토 일 월	화 수 목 금 토	일 월 화 수 목	금 토 일 월 화
	음력	3/9 10 11 12 13	14 15 16 17 18	19 20 21 22 23	24 25 26 27 28	29 30 4/1 2 3	4 5 6 7 8
	일진	계갑을병정 / 사오미신유	무기경신임 / 술해자축인	계갑을병정 / 묘진사오미	무기경신임 / 신유술해자	계갑을병정 / 축인묘진사	무기경신임 / 오미신유술
5	요일	수 목 금 토 일	월 화 수 목 금	토 일 월 화 수	목 금 토 일 월	화 수 목 금 토	일 월 화 수 목 금
	음력	4/9 10 11 12 13	14 15 16 17 18	19 20 21 22 23	24 25 26 27 28	29 4*/1 2 3 4	5 6 7 8 9 10
	일진	계갑을병정 / 해자축인묘	무기경신임 / 진사오미신	계갑을병정 / 유술해자축	무기경신임 / 인묘진사오	계갑을병정 / 미신유술해	무기경신임계 / 자축인묘진사
6	요일	토 일 월 화 수	목 금 토 일 월	화 수 목 금 토	일 월 화 수 목	금 토 일 월 화	수 목 금 토 일
	음력	4*/11 12 13 14 15	16 17 18 19 20	21 22 23 24 25	26 27 28 29 30	5/1 2 3 4 5	6 7 8 9 10
	일진	갑을병정무 / 오미신유술	기경신임계 / 해자축인묘	갑을병정무 / 진사오미신	기경신임계 / 유술해자축	갑을병정무 / 인묘진사오	기경신임계 / 미신유술해

24절기와 잡절

명칭	태양황경(도)	한국표준시 월 일	시 분	명칭	태양황경(도)	한국표준시 월 일	시 분	명칭	태양황경(도)	한국표준시 월 일	시 분
소한	285	1 5	11 57	하지	90	6 21	11 2	대 설	255	12 7	6 26
대한	300	1 20	5 24	소서	105	7 7	4 30	동 지	270	12 22	0 23
입춘	315	2 3	23 33	대서	120	7 22	21 52				
우수	330	2 18	19 24	입추	135	8 7	14 24	한 식			4 5
경칩	345	3 5	17 18	처서	150	8 23	5 7	단 오			6 25
춘분	0	3 20	18 3	백로	165	9 7	17 36	초 복			7 17
청명	15	4 4	21 42	추분	180	9 23	3 7	중 복			7 27
곡우	30	4 20	4 39	한로	195	10 8	9 40	말 복			8 16
입하	45	5 5	14 34	상강	210	10 23	12 53	토왕용사	297	1 17	6 42
소만	60	5 21	3 22	입동	225	11 7	13 16	토왕용사	27	4 17	3 2
망종	75	6 5	18 23	소설	240	11 22	10 49	토왕용사	117	7 19	18 28
								토왕용사	207	10 20	12 29

월	양력	1 2 3 4 5	6 7 8 9 10	11 12 13 14 15	16 17 18 19 20	21 22 23 24 25	26 27 28 29 30 31
7	요일	월 화 수 목 금	토 일 월 화 수	목 금 토 일 월	화 수 목 금 토	일 월 화 수 목	금 토 일 월 화 수
	음력	5/11 12 13 14 15	16 17 18 19 20	21 22 23 24 25	26 27 28 29 30	6/1 2 3 4 5	6 7 8 9 10 11
	일진	갑 을 병 정 무 / 자 축 인 묘 진	기 경 신 임 계 / 사 오 미 신 유	갑 을 병 정 무 / 술 해 자 축 인	기 경 신 임 계 / 묘 진 사 오 미	갑 을 병 정 무 / 신 유 술 해 자	기 경 신 임 계 갑 / 축 인 묘 진 사 오
8	요일	목 금 토 일 월	화 수 목 금 토	일 월 화 수 목	금 토 일 월 화	수 목 금 토 일	월 화 수 목 금 토
	음력	6/12 13 14 15 16	17 18 19 20 21	22 23 24 25 26	27 28 29 7/1 2	3 4 5 6 7	8 9 10 11 12 13
	일진	을 병 정 무 기 / 미 신 유 술 해	경 신 임 계 갑 / 자 축 인 묘 진	을 병 정 무 기 / 사 오 미 신 유	경 신 임 계 갑 / 술 해 자 축 인	을 병 정 무 기 / 묘 진 사 오 미	경 신 임 계 갑 을 / 신 유 술 해 자 축
9	요일	일 월 화 수 목	금 토 일 월 화	수 목 금 토 일	월 화 수 목 금	토 일 월 화 수	목 금 토 일 월
	음력	7/14 15 16 17 18	19 20 21 22 23	24 25 26 27 28	29 30 8/1 2 3	4 5 6 7 8	9 10 11 12 13
	일진	병 정 무 기 경 / 인 묘 진 사 오	신 임 계 갑 을 / 미 신 유 술 해	병 정 무 기 경 / 자 축 인 묘 진	신 임 계 갑 을 / 사 오 미 신 유	병 정 무 기 경 / 술 해 자 축 인	신 임 계 갑 을 / 묘 진 사 오 미
10	요일	화 수 목 금 토	일 월 화 수 목	금 토 일 월 화	수 목 금 토 일	월 화 수 목 금	토 일 월 화 수 목
	음력	8/14 15 16 17 18	19 20 21 22 23	24 25 26 27 28	29 9/1 2 3 4	5 6 7 8 9	10 11 12 13 14 15
	일진	병 정 무 기 경 / 신 유 술 해 자	신 임 계 갑 을 / 축 인 묘 진 사	병 정 무 기 경 / 오 미 신 유 술	신 임 계 갑 을 / 해 자 축 인 묘	병 정 무 기 경 / 진 사 오 미 신	신 임 계 갑 을 병 / 유 술 해 자 축 인
11	요일	금 토 일 월 화	수 목 금 토 일	월 화 수 목 금	토 일 월 화 수	목 금 토 일 월	화 수 목 금 토
	음력	9/16 17 18 19 20	21 22 23 24 25	26 27 28 29 30	10/1 2 3 4 5	6 7 8 9 10	11 12 13 14 15
	일진	정 무 기 경 신 / 묘 진 사 오 미	임 계 갑 을 병 / 신 유 술 해 자	정 무 기 경 신 / 축 인 묘 진 사	임 계 갑 을 병 / 오 미 신 유 술	정 무 기 경 신 / 해 자 축 인 묘	임 계 갑 을 병 / 진 사 오 미 신
12	요일	일 월 화 수 목	금 토 일 월 화	수 목 금 토 일	월 화 수 목 금	토 일 월 화 수	목 금 토 일 월 화
	음력	10/16 17 18 19 20	21 22 23 24 25	26 27 28 29 30	11/1 2 3 4 5	6 7 8 9 10	11 12 13 14 15 16
	일진	정 무 기 경 신 / 유 술 해 자 축	임 계 갑 을 병 / 인 묘 진 사 오	정 무 기 경 신 / 미 신 유 술 해	임 계 갑 을 병 / 자 축 인 묘 진	정 무 기 경 신 / 사 오 미 신 유	임 계 갑 을 병 정 / 술 해 자 축 인 묘

* 윤달 : 4월

주요 국경일과 명절

구 분	월일	요일	구 분	월일	요일
신 정	1 1	수	현 충 일	6 6	금
설 날	2 12	수	제 헌 절	7 17	목
3 · 1 절	3 1	토	광 복 절	8 15	금
식 목 일	4 5	토	추 석	9 21	일
어린이날	5 5	월	개 천 절	10 3	금
석가탄신일	5 19	월	기독탄신일	12 25	목

음양력 대조일람

음력월	월건	대소	음력 1일의 양력 월일	음력월	월건	대소	음력 1일의 양력 월일
1	병인	대	2 12	7	임신	대	8 8
2	정묘	소	3 14	8	계유	대	9 7
3	무진	대	4 12	9	갑술	소	10 7
4	기사	소	5 12	10	을해	대	11 5
5	경오	대	6 10	11	병자	대	12 5
6	신미	소	7 10	12	정축	소	2060/1 4

월	양력	1 2 3 4 5	6 7 8 9 10	11 12 13 14 15	16 17 18 19 20	21 22 23 24 25	26 27 28 29 30 31
1	요일	수 목 금 토 일	월 화 수 목 금	토 일 월 화 수	목 금 토 일 월	화 수 목 금 토	일 월 화 수 목 금
	음력	11/17 18 19 20 21	22 23 24 25 26	27 28 29 12/1 2	3 4 5 6 7	8 9 10 11 12	13 14 15 16 17 18
	일진	무기경신임 진사오미신	계갑을병정 유술해자축	무기경신임 인묘진사오	계갑을병정 미신유술해	무기경신임 자축인묘진	계갑을병정무 사오미신유술
2	요일	토 일 월 화 수	목 금 토 일 월	화 수 목 금 토	일 월 화 수 목	금 토 일 월 화	수 목 금
	음력	12/19 20 21 22 23	24 25 26 27 28	29 1/1 2 3 4	5 6 7 8 9	10 11 12 13 14	15 16 17
	일진	기경신임계 해자축인묘	갑을병정무 진사오미신	기경신임계 유술해자축	갑을병정무 인묘진사오	기경신임계 미신유술해	갑을병 자축인
3	요일	토 일 월 화 수	목 금 토 일 월	화 수 목 금 토	일 월 화 수 목	금 토 일 월 화	수 목 금 토 일 월
	음력	1/18 19 20 21 22	23 24 25 26 27	28 29 30 2/1 2	3 4 5 6 7	8 9 10 11 12	13 14 15 16 17 18
	일진	정무기경신 묘진사오미	임계갑을병 신유술해자	정무기경신 축인묘진사	임계갑을병 오미신유술	정무기경신 해자축인묘	임계갑을병정 진사오미신유
4	요일	화 수 목 금 토	일 월 화 수 목	금 토 일 월 화	수 목 금 토 일	월 화 수 목 금	토 일 월 화 수
	음력	2/19 20 21 22 23	24 25 26 27 28	29 3/1 2 3 4	5 6 7 8 9	10 11 12 13 14	15 16 17 18 19
	일진	무기경신임 술해자축인	계갑을병정 묘진사오미	무기경신임 신유술해자	계갑을병정 축인묘진사	무기경신임 오미신유술	계갑을병정 해자축인묘
5	요일	목 금 토 일 월	화 수 목 금 토	일 월 화 수 목	금 토 일 월 화	수 목 금 토 일	월 화 수 목 금 토
	음력	3/20 21 22 23 24	25 26 27 28 29	30 4/1 2 3 4	5 6 7 8 9	10 11 12 13 14	15 16 17 18 19 20
	일진	무기경신임 진사오미신	계갑을병정 유술해자축	무기경신임 인묘진사오	계갑을병정 미신유술해	무기경신임 자축인묘진	계갑을병정무 사오미신유술
6	요일	일 월 화 수 목	금 토 일 월 화	수 목 금 토 일	월 화 수 목 금	토 일 월 화 수	목 금 토 일 월
	음력	4/21 22 23 24 25	26 27 28 29 5/1	2 3 4 5 6	7 8 9 10 11	12 13 14 15 16	17 18 19 20 21
	일진	기경신임계 해자축인묘	갑을병정무 진사오미신	기경신임계 유술해자축	갑을병정무 인묘진사오	기경신임계 미신유술해	갑을병정무 자축인묘진

24절기와 잡절

명 칭	태양황경(도)	한국표준시 월 일	한국표준시 시 분	명 칭	태양황경(도)	한국표준시 월 일	한국표준시 시 분	명 칭	태양황경(도)	한국표준시 월 일	한국표준시 시 분
소한	285	1 5	17 48	하지	90	6 21	16 46	대설	255	12 7	12 12
대한	300	1 20	11 5	소서	105	7 7	10 17	동지	270	12 22	6 16
입춘	315	2 4	5 22	대서	120	7 23	3 39				
우수	330	2 19	1 4	입추	135	8 7	20 11	한식		4 6	
경칩	345	3 5	23 7	처서	150	8 23	10 59	단오		6 14	
춘분	0	3 20	23 43	백로	165	9 7	23 25	초복		7 12	
청명	15	4 5	3 31	추분	180	9 23	9 2	중복		7 22	
곡우	30	4 20	10 19	한로	195	10 8	15 29	말복		8 11	
입하	45	5 5	20 22	상강	210	10 23	18 49	토왕용사	297	1 17	12 23
소만	60	5 21	9 3	입동	225	11 7	19 4	토왕용사	27	4 17	8 41
망종	75	6 6	0 11	소설	240	11 22	16 44	토왕용사	117	7 20	0 12
								토왕용사	207	10 20	18 23

월	양력	1 2 3 4 5	6 7 8 9 10	11 12 13 14 15	16 17 18 19 20	21 22 23 24 25	26 27 28 29 30 31
7	요일	화 수 목 금 토	일 월 화 수 목	금 토 일 월 화	수 목 금 토 일	월 화 수 목 금	토 일 월 화 수 목
	음력	5/22 23 24 25 26	27 28 29 30 6/1	2 3 4 5 6	7 8 9 10 11	12 13 14 15 16	17 18 19 20 21 22
	일진	기 경 신 임 계 사 오 미 신 유	갑 을 병 정 무 술 해 자 축 인	기 경 신 임 계 묘 진 사 오 미	갑 을 병 정 무 신 유 술 해 자	기 경 신 임 계 축 인 묘 진 사	갑 을 병 정 무 기 오 미 신 유 술 해
8	요일	금 토 일 월 화	수 목 금 토 일	월 화 수 목 금	토 일 월 화 수	목 금 토 일 월	화 수 목 금 토 일
	음력	6/23 24 25 26 27	28 29 7/1 2 3	4 5 6 7 8	9 10 11 12 13	14 15 16 17 18	19 20 21 22 23 24
	일진	경 신 임 계 갑 자 축 인 묘 진	을 병 정 무 기 사 오 미 신 유	경 신 임 계 갑 술 해 자 축 인	을 병 정 무 기 묘 진 사 오 미	경 신 임 계 갑 신 유 술 해 자	을 병 정 무 기 경 축 인 묘 진 사 오
9	요일	월 화 수 목 금	토 일 월 화 수	목 금 토 일 월	화 수 목 금 토	일 월 화 수 목	금 토 일 월 화
	음력	7/25 26 27 28 29	30 8/1 2 3 4	5 6 7 8 9	10 11 12 13 14	15 16 17 18 19	20 21 22 23 24
	일진	신 임 계 갑 을 미 신 유 술 해	병 정 무 기 경 자 축 인 묘 진	신 임 계 갑 을 사 오 미 신 유	병 정 무 기 경 술 해 자 축 인	신 임 계 갑 을 묘 진 사 오 미	병 정 무 기 경 신 유 술 해 자
10	요일	수 목 금 토 일	월 화 수 목 금	토 일 월 화 수	목 금 토 일 월	화 수 목 금 토	일 월 화 수 목 금
	음력	8/25 26 27 28 29	30 9/1 2 3 4	5 6 7 8 9	10 11 12 13 14	15 16 17 18 19	20 21 22 23 24 25
	일진	신 임 계 갑 을 축 인 묘 진 사	병 정 무 기 경 오 미 신 유 술	신 임 계 갑 을 해 자 축 인 묘	병 정 무 기 경 진 사 오 미 신	신 임 계 갑 을 유 술 해 자 축	병 정 무 기 경 신 인 묘 진 사 오 미
11	요일	토 일 월 화 수	목 금 토 일 월	화 수 목 금 토	일 월 화 수 목	금 토 일 월 화	수 목 금 토 일
	음력	9/26 27 28 29 10/1	2 3 4 5 6	7 8 9 10 11	12 13 14 15 16	17 18 19 20 21	22 23 24 25 26
	일진	임 계 갑 을 병 신 유 술 해 자	정 무 기 경 신 축 인 묘 진 사	임 계 갑 을 병 오 미 신 유 술	정 무 기 경 신 해 자 축 인 묘	임 계 갑 을 병 진 사 오 미 신	정 무 기 경 신 유 술 해 자 축
12	요일	월 화 수 목 금	토 일 월 화 수	목 금 토 일 월	화 수 목 금 토	일 월 화 수 목	금 토 일 월 화 수
	음력	10/27 28 29 30 11/1	2 3 4 5 6	7 8 9 10 11	12 13 14 15 16	17 18 19 20 21	22 23 24 25 26 27
	일진	임 계 갑 을 병 인 묘 진 사 오	정 무 기 경 신 미 신 유 술 해	임 계 갑 을 병 자 축 인 묘 진	정 무 기 경 신 사 오 미 신 유	임 계 갑 을 병 술 해 자 축 인	정 무 기 경 신 임 묘 진 사 오 미 신

2060 경진년 • 단기 4393

주요 국경일과 명절

구 분	월일	요일	구 분	월일	요일
신 정	1 1	목	현 충 일	6 6	일
설 날	2 2	월	제 헌 절	7 17	토
3·1절	3 1	월	광 복 절	8 15	일
식 목 일	4 5	월	추 석	9 9	목
어린이날	5 5	수	개 천 절	10 3	일
석가탄신일	5 7	금	기독탄신일	12 25	토

음양력 대조일람

음력월	월건	대소	음력 1일의 양력 월일	음력월	월건	대소	음력 1일의 양력 월일
1	무인	대	2 2	7	갑신	대	7 27
2	기묘	소	3 3	8	을유	대	8 26
3	경진	소	4 1	9	병술	소	9 25
4	신사	대	4 30	10	정해	대	10 24
5	임오	소	5 30	11	무자	대	11 23
6	계미	소	6 28	12	기축	대	12 23

월	양력	1 2 3 4 5	6 7 8 9 10	11 12 13 14 15	16 17 18 19 20	21 22 23 24 25	26 27 28 29 30 31
1	요일	목 금 토 일 월	화 수 목 금 토	일 월 화 수 목	금 토 일 월 화	수 목 금 토 일	월 화 수 목 금 토
	음력	11/28 29 30 12/1 2	3 4 5 6 7	8 9 10 11 12	13 14 15 16 17	18 19 20 21 22	23 24 25 26 27 28
	일진	계갑을병정 유술해자축	무기경신임 인묘진사오	계갑을병정 미신유술해	무기경신임 자축인묘진	계갑을병정 사오미신유	무기경신임계 술해자축인묘
2	요일	일 월 화 수 목	금 토 일 월 화	수 목 금 토 일	월 화 수 목 금	토 일 월 화 수	목 금 토 일
	음력	12/29 1/1 2 3 4	5 6 7 8 9	10 11 12 13 14	15 16 17 18 19	20 21 22 23 24	25 26 27 28
	일진	갑을병정무 진사오미신	기경신임계 유술해자축	갑을병정무 인묘진사오	기경신임계 미신유술해	갑을병정무 자축인묘진	기경신임 사오미신
3	요일	월 화 수 목 금	토 일 월 화 수	목 금 토 일 월	화 수 목 금 토	일 월 화 수 목	금 토 일 월 화 수
	음력	1/29 30 2/1 2 3	4 5 6 7 8	9 10 11 12 13	14 15 16 17 18	19 20 21 22 23	24 25 26 27 28 29
	일진	계갑을병정 유술해자축	무기경신임 인묘진사오	계갑을병정 미신유술해	무기경신임 자축인묘진	계갑을병정 사오미신유	무기경신임계 술해자축인묘
4	요일	목 금 토 일 월	화 수 목 금 토	일 월 화 수 목	금 토 일 월 화	수 목 금 토 일	월 화 수 목 금
	음력	3/1 2 3 4 5	6 7 8 9 10	11 12 13 14 15	16 17 18 19 20	21 22 23 24 25	26 27 28 29 4/1
	일진	갑을병정무 진사오미신	기경신임계 유술해자축	갑을병정무 인묘진사오	기경신임계 미신유술해	갑을병정무 자축인묘진	기경신임계 사오미신유
5	요일	토 일 월 화 수	목 금 토 일 월	화 수 목 금 토	일 월 화 수 목	금 토 일 월 화	수 목 금 토 일 월
	음력	4/2 3 4 5 6	7 8 9 10 11	12 13 14 15 16	17 18 19 20 21	22 23 24 25 26	27 28 29 30 5/1 2
	일진	갑을병정무 술해자축인	기경신임계 묘진사오미	갑을병정무 신유술해자	기경신임계 축인묘진사	갑을병정무 오미신유술	기경신임계갑 해자축인묘진
6	요일	화 수 목 금 토	일 월 화 수 목	금 토 일 월 화	수 목 금 토 일	월 화 수 목 금	토 일 월 화 수
	음력	5/3 4 5 6 7	8 9 10 11 12	13 14 15 16 17	18 19 20 21 22	23 24 25 26 27	28 29 6/1 2 3
	일진	을병정무기 사오미신유	경신임계갑 술해자축인	을병정무기 묘진사오미	경신임계갑 신유술해자	을병정무기 축인묘진사	경신임계갑 오미신유술

24절기와 잡절

명 칭	태양황경(도)	월	일	시	분	명 칭	태양황경(도)	월	일	시	분	명 칭	태양황경(도)	월	일	시	분
소한	285	1	5	23	32	하지	90	6	20	22	44	대설	255	12	6	17	56
대한	300	1	20	16	57	소서	105	7	6	16	6	동지	270	12	21	12	0
입춘	315	2	4	11	7	대서	120	7	22	9	34						
우수	330	2	19	6	56	입추	135	8	7	1	58	한식		4	5		
경칩	345	3	5	4	52	처서	150	8	22	16	48	단오		6	3		
춘분	0	3	20	5	37	백로	165	9	7	5	9	초복		7	16		
청명	15	4	4	9	18	추분	180	9	22	14	47	중복		7	26		
곡우	30	4	19	16	16	한로	195	10	7	21	12	말복		8	15		
입하	45	5	5	2	11	상강	210	10	23	0	32	토왕용사	297	1	17	18	12
소만	60	5	20	15	2	입동	225	11	7	0	47	토왕용사	27	4	16	14	36
망종	75	6	5	6	0	소설	240	11	21	22	27	토왕용사	117	7	19	6	8
												토왕용사	207	10	20	0	8

월	양력	1	2	3	4	5	6	7	8	9	10	11	12	13	14	15	16	17	18	19	20	21	22	23	24	25	26	27	28	29	30	31
7	요일	목	금	토	일	월	화	수	목	금	토	일	월	화	수	목	금	토	일	월	화	수	목	금	토	일	월	화	수	목	금	토
	음력	6/4	5	6	7	8	9	10	11	12	13	14	15	16	17	18	19	20	21	22	23	24	25	26	27	28	29	7/1	2	3	4	5
	일진	을해	병자	정축	무인	기묘	경진	신사	임오	계미	갑신	을유	병술	정해	무자	기축	경인	신묘	임진	계사	갑오	을미	병신	정유	무술	기해	경자	신축	임인	계묘	갑진	을사
8	요일	일	월	화	수	목	금	토	일	월	화	수	목	금	토	일	월	화	수	목	금	토	일	월	화	수	목	금	토	일	월	화
	음력	7/6	7	8	9	10	11	12	13	14	15	16	17	18	19	20	21	22	23	24	25	26	27	28	29	30	8/1	2	3	4	5	6
	일진	병오	정미	무신	기유	경술	신해	임자	계축	갑인	을묘	병진	정사	무오	기미	경신	신유	임술	계해	갑자	을축	병인	정묘	무진	기사	경오	신미	임신	계유	갑술	을해	병자
9	요일	수	목	금	토	일	월	화	수	목	금	토	일	월	화	수	목	금	토	일	월	화	수	목	금	토	일	월	화	수	목	
	음력	8/7	8	9	10	11	12	13	14	15	16	17	18	19	20	21	22	23	24	25	26	27	28	29	30	9/1	2	3	4	5	6	
	일진	정축	무인	기묘	경진	신사	임오	계미	갑신	을유	병술	정해	무자	기축	경인	신묘	임진	계사	갑오	을미	병신	정유	무술	기해	경자	신축	임인	계묘	갑진	을사	병오	
10	요일	금	토	일	월	화	수	목	금	토	일	월	화	수	목	금	토	일	월	화	수	목	금	토	일	월	화	수	목	금	토	일
	음력	9/7	8	9	10	11	12	13	14	15	16	17	18	19	20	21	22	23	24	25	26	27	28	29	10/1	2	3	4	5	6	7	8
	일진	정미	무신	기유	경술	신해	임자	계축	갑인	을묘	병진	정사	무오	기미	경신	신유	임술	계해	갑자	을축	병인	정묘	무진	기사	경오	신미	임신	계유	갑술	을해	병자	정축
11	요일	월	화	수	목	금	토	일	월	화	수	목	금	토	일	월	화	수	목	금	토	일	월	화	수	목	금	토	일	월	화	
	음력	10/9	10	11	12	13	14	15	16	17	18	19	20	21	22	23	24	25	26	27	28	29	30	11/1	2	3	4	5	6	7	8	
	일진	무인	기묘	경진	신사	임오	계미	갑신	을유	병술	정해	무자	기축	경인	신묘	임진	계사	갑오	을미	병신	정유	무술	기해	경자	신축	임인	계묘	갑진	을사	병오	정미	
12	요일	수	목	금	토	일	월	화	수	목	금	토	일	월	화	수	목	금	토	일	월	화	수	목	금	토	일	월	화	수	목	금
	음력	11/9	10	11	12	13	14	15	16	17	18	19	20	21	22	23	24	25	26	27	28	29	30	12/1	2	3	4	5	6	7	8	9
	일진	무신	기유	경술	신해	임자	계축	갑인	을묘	병진	정사	무오	기미	경신	신유	임술	계해	갑자	을축	병인	정묘	무진	기사	경오	신미	임신	계유	갑술	을해	병자	정축	무인

2061 신사년 • 단기 4394

주요 국경일과 명절

구 분	월일	요일	구 분	월일	요일
신 정	1 1	토	현충일	6 6	월
설 날	1 22	토	제헌절	7 17	일
3·1절	3 1	화	광복절	8 15	월
식목일	4 5	화	추 석	9 28	수
어린이날	5 5	목	개천절	10 3	월
석가탄신일	5 26	목	기독탄신일	12 25	일

음양력 대조일람

음력월	월건	대소	음력 1일의 양력 월일	음력월	월건	대소	음력 1일의 양력 월일
1	경인	소	1 22	7	병신	대	8 15
2	신묘	대	2 20	8	정유	소	9 14
3	임진	소	3 22	9	무술	대	10 13
(윤)3		소	4 20	10	기해	대	11 12
4	계사	대	5 19	11	경자	대	12 12
5	갑오	소	6 18	12	신축	소	2062/1 11
6	을미	소	7 17				

월	양력	1 2 3 4 5	6 7 8 9 10	11 12 13 14 15	16 17 18 19 20	21 22 23 24 25	26 27 28 29 30 31
1	요일	토 일 월 화 수	목 금 토 일 월	화 수 목 금 토	일 월 화 수 목	금 토 일 월 화	수 목 금 토 일 월
	음력	12/10 11 12 13 14	15 16 17 18 19	20 21 22 23 24	25 26 27 28 29	30 1/1 2 3 4	5 6 7 8 9 10
	일진	기묘 경진 신사 임오 계미	갑신 을유 병술 정해 무자	기축 경인 신묘 임진 계사	갑오 을미 병신 정유 무술	기해 경자 신축 임인 계묘	갑진 을사 병오 정미 무신 기유
2	요일	화 수 목 금 토	일 월 화 수 목	금 토 일 월 화	수 목 금 토 일	월 화 수 목 금	토 일 월
	음력	1/11 12 13 14 15	16 17 18 19 20	21 22 23 24 25	26 27 28 29 2/1	2 3 4 5 6	7 8 9
	일진	경술 신해 임자 계축 갑인	을묘 병진 정사 무오 기미	경신 신유 임술 계해 갑자	을축 병인 정묘 무진 기사	경오 신미 임신 계유 갑술	을해 병자 정축
3	요일	화 수 목 금 토	일 월 화 수 목	금 토 일 월 화	수 목 금 토 일	월 화 수 목 금	토 일 월 화 수 목
	음력	2/10 11 12 13 14	15 16 17 18 19	20 21 22 23 24	25 26 27 28 29	30 3/1 2 3 4	5 6 7 8 9 10
	일진	무인 기묘 경진 신사 임오	계미 갑신 을유 병술 정해	무자 기축 경인 신묘 임진	계사 갑오 을미 병신 정유	무술 기해 경자 신축 임인	계묘 갑진 을사 병오 정미 무신
4	요일	금 토 일 월 화	수 목 금 토 일	월 화 수 목 금	토 일 월 화 수	목 금 토 일 월	화 수 목 금 토
	음력	3/11 12 13 14 15	16 17 18 19 20	21 22 23 24 25	26 27 28 29 3*/1	2 3 4 5 6	7 8 9 10 11
	일진	기유 경술 신해 임자 계축	갑인 을묘 병진 정사 무오	기미 경신 신유 임술 계해	갑자 을축 병인 정묘 무진	기사 경오 신미 임신 계유	갑술 을해 병자 정축 무인
5	요일	일 월 화 수 목	금 토 일 월 화	수 목 금 토 일	월 화 수 목 금	토 일 월 화 수	목 금 토 일 월 화
	음력	3*/12 13 14 15 16	17 18 19 20 21	22 23 24 25 26	27 28 29 4/1 2	3 4 5 6 7	8 9 10 11 12 13
	일진	기묘 경진 신사 임오 계미	갑신 을유 병술 정해 무자	기축 경인 신묘 임진 계사	갑오 을미 병신 정유 무술	기해 경자 신축 임인 계묘	갑진 을사 병오 정미 무신 기유
6	요일	수 목 금 토 일	월 화 수 목 금	토 일 월 화 수	목 금 토 일 월	화 수 목 금 토	일 월 화 수 목
	음력	4/14 15 16 17 18	19 20 21 22 23	24 25 26 27 28	29 30 5/1 2 3	4 5 6 7 8	9 10 11 12 13
	일진	경술 신해 임자 계축 갑인	을묘 병진 정사 무오 기미	경신 신유 임술 계해 갑자	을축 병인 정묘 무진 기사	경오 신미 임신 계유 갑술	을해 병자 정축 무인 기묘

24절기와 잡절

명 칭	태양황경(도)	한국표준시			명 칭	태양황경(도)	한국표준시			명 칭	태양황경(도)	한국표준시		
		월 일	시	분			월 일	시	분			월 일	시	분
소한	285	1 5	5	17	하지	90	6 21	4	31	대　설	255	12 6	23	49
대한	300	1 19	22	41	소서	105	7 6	22	1	동　지	270	12 21	17	47
입춘	315	2 3	16	52	대서	120	7 22	15	19					
우수	330	2 18	12	42	입추	135	8 7	7	51	한　식		4 5		
경칩	345	3 5	10	40	처서	150	8 22	22	32	단　오		6 22		
춘분	0	3 20	11	25	백로	165	9 7	11	1	초　복		7 11		
청명	15	4 4	15	9	추분	180	9 22	20	30	중　복		7 21		
곡우	30	4 19	22	5	한로	195	10 8	3	3	말　복		8 10		
입하	45	5 5	8	5	상강	210	10 23	6	16	토왕용사	297	1 16	23	59
소만	60	5 20	20	51	입동	225	11 7	6	38	토왕용사	27	4 16	20	28
망종	75	6 5	11	55	소설	240	11 22	4	13	토왕용사	117	7 19	11	54
										토왕용사	207	10 20	5	51

월	양력	1 2 3 4 5	6 7 8 9 10	11 12 13 14 15	16 17 18 19 20	21 22 23 24 25	26 27 28 29 30 31
7	요일	금 토 일 월 화	수 목 금 토 일	월 화 수 목 금	토 일 월 화 수	목 금 토 일 월	화 수 목 금 토 일
	음력	5/14 15 16 17 18	19 20 21 22 23	24 25 26 27 28	29 6/1 2 3 4	5 6 7 8 9	10 11 12 13 14 15
	일진	경신임계갑 진사오미신	을병정무기 유술해자축	경신임계갑 인묘진사오	을병정무기 미신유술해	경신임계갑 자축인묘진	을병정무기경 사오미신유술
8	요일	월 화 수 목 금	토 일 월 화 수	목 금 토 일 월	화 수 목 금 토	일 월 화 수 목	금 토 일 월 화 수
	음력	6/16 17 18 19 20	21 22 23 24 25	26 27 28 29 7/1	2 3 4 5 6	7 8 9 10 11	12 13 14 15 16 17
	일진	신임계갑을 해자축인묘	병정무기경 진사오미신	신임계갑을 유술해자축	병정무기경 인묘진사오	신임계갑을 미신유술해	병정무기경신 자축인묘진사
9	요일	목 금 토 일 월	화 수 목 금 토	일 월 화 수 목	금 토 일 월 화	수 목 금 토 일	월 화 수 목 금
	음력	7/18 19 20 21 22	23 24 25 26 27	28 29 30 8/1 2	3 4 5 6 7	8 9 10 11 12	13 14 15 16 17
	일진	임계갑을병 오미신유술	정무기경신 해자축인묘	임계갑을병 진사오미신	정무기경신 유술해자축	임계갑을병 인묘진사오	정무기경신 미신유술해
10	요일	토 일 월 화 수	목 금 토 일 월	화 수 목 금 토	일 월 화 수 목	금 토 일 월 화	수 목 금 토 일 월
	음력	8/18 19 20 21 22	23 24 25 26 27	28 29 9/1 2 3	4 5 6 7 8	9 10 11 12 13	14 15 16 17 18 19
	일진	임계갑을병 자축인묘진	정무기경신 사오미신유	임계갑을병 술해자축인	정무기경신 묘진사오미	임계갑을병 신유술해자	정무기경신임 축인묘진사오
11	요일	화 수 목 금 토	일 월 화 수 목	금 토 일 월 화	수 목 금 토 일	월 화 수 목 금	토 일 월 화 수
	음력	9/20 21 22 23 24	25 26 27 28 29	30 10/1 2 3 4	5 6 7 8 9	10 11 12 13 14	15 16 17 18 19
	일진	계갑을병정 미신유술해	무기경신임 자축인묘진	계갑을병정 사오미신유	무기경신임 술해자축인	계갑을병정 묘진사오미	무기경신임 신유술해자
12	요일	목 금 토 일 월	화 수 목 금 토	일 월 화 수 목	금 토 일 월 화	수 목 금 토 일	월 화 수 목 금 토
	음력	10/20 21 22 23 24	25 26 27 28 29	30 11/1 2 3 4	5 6 7 8 9	10 11 12 13 14	15 16 17 18 19 20
	일진	계갑을병정 축인묘진사	무기경신임 오미신유술	계갑을병정 해자축인묘	무기경신임 진사오미신	계갑을병정 유술해자축	무기경신임계 인묘진사오미

* 윤달 : 3월

주요 국경일과 명절

구 분	월일	요일	구 분	월일	요일
신 정	1 1	일	현 충 일	6 6	화
설 날	2 9	목	제 헌 절	7 17	월
3·1절	3 1	수	광 복 절	8 15	화
식 목 일	4 5	수	추 석	9 17	일
어린이날	5 5	금	개 천 절	10 3	화
석가탄신일	5 16	화	기독탄신일	12 25	월

음양력 대조일람

음력월	월건	대소	음력 1일의 양력 월일	음력월	월건	대소	음력 1일의 양력 월일
1	임인	대	2 9	7	무신	소	8 5
2	계묘	대	3 11	8	기유	대	9 3
3	갑진	소	4 10	9	경술	소	10 3
4	을사	소	5 9	10	신해	대	11 1
5	병오	대	6 7	11	임자	대	12 1
6	정미	소	7 7	12	계축	소	12 31

월 1

양력	1	2	3	4	5	6	7	8	9	10	11	12	13	14	15	16	17	18	19	20	21	22	23	24	25	26	27	28	29	30	31
요일	일	월	화	수	목	금	토	일	월	화	수	목	금	토	일	월	화	수	목	금	토	일	월	화	수	목	금	토	일	월	화
음력	11/21	22	23	24	25	26	27	28	29	30	12/1	2	3	4	5	6	7	8	9	10	11	12	13	14	15	16	17	18	19	20	21
일진	갑신	을유	병술	정해	무자	기축	경인	신묘	임진	계사	갑오	을미	병신	정유	무술	기해	경자	신축	임인	계묘	갑진	을사	병오	정미	무신	기유	경술	신해	임자	계축	갑인

월 2

양력	1	2	3	4	5	6	7	8	9	10	11	12	13	14	15	16	17	18	19	20
요일	수	목	금	토	일	월	화	수	목	금	토	일	월	화	수	목	금	토	일	월
음력	12/22	23	24	25	26	27	28	29	1/1	2	3	4	5	6	7	8	9	10	11	12
일진	을묘	병진	정사	무오	기미	경신	신유	임술	계해	갑자	을축	병인	정묘	무진	기사	경오	신미	임신	계유	갑술

양력	21	22	23	24	25	26	27	28
요일	화	수	목	금	토	일	월	화
음력	13	14	15	16	17	18	19	20
일진	을해	병자	정축	무인	기묘	경진	신사	임오

월 3

양력	1	2	3	4	5	6	7	8	9	10	11	12	13	14	15	16	17	18	19	20	21	22	23	24	25	26	27	28	29	30	31
요일	수	목	금	토	일	월	화	수	목	금	토	일	월	화	수	목	금	토	일	월	화	수	목	금	토	일	월	화	수	목	금
음력	1/21	22	23	24	25	26	27	28	29	30	2/1	2	3	4	5	6	7	8	9	10	11	12	13	14	15	16	17	18	19	20	21
일진	계미	갑신	을유	병술	정해	무자	기축	경인	신묘	임진	계사	갑오	을미	병신	정유	무술	기해	경자	신축	임인	계묘	갑진	을사	병오	정미	무신	기유	경술	신해	임자	계축

월 4

양력	1	2	3	4	5	6	7	8	9	10	11	12	13	14	15	16	17	18	19	20	21	22	23	24	25	26	27	28	29	30
요일	토	일	월	화	수	목	금	토	일	월	화	수	목	금	토	일	월	화	수	목	금	토	일	월	화	수	목	금	토	일
음력	2/22	23	24	25	26	27	28	29	30	3/1	2	3	4	5	6	7	8	9	10	11	12	13	14	15	16	17	18	19	20	21
일진	갑인	을묘	병진	정사	무오	기미	경신	신유	임술	계해	갑자	을축	병인	정묘	무진	기사	경오	신미	임신	계유	갑술	을해	병자	정축	무인	기묘	경진	신사	임오	계미

월 5

양력	1	2	3	4	5	6	7	8	9	10	11	12	13	14	15	16	17	18	19	20	21	22	23	24	25	26	27	28	29	30	31
요일	월	화	수	목	금	토	일	월	화	수	목	금	토	일	월	화	수	목	금	토	일	월	화	수	목	금	토	일	월	화	수
음력	3/22	23	24	25	26	27	28	29	4/1	2	3	4	5	6	7	8	9	10	11	12	13	14	15	16	17	18	19	20	21	22	23
일진	갑신	을유	병술	정해	무자	기축	경인	신묘	임진	계사	갑오	을미	병신	정유	무술	기해	경자	신축	임인	계묘	갑진	을사	병오	정미	무신	기유	경술	신해	임자	계축	갑인

월 6

양력	1	2	3	4	5	6	7	8	9	10	11	12	13	14	15	16	17	18	19	20	21	22	23	24	25	26	27	28	29	30
요일	목	금	토	일	월	화	수	목	금	토	일	월	화	수	목	금	토	일	월	화	수	목	금	토	일	월	화	수	목	금
음력	4/24	25	26	27	28	29	5/1	2	3	4	5	6	7	8	9	10	11	12	13	14	15	16	17	18	19	20	21	22	23	24
일진	을묘	병진	정사	무오	기미	경신	신유	임술	계해	갑자	을축	병인	정묘	무진	기사	경오	신미	임신	계유	갑술	을해	병자	정축	무인	기묘	경진	신사	임오	계미	갑신

24절기와 잡절

명 칭	태양황경(도)	월	일	시	분	명 칭	태양황경(도)	월	일	시	분	명 칭	태양황경(도)	월	일	시	분
소한	285	1	5	11	11	하지	90	6	21	10	10	대 설	255	12	7	5	33
대한	300	1	20	4	29	소서	105	7	7	3	37	동 지	270	12	21	23	41
입춘	315	2	3	22	45	대서	120	7	22	21	1						
우수	330	2	18	18	27	입추	135	8	7	13	27	한 식			4	5	
경칩	345	3	5	16	30	처서	150	8	23	4	17	단 오			6	11	
춘분	0	3	20	17	6	백로	165	9	7	16	39	초 복			7	16	
청명	15	4	4	20	54	추분	180	9	23	2	18	중 복			7	26	
곡우	30	4	20	3	43	한로	195	10	8	8	43	말 복			8	15	
입하	45	5	5	13	46	상강	210	10	23	12	7	토왕용사	297	1	17	5	46
소만	60	5	21	2	28	입동	225	11	7	12	21	토왕용사	27	4	17	2	5
망종	75	6	5	17	33	소설	240	11	22	10	6	토왕용사	117	7	19	17	33
												토왕용사	207	10	20	11	41

월	양력	1	2	3	4	5	6	7	8	9	10	11	12	13	14	15	16	17	18	19	20	21	22	23	24	25	26	27	28	29	30	31
7	요일	토	일	월	화	수	목	금	토	일	월	화	수	목	금	토	일	월	화	수	목	금	토	일	월	화	수	목	금	토	일	월
	음력	5/25	26	27	28	29	30	6/1	2	3	4	5	6	7	8	9	10	11	12	13	14	15	16	17	18	19	20	21	22	23	24	25
	일진	을유	병술	정해	무자	기축	경인	신묘	임진	계사	갑오	을미	병신	정유	무술	기해	경자	신축	임인	계묘	갑진	을사	병오	정미	무신	기유	경술	신해	임자	계축	갑인	을묘
8	요일	화	수	목	금	토	일	월	화	수	목	금	토	일	월	화	수	목	금	토	일	월	화	수	목	금	토	일	월	화	수	목
	음력	6/26	27	28	29	7/1	2	3	4	5	6	7	8	9	10	11	12	13	14	15	16	17	18	19	20	21	22	23	24	25	26	27
	일진	병진	정사	무오	기미	경신	신유	임술	계해	갑자	을축	병인	정묘	무진	기사	경오	신미	임신	계유	갑술	을해	병자	정축	무인	기묘	경진	신사	임오	계미	갑신	을유	병술
9	요일	금	토	일	월	화	수	목	금	토	일	월	화	수	목	금	토	일	월	화	수	목	금	토	일	월	화	수	목	금	토	
	음력	7/28	29	8/1	2	3	4	5	6	7	8	9	10	11	12	13	14	15	16	17	18	19	20	21	22	23	24	25	26	27	28	
	일진	정해	무자	기축	경인	신묘	임진	계사	갑오	을미	병신	정유	무술	기해	경자	신축	임인	계묘	갑진	을사	병오	정미	무신	기유	경술	신해	임자	계축	갑인	을묘	병진	
10	요일	일	월	화	수	목	금	토	일	월	화	수	목	금	토	일	월	화	수	목	금	토	일	월	화	수	목	금	토	일	월	화
	음력	8/29	30	9/1	2	3	4	5	6	7	8	9	10	11	12	13	14	15	16	17	18	19	20	21	22	23	24	25	26	27	28	29
	일진	정사	무오	기미	경신	신유	임술	계해	갑자	을축	병인	정묘	무진	기사	경오	신미	임신	계유	갑술	을해	병자	정축	무인	기묘	경진	신사	임오	계미	갑신	을유	병술	정해
11	요일	수	목	금	토	일	월	화	수	목	금	토	일	월	화	수	목	금	토	일	월	화	수	목	금	토	일	월	화	수	목	
	음력	10/1	2	3	4	5	6	7	8	9	10	11	12	13	14	15	16	17	18	19	20	21	22	23	24	25	26	27	28	29	30	
	일진	무자	기축	경인	신묘	임진	계사	갑오	을미	병신	정유	무술	기해	경자	신축	임인	계묘	갑진	을사	병오	정미	무신	기유	경술	신해	임자	계축	갑인	을묘	병진	정사	
12	요일	금	토	일	월	화	수	목	금	토	일	월	화	수	목	금	토	일	월	화	수	목	금	토	일	월	화	수	목	금	토	일
	음력	11/1	2	3	4	5	6	7	8	9	10	11	12	13	14	15	16	17	18	19	20	21	22	23	24	25	26	27	28	29	30	12/1
	일진	무오	기미	경신	신유	임술	계해	갑자	을축	병인	정묘	무진	기사	경오	신미	임신	계유	갑술	을해	병자	정축	무인	기묘	경진	신사	임오	계미	갑신	을유	병술	정해	무자

2063 계미년 · 단기 4396

주요 국경일과 명절

구 분	월	일	요일	구 분	월	일	요일
신 정	1	1	월	현충일	6	6	수
설 날	1	29	월	제헌절	7	17	화
3·1절	3	1	목	광복절	8	15	수
식목일	4	5	목	개천절	10	3	수
어린이날	5	5	토	추 석	10	6	토
석가탄신일	5	5	토	기독탄신일	12	25	화

음양력 대조일람

음력월	월건	대소	음력 1일의 양력 월일	음력월	월건	대소	음력 1일의 양력 월일
1	갑인	대	1 29	(윤)7		소	8 24
2	을묘	대	2 28	8	신유	대	9 22
3	병진	소	3 30	9	임술	소	10 22
4	정사	대	4 28	10	계해	대	11 20
5	무오	소	5 28	11	갑자	소	12 20
6	기미	대	6 26	12	을축	대	2064/1 18
7	경신	소	7 26				

월	양력	1 2 3 4 5	6 7 8 9 10	11 12 13 14 15	16 17 18 19 20	21 22 23 24 25	26 27 28 29 30 31
1	요일	월 화 수 목 금	토 일 월 화 수	목 금 토 일 월	화 수 목 금 토	일 월 화 수 목	금 토 일 월 화 수
	음력	12/2 3 4 5 6	7 8 9 10 11	12 13 14 15 16	17 18 19 20 21	22 23 24 25 26	27 28 29 1/1 2 3
	일진	기경신임계 축인묘진사	갑을병정무 오미신유술	기경신임계 해자축인묘	갑을병정무 진사오미신	기경신임계 유술해자축	갑을병정무기 인묘진사오미
2	요일	목 금 토 일 월	화 수 목 금 토	일 월 화 수 목	금 토 일 월 화	수 목 금 토 일	월 화 수
	음력	1/4 5 6 7 8	9 10 11 12 13	14 15 16 17 18	19 20 21 22 23	24 25 26 27 28	29 30 2/1
	일진	경신임계갑 신유술해자	을병정무기 축인묘진사	경신임계갑 오미신유술	을병정무기 해자축인묘	경신임계갑 진사오미신	을병정 유술해
3	요일	목 금 토 일 월	화 수 목 금 토	일 월 화 수 목	금 토 일 월 화	수 목 금 토 일	월 화 수 목 금 토
	음력	2/2 3 4 5 6	7 8 9 10 11	12 13 14 15 16	17 18 19 20 21	22 23 24 25 26	27 28 29 30 3/1 2
	일진	무기경신임 자축인묘진	계갑을병정 사오미신유	무기경신임 술해자축인	계갑을병정 묘진사오미	무기경신임 신유술해자	계갑을병정무 축인묘진사오
4	요일	일 월 화 수 목	금 토 일 월 화	수 목 금 토 일	월 화 수 목 금	토 일 월 화 수	목 금 토 일 월
	음력	3/3 4 5 6 7	8 9 10 11 12	13 14 15 16 17	18 19 20 21 22	23 24 25 26 27	28 29 4/1 2 3
	일진	기경신임계 미신유술해	갑을병정무 자축인묘진	기경신임계 사오미신유	갑을병정무 술해자축인	기경신임계 묘진사오미	갑을병정무 신유술해자
5	요일	화 수 목 금 토	일 월 화 수 목	금 토 일 월 화	수 목 금 토 일	월 화 수 목 금	토 일 월 화 수 목
	음력	4/4 5 6 7 8	9 10 11 12 13	14 15 16 17 18	19 20 21 22 23	24 25 26 27 28	29 30 5/1 2 3 4
	일진	기경신임계 축인묘진사	갑을병정무 오미신유술	기경신임계 해자축인묘	갑을병정무 진사오미신	기경신임계 유술해자축	갑을병정무기 인묘진사오미
6	요일	금 토 일 월 화	수 목 금 토 일	월 화 수 목 금	토 일 월 화 수	목 금 토 일 월	화 수 목 금 토
	음력	5/5 6 7 8 9	10 11 12 13 14	15 16 17 18 19	20 21 22 23 24	25 26 27 28 29	6/1 2 3 4 5
	일진	경신임계갑 신유술해자	을병정무기 축인묘진사	경신임계갑 오미신유술	을병정무기 해자축인묘	경신임계갑 진사오미신	을병정무기 유술해자축

24절기와 잡절

명칭	태양황경 (도)	한국표준시		명칭	태양황경 (도)	한국표준시		명칭	태양황경 (도)	한국표준시	
		월 일	시 분			월 일	시 분			월 일	시 분
소한	285	1 5	16 56	하지	90	6 21	16 0	대설	255	12 7	11 19
대한	300	1 20	10 22	소서	105	7 7	9 24	동지	270	12 22	5 20
입춘	315	2 4	4 30	대서	120	7 23	2 52	한식		4 5	
우수	330	2 19	0 20	입추	135	8 7	19 19				
경칩	345	3 5	22 13	처서	150	8 23	10 7	단오		6 1	
춘분	0	3 20	22 58	백로	165	9 7	22 32	초복		7 11	
청명	15	4 5	2 35	추분	180	9 23	8 7	중복		7 21	
곡우	30	4 20	9 33	한로	195	10 8	14 35	말복		8 10	
입하	45	5 5	19 27	상강	210	10 23	17 52	토왕용사	297	1 17	11 38
소만	60	5 21	8 18	입동	225	11 7	18 10	토왕용사	27	4 17	7 55
망종	75	6 5	23 16	소설	240	11 22	15 47	토왕용사	117	7 19	23 27
								토왕용사	207	10 20	17 29

월	양력	1 2 3 4 5	6 7 8 9 10	11 12 13 14 15	16 17 18 19 20	21 22 23 24 25	26 27 28 29 30 31
7	요일	일 월 화 수 목	금 토 일 월 화	수 목 금 토 일	월 화 수 목 금	토 일 월 화 수	목 금 토 일 월 화
	음력	6/6 7 8 9 10	11 12 13 14 15	16 17 18 19 20	21 22 23 24 25	26 27 28 29 30	7/1 2 3 4 5 6
	일진	경 신 임 계 갑 인 묘 진 사 오	을 병 정 무 기 미 신 유 술 해	경 신 임 계 갑 자 축 인 묘 진	을 병 정 무 기 사 오 미 신 유	경 신 임 계 갑 술 해 자 축 인	을 병 정 무 기 경 묘 진 사 오 미 신
8	요일	수 목 금 토 일	월 화 수 목 금	토 일 월 화 수	목 금 토 일 월	화 수 목 금 토	일 월 화 수 목 금
	음력	7/7 8 9 10 11	12 13 14 15 16	17 18 19 20 21	22 23 24 25 26	27 28 29 7*/1 2	3 4 5 6 7 8
	일진	신 임 계 갑 을 유 술 해 자 축	병 정 무 기 경 인 묘 진 사 오	신 임 계 갑 을 미 신 유 술 해	병 정 무 기 경 자 축 인 묘 진	신 임 계 갑 을 사 오 미 신 유	병 정 무 기 경 신 술 해 자 축 인 묘
9	요일	토 일 월 화 수	목 금 토 일 월	화 수 목 금 토	일 월 화 수 목	금 토 일 월 화	수 목 금 토 일
	음력	7*/9 10 11 12 13	14 15 16 17 18	19 20 21 22 23	24 25 26 27 28	29 8/1 2 3 4	5 6 7 8 9
	일진	임 계 갑 을 병 진 사 오 미 신	정 무 기 경 신 유 술 해 자 축	임 계 갑 을 병 인 묘 진 사 오	정 무 기 경 신 미 신 유 술 해	임 계 갑 을 병 자 축 인 묘 진	정 무 기 경 신 사 오 미 신 유
10	요일	월 화 수 목 금	토 일 월 화 수	목 금 토 일 월	화 수 목 금 토	일 월 화 수 목	금 토 일 월 화 수
	음력	8/10 11 12 13 14	15 16 17 18 19	20 21 22 23 24	25 26 27 28 29	30 9/1 2 3 4	5 6 7 8 9 10
	일진	임 계 갑 을 병 술 해 자 축 인	정 무 기 경 신 묘 진 사 오 미	임 계 갑 을 병 신 유 술 해 자	정 무 기 경 신 축 인 묘 진 사	임 계 갑 을 병 오 미 신 유 술	정 무 기 경 신 임 해 자 축 인 묘 진
11	요일	목 금 토 일 월	화 수 목 금 토	일 월 화 수 목	금 토 일 월 화	수 목 금 토 일	월 화 수 목 금
	음력	9/11 12 13 14 15	16 17 18 19 20	21 22 23 24 25	26 27 28 29 10/1	2 3 4 5 6	7 8 9 10 11
	일진	계 갑 을 병 정 사 오 미 신 유	무 기 경 신 임 술 해 자 축 인	계 갑 을 병 정 묘 진 사 오 미	무 기 경 신 임 신 유 술 해 자	계 갑 을 병 정 축 인 묘 진 사	무 기 경 신 임 오 미 신 유 술
12	요일	토 일 월 화 수	목 금 토 일 월	화 수 목 금 토	일 월 화 수 목	금 토 일 월 화	수 목 금 토 일 월
	음력	10/12 13 14 15 16	17 18 19 20 21	22 23 24 25 26	27 28 29 30 11/1	2 3 4 5 6	7 8 9 10 11 12
	일진	계 갑 을 병 정 해 자 축 인 묘	무 기 경 신 임 진 사 오 미 신	계 갑 을 병 정 유 술 해 자 축	무 기 경 신 임 인 묘 진 사 오	계 갑 을 병 정 미 신 유 술 해	무 기 경 신 임 계 자 축 인 묘 진 사

* 윤달 : 7월

주요 국경일과 명절

구 분	월일	요일	구 분	월일	요일
신 정	1 1	화	현충일	6 6	금
설 날	2 17	일	제헌절	7 17	목
3·1절	3 1	토	광복절	8 15	금
식 목 일	4 5	토	추 석	9 25	목
어린이날	5 5	월	개 천 절	10 3	금
석가탄신일	5 23	금	기독탄신일	12 25	목

음양력 대조일람

음력월	월건	대소	음력 1일의 양력 월일	음력월	월건	대소	음력 1일의 양력 월일
1	병인	대	2 17	7	임신	소	8 13
2	정묘	대	3 18	8	계유	소	9 11
3	무진	소	4 17	9	갑술	대	10 10
4	기사	대	5 16	10	을해	소	11 9
5	경오	소	6 15	11	병자	대	12 8
6	신미	대	7 14	12	정축	소	2065/1 7

음양력 대조표

월	양력	1 2 3 4 5	6 7 8 9 10	11 12 13 14 15	16 17 18 19 20	21 22 23 24 25	26 27 28 29 30 31
1	요일	화 수 목 금 토	일 월 화 수 목	금 토 일 월 화	수 목 금 토 일	월 화 수 목 금	토 일 월 화 수 목
1	음력	11/13 14 15 16 17	18 19 20 21 22	23 24 25 26 27	28 29 12/1 2 3	4 5 6 7 8	9 10 11 12 13 14
1	일진	갑을병정무 / 오미신유술	기경신임계 / 해자축인묘	갑을병정무 / 진사오미신	기경신임계 / 유술해자축	갑을병정무 / 인묘진사오	기경신임계갑 / 미신유술해자
2	요일	금 토 일 월 화	수 목 금 토 일	월 화 수 목 금	토 일 월 화 수	목 금 토 일 월	화 수 목 금
2	음력	12/15 16 17 18 19	20 21 22 23 24	25 26 27 28 29	30 1/1 2 3 4	5 6 7 8 9	10 11 12 13
2	일진	을병정무기 / 축인묘진사	경신임계갑 / 오미신유술	을병정무기 / 해자축인묘	경신임계갑 / 진사오미신	을병정무기 / 유술해자축	경신임계 / 인묘진사
3	요일	토 일 월 화 수	목 금 토 일 월	화 수 목 금 토	일 월 화 수 목	금 토 일 월 화	수 목 금 토 일 월
3	음력	1/14 15 16 17 18	19 20 21 22 23	24 25 26 27 28	29 30 2/1 2 3	4 5 6 7 8	9 10 11 12 13 14
3	일진	갑을병정무 / 오미신유술	기경신임계 / 해자축인묘	갑을병정무 / 진사오미신	기경신임계 / 유술해자축	갑을병정무 / 인묘진사오	기경신임계갑 / 미신유술해자
4	요일	화 수 목 금 토	일 월 화 수 목	금 토 일 월 화	수 목 금 토 일	월 화 수 목 금	토 일 월 화 수
4	음력	2/15 16 17 18 19	20 21 22 23 24	25 26 27 28 29	30 3/1 2 3 4	5 6 7 8 9	10 11 12 13 14
4	일진	을병정무기 / 축인묘진사	경신임계갑 / 오미신유술	을병정무기 / 해자축인묘	경신임계갑 / 진사오미신	을병정무기 / 유술해자축	경신임계갑 / 인묘진사오
5	요일	목 금 토 일 월	화 수 목 금 토	일 월 화 수 목	금 토 일 월 화	수 목 금 토 일	월 화 수 목 금 토
5	음력	3/15 16 17 18 19	20 21 22 23 24	25 26 27 28 29	4/1 2 3 4 5	6 7 8 9 10	11 12 13 14 15 16
5	일진	을병정무기 / 미신유술해	경신임계갑 / 자축인묘진	을병정무기 / 사오미신유	경신임계갑 / 술해자축인	을병정무기 / 묘진사오미	경신임계갑을 / 신유술해자축
6	요일	일 월 화 수 목	금 토 일 월 화	수 목 금 토 일	월 화 수 목 금	토 일 월 화 수	목 금 토 일 월
6	음력	4/17 18 19 20 21	22 23 24 25 26	27 28 29 30 5/1	2 3 4 5 6	7 8 9 10 11	12 13 14 15 16
6	일진	병정무기경 / 인묘진사오	신임계갑을 / 미신유술해	병정무기경 / 자축인묘진	신임계갑을 / 사오미신유	병정무기경 / 술해자축인	신임계갑을 / 묘진사오미

24절기와 잡절

명칭	태양황경(도)	월	일	시	분	명칭	태양황경(도)	월	일	시	분	명칭	태양황경(도)	월	일	시	분
소한	285	1	5	22	40	하지	90	6	20	21	44	대설	255	12	6	17	8
대한	300	1	20	16	0	소서	105	7	6	15	18	동지	270	12	21	11	7
입춘	315	2	4	10	13	대서	120	7	22	8	38	한식		4	5		
우수	330	2	19	5	58	입추	135	8	7	1	13						
경칩	345	3	5	3	58	처서	150	8	22	15	55	단오		6	19		
춘분	0	3	20	4	37	백로	165	9	7	4	25	초복		7	15		
청명	15	4	4	8	23	추분	180	9	22	13	55	중복		7	25		
곡우	30	4	19	15	14	한로	195	10	7	20	26	말복		8	14		
입하	45	5	5	1	17	상강	210	10	22	23	41	토왕용사	297	1	17	17	18
소만	60	5	20	14	0	입동	225	11	7	0	0	토왕용사	27	4	16	13	38
망종	75	6	5	5	9	소설	240	11	21	21	35	토왕용사	117	7	19	5	12
												토왕용사	207	10	19	23	15

월	양력	1 2 3 4 5	6 7 8 9 10	11 12 13 14 15	16 17 18 19 20	21 22 23 24 25	26 27 28 29 30 31
7	요일	화 수 목 금 토	일 월 화 수 목	금 토 일 월 화	수 목 금 토 일	월 화 수 목 금	토 일 월 화 수 목
7	음력	5/17 18 19 20 21	22 23 24 25 26	27 28 29 6/1 2	3 4 5 6 7	8 9 10 11 12	13 14 15 16 17 18
7	일진	병 정 무 기 경 신 유 술 해 자	신 임 계 갑 을 축 인 묘 진 사	병 정 무 기 경 오 미 신 유 술	신 임 계 갑 을 해 자 축 인 묘	병 정 무 기 경 진 사 오 미 신	신 임 계 갑 을 병 유 술 해 자 축 인
8	요일	금 토 일 월 화	수 목 금 토 일	월 화 수 목 금	토 일 월 화 수	목 금 토 일 월	화 수 목 금 토 일
8	음력	6/19 20 21 22 23	24 25 26 27 28	29 30 7/1 2 3	4 5 6 7 8	9 10 11 12 13	14 15 16 17 18 19
8	일진	정 무 기 경 신 묘 진 사 오 미	임 계 갑 을 병 신 유 술 해 자	정 무 기 경 신 축 인 묘 진 사	임 계 갑 을 병 오 미 신 유 술	정 무 기 경 신 해 자 축 인 묘	임 계 갑 을 병 정 진 사 오 미 신 유
9	요일	월 화 수 목 금	토 일 월 화 수	목 금 토 일 월	화 수 목 금 토	일 월 화 수 목	금 토 일 월 화
9	음력	7/20 21 22 23 24	25 26 27 28 29	8/1 2 3 4 5	6 7 8 9 10	11 12 13 14 15	16 17 18 19 20
9	일진	무 기 경 신 임 술 해 자 축 인	계 갑 을 병 정 묘 진 사 오 미	무 기 경 신 임 신 유 술 해 자	계 갑 을 병 정 축 인 묘 진 사	무 기 경 신 임 오 미 신 유 술	계 갑 을 병 정 해 자 축 인 묘
10	요일	수 목 금 토 일	월 화 수 목 금	토 일 월 화 수	목 금 토 일 월	화 수 목 금 토	일 월 화 수 목 금
10	음력	8/21 22 23 24 25	26 27 28 29 9/1	2 3 4 5 6	7 8 9 10 11	12 13 14 15 16	17 18 19 20 21 22
10	일진	무 기 경 신 임 진 사 오 미 신	계 갑 을 병 정 유 술 해 자 축	무 기 경 신 임 인 묘 진 사 오	계 갑 을 병 정 미 신 유 술 해	무 기 경 신 임 자 축 인 묘 진	계 갑 을 병 정 무 사 오 미 신 유 술
11	요일	토 일 월 화 수	목 금 토 일 월	화 수 목 금 토	일 월 화 수 목	금 토 일 월 화	수 목 금 토 일
11	음력	9/23 24 25 26 27	28 29 30 10/1 2	3 4 5 6 7	8 9 10 11 12	13 14 15 16 17	18 19 20 21 22
11	일진	기 경 신 임 계 해 자 축 인 묘	갑 을 병 정 무 진 사 오 미 신	기 경 신 임 계 유 술 해 자 축	갑 을 병 정 무 인 묘 진 사 오	기 경 신 임 계 미 신 유 술 해	갑 을 병 정 무 자 축 인 묘 진
12	요일	월 화 수 목 금	토 일 월 화 수	목 금 토 일 월	화 수 목 금 토	일 월 화 수 목	금 토 일 월 화 수
12	음력	10/23 24 25 26 27	28 29 11/1 2 3	4 5 6 7 8	9 10 11 12 13	14 15 16 17 18	19 20 21 22 23 24
12	일진	기 경 신 임 계 사 오 미 신 유	갑 을 병 정 무 술 해 자 축 인	기 경 신 임 계 묘 진 사 오 미	갑 을 병 정 무 신 유 술 해 자	기 경 신 임 계 축 인 묘 진 사	갑 을 병 정 무 기 오 미 신 유 술 해

2065 을유년 · 단기 4398

주요 국경일과 명절

구 분	월일	요일	구 분	월일	요일
신 정	1 1	목	현충일	6 6	토
설 날	2 5	목	제헌절	7 17	금
3·1절	3 1	일	광복절	8 15	토
식목일	4 5	일	추 석	9 15	화
어린이날	5 5	화	개천절	10 3	토
석가탄신일	5 12	화	기독탄신일	12 25	금

음양력 대조일람

음력월	월건	대소	음력 1일의 양력월일	음력월	월건	대소	음력 1일의 양력월일
1	무인	대	2 5	7	갑신	대	8 2
2	기묘	대	3 7	8	을유	소	9 1
3	경진	소	4 6	9	병술	소	9 30
4	신사	대	5 5	10	정해	대	10 29
5	임오	대	6 4	11	무자	소	11 28
6	계미	소	7 4	12	기축	대	12 27

월	양력	1 2 3 4 5	6 7 8 9 10	11 12 13 14 15	16 17 18 19 20	21 22 23 24 25	26 27 28 29 30 31
1	요일	목 금 토 일 월	화 수 목 금 토	일 월 화 수 목	금 토 일 월 화	수 목 금 토 일	월 화 수 목 금 토
	음력	11/25 26 27 28 29	30 12/1 2 3 4	5 6 7 8 9	10 11 12 13 14	15 16 17 18 19	20 21 22 23 24 25
	일진	경신임계갑 자축인묘진	을병정무기 사오미신유	경신임계갑 술해자축인	을병정무기 묘진사오미	경신임계갑 신유술해자	을병정무기경 축인묘진사오
2	요일	일 월 화 수 목	금 토 일 월 화	수 목 금 토 일	월 화 수 목 금	토 일 월 화 수	목 금 토
	음력	12/26 27 28 29 1/1	2 3 4 5 6	7 8 9 10 11	12 13 14 15 16	17 18 19 20 21	22 23 24
	일진	신임계갑을 미신유술해	병정무기경 자축인묘진	신임계갑을 사오미신유	병정무기경 술해자축인	신임계갑을 묘진사오미	병정무 신유술
3	요일	일 월 화 수 목	금 토 일 월 화	수 목 금 토 일	월 화 수 목 금	토 일 월 화 수	목 금 토 일 월 화
	음력	1/25 26 27 28 29	30 2/1 2 3 4	5 6 7 8 9	10 11 12 13 14	15 16 17 18 19	20 21 22 23 24 25
	일진	기경신임계 해자축인묘	갑을병정무 진사오미신	기경신임계 유술해자축	갑을병정무 인묘진사오	기경신임계 미신유술해	갑을병정무기 자축인묘진사
4	요일	수 목 금 토 일	월 화 수 목 금	토 일 월 화 수	목 금 토 일 월	화 수 목 금 토	일 월 화 수 목
	음력	2/26 27 28 29 30	3/1 2 3 4 5	6 7 8 9 10	11 12 13 14 15	16 17 18 19 20	21 22 23 24 25
	일진	경신임계갑 오미신유술	을병정무기 해자축인묘	경신임계갑 진사오미신	을병정무기 유술해자축	경신임계갑 인묘진사오	을병정무기 미신유술해
5	요일	금 토 일 월 화	수 목 금 토 일	월 화 수 목 금	토 일 월 화 수	목 금 토 일 월	화 수 목 금 토 일
	음력	3/26 27 28 29 4/1	2 3 4 5 6	7 8 9 10 11	12 13 14 15 16	17 18 19 20 21	22 23 24 25 26 27
	일진	경신임계갑 자축인묘진	을병정무기 사오미신유	경신임계갑 술해자축인	을병정무기 묘진사오미	경신임계갑 신유술해자	을병정무기경 축인묘진사오
6	요일	월 화 수 목 금	토 일 월 화 수	목 금 토 일 월	화 수 목 금 토	일 월 화 수 목	금 토 일 월 화
	음력	4/28 29 30 5/1 2	3 4 5 6 7	8 9 10 11 12	13 14 15 16 17	18 19 20 21 22	23 24 25 26 27
	일진	신임계갑을 미신유술해	병정무기경 자축인묘진	신임계갑을 사오미신유	병정무기경 술해자축인	신임계갑을 묘진사오미	병정무기경 신유술해자

24절기와 잡절

명칭	태양황경(도)	월	일	시	분	명칭	태양황경(도)	월	일	시	분	명칭	태양황경(도)	월	일	시	분
소한	285	1	5	4	28	하지	90	6	21	3	31	대설	255	12	6	22	51
대한	300	1	19	21	47	소서	105	7	6	20	55	동지	270	12	21	16	59
입춘	315	2	3	16	2	대서	120	7	22	14	23						
우수	330	2	18	11	46	입추	135	8	7	6	48	한식			4	5	
경칩	345	3	5	9	48	처서	150	8	22	21	40	단오			6	8	
춘분	0	3	20	10	27	백로	165	9	7	10	0	초복			7	20	
청명	15	4	4	14	12	추분	180	9	22	19	41	중복			7	30	
곡우	30	4	19	21	4	한로	195	10	8	2	4	말복			8	9	
입하	45	5	5	7	4	상강	210	10	23	5	28	토왕용사	297	1	16	23	3
소만	60	5	20	19	49	입동	225	11	7	5	41	토왕용사	27	4	16	19	25
망종	75	6	5	10	51	소설	240	11	22	3	25	토왕용사	117	7	19	10	55
												토왕용사	207	10	20	5	3

월	양력	1 2 3 4 5	6 7 8 9 10	11 12 13 14 15	16 17 18 19 20	21 22 23 24 25	26 27 28 29 30 31
7	요일	수 목 금 토 일	월 화 수 목 금	토 일 월 화 수	목 금 토 일 월	화 수 목 금 토	일 월 화 수 목 금
	음력	5/28 29 30 6/1 2	3 4 5 6 7	8 9 10 11 12	13 14 15 16 17	18 19 20 21 22	23 24 25 26 27 28
	일진	신 임 계 갑 을 축 인 묘 진 사	병 정 무 기 경 오 미 신 유 술	신 임 계 갑 을 해 자 축 인 묘	병 정 무 기 경 진 사 오 미 신	신 임 계 갑 을 유 술 해 자 축	병 정 무 기 경 신 인 묘 진 사 오 미
8	요일	토 일 월 화 수	목 금 토 일 월	화 수 목 금 토	일 월 화 수 목	금 토 일 월 화	수 목 금 토 일 월
	음력	6/29 7/1 2 3 4	5 6 7 8 9	10 11 12 13 14	15 16 17 18 19	20 21 22 23 24	25 26 27 28 29 30
	일진	임 계 갑 을 병 신 유 술 해 자	정 무 기 경 신 축 인 묘 진 사	임 계 갑 을 병 오 미 신 유 술	정 무 기 경 신 해 자 축 인 묘	임 계 갑 을 병 진 사 오 미 신	정 무 기 경 신 임 유 술 해 자 축 인
9	요일	화 수 목 금 토	일 월 화 수 목	금 토 일 월 화	수 목 금 토 일	월 화 수 목 금	토 일 월 화 수
	음력	8/1 2 3 4 5	6 7 8 9 10	11 12 13 14 15	16 17 18 19 20	21 22 23 24 25	26 27 28 29 9/1
	일진	계 갑 을 병 정 묘 진 사 오 미	무 기 경 신 임 신 유 술 해 자	계 갑 을 병 정 축 인 묘 진 사	무 기 경 신 임 오 미 신 유 술	계 갑 을 병 정 해 자 축 인 묘	무 기 경 신 임 진 사 오 미 신
10	요일	목 금 토 일 월	화 수 목 금 토	일 월 화 수 목	금 토 일 월 화	수 목 금 토 일	월 화 수 목 금 토
	음력	9/2 3 4 5 6	7 8 9 10 11	12 13 14 15 16	17 18 19 20 21	22 23 24 25 26	27 28 29 10/1 2 3
	일진	계 갑 을 병 정 유 술 해 자 축	무 기 경 신 임 인 묘 진 사 오	계 갑 을 병 정 미 신 유 술 해	무 기 경 신 임 자 축 인 묘 진	계 갑 을 병 정 사 오 미 신 유	무 기 경 신 임 계 술 해 자 축 인 묘
11	요일	일 월 화 수 목	금 토 일 월 화	수 목 금 토 일	월 화 수 목 금	토 일 월 화 수	목 금 토 일 월
	음력	10/4 5 6 7 8	9 10 11 12 13	14 15 16 17 18	19 20 21 22 23	24 25 26 27 28	29 30 11/1 2 3
	일진	갑 을 병 정 무 진 사 오 미 신	기 경 신 임 계 유 술 해 자 축	갑 을 병 정 무 인 묘 진 사 오	기 경 신 임 계 미 신 유 술 해	갑 을 병 정 무 자 축 인 묘 진	기 경 신 임 계 사 오 미 신 유
12	요일	화 수 목 금 토	일 월 화 수 목	금 토 일 월 화	수 목 금 토 일	월 화 수 목 금	토 일 월 화 수 목
	음력	11/4 5 6 7 8	9 10 11 12 13	14 15 16 17 18	19 20 21 22 23	24 25 26 27 28	29 12/1 2 3 4 5
	일진	갑 을 병 정 무 술 해 자 축 인	기 경 신 임 계 묘 진 사 오 미	갑 을 병 정 무 신 유 술 해 자	기 경 신 임 계 축 인 묘 진 사	갑 을 병 정 무 오 미 신 유 술	기 경 신 임 계 갑 해 자 축 인 묘 진

2066 병술년 · 단기 4399

주요 국경일과 명절

구 분	월일	요일	구 분	월일	요일
신 정	1 1	금	현 충 일	6 6	일
설 날	1 26	화	제 헌 절	7 17	토
3·1절	3 1	월	광 복 절	8 15	일
식 목 일	4 5	월	추 석	10 3	일
석가탄신일	5 1	토	개 천 절	10 3	일
어린이날	5 5	수	기독탄신일	12 25	토

음양력 대조일람

음력월	월건	대소	음력 1일의 양력 월일	음력월	월건	대소	음력 1일의 양력 월일
1	경인	소	1 26	7	병신	소	8 21
2	신묘	대	2 24	8	정유	대	9 19
3	임진	소	3 26	9	무술	소	10 19
4	계사	대	4 24	10	기해	대	11 17
5	갑오	대	5 24	11	경자	소	12 17
(윤)5		소	6 23	12	신축	대	2067/1 15
6	을미	대	7 22				

월	양력	1 2 3 4 5	6 7 8 9 10	11 12 13 14 15	16 17 18 19 20	21 22 23 24 25	26 27 28 29 30 31
1	요일	금 토 일 월 화	수 목 금 토 일	월 화 수 목 금	토 일 월 화 수	목 금 토 일 월	화 수 목 금 토 일
1	음력	12/6 7 8 9 10	11 12 13 14 15	16 17 18 19 20	21 22 23 24 25	26 27 28 29 30	1/1 2 3 4 5 6
1	일진	을 병 정 무 기 사 오 미 신 유	경 신 임 계 갑 술 해 자 축 인	을 병 정 무 기 묘 진 사 오 미	경 신 임 계 갑 신 유 술 해 자	을 병 정 무 기 축 인 묘 진 사	경 신 임 계 갑 을 오 미 신 유 술 해
2	요일	월 화 수 목 금	토 일 월 화 수	목 금 토 일 월	화 수 목 금 토	일 월 화 수 목	금 토 일
2	음력	1/7 8 9 10 11	12 13 14 15 16	17 18 19 20 21	22 23 24 25 26	27 28 29 2/1 2	3 4 5
2	일진	병 정 무 기 경 자 축 인 묘 진	신 임 계 갑 을 사 오 미 신 유	병 정 무 기 경 술 해 자 축 인	신 임 계 갑 을 묘 진 사 오 미	병 정 무 기 경 신 유 술 해 자	신 임 계 축 인 묘
3	요일	월 화 수 목 금	토 일 월 화 수	목 금 토 일 월	화 수 목 금 토	일 월 화 수 목	금 토 일 월 화 수
3	음력	2/6 7 8 9 10	11 12 13 14 15	16 17 18 19 20	21 22 23 24 25	26 27 28 29 30	3/1 2 3 4 5 6
3	일진	갑 을 병 정 무 진 사 오 미 신	기 경 신 임 계 유 술 해 자 축	갑 을 병 정 무 인 묘 진 사 오	기 경 신 임 계 미 신 유 술 해	갑 을 병 정 무 자 축 인 묘 진	기 경 신 임 계 갑 사 오 미 신 유 술
4	요일	목 금 토 일 월	화 수 목 금 토	일 월 화 수 목	금 토 일 월 화	수 목 금 토 일	월 화 수 목 금
4	음력	3/7 8 9 10 11	12 13 14 15 16	17 18 19 20 21	22 23 24 25 26	27 28 29 4/1 2	3 4 5 6 7
4	일진	을 병 정 무 기 해 자 축 인 묘	경 신 임 계 갑 진 사 오 미 신	을 병 정 무 기 유 술 해 자 축	경 신 임 계 갑 인 묘 진 사 오	을 병 정 무 기 미 신 유 술 해	경 신 임 계 갑 자 축 인 묘 진
5	요일	토 일 월 화 수	목 금 토 일 월	화 수 목 금 토	일 월 화 수 목	금 토 일 월 화	수 목 금 토 일 월
5	음력	4/8 9 10 11 12	13 14 15 16 17	18 19 20 21 22	23 24 25 26 27	28 29 30 5/1 2	3 4 5 6 7 8
5	일진	을 병 정 무 기 사 오 미 신 유	경 신 임 계 갑 술 해 자 축 인	을 병 정 무 기 묘 진 사 오 미	경 신 임 계 갑 신 유 술 해 자	을 병 정 무 기 축 인 묘 진 사	경 신 임 계 갑 을 오 미 신 유 술 해
6	요일	화 수 목 금 토	일 월 화 수 목	금 토 일 월 화	수 목 금 토 일	월 화 수 목 금	토 일 월 화 수
6	음력	5/9 10 11 12 13	14 15 16 17 18	19 20 21 22 23	24 25 26 27 28	29 30 5*/1 2 3	4 5 6 7 8
6	일진	병 정 무 기 경 자 축 인 묘 진	신 임 계 갑 을 사 오 미 신 유	병 정 무 기 경 술 해 자 축 인	신 임 계 갑 을 묘 진 사 오 미	병 정 무 기 경 신 유 술 해 자	신 임 계 갑 을 축 인 묘 진 사

24절기와 잡절

명 칭	태양황경(도)	한국표준시 월 일	한국표준시 시 분	명 칭	태양황경(도)	한국표준시 월 일	한국표준시 시 분	명 칭	태양황경(도)	한국표준시 월 일	한국표준시 시 분
소한	285	1 5	10 13	하지	90	6 21	9 15	대설	255	12 7	4 47
대한	300	1 20	3 41	소서	105	7 7	2 40	동지	270	12 21	22 44
입춘	315	2 3	21 48	대서	120	7 22	20 5	한식		4 5	
우수	330	2 18	17 39	입추	135	8 7	12 35				
경칩	345	3 5	15 33	처서	150	8 23	3 22	단오		5 28	
춘분	0	3 20	16 18	백로	165	9 7	15 52	초복		7 15	
청명	15	4 4	19 56	추분	180	9 23	1 25	중복		7 25	
곡우	30	4 20	2 54	한로	195	10 8	7 59	말복		8 14	
입하	45	5 5	12 47	상강	210	10 23	11 15	토왕용사	297	1 17	4 57
소만	60	5 21	1 36	입동	225	11 7	11 38	토왕용사	27	4 17	1 16
망종	75	6 5	16 34	소설	240	11 22	9 12	토왕용사	117	7 19	16 40
								토왕용사	207	10 20	10 51

월	양력	1 2 3 4 5	6 7 8 9 10	11 12 13 14 15	16 17 18 19 20	21 22 23 24 25	26 27 28 29 30 31
7	요일	목 금 토 일 월	화 수 목 금 토	일 월 화 수 목	금 토 일 월 화	수 목 금 토 일	월 화 수 목 금 토
	음력	5*/9 10 11 12 13	14 15 16 17 18	19 20 21 22 23	24 25 26 27 28	29 6/1 2 3 4	5 6 7 8 9 10
	일진	병 정 무 기 경 오 미 신 유 술	신 임 계 갑 을 해 자 축 인 묘	병 정 무 기 경 진 사 오 미 신	신 임 계 갑 을 유 술 해 자 축	병 정 무 기 경 인 묘 진 사 오	신 임 계 갑 을 병 미 신 유 술 해 자
8	요일	일 월 화 수 목	금 토 일 월 화	수 목 금 토 일	월 화 수 목 금	토 일 월 화 수	목 금 토 일 월 화
	음력	6/11 12 13 14 15	16 17 18 19 20	21 22 23 24 25	26 27 28 29 30	7/1 2 3 4 5	6 7 8 9 10 11
	일진	정 무 기 경 신 축 인 묘 진 사	임 계 갑 을 병 오 미 신 유 술	정 무 기 경 신 해 자 축 인 묘	임 계 갑 을 병 진 사 오 미 신	정 무 기 경 신 유 술 해 자 축	임 계 갑 을 병 정 인 묘 진 사 오 미
9	요일	수 목 금 토 일	월 화 수 목 금	토 일 월 화 수	목 금 토 일 월	화 수 목 금 토	일 월 화 수 목
	음력	7/12 13 14 15 16	17 18 19 20 21	22 23 24 25 26	27 28 29 8/1 2	3 4 5 6 7	8 9 10 11 12
	일진	무 기 경 신 임 신 유 술 해 자	계 갑 을 병 정 축 인 묘 진 사	무 기 경 신 임 오 미 신 유 술	계 갑 을 병 정 해 자 축 인 묘	무 기 경 신 임 진 사 오 미 신	계 갑 을 병 정 유 술 해 자 축
10	요일	금 토 일 월 화	수 목 금 토 일	월 화 수 목 금	토 일 월 화 수	목 금 토 일 월	화 수 목 금 토 일
	음력	8/13 14 15 16 17	18 19 20 21 22	23 24 25 26 27	28 29 30 9/1 2	3 4 5 6 7	8 9 10 11 12 13
	일진	무 기 경 신 임 인 묘 진 사 오	계 갑 을 병 정 미 신 유 술 해	무 기 경 신 임 자 축 인 묘 진	계 갑 을 병 정 사 오 미 신 유	무 기 경 신 임 술 해 자 축 인	계 갑 을 병 정 무 묘 진 사 오 미 신
11	요일	월 화 수 목 금	토 일 월 화 수	목 금 토 일 월	화 수 목 금 토	일 월 화 수 목	금 토 일 월 화
	음력	9/14 15 16 17 18	19 20 21 22 23	24 25 26 27 28	29 10/1 2 3 4	5 6 7 8 9	10 11 12 13 14
	일진	기 경 신 임 계 유 술 해 자 축	갑 을 병 정 무 인 묘 진 사 오	기 경 신 임 계 미 신 유 술 해	갑 을 병 정 무 자 축 인 묘 진	기 경 신 임 계 사 오 미 신 유	갑 을 병 정 무 술 해 자 축 인
12	요일	수 목 금 토 일	월 화 수 목 금	토 일 월 화 수	목 금 토 일 월	화 수 목 금 토	일 월 화 수 목 금
	음력	10/15 16 17 18 19	20 21 22 23 24	25 26 27 28 29	30 11/1 2 3 4	5 6 7 8 9	10 11 12 13 14 15
	일진	기 경 신 임 계 묘 진 사 오 미	갑 을 병 정 무 신 유 술 해 자	기 경 신 임 계 축 인 묘 진 사	갑 을 병 정 무 오 미 신 유 술	기 경 신 임 계 해 자 축 인 묘	갑 을 병 정 무 기 진 사 오 미 신 유

* 윤달 : 5월

2067 정해년 · 단기 4400

주요 국경일과 명절

구 분	월일	요일	구 분	월일	요일
신 정	1 1	토	현충일	6 6	월
설 날	2 14	월	제헌절	7 17	일
3·1절	3 1	화	광복절	8 15	월
식목일	4 5	화	추 석	9 23	금
어린이날	5 5	목	개천절	10 3	월
석가탄신일	5 20	금	기독탄신일	12 25	일

음양력 대조일람

음력월	월건	대소	음력 1일의 양력 월일	음력월	월건	대소	음력 1일의 양력 월일
1	임인	소	2 14	7	무신	대	8 10
2	계묘	대	3 15	8	기유	소	9 9
3	갑진	소	4 14	9	경술	대	10 8
4	을사	대	5 13	10	신해	소	11 7
5	병오	소	6 12	11	임자	대	12 6
6	정미	대	7 11	12	계축	소	2068/1 5

월	양력	1 2 3 4 5	6 7 8 9 10	11 12 13 14 15	16 17 18 19 20	21 22 23 24 25	26 27 28 29 30 31
1	요일	토 일 월 화 수	목 금 토 일 월	화 수 목 금 토	일 월 화 수 목	금 토 일 월 화	수 목 금 토 일 월
1	음력	11/16 17 18 19 20	21 22 23 24 25	26 27 28 29 12/1	2 3 4 5 6	7 8 9 10 11	12 13 14 15 16 17
1	일진	경신임계갑 술해자축인	을병정무기 묘진사오미	경신임계갑 신유술해자	을병정무기 축인묘진사	경신임계갑 오미신유술	을병정무기경 해자축인묘진
2	요일	화 수 목 금 토	일 월 화 수 목	금 토 일 월 화	수 목 금 토 일	월 화 수 목 금	토 일 월
2	음력	12/18 19 20 21 22	23 24 25 26 27	28 29 30 1/1 2	3 4 5 6 7	8 9 10 11 12	13 14 15
2	일진	신임계갑을 사오미신유	병정무기경 술해자축인	신임계갑을 묘진사오미	병정무기경 신유술해자	신임계갑을 축인묘진사	병정무 오미신
3	요일	화 수 목 금 토	일 월 화 수 목	금 토 일 월 화	수 목 금 토 일	월 화 수 목 금	토 일 월 화 수 목
3	음력	1/16 17 18 19 20	21 22 23 24 25	26 27 28 29 2/1	2 3 4 5 6	7 8 9 10 11	12 13 14 15 16 17
3	일진	기경신임계 유술해자축	갑을병정무 인묘진사오	기경신임계 미신유술해	갑을병정무 자축인묘진	기경신임계 사오미신유	갑을병정무기 술해자축인묘
4	요일	금 토 일 월 화	수 목 금 토 일	월 화 수 목 금	토 일 월 화 수	목 금 토 일 월	화 수 목 금 토
4	음력	2/18 19 20 21 22	23 24 25 26 27	28 29 30 3/1 2	3 4 5 6 7	8 9 10 11 12	13 14 15 16 17
4	일진	경신임계갑 진사오미신	을병정무기 유술해자축	경신임계갑 인묘진사오	을병정무기 미신유술해	경신임계갑 자축인묘진	을병정무기 사오미신유
5	요일	일 월 화 수 목	금 토 일 월 화	수 목 금 토 일	월 화 수 목 금	토 일 월 화 수	목 금 토 일 월 화
5	음력	3/18 19 20 21 22	23 24 25 26 27	28 29 4/1 2 3	4 5 6 7 8	9 10 11 12 13	14 15 16 17 18 19
5	일진	경신임계갑 술해자축인	을병정무기 묘진사오미	경신임계갑 신유술해자	을병정무기 축인묘진사	경신임계갑 오미신유술	을병정무기경 해자축인묘진
6	요일	수 목 금 토 일	월 화 수 목 금	토 일 월 화 수	목 금 토 일 월	화 수 목 금 토	일 월 화 수 목
6	음력	4/20 21 22 23 24	25 26 27 28 29	30 5/1 2 3 4	5 6 7 8 9	10 11 12 13 14	15 16 17 18 19
6	일진	신임계갑을 사오미신유	병정무기경 술해자축인	신임계갑을 묘진사오미	병정무기경 신유술해자	신임계갑을 축인묘진사	병정무기경 오미신유술

24절기와 잡절

명칭	태양황경(도)	월	일	시	분	명칭	태양황경(도)	월	일	시	분	명칭	태양황경(도)	월	일	시	분
소한	285	1	5	16	5	하지	90	6	21	14	54	대설	255	12	7	10	39
대한	300	1	20	9	21	소서	105	7	7	8	28	동지	270	12	22	4	42
입춘	315	2	4	3	36	대서	120	7	23	1	49						
우수	330	2	18	23	16	입추	135	8	7	18	24	한식		4	5		
경칩	345	3	5	21	17	처서	150	8	23	9	11	단오		6	16		
춘분	0	3	20	21	52	백로	165	9	7	21	41	초복		7	20		
청명	15	4	5	1	39	추분	180	9	23	7	18	중복		7	30		
곡우	30	4	20	8	27	한로	195	10	8	13	49	말복		8	9		
입하	45	5	5	18	31	상강	210	10	23	17	10	토왕용사	297	1	17	10	40
소만	60	5	21	7	11	입동	225	11	7	17	29	토왕용사	27	4	17	6	50
망종	75	6	5	22	20	소설	240	11	22	15	9	토왕용사	117	7	19	22	22
												토왕용사	207	10	20	16	43

월	양력	1 2 3 4 5	6 7 8 9 10	11 12 13 14 15	16 17 18 19 20	21 22 23 24 25	26 27 28 29 30 31
7	요일	금 토 일 월 화	수 목 금 토 일	월 화 수 목 금	토 일 월 화 수	목 금 토 일 월	화 수 목 금 토 일
	음력	5/20 21 22 23 24	25 26 27 28 29	6/1 2 3 4 5	6 7 8 9 10	11 12 13 14 15	16 17 18 19 20 21
	일진	신 임 계 갑 을 해 자 축 인 묘	병 정 무 기 경 진 사 오 미 신	신 임 계 갑 을 유 술 해 자 축	병 정 무 기 경 인 묘 진 사 오	신 임 계 갑 을 미 신 유 술 해	병 정 무 기 경 신 자 축 인 묘 진 사
8	요일	월 화 수 목 금	토 일 월 화 수	목 금 토 일 월	화 수 목 금 토	일 월 화 수 목	금 토 일 월 화 수
	음력	6/22 23 24 25 26	27 28 29 30 7/1	2 3 4 5 6	7 8 9 10 11	12 13 14 15 16	17 18 19 20 21 22
	일진	임 계 갑 을 병 오 미 신 유 술	정 무 기 경 신 해 자 축 인 묘	임 계 갑 을 병 진 사 오 미 신	정 무 기 경 신 유 술 해 자 축	임 계 갑 을 병 인 묘 진 사 오	정 무 기 경 신 임 미 신 유 술 해 자
9	요일	목 금 토 일 월	화 수 목 금 토	일 월 화 수 목	금 토 일 월 화	수 목 금 토 일	월 화 수 목 금
	음력	7/23 24 25 26 27	28 29 30 8/1 2	3 4 5 6 7	8 9 10 11 12	13 14 15 16 17	18 19 20 21 22
	일진	계 갑 을 병 정 축 인 묘 진 사	무 기 경 신 임 오 미 신 유 술	계 갑 을 병 정 해 자 축 인 묘	무 기 경 신 임 진 사 오 미 신	계 갑 을 병 정 유 술 해 자 축	무 기 경 신 임 인 묘 진 사 오
10	요일	토 일 월 화 수	목 금 토 일 월	화 수 목 금 토	일 월 화 수 목	금 토 일 월 화	수 목 금 토 일 월
	음력	8/23 24 25 26 27	28 29 9/1 2 3	4 5 6 7 8	9 10 11 12 13	14 15 16 17 18	19 20 21 22 23 24
	일진	계 갑 을 병 정 미 신 유 술 해	무 기 경 신 임 자 축 인 묘 진	계 갑 을 병 정 사 오 미 신 유	무 기 경 신 임 술 해 자 축 인	계 갑 을 병 정 묘 진 사 오 미	무 기 경 신 임 계 신 유 술 해 자 축
11	요일	화 수 목 금 토	일 월 화 수 목	금 토 일 월 화	수 목 금 토 일	월 화 수 목 금	토 일 월 화 수
	음력	9/25 26 27 28 29	30 10/1 2 3 4	5 6 7 8 9	10 11 12 13 14	15 16 17 18 19	20 21 22 23 24
	일진	갑 을 병 정 무 인 묘 진 사 오	기 경 신 임 계 미 신 유 술 해	갑 을 병 정 무 자 축 인 묘 진	기 경 신 임 계 사 오 미 신 유	갑 을 병 정 무 술 해 자 축 인	기 경 신 임 계 묘 진 사 오 미
12	요일	목 금 토 일 월	화 수 목 금 토	일 월 화 수 목	금 토 일 월 화	수 목 금 토 일	월 화 수 목 금 토
	음력	10/25 26 27 28 29	11/1 2 3 4 5	6 7 8 9 10	11 12 13 14 15	16 17 18 19 20	21 22 23 24 25 26
	일진	갑 을 병 정 무 신 유 술 해 자	기 경 신 임 계 축 인 묘 진 사	갑 을 병 정 무 오 미 신 유 술	기 경 신 임 계 해 자 축 인 묘	갑 을 병 정 무 진 사 오 미 신	기 경 신 임 계 갑 유 술 해 자 축 인

355

무자년 · 단기 4401

주요 국경일과 명절

구 분	월	일	요일	구 분	월	일	요일
신 정	1	1	일	현충일	6	6	수
설 날	2	3	금	제헌절	7	17	화
3 · 1절	3	1	목	광복절	8	15	수
식목일	4	5	목	추 석	9	11	화
어린이날	5	5	토	개천절	10	3	수
석가탄신일	5	9	수	기독탄신일	12	25	화

음양력 대조일람

음력월	월건	대소	음력 1일의 양력 월일	음력월	월건	대소	음력 1일의 양력 월일
1	갑인	대	2 3	7	경신	대	7 29
2	을묘	소	3 4	8	신유	소	8 28
3	병진	대	4 2	9	임술	대	9 26
4	정사	소	5 2	10	계해	대	10 26
5	무오	대	5 31	11	갑자	소	11 25
6	기미	소	6 30	12	을축	대	12 24

월	양력	1 2 3 4 5	6 7 8 9 10	11 12 13 14 15	16 17 18 19 20	21 22 23 24 25	26 27 28 29 30 31
1	요일	일 월 화 수 목	금 토 일 월 화	수 목 금 토 일	월 화 수 목 금	토 일 월 화 수	목 금 토 일 월 화
	음력	11/27 28 29 30 12/1	2 3 4 5 6	7 8 9 10 11	12 13 14 15 16	17 18 19 20 21	22 23 24 25 26 27
	일진	을병정무기 묘진사오미	경신임계갑 신유술해자	을병정무기 축인묘진사	경신임계갑 오미신유술	을병정무기 해자축인묘	경신임계갑을 진사오미신유
2	요일	수 목 금 토 일	월 화 수 목 금	토 일 월 화 수	목 금 토 일 월	화 수 목 금 토	일 월 화 수
	음력	12/28 29 1/1 2 3	4 5 6 7 8	9 10 11 12 13	14 15 16 17 18	19 20 21 22 23	24 25 26 27
	일진	병정무기경 술해자축인	신임계갑을 묘진사오미	병정무기경 신유술해자	신임계갑을 축인묘진사	병정무기경 오미신유술	신임계갑 해자축인
3	요일	목 금 토 일 월	화 수 목 금 토	일 월 화 수 목	금 토 일 월 화	수 목 금 토 일	월 화 수 목 금 토
	음력	1/28 29 30 2/1 2	3 4 5 6 7	8 9 10 11 12	13 14 15 16 17	18 19 20 21 22	23 24 25 26 27 28
	일진	을병정무기 묘진사오미	경신임계갑 신유술해자	을병정무기 축인묘진사	경신임계갑 오미신유술	을병정무기 해자축인묘	경신임계갑을 진사오미신유
4	요일	일 월 화 수 목	금 토 일 월 화	수 목 금 토 일	월 화 수 목 금	토 일 월 화 수	목 금 토 일 월
	음력	2/29 3/1 2 3 4	5 6 7 8 9	10 11 12 13 14	15 16 17 18 19	20 21 22 23 24	25 26 27 28 29
	일진	병정무기경 술해자축인	신임계갑을 묘진사오미	병정무기경 신유술해자	신임계갑을 축인묘진사	병정무기경 오미신유술	신임계갑을 해자축인묘
5	요일	화 수 목 금 토	일 월 화 수 목	금 토 일 월 화	수 목 금 토 일	월 화 수 목 금	토 일 월 화 수 목
	음력	3/30 4/1 2 3 4	5 6 7 8 9	10 11 12 13 14	15 16 17 18 19	20 21 22 23 24	25 26 27 28 29 5/1
	일진	병정무기경 진사오미신	신임계갑을 유술해자축	병정무기경 인묘진사오	신임계갑을 미신유술해	병정무기경 자축인묘진	신임계갑을병 사오미신유술
6	요일	금 토 일 월 화	수 목 금 토 일	월 화 수 목 금	토 일 월 화 수	목 금 토 일 월	화 수 목 금 토
	음력	5/2 3 4 5 6	7 8 9 10 11	12 13 14 15 16	17 18 19 20 21	22 23 24 25 26	27 28 29 30 6/1
	일진	정무기경신 해자축인묘	임계갑을병 진사오미신	정무기경신 유술해자축	임계갑을병 인묘진사오	정무기경신 미신유술해	임계갑을병 자축인묘진

24절기와 잡절

명칭	태양황경(도)	월 일	시 분	명칭	태양황경(도)	월 일	시 분	명칭	태양황경(도)	월 일	시 분
소한	285	1 5	21 58	하지	90	6 20	20 52	대설	255	12 6	16 25
대한	300	1 20	15 18	소서	105	7 6	14 15	동지	270	12 21	10 31
입춘	315	2 4	9 27	대서	120	7 22	7 45				
우수	330	2 19	5 12	입추	135	8 7	0 10	한식			4 5
경칩	345	3 5	3 7	처서	150	8 22	15 2	단오			6 4
춘분	0	3 20	3 47	백로	165	9 7	3 24	초복			7 14
청명	15	4 4	7 28	추분	180	9 22	13 5	중복			7 24
곡우	30	4 19	14 23	한로	195	10 7	19 32	말복			8 13
입하	45	5 5	0 19	상강	210	10 22	22 55	토왕용사	297	1 17	16 34
소만	60	5 20	13 8	입동	225	11 6	23 12	토왕용사	27	4 16	12 43
망종	75	6 5	4 8	소설	240	11 21	20 55	토왕용사	117	7 19	4 18
								토왕용사	207	10 19	22 31

월	양력	1 2 3 4 5	6 7 8 9 10	11 12 13 14 15	16 17 18 19 20	21 22 23 24 25	26 27 28 29 30 31
7	요일	일 월 화 수 목	금 토 일 월 화	수 목 금 토 일	월 화 수 목 금	토 일 월 화 수	목 금 토 일 월 화
	음력	6/2 3 4 5 6	7 8 9 10 11	12 13 14 15 16	17 18 19 20 21	22 23 24 25 26	27 28 29 7/1 2 3
	일진	정 무 기 경 신 사 오 미 신 유	임 계 갑 을 병 술 해 자 축 인	정 무 기 경 신 묘 진 사 오 미	임 계 갑 을 병 신 유 술 해 자	정 무 기 경 신 축 인 묘 진 사	임 계 갑 을 병 정 오 미 신 유 술 해
8	요일	수 목 금 토 일	월 화 수 목 금	토 일 월 화 수	목 금 토 일 월	화 수 목 금 토	일 월 화 수 목 금
	음력	7/4 5 6 7 8	9 10 11 12 13	14 15 16 17 18	19 20 21 22 23	24 25 26 27 28	29 30 8/1 2 3 4
	일진	무 기 경 신 임 자 축 인 묘 진	계 갑 을 병 정 사 오 미 신 유	무 기 경 신 임 술 해 자 축 인	계 갑 을 병 정 묘 진 사 오 미	무 기 경 신 임 신 유 술 해 자	계 갑 을 병 정 무 축 인 묘 진 사 오
9	요일	토 일 월 화 수	목 금 토 일 월	화 수 목 금 토	일 월 화 수 목	금 토 일 월 화	수 목 금 토 일
	음력	8/5 6 7 8 9	10 11 12 13 14	15 16 17 18 19	20 21 22 23 24	25 26 27 28 29	9/1 2 3 4 5
	일진	기 경 신 임 계 미 신 유 술 해	갑 을 병 정 무 자 축 인 묘 진	기 경 신 임 계 사 오 미 신 유	갑 을 병 정 무 술 해 자 축 인	기 경 신 임 계 묘 진 사 오 미	갑 을 병 정 무 신 유 술 해 자
10	요일	월 화 수 목 금	토 일 월 화 수	목 금 토 일 월	화 수 목 금 토	일 월 화 수 목	금 토 일 월 화 수
	음력	9/6 7 8 9 10	11 12 13 14 15	16 17 18 19 20	21 22 23 24 25	26 27 28 29 30	10/1 2 3 4 5 6
	일진	기 경 신 임 계 축 인 묘 진 사	갑 을 병 정 무 오 미 신 유 술	기 경 신 임 계 해 자 축 인 묘	갑 을 병 정 무 진 사 오 미 신	기 경 신 임 계 유 술 해 자 축	갑 을 병 정 무 기 인 묘 진 사 오 미
11	요일	목 금 토 일 월	화 수 목 금 토	일 월 화 수 목	금 토 일 월 화	수 목 금 토 일	월 화 수 목 금
	음력	10/7 8 9 10 11	12 13 14 15 16	17 18 19 20 21	22 23 24 25 26	27 28 29 30 11/1	2 3 4 5 6
	일진	경 신 임 계 갑 신 유 술 해 자	을 병 정 무 기 축 인 묘 진 사	경 신 임 계 갑 오 미 신 유 술	을 병 정 무 기 해 자 축 인 묘	경 신 임 계 갑 진 사 오 미 신	을 병 정 무 기 유 술 해 자 축
12	요일	토 일 월 화 수	목 금 토 일 월	화 수 목 금 토	일 월 화 수 목	금 토 일 월 화	수 목 금 토 일 월
	음력	11/7 8 9 10 11	12 13 14 15 16	17 18 19 20 21	22 23 24 25 26	27 28 29 12/1 2	3 4 5 6 7 8
	일진	경 신 임 계 갑 인 묘 진 사 오	을 병 정 무 기 미 신 유 술 해	경 신 임 계 갑 자 축 인 묘 진	을 병 정 무 기 사 오 미 신 유	경 신 임 계 갑 술 해 자 축 인	을 병 정 무 기 경 묘 진 사 오 미 신

2069 기축년 • 단기 4402

주요 국경일과 명절

구 분	월일	요일	구 분	월일	요일
신 정	1 1	화	현 충 일	6 6	목
설 날	1 23	수	제 헌 절	7 17	수
3·1절	3 1	금	광 복 절	8 15	목
식 목 일	4 5	금	추 석	9 29	일
석가탄신일	4 28	일	개 천 절	10 3	목
어린이날	5 5	일	기독탄신일	12 25	수

음양력 대조일람

음력월	월건	대소	음력 1일의 양력 월일	음력월	월건	대소	음력 1일의 양력 월일
1	병인	대	1 23	7	임신	소	8 17
2	정묘	소	2 22	8	계유	대	9 15
3	무진	소	3 23	9	갑술	대	10 15
4	기사	대	4 21	10	을해	대	11 14
(윤)4		소	5 21	11	병자	소	12 14
5	경오	소	6 19	12	정축	대	2070/1 12
6	신미	대	7 18				

월	양력	1 2 3 4 5	6 7 8 9 10	11 12 13 14 15	16 17 18 19 20	21 22 23 24 25	26 27 28 29 30 31
1	요일	화 수 목 금 토	일 월 화 수 목	금 토 일 월 화	수 목 금 토 일	월 화 수 목 금	토 일 월 화 수 목
	음력	12/9 10 11 12 13	14 15 16 17 18	19 20 21 22 23	24 25 26 27 28	29 30 1/1 2 3	4 5 6 7 8 9
	일진	신임계갑을 / 유술해자축	병정무기경 / 인묘진사오	신임계갑을 / 미신유술해	병정무기경 / 자축인묘진	신임계갑을 / 사오미신유	병정무기경신 / 술해자축인묘
2	요일	금 토 일 월 화	수 목 금 토 일	월 화 수 목 금	토 일 월 화 수	목 금 토 일 월	화 수 목
	음력	1/10 11 12 13 14	15 16 17 18 19	20 21 22 23 24	25 26 27 28 29	30 2/1 2 3 4	5 6 7
	일진	임계갑을병 / 진사오미신	정무기경신 / 유술해자축	임계갑을병 / 인묘진사오	정무기경신 / 미신유술해	임계갑을병 / 자축인묘진	정무기 / 사오미
3	요일	금 토 일 월 화	수 목 금 토 일	월 화 수 목 금	토 일 월 화 수	목 금 토 일 월	화 수 목 금 토 일
	음력	2/8 9 10 11 12	13 14 15 16 17	18 19 20 21 22	23 24 25 26 27	28 29 3/1 2 3	4 5 6 7 8 9
	일진	경신임계갑 / 신유술해자	을병정무기 / 축인묘진사	경신임계갑 / 오미신유술	을병정무기 / 해자축인묘	경신임계갑 / 진사오미신	을병정무기경 / 유술해자축인
4	요일	월 화 수 목 금	토 일 월 화 수	목 금 토 일 월	화 수 목 금 토	일 월 화 수 목	금 토 일 월 화
	음력	3/10 11 12 13 14	15 16 17 18 19	20 21 22 23 24	25 26 27 28 29	4/1 2 3 4 5	6 7 8 9 10
	일진	신임계갑을 / 묘진사오미	병정무기경 / 신유술해자	신임계갑을 / 축인묘진사	병정무기경 / 오미신유술	신임계갑을 / 해자축인묘	병정무기경 / 진사오미신
5	요일	수 목 금 토 일	월 화 수 목 금	토 일 월 화 수	목 금 토 일 월	화 수 목 금 토	일 월 화 수 목 금
	음력	4/11 12 13 14 15	16 17 18 19 20	21 22 23 24 25	26 27 28 29 30	4*/1 2 3 4 5	6 7 8 9 10 11
	일진	신임계갑을 / 유술해자축	병정무기경 / 인묘진사오	신임계갑을 / 미신유술해	병정무기경 / 자축인묘진	신임계갑을 / 사오미신유	병정무기경신 / 술해자축인묘
6	요일	토 일 월 화 수	목 금 토 일 월	화 수 목 금 토	일 월 화 수 목	금 토 일 월 화	수 목 금 토 일
	음력	4*/12 13 14 15 16	17 18 19 20 21	22 23 24 25 26	27 28 29 5/1 2	3 4 5 6 7	8 9 10 11 12
	일진	임계갑을병 / 진사오미신	정무기경신 / 유술해자축	임계갑을병 / 인묘진사오	정무기경신 / 미신유술해	임계갑을병 / 자축인묘진	정무기경신 / 사오미신유

24절기와 잡절

명칭	태양황경 (도)	월일	시분	명칭	태양황경 (도)	월일	시분	명칭	태양황경 (도)	월일	시분
*소한	285	1 5	3 47	하지	90	6 21	2 40	대 설	255	12 6	22 21
대한	300	1 19	21 12	소서	105	7 6	20 9	동 지	270	12 21	16 21
입춘	315	2 3	15 19	대서	120	7 22	13 31	한 식		4 5	
우수	330	2 18	11 7	입추	135	8 7	6 4				
경칩	345	3 5	9 1	처서	150	8 22	20 48	단 오		6 23	
춘분	0	3 20	9 43	백로	165	9 7	9 19	초 복		7 19	
청명	15	4 4	13 22	추분	180	9 22	18 50	중 복		7 29	
곡우	30	4 19	20 17	한로	195	10 8	1 25	말 복		8 8	
입하	45	5 5	6 13	상강	210	10 23	4 41	토왕용사	297	1 16	22 30
소만	60	5 20	18 59	입동	225	11 7	5 6	토왕용사	27	4 16	18 41
망종	75	6 5	10 2	소설	240	11 22	2 42	토왕용사	117	7 19	10 6
								토왕용사	207	10 20	4 16

월	양력	1 2 3 4 5	6 7 8 9 10	11 12 13 14 15	16 17 18 19 20	21 22 23 24 25	26 27 28 29 30 31
7	요일	월 화 수 목 금	토 일 월 화 수	목 금 토 일 월	화 수 목 금 토	일 월 화 수 목	금 토 일 월 화 수
	음력	5/13 14 15 16 17	18 19 20 21 22	23 24 25 26 27	28 29 6/1 2 3	4 5 6 7 8	9 10 11 12 13 14
	일진	임계갑을병 술해자축인	정무기경신 묘진사오미	임계갑을병 신유술해자	정무기경신 축인묘진사	임계갑을병 오미신유술	정무기경신임 해자축인묘진
8	요일	목 금 토 일 월	화 수 목 금 토	일 월 화 수 목	금 토 일 월 화	수 목 금 토 일	월 화 수 목 금 토
	음력	6/15 16 17 18 19	20 21 22 23 24	25 26 27 28 29	30 7/1 2 3 4	5 6 7 8 9	10 11 12 13 14 15
	일진	계갑을병정 사오미신유	무기경신임 술해자축인	계갑을병정 묘진사오미	무기경신임 신유술해자	계갑을병정 축인묘진사	무기경신임계 오미신유술해
9	요일	일 월 화 수 목	금 토 일 월 화	수 목 금 토 일	월 화 수 목 금	토 일 월 화 수	목 금 토 일 월
	음력	7/16 17 18 19 20	21 22 23 24 25	26 27 28 29 8/1	2 3 4 5 6	7 8 9 10 11	12 13 14 15 16
	일진	갑을병정무 자축인묘진	기경신임계 사오미신유	갑을병정무 술해자축인	기경신임계 묘진사오미	갑을병정무 신유술해자	기경신임계 축인묘진사
10	요일	화 수 목 금 토	일 월 화 수 목	금 토 일 월 화	수 목 금 토 일	월 화 수 목 금	토 일 월 화 수 목
	음력	8/17 18 19 20 21	22 23 24 25 26	27 28 29 30 9/1	2 3 4 5 6	7 8 9 10 11	12 13 14 15 16 17
	일진	갑을병정무 오미신유술	기경신임계 해자축인묘	갑을병정무 진사오미신	기경신임계 유술해자축	갑을병정무 인묘진사오	기경신임계갑 미신유술해자
11	요일	금 토 일 월 화	수 목 금 토 일	월 화 수 목 금	토 일 월 화 수	목 금 토 일 월	화 수 목 금 토
	음력	9/18 19 20 21 22	23 24 25 26 27	28 29 30 10/1 2	3 4 5 6 7	8 9 10 11 12	13 14 15 16 17
	일진	을병정무기 축인묘진사	경신임계갑 오미신유술	을병정무기 해자축인묘	경신임계갑 진사오미신	을병정무기 유술해자축	경신임계갑 인묘진사오
12	요일	일 월 화 수 목	금 토 일 월 화	수 목 금 토 일	월 화 수 목 금	토 일 월 화 수	목 금 토 일 월 화
	음력	10/18 19 20 21 22	23 24 25 26 27	28 29 30 11/1 2	3 4 5 6 7	8 9 10 11 12	13 14 15 16 17 18
	일진	을병정무기 미신유술해	경신임계갑 자축인묘진	을병정무기 사오미신유	경신임계갑 술해자축인	을병정무기 묘진사오미	경신임계갑을 신유술해자축

* 윤달 : 4월

2070 경인년 • 단기 4403

주요 국경일과 명절

구 분	월일	요일	구 분	월일	요일
신 정	1 1	수	현 충 일	6 6	금
설 날	2 11	화	제 헌 절	7 17	목
3·1절	3 1	토	광 복 절	8 15	금
식 목 일	4 5	토	추 석	9 19	금
어린이날	5 5	월	개 천 절	10 3	금
석가탄신일	5 17	토	기독탄신일	12 25	목

음양력 대조일람

음력월	월건	대소	음력 1일의 양력 월일	음력월	월건	대소	음력 1일의 양력 월일
1	무인	대	2 11	7	갑신	대	8 6
2	기묘	소	3 13	8	을유	소	9 5
3	경진	소	4 11	9	병술	대	10 4
4	신사	대	5 10	10	정해	대	11 3
5	임오	소	6 9	11	무자	소	12 3
6	계미	소	7 8	12	기축	대	2071/1 1

월	양력	1 2 3 4 5	6 7 8 9 10	11 12 13 14 15	16 17 18 19 20	21 22 23 24 25	26 27 28 29 30 31
1	요일	수 목 금 토 일	월 화 수 목 금	토 일 월 화 수	목 금 토 일 월	화 수 목 금 토	일 월 화 수 목 금
	음력	11/19 20 21 22 23	24 25 26 27 28	29 12/1 2 3 4	5 6 7 8 9	10 11 12 13 14	15 16 17 18 19 20
	일진	병정무기경 인묘진사오	신임계갑을 미신유술해	병정무기경 자축인묘진	신임계갑을 사오미신유	병정무기경 술해자축인	신임계갑을병 묘진사오미신
2	요일	토 일 월 화 수	목 금 토 일 월	화 수 목 금 토	일 월 화 수 목	금 토 일 월 화	수 목 금
	음력	12/21 22 23 24 25	26 27 28 29 30	1/1 2 3 4 5	6 7 8 9 10	11 12 13 14 15	16 17 18
	일진	정무기경신 유술해자축	임계갑을병 인묘진사오	정무기경신 미신유술해	임계갑을병 자축인묘진	정무기경신 사오미신유	임계갑 술해자
3	요일	토 일 월 화 수	목 금 토 일 월	화 수 목 금 토	일 월 화 수 목	금 토 일 월 화	수 목 금 토 일 월
	음력	1/19 20 21 22 23	24 25 26 27 28	29 30 2/1 2 3	4 5 6 7 8	9 10 11 12 13	14 15 16 17 18 19
	일진	을병정무기 축인묘진사	경신임계갑 오미신유술	을병정무기 해자축인묘	경신임계갑 진사오미신	을병정무기 유술해자축	경신임계갑을 인묘진사오미
4	요일	화 수 목 금 토	일 월 화 수 목	금 토 일 월 화	수 목 금 토 일	월 화 수 목 금	토 일 월 화 수
	음력	2/20 21 22 23 24	25 26 27 28 29	3/1 2 3 4 5	6 7 8 9 10	11 12 13 14 15	16 17 18 19 20
	일진	병정무기경 신유술해자	신임계갑을 축인묘진사	병정무기경 오미신유술	신임계갑을 해자축인묘	병정무기경 진사오미신	신임계갑을 유술해자축
5	요일	목 금 토 일 월	화 수 목 금 토	일 월 화 수 목	금 토 일 월 화	수 목 금 토 일	월 화 수 목 금 토
	음력	3/21 22 23 24 25	26 27 28 29 4/1	2 3 4 5 6	7 8 9 10 11	12 13 14 15 16	17 18 19 20 21 22
	일진	병정무기경 인묘진사오	신임계갑을 미신유술해	병정무기경 자축인묘진	신임계갑을 사오미신유	병정무기경 술해자축인	신임계갑을병 묘진사오미신
6	요일	일 월 화 수 목	금 토 일 월 화	수 목 금 토 일	월 화 수 목 금	토 일 월 화 수	목 금 토 일 월
	음력	4/23 24 25 26 27	28 29 30 5/1 2	3 4 5 6 7	8 9 10 11 12	13 14 15 16 17	18 19 20 21 22
	일진	정무기경신 유술해자축	임계갑을병 인묘진사오	정무기경신 미신유술해	임계갑을병 자축인묘진	정무기경신 사오미신유	임계갑을병 술해자축인

24절기와 잡절

명 칭	태양황경(도)	한국표준시 월	일	시	분	명 칭	태양황경(도)	한국표준시 월	일	시	분	명 칭	태양황경(도)	한국표준시 월	일	시	분
소한	285	1	5	9	46	하지	90	6	21	8	21	대설	255	12	7	4	9
대한	300	1	20	3	3	소서	105	7	7	1	51	동지	270	12	21	22	18
입춘	315	2	3	21	20	대서	120	7	22	19	14						
우수	330	2	18	17	0	입추	135	8	7	11	45	한식			4	5	
경칩	345	3	5	15	1	처서	150	8	23	2	36	단오			6	13	
춘분	0	3	20	15	33	백로	165	9	7	15	2	초복			7	14	
청명	15	4	4	19	18	추분	180	9	23	0	43	중복			7	24	
곡우	30	4	20	2	3	한로	195	10	8	7	12	말복			8	13	
입하	45	5	5	12	3	상강	210	10	23	10	37	토왕용사	297	1	17	4	21
소만	60	5	21	0	42	입동	225	11	7	10	54	토왕용사	27	4	17	0	26
망종	75	6	5	15	46	소설	240	11	22	8	39	토왕용사	117	7	19	15	46
												토왕용사	207	10	20	10	10

월	양력	1 2 3 4 5	6 7 8 9 10	11 12 13 14 15	16 17 18 19 20	21 22 23 24 25	26 27 28 29 30 31
7	요일	화 수 목 금 토	일 월 화 수 목	금 토 일 월 화	수 목 금 토 일	월 화 수 목 금	토 일 월 화 수 목
	음력	5/23 24 25 26 27	28 29 6/1 2 3	4 5 6 7 8	9 10 11 12 13	14 15 16 17 18	19 20 21 22 23 24
	일진	정묘 무진 기사 경오 신미	임신 계유 갑술 을해 병자	정축 무인 기묘 경진 신사	임오 계미 갑신 을유 병술	정해 무자 기축 경인 신묘	임진 계사 갑오 을미 병신 정유
8	요일	금 토 일 월 화	수 목 금 토 일	월 화 수 목 금	토 일 월 화 수	목 금 토 일 월	화 수 목 금 토 일
	음력	6/25 26 27 28 29	7/1 2 3 4 5	6 7 8 9 10	11 12 13 14 15	16 17 18 19 20	21 22 23 24 25 26
	일진	무술 기해 경자 신축 임인	계묘 갑진 을사 병오 정미	무신 기유 경술 신해 임자	계축 갑인 을묘 병진 정사	무오 기미 경신 신유 임술	계해 갑자 을축 병인 정묘 무진
9	요일	월 화 수 목 금	토 일 월 화 수	목 금 토 일 월	화 수 목 금 토	일 월 화 수 목	금 토 일 월 화
	음력	7/27 28 29 30 8/1	2 3 4 5 6	7 8 9 10 11	12 13 14 15 16	17 18 19 20 21	22 23 24 25 26
	일진	기사 경오 신미 임신 계유	갑술 을해 병자 정축 무인	기묘 경진 신사 임오 계미	갑신 을유 병술 정해 무자	기축 경인 신묘 임진 계사	갑오 을미 병신 정유 무술
10	요일	수 목 금 토 일	월 화 수 목 금	토 일 월 화 수	목 금 토 일 월	화 수 목 금 토	일 월 화 수 목 금
	음력	8/27 28 29 9/1 2	3 4 5 6 7	8 9 10 11 12	13 14 15 16 17	18 19 20 21 22	23 24 25 26 27 28
	일진	기해 경자 신축 임인 계묘	갑진 을사 병오 정미 무신	기유 경술 신해 임자 계축	갑인 을묘 병진 정사 무오	기미 경신 신유 임술 계해	갑자 을축 병인 정묘 무진 기사
11	요일	토 일 월 화 수	목 금 토 일 월	화 수 목 금 토	일 월 화 수 목	금 토 일 월 화	수 목 금 토 일
	음력	9/29 30 10/1 2 3	4 5 6 7 8	9 10 11 12 13	14 15 16 17 18	19 20 21 22 23	24 25 26 27 28
	일진	경오 신미 임신 계유 갑술	을해 병자 정축 무인 기묘	경진 신사 임오 계미 갑신	을유 병술 정해 무자 기축	경인 신묘 임진 계사 갑오	을미 병신 정유 무술 기해
12	요일	월 화 수 목 금	토 일 월 화 수	목 금 토 일 월	화 수 목 금 토	일 월 화 수 목	금 토 일 월 화 수
	음력	10/29 30 11/1 2 3	4 5 6 7 8	9 10 11 12 13	14 15 16 17 18	19 20 21 22 23	24 25 26 27 28 29
	일진	경자 신축 임인 계묘 갑진	을사 병오 정미 무신 기유	경술 신해 임자 계축 갑인	을묘 병진 정사 무오 기미	경신 신유 임술 계해 갑자	을축 병인 정묘 무진 기사 경오

2071 신묘년 · 단기 4404

주요 국경일과 명절

구 분	월일	요일	구 분	월일	요일
신 정	1 1	목	현충일	6 6	토
설 날	1 31	토	제헌절	7 17	금
3·1절	3 1	일	광복절	8 15	토
식 목 일	4 5	일	추 석	9 8	화
어린이날	5 5	화	개천절	10 3	토
석가탄신일	5 7	목	기독탄신일	12 25	금

음양력 대조일람

음력월	월건	대소	음력 1일의 양력 월일	음력월	월건	대소	음력 1일의 양력 월일
1	경인	대	1 31	8	정유	대	8 25
2	신묘	대	3 2	(윤)8		소	9 24
3	임진	소	4 1	9	무술	대	10 23
4	계사	소	4 30	10	기해	소	11 22
5	갑오	대	5 29	11	경자	대	12 21
6	을미	소	6 28	12	신축	대	2072/1 20
7	병신	소	7 27				

월	양력	1 2 3 4 5	6 7 8 9 10	11 12 13 14 15	16 17 18 19 20	21 22 23 24 25	26 27 28 29 30 31
1	요일	목 금 토 일 월	화 수 목 금 토	일 월 화 수 목	금 토 일 월 화	수 목 금 토 일	월 화 수 목 금 토
1	음력	12/1 2 3 4 5	6 7 8 9 10	11 12 13 14 15	16 17 18 19 20	21 22 23 24 25	26 27 28 29 30 1/1
1	일진	신미 임신 계유 갑술 을해	병자 정축 무인 기묘 경진	신사 임오 계미 갑신 을유	병술 정해 무자 기축 경인	신묘 임진 계사 갑오 을미	병신 정유 무술 기해 경자 신축
2	요일	일 월 화 수 목	금 토 일 월 화	수 목 금 토 일	월 화 수 목 금	토 일 월 화 수	목 금 토
2	음력	1/2 3 4 5 6	7 8 9 10 11	12 13 14 15 16	17 18 19 20 21	22 23 24 25 26	27 28 29
2	일진	임인 계묘 갑진 을사 병오	정미 무신 기유 경술 신해	임자 계축 갑인 을묘 병진	정사 무오 기미 경신 신유	임술 계해 갑자 을축 병인	정묘 무진 기사
3	요일	일 월 화 수 목	금 토 일 월 화	수 목 금 토 일	월 화 수 목 금	토 일 월 화 수	목 금 토 일 월 화
3	음력	1/30 2/1 2 3 4	5 6 7 8 9	10 11 12 13 14	15 16 17 18 19	20 21 22 23 24	25 26 27 28 29 30
3	일진	경오 신미 임신 계유 갑술	을해 병자 정축 무인 기묘	경진 신사 임오 계미 갑신	을유 병술 정해 무자 기축	경인 신묘 임진 계사 갑오	을미 병신 정유 무술 기해 경자
4	요일	수 목 금 토 일	월 화 수 목 금	토 일 월 화 수	목 금 토 일 월	화 수 목 금 토	일 월 화 수 목
4	음력	3/1 2 3 4 5	6 7 8 9 10	11 12 13 14 15	16 17 18 19 20	21 22 23 24 25	26 27 28 29 4/1
4	일진	신축 임인 계묘 갑진 을사	병오 정미 무신 기유 경술	신해 임자 계축 갑인 을묘	병진 정사 무오 기미 경신	신유 임술 계해 갑자 을축	병인 정묘 무진 기사 경오
5	요일	금 토 일 월 화	수 목 금 토 일	월 화 수 목 금	토 일 월 화 수	목 금 토 일 월	화 수 목 금 토 일
5	음력	4/2 3 4 5 6	7 8 9 10 11	12 13 14 15 16	17 18 19 20 21	22 23 24 25 26	27 28 29 5/1 2 3
5	일진	신미 임신 계유 갑술 을해	병자 정축 무인 기묘 경진	신사 임오 계미 갑신 을유	병술 정해 무자 기축 경인	신묘 임진 계사 갑오 을미	병신 정유 무술 기해 경자 신축
6	요일	월 화 수 목 금	토 일 월 화 수	목 금 토 일 월	화 수 목 금 토	일 월 화 수 목	금 토 일 월 화
6	음력	5/4 5 6 7 8	9 10 11 12 13	14 15 16 17 18	19 20 21 22 23	24 25 26 27 28	29 30 6/1 2 3
6	일진	임인 계묘 갑진 을사 병오	정미 무신 기유 경술 신해	임자 계축 갑인 을묘 병진	정사 무오 기미 경신 신유	임술 계해 갑자 을축 병인	정묘 무진 기사 경오 신미

24절기와 잡절

명 칭	태양황경(도)	월	일	시	분	명 칭	태양황경(도)	월	일	시	분	명 칭	태양황경(도)	월	일	시	분
소한	285	1	5	15	34	하지	90	6	21	14	19	대설	255	12	7	9	59
대한	300	1	20	9	1	소서	105	7	7	7	41	동지	270	12	22	4	2
입춘	315	2	4	3	9	대서	120	7	23	1	11						
우수	330	2	18	22	58	입추	135	8	7	17	38	한식		4	5		
경칩	345	3	5	20	51	처서	150	8	23	8	30	단오		6	2		
춘분	0	3	20	21	33	백로	165	9	7	20	56	초복		7	19		
청명	15	4	5	1	9	추분	180	9	23	6	36	중복		7	29		
곡우	30	4	20	8	3	한로	195	10	8	13	6	말복		8	8		
입하	45	5	5	17	54	상강	210	10	23	16	28	토왕용사	297	1	17	10	16
소만	60	5	21	6	41	입동	225	11	7	16	47	토왕용사	27	4	17	6	25
망종	75	6	5	21	36	소설	240	11	22	14	27	토왕용사	117	7	19	21	45
												토왕용사	207	10	20	16	4

월	양력	1 2 3 4 5	6 7 8 9 10	11 12 13 14 15	16 17 18 19 20	21 22 23 24 25	26 27 28 29 30 31
7	요일	수 목 금 토 일	월 화 수 목 금	토 일 월 화 수	목 금 토 일 월	화 수 목 금 토	일 월 화 수 목 금
	음력	6/4 5 6 7 8	9 10 11 12 13	14 15 16 17 18	19 20 21 22 23	24 25 26 27 28	29 7/1 2 3 4 5
	일진	임계갑을병 / 신유술해자	정무기경신 / 축인묘진사	임계갑을병 / 오미신유술	정무기경신 / 해자축인묘	임계갑을병 / 진사오미신	정무기경신임 / 유술해자축인
8	요일	토 일 월 화 수	목 금 토 일 월	화 수 목 금 토	일 월 화 수 목	금 토 일 월 화	수 목 금 토 일 월
	음력	7/6 7 8 9 10	11 12 13 14 15	16 17 18 19 20	21 22 23 24 25	26 27 28 29 8/1	2 3 4 5 6 7
	일진	계갑을병정 / 묘진사오미	무기경신임 / 신유술해자	계갑을병정 / 축인묘진사	무기경신임 / 오미신유술	계갑을병정 / 해자축인묘	무기경신임계 / 진사오미신유
9	요일	화 수 목 금 토	일 월 화 수 목	금 토 일 월 화	수 목 금 토 일	월 화 수 목 금	토 일 월 화 수
	음력	8/8 9 10 11 12	13 14 15 16 17	18 19 20 21 22	23 24 25 26 27	28 29 30 8*/1 2	3 4 5 6 7
	일진	갑을병정무 / 술해자축인	기경신임계 / 묘진사오미	갑을병정무 / 신유술해자	기경신임계 / 축인묘진사	갑을병정무 / 오미신유술	기경신임계 / 해자축인묘
10	요일	목 금 토 일 월	화 수 목 금 토	일 월 화 수 목	금 토 일 월 화	수 목 금 토 일	월 화 수 목 금 토
	음력	8*/8 9 10 11 12	13 14 15 16 17	18 19 20 21 22	23 24 25 26 27	28 29 9/1 2 3	4 5 6 7 8 9
	일진	갑을병정무 / 진사오미신	기경신임계 / 유술해자축	갑을병정무 / 인묘진사오	기경신임계 / 미신유술해	갑을병정무 / 자축인묘진	기경신임계갑 / 사오미신유술
11	요일	일 월 화 수 목	금 토 일 월 화	수 목 금 토 일	월 화 수 목 금	토 일 월 화 수	목 금 토 일 월
	음력	9/10 11 12 13 14	15 16 17 18 19	20 21 22 23 24	25 26 27 28 29	30 10/1 2 3 4	5 6 7 8 9
	일진	을병정무기 / 해자축인묘	경신임계갑 / 진사오미신	을병정무기 / 유술해자축	경신임계갑 / 인묘진사오	을병정무기 / 미신유술해	경신임계갑 / 자축인묘진
12	요일	화 수 목 금 토	일 월 화 수 목	금 토 일 월 화	수 목 금 토 일	월 화 수 목 금	토 일 월 화 수 목
	음력	10/10 11 12 13 14	15 16 17 18 19	20 21 22 23 24	25 26 27 28 29	11/1 2 3 4 5	6 7 8 9 10 11
	일진	을병정무기 / 사오미신유	경신임계갑 / 술해자축인	을병정무기 / 묘진사오미	경신임계갑 / 신유술해자	을병정무기 / 축인묘진사	경신임계갑을 / 오미신유술해

* 윤달 : 8월

2072 임진년 · 단기 4405

주요 국경일과 명절

구 분	월일	요일	구 분	월일	요일
신 정	1 1	금	현 충 일	6 6	월
설 날	2 19	금	제 헌 절	7 17	일
3·1절	3 1	화	광 복 절	8 15	월
식 목 일	4 5	화	추 석	9 26	월
어린이날	5 5	목	개 천 절	10 3	월
석가탄신일	5 25	수	기독탄신일	12 25	일

음양력 대조일람

음력월	월건	대소	음력 1일의 양력 월일	음력월	월건	대소	음력 1일의 양력 월일
1	임인	대	2 19	7	무신	소	8 14
2	계묘	소	3 20	8	기유	대	9 12
3	갑진	대	4 18	9	경술	소	10 12
4	을사	소	5 18	10	신해	대	11 10
5	병오	대	6 16	11	임자	소	12 10
6	정미	소	7 16	12	계축	대	2073/1 8

월	양력	1 2 3 4 5	6 7 8 9 10	11 12 13 14 15	16 17 18 19 20	21 22 23 24 25	26 27 28 29 30 31
1	요일	금 토 일 월 화	수 목 금 토 일	월 화 수 목 금	토 일 월 화 수	목 금 토 일 월	화 수 목 금 토 일
	음력	11/12 13 14 15 16	17 18 19 20 21	22 23 24 25 26	27 28 29 30 12/1	2 3 4 5 6	7 8 9 10 11 12
	일진	병정무기경 자축인묘진	신임계갑을 사오미신유	병정무기경 술해자축인	신임계갑을 묘진사오미	병정무기경 신유술해자	신임계갑을병 축인묘진사오
2	요일	월 화 수 목 금	토 일 월 화 수	목 금 토 일 월	화 수 목 금 토	일 월 화 수 목	금 토 일 월
	음력	12/13 14 15 16 17	18 19 20 21 22	23 24 25 26 27	28 29 30 1/1 2	3 4 5 6 7	8 9 10 11
	일진	정무기경신 미신유술해	임계갑을병 자축인묘진	정무기경신 사오미신유	임계갑을병 술해자축인	정무기경신 묘진사오미	임계갑을 신유술해
3	요일	화 수 목 금 토	일 월 화 수 목	금 토 일 월 화	수 목 금 토 일	월 화 수 목 금	토 일 월 화 수 목
	음력	1/12 13 14 15 16	17 18 19 20 21	22 23 24 25 26	27 28 29 30 2/1	2 3 4 5 6	7 8 9 10 11 12
	일진	병정무기경 자축인묘진	신임계갑을 사오미신유	병정무기경 술해자축인	신임계갑을 묘진사오미	병정무기경 신유술해자	신임계갑을병 축인묘진사오
4	요일	금 토 일 월 화	수 목 금 토 일	월 화 수 목 금	토 일 월 화 수	목 금 토 일 월	화 수 목 금 토
	음력	2/13 14 15 16 17	18 19 20 21 22	23 24 25 26 27	28 29 3/1 2 3	4 5 6 7 8	9 10 11 12 13
	일진	정무기경신 미신유술해	임계갑을병 자축인묘진	정무기경신 사오미신유	임계갑을병 술해자축인	정무기경신 묘진사오미	임계갑을병 신유술해자
5	요일	일 월 화 수 목	금 토 일 월 화	수 목 금 토 일	월 화 수 목 금	토 일 월 화 수	목 금 토 일 월 화
	음력	3/14 15 16 17 18	19 20 21 22 23	24 25 26 27 28	29 30 4/1 2 3	4 5 6 7 8	9 10 11 12 13 14
	일진	정무기경신 축인묘진사	임계갑을병 오미신유술	정무기경신 해자축인묘	임계갑을병 진사오미신	정무기경신 유술해자축	임계갑을병정 인묘진사오미
6	요일	수 목 금 토 일	월 화 수 목 금	토 일 월 화 수	목 금 토 일 월	화 수 목 금 토	일 월 화 수 목
	음력	4/15 16 17 18 19	20 21 22 23 24	25 26 27 28 29	5/1 2 3 4 5	6 7 8 9 10	11 12 13 14 15
	일진	무기경신임 신유술해자	계갑을병정 축인묘진사	무기경신임 오미신유술	계갑을병정 해자축인묘	무기경신임 진사오미신	계갑을병정 유술해자축

24절기와 잡절

명칭	태양황경(도)	월	일	시	분	명칭	태양황경(도)	월	일	시	분	명칭	태양황경(도)	월	일	시	분
소한	285	1	5	21	21	하지	90	6	20	20	12	대설	255	12	6	15	55
대한	300	1	20	14	44	소서	105	7	6	13	44	동지	270	12	21	9	54
입춘	315	2	4	8	55	대서	120	7	22	7	3						
우수	330	2	19	4	42	입추	135	8	6	23	38	한식		4	5		
경칩	345	3	5	2	39	처서	150	8	22	14	21	단오		6	20		
춘분	0	3	20	3	19	백로	165	9	7	2	54	초복		7	13		
청명	15	4	4	7	2	추분	180	9	22	12	26	중복		7	23		
곡우	30	4	19	13	53	한로	195	10	7	19	2	말복		8	12		
입하	45	5	4	23	52	상강	210	10	22	22	18	토왕용사	297	1	17	16	2
소만	60	5	20	12	34	입동	225	11	6	22	42	토왕용사	27	4	16	12	17
망종	75	6	5	3	38	소설	240	11	21	20	19	토왕용사	117	7	19	3	37
												토왕용사	207	10	19	21	52

월	양력	1 2 3 4 5	6 7 8 9 10	11 12 13 14 15	16 17 18 19 20	21 22 23 24 25	26 27 28 29 30 31
7	요일	금 토 일 월 화	수 목 금 토 일	월 화 수 목 금	토 일 월 화 수	목 금 토 일 월	화 수 목 금 토 일
7	음력	5/16 17 18 19 20	21 22 23 24 25	26 27 28 29 30	6/1 2 3 4 5	6 7 8 9 10	11 12 13 14 15 16
7	일진	무 기 경 신 임 인 묘 진 사 오	계 갑 을 병 정 미 신 유 술 해	무 기 경 신 임 자 축 인 묘 진	계 갑 을 병 정 사 오 미 신 유	무 기 경 신 임 술 해 자 축 인	계 갑 을 병 정 무 묘 진 사 오 미 신
8	요일	월 화 수 목 금	토 일 월 화 수	목 금 토 일 월	화 수 목 금 토	일 월 화 수 목	금 토 일 월 화 수
8	음력	6/17 18 19 20 21	22 23 24 25 26	27 28 29 7/1 2	3 4 5 6 7	8 9 10 11 12	13 14 15 16 17 18
8	일진	기 경 신 임 계 유 술 해 자 축	갑 을 병 정 무 인 묘 진 사 오	기 경 신 임 계 미 신 유 술 해	갑 을 병 정 무 자 축 인 묘 진	기 경 신 임 계 사 오 미 신 유	갑 을 병 정 무 기 술 해 자 축 인 묘
9	요일	목 금 토 일 월	화 수 목 금 토	일 월 화 수 목	금 토 일 월 화	수 목 금 토 일	월 화 수 목 금
9	음력	7/19 20 21 22 23	24 25 26 27 28	29 8/1 2 3 4	5 6 7 8 9	10 11 12 13 14	15 16 17 18 19
9	일진	경 신 임 계 갑 진 사 오 미 신	을 병 정 무 기 유 술 해 자 축	경 신 임 계 갑 인 묘 진 사 오	을 병 정 무 기 미 신 유 술 해	경 신 임 계 갑 자 축 인 묘 진	을 병 정 무 기 사 오 미 신 유
10	요일	토 일 월 화 수	목 금 토 일 월	화 수 목 금 토	일 월 화 수 목	금 토 일 월 화	수 목 금 토 일 월
10	음력	8/20 21 22 23 24	25 26 27 28 29	30 9/1 2 3 4	5 6 7 8 9	10 11 12 13 14	15 16 17 18 19 20
10	일진	경 신 임 계 갑 술 해 자 축 인	을 병 정 무 기 묘 진 사 오 미	경 신 임 계 갑 신 유 술 해 자	을 병 정 무 기 축 인 묘 진 사	경 신 임 계 갑 오 미 신 유 술	을 병 정 무 기 경 해 자 축 인 묘 진
11	요일	화 수 목 금 토	일 월 화 수 목	금 토 일 월 화	수 목 금 토 일	월 화 수 목 금	토 일 월 화 수
11	음력	9/21 22 23 24 25	26 27 28 29 10/1	2 3 4 5 6	7 8 9 10 11	12 13 14 15 16	17 18 19 20 21
11	일진	신 임 계 갑 을 사 오 미 신 유	병 정 무 기 경 술 해 자 축 인	신 임 계 갑 을 묘 진 사 오 미	병 정 무 기 경 신 유 술 해 자	신 임 계 갑 을 축 인 묘 진 사	병 정 무 기 경 오 미 신 유 술
12	요일	목 금 토 일 월	화 수 목 금 토	일 월 화 수 목	금 토 일 월 화	수 목 금 토 일	월 화 수 목 금 토
12	음력	10/22 23 24 25 26	27 28 29 30 11/1	2 3 4 5 6	7 8 9 10 11	12 13 14 15 16	17 18 19 20 21 22
12	일진	신 임 계 갑 을 해 자 축 인 묘	병 정 무 기 경 진 사 오 미 신	신 임 계 갑 을 유 술 해 자 축	병 정 무 기 경 인 묘 진 사 오	신 임 계 갑 을 미 신 유 술 해	병 정 무 기 경 신 자 축 인 묘 진 사

주요 국경일과 명절

구 분	월 일	요일	구 분	월 일	요일
신 정	1 1	일	현 충 일	6 6	화
설 날	2 7	화	제 헌 절	7 17	월
3 · 1 절	3 1	수	광 복 절	8 15	화
식 목 일	4 5	수	추 석	9 16	토
어린이날	5 5	금	개 천 절	10 3	화
석가탄신일	5 14	일	기독탄신일	12 25	월

음양력 대조일람

음력 월	월건	대소	음력 1일의 양력 월일	음력 월	월건	대소	음력 1일의 양력 월일
1	갑인	대	2 7	7	경신	소	8 4
2	을묘	소	3 9	8	신유	소	9 2
3	병진	대	4 7	9	임술	대	10 1
4	정사	대	5 7	10	계해	소	10 31
5	무오	소	6 6	11	갑자	대	11 29
6	기미	대	7 5	12	을축	소	12 29

월	양력	1 2 3 4 5	6 7 8 9 10	11 12 13 14 15	16 17 18 19 20	21 22 23 24 25	26 27 28 29 30 31
1	요일	일 월 화 수 목	금 토 일 월 화	수 목 금 토 일	월 화 수 목 금	토 일 월 화 수	목 금 토 일 월 화
	음력	11/23 24 25 26 27	28 29 12/1 2 3	4 5 6 7 8	9 10 11 12 13	14 15 16 17 18	19 20 21 22 23 24
	일진	임계갑을병 오미신유술	정무기경신 해자축인묘	임계갑을병 진사오미신	정무기경신 유술해자축	임계갑을병 인묘진사오	정무기경신임 미신유술해자
2	요일	수 목 금 토 일	월 화 수 목 금	토 일 월 화 수	목 금 토 일 월	화 수 목 금 토	일 월 화
	음력	12/25 26 27 28 29	30 1/1 2 3 4	5 6 7 8 9	10 11 12 13 14	15 16 17 18 19	20 21 22
	일진	계갑을병정 축인묘진사	무기경신임 오미신유술	계갑을병정 해자축인묘	무기경신임 진사오미신	계갑을병정 유술해자축	무기경 인묘진
3	요일	수 목 금 토 일	월 화 수 목 금	토 일 월 화 수	목 금 토 일 월	화 수 목 금 토	일 월 화 수 목 금
	음력	1/23 24 25 26 27	28 29 30 2/1 2	3 4 5 6 7	8 9 10 11 12	13 14 15 16 17	18 19 20 21 22 23
	일진	신임계갑을 사오미신유	병정무기경 술해자축인	신임계갑을 묘진사오미	병정무기경 신유술해자	신임계갑을 축인묘진사	병정무기경신 오미신유술해
4	요일	토 일 월 화 수	목 금 토 일 월	화 수 목 금 토	일 월 화 수 목	금 토 일 월 화	수 목 금 토 일
	음력	2/24 25 26 27 28	29 3/1 2 3 4	5 6 7 8 9	10 11 12 13 14	15 16 17 18 19	20 21 22 23 24
	일진	임계갑을병 자축인묘진	정무기경신 사오미신유	임계갑을병 술해자축인	정무기경신 묘진사오미	임계갑을병 신유술해자	정무기경신 축인묘진사
5	요일	월 화 수 목 금	토 일 월 화 수	목 금 토 일 월	화 수 목 금 토	일 월 화 수 목	금 토 일 월 화 수
	음력	3/25 26 27 28 29	30 4/1 2 3 4	5 6 7 8 9	10 11 12 13 14	15 16 17 18 19	20 21 22 23 24 25
	일진	임계갑을병 오미신유술	정무기경신 해자축인묘	임계갑을병 진사오미신	정무기경신 유술해자축	임계갑을병 인묘진사오	정무기경신임 미신유술해자
6	요일	목 금 토 일 월	화 수 목 금 토	일 월 화 수 목	금 토 일 월 화	수 목 금 토 일	월 화 수 목 금
	음력	4/26 27 28 29 30	5/1 2 3 4 5	6 7 8 9 10	11 12 13 14 15	16 17 18 19 20	21 22 23 24 25
	일진	계갑을병정 축인묘진사	무기경신임 오미신유술	계갑을병정 해자축인묘	무기경신임 진사오미신	계갑을병정 유술해자축	무기경신임 인묘진사오

24절기와 잡절

명칭	태양황경(도)	한국표준시 월	일	시	분
소한	285	1	5	3	17
대한	300	1	19	20	35
입춘	315	2	3	14	51
우수	330	2	18	10	33
경칩	345	3	5	8	35
춘분	0	3	20	9	12
청명	15	4	4	12	58
곡우	30	4	19	19	47
입하	45	5	5	5	46
소만	60	5	20	18	28
망종	75	6	5	9	29

명칭	태양황경(도)	한국표준시 월	일	시	분
하지	90	6	21	2	5
소서	105	7	6	19	29
대서	120	7	22	12	54
입추	135	8	7	5	19
처서	150	8	22	20	10
백로	165	9	7	8	32
추분	180	9	22	18	14
한로	195	10	8	0	40
상강	210	10	23	4	7
입동	225	11	7	4	23
소설	240	11	22	2	10

명칭	태양황경(도)	한국표준시 월	일	시	분
대설	255	12	6	21	39
동지	270	12	21	15	49
한식			4	5	
단오			6	10	
초복			7	18	
중복			7	28	
말복			8	7	
토왕용사	297	1	16	21	52
토왕용사	27	4	16	18	8
토왕용사	117	7	19	9	26
토왕용사	207	10	20	3	40

월	양력	1 2 3 4 5	6 7 8 9 10	11 12 13 14 15	16 17 18 19 20	21 22 23 24 25	26 27 28 29 30 31
7	요일	토일월화수	목금토일월	화수목금토	일월화수목	금토일월화	수목금토일월
	음력	5/26 27 28 29 6/1	2 3 4 5 6	7 8 9 10 11	12 13 14 15 16	17 18 19 20 21	22 23 24 25 26 27
	일진	계갑을병정 미신유술해	무기경신임 자축인묘진	계갑을병정 사오미신유	무기경신임 술해자축인	계갑을병정 묘진사오미	무기경신임계 신유술해자축
8	요일	화수목금토	일월화수목	금토일월화	수목금토일	월화수목금	토일월화수목
	음력	6/28 29 30 7/1 2	3 4 5 6 7	8 9 10 11 12	13 14 15 16 17	18 19 20 21 22	23 24 25 26 27 28
	일진	갑을병정무 인묘진사오	기경신임계 미신유술해	갑을병정무 자축인묘진	기경신임계 사오미신유	갑을병정무 술해자축인	기경신임계갑 묘진사오미신
9	요일	금토일월화	수목금토일	월화수목금	토일월화수	목금토일월	화수목금토
	음력	7/29 8/1 2 3 4	5 6 7 8 9	10 11 12 13 14	15 16 17 18 19	20 21 22 23 24	25 26 27 28 29
	일진	을병정무기 유술해자축	경신임계갑 인묘진사오	을병정무기 미신유술해	경신임계갑 자축인묘진	을병정무기 사오미신유	경신임계갑 술해자축인
10	요일	일월화수목	금토일월화	수목금토일	월화수목금	토일월화수	목금토일월화
	음력	9/1 2 3 4 5	6 7 8 9 10	11 12 13 14 15	16 17 18 19 20	21 22 23 24 25	26 27 28 29 30 10/1
	일진	을병정무기 묘진사오미	경신임계갑 신유술해자	을병정무기 축인묘진사	경신임계갑 오미신유술	을병정무기 해자축인묘	경신임계갑을 진사오미신유
11	요일	수목금토일	월화수목금	토일월화수	목금토일월	화수목금토	일월화수목
	음력	10/2 3 4 5 6	7 8 9 10 11	12 13 14 15 16	17 18 19 20 21	22 23 24 25 26	27 28 29 11/1 2
	일진	병정무기경 술해자축인	신임계갑을 묘진사오미	병정무기경 신유술해자	신임계갑을 축인묘진사	병정무기경 오미신유술	신임계갑을 해자축인묘
12	요일	금토일월화	수목금토일	월화수목금	토일월화수	목금토일월	화수목금토일
	음력	11/3 4 5 6 7	8 9 10 11 12	13 14 15 16 17	18 19 20 21 22	23 24 25 26 27	28 29 30 12/1 2 3
	일진	병정무기경 진사오미신	신임계갑을 유술해자축	병정무기경 인묘진사오	신임계갑을 미신유술해	병정무기경 자축인묘진	신임계갑을병 사오미신유술

2074 갑오년 · 단기 4407

주요 국경일과 명절

구 분	월일	요일	구 분	월일	요일
신 정	1 1	월	현 충 일	6 6	수
설 날	1 27	토	제 헌 절	7 17	화
3·1절	3 1	목	광 복 절	8 15	수
식 목 일	4 5	목	개 천 절	10 3	수
석가탄신일	5 3	목	추 석	10 5	금
어린이날	5 5	토	기독탄신일	12 25	화

음양력 대조일람

음력 월	월건	대소	음력 1일의 양력 월일	음력 월	월건	대소	음력 1일의 양력 월일
1	병인	대	1 27	7	임신	대	8 22
2	정묘	소	2 26	8	계유	소	9 21
3	무진	대	3 27	9	갑술	대	10 20
4	기사	대	4 26	10	을해	소	11 19
5	경오	소	5 26	11	병자	대	12 18
6	신미	대	6 24	12	정축	소	2075/1 17
(윤)6		소	7 24				

월	양력	1 2 3 4 5	6 7 8 9 10	11 12 13 14 15	16 17 18 19 20	21 22 23 24 25	26 27 28 29 30 31
1	요일	월 화 수 목 금	토 일 월 화 수	목 금 토 일 월	화 수 목 금 토	일 월 화 수 목	금 토 일 월 화 수
1	음력	12/4 5 6 7 8	9 10 11 12 13	14 15 16 17 18	19 20 21 22 23	24 25 26 27 28	29 1/1 2 3 4 5
1	일진	정무기경신 해자축인묘	임계갑을병 진사오미신	정무기경신 유술해자축	임계갑을병 인묘진사오	정무기경신 미신유술해	임계갑을병정 자축인묘진사
2	요일	목 금 토 일 월	화 수 목 금 토	일 월 화 수 목	금 토 일 월 화	수 목 금 토 일	월 화 수
2	음력	1/6 7 8 9 10	11 12 13 14 15	16 17 18 19 20	21 22 23 24 25	26 27 28 29 30	2/1 2 3
2	일진	무기경신임 오미신유술	계갑을병정 해자축인묘	무기경신임 진사오미신	계갑을병정 유술해자축	무기경신임 인묘진사오	계갑을 미신유
3	요일	목 금 토 일 월	화 수 목 금 토	일 월 화 수 목	금 토 일 월 화	수 목 금 토 일	월 화 수 목 금 토
3	음력	2/4 5 6 7 8	9 10 11 12 13	14 15 16 17 18	19 20 21 22 23	24 25 26 27 28	29 3/1 2 3 4 5
3	일진	병정무기경 술해자축인	신임계갑을 묘진사오미	병정무기경 신유술해자	신임계갑을 축인묘진사	병정무기경 오미신유술	신임계갑을병 해자축인묘진
4	요일	일 월 화 수 목	금 토 일 월 화	수 목 금 토 일	월 화 수 목 금	토 일 월 화 수	목 금 토 일 월
4	음력	3/6 7 8 9 10	11 12 13 14 15	16 17 18 19 20	21 22 23 24 25	26 27 28 29 30	4/1 2 3 4 5
4	일진	정무기경신 사오미신유	임계갑을병 술해자축인	정무기경신 묘진사오미	임계갑을병 신유술해자	정무기경신 축인묘진사	임계갑을병 오미신유술
5	요일	화 수 목 금 토	일 월 화 수 목	금 토 일 월 화	수 목 금 토 일	월 화 수 목 금	토 일 월 화 수 목
5	음력	4/6 7 8 9 10	11 12 13 14 15	16 17 18 19 20	21 22 23 24 25	26 27 28 29 30	5/1 2 3 4 5 6
5	일진	정무기경신 해자축인묘	임계갑을병 진사오미신	정무기경신 유술해자축	임계갑을병 인묘진사오	정무기경신 미신유술해	임계갑을병정 자축인묘진사
6	요일	금 토 일 월 화	수 목 금 토 일	월 화 수 목 금	토 일 월 화 수	목 금 토 일 월	화 수 목 금 토
6	음력	5/7 8 9 10 11	12 13 14 15 16	17 18 19 20 21	22 23 24 25 26	27 28 29 6/1 2	3 4 5 6 7
6	일진	무기경신임 오미신유술	계갑을병정 해자축인묘	무기경신임 진사오미신	계갑을병정 유술해자축	무기경신임 인묘진사오	계갑을병정 미신유술해

24절기와 잡절

명 칭	태양황경(도)	한국표준시		명 칭	태양황경(도)	한국표준시		명 칭	태양황경(도)	한국표준시	
		월 일	시 분			월 일	시 분			월 일	시 분
소한	285	1 5	9 5	하지	90	6 21	7 57	대　　설	255	12 7	3 33
대한	300	1 20	2 33	소서	105	7 7	1 19	동　　지	270	12 21	21 34
입춘	315	2 3	20 40	대서	120	7 22	18 44	한　　식		4 5	
우수	330	2 18	16 30	입추	135	8 7	11 12				
경칩	345	3 5	14 23	처서	150	8 23	1 59	단　　오		5 30	
춘분	0	3 20	15 7	백로	165	9 7	14 27	초　　복		7 13	
청명	15	4 4	18 44	추분	180	9 23	0 2	중　　복		7 23	
곡우	30	4 20	1 40	한로	195	10 8	6 36	말　　복		8 12	
입하	45	5 5	11 32	상강	210	10 23	9 54	토왕용사	297	1 17	3 49
소만	60	5 21	0 20	입동	225	11 7	10 18	토왕용사	27	4 17	0 3
망종	75	6 5	15 16	소설	240	11 22	7 56	토왕용사	117	7 19	15 20
								토왕용사	207	10 20	9 31

월	양력	1 2 3 4 5	6 7 8 9 10	11 12 13 14 15	16 17 18 19 20	21 22 23 24 25	26 27 28 29 30 31
7	요일	일 월 화 수 목	금 토 일 월 화	수 목 금 토 일	월 화 수 목 금	토 일 월 화 수	목 금 토 일 월 화
	음력	6/8 9 10 11 12	13 14 15 16 17	18 19 20 21 22	23 24 25 26 27	28 29 30 6*/1 2	3 4 5 6 7 8
	일진	무기경신임 자축인묘진	계갑을병정 사오미신유	무기경신임 술해자축인	계갑을병정 묘진사오미	무기경신임 신유술해자	계갑을병정무 축인묘진사오
8	요일	수 목 금 토 일	월 화 수 목 금	토 일 월 화 수	목 금 토 일 월	화 수 목 금 토	일 월 화 수 목 금
	음력	6*/9 10 11 12 13	14 15 16 17 18	19 20 21 22 23	24 25 26 27 28	29 7/1 2 3 4	5 6 7 8 9 10
	일진	기경신임계 미신유술해	갑을병정무 자축인묘진	기경신임계 사오미신유	갑을병정무 술해자축인	기경신임계 묘진사오미	갑을병정무기 신유술해자축
9	요일	토 일 월 화 수	목 금 토 일 월	화 수 목 금 토	일 월 화 수 목	금 토 일 월 화	수 목 금 토 일
	음력	7/11 12 13 14 15	16 17 18 19 20	21 22 23 24 25	26 27 28 29 30	8/1 2 3 4 5	6 7 8 9 10
	일진	경신임계갑 인묘진사오	을병정무기 미신유술해	경신임계갑 자축인묘진	을병정무기 사오미신유	경신임계갑 술해자축인	을병정무기 묘신사오미
10	요일	월 화 수 목 금	토 일 월 화 수	목 금 토 일 월	화 수 목 금 토	일 월 화 수 목	금 토 일 월 화 수
	음력	8/11 12 13 14 15	16 17 18 19 20	21 22 23 24 25	26 27 28 29 9/1	2 3 4 5 6	7 8 9 10 11 12
	일진	경신임계갑 신유술해자	을병정무기 축인묘진사	경신임계갑 오미신유술	을병정무기 해자축인묘	경신임계갑 진사오미신	을병정무기경 유술해자축인
11	요일	목 금 토 일 월	화 수 목 금 토	일 월 화 수 목	금 토 일 월 화	수 목 금 토 일	월 화 수 목 금
	음력	9/13 14 15 16 17	18 19 20 21 22	23 24 25 26 27	28 29 30 10/1 2	3 4 5 6 7	8 9 10 11 12
	일진	신임계갑을 묘진사오미	병정무기경 신유술해자	신임계갑을 축인묘진사	병정무기경 오미신유술	신임계갑을 해자축인묘	병정무기경 진사오미신
12	요일	토 일 월 화 수	목 금 토 일 월	화 수 목 금 토	일 월 화 수 목	금 토 일 월 화	수 목 금 토 일 월
	음력	10/13 14 15 16 17	18 19 20 21 22	23 24 25 26 27	28 29 11/1 2 3	4 5 6 7 8	9 10 11 12 13 14
	일진	신임계갑을 유술해자축	병정무기경 인묘진사오	신임계갑을 미신유술해	병정무기경 자축인묘진	신임계갑을 사오미신유	병정무기경신 술해자축인묘

* 윤달 : 6월

2075 을미년 · 단기 4408

주요 국경일과 명절

구 분	월일	요일	구 분	월일	요일
신 정	1 1	화	현충일	6 6	목
설 날	2 15	금	제헌절	7 17	수
3·1절	3 1	금	광복절	8 15	목
식목일	4 5	금	추 석	9 24	화
어린이날	5 5	일	개천절	10 3	목
석가탄신일	5 22	수	기독탄신일	12 25	수

음양력 대조일람

음력월	월건	대소	음력 1일의 양력 월일	음력월	월건	대소	음력 1일의 양력 월일
1	무인	대	2 15	7	갑신	소	8 12
2	기묘	소	3 17	8	을유	대	9 10
3	경진	대	4 15	9	병술	소	10 10
4	신사	소	5 15	10	정해	대	11 8
5	임오	대	6 13	11	무자	소	12 8
6	계미	대	7 13	12	기축	대	2076/1 6

월	양력	1 2 3 4 5	6 7 8 9 10	11 12 13 14 15	16 17 18 19 20	21 22 23 24 25	26 27 28 29 30 31
1	요일	화 수 목 금 토	일 월 화 수 목	금 토 일 월 화	수 목 금 토 일	월 화 수 목 금	토 일 월 화 수 목
1	음력	11/15 16 17 18 19	20 21 22 23 24	25 26 27 28 29	30 12/1 2 3 4	5 6 7 8 9	10 11 12 13 14 15
1	일진	임계갑을병 진사오미신	정무기경신 유술해자축	임계갑을병 인묘진사오	정무기경신 미신유술해	임계갑을병 자축인묘진	정무기경신임 사오미신유술
2	요일	금 토 일 월 화	수 목 금 토 일	월 화 수 목 금	토 일 월 화 수	목 금 토 일 월	화 수 목
2	음력	12/16 17 18 19 20	21 22 23 24 25	26 27 28 29 1/1	2 3 4 5 6	7 8 9 10 11	12 13 14
2	일진	계갑을병정 해자축인묘	무기경신임 진사오미신	계갑을병정 유술해자축	무기경신임 인묘진사오	계갑을병정 미신유술해	무기경 자축인
3	요일	금 토 일 월 화	수 목 금 토 일	월 화 수 목 금	토 일 월 화 수	목 금 토 일 월	화 수 목 금 토 일
3	음력	1/15 16 17 18 19	20 21 22 23 24	25 26 27 28 29	30 2/1 2 3 4	5 6 7 8 9	10 11 12 13 14 15
3	일진	신임계갑을 묘진사오미	병정무기경 신유술해자	신임계갑을 축인묘진사	병정무기경 오미신유술	신임계갑을 해자축인묘	병정무기경신 진사오미신유
4	요일	월 화 수 목 금	토 일 월 화 수	목 금 토 일 월	화 수 목 금 토	일 월 화 수 목	금 토 일 월 화
4	음력	2/16 17 18 19 20	21 22 23 24 25	26 27 28 29 3/1	2 3 4 5 6	7 8 9 10 11	12 13 14 15 16
4	일진	임계갑을병 술해자축인	정무기경신 묘진사오미	임계갑을병 신유술해자	정무기경신 축인묘진사	임계갑을병 오미신유술	정무기경신 해자축인묘
5	요일	수 목 금 토 일	월 화 수 목 금	토 일 월 화 수	목 금 토 일 월	화 수 목 금 토	일 월 화 수 목 금
5	음력	3/17 18 19 20 21	22 23 24 25 26	27 28 29 30 4/1	2 3 4 5 6	7 8 9 10 11	12 13 14 15 16 17
5	일진	임계갑을병 진사오미신	정무기경신 유술해자축	임계갑을병 인묘진사오	정무기경신 미신유술해	임계갑을병 자축인묘진	정무기경신임 사오미신유술
6	요일	토 일 월 화 수	목 금 토 일 월	화 수 목 금 토	일 월 화 수 목	금 토 일 월 화	수 목 금 토 일
6	음력	4/18 19 20 21 22	23 24 25 26 27	28 29 5/1 2 3	4 5 6 7 8	9 10 11 12 13	14 15 16 17 18
6	일진	계갑을병정 해자축인묘	무기경신임 진사오미신	계갑을병정 유술해자축	무기경신임 인묘진사오	계갑을병정 미신유술해	무기경신임 자축인묘진

24절기와 잡절

명칭	태양황경(도)	월	일	시	분	명칭	태양황경(도)	월	일	시	분	명칭	태양황경(도)	월	일	시	분
소한	285	1	5	14	56	하지	90	6	21	13	39	대설	255	12	7	9	23
대한	300	1	20	8	15	소서	105	7	7	7	12	동지	270	12	22	3	26
입춘	315	2	4	2	29	대서	120	7	23	0	32	한식			4	5	
우수	330	2	18	22	10	입추	135	8	7	17	7	단오			6	17	
경칩	345	3	5	20	10	처서	150	8	23	7	52	초복			7	18	
춘분	0	3	20	20	45	백로	165	9	7	20	22	중복			7	28	
청명	15	4	5	0	29	추분	180	9	23	5	57	말복			8	7	
곡우	30	4	20	7	17	한로	195	10	8	12	30	토왕용사	297	1	17	9	34
입하	45	5	5	17	18	상강	210	10	23	15	49	토왕용사	27	4	17	5	41
소만	60	5	21	5	58	입동	225	11	7	16	10	토왕용사	117	7	19	21	6
망종	75	6	5	21	5	소설	240	11	22	13	50	토왕용사	207	10	20	15	22

월	양력	1	2	3	4	5	6	7	8	9	10	11	12	13	14	15	16	17	18	19	20	21	22	23	24	25	26	27	28	29	30	31
7	요일	월	화	수	목	금	토	일	월	화	수	목	금	토	일	월	화	수	목	금	토	일	월	화	수	목	금	토	일	월	화	수
	음력	5/19	20	21	22	23	24	25	26	27	28	29	30	6/1	2	3	4	5	6	7	8	9	10	11	12	13	14	15	16	17	18	19
	일진	계사	갑오	을미	병신	정유	무술	기해	경자	신축	임인	계묘	갑진	을사	병오	정미	무신	기유	경술	신해	임자	계축	갑인	을묘	병진	정사	무오	기미	경신	신유	임술	계해
8	요일	목	금	토	일	월	화	수	목	금	토	일	월	화	수	목	금	토	일	월	화	수	목	금	토	일	월	화	수	목	금	토
	음력	6/20	21	22	23	24	25	26	27	28	29	30	7/1	2	3	4	5	6	7	8	9	10	11	12	13	14	15	16	17	18	19	20
	일진	갑자	을축	병인	정묘	무진	기사	경오	신미	임신	계유	갑술	을해	병자	정축	무인	기묘	경진	신사	임오	계미	갑신	을유	병술	정해	무자	기축	경인	신묘	임진	계사	갑오
9	요일	일	월	화	수	목	금	토	일	월	화	수	목	금	토	일	월	화	수	목	금	토	일	월	화	수	목	금	토	일	월	
	음력	7/21	22	23	24	25	26	27	28	29	8/1	2	3	4	5	6	7	8	9	10	11	12	13	14	15	16	17	18	19	20	21	
	일진	을미	병신	정유	무술	기해	경자	신축	임인	계묘	갑진	을사	병오	정미	무신	기유	경술	신해	임자	계축	갑인	을묘	병진	정사	무오	기미	경신	신유	임술	계해	갑자	
10	요일	화	수	목	금	토	일	월	화	수	목	금	토	일	월	화	수	목	금	토	일	월	화	수	목	금	토	일	월	화	수	목
	음력	8/22	23	24	25	26	27	28	29	30	9/1	2	3	4	5	6	7	8	9	10	11	12	13	14	15	16	17	18	19	20	21	22
	일진	을축	병인	정묘	무진	기사	경오	신미	임신	계유	갑술	을해	병자	정축	무인	기묘	경진	신사	임오	계미	갑신	을유	병술	정해	무자	기축	경인	신묘	임진	계사	갑오	을미
11	요일	금	토	일	월	화	수	목	금	토	일	월	화	수	목	금	토	일	월	화	수	목	금	토	일	월	화	수	목	금	토	
	음력	9/23	24	25	26	27	28	29	10/1	2	3	4	5	6	7	8	9	10	11	12	13	14	15	16	17	18	19	20	21	22	23	
	일진	병신	정유	무술	기해	경자	신축	임인	계묘	갑진	을사	병오	정미	무신	기유	경술	신해	임자	계축	갑인	을묘	병진	정사	무오	기미	경신	신유	임술	계해	갑자	을축	
12	요일	일	월	화	수	목	금	토	일	월	화	수	목	금	토	일	월	화	수	목	금	토	일	월	화	수	목	금	토	일	월	화
	음력	10/24	25	26	27	28	29	30	11/1	2	3	4	5	6	7	8	9	10	11	12	13	14	15	16	17	18	19	20	21	22	23	24
	일진	병인	정묘	무진	기사	경오	신미	임신	계유	갑술	을해	병자	정축	무인	기묘	경진	신사	임오	계미	갑신	을유	병술	정해	무자	기축	경인	신묘	임진	계사	갑오	을미	병신

2076 병신년 · 단기 4409

주요 국경일과 명절

구 분	월일	요일	구 분	월일	요일
신 정	1 1	수	현충일	6 6	토
설 날	2 5	수	제헌절	7 17	금
3·1절	3 1	일	광복절	8 15	토
식 목 일	4 5	일	추 석	9 12	토
어린이날	5 5	화	개천절	10 3	토
석가탄신일	5 10	일	기독탄신일	12 25	금

음양력 대조일람

음력월	월건	대소	음력 1일의 양력 월일	음력월	월건	대소	음력 1일의 양력 월일
1	경인	소	2 5	7	병신	소	7 31
2	신묘	대	3 5	8	정유	대	8 29
3	임진	소	4 4	9	무술	대	9 28
4	계사	대	5 3	10	기해	소	10 28
5	갑오	소	6 2	11	경자	대	11 26
6	을미	대	7 1	12	신축	소	12 26

월	양력	1 2 3 4 5	6 7 8 9 10	11 12 13 14 15	16 17 18 19 20	21 22 23 24 25	26 27 28 29 30 31
1	요일	수 목 금 토 일	월 화 수 목 금	토 일 월 화 수	목 금 토 일 월	화 수 목 금 토	일 월 화 수 목 금
1	음력	11/25 26 27 28 29	12/1 2 3 4 5	6 7 8 9 10	11 12 13 14 15	16 17 18 19 20	21 22 23 24 25 26
1	일진	정 무 기 경 신 유 술 해 자 축	임 계 갑 을 병 인 묘 진 사 오	정 무 기 경 신 미 신 유 술 해	임 계 갑 을 병 자 축 인 묘 진	정 무 기 경 신 사 오 미 신 유	임 계 갑 을 병 정 술 해 자 축 인 묘
2	요일	토 일 월 화 수	목 금 토 일 월	화 수 목 금 토	일 월 화 수 목	금 토 일 월 화	수 목 금 토
2	음력	12/27 28 29 30 1/1	2 3 4 5 6	7 8 9 10 11	12 13 14 15 16	17 18 19 20 21	22 23 24 25
2	일진	무 기 경 신 임 진 사 오 미 신	계 갑 을 병 정 유 술 해 자 축	무 기 경 신 임 인 묘 진 사 오	계 갑 을 병 정 미 신 유 술 해	무 기 경 신 임 자 축 인 묘 진	계 갑 을 병 사 오 미 신
3	요일	일 월 화 수 목	금 토 일 월 화	수 목 금 토 일	월 화 수 목 금	토 일 월 화 수	목 금 토 일 월 화
3	음력	1/26 27 28 29 2/1	2 3 4 5 6	7 8 9 10 11	12 13 14 15 16	17 18 19 20 21	22 23 24 25 26 27
3	일진	정 무 기 경 신 유 술 해 자 축	임 계 갑 을 병 인 묘 진 사 오	정 무 기 경 신 미 신 유 술 해	임 계 갑 을 병 자 축 인 묘 진	정 무 기 경 신 사 오 미 신 유	임 계 갑 을 병 정 술 해 자 축 인 묘
4	요일	수 목 금 토 일	월 화 수 목 금	토 일 월 화 수	목 금 토 일 월	화 수 목 금 토	일 월 화 수 목
4	음력	2/28 29 30 3/1 2	3 4 5 6 7	8 9 10 11 12	13 14 15 16 17	18 19 20 21 22	23 24 25 26 27
4	일진	무 기 경 신 임 진 사 오 미 신	계 갑 을 병 정 유 술 해 자 축	무 기 경 신 임 인 묘 진 사 오	계 갑 을 병 정 미 신 유 술 해	무 기 경 신 임 자 축 인 묘 진	계 갑 을 병 정 사 오 미 신 유
5	요일	금 토 일 월 화	수 목 금 토 일	월 화 수 목 금	토 일 월 화 수	목 금 토 일 월	화 수 목 금 토 일
5	음력	3/28 29 4/1 2 3	4 5 6 7 8	9 10 11 12 13	14 15 16 17 18	19 20 21 22 23	24 25 26 27 28 29
5	일진	무 기 경 신 임 술 해 자 축 인	계 갑 을 병 정 묘 진 사 오 미	무 기 경 신 임 신 유 술 해 자	계 갑 을 병 정 축 인 묘 진 사	무 기 경 신 임 오 미 신 유 술	계 갑 을 병 정 무 해 자 축 인 묘 진
6	요일	월 화 수 목 금	토 일 월 화 수	목 금 토 일 월	화 수 목 금 토	일 월 화 수 목	금 토 일 월 화
6	음력	4/30 5/1 2 3 4	5 6 7 8 9	10 11 12 13 14	15 16 17 18 19	20 21 22 23 24	25 26 27 28 29
6	일진	기 경 신 임 계 사 오 미 신 유	갑 을 병 정 무 술 해 자 축 인	기 경 신 임 계 묘 진 사 오 미	갑 을 병 정 무 신 유 술 해 자	기 경 신 임 계 축 인 묘 진 사	갑 을 병 정 무 오 미 신 유 술

24절기와 잡절

명칭	태양황경(도)	한국표준시 월 일	한국표준시 시 분	명칭	태양황경(도)	한국표준시 월 일	한국표준시 시 분	명칭	태양황경(도)	한국표준시 월 일	한국표준시 시 분
소한	285	1 5	20 46	하지	90	6 20	19 35	대설	255	12 6	15 4
대한	300	1 20	14 6	소서	105	7 6	12 59	동지	270	12 21	9 12
입춘	315	2 4	8 18	대서	120	7 22	6 28				
우수	330	2 19	4 2	입추	135	8 6	22 53	한식			4 5
경칩	345	3 5	1 59	처서	150	8 22	13 46	단오			6 6
춘분	0	3 20	2 37	백로	165	9 7	2 7	초복			7 12
청명	15	4 4	6 19	추분	180	9 22	11 49	중복			7 22
곡우	30	4 19	13 10	한로	195	10 7	18 13	말복			8 11
입하	45	5 4	23 7	상강	210	10 22	21 37	토왕용사	297	1 17	15 22
소만	60	5 20	11 53	입동	225	11 6	21 52	토왕용사	27	4 16	11 31
망종	75	6 5	2 53	소설	240	11 21	19 36	토왕용사	117	7 19	3 1
								토왕용사	207	10 19	21 13

월	양력	1 2 3 4 5	6 7 8 9 10	11 12 13 14 15	16 17 18 19 20	21 22 23 24 25	26 27 28 29 30 31
7	요일	수목금토일	월화수목금	토일월화수	목금토일월	화수목금토	일월화수목금
	음력	6/1 2 3 4 5	6 7 8 9 10	11 12 13 14 15	16 17 18 19 20	21 22 23 24 25	26 27 28 29 30 7/1
	일진	기경신임계 해자축인묘	갑을병정무 진사오미신	기경신임계 유술해자축	갑을병정무 인묘진사오	기경신임계 미신유술해	갑을병정무기 자축인묘진사
8	요일	토일월화수	목금토일월	화수목금토	일월화수목	금토일월화	수목금토일월
	음력	7/2 3 4 5 6	7 8 9 10 11	12 13 14 15 16	17 18 19 20 21	22 23 24 25 26	27 28 29 8/1 2 3
	일진	경신임계갑 오미신유술	을병정무기 해자축인묘	경신임계갑 진사오미신	을병정무기 유술해자축	경신임계갑 인묘진사오	을병정무기경 미신유술해자
9	요일	화수목금토	일월화수목	금토일월화	수목금토일	월화수목금	토일월화수
	음력	8/4 5 6 7 8	9 10 11 12 13	14 15 16 17 18	19 20 21 22 23	24 25 26 27 28	29 30 9/1 2 3
	일진	신임계갑을 축인묘진사	병정무기경 오미신유술	신임계갑을 해자축인묘	병정무기경 진사오미신	신임계갑을 유술해자축	병정무기경 인묘진사오
10	요일	목금토일월	화수목금토	일월화수목	금토일월화	수목금토일	월화수목금토
	음력	9/4 5 6 7 8	9 10 11 12 13	14 15 16 17 18	19 20 21 22 23	24 25 26 27 28	29 30 10/1 2 3 4
	일진	신임계갑을 미신유술해	병정무기경 자축인묘진	신임계갑을 사오미신유	병정무기경 술해자축인	신임계갑을 묘진사오미	병정무기경신 신유술해자축
11	요일	일월화수목	금토일월화	수목금토일	월화수목금	토일월화수	목금토일월
	음력	10/5 6 7 8 9	10 11 12 13 14	15 16 17 18 19	20 21 22 23 24	25 26 27 28 29	11/1 2 3 4 5
	일진	임계갑을병 인묘진사오	정무기경신 미신유술해	임계갑을병 자축인묘진	정무기경신 사오미신유	임계갑을병 술해자축인	정무기경신 묘진사오미
12	요일	화수목금토	일월화수목	금토일월화	수목금토일	월화수목금	토일월화수목
	음력	11/6 7 8 9 10	11 12 13 14 15	16 17 18 19 20	21 22 23 24 25	26 27 28 29 30	12/1 2 3 4 5 6
	일진	임계갑을병 신유술해자	정무기경신 축인묘진사	임계갑을병 오미신유술	정무기경신 해자축인묘	임계갑을병 진사오미신	정무기경신임 유술해자축인

주요 국경일과 명절

구 분	월일	요일	구 분	월일	요일
신 정	1 1	금	현 충 일	6 6	일
설 날	1 24	일	제 헌 절	7 17	토
3 · 1 절	3 1	월	광 복 절	8 15	일
식 목 일	4 5	월	추 석	10 1	금
석가탄신일	4 30	금	개 천 절	10 3	일
어린이날	5 5	수	기독탄신일	12 25	토

음양력 대조일람

음력 월	월건	대소	음력 1일의 양력 월일	음력 월	월건	대소	음력 1일의 양력 월일
1	임인	대	1 24	7	무신	대	8 18
2	계묘	소	2 23	8	기유	대	9 17
3	갑진	대	3 24	9	경술	대	10 17
4	을사	소	4 23	10	신해	소	11 16
(윤)4		소	5 22	11	임자	대	12 15
5	병오	대	6 20	12	계축	소	2078/1 14
6	정미	소	7 20				

월	양력	1 2 3 4 5	6 7 8 9 10	11 12 13 14 15	16 17 18 19 20	21 22 23 24 25	26 27 28 29 30 31
1	요일	금 토 일 월 화	수 목 금 토 일	월 화 수 목 금	토 일 월 화 수	목 금 토 일 월	화 수 목 금 토 일
	음력	12/7 8 9 10 11	12 13 14 15 16	17 18 19 20 21	22 23 24 25 26	27 28 29 1/1 2	3 4 5 6 7 8
	일진	계묘 갑진 을사 병오 정미	무신 기유 경술 신해 임자	계축 갑인 을묘 병진 정사	무오 기미 경신 신유 임술	계해 갑자 을축 병인 정묘	무진 기사 경오 신미 임신 계유
2	요일	월 화 수 목 금	토 일 월 화 수	목 금 토 일 월	화 수 목 금 토	일 월 화 수 목	금 토 일
	음력	1/9 10 11 12 13	14 15 16 17 18	19 20 21 22 23	24 25 26 27 28	29 30 2/1 2 3	4 5 6
	일진	갑술 을해 병자 정축 무인	기묘 경진 신사 임오 계미	갑신 을유 병술 정해 무자	기축 경인 신묘 임진 계사	갑오 을미 병신 정유 무술	기해 경자 신축
3	요일	월 화 수 목 금	토 일 월 화 수	목 금 토 일 월	화 수 목 금 토	일 월 화 수 목	금 토 일 월 화 수
	음력	2/7 8 9 10 11	12 13 14 15 16	17 18 19 20 21	22 23 24 25 26	27 28 29 3/1 2	3 4 5 6 7 8
	일진	임인 계묘 갑진 을사 병오	정미 무신 기유 경술 신해	임자 계축 갑인 을묘 병진	정사 무오 기미 경신 신유	임술 계해 갑자 을축 병인	정묘 무진 기사 경오 신미 임신
4	요일	목 금 토 일 월	화 수 목 금 토	일 월 화 수 목	금 토 일 월 화	수 목 금 토 일	월 화 수 목 금
	음력	3/9 10 11 12 13	14 15 16 17 18	19 20 21 22 23	24 25 26 27 28	29 30 4/1 2 3	4 5 6 7 8
	일진	계유 갑술 을해 병자 정축	무인 기묘 경진 신사 임오	계미 갑신 을유 병술 정해	무자 기축 경인 신묘 임진	계사 갑오 을미 병신 정유	무술 기해 경자 신축 임인
5	요일	토 일 월 화 수	목 금 토 일 월	화 수 목 금 토	일 월 화 수 목	금 토 일 월 화	수 목 금 토 일 월
	음력	4/9 10 11 12 13	14 15 16 17 18	19 20 21 22 23	24 25 26 27 28	29 4*/1 2 3 4	5 6 7 8 9 10
	일진	계묘 갑진 을사 병오 정미	무신 기유 경술 신해 임자	계축 갑인 을묘 병진 정사	무오 기미 경신 신유 임술	계해 갑자 을축 병인 정묘	무진 기사 경오 신미 임신 계유
6	요일	화 수 목 금 토	일 월 화 수 목	금 토 일 월 화	수 목 금 토 일	월 화 수 목 금	토 일 월 화 수
	음력	4*/11 12 13 14 15	16 17 18 19 20	21 22 23 24 25	26 27 28 29 5/1	2 3 4 5 6	7 8 9 10 11
	일진	갑술 을해 병자 정축 무인	기묘 경진 신사 임오 계미	갑신 을유 병술 정해 무자	기축 경인 신묘 임진 계사	갑오 을미 병신 정유 무술	기해 경자 신축 임인 계묘

24절기와 잡절

명칭	태양황경(도)	월	일	시	분
소한	285	1	5	2	27
대한	300	1	19	19	54
입춘	315	2	3	14	2
우수	330	2	18	9	52
경칩	345	3	5	7	45
춘분	0	3	20	8	30
청명	15	4	4	12	7
곡우	30	4	19	19	3
입하	45	5	5	4	57
소만	60	5	20	17	43
망종	75	6	5	8	43

명칭	태양황경(도)	월	일	시	분
하지	90	6	21	1	22
소서	105	7	6	18	49
대서	120	7	22	12	12
입추	135	8	7	4	45
처서	150	8	22	19	30
백로	165	9	7	8	2
추분	180	9	22	17	34
한로	195	10	8	0	9
상강	210	10	23	3	25
입동	225	11	7	3	49
소설	240	11	22	1	24

명칭	태양황경(도)	월	일	시	분
대설	255	12	6	21	1
동지	270	12	21	14	59
한식		4	5		
단오		6	24		
초복		7	17		
중복		7	27		
말복		8	16		
토왕용사	297	1	16	21	11
토왕용사	27	4	16	17	26
토왕용사	117	7	19	8	48
토왕용사	207	10	20	3	0

월	양력	1 2 3 4 5	6 7 8 9 10	11 12 13 14 15	16 17 18 19 20	21 22 23 24 25	26 27 28 29 30 31
7	요일	목 금 토 일 월	화 수 목 금 토	일 월 화 수 목	금 토 일 월 화	수 목 금 토 일	월 화 수 목 금 토
	음력	5/12 13 14 15 16	17 18 19 20 21	22 23 24 25 26	27 28 29 30 6/1	2 3 4 5 6	7 8 9 10 11 12
	일진	갑 을 병 정 무 진 사 오 미 신	기 경 신 임 계 유 술 해 자 축	갑 을 병 정 무 인 묘 진 사 오	기 경 신 임 계 미 신 유 술 해	갑 을 병 정 무 자 축 인 묘 진	기 경 신 임 계 갑 사 오 미 신 유 술
8	요일	일 월 화 수 목	금 토 일 월 화	수 목 금 토 일	월 화 수 목 금	토 일 월 화 수	목 금 토 일 월 화
	음력	6/13 14 15 16 17	18 19 20 21 22	23 24 25 26 27	28 29 7/1 2 3	4 5 6 7 8	9 10 11 12 13 14
	일진	을 병 정 무 기 해 자 축 인 묘	경 신 임 계 갑 진 사 오 미 신	을 병 정 무 기 유 술 해 자 축	경 신 임 계 갑 인 묘 진 사 오	을 병 정 무 기 미 신 유 술 해	경 신 임 계 갑 을 자 축 인 묘 진 사
9	요일	수 목 금 토 일	월 화 수 목 금	토 일 월 화 수	목 금 토 일 월	화 수 목 금 토	일 월 화 수 목
	음력	7/15 16 17 18 19	20 21 22 23 24	25 26 27 28 29	30 8/1 2 3 4	5 6 7 8 9	10 11 12 13 14
	일진	병 정 무 기 경 오 미 신 유 술	신 임 계 갑 을 해 자 축 인 묘	병 정 무 기 경 진 사 오 미 신	신 임 계 갑 을 유 술 해 자 축	병 정 무 기 경 인 묘 진 사 오	신 임 계 갑 을 미 신 유 술 해
10	요일	금 토 일 월 화	수 목 금 토 일	월 화 수 목 금	토 일 월 화 수	목 금 토 일 월	화 수 목 금 토 일
	음력	8/15 16 17 18 19	20 21 22 23 24	25 26 27 28 29	30 9/1 2 3 4	5 6 7 8 9	10 11 12 13 14 15
	일진	병 정 무 기 경 자 축 인 묘 진	신 임 계 갑 을 사 오 미 신 유	병 정 무 기 경 술 해 자 축 인	신 임 계 갑 을 묘 진 사 오 미	병 정 무 기 경 신 유 술 해 자	신 임 계 갑 을 병 축 인 묘 진 사 오
11	요일	월 화 수 목 금	토 일 월 화 수	목 금 토 일 월	화 수 목 금 토	일 월 화 수 목	금 토 일 월 화
	음력	9/16 17 18 19 20	21 22 23 24 25	26 27 28 29 30	10/1 2 3 4 5	6 7 8 9 10	11 12 13 14 15
	일진	정 무 기 경 신 미 신 유 술 해	임 계 갑 을 병 자 축 인 묘 진	정 무 기 경 신 사 오 미 신 유	임 계 갑 을 병 술 해 자 축 인	정 무 기 경 신 묘 진 사 오 미	임 계 갑 을 병 신 유 술 해 자
12	요일	수 목 금 토 일	월 화 수 목 금	토 일 월 화 수	목 금 토 일 월	화 수 목 금 토	일 월 화 수 목 금
	음력	10/16 17 18 19 20	21 22 23 24 25	26 27 28 29 11/1	2 3 4 5 6	7 8 9 10 11	12 13 14 15 16 17
	일진	정 무 기 경 신 축 인 묘 진 사	임 계 갑 을 병 오 미 신 유 술	정 무 기 경 신 해 자 축 인 묘	임 계 갑 을 병 진 사 오 미 신	정 무 기 경 신 유 술 해 자 축	임 계 갑 을 병 정 인 묘 진 사 오 미

* 윤달 : 4월

2078 무술년 · 단기 4411

주요 국경일과 명절

구 분	월일	요일	구 분	월일	요일
신 정	1 1	토	현 충 일	6 6	월
설 날	2 12	토	제 헌 절	7 17	일
3·1절	3 1	화	광 복 절	8 15	월
식 목 일	4 5	화	추 석	9 20	화
어린이날	5 5	목	개 천 절	10 3	월
석가탄신일	5 19	목	기독탄신일	12 25	일

음양력 대조일람

음력월	월건	대소	음력 1일의 양력 월일	음력월	월건	대소	음력 1일의 양력 월일
1	갑인	대	2 12	7	경신	소	8 8
2	을묘	소	3 14	8	신유	대	9 6
3	병진	대	4 12	9	임술	대	10 6
4	정사	소	5 12	10	계해	소	11 5
5	무오	소	6 10	11	갑자	대	12 4
6	기미	대	7 9	12	을축	대	2079/1 3

월	양력	1 2 3 4 5	6 7 8 9 10	11 12 13 14 15	16 17 18 19 20	21 22 23 24 25	26 27 28 29 30 31
1	요일	토 일 월 화 수	목 금 토 일 월	화 수 목 금 토	일 월 화 수 목	금 토 일 월 화	수 목 금 토 일 월
1	음력	11/18 19 20 21 22	23 24 25 26 27	28 29 30 12/1 2	3 4 5 6 7	8 9 10 11 12	13 14 15 16 17 18
1	일진	무 기 경 신 임 신 유 술 해 자	계 갑 을 병 정 축 인 묘 진 사	무 기 경 신 임 오 미 신 유 술	계 갑 을 병 정 해 자 축 인 묘	무 기 경 신 임 진 사 오 미 신	계 갑 을 병 정 무 유 술 해 자 축 인
2	요일	화 수 목 금 토	일 월 화 수 목	금 토 일 월 화	수 목 금 토 일	월 화 수 목 금	토 일 월
2	음력	12/19 20 21 22 23	24 25 26 27 28	29 1/1 2 3 4	5 6 7 8 9	10 11 12 13 14	15 16 17
2	일진	기 경 신 임 계 묘 진 사 오 미	갑 을 병 정 무 신 유 술 해 자	기 경 신 임 계 축 인 묘 진 사	갑 을 병 정 무 오 미 신 유 술	기 경 신 임 계 해 자 축 인 묘	갑 을 병 진 사 오
3	요일	화 수 목 금 토	일 월 화 수 목	금 토 일 월 화	수 목 금 토 일	월 화 수 목 금	토 일 월 화 수 목
3	음력	1/18 19 20 21 22	23 24 25 26 27	28 29 30 2/1 2	3 4 5 6 7	8 9 10 11 12	13 14 15 16 17 18
3	일진	정 무 기 경 신 미 신 유 술 해	임 계 갑 을 병 자 축 인 묘 진	정 무 기 경 신 사 오 미 신 유	임 계 갑 을 병 술 해 자 축 인	정 무 기 경 신 묘 진 사 오 미	임 계 갑 을 병 정 신 유 술 해 자 축
4	요일	금 토 일 월 화	수 목 금 토 일	월 화 수 목 금	토 일 월 화 수	목 금 토 일 월	화 수 목 금 토
4	음력	2/19 20 21 22 23	24 25 26 27 28	29 3/1 2 3 4	5 6 7 8 9	10 11 12 13 14	15 16 17 18 19
4	일진	무 기 경 신 임 인 묘 진 사 오	계 갑 을 병 정 미 신 유 술 해	무 기 경 신 임 자 축 인 묘 진	계 갑 을 병 정 사 오 미 신 유	무 기 경 신 임 술 해 자 축 인	계 갑 을 병 정 묘 진 사 오 미
5	요일	일 월 화 수 목	금 토 일 월 화	수 목 금 토 일	월 화 수 목 금	토 일 월 화 수	목 금 토 일 월 화
5	음력	3/20 21 22 23 24	25 26 27 28 29	30 4/1 2 3 4	5 6 7 8 9	10 11 12 13 14	15 16 17 18 19 20
5	일진	무 기 경 신 임 신 유 술 해 자	계 갑 을 병 정 축 인 묘 진 사	무 기 경 신 임 오 미 신 유 술	계 갑 을 병 정 해 자 축 인 묘	무 기 경 신 임 진 사 오 미 신	계 갑 을 병 정 무 유 술 해 자 축 인
6	요일	수 목 금 토 일	월 화 수 목 금	토 일 월 화 수	목 금 토 일 월	화 수 목 금 토	일 월 화 수 목
6	음력	4/21 22 23 24 25	26 27 28 29 5/1	2 3 4 5 6	7 8 9 10 11	12 13 14 15 16	17 18 19 20 21
6	일진	기 경 신 임 계 묘 진 사 오 미	갑 을 병 정 무 신 유 술 해 자	기 경 신 임 계 축 인 묘 진 사	갑 을 병 정 무 오 미 신 유 술	기 경 신 임 계 해 자 축 인 묘	갑 을 병 정 무 진 사 오 미 신

24절기와 잡절

명칭	태양황경(도)	한국표준시 월 일	한국표준시 시 분	명칭	태양황경(도)	한국표준시 월 일	한국표준시 시 분	명칭	태양황경(도)	한국표준시 월 일	한국표준시 시 분
소한	285	1 5	8 23	하지	90	6 21	6 56	대 설	255	12 7	2 51
대한	300	1 20	1 40	소서	105	7 7	0 27	동 지	270	12 21	20 56
입춘	315	2 3	19 56	대서	120	7 22	17 49				
우수	330	2 18	15 35	입추	135	8 7	10 23	한 식		4 5	
경칩	345	3 5	13 36	처서	150	8 23	1 12	단 오		6 14	
춘분	0	3 20	14 9	백로	165	9 7	13 42	초 복		7 12	
청명	15	4 4	17 55	추분	180	9 22	23 23	중 복		7 22	
곡우	30	4 20	0 39	한로	195	10 8	5 55	말 복		8 11	
입하	45	5 5	10 40	상강	210	10 23	9 19	토왕용사	297	1 17	2 58
소만	60	5 20	23 18	입동	225	11 7	9 38	토왕용사	27	4 16	23 3
망종	75	6 5	14 23	소설	240	11 22	7 21	토왕용사	117	7 19	14 22
								토왕용사	207	10 20	8 52

월	양력	1 2 3 4 5	6 7 8 9 10	11 12 13 14 15	16 17 18 19 20	21 22 23 24 25	26 27 28 29 30 31
7	요일	금토일월화	수목금토일	월화수목금	토일월화수	목금토일월	화수목금토일
	음력	5/22 23 24 25 26	27 28 29 6/1 2	3 4 5 6 7	8 9 10 11 12	13 14 15 16 17	18 19 20 21 22 23
	일진	기경신임계 / 유술해자축	갑을병정무 / 인묘진사오	기경신임계 / 미신유술해	갑을병정무 / 자축인묘진	기경신임계 / 사오미신유	갑을병정무기 / 술해자축인묘
8	요일	월화수목금	토일월화수	목금토일월	화수목금토	일월화수목	금토일월화수
	음력	6/24 25 26 27 28	29 30 7/1 2 3	4 5 6 7 8	9 10 11 12 13	14 15 16 17 18	19 20 21 22 23 24
	일진	경신임계갑 / 진사오미신	을병정무기 / 유술해자축	경신임계갑 / 인묘진사오	을병정무기 / 미신유술해	경신임계갑 / 자축인묘진	을병정무기경 / 사오미신유술
9	요일	목금토일월	화수목금토	일월화수목	금토일월화	수목금토일	월화수목금
	음력	7/25 26 27 28 29	8/1 2 3 4 5	6 7 8 9 10	11 12 13 14 15	16 17 18 19 20	21 22 23 24 25
	일진	신임계갑을 / 해자축인묘	병정무기경 / 진사오미신	신임계갑을 / 유술해자축	병정무기경 / 인묘진사오	신임계갑을 / 미신유술해	병정무기경 / 자축인묘진
10	요일	토일월화수	목금토일월	화수목금토	일월화수목	금토일월화	수목금토일월
	음력	8/26 27 28 29 30	9/1 2 3 4 5	6 7 8 9 10	11 12 13 14 15	16 17 18 19 20	21 22 23 24 25 26
	일진	신임계갑을 / 사오미신유	병정무기경 / 술해자축인	신임계갑을 / 묘진사오미	병정무기경 / 신유술해자	신임계갑을 / 축인묘진사	병정무기경신 / 오미신유술해
11	요일	화수목금토	일월화수목	금토일월화	수목금토일	월화수목금	토일월화수
	음력	9/27 28 29 30 10/1	2 3 4 5 6	7 8 9 10 11	12 13 14 15 16	17 18 19 20 21	22 23 24 25 26
	일진	임계갑을병 / 자축인묘진	정무기경신 / 사오미신유	임계갑을병 / 술해자축인	정무기경신 / 묘진사오미	임계갑을병 / 신유술해자	정무기경신 / 축인묘진사
12	요일	목금토일월	화수목금토	일월화수목	금토일월화	수목금토일	월화수목금토
	음력	10/27 28 29 11/1 2	3 4 5 6 7	8 9 10 11 12	13 14 15 16 17	18 19 20 21 22	23 24 25 26 27 28
	일진	임계갑을병 / 오미신유술	정무기경신 / 해자축인묘	임계갑을병 / 진사오미신	정무기경신 / 유술해자축	임계갑을병 / 인묘진사오	정무기경신임 / 미신유술해자

2079 기해년 • 단기 4412

주요 국경일과 명절

구 분	월 일	요일	구 분	월 일	요일
신 정	1 1	일	현충일	6 6	화
설 날	2 2	목	제헌절	7 17	월
3·1절	3 1	수	광복절	8 15	화
식 목 일	4 5	수	추 석	9 10	일
어린이날	5 5	금	개 천 절	10 3	화
석가탄신일	5 8	월	기독탄신일	12 25	월

음양력 대조일람

음력월	월건	대소	음력 1일의 양력 월일	음력월	월건	대소	음력 1일의 양력 월일
1	병인	소	2 2	7	임신	대	7 28
2	정묘	대	3 3	8	계유	소	8 27
3	무진	소	4 2	9	갑술	대	9 25
4	기사	대	5 1	10	을해	소	10 25
5	경오	소	5 31	11	병자	대	11 23
6	신미	소	6 29	12	정축	대	12 23

월	양력	1 2 3 4 5	6 7 8 9 10	11 12 13 14 15	16 17 18 19 20	21 22 23 24 25	26 27 28 29 30 31
1	요일	일 월 화 수 목	금 토 일 월 화	수 목 금 토 일	월 화 수 목 금	토 일 월 화 수	목 금 토 일 월 화
	음력	11/29 30 12/1 2 3	4 5 6 7 8	9 10 11 12 13	14 15 16 17 18	19 20 21 22 23	24 25 26 27 28 29
	일진	계갑을병정 축인묘진사	무기경신임 오미신유술	계갑을병정 해자축인묘	무기경신임 진사오미신	계갑을병정 유술해자축	무기경신임계 인묘진사오미
2	요일	수 목 금 토 일	월 화 수 목 금	토 일 월 화 수	목 금 토 일 월	화 수 목 금 토	일 월 화
	음력	12/30 1/1 2 3 4	5 6 7 8 9	10 11 12 13 14	15 16 17 18 19	20 21 22 23 24	25 26 27
	일진	갑을병정무 신유술해자	기경신임계 축인묘진사	갑을병정무 오미신유술	기경신임계 해자축인묘	갑을병정무 진사오미신	기경신 유술해
3	요일	수 목 금 토 일	월 화 수 목 금	토 일 월 화 수	목 금 토 일 월	화 수 목 금 토	일 월 화 수 목 금
	음력	1/28 29 2/1 2 3	4 5 6 7 8	9 10 11 12 13	14 15 16 17 18	19 20 21 22 23	24 25 26 27 28 29
	일진	임계갑을병 자축인묘진	정무기경신 사오미신유	임계갑을병 술해자축인	정무기경신 묘진사오미	임계갑을병 신유술해자	정무기경신임 축인묘진사오
4	요일	토 일 월 화 수	목 금 토 일 월	화 수 목 금 토	일 월 화 수 목	금 토 일 월 화	수 목 금 토 일
	음력	2/30 3/1 2 3 4	5 6 7 8 9	10 11 12 13 14	15 16 17 18 19	20 21 22 23 24	25 26 27 28 29
	일진	계갑을병정 미신유술해	무기경신임 자축인묘진	계갑을병정 사오미신유	무기경신임 술해자축인	계갑을병정 묘진사오미	무기경신임 신유술해자
5	요일	월 화 수 목 금	토 일 월 화 수	목 금 토 일 월	화 수 목 금 토	일 월 화 수 목	금 토 일 월 화 수
	음력	4/1 2 3 4 5	6 7 8 9 10	11 12 13 14 15	16 17 18 19 20	21 22 23 24 25	26 27 28 29 30 5/1
	일진	계갑을병정 축인묘진사	무기경신임 오미신유술	계갑을병정 해자축인묘	무기경신임 진사오미신	계갑을병정 유술해자축	무기경신임계 인묘진사오미
6	요일	목 금 토 일 월	화 수 목 금 토	일 월 화 수 목	금 토 일 월 화	수 목 금 토 일	월 화 수 목 금
	음력	5/2 3 4 5 6	7 8 9 10 11	12 13 14 15 16	17 18 19 20 21	22 23 24 25 26	27 28 29 6/1 2
	일진	갑을병정무 신유술해자	기경신임계 축인묘진사	갑을병정무 오미신유술	기경신임계 해자축인묘	갑을병정무 진사오미신	기경신임계 유술해자축

24절기와 잡절

명칭	태양황경(도)	한국표준시		명칭	태양황경(도)	한국표준시		명칭	태양황경(도)	한국표준시	
		월 일	시 분			월 일	시 분			월 일	시 분
소한	285	1 5	14 12	하지	90	6 21	12 48	대설	255	12 7	8 39
대한	300	1 20	7 34	소서	105	7 7	6 10	동지	270	12 22	2 43
입춘	315	2 4	1 42	대서	120	7 22	23 41				
우수	330	2 18	21 27	입추	135	8 7	16 8	한식		4 5	
경칩	345	3 5	19 19	처서	150	8 23	7 3	단오		6 4	
춘분	0	3 20	19 59	백로	165	9 7	19 29	초복		7 17	
청명	15	4 4	23 36	추분	180	9 23	5 12	중복		7 27	
곡우	30	4 20	6 29	한로	195	10 8	11 42	말복		8 16	
입하	45	5 5	16 21	상강	210	10 23	15 6	토왕용사	297	1 17	8 50
소만	60	5 21	5 8	입동	225	11 7	15 26	토왕용사	27	4 17	4 50
망종	75	6 5	20 4	소설	240	11 22	13 8	토왕용사	117	7 19	20 14
								토왕용사	207	10 20	14 42

월	양력	1 2 3 4 5	6 7 8 9 10	11 12 13 14 15	16 17 18 19 20	21 22 23 24 25	26 27 28 29 30 31
7	요일	토 일 월 화 수	목 금 토 일 월	화 수 목 금 토	일 월 화 수 목	금 토 일 월 화	수 목 금 토 일 월
	음력	6/3 4 5 6 7	8 9 10 11 12	13 14 15 16 17	18 19 20 21 22	23 24 25 26 27	28 29 7/1 2 3 4
	일진	갑을병정무 인묘진사오	기경신임계 미신유술해	갑을병정무 자축인묘진	기경신임계 사오미신유	갑을병정무 술해자축인	기경신임계갑 묘진사오미신
8	요일	화 수 목 금 토	일 월 화 수 목	금 토 일 월 화	수 목 금 토 일	월 화 수 목 금	토 일 월 화 수 목
	음력	7/5 6 7 8 9	10 11 12 13 14	15 16 17 18 19	20 21 22 23 24	25 26 27 28 29	30 8/1 2 3 4 5
	일진	을병정무기 유술해자축	경신임계갑 인묘진사오	을병정무기 미신유술해	경신임계갑 자축인묘진	을병정무기 사오미신유	경신임계갑을 술해자축인묘
9	요일	금 토 일 월 화	수 목 금 토 일	월 화 수 목 금	토 일 월 화 수	목 금 토 일 월	화 수 목 금 토
	음력	8/6 7 8 9 10	11 12 13 14 15	16 17 18 19 20	21 22 23 24 25	26 27 28 29 9/1	2 3 4 5 6
	일진	병정무기경 진사오미신	신임계갑을 유술해자축	병정무기경 인묘진사오	신임계갑을 미신유술해	병정무기경 자축인묘진	신임계갑을 사오미신유
10	요일	일 월 화 수 목	금 토 일 월 화	수 목 금 토 일	월 화 수 목 금	토 일 월 화 수	목 금 토 일 월 화
	음력	9/7 8 9 10 11	12 13 14 15 16	17 18 19 20 21	22 23 24 25 26	27 28 29 30 10/1	2 3 4 5 6 7
	일진	병정무기경 술해자축인	신임계갑을 묘진사오미	병정무기경 신유술해자	신임계갑을 축인묘진사	병정무기경 오미신유술	신임계갑을병 해자축인묘진
11	요일	수 목 금 토 일	월 화 수 목 금	토 일 월 화 수	목 금 토 일 월	화 수 목 금 토	일 월 화 수 목
	음력	10/8 9 10 11 12	13 14 15 16 17	18 19 20 21 22	23 24 25 26 27	28 29 11/1 2 3	4 5 6 7 8
	일진	정무기경신 사오미신유	임계갑을병 술해자축인	정무기경신 묘진사오미	임계갑을병 신유술해자	정무기경신 축인묘진사	임계갑을병 오미신유술
12	요일	금 토 일 월 화	수 목 금 토 일	월 화 수 목 금	토 일 월 화 수	목 금 토 일 월	화 수 목 금 토 일
	음력	11/9 10 11 12 13	14 15 16 17 18	19 20 21 22 23	24 25 26 27 28	29 30 12/1 2 3	4 5 6 7 8 9
	일진	정무기경신 해자축인묘	임계갑을병 진사오미신	정무기경신 유술해자축	임계갑을병 인묘진사오	정무기경신 미신유술해	임계갑을병정 자축인묘진사

주요 국경일과 명절

구 분	월일	요일	구 분	월일	요일
신 정	1 1	월	현 충 일	6 6	목
설 날	1 22	월	제 헌 절	7 17	수
3 · 1 절	3 1	금	광 복 절	8 15	목
식 목 일	4 5	금	추 석	9 28	토
어린이날	5 5	일	개 천 절	10 3	목
석가탄신일	5 26	일	기독탄신일	12 25	수

음양력 대조일람

음력월	월건	대소	음력 1일의 양력 월일	음력월	월건	대소	음력 1일의 양력 월일
1	무인	대	1 22	7	갑신	대	8 15
2	기묘	소	2 21	8	을유	소	9 14
3	경진	대	3 21	9	병술	대	10 13
(윤)3		소	4 20	10	정해	소	11 12
4	신사	대	5 19	11	무자	대	12 11
5	임오	소	6 18	12	기축	대	2081/1 10
6	계미	소	7 17				

월	양력	1 2 3 4 5	6 7 8 9 10	11 12 13 14 15	16 17 18 19 20	21 22 23 24 25	26 27 28 29 30 31
1	요일	월 화 수 목 금	토 일 월 화 수	목 금 토 일 월	화 수 목 금 토	일 월 화 수 목	금 토 일 월 화 수
	음력	12/10 11 12 13 14	15 16 17 18 19	20 21 22 23 24	25 26 27 28 29	30 1/1 2 3 4	5 6 7 8 9 10
	일진	무기경신임 오미신유술	계갑을병정 해자축인묘	무기경신임 진사오미신	계갑을병정 유술해자축	무기경신임 인묘진사오	계갑을병정무 미신유술해자
2	요일	목 금 토 일 월	화 수 목 금 토	일 월 화 수 목	금 토 일 월 화	수 목 금 토 일	월 화 수 목
	음력	1/11 12 13 14 15	16 17 18 19 20	21 22 23 24 25	26 27 28 29 30	2/1 2 3 4 5	6 7 8 9
	일진	기경신임계 축인묘진사	갑을병정무 오미신유술	기경신임계 해자축인묘	갑을병정무 진사오미신	기경신임계 유술해자축	갑을병정 인묘진사
3	요일	금 토 일 월 화	수 목 금 토 일	월 화 수 목 금	토 일 월 화 수	목 금 토 일 월	화 수 목 금 토 일
	음력	2/10 11 12 13 14	15 16 17 18 19	20 21 22 23 24	25 26 27 28 29	3/1 2 3 4 5	6 7 8 9 10 11
	일진	무기경신임 오미신유술	계갑을병정 해자축인묘	무기경신임 진사오미신	계갑을병정 유술해자축	무기경신임 인묘진사오	계갑을병정무 미신유술해자
4	요일	월 화 수 목 금	토 일 월 화 수	목 금 토 일 월	화 수 목 금 토	일 월 화 수 목	금 토 일 월 화
	음력	3/12 13 14 15 16	17 18 19 20 21	22 23 24 25 26	27 28 29 30 3*/1	2 3 4 5 6	7 8 9 10 11
	일진	기경신임계 축인묘진사	갑을병정무 오미신유술	기경신임계 해자축인묘	갑을병정무 진사오미신	기경신임계 유술해자축	갑을병정무 인묘진사오
5	요일	수 목 금 토 일	월 화 수 목 금	토 일 월 화 수	목 금 토 일 월	화 수 목 금 토	일 월 화 수 목 금
	음력	3*/12 13 14 15 16	17 18 19 20 21	22 23 24 25 26	27 28 29 4/1 2	3 4 5 6 7	8 9 10 11 12 13
	일진	기경신임계 미신유술해	갑을병정무 자축인묘진	기경신임계 사오미신유	갑을병정무 술해자축인	기경신임계 묘진사오미	갑을병정무기 신유술해자축
6	요일	토 일 월 화 수	목 금 토 일 월	화 수 목 금 토	일 월 화 수 목	금 토 일 월 화	수 목 금 토 일
	음력	4/14 15 16 17 18	19 20 21 22 23	24 25 26 27 28	29 30 5/1 2 3	4 5 6 7 8	9 10 11 12 13
	일진	경신임계갑 인묘진사오	을병정무기 미신유술해	경신임계갑 자축인묘진	을병정무기 사오미신유	경신임계갑 술해자축인	을병정무기 묘진사오미

24절기와 잡절

명칭	태양황경(도)	한국표준시 월	일	시	분	명칭	태양황경(도)	한국표준시 월	일	시	분	명칭	태양황경(도)	한국표준시 월	일	시	분
소한	285	1	5	19	58	하지	90	6	20	18	33	대설	255	12	6	14	32
대한	300	1	20	13	19	소서	105	7	6	12	4	동지	270	12	21	8	31
입춘	315	2	4	7	26	대서	120	7	22	5	25						
우수	330	2	19	3	11	입추	135	8	6	22	2	한식			4	5	
경칩	345	3	5	1	4	처서	150	8	22	12	46	단오			6	22	
춘분	0	3	20	1	43	백로	165	9	7	1	21	초복			7	11	
청명	15	4	4	5	21	추분	180	9	22	10	55	중복			7	21	
곡우	30	4	19	12	13	한로	195	10	7	17	33	말복			8	10	
입하	45	5	4	22	9	상강	210	10	22	20	51	토왕용사	297	1	17	14	38
소만	60	5	20	10	53	입동	225	11	6	21	17	토왕용사	27	4	16	10	37
망종	75	6	5	1	56	소설	240	11	21	18	54	토왕용사	117	7	19	2	0
												토왕용사	207	10	19	20	25

월	양력	1 2 3 4 5	6 7 8 9 10	11 12 13 14 15	16 17 18 19 20	21 22 23 24 25	26 27 28 29 30 31
7	요일	월화수목금	토일월화수	목금토일월	화수목금토	일월화수목	금토일월화수
7	음력	5/14 15 16 17 18	19 20 21 22 23	24 25 26 27 28	29 6/1 2 3 4	5 6 7 8 9	10 11 12 13 14 15
7	일진	경신임계갑 신유술해자	을병정무기 축인묘진사	경신임계갑 오미신유술	을병정무기 해자축인묘	경신임계갑 진사오미신	을병정무기경 유술해자축인
8	요일	목금토일월	화수목금토	일월화수목	금토일월화	수목금토일	월화수목금토
8	음력	6/16 17 18 19 20	21 22 23 24 25	26 27 28 29 7/1	2 3 4 5 6	7 8 9 10 11	12 13 14 15 16 17
8	일진	신임계갑을 묘진사오미	병정무기경 신유술해자	신임계갑을 축인묘진사	병정무기경 오미신유술	신임계갑을 해자축인묘	병정무기경신 진사오미신유
9	요일	일월화수목	금토일월화	수목금토일	월화수목금	토일월화수	목금토일월
9	음력	7/18 19 20 21 22	23 24 25 26 27	28 29 30 8/1 2	3 4 5 6 7	8 9 10 11 12	13 14 15 16 17
9	일진	임계갑을병 술해자축인	정무기경신 묘진사오미	임계갑을병 신유술해자	정무기경신 축인묘진사	임계갑을병 오미신유술	정무기경신 해자축인묘
10	요일	화수목금토	일월화수목	금토일월화	수목금토일	월화수목금	토일월화수목
10	음력	8/18 19 20 21 22	23 24 25 26 27	28 29 9/1 2 3	4 5 6 7 8	9 10 11 12 13	14 15 16 17 18 19
10	일진	임계갑을병 진사오미신	정무기경신 유술해자축	임계갑을병 인묘진사오	정무기경신 미신유술해	임계갑을병 자축인묘진	정무기경신임 사오미신유술
11	요일	금토일월화	수목금토일	월화수목금	토일월화수	목금토일월	화수목금토
11	음력	9/20 21 22 23 24	25 26 27 28 29	30 10/1 2 3 4	5 6 7 8 9	10 11 12 13 14	15 16 17 18 19
11	일진	계갑을병정 해자축인묘	무기경신임 진사오미신	계갑을병정 유술해자축	무기경신임 인묘진사오	계갑을병정 미신유술해	무기경신임 자축인묘진
12	요일	일월화수목	금토일월화	수목금토일	월화수목금	토일월화수	목금토일월화
12	음력	10/20 21 22 23 24	25 26 27 28 29	11/1 2 3 4 5	6 7 8 9 10	11 12 13 14 15	16 17 18 19 20 21
12	일진	계갑을병정 사오미신유	무기경신임 술해자축인	계갑을병정 묘진사오미	무기경신임 신유술해자	계갑을병정 축인묘진사	무기경신임계 오미신유술해

* 윤달 : 3월

주요 국경일과 명절

구 분	월일	요일	구 분	월일	요일
신 정	1 1	수	현 충 일	6 6	금
설 날	2 9	일	제 헌 절	7 17	목
3·1절	3 1	토	광 복 절	8 15	금
식 목 일	4 5	토	추 석	9 17	수
어린이날	5 5	월	개 천 절	10 3	금
석가탄신일	5 16	금	기독탄신일	12 25	목

음양력 대조일람

음력 월	월건	대소	음력 1일의 양력 월일	음력 월	월건	대소	음력 1일의 양력 월일
1	경인	대	2 9	7	병신	소	8 5
2	신묘	소	3 11	8	정유	대	9 3
3	임진	대	4 9	9	무술	소	10 3
4	계사	소	5 9	10	기해	소	11 1
5	갑오	대	6 7	11	경자	대	11 30
6	을미	소	7 7	12	신축	대	12 30

월	양력	1 2 3 4 5	6 7 8 9 10	11 12 13 14 15	16 17 18 19 20	21 22 23 24 25	26 27 28 29 30 31
1	요일	수 목 금 토 일	월 화 수 목 금	토 일 월 화 수	목 금 토 일 월	화 수 목 금 토	일 월 화 수 목 금
	음력	11/22 23 24 25 26	27 28 29 30 12/1	2 3 4 5 6	7 8 9 10 11	12 13 14 15 16	17 18 19 20 21 22
	일진	갑 을 병 정 무 자 축 인 묘 진	기 경 신 임 계 사 오 미 신 유	갑 을 병 정 무 술 해 자 축 인	기 경 신 임 계 묘 진 사 오 미	갑 을 병 정 무 신 유 술 해 자	기 경 신 임 계 갑 축 인 묘 진 사 오
2	요일	토 일 월 화 수	목 금 토 일 월	화 수 목 금 토	일 월 화 수 목	금 토 일 월 화	수 목 금
	음력	12/23 24 25 26 27	28 29 30 1/1 2	3 4 5 6 7	8 9 10 11 12	13 14 15 16 17	18 19 20
	일진	을 병 정 무 기 미 신 유 술 해	경 신 임 계 갑 자 축 인 묘 진	을 병 정 무 기 사 오 미 신 유	경 신 임 계 갑 술 해 자 축 인	을 병 정 무 기 묘 진 사 오 미	경 신 임 신 유 술
3	요일	토 일 월 화 수	목 금 토 일 월	화 수 목 금 토	일 월 화 수 목	금 토 일 월 화	수 목 금 토 일 월
	음력	1/21 22 23 24 25	26 27 28 29 30	2/1 2 3 4 5	6 7 8 9 10	11 12 13 14 15	16 17 18 19 20 21
	일진	계 갑 을 병 정 해 자 축 인 묘	무 기 경 신 임 진 사 오 미 신	계 갑 을 병 정 유 술 해 자 축	무 기 경 신 임 인 묘 진 사 오	계 갑 을 병 정 미 신 유 술 해	무 기 경 신 임 계 자 축 인 묘 진 사
4	요일	화 수 목 금 토	일 월 화 수 목	금 토 일 월 화	수 목 금 토 일	월 화 수 목 금	토 일 월 화 수
	음력	2/22 23 24 25 26	27 28 29 3/1 2	3 4 5 6 7	8 9 10 11 12	13 14 15 16 17	18 19 20 21 22
	일진	갑 을 병 정 무 오 미 신 유 술	기 경 신 임 계 해 자 축 인 묘	갑 을 병 정 무 진 사 오 미 신	기 경 신 임 계 유 술 해 자 축	갑 을 병 정 무 인 묘 진 사 오	기 경 신 임 계 미 신 유 술 해
5	요일	목 금 토 일 월	화 수 목 금 토	일 월 화 수 목	금 토 일 월 화	수 목 금 토 일	월 화 수 목 금 토
	음력	3/23 24 25 26 27	28 29 30 4/1 2	3 4 5 6 7	8 9 10 11 12	13 14 15 16 17	18 19 20 21 22 23
	일진	갑 을 병 정 무 자 축 인 묘 진	기 경 신 임 계 사 오 미 신 유	갑 을 병 정 무 술 해 자 축 인	기 경 신 임 계 묘 진 사 오 미	갑 을 병 정 무 신 유 술 해 자	기 경 신 임 계 갑 축 인 묘 진 사 오
6	요일	일 월 화 수 목	금 토 일 월 화	수 목 금 토 일	월 화 수 목 금	토 일 월 화 수	목 금 토 일 월
	음력	4/24 25 26 27 28	29 5/1 2 3 4	5 6 7 8 9	10 11 12 13 14	15 16 17 18 19	20 21 22 23 24
	일진	을 병 정 무 기 미 신 유 술 해	경 신 임 계 갑 자 축 인 묘 진	을 병 정 무 기 사 오 미 신 유	경 신 임 계 갑 술 해 자 축 인	을 병 정 무 기 묘 진 사 오 미	경 신 임 계 갑 신 유 술 해 자

24절기와 잡절

명칭	태양황경(도)	월	일	시	분	명칭	태양황경(도)	월	일	시	분	명칭	태양황경(도)	월	일	시	분
소한	285	1	5	1	55	하지	90	6	21	0	15	대설	255	12	6	20	10
대한	300	1	19	19	10	소서	105	7	6	17	42	동지	270	12	21	14	21
입춘	315	2	3	13	24	대서	120	7	22	11	7						
우수	330	2	18	9	2	입추	135	8	7	3	36	한식			4	5	
경칩	345	3	5	7	1	처서	150	8	22	18	28	단오			6	11	
춘분	0	3	20	7	33	백로	165	9	7	6	53	초복			7	16	
청명	15	4	4	11	16	추분	180	9	22	16	36	중복			7	26	
곡우	30	4	19	18	0	한로	195	10	7	23	5	말복			8	15	
입하	45	5	5	3	58	상강	210	10	23	2	33	토왕용사	297	1	16	20	28
소만	60	5	20	16	37	입동	225	11	7	2	51	토왕용사	27	4	16	16	23
망종	75	6	5	7	40	소설	240	11	22	0	40	토왕용사	117	7	19	7	39
												토왕용사	207	10	20	2	6

월	양력	1 2 3 4 5	6 7 8 9 10	11 12 13 14 15	16 17 18 19 20	21 22 23 24 25	26 27 28 29 30 31
7	요일	화 수 목 금 토	일 월 화 수 목	금 토 일 월 화	수 목 금 토 일	월 화 수 목 금	토 일 월 화 수 목
	음력	5/25 26 27 28 29	30 6/1 2 3 4	5 6 7 8 9	10 11 12 13 14	15 16 17 18 19	20 21 22 23 24 25
	일진	을병정무기 축인묘진사	경신임계갑 오미신유술	을병정무기 해자축인묘	경신임계갑 진사오미신	을병정무기 유술해자축	경신임계갑을 인묘진사오미
8	요일	금 토 일 월 화	수 목 금 토 일	월 화 수 목 금	토 일 월 화 수	목 금 토 일 월	화 수 목 금 토 일
	음력	6/26 27 28 29 7/1	2 3 4 5 6	7 8 9 10 11	12 13 14 15 16	17 18 19 20 21	22 23 24 25 26 27
	일진	병정무기경 신유술해자	신임계갑을 축인묘진사	병정무기경 오미신유술	신임계갑을 해자축인묘	병정무기경 진사오미신	신임계갑을병 유술해자축인
9	요일	월 화 수 목 금	토 일 월 화 수	목 금 토 일 월	화 수 목 금 토	일 월 화 수 목	금 토 일 월 화
	음력	7/28 29 8/1 2 3	4 5 6 7 8	9 10 11 12 13	14 15 16 17 18	19 20 21 22 23	24 25 26 27 28
	일진	정무기경신 묘진사오미	임계갑을병 신유술해자	정무기경신 축인묘진사	임계갑을병 오미신유술	정무기경신 해자축인묘	임계갑을병 진사오미신
10	요일	수 목 금 토 일	월 화 수 목 금	토 일 월 화 수	목 금 토 일 월	화 수 목 금 토	일 월 화 수 목 금
	음력	8/29 30 9/1 2 3	4 5 6 7 8	9 10 11 12 13	14 15 16 17 18	19 20 21 22 23	24 25 26 27 28 29
	일진	정무기경신 유술해자축	임계갑을병 인묘진사오	정무기경신 미신유술해	임계갑을병 자축인묘진	정무기경신 사오미신유	임계갑을병정 술해자축인묘
11	요일	토 일 월 화 수	목 금 토 일 월	화 수 목 금 토	일 월 화 수 목	금 토 일 월 화	수 목 금 토 일
	음력	10/1 2 3 4 5	6 7 8 9 10	11 12 13 14 15	16 17 18 19 20	21 22 23 24 25	26 27 28 29 11/1
	일진	무기경신임 진사오미신	계갑을병정 유술해자축	무기경신임 인묘진사오	계갑을병정 미신유술해	무기경신임 자축인묘진	계갑을병정 사오미신유
12	요일	월 화 수 목 금	토 일 월 화 수	목 금 토 일 월	화 수 목 금 토	일 월 화 수 목	금 토 일 월 화 수
	음력	11/2 3 4 5 6	7 8 9 10 11	12 13 14 15 16	17 18 19 20 21	22 23 24 25 26	27 28 29 30 12/1 2
	일진	무기경신임 술해자축인	계갑을병정 묘진사오미	무기경신임 신유술해자	계갑을병정 축인묘진사	무기경신임 오미신유술	계갑을병정무 해자축인묘진

2082 임인년 · 단기 4415

주요 국경일과 명절

구 분	월일	요일	구 분	월일	요일
신 정	1 1	목	현충일	6 6	토
설 날	1 29	목	제헌절	7 17	금
3·1절	3 1	일	광복절	8 15	토
식 목 일	4 5	일	개천절	10 3	토
어린이날	5 5	화	추 석	10 6	화
석가탄신일	5 5	화	기독탄신일	12 25	금

음양력 대조일람

음력월	월건	대소	음력 1일의 양력 월일	음력월	월건	대소	음력 1일의 양력 월일
1	임인	소	1 29	(윤)7		소	8 24
2	계묘	대	2 27	8	기유	대	9 22
3	갑진	대	3 29	9	경술	소	10 22
4	을사	대	4 28	10	신해	대	11 20
5	병오	소	5 28	11	임자	소	12 20
6	정미	대	6 26	12	계축	대	2083/1 18
7	무신	소	7 26				

월	양력	1 2 3 4 5	6 7 8 9 10	11 12 13 14 15	16 17 18 19 20	21 22 23 24 25	26 27 28 29 30 31
1	요일	목 금 토 일 월	화 수 목 금 토	일 월 화 수 목	금 토 일 월 화	수 목 금 토 일	월 화 수 목 금 토
	음력	12/3 4 5 6 7	8 9 10 11 12	13 14 15 16 17	18 19 20 21 22	23 24 25 26 27	28 29 30 1/1 2 3
	일진	기경신임계 / 사오미신유	갑을병정무 / 술해자축인	기경신임계 / 묘진사오미	갑을병정무 / 신유술해자	기경신임계 / 축인묘진사	갑을병정무기 / 오미신유술해
2	요일	일 월 화 수 목	금 토 일 월 화	수 목 금 토 일	월 화 수 목 금	토 일 월 화 수	목 금 토
	음력	1/4 5 6 7 8	9 10 11 12 13	14 15 16 17 18	19 20 21 22 23	24 25 26 27 28	29 2/1 2
	일진	경신임계갑 / 자축인묘진	을병정무기 / 사오미신유	경신임계갑 / 술해자축인	을병정무기 / 묘진사오미	경신임계갑 / 신유술해자	을병정 / 축인묘
3	요일	일 월 화 수 목	금 토 일 월 화	수 목 금 토 일	월 화 수 목 금	토 일 월 화 수	목 금 토 일 월 화
	음력	2/3 4 5 6 7	8 9 10 11 12	13 14 15 16 17	18 19 20 21 22	23 24 25 26 27	28 29 30 3/1 2 3
	일진	무기경신임 / 진사오미신	계갑을병정 / 유술해자축	무기경신임 / 인묘진사오	계갑을병정 / 미신유술해	무기경신임 / 자축인묘진	계갑을병정무 / 사오미신유술
4	요일	수 목 금 토 일	월 화 수 목 금	토 일 월 화 수	목 금 토 일 월	화 수 목 금 토	일 월 화 수 목
	음력	3/4 5 6 7 8	9 10 11 12 13	14 15 16 17 18	19 20 21 22 23	24 25 26 27 28	29 30 4/1 2 3
	일진	기경신임계 / 해자축인묘	갑을병정무 / 진사오미신	기경신임계 / 유술해자축	갑을병정무 / 인묘진사오	기경신임계 / 미신유술해	갑을병정무 / 자축인묘진
5	요일	금 토 일 월 화	수 목 금 토 일	월 화 수 목 금	토 일 월 화 수	목 금 토 일 월	화 수 목 금 토 일
	음력	4/4 5 6 7 8	9 10 11 12 13	14 15 16 17 18	19 20 21 22 23	24 25 26 27 28	29 30 5/1 2 3 4
	일진	기경신임계 / 사오미신유	갑을병정무 / 술해자축인	기경신임계 / 묘진사오미	갑을병정무 / 신유술해자	기경신임계 / 축인묘진사	갑을병정무기 / 오미신유술해
6	요일	월 화 수 목 금	토 일 월 화 수	목 금 토 일 월	화 수 목 금 토	일 월 화 수 목	금 토 일 월 화
	음력	5/5 6 7 8 9	10 11 12 13 14	15 16 17 18 19	20 21 22 23 24	25 26 27 28 29	6/1 2 3 4 5
	일진	경신임계갑 / 자축인묘진	을병정무기 / 사오미신유	경신임계갑 / 술해자축인	을병정무기 / 묘진사오미	경신임계갑 / 신유술해자	을병정무기 / 축인묘진사

24절기와 잡절

명 칭	태양황경(도)	월	일	시	분	명 칭	태양황경(도)	월	일	시	분	명 칭	태양황경(도)	월	일	시	분
소한	285	1	5	7	37	하지	90	6	21	6	2	대 설	255	12	7	2	0
대한	300	1	20	1	4	소서	105	7	6	23	24	동 지	270	12	21	20	3
입춘	315	2	3	19	11	대서	120	7	22	16	52						
우수	330	2	18	14	59	입추	135	8	7	9	20	한 식		4	5		
경칩	345	3	5	12	49	처서	150	8	23	0	12	단 오		6	1		
춘분	0	3	20	13	29	백로	165	9	7	12	41	초 복		7	11		
청명	15	4	4	17	2	추분	180	9	22	22	22	중 복		7	21		
곡우	30	4	19	23	54	한로	195	10	8	4	56	말 복		8	10		
입하	45	5	5	9	41	상강	210	10	23	8	19	토왕용사	297	1	17	2	20
소만	60	5	20	22	27	입동	225	11	7	8	43	토왕용사	27	4	16	22	17
망종	75	6	5	13	21	소설	240	11	22	6	24	토왕용사	117	7	19	13	26
												토왕용사	207	10	20	7	54

7월

양력	1	2	3	4	5	6	7	8	9	10	11	12	13	14	15	16	17	18	19	20	21	22	23	24	25	26	27	28	29	30	31
요일	수	목	금	토	일	월	화	수	목	금	토	일	월	화	수	목	금	토	일	월	화	수	목	금	토	일	월	화	수	목	금
음력	6/6	7	8	9	10	11	12	13	14	15	16	17	18	19	20	21	22	23	24	25	26	27	28	29	30	7/1	2	3	4	5	6
일진	경오	신미	임신	계유	갑술	을해	병자	정축	무인	기묘	경진	신사	임오	계미	갑신	을유	병술	정해	무자	기축	경인	신묘	임진	계사	갑오	을미	병신	정유	무술	기해	경자

8월

양력	1	2	3	4	5	6	7	8	9	10	11	12	13	14	15	16	17	18	19	20	21	22	23	24	25	26	27	28	29	30	31
요일	토	일	월	화	수	목	금	토	일	월	화	수	목	금	토	일	월	화	수	목	금	토	일	월	화	수	목	금	토	일	월
음력	7/7	8	9	10	11	12	13	14	15	16	17	18	19	20	21	22	23	24	25	26	27	28	29	7*/1	2	3	4	5	6	7	8
일진	신축	임인	계묘	갑진	을사	병오	정미	무신	기유	경술	신해	임자	계축	갑인	을묘	병진	정사	무오	기미	경신	신유	임술	계해	갑자	을축	병인	정묘	무진	기사	경오	신미

9월

양력	1	2	3	4	5	6	7	8	9	10	11	12	13	14	15	16	17	18	19	20	21	22	23	24	25	26	27	28	29	30
요일	화	수	목	금	토	일	월	화	수	목	금	토	일	월	화	수	목	금	토	일	월	화	수	목	금	토	일	월	화	수
음력	7*/9	10	11	12	13	14	15	16	17	18	19	20	21	22	23	24	25	26	27	28	29	8/1	2	3	4	5	6	7	8	9
일진	임신	계유	갑술	을해	병자	정축	무인	기묘	경진	신사	임오	계미	갑신	을유	병술	정해	무자	기축	경인	신묘	임진	계사	갑오	을미	병신	정유	무술	기해	경자	신축

10월

양력	1	2	3	4	5	6	7	8	9	10	11	12	13	14	15	16	17	18	19	20	21	22	23	24	25	26	27	28	29	30	31
요일	목	금	토	일	월	화	수	목	금	토	일	월	화	수	목	금	토	일	월	화	수	목	금	토	일	월	화	수	목	금	토
음력	8/10	11	12	13	14	15	16	17	18	19	20	21	22	23	24	25	26	27	28	29	30	9/1	2	3	4	5	6	7	8	9	10
일진	임인	계묘	갑진	을사	병오	정미	무신	기유	경술	신해	임자	계축	갑인	을묘	병진	정사	무오	기미	경신	신유	임술	계해	갑자	을축	병인	정묘	무진	기사	경오	신미	임신

11월

양력	1	2	3	4	5	6	7	8	9	10	11	12	13	14	15	16	17	18	19	20	21	22	23	24	25	26	27	28	29	30
요일	일	월	화	수	목	금	토	일	월	화	수	목	금	토	일	월	화	수	목	금	토	일	월	화	수	목	금	토	일	월
음력	9/11	12	13	14	15	16	17	18	19	20	21	22	23	24	25	26	27	28	29	10/1	2	3	4	5	6	7	8	9	10	11
일진	계유	갑술	을해	병자	정축	무인	기묘	경진	신사	임오	계미	갑신	을유	병술	정해	무자	기축	경인	신묘	임진	계사	갑오	을미	병신	정유	무술	기해	경자	신축	임인

12월

양력	1	2	3	4	5	6	7	8	9	10	11	12	13	14	15	16	17	18	19	20	21	22	23	24	25	26	27	28	29	30	31
요일	화	수	목	금	토	일	월	화	수	목	금	토	일	월	화	수	목	금	토	일	월	화	수	목	금	토	일	월	화	수	목
음력	10/12	13	14	15	16	17	18	19	20	21	22	23	24	25	26	27	28	29	30	11/1	2	3	4	5	6	7	8	9	10	11	12
일진	계묘	갑진	을사	병오	정미	무신	기유	경술	신해	임자	계축	갑인	을묘	병진	정사	무오	기미	경신	신유	임술	계해	갑자	을축	병인	정묘	무진	기사	경오	신미	임신	계유

* 윤달 : 7월

2083 계묘년 · 단기 4416

주요 국경일과 명절

구 분	월일	요일	구 분	월일	요일
신 정	1 1	금	현충일	6 6	일
설 날	2 17	수	제헌절	7 17	토
3·1절	3 1	월	광복절	8 15	일
식목일	4 5	월	추 석	9 26	일
어린이날	5 5	수	개천절	10 3	일
석가탄신일	5 24	월	기독탄신일	12 25	토

음양력 대조일람

음력월	월건	대소	음력 1일의 양력 월일	음력월	월건	대소	음력 1일의 양력 월일
1	갑인	소	2 17	7	경신	대	8 13
2	을묘	대	3 18	8	신유	소	9 12
3	병진	대	4 17	9	임술	대	10 11
4	정사	소	5 17	10	계해	소	11 10
5	무오	대	6 15	11	갑자	대	12 9
6	기미	소	7 15	12	을축	소	2084/1 8

월	양력	1	2	3	4	5	6	7	8	9	10	11	12	13	14	15	16	17	18	19	20	21	22	23	24	25	26	27	28	29	30	31
1	요일	금	토	일	월	화	수	목	금	토	일	월	화	수	목	금	토	일	월	화	수	목	금	토	일	월	화	수	목	금	토	일
1	음력	11/13	14	15	16	17	18	19	20	21	22	23	24	25	26	27	28	29	12/1	2	3	4	5	6	7	8	9	10	11	12	13	14
1	일진	갑술	을해	병자	정축	무인	기묘	경진	신사	임오	계미	갑신	을유	병술	정해	무자	기축	경인	신묘	임진	계사	갑오	을미	병신	정유	무술	기해	경자	신축	임인	계묘	갑진
2	요일	월	화	수	목	금	토	일	월	화	수	목	금	토	일	월	화	수	목	금	토	일	월	화	수	목	금	토	일			
2	음력	12/15	16	17	18	19	20	21	22	23	24	25	26	27	28	29	30	1/1	2	3	4	5	6	7	8	9	10	11	12			
2	일진	을사	병오	정미	무신	기유	경술	신해	임자	계축	갑인	을묘	병진	정사	무오	기미	경신	신유	임술	계해	갑자	을축	병인	정묘	무진	기사	경오	신미	임신			
3	요일	월	화	수	목	금	토	일	월	화	수	목	금	토	일	월	화	수	목	금	토	일	월	화	수	목	금	토	일	월	화	수
3	음력	1/13	14	15	16	17	18	19	20	21	22	23	24	25	26	27	28	29	2/1	2	3	4	5	6	7	8	9	10	11	12	13	14
3	일진	계유	갑술	을해	병자	정축	무인	기묘	경진	신사	임오	계미	갑신	을유	병술	정해	무자	기축	경인	신묘	임진	계사	갑오	을미	병신	정유	무술	기해	경자	신축	임인	계묘
4	요일	목	금	토	일	월	화	수	목	금	토	일	월	화	수	목	금	토	일	월	화	수	목	금	토	일	월	화	수	목	금	
4	음력	2/15	16	17	18	19	20	21	22	23	24	25	26	27	28	29	30	3/1	2	3	4	5	6	7	8	9	10	11	12	13	14	
4	일진	갑진	을사	병오	정미	무신	기유	경술	신해	임자	계축	갑인	을묘	병진	정사	무오	기미	경신	신유	임술	계해	갑자	을축	병인	정묘	무진	기사	경오	신미	임신	계유	
5	요일	토	일	월	화	수	목	금	토	일	월	화	수	목	금	토	일	월	화	수	목	금	토	일	월	화	수	목	금	토	일	월
5	음력	3/15	16	17	18	19	20	21	22	23	24	25	26	27	28	29	30	4/1	2	3	4	5	6	7	8	9	10	11	12	13	14	15
5	일진	갑술	을해	병자	정축	무인	기묘	경진	신사	임오	계미	갑신	을유	병술	정해	무자	기축	경인	신묘	임진	계사	갑오	을미	병신	정유	무술	기해	경자	신축	임인	계묘	갑진
6	요일	화	수	목	금	토	일	월	화	수	목	금	토	일	월	화	수	목	금	토	일	월	화	수	목	금	토	일	월	화	수	
6	음력	4/16	17	18	19	20	21	22	23	24	25	26	27	28	29	5/1	2	3	4	5	6	7	8	9	10	11	12	13	14	15	16	
6	일진	을사	병오	정미	무신	기유	경술	신해	임자	계축	갑인	을묘	병진	정사	무오	기미	경신	신유	임술	계해	갑자	을축	병인	정묘	무진	기사	경오	신미	임신	계유	갑술	

24절기와 잡절

명칭	태양황경(도)	한국표준시		명칭	태양황경(도)	한국표준시		명칭	태양황경(도)	한국표준시	
		월 일	시 분			월 일	시 분			월 일	시 분
소한	285	1 5	13 25	하지	90	6 21	11 42	대 설	255	12 7	7 50
대한	300	1 20	6 45	소서	105	7 7	5 14	동 지	270	12 22	1 52
입춘	315	2 4	0 57	대서	120	7 22	22 34				
우수	330	2 18	20 39	입추	135	8 7	15 11	한 식			4 5
경칩	345	3 5	18 35	처서	150	8 23	5 58	단 오			6 19
춘분	0	3 20	19 9	백로	165	9 7	18 33	초 복			7 16
청명	15	4 4	22 49	추분	180	9 23	4 10	중 복			7 26
곡우	30	4 20	5 34	한로	195	10 8	10 48	말 복			8 15
입하	45	5 5	15 30	상강	210	10 23	14 9	토왕용사	297	1 17	8 4
소만	60	5 21	4 7	입동	225	11 7	14 34	토왕용사	27	4 17	3 59
망종	75	6 5	19 11	소설	240	11 22	12 14	토왕용사	117	7 19	19 8
								토왕용사	207	10 20	13 42

월	양력	1 2 3 4 5	6 7 8 9 10	11 12 13 14 15	16 17 18 19 20	21 22 23 24 25	26 27 28 29 30 31
7	요일	목 금 토 일 월	화 수 목 금 토	일 월 화 수 목	금 토 일 월 화	수 목 금 토 일	월 화 수 목 금 토
	음력	5/17 18 19 20 21	22 23 24 25 26	27 28 29 30 6/1	2 3 4 5 6	7 8 9 10 11	12 13 14 15 16 17
	일진	을해 병자 정축 무인 기묘	경진 신사 임오 계미 갑신	을유 병술 정해 무자 기축	경인 신묘 임진 계사 갑오	을미 병신 정유 무술 기해	경자 신축 임인 계묘 갑진 을사
8	요일	일 월 화 수 목	금 토 일 월 화	수 목 금 토 일	월 화 수 목 금	토 일 월 화 수	목 금 토 일 월 화
	음력	6/18 19 20 21 22	23 24 25 26 27	28 29 7/1 2 3	4 5 6 7 8	9 10 11 12 13	14 15 16 17 18 19
	일진	병오 정미 무신 기유 경술	신해 임자 계축 갑인 을묘	병진 정사 무오 기미 경신	신유 임술 계해 갑자 을축	병인 정묘 무진 기사 경오	신미 임신 계유 갑술 을해 병자
9	요일	수 목 금 토 일	월 화 수 목 금	토 일 월 화 수	목 금 토 일 월	화 수 목 금 토	일 월 화 수 목
	음력	7/20 21 22 23 24	25 26 27 28 29	30 8/1 2 3 4	5 6 7 8 9	10 11 12 13 14	15 16 17 18 19
	일진	정축 무인 기묘 경진 신사	임오 계미 갑신 을유 병술	정해 무자 기축 경인 신묘	임진 계사 갑오 을미 병신	정유 무술 기해 경자 신축	임인 계묘 갑진 을사 병오
10	요일	금 토 일 월 화	수 목 금 토 일	월 화 수 목 금	토 일 월 화 수	목 금 토 일 월	화 수 목 금 토 일
	음력	8/20 21 22 23 24	25 26 27 28 29	9/1 2 3 4 5	6 7 8 9 10	11 12 13 14 15	16 17 18 19 20 21
	일진	정미 무신 기유 경술 신해	임자 계축 갑인 을묘 병진	정사 무오 기미 경신 신유	임술 계해 갑자 을축 병인	정묘 무진 기사 경오 신미	임신 계유 갑술 을해 병자 정축
11	요일	월 화 수 목 금	토 일 월 화 수	목 금 토 일 월	화 수 목 금 토	일 월 화 수 목	금 토 일 월 화
	음력	9/22 23 24 25 26	27 28 29 30 10/1	2 3 4 5 6	7 8 9 10 11	12 13 14 15 16	17 18 19 20 21
	일진	무인 기묘 경진 신사 임오	계미 갑신 을유 병술 정해	무자 기축 경인 신묘 임진	계사 갑오 을미 병신 정유	무술 기해 경자 신축 임인	계묘 갑진 을사 병오 정미
12	요일	수 목 금 토 일	월 화 수 목 금	토 일 월 화 수	목 금 토 일 월	화 수 목 금 토	일 월 화 수 목 금
	음력	10/22 23 24 25 26	27 28 29 11/1 2	3 4 5 6 7	8 9 10 11 12	13 14 15 16 17	18 19 20 21 22 23
	일진	무신 기유 경술 신해 임자	계축 갑인 을묘 병진 정사	무오 기미 경신 신유 임술	계해 갑자 을축 병인 정묘	무진 기사 경오 신미 임신	계유 갑술 을해 병자 정축 무인

2084 갑진년 · 단기 4417

주요 국경일과 명절

구 분	월일	요일	구 분	월일	요일
신 정	1 1	토	현 충 일	6 6	화
설 날	2 6	일	제 헌 절	7 17	월
3·1절	3 1	수	광 복 절	8 15	화
식 목 일	4 5	수	추 석	9 14	목
어린이날	5 5	금	개 천 절	10 3	화
석가탄신일	5 12	금	기독탄신일	12 25	월

음양력 대조일람

음력월	월건	대소	음력 1일의 양력 월일	음력월	월건	대소	음력 1일의 양력 월일
1	병인	대	2 6	7	임신	소	8 2
2	정묘	소	3 7	8	계유	대	8 31
3	무진	대	4 5	9	갑술	소	9 30
4	기사	소	5 5	10	을해	대	10 29
5	경오	대	6 3	11	병자	소	11 28
6	신미	대	7 3	12	정축	대	12 27

월	양력	1 2 3 4 5	6 7 8 9 10	11 12 13 14 15	16 17 18 19 20	21 22 23 24 25	26 27 28 29 30 31
1	요일	토일월화수	목금토일월	화수목금토	일월화수목	금토일월화	수목금토일월
1	음력	11/24 25 26 27 28	29 30 12/1 2 3	4 5 6 7 8	9 10 11 12 13	14 15 16 17 18	19 20 21 22 23 24
1	일진	기경신임계 묘진사오미	갑을병정무 신유술해자	기경신임계 축인묘진사	갑을병정무 오미신유술	기경신임계 해자축인묘	갑을병정무기 진사오미신유
2	요일	화수목금토	일월화수목	금토일월화	수목금토일	월화수목금	토일월화
2	음력	12/25 26 27 28 29	1/1 2 3 4 5	6 7 8 9 10	11 12 13 14 15	16 17 18 19 20	21 22 23 24
2	일진	경신임계갑 술해자축인	을병정무기 묘진사오미	경신임계갑 신유술해자	을병정무기 축인묘진사	경신임계갑 오미신유술	을병정무 해자축인
3	요일	수목금토일	월화수목금	토일월화수	목금토일월	화수목금토	일월화수목금
3	음력	1/25 26 27 28 29	30 2/1 2 3 4	5 6 7 8 9	10 11 12 13 14	15 16 17 18 19	20 21 22 23 24 25
3	일진	기경신임계 묘진사오미	갑을병정무 신유술해자	기경신임계 축인묘진사	갑을병정무 오미신유술	기경신임계 해자축인묘	갑을병정무기 진사오미신유
4	요일	토일월화수	목금토일월	화수목금토	일월화수목	금토일월화	수목금토일
4	음력	2/26 27 28 29 3/1	2 3 4 5 6	7 8 9 10 11	12 13 14 15 16	17 18 19 20 21	22 23 24 25 26
4	일진	경신임계갑 술해자축인	을병정무기 묘진사오미	경신임계갑 신유술해자	을병정무기 축인묘진사	경신임계갑 오미신유술	을병정무기 해자축인묘
5	요일	월화수목금	토일월화수	목금토일월	화수목금토	일월화수목	금토일월화수
5	음력	3/27 28 29 30 4/1	2 3 4 5 6	7 8 9 10 11	12 13 14 15 16	17 18 19 20 21	22 23 24 25 26 27
5	일진	경신임계갑 진사오미신	을병정무기 유술해자축	경신임계갑 인묘진사오	을병정무기 미신유술해	경신임계갑 자축인묘진	을병정무기경 사오미신유술
6	요일	목금토일월	화수목금토	일월화수목	금토일월화	수목금토일	월화수목금
6	음력	4/28 29 5/1 2 3	4 5 6 7 8	9 10 11 12 13	14 15 16 17 18	19 20 21 22 23	24 25 26 27 28
6	일진	신임계갑을 해자축인묘	병정무기경 진사오미신	신임계갑을 유술해자축	병정무기경 인묘진사오	신임계갑을 미신유술해	병정무기경 자축인묘진

24절기와 잡절

명칭	태양황경(도)	월	일	시	분
소한	285	1	5	19	14
대한	300	1	20	12	32
입춘	315	2	4	6	45
우수	330	2	19	2	26
경칩	345	3	5	0	24
춘분	0	3	20	0	58
청명	15	4	4	4	39
곡우	30	4	19	11	26
입하	45	5	4	21	21
소만	60	5	20	10	3
망종	75	6	5	1	1
하지	90	6	20	17	39
소서	105	7	6	11	2
대서	120	7	22	4	29
입추	135	8	6	20	55
처서	150	8	22	11	49
백로	165	9	7	0	13
추분	180	9	22	9	58
한로	195	10	7	16	26
상강	210	10	22	19	54
입동	225	11	6	20	12
소설	240	11	21	18	0
대설	255	12	6	13	30
동지	270	12	21	7	40
한식		4	5		
단오		6	7		
초복		7	10		
중복		7	20		
말복		8	9		
토왕용사	297	1	17	13	49
토왕용사	27	4	16	9	48
토왕용사	117	7	19	1	1
토왕용사	207	10	19	19	29

월	양력	1 2 3 4 5	6 7 8 9 10	11 12 13 14 15	16 17 18 19 20	21 22 23 24 25	26 27 28 29 30 31
7	요일	토 일 월 화 수	목 금 토 일 월	화 수 목 금 토	일 월 화 수 목	금 토 일 월 화	수 목 금 토 일 월
7	음력	5/29 30 6/1 2 3	4 5 6 7 8	9 10 11 12 13	14 15 16 17 18	19 20 21 22 23	24 25 26 27 28 29
7	일진	신임계갑을 / 사오미신유	병정무기경 / 술해자축인	신임계갑을 / 묘진사오미	병정무기경 / 신유술해자	신임계갑을 / 축인묘진사	병정무기경신 / 오미신유술해
8	요일	화 수 목 금 토	일 월 화 수 목	금 토 일 월 화	수 목 금 토 일	월 화 수 목 금	토 일 월 화 수 목
8	음력	6/30 7/1 2 3 4	5 6 7 8 9	10 11 12 13 14	15 16 17 18 19	20 21 22 23 24	25 26 27 28 29 8/1
8	일진	임계갑을병 / 자축인묘진	정무기경신 / 사오미신유	임계갑을병 / 술해자축인	정무기경신 / 묘진사오미	임계갑을병 / 신유술해자	정무기경신임 / 축인묘진사오
9	요일	금 토 일 월 화	수 목 금 토 일	월 화 수 목 금	토 일 월 화 수	목 금 토 일 월	화 수 목 금 토
9	음력	8/2 3 4 5 6	7 8 9 10 11	12 13 14 15 16	17 18 19 20 21	22 23 24 25 26	27 28 29 30 9/1
9	일진	계갑을병정 / 미신유술해	무기경신임 / 자축인묘진	계갑을병정 / 사오미신유	무기경신임 / 술해자축인	계갑을병정 / 묘신사오미	무기경신임 / 신유술해자
10	요일	일 월 화 수 목	금 토 일 월 화	수 목 금 토 일	월 화 수 목 금	토 일 월 화 수	목 금 토 일 월 화
10	음력	9/2 3 4 5 6	7 8 9 10 11	12 13 14 15 16	17 18 19 20 21	22 23 24 25 26	27 28 29 10/1 2 3
10	일진	계갑을병정 / 축인묘진사	무기경신임 / 오미신유술	계갑을병정 / 해자축인묘	무기경신임 / 진사오미신	계갑을병정 / 유술해자축	무기경신임계 / 인묘진사오미
11	요일	수 목 금 토 일	월 화 수 목 금	토 일 월 화 수	목 금 토 일 월	화 수 목 금 토	일 월 화 수 목
11	음력	10/4 5 6 7 8	9 10 11 12 13	14 15 16 17 18	19 20 21 22 23	24 25 26 27 28	29 30 11/1 2 3
11	일진	갑을병정무 / 신유술해자	기경신임계 / 축인묘진사	갑을병정무 / 오미신유술	기경신임계 / 해자축인묘	갑을병정무 / 진사오미신	기경신임계 / 유술해자축
12	요일	금 토 일 월 화	수 목 금 토 일	월 화 수 목 금	토 일 월 화 수	목 금 토 일 월	화 수 목 금 토 일
12	음력	11/4 5 6 7 8	9 10 11 12 13	14 15 16 17 18	19 20 21 22 23	24 25 26 27 28	29 12/1 2 3 4 5
12	일진	갑을병정무 / 인묘진사오	기경신임계 / 미신유술해	갑을병정무 / 자축인묘진	기경신임계 / 사오미신유	갑을병정무 / 술해자축인	기경신임계갑 / 묘진사오미신

2085 을사년 • 단기 4418

주요 국경일과 명절

구 분	월일	요일	구 분	월일	요일
신 정	1 1	월	현 충 일	6 6	수
설 날	1 26	금	제 헌 절	7 17	화
3·1절	3 1	목	광 복 절	8 15	수
식 목 일	4 5	목	추 석	10 3	수
석가탄신일	5 1	화	개 천 절	10 3	수
어린이날	5 5	토	기독탄신일	12 25	화

음양력 대조일람

음력월	월건	대소	음력 1일의 양력월일	음력월	월건	대소	음력 1일의 양력월일
1	무인	소	1 26	7	갑신	대	8 20
2	기묘	대	2 24	8	을유	대	9 19
3	경진	소	3 26	9	병술	소	10 19
4	신사	소	4 24	10	정해	대	11 17
5	임오	대	5 23	11	무자	소	12 17
(윤)5		대	6 22	12	기축	대	2086/1 15
6	계미	소	7 22				

월	양력	1 2 3 4 5	6 7 8 9 10	11 12 13 14 15	16 17 18 19 20	21 22 23 24 25	26 27 28 29 30 31
1	요일	월 화 수 목 금	토 일 월 화 수	목 금 토 일 월	화 수 목 금 토	일 월 화 수 목	금 토 일 월 화 수
	음력	12/6 7 8 9 10	11 12 13 14 15	16 17 18 19 20	21 22 23 24 25	26 27 28 29 30	1/1 2 3 4 5 6
	일진	을병정무기 유술해자축	경신임계갑 인묘진사오	을병정무기 미신유술해	경신임계갑 자축인묘진	을병정무기 사오미신유	경신임계갑을 술해자축인묘
2	요일	목 금 토 일 월	화 수 목 금 토	일 월 화 수 목	금 토 일 월 화	수 목 금 토 일	월 화 수
	음력	1/7 8 9 10 11	12 13 14 15 16	17 18 19 20 21	22 23 24 25 26	27 28 29 2/1 2	3 4 5
	일진	병정무기경 진사오미신	신임계갑을 유술해자축	병정무기경 인묘진사오	신임계갑을 미신유술해	병정무기경 자축인묘진	신임계 사오미
3	요일	목 금 토 일 월	화 수 목 금 토	일 월 화 수 목	금 토 일 월 화	수 목 금 토 일	월 화 수 목 금 토
	음력	2/6 7 8 9 10	11 12 13 14 15	16 17 18 19 20	21 22 23 24 25	26 27 28 29 30	3/1 2 3 4 5 6
	일진	갑을병정무 신유술해자	기경신임계 축인묘진사	갑을병정무 오미신유술	기경신임계 해자축인묘	갑을병정무 진사오미신	기경신임계갑 유술해자축인
4	요일	일 월 화 수 목	금 토 일 월 화	수 목 금 토 일	월 화 수 목 금	토 일 월 화 수	목 금 토 일 월
	음력	3/7 8 9 10 11	12 13 14 15 16	17 18 19 20 21	22 23 24 25 26	27 28 29 4/1 2	3 4 5 6 7
	일진	을병정무기 묘진사오미	경신임계갑 신유술해자	을병정무기 축인묘진사	경신임계갑 오미신유술	을병정무기 해자축인묘	경신임계갑 진사오미신
5	요일	화 수 목 금 토	일 월 화 수 목	금 토 일 월 화	수 목 금 토 일	월 화 수 목 금	토 일 월 화 수 목
	음력	4/8 9 10 11 12	13 14 15 16 17	18 19 20 21 22	23 24 25 26 27	28 29 5/1 2 3	4 5 6 7 8 9
	일진	을병정무기 유술해자축	경신임계갑 인묘진사오	을병정무기 미신유술해	경신임계갑 자축인묘진	을병정무기 사오미신유	경신임계갑을 술해자축인묘
6	요일	금 토 일 월 화	수 목 금 토 일	월 화 수 목 금	토 일 월 화 수	목 금 토 일 월	화 수 목 금 토
	음력	5/10 11 12 13 14	15 16 17 18 19	20 21 22 23 24	25 26 27 28 29	30 5'/1 2 3 4	5 6 7 8 9
	일진	병정무기경 진사오미신	신임계갑을 유술해자축	병정무기경 인묘진사오	신임계갑을 미신유술해	병정무기경 자축인묘진	신임계갑을 사오미신유

24절기와 잡절

명칭	태양황경(도)	한국표준시 월 일	시 분	명칭	태양황경(도)	한국표준시 월 일	시 분	명칭	태양황경(도)	한국표준시 월 일	시 분
소한	285	1 5	0 55	하지	90	6 20	23 31	대　설	255	12 6	19 26
대한	300	1 19	18 22	소서	105	7 6	16 55	동　지	270	12 21	13 27
입춘	315	2 3	12 28	대서	120	7 22	10 18				
우수	330	2 18	8 18	입추	135	8 7	2 48	한　식			4 5
경칩	345	3 5	6 9	처서	150	8 22	17 35	단　오			5 27
춘분	0	3 20	6 52	백로	165	9 7	6 6	초　복			7 15
청명	15	4 4	10 27	추분	180	9 22	15 42	중　복			7 25
곡우	30	4 19	17 21	한로	195	10 7	22 19	말　복			8 14
입하	45	5 5	3 12	상강	210	10 23	1 39	토왕용사	297	1 16	19 39
소만	60	5 20	15 58	입동	225	11 7	2 6	토왕용사	27	4 16	15 45
망종	75	6 5	6 53	소설	240	11 21	23 46	토왕용사	117	7 19	6 54
								토왕용사	207	10 20	1 14

월	양력	1 2 3 4 5	6 7 8 9 10	11 12 13 14 15	16 17 18 19 20	21 22 23 24 25	26 27 28 29 30 31
7	요일	일 월 화 수 목	금 토 일 월 화	수 목 금 토 일	월 화 수 목 금	토 일 월 화 수	목 금 토 일 월 화
	음력	5*/10 11 12 13 14	15 16 17 18 19	20 21 22 23 24	25 26 27 28 29	30 6/1 2 3 4	5 6 7 8 9 10
	일진	병정무기경 술해자축인	신임계갑을 묘진사오미	병정무기경 신유술해자	신임계갑을 축인묘진사	병정무기경 오미신유술	신임계갑을병 해자축인묘진
8	요일	수 목 금 토 일	월 화 수 목 금	토 일 월 화 수	목 금 토 일 월	화 수 목 금 토	일 월 화 수 목 금
	음력	6/11 12 13 14 15	16 17 18 19 20	21 22 23 24 25	26 27 28 29 7/1	2 3 4 5 6	7 8 9 10 11 12
	일진	정무기경신 사오미신유	임계갑을병 술해자축인	정무기경신 묘진사오미	임계갑을병 신유술해자	정무기경신 축인묘진사	임계갑을병정 오미신유술해
9	요일	토 일 월 화 수	목 금 토 일 월	화 수 목 금 토	일 월 화 수 목	금 토 일 월 화	수 목 금 토 일
	음력	7/13 14 15 16 17	18 19 20 21 22	23 24 25 26 27	28 29 30 8/1 2	3 4 5 6 7	8 9 10 11 12
	일진	무기경신임 자축인묘진	계갑을병정 사오미신유	무기경신임 술해자축인	계갑을병정 묘진사오미	무기경신임 신유술해자	계갑을병정 축인묘진사
10	요일	월 화 수 목 금	토 일 월 화 수	목 금 토 일 월	화 수 목 금 토	일 월 화 수 목	금 토 일 월 화 수
	음력	8/13 14 15 16 17	18 19 20 21 22	23 24 25 26 27	28 29 30 9/1 2	3 4 5 6 7	8 9 10 11 12 13
	일진	무기경신임 오미신유술	계갑을병정 해자축인묘	무기경신임 진사오미신	계갑을병정 유술해자축	무기경신임 인묘진사오	계갑을병정무 미신유술해자
11	요일	목 금 토 일 월	화 수 목 금 토	일 월 화 수 목	금 토 일 월 화	수 목 금 토 일	월 화 수 목 금
	음력	9/14 15 16 17 18	19 20 21 22 23	24 25 26 27 28	29 10/1 2 3 4	5 6 7 8 9	10 11 12 13 14
	일진	기경신임계 축인묘진사	갑을병정무 오미신유술	기경신임계 해자축인묘	갑을병정무 진사오미신	기경신임계 유술해자축	갑을병정무 인묘진사오
12	요일	토 일 월 화 수	목 금 토 일 월	화 수 목 금 토	일 월 화 수 목	금 토 일 월 화	수 목 금 토 일 월
	음력	10/15 16 17 18 19	20 21 22 23 24	25 26 27 28 29	30 11/1 2 3 4	5 6 7 8 9	10 11 12 13 14 15
	일진	기경신임계 미신유술해	갑을병정무 자축인묘진	기경신임계 사오미신유	갑을병정무 술해자축인	기경신임계 묘진사오미	갑을병정무기 신유술해자축

* 윤달 : 5월

주요 국경일과 명절

구 분	월 일	요일	구 분	월 일	요일
신 정	1 1	화	현 충 일	6 6	목
설 날	2 14	목	제 헌 절	7 17	수
3 · 1 절	3 1	금	광 복 절	8 15	목
식 목 일	4 5	금	추 석	9 22	일
어린이날	5 5	일	개 천 절	10 3	목
석가탄신일	5 20	월	기독탄신일	12 25	수

음양력 대조일람

음력월	월건	대소	음력 1일의 양력 월일	음력월	월건	대소	음력 1일의 양력 월일
1	경인	소	2 14	7	병신	대	8 9
2	신묘	대	3 15	8	정유	대	9 8
3	임진	소	4 14	9	무술	소	10 8
4	계사	소	5 13	10	기해	대	11 6
5	갑오	대	6 11	11	경자	대	12 6
6	을미	소	7 11	12	신축	소	2087/1 5

월	양력	1 2 3 4 5	6 7 8 9 10	11 12 13 14 15	16 17 18 19 20	21 22 23 24 25	26 27 28 29 30 31
1	요일	화 수 목 금 토	일 월 화 수 목	금 토 일 월 화	수 목 금 토 일	월 화 수 목 금	토 일 월 화 수 목
1	음력	11/16 17 18 19 20	21 22 23 24 25	26 27 28 29 12/1	2 3 4 5 6	7 8 9 10 11	12 13 14 15 16 17
1	일진	경신임계갑 / 인묘진사오	을병정무기 / 미신유술해	경신임계갑 / 자축인묘진	을병정무기 / 사오미신유	경신임계갑 / 술해자축인	을병정무기경 / 묘진사오미신
2	요일	금 토 일 월 화	수 목 금 토 일	월 화 수 목 금	토 일 월 화 수	목 금 토 일 월	화 수 목
2	음력	12/18 19 20 21 22	23 24 25 26 27	28 29 30 1/1 2	3 4 5 6 7	8 9 10 11 12	13 14 15
2	일진	신임계갑을 / 유술해자축	병정무기경 / 인묘진사오	신임계갑을 / 미신유술해	병정무기경 / 자축인묘진	신임계갑을 / 사오미신유	병정무 / 술해자
3	요일	금 토 일 월 화	수 목 금 토 일	월 화 수 목 금	토 일 월 화 수	목 금 토 일 월	화 수 목 금 토 일
3	음력	1/16 17 18 19 20	21 22 23 24 25	26 27 28 29 2/1	2 3 4 5 6	7 8 9 10 11	12 13 14 15 16 17
3	일진	기경신임계 / 축인묘진사	갑을병정무 / 오미신유술	기경신임계 / 해자축인묘	갑을병정무 / 진사오미신	기경신임계 / 유술해자축	갑을병정무기 / 인묘진사오미
4	요일	월 화 수 목 금	토 일 월 화 수	목 금 토 일 월	화 수 목 금 토	일 월 화 수 목	금 토 일 월 화
4	음력	2/18 19 20 21 22	23 24 25 26 27	28 29 30 3/1 2	3 4 5 6 7	8 9 10 11 12	13 14 15 16 17
4	일진	경신임계갑 / 신유술해자	을병정무기 / 축인묘진사	경신임계갑 / 오미신유술	을병정무기 / 해자축인묘	경신임계갑 / 진사오미신	을병정무기 / 유술해자축
5	요일	수 목 금 토 일	월 화 수 목 금	토 일 월 화 수	목 금 토 일 월	화 수 목 금 토	일 월 화 수 목 금
5	음력	3/18 19 20 21 22	23 24 25 26 27	28 29 4/1 2 3	4 5 6 7 8	9 10 11 12 13	14 15 16 17 18 19
5	일진	경신임계갑 / 인묘진사오	을병정무기 / 미신유술해	경신임계갑 / 자축인묘진	을병정무기 / 사오미신유	경신임계갑 / 술해자축인	을병정무기경 / 묘진사오미신
6	요일	토 일 월 화 수	목 금 토 일 월	화 수 목 금 토	일 월 화 수 목	금 토 일 월 화	수 목 금 토 일
6	음력	4/20 21 22 23 24	25 26 27 28 29	5/1 2 3 4 5	6 7 8 9 10	11 12 13 14 15	16 17 18 19 20
6	일진	신임계갑을 / 유술해자축	병정무기경 / 인묘진사오	신임계갑을 / 미신유술해	병정무기경 / 자축인묘진	신임계갑을 / 사오미신유	병정무기경 / 술해자축인

24절기와 잡절

명칭	태양황경(도)	월	일	시	분	명칭	태양황경(도)	월	일	시	분	명칭	태양황경(도)	월	일	시	분
소한	285	1	5	6	52	하지	90	6	21	5	8	대설	255	12	7	1	14
대한	300	1	20	0	10	소서	105	7	6	22	39	동지	270	12	21	19	21
입춘	315	2	3	18	25	대서	120	7	22	15	58						
우수	330	2	18	14	4	입추	135	8	7	8	32	한식		4	5		
경칩	345	3	5	12	2	처서	150	8	22	23	19	단오		6	15		
춘분	0	3	20	12	34	백로	165	9	7	11	51	초복		7	20		
청명	15	4	4	16	16	추분	180	9	22	21	31	중복		7	30		
곡우	30	4	19	22	59	한로	195	10	8	4	6	말복		8	9		
입하	45	5	5	8	57	상강	210	10	23	7	31	토왕용사	297	1	17	1	29
소만	60	5	20	21	33	입동	225	11	7	7	54	토왕용사	27	4	16	21	24
망종	75	6	5	12	37	소설	240	11	22	5	39	토왕용사	117	7	19	12	32
												토왕용사	207	10	20	7	3

월	양력	1	2	3	4	5	6	7	8	9	10	11	12	13	14	15	16	17	18	19	20	21	22	23	24	25	26	27	28	29	30	31
7	요일	월	화	수	목	금	토	일	월	화	수	목	금	토	일	월	화	수	목	금	토	일	월	화	수	목	금	토	일	월	화	수
	음력	5/21	22	23	24	25	26	27	28	29	30	6/1	2	3	4	5	6	7	8	9	10	11	12	13	14	15	16	17	18	19	20	21
	일진	신묘	임진	계사	갑오	을미	병신	정유	무술	기해	경자	신축	임인	계묘	갑진	을사	병오	정미	무신	기유	경술	신해	임자	계축	갑인	을묘	병진	정사	무오	기미	경신	신유
8	요일	목	금	토	일	월	화	수	목	금	토	일	월	화	수	목	금	토	일	월	화	수	목	금	토	일	월	화	수	목	금	토
	음력	6/22	23	24	25	26	27	28	29	7/1	2	3	4	5	6	7	8	9	10	11	12	13	14	15	16	17	18	19	20	21	22	23
	일진	임술	계해	갑자	을축	병인	정묘	무진	기사	경오	신미	임신	계유	갑술	을해	병자	정축	무인	기묘	경진	신사	임오	계미	갑신	을유	병술	정해	무자	기축	경인	신묘	임진
9	요일	일	월	화	수	목	금	토	일	월	화	수	목	금	토	일	월	화	수	목	금	토	일	월	화	수	목	금	토	일	월	
	음력	7/24	25	26	27	28	29	30	8/1	2	3	4	5	6	7	8	9	10	11	12	13	14	15	16	17	18	19	20	21	22	23	
	일진	계사	갑오	을미	병신	정유	무술	기해	경자	신축	임인	계묘	갑진	을사	병오	정미	무신	기유	경술	신해	임자	계축	갑인	을묘	병진	정사	무오	기미	경신	신유	임술	
10	요일	화	수	목	금	토	일	월	화	수	목	금	토	일	월	화	수	목	금	토	일	월	화	수	목	금	토	일	월	화	수	목
	음력	8/24	25	26	27	28	29	30	9/1	2	3	4	5	6	7	8	9	10	11	12	13	14	15	16	17	18	19	20	21	22	23	24
	일진	계해	갑자	을축	병인	정묘	무진	기사	경오	신미	임신	계유	갑술	을해	병자	정축	무인	기묘	경진	신사	임오	계미	갑신	을유	병술	정해	무자	기축	경인	신묘	임진	계사
11	요일	금	토	일	월	화	수	목	금	토	일	월	화	수	목	금	토	일	월	화	수	목	금	토	일	월	화	수	목	금	토	
	음력	9/25	26	27	28	29	10/1	2	3	4	5	6	7	8	9	10	11	12	13	14	15	16	17	18	19	20	21	22	23	24	25	
	일진	갑오	을미	병신	정유	무술	기해	경자	신축	임인	계묘	갑진	을사	병오	정미	무신	기유	경술	신해	임자	계축	갑인	을묘	병진	정사	무오	기미	경신	신유	임술	계해	
12	요일	일	월	화	수	목	금	토	일	월	화	수	목	금	토	일	월	화	수	목	금	토	일	월	화	수	목	금	토	일	월	화
	음력	10/26	27	28	29	30	11/1	2	3	4	5	6	7	8	9	10	11	12	13	14	15	16	17	18	19	20	21	22	23	24	25	26
	일진	갑자	을축	병인	정묘	무진	기사	경오	신미	임신	계유	갑술	을해	병자	정축	무인	기묘	경진	신사	임오	계미	갑신	을유	병술	정해	무자	기축	경인	신묘	임진	계사	갑오

2087 정미년 • 단기 4420

주요 국경일과 명절

구 분	월일	요일	구 분	월일	요일
신 정	1 1	수	현충일	6 6	금
설 날	2 3	월	제헌절	7 17	목
3·1절	3 1	토	광복절	8 15	금
식목일	4 5	토	추 석	9 11	목
어린이날	5 5	월	개천절	10 3	금
석가탄신일	5 10	토	기독탄신일	12 25	목

음양력 대조일람

음력월	월건	대소	음력 1일의 양력 월일	음력월	월건	대소	음력 1일의 양력 월일
1	임인	대	2 3	7	무신	소	7 30
2	계묘	소	3 5	8	기유	대	8 28
3	갑진	대	4 3	9	경술	소	9 27
4	을사	소	5 3	10	신해	대	10 26
5	병오	소	6 1	11	임자	대	11 25
6	정미	대	6 30	12	계축	대	12 25

월	양력	1 2 3 4 5	6 7 8 9 10	11 12 13 14 15	16 17 18 19 20	21 22 23 24 25	26 27 28 29 30 31
1	요일	수 목 금 토 일	월 화 수 목 금	토 일 월 화 수	목 금 토 일 월	화 수 목 금 토	일 월 화 수 목 금
1	음력	11/27 28 29 30 12/1	2 3 4 5 6	7 8 9 10 11	12 13 14 15 16	17 18 19 20 21	22 23 24 25 26 27
1	일진	을병정무기 미신유술해	경신임계갑 자축인묘진	을병정무기 사오미신유	경신임계갑 술해자축인	을병정무기 묘진사오미	경신임계갑을 신유술해자축
2	요일	토 일 월 화 수	목 금 토 일 월	화 수 목 금 토	일 월 화 수 목	금 토 일 월 화	수 목 금
2	음력	12/28 29 1/1 2 3	4 5 6 7 8	9 10 11 12 13	14 15 16 17 18	19 20 21 22 23	24 25 26
2	일진	병정무기경 인묘진사오	신임계갑을 미신유술해	병정무기경 자축인묘진	신임계갑을 사오미신유	병정무기경 술해자축인	신임계 묘진사
3	요일	토 일 월 화 수	목 금 토 일 월	화 수 목 금 토	일 월 화 수 목	금 토 일 월 화	수 목 금 토 일 월
3	음력	1/27 28 29 30 2/1	2 3 4 5 6	7 8 9 10 11	12 13 14 15 16	17 18 19 20 21	22 23 24 25 26 27
3	일진	갑을병정무 오미신유술	기경신임계 해자축인묘	갑을병정무 진사오미신	기경신임계 유술해자축	갑을병정무 인묘진사오	기경신임계갑 미신유술해자
4	요일	화 수 목 금 토	일 월 화 수 목	금 토 일 월 화	수 목 금 토 일	월 화 수 목 금	토 일 월 화 수
4	음력	2/28 29 3/1 2 3	4 5 6 7 8	9 10 11 12 13	14 15 16 17 18	19 20 21 22 23	24 25 26 27 28
4	일진	을병정무기 축인묘진사	경신임계갑 오미신유술	을병정무기 해자축인묘	경신임계갑 진사오미신	을병정무기 유술해자축	경신임계갑 인묘진사오
5	요일	목 금 토 일 월	화 수 목 금 토	일 월 화 수 목	금 토 일 월 화	수 목 금 토 일	월 화 수 목 금 토
5	음력	3/29 30 4/1 2 3	4 5 6 7 8	9 10 11 12 13	14 15 16 17 18	19 20 21 22 23	24 25 26 27 28 29
5	일진	을병정무기 미신유술해	경신임계갑 자축인묘진	을병정무기 사오미신유	경신임계갑 술해자축인	을병정무기 묘진사오미	경신임계갑을 신유술해자축
6	요일	일 월 화 수 목	금 토 일 월 화	수 목 금 토 일	월 화 수 목 금	토 일 월 화 수	목 금 토 일 월
6	음력	5/1 2 3 4 5	6 7 8 9 10	11 12 13 14 15	16 17 18 19 20	21 22 23 24 25	26 27 28 29 6/1
6	일진	병정무기경 인묘진사오	신임계갑을 미신유술해	병정무기경 자축인묘진	신임계갑을 사오미신유	병정무기경 술해자축인	신임계갑을 묘진사오미

24절기와 잡절

명칭	태양황경(도)	월	일	시	분	명칭	태양황경(도)	월	일	시	분	명칭	태양황경(도)	월	일	시	분
소한	285	1	5	12	41	하지	90	6	21	11	5	대설	255	12	7	6	59
대한	300	1	20	6	4	소서	105	7	7	4	27	동지	270	12	22	1	7
입춘	315	2	4	0	14	대서	120	7	22	21	57	한식		4	5		
우수	330	2	18	19	57	입추	135	8	7	14	23	단오		6	5		
경칩	345	3	5	17	51	처서	150	8	23	5	18	초복		7	15		
춘분	0	3	20	18	27	백로	165	9	7	17	43	중복		7	25		
청명	15	4	4	22	3	추분	180	9	23	3	27	말복		8	14		
곡우	30	4	20	4	52	한로	195	10	8	9	56	토왕용사	297	1	17	7	20
입하	45	5	5	14	43	상강	210	10	23	13	23	토왕용사	27	4	17	3	14
소만	60	5	21	3	28	입동	225	11	7	13	42	토왕용사	117	7	19	18	30
망종	75	6	5	18	23	소설	240	11	22	11	28	토왕용사	207	10	20	12	58

월	양력	1 2 3 4 5	6 7 8 9 10	11 12 13 14 15	16 17 18 19 20	21 22 23 24 25	26 27 28 29 30 31
7	요일	화 수 목 금 토	일 월 화 수 목	금 토 일 월 화	수 목 금 토 일	월 화 수 목 금	토 일 월 화 수 목
	음력	6/2 3 4 5 6	7 8 9 10 11	12 13 14 15 16	17 18 19 20 21	22 23 24 25 26	27 28 29 30 7/1 2
	일진	병정무기경 신유술해자	신임계갑을 축인묘진사	병정무기경 오미신유술	신임계갑을 해자축인묘	병정무기경 진사오미신	신임계갑을병 유술해자축인
8	요일	금 토 일 월 화	수 목 금 토 일	월 화 수 목 금	토 일 월 화 수	목 금 토 일 월	화 수 목 금 토 일
	음력	7/3 4 5 6 7	8 9 10 11 12	13 14 15 16 17	18 19 20 21 22	23 24 25 26 27	28 29 8/1 2 3 4
	일진	정무기경신 묘진사오미	임계갑을병 신유술해자	정무기경신 축인묘진사	임계갑을병 오미신유술	정무기경신 해자축인묘	임계갑을병정 진사오미신유
9	요일	월 화 수 목 금	토 일 월 화 수	목 금 토 일 월	화 수 목 금 토	일 월 화 수 목	금 토 일 월 화
	음력	8/5 6 7 8 9	10 11 12 13 14	15 16 17 18 19	20 21 22 23 24	25 26 27 28 29	30 9/1 2 3 4
	일진	무기경신임 술해자축인	계갑을병정 묘진사오미	무기경신임 신유술해자	계갑을병정 축인묘진사	무기경신임 오미신유술	계갑을병정 해자축인묘
10	요일	수 목 금 토 일	월 화 수 목 금	토 일 월 화 수	목 금 토 일 월	화 수 목 금 토	일 월 화 수 목 금
	음력	9/5 6 7 8 9	10 11 12 13 14	15 16 17 18 19	20 21 22 23 24	25 26 27 28 29	10/1 2 3 4 5 6
	일진	무기경신임 진사오미신	계갑을병정 유술해자축	무기경신임 인묘진사오	계갑을병정 미신유술해	무기경신임 자축인묘진	계갑을병정무 사오미신유술
11	요일	토 일 월 화 수	목 금 토 일 월	화 수 목 금 토	일 월 화 수 목	금 토 일 월 화	수 목 금 토 일
	음력	10/7 8 9 10 11	12 13 14 15 16	17 18 19 20 21	22 23 24 25 26	27 28 29 30 11/1	2 3 4 5 6
	일진	기경신임계 해자축인묘	갑을병정무 진사오미신	기경신임계 유술해자축	갑을병정무 인묘진사오	기경신임계 미신유술해	갑을병정무 자축인묘진
12	요일	월 화 수 목 금	토 일 월 화 수	목 금 토 일 월	화 수 목 금 토	일 월 화 수 목	금 토 일 월 화 수
	음력	11/7 8 9 10 11	12 13 14 15 16	17 18 19 20 21	22 23 24 25 26	27 28 29 30 12/1	2 3 4 5 6 7
	일진	기경신임계 사오미신유	갑을병정무 술해자축인	기경신임계 묘진사오미	갑을병정무 신유술해자	기경신임계 축인묘진사	갑을병정무기 오미신유술해

무신년 • 단기 4421

주요 국경일과 명절

구 분	월일	요일	구 분	월일	요일
신 정	1 1	목	현 충 일	6 6	일
설 날	1 24	토	제 헌 절	7 17	토
3·1절	3 1	월	광 복 절	8 15	일
식 목 일	4 5	월	추 석	9 29	수
석가탄신일	4 28	수	개 천 절	10 3	일
어린이날	5 5	수	기독탄신일	12 25	토

음양력 대조일람

음력월	월건	대소	음력 1일의 양력 월일	음력월	월건	대소	음력 1일의 양력 월일
1	갑인	소	1 24	7	경신	소	8 17
2	을묘	대	2 22	8	신유	소	9 15
3	병진	소	3 23	9	임술	대	10 14
4	정사	대	4 21	10	계해	대	11 13
(윤)4		소	5 21	11	갑자	대	12 13
5	무오	소	6 19	12	을축	대	2089/1 12
6	기미	대	7 18				

월	양력	1 2 3 4 5	6 7 8 9 10	11 12 13 14 15	16 17 18 19 20	21 22 23 24 25	26 27 28 29 30 31
1	요일	목 금 토 일 월	화 수 목 금 토	일 월 화 수 목	금 토 일 월 화	수 목 금 토 일	월 화 수 목 금 토
	음력	12/8 9 10 11 12	13 14 15 16 17	18 19 20 21 22	23 24 25 26 27	28 29 30 1/1 2	3 4 5 6 7 8
	일진	경신임계갑 자축인묘진	을병정무기 사오미신유	경신임계갑 술해자축인	을병정무기 묘진사오미	경신임계갑 신유술해자	을병정무기경 축인묘진사오
2	요일	일 월 화 수 목	금 토 일 월 화	수 목 금 토 일	월 화 수 목 금	토 일 월 화 수	목 금 토 일
	음력	1/9 10 11 12 13	14 15 16 17 18	19 20 21 22 23	24 25 26 27 28	29 2/1 2 3 4	5 6 7 8
	일진	신임계갑을 미신유술해	병정무기경 자축인묘진	신임계갑을 사오미신유	병정무기경 술해자축인	신임계갑을 묘진사오미	병정무기 신유술해
3	요일	월 화 수 목 금	토 일 월 화 수	목 금 토 일 월	화 수 목 금 토	일 월 화 수 목	금 토 일 월 화 수
	음력	2/9 10 11 12 13	14 15 16 17 18	19 20 21 22 23	24 25 26 27 28	29 30 3/1 2 3	4 5 6 7 8 9
	일진	경신임계갑 자축인묘진	을병정무기 사오미신유	경신임계갑 술해자축인	을병정무기 묘진사오미	경신임계갑 신유술해자	을병정무기경 축인묘진사오
4	요일	목 금 토 일 월	화 수 목 금 토	일 월 화 수 목	금 토 일 월 화	수 목 금 토 일	월 화 수 목 금
	음력	3/10 11 12 13 14	15 16 17 18 19	20 21 22 23 24	25 26 27 28 29	4/1 2 3 4 5	6 7 8 9 10
	일진	신임계갑을 미신유술해	병정무기경 자축인묘진	신임계갑을 사오미신유	병정무기경 술해자축인	신임계갑을 묘진사오미	병정무기경 신유술해자
5	요일	토 일 월 화 수	목 금 토 일 월	화 수 목 금 토	일 월 화 수 목	금 토 일 월 화	수 목 금 토 일 월
	음력	4/11 12 13 14 15	16 17 18 19 20	21 22 23 24 25	26 27 28 29 30	4*/1 2 3 4 5	6 7 8 9 10 11
	일진	신임계갑을 축인묘진사	병정무기경 오미신유술	신임계갑을 해자축인묘	병정무기경 진사오미신	신임계갑을 유술해자축	병정무기경신 인묘진사오미
6	요일	화 수 목 금 토	일 월 화 수 목	금 토 일 월 화	수 목 금 토 일	월 화 수 목 금	토 일 월 화 수
	음력	4*/12 13 14 15 16	17 18 19 20 21	22 23 24 25 26	27 28 29 5/1 2	3 4 5 6 7	8 9 10 11 12
	일진	임계갑을병 신유술해자	정무기경신 축인묘진사	임계갑을병 오미신유술	정무기경신 해자축인묘	임계갑을병 진사오미신	정무기경신 유술해자축

24절기와 잡절

명칭	태양황경(도)	월 일	시 분	명칭	태양황경(도)	월 일	시 분	명칭	태양황경(도)	월 일	시 분
*소한	285	1 5	18 24	하지	90	6 20	16 55	대설	255	12 6	12 55
대한	300	1 20	11 49	소서	105	7 6	10 25	동지	270	12 21	6 55
입춘	315	2 4	5 57	대서	120	7 22	3 47				
우수	330	2 19	1 44	입추	135	8 6	20 22	한식		4 5	
경칩	345	3 4	23 36	처서	150	8 22	11 8	단오		6 23	
춘분	0	3 20	0 16	백로	165	9 6	23 43	초복		7 19	
청명	15	4 4	3 51	추분	180	9 22	9 17	중복		7 29	
곡우	30	4 19	10 43	한로	195	10 7	15 55	말복		8 8	
입하	45	5 4	20 35	상강	210	10 22	19 12	토왕용사	297	1 17	13 7
소만	60	5 20	9 19	입동	225	11 6	19 39	토왕용사	27	4 16	9 7
망종	75	6 5	0 19	소설	240	11 21	17 16	토왕용사	117	7 19	0 22
								토왕용사	207	10 19	18 47

월		1 2 3 4 5	6 7 8 9 10	11 12 13 14 15	16 17 18 19 20	21 22 23 24 25	26 27 28 29 30 31
7	요일	목 금 토 일 월	화 수 목 금 토	일 월 화 수 목	금 토 일 월 화	수 목 금 토 일	월 화 수 목 금 토
	음력	5/13 14 15 16 17	18 19 20 21 22	23 24 25 26 27	28 29 6/1 2 3	4 5 6 7 8	9 10 11 12 13 14
	일진	임 계 갑 을 병 인 묘 진 사 오	정 무 기 경 신 미 신 유 술 해	임 계 갑 을 병 자 축 인 묘 진	정 무 기 경 신 사 오 미 신 유	임 계 갑 을 병 술 해 자 축 인	정 무 기 경 신 임 묘 진 사 오 미 신
8	요일	일 월 화 수 목	금 토 일 월 화	수 목 금 토 일	월 화 수 목 금	토 일 월 화 수	목 금 토 일 월 화
	음력	6/15 16 17 18 19	20 21 22 23 24	25 26 27 28 29	30 7/1 2 3 4	5 6 7 8 9	10 11 12 13 14 15
	일진	계 갑 을 병 정 유 술 해 자 축	무 기 경 신 임 인 묘 진 사 오	계 갑 을 병 정 미 신 유 술 해	무 기 경 신 임 자 축 인 묘 진	계 갑 을 병 정 사 오 미 신 유	무 기 경 신 임 계 술 해 자 축 인 묘
9	요일	수 목 금 토 일	월 화 수 목 금	토 일 월 화 수	목 금 토 일 월	화 수 목 금 토	일 월 화 수 목
	음력	7/16 17 18 19 20	21 22 23 24 25	26 27 28 29 8/1	2 3 4 5 6	7 8 9 10 11	12 13 14 15 16
	일진	갑 을 병 정 무 진 사 오 미 신	기 경 신 임 계 유 술 해 자 축	갑 을 병 정 무 인 묘 진 사 오	기 경 신 임 계 미 신 유 술 해	갑 을 병 정 무 자 축 인 묘 진	기 경 신 임 계 사 오 미 신 유
10	요일	금 토 일 월 화	수 목 금 토 일	월 화 수 목 금	토 일 월 화 수	목 금 토 일 월	화 수 목 금 토 일
	음력	8/17 18 19 20 21	22 23 24 25 26	27 28 29 9/1 2	3 4 5 6 7	8 9 10 11 12	13 14 15 16 17 18
	일진	갑 을 병 정 무 술 해 자 축 인	기 경 신 임 계 묘 진 사 오 미	갑 을 병 정 무 신 유 술 해 자	기 경 신 임 계 축 인 묘 진 사	갑 을 병 정 무 오 미 신 유 술	기 경 신 임 계 갑 해 자 축 인 묘 진
11	요일	월 화 수 목 금	토 일 월 화 수	목 금 토 일 월	화 수 목 금 토	일 월 화 수 목	금 토 일 월 화
	음력	9/19 20 21 22 23	24 25 26 27 28	29 30 10/1 2 3	4 5 6 7 8	9 10 11 12 13	14 15 16 17 18
	일진	을 병 정 무 기 사 오 미 신 유	경 신 임 계 갑 술 해 자 축 인	을 병 정 무 기 묘 진 사 오 미	경 신 임 계 갑 신 유 술 해 자	을 병 정 무 기 축 인 묘 진 사	경 신 임 계 갑 오 미 신 유 술
12	요일	수 목 금 토 일	월 화 수 목 금	토 일 월 화 수	목 금 토 일 월	화 수 목 금 토	일 월 화 수 목 금
	음력	10/19 20 21 22 23	24 25 26 27 28	29 30 11/1 2 3	4 5 6 7 8	9 10 11 12 13	14 15 16 17 18 19
	일진	을 병 정 무 기 해 자 축 인 묘	경 신 임 계 갑 진 사 오 미 신	을 병 정 무 기 유 술 해 자 축	경 신 임 계 갑 인 묘 진 사 오	을 병 정 무 기 미 신 유 술 해	경 신 임 계 갑 을 자 축 인 묘 진 사

* 윤달 : 4월

2089 기유년 • 단기 4422

주요 국경일과 명절

구 분	월일	요일	구 분	월일	요일
신 정	1 1	토	현충일	6 6	월
설 날	2 11	금	제헌절	7 17	일
3·1절	3 1	화	광복절	8 15	월
식 목 일	4 5	화	추 석	9 19	월
어린이날	5 5	목	개천절	10 3	월
석가탄신일	5 17	화	기독탄신일	12 25	일

음양력 대조일람

음력월	월건	대소	음력 1일의 양력 월일	음력월	월건	대소	음력 1일의 양력 월일
1	병인	소	2 11	7	임신	대	8 6
2	정묘	대	3 12	8	계유	소	9 5
3	무진	소	4 11	9	갑술	소	10 4
4	기사	대	5 10	10	을해	대	11 2
5	경오	소	6 9	11	병자	대	12 2
6	신미	소	7 8	12	정축	소	2090/1 1

월	양력	1 2 3 4 5	6 7 8 9 10	11 12 13 14 15	16 17 18 19 20	21 22 23 24 25	26 27 28 29 30 31
1	요일	토 일 월 화 수	목 금 토 일 월	화 수 목 금 토	일 월 화 수 목	금 토 일 월 화	수 목 금 토 일 월
	음력	11/20 21 22 23 24	25 26 27 28 29	30 12/1 2 3 4	5 6 7 8 9	10 11 12 13 14	15 16 17 18 19 20
	일진	병정무기경 오미신유술	신임계갑을 해자축인묘	병정무기경 진사오미신	신임계갑을 유술해자축	병정무기경 인묘진사오	신임계갑을병 미신유술해자
2	요일	화 수 목 금 토	일 월 화 수 목	금 토 일 월 화	수 목 금 토 일	월 화 수 목 금	토 일 월
	음력	12/21 22 23 24 25	26 27 28 29 30	1/1 2 3 4 5	6 7 8 9 10	11 12 13 14 15	16 17 18
	일진	정무기경신 축인묘진사	임계갑을병 오미신유술	정무기경신 해자축인묘	임계갑을병 진사오미신	정무기경신 유술해자축	임계갑 인묘진
3	요일	화 수 목 금 토	일 월 화 수 목	금 토 일 월 화	수 목 금 토 일	월 화 수 목 금	토 일 월 화 수 목
	음력	1/19 20 21 22 23	24 25 26 27 28	29 2/1 2 3 4	5 6 7 8 9	10 11 12 13 14	15 16 17 18 19 20
	일진	을병정무기 사오미신유	경신임계갑 술해자축인	을병정무기 묘진사오미	경신임계갑 신유술해자	을병정무기 축인묘진사	경신임계갑을 오미신유술해
4	요일	금 토 일 월 화	수 목 금 토 일	월 화 수 목 금	토 일 월 화 수	목 금 토 일 월	화 수 목 금 토
	음력	2/21 22 23 24 25	26 27 28 29 30	3/1 2 3 4 5	6 7 8 9 10	11 12 13 14 15	16 17 18 19 20
	일진	병정무기경 자축인묘진	신임계갑을 사오미신유	병정무기경 술해자축인	신임계갑을 묘진사오미	병정무기경 신유술해자	신임계갑을 축인묘진사
5	요일	일 월 화 수 목	금 토 일 월 화	수 목 금 토 일	월 화 수 목 금	토 일 월 화 수	목 금 토 일 월 화
	음력	3/21 22 23 24 25	26 27 28 29 4/1	2 3 4 5 6	7 8 9 10 11	12 13 14 15 16	17 18 19 20 21 22
	일진	병정무기경 오미신유술	신임계갑을 해자축인묘	병정무기경 진사오미신	신임계갑을 유술해자축	병정무기경 인묘진사오	신임계갑을병 미신유술해자
6	요일	수 목 금 토 일	월 화 수 목 금	토 일 월 화 수	목 금 토 일 월	화 수 목 금 토	일 월 화 수 목
	음력	4/23 24 25 26 27	28 29 30 5/1 2	3 4 5 6 7	8 9 10 11 12	13 14 15 16 17	18 19 20 21 22
	일진	정무기경신 축인묘진사	임계갑을병 오미신유술	정무기경신 해자축인묘	임계갑을병 진사오미신	정무기경신 유술해자축	임계갑을병 인묘진사오

24절기와 잡절

명 칭	태양황경(도)	월	일	시	분	명 칭	태양황경(도)	월	일	시	분	명 칭	태양황경(도)	월	일	시	분
소한	285	1	5	0	20	하지	90	6	20	22	42	대설	255	12	6	18	42
대한	300	1	19	17	37	소서	105	7	6	16	10	동지	270	12	21	12	51
입춘	315	2	3	11	53	대서	120	7	22	9	32	한식			4	5	
우수	330	2	18	7	32	입추	135	8	7	2	3	단오			6	13	
경칩	345	3	5	5	33	처서	150	8	22	16	54	초복			7	14	
춘분	0	3	20	6	5	백로	165	9	7	5	23	중복			7	24	
청명	15	4	4	9	49	추분	180	9	22	15	6	말복			8	13	
곡우	30	4	19	16	32	한로	195	10	7	21	37	토왕용사	297	1	16	18	54
입하	45	5	5	2	30	상강	210	10	23	1	4	토왕용사	27	4	16	14	56
소만	60	5	20	15	7	입동	225	11	7	1	23	토왕용사	117	7	19	6	5
망종	75	6	5	6	9	소설	240	11	21	23	11	토왕용사	207	10	20	0	37

월	양력	1 2 3 4 5	6 7 8 9 10	11 12 13 14 15	16 17 18 19 20	21 22 23 24 25	26 27 28 29 30 31
7	요일	금 토 일 월 화	수 목 금 토 일	월 화 수 목 금	토 일 월 화 수	목 금 토 일 월	화 수 목 금 토 일
	음력	5/23 24 25 26 27	28 29 6/1 2 3	4 5 6 7 8	9 10 11 12 13	14 15 16 17 18	19 20 21 22 23 24
	일진	정무기경신 미신유술해	임계갑을병 자축인묘진	정무기경신 사오미신유	임계갑을병 술해자축인	정무기경신 묘진사오미	임계갑을병정 신유술해자축
8	요일	월 화 수 목 금	토 일 월 화 수	목 금 토 일 월	화 수 목 금 토	일 월 화 수 목	금 토 일 월 화 수
	음력	6/25 26 27 28 29	7/1 2 3 4 5	6 7 8 9 10	11 12 13 14 15	16 17 18 19 20	21 22 23 24 25 26
	일진	무기경신임 인묘진사오	계갑을병정 미신유술해	무기경신임 자축인묘진	계갑을병정 사오미신유	무기경신임 술해자축인	계갑을병정무 묘진사오미신
9	요일	목 금 토 일 월	화 수 목 금 토	일 월 화 수 목	금 토 일 월 화	수 목 금 토 일	월 화 수 목 금
	음력	7/27 28 29 30 8/1	2 3 4 5 6	7 8 9 10 11	12 13 14 15 16	17 18 19 20 21	22 23 24 25 26
	일진	기경신임계 유술해자축	갑을병정무 인묘진사오	기경신임계 미신유술해	갑을병정무 자축인묘진	기경신임계 사오미신유	갑을병정무 술해자축인
10	요일	토 일 월 화 수	목 금 토 일 월	화 수 목 금 토	일 월 화 수 목	금 토 일 월 화	수 목 금 토 일 월
	음력	8/27 28 29 9/1 2	3 4 5 6 7	8 9 10 11 12	13 14 15 16 17	18 19 20 21 22	23 24 25 26 27 28
	일진	기경신임계 묘진사오미	갑을병정무 신유술해자	기경신임계 축인묘진사	갑을병정무기 오미신유술	기경신임계 해자축인묘	갑을병정무기 진사오미신유
11	요일	화 수 목 금 토	일 월 화 수 목	금 토 일 월 화	수 목 금 토 일	월 화 수 목 금	토 일 월 화 수
	음력	9/29 10/1 2 3 4	5 6 7 8 9	10 11 12 13 14	15 16 17 18 19	20 21 22 23 24	25 26 27 28 29
	일진	경신임계갑 술해자축인	을병정무기 묘진사오미	경신임계갑 신유술해자	을병정무기 축인묘진사	경신임계갑 오미신유술	을병정무기 해자축인묘
12	요일	목 금 토 일 월	화 수 목 금 토	일 월 화 수 목	금 토 일 월 화	수 목 금 토 일	월 화 수 목 금 토
	음력	10/30 11/1 2 3 4	5 6 7 8 9	10 11 12 13 14	15 16 17 18 19	20 21 22 23 24	25 26 27 28 29 30
	일진	경신임계갑 진사오미신	을병정무기 유술해자축	경신임계갑 인묘진사오	을병정무기 미신유술해	경신임계갑 자축인묘진	을병정무기경 사오미신유술

2090 경술년 · 단기 4423

주요 국경일과 명절

구 분	월일	요일	구 분	월일	요일
신 정	1 1	일	현 충 일	6 6	화
설 날	1 30	월	제 헌 절	7 17	월
3·1절	3 1	수	광 복 절	8 15	화
식 목 일	4 5	수	추 석	9 8	금
어린이날	5 5	금	개 천 절	10 3	화
석가탄신일	5 7	일	기독탄신일	12 25	월

음양력 대조일람

음력 월	월건	대소	음력 1일의 양력 월일	음력 월	월건	대소	음력 1일의 양력 월일
1	무인	대	1 30	8	을유	대	8 25
2	기묘	대	3 1	(윤)8		소	9 24
3	경진	대	3 31	9	병술	소	10 23
4	신사	소	4 30	10	정해	대	11 21
5	임오	대	5 29	11	무자	대	12 21
6	계미	소	6 28	12	기축	소	2091/1 20
7	갑신	소	7 27				

월	양력	1 2 3 4 5	6 7 8 9 10	11 12 13 14 15	16 17 18 19 20	21 22 23 24 25	26 27 28 29 30 31
1	요일	일월화수목	금토일월화	수목금토일	월화수목금	토일월화수	목금토일월화
	음력	12/1 2 3 4 5	6 7 8 9 10	11 12 13 14 15	16 17 18 19 20	21 22 23 24 25	26 27 28 29 1/1 2
	일진	신임계갑을 해자축인묘	병정무기경 진사오미신	신임계갑을 유술해자축	병정무기경 인묘진사오	신임계갑을 미신유술해	병정무기경신 자축인묘진사
2	요일	수목금토일	월화수목금	토일월화수	목금토일월	화수목금토	일월화
	음력	1/3 4 5 6 7	8 9 10 11 12	13 14 15 16 17	18 19 20 21 22	23 24 25 26 27	28 29 30
	일진	임계갑을병 오미신유술	정무기경신 해자축인묘	임계갑을병 진사오미신	정무기경신 유술해자축	임계갑을병 인묘진사오	정무기 미신유
3	요일	수목금토일	월화수목금	토일월화수	목금토일월	화수목금토	일월화수목금
	음력	2/1 2 3 4 5	6 7 8 9 10	11 12 13 14 15	16 17 18 19 20	21 22 23 24 25	26 27 28 29 30 3/1
	일진	경신임계갑 술해자축인	을병정무기 묘진사오미	경신임계갑 신유술해자	을병정무기 축인묘진사	경신임계갑 오미신유술	을병정무기경 해자축인묘진
4	요일	토일월화수	목금토일월	화수목금토	일월화수목	금토일월화	수목금토일
	음력	3/2 3 4 5 6	7 8 9 10 11	12 13 14 15 16	17 18 19 20 21	22 23 24 25 26	27 28 29 30 4/1
	일진	신임계갑을 사오미신유	병정무기경 술해자축인	신임계갑을 묘진사오미	병정무기경 신유술해자	신임계갑을 축인묘진사	병정무기경 오미신유술
5	요일	월화수목금	토일월화수	목금토일월	화수목금토	일월화수목	금토일월화수
	음력	4/2 3 4 5 6	7 8 9 10 11	12 13 14 15 16	17 18 19 20 21	22 23 24 25 26	27 28 29 5/1 2 3
	일진	신임계갑을 해자축인묘	병정무기경 진사오미신	신임계갑을 유술해자축	병정무기경 인묘진사오	신임계갑을 미신유술해	병정무기경신 자축인묘진사
6	요일	목금토일월	화수목금토	일월화수목	금토일월화	수목금토일	월화수목금
	음력	5/4 5 6 7 8	9 10 11 12 13	14 15 16 17 18	19 20 21 22 23	24 25 26 27 28	29 30 6/1 2 3
	일진	임계갑을병 오미신유술	정무기경신 해자축인묘	임계갑을병 진사오미신	정무기경신 유술해자축	임계갑을병 인묘진사오	정무기경신 미신유술해

24절기와 잡절

명칭	태양황경(도)	월	일	시	분	명칭	태양황경(도)	월	일	시	분	명칭	태양황경(도)	월	일	시	분
소한	285	1	5	6	7	하지	90	6	21	4	35	대설	255	12	7	0	38
대한	300	1	19	23	33	소서	105	7	6	21	55	동지	270	12	21	18	42
입춘	315	2	3	17	41	대서	120	7	22	15	24	한식		4	5		
우수	330	2	18	13	29	입추	135	8	7	7	51	단오		6	2		
경칩	345	3	5	11	20	처서	150	8	22	22	46	초복		7	19		
춘분	0	3	20	12	1	백로	165	9	7	11	14	중복		7	29		
청명	15	4	4	15	35	추분	180	9	22	20	58	말복		8	8		
곡우	30	4	19	22	27	한로	195	10	8	3	32	토왕용사	297	1	17	0	49
입하	45	5	5	8	15	상강	210	10	23	6	58	토왕용사	27	4	16	20	49
소만	60	5	20	21	1	입동	225	11	7	7	21	토왕용사	117	7	19	11	58
망종	75	6	5	11	54	소설	240	11	22	5	5	토왕용사	207	10	20	6	33

월	양력	1 2 3 4 5	6 7 8 9 10	11 12 13 14 15	16 17 18 19 20	21 22 23 24 25	26 27 28 29 30 31
7	요일	토 일 월 화 수	목 금 토 일 월	화 수 목 금 토	일 월 화 수 목	금 토 일 월 화	수 목 금 토 일 월
	음력	6/4 5 6 7 8	9 10 11 12 13	14 15 16 17 18	19 20 21 22 23	24 25 26 27 28	29 7/1 2 3 4 5
	일진	임계갑을병 자축인묘진	정무기경신 사오미신유	임계갑을병 술해자축인	정무기경신 묘진사오미	임계갑을병 신유술해자	정무기경신임 축인묘진사오
8	요일	화 수 목 금 토	일 월 화 수 목	금 토 일 월 화	수 목 금 토 일	월 화 수 목 금	토 일 월 화 수 목
	음력	7/6 7 8 9 10	11 12 13 14 15	16 17 18 19 20	21 22 23 24 25	26 27 28 29 8/1	2 3 4 5 6 7
	일진	계갑을병정 미신유술해	무기경신임 자축인묘진	계갑을병정 사오미신유	무기경신임 술해자축인	계갑을병정 묘진사오미	무기경신임계 신유술해자축
9	요일	금 토 일 월 화	수 목 금 토 일	월 화 수 목 금	토 일 월 화 수	목 금 토 일 월	화 수 목 금 토
	음력	8/8 9 10 11 12	13 14 15 16 17	18 19 20 21 22	23 24 25 26 27	28 29 30 8*/1 2	3 4 5 6 7
	일진	갑을병정무 인묘진사오	기경신임계 미신유술해	갑을병정무 자축인묘진	기경신임계 사오미신유	갑을병정무 술해자축인	기경신임계 묘진사오미
10	요일	일 월 화 수 목	금 토 일 월 화	수 목 금 토 일	월 화 수 목 금	토 일 월 화 수	목 금 토 일 월 화
	음력	8*/8 9 10 11 12	13 14 15 16 17	18 19 20 21 22	23 24 25 26 27	28 29 9/1 2 3	4 5 6 7 8 9
	일진	갑을병정무 신유술해자	기경신임계 축인묘진사	갑을병정무 오미신유술	기경신임계 해자축인묘	갑을병정무 진사오미신	기경신임계갑 유술해자축인
11	요일	수 목 금 토 일	월 화 수 목 금	토 일 월 화 수	목 금 토 일 월	화 수 목 금 토	일 월 화 수 목
	음력	9/10 11 12 13 14	15 16 17 18 19	20 21 22 23 24	25 26 27 28 29	10/1 2 3 4 5	6 7 8 9 10
	일진	을병정무기 묘진사오미	경신임계갑 신유술해자	을병정무기 축인묘진사	경신임계갑 오미신유술	을병정무기 해자축인묘	경신임계갑 진사오미신
12	요일	금 토 일 월 화	수 목 금 토 일	월 화 수 목 금	토 일 월 화 수	목 금 토 일 월	화 수 목 금 토 일
	음력	10/11 12 13 14 15	16 17 18 19 20	21 22 23 24 25	26 27 28 29 30	11/1 2 3 4 5	6 7 8 9 10 11
	일진	을병정무기 유술해자축	경신임계갑 인묘진사오	을병정무기 미신유술해	경신임계갑 자축인묘진	을병정무기 사오미신유	경신임계갑을 술해자축인묘

* 윤달 : 8월

2091 신해년 · 단기 4424

주요 국경일과 명절

구 분	월일	요일	구 분	월일	요일
신 정	1 1	월	현 충 일	6 6	수
설 날	2 18	일	제 헌 절	7 17	화
3·1절	3 1	목	광 복 절	8 15	수
식 목 일	4 5	목	추 석	9 27	목
어린이날	5 5	토	개 천 절	10 3	수
석가탄신일	5 25	금	기독탄신일	12 25	화

음양력 대조일람

음력월	월건	대소	음력 1일의 양력 월일	음력월	월건	대소	음력 1일의 양력 월일
1	경인	대	2 18	7	병신	소	8 15
2	신묘	대	3 20	8	정유	대	9 13
3	임진	소	4 19	9	무술	소	10 13
4	계사	대	5 18	10	기해	소	11 11
5	갑오	소	6 17	11	경자	대	12 10
6	을미	대	7 16	12	신축	대	2092/1 9

월	양력	1 2 3 4 5	6 7 8 9 10	11 12 13 14 15	16 17 18 19 20	21 22 23 24 25	26 27 28 29 30 31
1	요일	월 화 수 목 금	토 일 월 화 수	목 금 토 일 월	화 수 목 금 토	일 월 화 수 목	금 토 일 월 화 수
1	음력	11/12 13 14 15 16	17 18 19 20 21	22 23 24 25 26	27 28 29 30 12/1	2 3 4 5 6	7 8 9 10 11 12
1	일진	병정무기경 진사오미신	신임계갑을 유술해자축	병정무기경 인묘진사오	신임계갑을 미신유술해	병정무기경 자축인묘진	신임계갑을병 사오미신유술
2	요일	목 금 토 일 월	화 수 목 금 토	일 월 화 수 목	금 토 일 월 화	수 목 금 토 일	월 화 수
2	음력	12/13 14 15 16 17	18 19 20 21 22	23 24 25 26 27	28 29 1/1 2 3	4 5 6 7 8	9 10 11
2	일진	정무기경신 해자축인묘	임계갑을병 진사오미신	정무기경신 유술해자축	임계갑을병 인묘진사오	정무기경신 미신유술해	임계갑 자축인
3	요일	목 금 토 일 월	화 수 목 금 토	일 월 화 수 목	금 토 일 월 화	수 목 금 토 일	월 화 수 목 금 토
3	음력	1/12 13 14 15 16	17 18 19 20 21	22 23 24 25 26	27 28 29 30 2/1	2 3 4 5 6	7 8 9 10 11 12
3	일진	을병정무기 묘진사오미	경신임계갑 신유술해자	을병정무기 축인묘진사	경신임계갑 오미신유술	을병정무기 해자축인묘	경신임계갑을 진사오미신유
4	요일	일 월 화 수 목	금 토 일 월 화	수 목 금 토 일	월 화 수 목 금	토 일 월 화 수	목 금 토 일 월
4	음력	2/13 14 15 16 17	18 19 20 21 22	23 24 25 26 27	28 29 30 3/1 2	3 4 5 6 7	8 9 10 11 12
4	일진	병정무기경 술해자축인	신임계갑을 묘진사오미	병정무기경 신유술해자	신임계갑을 축인묘진사	병정무기경 오미신유술	신임계갑을 해자축인묘
5	요일	화 수 목 금 토	일 월 화 수 목	금 토 일 월 화	수 목 금 토 일	월 화 수 목 금	토 일 월 화 수 목
5	음력	3/13 14 15 16 17	18 19 20 21 22	23 24 25 26 27	28 29 4/1 2 3	4 5 6 7 8	9 10 11 12 13 14
5	일진	병정무기경 진사오미신	신임계갑을 유술해자축	병정무기경 인묘진사오	신임계갑을 미신유술해	병정무기경 자축인묘진	신임계갑을병 사오미신유술
6	요일	금 토 일 월 화	수 목 금 토 일	월 화 수 목 금	토 일 월 화 수	목 금 토 일 월	화 수 목 금 토
6	음력	4/15 16 17 18 19	20 21 22 23 24	25 26 27 28 29	30 5/1 2 3 4	5 6 7 8 9	10 11 12 13 14
6	일진	정무기경신 해자축인묘	임계갑을병 진사오미신	정무기경신 유술해자축	임계갑을병 인묘진사오	정무기경신 미신유술해	임계갑을병 자축인묘진

24절기와 잡절

명칭	태양황경(도)	월	일	시	분	명칭	태양황경(도)	월	일	시	분	명칭	태양황경(도)	월	일	시	분
소한	285	1	5	12	1	하지	90	6	21	10	18	대설	255	12	7	6	37
대한	300	1	20	5	21	소서	105	7	7	3	49	동지	270	12	22	0	37
입춘	315	2	3	23	29	대서	120	7	22	21	10						
우수	330	2	18	19	12	입추	135	8	7	13	48	한식				4	5
경칩	345	3	5	17	5	처서	150	8	23	4	35	단오				6	21
춘분	0	3	20	17	41	백로	165	9	7	17	12	초복				7	14
청명	15	4	4	21	19	추분	180	9	23	2	50	중복				7	24
곡우	30	4	20	4	6	한로	195	10	8	9	30	말복				8	13
입하	45	5	5	14	2	상강	210	10	23	12	51	토왕용사	297	1	17	6	40
소만	60	5	21	2	41	입동	225	11	7	13	19	토왕용사	27	4	17	2	31
망종	75	6	5	17	44	소설	240	11	22	10	59	토왕용사	117	7	19	17	45
												토왕용사	207	10	20	12	24

월	양력	1 2 3 4 5	6 7 8 9 10	11 12 13 14 15	16 17 18 19 20	21 22 23 24 25	26 27 28 29 30 31
7	요일	일 월 화 수 목	금 토 일 월 화	수 목 금 토 일	월 화 수 목 금	토 일 월 화 수	목 금 토 일 월 화
7	음력	5/15 16 17 18 19	20 21 22 23 24	25 26 27 28 29	6/1 2 3 4 5	6 7 8 9 10	11 12 13 14 15 16
7	일진	정무기경신 사오미신유	임계갑을병 술해자축인	정무기경신 묘진사오미	임계갑을병 신유술해자	정무기경신 축인묘진사	임계갑을병정 오미신유술해
8	요일	수 목 금 토 일	월 화 수 목 금	토 일 월 화 수	목 금 토 일 월	화 수 목 금 토	일 월 화 수 목 금
8	음력	6/17 18 19 20 21	22 23 24 25 26	27 28 29 30 7/1	2 3 4 5 6	7 8 9 10 11	12 13 14 15 16 17
8	일진	무기경신임 자축인묘진	계갑을병정 사오미신유	무기경신임 술해자축인	계갑을병정 묘진사오미	무기경신임 신유술해자	계갑을병정무 축인묘진사오
9	요일	토 일 월 화 수	목 금 토 일 월	화 수 목 금 토	일 월 화 수 목	금 토 일 월 화	수 목 금 토 일
9	음력	7/18 19 20 21 22	23 24 25 26 27	28 29 8/1 2 3	4 5 6 7 8	9 10 11 12 13	14 15 16 17 18
9	일진	기경신임계 미신유술해	갑을병정무 자축인묘진	기경신임계 사오미신유	갑을병정무 술해자축인	기경신임계 묘진사오미	갑을병정무 신유술해자
10	요일	월 화 수 목 금	토 일 월 화 수	목 금 토 일 월	화 수 목 금 토	일 월 화 수 목	금 토 일 월 화 수
10	음력	8/19 20 21 22 23	24 25 26 27 28	29 30 9/1 2 3	4 5 6 7 8	9 10 11 12 13	14 15 16 17 18 19
10	일진	기경신임계 축인묘진사	갑을병정무 오미신유술	기경신임계 해자축인묘	갑을병정무 진사오미신	기경신임계 유술해자축	갑을병정무기 인묘진사오미
11	요일	목 금 토 일 월	화 수 목 금 토	일 월 화 수 목	금 토 일 월 화	수 목 금 토 일	월 화 수 목 금
11	음력	9/20 21 22 23 24	25 26 27 28 29	10/1 2 3 4 5	6 7 8 9 10	11 12 13 14 15	16 17 18 19 20
11	일진	경신임계갑 신유술해자	을병정무기 축인묘진사	경신임계갑 오미신유술	을병정무기 해자축인묘	경신임계갑 진사오미신	을병정무기 유술해자축
12	요일	토 일 월 화 수	목 금 토 일 월	화 수 목 금 토	일 월 화 수 목	금 토 일 월 화	수 목 금 토 일 월
12	음력	10/21 22 23 24 25	26 27 28 29 11/1	2 3 4 5 6	7 8 9 10 11	12 13 14 15 16	17 18 19 20 21 22
12	일진	경신임계갑 인묘진사오	을병정무기 미신유술해	경신임계갑 자축인묘진	을병정무기 사오미신유	경신임계갑 술해자축인	을병정무기경 묘진사오미신

2092 임자년 · 단기 4425

주요 국경일과 명절

구 분	월일	요일	구 분	월일	요일
신 정	1 1	화	현 충 일	6 6	금
설 날	2 8	금	제 헌 절	7 17	목
3·1절	3 1	토	광 복 절	8 15	금
식 목 일	4 5	토	추 석	9 16	화
어린이날	5 5	월	개 천 절	10 3	금
석가탄신일	5 13	화	기독탄신일	12 25	목

음양력 대조일람

음력월	월건	대소	음력 1일의 양력 월일	음력월	월건	대소	음력 1일의 양력 월일
1	임인	소	2 8	7	무신	대	8 3
2	계묘	대	3 8	8	기유	소	9 2
3	갑진	소	4 7	9	경술	대	10 1
4	을사	대	5 6	10	신해	소	10 31
5	병오	대	6 5	11	임자	대	11 29
6	정미	소	7 5	12	계축	소	12 29

월	양력	1 2 3 4 5	6 7 8 9 10	11 12 13 14 15	16 17 18 19 20	21 22 23 24 25	26 27 28 29 30 31
1	요일	화 수 목 금 토	일 월 화 수 목	금 토 일 월 화	수 목 금 토 일	월 화 수 목 금	토 일 월 화 수 목
1	음력	11/23 24 25 26 27	28 29 30 12/1 2	3 4 5 6 7	8 9 10 11 12	13 14 15 16 17	18 19 20 21 22 23
1	일진	신임계갑을 유술해자축	병정무기경 인묘진사오	신임계갑을 미신유술해	병정무기경 자축인묘진	신임계갑을 사오미신유	병정무기경신 술해자축인묘
2	요일	금 토 일 월 화	수 목 금 토 일	월 화 수 목 금	토 일 월 화 수	목 금 토 일 월	화 수 목 금
2	음력	12/24 25 26 27 28	29 30 1/1 2 3	4 5 6 7 8	9 10 11 12 13	14 15 16 17 18	19 20 21 22
2	일진	임계갑을병 진사오미신	정무기경신 유술해자축	임계갑을병 인묘진사오	정무기경신 미신유술해	임계갑을병 자축인묘진	정무기경 사오미신
3	요일	토 일 월 화 수	목 금 토 일 월	화 수 목 금 토	일 월 화 수 목	금 토 일 월 화	수 목 금 토 일 월
3	음력	1/23 24 25 26 27	28 29 2/1 2 3	4 5 6 7 8	9 10 11 12 13	14 15 16 17 18	19 20 21 22 23 24
3	일진	신임계갑을 유술해자축	병정무기경 인묘진사오	신임계갑을 미신유술해	병정무기경 자축인묘진	신임계갑을 사오미신유	병정무기경신 술해자축인묘
4	요일	화 수 목 금 토	일 월 화 수 목	금 토 일 월 화	수 목 금 토 일	월 화 수 목 금	토 일 월 화 수
4	음력	2/25 26 27 28 29	30 3/1 2 3 4	5 6 7 8 9	10 11 12 13 14	15 16 17 18 19	20 21 22 23 24
4	일진	임계갑을병 진사오미신	정무기경신 유술해자축	임계갑을병 인묘진사오	정무기경신 미신유술해	임계갑을병 자축인묘진	정무기경신 사오미신유
5	요일	목 금 토 일 월	화 수 목 금 토	일 월 화 수 목	금 토 일 월 화	수 목 금 토 일	월 화 수 목 금 토
5	음력	3/25 26 27 28 29	4/1 2 3 4 5	6 7 8 9 10	11 12 13 14 15	16 17 18 19 20	21 22 23 24 25 26
5	일진	임계갑을병 술해자축인	정무기경신 묘진사오미	임계갑을병 신유술해자	정무기경신 축인묘진사	임계갑을병 오미신유술	정무기경신임 해자축인묘진
6	요일	일 월 화 수 목	금 토 일 월 화	수 목 금 토 일	월 화 수 목 금	토 일 월 화 수	목 금 토 일 월
6	음력	4/27 28 29 30 5/1	2 3 4 5 6	7 8 9 10 11	12 13 14 15 16	17 18 19 20 21	22 23 24 25 26
6	일진	계갑을병정 사오미신유	무기경신임 술해자축인	계갑을병정 묘진사오미	무기경신임 신유술해자	계갑을병정 축인묘진사	무기경신임 오미신유술

24절기와 잡절

명칭	태양황경(도)	월	일	시	분	명칭	태양황경(도)	월	일	시	분	명칭	태양황경(도)	월	일	시	분
소한	285	1	5	17	59	하지	90	6	20	16	14	대설	255	12	6	12	20
대한	300	1	20	11	15	소서	105	7	6	9	40	동지	270	12	21	6	31
입춘	315	2	4	5	27	대서	120	7	22	3	6						
우수	330	2	19	1	5	입추	135	8	6	19	35	한식			4	5	
경칩	345	3	4	23	1	처서	150	8	22	10	29	단오			6	9	
춘분	0	3	19	23	32	백로	165	9	6	22	55	초복			7	18	
청명	15	4	4	3	13	추분	180	9	22	8	41	중복			7	28	
곡우	30	4	19	9	58	한로	195	10	7	15	10	말복			8	7	
입하	45	5	4	19	55	상강	210	10	22	18	40	토왕용사	297	1	17	12	32
소만	60	5	20	8	35	입동	225	11	6	18	59	토왕용사	27	4	16	8	20
망종	75	6	4	23	36	소설	240	11	21	16	49	토왕용사	117	7	18	23	38
												토왕용사	207	10	19	18	14

월	양력	1 2 3 4 5	6 7 8 9 10	11 12 13 14 15	16 17 18 19 20	21 22 23 24 25	26 27 28 29 30 31
7	요일	화 수 목 금 토	일 월 화 수 목	금 토 일 월 화	수 목 금 토 일	월 화 수 목 금	토 일 월 화 수 목
	음력	5/27 28 29 30 6/1	2 3 4 5 6	7 8 9 10 11	12 13 14 15 16	17 18 19 20 21	22 23 24 25 26 27
	일진	계갑을병정 해자축인묘	무기경신임 진사오미신	계갑을병정 유술해자축	무기경신임 인묘진사오	계갑을병정 미신유술해	무기경신임계 자축인묘진사
8	요일	금 토 일 월 화	수 목 금 토 일	월 화 수 목 금	토 일 월 화 수	목 금 토 일 월	화 수 목 금 토 일
	음력	6/28 29 7/1 2 3	4 5 6 7 8	9 10 11 12 13	14 15 16 17 18	19 20 21 22 23	24 25 26 27 28 29
	일진	갑을병정무 오미신유술	기경신임계 해자축인묘	갑을병정무 진사오미신	기경신임계 유술해자축	갑을병정무 인묘진사오	기경신임계갑 미신유술해자
9	요일	월 화 수 목 금	토 일 월 화 수	목 금 토 일 월	화 수 목 금 토	일 월 화 수 목	금 토 일 월 화
	음력	7/30 8/1 2 3 4	5 6 7 8 9	10 11 12 13 14	15 16 17 18 19	20 21 22 23 24	25 26 27 28 29
	일진	을병정무기 축인묘진사	경신임계갑 오미신유술	을병정무기 해자축인묘	경신임계갑 진사오미신	을병정무기 유술해자축	경신임계갑 인묘진사오
10	요일	수 목 금 토 일	월 화 수 목 금	토 일 월 화 수	목 금 토 일 월	화 수 목 금 토	일 월 화 수 목 금
	음력	9/1 2 3 4 5	6 7 8 9 10	11 12 13 14 15	16 17 18 19 20	21 22 23 24 25	26 27 28 29 30 10/1
	일진	을병정무기 미신유술해	경신임계갑 자축인묘진	을병정무기 사오미신유	경신임계갑 술해자축인	을병정무기 묘진사오미	경신임계갑을 신유술해자축
11	요일	토 일 월 화 수	목 금 토 일 월	화 수 목 금 토	일 월 화 수 목	금 토 일 월 화	수 목 금 토 일
	음력	10/2 3 4 5 6	7 8 9 10 11	12 13 14 15 16	17 18 19 20 21	22 23 24 25 26	27 28 29 11/1 2
	일진	병정무기경 인묘진사오	신임계갑을 미신유술해	병정무기경 자축인묘진	신임계갑을 사오미신유	병정무기경 술해자축인	신임계갑을 묘진사오미
12	요일	월 화 수 목 금	토 일 월 화 수	목 금 토 일 월	화 수 목 금 토	일 월 화 수 목	금 토 일 월 화 수
	음력	11/3 4 5 6 7	8 9 10 11 12	13 14 15 16 17	18 19 20 21 22	23 24 25 26 27	28 29 30 12/1 2 3
	일진	병정무기경 신유술해자	신임계갑을 축인묘진사	병정무기경 오미신유술	신임계갑을 해자축인묘	병정무기경 진사오미신	신임계갑을병 유술해자축인

주요 국경일과 명절

구 분	월일	요일	구 분	월일	요일
신 정	1 1	목	현 충 일	6 6	토
설 날	1 27	화	제 헌 절	7 17	금
3·1절	3 1	일	광 복 절	8 15	토
식 목 일	4 5	일	개 천 절	10 3	토
석가탄신일	5 3	일	추 석	10 5	월
어린이날	5 5	화	기독탄신일	12 25	금

음양력 대조일람

음력월	월건	대소	음력 1일의 양력 월일	음력월	월건	대소	음력 1일의 양력 월일
1	갑인	대	1 27	7	경신	대	8 22
2	을묘	소	2 26	8	신유	소	9 21
3	병진	대	3 27	9	임술	대	10 20
4	정사	소	4 26	10	계해	소	11 19
5	무오	대	5 25	11	갑자	대	12 18
6	기미	소	6 24	12	을축	소	2094/1 17
(윤)6		대	7 23				

월	양력	1 2 3 4 5	6 7 8 9 10	11 12 13 14 15	16 17 18 19 20	21 22 23 24 25	26 27 28 29 30 31
1	요일	목 금 토 일 월	화 수 목 금 토	일 월 화 수 목	금 토 일 월 화	수 목 금 토 일	월 화 수 목 금 토
	음력	12/4 5 6 7 8	9 10 11 12 13	14 15 16 17 18	19 20 21 22 23	24 25 26 27 28	29 1/1 2 3 4 5
	일진	정무기경신 묘진사오미	임계갑을병 신유술해자	정무기경신 축인묘진사	임계갑을병 오미신유술	정무기경신 해자축인묘	임계갑을병정 진사오미신유
2	요일	일 월 화 수 목	금 토 일 월 화	수 목 금 토 일	월 화 수 목 금	토 일 월 화 수	목 금 토
	음력	1/6 7 8 9 10	11 12 13 14 15	16 17 18 19 20	21 22 23 24 25	26 27 28 29 30	2/1 2 3
	일진	무기경신임 술해자축인	계갑을병정 묘진사오미	무기경신임 신유술해자	계갑을병정 축인묘진사	무기경신임 오미신유술	계갑을 해자축
3	요일	일 월 화 수 목	금 토 일 월 화	수 목 금 토 일	월 화 수 목 금	토 일 월 화 수	목 금 토 일 월 화
	음력	2/4 5 6 7 8	9 10 11 12 13	14 15 16 17 18	19 20 21 22 23	24 25 26 27 28	29 3/1 2 3 4 5
	일진	병정무기경 인묘진사오	신임계갑을 미신유술해	병정무기경 자축인묘진	신임계갑을 사오미신유	병정무기경 술해자축인	신임계갑을병 묘진사오미신
4	요일	수 목 금 토 일	월 화 수 목 금	토 일 월 화 수	목 금 토 일 월	화 수 목 금 토	일 월 화 수 목
	음력	3/6 7 8 9 10	11 12 13 14 15	16 17 18 19 20	21 22 23 24 25	26 27 28 29 30	4/1 2 3 4 5
	일진	정무기경신 유술해자축	임계갑을병 인묘진사오	정무기경신 미신유술해	임계갑을병 자축인묘진	정무기경신 사오미신유	임계갑을병 술해자축인
5	요일	금 토 일 월 화	수 목 금 토 일	월 화 수 목 금	토 일 월 화 수	목 금 토 일 월	화 수 목 금 토 일
	음력	4/6 7 8 9 10	11 12 13 14 15	16 17 18 19 20	21 22 23 24 25	26 27 28 29 5/1	2 3 4 5 6 7
	일진	정무기경신 묘진사오미	임계갑을병 신유술해자	정무기경신 축인묘진사	임계갑을병 오미신유술	정무기경신 해자축인묘	임계갑을병정 진사오미신유
6	요일	월 화 수 목 금	토 일 월 화 수	목 금 토 일 월	화 수 목 금 토	일 월 화 수 목	금 토 일 월 화
	음력	5/8 9 10 11 12	13 14 15 16 17	18 19 20 21 22	23 24 25 26 27	28 29 30 6/1 2	3 4 5 6 7
	일진	무기경신임 술해자축인	계갑을병정 묘진사오미	무기경신임 신유술해자	계갑을병정 축인묘진사	무기경신임 오미신유술	계갑을병정 해자축인묘

24절기와 잡절

명칭	태양황경(도)	월	일	시	분	명칭	태양황경(도)	월	일	시	분	명칭	태양황경(도)	월	일	시	분
소한	285	1	4	23	46	하지	90	6	20	22	6	대　설	255	12	6	18	16
대한	300	1	19	17	12	소서	105	7	6	15	29	동　지	270	12	21	12	19
입춘	315	2	3	11	17	대서	120	7	22	8	56						
우수	330	2	18	7	5	입추	135	8	7	1	26	한　식			4	5	
경칩	345	3	5	4	53	처서	150	8	22	16	17	단　오			5	29	
춘분	0	3	20	5	33	백로	165	9	7	4	48	초　복			7	13	
청명	15	4	4	9	5	추분	180	9	22	14	28	중　복			7	23	
곡우	30	4	19	15	57	한로	195	10	7	21	5	말　복			8	12	
입하	45	5	5	1	45	상강	210	10	23	0	27	토왕용사	297	1	16	18	29
소만	60	5	20	14	31	입동	225	11	7	0	54	토왕용사	27	4	16	14	20
망종	75	6	5	5	25	소설	240	11	21	22	36	토왕용사	117	7	19	5	31
												토왕용사	207	10	20	0	2

월	양력	1 2 3 4 5	6 7 8 9 10	11 12 13 14 15	16 17 18 19 20	21 22 23 24 25	26 27 28 29 30 31
7	요일	수 목 금 토 일	월 화 수 목 금	토 일 월 화 수	목 금 토 일 월	화 수 목 금 토	일 월 화 수 목 금
7	음력	6/8 9 10 11 12	13 14 15 16 17	18 19 20 21 22	23 24 25 26 27	28 29 6*/1 2 3	4 5 6 7 8 9
7	일진	무 기 경 신 임 진 사 오 미 신	계 갑 을 병 정 유 술 해 자 축	무 기 경 신 임 인 묘 진 사 오	계 갑 을 병 정 미 신 유 술 해	무 기 경 신 임 자 축 인 묘 진	계 갑 을 병 정 무 사 오 미 신 유 술
8	요일	토 일 월 화 수	목 금 토 일 월	화 수 목 금 토	일 월 화 수 목	금 토 일 월 화	수 목 금 토 일 월
8	음력	6*/10 11 12 13 14	15 16 17 18 19	20 21 22 23 24	25 26 27 28 29	30 7/1 2 3 4	5 6 7 8 9 10
8	일진	기 경 신 임 계 해 자 축 인 묘	갑 을 병 정 무 진 사 오 미 신	기 경 신 임 계 유 술 해 자 축	갑 을 병 정 무 인 묘 진 사 오	기 경 신 임 계 미 신 유 술 해	갑 을 병 정 무 기 자 축 인 묘 진 사
9	요일	화 수 목 금 토	일 월 화 수 목	금 토 일 월 화	수 목 금 토 일	월 화 수 목 금	토 일 월 화 수
9	음력	7/11 12 13 14 15	16 17 18 19 20	21 22 23 24 25	26 27 28 29 30	8/1 2 3 4 5	6 7 8 9 10
9	일진	경 신 임 계 갑 오 미 신 유 술	을 병 정 무 기 해 자 축 인 묘	경 신 임 계 갑 진 사 오 미 신	을 병 정 무 기 유 술 해 자 축	경 신 임 계 갑 인 묘 진 사 오	을 병 정 무 기 미 신 유 술 해
10	요일	목 금 토 일 월	화 수 목 금 토	일 월 화 수 목	금 토 일 월 화	수 목 금 토 일	월 화 수 목 금 토
10	음력	8/11 12 13 14 15	16 17 18 19 20	21 22 23 24 25	26 27 28 29 9/1	2 3 4 5 6	7 8 9 10 11 12
10	일진	경 신 임 계 갑 자 축 인 묘 진	을 병 정 무 기 사 오 미 신 유	경 신 임 계 갑 술 해 자 축 인	을 병 정 무 기 묘 진 사 오 미	경 신 임 계 갑 신 유 술 해 자	을 병 정 무 기 경 축 인 묘 진 사 오
11	요일	일 월 화 수 목	금 토 일 월 화	수 목 금 토 일	월 화 수 목 금	토 일 월 화 수	목 금 토 일 월
11	음력	9/13 14 15 16 17	18 19 20 21 22	23 24 25 26 27	28 29 30 10/1 2	3 4 5 6 7	8 9 10 11 12
11	일진	신 임 계 갑 을 미 신 유 술 해	병 정 무 기 경 자 축 인 묘 진	신 임 계 갑 을 사 오 미 신 유	병 정 무 기 경 술 해 자 축 인	신 임 계 갑 을 묘 진 사 오 미	병 정 무 기 경 신 유 술 해 자
12	요일	화 수 목 금 토	일 월 화 수 목	금 토 일 월 화	수 목 금 토 일	월 화 수 목 금	토 일 월 화 수 목
12	음력	10/13 14 15 16 17	18 19 20 21 22	23 24 25 26 27	28 29 11/1 2 3	4 5 6 7 8	9 10 11 12 13 14
12	일진	신 임 계 갑 을 축 인 묘 진 사	병 정 무 기 경 오 미 신 유 술	신 임 계 갑 을 해 자 축 인 묘	병 정 무 기 경 진 사 오 미 신	신 임 계 갑 을 유 술 해 자 축	병 정 무 기 경 신 인 묘 진 사 오 미

* 윤달 : 6월

2094 갑인년 · 단기 4427

주요 국경일과 명절

구 분	월일	요일	구 분	월일	요일
신　정	1　1	금	현충일	6　6	일
설　날	2　15	월	제헌절	7　17	토
3·1절	3　1	월	광복절	8　15	일
식목일	4　5	월	추　석	9　24	금
어린이날	5　5	수	개천절	10　3	일
석가탄신일	5　21	금	기독탄신일	12　25	토

음양력 대조일람

음력월	월건	대소	음력 1일의 양력 월일	음력월	월건	대소	음력 1일의 양력 월일
1	병인	대	2　15	7	임신	대	8　11
2	정묘	소	3　17	8	계유	소	9　10
3	무진	소	4　15	9	갑술	대	10　9
4	기사	대	5　14	10	을해	대	11　8
5	경오	소	6　13	11	병자	소	12　8
6	신미	대	7　12	12	정축	대	2095/1　6

월력

1월

양력	1	2	3	4	5	6	7	8	9	10	11	12	13	14	15	16	17	18	19	20	21	22	23	24	25	26	27	28	29	30	31
요일	금	토	일	월	화	수	목	금	토	일	월	화	수	목	금	토	일	월	화	수	목	금	토	일	월	화	수	목	금	토	일
음력	11/15	16	17	18	19	20	21	22	23	24	25	26	27	28	29	30	12/1	2	3	4	5	6	7	8	9	10	11	12	13	14	15
일진	임신	계유	갑술	을해	병자	정축	무인	기묘	경진	신사	임오	계미	갑신	을유	병술	정해	무자	기축	경인	신묘	임진	계사	갑오	을미	병신	정유	무술	기해	경자	신축	임인

2월

양력	1	2	3	4	5	6	7	8	9	10	11	12	13	14	15	16	17	18	19	20	21	22	23	24	25	26	27	28
요일	월	화	수	목	금	토	일	월	화	수	목	금	토	일	월	화	수	목	금	토	일	월	화	수	목	금	토	일
음력	12/16	17	18	19	20	21	22	23	24	25	26	27	28	29	1/1	2	3	4	5	6	7	8	9	10	11	12	13	14
일진	계묘	갑진	을사	병오	정미	무신	기유	경술	신해	임자	계축	갑인	을묘	병진	정사	무오	기미	경신	신유	임술	계해	갑자	을축	병인	정묘	무진	기사	경오

3월

양력	1	2	3	4	5	6	7	8	9	10	11	12	13	14	15	16	17	18	19	20	21	22	23	24	25	26	27	28	29	30	31
요일	월	화	수	목	금	토	일	월	화	수	목	금	토	일	월	화	수	목	금	토	일	월	화	수	목	금	토	일	월	화	수
음력	1/15	16	17	18	19	20	21	22	23	24	25	26	27	28	29	30	2/1	2	3	4	5	6	7	8	9	10	11	12	13	14	15
일진	신미	임신	계유	갑술	을해	병자	정축	무인	기묘	경진	신사	임오	계미	갑신	을유	병술	정해	무자	기축	경인	신묘	임진	계사	갑오	을미	병신	정유	무술	기해	경자	신축

4월

양력	1	2	3	4	5	6	7	8	9	10	11	12	13	14	15	16	17	18	19	20	21	22	23	24	25	26	27	28	29	30
요일	목	금	토	일	월	화	수	목	금	토	일	월	화	수	목	금	토	일	월	화	수	목	금	토	일	월	화	수	목	금
음력	2/16	17	18	19	20	21	22	23	24	25	26	27	28	29	3/1	2	3	4	5	6	7	8	9	10	11	12	13	14	15	16
일진	임인	계묘	갑진	을사	병오	정미	무신	기유	경술	신해	임자	계축	갑인	을묘	병진	정사	무오	기미	경신	신유	임술	계해	갑자	을축	병인	정묘	무진	기사	경오	신미

5월

양력	1	2	3	4	5	6	7	8	9	10	11	12	13	14	15	16	17	18	19	20	21	22	23	24	25	26	27	28	29	30	31
요일	토	일	월	화	수	목	금	토	일	월	화	수	목	금	토	일	월	화	수	목	금	토	일	월	화	수	목	금	토	일	월
음력	3/17	18	19	20	21	22	23	24	25	26	27	28	29	4/1	2	3	4	5	6	7	8	9	10	11	12	13	14	15	16	17	18
일진	임신	계유	갑술	을해	병자	정축	무인	기묘	경진	신사	임오	계미	갑신	을유	병술	정해	무자	기축	경인	신묘	임진	계사	갑오	을미	병신	정유	무술	기해	경자	신축	임인

6월

양력	1	2	3	4	5	6	7	8	9	10	11	12	13	14	15	16	17	18	19	20	21	22	23	24	25	26	27	28	29	30
요일	화	수	목	금	토	일	월	화	수	목	금	토	일	월	화	수	목	금	토	일	월	화	수	목	금	토	일	월	화	수
음력	4/19	20	21	22	23	24	25	26	27	28	29	30	5/1	2	3	4	5	6	7	8	9	10	11	12	13	14	15	16	17	18
일진	계묘	갑진	을사	병오	정미	무신	기유	경술	신해	임자	계축	갑인	을묘	병진	정사	무오	기미	경신	신유	임술	계해	갑자	을축	병인	정묘	무진	기사	경오	신미	임신

24절기와 잡절

명 칭	태양황경(도)	월	일	시	분	명 칭	태양황경(도)	월	일	시	분	명 칭	태양황경(도)	월	일	시	분
소한	285	1	5	5	44	하지	90	6	21	3	41	대 설	255	12	7	0	7
대한	300	1	19	23	3	소서	105	7	6	21	13	동 지	270	12	21	18	12
입춘	315	2	3	17	16	대서	120	7	22	14	33						
우수	330	2	18	12	55	입추	135	8	7	7	10	한 식		4	5		
경칩	345	3	5	10	50	처서	150	8	22	21	59	단 오		6	17		
춘분	0	3	20	11	20	백로	165	9	7	10	35	초 복		7	18		
청명	15	4	4	14	59	추분	180	9	22	20	15	중 복		7	28		
곡우	30	4	19	21	40	한로	195	10	8	2	54	말 복		8	7		
입하	45	5	5	7	34	상강	210	10	23	6	19	토왕용사	297	1	17	0	22
소만	60	5	20	20	8	입동	225	11	7	6	45	토왕용사	27	4	16	20	5
망종	75	6	5	11	11	소설	240	11	22	4	30	토왕용사	117	7	19	11	6
												토왕용사	207	10	20	5	51

월	양력	1 2 3 4 5	6 7 8 9 10	11 12 13 14 15	16 17 18 19 20	21 22 23 24 25	26 27 28 29 30 31
7	요일	목 금 토 일 월	화 수 목 금 토	일 월 화 수 목	금 토 일 월 화	수 목 금 토 일	월 화 수 목 금 토
	음력	5/19 20 21 22 23	24 25 26 27 28	29 6/1 2 3 4	5 6 7 8 9	10 11 12 13 14	15 16 17 18 19 20
	일진	계갑을병정 유술해자축	무기경신임 인묘진사오	계갑을병정 미신유술해	무기경신임 자축인묘진	계갑을병정 사오미신유	무기경신임계 술해자축인묘
8	요일	일 월 화 수 목	금 토 일 월 화	수 목 금 토 일	월 화 수 목 금	토 일 월 화 수	목 금 토 일 월 화
	음력	6/21 22 23 24 25	26 27 28 29 30	7/1 2 3 4 5	6 7 8 9 10	11 12 13 14 15	16 17 18 19 20 21
	일진	갑을병정무 진사오미신	기경신임계 유술해자축	갑을병정무 인묘진사오	기경신임계 미신유술해	갑을병정무 자축인묘진	기경신임계갑 사오미신유술
9	요일	수 목 금 토 일	월 화 수 목 금	토 일 월 화 수	목 금 토 일 월	화 수 목 금 토	일 월 화 수 목
	음력	7/22 23 24 25 26	27 28 29 30 8/1	2 3 4 5 6	7 8 9 10 11	12 13 14 15 16	17 18 19 20 21
	일진	을병정무기 해자축인묘	경신임계갑 진사오미신	을병정무기 유술해자축	경신임계갑 인묘진사오	을병정무기 미신유술해	경신임계갑 자축인묘진
10	요일	금 토 일 월 화	수 목 금 토 일	월 화 수 목 금	토 일 월 화 수	목 금 토 일 월	화 수 목 금 토 일
	음력	8/22 23 24 25 26	27 28 29 9/1 2	3 4 5 6 7	8 9 10 11 12	13 14 15 16 17	18 19 20 21 22 23
	일진	을병정무기 사오미신유	경신임계갑 술해자축인	을병정무기 묘진사오미	경신임계갑 신유술해자	을병정무기 축인묘진사	경신임계갑을 오미신유술해
11	요일	월 화 수 목 금	토 일 월 화 수	목 금 토 일 월	화 수 목 금 토	일 월 화 수 목	금 토 일 월 화
	음력	9/24 25 26 27 28	29 30 10/1 2 3	4 5 6 7 8	9 10 11 12 13	14 15 16 17 18	19 20 21 22 23
	일진	병정무기경 자축인묘진	신임계갑을 사오미신유	병정무기경 술해자축인	신임계갑을 묘진사오미	병정무기경 신유술해자	신임계갑을 축인묘진사
12	요일	수 목 금 토 일	월 화 수 목 금	토 일 월 화 수	목 금 토 일 월	화 수 목 금 토	일 월 화 수 목 금
	음력	10/24 25 26 27 28	29 30 11/1 2 3	4 5 6 7 8	9 10 11 12 13	14 15 16 17 18	19 20 21 22 23 24
	일진	병정무기경 오미신유술	신임계갑을 해자축인묘	병정무기경 진사오미신	신임계갑을 유술해자축	병정무기경 인묘진사오	신임계갑을병 미신유술해자

 을묘년 · 단기 4428

주요 국경일과 명절

구 분	월일	요일	구 분	월일	요일
신 정	1 1	토	현충일	6 6	월
설 날	2 5	토	제헌절	7 17	일
3·1절	3 1	화	광복절	8 15	월
식목일	4 5	화	추 석	9 13	화
어린이날	5 5	목	개천절	10 3	월
석가탄신일	5 11	수	기독탄신일	12 25	일

음양력 대조일람

음력월	월건	대소	음력 1일의 양력 월일	음력월	월건	대소	음력 1일의 양력 월일
1	무인	소	2 5	7	갑신	대	7 31
2	기묘	대	3 6	8	을유	소	8 30
3	경진	소	4 5	9	병술	대	9 28
4	신사	소	5 4	10	정해	대	10 28
5	임오	대	6 2	11	무자	대	11 27
6	계미	소	7 2	12	기축	소	12 27

월	양력	1 2 3 4 5	6 7 8 9 10	11 12 13 14 15	16 17 18 19 20	21 22 23 24 25	26 27 28 29 30 31
1	요일	토 일 월 화 수	목 금 토 일 월	화 수 목 금 토	일 월 화 수 목	금 토 일 월 화	수 목 금 토 일 월
	음력	11/25 26 27 28 29	12/1 2 3 4 5	6 7 8 9 10	11 12 13 14 15	16 17 18 19 20	21 22 23 24 25 26
	일진	정무기경신 축인묘진사	임계갑을병 오미신유술	정무기경신 해자축인묘	임계갑을병 진사오미신	정무기경신 유술해자축	임계갑을병정 인묘진사오미
2	요일	화 수 목 금 토	일 월 화 수 목	금 토 일 월 화	수 목 금 토 일	월 화 수 목 금	토 일 월
	음력	12/27 28 29 30 1/1	2 3 4 5 6	7 8 9 10 11	12 13 14 15 16	17 18 19 20 21	22 23 24
	일진	무기경신임 신유술해자	계갑을병정 축인묘진사	무기경신임 오미신유술	계갑을병정 해자축인묘	무기경신임 진사오미신	계갑을 유술해
3	요일	화 수 목 금 토	일 월 화 수 목	금 토 일 월 화	수 목 금 토 일	월 화 수 목 금	토 일 월 화 수 목
	음력	1/25 26 27 28 29	2/1 2 3 4 5	6 7 8 9 10	11 12 13 14 15	16 17 18 19 20	21 22 23 24 25 26
	일진	병정무기경 자축인묘진	신임계갑을 사오미신유	병정무기경 술해자축인	신임계갑을 묘진사오미	병정무기경 신유술해자	신임계갑을병 축인묘진사오
4	요일	금 토 일 월 화	수 목 금 토 일	월 화 수 목 금	토 일 월 화 수	목 금 토 일 월	화 수 목 금 토
	음력	2/27 28 29 30 3/1	2 3 4 5 6	7 8 9 10 11	12 13 14 15 16	17 18 19 20 21	22 23 24 25 26
	일진	정무기경신 미신유술해	임계갑을병 자축인묘진	정무기경신 사오미신유	임계갑을병 술해자축인	정무기경신 묘진사오미	임계갑을병 신유술해자
5	요일	일 월 화 수 목	금 토 일 월 화	수 목 금 토 일	월 화 수 목 금	토 일 월 화 수	목 금 토 일 월 화
	음력	3/27 28 29 4/1 2	3 4 5 6 7	8 9 10 11 12	13 14 15 16 17	18 19 20 21 22	23 24 25 26 27 28
	일진	정무기경신 축인묘진사	임계갑을병 오미신유술	정무기경신 해자축인묘	임계갑을병 진사오미신	정무기경신 유술해자축	임계갑을병정 인묘진사오미
6	요일	수 목 금 토 일	월 화 수 목 금	토 일 월 화 수	목 금 토 일 월	화 수 목 금 토	일 월 화 수 목
	음력	4/29 5/1 2 3 4	5 6 7 8 9	10 11 12 13 14	15 16 17 18 19	20 21 22 23 24	25 26 27 28 29
	일진	무기경신임 신유술해자	계갑을병정 축인묘진사	무기경신임 오미신유술	계갑을병정 해자축인묘	무기경신임 진사오미신	계갑을병정 유술해자축

24절기와 잡절

명칭	태양황경(도)	월	일	시	분	명칭	태양황경(도)	월	일	시	분	명칭	태양황경(도)	월	일	시	분
소한	285	1	5	11	34	하지	90	6	21	9	38	대설	255	12	7	5	50
대한	300	1	20	4	54	소서	105	7	7	3	0	동지	270	12	21	24	0
입춘	315	2	3	23	6	대서	120	7	22	20	30	한식		4	5		
우수	330	2	18	18	47	입추	135	8	7	12	57	단오		6	6		
경칩	345	3	5	16	41	처서	150	8	23	3	55	초복		7	13		
춘분	0	3	20	17	14	백로	165	9	7	16	22	중복		7	23		
청명	15	4	4	20	50	추분	180	9	23	2	10	말복		8	12		
곡우	30	4	20	3	35	한로	195	10	8	8	41	토왕용사	297	1	17	6	10
입하	45	5	5	13	25	상강	210	10	23	12	11	토왕용사	27	4	17	1	57
소만	60	5	21	2	5	입동	225	11	7	12	31	토왕용사	117	7	19	17	2
망종	75	6	5	16	59	소설	240	11	22	10	20	토왕용사	207	10	20	11	46

월	양력	1 2 3 4 5	6 7 8 9 10	11 12 13 14 15	16 17 18 19 20	21 22 23 24 25	26 27 28 29 30 31
7	요일	금 토 일 월 화	수 목 금 토 일	월 화 수 목 금	토 일 월 화 수	목 금 토 일 월	화 수 목 금 토 일
	음력	5/30 6/1 2 3 4	5 6 7 8 9	10 11 12 13 14	15 16 17 18 19	20 21 22 23 24	25 26 27 28 29 7/1
	일진	무 기 경 신 임 인 묘 진 사 오	계 갑 을 병 정 미 신 유 술 해	무 기 경 신 임 자 축 인 묘 진	계 갑 을 병 정 사 오 미 신 유	무 기 경 신 임 술 해 자 축 인	계 갑 을 병 정 무 묘 진 사 오 미 신
8	요일	월 화 수 목 금	토 일 월 화 수	목 금 토 일 월	화 수 목 금 토	일 월 화 수 목	금 토 일 월 화 수
	음력	7/2 3 4 5 6	7 8 9 10 11	12 13 14 15 16	17 18 19 20 21	22 23 24 25 26	27 28 29 30 8/1 2
	일진	기 경 신 임 계 유 술 해 자 축	갑 을 병 정 무 인 묘 진 사 오	기 경 신 임 계 미 신 유 술 해	갑 을 병 정 무 자 축 인 묘 진	기 경 신 임 계 사 오 미 신 유	갑 을 병 정 무 기 술 해 자 축 인 묘
9	요일	목 금 토 일 월	화 수 목 금 토	일 월 화 수 목	금 토 일 월 화	수 목 금 토 일	월 화 수 목 금
	음력	8/3 4 5 6 7	8 9 10 11 12	13 14 15 16 17	18 19 20 21 22	23 24 25 26 27	28 29 9/1 2 3
	일진	경 신 임 계 갑 진 사 오 미 신	을 병 정 무 기 유 술 해 자 축	경 신 임 계 갑 인 묘 진 사 오	을 병 정 무 기 미 신 유 술 해	경 신 임 계 갑 자 축 인 묘 진	을 병 정 무 기 사 오 미 신 유
10	요일	토 일 월 화 수	목 금 토 일 월	화 수 목 금 토	일 월 화 수 목	금 토 일 월 화	수 목 금 토 일 월
	음력	9/4 5 6 7 8	9 10 11 12 13	14 15 16 17 18	19 20 21 22 23	24 25 26 27 28	29 30 10/1 2 3 4
	일진	경 신 임 계 갑 술 해 자 축 인	을 병 정 무 기 묘 진 사 오 미	경 신 임 계 갑 신 유 술 해 자	을 병 정 무 기 축 인 묘 진 사	경 신 임 계 갑 오 미 신 유 술	을 병 정 무 기 경 해 자 축 인 묘 진
11	요일	화 수 목 금 토	일 월 화 수 목	금 토 일 월 화	수 목 금 토 일	월 화 수 목 금	토 일 월 화 수
	음력	10/5 6 7 8 9	10 11 12 13 14	15 16 17 18 19	20 21 22 23 24	25 26 27 28 29	30 11/1 2 3 4
	일진	신 임 계 갑 을 사 오 미 신 유	병 정 무 기 경 술 해 자 축 인	신 임 계 갑 을 묘 진 사 오 미	병 정 무 기 경 신 유 술 해 자	신 임 계 갑 을 축 인 묘 진 사	병 정 무 기 경 오 미 신 유 술
12	요일	목 금 토 일 월	화 수 목 금 토	일 월 화 수 목	금 토 일 월 화	수 목 금 토 일	월 화 수 목 금 토
	음력	11/5 6 7 8 9	10 11 12 13 14	15 16 17 18 19	20 21 22 23 24	25 26 27 28 29	30 12/1 2 3 4 5
	일진	신 임 계 갑 을 해 자 축 인 묘	병 정 무 기 경 진 사 오 미 신	신 임 계 갑 을 유 술 해 자 축	병 정 무 기 경 인 묘 진 사 오	신 임 계 갑 을 미 신 유 술 해	병 정 무 기 경 신 자 축 인 묘 진 사

주요 국경일과 명절

구 분	월일	요일	구 분	월일	요일
신　정	1 1	일	현충일	6 6	수
설　날	1 25	수	제헌절	7 17	화
3·1절	3 1	목	광복절	8 15	수
식목일	4 5	목	추　석	10 1	월
석가탄신일	4 30	월	개천절	10 3	수
어린이날	5 5	토	기독탄신일	12 25	화

음양력 대조일람

음력월	월건	대소	음력 1일의 양력 월일	음력월	월건	대소	음력 1일의 양력 월일
1	경인	대	1 25	7	병신	대	8 18
2	신묘	소	2 24	8	정유	소	9 17
3	임진	대	3 24	9	무술	대	10 16
4	계사	소	4 23	10	기해	대	11 15
(윤)4		소	5 22	11	경자	소	12 15
5	갑오	대	6 20	12	신축	대	2097/1 13
6	을미	소	7 20				

월	양력	1 2 3 4 5	6 7 8 9 10	11 12 13 14 15	16 17 18 19 20	21 22 23 24 25	26 27 28 29 30 31
1	요일	일 월 화 수 목	금 토 일 월 화	수 목 금 토 일	월 화 수 목 금	토 일 월 화 수	목 금 토 일 월 화
	음력	12/6 7 8 9 10	11 12 13 14 15	16 17 18 19 20	21 22 23 24 25	26 27 28 29 1/1	2 3 4 5 6 7
	일진	임 계 갑 을 병 오 미 신 유 술	정 무 기 경 신 해 자 축 인 묘	임 계 갑 을 병 진 사 오 미 신	정 무 기 경 신 유 술 해 자 축	임 계 갑 을 병 인 묘 진 사 오	정 무 기 경 신 임 미 신 유 술 해 자
2	요일	수 목 금 토 일	월 화 수 목 금	토 일 월 화 수	목 금 토 일 월	화 수 목 금 토	일 월 화 수
	음력	1/8 9 10 11 12	13 14 15 16 17	18 19 20 21 22	23 24 25 26 27	28 29 30 2/1 2	3 4 5 6
	일진	계 갑 을 병 정 축 인 묘 진 사	무 기 경 신 임 오 미 신 유 술	계 갑 을 병 정 해 자 축 인 묘	무 기 경 신 임 진 사 오 미 신	계 갑 을 병 정 유 술 해 자 축	무 기 경 신 인 묘 진 사
3	요일	목 금 토 일 월	화 수 목 금 토	일 월 화 수 목	금 토 일 월 화	수 목 금 토 일	월 화 수 목 금 토
	음력	2/7 8 9 10 11	12 13 14 15 16	17 18 19 20 21	22 23 24 25 26	27 28 29 3/1 2	3 4 5 6 7 8
	일진	임 계 갑 을 병 오 미 신 유 술	정 무 기 경 신 해 자 축 인 묘	임 계 갑 을 병 진 사 오 미 신	정 무 기 경 신 유 술 해 자 축	임 계 갑 을 병 인 묘 진 사 오	정 무 기 경 신 임 미 신 유 술 해 자
4	요일	일 월 화 수 목	금 토 일 월 화	수 목 금 토 일	월 화 수 목 금	토 일 월 화 수	목 금 토 일 월
	음력	3/9 10 11 12 13	14 15 16 17 18	19 20 21 22 23	24 25 26 27 28	29 30 4/1 2 3	4 5 6 7 8
	일진	계 갑 을 병 정 축 인 묘 진 사	무 기 경 신 임 오 미 신 유 술	계 갑 을 병 정 해 자 축 인 묘	무 기 경 신 임 진 사 오 미 신	계 갑 을 병 정 유 술 해 자 축	무 기 경 신 임 인 묘 진 사 오
5	요일	화 수 목 금 토	일 월 화 수 목	금 토 일 월 화	수 목 금 토 일	월 화 수 목 금	토 일 월 화 수 목
	음력	4/9 10 11 12 13	14 15 16 17 18	19 20 21 22 23	24 25 26 27 28	29 4*/1 2 3 4	5 6 7 8 9 10
	일진	계 갑 을 병 정 미 신 유 술 해	무 기 경 신 임 자 축 인 묘 진	계 갑 을 병 정 사 오 미 신 유	무 기 경 신 임 술 해 자 축 인	계 갑 을 병 정 묘 진 사 오 미	무 기 경 신 임 계 신 유 술 해 자 축
6	요일	금 토 일 월 화	수 목 금 토 일	월 화 수 목 금	토 일 월 화 수	목 금 토 일 월	화 수 목 금 토
	음력	4*/11 12 13 14 15	16 17 18 19 20	21 22 23 24 25	26 27 28 29 5/1	2 3 4 5 6	7 8 9 10 11
	일진	갑 을 병 정 무 인 묘 진 사 오	기 경 신 임 계 미 신 유 술 해	갑 을 병 정 무 자 축 인 묘 진	기 경 신 임 계 사 오 미 신 유	갑 을 병 정 무 술 해 자 축 인	기 경 신 임 계 묘 진 사 오 미

24절기와 잡절

명칭	태양황경(도)	월	일	시	분	명칭	태양황경(도)	월	일	시	분	명칭	태양황경(도)	월	일	시	분
소한	285	1	5	17	15	하지	90	6	20	15	29	대설	255	12	6	11	45
대한	300	1	20	10	40	소서	105	7	6	8	55	동지	270	12	21	5	45
입춘	315	2	4	4	46	대서	120	7	22	2	18						
우수	330	2	19	0	33	입추	135	8	6	18	52	한식		4	4		
경칩	345	3	4	22	22	처서	150	8	22	9	40	단오		6	24		
춘분	0	3	19	23	2	백로	165	9	6	22	16	초복		7	17		
청명	15	4	4	2	34	추분	180	9	22	7	53	중복		7	27		
곡우	30	4	19	9	25	한로	195	10	7	14	34	말복		8	6		
입하	45	5	4	19	14	상강	210	10	22	17	55	토왕용사	297	1	17	11	58
소만	60	5	20	7	57	입동	225	11	6	18	25	토왕용사	27	4	16	7	49
망종	75	6	4	22	53	소설	240	11	21	16	4	토왕용사	117	7	18	22	54
												토왕용사	207	10	19	17	30

월	양력	1 2 3 4 5	6 7 8 9 10	11 12 13 14 15	16 17 18 19 20	21 22 23 24 25	26 27 28 29 30 31
7	요일	일 월 화 수 목	금 토 일 월 화	수 목 금 토 일	월 화 수 목 금	토 일 월 화 수	목 금 토 일 월 화
	음력	5/12 13 14 15 16	17 18 19 20 21	22 23 24 25 26	27 28 29 30 6/1	2 3 4 5 6	7 8 9 10 11 12
	일진	갑 을 병 정 무 신 유 술 해 자	기 경 신 임 계 축 인 묘 진 사	갑 을 병 정 무 오 미 신 유 술	기 경 신 임 계 해 자 축 인 묘	갑 을 병 정 무 진 사 오 미 신	기 경 신 임 계 갑 유 술 해 자 축 인
8	요일	수 목 금 토 일	월 화 수 목 금	토 일 월 화 수	목 금 토 일 월	화 수 목 금 토	일 월 화 수 목 금
	음력	6/13 14 15 16 17	18 19 20 21 22	23 24 25 26 27	28 29 7/1 2 3	4 5 6 7 8	9 10 11 12 13 14
	일진	을 병 정 무 기 묘 진 사 오 미	경 신 임 계 갑 신 유 술 해 자	을 병 정 무 기 축 인 묘 진 사	경 신 임 계 갑 오 미 신 유 술	을 병 정 무 기 해 자 축 인 묘	경 신 임 계 갑 을 진 사 오 미 신 유
9	요일	토 일 월 화 수	목 금 토 일 월	화 수 목 금 토	일 월 화 수 목	금 토 일 월 화	수 목 금 토 일
	음력	7/15 16 17 18 19	20 21 22 23 24	25 26 27 28 29	30 8/1 2 3 4	5 6 7 8 9	10 11 12 13 14
	일진	병 정 무 기 경 술 해 자 축 인	신 임 계 갑 을 묘 진 사 오 미	병 정 무 기 경 신 유 술 해 자	신 임 계 갑 을 축 인 묘 진 사	병 정 무 기 경 오 미 신 유 술	신 임 계 갑 을 해 자 축 인 묘
10	요일	월 화 수 목 금	토 일 월 화 수	목 금 토 일 월	화 수 목 금 토	일 월 화 수 목	금 토 일 월 화 수
	음력	8/15 16 17 18 19	20 21 22 23 24	25 26 27 28 29	9/1 2 3 4 5	6 7 8 9 10	11 12 13 14 15 16
	일진	병 정 무 기 경 진 사 오 미 신	신 임 계 갑 을 유 술 해 자 축	병 정 무 기 경 인 묘 진 사 오	신 임 계 갑 을 미 신 유 술 해	병 정 무 기 경 자 축 인 묘 진	신 임 계 갑 을 병 사 오 미 신 유 술
11	요일	목 금 토 일 월	화 수 목 금 토	일 월 화 수 목	금 토 일 월 화	수 목 금 토 일	월 화 수 목 금
	음력	9/17 18 19 20 21	22 23 24 25 26	27 28 29 30 10/1	2 3 4 5 6	7 8 9 10 11	12 13 14 15 16
	일진	정 무 기 경 신 해 자 축 인 묘	임 계 갑 을 병 진 사 오 미 신	정 무 기 경 신 유 술 해 자 축	임 계 갑 을 병 인 묘 진 사 오	정 무 기 경 신 미 신 유 술 해	임 계 갑 을 병 자 축 인 묘 진
12	요일	토 일 월 화 수	목 금 토 일 월	화 수 목 금 토	일 월 화 수 목	금 토 일 월 화	수 목 금 토 일 월
	음력	10/17 18 19 20 21	22 23 24 25 26	27 28 29 30 11/1	2 3 4 5 6	7 8 9 10 11	12 13 14 15 16 17
	일진	정 무 기 경 신 사 오 미 신 유	임 계 갑 을 병 술 해 자 축 인	정 무 기 경 신 묘 진 사 오 미	임 계 갑 을 병 신 유 술 해 자	정 무 기 경 신 축 인 묘 진 사	임 계 갑 을 병 정 오 미 신 유 술 해

* 윤달 : 4월

2097 정사년 • 단기 4430

주요 국경일과 명절

구 분	월	일	요일	구 분	월	일	요일
신 정	1	1	화	현 충 일	6	6	목
설 날	2	12	화	제 헌 절	7	17	수
3·1절	3	1	금	광 복 절	8	15	목
식 목 일	4	5	금	추 석	9	20	금
어린이날	5	5	일	개 천 절	10	3	목
석가탄신일	5	19	일	기독탄신일	12	25	수

음양력 대조일람

음력월	월건	대소	음력 1일의 양력 월일	음력월	월건	대소	음력 1일의 양력 월일
1	임인	대	2 12	7	무신	소	8 8
2	계묘	소	3 14	8	기유	소	9 6
3	갑진	대	4 12	9	경술	대	10 5
4	을사	소	5 12	10	신해	대	11 4
5	병오	소	6 10	11	임자	소	12 4
6	정미	대	7 9	12	계축	대	2098/1 2

양력 달력

월	양력	1 2 3 4 5	6 7 8 9 10	11 12 13 14 15	16 17 18 19 20	21 22 23 24 25	26 27 28 29 30 31
1	요일	화 수 목 금 토	일 월 화 수 목	금 토 일 월 화	수 목 금 토 일	월 화 수 목 금	토 일 월 화 수 목
1	음력	11/18 19 20 21 22	23 24 25 26 27	28 29 12/1 2 3	4 5 6 7 8	9 10 11 12 13	14 15 16 17 18 19
1	일진	무기경신임 자축인묘진	계갑을병정 사오미신유	무기경신임 술해자축인	계갑을병정 묘진사오미	무기경신임 신유술해자	계갑을병정무 축인묘진사오
2	요일	금 토 일 월 화	수 목 금 토 일	월 화 수 목 금	토 일 월 화 수	목 금 토 일 월	화 수 목
2	음력	12/20 21 22 23 24	25 26 27 28 29	30 1/1 2 3 4	5 6 7 8 9	10 11 12 13 14	15 16 17
2	일진	기경신임계 미신유술해	갑을병정무 자축인묘진	기경신임계 사오미신유	갑을병정무 술해자축인	기경신임계 묘진사오미	갑을병 신유술
3	요일	금 토 일 월 화	수 목 금 토 일	월 화 수 목 금	토 일 월 화 수	목 금 토 일 월	화 수 목 금 토 일
3	음력	1/18 19 20 21 22	23 24 25 26 27	28 29 30 2/1 2	3 4 5 6 7	8 9 10 11 12	13 14 15 16 17 18
3	일진	정무기경신 해자축인묘	임계갑을병 진사오미신	정무기경신 유술해자축	임계갑을병 인묘진사오	정무기경신 미신유술해	임계갑을병정 자축인묘진사
4	요일	월 화 수 목 금	토 일 월 화 수	목 금 토 일 월	화 수 목 금 토	일 월 화 수 목	금 토 일 월 화
4	음력	2/19 20 21 22 23	24 25 26 27 28	29 3/1 2 3 4	5 6 7 8 9	10 11 12 13 14	15 16 17 18 19
4	일진	무기경신임 오미신유술	계갑을병정 해자축인묘	무기경신임 진사오미신	계갑을병정 유술해자축	무기경신임 인묘진사오	계갑을병정 미신유술해
5	요일	수 목 금 토 일	월 화 수 목 금	토 일 월 화 수	목 금 토 일 월	화 수 목 금 토	일 월 화 수 목 금
5	음력	3/20 21 22 23 24	25 26 27 28 29	30 4/1 2 3 4	5 6 7 8 9	10 11 12 13 14	15 16 17 18 19 20
5	일진	무기경신임 자축인묘진	계갑을병정 사오미신유	무기경신임 술해자축인	계갑을병정 묘진사오미	무기경신임 신유술해자	계갑을병정무 축인묘진사오
6	요일	토 일 월 화 수	목 금 토 일 월	화 수 목 금 토	일 월 화 수 목	금 토 일 월 화	수 목 금 토 일
6	음력	4/21 22 23 24 25	26 27 28 29 5/1	2 3 4 5 6	7 8 9 10 11	12 13 14 15 16	17 18 19 20 21
6	일진	기경신임계 미신유술해	갑을병정무 자축인묘진	기경신임계 사오미신유	갑을병정무 술해자축인	기경신임계 묘진사오미	갑을병정무 신유술해자

24절기와 잡절

명칭	태양황경(도)	월	일	시	분	명칭	태양황경(도)	월	일	시	분	명칭	태양황경(도)	월	일	시	분
소한	285	1	4	23	10	하지	90	6	20	21	12	대설	255	12	6	17	26
대한	300	1	19	16	26	소서	105	7	6	14	40	동지	270	12	21	11	36
입춘	315	2	3	10	41	대서	120	7	22	8	0	한식		4	5		
우수	330	2	18	6	18	입추	135	8	7	0	32	단오		6	14		
경칩	345	3	5	4	17	처서	150	8	22	15	21	초복		7	12		
춘분	0	3	20	4	47	백로	165	9	7	3	52	중복		7	22		
청명	15	4	4	8	29	추분	180	9	22	13	35	말복		8	11		
곡우	30	4	19	15	10	한로	195	10	7	20	10	토왕용사	297	1	16	17	44
입하	45	5	5	1	7	상강	210	10	22	23	38	토왕용사	27	4	16	13	34
소만	60	5	20	13	41	입동	225	11	7	0	3	토왕용사	117	7	19	4	33
망종	75	6	5	4	42	소설	240	11	21	21	51	토왕용사	207	10	19	23	10

월	양력	1 2 3 4 5	6 7 8 9 10	11 12 13 14 15	16 17 18 19 20	21 22 23 24 25	26 27 28 29 30 31
7	요일	월 화 수 목 금	토 일 월 화 수	목 금 토 일 월	화 수 목 금 토	일 월 화 수 목	금 토 일 월 화 수
	음력	5/22 23 24 25 26	27 28 29 6/1 2	3 4 5 6 7	8 9 10 11 12	13 14 15 16 17	18 19 20 21 22 23
	일진	기경신임계 축인묘진사	갑을병정무 오미신유술	기경신임계 해자축인묘	갑을병정무 진사오미신	기경신임계 유술해자축	갑을병정무기 인묘진사오미
8	요일	목 금 토 일 월	화 수 목 금 토	일 월 화 수 목	금 토 일 월 화	수 목 금 토 일	월 화 수 목 금 토
	음력	6/24 25 26 27 28	29 30 7/1 2 3	4 5 6 7 8	9 10 11 12 13	14 15 16 17 18	19 20 21 22 23 24
	일진	경신임계갑 신유술해자	을병정무기 축인묘진사	경신임계갑 오미신유술	을병정무기 해자축인묘	경신임계갑 진사오미신	을병정무기경 유술해자축인
9	요일	일 월 화 수 목	금 토 일 월 화	수 목 금 토 일	월 화 수 목 금	토 일 월 화 수	목 금 토 일 월
	음력	7/25 26 27 28 29	8/1 2 3 4 5	6 7 8 9 10	11 12 13 14 15	16 17 18 19 20	21 22 23 24 25
	일진	신임계갑을 묘진사오미	병정무기경 신유술해자	신임계갑을 축인묘진사	병정무기경 오미신유술	신임계갑을 해자축인묘	병정무기경 진사오미신
10	요일	화 수 목 금 토	일 월 화 수 목	금 토 일 월 화	수 목 금 토 일	월 화 수 목 금	토 일 월 화 수 목
	음력	8/26 27 28 29 9/1	2 3 4 5 6	7 8 9 10 11	12 13 14 15 16	17 18 19 20 21	22 23 24 25 26 27
	일진	신임계갑을 유술해자축	병정무기경 인묘진사오	신임계갑을 미신유술해	병정무기경 자축인묘진	신임계갑을 사오미신유	병정무기경신 술해자축인묘
11	요일	금 토 일 월 화	수 목 금 토 일	월 화 수 목 금	토 일 월 화 수	목 금 토 일 월	화 수 목 금 토
	음력	9/28 29 30 10/1 2	3 4 5 6 7	8 9 10 11 12	13 14 15 16 17	18 19 20 21 22	23 24 25 26 27
	일진	임계갑을병 진사오미신	정무기경신 유술해자축	임계갑을병 인묘진사오	정무기경신 미신유술해	임계갑을병 자축인묘진	정무기경신 사오미신유
12	요일	일 월 화 수 목	금 토 일 월 화	수 목 금 토 일	월 화 수 목 금	토 일 월 화 수	목 금 토 일 월 화
	음력	10/28 29 30 11/1 2	3 4 5 6 7	8 9 10 11 12	13 14 15 16 17	18 19 20 21 22	23 24 25 26 27 28
	일진	임계갑을병 술해자축인	정무기경신 묘진사오미	임계갑을병 신유술해자	정무기경신 축인묘진사	임계갑을병 오미신유술	정무기경신임 해자축인묘진

주요 국경일과 명절

구 분	월일	요일	구 분	월일	요일
신 정	1 1	수	현충일	6 6	금
설 날	2 1	토	제헌절	7 17	목
3·1절	3 1	토	광복절	8 15	금
식목일	4 5	토	추 석	9 10	수
어린이날	5 5	월	개천절	10 3	금
석가탄신일	5 8	목	기독탄신일	12 25	목

음양력 대조일람

음력월	월건	대소	음력 1일의 양력 월일	음력월	월건	대소	음력 1일의 양력 월일
1	갑인	대	2 1	7	경신	대	7 28
2	을묘	대	3 3	8	신유	소	8 27
3	병진	소	4 2	9	임술	소	9 25
4	정사	대	5 1	10	계해	대	10 24
5	무오	소	5 31	11	갑자	대	11 23
6	기미	소	6 29	12	을축	소	12 23

1월

양력	1	2	3	4	5	6	7	8	9	10	11	12	13	14	15	16	17	18	19	20	21	22	23	24	25	26	27	28	29	30	31
요일	수	목	금	토	일	월	화	수	목	금	토	일	월	화	수	목	금	토	일	월	화	수	목	금	토	일	월	화	수	목	금
음력	11/29	12/1	2	3	4	5	6	7	8	9	10	11	12	13	14	15	16	17	18	19	20	21	22	23	24	25	26	27	28	29	30
일진	계사	갑오	을미	병신	정유	무술	기해	경자	신축	임인	계묘	갑진	을사	병오	정미	무신	기유	경술	신해	임자	계축	갑인	을묘	병진	정사	무오	기미	경신	신유	임술	계해

2월

양력	1	2	3	4	5	6	7	8	9	10	11	12	13	14	15	16	17	18	19	20	21	22	23	24	25	26	27	28
요일	토	일	월	화	수	목	금	토	일	월	화	수	목	금	토	일	월	화	수	목	금	토	일	월	화	수	목	금
음력	1/1	2	3	4	5	6	7	8	9	10	11	12	13	14	15	16	17	18	19	20	21	22	23	24	25	26	27	28
일진	갑자	을축	병인	정묘	무진	기사	경오	신미	임신	계유	갑술	을해	병자	정축	무인	기묘	경진	신사	임오	계미	갑신	을유	병술	정해	무자	기축	경인	신묘

3월

양력	1	2	3	4	5	6	7	8	9	10	11	12	13	14	15	16	17	18	19	20	21	22	23	24	25	26	27	28	29	30	31
요일	토	일	월	화	수	목	금	토	일	월	화	수	목	금	토	일	월	화	수	목	금	토	일	월	화	수	목	금	토	일	월
음력	1/29	30	2/1	2	3	4	5	6	7	8	9	10	11	12	13	14	15	16	17	18	19	20	21	22	23	24	25	26	27	28	29
일진	임진	계사	갑오	을미	병신	정유	무술	기해	경자	신축	임인	계묘	갑진	을사	병오	정미	무신	기유	경술	신해	임자	계축	갑인	을묘	병진	정사	무오	기미	경신	신유	임술

4월

양력	1	2	3	4	5	6	7	8	9	10	11	12	13	14	15	16	17	18	19	20	21	22	23	24	25	26	27	28	29	30
요일	화	수	목	금	토	일	월	화	수	목	금	토	일	월	화	수	목	금	토	일	월	화	수	목	금	토	일	월	화	수
음력	2/30	3/1	2	3	4	5	6	7	8	9	10	11	12	13	14	15	16	17	18	19	20	21	22	23	24	25	26	27	28	29
일진	계해	갑자	을축	병인	정묘	무진	기사	경오	신미	임신	계유	갑술	을해	병자	정축	무인	기묘	경진	신사	임오	계미	갑신	을유	병술	정해	무자	기축	경인	신묘	임진

5월

양력	1	2	3	4	5	6	7	8	9	10	11	12	13	14	15	16	17	18	19	20	21	22	23	24	25	26	27	28	29	30	31
요일	목	금	토	일	월	화	수	목	금	토	일	월	화	수	목	금	토	일	월	화	수	목	금	토	일	월	화	수	목	금	토
음력	4/1	2	3	4	5	6	7	8	9	10	11	12	13	14	15	16	17	18	19	20	21	22	23	24	25	26	27	28	29	30	5/1
일진	계사	갑오	을미	병신	정유	무술	기해	경자	신축	임인	계묘	갑진	을사	병오	정미	무신	기유	경술	신해	임자	계축	갑인	을묘	병진	정사	무오	기미	경신	신유	임술	계해

6월

양력	1	2	3	4	5	6	7	8	9	10	11	12	13	14	15	16	17	18	19	20	21	22	23	24	25	26	27	28	29	30
요일	일	월	화	수	목	금	토	일	월	화	수	목	금	토	일	월	화	수	목	금	토	일	월	화	수	목	금	토	일	월
음력	5/2	3	4	5	6	7	8	9	10	11	12	13	14	15	16	17	18	19	20	21	22	23	24	25	26	27	28	29	6/1	2
일진	갑자	을축	병인	정묘	무진	기사	경오	신미	임신	계유	갑술	을해	병자	정축	무인	기묘	경진	신사	임오	계미	갑신	을유	병술	정해	무자	기축	경인	신묘	임진	계사

24절기와 잡절

명 칭	태양황경(도)	월	일	시	분	명 칭	태양황경(도)	월	일	시	분	명 칭	태양황경(도)	월	일	시	분
소한	285	1	5	4	55	하지	90	6	21	3	2	대 설	255	12	6	23	12
대한	300	1	19	22	20	소서	105	7	6	20	21	동 지	270	12	21	17	20
입춘	315	2	3	16	28	대서	120	7	22	13	50						
우수	330	2	18	12	12	입추	135	8	7	6	15	한 식		4	5		
경칩	345	3	5	10	3	처서	150	8	22	21	10	단 오		6	4		
춘분	0	3	20	10	39	백로	165	9	7	9	37	초 복		7	17		
청명	15	4	4	14	12	추분	180	9	22	19	23	중 복		7	27		
곡우	30	4	19	21	0	한로	195	10	8	1	57	말 복		8	16		
입하	45	5	5	6	48	상강	210	10	23	5	26	토왕용사	297	1	16	23	35
소만	60	5	20	19	30	입동	225	11	7	5	49	토왕용사	27	4	16	19	23
망종	75	6	5	10	22	소설	240	11	22	3	37	토왕용사	117	7	19	10	23
												토왕용사	207	10	20	5	0

7월

양력	1	2	3	4	5	6	7	8	9	10	11	12	13	14	15	16	17	18	19	20	21	22	23	24	25	26	27	28	29	30	31
요일	화	수	목	금	토	일	월	화	수	목	금	토	일	월	화	수	목	금	토	일	월	화	수	목	금	토	일	월	화	수	목
음력	6/3	4	5	6	7	8	9	10	11	12	13	14	15	16	17	18	19	20	21	22	23	24	25	26	27	28	29	7/1	2	3	4
일진	갑오	을미	병신	정유	무술	기해	경자	신축	임인	계묘	갑진	을사	병오	정미	무신	기유	경술	신해	임자	계축	갑인	을묘	병진	정사	무오	기미	경신	신유	임술	계해	갑자

8월

양력	1	2	3	4	5	6	7	8	9	10	11	12	13	14	15	16	17	18	19	20	21	22	23	24	25	26	27	28	29	30	31
요일	금	토	일	월	화	수	목	금	토	일	월	화	수	목	금	토	일	월	화	수	목	금	토	일	월	화	수	목	금	토	일
음력	7/5	6	7	8	9	10	11	12	13	14	15	16	17	18	19	20	21	22	23	24	25	26	27	28	29	30	8/1	2	3	4	5
일진	을축	병인	정묘	무진	기사	경오	신미	임신	계유	갑술	을해	병자	정축	무인	기묘	경진	신사	임오	계미	갑신	을유	병술	정해	무자	기축	경인	신묘	임진	계사	갑오	을미

9월

양력	1	2	3	4	5	6	7	8	9	10	11	12	13	14	15	16	17	18	19	20	21	22	23	24	25	26	27	28	29	30
요일	월	화	수	목	금	토	일	월	화	수	목	금	토	일	월	화	수	목	금	토	일	월	화	수	목	금	토	일	월	화
음력	8/6	7	8	9	10	11	12	13	14	15	16	17	18	19	20	21	22	23	24	25	26	27	28	29	9/1	2	3	4	5	6
일진	병신	정유	무술	기해	경자	신축	임인	계묘	갑진	을사	병오	정미	무신	기유	경술	신해	임자	계축	갑인	을묘	병진	정사	무오	기미	경신	신유	임술	계해	갑자	을축

10월

양력	1	2	3	4	5	6	7	8	9	10	11	12	13	14	15	16	17	18	19	20	21	22	23	24	25	26	27	28	29	30	31
요일	수	목	금	토	일	월	화	수	목	금	토	일	월	화	수	목	금	토	일	월	화	수	목	금	토	일	월	화	수	목	금
음력	9/7	8	9	10	11	12	13	14	15	16	17	18	19	20	21	22	23	24	25	26	27	28	29	10/1	2	3	4	5	6	7	8
일진	병인	정묘	무진	기사	경오	신미	임신	계유	갑술	을해	병자	정축	무인	기묘	경진	신사	임오	계미	갑신	을유	병술	정해	무자	기축	경인	신묘	임진	계사	갑오	을미	병신

11월

양력	1	2	3	4	5	6	7	8	9	10	11	12	13	14	15	16	17	18	19	20	21	22	23	24	25	26	27	28	29	30
요일	토	일	월	화	수	목	금	토	일	월	화	수	목	금	토	일	월	화	수	목	금	토	일	월	화	수	목	금	토	일
음력	10/9	10	11	12	13	14	15	16	17	18	19	20	21	22	23	24	25	26	27	28	29	30	11/1	2	3	4	5	6	7	8
일진	정유	무술	기해	경자	신축	임인	계묘	갑진	을사	병오	정미	무신	기유	경술	신해	임자	계축	갑인	을묘	병진	정사	무오	기미	경신	신유	임술	계해	갑자	을축	병인

12월

양력	1	2	3	4	5	6	7	8	9	10	11	12	13	14	15	16	17	18	19	20	21	22	23	24	25	26	27	28	29	30	31
요일	월	화	수	목	금	토	일	월	화	수	목	금	토	일	월	화	수	목	금	토	일	월	화	수	목	금	토	일	월	화	수
음력	11/9	10	11	12	13	14	15	16	17	18	19	20	21	22	23	24	25	26	27	28	29	30	12/1	2	3	4	5	6	7	8	9
일진	정묘	무진	기사	경오	신미	임신	계유	갑술	을해	병자	정축	무인	기묘	경진	신사	임오	계미	갑신	을유	병술	정해	무자	기축	경인	신묘	임진	계사	갑오	을미	병신	정유

2099 기미년 · 단기 4432

주요 국경일과 명절

구 분	월일	요일	구 분	월일	요일
신 정	1 1	목	현 충 일	6 6	토
설 날	1 21	수	제 헌 절	7 17	금
3·1절	3 1	일	광 복 절	8 15	토
식 목 일	4 5	일	추 석	9 29	화
어린이날	5 5	화	개 천 절	10 3	토
석가탄신일	5 27	수	기독탄신일	12 25	금

음양력 대조일람

음력월	월건	대소	음력 1일의 양력 월일	음력월	월건	대소	음력 1일의 양력 월일
1	병인	대	1 21	7	임신	대	8 16
2	정묘	대	2 20	8	계유	소	9 15
3	무진	대	3 22	9	갑술	소	10 14
(윤)3		소	4 21	10	을해	대	11 12
4	기사	대	5 20	11	병자	소	12 12
5	경오	소	6 19	12	정축	대	2100/1 10
6	신미	소	7 18				

월별 음양력

월	양력	1 2 3 4 5	6 7 8 9 10	11 12 13 14 15	16 17 18 19 20	21 22 23 24 25	26 27 28 29 30 31
1	요일	목 금 토 일 월	화 수 목 금 토	일 월 화 수 목	금 토 일 월 화	수 목 금 토 일	월 화 수 목 금 토
	음력	12/10 11 12 13 14	15 16 17 18 19	20 21 22 23 24	25 26 27 28 29	1/1 2 3 4 5	6 7 8 9 10 11
	일진	무기경신임 술해자축인	계갑을병정 묘진사오미	무기경신임 신유술해자	계갑을병정 축인묘진사	무기경신임 오미신유술	계갑을병정무 해자축인묘진
2	요일	일 월 화 수 목	금 토 일 월 화	수 목 금 토 일	월 화 수 목 금	토 일 월 화 수	목 금 토
	음력	1/12 13 14 15 16	17 18 19 20 21	22 23 24 25 26	27 28 29 30 2/1	2 3 4 5 6	7 8 9
	일진	기경신임계 사오미신유	갑을병정무 술해자축인	기경신임계 묘진사오미	갑을병정무 신유술해자	기경신임계 축인묘진사	갑을병 오미신
3	요일	일 월 화 수 목	금 토 일 월 화	수 목 금 토 일	월 화 수 목 금	토 일 월 화 수	목 금 토 일 월 화
	음력	2/10 11 12 13 14	15 16 17 18 19	20 21 22 23 24	25 26 27 28 29	30 3/1 2 3 4	5 6 7 8 9 10
	일진	정무기경신 유술해자축	임계갑을병 인묘진사오	정무기경신 미신유술해	임계갑을병 자축인묘진	정무기경신 사오미신유	임계갑을병정 술해자축인묘
4	요일	수 목 금 토 일	월 화 수 목 금	토 일 월 화 수	목 금 토 일 월	화 수 목 금 토	일 월 화 수 목
	음력	3/11 12 13 14 15	16 17 18 19 20	21 22 23 24 25	26 27 28 29 30	3*/1 2 3 4 5	6 7 8 9 10
	일진	무기경신임 진사오미신	계갑을병정 유술해자축	무기경신임 인묘진사오	계갑을병정 미신유술해	무기경신임 자축인묘진	계갑을병정 사오미신유
5	요일	금 토 일 월 화	수 목 금 토 일	월 화 수 목 금	토 일 월 화 수	목 금 토 일 월	화 수 목 금 토 일
	음력	3*/11 12 13 14 15	16 17 18 19 20	21 22 23 24 25	26 27 28 29 4/1	2 3 4 5 6	7 8 9 10 11 12
	일진	무기경신임 술해자축인	계갑을병정 묘진사오미	무기경신임 신유술해자	계갑을병정 축인묘진사	무기경신임 오미신유술	계갑을병정무 해자축인묘진
6	요일	월 화 수 목 금	토 일 월 화 수	목 금 토 일 월	화 수 목 금 토	일 월 화 수 목	금 토 일 월 화
	음력	4/13 14 15 16 17	18 19 20 21 22	23 24 25 26 27	28 29 30 5/1 2	3 4 5 6 7	8 9 10 11 12
	일진	기경신임계 사오미신유	갑을병정무 술해자축인	기경신임계 묘진사오미	갑을병정무 신유술해자	기경신임계 축인묘진사	갑을병정무 오미신유술

24절기와 잡절

명칭	태양황경(도)	월	일	시	분
소한	285	1	5	10	38
대한	300	1	20	4	1
입춘	315	2	3	22	8
우수	330	2	18	17	51
경칩	345	3	5	15	41
춘분	0	3	20	16	16
청명	15	4	4	19	50
곡우	30	4	20	2	37
입하	45	5	5	12	28
소만	60	5	21	1	7
망종	75	6	5	16	6

명칭	태양황경(도)	월	일	시	분
하지	90	6	21	8	40
소서	105	7	7	2	10
대서	120	7	22	19	32
입추	135	8	7	12	9
처서	150	8	23	2	56
백로	165	9	7	15	33
추분	180	9	23	1	10
한로	195	10	8	7	51
상강	210	10	23	11	12
입동	225	11	7	11	41
소설	240	11	22	9	21

명칭	태양황경(도)	월	일	시	분
대설	255	12	7	5	2
동지	270	12	21	23	3
한식		4	5		
단오		6	23		
초복		7	12		
중복		7	22		
말복		8	11		
토왕용사	297	1	17	5	20
토왕용사	27	4	17	1	2
토왕용사	117	7	19	16	6
토왕용사	207	10	20	10	45

월	양력	1 2 3 4 5	6 7 8 9 10	11 12 13 14 15	16 17 18 19 20	21 22 23 24 25	26 27 28 29 30 31
7	요일	수목금토일	월화수목금	토일월화수	목금토일월	화수목금토	일월화수목금
	음력	5/13 14 15 16 17	18 19 20 21 22	23 24 25 26 27	28 29 6/1 2 3	4 5 6 7 8	9 10 11 12 13 14
	일진	기경신임계 해자축인묘	갑을병정무 진사오미신	기경신임계 유술해자축	갑을병정무 인묘진사오	기경신임계 미신유술해	갑을병정무기 자축인묘진사
8	요일	토일월화수	목금토일월	화수목금토	일월화수목	금토일월화	수목금토일월
	음력	6/15 16 17 18 19	20 21 22 23 24	25 26 27 28 29	7/1 2 3 4 5	6 7 8 9 10	11 12 13 14 15 16
	일진	경신임계갑 오미신유술	을병정무기 해자축인묘	경신임계갑 진사오미신	을병정무기 유술해자축	경신임계갑 인묘진사오	을병정무기경 미신유술해자
9	요일	화수목금토	일월화수목	금토일월화	수목금토일	월화수목금	토일월화수
	음력	7/17 18 19 20 21	22 23 24 25 26	27 28 29 30 8/1	2 3 4 5 6	7 8 9 10 11	12 13 14 15 16
	일진	신임계갑을 축인묘진사	병정무기경 오미신유술	신임계갑을 해자축인묘	병정무기성 진사오미신	신임게갑을 유술해자축	병정무기경 인묘진사오
10	요일	목금토일월	화수목금토	일월화수목	금토일월화	수목금토일	월화수목금토
	음력	8/17 18 19 20 21	22 23 24 25 26	27 28 29 9/1 2	3 4 5 6 7	8 9 10 11 12	13 14 15 16 17 18
	일진	신임계갑을 미신유술해	병정무기경 자축인묘진	신임계갑을 사오미신유	병정무기경 술해자축인	신임계갑을 묘진사오미	병정무기경신 신유술해자축
11	요일	일월화수목	금토일월화	수목금토일	월화수목금	토일월화수	목금토일월
	음력	9/19 20 21 22 23	24 25 26 27 28	29 10/1 2 3 4	5 6 7 8 9	10 11 12 13 14	15 16 17 18 19
	일진	임계갑을병 인묘진사오	정무기경신 미신유술해	임계갑을병 자축인묘진	정무기경신 사오미신유	임계갑을병 술해자축인	정무기경신 묘진사오미
12	요일	화수목금토	일월화수목	금토일월화	수목금토일	월화수목금	토일월화수목
	음력	10/20 21 22 23 24	25 26 27 28 29	30 11/1 2 3 4	5 6 7 8 9	10 11 12 13 14	15 16 17 18 19 20
	일진	임계갑을병 신유술해자	정무기경신 축인묘진사	임계갑을병 오미신유술	정무기경신 해자축인묘	임계갑을병 진사오미신	정무기경신임 유술해자축인

* 윤달 : 3월

경신년 • 단기 4433

주요 국경일과 명절

구 분	월일	요일	구 분	월일	요일
신 정	1 1	금	현 충 일	6 6	일
설 날	2 9	화	제 헌 절	7 17	토
3 · 1 절	3 1	월	광 복 절	8 15	일
식 목 일	4 5	월	추 석	9 18	토
어린이날	5 5	수	개 천 절	10 3	일
석가탄신일	5 16	일	기독탄신일	12 25	토

음양력 대조일람

음력 월	월건	대소	음력 1일의 양력 월일	음력 월	월건	대소	음력 1일의 양력 월일
1	무인	대	2 9	7	갑신	소	8 6
2	기묘	대	3 11	8	을유	대	9 4
3	경진	소	4 10	9	병술	소	10 4
4	신사	대	5 9	10	정해	소	11 2
5	임오	소	6 8	11	무자	대	12 1
6	계미	대	7 7	12	기축	소	12 31

월	양력	1 2 3 4 5	6 7 8 9 10	11 12 13 14 15	16 17 18 19 20	21 22 23 24 25	26 27 28 29 30 31
1	요일	금 토 일 월 화	수 목 금 토 일	월 화 수 목 금	토 일 월 화 수	목 금 토 일 월	화 수 목 금 토 일
	음력	11/21 22 23 24 25	26 27 28 29 12/1	2 3 4 5 6	7 8 9 10 11	12 13 14 15 16	17 18 19 20 21 22
	일진	계묘 갑진 을사 병오 정미	무신 기유 경술 신해 임자	계축 갑인 을묘 병진 정사	무오 기미 경신 신유 임술	계해 갑자 을축 병인 정묘	무진 기사 경오 신미 임신 계유
2	요일	월 화 수 목 금	토 일 월 화 수	목 금 토 일 월	화 수 목 금 토	일 월 화 수 목	금 토 일
	음력	12/23 24 25 26 27	28 29 30 1/1 2	3 4 5 6 7	8 9 10 11 12	13 14 15 16 17	18 19 20
	일진	갑술 을해 병자 정축 무인	기묘 경진 신사 임오 계미	갑신 을유 병술 정해 무자	기축 경인 신묘 임진 계사	갑오 을미 병신 정유 무술	기해 경자 신축
3	요일	월 화 수 목 금	토 일 월 화 수	목 금 토 일 월	화 수 목 금 토	일 월 화 수 목	금 토 일 월 화 수
	음력	1/21 22 23 24 25	26 27 28 29 30	2/1 2 3 4 5	6 7 8 9 10	11 12 13 14 15	16 17 18 19 20 21
	일진	임인 계묘 갑진 을사 병오	정미 무신 기유 경술 신해	임자 계축 갑인 을묘 병진	정사 무오 기미 경신 신유	임술 계해 갑자 을축 병인	정묘 무진 기사 경오 신미 임신
4	요일	목 금 토 일 월	화 수 목 금 토	일 월 화 수 목	금 토 일 월 화	수 목 금 토 일	월 화 수 목 금
	음력	2/22 23 24 25 26	27 28 29 30 3/1	2 3 4 5 6	7 8 9 10 11	12 13 14 15 16	17 18 19 20 21
	일진	계유 갑술 을해 병자 정축	무인 기묘 경진 신사 임오	계미 갑신 을유 병술 정해	무자 기축 경인 신묘 임진	계사 갑오 을미 병신 정유	무술 기해 경자 신축 임인
5	요일	토 일 월 화 수	목 금 토 일 월	화 수 목 금 토	일 월 화 수 목	금 토 일 월 화	수 목 금 토 일 월
	음력	3/22 23 24 25 26	27 28 29 4/1 2	3 4 5 6 7	8 9 10 11 12	13 14 15 16 17	18 19 20 21 22 23
	일진	계묘 갑진 을사 병오 정미	무신 기유 경술 신해 임자	계축 갑인 을묘 병진 정사	무오 기미 경신 신유 임술	계해 갑자 을축 병인 정묘	무진 기사 경오 신미 임신 계유
6	요일	화 수 목 금 토	일 월 화 수 목	금 토 일 월 화	수 목 금 토 일	월 화 수 목 금	토 일 월 화 수
	음력	4/24 25 26 27 28	29 30 5/1 2 3	4 5 6 7 8	9 10 11 12 13	14 15 16 17 18	19 20 21 22 23
	일진	갑술 을해 병자 정축 무인	기묘 경진 신사 임오 계미	갑신 을유 병술 정해 무자	기축 경인 신묘 임진 계사	갑오 을미 병신 정유 무술	기해 경자 신축 임인 묘

24절기와 잡절

명칭	태양황경(도)	월	일	시	분	명칭	태양황경(도)	월	일	시	분	명칭	태양황경(도)	월	일	시	분
소한	285	1	5	16	28	하지	90	6	21	14	31	대설	255	12	7	10	39
대한	300	1	20	9	45	소서	105	7	7	7	58	동지	270	12	22	4	50
입춘	315	2	4	3	59	대서	120	7	23	1	23	한식		4	5		
우수	330	2	18	23	36	입추	135	8	7	17	53	단오		6	12		
경칩	345	3	5	21	33	처서	150	8	23	8	46	초복		7	17		
춘분	0	3	20	22	2	백로	165	9	7	21	14	중복		7	27		
청명	15	4	5	1	42	추분	180	9	23	6	59	말복		8	16		
곡우	30	4	20	8	24	한로	195	10	8	13	30	토왕용사	297	1	17	11	2
입하	45	5	5	18	20	상강	210	10	23	16	59	토왕용사	27	4	17	6	47
소만	60	5	21	6	56	입동	225	11	7	17	19	토왕용사	117	7	19	21	55
망종	75	6	5	21	57	소설	240	11	22	15	8	토왕용사	207	10	20	16	32

월	양력	1 2 3 4 5	6 7 8 9 10	11 12 13 14 15	16 17 18 19 20	21 22 23 24 25	26 27 28 29 30 31
7	요일	목 금 토 일 월	화 수 목 금 토	일 월 화 수 목	금 토 일 월 화	수 목 금 토 일	월 화 수 목 금 토
	음력	5/24 25 26 27 28	29 6/1 2 3 4	5 6 7 8 9	10 11 12 13 14	15 16 17 18 19	20 21 22 23 24 25
	일진	갑을병정무 진사오미신	기경신임계 유술해자축	갑을병정무 인묘진사오	기경신임계 미신유술해	갑을병정무 자축인묘진	기경신임계갑 사오미신유술
8	요일	일 월 화 수 목	금 토 일 월 화	수 목 금 토 일	월 화 수 목 금	토 일 월 화 수	목 금 토 일 월 화
	음력	6/26 27 28 29 30	7/1 2 3 4 5	6 7 8 9 10	11 12 13 14 15	16 17 18 19 20	21 22 23 24 25 26
	일진	을병정무기 해자축인묘	경신임계갑 진사오미신	을병정무기 유술해자축	경신임계갑 인묘진사오	을병정무기 미신유술해	경신임계갑을 자축인묘진사
9	요일	수 목 금 토 일	월 화 수 목 금	토 일 월 화 수	목 금 토 일 월	화 수 목 금 토	일 월 화 수 목
	음력	7/27 28 29 8/1 2	3 4 5 6 7	8 9 10 11 12	13 14 15 16 17	18 19 20 21 22	23 24 25 26 27
	일진	병정무기경 오미신유술	신임계갑을 해자축인묘	병정무기경 진사오미신	신임계갑을 유술해자축	병정무기경 인묘진사오	신임계갑을 미신유술해
10	요일	금 토 일 월 화	수 목 금 토 일	월 화 수 목 금	토 일 월 화 수	목 금 토 일 월	화 수 목 금 토 일
	음력	8/28 29 30 9/1 2	3 4 5 6 7	8 9 10 11 12	13 14 15 16 17	18 19 20 21 22	23 24 25 26 27 28
	일진	병정무기경 자축인묘진	신임계갑을 사오미신유	병정무기경 술해자축인	신임계갑을 묘진사오미	병정무기경 신유술해자	신임계갑을병 축인묘진사오
11	요일	월 화 수 목 금	토 일 월 화 수	목 금 토 일 월	화 수 목 금 토	일 월 화 수 목	금 토 일 월 화
	음력	9/29 10/1 2 3 4	5 6 7 8 9	10 11 12 13 14	15 16 17 18 19	20 21 22 23 24	25 26 27 28 29
	일진	정무기경신 미신유술해	임계갑을병 자축인묘진	정무기경신 사오미신유	임계갑을병 술해자축인	정무기경신 묘진사오미	임계갑을병 신유술해자
12	요일	수 목 금 토 일	월 화 수 목 금	토 일 월 화 수	목 금 토 일 월	화 수 목 금 토	일 월 화 수 목 금
	음력	11/1 2 3 4 5	6 7 8 9 10	11 12 13 14 15	16 17 18 19 20	21 22 23 24 25	26 27 28 29 30 12/1
	일진	정무기경신 축인묘진사	임계갑을병 오미신유술	정무기경신 해자축인묘	임계갑을병 진사오미신	정무기경신 유술해자축	임계갑을병정 인묘진사오미

요일 찾는 표

7요일은 바빌로니아 등 근동 지방이 기원으로, 현재의 순서로 된 것은 서력 기원 전후의 서양 점성술에서 유래한 것으로 알려져 있고, 서기 325년 니케아 회의에서 공식 채택되었고, 우리나라에서는 1895년부터 사용되기 시작하였다. 요일은 아래의 두 표를 이용해서 구할 수 있다. 그 찾는 법은 표와 같다.

<표 1> 만년 칠요표 1

각 세기의 년	I	II	III	0
0	E	C	A	FG
1 29 57 85	F	D	B	A
2 30 58 86	G	E	C	B
3 31 59 87	A	F	D	C
4 32 60 88	BC	GA	EF	DE
5 33 61 89	D	B	G	F
6 34 62 90	E	C	A	G
7 35 63 91	F	D	B	A
8 36 64 92	GA	EF	CD	BC
9 37 65 93	B	G	E	D
10 38 66 94	C	A	F	E
11 39 67 95	D	B	G	F
12 40 68 96	EF	CD	AB	GA
13 41 69 97	G	E	C	B
14 42 70 98	A	F	D	C
15 43 71 99	B	G	E	D
16 44 72	CD	AB	FG	EF
17 45 73	E	C	A	G
18 46 74	F	D	B	A
19 47 75	G	E	C	B
20 48 76	AB	FG	DE	CD
21 49 77	C	A	F	E
22 50 78	D	B	G	F
23 51 79	E	C	A	G
24 52 80	FG	DE	BC	AB
25 53 81	A	F	D	C
26 54 82	B	G	E	D
27 55 83	C	A	F	E
28 56 84	DE	BC	GA	FG

<표 2> 만년 칠요표 2

월	요일 기호						
1　　10	A	B	C	D	E	F	G
2　3 11	E	F	G	A	B	C	D
4　7	B	C	D	E	F	G	A
5	G	A	B	C	D	E	F
6	D	E	F	G	A	B	C
8	F	G	A	B	C	D	E
9	C	D	E	F	G	A	B

일							
1　8 15 22 29	월	화	수	목	금	토	일
2　9 16 23 30	화	수	목	금	토	일	월
3 10 17 24 31	수	목	금	토	일	월	화
4 11 18 25	목	금	토	일	월	화	수
5 12 19 26	금	토	일	월	화	수	목
6 13 20 27	토	일	월	화	수	목	금
7 14 21 28	일	월	화	수	목	금	토

● 찾는 법

1. <표 1>의 '각 세기의 년'에서 찾고자 하는 서기 연대의 10자리와 1자리의 숫자에 해당하는 값을 택한다.
2. 서기 연대 숫자 중에서 천자리와 백자리의 수를 4로 나누었을 때, 그 나머지에 해당하는 값 1, 2, 3, 0에 따라 <표 1>의 'I, II, III, 0'란에서 해당되는 값을 찾는다. 즉 1970년이면 19를, 875년이면 8을 4로 나누었을 때 나

머지 값인 3 또는 0에 따라 Ⅲ 또는 0의 난에 있는 값들 중, 1번의 '각 세기의 년'에서 찾은 숫자의 줄을 수평으로 연장해 만나는 지점에서 각각 D, B값을 택한다.

3. 만약 서기 연대가 윤년일 때는 표 1의 Ⅰ, Ⅱ, Ⅲ, 0란 중에 2개의 기호값이 있는데, 그 기호 중 2월까지는 왼쪽의 것을, 3월 이후에는 오른쪽의 기호를 택한다.

4. <표 2>의 상단은 각 월(月)의 숫자와 그에 해당하는 요일 기호이다. 그리고 하단은 일 (日)과 그에 해당하는 요일을 수록하였다. 먼저 <표 2>에서 알고자 하는 월을 택하고, 그 월이 있는 난을 수평으로 따라가면서 위의 1, 2, 3과정을 따라 <표 1>에서 택한 값과 같 은 값을 택한다.

5. <표 2>의 하단의 날짜들 중에서 알고자 하는 날짜가 있는 난을 수평으로 따라가고, 위의 4에서 택한 값이 있는 난을 수직으로 따라 내려온다. 이 두 흐름이 만나는 지점의 값이 바 로 알고자 하는 요일이 된다.

6. 그레고리 개력 전, 즉 1582년 10월 4일 이전(율리우스력 사용시대)의 요일을 알고자 하면, 서력 기원 연수를 28로 나누어 그 나머지를 <표 1>의 '각 세기의 년'의 수로 하고, Ⅰ의 난에서 그에 맞는 값을 택한다. 그리고 위의 3, 4, 5번을 따라한다.

[예 1] 1988년 8월 15일의 요일을 구함

  (1) 19를 4로 나누면 나머지가 3이다. <표 1>에서 Ⅲ의 난과 '각 세기의 년'란에서 88 년이 만나는 지점에서 E, F를 만나게 된다. 윤년이고 3월 이후이므로 두 값 중 F 를 구한다.

  (2) <표 2>에서 8월을 찾고, 요일 기호 중 F가 들어있는 곳을 택한다.

  (3) (2)에서 구한 F줄을 따라 수직으로 내려오면서, 왼편의 일(日) 표시에서 15일을 포 함하고 있는 행을 찾는다. **월요일**임을 알 수 있다.

[예 2] 1492년 9월 16일의 요일을 구함

  (1) 1492를 28로 나누어 나머지 8을 얻는다. <표 1>의 '각 세기의 년'에서 8의 값과 Ⅰ의 난이 만나는 지점에서 G, A를 얻고, 윤년이고 3월 이후이므로 A를 택한다.

  (2) <표 2>에서 9월을 택하고, 그 난에서 A를 찾는다.

  (3) <표 2>의 하단에서 16일을 찾고, 그 난과 <표 2>의 상단에서의 A값이 있는 난을 따라 아래로 내려오면서 만나는 지점을 택한다. **일요일**임을 알 수 있다.

율리우스일[#](Julian Dates : JD)

율리우스일은 BC4713년 1월 1일 12시 UT 이후 경과한 평균태양일을 말하며, 아래 표를 이용하여 1600년 이후의 Jan. 0일 0시 UT에 대한 JD를 계산할 수 있다. 2007년 JD는 제4표에 나타냈다.

제 1 표	각 세기 1월 0일 0시(UT)의 JD					
년	1600[*]	1700	1800	1900	2000[*]	2100
JD	230 5447.5	234 1971.5	237 8495.5	241 5019.5	245 1544.5	248 8068.5

제 2 표	1월 0일 가산일수							제 3 표 경과일수				제 4 표
년	가산일	년	가산일	년	가산일	년	가산일	월	일	평년	윤년	2007년
0[+]	0 또는 −1	25	9131	50	18262	75	27393	1	0	0	0	245 4100.5
1	365	26	9496	51	18627	76	27758		15	15	15	4115.5
2	730	27	9861	52	18992	77	28124	2	0	31	31	4131.5
3	1095	28	10226	53	19358	78	28489		15	46	46	4146.5
4	1460	29	10592	54	19723	79	28854	3	0	59	60	4159.5
5	1826	30	10957	55	20088	80	29219		15	74	75	4174.5
6	2191	31	11322	56	20453	81	29585	4	0	90	91	4190.5
7	2556	32	11687	57	20819	82	29950		15	105	106	4205.5
8	2921	33	12053	58	21184	83	30315	5	0	120	121	4220.5
9	3287	34	12418	59	21549	84	30680		15	135	136	4235.5
10	3652	35	12783	60	21914	85	31046	6	0	151	152	4251.5
11	4017	36	13148	61	22280	86	31411		15	166	167	4266.5
12	4382	37	13514	62	22645	87	31776	7	0	181	182	4281.5
13	4748	38	13879	63	23010	88	32141		15	196	197	4296.5
14	5113	39	14244	64	23375	89	32507	8	0	212	213	4312.5
15	5478	40	14609	65	23741	90	32872		15	227	228	4327.5
16	5843	41	14975	66	24106	91	33237	9	0	243	244	4343.5
17	6209	42	15340	67	24471	92	33602		15	258	259	4358.5
18	6574	43	15705	68	24836	93	33968	10	0	273	274	4373.5
19	6939	44	16070	69	25202	94	34333		15	288	289	4388.5
20	7304	45	16436	70	25567	95	34698	11	0	304	305	4404.5
21	7670	46	16801	71	25932	96	35063		15	319	320	4419.5
22	8035	47	17166	72	26297	97	35429	12	0	334	335	4434.5
23	8400	48	17531	73	26663	98	35794		15	349	350	4449.5
24	8765	49	17897	74	27028	99	36159		31	365	366	4465.5

\# *The Astronomical Almanac* 2007, B4, B12-19, K5.

\+ 제2표의 0년의 가산일은 평년일 때는 "0"를 취하고, 윤년일 때는 "−1"을 취한다.

* 윤년을 나타냄.

[예 1] 2007년 9월 15일 21시 KST의 JD

제1표	2000년 1월 0일 0시	UT...245 1544.5
제2표	7년	+2556

$$\text{2007년 1월 0일 0시 UT...245 4100.5}$$

제3표   9월 15일   +258

$$\text{2007년 9월 15일 0시 UT...245 4358.5}$$
$$21\text{시 } KST = (21-9)/24 = +0.5$$

$$\text{2006년 9월 15일 21시 KST...245 4359.0}$$

[예 2] 1924년 7월 5일 3시 KST의 JD

제1표   1900년 1월 0일 0시 UT...241 5019.5
제2표   24년   +8765

$$\text{1924년 1월 0일 0시 UT...242 3784.5}$$

제3표   7월 5일(윤년)   +187

$$\text{1924년 7월 5일 0시 UT...242 3971.5}$$
$$3\text{시 } KST = (3-9)/24 = +0.25$$

$$\text{1924년 7월 5일 3시KST... 242 3971.25}$$

○ 중요기원년의 JD

기준기원년 = 1900.0 = 1900년 1월 0일 12시 UT = JD 241 5020.0
B 2007.0 = 2007년 1월 0.729일 = JD 245 4101.229
J 2007.5 = 2007년 7월 2.875일 = JD 245 4284.375
J 2000.0 = 2000년 1월 1.5 일 = JD 245 1545.0

○ 개량 율리우스일(Modified Julian Date : MJD)

JD에서 240 0000.5를 뺀 것을 MJD라 한다.
MJD(2007) = 54100.0 + 1월 0일 이후 경과일수(제3표) + 일일단위경과시간(UT)

[예] 2007년 9월 15일 21시 KST의 MJD

$$\mathbf{MJD} = 54100.0 + 258(제3표) + 0.5 \qquad \mathbf{MJD} = JD - 240\ 0000.5$$
$$= 54358.5 \qquad\qquad\qquad = 245\ 4359.0(제4표 + 0.5) - 2400000.5$$
$$\qquad\qquad\qquad\qquad\qquad\qquad = 54358.5$$

길이 · 질량 단위 환산표*

가. 길 이

단 위	미 터(m)	마 일(mi)	천문단위(AU)	광 년(ly)	파아섹(pc)
1 m	1	6.214×10^{-4}	6.684×10^{-12}	1.057×10^{-15}	3.241×10^{-17}
1 mi	1.609×10^{3}	1	1.076×10^{-8}	1.701×10^{-13}	5.215×10^{-14}
1 AU	1.496×10^{11}	9.296×10^{7}	1	1.581×10^{-5}	4.848×10^{-6}
1 ly	9.461×10^{15}	5.879×10^{12}	6.324×10^{4}	1	0.3066
1 pc	3.086×10^{16}	1.917×10^{13}	2.063×10^{5}	3.262	1

나. 질 량

단 위	그 램(g)	킬로그램(kg)	온 스(oz)	파운드(1b)	톤(metric ton)
1 g	1	10^{-3}	0.03527396	2.204623×10^{-3}	10^{-6}
1 kg	1000	1	35.27396	2.204623	10^{-3}
1 oz	28.34952	0.02834952	1	0.0625	2.834952×10^{-5}
1 lb	453.5924	0.4535924	16	1	4.535924×10^{-4}
1 metric ton	10^{6}	1000	35273.96	2204.623	1

시간 · 각도 환산표*

1 일$=24$시간$=1440$분$=86400$초$=360°=21600'=1296000''$

1 라디안$=57°.2957795 \mid =57°17'\ 44''.81=3437'\ 74677=206264''.806$

도	시간	회전	라디안	라디안	회 전	도	시간
15	1	0.0416...	0.2617993878	1	0.1591549431	57.3	3.819718634
30	2	0.083...	0.5235987756	2	0.3183098862	114.9	7.639437268
45	3	0.125	0.7853981634	3	0.4774648293	171.9	11.459155900
60	4	0.166...	0.0471975512	4	0.6366197724	229.2	15.278874540
90	6	0.250	1.5707963268	5	0.7957747155	286.5	19.098593170
180	12	0.500	3.1415926536	6	0.9549296586	343.8	22.918311800
270	18	0.750	4.7123889804	7	1.1140846016	401.1	26.738030440
360	24	1.000	6.2831853072	8	1.2732395447	458.4	30.557749070

---

* Explanatory Supplement to the Ephermeris, 4th ed., 1977, p.487, p.494.

단위 환산표*

1 옹스트롬	Å $=10^{-4}\mu m=10^{-8}cm=10^{-10}m$		1 루멘	lumen$=1$ cd sr^{-1}
1 피트	ft $=30.48cm=12$ inch		1 룩스	lx $=1$ lumen m$^{-2}=1m$ cd
1 인치	inch$=2.540cm$		1 쟌스키$^+$	Jy $=10^{-23}$ erg cm^{-2} s^{-1} Hz^{-1}
1 센티미터	cm $=0.3937$ inch		1 볼트	V$=3.33564\times10^{-3}$esu$=10^8$emu
1 야드	yd $=91.44cm=3$ ft		1 가우스	G $=1$ oersted$=1$ emu
1 평방피트	ft^2 $=929.03cm^2$		1 파라드	F $=9\times10^{11}cm$
1 에이커	$=4046.85m^2$		1 헤르츠	Hz $=$cycle s^{-1}
1 반	barn$=10^{-24}cm^2$		1 오옴	$\Omega=1.11265\times10^{-12}esu=10^9$emu
1 갤론$^+$	$=3.7853$ liters		1 암페어	A$=2.997925\times10^9$esu$=0.1$ emu
1 캐러트	$=0.200g$		1 전자볼트	eV $=1.60218\times10-12$ erg
1 에르그	erg $=2.390\times10^{-8}$ cal		1 대기압	atm $=1.01325\times10^6$ dyn cm^{-2}
1 주울	J $=10^7$ erg		1 밀리바	mb $=10^3$ dyn cm^{-2}
1 칼로리	cal $=4.184$ J		1 파스칼	Pa $=10$ dyn cm^{-2}
1 킬로와트시	kWh$=3.600\times10^6$ J		1 토르	T$=1$ mmHg$=1333.22$ dyn cm^{-2}
1 영국열단위	B.T.U$=1055$ J$=252$ cal		화씨온도	°F $=(9/5)\times$℃$+32$
1 와트	W $=1$ J s$^{-1}=10^7$ erg s^{-1}		섭씨온도	℃ $=(5/9)\times($°F$-32)$
1 마력	hp $=745.7$ W		절대온도	K $=$℃$+273$
1 뉴턴	N $=10^5$ dyn		입체각 : 구(球)	$=4\pi$ sr
1 원주율	π $=3.141\ 592\ 653\ 59$		1 노트	knot$=51.47$ cm s^{-1}

* Arthur N. Cox, 1999, *Allen's Astrophysical Quantities 4th* ed. (Athlone Press, London), Ch. 2.
+ Kenneth R. Lang, 1991, *Astrophysical Data : Planets and Stars*, (Springer-Verlag Inc., New York), ch 1.
# 1 칸데라, cd=백금이 녹는 온도인 2044K의 흑체 1cm²가 내는 밝기의 1/60.

그리스 문자의 한글 표기

A	α	알파(Alpha)	N	ν	뉴(Nu)
B	β	베타(Beta)	Ξ	ξ	크사이(Xi)
Γ	γ	감마(Gamma)	O	o	오미크론(Omicron)
Δ	δ	델타(Delta)	Π	π	파이(Pi)
E	ε	엡실런(Epsilon)	P	ρ	로우(Rho)
Z	ζ	제타(Zeta)	Σ	σ	시그마(Sigma)
H	η	이타(Eta)	T	τ	타우(Tau)
Θ	θ	세타(Theta)	Υ	υ	업실런(Upsilon)
I	ι	아이오타(Iota)	Φ	φ	화이(Phi)
K	κ	카파(Kappa)	X	χ	카이(Chi)
Λ	λ	람다(Lambda)	Ψ	ψ	프사이(Psi)
M	μ	뮤(Mu)	Ω	ω	오메가(Omega)

세계 각 지역의 표준시[#] (Standard Times)

다음 자료는 세계 각 지역의 표준시의 자료로써, 한국 표준시에 아래 표의 시간차를 더하거나 빼면 해당 지역의 시간을 구할 수 있다.

한국표준시	나라 〈지 방〉 이 름
시 분 +5 00	키리바시공화국〈라인 제도〉
+4 00	키리바시공화국〈피닉스 제도〉, 통가
+3 45	채텀 제도*
+3 00	나우루, 뉴질랜드*, 러시아*〈페트로파블로프스크, 페벡〉, 마샬제도, 키리바시공화국〈길버트 제도〉, 투발루, 피지
+2 30	노퍽제도
+2 00	뉴칼레도니아, 러시아*〈마가단, 유츠노〉, 바누아투, 산타쿠루주제도, 솔로몬제도, 쿠릴열도
+1 30	로드하우섬
+1 00	괌, 러시아*〈블라디보스톡, 하바로프스크, 오호츠크〉, 메리애나제도, 애드미랄티제도, 사할린제도*, 샤유턴제도, 캐롤라인제도, 파푸아뉴기니, 호주〈뉴사우스웨일즈*, 빅토리아*, 수도지역*, 윗선데이제도*, 퀸즐랜드, 태즈메니아*〉
0 30	호주〈남부지역*, 북부지역〉
0 00 (한국표준시)	한국, 동티모르, 러시아*〈야크츠크, 치타, 티크시〉, 북한, 인도네시아〈아루, 이리안, 자야, 카이, 몰러카즈, 타님바르〉, 오키나와, 일본, 팔라우제도, 류큐제도
-1 00	러시아*〈브라츠크, 이로쿠츠크, 울란우데〉, 마카오, 말레이시아〈말라야, 사바, 사라와크〉, 몽골리아*, 브루나이, 싱가포르, 인도네시아〈발리, 프로레스, 칼리만텐 남부와 동부, 롬보그, 수라워시, 숨바, 숨바와, 티모르〉, 중국, 타이완, 페스카도레스제도, 필리핀, 호주〈서부지역〉, 홍콩
-2 00	라오스, 러시아*〈노릴스크 키질, 딕손〉, 베트남, 인도네시아〈방카, 빌리톤, 자바, 칼리만탄 서부와 중부, 마두라, 수마트라〉, 캄보디아, 크리스마스제도(인도양), 태국
-2 30	부르마(미얀마), 코커스(킬링)제도
-3 00	러시아*〈옴스크, 노보시비르스크〉, 방글라데시, 스리랑카, 카자흐스탄*〈동부〉, 디에고 카르시아
-3 15	네팔
3 30	니코바르제도, 래카다이브제도, 앤다만제도, 인도
-4 00	러시아*〈페름, 누비항, 암데르나〉, 맬다이브공화국, 우즈벡스탄, 키르츠스탄*, 파키스탄*, 차고스 아르치페라고, 타지키스딘, 투르크메니스탄, 카자흐스탄*〈중부, 악뒤빈스크, 아티라우, 크질-오르다〉, 케르겔렌제도
-4 30	아프가니스탄
-5 00	레위니용, 러시아*〈사마라, 이체브스크〉, 마우리셔즈, 세이셸, 아르메니아*, 아미란트제도, 아제르바이잔*, 오만, 카자흐스탄*〈서부, 악타우, 우랄스크〉, 아랍에미레이트
-5 30	이란*
-6 00	그루지아*, 노바야 제믈야, 러시아*〈모스크바, 페테스부르그, 아르항겔스크, 아스트라칸〉, 마다가스카르, 바레인, 사우디아라비아, 소말리아, 소코트라, 수단, 에리트리아, 우간다, 예멘, 이디오피아, 이라크*, 지부티, 케냐, 카타르, 코모로제도, 쿠웨이트, 탄자니아
-7 00 (동부 유럽 표준시)	그리스*, 남아프리카, 라트비아*, 러시아*〈카리닌그라드〉, 레바논*, 레소토, 루마니아*, 루완다, 리비아*, 리투아니아*, 말라위, 모잠비크, 몰다브*, 벨라루스*, 보츠와나, 불가리아*, 브룬디, 사이프러스*〈라나카, 엘칸〉, 스와질란드, 시리아, 에스토니아*, 요르단*, 우크라이나*, 이스라엘*, 이집트*, 잠비아, 짐바브웨, 콩고민주공화국〈호이트 자이레, 카사이, 키브, 샤바〉, 크레타*, 터키*, 핀란드*

Nauticai Almanac 2006, pp.262-265.

* 일광절약 시간제를 실시중인 나라들로서, 나라마다 법률로 정하여 사용하지만 보통 3월 말부터 10월 중 순까지 실시한다.

세계 각 지역의 표준시[#] (Standard Times)

한국표준시	나라 〈지 방〉 이 름
시 분 -8 00 (중부 유럽 표준시)	가봉, 나미비아*, 나이지리아, 네덜란드*, 노르웨이*, 니제르, 독일*, 덴마크*, 룩셈부르크*, 리히덴쉬타인*, 마케도니아*, 말타*, 모나코*, 발레아릭제도*, 벨기에*, 베닌, 보스니아 헤르체고비나*, 사르디니아*, 세르비아*, 시실리*, 스웨덴*, 스페인*, 스위스*, 스피츠베르겐〈스발바드〉*, 슬로바키아*, 슬로베니아*, 알바니아*, 알제리, 앙골라, 오스트리아*, 유고슬라비아*, 이탈리아*, 콩고민주공화국〈킨샤샤, 엠반다카〉, 잔메이엔제도*, 적도 기니, 파가루〈안노본제도〉, 중앙아프리카, 지브롤터*, 차드, 체코*, 카메룬, 코르시카*, 콩고, 크로아티아*, 튀니지, 폴란드*, 프랑스*, 헝가리*
-9 00 (서부 유럽 표준시)	가나, 갬비아, 기니, 기니비사우, 부르키나 파소, 라이베리아, 마데리아*, 말리, 모로코, 모리타니아, 샤넬제도, 세네갈, 세인트헬레나섬, 시에라리온, 아이슬란드, 아이리쉬공화국*, 아이 버리코스트, 아일랜드, 어센션섬, 영국*, 카나리아제도*, 페로제도*, 포르투갈*, 프린시페섬, 토고
-10 00	그린란드*〈스코어즈비사운드〉, 아조레스군도*, 카보베르데제도(희망봉)
-11 00	남조지아섬, 브라질〈트린다데섬 및 주변 섬들〉, 트리니다드섬(대서양 남부)
-12 00	그린란드*, 브라질 〈고아즈*, 남부연안주*, 동부연안주*, 미나스 제라이스, 바이아, 북부연안주, 북동부연안주, 브라질리아*, 파라(동부), 토칸틴스, 페르난도데노론하섬*〉, 수리남, 아르헨티나, 우루과이, 페르난도제도, 프렌치가이아나
-12 30	캐나다*〈뉴펀들랜드〉
-13 00	가이아나, 과들루프섬, 그레나다, 그린란드*〈툴리지역〉, 도미니카, 리워드제도, 마르티니크, 바베이도스, 버뮤다*, 버진제도, 베네수엘라, 볼리비아, 브라질〈마토그로소, 마토그로소도술*, 로라이마, 론도니아, 아마조나스(대부분), 파라(서쪽)〉, 윈드워드제도, 쿠라사우섬, 트리니다드토바고, 파라과이*, 포클랜드제도*, 캐나다〈노바스코샤*, 뉴브런즈윅*, 래브라도*, 프린스에드워드제도*, 퀘벡(서경63° 동쪽)〉, 칠레*, 푸에르토리코, 후안페르난데스제도*, 남대서양 영국령
-14 00 (북미, 동부 표준시)	미국*〈뉴욕, 뉴저지, 노스캐롤라이나, 뉴햄프셔, 델라웨어, 로드아일랜드, 매사추세츠, 메릴랜드, 메인, 미시간, 버몬트, 버지니아, 사우스캐롤라이나, 워싱턴 DC, 오하이오, 웨스트버지니아, 인디애나, 조지아, 켄터키(동부), 코네티컷, 콜롬비아특별구, 테네시(동부), 펜실베이니아, 플로리다〉, 바하마*, 브라질〈에이커, 아마조나스(서부)〉, 아이티*, 에콰도르, 자메이카, 캐나다 〈온타리오(서경90° 동쪽*, 서경90° 동쪽), 누나부트*(서경85° 동쪽), 퀘벡*(서경63° 서쪽)〉, 케이맨제도, 콜롬비아, 쿠바*, 파나마, 페루*
-15 00 (북미, 중앙 표준시)	갈라파고스제도, 과테말라, 니카라과, 벨리즈, 엘살바도르, 이스트제도*, 멕시코*, 미국*〈네브래스카(동부), 노스다코타(동부), 루이지애나, 미네소타, 미시시피, 미주리, 사우스다코타(동부), 아이오와, 앨라배마, 아칸소, 오클라호마, 위스콘신, 일리노이, 캔자스, 켄터키(서부), 텍사스, 테네시(서부)〉, 온두라스, 캐나다〈누나부트*(서경85°-서경102°), 매니토바*, 서스캐처원〉, 코스타리카
-16 00 (북미, 산악 표준시	미국〈네브래스카(서부)*, 뉴멕시코*, 몬태나*, 사우스다코타(서부)*, 애리조나, 아이다호(남부)*, 와이오밍*, 유타*, 콜로라도*〉, 캐나다〈앨버타*, 누나부트*(서경 102° 서쪽), 노스웨스트준주*〉
-17 00(북미, 태평양 표준시)	미국*〈네바다, 아이다호(북부), 오리건, 워싱턴, 캘리포니아〉, 캐나다* 〈브리티시콜롬비아, 유콘〉, 피케언제도
-18 00	미국*〈알래스카, 알류산열도(서경169°30′ 동쪽)〉
-18 30	마르케샤스 제도
-19 00	미국〈하와이, 알류산열도*(서경169°30′ 서쪽)〉, 소시에테제도, 존스톤섬, 투부아이(오스트랄)제도, 투아모투제도
-20 00	니우에, 미드웨이제도, 사모아

연 대 표(2008년 기준)

서력기원	단군기원	대한연호	중국연호	일본연호	간지	연령
1908	4241	융희 2	광서 34	명치 41	무신	100
1909	4242	3	선통 1	42	기유	99
1910	4243	4	2	43	경술	98
1911	4244		3	44	신해	97
1912	4245		중화 1	대정 1	임자	96
1913	4246		2	2	계축	95
1914	4247		3	3	갑인	94
1915	4248		4	4	을묘	93
1916	4249		5	5	병진	92
1917	4250		6	6	정사	91
1918	4251		7	7	무오	90
1919	4252	민국 1	8	8	기미	89
1920	4253	2	9	9	경신	88
1921	4254	3	10	10	신유	87
1922	4255	4	11	11	임술	86
1923	4256	5	12	12	계해	85
1924	4257	6	13	13	갑자	84
1925	4258	7	14	14	을축	83
1926	4259	8	15	소화 1	병인	82
1927	4260	9	16	2	정묘	81
1928	4261	10	17	3	무진	80
1929	4262	11	18	4	기사	79
1930	4263	12	19	5	경오	78
1931	4264	13	20	6	신미	77
1932	4265	14	21	7	임신	76
1933	4266	15	22	8	계유	75
1934	4267	16	23	9	갑술	74
1935	4268	17	24	10	을해	73
1936	4269	18	25	11	병자	72
1937	4270	19	26	12	정축	71
1938	4271	20	27	13	무인	70
1939	4272	21	28	14	기묘	69
1940	4273	22	29	15	경진	68
1941	4274	23	30	16	신사	67
1942	4275	24	31	17	임오	66
1943	4276	25	32	18	계미	65
1944	4277	26	33	19	갑신	64
1945	4278	27	34	20	을유	63
1946	4279	28	35	21	병술	62
1947	4280	29	36	22	정해	61
1948	4281	30	37	23	무자	60
1949	4282	31	38	24	기축	59
1950	4283	32	39	25	경인	58
1951	4284	33	40	26	신묘	57
1952	4285	34	41	27	임진	56
1953	4286	35	42	28	계사	55
1954	4287	36	43	29	갑오	54
1955	4288	37	44	30	을미	53
1956	4289	38	45	31	병신	52
1957	4290	39	46	32	정유	51
1958	4291	40	47	33	무술	50
1959	4292	41	48	34	기해	49
1960	4293	민국 42	중화 49	소화 35	경자	48
1961	4294	43	50	36	신축	47
1962	4295	44	51	37	임인	46
1963	4296	45	52	38	계묘	45
1964	4297	46	53	39	갑진	44
1965	4298	47	54	40	을사	43
1966	4299	48	55	41	병오	42
1967	4300	49	56	42	정미	41
1968	4301	50	57	43	무신	40
1969	4302	51	58	44	기유	39
1970	4303	52	59	45	경술	38
1971	4304	53	60	46	신해	37
1972	4305	54	61	47	임자	36
1973	4306	55	62	48	계축	35
1974	4307	56	63	49	갑인	34
1975	4308	57	64	50	을묘	33
1976	4309	58	65	51	병진	32
1977	4310	59	66	52	정사	31
1978	4311	60	67	53	무오	30
1979	4312	61	68	54	기미	29
1980	4313	62	69	55	경신	28
1981	4314	63	70	56	신유	27
1982	4315	64	71	57	임술	26
1983	4316	65	72	58	계해	25
1984	4317	66	73	59	갑자	24
1985	4318	67	74	60	을축	23
1986	4319	68	75	61	병인	22
1987	4320	69	76	62	정묘	21
1988	4321	70	77	63	무진	20
1989	4322	71	78	평성 1	기사	19
1990	4323	72	79	2	경오	18
1991	4324	73	80	3	신미	17
1992	4325	74	81	4	임신	16
1993	4326	75	82	5	계유	15
1994	4327	76	83	6	갑술	14
1995	4328	77	84	7	을해	13
1996	4329	78	85	8	병자	12
1997	4330	79	86	9	정축	11
1998	4331	80	87	10	무인	10
1999	4332	81	88	11	기묘	9
2000	4333	82	89	12	경진	8
2001	4334	83	90	13	신사	7
2002	4335	84	91	14	임오	6
2003	4336	85	92	15	계미	5
2004	4337	86	93	16	갑신	4
2005	4338	87	94	17	을유	3
2006	4339	88	95	18	병술	2
2007	4340	89	96	19	정해	1
2008	4341	90	97	20	무자	0
2009	4342	91	98	21	기축	-1
2010	4343	92	99	22	경인	-2

한국천문연구원
Korea Astronomy Observiatory

우리나라를 대표하는 국가 천문연구기관인 한국천문연구원은
1974년 국립 천문대로 탄생한 이래 소백산 천문대를 기점으로
우리나라 현대 천문학의 서막을 열었으며,
대덕전파천문대를 세워 관측영역을 전파영역으로
확대하고 보현산 천문대를 설립, 미래 천문학으로
도약하기 위한 발판을 마련하였다.

주요활동
1. 국가로부터 위임된 음양력, 일·출몰 시각, 표준시 등의 결정
2. 천문학 연구장비의 활용 및 개발로 우주 관측영역의 확대
3. 관측 및 이론 연구를 통한 인류의 우주에 대한 이해 증진
4. 국가의 과학문화 발전을 위한 천문지식의 보급
5. 국내외 천문학자와의 공동연구

한국천문대 **만세력**

*

초판 1쇄 발행 · 2007년 12월 26일
초판 2쇄 발행 · 2009년 9월 10일

*

편   찬 · 한국천문연구원
발행인 · 김동구
발행처 · 명문당(1923. 10. 1 창립)
　　　　　서울시 종로구 윤보선길 61(안국동)
　　　　　우체국 010579-01-000682
　　　　　전화 (영업) 733-3039, 734-4798, 733-4748
　　　　　FAX 734-9209
　　　　　Homepage www.myungmundang.net
　　　　　e-mail mmdbook1@hanmail.net
　　　　　등록 1977. 11. 19. 제1~148호
· 낙장 및 파본은 교환해 드립니다.
· 불허복제·판권 본사 소유.

*

정가는 표지에 표기되어 있습니다.
ISBN 978-89-7270-868-1 13440

*

이 책의 저작권은 한국천문연구원과 독점 계약한
명문당에서 판권을 소유하고 있으며,
무단 복제 및 전재시에는 저작권법의 저촉을 받습니다.

明文易學叢書

1)(秘傳)**姓名大典** 曹鳳佑 著 값 15,000원

2)**奇學精說** 李奇穆 著 값 12,000원

3)(修正增補)알기쉬운 **擇日全書** 韓重洙 著 값 12,000원

4)(玉衡)**韓國地理總攬** 池昌龍 著 값 10,000원

5)(風水地理)**明堂全書**(特別版) 徐善繼·徐善述 著 韓松溪 譯 값 8,000원

6)**姓名學精說** 黃國書 著 값 15,000원

7)(秘傳)**四柱大典** 金于齋·柳在鶴 編譯 값 15,000원

8)**窮通寶鑑精解** 崔鳳秀·權伯哲 講述 값 25,000원

9)**陰陽五行의 槪論** 申天浩 編著 값 15,000원

10)(增補)**淵海子平精解** 沈載烈 講述 값 25,000원

11)**命理正宗精解** 沈載烈 講解 값 25,000원

12)**四柱와 姓名學** 金于齋 著 값 15,000원

13)**方位學入門** 全泰樹 編譯 값 8,000원

14)**姓名學全書** 朴眞永 編著 값 15,000원

15)(알기쉬운)**易數秘說** 沈鍾哲 編著 값 6,000원

16)(命理叢書)**三命通會** 朴一宇 編著 값 30,000원

17)(地理)**八十八向眞訣** 金明濟 著 값 15,000원

18)**奇門遁甲** 申秉三 著 값 6,000원

19)(正統秘傳)**四柱寶鑑** 金栢滿 著 값 15,000원

20)**擇日大要** 高光震 著 값 20,000원

21)(地理明鑑)**陰宅要訣全書** 金榮昭 譯編 값 15,000원

22)(詳解)**手相大典** 曹誠佑 著 값 9,000원

23)**命理精說** 李俊雨 編著 값 25,000원

24)**易占六爻全書** 韓重洙 編著 값 25,000원

25)**現代四柱推命學** 曹誠佑 編著 값 15,000원

26)(陰宅明鑑)**青松地理便覽** 金榮昭 編著 값 7,000원

27)**六壬精斷** 李在南 著 값 20,000원

28)**六壬精義** 張泰相 編著 값 15,000원

29)(自解秘傳)**四柱大觀** 金于齋 著 값 6,500원

30)(秘傳詳解)**相法全書** 曹誠佑 編著 값 9,000원

31)(地理)**羅經透解** 金東奎 譯著 값 6,000원

32)(四柱秘傳)**滴天髓** 金東奎 譯 값 15,000원

33)**滴天髓精解** 金于齋 譯編 값 15,000원

34)(新橋)**洪煙眞訣精解** 金于齋 編著 값 15,000원

35)**卜筮正宗精解** 金于齋·沈載烈 共著 값 12,000원

36)(風水地理)**九星正變穴格歌** 金東奎 編著 값 30,000원

37)(自解秘傳)**觀相大典** 曹誠佑 著 값 15,000원

38)(自解秘傳)**萬方吉凶寶典** 金于齋·李相哲 共著 값 15,000원

39)**九星學(氣學)入門** 金明濟 著 값 10,000원

40)(陰宅明鑑)**地理十訣** 金榮昭 編譯 값 8,000원

41)(完譯)**麻衣相法**(全) 曹誠佑 譯 값 25,000원

42)**易理學寶鑑** 韓宗秀 外 編 값 6,000원

43)**象理哲學** 趙明彦 著 값 25,000원

44)**易學原理와 命理講義** 曹誠佑 著 값 9,000원

45)(的中)**周易身數秘傳** 許充 著 값 30,000원

46)(自解)**八字大典** 金于齋 著 값 7,000원

47)**人生三八四爻** 이혜수 編著 값 5,000원

48)(四柱秘傳)**紫微斗數精解** 金于齋 著 값 7,000원

49)**姓名大學** 蔡洙岩 編著 값 10,000원

50)(風水地理學)**人子須知** 金富根 監修 金東奎 譯 값 35,000원

51)(傳統)**風水地理** 林鶴燮 編著 값 12,000원

52)**周易作名法** 李尙昱 著 값 20,000원

53)**九宮秘訣** 金星旭 編著 값 20,000원

54)**占卜術入門** 全泰樹 編譯 값 7,000원

55)**命理學原論** 李相奎 著 값 10,000원

56)**四柱運命學의 精說** 金讚東 著 값 15,000원

57)**陽宅秘訣** 金甲千 著 값 25,000원

58)**戊己解** 金明濟 著 값 15,000원

59)**新命理學** 安成雄 著 값 10,000원

60)**里程標 經般圖解** 金東奎 編著 값 20,000원

61)(四柱詳解)**紫微斗數** 韓重洙 著 값 10,000원

62)**滴天髓闡微** 金東奎 譯 값 35,000원

63)**擇日** 택일은 동양철학의 꽃(協紀辨方) 金東奎 編著 값 30,000원

64)(秘傳)**風水地理全書** 金甲千 編著 값 35,000원

65)**命理正解 와 問答** 崔志山 著 값 20,000원

66)**卜筮正宗解說** 金東奎 譯著 값 30,000원

67)(風水地理學)**人子須知**(前) 金富根 監修 金東奎 譯 값 50,000원

68)(風水地理學)**人子須知**(後) 金富根 監修 金東奎 譯 값 50,000원